U0394672

分析化学手册

第三版

⑧

热分析与量热学

刘振海　张洪林　主编

化学工业出版社

·北京·

《分析化学手册》第三版在第二版的基础上作了较大幅度的增补和删减，保持原手册10个分册的基础上，将其中3个分册进行拆分，扩充为6册，最终形成13册。

　　本分册为《热分析与量热学》，在上一版《热分析》的基础上新增补了量热学的内容。全书由两篇组成，第一篇为热分析与量热分析基础，全面阐述了热分析和量热学方法，包括发展历史、基本定义、术语以及有关物质的转变、反应和特性参数，热分析仪器及方法应用的原理、实验与数据处理，量热分析仪器、测量方式、对各类物理化学性质及化学反应热的测定；第二篇为热分析、量热分析曲线与数据集，汇总了聚合物、食品、药物、矿物、含能材料等物质的具有代表性的热分析曲线和数据，以及量热分析在各种领域的应用实例。

图书在版编目（CIP）数据

分析化学手册 .8. 热分析与量热学/刘振海，张洪林
主编. —3 版 . —北京：化学工业出版社，2016.6（2023.7重印）
ISBN 978-7-122-14195-8

Ⅰ.①分… Ⅱ.①刘…②张… Ⅲ.①分析化学-手册
②热分析-手册③量热学-手册 Ⅳ.O65-62

中国版本图书馆 CIP 数据核字（2012）第 087558 号

责任编辑：李晓红　傅聪智　任惠敏　　　　　文字编辑：刘志茹
责任校对：边　涛　　　　　　　　　　　　　装帧设计：王晓宇

出版发行：化学工业出版社（北京市东城区青年湖南街 13 号　邮政编码 100011）
印　　装：北京虎彩文化传播有限公司
787mm×1092mm　1/16　印张 45½　字数 1138 千字　2023 年 7 月北京第 3 版第 3 次印刷

购书咨询：010-64518888　　　　　　　　　售后服务：010-64518899
网　　址：http://www.cip.com.cn
凡购买本书，如有缺损质量问题，本社销售中心负责调换。

定　　价：258.00 元　　　　　　　　　　　　　　版权所有　违者必究

《分析化学手册》(第三版)编委会

主　任：汪尔康
副主任：江桂斌　陈洪渊　张玉奎
委　员（按姓氏汉语拼音排序）：

柴之芳　中国科学院院士
　　　　中国科学院高能物理研究所

陈洪渊　中国科学院院士
　　　　南京大学

陈焕文　东华理工大学

陈　义　中国科学院化学研究所

丛浦珠　中国医学科学院药用植物研究所

邓　勃　清华大学

董绍俊　发展中国家科学院院士
　　　　中国科学院长春应用化学研究所

郭伟强　浙江大学

江桂斌　中国科学院院士
　　　　中国科学院生态环境研究中心

江云宝　厦门大学

柯以侃　北京化工大学

梁逸曾　中南大学

刘振海　中国科学院长春应用化学研究所

庞代文　武汉大学

邵元华　北京大学

苏　彬　浙江大学

汪尔康　中国科学院院士
　　　　中国科学院长春应用化学研究所

王　敏　浙江大学

序

分析化学是人们获得物质组成、结构及相关信息的科学，即测量与表征的科学。其主要任务是鉴定物质的化学组成及含量测定、确定物质的结构形态及其与物质性质之间的关系。分析化学是一门社会和科技发展迫切需要的、多学科交叉结合的综合性科学。现代分析化学必须回答当代科学技术和社会需求对现存的方法和技术的挑战，因此实际上已发展成为"分析科学"。

《分析化学手册》是一套全面反映现代分析技术，供化学工作者使用的专业工具书。《分析化学手册》第一版于 1979 年出版，有 6 个分册；第二版扩充为 10 个分册，于 1996 年至 2000 年陆续出版。手册出版后，受到广大读者的欢迎，成为国内很多分析化验室和化学实验室的必备图书，对我国科技进步和社会发展都产生了重要作用。

进入 21 世纪，随着科技进步和社会发展对分析化学提出的种种要求，各种新的分析手段、仪器设备、信息技术的出现，极大地丰富了分析化学学科的内涵、促进了学科的发展。为更好总结这些进展，为广大读者服务，化学工业出版社自 2010 年起开始启动《分析化学手册》（第三版）的修订工作，成立了由分析化学界 30 余位专家组成的编委会，这些专家包括了 10 位中国科学院院士、中国工程院院士和发展中国家科学院院士，多位长江学者特聘教授和国家杰出青年基金获得者，以及各领域经验丰富的专家。在编委会的领导下，作者、编辑、编委通力合作，历时六年完成了这套 1800 余万字的大型工具书。

本次修订保持了第二版 10 分册的基本架构，将其中的 3 个分册进行拆分，扩充为 6 册，最终形成 10 分册 13 册的格局：

1	基础知识与安全知识	7A	氢-1 核磁共振波谱分析
2	化学分析	7B	碳-13 核磁共振波谱分析
3A	原子光谱分析	8	热分析与量热学
3B	分子光谱分析	9A	有机质谱分析
4	电分析化学	9B	无机质谱分析
5	气相色谱分析	10	化学计量学
6	液相色谱分析		

其中，原《光谱分析》拆分为《原子光谱分析》和《分子光谱分析》；《核磁共振波谱分析》拆分为《氢-1 核磁共振波谱分析》和《碳-13 核磁共振波谱分析》；《质谱分析》新增加了无机质谱分析的内容，拆分为《有机质谱分析》和《无机质谱分析》，并对仪器结构及方法原理进行了全面的更新。另外，《热分析》增加了量热学方面的内容，分册名变更为《热分析与量热学》。

本版修订秉承的宗旨：一、保持手册一贯的权威性和典型性，体现预见性和前瞻性，突出新颖性和实用性；二、继承手册的数据查阅功能，同时注重对分析方法和技术的介绍；三、着重收录了基础性理论和发展较成熟的方法与技术，删除已废弃的或过时的内容，更新有关数据，增补各领域近十年来的新方法、新成果，特别是计算机的应用、多种分析技术联用、分析技术在生命科学中的应用等方面的内容；四、在编排方式上，突出手册的可查阅性，各分册均编排主题词索引，与目录相互补充，对于数据表格、图谱比较多的分册，增加表索引和谱图索引，部分分册增设了符号与缩略语对照。

手册第三版获得了国家出版基金项目的支持，编写与修订工作得到了我国分析化学界同仁的大力支持，全套书的修订出版凝聚了他们大量的心血和期望，在此谨向他们，以及在编写过程中曾给予我们热情支持与帮助的有关院校、科研院所及厂矿企业的专家和同行，致以诚挚的谢意。同时我们也真诚期待广大读者的热情关注和批评指正。

《分析化学手册》（第三版）编委会
2016 年 4 月

前　言

热分析通常是在等速升降温即动态条件下观测物质物理（化学）性质的各种变化过程，而量热学主要是在等温即静态或绝热（体系与环境近乎不发生热交换）条件下观测各类物理变化，化学反应乃至微生物的微量热量变化。它们均采用热测量仪器观测研究对象的热学性质（状态）随温度或时间的变化，从而获取其热力学和动力学数据，因此可以说这两者是不可分割的一个整体。

有关这门学科的国际学术组织和学术刊物有国际热分析与量热学学会（International Confederation for Thermal Analysis and Calorimetry）和热分析与量热学杂志（Journal of Thermal Analysis and Calorimetry），基于上述认识并与之相应，我们将《热分析》更名为《热分析与量热学》。

本分册第三版基本上保持原有的格局，在原有基础上由各位作者增补了如下内容：量热学部分由曲阜师范大学张洪林编写，阐述了量热学的原理、各种类型的量热仪及其测量方式、量热分析的最新成果和展望、典型的实验数据等；热分析动力学由河北师范大学张建军改写；随机温度调制 DSC 和闪速 DSC 由梅特勒-托利多公司陆立明编写；药物综合热分析和部分高分子材料动态热机械分析由梅特勒-托利多公司唐远旺编写；Netzsch 公司曾智强和TA 公司童波分别就各自公司有关热分析仪器的某些环节提供了相关资料。

借手册第三版出版之机，向曾参与本分册撰写的已故作者刘金香（催化热分析）、蔡根才（联用热分析）、彭新生（热机械分析）、陆振荣（热分析动力学）和刘景江（聚合物热分析）表示深切的怀念和敬意，他们曾分别在热分析的不同领域做出过重要贡献。

本手册自 1994 年出版至今，已历时 20 余年，进行过两次修订，在修订过程中得到了许多专家、学者和工程技术人员的支持和帮助，曾参加本分册编撰的还有畠山立子、畠山兵衛、蔡正千、钱义祥、黄克隆、蒋引珊、孙同山、叶素、倪维骅、伍述文、李春鸿、王增林、牛春吉、张宏放、花荣、蒋青、隗学礼、赵明、郭其鹏、黄玉惠、丛广民、何冠虎、叶春民、杨树林等。化学工业出版社的各位编辑为此付出了大量的辛勤劳动，在此一并向他们表示衷心的感谢。

随着科学技术的不断进步，新的热分析、微量热与绝热量热方法、新型仪器不断涌现，尽管我们在该领域工作多年，但接触的方面有限，本手册一定会有许多遗漏和不足之处，敬请读者批评指正。

编　者
2016 年 3 月 20 日于北京

目　　录

第一篇　热分析与量热分析基础

第二篇　热分析、量热分析曲线与数据集

第一篇
热分析与量热分析基础

第一章 绪 论

热分析与量热学是广泛用于描述物质的性质与温度或时间关系的一类技术，是对各类物质在很宽的温度范围内进行定性、定量表征的极其有效的手段，现已被世界各国广大科技工作者用于诸多领域的基础与应用研究中。

第一节 热 分 析

一、热分析发展简史

文献［1］回顾了早期历史阶段与热有关的相转变现象。

（一）百年热分析

热分析是仪器分析的一个重要分支，它对物质的表征发挥着不可替代的作用。热分析历经百年的悠悠岁月，从矿物、金属的热分析兴起，近几十年来在高分子科学和药物分析等方面唤发了勃勃生机。

论及热分析的发展史，Mackenzie[2]做过深邃的追溯。早期与热测量有关的阶段性进展如下：

1887 年法国 Le Chatelier 采用热电偶测量升温速率变化曲线来鉴定黏土；

1899 年英国 Roberts-Austen 最早使用参比热电偶，测量 ΔT；

1903 年德国 Tammann 教授首次使用热分析（thermishe analyse）这一术语；

1915 年日本本多光太郎发明下皿式热天平；

20 世纪 50 年代，前苏联率先提出热机械分析仪（TMA）。

20 世纪五六十年代，我国科研单位、高等院校和产业部门为满足科研、教学和生产的需要，经历了从原理出发自行设计研制热分析仪器的艰苦创业阶段；20 世纪 80 年代前，先进的热分析仪器还只是在少数科研单位的测试中心才拥有，而随着我国综合国力的增强和对科研支持力度的加大，现已逐渐成为许多实验室的通用仪器，在科研和生产中起着越加重要的作用。一些仪器分析专业的研究生和广大相关专业的科技人员为了更好地利用这些设备，迫切需要深入掌握热分析仪器及相关的基础和应用方面的知识。

20 世纪 50 年代末 60 年代初，各国仪器生产厂家将热分析仪器推向市场，使之商品化。此后，随着电子技术和计算机技术的发展，热分析仪器的研制和生产取得了长足的进步，诸如 1964 年 Watson 等在差热分析（DTA）的基础上提出了差示扫描量热法（DSC）；1992 年 M Reading 在北美热分析会议上提出温度调制式差示扫描量热法（MTDSC）。

与此同时，分别由 TMA 进一步推出动态热机械分析仪（DMA）和由热重分析仪（TGA）推出高解析 TG 仪等，以及多种分析技术的联用、仪器的微机操作、数据显示和处理等技术。

（二）热分析的学会活动（近 50 年国内外热分析的发展概况）

国际上，于 1965 年 9 月在苏格兰 Aberdeen 召开首届 International Conference on Thermal Analysis（ICTA）；1968 年 8 月在美国 Boston 郊外的 Worcester 召开第二届国际会议，成立了 International Confederation for Thermal Analysis（ICTA），1992 年改称 International Confederation for Thermal Analysis and Calorimetry（ICTAC）。之后，每 2～3 年召开一次国际会议。

中日双边量热学与热分析学术会议于 1986 年在杭州召开。之后，每 4 年召开一次。

笔者曾撰文介绍我国在 20 世纪 90 年代前的热分析学会活动，刊登于日本的《热测定》杂志[3]。

我国于 1979 年 12 月在昆明成立了 Committee for Thermochemistry，Thermodynamics and Thermal Analysis（CSTTT，CCS）；现改称 Committee for Chemical Thermodynamics and Thermal Analysis。之后，每 2 年召开一次。如 2006 年 8 月 14—18 日，中国化学会第 13 届热力学与热分析学术会议在河南省新乡市召开；2008 年 5 月 21—25 日第 14 届会议在中国科学院大连化学物理研究所召开；2010 年 8 月 21—25 日，第 15 届会议在西安召开；2012 年 10 月 19—21 日第 16 届会议在武汉召开。

在 1979 年成立所谓"三热"全国性学会之后，各省市（11 省 4 市）纷纷组建地区性学会，包括黑龙江省、陕西省、吉林省、云南省、辽宁省、四川省、河南省、江苏省、河北省、山东省、湖南省，和北京市、上海市、广州市和重庆市。

（三）热分析的主要学术刊物与著作

热分析的主要刊物有 Journal of Thermal Analysis and Calorimetry，月刊，编辑办公室（Editorial Office）设在：Institute for General and Analytical Chemistry Budapest University of Technology and Economics 1521 Budapest，Hungry，E-mail：lexical@mail. datanet. hu，网址 http：//www. kluweronline. com/issn/1418-2874。

此外，还有热化学学报（Thermochimica Acta，半月刊）和 Thermal Analysis Abstracts。

近年出版的有关热分析的学术著作如下：

刘振海等. 聚合物量热测定. 北京：化学工业出版社，2002.

刘振海等. 仪器分析导论. 北京：化学工业出版社，2005.

刘振海等. 热分析仪器. 北京：化学工业出版社，2006.

T. Hatakeyama，F. X. Quinn. Thermal Analysis：Fundamentals and Application to Polymer Science，2nd edition. Chichester：Wiley，1999.

刘振海等. 分析化学手册. 第八分册：热分析（第二版）. 北京：化学工业出版社，2000.

T. Hatakeyama，Liu Zhenhai eds. Handbook of Thermal Analysis. Chichester：Wiley，1998.

胡荣祖. 热分析动力学. 北京：科学出版社，2008.

刘子如. 含能材料热分析. 北京：国防工业出版社，2008.

徐颖，李海燕，李红喜. 热分析实验. 北京：学苑出版社，2011.

刘振海等. 热分析与量热仪及其应用（第 2 版）. 北京：化学工业出版社，2011.

刘振海等. 热分析简明教程. 北京：科学出版社，2012.

以及由 Mettler 公司编著，东华大学出版社出版的热分析应用系列丛书。

（四）热分析实施方案的制订

热分析有多种实验方法（详见本书第三章），并且测量结果受多种因素的影响（见第四章），为此应按需要制订实施方案。即从热分析实验方法、条件（参数）选择、评价系统，直到方案制订可按如下步骤进行[4]。

第1步：测量方法的选择。

① 选择适合欲获信息的测量方法。表 1-1 列举了各种热分析方法的适用范围。

表 1-1　各种热分析方法的适用范围

观测的项目	热分析方法			
	DSC	TGA-DSC	TMA	DMA
物理转变				
熔融和结晶	+	−	−	+
蒸发,升华,干燥	+	+		
玻璃化转变,软化	+		+	+
多晶型(固-固转变)	+		+	
液晶	+			
纯度分析	+			
化学反应				
分解,降解,裂解,氧化稳定性	+	+		
组成,含量(水分,填料),灰分	−	+		
动力学,反应熔	+	+		
交联,硫化(过程参数)	+		+	+
特性参数				
比热容	+	−		
膨胀系数			+	
杨氏模量			−	+

注：表中＋表示很合适，－表示不太合适。

② 灵敏度。以 TGA 为例，可测量的质量变化至少应当是背景噪声信号的 4 倍。假定噪声是 $1\mu g$，则最小的台阶高度应为 $4\mu g$。

③ 测量模式。例如，可利用 MTDSC 的模式，由 C_p 的变化区分可逆与不可逆效应；也可由高分辨 TGA 分辨相邻的质量变化。

第2步：取样与试样制备。

① 试样应能代表整个样品。为测得可靠的结果，应测量若干个试样，以便于比较其统计的结果。

② 在样品的加工过程中，因热历史会使试样形成一定的机械应力。可在某一合适的温度下进行退火或进行一次升温，以消除试样的热历史，从而测得的结果仅与所试材料的性质有关。

③ 应考虑试样的几何形状、尺寸和试样量，在满足所需准确度的前提下，试样量应尽量小。

④ 试样应与坩埚接触良好，以保证其热传导，并且试样不与坩埚反应。

第3步：样品容器（坩埚）的选择。

① 首先应依据试样量和气体的交换选择大小合适的密闭式或敞开式样品坩埚。

② 样品容器的热容和热传导会影响如 DSC 的分辨率和灵敏度。

③ 如上所述，样品容器所用材质应不与试样反应。

如有需要，也可采用耐压坩埚，或由刚玉、铂制成的坩埚。

第 4 步：温度程序的选择。

① 起始和终止温度。在第一个热效应之前和最后一个热效应之后应有足够的升（降）温时间，通常可为 3～5min，以保证建立稳定的基线。

② 升温速率。通常升温速率影响热效应的分辨率和试样内的温度分布。有代表性的升温速率是：DSC 10K/min，TGA 20K/min，TMA 5K/min，DMA 3K/min。对于 MTDSC，升温速率 0.5～2K/min，调制振幅 0.2～2K，调制周期 30～120s。

③ 有时可采用升温、降温和恒温的组合方式（尤其是对于 DSC）。

第 5 步：气氛的选择。

① 惰性气氛，可用于观测样品的热稳定性、反应性气氛及热氧化稳定性。

② 通过变换气氛，如从氮气转换成氧气，可进行焦炭等的组分分析，分别测出其水分、有机挥发分、焦炭的燃烧灰分等。

③ 对于不同气氛条件下的实验，可采用不同的坩埚，如敞开（或带有刺孔的盖子）、密封（特别是对于升温过程有升华的样品）坩埚。

第 6 步：测量后的试样观察。

实验前后应对试样做惯常称重（甚至 TMA、DMA 也要这样做）。少量的质量变化表明有挥发或起始分解过程发生。这通常会影响测量曲线（不只是影响 DSC 曲线，也会影响 TMA、DMA 曲线）。这种影响通常很微弱，难以观测，因此质量变化的信息就显得尤为重要。此外，特别要观测：

① 颜色是否有变化；

② 试样是否发生过熔化；

③ 试样是否有变形。

以便对不同的测量曲线做出更好的解释和理解。

第 7 步：评价系统。

按不同的实验方法（步骤）和取值方法，将会得到不同的结果。因此可按标准方法确定实验步骤，如对已有方法有少许改动，应予说明；对于类比分析，应按相同的办法进行。

第 8 步：实验与数据处理的实施计划。

一旦确定了步骤，接下来就是制订一个切实可行的计划。其中包括：需进行的重复实验的次数（重复性）；依次进行样品、参比物的测量，以及空白曲线的测量；有待于进一步分析实验数据的统计方法的细节。

此外，有时为深刻说明物质转变（或反应）的本质，尚需补以结构分析（如 GC、MS、IR、X 射线衍射等）的手段。

二、热分析术语

（一）热分析术语的沿革与发展

热分析术语前期工作的演变过程如图 1-1 所示。

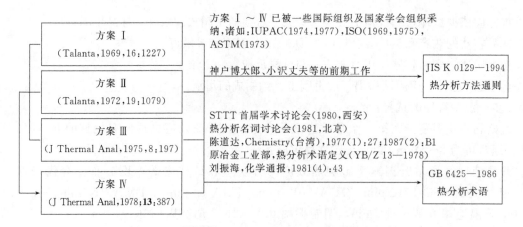

图 1-1　热分析术语前期工作的演变过程

以 Mackenzie R C 为首的 ICTA 名词委员会制定的这些方案，Ⅳ 是前 3 个方案（Ⅰ～Ⅲ）的进一步发展和完善，这些方案先后被 IUPAC（1974，1977）、ISO（1969，1975）、ASTM（1973）和各国热分析工作者所采纳。在历次方案（包括 Ⅰ～Ⅳ 和 Ⅴ 热分析符号）的基础上，经较长时间的前期工作（见图 1-1），中日各自形成了相应的标准，分别是热分析术语（GB 6425—1986）和热分析方法通则（JIS K 0129—1994），并分别进行了修订。

包括对热分析术语的国家标准 GB 6425—1986 进行的第一次修订，新版国标 GB/T 6425—2008《热分析术语》对原国标进行了大幅度的修改和增补，增加了一些热分析术语，如有关校准、状态调节、热分析实验数据质量标志，以及应用方面（热熔松弛、比定压热容、氧化诱导期和氧化诱导温度、相图、纯度测定、非等温动力学等）的内容；充分考虑了热分析发展的现状，如对差示扫描量热法的定义涵盖了并存的热通量型和功率补偿型两种类型；热重法的称谓，仍可使用普遍称呼的热重分析等；反映了 20 余年热分析技术的最新发展，增补了近年来出现的一些新的热分析方法，如温度调制式差示扫描量热法（MTDSC）、控制速率热分析、微区热分析、光照差示扫描量热法等。

（二）热分析的定义与分类

1. 定义

（1）**热分析总定义**　新版国标将热分析定义为"在程序控温（和一定气氛）下，测量物质的某种物理性质与温度或时间关系的一类技术。"与原国标相比，增添了"气氛"和"时间"因素。这种变化是基于如下考虑：

① 热分析的测定结果是非平衡值，即与实验条件（如气氛等因素）密切相关；

② 热分析实验概括起来有两种基本类型，即：与温度有关的扫描型（temperature-scanning mode），这是原国标已经强调的；与时间有关的等温型（isothermal mode），这是新版国标增补的。

（2）**热分析方法的定义**　由热分析总定义便可演绎出各种热分析方法的定义，以热重法（thermogravimetry，TG）或称热重分析（thermogravimetric analysis，TGA）为例，可定义为"在程序控温和一定气氛下，测量试样的质量与温度或时间关系的技术。"

将热分析曲线的纵坐标以 DSC、TG、TMA 等形式表达是不足取的。上述符号是方法的简称，而非物理量，正确的表达应当是 dQ/dt、Δm、Δl（或 ΔV）等。

（3）对热分析的新技术给出了科学定义 如对温度调制式差示扫描量热法（modulated temperature differential scanning calorimetry，MTDSC）将其定义为："在温度程序上叠加一个正弦或其他形式的温度程序，形成热流速率和温度信号的非线性调制的差示扫描量热法。这种方法可将热流速率即时分解成可逆的热容成分（如玻璃化、熔化）和不可逆的动力学成分（如固化、挥发、分解）。"DSC 有如下两种形式：

① heat-flux DSC 称"热通量 DSC"，测量的是 heat-flow rate（热流速率）。

② power-compensation DSC 称"功率补偿 DSC"，测量的是 heating power（加热功率）。按热力学要求，DSC 曲线的纵坐标向上为正，表示吸热；向下为负，表示放热。此外，对如下术语的叫法和表达，新版中也做了明确的阐明：

ⅰ. 同时与串接联用技术的符号表示 TG-DSC/FTIR、TG-DSC/MS，以便强调后一种方法在时间上的前后关系。

ⅱ. sample（样品）、specimen（试样），specimens 称"试样和参比物"或称"试样-参比物"，不称"样品"。

ⅲ. 试样质量（mass of the specimen，specimen mass），不称"试样重量"（specimen weight），因为"质量"和"重量"是两个不同的概念。

ⅳ. 热分析曲线（TA curve），不称"热谱"（thermogram），也不称"热谱曲线"（thermogram curve）。

ⅴ. 玻璃化（glass transition），在不特别强调转变时可不称"玻璃化转变"，因为"化"与"转变"在一定程度上是重复的。

ⅵ. 动力学三参量（kinetic triplet），不称"动力学三联体"。

2. 热分析分类

根据所测物理量的性质，热分析方法的分类见表 1-2。

表 1-2 热分析方法的分类

热分析方法	简 称	测量的物理量
热重法 　动态质量变化测量 　等温质量变化测量	TG	质量变化 Δm
逸出气检测	EGD	
逸出气分析	EGA	
放射热分析		
差热分析 升温曲线测量	DTA	温度差 ΔT 或温度 T
差示扫描量热法 温度调制式差示扫描量热法	DSC MTDSC	热量 Q，比热容 C_p
热机械分析 　热膨胀法 　针入度法	TMA	力学量 　　长度变化 Δl 或体积变化 ΔV
动态热机械分析	DMA	模量 G，损耗 $\tan\delta$
热发声法 热传声法	—	声学量
热光学法	—	光学量
热电学法	—	电学量

续表

热分析方法	简　称	测量的物理量
热磁学法	—	磁学量
		联用技术
热重法-差热分析	TG-DTA	同时联用技术
热重法-差示扫描量热法	TG-DSC	
热重法/质谱分析	TG/MS	串接联用技术
热重法/傅里叶变换红外光谱法	TG/FTIR	
热重法/气相色谱法	TG/GC	间歇联用技术
微区热分析	μTA	

三、热分析的基本特征与数据报道

(一) 热分析的基本特征

热分析的基本特征可概括如下。

① 采用热分析技术（如 TG、DTA、DSC、DMA、TMA 等）仅用单一试样就可在很宽的温度范围内进行观测，依此种方式按所谓非等温动力学来求解动力学参数是很方便的。

② 采用各类试样容器或附件，便可适用几乎任何物理形状的试样（固体、液体或凝胶）。

③ 仅需少量试样（0.1～10mg）。

④ 可在静态或动态气氛下进行测量，如有需要可采用氧化性气氛、惰性气体、还原性气氛、腐蚀性气体、含水汽的气体、减压（或真空）等各种气氛。

⑤ 完成一次实验所需的时间，从几分钟到几小时。

⑥ 热分析结果受实验条件的影响，诸如试样尺寸和用量，升、降温速率，试样周围气氛的性质和组成，以及试样的热历史和在加工过程中形成的内应力等。

应遵照有关标准的规定来选择热分析实验条件。对于尚未制定相应标准的方法，应充分考虑其原理和确立这些方法的基本假定，选择合理的实验条件。如根据 Van't Hoff 方程利用 DSC 在动态条件下测定物质纯度时，方程式的基本假定之一是体系接近于平衡态，因此在接近熔点之前必须以慢速升温（如 0.5℃/min）。与此相反，鉴于高聚物玻璃化前后的比热容之差，由 DSC（或 DTA）曲线向吸热方向的较小转折来确定 T_g 时，则必须快速升温（如 20℃/min），以加剧转变时的突变。

(二) 热分析数据的报道

报道热分析数据时，用语应符合规范，应注明如下各项内容[5]。

1. 一般性要求

① 用确切的名称、化学式（或相当于组成的资料）标明所有物质（试样、参比物、稀释剂）。

② 就所知说明所有物质的来源、详述其热历史、预处理和化学纯度。

③ 清楚阐明试样在反应期间的温度程序，如起、止温度，在所试范围内的线性变温速率，如为非线性变温需详加说明。

④ 标明气氛的压力、组成和纯度，气氛的状态是静态、自生态还是动态。对实验室的气压、湿度也应有所规定。如为非常压应详叙控制方法。

⑤ 说明试样尺寸、几何形状和用量。

⑥ 以时间或温度标注横坐标，自左向右表示增加。

⑦ 指明所有原始记录的可重复性。

2. 对 DTA 或 DSC 的补充要求

① 样品支持器的尺寸、几何形状和材料，装样方法。

② 鉴定中间产物或最终产物的方法。

③ 应尽可能确认每个热效应的归属，并陈述补充的支持证据。

④ 仪器的型号、热电偶的几何形状和材料及温差和温度测量元件所放的位置。

⑤ 纵坐标表示温差 ΔT 或热流速率 dQ/dt。对于 DTA 曲线和热流型 DSC 曲线，放热峰向上，表示试样对参比物的正偏差；吸热峰向下，为负偏差。而对功率补偿型 DSC 曲线，则吸热向上，为正偏差。应在论文的实验部分写明所用量程或在图中适当位置（如图的左下部或右下部）画出量程标尺，其单位通常分别为 μV（DTA）和 mJ/s（DSC）。

3. 对 TG 的补充要求

纵坐标表示质量变化或质量变化速率，TG 曲线或 DTG 曲线质量损失向下，质量增加向上。

4. 对 TMA 的补充要求

① 说明形变的类型（拉伸、扭转、弯曲等）和加载元件的尺寸、几何形状和材料。

② 以纵坐标表示形变，向上表示膨胀、拉伸和扭转形变的增加，而针入度的增加应向下。

四、热分析的温度与热量标准

（一）热重法的温度标定

可用几种特定物质的转变温度来标定热天平的温度标尺，此类转变需具备如下属性：①转变宽度窄，且能量变化小；②转变应是可逆的，以便同一标样可使用若干次来核准和选择标定的最佳值；③转变温度应与气氛组成和压力无关，并不受其他标样存在的影响，唯有这样才可在一次实验中进行多点标定；④使用 mg 量级的标样就可很容易地观察到转变。有挥发性产物逸出的转变或反应通常是不可逆的，受动力学因素的影响，不宜作温度标定，失水反应也不宜作温度标定，由于气氛条件对此种转变的宽度有很大的影响。

1. 居里点法

某些化学试剂（如 $CaC_2O_4 \cdot H_2O$）的热分解反应，固然呈现十分清晰、分立的分步分解失重过程，但其分解温度和特征与空间介质的状态有关。因而，目前是根据铁磁材料在外磁场作用下达到居里点时有表观失重的特性，进行热重法的温度标定。如将几种铁磁材料标样同时放入坩埚中，可在宽温度范围内一次进行多点标定。

新近确定的磁性检定参样 GM 761 的磁转变温度如表 1-3 所示，其标准偏差为 ±2℃。

表 1-3　　磁性检定参样 GM 761 的磁转变温度[6]

材　料	磁转变温度/℃		偏差 θ/℃	材　料	磁转变温度/℃		偏差 θ/℃
	实验值	文献值			实验值	文献值	
合金 Permanorm 3	259.6±3.7	266.4±6.2	−6.8	合金 Permanorm 5	431.3±1.6	459.3±7.3	−28.0
镍	361.2±1.3	354.4±5.4	6.8	合金 Trafoperm	756.2±1.9	754.3±11.0	1.9
镍铁合金	403.0±2.5	385.9±7.2	17.1				

2. 吊丝熔断失重法

用标定温度用的金属丝制成直径小于 0.25mm 的吊丝，把一个质量约 5mg 的铂线圈砝码用此种吊丝挂在热天平的试样容器一端,当温度超过可熔断的金属吊丝的熔点时,砝码掉下来,TG 曲线便产生一个不连续的失重。现将该法使用的几种金属的标定数据列于表 1-4。

表 1-4　　吊丝熔断失重法的温度标定数据[7,8]

材料	观测温度/℃	校正温度/℃	文献值 θ/℃	与文献值的偏差 θ/℃	材料	观测温度/℃	校正温度/℃	文献值 θ/℃	与文献值的偏差 θ/℃
铟	159.90 ± 0.97	154.2	156.63	-2.43	铝	652.23 ± 1.32	659.09	660.37	-1.28
铅	333.02 ± 0.91	331.05	327.50	3.55	银	945.90 ± 0.52	960.25	961.93	-1.68
锌	418.78 ± 1.08	419.68	419.58	0.10	金	1048.70 ± 0.87	1065.67	1064.43	1.24

在 25~1200℃ 范围内的温度标定,可精确到 ±2℃ 以内,个别的测量精度可达 ±1.1℃。

(二) 差热分析仪与差示扫描量热计的温度标定

热分析是测量物质的各类性质与温度的关系,因此必须提高测温精度。此种试验多数不是在平衡态,而是在等速升(降)温的动态条件下进行的,在炉子的介质空间-试样容器-试样之间形成温度梯度。又因仪器结构的限制,测温元件(如热电偶)通常不与试样直接接触,即使对于同一转变(或反应),温度测定值也会因仪器、实验条件(如试样用量、升温速率、坩埚的形状与材料、装样方式等)而异。

为确立热分析试验的共同依据,国际热分析协会(ICTA)在美国标准局(NBS)初步工作的基础上,分发一系列共同试样到世界各国,进行 DTA 测定。数据经统计处理,确定了供 DTA (和 DSC) 用的 ICTA-NBS 检定参样 (Certified Reference Materials,CRM),并已被国际标准化组织(ISO)、国际纯粹与应用化学联合会(IUPAC)和美国材料试验学会(ASTM) 等所认定。

确定热分析的温度标准旨在提供各实验室间数据相互校验的共同基础,及相互联系的纽带,不是为确定这些检定参样的真正转变温度。例如这些物质的外推始点 T_e 与热力学法平衡转变温度通常相差 ±3℃。选择检定参样应立足如下一些考虑:材料在化学上是足够稳定和惰性的,在贮存过程中没有变化,升温时不与坩埚材料反应;材料易于得到,如商品(分析纯或化学纯)化学试剂和高纯金属;所取的特征转变温度是足够明显、分立和重复等。许多材料因脱水、熔融、结构转变或分解有明显的热效应可作标准,但有的物质(如 Pb,Zn)熔化时沾污热电偶、生成合金,有的有机物易于氧化等原因,不宜取作标准。现已采用的有 6 组检定参样(见本手册附录四),其中常用的 3 组 GM 758~GM 760 列于表 1-5,这 3 组是依据 8 种无机盐的固相 I ⇌ 固相 II 的转变温度和两种高纯金属(纯度 99.999%)的熔点。表 1-5 中列出了检定参样的升、降温 DTA 测定结果。现行温度标准是采用升温数据。一般来讲,升温平均外推始点更接近平衡热力学转变温度。实验次数(N)、误差和反映数据分散程度的上、下限值也在表中一并列出。

(三) 差热分析仪与差示扫描量热计的热量标定

为确定物质在发生转变或反应时的焓变值,需在与测定试样 DTA 或 DSC 曲线完全相同的条件下,如同样的升温速率、量程和记录纸运行速度等,测定已知熔融热物质的升温熔化 DTA (或 DSC) 曲线,以此确定曲线单位面积所代表的热量。这些已知熔点和熔化焓的物质列于表 1-6。

表 1-5 CRM 转变的平衡温度与 DAT 数据/℃[9]

编 组	物 质	平衡温度	升 温			降 温		
			N	T_e	T_p	N	T_e	T_p
GM 758	KNO_3	127.7	63	128±5 (112~149)	135±6 (126~160)	31	122±4 (112~128)	119±4 (110~120)
	In	157	59/60	154±6 (140~162)	159±6 (140~171)	29/27	154±4 (146~163)	150±4 (139~155)
	Sn	231.9	57/59	230±5 (217~240)	237±6 (226~256)	22/18	203±16 (168~222)	203±17 (176~231)
GM 759	$KClO_4$	299.5	67/66	299±6 (280~310)	309±8 (296~330)	31	287±4 (278~296)	283±5 (274~295)
	Ag_2SO_4	(430)①	64	424±7 (400~439)	433±7 (405~452)	30/27	399±14 (337~413)	399±15 (336~419)
	SiO_2	573	66	571±5 (552~581)	574±5 (560~588)	34/36	572±3 (565~577)	569±4 (559~575)
GM 760	K_2SO_4	583	67	582±7 (560~598)	588±6 (575~608)	30/31	582±4 (572~587)	577±8 (551~587)
	K_2CrO_4	665	63	665±7 (640~678)	673±6 (656~692)	31	667±5 (652~675)	661±8 (630~671)
	$BaCO_3$	810	71	808±8 (783~834)	819±8 (800~841)	29	767±13 (742~790)	752±16 (714~779)
	$SrCO_3$	925	67/66	928±7 (905~948)	938±9 (910~961)	31/30	904±15 (875~944)	897±13 (868~920)
	SiO_2 (在 4∶1 混合物中)		42/40	572±6 (560~583)	575±5 (565~590)	22/23	574±3 (570~583)	570±4 (563~582)
	K_2SO_4 (在 4∶1 混合物中)		32/39	582±5 (572~595)	586±6 (574~600)	22/23	584±4 (570~595)	582±4 (570~594)

① Ag_2SO_4 的平衡温度数据是与其他几种见于不同出处。

表 1-6 热焓标定物质的熔点与熔化焓[10]

元素或化合物的名称	熔点/℃	熔化焓 /(J/g)	元素或化合物的名称	熔点/℃	熔化焓 /(J/g)
联苯	69.26	120.41	铅	327.5	22.6
萘	80.3	149.0	锌	419.5	113.0
苯甲酸	122.4	148.0	铝	660.2	396.0
铟	156.6	28.5	银	690.8	105.0
锡	231.9	60.7	金	1063.8	62.8

由于热辐射随温度的升高明显加剧，单位热量所表现出的 DTA 曲线峰面积随温度的升高而降低。因此，应选择熔点与所研究的反应温度范围相近的物质进行热量标定。如反应是在 150℃发生，则应选择铟标定。另外，表1-6中所列的熔化焓，不同来源的数据略有差异。

（四）差示扫描量热计热量标定校正系数 K 的确定

对于试样某一转变由 DSC 测得的热量可表示为

$$\Delta H = \frac{1}{m} \int_{t_e}^{t_f} \frac{dQ}{dt} dt \tag{1-1}$$

式中 ΔH ——转变焓；

m ——试样质量；

t ——时间，下角标 e 和 f 分别表示峰的外推始点和终点；

dQ/dt ——热流差。

如果将式 (1-1) 的左侧视为标样的转变焓 ΔH_{ref}，右侧为实测值 ΔH_{meas}，那么可以引进一个比例常数 K，而使方程的两侧相等。

$$\Delta H = \frac{K}{m}\int_{t_e}^{t_f} \frac{dQ}{dt}dt \tag{1-2}$$

就标定而言，必须确定

$$K = \frac{\Delta H_{ref}}{\Delta H_{meas}} \tag{1-3}$$

可采用已知转变焓的物质[11]进行标定。比例常数 K 与温度无关。由 12 种化合物的 15 个转变（温度范围处于 $0\sim670℃$，焓变范围 $\Delta H = 0.3\sim40kJ/mol$）确定的 K 值为 1.046，误差在 $\pm3\%$ 以内。实验条件如下：Du Pont 热分析仪 1090，铝坩埚或金坩埚（对于 K_2CrO_4），试样量 $10\sim20mg$，升温速率 $2\sim10℃/min$，氩气 $50ml/min$。

五、有关热分析的标准试验方法

国际标准化组织（International organization for standardization，ISO）、美国材料试验学会（American Society for Testing Materials，ASTM）、日本工业标准（Japanese Industrial Standards，JIS）、德国工业标准（Deutsche Industrie Normen，DIN）和我国的国家标准（GB）均就热分析的一些重要的试验方法作了一系列规定。这对统一各种热分析方法的实验条件、仪器的校准和数据处理、取值方法，即热分析规范化，是十分有益的。这便于各实验室间的数据比较及热分析数据的计算机存储与检索。

文献［4］较详尽地列举了这些标准与规范。

ISO 塑料技术委员会（ISO/TC 61）的物理化学性能分委员会（SC-5）分别就 DSC、TG、TMA、DMA 等提出了如下一些标准和规范：

1. 差示扫描量热法（仪）（DSC）的标准与规范

① Part 1，General principles；

② Part 2，Determination of glass transition temperature；

③ Part 3，Determination of temperature and enthalpy of melting and crystallization；

④ Part 4，Determination of special heat capacity ；

⑤ Part 5，Determination of characteristic reaction-curve temperatures， times， enthalpy of reaction and degree of conversion；

⑥ Part 6，Determination of oxidation induction time；

⑦ Part 7，Determination of crystallization kinetics。

本着"等同翻译、等同采纳"的原则，我国石化系统就《塑料 差示扫描量热法（DSC）》已提出如下 4 项国家标准：

GB/T 19466.1—2004/ISO 11357-1：1997. 第 1 部分：通则；

GB/T 19466.2—2004/ISO 11357-2：1999. 第 2 部分：玻璃化转变温度的测定；

GB/T 19466.3—2004/ISO 11357-3：1999. 第 3 部分：熔融和结晶温度及热焓的测定；

GB/T 19466.6—2009 第 6 部分：氧化诱导时间（等温 OIT）和氧化诱导温度（动态 OIT）的测定。

2. 热重法（TG）的标准

① Part 1，General principles

② Part 2，Determination of kinetic parameters

3. 热机械分析（TMA）的标准

国际标准化组织 ISO 11359 包括如下 3 项内容：

① Part 1，General principles；

② Part 2，Determination of coefficient of linear thermal expansion and glass transition temperature；

③ Part 3，Determination of penetration temperature。

4. 有关动态（热）机械分析（DMA）的 ISO 标准

目前，ISO 制定了如下 12 项标准：

① Part 1，General principles；

② Part 2，Torsion-pendulum method；

③ Part 3，Flexural vibration—resonance-curve method；

④ Part 4，Tensile vibration—non-resonance method；

⑤ Part 5，Flexural vibration—non-resonance method；

⑥ Part 6，Shear vibration—non-resonance method；

⑦ Part 7，Torsional vibration—non-resonance method；

⑧ Part 8，Longitudinal and shear vibration—wave-propagation method；

⑨ Part 9，Tensile vibration—sonic-pulse propagation method；

⑩ Part 10，Dynamic shear viscosity using a parallel-plate oscillatory rheometer；

⑪ Part 11，Determination of glass transition temperature；

⑫ Part 12，Calibration。

上述标准就扭摆、弯曲振动、拉伸振动、剪切振动及其共振与非共振法和动态剪切黏度的测定等均做了明确规定。关于 DMA 的原理、仪器和应用可参阅相关文献。

此外，还有如 ISO 992 Plastics determination of specific volume as a function of temperature and pressure（p-V-T diagram）piston apparatus method 等。

这些标准在一定程度上反映了热分析技术与应用的发展和现状。比如，考虑了 heat-flux DSC 与 power-compensation DSC 并存的现实。又如，热分析实验数据往往与实验条件（如试样的制备与状态调节、升降温速率、气氛与流速等）有关，这些标准为统一实验方法，为各实验室的数据比较和交流（涉及表达上的规范）奠定了基础，起了积极的作用。

尤应注意到，美国 ASTM 曾就热分析的一系列标准做了大量的前期工作，制定了一系列技术标准，诸如：

E 472—79　　Standard practice for reporting thermoanalytical data；

E 473—82　　Standard definitions of terms relating to thermal analysis；

D 4092—82　　Standard definitions and descriptions of terms relating to dynamic mechanical measurements on plastics；

E 474—80　　Standard method for evaluation of temperature scale for differential thermal analysis；

E 914—83　　Standard method for evaluation of temperature scale for thermogravimetry；

D 3418—82　Standard test method for transition temperatures of polymers by thermal analysis;

E 794—81　Standard test method for melting temperatures and crystallization temperatures by thermalanalysis;

E 793—81　Standard test method for heats of fusion and crystallization by differential scanning calorimetry;

D 3417—82　Standard test method for heats of fusion and crystallization of polymers by thermal analysis;

D 3895—80　Standard test method for oxidative induction time of polyolefines by thermal analysis;

E 537—76　Standard method for assessing the thermal stability of chemical materials;

E 698—79　Standard test method for Arrhenius kinetic constants for thermal unstable materials;

D 3850—79　Standard test method for rapid thermal degradation of solid electrical insulating materials by thermogravimetric method;

E 659—78　Standard test method for autoignition temperature of liquid chemicals;

D 3947—80　Standard test method for specific heat of aircraft turbine lubricants by thermal analysis;

E 831—81　Standard test method for linear thermal expansion of solid materials by thermodilatometry;

D 2236—81　Standard test method for dynamic mechanical properties of plastics by metals of a torsional pendulum;

E 14—63　Standard recommended practice for thermal analysis of metals and alloys。

以及后来颁布的 ASTM 技术标准：

E 1953—98　Standard practice for description of thermal analysis apparatus;

E 2161—01　Standard terminology relating to performance validation in thermal analysis;

E 1970—01　Standard practice for statistical treatment of thermoanalytical data;

E 1860—97a　Standard test method for elapsed time calibration of thermal analyzers;

E 2069—00　Standard test method for temperature calibration on cooling of differential scanning calorimeters;

E 1782—98　Standard test method for determining vapor pressure by thermal analysis;

E 1858—00　Standard test method for determining oxidation induction time of hydrocarbons by differential scanning calorimetry;

E 1952—01　Standard test method for thermal conductivity and thermal diffusivity by modulated temperature differential scanning calorimetry;

E 2009—99　Standard test method for oxidation onset temperature of hydrocarbons by differential scanning calorimetry;

E 2071—00　Standard practice for calculating heat of vaporization or sublimation from vapor pressure data;

E 2160—01　　Standard test method for heat of reaction of thermally reactive materials by differential scanning calorimetry；

E 2041—01　　Standard method for estimating kinetic parameters by differential scanning calorimetry using the Borchardt and Daniels method；

E 2070—00　　Standard test method for kinetic parameters by differential scanning calorimetry using isothermal methods；

E 1582—00　　Standard practice for calibration of temperature scale for thermogravimetry；

E 2040—99　　Standard test method for mass scale calibration of thermogravimetric analyzers；

E 2008—99　　Standard test method for volatility rate by thermogravimetry；

E 1641—99　　Standard test method for decomposition kinetics by thermogravimetry；

E 2113—00　　Standard test method for length change calibration of thermomechanical analyzers；

E 2092—00　　Standard test method for distortion temperature in three-point bending by thermomechanical analysis；

E 1545—00　　Standard test method for assignment of the glass transition temperature by thermomechanical analysis；

E 1824—96　　Standard test method for assignment of the glass transition temperature using thermomechanical analysis under tension；

E 1867—01　　Standard test method for temperature calibration of dynamic mechanical analyzers；

E 1640—99　　Standard test method for assignment of the glass transition temperature by dynamic mechanical analysis；

E 2039—99　　Standard practice for determining and reporting dynamic dielectric properties；

E 2038—99　　Standard test method for temperature calibration of dielectric analyzers。

日本的 JIS K 0129《热分析通则》（General rules for thermal analysis）也对各种热分析方法做了全面的概述。这些为构成 ISO 标准提供了重要的技术基础，是值得借鉴的。

我国制订的热分析国家标准尚有 GB/T 13464—1992 材料热稳定性的热分析测定法和 GB/T 6425—2008 热分析术语。

第二节　量 热 分 析

一、量热分析发展简史

热是人们从远古以来就十分关心的现象，但是对于热的本质的认识也是渐渐深入的[12]。早在距今 50 万年以前，北京周口店北京猿人生活过的地方发现了经火烧过的动物骨骼化石。有了火，后来人们又学会了摩擦生火和钻木取火，这样人们不再是火种的看管者，而成为了造火者。火是人类用来发明工具和创造财富的武器，利用火能够产生各种各样化学反应的这个特点，人类开始了制陶、冶金、酿造等工艺，进入了广阔的生产生活天地。

自从 1780 年 Lavoisier A. L. 和 Laplace P. S. 发表《论热》一文以来，至今已有 200

多年的历史。之后盖斯在测定大量物质的燃烧热、生成热、反应热的基础上，于 1840 年总结出著名的盖斯（Hess）定律。该定律指出，在等容或等压过程中，反应的热效应只与起始状态和终了状态有关，而与变化的途径无关。1905 年，Nernst W. H. 发表的《论由热测量计算化学平衡》一文，提出著名的能斯特热定理，1912 年，Planck M. 把热定理推进了一步，他假定 0K 时，纯凝聚态的熵值等于零，即 $\lim\limits_{T \to 0K} S = 0$，之后正式定为热力学第三定律。20 世纪 30 年代，美国国家标准局总结出版了早期的一系列标准热性质数据，标志着量热学新时期的开始。1946 年，著名量热学家 Huffman H. M. 组织了首届国际量热学会议，以后每年举办一次，使量热学步入了有组织的发展时期。

我国于 1979 年成立了中国化学会物理化学学科委员会的溶液化学-热力学-热化学-热分析专业委员会，后改为化学热力学-热分析专业委员会，以后每两年举办一次，使化学热力学-热化学-热分析进入了快速发展时期（详见本书第一章第一节）。

近年来，由于现代科学技术的飞速发展，特别是材料学和电子技术的飞速发展，提供了极其精确的控测装置、优良的保温系统和非常灵敏的温度测量工具。于是高灵敏度、高自动化的微量量热仪不断涌现，使量热学、热动力学蓬勃发展，学术研究非常活跃，应用的领域迅速拓展，在生物学、药物化学、材料化学、物理学、地球化学、农学、医学等领域和工业技术领域得到广泛应用。

二、量热分析术语

（一）量热学定义

量热学是研究如何测量各种过程所伴随的热量变化的学科。精确的热性质数据原则上都可通过量热学实验获得，量热学实验是通过量热仪进行的实施过程。

（二）量热分析一般术语[13,14]

热功率-时间曲线：在指定温度下，用量热仪测绘的热功率与时间关系的曲线。

功：功分为体积功（包括膨胀和压缩）和非体积功。其数值大小与体系状态变化的途径有关。从微观上来说，功来源于能级的改变（升高或降低）。

热量：因温度变化而体系与环境发生的热交换称为热量。从微观上讲，热是由于粒子在能级上重新分布而引起的内能的改变。

内能：内能是体系内部能量的总和，其中包括平动能（t）、转动能（r）、振动能（v）、电子能（e）和核能（n）。内能的绝对值不可测，只能测出变化值，这种能量以热与功的形式表现出来。

标准摩尔生成焓：在指定温度和标准压力下，由最稳定单质生成标准状态下 1mol 物质的等压热效应称该化合物的标准摩尔生成焓。以 $\Delta_f H_m^\ominus$ 表示。

标准摩尔燃烧焓：在指定温度下，1mol 的有机化合物完全燃烧所产生的热效应称标准摩尔燃烧焓，用 $\Delta_c H_m^\ominus$ 表示。

标准摩尔离子生成焓：从稳定单质生成溶于大量水中的 1mol 离子时所产生的热效应称标准摩尔离子生成焓，以 $\Delta_f H_m^\ominus(\infty aq$ 表示），其中"∞aq"代表无限稀溶液。

溶解热：一定量的物质溶于一定量的溶剂中所产生的热效应称为该物质的溶解热，溶解热的数值不仅与溶剂量及溶质量有关，还与体系所处的温度及压力有关，通常不注明则均指 298.15K 和 100kPa。溶解热又分为积分溶解热和微分溶解热。

积分溶解热：在等温等压下，一定量的溶质溶于一定量的溶剂中，溶液浓度由零逐渐变为指定浓度时，体系所产生的总热效应。

微分溶解热：在等温等压下，在大量的组成一定的溶液中，加入一定的溶质所产生的热效应。

稀释热：一定量的溶剂加到一定量的溶液中，使之冲稀，此种热效应称稀释热。稀释热又分两种：积分稀释热和微分稀释热。

积分稀释热：在等温等压下，将一定量的溶剂加到一定量的溶液中，使之稀释所产生的热效应。

微分稀释热：在等温等压下，把一定量的溶剂加到一定浓度的有限量的溶液中，所产生的热效应。

相变热：纯物质由一个相变成另外的相时所产生的热效应为相变热。一般相变热又可分为汽化热、熔化热和升华热。

化学反应热：指体系在不做其他功的等温反应过程中所放出或吸收的热量。

三、量热的基本原理

1850 年，科学界已经公认能量守恒是自然界的规律，即自然界的一切物质都具有能量，能量有各种不同形式，能够从一种形式转化成另一种形式，在转化中能量的总量不变[12]。

对于封闭体系的任何变化过程，可以用数学表达式表示能量的转化，即

$$\Delta E = Q - W$$

式中，ΔE 是体系发生能量变化的值；Q 为过程中体系从环境吸收的热量；W 表示体系对环境所做的功。式中 $\Delta E = U + V + T$，U 表示内能；V 表示体系在外力场中的位能；T 表示体系整体运动的动能。

对于量热体系来说，通常可以认为体系是静止的，并且外力场的影响可以忽略，这时，$T = V = 0$。于是上式可变为

$$\Delta U = Q - W$$

内能是体系内部能量的总和，内能是体系的性质，只决定于状态，是体系状态的单值函数，在定态下有定值，它的变值也只决定于体系的起始状态和终止状态。

功和热除了与始终态有关外，还与变化的具体途径有关。从微观角度来说，功是大量质点以有序运动而传递的能量；热量是大量质点以无序运动方式传递的能量；内能则是分子内部所有形式的能量之和，包括平动能、转动能、振动能、电子运动的能量和原子核能。

从量热仪所测量的热量有两种：一种是等容条件下测定的，在等容条件下，若体系不做功，则 $\Delta U = Q_V$，式中 Q_V 是等容过程中体系所获得的热量，如弹式量热仪所测量的热就是等容过程的热效应；另一种是等压条件下测定的，则 $\Delta H = Q_p$，式中 Q_p 是等压过程中的热量，如测定中和反应的量热仪所测量的热效应就是等压过程的热效应。对于常温常压下的凝聚体系所发生的反应过程，如固体溶于液体中的溶解反应、液-液相反应等，因反应前后 ΔPV 的变化很小，通常可忽略不计，这时 $\Delta H = \Delta U$。

四、量热分析存在的客观物质基础

当体系发生了变化（包括物理变化、化学反应和生物代谢过程）之后，使发生变化的温度恢复到变化前起始体系的温度，体系放出或吸收的热量称为该体系的热效应，即热量[15,16]。热量的大小与变化过程有关。产生热变化的过程有两大类：一类是物质的分子构成发生变化；另一类是物质的物理状态发生变化。前者产生的热量称化学反应热，后者产生的热量称状态变化热。化学反应热又分为吸热反应热和放热反应热，包括燃烧热、生成热、中和热、混合热、水解热、溶解热、稀释热、结晶热、浸润热、脱附热、代谢热、呼吸热、发酵热等。状态变化热又分为显热和潜热。显热指状态伴随着温度的变化，是显现的热量；潜热是相变时无温度变化。固体熔解为液体所吸收的热量作为潜伏在液体中的热量，当液体

凝固时将这些热量全部释放出来。相变热又分为熔化热（凝固热）、蒸发热（凝结热）和升华热。

精确的热性质数据原则上都可通过量热学实验获得，量热学实验是通过量热仪进行测试的。由于各种过程的热效应差异很大，热效应出现的形式不同，出现了各种形式的量热仪。早期的量热仪主要用来测定化合物的燃烧焓和热容，目前已出现了各种量热仪，如生物活性量热仪、差示扫描量热仪等。

五、量热分析的特点

量热法是热化学研究中的重要方法，人们用量热法可以直接研究包括物理变化、化学反应和生命体系中的变化过程。它不仅能提供热力学数据，还可以提供动力学数据，因而成为一种新的很有前途的研究方法[17]。

1. 应用的广泛性

从无机物到有机物，从无生命体系到有生命体系都可以用它来进行研究，因此，具有广阔的应用领域和应用前景。也不限制分析样品的物理状态（固体、液体、气体），透明和不透明的物质都可以作为研究体系。

2. 具有独特的优势

微量量热法用于化学、生物体系的热量测量有很多独到之处，它能直接监测化学、生物体系所固有的热力学过程，不需要添加任何试剂，所以不会引入干扰化学、生物体系正常活动的因素。它不需要制成任何透明的澄清溶液，可直接检测化学体系、生物体系（微生物的组织和悬浮液）。特别是热测量完毕之后，并没有影响到研究对象，这样还可以补充必要的后继分析。它是一种非破坏性、非侵入性的技术。它在测量中不用添加任何试剂，就能直接检测研究体系所固有的热效应。

参 考 文 献

[1] Proks I. Kinetic Phase Diagrams-Nonequilibrium Phase Transitions. Chvoj Z，Sestak J，Triska A eds. Amsterdam：Elsevier，1991：Chapter 1.

[2] Mackenzie R C. Thermochim Acta，1984，73：249.

[3] Liu Z H，Netsu S. 1991，18（4）：252.

[4] Matthrias Wagner 著，陆立明译. 热分析应用系列丛书：热分析应用基础. 上海：东华大学出版社，2010.

[5] ASTM E 472—79.

[6] Blaine R L，Fair P G. Thermochim Acta，1983，67：233.

[7] Le Chàtelier H. Bull Soc Fr Meneral Cristallogr，1887，10：204.

[8] Wendlandt W W，Gallagher P K. Thermal Characterization of Polymeric Materials. Turi E A ed. London：Academic Press，1981.

[9] Certificate ICTA Certified Reference Materials for Differential Thermal Analysis from 125 to 940℃.

[10] Dodd J W，Tonge K H. Thermal Methods，London：John Wiley & Sons，1987：142.

[11] 刘振海主编. 热分析导论. 北京：化学工业出版社，1991.

[12] 傅献彩，沈文霞，姚天扬，侯文华编. 物理化学. 第5版. 北京：高等教育出版社，2005.

[13] 张洪林，杜敏，魏西莲主编. 物理化学实验. 青岛：中国海洋大学出版社，2009.

[14] 印永嘉，奚正楷编. 物理化学简明教程. 第4版. 北京：高等教育出版社，2006.

[15] 刘振海，徐国华，张洪林编著. 热分析仪器. 北京：化学工业出版社，2006.

[16] 刘振海，徐国华，张洪林等编著. 热分析与量热仪及应用. 第2版. 北京：化学工业出版社，2011.

[17] 陈则韶，葛新石，顾毓沁编著. 量热技术和热物性测定. 合肥：中国科技大学出版社，1990.

第二章 热分析仪器

第一节 概　　述

一、热分析仪器的基本构成

热分析仪器通常是由物理性质检测器、可控制气氛的炉子、温度程序器和记录装置等各部构成，如图 2-1 所示。在第一章表 1-2 列出了热分析几种最常见的形式。

现代热分析仪器通常是连接到监控仪器操作的一台计算机（工作站）上，来控制温度范围、升（降）温速率、气流和数据的累积、存储，并由计算机进行各类数据分析。现代热分析仪器的趋势是由一台工作站同时操作几台仪器，如图 2-2 所示。

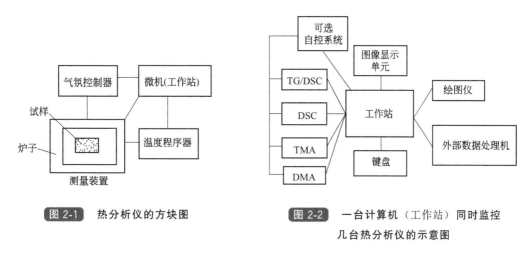

图 2-1 　热分析仪的方块图　　　　图 2-2 　一台计算机（工作站）同时监控几台热分析仪的示意图

仍可使用不带计算机的热分析仪，将输出信号记载到记录器的记录纸上，凭手工计算。测得的数据质量并无任何降低，只要合理地使用仪器并对数据进行正确的分析，仍可获得同样精确的结果，只不过要耗费更长的时间。

二、商品热分析仪器

表 2-1 列出了国内外部分商品热分析仪的型号和技术指标，诸如热天平（TG）、差热分析仪（DTA）、差示扫描量热计（DSC），以及热机械测量中的热机械分析仪（TMA）、动态热机械分析仪（DMA）等黏弹测量仪。各国的热分析仪都有其自身的特点，一般来说，性能优良的，其价格贵。用户可根据对样品的要求去选择热分析仪。

三、热分析仪器软件功能

热分析软件是现代热分析非常重要的组成部分，随着热分析仪器的快速发展，热分析软件的功能也越来越强大。近些年来更是出现了许多新的软件功能，例如：温度调制 DSC 软件、多频温度调制 DSC 软件、主曲线创建软件、各种动力学软件等。表 2-2 汇总了现代热分析软件的各种功能。

表 2-1   国内外部分商品热分析仪的主要技术指标[1]

国别、厂家	主要型号	主要技术指标
中国上海精密科学仪器厂	WRT(TG)	-2P 型(室温至 1000℃);-3P 型(室温至 1450℃)。最大负载 2g,灵敏度 1μg,量程 1～1000mg
	RZY-1P(TG)	室温至 1000℃。最大负载 2g。灵敏度 1μg。量程 1～1000mg。小型化
	CRY(DTA)	-1P 型(室温至 1100℃)。-2P 型(室温至 1500℃)。-31P 型小型化(室温至 1100℃)。-32P 型小型化(室温至 1450℃)。量程 DTA ±10～±1000μV
	CDR(DTA/DSC)	-4P 型(室温至 800℃)。-34P 型(室温至 800℃)。小型化。DTA 量程 ±10～±1000μV。DSC 量程 8～200mW
	RJY-1P(TMA)	室温至 1000℃(中温炉),-60～350℃(低温炉),位移量程 ±10～±1000μm。探头有弯曲、针入、压缩等
中国北京恒久科学仪器厂	HYD(氧化诱导期分析)	室温至 1100℃。DTA 量程 ±10～±1000μV。温度精度 ±0.1℃
	STA(TG-DTA)(全自动微机差热天平)	-100 型(室温至 1150℃)。-200 型(室温至 1450℃)。DTA 量程 ±10～±1000μV。TG 最大负载 300g,更换支架可达 5g。灵敏度 1μg
	HCT(TG-DTA)(微机差热天平)	-1 型(室温至 1150℃)。-2 型(室温至 1450℃)。DTA 量程 ±10～±1000μV。TG 量程 1～200mg,灵敏度 0.1μg
	HTG(TG)	-1 型(室温至 1150℃)。-2 型(室温至 1150℃)。以上型号 TG 量程 1～300mg 或 5g。灵敏度 0.1μg。温度精度 ±0.1℃
	HCT-S(TG-DTA/DSC)	可视 TG-DTA,可观测试样的表面状态。室温至 1150℃。DSC 量程 ±1～±100mW。温度精度 ±0.1℃。DTA 量程 ±10～±1000μV。TG 量程 1～200mg,灵敏度 0.1μg
	DSC-100	−150～700℃。功率测量范围 ±100μW。功率准确度 ±0.02μW
	DSC-S	可视 DSC,可观测试样的表面状态。−150～700℃。功率测量范围 ±100μW。功率准确度 ±0.02μW
中国南京大展机电技术研究所	DZ3320A 差热分析仪	室温至 1150℃。差热量程 ±2000 μV
	DZ3320 高温差热分析仪	室温至 1600℃。差热量程 ±2000μV
	DSC DZ3335 低温型	−100～800℃。温度分辨率 0.1℃。DSC 量程 100mW。DTA 量程 ±2000μV。DTA 灵敏度 0.2μV
	DZ3339(TG-DSC)	室温至 800℃。天平最大称量 200mg。灵敏度 1μg。DSC 量程 200mW
中国上海稀热平科学仪器有限公司	ZF-DTA	-A 型(室温至 1800℃)。-B 型(室温至 1600℃)。-C 型(室温至 800℃)。DTA 量程 ±10～±1000μV
	ZF-DSC	-D1 型(室温至 500℃)专测氧化诱导期。-D2 型(室温至 500℃)可以分析 DSC 曲线。-D3 型(室温至 1000℃)可以分析 DSC 曲线。DSC 量程 ±10～±200mW
美国 Perkin-Elmer 公司	DSC 4000	100～450℃。DSC 动态量程 ±175mW。分辨率 0.02μW。温度准确度 ±0.1℃。量热精度 ±0.1%(指 In 标样)
	DSC 8000	−180～750℃。DSC 动态量程 ±800mW。灵敏度 0.18μW。温度准确度 ±0.05℃。量热精度 ±0.03%(指 In 标样)
	TGA 4000	室温至 1000℃。TG 测量范围 1500g。天平灵敏度 1μg。温度精度 ±0.8℃
	DMA 8000	−190～600℃。形变模式:弯曲,拉伸,剪切,薄膜剪切,压缩。工作频率:正弦波(0～300Hz)
	STA 6000	15～1000℃。温度精度 ±0.5℃。TG 灵敏度 0.1μg。采用专利技术的 SaTurnATM 传感器进行高质量的 TG 和 DTA/DSC 同步测试,也可以与 MS 或 FTIR 联用
美国 TA 公司	Q600(TG/DSC)	室温至 1500℃。TG 测量范围 200μg。天平灵敏度 0.1μg。DTA 灵敏度 0.001℃
	Q400(TMA)	−150～1500℃。TMA 测量范围 5000μm。灵敏度 15nm。具有动态测试黏弹功能
	Q800(DMA)	−150～600℃。形变模式:弯曲,拉伸,应变,剪切,薄膜剪切,压缩。正弦波频率范围:0.01～200Hz。模量测量范围:10^3～$3×10^{12}$ Pa。采用空气轴承。动态力 0.000001～18N。应变分辨率 1nm
	Q1000(DSC)	−180～725℃。灵敏度 0.2μW。采用 Tzero 技术使基线平直。含温度调制式 DSC。可以选配光量热附件和压力 DSC 单元

续表

国别、厂家	主要型号	主要技术指标
美国 TA 公司	Q5000 IR	(TG)室温至 1200℃。天平灵敏度 $0.1\mu g$。TG 测量范围 $0.1g$。红外线加热速率 $0.1\sim500℃\cdot min^{-1}$。含温度调制式 TG。真空度 $1\sim2Torr$（$1Torr=133.322Pa$）
	Q5000 SA	(TG)10～80℃。天平灵敏度 $0.1\mu g$。TG 测量范围 $0.1g$。温度控制元件 Peitier。相对湿度控制范围 $5\%\sim95\%$
	Micro TA 2900	微区热分析是显微镜，可以与 TMA、MDTA 或 MDSC 等联合使用
德国 Netzsch 公司	DSC 204 Phoenix	$-170\sim700℃$。灵敏度 $3\mu V\cdot mW^{-1}$
	DSC 204HP	$-150\sim600℃$。灵敏度 $3\mu V\cdot mW^{-1}$。压力范围真空到高压（15MPa）
	DSC 404C	低温（$-120\sim750℃$）。高温（室温至 1500℃）。超高温（室温至 1650℃）。分辨率 $1\mu W$
	TG 209C	$20\sim1000℃$。TG 分辨率 $0.1\mu g$
	TMA 402	$-150\sim1000℃$。灵敏度 1digit/1.25nm。TMA 测量范围 2.5mm。操作模式：拉伸，膨胀，针入
	DIL 402E	$-260\sim2800℃$（分挡）。位移灵敏度1.25nm每一单位；形变模式：线膨胀，压缩
	DMA 242C	$-170\sim600℃$。模量测量范围 $10^3\sim10^{13}Pa$。频率范围 $0.01\sim100Hz$（任意一个频率合成波）。阻尼量程 tanδ $0.00006\sim10$。形变模式：三点弯曲，单/双悬臂，拉伸，剪切，压缩，针入
	STA 409C(TG-DSC)	$-160\sim2400℃$（分挡）。TG 灵敏度 1digit/1.25μg。DSC 分辨率 $1\mu W$
	STA 449C(TG-DSC)	$-120\sim1650℃$（分挡）。TG 灵敏度 $0.1\mu g$。DSC 分辨率 $1\mu W$。备有 TG、TG-DSC、TG-DTA、TG-DSC(Cp)等支架
	TA-QMS	TG 209C，STA 409C，STA 449C 等都可以与 QMS 或 FTIR 联用
瑞士 Mettler Toledo 公司	DSC 1	专业型：$-150\sim500℃$ 或 700℃（配 FRS5）。温度精度 $\pm0.02℃$。DSC 动态量程 $\pm350mW$（100℃）或 $\pm200mW$（700℃），量热精度 $\pm0.1\%$。灵敏度 $0.04\mu W$ 至尊型：$-150\sim500℃$。温度精度 $\pm0.02℃$。DSC 动态量程 160mW（100℃）或 $\pm140mW$（500℃），量热精度 $\pm0.1\%$。灵敏度 $0.01\mu W$ 此外不论专业型还是至尊型都能进行多频温度调制 DSC（TOPEM 专利技术）。可以配光量热附件
	HP DSC827（高压）	$22\sim500℃$（配 HSS7）或 700℃（配 FRS5）。温度精度 $\pm0.1℃$。DSC 动态量程 $\pm700mW$（FRS5）或 300mW（HSS7）。压力范围 $0\sim10MPa$
	TGA/DSC 1/1100SF	标准型：室温至 1100℃。TG 灵敏度 $0.1\mu g$ 或 $0.01\mu g$。温度精度 $\pm0.15℃$。量热准确度 5%。SDTA 传感器
	TGA/DSC 1/1100LF	标准型：室温至 1100℃。TG 灵敏度 $0.1\mu g$ 或 $0.01\mu g$。温度精度 $\pm0.2℃$。量热准确度 5%。SDTA 传感器。专业型：室温至 1100℃。TG 灵敏度 $0.1\mu g$ 或 $0.01\mu g$。温度精度 $\pm0.2℃$。量热准确度 2%。DTA 传感器 至尊型：室温至 1100℃。TG 灵敏度 $0.1\mu g$ 或 $0.01\mu g$。温度精度 $\pm0.2℃$。量热准确度 $\pm1\%$。DSC 传感器
	TGA/DSC 1/1600HT	标准型：室温至 1600℃。TG 灵敏度 $0.1\mu g$ 或 $0.01\mu g$。温度精度 $\pm0.3℃$。量热准确度 5%。SDTA 传感器热电偶 1 对 专业型：室温至 1600℃。TG 灵敏度 $0.1\mu g$ 或 $0.01\mu g$。温度精度 $\pm0.3℃$。量热准确度 2%。DTA 传感器热电偶 2 对 至尊型：室温至 1600℃。TG 灵敏度 $0.1\mu g$ 或 $0.01\mu g$。温度精度 $\pm0.3℃$。量热准确度 $\pm1\%$。DSC 热电偶 6 对
	TMA/SDTA	-840 型：室温至 1100℃。温度精度 $\pm0.15℃$。分辨率 10nm。SDTA 传感器的分辨率 0.005℃ -841 型：$-150\sim600℃$。温度精度 $\pm0.25℃$。TMA 分辨率 1nm。SDTA 传感器的分辨率 0.005℃
	DMA/SDTA 861	$-150\sim500℃$。位移范围 $\pm1.6mm$。模量测量范围 $10^2\sim10^{12}Pa$。频率范围 $0.001\sim1000Hz$（多个频率合成波）。阻尼范围：tanδ $0.0001\sim100$。形变模式：三点弯曲，单/双悬臂，拉伸，剪切，压缩。SDTA 传感器。采用压电陶瓷直接测量力，不经过马达力的转换

续表

国别、厂家	主要型号	主要技术指标
法国 Setaram 公司	Symmetrical TGA	$-150\sim2400℃$（分段）。TG 分辨率 $0.03\mu g$
	Labsys TGA	室温至 $1600℃$。TG 分辨率 $0.4\mu g$
	Setsys TGA	$-150\sim2400℃$（分段）。TG 分辨率 $0.04\mu g$
	Labsys DTA	室温至 $1600℃$。灵敏度 $20\mu W$
	Setsys DTA	$-150\sim2400℃$（分段）。灵敏度 $20\mu W$
	DTA 92	$-150\sim2050℃$。灵敏度 $100\mu W$
	Micro DSC 111	$-20\sim120℃$。DSC 分辨率 $0.03\mu W$。高压容器 40MPa
	Micro DSC V11	$-45\sim120℃$。DSC 分辨率 $0.04\mu W$。高压容器 40MPa
	DSC	-121 型（温度范围 $-123\sim823℃$）。-131 型（温度范围 $-170\sim700℃$）。分辨率 $0.4\mu W$。真空或 100atm（1atm=101325Pa）高压容器
	TG/DTA	室温至 $1600℃$。TG 分辨率 $0.4\mu g$。DTA 分辨率 $0.01\mu V$。真空或 100atm 高压容器
	Labsys DSC	室温至 $1600℃$。灵敏度 $0.4\mu W$
	Setsys DSC	$-150\sim2400℃$（分段）。分辨率 $0.4\mu W$
	Labsys TMA	室温至 $1600℃$。分辨率 1.6 nm。量程 5mm
	Setsys TMA	$-150\sim2400℃$（分段）。分辨率 2 nm。量程 2mm
日本 精工公司	DSC 7020	$-170\sim725℃$,灵敏度 $0.2\mu W$
	DSC 6100	$-170\sim500℃$,灵敏度 $0.2\mu W$
	DSC 6220	$-170\sim725℃$,灵敏度 $0.4\mu W$
	DSC 6300	室温至 $1500℃$,灵敏度 $0.20\mu W$
	TG/DTA	-6200 型:室温至 $1100℃$
		-6300 型:室温至 $1500℃$
		以上型号的 TG 量程 200mg,灵敏度 $0.20\mu g$,DTA 量程 $\pm1000\mu V$,灵敏度 $0.06\mu V$
	TMA SS	-6100 型:$-150\sim600℃$。-6200 型:室温至 $1100℃$。-6300 型:室温至 $1500℃$。位移灵敏度 $0.02\mu m$,负荷施加的程序模式:常量 $\pm5.8N$,线性 $0.01\sim10^7 mN\cdot min^{-1}$,正弦 0.001Hz,最大位移量 $\pm5mm$
	DMS 6100	$-150\sim600℃$,有弯曲、拉伸、剪切和压缩等探头,频率 $0.01\sim200Hz$,加力范围:静态力 $\pm9.8N$,动态力 $\pm7.8N$
日本 理学电机 公司	TG 8120(TG-DTA)	标准型:室温至 $1100℃$。高温型:室温至 $1500℃$。标准型红外加热:室温至 $950℃$。高温型红外加热:室温至 $1500℃$。TG 最大质量 1g。分辨率 $0.1\mu g$。DTA 量程 $\pm1.5\sim\pm1000\mu V$
	DSC 8230	$-150\sim750℃$。DSC 满量程 $100\mu W\sim100mW$
	TMA 8310	压缩负荷法:标准型,室温至 $1000℃$;高温型,室温至 $1500℃$。拉伸负荷法和针入负荷法:室温至 $600℃$。测量灵敏度 $1\sim5000\mu m$
日本 岛津公司	TGA	-50 型:室温至 $1000℃$。-50H 型:室温至 $1500℃$。TG 量程为 20mg 和 200mg,天平精度 $10\mu g$
	DSC 60A	$-140\sim600℃$。DSC 测量范围 40mW。噪声 $1\mu W$
	DTA 50	室温至 $1500℃$。测量范围(DTA/DSC)$(0.2\sim1000\mu V)/0.2mW$
	DTG 60H(TG-DTA)	室温至 $1500℃$。DTA 测量范围 $\pm1000\mu V$。TG 灵敏度 $1\mu g$。TG 最大量程 $\pm500mg$
	TMA 60/60H	-60 型:室温至 $1000℃$(也可选 $-150\sim600℃$)。-60H 型:室温至 $1500℃$(也可选 $-150\sim600℃$)。TMA 测量范围 2500mm,探头有弯曲、拉伸、针入、压缩。周期负载频率 $0.001\sim1Hz$
韩国 新科公司	TGA N-1000/1500	室温至 $1000℃/1500℃$,TG 量程 $40\sim400mg$,TG 灵敏度 $0.1\mu g$
	DSC N-650	$-150\sim725℃$。温度准确度 $0.1℃$。DSC 灵敏度 $0.1\mu W$
	STA N-650/1000/1500	-650 型:$-125\sim650℃$,DSC 灵敏度 $1\mu W$。-1000 型:室温至 $1000℃$,DSC 灵敏度 $4\mu W$。-1500 型:室温至 $1500℃$,DSC 灵敏度 $4\mu W$。TG 重量范围 400mg,TG 灵敏度 $0.1\mu g$
	DMA	$-190\sim400℃$。频率范围 $0.1\sim300Hz$(共 100 种频率)。刚度范围 $10^2\sim10^8 N/m$,$\tan\delta=0.0001$

表 2-2 现代热分析软件的功能

分　类	软 件 功 能	分　类	软 件 功 能
通用软件	温度校正 多条曲线同时显示 TA 曲线的微商、积分 曲线背景自动扣除 起始点、峰值、终点计算 按框切割 曲线平滑 曲线加减乘除 曲线分段 以样品质量归一化 TA 曲线 以升温速率归一化 TA 曲线 自动分析计算 包络线 曲线拟合 傅里叶变换 去卷积 21CFR 第 11 部分规范① LIMS 软件② 曲线图片格式输出 曲线文本格式输出 自动生成测试报告	DSC 软件	纯度软件 IsoStep DSC 软件 温度调制 DSC 软件 多频温度调制 DSC(TOPEM®)软件 热分析动力学软件
		TGA 软件	单一或多重失重台阶计算 失重转化率计算 含量计算 以样品质量归一化 失重起始点、终点、拐点计算 热分析动力学软件
		TMA 软件	玻璃化转变计算 瞬时膨胀系数计算 平均膨胀系数计算 转化率计算 以样品厚度归一化 TMA 曲线
DSC 软件	多种基线选择 焓值计算 玻璃化转变分析 含量分析 结晶度分析 转化率计算 比热容软件	DMA 软件	DMA 曲线的对数方式显示 玻璃化转变分析 应力-应变曲线显示 模量曲线显示 柔量曲线显示 储能模量、损耗模量的显示 相位角 δ(或 tanδ)的显示 主曲线绘制软件 动力学参数计算

① 21CFR 第 11 部分规范是美国食品与药品监督管理局（FDA）对于制药行业的技术规范。
② LIMS 软件是实验室数据存储管理系统。

第二节　常用热分析仪器

一、热重法（TG）

热重法是测量试样的质量变化与温度（扫描型）或时间（恒温型）关系的一种技术。如熔融、结晶和玻璃化转变之类的热行为试样确无质量变化，而分解、升华、还原、解吸附、吸附、蒸发等伴有质量改变的热变化可用 TG 来测量。这类仪器通称热天平。

1. 联用测量

有许多仪器生产厂家生产同时联用 TG-DTA 仪器（目前多采用 TG-DSC 仪器），这种仪器的优点不仅试样和实验条件是相同的，而且可用 DTA 和 DSC 的标准参样来进行温度标定（参见 TG 的温度标定）。

对热天平配以适当的仪器便可分析 TG 测量时逸出的气体产物，在第四节将叙述热天平与质谱（TG-MS）、傅里叶变换红外光谱（TG-FTIR）和气相色谱（TG-GC）的联用。

2. 基本结构

热重曲线是用热天平记录的。热天平的基本单元是微量天平、炉子、温度程序器、气氛控制器以及同时记录这些输出的仪器。热天平的示意图如图 2-3 所示。通常是先由计算机存储一系列质量和温度与时间关系的数据，完成测量后，再由时间转换成温度。

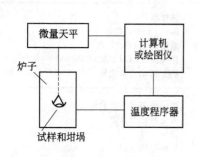

图 2-3   热天平方块图

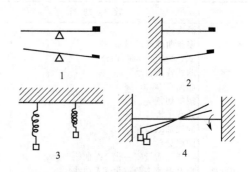

图 2-4   各种类型的微量天平

1—天平梁；2—悬臂梁；3—弹簧；4—扭丝

3. 微量天平

商品微量天平包括天平梁、弹簧、悬臂梁和扭丝等各种设计，如图 2-4 所示。

炉子的加热线圈采取非感应的方式绕制，以克服线圈和试样间的磁性相互作用。线圈可选用各种材料，诸如镍铬（$T<1300K$）、铂（$T>1300K$）、铂-10％铑（$T<1800K$）和碳化硅（$T<1800K$）。也有的不采用通常的炉丝加热，而用红外线加热炉，这种炉子通常可达到 1800K。使用椭圆形反射镜或抛物柱面反射镜使红外线聚焦到样品支持器上。这种红外线炉只需几分钟就可使炉温升到 1800K，很适于恒温测量。

4. 商品热天平

按天平与炉子的配置，样品支持器可处于如下 3 种类型之一：①下皿式天平；②上皿式天平；③水平式天平。下皿式天平一般用于单一的 TG 测量（而非联用测量）。图 2-5 是样品支持器在天平之下的一种商品 TG 仪的典型示例。

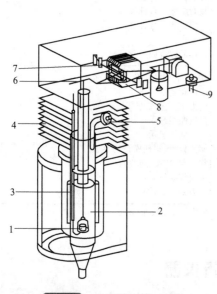

图 2-5   岛津下皿式 TG 仪

1—试样；2—加热炉；3—热电偶
4—散热片；5,9—气体入口；6—天平梁；
7—吊带；8—磁铁

对于 TG 与差热分析（DTA）的同时测量通常是采用上皿式和水平式热天平，这两种类型商品 TG-DTA 仪的代表性的配置如图 2-6 和图 2-7 所示。

5. 坩埚

图 2-8 所示的坩埚具有各种尺寸、形状，并由不同材质制成。坩埚和试样间必须无任何化学反应。一般来说，坩埚是由铂、铝、石英或刚玉（陶瓷）制成的，但也有用其他材料制作的。可按各自实验的目的来选择坩埚。

6. 气氛

TG 可在静态、流通的动态等各种气氛条件下进行测量。在静态条件下，当反应有气体生成时，围绕试样的气体组成会有所变化。因而试样的反应速率会随气体的分压而变。一般建议在动态气流下测量，TG 测量使用的气体有：Ar、Cl_2^*、CO_2、H_2、HCN*、H_2O、

N$_2$、O$_2$ 和 SO$_2^*$，对注有 ＊ 号的有毒气体应确保安全使用，并采取有效的清除措施。

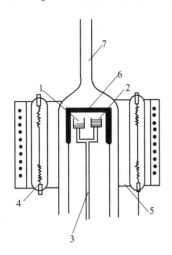

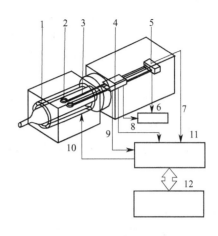

图 2-6　红外线加热的上
皿式 TG 装置（真空理工）

1—参比物；2—试样；3—样品支持器；
4—红外灯；5—椭圆聚光镜；
6—均热炉套；7—玻璃保护管

图 2-7　水平式 TG 装置（精工）

1—炉子；2—试样支持器；3—天平梁；4—支点；
5—检测器；6—天平电路；7—TG 信号；8—DTA 信号；
9—温度信号；10—加热功率；11—TG-DTA 型主机
（TG-DTA module side CPU）；12—计算机

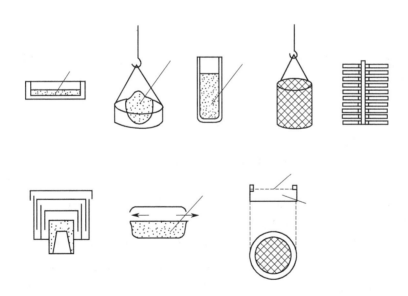

图 2-8　各种形式的坩埚

1—浅皿形；2—吊挂形；3—圆柱形；4—吊篮形；5—多层浅皿形
6—曲径密封形；7—带孔坩埚；8—带有网眼盖的坩埚；9—无坩埚

7. 温度标定

　　铁磁性材料变成顺磁性后，测得的磁力降为零的这一点的温度定义为居里点。当在恒定
磁场下加热铁磁性材料通过其居里点时，磁学质量降到零，天平表现出表观质量损失。这种
变化用于 TG 的温度标定。实际做法见第一章。

8. 高分辨 TG

为了提高 TG 曲线的分辨能力，需协同质量损失速率来改变升温速率，这种方法称作控制速率热重法（controlled rate thermogravimetry，CRTG）。采用如多阶恒温控制、动态速率控制、恒分解速率控制等几种类型控制温度的技术，主要是靠商品 TG 仪的软件来获取上述控温技术。

二、差热分析（DTA）与差示扫描量热法（DSC）

1. 热通量型 DSC

（1）仪器　热通量型 DSC 示意图如图 2-9 所示。样品支持器单元置于炉子的中央，试样封于试样皿内、置于支持器的一端，而惰性参比物（在整个实验温度范围内无相变）等同地被放置于支持器的另一端。试样和参比物间的温差与炉温的关系是用紧贴到支持器每一侧底部的热电偶来测量的。第 2 组热电偶是测量炉温和热敏板温度的。

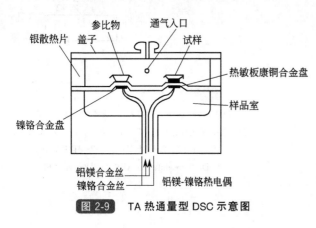

图 2-9　**TA 热通量型 DSC 示意图**

（2）标定　温度和能量标定是用标准参样进行的（见第一章）。

（3）试样容器　有各种形式的商品试样容器（开放式的和封闭式的），可由铝、石墨、金、铂、银和不锈钢等制成。

Discovery DSC 代表了美国 TA 仪器的最新创新成果。在首次开发的 Q 系列仪器 Tzero 技术的基础上，Discovery DSC 引入了创新的扩散-熔合传感器技术。Discovery DSC 拥有极高的精确度、准确性和分辨率。

金属的扩散熔合是在高温和压力下将两块金属表面完全接合的。久而久之，金属在原子层面的扩散，产生了致密的、连续和高质量的接合。在 Discovery DSC 中，镍铬和康铜被扩散熔合成完美的热电偶。由此得到的传感器结果中，扩散熔合部分置于样品表面之下最为理想的位置。实验对于样品盘的放置不是很敏感，因此可以最大程度地优化重复性。与其他有小的传感器接合点设计不同，扩散熔合传感器有一个连续的热敏感表面，极大地改善了温度测量的灵敏度，可在较短时间保持恒定并有优异的信号分辨率。

Discovery TGA 是拥有专利的高分辨 TGA 技术，具有很高的灵活性和可靠性的自动进样器。新的气体输送模块提供了气体切换及混合的功能，保证了对气氛最大程度的控制。Discovery 的用户界面简化了与仪器的交互作用，并提供了对 TGA 实验的轻松控制与监测，达到很高的灵敏度、精度、分辨率和良好的温度控制。

Netzsch 公司最新的 BeFlat® 软件功能通过以温度和升温速率作为变量的多元多项式，能够有效校正由于热不对称性引起的 DSC 基线漂移。多项式的系数是从一系列不同的基线测试中自动提取出来的。利用 BeFlat® 功能可以得到理想的水平基线，其漂移程度仅为 μW 量级。

2. 功率补偿型 DSC

对于功率补偿型差示扫描量热计（DSC），样品支持器单元的底部直接与冷媒储器接触（见图 2-10）。试样和参比物支持器分别装有测量支持器底部温度的电阻传感器和电阻加热器。按着试样相变而形成的试样和参比物间温差的方向来提供电功率，以使温差低于额定值，通常是<0.01K。

DSC 曲线是描绘与试样热容成比例的单位时间的功率输入与程序温度或时间的关系。温度和能量标定用标准参样进行（见第一章）。

3. 温度调制型 DSC（MTDSC）

MTDSC 是 TA 仪器公司在热通量 DSC 的基础上提出的一种新方法，是 DSC 技术的新发展。众所周知，对于 DTA 或 DSC 测量，慢速升温有利于提高分辨率，形成多重峰的分离；而快速升温则有利于提高灵敏度（如对于高聚物的玻璃化转变，通常要以 10℃/min 或 20℃/min 的升温速率测定）。调制式 DSC 是这两者的

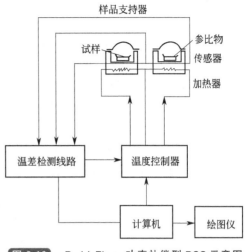

图 2-10　PerkinElmer 功率补偿型 DSC 示意图

巧妙结合，在慢速升温背景的基础上叠加一个正弦式快速升-降温振荡信号，起到在同一个实验中高分辨率与高灵敏度两者兼备的作用。这样测得的原始数据是基线也随之振荡的曲线（见图 2-11），从其轮廓线可明显分辨出玻璃化转变、冷结晶和熔融，以及熔融过程的重结晶（在以熔融吸热为主的振荡曲线上，可观察到向上隆起的部分，它标志着重结晶的放热过程）。这种方法比传统的 DSC 给出的信息更多，除总的热流速率曲线外，还同时给出可逆（如玻璃化转变、结晶、熔融）和不可逆部分（如热焓松弛、冷结晶、挥发、热固化和分解等），分别相应于热容（可逆）和动力学（不可逆）部分，这是 MTDSC 最突出的特征之一，凭此可以分辨许多相互重叠覆盖而以往无法区分的过程（详见第十一章高聚物 MTDSC 曲线部分）。

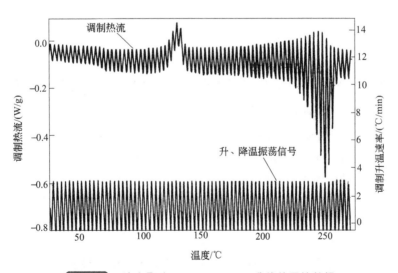

图 2-11　淬火聚酯（PET）MTDSC 曲线的原始数据

试样量 5.01mg，氮气，升温速率 2℃/min，振幅±0.5℃，周期 100s

MTDSC 使用温度范围−150～500℃或室温至 725℃，升、降温速率 0.01～10℃/min，温度调制幅度±(0.01～10)℃，调制周期（频率）10～100s (0.1～0.01Hz)。

4. 随机温度调制型 DSC（TOPEM）

随机温度调制型 DSC 技术（TOPEM）是瑞士梅特勒-托利多公司的专利技术（TOPEM 是该技术的注册名称），是在线性温度程序上叠加随机温度脉冲，用频率宽带实行温度调制[2~4]。温度脉冲的高度较小，持续时间（脉冲宽度）随机改变。这样的脉冲含有很多不同的频率，采用脉冲调制能使被测系统得到完整的表征，从而实现在一次实验中获得总热流、可逆热流（即显热流）、不可逆热流（即潜热流）、准稳态比热容 C_p 及其与温度调制频率的关系等试样信息。

测试原理由图 2-12 表示。DSC 仪器和坩埚、试样一起构成被分析的测量系统。温度曲线和相对应的热流由图 2-13 表示。

图 2-12 TOPEM 测试原理

$T(t)$—基础温度程序；T_0—起始温度；β_u—恒定的基础升温速率；t—时间；
$dT(t)$—随机温度调制；$\Phi(t)$—测得的热流；$\Phi_{rev}(t)$—可逆热流；$\Phi_{non}(t)$—不可逆热流

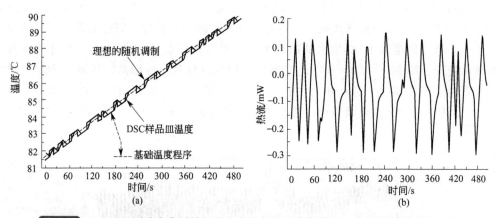

图 2-13 TOPEM 测试中典型的温度程序及其实际变化曲线（a）和相应的热流（b）

随机温度调制型 DSC 技术 TOPEM 由 4 个主要步骤组成。

步骤 1：输入信号为实际测得的 DSC 温度 $T(t)$，由常规线性温度程序叠加上较小的随机温度调制产生。输出信号为测量得到的热流 $\Phi(t)$（见图 2-12 和图 2-13）。

步骤 2：使用一种称为 PEM（parameter estimated method）的数学方法对输入信号与输出信号间进行相关性分析，可将热流分成两个分量：一个与输入信号相关，另一个与输入信号无关。相关的分量表征试样-仪器系统的线性行为。不相关的热流分量由过剩热容测定，是潜热流，即不可逆热流。

步骤 3：升温速率与热流的相关函数由已表征的系统确定。该函数等于响应较小温度台阶的热流信号（对温度台阶高度归一化）。对该函数的积分得出准稳态比热容 $C_{p,0}$ 和可逆热流，$\Phi_{rev}=mC_{p,0}\beta_u$（$m$ 为试样质量）。总热流为可逆与不可逆热流之和。

步骤 4：选择不同频率，可计算得到宽频范围内与频率有关的复合热容，即复合热容与频率的关系。

随机温度调制型 DSC 应用举例：无定形聚对苯二甲酸乙二醇酯（PET）在 75～80℃ 呈现玻璃化转变，然后开始结晶。用基础升温速率为 0.1K/min 的 TOPEM 技术（最大脉冲高度为 0.5K）测量该行为，结果如图 2-14 所示。如同常规 DSC 曲线，总热流曲线上呈现玻璃化转变台阶和 110℃ 处的结晶峰。准稳态热容 $C_{p,0}$ 在玻璃化转变处增大，但在结晶时下降，因为可运动的无定形物质含量降低。

与这两个 C_p 台阶有关的分子动力学在频率依赖性方面显然不同。玻璃化转变台阶随着频率升高移至较高温度，而在结晶区，频率曲线是相同的。在玻璃化转变处，相位曲线的峰温由分子的松弛过程决定。

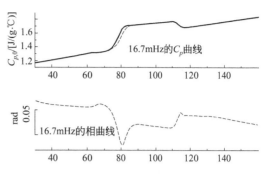
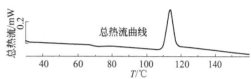

图 2-14 由 TOPEM 测量获得的曲线表示的 PET 玻璃化转变和冷结晶

5. 超快速差示扫描量热仪（Flash DSC）

超快速 DSC 是最新发展起来的差示扫描量热仪[5~7]，升降温速率最快可达到 10^6 K/min。由于可分析以往无法测量的物质结构重组过程，因而获得了高度重视。极快的降温速率可制备明确定义的结构性能的材料，例如在注塑过程中快速冷却时出现的结构；极快的升温速率可缩短测量时间，从而防止结构改变。超快速 DSC 是研究结晶动力学的很好工具，不同的降温速率的应用可影响结晶行为和结构。

目前商品化的超快速差示扫描冷热仪仅有瑞士梅特勒-托利多公司于 2010 年 9 月推出的 Flash DSC（又称闪速 DSC）。该仪器采用动态功率补偿电路，属于功率补偿型 DSC。升温速率可达到 2.4×10^6 K/min，降温速率可达到 2.4×10^5 K/min。

Flash DSC 的心脏是基于微机电系统 MEMS（Micro-Electro-Mechanical Systems）技术的芯片传感器，传感器置于有电路连接端口的陶瓷基座上。图 2-15 为 Flash DSC 芯片传感器和测试原理示意图。试样面和参比面各有热阻加热块，加热块由动态功率补偿控制。补偿功率即热流由排列于样品面和参比面的各 8 对热电偶测量。热电偶呈星形对称排列，以获得平坦和重复性好的基线。样品面和参比面由涂有铝薄涂层的氮化硅和二氧化硅制成，以保证传感器上的温度分布均匀。传感器面厚约 $2.1\mu m$，时间常数约为 1ms，即约为常规 DSC 仪器的千分之一，可保证超快升降温速率下的高分辨率。

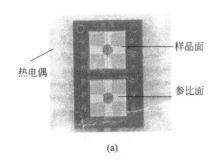

(a)

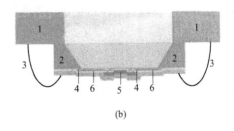

(b)

1—陶瓷板；2—硅支架；3—金属连线；
4—电阻加热块；5—铝涂层；6—热电偶

图 2-15 Flash DSC 芯片传感器外形（a）和测试原理示意图（b）

在常规 DSC 中，为了保护传感器，将试样放在坩埚内测试，坩埚的热容和导热性对测量有显著影响。试样量一般为 10mg。在 Flash DSC 中，试样直接放在丢弃型芯片传感器上进行测试。试样量一般为几十纳克。由于试样量极小，必须借助显微镜制备试样。

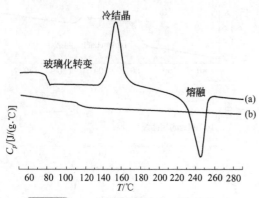

图 2-16 无定形 PET 的经典 DSC 曲线（a）和超快速 DSC 曲线（b）

升温速率：(a) 10K/min；(b) 60000K/min

Flash DSC 在其升降温低速段可与常规 DSC 交叠，例如 Flash DSC 的最低升温速率为 30K/min、最低降温速率为 6K/min。因此，Flash DSC 与常规 DSC 可互为补充，达到更宽的扫描速率范围。

超快速 DSC 应用举例：图 2-16 为聚对苯二甲酸乙二醇酯（PET）的经典 DSC 曲线（a）和超快速 DSC 曲线（b）。试样为熔融骤冷后的 PET 样品。在以 10K/min 升温速率测试的经典 DSC 曲线上，在约 140℃时发生冷结晶，即发生结构重组，在这之后，试样结构已不再是开始时的结构。而在以 60000K/min 超快速升温速率进行的超高速 DSC 测试曲线上，只有玻璃化转变，试样直至黏流态仍未发生结构改变。

6. 高灵敏度 DSC（HS-DSC）

一种 HS-DSC 是根据热流式 DSC 设计的。通过如下措施来改善灵敏度：①加大所用的试样量；②采用几组热电堆来测量试样和参比物的温度；③加大散热片的体积，减小温度波动。这种设计的仪器的灵敏度为 1.0～0.4mW。

Privalov 量热计是绝热式 HS-DSC 的一个例子，示于图 2-17。加热元件置于试样和参比物支持器之内，其外依次环设两层绝热屏。提供电功率减小因相变在试样

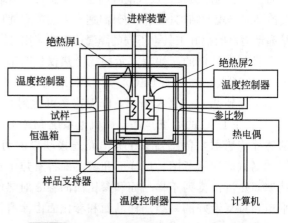

图 2-17 Privalov 绝热式 HS-DSC 系统示意图

和参比物之间形成的任何温差。HS-DSC 曲线描绘试样热容与程序温度的关系。Privalov HS-DSC 的最高灵敏度是 0.4mW，能量标定是用提供已知量的电功率，或通过测量纯水或盐缓冲液的热容变化来进行的。

7. 高压 DSC

图 2-18 所示为商品化的高压 DSC 的方块图，图 2-19 为高压 DSC 炉体结构图。整个设计可在最高压力 10MPa 下操作，此外高压 DSC 还可以进行真空测试。高压 DSC 主要由 DSC 炉体、压力腔、压力控制系统组成。现代的高压 DSC 可以保证在升温过程中压力始终保持恒定，这是靠压力控制系统动态调节进气量来实现的。在高压下可以加速化学反应，抑制汽化，使汽化向高温方向偏移。高压 DSC 是研究压力及气氛对样品影响的较好的手段。

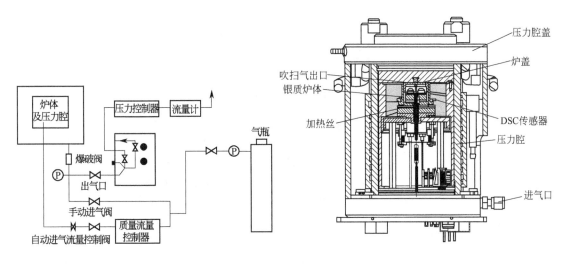

图 2-18　梅特勒-托利多公司 HPDSC 方块图　　　图 2-19　梅特勒-托利多公司 HPDSC 炉体结构图

8. 低温测量

在 40℃以下的温度进行测量需采用冷却装置来冷却样品支持器组件。最常见的冷却装置示于图 2-20。图 2-20(a) 和（b）的制冷剂可以是如下混合物之一（括号中的数字是低温工作限）：（盐）水-碎冰（－12℃）、干冰-丙酮（－30℃）、干冰-甲醇（－30℃）或液氮（－130℃）。图(c)采用的制冷剂是液氮。

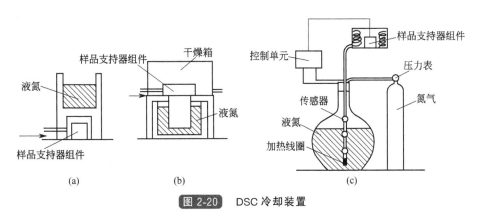

(a)　　　　　　　　(b)　　　　　　　　(c)

图 2-20　DSC 冷却装置

三、热机械法

1. 热机械分析（TMA）

热机械分析（TMA）是在非振动负荷（应力）下测量物质的形变与温度或时间的关系的一种技术。热膨胀法是测量试样的尺寸变化与温度或时间关系的一种技术。上述两种技术可使用同一种仪器，是按某一速率对试样升、降温，或在某一固定温度下保持恒温。

测量可在各种气氛下进行，包括真空、各种气体和水溶液，试样可以是固体（不仅包括膜，也包括粉末、薄层膜、纤维）、液体和凝胶。用 TMA 测量线膨胀、压缩、伸长、弯曲、溶胀针入等。

（1）基本结构　TMA 一般是由应力产生器、位移检测器、炉子、炉温控制器、温度程

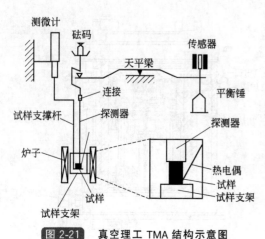

图 2-21 真空理工 TMA 结构示意图

序器和温度检测器等组成。在现代热分析系统，样品支持器部分是连接到与 TG、DTA、DSC 等并用的工作站（如图 2-1 所示），典型的 TMA 结构示于图 2-21。

（2）试样探测器　为测量试样在应力或应变下的尺寸变化，使用各种类型的试样探测器。对于特定应用的 TMA 探测器和形变类型示于图 2-22。

（3）温度和尺寸标定　TMA 的温度和尺寸标定是用纯金属的熔化进行的。

2. 动态热机械分析（DMA）

（1）基本表达式　对试样施加频率为 ω 的正弦式交变应力 σ，则产生的应变为 γ，由于高聚物的黏弹特性，应变将滞后于应力，两者间存在一个相位差，即滞后相位角 δ。这些量可以用式（2-1）和式（2-2）表示。

$$\sigma(t)=\sigma_0\sin(\omega t+\delta) \tag{2-1}$$

$$\gamma(t)=\gamma_0\sin(\omega t) \tag{2-2}$$

式中，σ_0 和 γ_0 分别表示应力和应变的最大振幅。

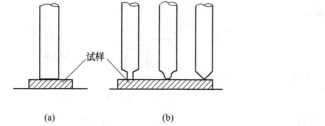

（a）　　　　　　（b）　　　　　　　　　　（c）　　　　（d）

图 2-22　各类 TMA 探测器

（a）膨胀式；（b）压缩式；（c）弯曲式；（d）拉伸式

对于动态测量常将动态模量 $E^*(\omega)$ 描写为如式（2-3）的复数形式：

$$E^*(\omega)=E'(\omega)+iE''(\omega) \tag{2-3}$$

式中，$E'(\omega)$ 和 $E''(\omega)$ 分别是动态储能模量和动态损耗模量。相角 δ 用式（2-4）计算：

$$\tan\delta=\frac{E''}{E'} \tag{2-4}$$

（2）仪器　按所施加的应力 $\sigma(t)$（即弯曲、拉伸、扭转等）的差别来分类。施以振动弯曲力的商品 DMA 的方块图示于图 2-23。

（3）DMA 曲线和转变图　表示聚乙烯醇在某一范围频率 ω 的 E'、E'' 和 δ 与温度关系的 DMA 曲线示于图 2-24。该技术特别适于研究聚合物的玻璃化转变、侧链或主链运动和局部松弛，需事先制成尺寸合适的聚合物试样供测试用。可观察到 DMA 曲线与 ω 关系的

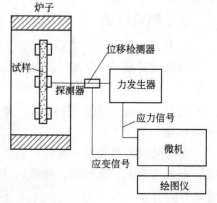

图 2-23　施加弯曲力的 DMA 方块图

tanδ 图随温度变化的某一特征（峰、转折、肩），由这些特征点的温度随频率的变化可绘制转变图。如果转变图的各点呈直线，则可按 Arrhenius 关系式计算此种转变的活化能。如各点呈非线性，便可用 Williams-Landel-Ferry（WLF）方程计算特征参数。由图 2-24 数据绘制的聚乙烯醇的转变图示于图 2-25。这时用 Arrheniu 关系式可以计算 α（晶区运动）、β（玻璃化转变）和 γ（局部松弛）转变的活化能。各种聚合物的转变图示于第二篇第十一章。

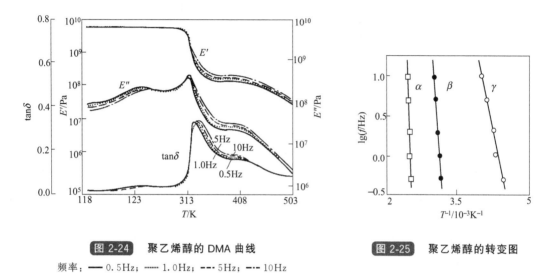

| 图 2-24 | 聚乙烯醇的 DMA 曲线 |

频率：—— 0.5Hz；……… 1.0Hz；—·— 5Hz；—··— 10Hz

| 图 2-25 | 聚乙烯醇的转变图 |

四、热膨胀法

以往的膨胀法通常是测量试样体积与温度的关系，由各自的科研人员设计和制造玻璃毛细管膨胀计，以水银为填充介质。在体膨胀实验中不再使用水银。膨胀计不像以前那样广泛使用，部分原因就是找不到可替代的填充剂，大部分为 TMA 所取代，用 TMA 测定的是线胀系数，而非试样体积随温度的变化（见第六章第一节）。

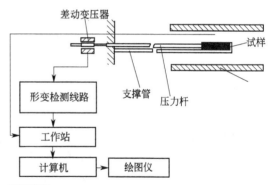

| 图 2-26 | 真空理工差动变压器式线膨胀系数测量仪 |

可用图 2-26 所示的仪器测量线胀系数的精确数值，测量的温度范围为 $-17 \sim 1000\,^{\circ}\mathrm{C}$，试样尺寸 $\phi(8 \sim 10)\,\mathrm{mm} \times (50 \sim 55)\,\mathrm{mm}$，可检测的尺寸变化范围 $\pm(1 \sim 2500)\,\mu\mathrm{m}$。

第三节　光学、电学、声学热分析法

一、交变量热法（ACC）

1. 仪器

交变量热法（alternating current calorimetry，ACC）是测量试样交变受热而产生的交变温度变化，可由此确定材料的比热容。假定在加热过程中热不从试样耗散，在固定的光强和频率下由式(2-5)给出试样的交变温度。

$$T_{ac}=(Q/i\omega C_p)\exp(i\omega t) \qquad (2\text{-}5)$$

式中，C_p 为试样比热容；$Q\exp(i\omega t)$ 为热流；ω 为角频率。

AC 量热计的原理示意图如图 2-27 所示。用一个可变频的光束继电器来调制白色光源的输出，以便产生照射试样一个表面的方波，而在试样的另一面用热电偶测量波动的交变温度。由于锁定放大器在设计上的不断改进，可在低频工作，使得 ACC 可应用到包括聚合物在内的各个方面材料的测量。

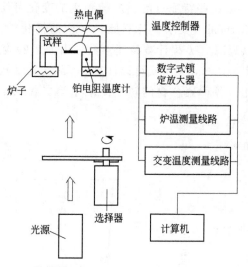

图 2-27 真空理工 ACC 仪器方块图

2. 测量

工作温度范围一般是 $100\sim1000K$，试样面积 $30\sim50mm^2$，厚度 $0.01\sim0.3mm$，温度分辨率 $T<770K$ 时为 $\pm0.0025K$，$T>770K$ 时为 $\pm0.025K$。用干燥的惰性气体通过样品支持器，用直径为 $0.002mm$ 的镍铝-铬镍或铬镍-康铜热电偶作为金属试样的载体。当测量有机物时，首先将试样溶于有机溶剂中，再涂覆到薄金属载体（不锈钢薄片）上，然后置于真空烘箱中使试样干燥。这时热电偶是固定到金属载体上，聚合物的 C_p 测量精度是绝对值的 $\pm2\%$。将石墨细粉溶胶涂覆到聚合物的光照面上，确保照射光的完全吸收。

二、热释电流测量(TSC)

当对平板绝缘体（如聚合物膜）施加高压电场时，则其中的陷阱电子、可移动离子和永久偶极易于被极化，通过短路可使这种极化消失，并可通过提高温度加速这个过程。可选某一极化温度 T_p 在一恒定电场 E_p 中使平板绝缘体极化并降温冷冻，然后在升温过程中可测得电流谱，这种分析称作热释电流（TSC），或称热电流、热去极电流。本来 TSC 是用于测量无机化合物，如半导体、玻璃和碱金属卤化物的电荷解陷。

聚合物的 TSC 谱可呈现与结构转变有关的几个峰，虽然只有 pA 量级的电流，却可作为聚合物的分析手段。TSC 是一种很有效的灵敏方法，可应用于共聚物、聚合物共混物、复合材料等聚合物的分子松弛过程的研究中。聚合物的 TSC 对添加剂、掺杂物、增塑剂、水和其他小分子量有机物同样是灵敏的。

1. 仪器

图 2-28 表示 TSC 测量有代表性的实验设备，是由直流电源、灵敏电流计、程序温度控制器、记录器和试样池构成的。由于需施加均匀的电场，标准试样务必是平板状的。

2. 实验步骤

TSC 有代表性的实验步骤如下：

① 将成型为平膜状的聚合物试样置于两金属电极之间，然后升温到聚合物主转变温度以上，这就是所定义的极化温度 T_p；

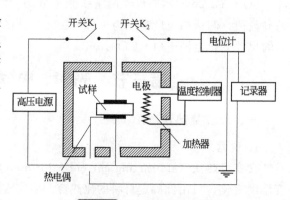

图 2-28 TSC 仪器方块图

② 施加高压电场 E_p，在温度 T_p 极化某一选定时间 t_p，然后降到转变业已完成的温度 T_0；

③ 取消外界电场，将电流计接到试样两侧测量电池上；

④ 以某一恒定的速率（通常是 10K/min）加热试样，观测去极电流与温度的关系。

对聚合物来说，由于去极化速率与高分子化合物固有运动的松弛时间有关，因而 TSC 峰温相应于聚合物结构的分子可移动性。

3. 热脉冲

当分析 TSC 曲线形状时，一般是假定为单一的松弛过程，由 TSC 曲线的起始倾斜按 Arrheniu 关系式来确定活化能。不过，不应认定聚合物复杂的 TSC 曲线为单一的松弛过程。为将这些曲线分峰为个别的松弛峰，采用一种"热脉冲"（thermal sampling）的办法，温度和施加电场图示于图2-29，并与标准 TSC 法做对比。试样在温度 T_p 时极化时间为 t_p（约 5min），冷却到选定的去极化温度 T_p'，一般比 T_p 低 5K。然后

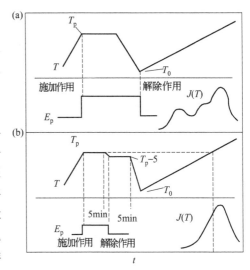

图 2-29　热脉冲法的温度与施加的电场图

解除 E_p，并在无极化电场下保温与极化的相同时间，淬火到更低温度后，再加热试样，观测 TSC。改变 T_p，重复上述步骤，可测得一系列如图 2-29 所述的各自的峰。如果极化过程具有松弛时间分布，应用这种热脉冲技术可从实验上获得松弛谱。

三、热释光(TL)

1. 原理

如同 TSC 方法，用热释光确定包括聚合物在内的绝缘体的被捕获电子的能级深度是研究高分子链动态的一种有力的工具。Partridge[8] 对 TL 前期在高分子科学方面的应用做了详细的综述。

绝缘体受高能射线，如紫外线、X 射线、γ 射线等辐照后，以某一恒定的速率升温便可测得典型的 TL 辉光曲线。某些电子在射线作用下跃迁到导带，在其被陷阱重新捕获的状态下升温时，获得和陷阱深度相当的热能的电子跳到导带，经历若干个过程和空穴再结合，以光的形式放出能量。

2. 氧化发光

聚合物在提高温度时因氧化而发光，也就是说当聚合物在空气或氧气中高温加热时，观测因其氧化而产生的光发射与温度的关系，这个现象称作氧化发光（oxyluminescence，OL）。OL 曲线可归因于高分子的裂解，因而发光量通常是随升高温度而增强的。

3. 仪器和试样

TL 仪器示于图 2-30，仪器的主要部分是

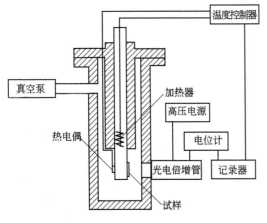

图 2-30　TL 仪器的原理示意图

由装在暗箱中作为高灵敏光检测器的光电倍增管、控制等速升温的试样池等组成。升温速率一般是 5~10K/min，测定升温速率依赖性的实验除外。例如，在 30kV 和 50mA 条件下，用铜管产生的 X 射线进行辐照来激发试样。为测得可靠、重复的结果，已辐照的试样应在暗处低温冷藏，待测。

4. 测量

一般试样是成型为厚约 0.1mm 的圆片，利用干冰或液氮在低温辐照。即使试样未能成型为圆盘状，可以任何形状，如粉状、纤维或小的切片均可测量。除非研究氧化效应，所有实验均在氮气或减压下进行。可采用通过滤光片的一系列频带来测量发射的光谱分布。

5. TL 辉光曲线

TL 辉光曲线的样式（形状和强度）随反映聚合物分子高级结构的特征而变，辉光曲线的热释光峰归因于每个试样的分子松弛。

四、热扩散的温度波分析（TWA）测量

对于观测在松弛区复杂的物理性质温度调制技术有其优越性，温度波方法是测量材料热扩散的一种非稳态方法。

作用在薄板状试样正面的温度波通过试样的厚度方向，依试样的热扩散率、厚度和作用频率而出现温度波的滞后和振幅的衰减，通过分析测得的温度波行为与频率的关系而得到热扩散率值。用温度波分析（temperature wave analysis，TWA）可在很宽的温度范围内（包括熔融、结晶和玻璃化转变温度）连续测量热扩散率与温度的关系。

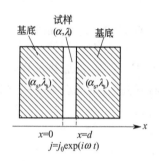

图 2-31　试样膜和基底的示意图

α，α_s—试样和基底的热扩散率；

λ，λ_s—试样和基底的热导率

1. 原理

图 2-31 表示试样膜及其与基底在 $x=0$ 和 $x=d$ 处接触的示意图[9]。

假定热流仅出现在厚度方向，基底是近似无限的，则在无限远的距离上获得温度波动。当与热扩散路程相比试样厚度是更加延迟时，则在试样两基底间温度波的相位移 $\Delta\theta$ 可表示为：

$$\Delta\theta=(\pi f/\alpha)^{1/2}d-(\pi/4) \tag{2-6}$$

根据式(2-6)，$\Delta\theta$ 对 $f^{1/2}$ 作图便可得一直线关系，式中 f 为频率。如用其他方法确定试样厚度，便可从直线斜率计算热扩散率值。

进而可利用温度波的频率将式(2-6)改写成式(2-7)。

$$\alpha=\pi f[d/(\Delta\theta+\pi/4)]^2 \tag{2-7}$$

由在某一恒定频率下测得的 $\Delta\theta$ 值，从方程(2-7)确定 α。当试样温度是以恒定升、降温速率扫描时，就可以直接得到 α 与温度的关系，实验需在谨慎的条件下进行。

2. 仪器

TWA 系统的示意图如图 2-32(a)所示，喷涂的薄金属层是温度波发生器，检测用电阻传感器放大，如图 2-32(b)所示，当一个正弦波提供给加热器，则在试样的正面产生温度波，并传输通过试样。输入温度波的幅度是根据试样条件、厚度和热导率来选定的，一般的温度变动在试样正面是控制在 0.5K 以内，而背面的温度变动约为 0.001K。背面的温度变动是由传感器的电阻改变来检测的，电阻变化的交流成分用锁定放大器放大，并进行分析。

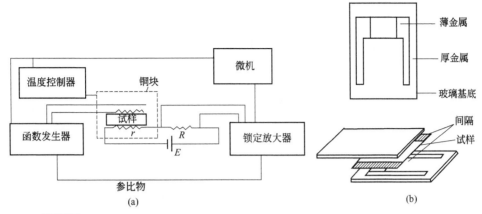

图 2-32 TWA 系统原理示意图（a）和温度波与检测用电阻传感器的放大图（b）

3. 试样

本法对试样厚度、宽窄以及电极尺寸和形状并无严格限制，一般是将尺寸为 5mm×10mm、厚度 10～100μm 的膜状试样置于两块玻璃平板载片间，在载片上喷涂 1mm×4mm 的金属作为传感器和加热器，用垫片保持试样的厚度，防止在测量时试样的收缩和变形。

4. 测量

热电偶插入在热台上与试样处于对称位置的参比池中，为精确测定热扩散率，热台温度需保持恒定，测量相位移与频率的关系。对 TWA 来说，是在 0.1～10K/min 的范围内以恒定的速率进行温度扫描的。以合成蓝宝石薄片作为参考物来核对热扩散率的数值。

用这种 TWA 技术可以恒定的扫描速率在很宽的温度范围（包括聚合物的相转变区）测得热扩散率，而温度波的频率范围可在 1～5Hz 的范围选择。由温度波相滞后和幅度衰减的变化可清楚测得试样的玻璃化转变、一级转变和冷结晶。

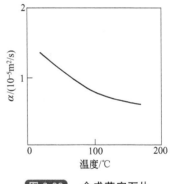

图 2-33 合成蓝宝石片的 TWA 曲线

5. TWA 曲线

图 2-33 表示合成蓝宝石片的 α 与温度的关系，其值随温度的升高而单调下降，25℃时的 α 值与文献值十分符合。这表明在直到 2kHz 的实验频率范围，传感器或总的测量系统的时间常数是足够短的。

第四节 热分析与其他分析方法的联用

热分析仪器可与其他一些分析仪器联用，以便同时测得几种物理性质。

一、热台显微镜法

热台显微镜法是在程序控温下测量试样的透射光强或反射光强的一种光学方法。梅特勒-托利多 FP84 型热台显微镜-DSC 联用仪有一个 DTA/DSC 传感器。热台显微镜的观测结果有益于解释 DSC、TG 和 TMA 曲线的测量数据。这种方法可以同步测量，同一样品的组分、均一性、温度梯度和温度程序没有差别，可以观测样品的熔融和结晶过程、多晶型转变和分解反应。一方面，对于具有双折射的样品，如晶体（除那些属立方晶系以外）在正交偏振滤镜间对比度都非常高，且随晶层厚度的不同，会在另外的黑暗视野中呈现特别漂亮的颜色。另一方面，无定形或熔融样片呈现暗色，甚至是黑色。因此，可以特别准确地观测到清晰熔点（最后一些晶体的熔融）和晶体的生长过程。也可任选光监控器，测定并记录视区的光强。

图 2-34 是 FP84 型热台显微镜-DSC 联用仪的剖面简图，内置于左边的风扇（未显示），吹出的冷气流和内壳上的镜面涂料保护灵敏的物镜不受热影响。带透明样品坩埚和参比坩埚的测量传感器放在炉子的中央，并从底部和顶部同时升温，以保证温度梯度最小。

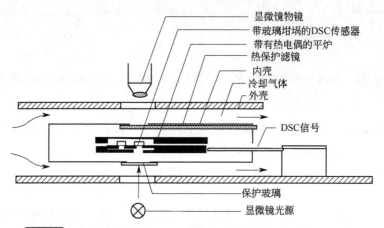

图 2-34   梅特勒-托利多 FP84 型热台显微镜-DSC 联用仪剖面简图

二、X 射线衍射-DSC

现有的 X 射线衍射-DSC 联用仪包括很宽的 X 射线散射角范围（同步轨道发射 synchroton orbital radiation，SOR：$0.05° < 2\theta < 0.5°$；小角 X 射线散射 SAXS：$0.25° < 2\theta < 10°$；广角 X 射线衍射 WAXD：$5° < 2\theta < 70°$）。在此范围内可研究尺寸为 $0.1 \sim 500nm$ 的结构特征。X 射线-DSC 分析的试样皿是由对 X 射线高度透明、低扩散、散射几乎无 Bragg 反射的材料制成，诸如铝、石墨或一氮化硼。

由于在 SOR 实验中 X 射线的高通量，进行时间分辨 X 射线分析是可能的。不过这时必须注意避免辐射引起的试样分解。

三、逸出气分析（EGA）

逸出气分析（EGA）是试样在程序控温下测量其挥发产物的性质与量的一种技术。EGA 从根本上讲就是如何对逸出气进行检测，其中质谱（MS）和傅里叶变换红外光谱（FT-IR）就是连续跟踪送入的气体组成与时间或温度的关系。气相色谱（GC）是一个间歇取样技术的例子，每隔一定时间或温度间隔收集一部分气样，随后进行分析。热分析与 EGD、EGA 可实现如图 2-35 所示的各种联用。

（一）DTA（DSC）-EGD 联用热分析仪

DTA（DSC）-EGD 联用热分析仪的原理流程如图 2-36 所示[10]。对照 DTA 曲线上物理变化，如熔融、结晶、晶相转变等的吸热或放热效应无气体逸出，此时进入 TCD 检测臂与 TCD 参比臂中的载气完全一致，EGD 曲线呈平滑基线。当试样发生化学反应（如分解、化合、氧化、还原）时，有气体逸出，试样侧载气的组成发生变化，TCD 两臂不一致，电桥失去平衡，产生与 DTA 曲线相应的峰。

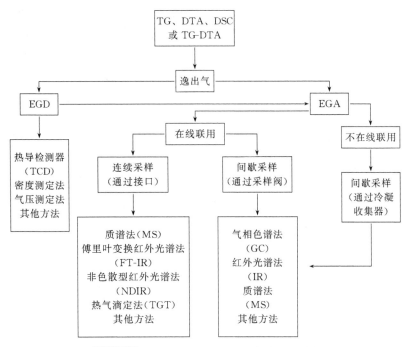

图 2-35　TA-EGD-EGA 联用的各种分析流程

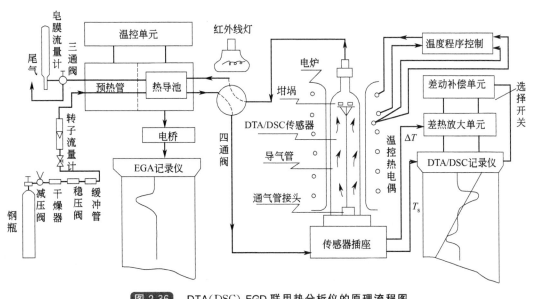

图 2-36　DTA(DSC)-EGD 联用热分析仪的原理流程图

逸出气的定量方法：若测定条件（载气及其流量、TCD 的桥流和池温等）相同，TCD 输出信号的大小和方向仅与载气中所携带组分的热导性质和浓度有关，而与源于何种试样无关。这样就可用不同量的已知分解组分与其 EGD 峰面积（以剪纸质量表示）的线性关系作出某组分的 EGD 标定线，然后对试样在热分解过程中释放出同样的组分进行精确定量，此种定量方法简称为 QEGD 法。例如，用不同量的 $CaC_2O_4 \cdot H_2O$ 为标样，可分别得到热导率不同的 Ar、N_2、空气和 H_2 等载气的 EGD-H_2O 峰标定线，见图 2-37。

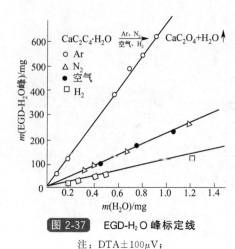

图 2-37 EGD-H$_2$O 峰标定线

注：DTA$\pm 100\mu$V；

升温速率：20℃/min；载气：20 ml/min；

EGD/TCD：桥流 100 mA、池温 115℃

有了 EGD-H$_2$O 峰标定线，就可在 DTA-EGD 联用热分析装置上对在热分解反应中能逸出 H$_2$O 的任何物质进行 EGD 的定量。图 2-37 中对含结晶水的不同盐类和含羟基水的各种氢氧化合物，在不同载气下进行测试，实验结果的相对误差绝大部分在 $\pm$10％以内[11]。

同样可作出图 2-38 和图 2-39 的 EGD-CO 峰标定线和 EGD-CO$_2$ 峰的标定线，对释放出 CO 或 CO$_2$ 的物质进行 QEGD 的定量测定。

（二）TG-DTA-GC

选择合适的填充柱材料可以分离气体组分，并预先鉴定。为避免对低沸点组分的分辨率差，选择合适的柱温是重要的。使热天平脱离开色谱的压力波动是连接 TG-GC 仪器所遇到的最大困难（见图 2-40）。

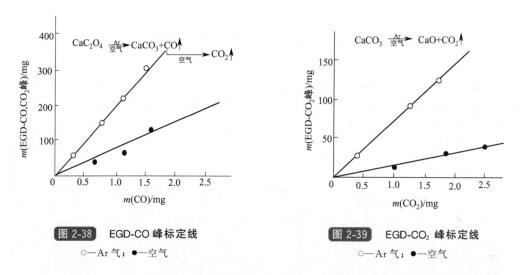

图 2-38 EGD-CO 峰标定线

○—Ar 气；●—空气

图 2-39 EGD-CO$_2$ 峰标定线

○—Ar 气；●—空气

图 2-41 为自制双流路[12]，双 TCD 检测系统和串联色谱柱的 QDTA-T-EGD-GC 在线联用热分析仪。

试样分解时，EGD 曲线跟踪 DTA 曲线演变，在 R$_1$ 和 R$_2$ 记录仪上呈现对应的峰形曲线。如欲分析某个温度的逸出气，可立即旋转六通阀采样器（使由 A 状态转为 B 状态，见图 2-41 中采样器），截取该反应温度下的逸出气并进行 GC 追踪分析。在此过程中，EGD 曲线持续跟踪 DTA 曲线的同时，在记录仪 R$_2$ 上将出现 GC 谱图。若准备截取下一个反应温度的逸出气，可反旋六通阀（使采样器恢复为 A 状态）。这样就可在线间歇多次地截取不同反应温度下的逸出气进行 GC 的组成分析，在测得 DTA-EGD 曲线的同时，观测到逸出气随温度的变化。

由于在整机流程设计上采用的是 DTA 与 GC 在线联用技术，而不是"脱机"（或称不在线）联用技术，并增设了第二个热导检测（TCD$_2$）系统，这样不仅省去了冷凝收集器和GC 进样器，而且避免了反应逸出气被沾污或发生两次反应的可能性。从而提高了分析精度

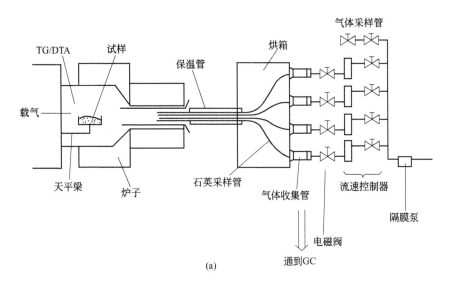

(a)

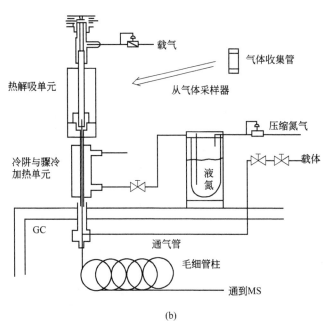

(b)

图 2-40　精工和 GL Sciences TG-DTA-GC 的示意图

（a）TG-DTA 的采样系统；（b）由采样到 GC 或 MS

和可靠性，缩短了分析时间。

　　为扩大使用温度范围，于 1986 年用上海天平仪器厂生产的 CRY-1 型中温差热分析仪取代了常温型 CDR-1 型差动热分析仪，经改建为一台使用温度可达 1100℃ 的 DTA-EGD-GC 在线联用热分析仪。

　　所建联用装置只需要毫克（mg）级的微量样品，于同一时间内经一次测试就可同时取得 DTA-T-EGD-GC 四方面的曲线和信息，这对判别热效应性质，揭示固体热分解反应历程、追踪反应逸出气组成的演变规律，和为探讨气-固相热反应机理等方面的基础理论研究，提供了一个微量、精确、快速的实验手段。

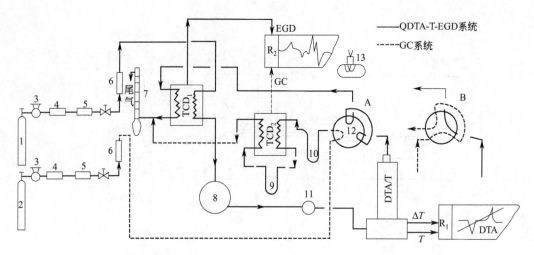

图 2-41 QDTA-T-EGD-GC 在线联用热分析仪原理流程图

1—反应气或惰性气钢瓶；2—载气钢瓶；3—减压阀；4—干燥器；5—稳压阀；6—转子流量计；

7—皂膜流量计；8—六通阀；9—5A 分子筛；10—401 柱；11—汽化器；12—取样器；13—红外线灯

（三）微机化 DTA-EGD-GC 在线联用热分析仪

自制微机化 DTA-EGD-GC 在线联用热分析仪的整机原理流程如图 2-42 所示[13]。

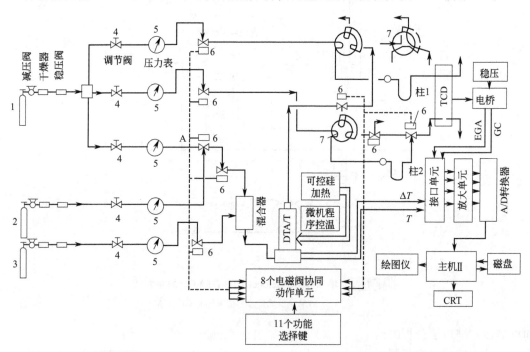

图 2-42 微机化 DTA-EGD-GC 在线联用热分析仪整机原理流程图

1—载气钢瓶（A）；2，3—惰性气体（B）和反应性气体钢瓶（C）；4—调节阀；

5—压力表；6—电磁阀；7—六通阀采样器；柱 1—401 有机载体；柱 2—5A 分子筛

主机有 11 种功能，由 8 个电磁阀控制气路的通断，可供选用的气源有（A）、（B）、（C）及混合气（A-C）、（B-C）五种，具有单柱（TCD）双效的功能，既可做 DTA-EGD 测试，又可做 DTA-GC 的测试。DTA 采用微机程序温度控制；凡逸出气经过的电磁阀和采样器均

采取保温措施；来自 DTA 的信息 ΔT 和 T、逸出气 EGD 和 GC 的信息，经多路数据采集
后，在 CRT 上进行实时显示并存盘。数据采
完后，由屏幕提供"菜单"，经选择后微机进
行自动处理，处理结果由绘图仪绘出标有特征
点的有关曲线、数据和表格。

微机数据处理主要有数据多路采集和实时
显示、DTA 与 EGD 联用处理、GC 和 DTA
的数据处理等功能。

图 2-43 为微机指令下，从绘图仪上输出
的 $CaC_2O_4 \cdot H_2O$ 在 Ar 气下测得的 DTA-
EGD 联用曲线。图中 DTA 曲线上的 3 个吸热
峰几乎同步地与 EGD 曲线上的 3 个峰相对应。

图 2-44 为相应于 DTA 曲线上 3 个吸热峰
进行多次采样分析得到的各温度下的 GC 谱

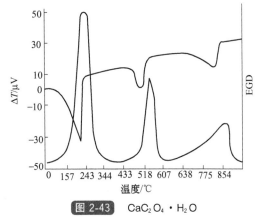

图 2-43　$CaC_2O_4 \cdot H_2O$
（在 Ar 气下的）DTA-EGD 联用曲线

图。依据 GC 谱图上的保留时间（min）便可对色谱峰成分定性。在图 2-43 的 DTA 曲线第
1 吸热峰（197℃）处截取的气样在图 2-44(a) 上的色谱峰表明含有大量 H_2O，其保留时间
为 0.84min；第 2 吸热峰 444℃、472℃、502℃、575℃ 处截取的 4 个气样均含有 CO，其保
留时间为 0.48min、0.49min，如图 2-44(b)～(e) 所示；第 3 吸热峰 744℃、803℃、828℃
处截取的气样均含有 CO_2，其保留时间为 0.55min、0.56min，如图 2-44(f)～(h) 所示。

在图 2-43 的第 2 个吸热峰区域内取样所测得的 4 个色谱峰，如图 2-44 中（b)～(e) 所
示，基本上是带肩峰，此带肩峰中除含有 CO 外，还含有 CO_2，这是 CO 的歧化反应所致。
实验证明，把色谱柱稍加长后，即可把贴近的 CO 与 CO_2 分开，如图 2-44(i) 所示。

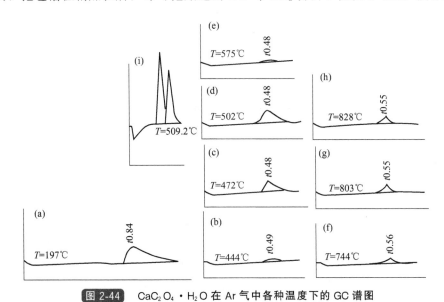

图 2-44　$CaC_2O_4 \cdot H_2O$ 在 Ar 气中各种温度下的 GC 谱图

（四）TG-DTA-MS 联用热分析仪

MS 是一种鉴定未知化合物的高灵敏度的方法。当用电子轰击所有物质时，便进行离子
化和以特有的方式形成碎片，记录离子碎片质量和相对丰度的质谱给出每个化合物的指纹。

使用四极杆质谱仪的 MS 是最常用的 EGA 技术。

TG-DTA-MS 仪器示于图 2-45。逸出气成分是在接近离子源的温度和压力下以气态检测，可连续记录整个质谱或选其一部分，试样量可为 ng 量级。质谱仪与热分析仪器连接的最大困难是这两种仪器间有很大的压差。

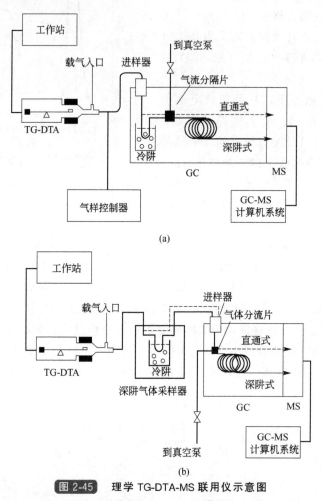

图 2-45 　理学 TG-DTA-MS 联用仪示意图
(a) 单通道接口；(b) 4 通道接口

聚氯乙烯的质量离子色谱示于图 2-46，峰 I 的主要成分是 HCl 和 C_6H_6，在峰 II 观测到几类烃类化合物。

图 2-47 为 Netzsch 公司推出的 STA-429 型 TG-DTA-MS 联用热分析仪的气体采样接口装置图[14]。处于 DTA 支架上的热分解产物（气压为 $1.101325 \times 10^5 Pa$）进入毛细管小孔 1 进行一级降压（降至 $< 133.322Pa$）后，再进入毛细管小孔 2 进行二级降压，待降至 $0.0133322 \sim 0.00133322Pa$ 时，才进质谱系统进行分析。

TG-DTA 单元由一台硅碳管为发热体的电炉加热，最高温度可达 1550℃。MS 单元为一台四极杆质谱仪（QMS511）。

图 2-48 为植物抗氧剂在空气下测得的 TG-DTG-DTA-MS 联用曲线。其中（b）图 MS 与（a）图 TG-DTG-DTA 曲线相对应。由 m/z 值可知分解产物中有 CO_2、CS_2、SO_2、H_2S 等组分，并连续记录它们各自的电流强度随温度变化的关系曲线。

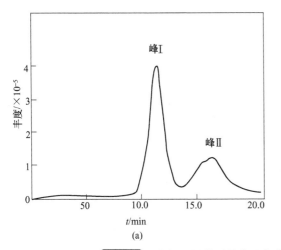

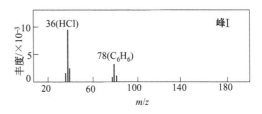

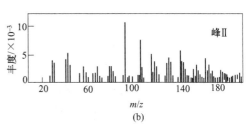

图 2-46　聚氯乙烯的质量离子色谱图（a）及其归属（b）（理学数据）

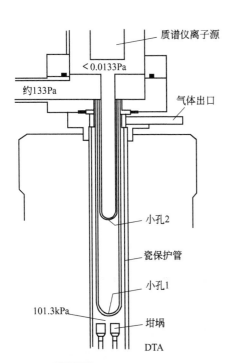

图 2-47　Netzsch STA-429
气体采样接口装置图

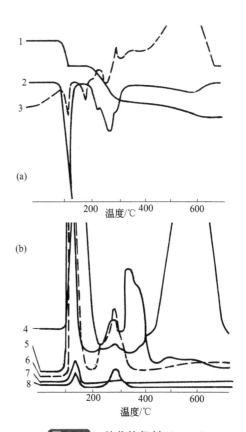

图 2-48　植物抗氧剂（60mg）
TG-DTG-DTA-MS 联用曲线

1—TG，5mg/cm
2—DTG，0.25mg/(min·cm)
3—DTA，2μV/cm
　　　5℃/min　气氛：空气
4—m/z 44，$[CO_2]^+$，10^{-11}Af·s
5—m/z 38，$[CS_2]^{2+}$，10^{-12}Af·s
6—m/z 64，$[SO_2]^+$，10^{-12}Af·s
7—m/z 34，$[H_2S]^+$，10^{-11}Af·s
8—m/z 76，$[CS_2]^+$，10^{-12}Af·s

Netzsch 公司最新热分析联用仪的型号是 STA-449F1/F3，温度范围扩展到－150～2400℃，不同温度范围或用途可选用 9 种炉体；热重灵敏度达 0.025μg；可与 FTIR、MS、GC-MS 联用。

（五）TG-FTIR

TG-DTA-FTIR 仪器的结构示于图 2-49。对于最佳性能来说，最低的吹扫气体流速能提高所产生的气体的浓度，并避免二次气相反应。对于具有腐蚀性、活泼易分解的产物来说，与 TG-MS 相比，更易于处理 TG-FTIR 的连接机构。

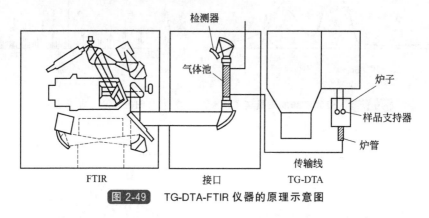

图 2-49 TG-DTA-FTIR 仪器的原理示意图

用 TG-DTA-FTIR 揭示的葡萄糖的分解，如图 2-50 所示。

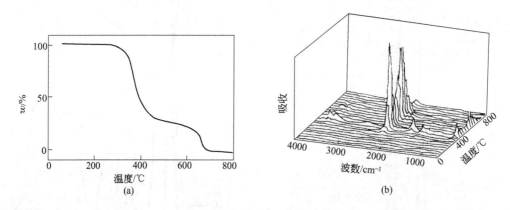

图 2-50 葡萄糖的 TG 曲线（a）和葡萄糖逸出气 FTIR 光谱的三维图（强度、波数和 TG 温度）[1]（b）

（六）DTA-NDIR 联用热分析仪

非色散红外（non-dispersive infrared，NDIR）检测器不用棱镜或光栅，从一个红外光源发生的总辐射通过试样，从而可以取得较强的信号。由于非色散红外检测器只限于预先选定的单种气体组分，因而可以连续地对多组分混合气体中低浓度的某一种组分（如 CO、CO_2、SO_2、H_2O、CH_4、C_2H_2 等）进行测定，具有高选择性和高灵敏度的特点。

用 Al_2O_3 粉末稀释质量分数为 0.2% 的几种碳酸盐矿物的 CO_2 逸出峰都很尖锐，如图 2-51(a)。由峰面积得知：菱镁矿含 CO_2 的质量分数为 52.2%，而白铅矿则为 16.5%。质量分数为 500μg/g 时，几个碳酸盐矿物的 CO_2 逸出峰峰高明显下降，见图 2-51(b)。当质量

---

[1] K Nakamura 数据。

分数只有 50 $\mu g/g$ 时，还能对菱镁矿、方解石和菱锶矿进行定性与定量，见图2-51(c)。

实验结果表明：应用 NDIR（CO_2）检测器对碳酸盐矿物的极限测量远比 X 射线衍射法低。

（七）TG-DTA-TGT 联用热分析仪

Paulik 等人[16]应用自动滴定技术把来自 TA 的反应逸出气进行连续滴定——测定其中某些成分的量，这种方法称作"热气滴定法"（thermo-gas-titrimetric，TGT），测得的曲线称作 TGT 曲线，其微商曲线称作 DTGT 曲线。应用上述原理建立的 TG-DTG-DTA-TGT-DTGT 联用热分析装置的原理流程[17]如图 2-52 所示。

1984 年建立了 TG-DTG-DTA-TGT 联用热分析装置上对矿物中碳酸盐、硫酸盐、黄铁矿和有机沾污物的测定方法[16~18]。图 2-53 为一个混合矿样在 O_2 气下测得的 TG-DTG-DTA-TGT 联用曲线[18]。

TGT 曲线测定：依实验目的可采用 O_2 或 N_2 作载气，将来自 TG-DTA 测试过程中释放的 CO_2、SO_3（SO_2）反应气送入吸收池，经玻璃鼓泡器分散在吸收液中。吸收液的 pH 值发生变化，被玻璃-参比甘汞电极自动检测到。溶液的 pH 值一旦偏离选定值，通过自动滴定系统（图 2-52 中34～38）就可开始滴定，使 pH 值始终保持恒定。记录滴定剂体积与温度的关系，得到 TGT 曲线。

测试步骤如下。

① 有 H_2O_2 存在时 pH＝4 的吸收液，因不吸收 CO_2，所测得的 TGT 曲线仅表明的是 SO_3 和 SO_2 的总量。如图 2-53 中的 TGT 曲线 5，滴定量为 V_2 值。

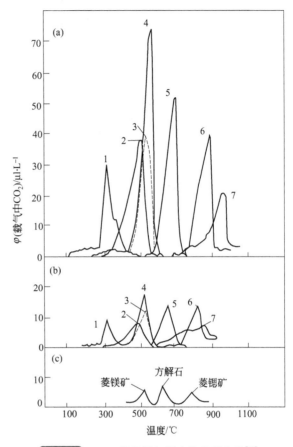

图 2-51 CO_2 逸出量与温度的关系曲线[15]

1—白铅矿；2—菱锌矿；3—菱铁矿；
4—菱镁矿；5—方解石，白云石；6—菱锶矿；7—毒重石
几种碳酸盐矿物在 Al_2O_3 中的质量分数：（a）为 0.2%；
（b）为 500$\mu g/g$；（c）为 50$\mu g/g$
载气 N_2：O_2＝2：1；
载气流量：（a），（b）为 300ml/min；（c）为 100ml/min；
试样量：150mg；升温速率：20℃/min

② 在下一个实验中，控制吸收液 pH＝9.3 时，不仅能吸收 SO_2、SO_3、CO_2，也可作为一元酸滴定。如图 2-53 中的 TGT 曲线 6，滴定量为 $V_1＋V_2$。这两条曲线计算结果之差值，就可以得到表征 CO_2 的量随温度变化的一条 TGT 曲线（CO_2 曲线），如图 2-53 中的 TGT 曲线 7 的那一段（相当于 V_1 值）。

③ 从 TG 和 TGT 曲线计算的差值，可作出（描绘）一条唯一可表明 H_2O 的偏离曲线。见图 2-53 中 TG 曲线 4（虚线），此线应为伴随矿物在热分解过程中释放的 H_2O 量的变化。

实验结果表明：从图 2-53 中检测到的 CO_2 和 SO_3 的体积分数（%）各为 3.6 和 6.0，

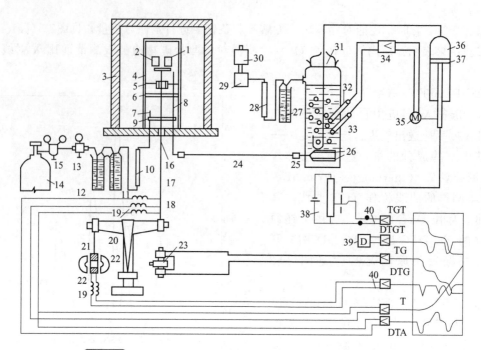

图 2-52 TG-DTG-DTA-TGT-DTGT 联用热分析装置原理流程图

1—试样坩埚；2—参比坩埚；3—电炉；4—刚玉钟罩；5, 6, 9—上、中、下刚玉隔膜盘；7, 8—进、出气管；10, 28—气体流量计；11, 27—气体干燥器（硅胶）；12—气体净化器（碱石棉）；13—稳定器；14—钢瓶；15—减压阀；16—炉孔；17—热电偶支撑管；18—热电偶；19—柔性导线；20—天平；21, 22—微分器线圈、磁铁；23—差示变压器；24—毛细导线管；25—吸收池；26—玻璃鼓泡器；29—气体检测器；30—真空泵；31—滴定剂进口管；32—参比甘汞电极；33—玻璃电极；34—pH 计继电器；35—自动滴定伺服电机；36, 37—自动滴定容器、活塞；38—电位差计；39—微分器；40—记录仪笔

与计算值的 3.8 和 5.7 相当接近。

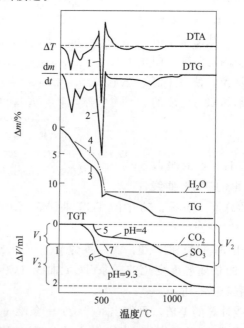

图 2-53 混合矿物在 O_2 气下的 TG-DTG-DTA-TGT 联用曲线

铝土矿：菱铁矿：黄铁矿的配比（%）＝80.2：10.2：5.6

四、光-热瞬变辐射测量（OTTER）

光-热瞬变辐射测量（opto-thermal transient emission radiometry，OTTER）仪器原理示意于图 2-54。简单来说，一束激光脉冲照射到试样表面，使其产生瞬变热辐射，这可用宽频带红外检测器以温度滞后曲线的形式检测。温度滞后曲线的形式是由如下因素决定的：①激光脉冲入射到试样的穿透深度；②试样热扩散率；③试样对传播热红外的透过率。

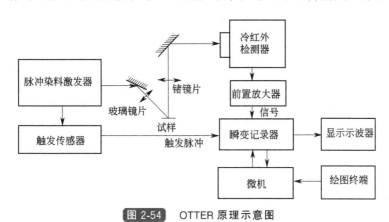

图 2-54 OTTER 原理示意图

瞬变热辐射源于靠近试样表面的很浅的区域（通常小于 100nm）。温度滞后曲线的特征参数（热扩散率和吸收系数）是通过实验曲线与理论模型的非线性最小二乘法拟合来确定的。该技术曾用于研究表皮的水浓度梯度[19]。

有关热分析联用技术的某些应用可参见文献 [20]，表 2-3 是这些应用一览表。

表 2-3 热分析联用技术若干应用一览表[20]

样　品	物质种类	所研究的效应	使用的联用技术	文献[20]的页码
乙酰水杨酸	有机	分解	TGA-MS	25
BHET	有机	使用 EGP 和 FGP 鉴别裂解	TGA-FTIR	28
丙二酸	有机	升温速率的影响	TGA-MS	31
月桂醇	有机	分解	GGA-FTIR	34
药物	有机	溶剂检测	TGA-MS	37
一水草酸钙	无机	分解	TGA-MS	39
一水草酸钙	无机	样品量的影响	TGA-MS	42
五水硫酸铜	无机	分解	TGA-FTIR	44
沸石	无机	解吸附、分解	TGA-MS	47
聚氯乙烯	聚合物	分解	TGA-MS	50
ETFE 电缆线	聚合物	腐蚀产物的鉴别	TGA-FTIR	53
橡胶中的水杨酸甲酯	聚合物	添加剂含量的影响	TGA-MS	56
硅树脂	聚合物	裂解	TGA-FTIR	58
氨基树脂	聚合物	缩聚机理、分解	TGA-MS,TGA-FTIR	61
NR-BR 橡胶	聚合物	热转变、分解	TGA-FTIR,DSC	65
印刷电路板	聚合物	玻璃化转变、分层	TMA-MS	69
膨胀材料	聚合物	膨胀、分解	TMA-MS	71

第五节 自动进样热分析系统

当进行大量试样的惯常测试时,自动进样器很适合热分析单元。由机械手取样,把试样放到仪器上和测完拿开。目前,可买到适用于 DSC、TG-DTA 和 TMA 仪器的商品机械手,一个自动进样器示于图 2-55。

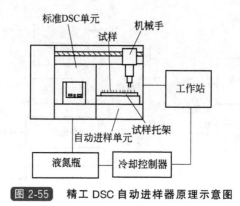

标准DSC单元 机械手 试样 工作站 自动进样单元 试样托架 液氮瓶 冷却控制器

图 2-55 精工 DSC 自动进样器原理示意图

第六节 仪器的安装与使用

当安装 DSC 或 DTA 仪器时应考虑如下几点:

① 将仪器放置在离地面大约 1m 以上的平台上;

② 要保持实验室的温度在 288~303K 之间,相对湿度<75%;

③ 应使用电压调节器,使仪器不受电压波动的影响;

④ 避开阳光直射或空气气流;

⑤ 避开电磁场、微波或其他高频信号;

⑥ 仪器应与机械振动源隔离开。

为使仪器保持在良好状态,应采取一些基本的预防措施,刚接触仪器的人员应特别注意以下几点:

① 仔细阅读使用说明,并在开始前与熟悉仪器使用的人员讨论你所提出的实验;

② 需熟悉各种预防措施,避免严重损坏仪器;

③ 如果仪器出现某种异常,应立即请教有经验的使用者。

对已熟悉的使用者应注意:

① 在每个系列测量做完后,应记录所有使用者姓名、试样名称、实验日期和实验条件;

② 即使仪器不是处于使用状态,也应维持以小气流通过仪器;

③ 仪器出现故障,应立即通告维修人员。

参 考 文 献

[1] 刘振海,徐国华,张洪林. 热分析与量热仪及其应用. 北京:化学工业出版社,2011.

[2] Schawe J E K, Huetter T, Heitz C, Alig I, Lellinger D. Thermochim Acta, 2006, 443: 230.

[3] 陆立明. 高分子通报, 2009, 3: 62.

[4] Matthias Wagner 著. 热分析应用手册系列丛书:热分析应用基础. 陆立明译. 上海:东华大学出版社,2011.

[5] Zhuravlev E, Schick C. Thermochim. Fast Scanning Power Compensated Differential Scanning Nano-Calorimeter: 1.

The Device，Thermochim. Acta DOI：10. 1016/j. tca. 2010. 03. 019（2010）.

[6] Zhuravlev E，Schick C. Thermochim. Fast Scanning Power Compensated Differential Scanning Nano-Calorimeter；2. Heat Capacity Analysis，Thermochim. Acta DOI：10. 1016/j. tca. 2010. 03. 020（2010）.

[7] Minakov A A，Schick C. Ultrafast thermal processing and nanocalorimetry at heating and cooling rates up to 1 MK/s，Rev. Sci. Instrum. 2007，78：073902.

[8] Partridge R H. Radiation Chemistry of Macromolecules 1. New York：Academic Press，1973.

[9] Morikawa J，Kobayahi A，Hashimoto T. Thermochim Acta，1995，267：289.

[10] 蔡根才. 分析仪器，1982，4：10.

[11] 蔡根才. 石油化工，1981，7：468.

[12] 蔡根才. 华东化工学院学报，1982（1）：88.

[13] 梁天白，蔡根才，高原，徐国华，周又玲. 华东化工学院学报，1991，17（4）：481.

[14] Emmerich W-D，Kaisersberger E. J Thermal Anal，1979，17：197.

[15] Milodowski A E，Morgan D J. Nature，1980，286：248.

[16] Paulik J，Paulik F，Arnold M. J Thermal Anal，1982，25：327.

[17] Paulik F，Paulik J. Arnold M. J Thermal Anal，1984，29：333.

[18] Paulik J，Paulik M，Arnold M. Proceedlings of the 7th ICTA，Kingston，Thermal Analysis，1982，1：621.

[19] Imhof R E，Birch D J S，Thornley F R，et al. J Phys E Sci Instrum，1984，17：521.

[20] Cyril Darribère 著. 热分析应用手册系列丛书：逸出气体分析. 唐远旺译. 上海：东华大学出版社，2009.

第三章　影响热分析测量的实验因素，热分析动力学与数据表达

第一节　影响热分析测量的实验因素

一、升温速率对热分析实验结果的影响

升温速率对热分析实验结果有十分明显的影响，总体来说，可概括为如下几点。

① 对于以 TG、DTA（或 DSC）曲线表示的试样的某种反应（如热分解反应），提高升温速率通常是使反应的起始温度 T_i、峰温 T_p 和终止温度 T_f 增高。快速升温，使得反应尚未来得及进行，便进入更高的温度，造成反应滞后。如 $FeCO_3$ 在氮气中升温失去 CO_2 的反应，当升温速率从 1℃/min 提高到 20℃/min 时，则 T_i 从 400℃升高到 480℃，T_f 是 500→610℃[1]。几种动力学方法（如 Kissinger 法、Ozawa-Flynn-Wall 法）就是建立在热分析数据这类特征的基础上。

② 快速升温是将反应推向在高温区以更快的速度进行，即不仅使 DTA 曲线的峰温 T_p 升高，且峰幅变窄，呈尖高峰。

③ 对多阶反应，慢速升温有利于阶段反应的相互分离，使 DTA 曲线呈分离的多重峰，TG 曲线由本来快速升温时的转折，转而呈现平台。

④ DTA 曲线的峰面积随升温速率的降低而略有减小的趋势，但一般来讲相差不大，如高岭石在大约 600℃的脱水吸热反应，当升温速率范围为 5～20℃/min 时，峰面积最大相差在±3％以内[2]。

⑤ 升温速率影响试样内各部位的温度分布。如厚度为 1mm 的低密度聚乙烯 DSC 测定表明，当升温速率为 2.5℃/min 时，试样内外温差不大；而 80℃/min 时温差可达 10℃以上[3]。

对结晶高聚物，慢速升温熔融过程可能伴有再结晶，而快速升温易产生过热，这是两个相互矛盾的过程，故试验时应选择适当的升温速率，遵从相应标准的有关规定。如无特殊要求和说明，通常选取 10℃/min 或 5℃/min。

二、试样用量和粒度对热分析实验结果的影响

少量试样有利于气体产物的扩散和试样内温度的均衡，减小温度梯度，降低试样温度与环境线性升温的偏差，这是由于试样的吸、放热效应而引起的。

众所周知，DTA 曲线的峰面积 A 与反应物的质量 m、反应（或转变）的热效应 ΔH 有关，即

$$A = \frac{Gm\Delta H}{\lambda} \tag{3-1}$$

式中　G——校正因子；

　　　λ——热导率（也称导热系数）。

此外，实验表明，峰面积尚与试样粒度有关，如 1,2-聚丁二烯在接近 200℃的热氧化放热效

应，粒子越小，DSC 曲线放热峰的面积越大。通常，试样热分解的起始和终止温度均随试样粒度的减小而降低。试样由较大晶体或粒子构成，则比表面较小，其分解延缓。图 3-1 是两种不同形式的含水草酸铜 $CuC_2O_4 \cdot H_2O$ 在真空中测定的 TG 曲线，试样量为 6mg，粉末状试样的失水温度明显低于单晶试样[4]。

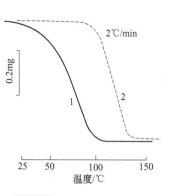

图 3-1 不同粒度含水草酸铜失水的 TG 曲线
1—粉末状试样；2—单晶试样

一般来讲，表面反应或多或少要受到试样粒度的影响，这要比对化学分解的影响更加明显；而相转变受粒度的影响较小。为便于相互比较，应尽量采用粒度相近的试样，如通过一定筛孔的细粉。

试样质量不仅对热分析曲线的峰温和峰面积有影响，还对其形态特征有影响。有些物质由于质量的减少而形态特征发生根本的变化，这就为用热分析曲线形貌特征来鉴定物质的方法带来困难。

在碳酸盐物质中试样质量对热分析曲线特征影响最大的要算菱铁矿（$FeCO_3$）、白云石（$CaMg[CO_3]_2$）、铁白云石（$Ca(MgFe)[CO_3]_2$）等[5]。这些物质当质量≤20mg 时，差热曲线的形态特征与 100mg 时完全不同[5]。

另外，堆砌松散的试样颗粒之间有空隙，使试样导热变差，而颗粒越小，越可堆得紧密，导热良好。不管试样的粒度如何，堆砌密度不是很容易重复的，也会影响 TG 曲线的形貌特征。

三、气氛对热分析实验结果的影响

热分析实验常需变换气氛，借以辨析热分析曲线热效应的物理-化学归属。如在空气中测定的热分析曲线呈现放热峰，而在惰性气氛中测定，依不同的反应可分为几种情形：如为结晶或固化反应，则放热峰大小不变；如为吸热效应，则是分解燃烧反应；如无峰或呈现非常小的放热峰，则为金属氧化之类的反应。借此可观测有机聚合物等热裂解与热氧化裂解之间的差异。

对于形成气体产物的反应，如不将气体产物及时排出，或通过其他方式提高气氛中气体产物的分压，会使反应向高温移动。如水汽使含水硫酸钙 $CaSO_4 \cdot 2H_2O$ 失水反应受到抑制，与在空气中测定的结果相比，反应温度移向高温，呈双重峰及分步脱水过程（见图3-2）。

气氛气的导热性良好，有利于向体系提供更充分的热量，提高分解反应速率。氦、氮和氩这 3 种惰性气体热导率与温度的关系是依次递增的，因此碳酸钙 $CaCO_3$ 的热分解速率在氦气中最快，其次是氮气，再次是氩气[7]。

关于 CO_2 压力对白云石热分解 DTA 曲线形状的影响，Criado[8] 曾就反应速率和转化率导出了如下两个与压力有关的方程（此式的压力单位为 Torr，1Torr=133.3224Pa）：

$$d\alpha / dt = \left(2 \times 10^8 \exp(-39/RT) - \frac{2 \times 10^8}{1.4 \times 10^{10}} p_{CO_2}\right)(1-\alpha)^{2/3} \tag{3-2}$$

$$3[1-(1-\alpha)^{1/3}] = \frac{2 \times 10^8 RT^2}{39} \exp(-39/RT) - \frac{2 \times 10 RT_0^2}{39} \exp(-39/RT_0)$$

$$-\frac{1.4 \times 10^{-2}}{\phi} p_{CO_2}(T-T_0) \tag{3-3}$$

利用上述方程画出了 CO_2 压力为 0Pa（A），2666.44Pa（B），13332.2Pa（C），升温速率为

10℃/min 时 CaCO₃ 热分解反应速率与温度的关系（见图 3-3）。认为提高 CO₂ 压力使峰变尖而窄，不是由于反应机理的变化。

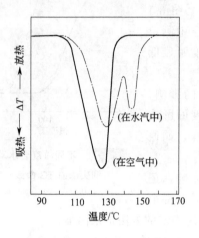

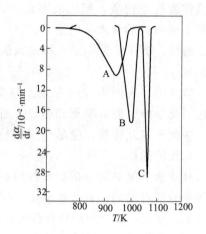

图 3-2　含水硫酸钙在空气、
水汽中的 DTA 曲线[6]

图 3-3　在不同的 CO₂ 压力下 CaCO₃ 热分解的
反应速率与温度的关系

就气氛因素的影响和注意事项，可作如下概括：

① 静态还是动态(流通)气氛　静态时产物来不及充分逸散，分压升高，反应移向高温，动态则产物不能逐渐聚集，受产物分压影响明显减弱。

② 气氛的种类　空气（最一般的氧化气氛），He、N₂、Ar（惰性气氛），H₂、CO（还原性气氛），O₂（强氧化性气氛），CO₂（试样自生，或与试样反应产生的），Cl₂、F₂ 等（腐蚀性气体），水蒸气，混合气氛，减压、真空、高压。

③ 气氛的流量对试样的分解温度、测温精度，以及热分析曲线的基线和峰面积等均有影响。

④ 应考虑气氛与热电偶、试样容器或气体经过的其他构件所用材料之间是否有某种反应。

⑤ 注意防止爆炸和中毒。

⑥ 如确认气体产物对测定结果有显著影响，则应将气体产物排出（特别是水蒸气）。

⑦ 由于气氛气热传导的不同，将会改变炉内的温度分布和试样到检测器的热传递。

四、浮力、对流和湍流对 TG 曲线的影响

样品支持器所处介质空间气相密度随温度的升高而降低，因而浮力减小，表现为表观增重。

对试样容器来说，朝上流动的空气引起表观失重，而空气湍流引起增重，这与坩埚尺寸和形状有关，可借助位于试样容器上方的出气孔加以调整，但使 TG 曲线在整个温度范围内没有表观质量变化是比较困难的。

现有的热天平，在 25～650℃的温度范围内，质量变化可控制在 2μg 以内。

五、试样容器及其温度梯度和试样各部位的反应程度

在热分析试验中采用深浅不等、形状各异、材质不同的各种试样容器（坩埚）。每个试验采用何种容器应根据其试样的性质及试验要求条件而定，各种试样容器都会对试验结果产生一定的影响。

（1）试样容器形式及其温度梯度

尽量使用浅皿的试样容器，以利热交换和产物气向环境中扩散。在升温过程，如试样有挥发或升华，可采用封闭式容器。

试样容器壁与试样中心的最大温度梯度 Y_m[9]，对于浅皿形容器，可按式（3-4）计算：

$$Y_m = \left(\frac{\Delta H G \phi}{\lambda}\right)^{1/2} \frac{S}{2} \tag{3-4}$$

而对圆柱形容器，可按式（3-5）计算：

$$Y_m = \left(\frac{\Delta H G \phi}{2\lambda}\right)\tau \tag{3-5}$$

式中　S——试样厚度；

　　　τ——试样容器直径；

　　ΔH——反应热焓；

　　　G——试样热容；

　　　ϕ——升温速率；

　　　λ——热导率。

（2）试样容器的材料

试样容器可由多种材料制成，如铂、银、镍、铝等金属和石英、刚玉、玻璃等无机材料，它们适用的温度范围不同，导热和热辐射也有所不同。无论由何种材料制成的容器，都要求不与试样及其产物发生反应。

（3）容器不同部位试样的反应程度

处于试样容器不同部位的试样反应程度是有差异的。以碱式碳酸锌的热分解反应为例[4]，在流通空气中，采用 $\phi16mm \times 8mm$ 的 Pt/Rh 坩埚，以 $0.5℃/min$ 的速率升温，达 185℃ 恒温 5h，这时总共有 50% 的试样转为 ZnO。将其冷却到 25℃，经 X 射线衍射确认，表层有约 70% 为 ZnO，深层只有 25%，中间层为 50%。

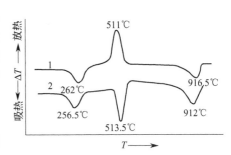

图 3-4　装样较疏松（1）和较密实（2）时 $CaC_2O_4 \cdot H_2O$ 热分解的 DTA 曲线
试样量 100mg；升温速率 20℃/min

六、装样的紧密程度对热分析实验结果的影响

试样在坩埚中装填的松紧程度会影响热分解气体产物向周围介质空间的扩散和试样与气氛的接触。如含水草酸钙 $CaC_2O_4 \cdot H_2O$ 的第 2 步失去一氧化碳（CO）的反应：

$$CaC_2O_4 \longrightarrow CaCO_3 + CO\uparrow \tag{3-6}$$

当介质为空气时，如装样较疏松，有较充分的氧化气氛，则 DTA 曲线呈放热效应（峰温 511℃），是 CO 的氧化：

$$2CO + O_2 \longrightarrow 2CO_2 \tag{3-7}$$

如装样较实，处缺氧状态，则呈现吸热。见于图 3-4。

上述结果说明，这步反应的吸、放热现象与装样的紧密程度有关。总的来说，CaC_2O_4

分解所需的能量如小于 CO 氧化放出的能量，则表现为放热反应，反之为吸热。

第二节　仪器分辨率的判别方法

热分析仪器分辨率是指在一定条件下仪器分辨靠得较近的（相差 10℃之内）两个热效应的能力[10]。可以测定 SiO_2 和 K_2SO_4（质量比 4：1）混合物的 DTA 曲线作为标准，分辨率 R 定义为：

$$R = 100 \times \left(1 - \frac{y}{x}\right) \tag{3-8}$$

式中　x——SiO_2 峰高；

y——在峰间区从基线到实验曲线的最小距离。

图 3-5 是采用 ICTA-NBS 检定参样 SiO_2、K_2SO_4 按上述比例混合测定的 DTA 曲线。当升温速率为 5℃/min 时 R 为 95.8，10℃/min 时 R 为 94.7。

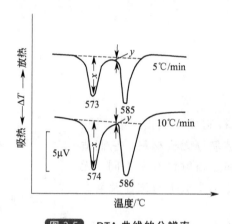

图 3-5　DTA 曲线的分辨率

4.1 型示差热天平；试样用量 300mg

第三节　热分析动力学

用热分析技术研究物质的物理变化或化学变化的速率和机理的分支学科称热分析动力学[11]。做动力学分析的目的是：在理论上探讨物理变化或化学反应的机理（尤其是非均相、非等温），在生产上提供反应器设计参数，在应用上建立过程进度、时间和温度之间的关系，可用于预测材料的使用寿命和产品的保质稳定期，评估含能材料的危险性，从而提供储存条件。此外可估计造成环境污染物质的分解情况。

固相反应动力学一直以来是热分析动力学研究的核心，其主要任务就是确定固相反应的机理及相关动力学参数。目前已有许多相应的数据处理方法，如：从数学处理上分为积分法和微商法，从操作方式上分为单一扫描速率法和多重扫描速率法。由国际热分析及量热学学会（ICTAC）动力学分会组织的、由多国热分析工作者参与的有关动力学分析方法的研究报告[12~16]表明：①在不同的实验条件下，即使是同一反应过程，其动力学参数也是不同的；②使用单一扫描速率法处理热分析动力学的数据，其动力学结果并不可靠，往往不能反映固态反应的复杂本质。为此，国际热分析界呼吁应该采用多重扫描速率法来测定热分析的数据，并通过用等转化率法确定活化能随转化率的变化情况，揭示反应的复杂本质。如果采用单一扫描法，必须将微商法和积分法配合处理，通过考察两种方法所得动力学参数的协调性、对应方程的线性确定动力学三参量，所得 E 值的可靠性务必用至少一种多重扫描法核实。用多重扫描速率法时，每次测量的实验条件尽量一致（包括样品粒度、用量和堆积方式等）。

一、热分析反应动力学参数的测定

（一）求解动力学参数表观活化能的 Ozawa 法[17]

该法属积分型的一种，也称 Ozawa-Flynn-Wall 法。适用于升温时试样有质量损失，如有机聚合物的热分解、因物理变化或化学反应而有小分子释放等过程的数学处理。通常是由 4 个以上的升温速率 ϕ，得到一组随升温速率提高而向高温推移的 TG 曲线。一般来讲，在整个反应过程中若反应机制不变，应为一组平行线。在等转化率时，由 p 函数的 Doyle 近似式，得到如下的表达式：

$$\frac{\mathrm{d}(\lg\phi)}{\mathrm{d}\left(\dfrac{1}{T}\right)} \approx -0.4567\frac{E}{R} \tag{3-9}$$

式中　T——在相等质量损失率时，与升温速率 $\phi_1,\phi_2,\phi_3,\cdots$ 相应的温度 $T_1,T_2,T_3,\cdots,\mathrm{K}$；

E——表观活化能，kJ/mol；

R——气体常数，8.314J/(mol·K)。

现将丁腈环氧改性的聚酰胺酰亚胺质量损失 30% 时的一组数据列于表 3-1。

根据式(3-9)，由表 3-1 数据 $\lg\phi$-$1/T$ 图的斜率，便可求出 E 值。

$$E = -\frac{\mathrm{d}(\lg\phi)}{\mathrm{d}\left(\dfrac{1}{T}\right)} \times \frac{R}{0.4567} = 135\mathrm{kJ/mol}（相关系数~r=0.992）$$

表 3-1　改性聚酰胺酰亚胺不同升温速率质量损失 30% 时的数据

升温速率 ϕ /(K/min)	$\lg\phi$[①]	质量损失 30% 时的温度/K	T^{-1} /$10^{-3}\mathrm{K}^{-1}$	升温速率 ϕ /(K/min)	$\lg\phi$[①]	质量损失 30% 时的温度/K	T^{-1}/$10^{-3}\mathrm{K}^{-1}$
1	0	726	1.377	5	0.7	787	1.271
2	0.3	754	1.326	10	1	803	1.245

① $\lg\phi$ 是 $\lg\{\phi\}_{\mathrm{K\cdot min^{-1}}}$ 的简略写法。

当测得的活化能值随反应程度变化时，说明反应不是由单一的过程构成，严格来说这时上述的非等温动力学方程是不适用的。但如反应明显是由两个（或几个）阶段组成的，各阶段的 E 值又都有相当稳定的数值，则这种结果应当是有意义的。

（二）求解动力学参数表观活化能的 Kissinger 法[18]

该法是由 4 条以上微商型热分析曲线（如 DTA 曲线、DTG 曲线）的峰值温度 T_p 与升温速率 ϕ 的关系，按式(3-10)求得表观活化能 E：

$$\frac{\mathrm{d}\left(\ln\dfrac{\phi}{T_\mathrm{p}^2}\right)^{❶}}{\mathrm{d}\left(\dfrac{1}{T_\mathrm{p}}\right)} = -\frac{E}{R} \tag{3-10}$$

---

❶ 在 $\ln\dfrac{\phi}{T_\mathrm{p}^2}$ 和 $\lg\dfrac{\phi}{T_\mathrm{p}^2}$ 中的 ϕ 表示以 K/min 为单位时升温速率的数值，T 表示以 K 为单位时的温度数值，即分别为 $\ln\dfrac{\{\phi\}_{\mathrm{K/min}}}{\{T_\mathrm{p}\}_\mathrm{K}^2}$ 和 $\lg\dfrac{\{\phi\}_{\mathrm{K/min}}}{\{T_\mathrm{p}\}_\mathrm{K}^2}$ 的简略写法。以后同此。

式中　E——表观活化能，kJ/mol；

　　　R——气体常数，$8.314\text{J}/(\text{mol}\cdot\text{K})$。

兹以一种聚芳砜的 DTA 曲线为例，将不同升温速率时峰温列于表 3-2。

表 3-2　聚芳砜不同升温速率时 DTA 曲线峰温

升温速率 ϕ /(K/min)	T_p/K	$T_p^{-1}/10^{-3}\text{K}^{-1}$	$T_p^2/10^5\text{K}^2$	$\dfrac{\phi}{T_p^2}/(10^6\text{K}\cdot\text{min})^{-1}$	$\lg\left(\dfrac{\phi}{T_p^2}\right)$
2	842	1.188	7090	2.82	−5.550
5	891	1.122	7939	6.30	−5.201
10	927	1.079	8593	11.63	−4.934
20	974	1.027	9487	21.10	−4.676

由表 3-2 数据及 $\lg\left(\dfrac{\phi}{T_p^2}\right)$-$\dfrac{1}{T_p}$ 图的斜率，按式（3-10）便可求出 E 值。

$$E=-\dfrac{\text{d}\left(\lg\dfrac{\phi}{T_p^2}\right)}{\text{d}\left(\dfrac{1}{T_p}\right)}\times R\times 2.303=105\text{kJ/mol} \qquad (r=0.999)$$

此法虽需 4 条热分析曲线，但计算十分简捷。

（三）求解动力学参数的 Freeman-Carroll 法[19]

该法也称差减微商法，由一条热分析曲线（如 TG 曲线）若干点的质量损失率、质量损失速率、温度的倒数，求出相邻点间的差值，按式（3-11）经作图求得。

$$-\dfrac{E}{2.3R}\times\dfrac{\Delta\left(\dfrac{1}{T}\right)}{\Delta\lg C}=\dfrac{\Delta\lg\left(\dfrac{\text{d}C}{\text{d}t}\right)}{\Delta\lg C}-n \qquad (3\text{-}11)$$

式中　C——可反应物的浓度，对 TG 曲线来说就是在时间 t 时对于所论述的过程

　　　　　可以反应而尚未反应的剩余质量；

　$\text{d}C/\text{d}t$——在时间 t 时的质量损失速率；

　　　T——温度，K；

　　　n——反应级数；

　　　E——活化能，kJ/mol；

　　　R——气体常数，$8.314\text{J}/(\text{mol}\cdot\text{K})$。

表 3-3 列出的是 $Mg(OH)_2$ 脱水反应的 TG 数据。

表 3-3　$Mg(OH)_2$ 脱水反应的 TG 数据

温度范围/℃	$\Delta\left(\dfrac{1}{T}\right)\times10^5$	$\Delta\lg C$	$\Delta\lg\left(\dfrac{\text{d}C}{\text{d}t}\right)$	$\dfrac{\Delta\left(\dfrac{1}{T}\right)\times10^4}{\Delta\lg C}$	$\dfrac{\Delta\lg\left(\dfrac{\text{d}C}{\text{d}t}\right)}{\Delta\lg C}$
393～411	−3.95	−0.053	0.220	7.45	−4.15
411～429	−3.75	−0.093	0.193	4.03	−2.08
429～447	−3.56	−0.165	0.097	2.16	−0.59
447～465	−3.39	−0.376	−0.097	0.90	0.26

由 $\dfrac{\Delta\lg\left(\dfrac{\text{d}C}{\text{d}t}\right)}{\Delta\lg C}$-$\dfrac{\Delta\left(\dfrac{1}{T}\right)}{\Delta\lg C}$ 作图，直线斜率为 -0.677×10^4，$r=0.998$。于是

$$E = 0.677 \times 10^4 \times 2.3 \times 8.314 \text{kJ/mol}$$
$$= 130 \text{kJ/mol}$$

由直线截距得 $n = 0.82$（≈ 1）。

当失重速率随温度有明显变化时，应缩小取值的温度范围。

（四）由极值求解动力学参数的方法[20,21]

TG 曲线出现极大失重速率 $\left(\dfrac{dC}{dT}\right)_p$ 时的温度 T_p 和可反应物量 C_p 的定义见图 3-6。

按方程

$$\lg\left(\frac{dC}{dt}\right) = \lg A + (E/R)\left\{\left[C_p \middle/ \left(\frac{dC}{dt}\right)_p T_p^2\right]\lg C - 1/2.303T\right\} \tag{3-12}$$

式中　$\dfrac{dC}{dt}$——失重速率，$\dfrac{dC}{dt} = \phi\dfrac{dC}{dT}$（$\phi$ 为升温速率）；

　　R——气体常数，8.314J/(mol·K)；

　　C——可反应物的量；

　　T——温度，K。

由 TG、DTG 曲线，取系列值 T_1，C_1，$\left(\dfrac{dC}{dT}\right)_1$；$T_2$，$C_2$，$\left(\dfrac{dC}{dT}\right)_2$；… 可分别由

$\lg\left(\dfrac{dC}{dt}\right)$-$\left\{\left[C_p\middle/\left(\dfrac{dC}{dt}\right)_p T_p^2\right]\lg C - 1/2.303T\right\}$ 图的截距和斜率确定频率因子 A 和活化能 E。

已知 E 值，由式(3-13)求反应级数 n

$$n = (E/R)\left[C_p\middle/\left(\frac{dC}{dt}\right)_p T_p^2\right] \tag{3-13}$$

可由极值一点的各特征量，按式(3-14)求 E

$$E = -\frac{RT_p^2 n\left(\dfrac{dC}{dT}\right)_p}{C_p} \tag{3-14}$$

当 $n = 1$ 时，　$E = -(RT_p^2/C_p)\left(\dfrac{dC}{dT}\right)_p$ \quad(3-15)

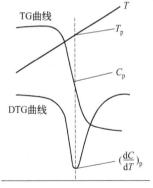

图 3-6　极大质量损失率时各特征量的定义

（五）求解动力学参数的非线性等转化率微商法[22]

由非等温动力学方程的微商式

$$\frac{d\alpha}{dT} = \frac{A}{\beta}f(\alpha)\exp(-E/RT) \tag{3-16}$$

则在相同的某个转化率处，有

$$\beta_1(d\alpha/dT)_1[\exp(-E_\alpha/RT_{\alpha,1})] = \beta_2(d\alpha/dT)_2[\exp(-E_\alpha/RT_{\alpha,2})]$$
$$= \cdots = \beta_n(d\alpha/dT)_n[\exp(-E_\alpha/RT_{\alpha,n})]$$

$$\sum_{i=1}^{n}\sum_{\substack{j=1\\j\neq i}}^{n}\frac{\beta_i\left(\dfrac{d\alpha}{dT}\right)_i\exp(E_\alpha/RT_{\alpha,i})}{\beta_j\left(\dfrac{d\alpha}{dT}\right)_j\exp(E_\alpha/RT_{\alpha,j})} = n(n-1) \tag{3-17}$$

由于 $T_{\alpha,i}$ 和 $(d\alpha/dT)_i$ 在测量时都会存在实验误差，因此式(3-17)也可以写作

$$\left| \sum_{i=1}^{n} \sum_{j \neq i}^{n} \frac{\beta_i \left(\dfrac{\mathrm{d}\alpha}{\mathrm{d}T} \right)_i \exp(E_\alpha / RT_{\alpha,i})}{\beta_j \left(\dfrac{\mathrm{d}\alpha}{\mathrm{d}T} \right)_j \exp(E_\alpha / RT_{\alpha,j})} - n(n-1) \right| = \min \tag{3-18}$$

也可记作
$$S_{\mathrm{D}} \equiv \sum_{i=1}^{n} \sum_{j \neq i}^{n} \frac{\beta_i \left(\dfrac{\mathrm{d}\alpha}{\mathrm{d}T} \right)_i \exp(E_\alpha / RT_{\alpha,i})}{\beta_j \left(\dfrac{\mathrm{d}\alpha}{\mathrm{d}T} \right)_j \exp(E_\alpha / RT_{\alpha,j})} = \min \tag{3-19}$$

式中，min 代表最小值。

将一系列非等温 TA 曲线上测得的同一 α 处的原始数据：β_i、$\left(\dfrac{\mathrm{d}\alpha}{\mathrm{d}T} \right)_i$、$T_{\alpha,i}$（$i = 1$, $2, \cdots, n$）代入方程(3-19)，可得满足该方程最小值的 E_α 值。该 E_α 值视作最可能的活化能值，用于核实其他方法所得的动力学参数。这种求 E_α 的方法称为非线性等转化率微商法（NL-DIF 法）。

下面以 $[\mathrm{Dy}(p\text{-ClBA})_3\mathrm{phen}]_2$（对氯苯甲酸镝与邻菲啰啉配合物）为例，用 NL-DIF 法来求取脱水过程的活化能，从不同升温速率 DSC 曲线取得的基础数据列于表 3-4，其计算结果如表 3-5 所示。

表 3-4 从不同升温速率 DSC 曲线取得 $[\mathrm{Dy}(p\text{-ClBA})_3\mathrm{phen}]_2$ DSC 脱水过程的基础数据

α	$\beta=3\mathrm{K/min}$		$\beta=5\mathrm{K/min}$		$\beta=7\mathrm{K/min}$		$\beta=10\mathrm{K/min}$		$\beta=15\mathrm{K/min}$	
	T/K	$\mathrm{d}\alpha/\mathrm{d}T$	T/K	$\mathrm{d}\alpha/\mathrm{d}T$	T/K	$\mathrm{d}\alpha/\mathrm{d}T$	T/K	$\mathrm{d}\alpha/\mathrm{d}T$	T/K	$\mathrm{d}\alpha/\mathrm{d}T$
0.10	359.26	0.0223	361.83	0.0154	363.47	0.0159	365.3	0.0149	369.25	0.0125
0.30	361.25	0.0464	364.29	0.0335	366.18	0.0333	368.29	0.0309	372.75	0.0260
0.50	362.75	0.0627	366.07	0.0466	368.18	0.0455	370.44	0.0422	375.27	0.0356
0.70	364.35	0.0731	367.93	0.0556	370.22	0.0537	372.56	0.0501	377.75	0.0423
0.90	366.76	0.0751	370.66	0.0587	373.68	0.0566	375.54	0.0531	380.96	0.0456

表 3-5 用 NL-DIF 法求得 $[\mathrm{Dy}(p\text{-ClBA})_3\mathrm{phen}]_2$ DSC 脱水过程的活化能

α	$E/(\mathrm{kJ/mol})$	α	$E/(\mathrm{kJ/mol})$
0.10	123.41	0.70	95.96
0.30	107.35	0.90	95.72
0.50	100.18		

（六）求解动力学参数的非线性等转化率积分法（NL-INT）[23,24]

由不定温动力学方程的积分式

$$G(\alpha) = \frac{A}{\beta} I(E, T) \tag{3-20}$$

式中，$I(E, T) = \displaystyle\int_{T_0}^{T} \exp(-E/RT) \mathrm{d}T$

则在相同的某个转化率处，有

$$\frac{A}{\beta_1} I(E_\alpha, T_{\alpha,1}) = \frac{A}{\beta_2} I(E_\alpha, T_{\alpha,2}) = \cdots = \frac{A}{\beta_n} I(E_\alpha, T_{\alpha,n})$$

即

$$S_{\mathrm{INT}} \equiv \sum_{i}^{n} \sum_{j \neq i}^{n} \frac{I(E_\alpha, T_{\alpha,i}) \beta_j}{I(E_\alpha, T_{\alpha,j}) \beta_i} = \min \tag{3-21}$$

此处 $I(E_\alpha, T_\alpha)$ 积分取 Senum-Yang 近似计算：

二级近似时：$I_{SY\text{-}2}(E,T) = \left[Te^{-u}\left(\dfrac{u+4}{u^2+6u+6} \right) \right]$

三级近似时：$I_{SY\text{-}3}(E,T) = \left[Te^{-u}\left(\dfrac{u^2+10u+18}{u^3+12u^2+36u+24} \right) \right]$

四级近似时：$I_{SY\text{-}4}(E,T) = \left[Te^{-u}\left(\dfrac{u^3+18u^2+88u+96}{u^4+20u^3+120u^2+240u+120} \right) \right]$

式中，$u = E/RT$。

因为 Senum-Yang 的二、三级近似式优于四级近似式，所以一般采用三级近似式即可。

将一系列非等温 TA 曲线上测得的同一 α 处的原始数据 $\beta_i T_{\alpha,i}\,(i=1,2,\cdots,n)$，代入方程(3-20)，可得满足该方程最小值的 E_α 值。这种求 E_α 的方法称为非线性等转化率积分法（NL-INT 法）。

下面以 $[Sm(2,4\text{-DClBA})_3\,bipy]_2$（2,4-二氯苯甲酸钐与联吡啶配合物）为例，用 NL-INT 法来求取第一步分解过程的活化能，结果如表 3-6 所示。

表 3-6　用 NL-INT 法求得 $[Sm(2,4\text{-DClBA})_3\,bipy]_2$ 第一步分解过程的活化能

α	T/K				$E/(kJ/mol)$
	$\beta=3K/min$	$\beta=5K/min$	$\beta=7K/min$	$\beta=10K/min$	
0.10	494.22	499.69	505.81	513.35	121.83
0.15	499.85	505.85	511.75	519.53	122.21
0.20	504.15	510.62	516.37	524.04	123.86
0.25	507.30	514.06	519.73	527.88	121.50
0.30	510.22	517.19	522.92	530.77	123.30
0.35	512.76	519.51	525.75	533.71	121.25
0.40	515.11	522.07	527.89	536.04	123.23
0.45	516.74	523.88	530.17	538.27	120.13
0.50	518.44	526.02	532.01	540.07	121.11
0.55	520.48	527.71	533.6	542.19	121.36
0.60	521.80	529.42	535.38	543.94	119.86
0.65	523.43	531.08	537.13	545.63	120.22
0.70	525.05	532.63	538.65	547.32	120.54
0.75	525.96	534.31	540.36	549.00	117.38
0.80	527.72	535.96	542.07	550.69	118.42
0.85	529.01	537.67	543.8	552.4	117.05
0.90	530.47	539.39	545.37	554.15	116.51

（七）求解动力学参数改进的非线性等转化率积分法（MNL-INT）[25~28]

由 Vyazovkin 等提出的等转化率法是在任意温度变化下用积分等转化率法得到活化能 E_α。对任意给定的转化率 α，通过方程式(3-22)可以求得满足该方程最小值的活化能 E_α。

$$\Phi(E_\alpha) = \sum_{i=1}^{n} \sum_{j\neq i}^{n} \frac{J[E_\alpha, T_i(t_\alpha)]}{J[E_\alpha, T_j(t_\alpha)]} \tag{3-22}$$

式中，i、j 是实验的序数；E_α 即是满足该方程最小值的值。

其中：

$$J[E_\alpha, T_i(t)] \equiv \int_{t_\alpha - \Delta\alpha}^{t_\alpha} \exp\left[\frac{-E_\alpha}{RT_i(t)} \right] dt \tag{3-23}$$

方程(3-23)中的 α 以步长 $\Delta\alpha$ 和间距为 $\Delta\alpha$ 和 $1-\Delta\alpha$ 区间内变化。积分式 J 是根据 Trapezoid 法则[28]，由实验数据计算得到的。然后把 J 值代入式(3-22)中，可得满足该方程 (3-22)的最小值 E_α。

下面以 $[Dy(p\text{-ClBA})_3\,phen]_2$ 为例，用 MNL-INT 法来求取脱水过程的活化能。结果

如表 3-7 所示。

表 3-7   据表 3-4 中的数据用 MNL-INT 法求得 [Dy(p-ClBA)₃phen]₂ DSC 脱水过程的活化能

α	$E/(\text{kJ/mol})$	α	$E/(\text{kJ/mol})$
0.10	173.77	0.70	122.12
0.30	149.52	0.90	116.77
0.50	133.18		

(八) 求解动力学参数的 Kissinger-迭代法和 Ozawa-迭代法

经典的等转化率法是以 $\ln\beta$ 对 $1/T$（Ozawa 法）和 $\ln\beta/T^2$ 对 $1/T$（Kissinger 法）作图由截距获得活化能。由于忽略了 $H(x)$ 和 $h(x)$ 是随着 x 而变化的，所以误差均在 1‰ 左右。而迭代法是以 $\ln\beta/H$ 对 $1/T$ 或 $\ln\beta/hT^2$ 对 $1/T$ 作图，在不用考虑 E/RT 取值范围限制的前提下得到比较准确的活化能的值，误差减小了。其 Ozawa-迭代法方程为：

$$\ln\frac{\beta}{H(x)} = \left\{\ln\left[\frac{0.0048AE}{R}\right] - \ln G(\alpha)\right\} - 1.0516\frac{E}{RT} \tag{3-24}$$

Kissinger-迭代法方程为：

$$\ln\frac{\beta}{h(x)T^2} = \left[\ln\left(\frac{AR}{E}\right) - \ln G(\alpha)\right] - \frac{E}{RT} \tag{3-25}$$

其中：

$$H(x) = \frac{\exp(-x)}{0.0048\exp(-1.0516x)}h(x)$$

$$h(x) = \frac{x^4 + 18x^3 + 86x^2 + 96x}{x^4 + 20x^3 + 120x^2 + 240x + 120}$$

上式中的 x 为 E/RT，$h(x)$ 表达式即为 Senum-Yang 近似式。

根据方程(3-24)或式(3-25)，先假设 $H(x)=1$ 或 $h(x)=1$，估算 E_1 的初始值。再用 E_1 值计算 $H(x)$ 或 $h(x)$ 所得值，带入方程(3-24)或式(3-25)中，得到一个新的 E_2 值。以 E_2 代替 E_1，重复第二步，可得另一个修正值，再次迭代，这样经过几次迭代后，就会得到满足 $E_i - E_{i-1}$ 小于 0.1kJ/mol 的较合理的 E 值。

下面以 [Dy(p-ClBA)₃phen]₂ 为例，用迭代的 Ozawa 方程和迭代的 Kissinger 方程来求取脱水过程的活化能[29]。结果如表 3-8 和表 3-9 所示。

表 3-8   用 Ozawa-迭代法得到 [Dy(p-ClBA)₃phen]₂ DSC 脱水过程的活化能

α	T/K					$E/(\text{kJ/mol})$
	$\beta=3\text{K/min}$	$\beta=5\text{K/min}$	$\beta=7\text{K/min}$	$\beta=10\text{K/min}$	$\beta=15\text{K/min}$	
0.10	359.26	361.83	363.47	365.3	369.25	173.46
0.30	361.25	364.29	366.18	368.29	372.75	152.86
0.50	362.75	366.07	368.18	370.44	375.27	141.53
0.70	364.35	367.93	370.22	372.56	377.75	133.52
0.90	366.76	370.66	373.68	375.54	380.96	128.20

(九) 动力学分析的新方法——Popescu 法

该方法是对几条不同升温速率的 TA 曲线在同一温度时不同转化率的数据进行动力学分析，从而获得动力学三参量（kinetic triplet）——活化能 E、指前因子 A 和机理函数 $f(\alpha)$。这种方法的主要优点是它不引入包括温度积分在内的任何近似值，又未考虑 $k(T)$ 的具体形式，结果有相当高的精度[30]。

表 3-9　用 Kissinger-迭代法得到 [Dy(p-ClBA)$_3$phen]$_2$ DSC 脱水过程的活化能

α	T/K					$E/(kJ/mol)$
	$\beta=3K/min$	$\beta=5K/min$	$\beta=7K/min$	$\beta=10K/min$	$\beta=15K/min$	
0.10	359.26	361.83	363.47	365.3	369.25	173.52
0.30	361.25	364.29	366.18	368.29	372.75	152.85
0.50	362.75	366.07	368.18	370.44	375.27	141.57
0.70	364.35	367.93	370.22	372.56	377.75	133.55
0.90	366.76	370.66	373.68	375.54	380.96	128.22

确定机理函数：用 Popescu 法处理热分析动力学数据所使用的方程为：

$$G(\alpha)_{mn} = \int_{\alpha_m}^{\alpha_n} \frac{d\alpha}{f(\alpha)} \tag{3-26}$$

$$I(T)_{mn} = \int_{T_m}^{T_n} K(T)dT \tag{3-27}$$

$$G(\alpha)_{mn} = \frac{1}{\beta} I(T)_{mn} \tag{3-28}$$

式中，α_m 和 α_n 是转化率；T_m 和 T_n 是相应的温度。

Popescu 法假设在 α 和 β 变化范围内，反应动力学不改变。在 i 个不同升温速率 β 的 i 条 TA 曲线上，作 $T=T_m$ 和 $T=T_n$ 两条垂直线，可得到 i 组 α 的数据，即 (α_{m1}, α_{n1})，(α_{m2}, α_{n2})，…，(α_{mi}, α_{ni})，将这些数据和可能的机理函数代入方程(3-26)中，求得一系列 $G(\alpha)$ 的值，由于不同的 β 所对应的温度 T_m 和 T_n 的值都相同，根据方程(3-27)求得的 $I(T)_{mn}$ 为一定值。再由方程(3-28)，如 $G(\alpha)$ 选择合适，以 $G(\alpha)$ 对 $1/\beta$ 作图可以得到一条截距趋向于零的直线。需要强调的是，本书与文献 [30] 的不同之处在于计算相关系数时未考虑原点 (0，0)，因此最后选择相关系数较好且截距近似于零的为最概然机理函数。因为人为增加原点 (0，0) 会改变实验点的线形走向，是不可取的。

动力学参数的计算：求取 E 和 A 时所用到的方程为：

$$\ln\left(\frac{\beta}{T_n-T_m}\right) = \ln\left[\frac{A}{G(\alpha)_{mn}}\right] - \frac{E}{RT_\xi} \tag{3-29}$$

式中，$T_\xi = \dfrac{T_m+T_n}{2}$。

将 α_m 和 α_n 时的数据 (T_{m1}, T_{n1})，(T_{m2}, T_{n2})，…，(T_{mi}, T_{ni})，以及上面已确定的机理函数 $G(\alpha)$ 代入方程(3-29) 中，以 $\ln(\beta/T_n-T_m)$ 对 $1/T_\xi$ 进行线性回归，由斜率求 E，由截距求 A（见表 3-10）。

表 3-10　常用动力学机理函数[30]

机 理 模 型		$f(\alpha)$	$G(\alpha)$
Avrami-Erofee($m=2,3,4$) （模型编码：AE2,AE3,AE4）		$(1-\alpha)[-\ln(1-\alpha)]^{1/m}$	$m[-\ln(1-\alpha)]^{1/m}$
扩散机理：	D1	α^{-1}	$1/2\alpha^2$
	D2	$[-\ln(1-\alpha)]^{-1}$	$(1-\alpha)\ln(1-\alpha)+\alpha$
	D3	$[1-(1-\alpha)^{1/3}]^{-1}(1-\alpha)^{2/3}$	$3/2[1-(1-\alpha)^{1/3}]^2$
Ginstling-Brounshtein (D4)		$[(1-\alpha)^{-1/3}-1]^{-1}$	$3/2[1-2\alpha/3-(1-\alpha)^{2/3}]$
化学反应(R)	$n=1$	$1-\alpha$	$-\ln(1-\alpha)$
	$n\neq1$	$(1-\alpha)^n$	$[1-(1-\alpha)^{1-n}]/(1-n)$

下面以 $MgC_2O_4 \cdot 2H_2O$ 为例，用 Popescu 法研究 $MgC_2O_4 \cdot 2H_2O$ 的热分解动力学[31]。

草酸镁的热分解过程：草酸镁在升温速率为 $5℃/min$ 时的热分解曲线如图 3-7 所示，由图 3-7 可知草酸镁的分解分两步进行，根据 TG 曲线出现的平台及失重百分率，可推断出第一步分解在 $176.89\sim240.17℃$ 温度范围内，相当于失去 2 个 H_2O，失重百分率为 22.83%（理论值为 24.29%），生成中间体 MgC_2O_4。第二步分解在 $430.03\sim588.95℃$ 温度范围内，相当于失去 1 个 CO 和 CO_2，失重百分率为 46.87%（理论值为 48.55%），生成最后产物 MgO。至此，草酸镁总失重率为 69.71%（理论值为 72.84%）。根据以上推断，在此条件下草酸镁的热分解过程如下：

$$MgC_2O_4 \cdot 2H_2O \longrightarrow MgC_2O_4 + 2H_2O$$

$$MgC_2O_4 \longrightarrow MgO + CO + CO_2$$

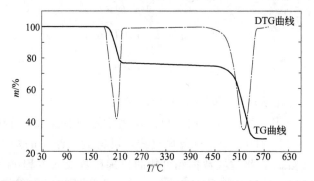

图 3-7 草酸镁的 TG-DTG 草酸镁热分解曲线 $(\beta = 5℃/min)$

$MgC_2O_4 \cdot 2H_2O$ 的热分解动力学：首先从不同升温速率 TG-DTG 曲线上取同一温度下的转化率 α，数据列于表 3-11 中。

将表 3-11 中数据和表 3-10 中的 $f(\alpha)$ 代入式(3-26)，得到相应的 $G(\alpha)_{mn}$，再依据式(3-28)，以 $G(\alpha)_{mn}$ 对 $1/\beta$ 用最小二乘法进行线性回归，得到斜率、截距和线性相关系数，结果如表 3-12 和表 3-13 所示。

表 3-11 $MgC_2O_4 \cdot 2H_2O$ 第一步和第二步热分解的同一温度不同升温速率下的转化率

分解步骤	T/K	α				
		$\beta=3℃/min$	$\beta=5℃/min$	$\beta=7℃/min$	$\beta=10℃/min$	$\beta=15℃/min$
I	476.75	0.4741	0.2243	0.1	—	—
	483.78	0.7678	0.4191	0.2449	0.1	—
	489.41	—	0.6	0.3880	0.2089	—
	497.81	—	0.9025	0.6706	0.3997	0.1
	504.88	—	—	0.9	0.6216	0.2444
II	780.53	0.2871	0.1512	0.1	—	—
	788.96	0.4553	0.2466	0.1650	0.1	—
	795.91	0.6172	0.3609	0.2470	0.1466	0.1
	807.24	0.8569	0.6	0.4538	0.2845	0.1780
	828.34	—	—	0.9	0.6857	0.5795

从表 3-12 和表 3-13 中可以得出 $R(n=0.5)$ 和 D1 动力学模型的截距趋近于零，而且相关系数最好，因此 $MgC_2O_4 \cdot 2H_2O$ 的第一步热分解过程的动力学模型为 $R(n=0.5)$，其机理函数是 $f(\alpha)=(1-\alpha)^{1/2}$；$G(\alpha)=2[1-(1-\alpha)^{1/2}]$。$MgC_2O_4 \cdot 2H_2O$ 的第二步热分解过

程的动力学模型为 D1，其机理函数是 $f(\alpha)=\alpha^{-1}$；$G(\alpha)=1/2\alpha^2$。

表 3-12　MgC$_2$O$_4$·2H$_2$O 第一步分解过程在不同温度线性回归的结果

分解机理（模型）	T_m=476.75K T_n=483.78K		T_m=483.78K T_n=489.41K		T_m=489.41K T_n=497.81K		T_m=497.81K T_n=504.88K	
	α	r	α	r	α	r	α	r
AE2	0.0675	0.9857	0.1834	0.9648	−0.2367	0.9972	−0.0848	0.9798
AE3	−0.1097	0.9913	0.0437	0.9899	−0.4768	0.9955	−0.3485	0.9870
AE4	−0.1829	0.9921	−0.0104	0.9927	−0.5923	0.9944	−0.4668	0.9876
D1	−0.0991	0.9979	−0.0603	0.9983	−0.1021	0.9916	−0.1018	0.9884
D2	−0.1906	0.9924	−0.0987	0.9933	−0.3081	0.9993	−0.2743	0.9988
D3	−0.2040	0.9872	−0.0923	0.9879	−0.4512	0.9886	−0.3876	0.9839
D4	−0.0802	0.9899	−0.0389	0.9908	−0.1511	0.9955	−0.1318	0.9932
R(n=1)	−0.3558	0.9916	−0.1263	0.9941	−0.9275	0.9899	−0.7858	0.9847
R(n=0.5)	**−0.0989**	**0.9978**	**−0.0251**	**0.9990**	**−0.1764**	**0.9995**	**−0.1511**	**0.9999**
R(n=0)	0.0366	0.9992	0.0385	0.9986	0.1000	0.9054	0.0880	0.8698
R(n=2)	−1.7078	0.9789	−0.5254	0.9804	−7.9741	0.9506	−6.6708	0.9401

表 3-13　MgC$_2$O$_4$·2H$_2$O 第二步分解过程在不同温度线性回归的结果

分解机理（模型）	T_m=780.53K T_n=788.96K		T_m=788.96K T_n=795.91K		T_m=795.91K T_n=807.24K		T_m=807.24K T_n=828.34K	
	α	r	α	r	α	r	α	r
AE2	0.0509	0.9997	0.0549	0.9944	0.1404	0.9881	0.4457	0.9134
AE3	−0.0133	0.9991	−0.0062	0.9988	0.0232	0.9971	0.1559	0.9379
AE4	−0.0363	0.9987	−0.0299	0.9995	−0.0277	0.9987	0.0201	0.9438
D1	−0.0354	0.9935	−0.0324	0.9969	−0.0255	0.9881	0.0106	0.9851
D2	−0.0483	0.9909	−0.0534	0.9901	−0.0804	0.9983	−0.1388	0.9726
D3	−0.0399	0.9890	−0.0505	0.9836	−0.1120	0.9864	−0.2866	0.9603
D4	−0.0179	0.9900	−0.0212	0.9870	−0.0387	0.9941	−0.0839	0.9668
R(n=1)	−0.0796	0.9969	−0.0815	0.9982	−0.1575	0.9968	−0.3611	0.9512
R(n=0.5)	−0.0411	0.9989	−0.0254	0.9988	0.0172	0.9836	0.1882	0.9560
R(n=0)	−0.0128	0.9999	0.0092	0.9816	0.0870	0.8207	0.3536	0.8971
R(n=2)	−0.1998	0.9920	−0.3089	0.9820	−1.5021	0.9495	−6.0585	0.9319

然后从 TG-DTG 曲线上取同一转化率 α 不同升温速率下的温度，数据列于表 3-14 中。将表 3-14 中的数据和已确定的机理函数代入式(3-28)，以 $\ln(\beta/T_m-T_n)$ 对 $1/T_\xi$ 用最小二乘法对分解过程中的数据进行线性回归，得到动力学参数 E、A 和 r，如表 3-15 和表 3-16 所示。

表 3-14　MgC$_2$O$_4$·2H$_2$O 第一步和第二步热分解的同一转化率 α 不同升温速率下的温度

分解步骤	α	T/K				
		β=3℃/min	β=5℃/min	β=7℃/min	β=10℃/min	β=15℃/min
I	0.1	464.34	470.26	476.39	483.24	497.01
	0.4	474.7	483.08	489.69	497.62	511.15
	0.7	481.92	491.84	498.61	507.78	521.05
	0.8	483.77	493.63	502.07	510.5	524.53
II	0.1	762.5	773.14	780.66	789.02	797.25
	0.4	786.65	797.78	805.04	813.94	820.56
	0.7	799.28	811.47	818.19	829	833.44
	0.9	809.71	821.88	828.88	841.32	843.86

表 3-15　MgC₂O₄·2H₂O 第一步热分解的动力学参数

$\alpha_n - \alpha_m$	$A \times 10^7/\text{min}^{-1}$	$E/(\text{kJ/mol})$	r
0.4—0.1	2.0049	74.49	−0.9976
0.7—0.1	1.4705	72.66	−0.9980
0.8—0.1	0.8549	69.25	−0.9986
0.7—0.4	0.9353	70.42	−0.9978
0.8—0.4	0.3743	64.98	−0.9979

表 3-16　MgC₂O₄·2H₂O 第二步热分解的动力学参数

$\alpha_n - \alpha_m$	$A \times 10^{14}/\text{min}^{-1}$	$E/(\text{kJ/mol})$	r
0.4—0.1	2.41606	243.55	−0.9968
0.7—0.1	1.80477	238.89	−0.9907
0.9—0.1	1.18827	235.98	−0.9853
0.9—0.4	5.88365	236.08	−0.9741

（十）动力学分析的新方法——双等双步法[32,33]

张建军和任宁在等转化率法和变异的等转化率法的基础上提出了一种新的热分析动力学数据处理方法——双等双步法。该新方法的优点是活化能与机理函数分别求取，而且确定机理函数时不受 E 值的影响。其步骤如下。

1. 确定机理函数

迭代 Ozawa 方程

$$\ln \frac{\beta}{H(x)} = \left\{ \ln \left[\frac{0.0048AE}{R} \right] - \ln G(\alpha) \right\} - 1.0516 \frac{E}{RT} \tag{3-30}$$

式中：

$$H(x) = \frac{\exp(-x)}{0.0048\exp(-1.0516x)} h(x)$$

$$h(x) = \frac{x^4 + 18x^3 + 86x^2 + 96x}{x^4 + 20x^3 + 120x^2 + 240x + 120}$$

把方程（3-30）经转化变为：

$$\ln G(\alpha) = \ln \left(\frac{0.0048AEH(x)}{R} \right) - 1.0516 \frac{E}{RT} - \ln \beta \tag{3-31}$$

式中，$G(\alpha)$ 为积分形式的机理函数；A 为指前因子；R 为气体常数；E 为活化能；T 为温度。将几条 TA 曲线上同一温度处的 α 值和不同的机理函数 $G(\alpha)$（见表 3-17）以及不同的升温速率代入方程（3-31）中，以 $\ln G(\alpha)$ 对 $\ln \beta$ 用最小二乘法进行线性回归，以得到不同温度下直线的相关系数 r、斜率 b 和截距 a。若线性相关系数较好，且直线的斜率 b 接近于 −1，则所对应的机理函数 $G(\alpha)$ 即为固相反应机理模式。

2. 求取活化能 E 和指前因子 A

将上面确定的机理函数代入方程（3-30）中，以 $\ln \dfrac{\beta}{H(x)}$ 对 $1/T$ 用最小二乘法和迭代法进行线性回归，得到不同 α 处直线相关系数 r、斜率和截距，由斜率求取 E 值，由截距求取 A 值。

表 3-17　常用的 41 种机理函数[34]

机理(模型)	函数名称	机　理	函数的形式 $g(\alpha)$	函数的形式 $f(\alpha)$
1	Parabola 法则	一维扩散，1D	α^2	$\alpha^{-1}/2$
2	Valensi 方程	二维扩散，2D	$\alpha+(1-\alpha)\ln(1-\alpha)$	$[-\ln(1-\alpha)]^{-1}$
3	Jander 方程	二维扩散 2D，$n=1/2$	$[1-(1-\alpha)^{1/2}]^{1/2}$	$4(1-\alpha)^{1/2}[1-(1-\alpha)^{1/2}]^{1/2}$
4	Jander 方程	二维扩散 2D，$n=2$	$[1-(1-\alpha)^{1/2}]^2$	$(1-\alpha)^{1/2}[1-(1-\alpha)^{1/2}]^{-1}$
5	Jander 方程	二维扩散 3D，$n=1/2$	$[1-(1-\alpha)^{1/3}]^{1/2}$	$6(1-\alpha)^{2/3}[1-(1-\alpha)^{1/3}]^{1/2}$
6	Jander 方程	三维扩散 3D，$n=2$	$[1-(1-\alpha)^{1/3}]^2$	$3/2(1-\alpha)^{2/3}[1-(1-\alpha)^{1/3}]^{-1}$
7	G.-B 方程	三维扩散 3D，D_4	$1-2\alpha/3-(1-\alpha)^{2/3}$	$3/2[(1-\alpha)^{-1/3}-1]^{-1}$
8	Anti-Jander 方程	三维扩散 3D	$[(1+\alpha)^{1/3}-1]^2$	$3/2(1+\alpha)^{2/3}[(1+\alpha)^{1/3}-1]^{-1}$
9	Z.-L.-T. 方程	三维扩散 3D	$[(1-\alpha)^{-1/3}-1]^2$	$3/2(1-\alpha)^{4/3}[(1-\alpha)^{-1/3}-1]^{-1}$
10	Avrami-Erofeev	成核与增长 $n=1/4,m=4$	$[-\ln(1-\alpha)]^{1/4}$	$4(1-\alpha)[-\ln(1-\alpha)]^{3/4}$
11	Avrami-Erofeev	成核与增长 $n=1/3,m=3$	$[-\ln(1-\alpha)]^{1/3}$	$3(1-\alpha)[-\ln(1-\alpha)]^{2/3}$
12	Avrami-Erofeev	成核与增长 $n=2/5$	$[-\ln(1-\alpha)]^{2/5}$	$5/2(1-\alpha)[-\ln(1-\alpha)]^{3/5}$
13	Avrami-Erofeev	成核与增长 $n=1/2,m=2$	$[-\ln(1-\alpha)]^{1/2}$	$2(1-\alpha)[-\ln(1-\alpha)]^{1/2}$
14	Avrami-Erofeev	成核与增长 $n=2/3$	$[-\ln(1-\alpha)]^{2/3}$	$3/2(1-\alpha)[-\ln(1-\alpha)]^{1/3}$
15	Avrami-Erofeev	成核与增长 $n=3/4$	$[-\ln(1-\alpha)]^{3/4}$	$3/4(1-\alpha)[-\ln(1-\alpha)]^{1/4}$
16	Mampel-single	成核与增长 $n=1,m=1$	$-\ln(1-\alpha)$	$(1-\alpha)$
17	Avrami-Erofeev	成核与增长 $n=3/2$	$[-\ln(1-\alpha)]^{3/2}$	$2/3(1-\alpha)[-\ln(1-\alpha)]^{-1/2}$
18	Avrami-Erofeev	成核与增长 $n=2$	$[-\ln(1-\alpha)]^2$	$1/2(1-\alpha)[-\ln(1-\alpha)]^{-1}$
19	Avrami-Erofeev	成核与增长 $n=3$	$[-\ln(1-\alpha)]^3$	$1/3(1-\alpha)[-\ln(1-\alpha)]^{-2}$
20	Avrami-Erofeev	成核与增长 $n=4$	$[-\ln(1-\alpha)]^4$	$1/4(1-\alpha)[-\ln(1-\alpha)]^{-3}$
21	P.-T. 方程	自催化	$\ln[\alpha/(1-\alpha)]$	$\alpha(1-\alpha)$
22	Mampel 幂函数法则	$n=1/4$	$\alpha^{1/4}$	$4\alpha^{3/4}$
23	Mampel 幂函数法则	$n=1/3$	$\alpha^{1/3}$	$3\alpha^{2/3}$
24	Mampel 幂函数法则	$n=1/2$	$\alpha^{1/2}$	$2\alpha^{1/2}$
25	Mampel 幂函数法则	$n=1$	α	1
26	Mampel 幂函数法则	$n=3/2$	$\alpha^{3/2}$	$2/3\alpha^{-1/2}$
27	Mampel 幂函数法则	$n=2$	α^2	$1/2\alpha^{-1}$
28	反应级数	$n=1/4$	$1-(1-\alpha)^{1/4}$	$4(1-\alpha)^{3/4}$
29	收缩球状(体积)	相界反应，$n=1/3$	$1-(1-\alpha)^{1/3}$	$3(1-\alpha)^{2/3}$
30		$n=3$(三维)	$3[1-(1-\alpha)^{1/3}]$	$(1-\alpha)^{2/3}$
31	收缩圆柱体(面积)	相界反应，$n=1/2$	$1-(1-\alpha)^{1/2}$	$2(1-\alpha)^{1/2}$
32		$n=1/2,n=2(2D)$	$2[1-(1-\alpha)^{1/2}]$	$(1-\alpha)^{1/2}$
33	反应级数	$n=2$	$1-(1-\alpha)^2$	$(1-\alpha)^{-1}/2$
34	反应级数	$n=3$	$1-(1-\alpha)^3$	$(1-\alpha)^{-2}/3$

机理 (模型)	函数名称	机　　理	函数的形式	
			$g(\alpha)$	$f(\alpha)$
35	反应级数	$n=4$	$1-(1-\alpha)^4$	$(1-\alpha)^{-3}/4$
36	二级	化学反应，F_2	$(1-\alpha)^{-1}$	$(1-\alpha)^2$
37	反应级数	化学反应	$(1-\alpha)^{-1}-1$	$(1-\alpha)^2$
38	2/3 级	化学反应	$(1-\alpha)^{-1/2}$	$2(1-\alpha)^{3/2}$
39	指数法则	$E_1,n=1$	$\ln\alpha$	α
40	指数法则	$n=2$	$\ln\alpha^2$	$\alpha/2$
41	三级	化学反应，F_3	$(1-\alpha)^{-2}$	$(1-\alpha)^3/2$

下面以 $[Sm(2,4\text{-DClBA})_3\,bipy]_2$ 为例用双等双步法研究 $[Sm(2,4\text{-DClBA})_3\,bipy]_2$ 的热分解动力学[35]。

配合物的 TG-DTG 曲线 ($\beta=5℃/min$，静态空气气氛) 如图 3-8 所示，其热分解过程如下：

$$[Sm(2,4\text{-DClBA})_3\,bipy]_2 \longrightarrow [Sm(2,4\text{-DClBA})_3]_2 \longrightarrow Sm_2O_3$$

将配合物 5 条 TG 曲线的同一温度处的 α 值列于表 3-18 中。

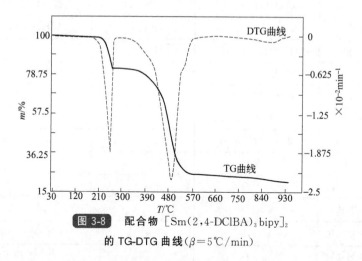

图 3-8 配合物 $[Sm(2,4\text{-DClBA})_3\,bipy]_2$
的 TG-DTG 曲线($\beta=5℃/min$)

表 3-18 配合物$[Sm(2,4\text{-DClBA})_3\,bipy]_2$第一步分解过程的同一温度不同升温速率下的转化率

T/K	α				
	$\beta=3K/min$	$\beta=5K/min$	$\beta=7K/min$	$\beta=10K/min$	$\beta=15K/min$
505.81	0.2237	0.1487	0.1000	0.05710	0.03278
511.75	0.3252	0.2196	0.1500	0.08900	0.05085
516.37	0.4406	0.2905	0.2000	0.1214	0.06893
519.73	0.5340	0.2945	0.2500	0.1510	0.08701
522.92	0.6401	0.4249	0.3000	0.1829	0.1039
525.75	0.7358	0.4924	0.3500	0.0003	0.1284

将上表中的基础数据 α、β、T 及表 3-18 中的 41 种机理函数代入方程（3-31）中，以 $\ln G(\alpha)$ 对 $\ln \beta$ 用最小二乘法进行线性回归，得到不同温度下直线的相关系数 r、斜率 b 和截距 a，其部分结果列于表 3-19 中。

表 3-19 配合物 $[Sm(2,4\text{-DClBA})_3 bipy]_2$ 第一步分解过程的在不同温度下线性回归的部分结果

T/K	机理函数序号	b	r	T/K	机理函数序号	b	r
	11	-0.4283	-0.9929		11	-0.4284	-0.9939
505.81	**15**	**-0.9636**	**-0.9929**	519.73	**15**	**-0.9639**	**-0.9939**
	31	-1.2504	-0.9920		14	-1.0613	-0.9422
	11	-0.4247	-0.9937		11	-0.4646	-0.9980
511.75	**15**	**-0.9556**	**-0.9937**	522.92	**15**	**-1.0453**	**-0.9980**
	31	-1.2213	-0.9923		31	-1.2592	-0.9954
	11	-0.4381	-0.9962		11	-0.4707	-0.9994
516.37	**15**	**-0.9857**	**-0.9962**	525.75	**15**	**-1.0592**	**-0.9994**
	31	-1.2368	-0.9945		31	-1.2401	-0.9970

由以上结果可以看出，函数序号为 15 的机理函数，相关系数较好，斜率接近于 -1，则配合物 $[Sm(2,4\text{-DClBA})_3 bipy]_2$ 的第一步热分解过程的机理函数为：$G(\alpha)=[-\ln(1-\alpha)]^{3/4}$，$f(\alpha)=3/4(1-\alpha)[-\ln(1-\alpha)]^{1/4}$。由此可以得到配合物 $[Sm(2,4\text{-DClBA})_3 bipy]_2$ 第一步热分解过程的动力学方程分别为：$\dfrac{d\alpha}{dT}=\dfrac{3.382\times10^{10}}{\beta}\exp\left(-\dfrac{13615.59}{T}\right)\dfrac{3}{4}(1-\alpha)[-\ln(1-\alpha)]^{\frac{1}{4}}$

其次，确定活化能 E 和指前因子 A 的值。分别将该配合物的 5 条 TG-DTG 曲线的同一转化率处的温度列于表 3-20 中。

表 3-20 $[Sm(2,4\text{-DClBA})_3 bipy]_2$ 第一步分解过程在不同升温速率下同一转化率处的温度

α	T/K				
	$\beta=3K/min$	$\beta=5K/min$	$\beta=7K/min$	$\beta=10K/min$	$\beta=15K/min$
0.10	494.22	499.69	505.81	513.35	522.11
0.15	499.85	505.85	511.75	519.53	528.49
0.20	504.15	510.62	516.37	524.04	533.27
0.25	507.30	514.06	519.73	527.88	536.93
0.30	510.22	517.19	522.92	530.77	539.99
0.35	512.76	519.51	525.75	533.71	542.63
0.40	515.11	522.07	527.89	536.04	545.39
0.45	516.74	523.88	530.17	538.27	547.56
0.50	518.44	526.02	532.01	540.07	549.26
0.55	520.48	527.71	533.6	542.19	551.31
0.60	521.80	529.42	535.38	543.94	553.12
0.65	523.43	531.08	537.13	545.63	554.66
0.70	525.05	532.63	538.65	547.32	556.41
0.75	525.96	534.31	540.36	549.00	557.95
0.80	527.72	535.96	542.07	550.69	559.45
0.85	529.01	537.67	543.8	552.4	560.74
0.90	530.47	539.39	545.37	554.15	562.88

将表 3-20 中的基础数据 α、β、T 及确定的机理函数代入方程（3-30）中，以 $\ln\dfrac{\beta}{H(x)}$ 对 $1/T$ 用最小二乘法和迭代法进行线性回归，得到不同 α 下直线的相关系数 r、斜率和截距。

由斜率求 E，由截距求 A。计算结果列于表 3-21 中。

表 3-21 用迭代法计算配合物 $[Sm(2,4\text{-}DClBA)_3bipy]_2$ 第一步热分解过程的动力学参数的值

α	$\ln[\beta/H(x)]\text{-}1/T$ 曲线		α	$\ln[\beta/H(x)]\text{-}1/T$ 曲线	
	$A\times10^9/\text{min}^{-1}$	$E/(\text{kJ/mol})$		$A\times10^9/\text{min}^{-1}$	$E/(\text{kJ/mol})$
0.10	21.67	111.89	0.55	34.80	113.80
0.15	22.26	112.05	0.60	29.76	113.05
0.20	29.11	113.21	0.65	38.44	114.07
0.25	24.52	112.48	0.70	39.34	114.09
0.30	34.17	113.88	0.75	31.26	112.95
0.35	33.71	113.82	0.80	45.26	114.44
0.40	33.23	113.76	0.85	55.89	115.16
0.45	24.79	112.45	0.90	42.53	113.70
0.50	35.24	113.89		33.88	113.45

注：E 和 A 为平均值。

二、热分析动力学新进展

近 40 年非等温动力学有很大发展，但由于沿用均相体系等温过程的某些理论，故对其适用性和可靠性一直有争议。现简要介绍非等温动力学的一些新进展。

(一) 动力学模式函数

以往是假定反应物颗粒具有规整几何形状和各向同性反应活性，按控制反应速率的关键步骤，如产物晶核的形成和生长、相界面反应或产物气体的扩散等分别推导出动力学模式函数。由于非均相反应本身的复杂性、实际试样颗粒几何形状和堆积的非规整性和反应物的多变性等，实测的 TA 曲线常与理想模式不符[36]。近年来 Koga 等[37]提出了由于误用不适当的 $f(\alpha)$ 而影响 E、A 数值的定量关系式，见式(3-32)。

$$\begin{cases} E_{app}/E=f(\alpha_p)F'(\alpha_p)/F(\alpha_p)f'(\alpha_p) \\ \ln\dfrac{A_{app}}{A}=\dfrac{E}{RT_p}\left[\dfrac{f(\alpha_p)F'(\alpha_p)-F(\alpha_p)f'(\alpha_p)}{f'(\alpha_p)F(\alpha_p)}\right]+\ln\dfrac{f(\alpha_p)}{F(\alpha_p)} \end{cases} \quad (3\text{-}32)$$

式中，E_{app} 和 A_{app} 为由于误用不适当模式函数 $F(\alpha)$ 而得到的表观活化能和表观指前因子，E、A 和 $f(\alpha_p)$ 则为体系真实的参数和模式，α_p 为在最大反应速率 T_p 处的转化率。Sestak 提出在理想模式 $f(\alpha)$ 上引入一个"调节函数"[38]（Accomodation function）$a(\alpha)$，使之更接近真实的反应动力学行为，见式(3-33)。

$$h(\alpha)=f(\alpha)a(\alpha) \quad (3\text{-}33)$$

最简单的 $h(\alpha)$ 形式为在理想模式 $f(\alpha)$ 的表达式中引入分数指数 N 代替原来的整数指数 n[39]。或用 Sestak 和 Berggren[40]提出，后经 Gorbatchev[18]进一步简化的经验模式见式(3-34)：

$$h(\alpha)=\alpha^m(1-\alpha)^n \quad (3\text{-}34)$$

(二) 动力学分析的新方法

近年来，Malek 等[41]提出了新的动力学分析方法，其步骤可概括如下。

(1) 求取活化能 E 应用多重扫描速率法，如 Ozawa 法、Kissinger 法等；可选用任一种或全部，再取其平均值。

(2) 确定动力学模式 用由实验数据转化成两个定义函数 $y(\alpha)$ 和 $z(\alpha)$，

$$y(\alpha) = (d\alpha/dt)e^x \qquad (3\text{-}35)$$
$$Z(\alpha) = \pi(x)(d\alpha/dt)T/\phi \qquad (3\text{-}36)$$

式中,$x = E/RT$,$\pi(x)$ 为 Sinum-Yang 提出的温度积分近似公式:

$$\pi(x) = \frac{x^3 + 18x^2 + 88x + 96}{x^4 + 20x^3 + 120x^2 + 240x + 120} \qquad (3\text{-}37)$$

根据 $Y(\alpha)$ 的曲线形状和其极大值处的 α_m,结合 TA 曲线中峰温处的 α_p,和 $Z(\alpha)$ 在极大值处的 α_p^{∞} 值,确定 $f(\alpha)$ 形式(见图 3-9 和图 3-10)。

(3)计算动力学幂指数 n(和 m) 根据不同的动力学模式,选用下列合适公式计算 n 或 m:

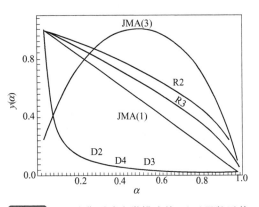

图 3-9 几种典型动力学模式的 $y(\alpha)$ 函数形状

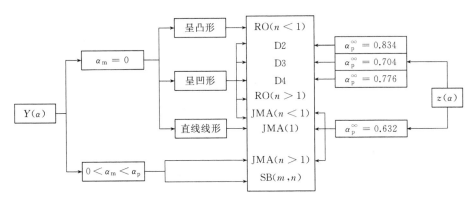

图 3-10 动力学模式确定示意图

RO(n)模式:

$$\alpha_p = 1 - \left[1 + \frac{1-n}{n}x_p\pi(x_p)\right]^{1/n-1} \qquad (3\text{-}38)$$

JMA(m)模式:

$$n = 1/[1 + \ln(1-\alpha_m)] \quad (n > 1) \qquad (3\text{-}39)$$

$$\ln[-\ln(1-\alpha)] = 常量 - nE/RT \quad (n \leqslant 1) \qquad (3\text{-}40)$$

SB(m,n)模式:

$$\ln[(d\alpha/dt)e^x] = \ln A + n\ln[\alpha^p(1-\alpha)] \qquad (3\text{-}41)$$

$$m = pn \qquad (3\text{-}42)$$

$$p = \alpha_m/(1-\alpha_m) \qquad (3\text{-}43)$$

(4)计算指前因子 A 用以下两式之一计算 A,

$$A = -\beta x_p \exp(x_p)/T_p f'(\alpha_p) \qquad (3\text{-}44)$$

或 $$A = y(\alpha)/f(\alpha) \tag{3-45}$$

用式(3-45)可验证在不同 α 处 A 的变化情况。

Malek 法的优点在于它从等转化率法求取 E 开始，然后循序渐进地获得完整的动力学结果，避免 $f(\alpha)$ 逐一尝试的麻烦和 E、A 及 $f(\alpha)$ 同时获得时动力学补偿效应[42,43]的影响。

Popescu[44]提出对一组不同升温速率 ϕ 的 TA 曲线，不用相同 α 处的 T 或 $d\alpha/dT$ 值，而用相同 T 处的 α 来进行分析。张建军等[45,46]对 Popescu 法进行了改进，即在于计算相关系数时未考虑原点 (0,0)，最后是选择相关系数较好且截距近似于零的为最概然机理函数。因为人为增加原点 (0,0) 会改变实验点的线形走向，是不可取的。

Koga[47]提出当反应中出现自加热或自冷却现象而影响线性升温时，用 Friedman 法求得活化能 E，然后将 TA 数据外推至无穷高温度处获得 $f(\alpha)$ 和 A，该方法的使用以 $CuCO_3$ · $Cu(OH)_2$ 的热分解做了说明。Budrugeac[48]提出用温度级数的形式 $\alpha(T) = \sum C_i T^i$ 来拟合实验测得的精确的 α-T 曲线（在指定 α 范围内），用专用程序求取系数 C_i，再用 Friedman 法计算活化能，并以此核实尝试得到的 $f(\alpha)$ 的正确性，该方法在研究一水草酸钙脱水过程中所获得结果与等温法很为一致。Kim[49]利用 DTG 曲线的峰温、峰高、活化能 E_ϕ 及 R_n 模式中 n 之间的关系来表征反应的动力学性质。Viswanath[50]最近提出"超定系统法"（overdetermined system），此方法提出 TA 曲线上的每个数据点都应符合动力学方程，因此，若取出多于所求未知数的数据点时，可得到一个"超定方程组"，用最小二乘法处理就可获得 $f(\alpha)$、E 和 A。但该法也假设 $f(\alpha)$ 是单一的 R_n。

法国 J. Rouquerol 中心[51]通过控制反应过程中产物的逸出速率来控制反应速率，并出现了相应的动力学分析方法[52,53]。

传统的多重扫描速率法有 3 种：Kissinger 法、Ozawa 法与 Friedman 法。近年来，无论是单个扫描法还是多重扫描法都有了很大的发展，多种动力学方法之间的互补提高了分析结果的可靠性。较新几种多重速率法：Budrugeac P[54]提出的非线性等转化率微商法（NL-DIF），Vyazovkin S[55~58]提出的非线性等转化率积分法（NL-INT）、改进的非线性等转化率积分法（MNL-INT）。Gao[59]提出的 Kissinger-迭代法和 Ozawa-迭代法。非线性等转化率积分法、改进的非线性等转化率积分法和 Ozawa-迭代法都不用考虑 E/RT 取值范围限制的前提下得到比较准确的活化能的值。张建军等[60,61]在等转化率法和变异的等转化率法的基础上提出了一种新的求取方法，而且确定机理函数时不受 E 值的影响。

第四节　热分析曲线及反应终点的判断

一、热分析曲线及其表示方法

热分析曲线可分成微商型（如 DSC、DTA、DTG 曲线等）和积分型（如 TG 曲线）两种基本类型。

对于微商型热分析曲线（如 DTA 曲线，见图 3-11），可以起始温度 T_i、外推起始温度 T_e、峰温 T_p、终止温度 T_f 表示。但由于过程的热迟滞，真正的终止温度是 T_f'，而不是 T_f（T_f' 的判断方法，参见本节"二"）。其中的 T_i 重现性较差，与仪器的灵敏度有关。一般来讲，T_e、T_p 重现性好，更具特征性。峰高 h、峰面积 S 分别与反应速率、反应热成正比。提高升温速率则将反应推向更高温度，快速进行，表现为峰高增大、峰宽变窄。

由 DTG 曲线更容易划分多阶反应过程，视其最低点为反应的分界，也可很容易地确定各阶段的极大反应速率（见图 3-12）。

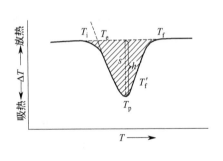

图 3-11 DTA 模式曲线

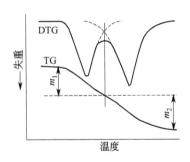

图 3-12 DTG 模式曲线

至于积分型的 TG 曲线较为简单，请参阅有关资料[62]。

二、差热分析曲线（DTA 曲线）反应终点的判断[63,64]

结晶试样熔融过程结束后，DTA 曲线的温差 ΔT 将随时间 t 以指数函数降低（见图 3-13），可表示为如下的关系式：

$$[\Delta T - (\Delta T)_a] = (\Delta T)_h e^{-\frac{1}{\tau}(t-t_p)} \tag{3-46}$$

式中，$\tau = RC_s$，R 为热阻，C_s 为试样的热容。其他各量的定义见图 3-13。因此，如以 $\ln[\Delta T - (\Delta T)_a]$ 对 $(t - t_p)$ 作图，便可得一直线。当从熔融峰高温侧的底沿逆查图 3-13 时，则偏离直线的那点，即为熔化的终点（C 点）。如果此直线一直可以外推到 $t = t_p$，而且截距等于 $\ln(\Delta T)_h$，则峰顶即为熔融过程的终点。高纯金属（如铟、铅等）的熔融 DTA 曲线就是如此。而聚乙烯的熔融终点位于从峰顶回基线的 1/3 处。

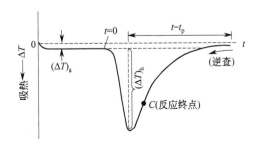

图 3-13 吸热转变的 DTA 曲线

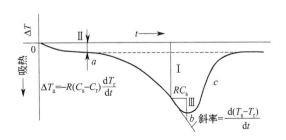

图 3-14 DTA 曲线方程的图解分析

三、DTA 热时间常数 RC_s 及最小分离温度 L 的测定

DTA 曲线方程可表示为[63]：

$$R \frac{dH}{dt} = (T_s - T_r) + R(C_s - C_r) \frac{dT_r}{dt} + RC_s \frac{d(T_s - T_r)}{dt} \tag{3-47}$$

式中　R——热阻，K·s/J；

$\dfrac{dH}{dt}$——热流速率，J/s；

t——时间，s；

RC_s——热时间常数，s；

T_s，T_r——试样和参比物的温度，K；

C_s，C_r——试样和参比物连同其容器和支持器的热容，J/K。

式(3-47)右边的第 1 项是试样与参比物的温差，即 DTA 曲线上任意点的纵坐标值；第 2 项是 DTA 曲线的基线方程，即在试样无热效应，而体系传热已达到稳态时基线相对于零线的偏移量，其大小取决于试样与参比物的热容差、体系热阻 R 及升温速率；第 3 项是热时间常数 RC_s 与 DTA 曲线过任意点斜率 $d(T_s-T_r)/dt$ 的乘积，见图 3-14。

图 3-14 中 a 点为峰起始点，b 点为峰顶点，其对应时间即 t_p，c 点为反应终点。由图 3-14 可见，曲线上任意点的切线与该点水平线段（RC_s）和由 RC_s 线段端点作的垂线构成一个直角三角形，竖直向直角边长为 $RC_s[d(T_s-T_r)/dt]$，即式(3-47)中的第 3 项。底边 RC_s 越小，直角三角形越细长，DTA 峰尖陡，分辨率就越好。

设 $t=0$ 时，$\Delta T=\Delta T_p$（对终点为峰顶的情况，如高纯金属铟熔化的 DTA 曲线）；$\Delta T=\Delta T_c$（对终点为 c 点的情形，如聚乙烯熔融的 DTA 曲线）。对这两种情况，可分别按下式求解 RC_s：

$$\ln\Delta T_p-\ln\Delta T=\frac{1}{RC_s}t \qquad (3\text{-}48\text{a})$$

$$\ln\Delta T_c-\ln\Delta T=\frac{1}{RC_s}t \qquad (3\text{-}48\text{b})$$

将 $(\ln\Delta T_p-\ln\Delta T)$ 对 t，或 $(\ln\Delta T_c-\ln\Delta T)$ 对 t 作图，直线斜率的倒数即为 RC_s。表 3-22 为铟熔化的实测数据，得 $RC_s=6.1649$，相关系数 $r=0.9967$。

表 3-22　由铟熔化 DTA 曲线求取 RC_s 的数据[65]

t/s	$\Delta T/mm$	$\ln\Delta T$	$\ln\Delta T_p-\ln\Delta T$	t/s	$\Delta T/mm$	$\ln\Delta T$	$\ln\Delta T_p-\ln\Delta T$
0	68	4.220		14	10	2.303	1.917
2	58.5	4.069	0.151	16	7.2	1.974	2.246
4	45.5	3.818	0.402	18	5.2	1.649	2.571
6	35	3.555	0.665	20	4.0	1.386	2.834
8	25	3.219	1.001	22	2.5	0.916	3.304
10	20	2.996	1.224	24	1.5	0.405	3.815
12	13	2.565	1.655				

注：升温速率 20K·min⁻¹，试样量 17.13mg。

并可按式(3-49)求出最小分离温度间隔 L，

$$L=\left(0.693RC_s+\frac{1}{2}t_p\right)\frac{dT_r}{dt} \qquad (3\text{-}49)$$

式中　L——相邻两峰达到 50% 分离度时峰顶最小温度间隔，K；

t_p——从出峰点计算至峰顶的时间，s；

dT_r/dt——升温速率，K/s。

对于铟的熔化，代入实验值 $t_p=24s$，则得 $L=5.42K$。

在相同条件下，DTA 曲线的 t_p 值越小，峰的起始边越陡；RC_s 越小，峰拖尾越轻，L 值也越小，峰窄，相邻两峰的分离也就更好。

第五节　分步反应 TG 数据的定量处理

一、含水草酸钙分步失重过程的定量测定

可对照理论失重量与试样的实测值,推断预想的各步反应。含水草酸钙 $CaC_2O_4 \cdot H_2O$ 是一个很典型的例子[66]。如图 3-15 中 3 步失重量的测定值是 12％、32％和 62％,它们与如下的反应过程完全相符:

第 I 步,失水反应

$$CaC_2O_4 \cdot H_2O(固)\!=\!=\!CaC_2O_4(固)+H_2O(气)$$
$$M \qquad 146 \qquad\qquad 128 \qquad\quad 18 \quad (3\text{-}50)$$

失重率 $w=\dfrac{18}{146}\times100\%=12.3\%$

第 II 步,草酸钙分解

$$CaC_2O_4(固)\!=\!=\!CaCO_3(固)+CO(气) \quad (3\text{-}51)$$

$$w=\frac{M_{CO}}{M_{CaC_2O_4 \cdot H_2O}}=\frac{28}{146}\times100\%=19.2\%$$

总失重率 $w=12.3\%+19.2\%=31.5\%$

第 III 步,碳酸钙分解

$$CaCO_3(固)\!=\!=\!CaO(固)+CO_2(气) \quad (3\text{-}52)$$

$$w=\frac{M_{CO_2}}{M_{CaC_2O_4 \cdot H_2O}}=\frac{44}{146}\times100\%=30.1\%$$

总失重率 $w=12.3\%+19.2\%+30.1\%=61.6\%$

对于较难判断的反应过程,除做类似上述的计算外,尚需补以如 X 射线衍射等结构分析的手段,予以验证。

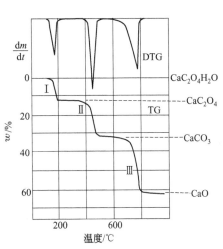

图 3-15　$CaC_2O_4 \cdot H_2O$ 的 TG-DTG 曲线
空气,升温速率 3℃/min

二、五水硫酸铜（$CuSO_4 \cdot 5H_2O$）失水过程的高分辨 TG 测量

利用 TA Instruments 的高解析热重分析仪可以分辨试样在升温过程靠得较近的多阶质量变化。该仪器在设计上采用了高灵敏度的天平（感度 $0.1\mu g$）、水平通气,特别是根据试样失重速率的变化自动调整升温速率,以提高分辨率。

兹以五水硫酸铜（$CuSO_4 \cdot 5H_2O$）为例。图 3-16（a）是用普通的热天平以 20℃·min

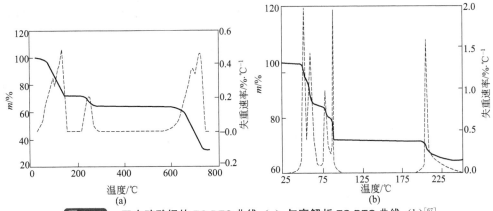

图 3-16　五水硫酸铜的 TG-DTG 曲线（a）与高解析 TG-DTG 曲线（b）[67]

升温测定的 TG 曲线，在 $70\sim250℃$ 失去 5 个结晶水，而 TG 曲线仅表现为两个失重阶段，第 2 阶段为最后结晶水的失去，与前一阶段失 4 个结晶水的过程无法区分。

图 3-16(b) 是用高解析的 2950 型 TGA 测定的 TG-DTG 曲线，表现出十分清晰的多阶失水过程（见 TG 曲线），DTG 曲线是明显分立的尖峰。

参 考 文 献

[1]　Kotra R K, Gibson E K, Urbancic M A. Icarus, 1982, 51: 593.

[2]　Langer A M, Kerr P F. Du Pont Thermogram, 1968, 3 (1): 1.

[3]　市原祥次. 见：日本热测定学会编. 热分析の基礎と応用（第 3 版）. 东京：（株）リアヲイズ社，1994：40.

[4]　Wiedemann H G, Bayer E. Topics in Current Chemistry, Berlin: Springer-Verlag, 1978, Vol. 77.

[5]　黄克隆，贾允煖，花景才. 矿物学报，1985，(3)：275.

[6]　桃田道彦. 见：日本热测定学会编. 新熱分析の基礎と応用. 东京：（株）リアライズ社，1989：44.

[7]　Caldwell K M, Gallagher P K, Johnson D W. Thermochim Acta, 1977, 18: 15.

[8]　Criado J M. Thermochim Acta, 1977, 19: 129.

[9]　Sestak J. Talanta, 1966, 13: 567.

[10]　Certificate ICTA Certified Reference Materials for Differential Thermal Analysis from 125 to 940℃.

[11]　胡荣祖，高胜利，赵凤起，史启祯，张同来，张建军. 热分析动力学（第 2 版）. 北京：科学出版社，2008，340.

[12]　Maciejewski M. Thermochim Acta, 2000, 355: 145.

[13]　Vyazovkin S. Thermochim Acta, 2000, 355: 155.

[14]　Burnham. Alan K. Thermochim Acta, 2000, 355: 165.

[15]　Roduit B. Thermochim Acta, 2000, 355: 171.

[16]　Brown M E, Maciejewski M, Vyazovkin S, et al. Thermochim Acta, 2000, 355: 125.

[17]　Ozawa T. Bull Chem Soc Japan, 1965, 38, 1881

[18]　Kissinger H E. Anal Chem, 1957, 29: 1702

[19]　Freeman E S, Carroll B. J Phys Chem, 1958, 62: 394

[20]　Reich L, Lee H T, Levi D W. J Polym Sci, B, 1963, 1: 535.

[21]　Fuoss R M, Sayler I O, Wilson H S. J Polym Sci, 1964, 2: 3147.

[22]　Budrugeac P. J Therm Anal Cal, 2002, 68: 131.

[23]　Vyazovkin S, Dollimore D. J Chem Information Comp Sci, 1996, 36: 42.

[24]　Vyazovkin S. J Comput Chem, 1997, 18: 393.

[25]　Vyazovkin S. J Therm Anal Cal, 1997, 49: 1493.

[26]　Vyazovkin S. J Comput Chem, 1997, 18: 393.

[27]　Vyazovkin S. J Comput Chem. , 2001, 22: 178.

[28]　Press W H, Flannery B P, Teukolsky S A, Veterling W T. Numerical Recipes IN Pascal; Cambridge Univeersity Press: Cambridge, 1989.

[29]　Gao Z, Nakada M, Amasski I. Thermaochim Acta, 2001, 369: 137

[30]　Popescu C. Thermochim Acta, 1996, 285: 309.

[31]　Zhang J J, Ren N, Bai J H. Chin J Chem, 2006, 24(3): 360.

[32]　Zhang J J, Ren N. Chin J Chem, 2004, 22(12): 1459.

[33]　Zhang H Y, Wu K Z , Zhang J J, et al. Synthetic Metals 2008, 158: 157.

[34]　Hu R Z, Gao S L, Zhao F Q, Shi Q Z, Zhang T L, Zhang J J, Thermal Analysis Kinetics, second ed. , Beijing: Science Press, 2008. 151.

[35]　Zhang H Y, Zhang J J, Ren N, et al. Journal Alloys and Compounds, 2008, 466: 281.

[36]　Ortega A. Thermochim Acta, 1996, 284: 379.

[37]　Koga N, et al. Thermochim Acta, 1991, 188: 333.

[38]　Sestak J. J Thermal Anal, 1990, 36: 1977.

[39]　Koga N，Tanaka H. J Thermal Anal，1994，41：455.

[40]　Sestak J，Berggren G. Thermochim Acta，1971，3：1.

[41]　Malek J. Thermochim Acta，1992，200：257.

[42]　Lu Z R，et al. Thermochim Acta，1995，255：281；1992，210：205.

[43]　Lu Z R，et al. J Thermal Anal，1995，44：1391.

[44]　Popescu C. Thermochim Acta，1996，285：309.

[45]　Zhang J J，Xu S L，Ren N，et al. International Journal of Chemical Kinetics，2008，40（2）：66.

[46]　Sun S J，Zhang D H，Zhang J J，et al. J Mol Struct，2010，977：17.

[47]　Koga N. Thermochim Acta，1995，258：145.

[48]　Budrugeac P，et al. Thermochim Acta，1996，275：193.

[49]　Kim S，Park J K. Thermochim Acta，1995，264：137.

[50]　Viswanath S G，Gupta M C. Thermochim Acta，1996，285：259.

[51]　Rouquerol J. Thermochim Acta，1989，144：209.

[52]　Ortega A，et al. Thermochim Acta，1994，235：197；247：321.

[53]　Tanaka H. Netsu Sokutei，1992，19(1)：32.

[54]　Budrugeac P. J Therm Anal Cal，2002，68：131.

[55]　Vyazovkin S，Dollimore D. J Chem Information Comp Sci，1996，36：42.

[56]　Vyazovkin S. J Therm Anal Cal，1997，49：1493.

[57]　Vyazovkin S. J Comput Chem，1997，18：393.

[58]　Vyazovkin S. J Comput Chem，2001，22：178.

[59]　Gao Z，Nakada M，Amasski I. Thermaochim Acta，2001，369：137.

[60]　Zhang J J，Ren N. Chin J Chem，2004，22(12)：1459.

[61]　Zhang J J，Zhang H Y，Zhou X，et al. J Chem Eng Data，2010，55：152.

[62]　国家标准 GB 6425—86，热分析术语.

[63]　Gray A P. In. Porter R F，Johnson J M eds. Analytical Calorimetry. New York：Plenum，1968：209.

[64]　于伯龄，姜胶东. 中国化学会第二届溶液化学、化学热力学、热化学及热分析学术论文报告会论文摘要汇编，武汉，1984：547.

[65]　于伯龄，姜胶东. 北京服装学院学报，1991，11(2)：68.

[66]　Dodd J W，Tonge K H. Thermal Methods. London：John Wiley & Sons，1987.

[67]　TA Instruments. TGA 2950 Thermogravimetric Analyzer 的技术资料.

第四章 热分析技术对各种转变的测量

第一节 玻璃化转变的测量

一、玻璃化转变温度 T_g 的 DTA 或 DSC 测定法[1,2]

物质在玻璃化转变温度 T_g 前后发生比热容的变化，DSC（或 DTA）曲线通常呈现向吸热方向的转折，或称阶段状变化（偶呈较小的吸热峰），可依此按经验作法确定玻璃化转变温度。

由于玻璃化转变温度与试样的热历史和实验条件有关，测量时需按如下的统一规程实施。

① 测量前将试样在温度 $(23\pm2)℃$、相对湿度 $(50\pm5)\%$ 放置 24h 以上（或按其他商定的条件），进行状态调节。

② 称约 10mg 试样（准确至 0.1mg），试样含有大量填充剂时，聚合物量应有 5～10mg。并且，应注意到如试料各部位的细微结构各异而测定结果会有所不同时，试样应取自有代表性的部位。

③ 将经状态调节后的试样放入 DSC 或 DTA 装置的容器中，对于非晶态试样加热到至少高于玻璃化转变终止点温度约 30℃ 的温度。对于结晶试样则加热到至少比熔融峰终止温度高约 30℃ 的温度。在该温度保持 10min 后，急剧冷却到比玻璃化转变温度低约 50℃ 的温度。

④ 装置在比玻璃化转变温度低约 50℃ 的温度下保持到稳定之后，以 20K/min 的升温速率加热到比转变终止温度高约 30℃ 的温度，记录 DTA 和 DSC 曲线。仪器灵敏度调节到转变前后纵轴方向的变动居记录纸满刻度的 10% 以上。为防止试样的氧化，实验过程可通入氮气，其流速始终保持在 10～50ml/min 范围内不变，连续通入。

⑤ 玻璃化转变温度 T_g 的读取方法见图 4-1。

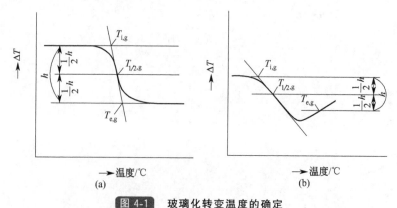

图 4-1　玻璃化转变温度的确定

（a）阶段状变化的情形；（b）阶段状变化在高温侧呈现峰的情形

中点玻璃化转变温度 $(T_{1/2,g})$：在纵轴方向与前、后基线延长线成等距的直线和玻璃化转变阶段状变化部分曲线的交点温度。

外推玻璃化转变起始温度（$T_{i,g}$）：低温侧基线向高温侧延长的直线和通过玻璃化转变阶段状变化部分曲线斜率最大点所引切线的交点温度。

外推玻璃化转变终止温度（$T_{e,g}$）：高温侧基线向低温侧延长的直线和通过玻璃化转变阶段状变化部分曲线斜率最大点所引切线的交点温度。另外，在阶段状变化的高温侧出现峰时，则外推玻璃化转变终止温度取高温基线向低温侧延长的直线和通过峰高温侧曲线斜率最大点所引切线的交点温度。

对同一试样，重复测定 T_g 值相差在 2.5℃之内，不同实验室的测定值可相差 4℃。

二、PET/ABS 共混物玻璃化转变的 MTDSC 测量

通过将两种（或两种以上）聚合物共混来改善如工程塑料制件的抗冲击等项性能是目前高分子材料科学一个重要的方面。相应地，要求人们快速判定某些共混物成分（及其量组成），这对于那些有明显分离的转变温度（诸如聚乙烯/聚丙烯的结晶熔融以及玻璃化转变）的共混物而言，传统的 DSC 是很有效的表征手段。然而，有些共混物的转变温度不是明显分立的，难于用以往的方法精确判断。

例如，图 4-2 是聚对苯二甲酸乙二醇酯/丙烯腈-丁二烯-苯乙烯共聚物（PET/ABS）共混物的 DSC 曲线。一次升温的 DSC 曲线分别在 67℃、121℃ 和 235℃ 观察到 PET 的玻璃化转变、冷结晶和熔融这 3 个转变，而未观测到 ABS 的任何转变；以 10℃/min 降温后二次升温的 DSC 曲线也仅观察到在 106℃（T_g）和 238℃（T_m）这两个转变，仅凭这些结果，很难解释这些变化，尤其是观测到的玻璃化转变温度表面上的变动。

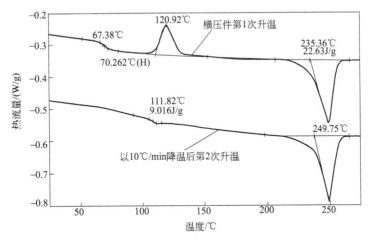

图 4-2 PET/ABS 共混物的 DSC 曲线[3]

试样量 9.22mg，氮气氛，升温速率 10℃/min

对于图 4-3 的 MDSC 曲线所观察到的现象，玻璃化转变是可逆的，而冷结晶是不可逆的。因此，将总的热流量分解成可逆和不可逆两部分，可区分具有不同性质而相互重叠的热效应。这时不可逆曲线仅呈现与 PET 冷结晶有关的放热，以及与松弛现象有关的在约 70℃ 的弱吸热；可逆曲线表现出两个转变，即 PET 的玻璃化转变（67℃），以及与 ABS 有关的一个次级玻璃化转变（在 105℃）。在传统的 DSC 曲线上，这后一个玻璃化转变是被 PET 的冷结晶峰所掩盖，因此只是在二次升温的 DSC 曲线上才能观察到。

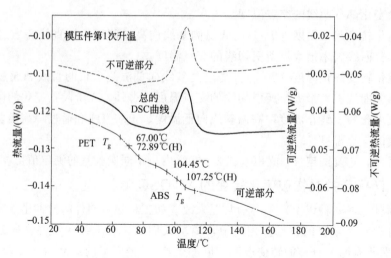

图 4-3　PET/ABS 共混物的 MDSC 曲线[3]

试样量 8.46mg，氮气氛，升温速率 2℃/min，调制振幅±1℃，周期 60s

三、高聚物玻璃化转变温度与增塑剂

增塑剂可降低硬质塑料的玻璃化转变温度，兹以聚氯乙烯（PVC）-邻苯二甲酸二辛酯（DOP）混合物为例（见表 4-1）。

表 4-1　PVC-DOP 混合物 T_g[4]

试样编号	增塑剂的质量分数/%	T_g /K	$T_g^{-1}/10^{-3}K^{-1}$	试样编号	增塑剂的质量分数/%	T_g /K	$T_g^{-1}/10^{-3}K^{-1}$
1	O(PVC)	368	2.72	4	40	239	4.18
2	20	303	3.30	5	50	222	4.50
3	30	270	3.70	6	100(DOP)	183	5.46

如果增塑剂与聚合物是相容的，两种物质的混合物应是具有单一玻璃化温度的一种均相共混物，从理论上讲增塑体系的玻璃化转变温度遵从如下方程[5]：

$$\frac{1}{T_g} = \frac{w_1}{T_{g1}} + \frac{w_2}{T_{g2}} \tag{4-1}$$

式中　T_g——混合物的玻璃化转变温度，K；

w_1, w_2——聚合物、增塑剂的质量分数；

T_{g1}, T_{g2}——聚合物、增塑剂的玻璃化转变温度，K。

增塑剂的存在不仅降低了聚合物的 T_g，还会使玻璃化转变温区变宽。

对于无规共聚物，玻璃化温度与共聚物组成间的关系遵从与相容聚合物-增塑剂体系相同的规律，这两个体系分别是由聚合物-增塑剂和聚合物 1-聚合物 2 这两个组分所构成的。相容聚合物共混物的这类关系也可用其他关系式表示[6~9]。

四、聚合物玻璃化转变温度与分子量的关系

当聚合物的分子量较低时，玻璃化转变温度 T_g 随分子量的增大而提高。以聚苯乙烯为例，示于表 4-2。

表 4-2 **聚苯乙烯的玻璃化转变温度与分子量的关系**[10]

试样编号	$\bar{M}_w$	T_g /℃	$\dfrac{1}{\bar{M}_w} \times 10^5$	试样编号	$\bar{M}_w$	T_g /℃	$\dfrac{1}{\bar{M}_w} \times 10^5$
1	6200	89.84	16.13	5	107000	105.96	0.93
2	10200	96.76	9.80	6	186000	106.43	0.54
3	16700	101.01	5.99	7	422000	106.97	0.24
4	42800	104.82	2.34				

聚合物玻璃化转变温度与分子量之间遵从如下关系：

$$T_g = T_{g\infty} - C / \bar{M}_w \qquad (4-2)$$

式中　T_g——玻璃化转变温度；

$\quad T_{g\infty}$——分子量为无穷大时高聚物的 T_g；

$\quad \bar{M}_w$——重均分子量；

$\quad C$——常数。

从表 4-2 中数据可见，当分子量超过某一临界值时，则 T_g 几乎不再改变。

五、热焓松弛[11~13]

玻璃态聚合物通常是处于非平衡态，在热力学性质上存在过剩体积和过剩焓，令其处于比 T_g 略低的温度时，此过剩量逐渐降低，且逐渐趋于理想的平衡值，同时引起聚合物力学性质的变化。

对于淬火玻璃态试样，达到 T_g 时仅观察到热容的阶段状变化；而对退火的玻璃态试样，除此尚可观察到热容峰。这相应于热容的快速转换。吸热峰面积随退火而增大，T_g 向较高温度推移（见图 4-4）。

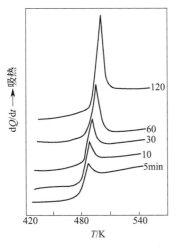

图 4-4　苯酰化 PPO（苯酰化度：以摩尔分数表示为 31.0%）与 PPO 共混物 475K 退火不同时间的 DSC 曲线[10]

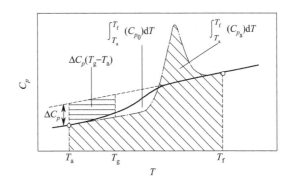

图 4-5　淬火（实线）和退火（虚线）试样比热容变化的示意图

图 4-5 表示淬火（实线）和退火（虚线）试样比热容的变化（DSC 法）。图中的 T_a 和 T_g 分别表示退火和玻璃化转变温度。

淬火玻璃态试样的过剩焓 ΔH_0 可以下式表示：

$$\Delta H_0 = \Delta G_p(T_g - T_a) \tag{4-3}$$

式中 ΔG_p——T_g 转变时液态和玻璃态的比热容之差。

另一方面，在退火时的松弛焓 ΔH_d 可表示成：

$$\Delta H_d = \int_{T_a}^{T_f}(C_{p\,a})dT - \int_{T_a}^{T_f}(C_{p\,0})dT \tag{4-4}$$

式中 $C_{p\,a}$——退火试样的比热容；

$C_{p\,0}$——淬火试样的比热容。

在温度 T_a 经时间 t 退火试样的过剩焓 ΔH_t 是

$$\Delta H_t = \Delta H_0 - \Delta H_d \tag{4-5}$$

可以式(4-6)比较玻璃态聚合物的松弛时间：

$$\Delta H_t = \Delta H_0 \exp(-t/\tau) \tag{4-6}$$

式中 τ——松弛时间；

t——在温度 T 时的退火时间。

式(4-6)可写成

$$\ln(\Delta H_t / \Delta H_0) = -t/\tau + 常数 \tag{4-7}$$

则松弛时间 τ 为

$$\tau^{-1} = -d[\ln(\Delta H_t / \Delta H_0)]/dt \tag{4-8}$$

如以 $\tau_{(1/2)}$ 表示过剩焓降低一半所需的时间，则 $\tau_{(1/2)}$ 与退火温度的倒数遵从 Arrhenius 方程。

$$\tau_{(1/2)}^{-1} = A\,\exp(-E_a^*/RT) \tag{4-9}$$

式中 E_a^*——焓松弛的表观活化能。

这样求得的几种聚甲基丙烯酸酯的 E_a^* 为 300～400kJ/mol[12]。

六、WLF 方程中的分子参数 C_1 和 C_2

高聚物在玻璃化转变区的松弛时间与温度的关系可以用 WLF 方程予以描述。同次级松弛不同，高聚物在玻璃化转变区以 $\ln\tau$ 对 $1/T$ 作图，得不到线性关系图。这表明高聚物玻璃化转变的活化能并不是常数，而是温度的函数。这是高聚物玻璃化转变有别于次级松弛的一个重要特征。高聚物次级松弛的温度与松弛时间之间的关系可用 Arrhenius 方程来描述，而玻璃化转变只能用 WLF 方程来描述：

$$\lg a_T = \lg\frac{\tau(T)}{\tau(T_0)} = -\frac{C_1(T - T_0)}{C_2 + T - T_0} \tag{4-10}$$

式中，τ 为松弛时间，可以从下式计算

$$\tau = \frac{1}{2\pi f} \tag{4-11}$$

式中 f——测试频率，Hz；

T_0——参考温度，K；

a_T——移动因子。

WLF 方程可以变换成下式：

$$-\frac{1}{\lg a_T} = \frac{1}{C_1} + \frac{C_2}{C_1} \times \frac{1}{T - T_0} \tag{4-12}$$

以 $-1/\lg a_T$ 对 $1/T - T_0$ 作图，可以从直线的斜率和截距求出高聚物的分子参数 C_1 和

C_2。一些高聚物在玻璃态的 C_1 和 C_2 值见表 4-3。

表 4-3　WLF 方程中的分子参数 C_1 和 C_2

高 聚 物	C_1/℃	C_2/℃	高 聚 物	C_1/℃	C_2/℃
聚异丁烯	16.6	104.4	丁苯共聚物	20.3	25.6
聚乙酸乙烯酯	15.6	46.8	丁基橡胶	16.8	108.6
聚苯乙烯	13.3	47.5	乙丙共聚物	13.1	40.7
	13.7	50.0	聚氨酯橡胶	15.6	32.6
聚 α-甲基苯乙烯	13.7	49.3	聚甲基丙烯酸甲酯	34.0	80.0
聚丙烯酸甲酯	18.1	45.0	聚甲基丙烯酸乙酯	17.6	65.5
聚 1-已烯	22.2	20.2	聚甲基丙烯酸丁酯	17.0	96.6
聚二甲基硅烷	6.1	69.0	聚甲基丙烯酸己酯	17.8	129.4
聚氧丙烯	16.2	24.0	聚甲基丙烯酸辛酯	16.1	107.3
聚 1,4-丁二烯	11.2	60.5			
	11.3	60.0			
	12.7	35.5			

　　移动因子 a_T 可以从动态力学性能谱或介电松弛谱进行计算。作为例子，图 4-6 给出 COVTPU50St50 AB 交联聚合在 T_g 附近其介电松弛时间与温度的关系，$-(\ln a_T)^{-1}$ 对 $(T-T_0)^{-1}$ 的直线关系如图 4-7。从这些图中所测定该聚合物的两个分子参数 $C_1 = 12.4$℃，$C_2 = 56.4$℃。

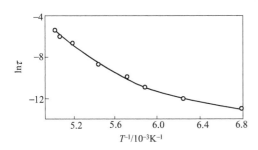

图 4-6　AB 交联聚合物 COVTPU50St50 的松弛时间与温度的关系[14]

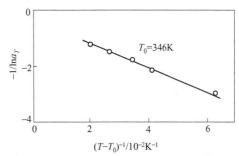

图 4-7　AB 交联聚合物 COVTPU50St50 的 $-(\ln a_T)^{-1}$ 对 $(T-T_0)^{-1}$ 作图

　　这些结果是将 T_g 选择为参考温度 T_0，WLF 方程适合的温度范围是从 T_g 到 $T_g + 100$℃。

　　通过测量大量高聚物的 C_1 和 C_2 值，得到它们的统计平均值，分别为 17.44℃ 和 51.6℃。一般地，不宜采用这种普适值，因为许多高聚物的 C_1、C_2 值同它们偏离太大。我们将参考温度 T_0 选择为 $T_g + (50\sim100)$℃，C_1 和 C_2 的普适值将变为 $C_1 = 8.86$℃，$C_2 = 101.6$℃。此时的 WLF 方程可写作：

$$\lg a_T = -8.86(T-T_0) / (101.6℃ + T - T_0) \tag{4-13}$$

当然，最好是从实验中直接测定 C_1 和 C_2 值。

　　当参考温度从 T_0 变到另一数值 T_1 时，C_1 和 C_2 值也将随之变化，并可依据下式计算：

$$C_1^0 = C_1^1 / (C_2^1 + T_0 - T_1)$$

$$C_2^0 = C_2^1 + T_0 - T_1$$

七、高聚物玻璃化转变区的松弛活化能

　　高聚物玻璃化转变区的松弛活化能 E_a 不同于次级松弛，不能用 Arrhenius 方程求得，而必须用 WLF 方程求得：

$$\lg a_T = \lg \frac{\tau(T)}{\tau(T_0)} = -\frac{C_1(T-T_0)}{C_2+T-T_0} \tag{4-10}$$

$$\tau = 1/2\pi f \tag{4-11}$$

式中　a_T——移动因子；

τ——松弛时间，s；

T_0——参考温度，℃；

C_1——高聚物的分子参数，℃；

C_2——高聚物的分子参数，℃。

根据松弛活化能的定义则有：

$$E_a = \frac{d(\ln a_T)}{d(1/T)} = \frac{2.303 C_1 C_2 R T^2}{(C_2+T-T_0)^2} \tag{4-14}$$

式中，R 为气体常数，8.314J/(mol·K)。

端羟基化的聚丁二烯/甲基丙烯酸甲酯 AB 交联聚合物在玻璃化转变区松弛活化能随温度的变化如图 4-8 所示。用动态力学分析方法测得的这个聚合物的分子参数 $C_1=8.77\text{K}$，$C_2=85.07\text{K}$，$T_g=340\text{K}$，参考温度 T_0 选择为 381K。

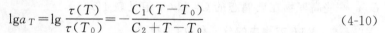

图 4-8　端羟基化的聚丁二烯/甲基丙烯酸甲酯 AB 交联聚合物在玻璃化转变区其松弛活化能随温度的变化[14]

八、高聚物的转变温度 T_2、自由体积分数及其热胀系数

每克高聚物的总体积 V 是其自由体积 V_f 和"占有体积" V_0 之和。自由体积分数 f_s 是一个量纲为 1 的物理量，定义为

$$f_s = \frac{V_f}{V}$$

自由体积分数 f，它的热胀系数 α_f 同高聚物分子参数 C_1、C_2 之间有如下关系：

$$f_g = \frac{1}{2.303 C_1} \tag{4-15}$$

式中，f_g 为高聚物在玻璃化转变温度时的自由体积分数。当 $T>T_g$ 时，高聚物的自由体积分数 f_s 可按下式计算：

$$f_s = f_g + \alpha_f(T-T_g) \tag{4-16}$$

$$\alpha_f = \frac{f_s}{C_2} \tag{4-17}$$

式中，C_2 是 WLF 方程中的分子参数，参考温度是 T_g。测得了高聚物的 T_g、C_1 和 C_2 值，f_g、f_s 和 α_f 就可以通过计算得到。

高聚物黏度 η 与温度之间的关系可用下式描述：

$$\lg a_T = \lg\left[\frac{\eta(T)}{\eta(T_g)}\right] = -\frac{C_1(T-T_g)}{C_2+(T-T_g)} \tag{4-18}$$

WLF 方程可用于描述高聚物的黏度 η 与温度之间的关系。高聚物的特征转变温度 T_2 可从下式计算：

$$C_2 + T_2 - T_g = 0 \tag{4-19}$$

即

$$T_2 = T_g - C_2 \tag{4-20}$$

高聚物在 T_2 温度下其黏度变成无限大，所有的分子运动都被冻结。

高聚物的 T_g、C_1 和 C_2 的测定方法在前文中已予以描述。

以聚丁二烯/甲基丙烯酸甲酯 AB 交联聚合物为例，测得的 $T_g=340\text{K}$，$C_1=8.77\text{K}$，

$C_2 = 85.07K$。由此计算得到 $f_g = 0.0256$，在 381K 时的 $f_s = 0.0495$，$\alpha_f = 5.82 \times 10^{-4} K^{-1}$，$T_2 = 254.93K^{[15]}$。

第二节　结晶与熔融的测量

一、熔融温度和结晶温度的 DTA 或 DSC 测定法[1,2]

由试样 DTA 或 DSC 曲线的熔融吸热峰和结晶放热峰可确定各自的转变温度。为消除热历史的影响，并考虑到在升、降温过程过热、过冷和再结晶等的作用，实验可按如下规程进行。

（1）测定前将试料在温度（23±2）℃、相对湿度（50±5）% 放置 24 h 以上，进行状态调节。

（2）称约 10mg 试样（准确至 0.1mg），试料含有大量填充剂时，被测物量应有 5～10mg。试样应具有代表性。

（3）将经状态调节后的试样放入 DSC 或 DTA 装置的容器中，升温到比熔融峰终止时温度高约 30℃ 的温度熔融，在该温度保持 10min 后，以 5℃/min 或 10℃/min 的降温速率冷却到比出现转变峰至少低约 50℃ 的温度。

（4）测定熔融温度与结晶温度。

① 熔融温度的测定：首先要在比熔融温度低约 100℃ 的温度使装置保持到稳定之后，以 10℃/min 的升温速率加热到比熔融终止时的温度高约 30℃，记录 DTA 或 DSC 曲线。按上述（3）测定熔融温度时，在进行状态调节后应立即使装置稳定下来，以 10℃/min 的升温速率加热到熔融峰以上约 30℃ 的温度，记录 DTA 或 DSC 曲线。

② 结晶温度的测定：按上述操作加热到比熔融峰终止时温度高约 30℃ 的温度，在该温度保持 10min 后，以 5℃/min 或 10℃/min 的降温速率冷却到比结晶峰终止时温度低约 50℃ 的温度，记录 DTA 或 DSC 曲线。另外，当结晶缓慢持续进行，结晶峰低温侧的基线难以决定时，可结束实验。

仪器灵敏度调节到可记录整个 DTA 或 DSC 曲线，峰高要居记录纸满刻度 25% 以上。氮气流量在 10～50ml/min 范围内适当设定，并保持不变。

（5）熔融温度和结晶温度的读取方法（见图 4-9 和图 4-10）。

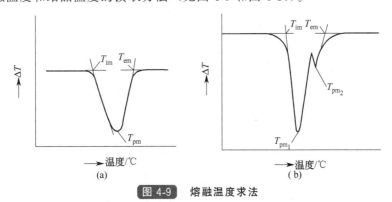

图 4-9　熔融温度求法

(a) 呈单一峰；(b) 存在两个以上重叠峰

① 熔融温度的求法：熔融峰温（T_{pm}）取熔融峰顶温度；外推熔融起始温度（T_{im}）是取低温侧基线向高温侧延长的直线和通过熔融峰低温侧曲线斜率最大点所引切线的交点的温度；外推熔融终止温度（T_{em}）是取高温侧基线向低温侧延长的直线和通过熔融峰高温侧曲线斜率最大点所引切线的交点温度。呈现两个以上独立的熔融峰时，求出各自的 T_{pm}、T_{im}

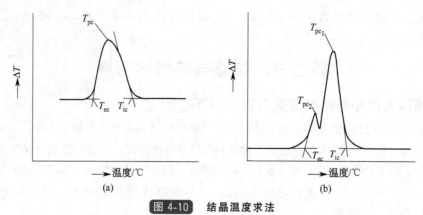

图 4-10　**结晶温度求法**

（a）呈单一峰；（b）存在两个以上重叠峰

和 T_{em}。另外，熔融缓慢发生，熔融峰低温侧的基线难于决定时，也可不求出 T_{im}。

② 结晶温度的求法：结晶峰温（T_{pc}）取结晶峰顶温度；外推结晶起始温度（T_{ic}）取高温侧基线向低温侧延长的直线和通过结晶峰高温侧曲线斜率最大点所引的切线的交点温度；外推结晶终止温度（T_{ec}）取低温侧基线向高温侧延长的直线和通过结晶峰低温侧曲线斜率最大点所引起切线的交点温度。呈现两个以上的独立结晶峰时，则求出各自峰的 T_{pc}、T_{ic} 和 T_{ec}。另外，存在两个以上重叠峰时，则求出 T_{ic}、若干个 T_{pc} 和 T_{ec}。再有，结晶缓慢持续发生，结晶峰低温侧的基线难以决定时，也可不求出 T_{ec}。

二、结晶高聚物平衡熔点的测定

1. 原理

结晶高聚物的平衡熔点 T_{m}° 定义为分子量无限大时，完善结晶纯粹高聚物的熔融温度。由 Hoffman-Weeks 方程[16]求得：

$$T_{m}=T_{m}^{\circ}(1-1/r)+T_{c}/r \tag{4-21}$$

式中　r——L 与 L^{*} 的比值；

　　L——高聚物结晶折叠链片层最终厚度，nm；

　　L^{*}——高聚物结晶折叠链片层最初厚度，nm

　　T_{m}——高聚物的结晶熔点，K；

　　T_{c}——高聚物的等温结晶温度，K。

　　T_{m}°——如果 r 不随结晶度而变化，满足这一条件，以 T_{m} 对 T_{c} 作图，得一直线，这条直线与 $T_{m}=T_{c}$ 直线交点所对应的温度即为该高聚物的 T_{m}°。

2. 实验操作方法

（1）选择 0.3mm 以下厚度的高分子膜或 5mg 左右的粉末试样放置于两片盖玻片之间，用镊子将试样置于恒温的热板上，使试样充分熔化，用镊子按压盖玻片使试样流动均匀。

（2）迅速将熔化完全的试样转移到恒温的热台中，在该结晶温度 T_{c} 下使试样结晶完全。

（3）取 0.5mg 左右的试样用 DSC 测定其结晶熔点 T_{m}。

（4）以 T_{m} 对 T_{c} 作图，所得直线与 $T_{m}=T_{c}$ 直线交点即为该试样的 T_{m}°。

图 4-11 为聚偏氟乙烯的 Hoffman-Weeks 图。它的 α 晶型的结晶平衡熔点 T_{m}° 为 474.1K。较高结晶温度 T_{c} 下得到的试样数据是十分重要的，高度过冷的试样往往测不准。

全部实验过程也可采用 DSC 法，按如下步骤进行：

（1）取 0.5mg 左右试样置于 DSC 试样池中；

（2）迅速升温至高聚物的熔点以上并恒温一段时间（时间长短视试样而定），以消除试样热历史的影响；

（3）迅速降温（−100℃/min）至 T_c，并在该温度下使试样等温结晶完全；

（4）以 10℃/min 速率升温测定高聚物的熔点 T_m；

（5）用与热台恒温结晶同样的方法计算高聚物的平衡熔点 T_m°；

（6）所有的试验均在 N_2 保护下完成。

当等速升温测定试样 T_m 过程中有重结晶现象时，重结晶的部分在进一步升温过程中会出现新的熔融峰 T_m'，以 T_m' 对 T_c 作图所得的直线可能与 $T_m = T_c$ 线平行，或 T_m' 为一恒定值，不随 T_c 而改变。因为这部分结晶不是在等温结晶温度 T_c 条件下形成的。如图 4-11 中

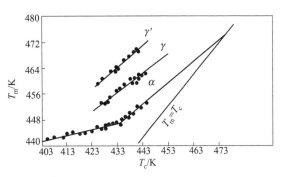

图 4-11　聚偏氟乙烯的 Hoffman-Weeks 图[9]

聚偏氟乙烯 γ 晶型就属于此例。此时 Hoffman-Weeks 方程不能应用，T_m° 的测定需采用其他技术[17,18]。例如，刘景江等[18]所采用的方法是选择一系列具有不同分子量的低分子量的聚偏氟乙烯试样，用 Hoffman-Weeks 图测定它们的 $T_m^\circ(M_r)$。因为低分子量聚偏氟乙烯很容易生成独立的 γ 晶型而不是重结晶过程中形成的。再以 $T_m^\circ(M_r)$ 对 $1/M$ 作图，外推到 $M = \infty$ 时的 $T_m^\circ(M)$，即为 γ 晶型的平衡熔点 T_m°。

上出健二[19]测定不同温度下退火不同时间所得试样的 T_m 和 ΔH 值。作图，从 T_m 与 ΔH 直线外推到 $\Delta H = 0$ 所对应的 T_m 则为 $T_m^\circ(t)$。再以 $T_m^\circ(t)$ 对退火时间的倒数 $1/t$ 作图，外推到 $1/t = 0$ 所对应的 $T_m^\circ(t)$ 则为该试样的 T_m° 值。

三、共聚物、共混物的结晶平衡熔点，相互作用参数和相互作用能密度

对于一个结晶组分和另一个非晶组分完全相容的共聚物或共混物体系，可用 DSC 测定它们的结晶平衡熔点 T_{mb}°。T_{mb}° 随非晶组分含量的增加而降低。这种关系可用 Flory[20] 方程来描述。如果混合熵可以忽略不计，则有下式成立：

$$T_m^\circ - T_{mb}^\circ = \frac{-RT_m^\circ T \, \overline{V}_1}{\Delta H_f^\circ \, \overline{V}_2} \chi \varphi_2^2 \tag{4-22}$$

式中　T_m°——结晶组分的平衡熔点，K；

　　　T_{mb}°——共聚物或共混物的平衡熔点，K；

　　　R——摩尔气体常数，8.314J/(mol·K)；

　　　$\overline{V}_1$——结晶高聚物重复链节的摩尔体积，m^3/mol；

　　　$\overline{V}_2$——非晶高聚物重复链节的摩尔体积，m^3/mol；

　　　φ_2——非晶高聚物的体积分数；

　　　ΔH_f°——完善结晶高聚物的熔融热，J/mol；

　　　T——温度，K；

　　　χ——两组分间的相互作用参数。

操作方法如下：

（1）共聚物或共混物的 T_{mb}° 的测试方法与均聚物 T_m° 的测定方法相同，由 Hoffman-Weeks 图确定；

（2）以 $(T_m^\circ - T_{mb}^\circ)$ 对 φ_2^2 作图，从直线的斜率求得 χ 值；

（3）按式（4-22）计算两种聚合物间的相互作用能密度 B。

$$B = -RT\chi / \overline{V}_2 \tag{4-23}$$

例如结晶的聚醚醚酮（PEEK）与非晶的聚芳醚酮（PEK-C）共混物的 T_{mb}° 随组成的变化见表 4-4。以 $(T_m^\circ - T_{mb}^\circ)$ 对 φ_2^2 作图，从直线的斜率可以计算出两组分相容组成范围内的 χ 值为 -0.64；在 PEEK 熔融温度下，$B = -8.99 \times 10^3 kJ/m^3$。在计算过程中取两种聚合物的密度分别为 $\rho_1 = 1.263 \times 10^3 kg/m^3$ 和 $\rho_2 = 1.309 \times 10^3 kg/m^3$；$\overline{V}_1/\overline{V}_2 = 0.602$；$T_m^\circ = 639K$；$\Delta H_f^\circ = 130kJ/kg$。角标 1 和 2 分别代表组晶组分 PEEK 和非晶组分 PEK-C。

表 4-4　PEEK 和 PEK-C 共混物的 T_{mb}° 随组成的变化[21]

PEK-C 质量分数/%	T_{mb}°/K	PEK-C 质量分数/%	T_{mb}°/K	PEK-C 质量分数/%	T_{mb}°/K
0	639	10	628	40	624
5	633	20	625.5	60	622

四、用稀释法和平衡熔点法测定结晶高聚物的熔化焓和熔化熵

结晶聚合物能吸收有限量的溶剂而使其结晶熔化温度从 T_m° 降低至 T_{mb}°，高聚物的熔融焓可根据这种关系由下式求得：

$$\frac{1}{T_{mb}^\circ} - \frac{1}{T_m^\circ} = \frac{R}{\Delta H_f^\circ} \times \frac{\overline{V}_1}{\overline{V}_2}(\varphi_2 - \chi\varphi_2^2) \tag{4-24}$$

式中　T_m°——结晶高聚物的平衡熔点，K；

T_{mb}°——被稀释了的高聚物的平衡熔点，K；

R——摩尔气体常数，$8.314 J/(mol \cdot K)$；

ΔH_f°——结晶高聚物的熔化焓（熔化热），J/mol；

$\overline{V}_1$——结晶高聚物的摩尔体积，m^3/mol；

$\overline{V}_2$——稀释剂的摩尔体积，m^3/mol；

φ_2——稀释剂的体积分数；

χ——相互作用参数。

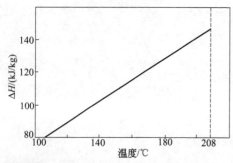

图 4-12　全同聚丙烯 α 晶型的理论熔化焓[23]

其中的 T_m° 和 T_{mb}° 用 DSC 测定（详见高聚物的结晶平衡熔点一节），相互作用参数与溶解度参数有关，可用溶液法测定。几种高聚物的熔融热 ΔH_f° 已由式（4-24）测得[22]。

Monasse 和 Haudin[23] 用熔融热 ΔH 对等温结晶温度 T_c 作图，外推到高聚物的 T_m° 所对应的 ΔH 值为该高聚物的 ΔH_f° 值，如图 4-12。208℃为全同聚丙烯 α 晶型的 T_m°，由此求得的 $\Delta H_f^\circ = 148kJ/kg$。

实验操作程序如下：

（1）热台和 DSC 分别用高纯度热分析标准物进行温度校正；

（2）厚度为 0.3mm 以下的聚丙烯膜被放置于两片盖玻片中，于 220℃熔化 5min；

（3）将热台温度迅速降至所需的结晶温度 T_c，在此温度下等温结晶完全；

（4）取 0.5mg 左右等温结晶试样放置于 DSC 试样池中；

（5）以 10℃/min 的升温速率记录 DSC 曲线，计算 ΔH 值；

（6）以 ΔH 对 T_c 作图，直线外推到 $T_c = T_m^\circ$（208℃），所对应的 ΔH 值即为聚丙烯 α 晶型的 ΔH_f° 值；

（7）熔化熵 ΔS_0 按下式 $\Delta S_0 = \Delta H_f^\circ / T_m^\circ$ 求得；

（8）所有的实验均在氮气保护下进行。

全同聚丙烯的 $T_m^\circ = 481K$，求得的 $\Delta H_f^\circ = 148kJ/kg$，$\Delta S_0 = 0.308kJ/(kg \cdot K)$。

五、用比容法测定高聚物的熔化焓和熔化熵

测定高聚物 ΔH_f° 的另一种方法是基于高聚物熔融热与比容之间的线性关系式[24]，

$$\Delta H = K + C\bar{V}_{sp}$$
$$\bar{V}_{sp} = 1/\rho \tag{4-25}$$

式中 ΔH——试样的熔融热，kJ/kg；

$\bar{V}_{sp}$——比容，m^3/kg；

ρ——密度，kg/m^3；

K——常数；

C——常数。

实验操作程序如下：

（1）通过改变退火条件制得具有不同结晶度的试样；

（2）用 DSC 测定这些试样的熔融热 ΔH；

（3）用密度梯度管测定这些试样的密度值 ρ，进而换算成比容 $\bar{V}_{sp}$；

（4）以 ΔH 对 $\bar{V}_{sp}$ 作图，得一直线；

（5）结晶度为 100% 聚合物的 $\bar{V}_{sp}^c$ 值所对应的 ΔH 值即为该试样的熔化焓 ΔH_f° 值。

试样的 $\bar{V}_{sp}^c$ 值可通过其晶胞参数计算得到；试样熔化熵依式 $\Delta S_0 = \Delta H_f^\circ / T_m^\circ$ 计算。

例如，尼龙 1010 的 ΔH 与 $\bar{V}_{sp}$ 之间的线性关系如图 4-13。从图中的直线斜率与截距求得线性方程：

$$\Delta H = 2099.5 - 2106.1\bar{V}_{sp} \tag{4-26}$$

由晶胞参数计算得到尼龙 1010 的 $\bar{V}_{sp}^c = 8.81 \times 10^{-4} m^3/kg$。从图中直线或式（4-26）均可求得 $\bar{V}_{sp}^c$ 所对应的 ΔH 值，此值即为尼龙 1010 的 $\Delta H_f^\circ = 180.8kJ/kg$[25]。尼龙 1010 的 $T_m^\circ = 487K$，所以，它的熔化熵 $\Delta S_0 = 0.371kJ/(kg \cdot K)$。

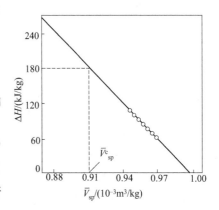

图 4-13 具有不同结晶度的尼龙 1010 的 ΔH 对 $\bar{V}_{sp}$ 作图[24]

六、高聚物结晶过程中的界面自由能

均聚物结晶过程中垂直于分子链方向的单位面积的界面自由能按下式计算：

$$K_g = \frac{Y\sigma\sigma_e b_0 T_m^\circ}{K\Delta H_f^\circ} \tag{4-27}$$

式中 K_g——与能量及结晶区域有关的常数，K^2；

Y——系数，在 I、III 区，$Y = 4$；在 II 区，$Y = 2$；

  σ——平行于分子链方向单位面积的界面自由能，J/m^2；

  σ_e——垂直于分子链方向单位面积的界面自由能，J/m^2；

  b_0——折叠链层厚度，m；

  T_m°——结晶高聚物的平衡熔点，K；

  ΔH_f°——完善结晶的熔融热，J/mol 或 J/m^3；

  K——玻耳兹曼常数，J/K。

  式(4-27)中的结晶平衡熔点 T_m° 和 K_g 均用 DSC 测定（详见结晶高聚物的平衡熔点和高聚物的结晶区域转变两节）。σ 由半经验公式确定，$\sigma = ab_0\Delta H_f^\circ$。$\alpha$ 为常数，对聚烯烃来说 $\alpha = 0.1$，聚酯的 $\alpha = 0.24$。

  以全同聚丙烯为例，$K_{gⅢ} = 7.28 \times 10^5 K^2$，$K_{gⅡ} = 3.68 \times 10^5 K^2$，$T_m^\circ = 481K$，$b_0 = 6.56 \times 10^{-10}$ m，$\Delta H_f^\circ = 1.4 \times 10^8 J/m^3$，$\sigma = 9.2 \times 10^{-3} J/m^2$，玻耳兹曼常数 $K = 1.38 \times 10^{23}$ J/K，在第Ⅲ结晶区，$Y = 4$，在第Ⅱ结晶区，$Y = 2$。从两个结晶区域均可计算得到 $\sigma_e = 0.122 J/m^2$。

  在相容性共混物或共聚物中，如果一个组分是可结晶的，另一个组分是非晶的，并且忽略两组分间相互扩散的影响，结晶组分的 σ_e 值按下式计算：

$$\frac{1}{n}\ln k + U^*/R(T_c - T_\infty) - [1 + 2\sigma T_{mb}^\circ/b_0 f\Delta H_f^\circ(T_{mb}^\circ - T_c)]\ln\varphi_1$$

$$= \ln G_0 - Yb_0\sigma\sigma_e T_{mb}^\circ/K f\Delta H_f^\circ T_c(T_{mb}^\circ - T_c) \tag{4-28}$$

式中 n——Avrami 方程指数；

  k——Avrami 方程中结晶速度常数，s^{-n}；

  U^*——结晶高聚物分子链迁移活化能，J/mol；

  R——摩尔气体常数，8.314$J/(mol \cdot K)$；

  T_c——结晶温度，K；

  T_∞——可结晶组分分子链运动完全冻结的温度，$T_\infty = T_g - 30$，K；

  T_g——可结晶组分的玻璃化转变温度，K；

  T_{mb}°——共混物或共取物的结晶平衡熔点，K；

  f——温度校正因子，$f = 2T_c/(T_{mb}^\circ + T_c)$；

  φ_1——结晶高聚物的体积分数；

  G_0——常数。

式中的其他参数如 Y、σ、σ_e、b_0、T_m°、ΔH_f° 和 K 的物理意义在前文中已有描述。其中 n、k、T_g、T_{mb}° 和 T_m° 用 DSC 测得（详见高聚物等温结晶动力学，高聚物的玻璃化转变温度，共聚物、共混物的结晶平衡熔点和结晶高聚物的平衡熔点等内容）。

  以 $\frac{1}{n}\ln k + U^*/R(T_c - T_\infty) - [1 + 2\sigma T_{mb}^\circ/b_0 f\Delta H_f^\circ(T_{mb}^\circ - T_c)]\ln\varphi_1$ 对 $1/f T_c(T_{mb}^\circ - T_c)$ 作图，得一直线，其斜率 $K_{gb} = Yb_0\sigma\sigma_e T_{mb}^\circ/K\Delta H_f^\circ$，进一步可计算 σ_e 值。例如，聚醚醚酮 (PEEK) 与非晶的聚芳醚酮 (PEK-C) 共混物等温结晶，计算所得到的 σ_e 值为 (4.0 ± 0.4) J/m^2[21]。计算过程中所用的常数值如下：$\sigma = 2.05 J/m^2$，$K = 1.38 \times 10^{-23}$ J/K，$\Delta H_f^\circ = 130 kJ/kg$，$b_0 = 2.945 \times 10^{-10}$ m，$U^* = 8.38 kJ/mol$，$T_{mb}^\circ = 639 K$，$R = 8.314 J/(mol \cdot K)$。

七、高聚物的结晶区域转变

  基于高聚物结晶成核速率与增长速率关系的变化，高聚物在不同过冷度下熔体结晶可划分为 3 个区域（regime）。不同区域转变温度由式(4-29)测定。

$$\frac{1}{n}\lg k \frac{U^*}{2.303R(T_c-T_\infty)}=C-\frac{K_g}{2.303T_c f\Delta T} \tag{4-29}$$

式中 R——摩尔气体常数，8.314J/(mol·K)；

n——Avrami 方程指数；

k——Avrami 方程中的结晶速度常数，s^{-n}；

U^*——分子链的迁移活化能，J/mol；

T_c——等温结晶温度，K；

T_∞——分子链运动完全冻结的温度，$T_\infty=T_g-30$，K；

T_g——高聚物的玻璃化转变温度，K；

C——常数；

f——温度校正因子，$f=2T_c/T_m^\circ+T_c$；

T_m°——高聚物的结晶平衡熔点，K；

ΔT——过冷度，$\Delta T=T_m^\circ-T_c$，K；

K_g——常数，K^2。

Avrami 方程指数 n、结晶速率常数 k、玻璃化转变温度 T_g 和平衡熔点 T_m° 用 DSC 测得（详见等温结晶动力学，玻璃化转变温度和高聚物结晶平衡熔点三节）。以 $\frac{1}{n}\lg k+\frac{U^*}{2.303R(T_c-T_\infty)}$ 对 $1/T_c f\Delta T$ 作图，从直线的斜率可以求出常数 K_g 值。

从理论上分析，由于高聚物球晶径向生长速率与表面成核速率之间关系的变化，在图中，对应于不同过冷度应由 3 条直线组成，它们之间的关系为 $K_{gI}:K_{gII}:K_{gIII}=2:1:2$。它们分别被定义为区域 I、II 和 III。这些区域交点所对应的 T_c 被定义为结晶区域转变温度。图 4-14 为全同聚丙烯结晶区域转变[23]。右上角的插图是

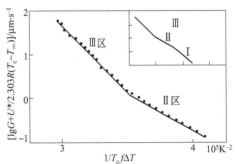

图 4-14 全同聚丙烯 $\lg G+U^*/2.303R$ (T_c-T_∞) 对 $1/T_c f\Delta T$ 作图

高聚物结晶区域转变的示意图[26]。从图中计算得到 $K_{gIII}=7.28\times10^5K^2$，$K_{gII}=3.68\times10^5K^2$，$K_{gIII}/K_{gII}=1.99$，从区域 III 向区域 II 转变的温度为 138℃。计算过程中所用聚丙烯标准参数为 $T_g=252K$，$T_m^\circ=481K$，$U^*=6270J/mol$。

在图 4-14 中用高聚物等温结晶过程中的球晶径向生长速率 G 代替了 Avrami 方程指数 n 和结晶速率常数 k。其结果是相同的，因为它们之间有如下关系：

$$G=Ck^{1/n} \tag{4-30}$$

式中 G——球晶径向生长速率，$\mu m/s$；

C——比例常数。

八、高聚物结晶过程中分子链迁移活化能的测定

高聚物等温结晶过程中分子链迁移活化能 U^* 由下式求得：

$$\frac{1}{n}\lg k=C-\frac{U^*}{2.303R(T_c-T_\infty)} \tag{4-31}$$

式中 R——摩尔气体常数，8.314J/(mol·K)；

n——Avrami 方程指数；

k——Avrami 方程中的结晶速度常数，s^{-n}；

T_c——等温结晶温度，K；

T_∞——分子链运动完全冻结的温度，$T_\infty = T_g - C_0$，一般 C_0 为 30～55K；

T_g——高聚物的玻璃化转变温度，K；

C——常数。

Avrami 方程指数 n 和结晶速率常数 k 用 DSC 测得（详见结晶动力学部分）。以 $\dfrac{1}{n}\lg k$ 对 $\dfrac{1}{T_c - T_\infty}$ 作图，从直线的斜率可以计算出 U^* 值。

实验操作方法：

（1）选择 0.3mm 以下的高分子膜或 5mg 左右的粉末试样置于两片盖玻片之间，将其置于恒温的热板上，使之充分熔化，用镊子按压盖玻片使试样流动均匀；

（2）迅速将熔化完全的试样淬火到非晶态；

（3）将此非晶态的试样置于设定的 T_c 下进行等温结晶，所选择的 T_c 应在 T_g 之上；

（4）求出 Avrami 方程中的 n 和 k 值（详见等温结晶动力学一节）；

（5）按式（4-31）作图求得 U^* 值。

例如 Day 等[1]用上述方法求得几个具有不同分子量的聚醚醚酮（PEEK）的 U^* 值在 19.3～117.3kJ/mol 之间，图 4-15 是他们的实验结果，所选择的 C_0 为 55℃，即取 $T_\infty = T_g - 55$℃。由于所选择的 T_c 仅稍高于高聚物的 T_g，所以，从玻璃态进行等温结晶过程中试样的结晶度将较低。

在图 4-15 中，可以用高聚物等温结晶过程中的球晶径向生长速率 G 代替式（4-31）中 Avrami 方程指数 n 和结晶速率常数 k，其结果是相同的，因为它们之间有如下关系：

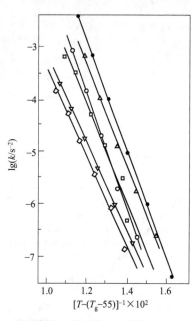

图 4-15 6 种具有不同分子量的 PEEK 从玻璃态进行等温结晶过程中结晶速率 G 与结晶温度 T_c 之间的关系[27]

$\overline{M}_w$：●—8300，▲—18000，○—13500，□—32000，▽—79500，◇—55500

$$G \propto k^{1/n} \tag{4-32}$$

九、聚合物的等温结晶[28]

差示扫描量热法（DSC）是测量聚合物等温结晶的一种快速而灵敏的方法。试样需先行热处理，消除热历史的影响，然后快速冷却到结晶温度，随时间测量放热。

许多变量，如结晶温度、添加剂（如染料）的成核性质、分子量分布和加入共聚单体均会影响聚合物的结晶性质，影响其外观、尺寸稳定性和熔程等项性能。

等温结晶的实验条件与所测聚合物试样密切相关，无法规定统一的条件。下面以聚乙烯为例，可采用如下实验条件：

试样量 10mg，气流 N_2，流速 50ml/min，试样在 155℃充分熔融、退火（通常需 10min）后，迅速冷却到结晶温度 127℃，观测结晶过程。

按上述条件测得的聚乙烯等温结晶 DSC 曲线如图 4-16 所示。

从降温线的外推始点到结晶峰所需的时间 1.52min 作为结晶时间。

采用 DSC 可测定聚合物等温结晶的热效应，并可由 DSC 曲线的结晶放热峰进行结晶速率等的解析。

图 4-17 是用精工 SSC/560S 测定的 PET 从 265℃急剧冷却到 205℃的等温结晶 DSC 曲线。速冷 DSC 曲线随之达到新的基线，而后呈结晶放热峰，结晶终止再度恢复到基线。

图 4-18 是 HDPE 在不同温度下结晶的 DSC 曲线，结晶速率随结晶温度而异，温度在 118.0～121.5℃之间，随温度降低结晶速率加快，结晶终止时间缩短。另外，从实验结果可见：当温度改变 0.5℃时，结晶速率已有明显改变，这就要求十分精确地控制恒定温度；在所试的温度范围，数分钟即完成结晶过程，因此体系必须热惰性小，能迅速达到设定的恒温状态。

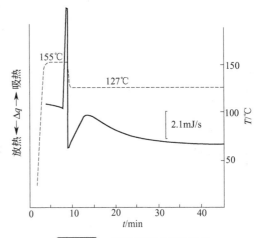

图 4-16　聚乙烯在 127℃ 时的
等温结晶 DSC 曲线

（试样量 9.7mg）

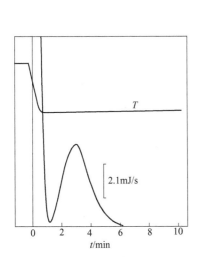

图 4-17　PET 等温结晶曲线[29]

试样量 15.6mg；

温度 265℃ —速冷→ 205℃

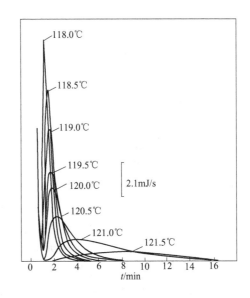

图 4-18　HDPE 在不同温度下的等温结晶曲线[29]

试样量 5.4mg；

温度从 155℃速冷

十、等温结晶速率的测定[30]

用 DSC 可测定高聚物的等温结晶速率，以聚丙烯为例，可按如下步骤进行：

（1）将试样装入试样容器，在约 10Pa 压力下干燥约 24h；

（2）干燥后称量并压封；

（3）将试样容器置于 DSC 的样品支持器上，以一定的速率升温到试样的熔融温度以上，

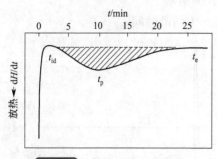

图 4-19　等温结晶 DSC 曲线

如以 80℃/min 升温到 230℃；

（4）在该温度保持一定时间，使试样全熔；

（5）再以与升温相同的速率降温到预定的结晶温度，即 115～135℃；

（6）保持在结晶温度，测得如图 4-19 所示的等温结晶 DSC 曲线。

假定在等温结晶过程中，结晶的完整度与结晶的生成时间无关，即每单位结晶度均释放出等量的热，便可从结晶热评价结晶度。经结晶时间 t(min)后，未结晶的分数 θ 可以式(4-33)表示：

$$(1-\theta)=\dfrac{\displaystyle\int_0^t\left(\dfrac{\mathrm{d}\Delta H_c}{\mathrm{d}t}\right)\mathrm{d}t}{\displaystyle\int_0^{t_e}\left(\dfrac{\mathrm{d}\Delta H_c}{\mathrm{d}t}\right)\mathrm{d}t} \tag{4-33}$$

式中，结晶热 $\Delta H_c(t)$ 是从时间 0—t DSC 曲线所围绕的面积来求得的。

由图 4-19 和式(4-33)可求出 θ 对 $\lg t$ 的关系（等温结晶曲线）。通常，遵照 Avrami 方程可将 θ 写成 t 的函数

$$\theta=\exp(-kt^n) \tag{4-34}$$

式中　k——结晶速率常数；

　　　n——时间指数，与形成结晶中心的成核机理和结晶生长的几何方式有关，n 值的求解方法参见文献[30]。

十一、用偏光显微镜测量高聚物过冷熔体等温结晶的球晶径向生长速率

高聚物熔体等温结晶其球晶径向生长速率可用带有热台的偏光显微镜直接测量。结晶温度 T_c 是由热台控制的。实验的操作程序如下：

（1）首先用具有已知熔点的几种纯晶体对热台的温度进行校正，并绘制温度校正曲线。

（2）热台的温度被控制在所设定的结晶温度 T_c 并保持之。

（3）取少量粉末或膜状样品置于两个干净的盖玻片之间。

（4）将试样及盖玻片放在一个热板上使试样熔融，在盖玻片之间形成一个均匀的、极薄的熔体试样。热板预先已被加热，其温度要高于该高聚物的平衡熔点。

（5）迅速将熔体试样转移到载玻片上。这个载玻片事先已放在恒温在 T_c 的热台中，以确保试样在 T_c 下进行等温结晶。

（6）用偏光显微镜监测球晶的半径 R 随结晶时间 t 的变化，绘制直线，直线的斜率 $\mathrm{d}R/\mathrm{d}t$ 就是该高聚物在此温度下的球晶径向生长速率 G。

（7）改变热台的温度，以测定另一个温度（T_c）的 G 值。

（8）以球晶径向生长速率 G 对结晶温度 T_c 或对过冷度 $\Delta T(=T_m^\circ-T_c)$ 作图，一些试样结果如图 4-20 和图 4-21 所示。

（9）一个非晶组分同一个可结晶组分相容性共混物的球晶径向生长速率 G 可用同样的方法测定。

（10）为防止试样的热氧化和降解，实验应在 N_2 保护下进行。

　　（11）从玻璃态结晶也用类似的方法测定，其不同点在于，试样在热板上熔融之后，立即淬火，以得到非晶态的高聚物玻璃态薄膜。

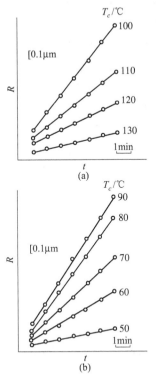

图 4-20　PHB/CE₂ 相容性共混物的球晶径向生长速率[30]

（a）熔体结晶；（b）玻璃态结晶

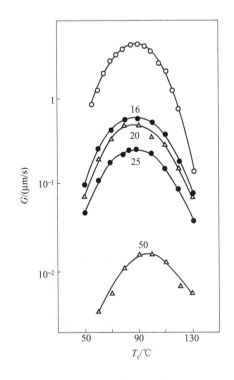

图 4-21　具有不同组成的 PHB/CE 共混物球晶径向生长速率对结晶温度 T_c 作图[31]

○—纯的 PHB；●—PHB/CE₁ 共混物；

▲—PHB/CE₂ 共混物

图上的数字表示共混物中 CE 的质量分数

十二、等温结晶热的测定[30]

用 DSC 测定高聚物的等温结晶热，可按以下步骤进行。

（1）仪器常数的确定

① 将两个样品容器分别放入 DSC 的试样端和参比端。

② 在已知纯物质（通常为铟）的熔点下、上各约 40℃的温度间升温。

③ 此时若 DSC 曲线与记录纸的扫描方向不平行，则需调整基线的斜率。

④ 将纯物质放入试样容器，按与①、②相同的条件升温测定熔融峰。

⑤ 用积分仪或其他方法测量峰面积。

⑥ 按下式求出仪器常数：

$$K = \frac{\Delta H W_s S_s}{R A} \tag{4-35}$$

式中　W_s——纯物质的质量，mg；

　　　S_s——记录纸走速，cm/s；

　　　R——灵敏度，mJ/(s·cm)；

　　　A——峰面积，cm²；

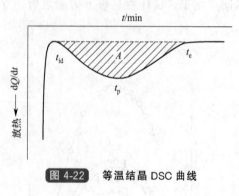

图 4-22 等温结晶 DSC 曲线

ΔH——纯物质的转变热，mJ/g。

（2）等温结晶热的测定

等温结晶热的测定步骤可参见本节"十、等温结晶速率的测定"。

取试样达到预定结晶温度的时间为结晶时间的基准。图 4-22 中的 t_{id} 是可察觉结晶所需的时间，即诱导期，t_p 是结晶速率最大的时间，t_e 是结晶终止的时间。如不能忽略次级结晶，则难以决定 t_e，而如聚丙烯之类的聚合物次级结晶速率极小，则容易确定 t_e。令图 4-22 中 DSC 曲线和基线之间围绕的那部分面积为 A'，则结晶热可由下式求出：

$$\Delta H_c = \frac{K\,R'\,A'}{W_{试样}\,S_{试样}} \tag{4-36}$$

式中 K——按式(4-35)求出的仪器常数；

R'——测定试样 DSC 时的灵敏度，mJ/(s·cm)；

$W_{试样}$——干试样质量，mg；

$S_{试样}$——测定试样时的记录纸速，cm/s。

十三、聚合物熔融热和结晶热的测定[32,33]

本法是利用差示扫描量热法（DSC）在一定的升、降温速率和气氛下测定试样的熔融吸热、结晶放热，并与在相同条件下标准试样的测定结果相比较，求得熔融热或结晶热。

试样的颗粒度、用量、升降温速率以及预处理等都会影响实验结果，实验应按如下的要求和步骤进行。

（1）试样为小于 60 目的粉末或颗粒，或为薄膜，对于模压片应切成适于试样容器的形状。

（2）测定前将试样在温度（23±2）℃、相对湿度（50±5）％放置 24h 以上，进行状态调节。

（3）称取 5～10mg 试样，放入 DSC 容器中，称准至 0.01mg。因仅取 mg 级试样量，取样应均匀，有代表性。

（4）通入氮气等惰性气体，流速为 30ml/min。

（5）应选择合适 X 和 Y 轴的灵敏度，使熔融吸热峰面积达 30～60cm²，对于某些呈熔融尖峰的物质，峰面积也可小到 6～15cm²。

（6）通氮以 10℃/min 的速率从室温升温至熔点以上 30℃，并保温 10min，以消除热历史的影响。

（7）以 10℃/min 降到至少比结晶峰温低 50℃ 的温度，并记录 DSC 曲线，按下述公式计算结晶热 ΔH_c。

（8）将经上述（6）预处理的试样以 5℃/min 或 10℃/min 的降温速率冷却到至少比出现转变峰低约 50℃ 的温度，以 10℃/min 升温测定 DSC 曲线，计算熔融热 ΔH_f。

（9）可利用表 4-5 中所列纯物质进行转变热的标定，这些物质的纯度在 99.99％ 以上。应选取熔点与试样转变温度相近的纯物质。实测时应采用与上述气体流速、升温速率等相同的实验条件。

表 4-5 **纯物质熔点与熔融热**

纯物质名称	熔点/℃	熔融热/(kJ/kg)	纯物质名称	熔点/℃	熔融热/(kJ/kg)
苯甲酸	122.4	142.04	铅	327.4	22.92
铟	156.4	28.45	锌	419.5	102.24
锡	231.9	59.50			

（10）计算熔融热和结晶热

$$\Delta H = \frac{AXY\Delta H_s W_s}{WA_s X_s Y_s} \tag{4-37}$$

式中　ΔH——试样的熔融热或结晶热，kJ/kg；

　　　ΔH_s——纯物质的熔融热或结晶热，kJ/kg；

　　　A——试样的峰面积，cm^2；

　　　A_s——纯物质的峰面积，cm^2；

　　　W——试样的质量，mg；

　　　W_s——纯物质的质量，mg；

　　　Y——测定试样时的 Y 轴灵敏度，mW/cm；

　　　Y_s——测定纯物质时的 Y 轴灵敏度，mW/cm；

　　　X——测定试样时的 X 轴灵敏度（时间基数），min/cm；

　　　X_s——测定纯物质时的 X 轴灵敏度（时间基数），min/cm。

如采用求积仪、剪纸称重等手工方法确定峰面积，应取 3~5 次测量的平均值。

对同一试样重复测定转变热时，同一人员相差不应大于 4.2kJ/kg。不同实验室间相差不应大于 8.4kJ/kg。

十四、聚合物结晶度的测定

聚合物的结晶度对其物理性质，诸如模量、硬度、透气性、密度、熔点等有极其显著的影响。聚合物的结晶度可由聚合物结晶部分熔融所需的热量与100%结晶的同类试样的熔融热之比而求得。即

$$结晶度 = \frac{\Delta H_{试样}}{\Delta H_{标样}} \times 100\% \tag{4-38}$$

式中　$\Delta H_{试样}$——试样的熔融热，J/g；

　　　$\Delta H_{标样}$——相同化学结构100%结晶材料的熔融热，J/g。

例如，对于完全结晶的聚乙烯的熔融热，可以具有相同化学结构的正三十二碳烷的数值来代替，或取自文献的平均值 290J/g，标准偏差为 5.2%。

用差示扫描量热计（DSC）可测定聚合物的熔融

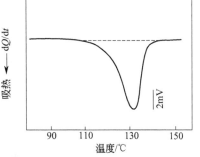

图 4-23 **聚乙烯熔融的 DSC 曲线**[34]
（升温速率5℃/min，氮气氛）

热，如对线型聚乙烯（熔峰 131.6℃），从室温到180℃测得的 DSC 曲线如图 4-23 所示。

$$结晶度 = \frac{180J/g}{290J/g} \times 100\% = 62.1\%$$

对于结晶度为 63.4% 的试样，不同实验室此法熔融热测定值的平均值为 184.1mJ/mg，标准偏差为±3.4%。

十五、结晶高聚物原始试样结晶度的 MTDSC 测定

结晶性高聚物在加工过程中所形成的结晶度对产品性能有重要影响。但结晶高聚物在加工受热过程可能发生种种变化，诸如冷结晶、熔融-再结晶过程等。这些过程往往又是相互叠加，而传统 DSC 测定的是这些热效应的总和，即总的热流量，这影响对原始试样结晶度的正确判断。如图 4-24 是淬火 PET 试样的 DSC 曲线，表面上看来，由峰温在239.26℃的熔融熔 50.77J/g 扣除冷结晶熔 36.59J/g（冷结晶峰在 133.67℃），则来源于原始试样的熔融熔为 13.18J/g，但 X 射线衍射结构分析的数据表明此原始试样是非晶态的。

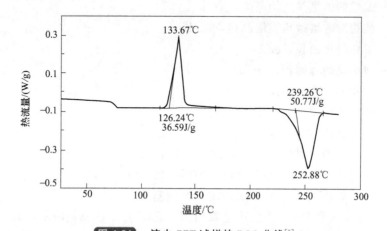

图 4-24 淬火 PET 试样的 DSC 曲线[3]

仪器 TA Instruments DSC 2920，试样量 13.9800mg，氦气氛

流量 25ml/min，升温速率：淬火后从熔体以 5℃/min 升温

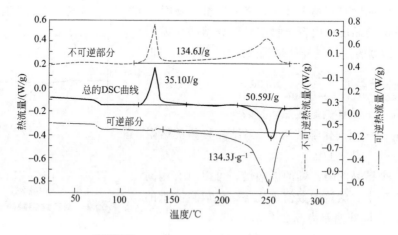

图 4-25 淬火 PET 试样的 MTDSC 曲线[3]

仪器 TA Instruments MTDSC 2920，试样量 16.9500mg，He 25ml/min，

升温速率 5℃/min，调制振幅±0.53℃，周期 40s

按与 DSC 曲线大致相仿的条件用 TA Instruments MTDSC 测定的 MTDSC 曲线（见图4-25），则可将总的热流量（即传统的 DSC 曲线）分解成不可逆和可逆两个部分，其中的不可逆部分是由冷结晶和试样在熔融过程的再结晶两部分构成（这两部分的结晶熔为 134.6J/g），

此值与可逆部分的熔化焓（134.3J/g）刚好吻合，而总的热流量是熔融吸热与再结晶放热的总的热效应。由此可知，此 PET 原始淬火试样是非晶态的，熔融焓全部来自于冷结晶和随后的再结晶。

十六、不同成型条件 PET 的结晶性[35]

聚合物制品的特性随成型条件而异。一般来讲，为使制品的尺寸稳定，希望材料的结构是非晶态的。而对纤维和薄膜，为提高某个方向的强度，可进行拉伸取向。采用 DSC 观测这些聚合物的性质，可对各种成型方法和加工条件作出评价。

以聚对苯二甲酸乙二醇酯（PET）为例。由熔体成型的 PET 的 DSC 曲线（图 4-26 曲线 1），呈现玻璃化转变的基线偏离和冷结晶放热峰，说明其结构以非晶态部分居多。而双向拉伸的 PET 的 DSC 曲线（曲线 2）玻璃化转变的基线偏移变小，冷结晶峰消失，只观察到熔融吸热，表明非晶态部分在拉伸过程已产生结晶。将拉伸试样熔融后急剧冷却，再测定 DSC 曲线（曲线 3），则又可观察到明显的玻璃化转变和冷结晶，说明熔体在急剧冷却过程中并未发生结晶，被冻结的试样大部分处于非晶态。

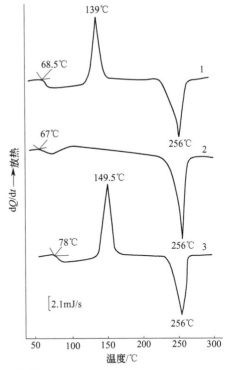

图 4-26 PET 熔体成型试样（1）、双向拉伸（2）及其急剧冷却试样（3）的 DSC 曲线

试样量 16mg；升温速率 10℃/min

十七、聚乙烯的密度、熔融及其结晶度[36]

如众所知，聚乙烯有低密度和高密度之分，其密度处于 $0.92 \sim 0.96 \text{g/cm}^3$。由升温 DSC 曲线可以观测聚乙烯的熔融性质，图 4-27 是低密度（a）和高密度（b）聚乙烯的 DSC

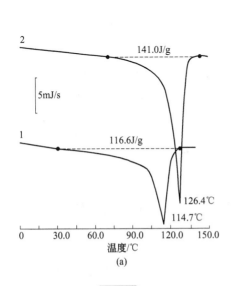

(a)

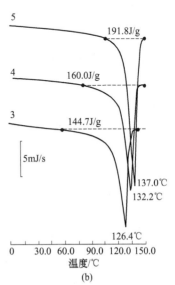

(b)

图 4-27 低密度（a）、高密度（b）聚乙烯的 DSC 曲线

试样量 10mg；升温速率 10℃/min

曲线（密度值见表 4-6）。熔融峰温和熔融热均随密度升高，尤其是熔融热与密度之间呈现很好的线性关系（见图 4-28）。

据报道完全结晶聚乙烯的熔点是 142℃，熔融热为 286.7mJ/mg❶。试样的结晶度可由其熔融热与完全结晶的熔融热之比计算出，见表 4-6。

表 4-6　　**不同密度聚乙烯的熔融性质与结晶度**

试样编号	密度/(g/cm³)	熔融热/(J/g)	峰温/℃	结晶度/%
1	0.922	116.6	114.7	40.7
2	0.934	141.0	126.4	49.2
3	0.935	144.7	126.4	50.5
4	0.944	160.0	132.2	55.8
5	0.958	191.8	137.0	66.9

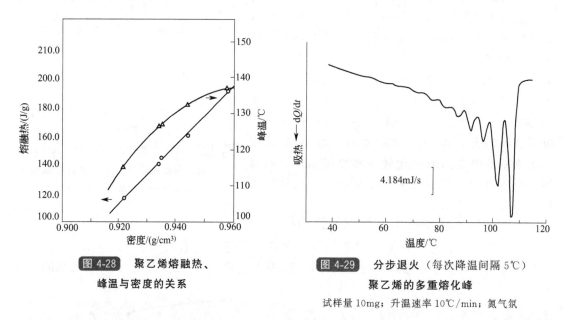

图 4-28　聚乙烯熔融热、 峰温与密度的关系

图 4-29　分步退火（每次降温间隔 5℃） 聚乙烯的多重熔化峰

试样量 10mg；升温速率 10℃/min；氮气氛

十八、聚乙烯的多重熔融峰[37]

结晶高聚物熔融 DSC 曲线的形状与其结晶形成过程的条件密切相关。如将聚乙烯升温到 120℃并保持一段时间，使其充分熔化，然后冷却到 110℃保持 2min 后速冷至室温；接着再加热到 105℃保温 2min，再速冷到室温；如此往复，每次改变 5℃。将经过如此分段处理的试样，从室温升温测定 DSC 曲线，则出现如图 4-29 的多重熔化峰，与其分段处理相对应。换言之，聚乙烯熔融过程明显地反映出结晶过程的热历史。

十九、类脂化合物的转变热[38]

类脂化合物是一种疏水性的烃类化合物。近年人们研究它的受热相变，并与膜过程的分子变化相联系。可以用差示扫描量热法（DSC）观测这些转变及其能量变化，因此类脂转变焓变较小，要求仪器十分灵敏、基线稳定、重现性好。

以卵磷脂（dipalmitoyl phosphatidylcholine）-水体系为例，可采用如下的实验条件：

---

❶　不同来源的熔融热的数值略有差异。

试样量 $0.40mg + 4.70mg\ H_2O$；

量热灵敏度 $0.0824mJ/(s \cdot cm)$；

升温速率 $1℃/min$；

气氛 N_2；

起始温度 $36℃$；

零漂 0；

时间基数 $0.19685min/cm$。

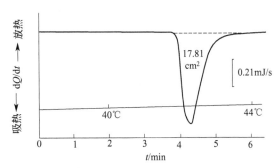

图 4-30 卵磷脂-水体系的 DSC 曲线

按上述条件测得的 DSC 曲线见图 4-30。

采用求积仪等方法测得 DSC 曲线的峰面积，按下式计算转变热：

$$\Delta H = \frac{A}{m}(60BE\Delta q) \qquad (4\text{-}39)$$

式中 ΔH——转变热，mJ/mg；

     A——峰面积，cm^2；

     m——试样量，mg；

     B——时间基数，min/cm；

     E——样品池标定系数；

     Δq——Y 轴灵敏度，$mJ/(s \cdot cm)$。

利用取自图 4-21 的数据，得到：

$$\Delta H = \frac{17.81}{0.40}cm^2/mg \times 60s/min \times 0.19685min/cm \times 1.01 \times 0.0824mJ/(s \cdot cm)$$

$$= 43.8J/g$$

此结果 $43.8J/g$（$31.8kJ/mol$）与文献值相符[39]。

二十、三十二碳烷的多晶型[40]

长链碳氢化合物依热历史而形成多晶型。许多药品存在多晶型，是决定药效的重要因素。本节以三十二碳烷为例，赋予不同的热历史，进行 DSC 测定。

实验条件是：试样量 $0.1mg$；升温速率 $0.5℃/min$；熔融后的降温速率分别为 $0.05℃/min$、$0.5℃/min$、$1℃/min$、$10℃/min$。

图 4-31 是三十二碳烷按上述条件测定的升温 DSC 曲线，曲线 1 是原商品试剂的 DSC 曲线，曲线 2~5 是试样熔融后，以不同的降温速率冷却的试样的升温 DSC 数据。曲线 1 观察到 2 个峰，而曲线 2~5 却观察到 3 个峰，这 3 个峰从低温依次命其为 A、B、C，各自的转变热与降温速率的关系示于图 4-32。加快降温速率则转变 A 类的准稳结晶增加，转变 B 的结晶减少。

二十一、热致性液晶[41]

有一类物质，介于结晶和各向同性液体之间，兼备两者的物理性质，分子链的高次结构具有一定的有序排列，呈液晶相。有两种情形可使这类物质呈现液晶相，即改变溶液体系的浓度、pH 值时的溶致性（lyotropic）液晶和改变温度时的热致性（thermotropic）液晶。

热致性液晶相不仅种类多，而且改变温度时一种物质可表现出几种液晶相，相的关系较为复杂，DSC 和 DTA 是不可缺少的观测手段。

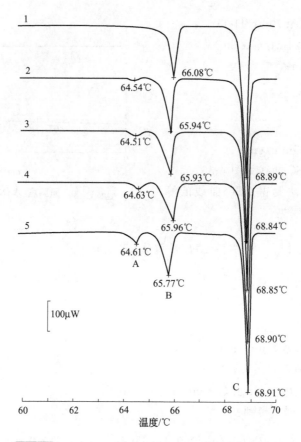

图 4-31 不同降温速率冷却的三十二碳烷的 DSC 曲线

1—原样，第 1 次测定；2—降温速率 0.05℃/min；3—降温速率 0.5℃/min；

4—降温速率 1℃/min；5—降温速率 10℃/min

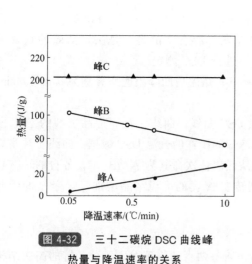

图 4-32 三十二碳烷 DSC 曲线峰
热量与降温速率的关系

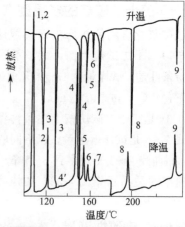

图 4-33 HEPTOBPD 的 DSC 曲线

$$C_7H_{15}O-\underset{}{\bigcirc}-CH=N-\underset{}{\bigcirc}-N=CH-\underset{}{\bigcirc}-OC_7H_{15}$$

HEPTOBPD

图 4-33 是双(4′-正庚氧基苯基亚甲基)-1,4-苯二胺（HEPTOBPD）的 DSC 曲线。升温时，

呈现 8 个吸热峰，分别对应如下的相转变：$C_4 \rightarrow C_3$（峰 2）、$C_3 \rightarrow C_2 \rightarrow C_1$（峰 3）、$C_1 \rightarrow S_K$（峰 4）、$S_K \rightarrow S_J$（峰 5）、$S_J \rightarrow S_I$（峰 6）、$S_I \rightarrow S_C$（峰 7）、$S_C \rightarrow N$（峰 8）、$N \rightarrow I$（峰 9），其中的 C、S、N、I 分别表示结晶相、近晶型、向列型、各向同性液体。两个相转变 $C_3 \rightarrow C_2$ 和 $C_2 \rightarrow C_1$ 只观察到一个峰（3），冷却时 $C_1 \rightarrow C_2$（$4'$）和 $C_2 \rightarrow C_3$（3）分离成两个峰。往往是在如此窄的温度范围连续发生液晶相变，因此需提高仪器的分辨率，减少试样量，并进行升、降温的双向扫描。一般来讲，除与结晶相相邻的最低温度的液晶相外，降温时没有太明显的过冷现象。

液晶相的鉴定使用 X 射线结构分析、偏光显微镜、混合试验等方法（混合试验法即是用已鉴定的物质和未知物构成二元相图，根据相同的液晶相则互容的假定来决定液晶相的方法），而 DSC 和 DTA 则是转变的存在及其确认的最有效的手段。偏光显微镜和 DSC 联用的设备国外已有商品仪器。

从 DSC 峰面积（即转变熵）可在某种程度上判断相转变温度附近的液晶相。许多实验结果表明，转变熵与相变种类有关，比如对于 $N \rightarrow I$ 的转变熵（单位：kJ/mol）是 $0.08 \sim 9.6$，$S_A \rightarrow I(3 \sim 13)$，$S_C \rightarrow I(10 \sim 43)$，$S_A \rightarrow N(0.2 \sim 4.6)$，$S_C \rightarrow N$（$0.7 \sim 9.6$），$S_B \rightarrow S_A$（$0.4 \sim 4.6$），$S_B \rightarrow S_C$（$1.8 \sim 10$），$S_C \rightarrow S_A$（$0.04 \sim 2.8$），$S_P \rightarrow S_C$（$0.2 \sim 0.5$）等。而结晶的熔化熵至少比这些数值要大 $1 \sim 2$ 个量级。因此，液晶相变的量热观测需采用灵敏度高而又稳定的仪器。

二十二、热致性高分子液晶[42]

从高分子液晶的生成条件，可将其分为热致性（thermotropic）和溶致性（lyotropic）两类。根据液晶元在高分子中的位置，又可分为主链型（MCLCP）和侧链型（SCLCP）及复合型高分子液晶（CLCP）。高分子液晶的热分析主要采用 DSC 法。

1. 显示液晶的温区

主要是在如下两个温区显示液晶性：①在 T_g（玻璃化转变温度）和 T_i（转变为各向同性相的温度，也称清亮点）之间；②在 T_m（熔点）和 T_i 之间。情形②往往可观察到几种液晶相。如同一般的聚合物，高分子液晶的热转变行为与试样的热历史和相对分子质量有关。因此，须按相同的条件进行热处理，即相对分子质量足够大的试样作对比研究。相对分子质量增大，则转变温度升高，在 1 万以上才大致不变。转变热也有类似的倾向。并且认为变成各向同性的熵变（ΔS_i）与有序参量有关。

2. 主链型高分子液晶

聚酯类 MCLCP 的转变温度和转变热依热处理条件而异。进行刚性链 MCLCP 的 DSC 测定，通过变换试样量、升温速率和热处理条件，常可测得很好的数据。热处理可使聚酯继续自缩聚，相对分子质量增大，促使分子堆砌更紧密，转变峰更加明显。一般唯刚性链的 MCLCP 转变峰小，须细心观测。在比各向同性相略低的温度进行热处理，常常使峰变得更加明显。

类似于低分子液晶，由刚性链和柔性链（通常是 n 个次甲基）形成的 MCLCP 变成各向同性相的转变温度（T_i）、转变熵（ΔH_i）、转变熵（ΔS_i）随 n 值而呈奇偶性。即在同一系列聚合物中，柔性链段含偶数碳原子的聚合物比含奇数的有较高的转变温度（包括熔点 T_m 和由液晶态向无序液态的转变温度，即清亮点温度）。随 n 的变化，ΔH_i、ΔS_i 呈两条直线关系，n 偶数为上直线，奇数则为下直线。这些直线的截距和斜率相应于各自从液晶相变成各向同性相液晶元有序度和间隔段构象的变化。

3. 侧链型高分子液晶

从本质上讲，许多 SCLCP 是非晶态的。因此，可观察到决定于高分子主链的 T_g 和侧

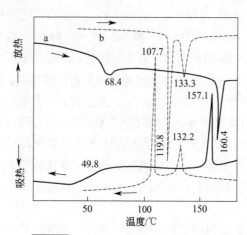

图 4-34 侧链型高分子液晶的相转变

试样

a. $\begin{array}{c} CH_3 \\ | \\ \fCH_2-C\fr \\ | \\ COO\fCH_2\fr_6O-\text{苯}-N=N-\text{苯}-CN \end{array}$

b. $\begin{array}{c} CH_3 \\ | \\ \fCH_2-C\fr \\ | \\ COO\fCH_2\fr_6O-\text{联苯}-OCH_3 \end{array}$

试样量 a, 3.3mg；b, 9.0mg；
升温、降温速率 10K/min

链液晶元从液晶相向各向同性相的一级转变（见图 4-34 曲线 a），并且也有时在熔点以上表现出液晶性（近晶型、胆甾型、向列型）（见图 4-34 曲线 b）。具有长的隔离段，可观察到侧链部分结晶的熔融吸热峰。如非晶态物质与液晶相共存，则两者的相对含量随热处理而变。此外，从各向同性相急剧冷却，往往冻结成非晶玻璃态。

二十三、润滑油的蜡含量[43]

DSC 在石油工业的一项主要用途是测定润滑油的蜡含量和结晶温度，这两项重要的品质控制参数会影响润滑油的低温黏度和润滑能力。

用 DSC 测量润滑油的蜡含量，是将要称取的试样（约 20mg）以 10℃/min 在氮气氛下（流速 50ml/min）从 70℃冷却到 -70℃，测量结晶放热，从结晶放热峰面积计算结晶热；按同样条件测定 100% 蜡样的降温结晶 DSC 曲线。由试样结晶热与 100% 蜡样的结晶热之比，便可按下式求得蜡的质量分数：

$$\text{蜡的质量分数} = \frac{\Delta H_{\text{试样}}}{\Delta H_{\text{标准}}} \times 100\% \tag{4-40}$$

式中 $\Delta H_{\text{试样}}$——试样的结晶热，J/g；

$\Delta H_{\text{标准}}$——标准物质的结晶热，J/g。

按上述方法测得的一种润滑油试样的 $\Delta H_{\text{试样}} = 67.03$J/g，于是

$$\text{蜡的质量分数} = \frac{67.03\text{J/g}}{158.16\text{J/g}} \times 100\% = 42.38\%$$

二十四、油脂固体脂指数的测定[44]

固体脂指数 S.F.I（solid fat index）是油脂一项重要的物理性质。S.F.I 与温度有关，量热法（DSC）把 S.F.I（T）定义为

$$\text{S.F.I}(T) = \int_{T_i}^{T} \frac{dQ}{dt} dT \bigg/ \int_{T_i}^{T_f} \frac{dQ}{dt} dT \tag{4-41}$$

式中 $\dfrac{dQ}{dt}$——热流速率；

T——任意点的温度；

T_i——熔融起始温度；

T_f——熔融终止温度。

采用 DSC 测定 S.F.I，通常是将连续升温熔融 DSC 曲线上各温度下的部分熔融面积除以峰的总面积求得。

图 4-35 是牛油的升温 DSC 曲线。与连续升温法相比，分步升温法（见图 4-36）误差小。

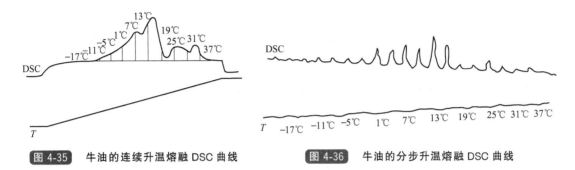

图 4-35　牛油的连续升温熔融 DSC 曲线　　　　图 4-36　牛油的分步升温熔融 DSC 曲线

二十五、二元系相图的测绘[45]

利用 DSC 测绘合金等多元体系的相图，是一种较为简便的方法。现以二元系为例，说明这个方法的基本原理。

图 4-37（a）是根据图 4-34（b）的 DSC 数据绘制的相图，为了明显展示这两个图的关系，调换了图 4-37（b）按一般惯例的横、纵轴方向，以纵轴表示温度，自下向上增高。试样 4 的组成正处于共晶点处，从 DSC 曲线可观察到共晶熔融的尖锐的吸热峰；试样 2、3、5 的组成比是介于纯试样 A、B 和共晶点之间，DSC 曲线呈现共晶熔融吸热峰之后，持续吸热，直到全部转为液相才恢复到基线。反过来，测定未知组成比的二元系试样时，利用相图，从吸热恢复基线的温度也可推知体系的组成比。

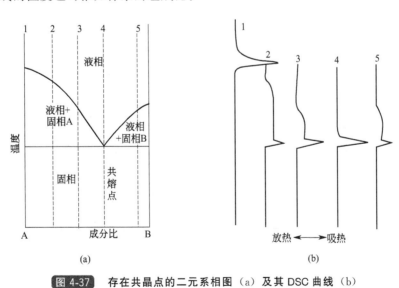

图 4-37　存在共晶点的二元系相图（a）及其 DSC 曲线（b）

（a）相图；（b）DSC 曲线

第三节　聚合物共混物组成与相容性测量

一、聚合物共混物组成的测量[46]

通过共混可赋予原聚合物所不具备的一些独特的性质，因此常需知道共混聚合物（如共混塑料制品）的实际组成。对于某些熔融温度明显不同的结晶聚合物（如聚乙烯-聚丙烯），可由 DSC 测定其熔融热来确定共混组成。但由于热历史影响聚合物结晶度，即熔化热，因此制定共混组成工作曲线的标样与未知样应按相同的方式制备，具有相同的热历史，并按同样的条件测定。

对于聚乙烯-聚丙烯共混物（其熔点接近 140℃和 170℃），可采用如下的实验条件：试样量约 15mg，温度程序以 10℃/min 从 90℃升温至 210℃，氮气氛，流速 50ml/min。

按上述条件测得的聚乙烯-聚丙烯共混物的 DSC 曲线见图 4-38。

用求积仪或剪纸称重法求出两个熔融峰的面积 ADEA 和 ABCDEA。由此求得聚乙烯熔融峰面积百分数。根据图 4-34 得

$$面积 = \frac{5.94\text{cm}^2 \times 100\%}{70.13\text{cm}^2} = 8.5\% \tag{4-42}$$

由事先测绘的工作曲线（见图 4-39）查得：共混物中聚乙烯的含量为 14.1%。

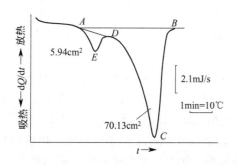

图 4-38 聚乙烯-聚丙烯共混物的 DSC 曲线

（已知聚乙烯的质量分数为 14%）

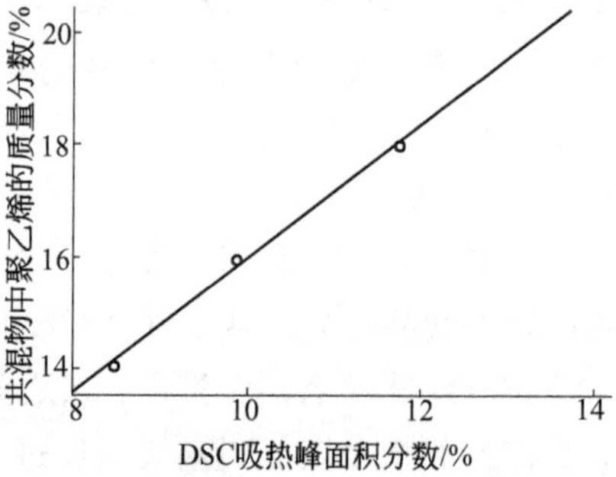

图 4-39 聚乙烯-聚丙烯共混组成的工作曲线

二、无规共聚物的玻璃化转变温度与共聚组成[47]

无规共聚物的玻璃化转变温度 T_g 与共聚组成有关，介于两种均聚物的转变温度之间。T_g 的 DSC 测定法见本章第一节一。兹以苯乙烯-丁二烯无规共聚物为例，数据列于表 4-7。

表 4-7 苯乙烯-丁二烯无规共聚物的 T_g

试样编号	苯乙烯的质量分数 w_1	T_g/K	$T_g^{-1}/10^{-3}\text{K}^{-1}$	试样编号	苯乙烯的质量分数 w_1	T_g/K	$T_g^{-1}/10^{-3}\text{K}^{-1}$
1	1.00	385	2.60	4	0.47	252	3.97
2	0.80	337	2.97	5	0.25	215	4.65
3	0.57	272	3.63	6	0(丁二烯)	195	5.13

无规共聚物 T_g-组成遵从如下关系：

$$\frac{1}{T_g} = \frac{w_1}{T_{g1}} + \frac{w_2}{T_{g2}} \tag{4-43}$$

式中　T_g——共聚物的玻璃化转变温度，K；

　　w_1, w_2——共聚物中组分 1 和 2 的质量分数；

　　T_{g1}, T_{g2}——均聚物 1 和 2 的玻璃化转变温度，K。

将 $w_2 = (1 - w_1)$ 代入式(4-43)，并经重排得到

$$\frac{1}{T_g} = \frac{w_1(T_{g2} - T_{g1})}{T_{g1}T_{g2}} + \frac{1}{T_{g2}} \tag{4-44}$$

由表 4-6 数据和关系式(4-44) 得到如下的线性回归方程和相关系数 r：

$$\frac{1}{T_g} = -2.57 \times 10^{-3} w_1 + 5.13 \times 10^{-3}$$

$$r = -0.994$$

三、部分相容聚合物共混物的相容性[48]

对于聚合物共混物部分相容的体系，如聚碳酸酯-聚苯乙烯共混物（PC/PS 共混物），各自相的组成和聚合物-聚合物相互作用参数 χ_{12} 可从式(4-45)~式(4-47)和式(4-48)分别求出：

$$w_1' = \frac{T_{g1,b} - T_{g2}}{T_{g1} - T_{g2}} \tag{4-45}$$

$$w_1' = \frac{T_{g1}(T_{g1,b} - T_{g2})}{T_{g1,b}(T_{g1} - T_{g2})} \tag{4-46}$$

$$w_1' = \frac{\Delta C_{p2}(\ln T_{g1,b} - \ln T_{g2})}{\Delta C_{p1}(\ln T_{g1} - \ln T_{g1,b}) + \Delta C_{p2}(\ln T_{g1,b} - \ln T_{g2})} \tag{4-47}$$

$$\chi_{12} = \{(\varphi_1'^2 - \varphi_1''^2)[m_2\ln(\varphi_1''/\varphi_1') + (m_1 - m_2)(\varphi_2' - \varphi_2'')] +$$
$$(\varphi_2'^2 - \varphi_2''^2)[m_1\ln(\varphi_2''/\varphi_2') + (m_2 - m_1)(\varphi_1' - \varphi_1'')]\}$$
$$\times [2m_1m_2(\varphi_1'^2 - \varphi_1''^2)(\varphi_2'^2 - \varphi_2''^2)]^{-1} \tag{4-48}$$

式中　w_1'——在富聚合物 1 相中聚合物 1 的表观质量分数；

$T_{g1,b}$——对共混物观测到的聚合物 1 的 T_g；

T_{g1}，T_{g2}——均聚物 1 和 2 的玻璃化转变温度；

φ_1'，φ_1''——在富聚合物 1 相、富聚合物 2 相中聚合物 1 的体积分数（可由聚合物 1 的质量分数除以聚合物 1 的密度求得）；

m_1，m_2——聚合物 1 和 2 的聚合度。

上述式(4-47)中的 ΔC_p 是 T_g 时的摩尔热容之差。

$$\Delta C_p = C_p^L(T_g) - C_p^S(T_g) \tag{4-49}$$

式中　$C_p^L(T_g)$——在 T_g 时液相的摩尔热容；

$C_p^S(T_g)$——在 T_g 时固相的摩尔热容。

上述各量均可从 DSC 实验测得。表 4-8 列出了挤出 PC/PS 共混物的这些结果。

表 4-8 挤出 PC/PS 共混物各组分 PC、PS 在富 PC 相和富 PS 相中的表观质量分数（w）、表观体积分数（φ）和聚合物-聚合物相互作用参数

共混组成 PC∶PS	T_{g1}/K	T_{g2}/K	富 PC 相		富 PS 相①		富 PC 相		富 PC 相		χ_{12}
			w_1'	w_2'	w_1''	w_2''	φ_1'	φ_2'	φ_1''	φ_2''	
1.00	421.5	—	1.0000	—	—	—	1.0000	—	—	—	—
0.80	418.3	376.3	0.9497	0.0503	0.0772	0.9228	0.9429	0.0571	0.0682	0.9318	0.035
0.70	416.3	376.2	0.9173	0.0827	0.0745	0.9225	0.9066	0.0934	0.0658	0.9342	0.035
0.60	414.7	375.4	0.8910	0.1090	0.0527	0.9473	0.8773	0.1227	0.0464	0.9536	0.038
0.50	414.0	375.3	0.8793	0.1207	0.0500	0.9500	0.8644	0.1356	0.0440	0.9560	0.039
0.40	413.5	374.8	0.8709	0.1291	0.0362	0.9638	0.8551	0.1449	0.0318	0.9682	0.042
0.00	—	373.5	—	—	—	1.0000	—	—	—	1.0000	—

① w_1'' 是表示在富聚合物 2（PS）相中聚合物 1（PC）的质量分数。其他各量定义见上述。计算 χ_{12} 时的 m 值取值 $m_1 = 48.4$，$m_2 = 443.4$。

由表 4-8 中组成各半的共混体系数据 w_2' 0.1207＞w_1'' 0.0500，说明聚苯乙烯（组分 2）是更多的溶入富聚碳酸酯（组分 1）相之中。

四、相容性聚合物共混体系

相容性聚合物共混物是指两种或两种以上的聚合物混合物，具有单一的均相结构，当共混物含有可结晶组分时具有单一的非晶相结构。用热分析方法表征共混物相容性的依据是相容性共混物与不相容性（或部分相容性）共混物具有不同的玻璃化转变行为。相容性共混物具有单一的随组成而变化的玻璃化转变温度（T_g），而不相容性共混物或部分相容性共混物通常表现出各自组分的 T_g，并不随组成的变化而变或改变很小。如二元共混物呈现相应于原聚合物的两个 T_g。

描述相容性共混物 T_g 随组成变化的关系式较多，其中最常用的有 Fox 方程(4-50)[45]，

$$\frac{1}{T_g} = \frac{w_1}{T_{g1}} + \frac{w_2}{T_{g2}} \tag{4-50}$$

式中　T_g——共混物的玻璃化转变温度；

T_{g1}，T_{g2}——聚合物 1 和 2 的玻璃化转变温度；

w_1，w_2——共混物中聚合物 1 和聚合物 2 的质量分数。

以及 Gordon-Taylor 方程(4-42)[46]。

$$T_g = \frac{w_1 T_{g1} + k w_2 T_{g2}}{w_1 + k w_2} \tag{4-51}$$

式中，k 为一常数。

图 4-40 为聚(N-乙烯基-2-吡咯烷酮)(PVP)/聚氯乙烯（PVC）共混体系的 T_g-组成关系[47]。图中的曲线是根据方程(4-51)拟合而得，并给出 $k=0.34$。

由图 4-40 可见，PVP/PVC 共混物有单一的 T_g 值，且随组成单调地变化，因此 PVP/PVC 共混体系是相容的。

实验中为了消除试样热历史的影响，通常以二次升温 DSC 曲线转变的外推始点 T_{eg} 或中点 T_{mg} 作为 T_g 值。

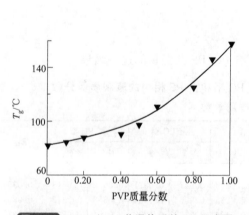

图 4-40　PVP/PVC 共混体系的 T_g-组成图

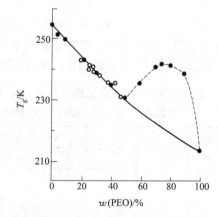

图 4-41　PEO/PU 共混物的 T_g-组成关系

（图中实线由 Fox 方程预言）

五、含有结晶性聚合物的相容性共混体系

含结晶组分共混体系的 DSC（或 DTA）曲线与试样热历史关系很大。因此通常是将试

样先等速升温至其熔点温度以上 20～30℃ 恒温 2～30min，再淬火至液氮温度，消除热历史的影响，取二次升温时的 T_g 值。

尽管如此，T_g 值有时仍不符合 Fox 方程式(4-50)或 Gordon-Taylor 方程式(4-51)，尤其是当结晶组分含量较高时，如图 4-41 所示的相容性聚氧乙烯（PEO）/聚氨酯（PU）共混体系[49,50]。这是由于结晶组分 PEO 在淬火过程中已部分结晶，使其在共混物非晶相中含量偏低。因此必须作如下校正。

结晶组分在淬火过程中的结晶度 X_c 可按式(4-52)计算。

$$X_c = \frac{\Delta H_f + \Delta H_c}{\Delta H_f^\circ} \qquad (4-52)$$

式中 ΔH_f——试样在第二次升温过程中的熔融焓；

ΔH_c——试样在第二次升温过程中的结晶热；

ΔH_f°——100％结晶的纯聚合物的完全熔融焓（可从有关手册或文献中查得）。

共混物中非晶相的实际质量分数 W' 可按式(4-53)求出。

图 4-41 中的空心圆点代表共混物的 T_g 值对其非晶相中结晶组分 PEO 的实际质量分数 W' 作图，结果与 Fox 方程(4-50)相符合。而 T_g 值对 PEO 的表观质量分数作图（实心圆点）则不符合 Fox 方程。

对含结晶组分的相容性共混体系，可以通过测结晶组分在共混物中的熔点降低，来确定共混体系的相互作用能密度 B。Nishi 和 Wang[51] 导出了 B 与熔点降低的关系式：

$$(1 - T_m/T_m^\circ) = -B\varphi_1^2 \, (V_{2U}/\Delta H_{2U}) \qquad (4-53)$$

式中 T_m°——纯结晶聚合物的平衡熔点；

T_m——结晶聚合物在共混物中的平衡熔点；

φ_1——共混物中非晶聚合物组分的体积分数；

$\Delta H_{2U}/V_{2U}$——100％结晶的纯聚合物的单位体积熔融焓（可从有关手册或文献中查得）。

T_m 和 T_m° 可按 Hoffman-Weeks[46] 方法测定，这一方法基于下述关系式(4-54)。

$$T_m' = T_m\left(1 - \frac{1}{\gamma}\right) + \frac{T_c}{\gamma} \qquad (4-54)$$

式中 T_m'——在结晶温度 T_c 下充分结晶的试样的实测熔点；

$\dfrac{1}{\gamma}$——影响熔点的形态因子。

根据方程(4-54)，以 T_m' 对 T_c 作图（Hoffman-Weeks 作图），外推至 $T_m' = T_c$ 即可得 T_m 值。图 4-42 给出了 PEO 及 PEO/PU 共混物的 Hoffman-Weeks 图[50]。

在求得平衡熔点数值之后，以 $(T_m^\circ - T_m)$ 对 φ_1^2 作图（Nishi-Wang 图）。根据方程(4-53) 及所得 $(T_m^\circ - T_m)$ 对 φ_1^2 直线的斜率值即可确定 B 的数值。图 4-43 为 PEO/PU 共混体系的 Nishi-Wang 图[51]，给出该共混体系的相互作用能密度 $B = -3.42J/cm^3$。B 是负值进一步支持了 PEO/PU 共混物是相容性的这一结论。

六、聚合物共混体系的液-液相行为

聚合物共混体系通常呈现出两种类型的液-液相行为，即上临界相容温度（UCST）行为和下临界相容温度（LCST）行为。UCST 行为通常只在低聚物混合体系或含有无规共聚物的共混体系中观察到。LCST 行为为聚合物共混体系液-液相行为的最常见形式[52]。

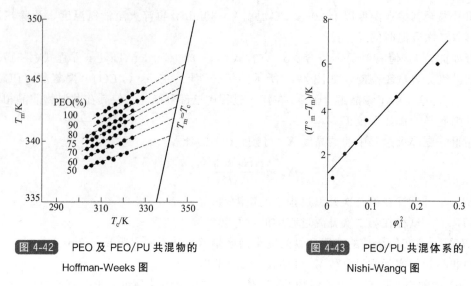

图 4-42 PEO 及 PEO/PU 共混物的 Hoffman-Weeks 图

图 4-43 PEO/PU 共混体系的 Nishi-Wangq 图

用热分析方法测定共混物 LCST 行为的通常做法是测定一系列不同组成的共混物试样在一系列不同温度下热处理后的相容性，以确定相分离的临界温度。热处理可以在恒温热台中进行，也可以在 DSC 中进行。图 4-44 为 50/50 的聚甲基丙烯酸甲酯（PMMA）/聚乙酸乙烯酯（PVAc）共混物试样经不同温度热处理后的 DSC 升温曲线[47]。曲线 2 为经 117℃ 热处理后得到的 DSC 升温曲线，具有单一的 T_g 转变，表明共混物呈单相结构，是相容性的。曲线 3 是经 227℃ 热处理后得到的，有两个 T_g 转变，表明已发生了相分离。由此可以初步推断 50/50PMMA/PVAc 共混物的相分离温度在 117～227℃ 之间，通过热处理温度间隔的缩小即可精确地确定其相分离温度。

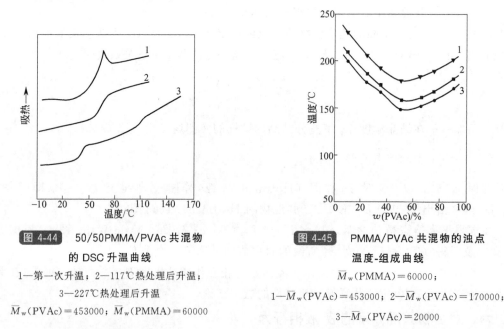

图 4-44 50/50PMMA/PVAc 共混物的 DSC 升温曲线

1—第一次升温；2—117℃ 热处理后升温；
3—227℃ 热处理后升温
$\overline{M}_w$(PVAc)=453000；$\overline{M}_w$(PMMA)=60000

图 4-45 PMMA/PVAc 共混物的浊点温度-组成曲线

$\overline{M}_w$(PMMA)=60000；
1—$\overline{M}_w$(PVAc)=453000；2—$\overline{M}_w$(PVAc)=170000；
3—$\overline{M}_w$(PVAc)=20000

另一更简便的方法是通过测量共混物试样的散射光强度或透射光强度随温度的变化来确定其相分离温度。发生相分离时，共混物的散射光强度将大幅度增高，而透射光强度则大幅度减小，其对应的温度即为相分离温度，亦称浊点温度。

实际上，共混物在发生相分离时，由其组分在折射率上的微小差别，试样将由透明变为浑浊。因此，可以更简便但同样准确地通过目测试样在升温过程中的变化来确定其浊点温度。实验时可将试样夹在两个盖玻片之间置于等速升温的热台上，相分离发生时，原来的透明试样会立即变得浑浊。这一方法的特点是简便而准确。图 4-45 为实测 PMMA/PVAc 共混体系的浊点温度-组成曲线（相图），PMMA/PVAc 共混体系呈 LCST 行为[53]。

七、上、下临界相容温度

一个起始为均相的混合物，当降低体系温度至某一值时开始出现相分离，这一临界点称为上临界相容温度（upper critical solution temperature，UCST），与组成的关系曲线呈向上凸，最高点随分子量增加移向高温。然而，在许多相容的高聚物-溶剂和高聚物-高聚物共混体系，通常表现了随温度升高，组分向相互溶解度降低，组成关系曲线呈向下凹，其临界点的温度称为下临界相容温度（lower critical solution temperature，LCST），随分子量增加，LCST 移向低温。

随着高分子合金领域研究的深入和判断相容性实验技术的发展，高聚物共混体系的相图越来越复杂，原始的 Flory-Huggins 理论不能全面解释高分子合金的各种相分离行为，于是出现了状态方程、晶格流体理论、均场理论等以 Flory 理论为基础的新理论。新理论认为：混合体系的混合自由能（ΔG_m）是由混合熵、组分间的热胀系数差即自由体积和特殊相互作用 3 部分所贡献的。混合熵项是正的，随温度升高 ΔG_m 下降，是引起 UCST 行为的主因。实验表明 UCST 通常出现于低聚物共混或高聚物-溶剂体系。对于高聚物-高聚物共混，熵项可以忽略，ΔG_m 取决于组分间的相互作用能。相互作用参数 χ_{12} 由自由体积项（对 LCST 起主要作用）和特殊相互作用项组成。McMaster 指出[54]，当 χ_{12} 是很小的正值时，共混体系可能出现 UCST 和 LCST 共存的相行为。Inone、丛广民、Ueda 等都相继在实验中观察到这种 UCST 和 LCST 共存的高聚物共混对[55]。

用 DSC 测定聚合物共混体系相分离行为的实验步骤如下：

① 把均相的共混物快速升温 320℃/min 至指定温度，并保持足够使相平衡的时间，然后急剧冷却（放进液氮中），使相形态冻结下来；

② 按常规操作测量 DSC 曲线；

③ 重复上述步骤，依次得到不同退火温度下的 DSC 曲线；

④ 根据上述 DSC 结果，单 T_g 的为均相，双 T_g 的为两相，描绘出各个退火温度下的相分离曲线。

图 4-46 和图 4-47 分别为羧化度为 8%（摩尔分数）的羧化聚苯醚和聚苯乙烯共混体系的 DSC 曲线及其相图。

注意事项：

① 聚合物-聚合物共混体系相平衡时间长，尤其是柔性链聚合物，退火时间依不同聚合物而定，作热诱导相分离实验前，必须对其准相平衡时间有充分了解。

② 随时检查相分离行为是否可逆，避免热诱导过程发生不可逆的化学反应。

八、聚联苯酰亚胺/聚硫醚酰亚胺共混体系相容性的 DMA 测量

不同分子结构柔性链/刚性链聚酰亚胺分子复合材料的研究日益引起重视。图 4-48(a) 是溶液共混不同配比聚联苯酰亚胺/聚硫醚酰亚胺（PBPI-E/PTI-E）共混物的 DSC 曲线，当 PTI-E 的质量分数≥60%的共混物均明显出现一个玻璃化转变；但是可能由于在 PBPIE

中存在一定程度的有序结构，随共混物中 PBPI-E 含量的增多，其玻璃化转变也越来越不明显，这对用 DSC 的结果来确认共混物的 T_g 及相容性带来了困难。

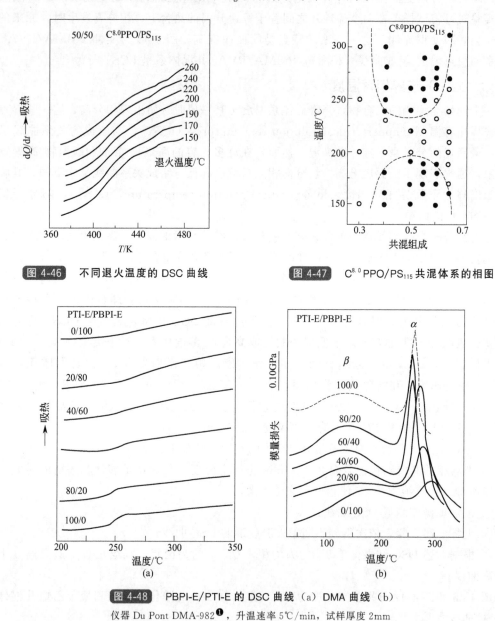

图 4-46　不同退火温度的 DSC 曲线

图 4-47　$C^{8.0}$PPO/PS$_{115}$ 共混体系的相图

图 4-48　PBPI-E/PTI-E 的 DSC 曲线 （a） DMA 曲线 （b）

仪器 Du Pont DMA-982[1]，升温速率 5℃/min，试样厚度 2mm

　　DMA 是较 DSC 更为灵敏的检测高聚物转变行为的方法之一，它不仅能给出高聚物的玻璃化转变，还能检测别的一些次级转变，揭示其分子运动的规律。图 4-48(b) 是 PBPI-E/PTI-E 共混物的 DMA 曲线。从图中可以清楚地看到，所有组成不同的共混物都有两个转变峰，另一个是较宽的 β 转变；另一个是 α 转变，即 T_g 转变。β 转变是由酰亚胺基团与对亚苯基基团所形成的僵硬链节绕对亚苯基轴线的转动所引起的，而单一的玻璃化转变峰则表明该共混体系在整个组成范围内是完全相容的。

❶　1996 由 TA 仪器公司推出新一代的动态力学分析仪 DMA 2980。

第四节　热机械分析（TMA）与动态热机械分析（DMA）

一、用 TMA 测量高分子材料的各向异性性质[56]

热机械分析（TMA）是测量物质的尺寸（长度）随温度的变化。下面以玻璃纤维增强环氧树脂和聚乙烯膜为例，予以说明。

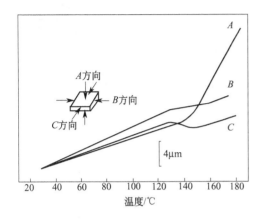

图 4-49　玻璃纤维增强环氧树脂
在 3 个方向的 TMA 曲线
试样尺寸 7mm×7mm×1.6mm；
升温速率 2.5℃/min，负荷 1g

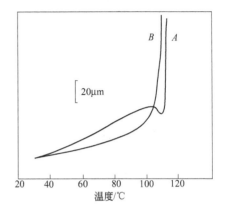

图 4-50　聚乙烯在两个方向的 TMA 曲线
试样尺寸 4mm×10mm；
升温速率 5℃/min，负荷 2g
A—拉伸方向；B—与拉伸成垂直方向

图 4-49 是玻璃纤维增强环氧树脂的 TMA 曲线，膨胀率随测量方向而异，各 TMA 曲线在约 130℃膨胀率的变化是由于环氧树脂的玻璃化转变。

一般来讲，对于聚合物膜，由于制膜时高分子链沿拉伸方向取向，在拉伸方向及其垂直方向膜的物理性质是不同的。图 4-50 是用拉伸法测定的聚乙烯膜在拉伸方向和拉伸成垂直方向的 TMA 曲线。在拉伸方向比之垂直方向有更大的伸长。

二、补强剂对聚乙烯膜的抑制形变[57]

聚乙烯膜广泛用作包装材料，一般可加入补强剂提高聚乙烯膜的性能。

图 4-51 是用拉伸法测量的聚乙烯膜的 TMA 曲线。补强剂的比例越大，则膜的伸长越小，这表明补强剂有抑制膜的形变的作用。在约 105℃的收缩是拉伸分子链的收缩，而在约 110℃的急剧伸长相应于熔融。

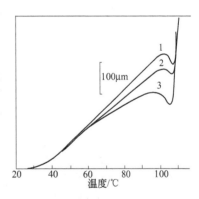

图 4-51　拉伸法测定
聚乙烯膜的 TMA 曲线
试样长 2mm；负荷 2g；升温速率 5℃/min
补强剂的配合比例：1—10%；
2—20%；3—30%

三、聚合物膜 TMA 的针入与拉伸测量[58,59]

聚合物膜的软化温度是膜的重要特性之一，可用 TMA 针入度法予以评价。该法是将一个前端截面积较小的压杆放在置于炉内的试片上，在加载状态下升温。试样开始软化时，压杆针入到试样中，产生形变，该形变起始温度取作软化温度，形变量与膜厚有关。

图 4-52 是聚乙烯（PE）、聚丙烯（PP）和尼龙（NY）几种聚合物针入度的测定结果，不同种聚合物的软化温度是不同的。

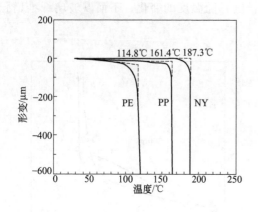

图 4-53 是对 PE 膜施以 2g、3g、4g、5g 等不同负荷拉伸测定的 TMA 数据，PE 膜随升温而伸长，负荷越大伸长的程度越大，并且转变温度提前。

不同方法测得的软化温度有所不同。

四、由动态黏弹测量求解聚合物转变的表观活化能[60~63]

由动态黏弹测量，可求解聚合物诸如玻璃化转变、局部松弛以及侧链松弛等种种松弛现象的表观活化能，由此可推测与分子结构相对应的各结构单元的运动。

由损耗角正切（$\tan\delta$）的峰温 T（K）与频率 f（Hz）的关系，按下式可求出表观活化能 ΔE。

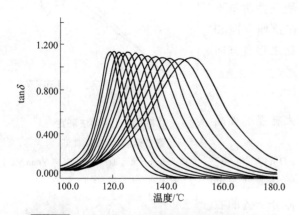	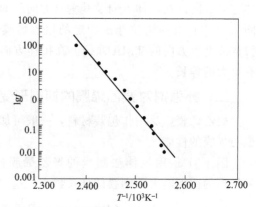

图 4-54 聚甲基丙烯酸甲酯 α 损耗的 $\tan\delta$ 曲线

变形方式为弯曲式；试样尺寸 20.00mm（长）×
10.00mm（宽）×2.00mm（厚）；
升温速率 0.04℃/min；
频率/Hz：0.01，0.02，0.05，0.1，
0.2，0.5，1，2，5，10，20，50

图 4-55 聚甲基丙烯酸
甲酯 α 损耗与 $1/T$ 关系图

$$\Delta E = R \frac{\mathrm{d}\ln f}{\mathrm{d}\left(\frac{1}{T}\right)} = 2.303R \frac{\mathrm{d}\lg f}{\mathrm{d}\left(\frac{1}{T}\right)} \tag{4-55}$$

以聚甲基丙烯酸甲酯为例，其主转变（玻璃化转变）从 0.01Hz 到 100Hz 在 13 个不同频率下的 tanδ 随温度变化的测定结果见图 4-54 所示。$\lg f$ 对相应的损耗峰温的倒数作图可得一直线（见图 4-55），由其斜率求得该转变的表观活化能为 399.5kJ/mol。

对于 β 松弛等其他松弛过程，均可按上述方法求解相应转变的表观活化能。

五、动态黏弹测量组合曲线的绘制[64]

在聚合物黏弹性测量中，根据"时-温叠加原理"，将温度的变化换算为频率的变化，即可得到在一定温度试样在更宽频率范围内的黏弹特性，构成所谓组合曲线。

Williams-Landel-Ferry 方程[61,62]通常以式(4-56)表示。

$$\lg \alpha_T = -C_1^{\circ} \frac{T - T_0}{C_2^{\circ} + T - T_0} \tag{4-56}$$

式中　α_T——移动因子，是将在温度 T 时测得的数据换算成参考温度 T_0 时的水平移动量；

C_1°，C_2°——参考温度为 T_0 时的实验常数。

取玻璃化温度 T_g 为参考温度 T_0，则式(4-56)成为

$$\lg \alpha_T = -C_1^{g} \frac{T - T_g}{C_2^{g} + T - T_g} \tag{4-57}$$

式中的 C_1^{g}，C_2^{g} 对大多数非晶态聚合物来说，其值近似为

$$C_1^{g} = 17.44, \ C_2^{g} = 51.6$$

代入式(4-57)，得

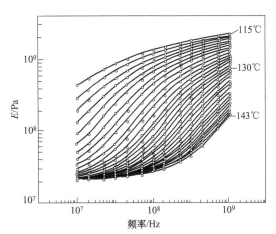

图 4-56　PMMA 在不同温度
主转变的 E-频率曲线

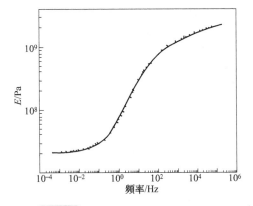

图 4-57　PMMA 主转变的组合曲线

参考温度 130℃，玻璃化转变温度 100℃

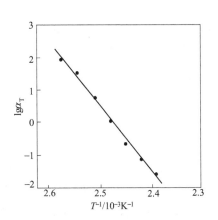

图 4-58　PMMA 主损耗的
$\lg \alpha_T$-$1/T$ 的关系图

$$\lg\alpha_T = -17.44\frac{T-T_g}{51.6+T-T_g} \tag{4-58}$$

此式可用于玻璃化温度 T_g 到比 T_g 高 100℃的温度范围。

图 4-56 是 PMMA 从 115℃到 143℃的 E（储能模量）-频率曲线，由此按式(4-58)可得到图 4-57 的组合曲线，WLF 方程参考温度为 130℃，频率范围为 $10^{-5} \sim 10^3$ Hz。

由式(4-58)算出在各个温度下的 $\lg\alpha_T$。对 $1/T$ 作图可得 Arrhenius 图（见图 4-58），由直线斜率得该松弛的表观活化能为 382.9kJ/mol。如此图呈斜率不同的两条直线，则在不同温区的松弛过程机制是不同的。

第五节　水分测量

一、水-乙醇混合液的 DSC 测量

水-乙醇混合液的 DSC 测定是推测威士忌酒熟化程度的应用实例[65]。图 4-59 是把水-乙醇混合液从室温冷却到 -130℃，再升温测定的 DSC 曲线。在升温过程中，观察到在 -62℃左右的乙醇熔化峰和约 -41℃水的再结晶峰。并且，在 -55℃左右观测到水-乙醇复合物的肩状熔化峰。另有资料表明，威士忌贮藏的年数越久，-55℃峰越大，酒的刺激性越小[66]。-85℃和 -50℃的放热峰分别是乙醇和水的再结晶峰。

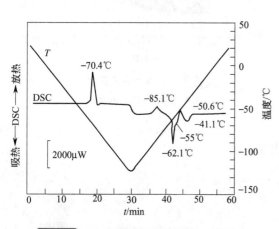

图 4-59　水-乙醇混合液的升温 DSC 曲线

试样：乙醇 60％水溶液；试样量 4.7mg；
升温速率 5℃/min；试样容器为简易密封式

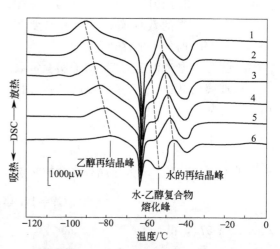

图 4-60　试验前不同降温速率时水-乙醇
混合液的 DSC 曲线

试样：乙醇 60％水溶液；试样量 4.7mg；
升温速率 5℃/min；试样容器为简易密封试样容器；
测量前的降温速率：1—20℃/min；2—10℃/min；
3—5℃/min；4—2℃/min；
5—1℃/min；6—0.5℃/min

图 4-60 是在室温以不同速率冷却过的试样，再以 5℃/min 测定的升温 DSC 曲线。显而易见，箭头所指的峰的形状和温度是随测定前的降温速率而变的。并且，降温速率越慢，在约 -50℃观察到的水-乙醇复合物的熔融峰就越大。

因此，就水-乙醇混合液的 DSC 测量来说，若类比一系列数据，测量前需以固定的速率降温，再行测量升温 DSC 曲线。

二、自由水、结合水的热分析[67]

根据物质与水共存的状态，水可分成自由水和结合水两种。与物质似乎没有相互作用，在 0℃ 熔化的水称作自由水；而与物质有相互作用，在 0℃ 以下也不冻结，即便冻结在 0℃ 以下就熔化的水称为结合水。结合水和生物的生理现象密切相关，影响到食品、药物等的质量。

这里以含水淀粉为例。图 4-61 是糊化前后含水 50％ 淀粉中水熔化的 DSC 曲线。使用密封型试样容器。水熔化曲线的形状明显不同，图中 0℃ 附近尖锐的吸热峰是自由水的熔化。图 4-61（曲线 2）在约 -5℃ 观察到的小吸热峰，是淀粉糊化一部分自由水所变成的结合水的熔化。

再以糊精凝胶为例。图 4-62 是含水量不同的糊精凝胶的测量结果。在 0℃ 附近的吸热峰是自由水的熔化。显然，有一部分水从约 -10℃ 就熔化，可以认为这是起因于与糊精凝胶具有相互作用的结合水。

图 4-63 是加入的水量与由熔化峰算出的水量之间的比较，由熔化峰算出的水量比加入量小，说明存在未冻结水。

三、二氧化锰的水分测量[68]

二氧化锰被广泛用作电池的支持电解质，因电池的负极常常使用碱金属，这样即使含有微量水分，也会自行放电，产生气体，使电池性能变差。

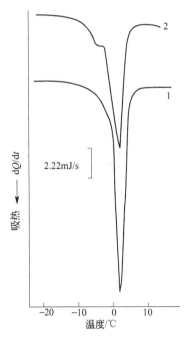

图 4-61　糊化前（1）、后（2）含水淀粉的 DSC 曲线

试样：含水 50％ 淀粉 20mg；升温速率：2℃/min

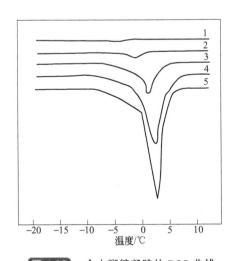

图 4-62　含水糊精凝胶的 DSC 曲线

试样为含水糊精凝胶 20mg；升温速率 2℃/min
加水量：1—2.5mg；2—5mg；3—10mg；4—15mg；5—20mg

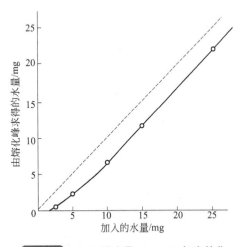

图 4-63　加入的水量（------）与由熔化峰求得的水量（—○—）的比较

因此，为使电池的性能稳定，定量测定其中所含的微量水分是十分重要的。

图 4-64 是在常压下测定的 MnO_2 的 TG-DTA 曲线。由 TG 曲线可见，开始升温就有水分蒸发，开始失重。在约 520℃ 和约 920℃ 时明显失重，是释放氧的反应：

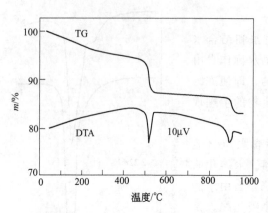

图 4-64 常压测定的 MnO₂ TG-DTA 曲线

试样量 40mg；升温速率 5℃/min；
空气氛，100ml/min

$$2MnO_2 \longrightarrow Mn_2O_3 + 1/2\ O_2 \quad (4\text{-}59)$$
$$3Mn_2O_3 \longrightarrow 2Mn_3O_4 + 1/2\ O_2 \quad (4\text{-}60)$$

根据这个分解反应，在常压下加热干燥二氧化锰是不可能的。另据 TG 实验表明，在 0.666Pa 下到 300℃ 几乎全部水分才被蒸发。

四、水合氧化铝的加压脱水过程

压力差示扫描量热计（PDSC）是将 DSC 池置于适当的压力容器中，观察对压力敏感的变化过程，如脱水，催化剂评价，重叠相变的分辨，蒸气压和蒸发热测定，以及估计树脂固化速率，加速老化或氧化等。

压力 DSC 的实验装置如图 4-65 所示。它是用不锈钢圆筒封闭的 DSC 样品池。前面有两个气体控制阀和一个压力表。后面有一个放空阀，使用压力上限为 7MPa。

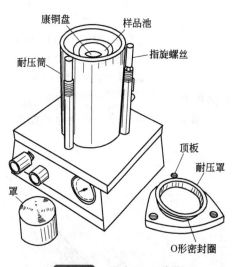

图 4-65 压力 DSC 装置

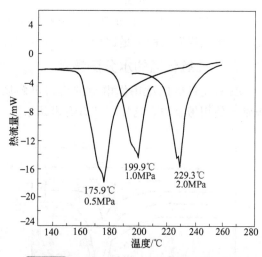

图 4-66 拟 α-Al₂O₃·xH₂O 的 PDSC 曲线

将 5mg 试样封装在铝皿中，放置在隆起的平台上。盖上银盖、罩子和顶板，拧紧指旋螺丝。气体由氮气钢瓶经进气控制阀进入 DSC 样品池并升压。由出气控制阀调节气体流量为 20~30ml/min，于恒压恒流下（或静止）测量试样的 DSC 曲线。实验完毕，冷却、泄压、拆卸。

拟 α-Al₂O₃·xH₂O 的 PDSC 曲线如图 4-66 所示。曲线表明：斜方晶系层型结构的拟 α-Al₂O₃·xH₂O 层间水的脱除峰温随着压力的升高而升高。

加压热天平也用于类似的测量。

第六节　金属与合金的热分析

一、金属与合金相变热力学参数的测定

（一）金属与合金的结晶和熔化[69]

液体的结晶或晶体的熔化是一类重要的相变，熔融温度的定义如图 4-9 所示（参见本章

第二节一），采用热分析方法可测定熔点（T_m）、相变热（Q）并计算熔化熵（S_m）。当 $T < T_m$ 时，液体发生结晶。设晶体与液体的体积自由焓差为 ΔG_V，结晶晶核为球形，其半径为 r，晶体与液体间的界面能为 σ，则形核时的 ΔG 可表达为：

$$\Delta G = (4/3)\pi r^3 \Delta G_V + 4\pi r^2 \sigma \tag{4-61}$$

令 $\partial \Delta G / \partial r = 0$，有：

$$r_C = -2\sigma / (S_m \Delta T) \tag{4-62}$$

式(4-62)中 $\Delta T = T_m - T$ 为过冷度。在 ΔT 不大时，液体与晶体之间的比热容差 ΔG_p 对 ΔG_V 的影响可忽略不计。在 r_C 处 ΔG 为最大值。这一正的 ΔG 通过合金的能量起伏获得。只有当 $r > r_C$ 时，晶核长大是 ΔG 降低的过程。当晶体具有与液体不同成分时，形核和长大需要原子的扩散或成分起伏，因此需要孕育时间 τ_S（$\tau_S \propto 1/\phi$）。随着升温速率 ϕ 的增加，ΔT 增大。式(4-62)中的 ΔT 为热力学允许的最小 ΔT。由于 ΔT 的存在，T_m 及 $S_m = H_m/T_m$ 不能通过液体的结晶过程测定（H_m 为相变熵）。

在金属的加热熔化过程中，液体在晶体表面铺展形核。虽然液体形核形成了新的液体与气体和液体与晶体的界面，但同时使晶体与气体的界面消失并使 ΔG 下降，所以液体形成不需要过热。因此 T_m、H_m 及 S_m 可以通过加热晶体测得。建议采用如下实验步骤测量：

① 取质量为 5～10mg 的样品置于样品室，通入恒流量的 Ar 气使样品室的样品得到气体保护；

② 以 $\phi = 20\text{K/min}$ 的速率从 T_m 以下 200K 加热到 T_m 以上 100K，测量 T_m、H_m。

根据以上步骤测量的 In 的加热熔化曲线见图4-67。

（二）形状记忆合金的马氏体相变[70,71]

在固态相变中，相变含有其他能量项。即使没有动力学因素，ΔT 比液体结晶时大。为获得相变热力学函数，需要测量更多的数据。这里以形状记忆合金的马氏体相变为例讨论固态相变。所谓形状记忆效应是合金能够通过形变诱发马氏体形变，在随后加热合金到母相状态后可恢复其变形前的形状的效应。此类相变的特点是相变时合金成分不变、可以逆方向进行、马氏体形成时其界面为具有较小 σ 的共格界面。但由于两相间晶格常数和体积不同产生弹性力并导致弹性能 E_e（为简单起见，将 σ 也包括在 E_e 中）。E_e 的存在使降温时 M_i（马氏体相变开始温度，f 表示相变结

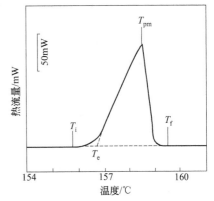

图 4-67 In 的熔化曲线

试样量 20.398mg，升温速率 5℃/min

束温度）低于两相自由焓相等温度（T_0）。在逆相变过程中，E_e 促进相变，使逆相变温度（A_i）低于 T_0。如果 E_e 不发生松弛，$M_i = A_i$。然而，在逆相变过程中，由于 E_e 在样品中分布不均匀，局部的 E_e 将快速释放而使相变不可逆，其释放的能量（E_f）以声波形式放出。由于 E_f 只是 E_e 的一部分，所以有 $M_i < A_i < T_0$，即存在相变滞后。通过测量相变熵 Q^M、Q^A（为方便起见，Q 和 ΔH 都采用绝对值，如果为负值则在前面加负号）、M_i、M_f、A_i、A_f 等，可以计算上述各热力学量，测量和计算方法如下：

① 取质量为 40～50mg 的样品，形状为内径 5.8mm、厚 0.2mm，放入样品室，通入恒流量的 Ar 气；

② 以 $\phi = 20\text{K/min}$ 的速率从 A_f 以上 20K 冷却至 M_f 点以下 20K，测量 M_i、M_f、Q^M，

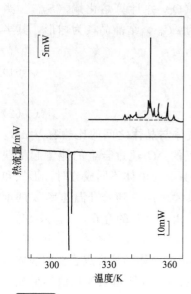

图 4-68 Cu-Al-Ni 单晶的马氏体
转变和逆转变[69]

将样品保留在测量终止温度；

③ 以 $\phi=20K/min$ 的速率从 M_f 以下 20K 升温至 A_f 点以上 20K，测定 A_s、A_f、Q^A；

④ 采用下列各式计算各热力学相变量：

$$T_0=(M_i+A_f)/2 \tag{4-63}$$

$$\Delta S\approx Q^M/M_i \tag{4-64}$$

$$\Delta H=\Delta S T_0 \tag{4-65}$$

$$E_e=Q^M[(M_i+A_f)/(2M_i)-1] \tag{4-66}$$

$$E_f=Q^A-Q^M \tag{4-67}$$

图 4-68 为 Cu-Al-Ni 单晶的测量曲线。如果需要确定相变过程中在某一相变分数(x)下的 $E_e(x)$ 和 $E_f(x)$，可参考文献[70]。

(三)非晶合金的玻璃转变[72~74]

所谓玻璃转变是指玻璃与液体之间的转变，如果金属或合金的液体在冷却时能够避免结晶，则形成非晶合金或玻璃，可以通过液体急冷获得，也可以通过固态反应获得（两纯组元低温扩散或机械合金化，使晶体成为具有比玻璃能量状态高的过饱和晶体，在无法实现原子长程扩散的条件下转变为能量状态低的玻璃）。玻璃转变主要测量玻璃转变温度(T_g)、过冷液体的结晶焓(H_x)以及玻璃转变活化能(E_g)。E_g 的测量见本节"二"。典型的玻璃转变曲线见图 4-69。对于二元合金，由于结晶需要的原子扩散容易实现，通常玻璃在发生玻璃转变之前首先结晶，所以观察不到 T_g 而采用 T_x（玻璃结晶温度）来代替 T_g。越大，合金形成玻璃的能力（GFA）越高。H_x 的大小同样与 GFA 有关。H_x 越小，GFA 越大。H_x 与 H_m 有如下关系[69]：

$$H_X=H_m+\int_{T_m}^{T_X}\Delta C_p^{1-n}dT \tag{4-68}$$

其中，$\Delta C_p^{1-n}=C_p^1-C_p^n$（$C_p^1$ 与 C_p^n 分别为液体和结晶后形成的纳米晶体的比热容）。T_g、T_X 和 H_X 的具体测定方法如下：

① 将 10mg 左右的非晶合金样品放入 DSC 的加热炉内，通入恒定流量的惰性气体；

② 以 $\phi=40K/min$ 的速率加热到 T_g-100K 后，以 $\phi=200K/min$ 的速率冷却至室温；

③ 以 $\phi=40K/min$ 的速率加热通过 T_g 和 T_X，在 T_X 以上 100K 结束测量；

④ 在测量曲线上测定 T_g、T_X 和 H_X。

图 4-70 为 Zr-Al-Ni-Cu-Co 非晶合金计算的 H^{n-1}

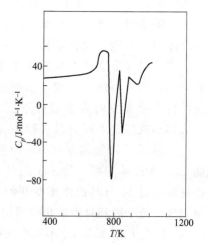

图 4-69 Zr-Al-Ni-Cu-Co 合金
的玻璃转变

($-H_X$）与测定的 $-H_X$ 的比较，两者符合得很好。由于 $C_p{}^n$ 函数的温度系数很大，所以 H_X 并不随 T_X 的增加而增加。

(四)金属与合金的磁性转变[75,76]

含有 Fe、Co、Ni 的金属或合金在低于某一温度时，出现由顺磁性向铁磁性的磁性转变。由于磁重现象，在磁性变化时，曲线反映出质量变化。磁性转变作为二级相变，相变时 C_p 发生变化，因此也可以通过 C_p 测得相变温度。

1. 热重法[75]

① 取质量为 40mg 的金属或合金样品放入热天平秤盘中，其形状为内径 5.8mm，厚 0.2mm；

② 在热天平秤盘周围加一马蹄形永久磁铁；

③ 通入恒定流量的惰性气体；

④ 以 $\phi=20\text{K/min}$ 升温测量磁重变化曲线，以 T_e 定义居里点。

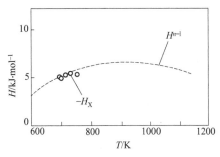

图 4-70　测量和计算的 H_X 的比较[72]

图 4-71 为 Fe-Si-B 合金的测量结果[75]。当样品达到居里点时，磁重发生变化。

2. 比热容法[76]

① 取质量为 40mg 的金属或合金样品放入 DSC 的样品室中，形状为直径 5.8mm，厚度 0.2mm；

② 通入恒定流量的惰性气体；

③ 以 $\phi=40\text{K/min}$ 的速率升温，升温曲线出现 λ 型。居里点定义为 λ 型曲线的峰值。

图 4-72 为根据上述方法对 Ni-Pd 合金的测量结果。应当指出，虽然磁性转变为二级相变，实际上仍存在 ΔH 和 ΔS，只是其数值比一级相变低 1~2 个量级，可通过对转变的基线积分求得。如 $\text{Ni}_{50}\text{Pd}_{50}$ 固溶体的 $\Delta H=0.22\text{kJ/mol}$，$\Delta S=0.48\text{J/(mol·K)}$。其他二级相变如玻璃化转变的情况也是如此。

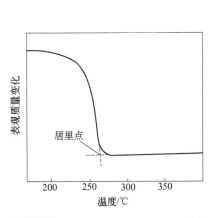

图 4-71　Fe-Si-B 合金的居里转变[74]

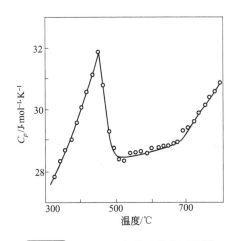

图 4-72　Ni-Pd 合金的比热容测量[75]

（五）平衡相图的测定[75]

在测量合金相图的过程中，确定合金各成分相变点的最重要方法为 DTA 方法。例如在建立 Gd-Co 二元相图中，采用 DTA 测定 Gd_3Co 的相变点。其测量方法如下：

① 取合金样品约 50g，装在 0.6ml 的平底氧化铝坩埚内，参比坩埚可用空氧化铝坩埚或其中加入少许氧化铝碎片；

② 将 DTA 系统抽真空至 10^{-3}Pa，充入高纯 Ar，再抽空，反复 2 次，以排除残存活

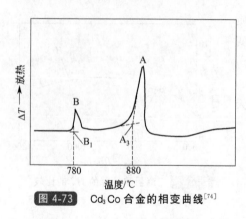

图 4-73　Cd₃Co 合金的相变曲线[74]

性气体；

③ 充入高纯 Ar 至 101.325kPa（一个大气压）；

④ 以 $\phi=10K/min$ 的速率升温和降温并测定 DTA 曲线的相变点。

图 4-73 为 Gd₃Co 的相变点，测量点表示在 Cd-Co 相图中（见图 4-74）。应该指出，其中 780K 的固态相变温度具有一定误差，精确的方法应该通过加热和冷却测量 M_i 和 A_f 后，采用式 (4-63) 确定。

（六）金属液体及固溶体的混合焓和混合熵的测定和计算[77,78]

金属纯组元 A 和 B 混合成合金液体或固溶体后其 H 不等于 A、B 组元焓 H_A 和 H_B 的代数和，因为溶液或固溶体形成后由于不同原子混合而出现能量的吸收和放出。这种吸收或放出的热量被称为混合焓（H_{mix}）。设 A 和 B 的原子分数分别为 x_A 和 $1-x_A$，则

$$H=H_{mix}+[x_AH_A+(1-x_A)H_B] \tag{4-69}$$

H_{mix} 可通过专门制造的 DTA 测量。将组成液体的溶剂在高于其熔点的坩埚内熔化，然后，从 DTA 炉上部将同样温度的溶质液体加入炉中的坩埚内，测量其吸收或放出的热量，即 H_m。在获得 H_m 后，根据手册中的 H_A 和 H_B 值，由式(4-69)确定液体的 H 值。图 4-75 即是测量和计算的 H_{mix}[79] 液体的混合熵（S_{mix}），可通过设液体为正规溶液而获得：

$$S_{mix}=-R[x_A\ln(x_A)+x_B\ln(x_B)] \tag{4-70}$$

式中，R 为玻耳兹曼常数。

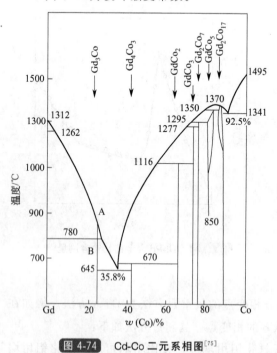

图 4-74　Cd-Co 二元系相图[75]

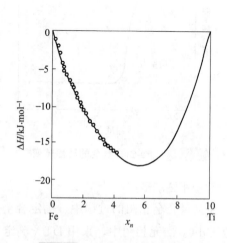

图 4-75　Fe-Ti 合金的 H_{mix}[79]

当正规溶液不能正确描述溶液的热力学行为时，有各种亚正规溶液模型，其中之一是设两种原子的尺寸不同（$\phi_A\neq\phi_B$）将影响 S_{mix}，即将式(4-70)改为

$$S_{\text{mix}} = -R\left[x_A\ln(\phi_A) + (1-x_A)\ln(\phi_B)\right] \tag{4-71}$$

在查手册得到纯组元的 S_A 和 S_B 后，可采用类似式（4-69）的方法得到 S。最后得到 $G = H - TS$。

二、金属与合金相变动力学参数的测定

（一）稳态相图、亚稳态多晶型转变图和不稳态等熵图[80]

描述具有最小 $G(x, T)$ 的相组成的图称为平衡或稳态相图。该相形成的动力学特征是 x 和 T 的改变速度无限慢，或转变时间 $\tau \to \infty$。

与平衡相图不同，亚稳相的 $G(x, T)$ 为极小值，而非最小值。在 $\tau(T) > \tau_p(T)$ 的条件下将发生亚稳态向稳态的转变，其中 $\tau_p(T)$ 为临界时间。获得亚稳相的方法是使 (x_1, T_1) 状态下的稳定相在 $\tau(T) < \tau_p(T)$ 的条件下快速变化到 (x_2, T_2) 状态（也可以是只有 x 或 T 单独变化），从而使 (x_1, T_1) 状态的稳定相无法转变为 (x_2, T_2) 状态的稳定相，而成为 (x_2, T_2) 状态的亚稳相或转变成其他亚稳相。为获得某一亚稳相，技术上必须能够实现相应的 $\tau(T) < \tau_p(T)$。当液体结晶需要原子长距离扩散时，快速冷却能够满足 $\tau(T) < \tau_p(T)$ 的条件而获得非晶合金，但却不能避免同组分液体与固溶体之间的转变。所以液体在只有发生扩散型结晶才能降低体系自由焓的区域过冷并形成玻璃。描述这种转变的相图称为多晶型转变图（polymorphous diagram）。由于相变成分不变，所以其相图自由度减少一个，确定 x 的相变只能在确定 T 下进行，即固相线与液相线重合为一条等自由焓的 T_0 线（见图 4-76）。在两个 T_0 线之间为过冷液体（$T > T_k$）和玻璃（$T \leqslant T_k$），T_k 为 Kauzmann 温度。

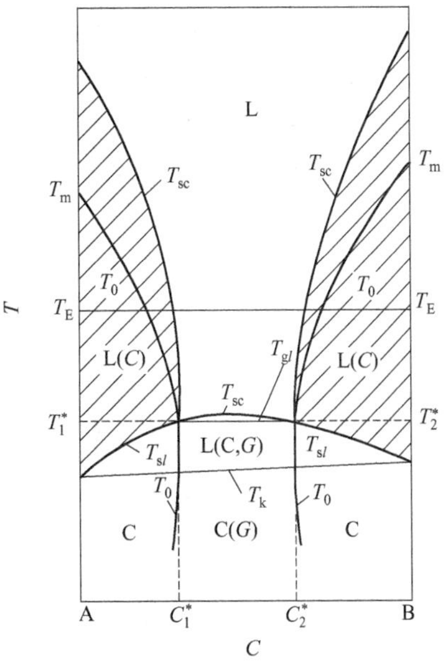

不稳定相在热力学和动力学上都不能存在。体系的任何微小状态变化都导致 $G(x, T)$ 的降低。亚稳相变化为不稳定相的条件被称为相的稳定性极限。此时新相形核的 $\sigma = 0$，$\tau_S = 0$（τ_S 是稳定性极限的诱导期）。由于 $\tau_2 \ll \tau_p$，转变只能是非扩散转变。当 $T = T_k$（稳定性极限）时，两相的熵 $\Delta S(T) = S^1(T) - S^C(T) = 0$，亚稳相立即转变成其他稳定相或亚稳相。由 $T_k(x)$ 构成的相图就是等熵图（见图 4-76）。T_k 线是液体的稳定性极限（即过冷液体与晶体的等熵温度）。晶体的稳定性极限为 T_{SC} 线（即过热晶体与液体的等熵温度），这些等熵线表明亚稳相不存在。由 T_k 和 T_{SC} 可估计合金的 GFA 和确定金属多层薄膜扩散反应制取非晶合金的温度，详见文献 [72,79,80]。在 T_k：

图 4-76 二元系的多晶型转变图和等熵图

$$\Delta S(T_k) = \int_{T_m}^{T_k} \Delta C_p(T)/T\, dT = 0 \tag{4-72}$$

式中，$\Delta C_p(T) = C_p^1(T) - C_p^C(T)$。确定 T_k 的另一方法为式（4-75），详见（二）。

（二）相变活化能的测定[69]

相变活化能的大小与相变级数有关。相变级数高则激活能小。激活能越大，反应越难以进行，这有助于了解亚稳相的稳定性。这里首先讨论作为一级相变的玻璃和液体结晶的激活能（E_X）。

玻璃的结晶过程可以用 Johnson-Mehl-Avrami（JMA）模型来描述。其表达式为

$$X(t)=1-\exp[-k(t-t_0)^n] \tag{4-73}$$

式中，$X(t)$ 为转变分数，是时间（t）的函数；k 是一个依赖 T 但独立于 t 的常数；t_0 为转变孕育期；n 为机制常数或 JMA 指数。该指数能够描述相变特征。例如在大块均匀结晶、而晶核为球状时，$n=4$。通常 n 在 1～4 之间变化，其中：

$$\ln(k)=\ln(k_0)-E_X/(RT_X) \tag{4-74}$$

式中，k_0 为常数。根据式（4-73）和式（4-74），可以求得 JMA 指数和 E_X。具体测量方法如下：

① 将 5～10mg 的小片样品置于 DSC 的样品室中，通入恒流量的氩气；

② 以 $\phi=400K/min$ 的速度从室温升温至 T_g 附近不同温度下保温，测量 Q；

③ 设 $Q=H_X$，采用 PE 公司的动力学软件计算 $x(t)$ 和 t_0，使 $\ln(t-t_0)$ 对 $\ln[1/x(t)]$ 作图，其直线斜率为 n，直线截距为 $\ln(k)$；

④ 当在不同 T_X 下测得 $\ln(k)$ 之后，由 $1/T_X$ 对 $\ln(k)$ 作图，其斜率即为 $-E_X/R$。

Ni-P 非晶合金的测量结果见图 4-77 和图 4-78[69]。在转变之初相变在缺陷处进行（$n=1.3$），随后发生大块转变（$n=3.5$），最后发生晶体的长大（$n=0.7$）。玻璃的熔化即玻璃化转变为二级相变，其转变遵循 Vogel-Fulcher 定律[72]：

$$\ln(\tau)=\ln(\tau_0)-E_g/[R(T_g-T_k)] \tag{4-75}$$

式（4-75）中定义与式（4-74）类似，τ_0 为常数。具体测量方法如下：

① 将 5～10mg 的小片样品置于 DSC 的样品室中，通入恒流量的氩气；

② 采用不同升温速率将样品由室温加热至 T_X 以上 100K；

③ 令 $\tau=(T_g-T_k)/\phi$[69]，取 $\ln(\tau)$ 对 $1/(T_g-T)$ 作直线，通过改变 T 使采用最小二乘法回归的直线的方差最小，对应的 $T=T_k$。直线的斜率为 E_g/R。

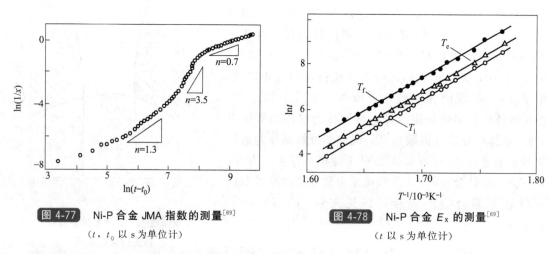

图 4-77　Ni-P 合金 JMA 指数的测量[69]
（t，t_0 以 s 为单位计）

图 4-78　Ni-P 合金 E_X 的测量[69]
（t 以 s 为单位计）

图 4-79 为 Pt-Ni-P 合金的测量结果。由此方法得到的 E_g 只有 1kJ/mol 量级，比 E_X 低两个量级。这说明二级相变的玻璃转变比一级相变的结晶容易得多。

（三）等温转变图（TTT 图）和变温转变图（CTT 图）的测绘及临界速率的确定

等温转变图（TTT 图）和变温转变图（CTT 图）都是描述等温或变温转变需要的孕育时间（τ_1）和终了时间（τ_f）的动力学转变图。TTT 图的测量方法是通过在高速变温到某一温度后保温不同时间再淬火，使其状态在随后的冷却过程中得以保留，通常通过金相观察

和 X 射线衍射方法确定 τ_1 与 τ_f。CTT 图与 TTT 图测量方法的不同是连续变温。CTT 图比 TTT 图更有实际意义。CTT 图中的临界速率 $\phi_C = A/\tau_C$ 非常重要（A 为常数，τ_C 是在不同 T 下的最小 τ_1）。获得亚稳相的条件为 $\phi > \phi_C$。就玻璃转变而言，ϕ_C 无法直接测量，间接方法测量 ϕ_C 的基本思想是在 T_g 附近测量玻璃转变和结晶的 $\tau_1(T)$ 函数。具体测定方法与上节测量方法相同。$\tau_1(T)$ 的计算方法见式(4-75)。在式(4-75)中采用 T_x 代替 T_g，则得到结晶的 $\tau_s(T)$。图 4-80 是根据式(4-75)获得的 Zr-Al-Ni-Cu-Co 合金的 CTT 图。

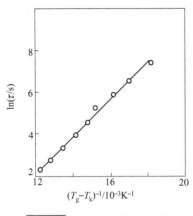

图 4-79　Pt-Ni-P 合金 lnτ 与 1/($T_g - T_k$) 之间的关系[72]

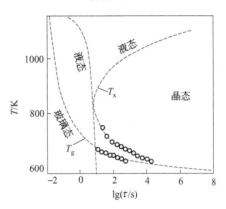

图 4-80　Zr-Al-Ni-Cu-Co 合金的 CTT 图

三、金属与合金的比热容测定

（一）比热容测量方法和误差估计[81,82]

可用 DSC 仪器测定 C_p。通常的测量方法是位移法，测量方法如下：

① 通入样品室恒量氩气流，以 $\phi = 40\text{K/min}$ 的升温速率测量空坩埚；

② 以 $\phi = 40\text{K/min}$ 的升温速率，在同样的氩气保护下。测量样品直径为 5.8mm、厚度为 2mm、质量为 (3~50)mg 的样品；

③ 由有试样和无试样的两种情况测得不同热流；

④ 采用与试样相近质量的标准蓝宝石样品，以 40K/min 的升温速率校正测量结果，根据 DSC 的计算软件计算 C_p；

⑤ 为提高测量精度，可多次测量后平均来降低误差（根据数理统计理论 N 次测量平均值的误差会减少到原来误差的 $N^{-1/2}$）[81,82]。

由于 C_p 的测定是采用多次测量，在放入样品和标样时由于每次测量时其坩埚和样品位置的不同而导致误差。ΔH 是由热流峰与基线间的积分面积求得，误差不超过 $\pm 0.5\%$。因此采取焓方法测定 C_p[82] 可降低误差，具体做法如下：

① 样品质量为 3~50mg，样品形状与位移法相同。将样品放入样品室，通入样品室恒流量的 Ar 气；

② 以 $\phi = 0.1 \sim 10\text{K/min}$ 的速率升温，每次升温 10K 后保温，保温时间为升温 10K 所需时间的 3 倍，因此平均的 ϕ 为使用的 ϕ 的 1/4。在完成保温后重复上述过程；

图 4-81　焓方法的测量示意图

③ 与上述相同方法测量空坩埚；

④ 测量样品的曲线减去空坩埚的测量曲线，然后对获得的曲线由保温时的基线和升温时的吸热曲线之间的面积积分后除以升温温度区间就得到 C_p。

测量的示意图见图 4-81。焓方法的一个优点是在测定非晶合金比热容（C_p^g）时，非晶合金松弛所放出的热量同时出现在升温和保温时的曲线上，而不会对 C_p^g 本身造成很大影响。

测定 C_p 时，虽然在样品室通入保护气，仍要特别注意样品的氧化问题。在较高 T 下，金属与合金会发生微量氧化并放热而导致测量的 C_p 函数的温度系数降低。因此在测量易氧化的合金时，需要对样品密封，根据经验，测量后氧化质量增加不超过 1% 时其测定结果是可以接受的。

（二）亚稳固体（纳米晶、非晶体、过热晶体）比热容的测定[72,73]

亚稳固体 C_p 测定的特殊性在于需要避免与 T 和 t 相关的亚稳态向稳态的转变。在 DSC 通常的升温速率下，存在发生明显亚稳态向稳态转变的温度。就纳米合金而言，在 $0.4\sim$ $0.6 T_m$ 晶粒开始明显长大。图 4-82 为 Zr-Al-Ni-Cu-Co 的 C_p^n 曲线。在 757K，C_p^n 曲线出现比热容函数的斜率变化，表明出现晶粒长大。

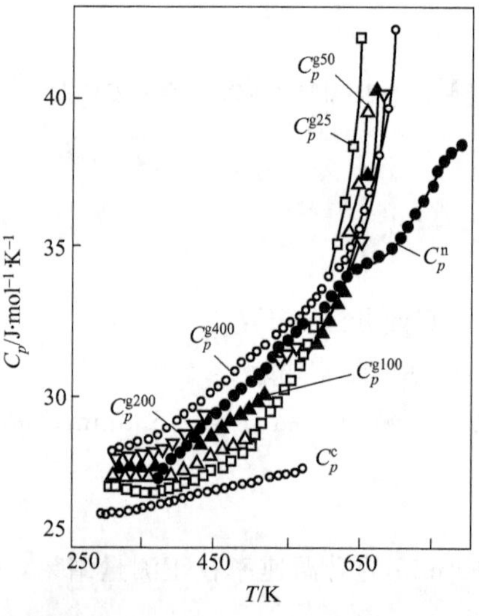

图 4-82   Zr-Al-Ni-Cu-Co 合金的 C_p^g、C_p^c 及 C_p^n [73]

非晶合金没有确定的热力学状态。液体在急冷成为玻璃的过程中，玻璃保留了液体转变为玻璃时的高能量状态，被称为淬火玻璃（the quenched glass）。将淬火玻璃加热到低于 T_g 的某一温度，则导致淬火玻璃放出热量而降低其能量状态。这种玻璃称为松弛玻璃（the relaxed glass）。松弛玻璃如果在某一温度下时效能够进一步降低能量，时效时间越长，能量状态越低。在测量 C_p^g 的过程中，使用不同的 ϕ 加热玻璃相当于不同时间的时效。因此 φ 越小，其能量状态和 C_p^g 越低。图 4-82 为分别采用 $\varphi = 25K/min$、$50K/min$、$100K/min$、$200K/min$ 和 $400K/min$ 测得的 Zr-Al-Ni-Cu-Co 非晶合金的 C_p^g。

$T > T_m$ 的晶体称为过热晶体。为测量其 C_p^c，必须避免晶体的熔化。由于晶体表面和内界面原子存在 σ，在 T_m 其原子振动振幅均方根首先达到原子半径而熔化。而晶体内部仍处于亚稳状态。因为如果能够避免界面的出现，合金就能够过热。为此可以通过采用单晶来避免内界面，而表面则通过在金属表面镀与基体界面共格的高熔点金属膜使表面成为共格界面而降低 σ，最终获得过热晶体并测定其 C_p^c。

（三）液体和过冷液体比热容（C_p^l）的测定

由于液体容易与坩埚发生化学反应，所以在测量 C_p^l（$T > T_m$）时，只能在不发生化学反应的前提下采用热导率好的坩埚，如 Au、Pt 等。测量方法见本节三之（1）。通常测定 C_p^l（$T > T_m$）时 $\varphi < 0$。其原因是 DSC 只能测量 $T < 1000K$，如果 $\varphi > 0$，熔化转变峰导致 T_m 以上数 10K 仍有相变而不能测定 C_p^l。所以 $\varphi < 0$ 可增加测定温度区间。在 1000K 以上，只能采用间接方法测定比热容。方法之一是在不同温度下测定其 T_m [见本节一之（六）]，然后通过下式首先计算 C_p^l 与组成合金的元素的机械混合物的比热容差 ΔC_p，最

后计算 $C_p{}^1$：

$$\Delta C_p(T_1)=[H_m{}^1(T_2)-H_m{}^1(T_1)]/(T_2-T_1) \tag{4-76}$$

$$C_p{}^1(T_1)=\Delta C_p(T_1)+x_A C_{pA}{}^1(T_1)+x_B C_{pB}{}^1(T_1) \tag{4-77}$$

式中，$C_{pA}{}^1$ 和 $C_{pB}{}^1$ 分别是纯组元 A 和 B 的比热容，可以通过查手册获得。

液体在 $T<T_m$ 时被称为过冷液体。金属液体结晶的孕育期很短，因此只能在略低于 T_m 的温度下测定 $C_p{}^1$。扩大 $C_p{}^1$ 的测量温度范围或获得较大过冷度的方法是避免异质形核，这包括：①采用玻璃坩埚如石英坩埚，增加液体在坩埚壁上结晶所需的 σ；②将液体加热到高温，使液体中的晶核熔化，以避免异质形核；③减小过冷液体的体积，使其中包括异质核心的可能性减小。获得液滴的方法是将液体在 Ar 气中搅拌，然后加入乳化剂。乳化剂一般为非晶态无机物或有机物。1g 合金中加入 5ml 的乳化载体后可获得尺寸为 $5\sim30\mu m$ 的液滴。方法 3 的缺点是难以精确测定 $C_p{}^1$。

在远低于 T_m 的 T_g（约 $0.5T_m$）附近可以通过加热玻璃得到过冷液体来测定其 $C_p{}^1$。对于具有高玻璃形成能力的合金，过冷液体在正常升温速率（如 20K/min）条件下可以存在 $20\sim30K$ 而不会结晶。为扩大 $C_p{}^1$ 测量温度区间，使用不同升温速率加热玻璃而在不同 T_g 转变。由于过冷液体仍然可以存在于 $20\sim30K$，所以过冷液体的测量温度区间增大。图 4-83 同时测定了 Pt-Ni-P 合金在 T_g 和 T_m 附近的 $C_p{}^1$。

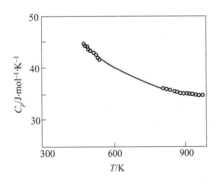

图 4-83 Pt-Ni-P 合金的 $C_p{}^{1[74]}$

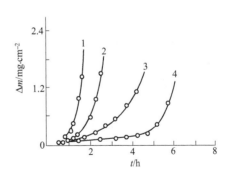

图 4-84 Fe15Cr 在 900℃ 不同 H_2O 浓度下的 TG 曲线[76]

$1-\varphi(H_2O)=10\%$；$2-\varphi(H_2O)=6\%$；
$3-\varphi(H_2O)=3\%$；$4-\varphi(H_2O)=2\%$

四、金属和合金的抗氧化性能[77]

热重法可以测量样品加热或保温过程中的质量变化，因此用来研究金属和合金的抗氧化性能或耐腐蚀性能，也可测定在不同介质中或介质的不同浓度中合金的耐氧化能力。具体测量方法如下：

① 采用 10mg 的样品以 $\phi=500K/min$ 的升温速率加热到指定温度，然后以不同时间间隔保温。

② 用真空泵将炉子抽真空，之后通入不同浓度的一定介质。

③ 测量质量增加与时间的关系。

图 4-84 为 Fe15Cr 在 900℃ 下不同浓度 H_2O 时合金的耐氧化能力[9]。可见 H_2O 的浓度

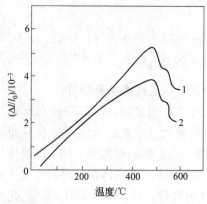

图 4-85   Fe-Co-Si-B 合金的热膨胀曲线[77]

1—松弛状态；2—淬火态

明显改变其腐蚀量。

五、非晶态合金热胀系数测定与 DMA 测量[77]

利用动态热机械分析仪（DMA）能够在拉伸、压缩、悬臂梁、三点弯曲等多种条件下静态或动态测量材料的弹性模量，也可以进行恒应力或恒应变测量，因此能够测量膨胀系数、应力松弛、蠕变等多种材料力学性能。DMA 是一种应用很广的力学性能测量仪器。这里仅以膨胀系数的测定为例。图 4-85 是 Fe-Co-Si-B 非晶合金的热膨胀曲线，其中曲线 1 为非晶合金的松弛状态，曲线 2 为非晶合金的淬火态。在结晶前，淬火状态的样品其线胀系数比松弛状态的线胀系数约低 8%。

第七节   与转变有关的其他测量

一、悬浮态冷冻细胞的 DSC 测量[83]

探索悬浮态细胞冷冻保存过程的损伤因素，可为设计临床冷冻保存方案提供参考依据。

1. 实验装置

低温 DSC 实验的冷源装置如图 4-86 所示。它是用一个金属冷冻杯罩住 DSC 池，杯内灌注液氮。金属冷冻杯外面再用开口的玻璃钟罩罩住。

2. 试样制备

在无菌条件下，分离出人骨髓及外围血单个核细胞、粒细胞及红细胞，从水囊引产胎儿肝脏制取人胎肝单个核细胞。实验室连续传代培养 HL-60 细胞系、CTLLZ 细胞系及 L929 细胞。将上述细胞分别在含 DMEM 培养基、冷冻保护剂 DMSO（MERCK）及人 AB 型血清的混合液中悬浮待测。用医用微量加样器吸取悬浮液 1μl，滴入铝质液体密封皿。

图 4-87 为含 10% 人 AB 型血清 ABS 的 McCoy's 5A 培养液的 DSC 曲线。在上述溶液中加入冷冻保护剂 DMSO，则 DSC 曲线如图 4-88 所示。由此测得：①培养液和其加入血清

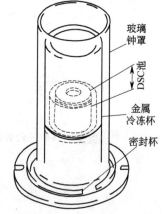

图 4-86   低温 DSC 冷源装置

玻璃钟罩

DSC 池

金属冷冻杯

密封杯

及冷冻保护剂后的冰点、潜热、过冷度及低温比热容值；②复温过程出现 2 个吸热峰—2.6℃（178J/g）及 7.1℃（7.5J/g），均不属纯水相的熔冻过程，表明含有低温保护剂的溶液是作为整体冻结与熔化的；③当细胞密度增大时，DSC 曲线上的放热峰左移，吸热峰右移，因此，设计临床降复温程序时，必须考虑细胞密度的因素。

二、聚合物转变与其热历史[84]

聚合物经历不同的热过程，内部结构就会有所差异，相应地，其转变温度 T_g、T_m 也就不同。兹以聚酯 PET 为例，予以说明。

1. 降温速率对玻璃化转变的影响

在聚合物玻璃化转变温度以上以不同的降温速率来冷却试样，可使其具有不同的热历史。图 4-89 是按不同方式冷却的 PET 试样 20℃/min 升温的 DSC 曲线，这些曲线在玻璃化转变前后的比热容之差几乎没有改变，除快速冷却 PET 的 DSC 曲线以外，其余均在玻璃化转变的后期呈现异常吸热峰。并且该吸热峰有随降温速率加快而变小的趋势。这是由于慢速降温有利于链的密堆砌，因而升温达到玻璃化转变时，其内部结构应有较明显的突变。

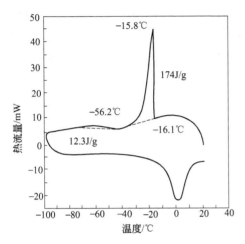

图 4-87　McCoy's 5A-ABS 溶液 DSC 曲线

样品质量 3.91mg，降温速率 5℃/min

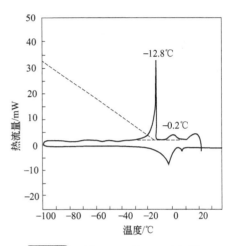

图 4-88　10％ABS-10％DMSO-80％

MoCoy's 5A 溶液 DSC 曲线

样品质量 3.90mg，降温速率 5℃/min

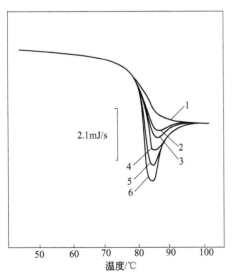

图 4-89　经不同降温速率冷却的 PET 试样

的玻璃化转变

试样量 18.3mg；升温速率 20℃/min；

冷却方式：从 100℃冷却；降温速率分别为：

1—快速冷却；2—10℃/min；3—5℃/min；

4—2℃/min；5—1℃/min；6—0.5℃/min

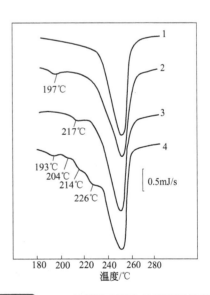

图 4-90　PET 的熔融峰随热处理不同的变化

试样量 18.3mg；升温速率 20℃/min；

从 285℃冷却，冷却方式如下：

1—快速冷却；2—在 190℃热处理 3min；

3—在 210℃热处理 5min；

4—每隔 10℃热处理 10min，直到 185℃

2. 熔融峰随不同热处理的变化

从 PET 的熔融状态经不同温度对其进行热处理，使其冷却，从而具有不同的热历史。除快速冷却的 PET 的 DSC 曲线外，均在熔融峰前在比各自的热处理温度略高的温度观察到小的吸热峰，并且该峰随热处理的不同而异（见图 4-90）。由这类熔融峰的形状可推测试样的热历史。

三、硅橡胶的热分析[85]

硅橡胶具有优良的耐热性和电绝缘性能，并且耐化学试剂、耐油、耐水，可制成各种电气元件、机械零件，并在家庭用品、食品加工、医药等领域广泛应用。

硅橡胶的特性随添加剂的种类及其用量、以及混料和硫化条件而异，采用热分析方法可考察硅橡胶的各种热学性质。

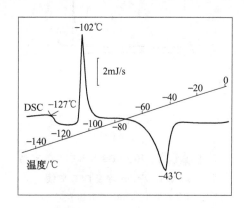

图 4-91 硅橡胶的 DSC 曲线

试样量 10mg；升温速率 10℃/min

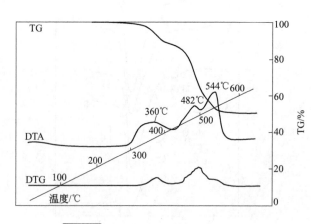

图 4-92 硅橡胶热分解的 TG-DTA 曲线

试样量 15mg；升温速率 10℃/min；
空气氛，200ml/min

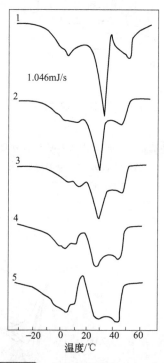

图 4-93 混合油熔融的 DSC 曲线

试样量 40mg；升温速率 2℃/min

曲线编号	猪 油 /%	牛 油 /%
1	100	0
2	75	25
3	50	50
4	25	75
5	0	100

图 4-91 是硅橡胶从 $-150℃$ 到 $0℃$ 的 DSC 曲线。所用试样是快速冷却到 $-150℃$ 以下的，从图中观察到在约 $-127℃$ 的玻璃化转变、约 $-102℃$ 的结晶放热以及约 $-43℃$ 的熔融吸热。

为评价硅橡胶的耐热性，可测其 TG-DTA 曲线（见图 4-92）。当试样分解时，在 TG 曲线上可观察到失重和 DTA 曲线的放热峰，从大约 300℃开始失重，到 600℃有约 49%的试样分解。

四、混合油脂的热分析[86]

用 DSC 可检测混合食用油，以猪油和牛油的混合油为例，兹列举采用 SSC/560U DSC 密封试样容器测定的结果。

图 4-93 为混合油熔融的 DSC 曲线。纯猪肉的 DSC 曲线在约 30℃呈尖锐的吸热峰，随着牛油混入比例的增大，该峰温略降低并变小，纯牛油则几乎观察不到该峰。

依据图中该峰高度，可判断混合油中牛脂（或其他油脂）的含量。

五、食用肉的 DSC 测量[87]

食用肉含有大量的蛋白质、脂肪。测定其热变性和熔融行为，可得到有关食品品质的信息。兹列举猪里脊肉的高灵敏 DSC 测定。

图 4-94 是原来生肉和在 70℃热处理 20min 后的测定结果。大约在 28℃和 42℃的吸热峰是脂肪的熔融，经热处理后在约 60℃和 75℃的吸热峰消失，认为是属于蛋白质的热变性。

凭借热处理前后 DSC 曲线的变化可区分开蛋白质的变性和脂肪的熔融，以此来鉴定蛋白质和脂肪的成分。

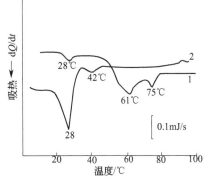

图 4-94 猪肉原来生肉（曲线 1）和 70℃热处理 20min 后（曲线 2）的 DSC 曲线

六、聚甲基丙烯酸甲酯的介电分析[88]

聚甲基丙烯酸酯类聚合物在室温附近的次级转变（如 α，β 转变）与聚合物的形态（结构）密切相关，通常此类转变的焓变较小，需采用同时具有高灵敏度和良好分辨率的介电分析（dielectric analysis，DEA）来检测，这种方法具有较宽的实验频率范围，如 TA Instruments 的 2970 型 DEA 的频率范围是从 0.003Hz 到 100kHz，并且适用于薄膜或粉末等各种形状的试样。

介电分析测量的是物质对所施加的交变电压的响应，即电容和电导率这两个基本的电学参量与温度、时间和频率的关系。而实际测量的是介电常数 e'（是分子偶极随所施电场定向程度的度量）和损耗因子 e''（代表偶极定向和离子迁移所需的能量）。

图 4-95 是聚甲基丙烯酸甲酯（PMMA）在不同频率下损耗因子与温度的关系，在 0～100℃间观察到的一系列损耗峰（β 转变）是由于甲酰氧基的侧链运动，β 转变温度随频率而提高，由其频率依赖性求得的 β 转变活化能为 74kJ/mol（17.7kcal/mol）。α（玻璃化）转变大约在 120℃。实验数据表明，低频（<10Hz）、慢速升温（<3℃/min）有利用相近转变（如 α 和 β 松弛）的分离。

利用 DEA 可以考察甲基丙烯酸酯类聚合物的酰氧基取代基对转变温度的影响（见图 4-96）。实验数据表明，α 转变温度随侧链酰氧基尺寸的增大而降低，而 β 转变温度变化不大。

DEA 也可用于研究树脂的固化反应和热历史对聚合物性质的影响等。

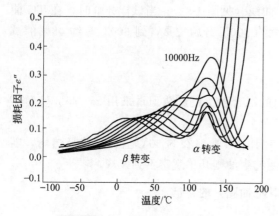

图 4-95 PMMA 不同频率下损耗
因子 e' 与温度 T 的关系

仪器：TA Instruments DEA 2970，试样：PMMA 模塑粉，

升温速率 3℃/min，温度范围 −80～180℃，

频率（Hz）：1、3、10、30、100、300、1000、3000 和

10000，氮气流速 500ml/min

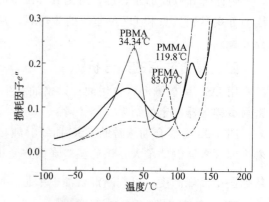

图 4-96 聚甲基丙烯酸酯类聚合物
介电损耗 e'' 与温度的关系（频率 3Hz）

PMMA—聚甲基丙烯酸甲酯；

PEMA—聚甲基丙烯酸乙酯；

PBMA—聚甲基丙烯酸丁酯

参 考 文 献

［1］ 日本工业标准 JIS K 7121-1987.

［2］ ASTM D 3418—82.

［3］ TA Instruments. Modulated DSC 技术资料.

［4］ 珀金-埃尔默中国公司. 热分析在高分子表征及药物分析方面的应用. 1990：8.

［5］ Fox T G. Bull Am Phys Soc，1956，1：123.

［6］ Gordon M，Taylor J S. J Appl Chem，1952，2：493.

［7］ Couchman P R. Macromolecules，1978，11：1156.

［8］ Kwei T K. J Polym Sci，Polym Lett Ed，1984，22：307.

［9］ Lu X Y，Weiss R A. Macromolecules，1991，24：4381.

［10］ 珀金·埃尔默中国公司. 热分析在高分子表征及药物分析方面的应用. 1990：7.

［11］ 顾宇昕，黄玉惠，廖兵，丛广民. 高分子学报，1999（4）：477.

［12］ Yoshida H，Kobayashi Y. J Macromol Sci，1982，B21：565.

［13］ Kasuga K，Hatakeyama H. Mol Cryst Liq Cryst，1989，168：27.

［14］ 倪少儒，刘景江，刘文忠. 应用化学，1989，6（2）：15.

［15］ 刘景江，刘文忠，周华荣. 应用化学，1987，4（2）：56.

［16］ Hoffman J D，Weeks J J. J Res Bur Stand U S，1962，66：13.

［17］ Morra B S，Stein R S. J Polym Sci，Polym Phys Ed，1982；20：2243.

［18］ Alfonso G C，Chiappa V，Liu J J，et al. Meeting of the Italian Association of Macromolecular Science and Technology，Ferrara，Italy，Oct，1991.

［19］ 上出健二. 高分子化学，1968，25：532.

［20］ Flory P J. Principles of Polymer Chemistry. Ithaca，N Y：Cornell University Press，1953.

［21］ Alfonso G C，Chiappa V，Liu J J et al. Eur Polym J，1991，27：795.

［22］ Mandekern L. Chem Rev，1956，56：903.

［23］ Monasse B，Haudin J M. Colloid Polym Sci，1985，263：822.

［24］ Harberkorn H，Illers K. Polym Sci，1979，257：820.

［25］ 冯金华，莫志深，陈东霖. Chin J Polym Sci，1990，8：61.

［26］ Hoffman J D. Polymer，1983，24：3.

［27］ Day M，Deslandes Y，Roovers J et al. Polymeer，1991，32(7)：1258.

［28］ Baker K F. Du Pont Thermal Analysis Technical Literature，Application Brief，Number TA-63.

［29］ 精工应用简报，1981，TA No. 9.

［30］ 上出健二，齐藤政利. 见：日本熟測定學會編. 新热分析の基礎と応用. 東京：(株) リアライズ社，1989：70.

［31］ Mpizzoli M，Scandola M，CeccorulliG. Macromolecules，1994，27：4755.

［32］ ASTM D 3417—83.

［33］ 日本工业标准 JIS K7122—1987.

［34］ TA Instruments. Thermal Analysis Technical Literature，Number TA-123；Blaine R L. Du Pont Thermal Analysis Technical Literature，Application Brief，Number TA-12.

［35］ 精工应用简报，1980，TA No. 7.

［36］ 川崎賢司. 精工应用简报，1986，TA No. 26.

［37］ 岛津. 热分析在高分子中的应用，1991：4.

［38］ Baker K F. Du Pont Thermal Analysis Technical Literature，Application Brief，Number TA-53.

［39］ Ross P D，Goldberg R N. Thermochim Acta，1974，10：143.

［40］ 大城敬子，市村裕. 精工应用简报，1986，TA No. 34.

［41］ 徂徠道夫. 见：日本热測定学会編. 新熱分析の基礎と応用. 東京：(株) リアライズ社，1989：163.

［42］ 小出直之. 见：日本热測定学会編. 新熱分析の基礎と応用. 東京：(株) リアライズ社，1989：165.

［43］ Blaine R L. Du Pont Thermal Analysis Technical Literature，Application Biref Number TA-44.

［44］ 太田充. 岛津评論，别刷，1986，43 (1)：63.

［45］ 川崎賢司. 精工应用简报，1986，TA No. 29.

［46］ Blaine R L. Du Pont Thermal Analysis Technical Literature，Application Brief，Number TA-36.

［47］ 珀金-埃尔默中国公司. 热分析在高分子表征及药物分析方面的应用，1990：5.

［48］ Woo N K，Charles M B. J Appl Polym Sci，1987，34：945.

［49］ 郭其鹏. Makromol Chem，Repid Commun，1990，11：279.

［50］ 郭其鹏，徐和昌，王淑香，马德柱. Eur Polym J，1990，26：67.

［51］ Nishi T，Wang T T. Macromolecules，1975，8：909.

［52］ Olabisi O，Robeson L M，Shaw M T. Polymer-Polymer Miscibillity. New York：Academic Press，1979.

［53］ 郭其鹏. Polym Commun，1990，31：217.

［54］ McMaster L P. Macromolecules，1973，6：760.

［55］ Cong GM，Huang YH，Machnight W J，Karasz F E. Macromolecules，1986，19：2765.

［56］ 张平，孙振华，庄宇钢等. 高分子学报，1993，(6)：719.

［57］ 市村裕. 精工应用简报，1985，TA No. 21.

［58］ 市村裕. 精工应用简报，1985，TA No. 20.

［59］ 市村裕，梅原佐和子. 精工应用简报，1990，TA No. 51.

［60］ 市村裕，西本右子. 精工应用简报，1987，TA No. 47.

［61］ Müller F H，Huff K，Kolleid I，1959，166：44.

［62］ 大久保信明. 精工应用简报，1990，SDM No. 7.

［63］ Williams M L，Landel R F，Ferry J D. J Am Chem Soc，1955，77：3701.

［64］ Ferry J D. Viscoelastic Properties of Polymers. New York：Wiley. 1970.

［65］ 大久保信用. 精工应用简报，1990，SDM No. 6.

［66］ 市村裕，大久保信明. 精工应用简报，1990，TA No. 52.

［67］ 古賀邦正. 见：日本热測定学会編. 新熱分析の基礎と応用. 東京：(株) リアライズ社，1989：203.

［68］ 精工应用简报，1983，TA No. 14.

［69］ 精工应用简报，1983，TA No. 16.

［70］ Lü K. Mater Sci Eng，1996，R16：161.

［71］ Jiang Q. J Mater Sci Technol，1995，11(3)：176.

［72］ Li J C，Nan S H，Jiang Q. Acta Metall Sin（Eng Lett）. 1996，9(3)：193.

［73］ Jiang Q，Zhao M，Xu X Y. Phil Mag B，1997，76(1)：1.

［74］ Jiang Q，Sui Z X，Li J C，X. Y. Yu. J Mat Sci Technol，1997，13：286.

［75］ Jiang Q，Zhao M，Li J C. Acta Metall Sin（Eng Lett），1995，8(1)：23.

［76］ Wei X L，In：Liu Zhenhai，T Hatakeyama eds. 热分析手册. 北京：化学工业出版社，1994：96.

［77］ Tomiska J，Jiang Q，Lück R. Z Metallkd，1993，84（11）：755.

［78］ Jiang Q，Xu X Y，Niu H J，Lu X X. J Mater Sci Technol，1996，12(4)：299.

［79］ Wang H，Lück R，Predel B. Z Metalkd，1991，82(8)：662.

［80］ 蒋青，徐晓亚，李建忱. 金属学报，1997，33(6)：660.

［81］ 蒋青，徐晓亚，赵明. 金属学报，1997，33(7)：763.

［82］ Jiang Q，Li J C，Tong. J. Mater Sci Eng，1995，A196：169.

［83］ Jiang Q，Lück R，Predel B. Z Metallkd，1990，81(2)：94.

［84］ Lei C M，Qian Y X. Cryogenics，1990，30：527.

［85］ 精工应用简报，1981，TA No. 12.

［86］ 大久保信明. 精工应用简报，1985，TA No. 18.

［87］ 精工应用简报，1979，TA No. 4.

［88］ 西本右子. 精工应用简报，1986，TA No. 33.

第五章　热分析技术对各种反应的测定

第一节　热稳定性的测定

一、高分子材料的相对热稳定性

在实验室阶段，可以材料热氧化裂解失重的温度表示其化学热稳定性，这可用热天平（TG 法）测定，同时可用 TMA、DMA 或热膨胀等手段测定固体材料变软的温度（如玻璃化转变温度 T_g 或熔点 T_m），表示其物理热稳定性。这些数值均与材料的使用温度及其加工的温度范围具有一定的联系，可以很方便地用作选择材料合成条件和工艺配方的重要参数，可称之为相对热稳定性。

表 5-1 是几种有代表性的商品耐热聚合物在 N_2 气中以 5℃/min 测定的 TG 曲线失重 5% 和 10% 的温度，以及 700℃ 的余重[1]。表 5-2 是几种聚酰亚胺的化学结构及其玻璃化转变温度 T_g。

表 5-1　几种耐热聚合物初始失重温度和在 700℃ 的余量

名　称	温　度/℃		余重(700℃)/%	T_g/℃	名　称	温　度/℃		余重(700℃)/%	T_g/℃
	失重 5%	失重 10%				失重 5%	失重 10%		
Upilex S	577	591	66.1	359	PEEK	533	539	53.4	143
Kapton	553	566	59.8	428	PSF	482	490	33.6	190
Upilex R	550	562	65.4	303	PESF	481	493	39.1	235
Larc-TPI	530	547	64.8	256	POD	474	485	46.5	—
Novax	517	537	60.1	399	PPX	464	469	9.0	70
Ultem	490	500	53.3	216	U-polymer	451	462	28.8	190
PI-2080	484	521	63.1	342					

表 5-2　聚酰亚胺等几种耐热聚合物的化学结构与 T_g[1]

名　称	分　子　结　构	T_g/℃
Kapton		428
Novax		399

名　称	分　子　结　构	$T_g/℃$
Upilex R（DDE）		303
Upilex S（PPD）		359
Larc-TPI		256
PI 2080		342
Ultem（PEI）		216
PSF		190
PESF		235
PEEK		143
PAI		230
PPX		70

名　称	分　子　结　构	T_g /℃
POD		—
U-polymer (PAR)		190

二、评定绝缘材料温度指数的 Toop 法

采用常规烘箱恒温老化的方法，在不同温度长时间观测绝缘材料性能的下降，确定其使用寿命，需时数月。而由等速升温 TG 曲线来确定，仅需数小时。Toop[2] 根据恒温和升温的热分析动力学，在到达等失重率时（如恒温、升温均失重 5%）将两者联系起来，建立了如下的关系式：

$$\ln t_f = \frac{E}{RT_f} + \ln\left[\frac{E}{\phi R}P\left(\frac{E}{RT_c}\right)\right]^{❶} \tag{5-1}$$

式中　T_f——烘箱恒温老化实验的温度，K；

$\quad\quad t_f$——在温度 T_f 老化的寿终时间，h（如这时的失重分数假定是 5%）；

$\quad\quad \phi$——升温速率，℃/min；

$\quad\quad T_c$——在升温速率 ϕ 下，达与恒温实验相同失重率（如 5%）的 TG 曲线温度；

$\quad\quad E$——活化能，J/mol；

$\quad\quad R$——摩尔气体常数，8.314J/(mol·K)。

$P\left(\frac{E}{RT_c}\right)$ 是热分析动力学中的 P 函数。

当 $20 < \frac{E}{RT_c} < 60$ 时，P 函数可以 Doyle 近似式[3] 表示，则式(5-1) 可改写成

$$T_f = \frac{E/R}{\ln t_f - \ln\dfrac{E}{\phi R} + 5.3305 + 1.052\dfrac{E}{RT_c}} \tag{5-2}$$

通常应慢速升温测定 TG 曲线，并不取 TG 曲线的深度失重求解活化能。可由前面介绍的 Ozawa 法求出失重 5% 的活化能。

如假定 $t_f = 20000$h，T_f 即为材料的温度指数。使用的温度越低，则寿命越长，见于图 5-1。

三、评定电绝缘材料温度指数的热重割线法[4]

该法是以聚均苯四酰-4,4′-二苯醚亚胺（PI）为基准，由一条热重曲线（TG 曲线），依下述

---

❶ $\ln t_f$ 与 $\ln\left[\dfrac{E}{\phi R}P\left(\dfrac{E}{RT_c}\right)\right]$ 中的 t_f、E、ϕ、T_c 分别表示以 h、J/mol、℃/min、K 为单位时的物理量的数值；R 的值为 8.314J/(mol·K)。

关系式确定电绝缘材料温度指数的方法。

$$T_{20000} = \frac{A+B}{2K} \tag{5-3}$$

式中 T_{20000}——温度指数，即材料可长期（20000h）使用的最高温度，℃；

      A——通过 TG 曲线失重 50％、20％的割线与起始基线延长线的交点温度；

      B——TG 曲线失重 50％时的温度；

      K——仪器常数（以公认的 PI 的温度指数 240℃为准，核定各自仪器的 K 值，确定相互比较的共同基础）。

比如，对于 PI 薄膜（H 薄膜），由 10mg 试样、以 5℃/min 速率升高，在静态空气下测定的 TG 曲线，得到 $A = 567℃$、$B = 618℃$，代入式(5-3)

$$240℃ = \frac{567℃ + 618℃}{2K} \qquad K = 2.47$$

按相同实验条件，测得的聚对三苯二醚四酰-4,4'-二苯醚亚胺 TG 曲线的 $A = 546℃$、$B = 603℃$，和由上述求得的 K 值，一并代入式(5-3)，可得 $T_{20000} = 232℃$。

该法虽不如常规法准确，但可用于快速评估材料的耐温等级，以及配方的筛选。

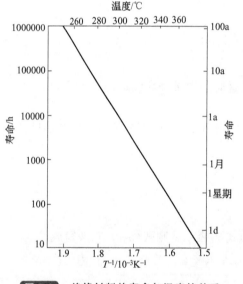

图 5-1 绝缘材料热寿命与温度的关系

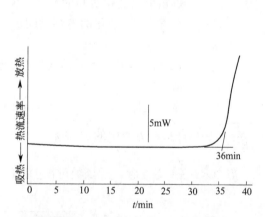

图 5-2 聚乙烯恒温氧化诱导期的测定

试样量 21mg；氧气氛；恒温 200℃

四、有机材料氧化诱导期的测定[6~8]

有机材料（如聚合物、润滑油等）的使用寿命往往与其氧化裂解，即热氧化稳定性有关。氧化稳定性可采用 DSC 测定。将少量试样置于敞开的 DSC 容器中，在惰性气氛下升温到某一温度，达到温度平衡后，转换为氧化性气氛（如纯氧），开始计时，测定氧化放热的外推起始时间，以此来度量材料的氧化稳定性，代替一些常规法[5~7]。

对于聚烯烃可考虑采用如下的实验条件：

试样量约 15mg；温度程序：恒温在 200℃；惰性气氛：氮气；反应气氛：氧气；气体流速 100ml/min。

这样测定的聚乙烯的氧化诱导期见图 5-2。

也可采用动态升温法，在空气或氧气中将试样以 10℃/min 速率升温，以氧化的起始温度作为氧化稳定性的度量。

可根据材料的稳定程度来选择恒定的温度和氧化气氛的压力。对上述两种方法均可采用耐压样品池，用提高反应气分压的办法缩短分析时间，尤其对较为稳定的检测样，更具实际意义。TA Instruments 的 DSC 压力可达 7MPa（约 1000psi）很适于此种研究。铜具有催化作用，可采用铜样品池加速反应，大大缩短诱导期。对于铜漆包线，应使用铜或氧化铜坩埚进行实验，而对于铝制漆包线则应用铝坩埚。由聚乙烯氧化诱导期对数-温度倒数的 Arrhenius 图求得的热氧化活化能，铝样品池时为 110.9kJ/mol，铜样品池时为 37.2kJ/mol。

聚乙烯和聚丙烯在 200℃时的实测结果，同一实验室的重复测定，聚乙烯相差 5.9min，聚丙烯相差 6.9min；不同实验室测定值，聚乙烯、聚丙烯分别相差 8.2min、14.1min。本试验的恒温控制是极其重要的，如对油脂来说，温度相差 1℃，实验结果就要相差 10%。

氧是一种强氧化剂，谨防爆炸，设备应避油，注意保持表面清洁。

第二节　交联、聚合反应

一、环氧树脂的固化反应及其玻璃化转变

热固树脂固化反应热和玻璃化转变温度的测定，对了解这类树脂的特性是十分重要的。图 5-3 是用精工 SSC/560S 测定的环氧树脂固化反应的 DSC 曲线[8]。图中第一次升温的 DSC 曲线在 60℃附近表现出玻璃化转变的基线偏移，在 120～245℃观察到固化反应的放热峰。将此试样急剧冷却后二次升温测定时，则玻璃化温度因固化而升高，已观察不到固化放热，说明经第一次升温，固化反应已趋完成。

对于如酚醛树脂之类有水生成的固化反应，可采用密封坩埚，当水气压力超过坩埚的耐压限度时，水气突然冲出，DSC 曲线转向吸热。

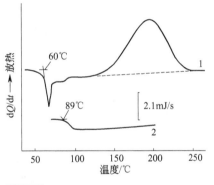

图 5-3　环氧树脂固化反应的 DSC 曲线

试样量 10mg；升温速率 20℃/min

二、等温固化"3T"图的内容、制作和含义

等温固化"3T"图是指等温固化"时间-温度-转变"图（Time-Temperature-Transformation Isothermal Cure Diagram），最早是由 Gillham 提出来的[9]，后为他的同事 Enns[10]、Chan[11] 和彭新生[12] 等进一步发展和完善，形成如图 5-4 所示的结构。

该图通常表示一个热固化体系的 3 个特征温度：$T_{g\infty}$（完全固化的玻璃化温度），$_{gel}T_g$ [凝胶化（gelation）和玻璃化（vitrification）同时发生的温度]，T_{g0}（反应物的玻璃化温度）以及区分体系所处的各种状态：液体（liquid）、溶胶/凝胶橡胶态（sol/gel rubber）、弹性体（elastomer）、凝胶化玻璃态（gelled glass）、未凝胶化（或溶胶）玻璃态（ungelled glass）及炭化（char）。图中的完全固化（full-cure）线[12]（即 $T_g = T_{g\infty}$）将凝胶化玻璃态分为上下两部分；当没有降解发生时，上部为凝胶（完全固化）玻璃态，下部为溶胶/凝胶（未完全固化）玻璃态。在液态区有一系列等黏线表示黏度的变化[10]。对于多组分体系（如橡胶改性环氧树脂），有时还可显示相分离线（图 5-4 中未画出）。实际上所看到的"3T"图大都只显示上述的部分内容，即其中最基本的两条线：凝胶化线和 S 形玻璃化曲线。

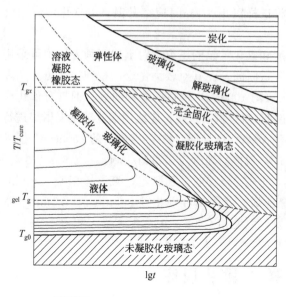

图 5-4 时间-温度-转变等温固化图

为了制作此图，首先用扭辫分析仪（TBA）或动态力学分析仪（DMA）测得样品的 $T_{g\infty}$、T_{g0}，然后在高于 T_{g0} 和低于 $T_{g\infty}$ 的范围内选择若干个温度对试样进行等温固化测量。在 TBA 或 DMA 的时间谱上一般可出现 2 个峰，前一个峰所对应的为凝胶化时间，后一峰对应的为玻璃化时间，由此可定出各个固化温度下的凝胶化和玻璃化时间。令横坐标为固化时间对数（$\lg t$），纵坐标为固化温度（T_{cure}），即可画出"3T"图中的凝胶化和玻璃化曲线，从两线交点向温度轴作一与时间轴的平行线，与温度轴的交点则为 $_{gel}T_g$。"3T"图其他部分的制作，限于篇幅不拟详叙，可参阅有关文献分别得到等黏线[10]、发生炭化的玻璃化线[12]和完全固化线[13]。

　　"3T"图提供了一个清晰的图像，以了解和对比热固性体系的固化过程和物理性能。因为它反映了固化过程中各种变化与固化时间和温度的关系，这些变化是相分离、凝胶化、玻璃化、完全固化和解玻璃化（devitrification）等。凝胶化表明无限大分子网络的形成，导致宏观上的黏弹行为；玻璃化发生在当 T_g 升到等于 T_{cure} 之时；因降解使 T_g 降低，则称为"解玻璃化"。因化学反应引起的这些变化使体系状态随之发生转变，这就是图中所标明的几个区域。工业上往往把固化树脂分为 A、B 和 C 3 个阶段，在这里分别相当于溶胶玻璃、溶胶/凝胶玻璃和凝胶玻璃。

　　通过上述变化对性能的影响，可借"3T"图来理解热固性材料的许多行为。例如凝胶化会阻碍宏观的流动和分散相生长，玻璃化使化学转化停滞，因热降解的解玻璃化标志着材料承受载荷的时间极限。这里值得一提的是，"3T"图应用于橡胶体系比热固性体系受到更多的限制，因为前者仅仅在 T_g 以上的区域是可用的。

　　未凝胶化玻璃态是商业上用作模塑材料的基础，在凝胶化之前它可像固体（$T_{g0}>$ 室温）那样进行加工（如模压粉之类），也可像液体（$T_{g0}<$ 室温）那样浇注成型。凝胶化时的玻璃化温度（$_{gel}T_g$）是反应性材料贮存的上限温度，即避免凝胶化的临界温度。

　　两相体系的形态依赖于固化温度，后者决定了热力学和动力学之间的竞争。为了获得最佳力学性能，首先在某一温度下固化两相体系以获得一特定的形态，然后在一较高温度下使反应进行完全。

　　高于 $_{gel}T_g$ 凝胶化和低于 $_{gel}T_g$ 玻璃化时，固化引起的收缩应力沿着在一刚性基体上的粘接而开始发展，树脂中的拉应力和基体上的压应力会影响复合材料的性能。

　　若固化反应被玻璃化终止，那么在低于 $T_{g\infty}$ 的 T_{cure} 下持续进行等温固化将导致 $T_g=T_{cure}$。但实际上由于在测 T_g 过程中加热扫描可引起 T_g 升高，所以 T_g 高于 T_{cure}。此外，尽管在 $T_g=T_{cure}$ 时发生一定的玻璃化，此处的 T_g（如通常测定的那样）不对应玻璃态而更接近介于橡胶和玻璃态之间的中间状态，所以玻璃化后反应可继续，而使 $T_g>T_{cure}$。在玻璃态下反应进行到什么程度依赖于玻璃态对反应机理的影响。

在高于 $T_{g\infty}$ 的温度下很容易达到完全固化，而在低于 $T_{g\infty}$ 到"3T"图中完全固化线这个温度区域要达到完全固化则更慢。

在高温下，非固化化学反应引起降解，使交联度降低或形成增塑物质，导致解玻璃化。降解也可导致玻璃化，例如炭化，使交联度升高或低分子量增塑物质挥发。在高 $T_{g\infty}$ 体系中，固化和热降解反应竞相进行。

在流动态中的有限黏度受凝胶化（$>_{gel}T_g$）和玻璃化（$<_{gel}T_g$）所控制。在凝胶化时，重均分子量和零切变速率黏度变为无穷大，在低于 $_{gel}T_g$ 的玻璃化附近的黏度可用 WLF 方程来描述。

达到一特征黏度的时间，常用来作为测定凝胶化时间的一个实用方法。高于 $_{gel}T_g$ 时，由达到一特征黏度的时间对温度的依赖关系得到的表观活化能，接近导致特征黏度升高的凝胶化反应的真实活化能。

凝胶化和玻璃化时间可从反应动力学和凝胶化、玻璃化时的转化率及后者与 T_g 之间的关系用计算机算出。当不存在热降解时，对一个环氧树脂体系实验得到的从 T_{g0} 到 $T_{g\infty}$ 的 S 形玻璃化曲线与计算机结果相符。在比 T_{g0} 略高的温度，玻璃化时间达到一最大值，这是由于黏度和反应速率常数对温度的相反依赖关系所致。在比 $T_{g\infty}$ 略低的温度，玻璃化时间出现最小值，这是由于反应速率常数和反应活性中心浓度的降低在接近 $T_{g\infty}$ 时对温度的相反依赖关系所致。这一最小值及其相应的温度在成模工艺中是有用的。

三、光聚合反应的热测量

光聚合感光树脂是一种有代表性的有机感光材料，采用以往的膨胀法、紫外光谱法、红外光谱法、重量法等难以对光聚合反应的进程进行定量测定。可通过对单体聚合热的定量观测，来测定其转化率。利用光化学反应热测定装置进行热测定的优点如下：

① 可对含有由多组分化合物生成的感光性树脂的单体的光聚合进行分析；

② 如采用高灵敏度量热装置，可测定薄膜状试样；

③ 可直接进行聚合热的动力学分析。

比如，对于每 1mol 甲基丙烯酸十二酯含有 4～10mmol 引发剂的苯偶姻甲醚体系，利用不挥发试样用容器，进行此种光化学反应热测定。有代表性的数据示于图 5-5[13]，图中虚线表示热焓随时间的变化，实线是经热响应滞后修正的焓变微商。令全部单位聚合产生的热量为 Q_0，则单体变成聚合物的转化率 α 为

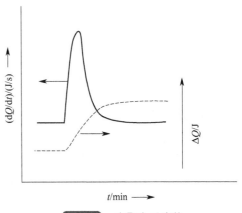

图 5-5 光聚合反应热

$$\alpha = \frac{\Delta Q}{Q_0} \qquad (5-4)$$

式中，Q_0 为光照聚合热与剩余单体强制热聚合时的聚合热之和。强制热聚合是指把试样升温到聚合物玻璃化温度以上，这时单体分子处于易于移动的状态，强制剩余的单体聚合。

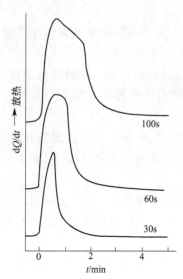

100s

60s

30s

t/min

图 5-6 光照时间不同的甲基丙烯酸类试样后聚合的 DSC 曲线

四、感光树脂单体后聚合反应的测量

采用精工 SSC 550 型配有光照机构的高灵敏度量热计，可测单体经光照的后聚合反应热[14]。

具体实验条件：

试样　含甲基丙烯酸或丙烯酸类单体的感光树脂；

单体的质量分数　30%；

试样量　0.20～1.10mg［含单体 60～330μg］；

测量温度　(24.50±0.02)℃；

感度　噪声水平±0.84μJ/s；

照射光源　500W 超高压水银灯，光波长 (404±15)nm。

试样制备：将配制的溶液用注射器滴到内径 10mm、厚 0.15mm 的铝坩埚上，真空干燥，形成数微米厚的试样膜。

图 5-6 是经光照 30s、60s、90s 的甲基丙烯酸类试样的 DSC 曲线。光照呈现反应放热，停止光照后反应慢慢地停下来，观察到后聚合的放热曲线。

光照和后聚合时的聚合度，均可用下式计算：

$$聚合度 = \frac{\int q(t)\mathrm{d}t}{Q_0} \times 100\% \tag{5-5}$$

式中　Q_0——由 DSC 曲线求得的单体的总聚合热（通常，甲基丙烯酸类 $Q_0 = 55.2n$kJ/mol，丙烯酸类 $Q = 75.3n$kJ/mol，n 为官能团数），Q_0可由 DSC 直接测得；

$\int q(t)\mathrm{d}t$——在任一时间 t 时与聚合量成比例的反应热。

这种光化学聚合反应速率与照射光的波长、环境温度、气氛等因素有关。聚合物的性质（如玻璃化转变温度 T_g）也因光照射条件（如照射时间）而异。可综合上述诸多因素，确定最适宜的光化学反应条件。

第三节　固体催化剂评价

一、金属催化剂的评价

许多有机化合物的高效还原反应与贵金属催化剂（诸如铂、钯等）的活性有关。化学吸附和催化还原均系放热反应，释放的热直接与消耗的氢有关。使用加压 DSC（或称 PDSC），提高氢压，仅需 15min，即可完成此种观测[15]。

样品池首先用 345kPa（约 50psi）的氢气清洗，放空。再加压到 345kPa（约 50psi），流速为 50ml/min，维持通气 30s。将 He 压升至 1034kPa（约 150psi），以 20ml/min 的流速维持通过样品池。以 20℃/min 升温，达到 75℃时，从 He 迅速转换为 H$_2$，压力为 1379kPa（约 200psi）。图 5-7 开头的吸热尖峰表示 H$_2$ 的压力波进入样品池，随后的放热是由于化学吸附反应。

当放热反应完成，记录笔回到原来的基线，便可结束实验。在做下一个实验之前，需用 He 冲洗样品池，并降温至室温。

用求积仪或剪纸称重测量 DSC 放热反应的峰面积，计算反应热。

上述 6 次实验的平均反应热是（82±1.05）J/g（相对误差为 1.25％）。

在 DSC 曲线放热峰起始边呈现的肩状是由于物理解吸附。尽管催化活性受载体的一些物理因素（如结构、表面积、孔的大小、孔体积等）的影响，但所观测的化学还原活性次序确与 PDSC 的结果有很好的一致性。比如，通常 Pd 比 Pt 更活泼，与氧化铝相比，炭是更活泼的载体。

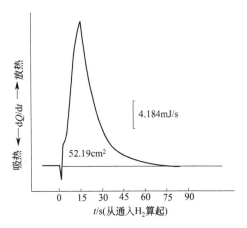

图 5-7　5％Pd/C 催化剂催化
还原热的 PDSC 测定

试样量 5.43mg，敞开的铝坩埚，以
20℃/min 从 75℃升温到 200℃

二、催化剂物相分析（DTA-EGD 法）

采用 DTA 法可判断催化剂在升温过程中发生由无定形向结晶相的转变，不稳定向稳定结构过渡的放热效应。在这些过程中也可能伴随着如下固-固相反应的放热效应。

$$n A（固相）+m B（固相）\xrightarrow{\triangle} A_n B_m（固相）\qquad 放热效应 \qquad (5-6)$$

如图 17-1～图 17-3 所示：用共沉淀法制备生成 $CuFe_2O_4 \cdot CuCr_2O_4$ 尖晶石的放热峰温度区域分别为 530～600℃和 425～470℃；用柠檬酸络合法制备生成 Cu-Cr-O 尖晶石的放热峰温度区域为 440～475℃。在上述温度区间均无逸出气体检出。其反应通式为

$$AO+B_2O_3 \xrightarrow[\triangle]{放热峰温度区域} AB_2O_4（尖晶石）\qquad 放热效应 \qquad (5-7)$$

上述结果得到了 X 射线衍射的结构鉴定。这些数据可为确定催化剂焙烧温度提供依据。

三、汽车尾气净化催化剂氧化活性的评选

1. CuO、Cr₂O₃ 催化剂氧化活性评选（DSC 法）

可用 DSC 法筛选汽车尾气净化催化剂 CuO、CrO₃ 的氧化活性[16,17]。反应原料气的体积分数（％）为 $C_3H_6/CO/O_2/$水蒸气＝0.025/1.0/1.25/10，其余为 N_2，升温速率为 20℃/min，催化剂用量为 15mg。DSC 曲线上的放热峰高与 CO 的转化率成正比。尾气中 CO 转化率为 50％时的反应温度越低，催化剂的氧化活性越高。

2. CuO 催化剂氧化活性评选（DTA-GC 联用技术）

1983 年，蔡根才[17]用 DTA-GC 在线联用技术，以 $CO+\dfrac{1}{2}O_2 \longrightarrow CO_2$（放热效应）为模式反应，对不同活性的 CuO 催化剂进行了氧化活性的评选。为建立评选方法，用 $Cu(NO_3)_2 \cdot 3H_2O$ 热解法（在 DTA 炉中进行）制得 $CuO_{(A)}$ 和用分析纯级 $CuO_{(B)}$ 作为评选氧化活性的两种催化剂。反应原料气的体积分数（％）为 $CO/O_2/N_2$＝2.7/5.3/92，流速 35ml/min，升温速率 20℃/min，催化剂 2mg 左右。GC 用串联色谱柱：401 有机载体/5A 分子筛，载气为 Ar 气。在上述条件下先测得 DTA 放热曲线，然后在程序升温过程中截取不同反应温度下的逸出气进行 GC 分析。测得的 DTA-GC 曲线分别见图 17-4 和图 17-5。为进行对比，可作出在相同测试条件下不同催化剂的 DTA 放热曲线和 CO 转化率曲线（见图 5-8 和图 5-9）。$CuO_{(A_3)}$ 和 $CuO_{(A_4)}$ 分别为 $CuO_{(A)}$ 依次经过 3 次和 4 次氧化反应的催

化剂。CO 转化率曲线是依据 GC 谱图上反应前后各反应温度下的 CO 峰面积的变化值计算而作出的。

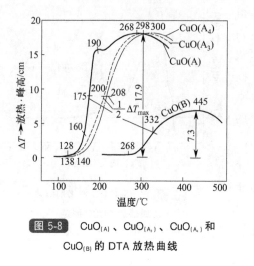

图 5-8 CuO$_{(A)}$、CuO$_{(A_3)}$、CuO$_{(A_4)}$ 和
CuO$_{(B)}$ 的 DTA 放热曲线

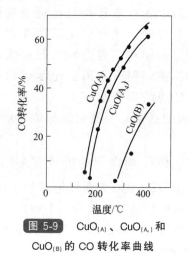

图 5-9 CuO$_{(A)}$、CuO$_{(A_4)}$ 和
CuO$_{(B)}$ 的 CO 转化率曲线

DTA 放热曲线起始氧化温度、峰温越低和 GC 谱图上各反应温度下的 CO 转化率（％）越高，则催化剂的活性越高。

上述各类 CuO 催化剂的氧化顺序为

$$CuO_{(A)} > CuO_{(A_3)} > CuO_{(A_4)} \gg CuO_{(B)}$$

硝酸铜热分解产物的 CuO 是细微粒子凝聚体，表面积大的氧化活性高。

依照上述方法曾对钙钛矿型（ABO$_3$）稀土催化剂氧化活性进行评选，其活性顺序为

$$La_{0.7}Sr_{0.3}CoO_3 > LaCoO_3 \gg LaMnO_3$$

此试验得到了小型评价装置（固定床恒温反应器，催化剂用量 1～2ml，一次测试需 10h 左右）的验证。类似地 3 种不同组元的甲烷化催化剂的相对活性和选择性顺序为

$$4.0Ni\text{-}2.3La_2O_3\text{-}0.5Pd/Al_2O_3（Ⅲ）> 4.0Ni\text{-}2.3La_2O_3/Al_2O_3（Ⅱ）> 4Ni/Al_2O_3（Ⅰ）$$

此项结果同样需小型评价装置的验证[18]。

四、催化剂制备方法的选择

催化剂的催化性能不仅取决于它的化学组成和结构，并与其制备方法、焙烧条件等有关。

（一）制氢催化剂制备方法和焙烧条件的评定（TG 法）[19]

制氢催化剂活性组分 NiO 与载体 Al$_2$O$_3$ 生成 NiAl$_2$O$_4$ 尖晶石（AB$_2$O$_3$）结构，有利于催化剂活性的稳定性。可从 TG 还原曲线确定催化剂中 NiAl$_2$O$_4$ 的含量（见图 5-10）。图 5-10 中浸渍法制备的 1 号催化剂的还原曲线上只有与 NiO 还原（400℃左右）相对应的失重；干混法催化剂（2 号和 3 号）的还原曲线上有 2 个失重阶梯，相对应于生成 NiO 和 NiAl$_2$O$_4$（800℃左右）。2 号、3 号催化剂的活性组分大部分与载体生成了铝酸镍，具有较高的催化活性。

2 号催化剂在不同焙烧温度下的 TG 还原曲线（见图 5-11）表明：在 900℃焙烧只生成少量的铝酸镍，在 1000℃已有 90％以上的 NiO 变成 NiAl$_2$O$_4$。而且铝酸镍的起始还原温度和生成量皆随焙烧温度的升高而增高。焙烧温度以 1000℃为宜。

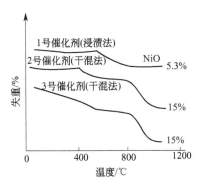

图 5-10 不同制备方法所得的催化剂的 TG 还原曲线[20]

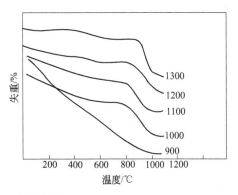

图 5-11 不同温度下焙烧的 2 号催化剂的 TG 还原曲线

(二)制丙烯醛催化剂焙烧条件的快速评选（DTA-GC 联用技术）

丙烯催化氧化制丙烯醛的反应相当复杂，如焙烧条件处理不当，除生成丙烯醛外，还可生成乙醛、丙酮、丙酸等副产物，甚至有深度氧化产物 CO、CO_2 和 H_2O 等。上述各项反应 ΔH 值相差甚大，不能如同简单的催化氧化反应那样，依据 DTA 放热峰来量度催化剂的相对活性。

以丙烯氧化制丙烯醛的多组分催化剂 CO-Fe-Bi-Mo-A-B-C-O 的焙烧条件的 DTA-GC 在线联用测量为例[20]：升温至 400℃ 恒温，用反应原料气的体积分数（%）为丙烯/O_2/N_2＝2/4/94 切换空气；催化剂用量 20mg；色谱柱为 Porapak-QS，H_2 为载气。经标定，（O_2、N_2）、丙烯、丙酮和丙烯醛的保留时间分别为：0.65min、1.5min、3.7min、4min。色谱微处理机计算峰面积，以丙烯醛峰面积与（O_2、N_2）峰面积之比量度催化剂选择性。

在不同焙烧温度和时间下对 W 催化剂测得的 DTA 峰值和 GC 丙烯醛峰面积比的关系和在实验室评价装置上测得的转化率和选择性数据，见表 5-3 中的（a）和（b）。

表 5-3 焙烧温度、时间对 W 催化剂 DTA 峰值、选择性、转化率的影响

催化剂		(a) DTA/T/GC 在线联用技术		(b) 实验室评价装置			
				320℃		360℃	
		DTA 峰值 h/cm	GC 丙烯醛峰面积比×10^{-3}	转化率/%	选择性/%	转化率/%	选择性/%
焙烧温度[①]/℃	T	7.5	0.82	58.2	45.1	77.5	58.7
	$T+50$	5.2	1.55	86.3	73.2	96.1	74.2
	$T+100$	2.5	0.49	36.4	31.5	46.9	36.9
焙烧时间[②]/h	t	6.1	0.97	84.4	69.0	92.1	72.4
	$t+1$	5.2	1.55	86.3	73.2	96.1	74.2
	$t+2$	5.3	1.18	81.1	70.6	91.0	74.2

① 焙烧温度为 $T+50$(℃)。

② 焙烧时间为 $t+1$(h)。

表 5-3 中（a）数据表明：DTA 峰值与选择性并没有线性关系，只有当焙烧温度在 $T+$ 50（℃）时，虽 DTA 峰值有较明显的下降，但 GC 丙烯醛峰面积比有明显的增大。焙烧时间对 DTA 峰值和 GC 丙烯醛峰面积比的影响关系，类似于焙烧温度，也是在($t+1$)h 时，

DTA 峰值适中，而选择性最佳。

比较表 5-1 中（a）和（b）数据表明：从对 W 催化剂在不同焙烧温度和时间下测得的选择性变化规律来看，DTA-GC 联用法和小型评价装置测得的实验结果完全吻合。

五、固体催化剂表面酸性的测定

在石油工业中，烃类的许多重要催化反应，如裂解、烃化、异构化、聚合等，都与催化剂表面的酸性有密切关系。

（一）氨吸附 DTA 法

吸附是放热过程。假设过程是绝热的，试样和参比池的吸附温升分别为 ΔT_s 和 ΔT_r，则：

$$\Delta T_s = \frac{M_{sc}\Delta H_c}{m_s C_s} + \frac{M_{sp}\Delta H_p}{m_s C_s} \tag{5-8}$$

$$\Delta T_r = \frac{M_{rp}\Delta H_p}{m_r C_r} \tag{5-9}$$

$$\Delta T = \Delta T_s - \Delta T_r = \frac{M_{sc}\Delta H_c}{m_s C_s} + \left(\frac{M_{sp}\Delta H_p}{m_s C_s} - \frac{M_{rp}\Delta H_p}{m_r C_r}\right) \tag{5-10}$$

式中　M_{sc}，M_{sp}——试样化学吸附和物理吸附气体量；

　　　　M_{rp}——参比物物理吸附气体量（参比物无化学吸附）；

　　　m_s，m_r——试样和参比物的质量；

　ΔH_p，ΔH_c——单位质量吸附气体的物理吸附热和化学吸附热；

　　　C_s，C_r——试样和参比物的热容量。

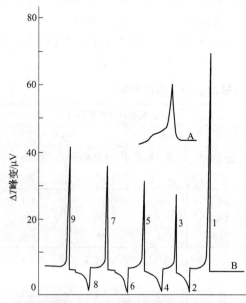

提高吸附温度，则物理吸附量大大降低，再加上参比物物理吸附的抵消，又因物理吸附热远比化学吸附热小，式(5-10)可近似为

$$\Delta T = \frac{M_{sc}\Delta H_c}{m_s C_s} \tag{5-11}$$

可见总温差 ΔT 与单位质量试样的化学吸附热成正比，因此可将总温差 Δ 所产生的电动势作为试样酸度的量度。

（二）总酸度的测定

采用填充式的差热池体结构。装样后在指定温度下先用氮气净化。根据不同试样选用不同的净化温度 [强酸性裂化催化剂的净化温度为 550℃（A），其他石油加工催化剂或载体的净化温度为 500℃（B）]。然后转动六通阀通入氨气。DTA 曲线呈现尖锐的化学吸附峰。该峰高（μV）与试样的总酸度有关。图 5-12 为兰偏 Y 的 NH_3-DTA 曲线。图中峰 1 高（1.623μV）即表示试样的总酸度。

图 5-12　兰偏 Y 脱附-吸附氨的 DTA 曲线

试样：兰偏 Y-80T，90～180μV；
净化条件 550℃/0.5h
气流速率 25ml/min；吸附、脱附温度 350℃

（三）相对酸强度分布的测定

如果要对样品酸强度分布作相对比较，在上述测得总酸度的差热峰后，接着进行不同脱附时间的脱附-吸附过程的反复操作。图 5-12 中的 2、4、6 和 8 峰分别为脱附 2min、5min、10min 和 30min 时的脱附峰；而峰 3（590μV）、峰 5（690μV）、峰 7（783μV）和峰 9（935μV）分别为各相应脱附时间脱附后的吸附峰。它们分别代表了各脱附条件下"弱酸"酸度，而与峰 1 的差值 1033μV、933μV、840μV 和 688μV 则为各脱附条件下的"强酸"酸度。

六、催化剂中毒效应及其再生性考察

催化剂中毒是由于微量毒物在催化剂活性表面上的化学吸附或化学反应，破坏了其表面活性所致。

当一定浓度的 SO_2 气体，通过气相色谱仪上的汽化器被脉冲进入反应原料气（CO/H_2/N_2）中后，即刻在恒温反应下的 DTA 放热曲线上出现一个由化学吸附引起的小放热峰。显然，突起的小放热峰系脉冲进入反应原料气中的 SO_2 为催化剂表层活性中心的化学吸附所贡献。图 17-13 和图 17-14 分别为测得的甲烷化催化剂（Ⅲ）和（Ⅰ）的多次 SO_2 脉冲中毒全过程的 DTA-GC 曲线。在 DTA 放热曲线上显示的化学吸附峰的大小，主要取决于催化剂表层活性中心结构和活性数，并随着脉冲的量和次数而不断地变小，与此同时使 DTA 放热曲线的峰高也同步地下降而使 $\Delta T \geqslant 0$。在催化剂中毒的过程中，从多次地截取反应逸出气进行 GC 追踪分析的谱图上，测得的 CH_4 峰高不断下降，而 CO 峰高则不断上升，最终导致甲烷化催化剂严重中毒而丧失活性。

对比图 17-13 和图 17-14 的甲烷化催化剂（Ⅲ）和（Ⅰ）的 DTA-GC 曲线，可以确定：含贵金属 Pd 的 Ni 催化剂（Ⅲ）经 SO_2 脉冲 13 次，总滴定量 34ml（SO_2 体积分数为 0.96%），在 60min 内使其活性基本丧失；而不含 Pd 的 Ni 催化剂（Ⅰ）仅经 SO_2 脉冲中毒 8 次，总滴定量 16ml（SO_2 体积分数为 0.86%），在 30min 内活性就基本丧失。催化剂（Ⅲ）的抗硫能力比催化剂（Ⅰ）高一倍以上。

用类似的方法，可以研究 H_2S 脉冲中毒以及催化剂再生等。

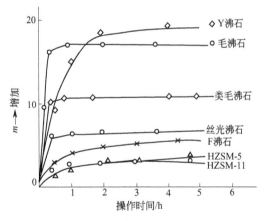

图 5-13 甲醇在 375℃ 恒温积炭与反应时间的关系

七、催化剂的积炭与烧炭

催化剂失活常因有机物在催化剂表面形成树脂状物质或焦炭状薄膜覆盖了催化剂活性中心所致。可在空气或氧气中烧炭再生，但需严格控制温度，防止烧结。

图 5-13 为 3 种沸石催化剂的积炭过程[19]。积炭初速率按以下顺序递减：
毛沸石＞类毛沸石＞Y 沸石＞丝光沸石＞F 沸石＞HZSM-5，HZSM-11
（小孔）　（小孔）　（大孔）　（大孔）　（中孔）　（中孔）　（中孔）

总积炭量为
HZSM-5，HZSM-11＜F 沸石＜丝光沸石＜类毛沸石≪毛沸石，Y 沸石
（中孔）　（中孔）　（中孔）　（大孔）　（小孔）　（小孔）　（大孔）

中孔沸石的形择作用限制了大分子烃类，尤其是稠环烃在孔道内的生成。上述积炭沸石的烧炭速率与积炭顺序相同，即积炭速率最大者烧炭速率也最快。中孔沸石烧炭速率小，与

其积炭石墨化程度有关。

DTA 也可与气相色谱联用，测定烧炭过程中逸出气的组成。图 17-16 为 ZSM-5A 分子筛积炭催化剂在烧炭过程中的 DTA-GC 曲线。图 17-18 中 310℃处的放热峰为含氢较高的少量油质氧化放热；520℃的大放热峰为含氢少的大量焦炭质着火燃烧；580℃的偏平峰为含氢更少的石墨化炭青质着火燃烧。CO_2 峰高的变化完全与 DTA 放热曲线的峰形特征变化相吻合。

此外，DTA-GC 烧炭曲线上还可提供有关反应机理方面的信息：出现在 DTA 放热峰后缘上的叠加出来的扁平峰，可能与 ZSM-5A 分子筛催化剂在芳构化反应过程中存在着不同的两步化学反应的积炭过程有关。

第四节　木材热分析

木材是地球上有机化合物的主要来源，对人类生活具有重要作用。热分析广泛用于研究木材及其成分的化学反应[21,22]。

一、纤维素热分解的 TG-DTA-FTIR 联用测量

纤维素是木材中最重要的一种聚合物成分。图 5-14 表示采用 TG-DTA-FTIR 联用技术对一种天然纤维素粉热分解的测定结果。为避免吸附水的影响，试样在 105℃干燥 2h。试样量 10.25mg，升温速率 20℃/min，氮气流速 200ml/min。进行 TG-FTIR 的同时测量，连接 TG 仪与 IR 光谱仪接口单元的温度控制是十分重要的，连接管应保持在某一合适的温度，以避免气体在管壁上的凝集，该实验温度是控制在（270±0.5）℃。FTIR 数据是以每 2s 的间隔测得的，IR 波数的分辨率是 8cm^{-1}。

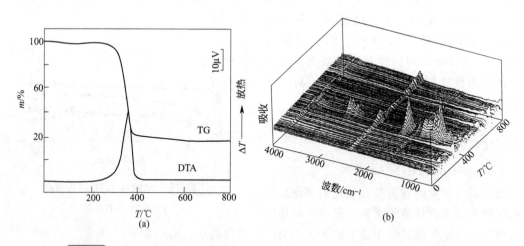

图 5-14　纤维素粉的 TG-DTA 曲线（a）和温度、波数与 IR 吸收的三维图（b）

如图 5-14(a) 所示，纤维素的热分解是在 330℃开始，在 500℃的剩余质量是 15%。图 5-14(b) 表示纤维素在各自温度下逸出气的一组 FTIR 光谱，对这些试样观测到的有代表性的吸收峰及波数（归属）如下：1126cm^{-1}（nC—O—），1260cm^{-1}［—C（=O）—O—C—］，1517cm^{-1} 和 1617cm^{-1}（nC=C），1718cm^{-1}（nC=O），2345cm^{-1}（nCO$_2$），2980cm^{-1}（nC—H）和 3700cm^{-1}（nH$_2$O）。

如图 5-14(b) 所示，CO_2 的逸出首先是在纤维素热裂解的起始阶段观察到的，温度范

围大约是从 200℃ 到 350℃；其他类的气体是在更高的温度（大约在 350℃ 到 600℃温区）逸出的。因此我们认为 CO_2 是分两步逸出的；而在相应于波数 $1260cm^{-1}$ ［—C(=O)—O—C—］,$1517cm^{-1}$ 和 $1617cm^{-1}$（$nC=C$），$1718cm^{-1}$（$nC=O$），$2345cm^{-1}$（nCO_2），$2980cm^{-1}$（$nC—H$）和 $3700cm^{-1}$（nH_2O）处所观察到的另一些逸出气，是在大约 400℃ 几乎以单一的过程进行的。

纤维素模型化合物（诸如葡萄糖、蔗糖等）的 TG-DTA-FTIR 曲线可查阅文献［23］。

对于木质素以及木材本身均可进行类似的测定。

二、纤维素酸水解的测量法

用 DSC 可研究纤维素酸催化水解反应[24,25]。

为消除升温过程中水的蒸发对 DSC 曲线的影响，必须使用耐酸耐压的不锈钢皿或镀金的样品皿。实验可按如下方法进行。

① 配制一定浓度的酸溶液。图例为 30% 的硫酸溶液。

② 在耐酸耐压样品皿中放入约 2mg 纤维素试样和所需比例的酸溶液。图 5-15 中试样与酸溶液的质量比为 1:(4~5)。

③ 用密封器仔细地将耐压样品皿密闭后放入 DSC 装置内，适当调节 DSC 的灵敏度，以使峰形最佳，如 5mJ/s。以预定的升温速度加热，图 5-15 为 1.25K/min，并记录 DSC 曲线。

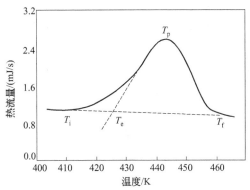

图 5-15 纤维素酸水解的 DSC 曲线

T_i—反应起始温度，408.2K；
T_e—外推起始温度，426.6K；
T_p—反应峰顶温度，443.3K；
T_f—反应终止温度，463.7K；
ΔH—反应热熔，-842.7J/g

④ 观察显示的 DSC 曲线的形状，纤维素酸水解的典型 DSC 曲线为一放热峰，见图 5-15，若曲线突然偏向吸热侧，则表明样品皿未密闭好，结果将因样品皿耐压程度不足导致物料泄漏，实验失败。

⑤ 数据分析。

三、松香氧化稳定性的测量

松香是一种复杂的混合物，其主要成分是松香酸的同分异构体，它长期暴露在空气中，易氧化变色，从而降低其使用价值。用高压 DSC（HPDSC）可测定松香和松香产品的氧化稳定性，实验方法如下：

① 称取 5~7mg 松香试样（应注意一定要从一块松香的内部取样，因暴露在空气中的表面往往已被氧化）；

② 将试样装入 HPDSC 装置后，向装置充氧气，至氧气压力达到预定值（图 5-16 中的氧压为 3.45MPa）；

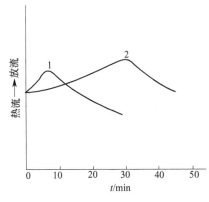

图 5-16 松香的 HPDSC 曲线

氧气压力 3.45MPa；恒温温度 100℃
1—粉状浅色木松香；2—脂松香

③ 以较慢的升温速率加热至所选择的温度，图 5-16 为 100℃，在此温度下恒温一定时间，使试样氧化，记录氧化过程的 DSC 曲线；

④ 测定氧化放热所需时间。

由此对粉状浅色木松香和脂松香在 100℃ 测得的放热时间分别是 6min 和 30min[26]。

四、阻燃木材燃烧特性的测量

测定阻燃木材的燃烧特性，最好使用 TG-DSC 联用热分析仪，在不同气氛条件下进行，实验方法如下。

① 制备试样。木材的化学组成极为复杂，主要成分有纤维素、半纤维素、木素和各种提取物等，各组分的含量又随树种和部位各不相同。对于添加阻燃剂制成的阻燃木材，需特别注意试样的均一性。应选取有代表性的不同部位的一定量的试样，用粉碎机粉碎至 100 目以下，混合均匀后使用。

② 称取约 2mg 试样，放入 TG-DSC 联用装置中，选取合适的试验条件，图 5-17 为升温速率 10℃/min，TG 量程 10mg，DSC 量程 40mJ/s，在静态空气中记录 TG 和 DSC 曲线。同一组实验需在同一条件下进行，以便比较。

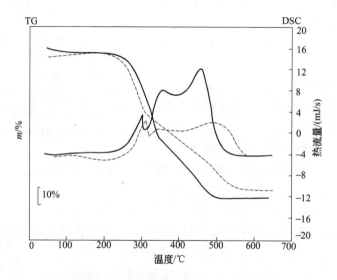

图 5-17 阻燃木材在空气中的 TG-DSC 曲线

——纤维板；-----含有阻燃剂的纤维板

③ 改变气氛条件，如在空气中、氧气流下进行。

④ 数据分析。利用 TG 曲线，确定和比较不同温度下的失重分数，加阻燃剂后失重一开始变快，但后来明显减慢。第二阶段失重少的木材阻燃性能好。同时观察相应的 DSC 曲线，放热熵小，分解终止温度高的木材，阻燃性能好，如含有和不含阻燃剂纤维板的放热熵 ΔH 和分解终止温度 T_f 分别是 5.49kJ/g，587.5℃ 和 7.66kJ/g，556.0℃。

第五节　含能材料、煤的热分析

一、含能材料瞬变反应的跟踪

将含能材料加热到某一温度，在极短的时间内质量骤变，释放大量的热，采用热分析可细腻地描绘发生在几秒内的这类瞬变反应。

实验方法：含能材料（炸药）5mg 装在热天平的铂吊篮里，升温速率 2℃/min，空气流速 50ml/min。当升温到 192℃ 时，发生爆炸性的瞬变反应，其 TG 曲线如图 5-18 所示。对发生在 AB 间的瞬变反应可进行数据处理和图形变换（见图 5-19）。当试验进行到 50.77～50.90min 时，试样质量由 76.74% 骤减到 13.74%（曲线 1）。质量变化速率是 13.293%/s ⟶ 21.155%/s ⟶ 0.223%/s（曲线 2）。由于含能材料（炸药）瞬变反应的放热，使置于试样吊篮附近的热偶温度由 193.5℃ 猛升到 210℃（曲线 3）。

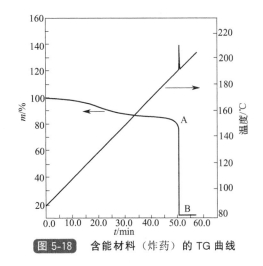

图 5-18　含能材料（炸药）的 TG 曲线

二、自身反应性物质的 DSC 测量

在化学物质中，似乎无需借助空气中的氧而发生燃烧、爆炸的物质称作自身反应性物质。这类物质危及人身安全，对其危险性的评价至关重要。使用 DSC 进行这类物质的评价，既安全又简便，引起人们的密切关注。

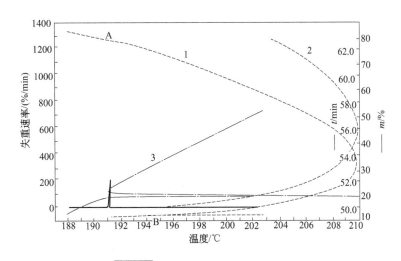

图 5-19　AB 间瞬间反应的 TG 曲线

自身反应性物质反应时几乎都产生大量气体，如不采用耐高压容器则不可能正确地测量发热量。可使用铝、银和不锈钢制的 3 种密封试样容器，铝制的密封耐压 294.2×10^4 Pa（30kg/cm²），银、不锈钢制的为 490.3×10^4 Pa（50kg/cm²）。这里列举的数据是采用特制的不锈钢耐压试样容器。

使用的试样是过氧化苯甲酰（BPO）、2,4-二硝基甲苯（2,4-DNT）、季戊四醇四硝酸酯（PETN），它们的 DSC 曲线见图 5-20[27]。

有人曾建议如下的评价方法：经稀释成 70% 2,4-DNT，80% BPO 各自的发热量 $Q_{\rfloor}$ 的对数和放热起始温度（T_g，℃）减去 25℃ 的差数作图，把通过这两点的直线称作 PE 函数线（见图 5-21），把实验点落在 PE 函数线以上（包括线上的点）的试样评价为危险物质。依据评价 PETN 属危险物质。

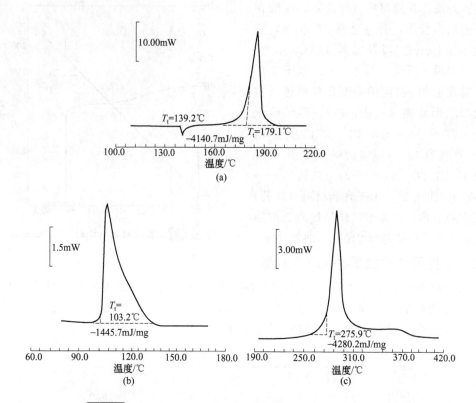

图 5-20 PETN（a）、BPO（b）和 2,4-DNT（c）的 DSC 曲线

升温速率 2℃/min；气氛：空气；试样容器为不锈钢密封容器（15μl）

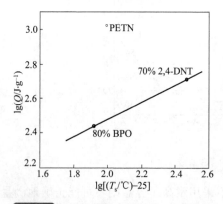

图 5-21 评价物质危险性的 PE 函数线

三、煤和焦炭的工业分析

煤和焦炭的工业分析对其质量控制来说是很重要的。该项分析包括煤和焦炭中水分、可挥发物、固定碳和灰分的测定，以此确定煤的品位，可燃与不可燃的组分比。采用热重法通过变换气氛可一次测得这些数据，仅需时 15～20min[28]。

热重（TG）试验的试样量为 40～45mg；气氛：N_2，O_2；流速 60ml/min。

实验前将系统用氮气吹洗数分钟，并维持通氮。

① 快速升温至 200℃，恒温并计时，这时测得的起始失重为水分。

② 升温 900℃并恒温，其他设定的条件不变，这第②步失重为可挥发分。

③ 当第②步实验完成后将氮气转换为氧气，仪器设定条件仍不变。这第③步失重为试样中的固定碳。

在 900℃氧气中稳定的残留物则是试样中的灰分，如图 5-22 所示。TG 结果与 ASTM 法完全一致。

借助微商热重曲线（DTG 曲线）返回基线作为某一过程完成的判断，实验可进入下一步。

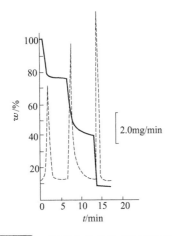

图 5-22　煤工业分析的 TG-DTG 曲线

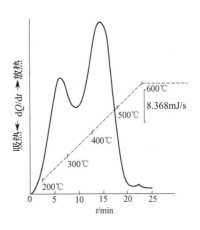

图 5-23　煤燃烧的 PDSC 曲线

四、煤的含热量的测定

煤的含热量（燃烧热）是一项重要的质量控制参数。利用 DSC 可以直接测定煤的含热量，提高反应性气氛的压力。即采用加压 DSC（PDSC），仅需 20min，便可完成此种测定。

PDSC 测定可按如下步骤进行[29]：

将 1.0～1.5mg 试样放入在盖上带有小孔的铝制坩埚中，准确称出试样量。在室温向 PDSC 样品池通入反应性气氛（O_2），压力为 344.7kPa（50psi），流量 50ml/min，通气 30s。然后将氧压提高到 3447kPa（500psi），将温度程序设定在 150～600℃，以 20℃/min 升温，测得如图 5-23 所示的 PDSC 曲线。

采用求积仪或剪纸称量等方法测量燃烧放热峰面积，计算燃烧热。

PDSC 数据与 ASTM 绝热量热计数据的平均相对误差在 1%～3% 以内。

第六节　矿物定量与类质同象的热重测量

一、矿物定量的热重测量法

物质受热后因脱水、分解、氧化、升华等会引起质量的变化。根据物质中固有组分的脱出量可测定出试样中某物质的含量。由物质的含量可判断物质的品质和纯度[30]。

热重法的物质定量计算式如下：

$$w = \frac{r_a}{w_a} \tag{5-12}$$

式中　w——某物质在试样中的含量；

r_a——该物质的固有组分在试样中的脱出量；

w_a——该物质中固有组分的含量。

碳酸盐试样经差热天平测定其结果如图 5-24。从差热曲线可见 815℃有一小的吸热效应，相应失重量为 5.75%；955℃有一大的吸热效应，相应失重量为 39.25%。从热分析结果可以确定该试样由方解石和白云石组成。

方解石（$CaCO_3$）790℃开始分解，产生 790～960℃的吸热效应，分解放出 43.97%的 CO_2。白云石（$CaMg[CO_3]_2$）受热分解分两次进行，750℃时开始分解为 $MgCO_3$ 和 $CaCO_3$，

同时 $MgCO_3$ 分解，形成第一个吸热效应（750~805℃），放出 CO_2 23.87％。860℃ 时 $CaCO_3$ 开始分解，形成第二个吸热效应（860~940℃），放出 CO_2 仍为 23.87％。若白云石与方解石在同一试样中，后一热效应与方解石的热效应会重合在一起。

按式(5-12)试样中白云石的含量 $w = \dfrac{5.75}{23.87} \times 100\% = 24.10\%$，方解石的含量 $w = \dfrac{39.25-5.75}{43.97} \times 100\% = 76.19\%$。

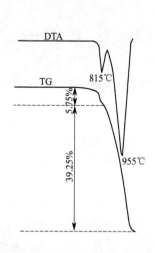

图 5-24 碳酸盐物质的热分析曲线

试样量 200mg；升温速率 20℃/min；

热电偶 PtRh-Pt；陶瓷坩埚

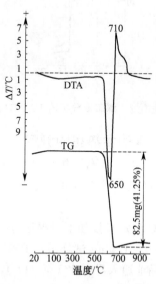

图 5-25 山西地区镁菱铁矿热分析结果

试样量 200mg；升温速度 20℃/min；

纸速 120mm/h；差热量程 250μV；

称量量程 250mg；热电偶 PtRh-Pt

二、物质类质同象成分含量的测定

物质由于其类质同象成分的变化，其中各组分的百分含量亦随之变化。可根据物质中某一组分的失重量来判断类质同象的成分。如碳酸盐物质由于其类质同象成分的变化，其中 CO_2 的含量随之变化。因此可根据 CO_2 的含量来确定有无类质同象成分存在及各类质同象成分的含量[31]。

一碳酸盐试样经差热天平测定结果如图 5-25。从差热曲线可见 650℃ 为大的吸热效应，失重率为 41.25％，710℃ 为一大的放热效应，并有增重出现。从分析结果看与菱铁矿（$FeCO_3$）特征相似，但吸热峰温较纯菱铁矿（约 600℃）为高，其失重率较纯菱铁矿（37.99％）为多。故可判断该试样为镁菱铁矿（$[Fe,Mg]CO_3$）。其中 Fe、Mg 的原子比可按下式进行。

$$[Mg_xFe_{1-x}]CO_3, \quad x = 3.673039 - \frac{1.395251}{M_{CO_2}} \tag{5-13}$$

式中　x——Mg 的原子数；

　　M_{CO_2}——试样逸出的 CO_2 量，％。

将试样的失重率按上式计算，$x = 3.673039 - \dfrac{1.395251}{0.4125} = 0.2906$，则试样的化学式为 $(Mg_{0.291}Fe_{0.709})CO_3$。

第七节　与反应有关的其他测量

一、导热油热分解的测量

依试样的性质、状态等需选用不同材质和形式的 DSC 样品皿，如固体样品皿、液体样品皿、耐压力样品皿、钻孔的样品皿、铂样品皿、石墨样品皿、氧化铝样品皿等。其中铝合金加盖卷边式样品皿是最常用的。

当试样在分解前或分解过程中出现蒸发或升华时，往往测不准乃至测不出分解热，需采用密闭式 DSC 皿。例如导热油的热重实验表明：在 250℃ 就挥发殆尽，而其热分解却在 350℃ 左右。可采用耐压的密封式的 DSC 皿，其结构如图 5-26 所示。该池材料是易切不锈钢（OCr18Ni9S），用仪表精密车床制作。

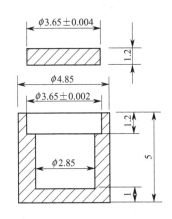

图 5-26　易切不锈钢密封池示意图
（图中单位为 mm）

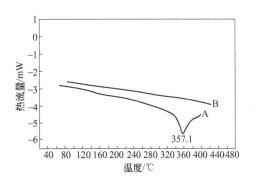

图 5-27　导热油的 DSC 曲线[32]

实验方法：在氮气封下封装试样，用微量针筒吸取导热油 $2\mu l$，滴入样品皿底部，放上盖子，用高纯氮吹扫，然后用专门压片机将盖子压进后移入 DSC 池进行 DSC 实验。升温速率 10℃/min，高纯氮气流 50ml/min。实验完毕，再次称量，试样残重与初始质量差 0.1mg，证明样品池密封性能良好，实验过程中无样品外泄。

两种导热油的 DSC 曲线如图 5-27 所示，导热油 A 在 320～380℃ 有一分解吸热峰。导热油 B 升温到 380℃ 尚未见吸热峰出现，表明它对热较稳定。

注意事项：

① 实验完毕，需再次称量，避免误将泄漏引起的吸热峰判为分解吸热峰；

② 密封池压封前要用高纯氮吹扫，以免导热油在实验过程中发生氧化。

二、油脂氧化反应的测量

油脂和含油脂的食品等在长期贮藏过程中易变色变味。这是由于油脂吸收空气中的氧发生氧化反应之故。可依照发生氧化反应起始时间的长短评价油脂类的稳定性，由热重法测定氧化增重。需在几个温度测定开始发生氧化增重的时间，恒温倒数与氧化起始时间对数遵从 Arrhenius 方程，可由其直线关系外推到在一般保存状态（室温）起始氧化所需的时间，由直线斜率求得活化能。

实验是先在氮气氛下升至不同的恒定温度，保温，将气氛切换成氧气，开始计时，保持恒定的温度越高，从切换成氧气算起的起始增重的时间越短。对于大豆油的一组实测数据示于表 5-4。由此求得大豆氧化的活化能 $\Delta E = 88.7 \text{kJ/mol}$。

表 5-4　大豆油的氧化温度与起始氧化增重的时间[33]

$T/℃$	$T^{-1}/10^{-3}\text{K}^{-1}$	t/min	$\ln t$	$T/℃$	$T^{-1}/10^{-3}\text{K}^{-1}$	t/min	$\ln t$
160	2.309	3.9	1.361	140	2.421	13.0	2.565
150	2.364	7.2	1.974	131	2.475	23.8	3.170

三、橡胶中炭黑含量的测定[34]

1. 连续升温法

炭黑作为补强剂可以提高橡胶制品的拉伸强度、撕裂强度、耐摩耗等项性能。

加到制品中去的炭黑的量、粒子、形状等均会影响制品的物理性质。如采用热天平，只需数毫克试样，20min 便可测定炭黑含量。

在氮气氛中加热橡胶，到 600℃ 左右除炭黑以外的有机物均已分解。有机物分解后通入氧气，炭黑燃烧掉，从 TG 失重便可确定炭黑含量（见图 5-28）。

利用同样的方法，也可测定其他高分子材料中的炭黑含量。这种方法平行实验的误差通常约为 2%。

2. 二次升温法

本法是橡胶中炭黑含量连续升温法的改进。连续升温法有橡胶检出量偏低、而炭黑量偏高的弊病。二次升温可将第 1 步失重仍残留的聚合物成分的氧化失重与炭黑的氧化失重分开，并予定量。

二次升温法如图 5-29 所示。步骤是：把试样在氮气中从室温以 50℃/min 的速率升温到 550℃，再以 30℃/min 的速率冷却到 350℃。这时将气氛从氮气切换成空气，然后以 2.5℃/min 的速率升温到 700℃。补加二次升温测得的聚合物残量（见图 5-29）。该法需时约 2.5h。

根据二次升温法，如从 TG 曲线难于决定炭黑起始失重点，则可从 DTG 曲线的最低点确定这一点。这种方法与添加量的平均偏差约为 3%。

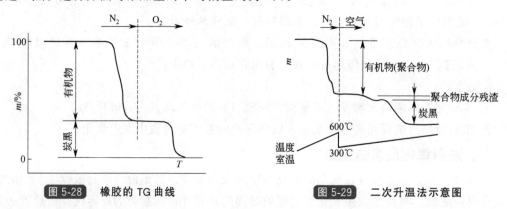

图 5-28　橡胶的 TG 曲线　　　　**图 5-29**　二次升温法示意图

四、石膏变为熟石膏程度的 DSC 测量[35]

熟石膏（硫酸钙半水合物）是由石膏（硫酸钙二水合物）部分失水制得。

$$CaSO_4 \cdot 2H_2O \longrightarrow CaSO_4 \cdot \frac{1}{2}H_2O + \frac{3}{2}H_2O \tag{5-14}$$

在类似条件下，该反应可进一步进行，生成无水硫酸钙，因此欲完全转为半水合物，则必须严格控制煅烧温度。

石膏向熟石膏的定量转化，对于生产来说是很重要的。由于熟石膏有易于吸湿复而转为石膏的倾向，需监测在贮藏过程中熟石膏中石膏含量的变化。采用差示扫描热法（DSC）可以完成此种测定。生石膏的纯度也可用这种方法快速而准确地测定。

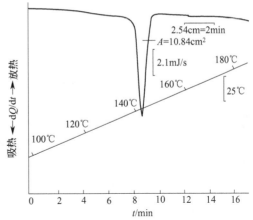

图 5-30　**石膏→熟石膏吸热反应的 DSC 曲线**
试样量 3.44mg；氮气氛

该法是测定石膏→熟石膏的反应热。利用纯硫酸钙二水合物为标准物质进行标定，可定量计算材料中的石膏含量。

准确称取 2～5mg 试样，置于金制的 DSC 容器中，加盖压封。以同样的空容器为参比端。在 70～220℃ 范围内以 5℃/min 的速率升温，测得 138℃ 开始的吸热反应（见图 5-30）。

用求积仪或剪纸称重测量 DSC 曲线吸热反应峰面积，计算反应热。

$$石膏的质量分数 = \frac{试样的 \Delta H}{100\% 纯石膏的 \Delta H} \times 100\%$$

纯石膏的 ΔH 可由标准物质测得，是 122.2J/g。石膏的质量分数也可由事先测绘的已知组成的混合物的工作曲线来查找。

由于水与铝之间的反应干扰此测量，因此不能采用铝制试样容器。

五、金属与气体反应的测量

金属材料的使用环境十分复杂，特别是掌握在高温下与各种气体的反应，对了解金属的耐久性、热稳定性尤为重要。

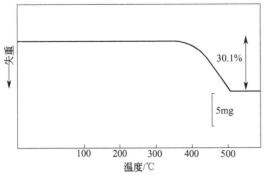

图 5-31　**氧化铁还原反应的 TG 曲线**[36]

金属和气体的反应系气相-固相反应，可用热重法测定反应过程的质量变化与温度的关系，并可作反应量的动力学分析。这类实验甚至可在 SO_2、NH_3 之类的腐蚀性气氛中进行。图 5-31 是金属-气体反应的例子，是氧化铁在氢气中的还原反应。实验条件：氢气流速 30ml/min，升温速率 10℃/min，试样（Fe_2O_3）量 23.6mg。还原反应按式（5-15）进行。

$$Fe_2O_3 + 3H_2 \longrightarrow 2Fe + 3H_2O \tag{5-15}$$

失重量为 30.1%，表明氧化铁几乎全部被还原。

类似地，也可测出铁在空气中的氧化增重。

六、CaO 与 SO_2 反应的 TG 测量

为消除燃煤锅炉排放的 SO_2，把石灰石等钙基吸收剂喷入炉膛，烟气中的 SO_2 与吸收剂煅烧生成的微孔状 CaO 颗粒发生如下反应：

$$CaO(s) + SO_2(g) + \frac{1}{2}O_2(g) \longrightarrow CaSO_4(s)$$

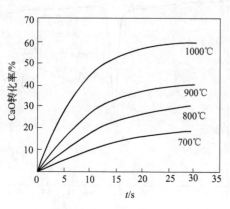

图 5-32　不同温度下 CaO
转化率随时间的变化

试样：石灰石 Forsby，1×10^2 Pa

可用热重法观测这一气-固相高温快速反应[37]。

仪器 Cahn 2000 型热天平，量程 $1 \sim 200$mg，感量 1μg。试样盘由铂网制成，试样量为 5mg。

首先在 800℃ 以下，常压或减压 N_2 气流中进行石灰石煅烧，然后加热或冷却到所需温度（700～1200℃）。为消除气相扩散和孔扩散阻力的影响，整个系统在减压下 $[(1 \sim 4) \times 10^2$ Pa] 操作。当设定的温度和压力稳定后，用按上述反应的化学计量比预混好的 SO_2 和 O_2 反应气切换 N_2 气，记录 TG 曲线。

图 5-32 表示反应温度对 CaO/SO_2 反应的影响，在 7s 以内的初始阶段，CaO 的转化率很高，随后迅速下降，按等温气-固相反应动力学方程的机理函数判断，初期为相界反应控制，后期为产物层扩散控制，表观活化能分别为 36.7kJ/mol 和 75.2kJ/mol。

参 考 文 献

[1]　三田遼. 见：三田编. 最新耐热高分子. 総合技術センター，1987：117.

[2]　Toop D J. IEEE Trans Elec Ins，1971，E 1-6：2.

[3]　Doyle C D. J Appl Polym Sci，1961，5，285；1962，6，639.

[4]　DiCerbo P M. Insulation/Circuits，1975，(2)：21.

[5]　Biaine R L. Du Pont Thermal Analysis Technical Literature，Number TA-40.

[6]　ASTM Method D 3895-80 Oxidation Induction Time.

[7]　島津スタンドアロン熱分析装置最新の応用データ集，3-12.

[8]　精工应用简报，1981. TA No. 8.

[9]　Gillham J K. Soc Plast Eng (Proc An Tech Conf)，1980，38：268.

[10]　Enns J B. Gillham J K，Small R. Am Chem Soc Div Polym Chem Preprints，1981，22 (2)：123.

[11]　Chan L C. Nae' H N，Gillham J K. J Appl Polytn Sci，1984，29：3307.

[12]　Peng X S，Gillham J K. J Appl Polym Sci，1985，30：4685.

[13]　池田　满，寺本芳彦. 精工应用简报，1987，TA No. 42.

[14]　池田　满，寺本芳彦. 精工应用简报，1987，TA No. 43.

[15]　Hassel R L. Du Pont Thermal Analysis Technical Literature，Number TA-31；TA Instruments. Thermal Analysis Technical Literature，Number TA-136.

[16]　蔡根才. 燃料化学学报，1985，(4)：357.

[17]　蔡根才. 华东化工学院学报，1983，(4)：579.

[18]　汪仁，薛其信，吴善良. 燃料化学学报，1983，11 (4)：1.

[19]　刘金香，高秀英. 石油化工，1980，(7)：402.

[20]　蔡根才，朱晓岭. 华东化工学院学报，1987，(4)：432.

[21]　Nguyen T，Zavarin E，Barrall E M. J Macromol Sci Rev，Macromol Chem，1981，C20：1.

[22]　Nguyen T，Zavarin E，Barrall E M. J Macromol Sci Rev，Macromol Chem，1981，C21：1.

[23]　Nakamura K，Nishimura Y，Zetterlund P，Hatakeyama T，Hatakeyama H. Thermochim Acta，1996，282/283：433.

［24］　Kunihisa K S，Ogawa H. J Therm Anal，1985，30：49.

［25］　Kunihisa K S，Ogawa H. Thermochim Acta，1988，123：255.

［26］　Minn J. Thermochim Acta，1985，91：87.

［27］　藤本幸司. 精工应用简报，1988，TA No. 48.

［28］　Hassel R L. Du Pont Thermal Analysis Technical Literature，Number TA-54；TA Instruments Thermal Analysis Technical Literalure，Number TA-129.

［29］　Hassel R L. Du Pont Thermal Analysis Technical Literature，Number TA-55.

［30］　黄克隆. 地球化学，1979，（4）：331.

［31］　黄克隆. 地球化学，1982，（3）：310.

［32］　张厚生，胡荣祖，梁燕军，吴善祥. 中国化学会第二届 STTT 学术报告会文集，1984，295.

［33］　太田　充. 岛津評論　別刷，1986，43（1）：59.

［34］　Shimadzu. Application News，CA 160—054，Thermal Analysis 34 岛津評論　別刷，1987，44(2)：65.

［35］　Gill P S. Du Pont Thermal Analysis Technical Literature，Number TA38.

［36］　太田充. 热分析在金属领域的应用，岛津应用报告，p. 10.

［37］　钟秦. 应用化学，1995，12（3）：36.

第六章　物质特性参数的热分析测定法

第一节　热力学参数的测定

一、比热容的 DSC 测定法[1]

通常是以一已知比热容的物质（一般用合成蓝宝石，即纯度在 99.9％以上的 α-Al_2O_3）为基准，按一定的恒温-升温-恒温程序测定蓝宝石、试样的 DSC 曲线，由其与空白基线的热流速率之差和所用质量而求得试样的比热容。

以抗冲聚苯乙烯为例，具体实验步骤如下：

首先，按如下 ①～⑧ 的步骤进行空白实验。

① 选择一对质量相近的铝制样品容器，允许相差±0.1mg。

② 将仪器设定在起始温度 T_i335K 和终止温度 T_e395K。

③ 在 T_i 恒温 1min，测得如图 6-1 所示的直线Ⅰ。

④ 以 5K/min 或 10K/min 的速率升温，测得图 6-1 曲线Ⅲ。

⑤ 在 T_f 恒温 1min，测得图 6-1 直线Ⅱ。

⑥ 调节仪器的斜率，使等温基线Ⅰ和Ⅱ处于同一条线上，即纵轴几乎相同的位置（如图 6-1 所示）。

⑦如果达不到⑥的要求，便再行调节仪器，直到满足⑥的要求为止。

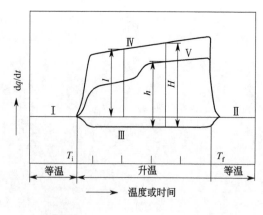

图 6-1　计算 C_p 的 DSC 曲线示意图

⑧ 一旦满足上述条件，便应予保持。

⑨ 称取 10～30mg 合成蓝宝石 Al_2O_3，精确至 0.01mg。

⑩ 按与上述空白实验相同的条件扫描（曲线Ⅳ）。

⑪ 称取试样（约 10 mg），精确至 0.01mg。

⑫ 为消除试样热历史的影响，以 20K/min 的速率将试样升温到 395K，并保持 10min，然后以 20K/min 的速率将试样冷却到 335K，保持 10min（此与玻璃化转变测量时所采用的步骤相同）。

⑬ 按与⑩相同的条件测定试样（曲线Ⅴ）。

⑭ 如果Ⅱ、Ⅳ和Ⅴ这 3 条曲线在 T_i 和 T_f 处不一致，则需调节仪器，并重新测定。

⑮ 利用式(6-1)计算 C_p。

$$C_{px} = (h/H)(m'_s/m_x)C'_{ps} \tag{6-1}$$

式中　C_{px}——试样的比热容；

C'_{ps}——标准物质的比热容（见附表1）；

m_x——试样的质量；

m'_s——标准物的质量；

h 和 H 示如图 6-1。

⑯ 计算时应去掉从 T_i 到 T_i+10 的 C_p 数据。

实验结果表明，C_p 值随试样量的增加而略有增高。

通过消除试样热历史的影响，并保证前、后等温基线的稳定一致，可降低测量误差，可使精度达±0.1%。

二、线胀系数的 TMA 测定法[2]

试样加热膨胀或收缩，与之接触的压杆产生向上或向下的移动，由 TMA 装置的形变检知器测定该形变量（见图 6-2），便可按式（6-2）计算线胀系数 β（℃$^{-1}$）：

$$\beta = \frac{\Delta L}{L_0} \times \frac{1}{T_2 - T_1} \qquad (6\text{-}2)$$

式中　ΔL——试样从温度 T_1 到温度 T_2（℃）的膨胀量，μm；

　　　　L_0——试样原长，μm。

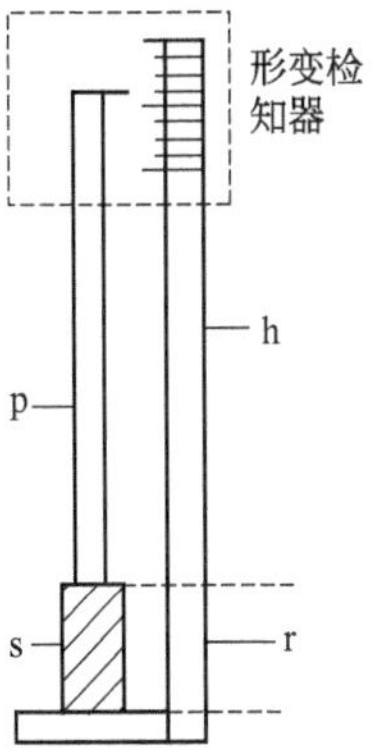

如采用如图 6-2 所示的差动式 TMA 进行测定，尚需考虑如下两项修正。

（1）参比修正　如图 6-2，压杆 p 与试样支持器的一部分 h 同时受热伸长相互抵消，但试样支持器下部与试样长相应的部分 r 的膨胀量应予补偿。

（2）空白修正　由于体系存在温度分布，p 和 h 这两部分会产生微小的热膨胀差，这也需通过空白试验进行修正。

于是，形变量 ΔL 应为

$$\Delta L = \Delta l_s - \Delta l_b + L_0 \beta_r (T_2 - T_1) \qquad (6\text{-}3)$$

式中　Δl_s——试样从温度 T_1 到 T_2 的 TMA 测定值，μm；

　　　　Δl_b——压杆材料从温度 T_1 到 T_2 的 TMA 测定值（也即空白实验值），μm；

　　　　β_r——压杆材料的线胀系数，石英的 $\beta_r = 5.5 \times 10^{-7}$，膨胀系数则为

$$\beta = \frac{\Delta l_s - \Delta l_b}{L_0 (T_2 - T_1)} + \beta_r \qquad (6\text{-}4)$$

图 6-2　TMA 装置原理图

p—压杆；s—试样；
h—试样支持器的一部分；
r—试样支持器下部与
试样等长部分

三、热扩散率的测定

物质内部的热传导除了稳态（温度分布不随时间变化）的情况外，很多是属于非稳态（温度分布随时间变化）的。非稳态导热方程可表达为

$$\rho C_p = \frac{\partial T}{\partial t} = \nabla \cdot \lambda \nabla T \qquad (6\text{-}5)$$

式中，ρ 为密度；C_p 为比热容；λ 为热导率。当物质为均匀体时，热导率 λ 不随位置而变化，式（6-5）可改写为

$$\frac{\partial T}{\partial t} = \frac{\lambda}{\rho C_p} \times \frac{\partial^2 T}{\partial X^2} = \alpha \frac{\partial^2 T}{\partial X^2} \qquad (6\text{-}6)$$

式中，α 为热扩散率，单位为 cm^2/s，它反映了物质内部热量传播速度的大小。热扩散率越大，物质内热量传播越快。锻件在加热炉中的热透时间，热分析中试样质量和升温速率

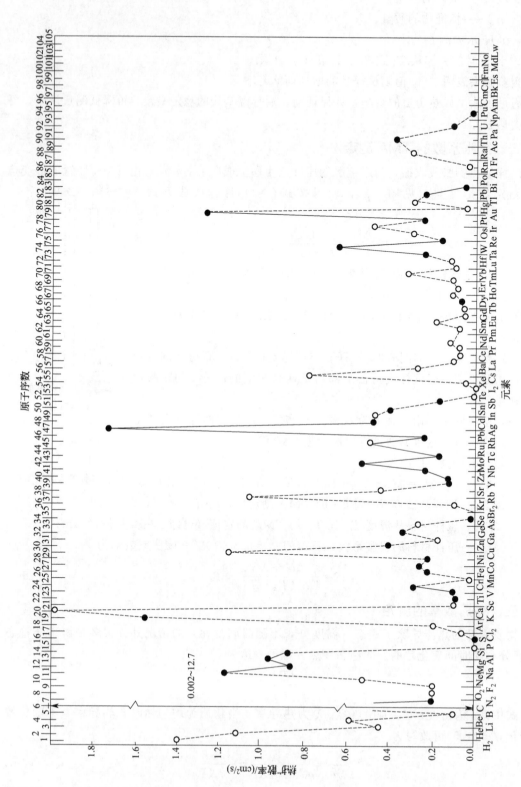

图 6-3　元素在 300K 时的热扩散率

的选取对分析结果的影响，均与热扩散率有关。图 6-3 给出了元素在 300K 时的热扩散率[3]，以供参阅。

　　热扩散率与热导率之间存在着密切的定量关系。由于所用试样量小，测量时间短，容易达到高温等优点，热扩散率的测量已成为获取热导率数据的重要途径。测量热扩散率的方法有脉冲热源法和周期热源法两类。其中激光脉冲法优点突出，应用广泛。它的基本原理为：一束均匀的脉冲激光照射在处于绝热条件下的试样的正面，记录其背面的温度变化曲线，如图 6-4 所示，即可测出热扩散率，计算公式如下[4]：

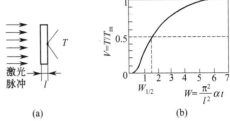

图 6-4　激光脉冲法测量热扩散率原理
(a) 试样受光照示意图；(b) 试样后表面温升示意图

$$\alpha = \frac{W_{1/2}}{\pi^2} \times \frac{l^2}{t_{1/2}} \tag{6-7}$$

　　式中，$W_{1/2}$ 为常数，当满足均匀脉冲加热、绝热、瞬态的边界和初始条件时，$W_{1/2} = 1.37$；l 为试样厚度，$t_{1/2}$ 为试样背面温升达到最大温升一半时所需时间。如不满足边界条件和（或）初始条件时，则应予修正。修正的方法较多，常用的修正方法有克勒克-泰勒（Clerk-Taylor）法[5]和科恩（Cowen）法[6]两种，其原理为利用初次测出的 α 值，画出一条理论升温曲线，用实测升温曲线与之比较。曲线前半部（达到最大温升以前）的畸变和曲线后半部（达到最大温升之后）的畸变分别用上述两种方法[5,6]对常数 $W_{1/2}$ 进行修正，得到准确的热扩散率值。

四、热导率的测定

　　物质内部存在温度梯度时，就会产生热传导。热传导是一种能量运输过程。按照傅里叶定律，物质在单位时间内单位面积上通过的热量 q（热流密度）与温度梯度 ΔT 成正比，即有

$$q = -\lambda \Delta T \tag{6-8}$$

　　式中，比例常数 λ 为热导率，$W/(m \cdot K)$。由于热流密度矢量与温度梯度矢量总是反向的，因此式中加负号。热导率是表征物质导热能力的物理参数。物质的热传导是通过导热载体来实现的。导热载体有分子、原子（晶格振动波，或声子）、电子、光子等，热导率可表达为[7]

$$\lambda = \sum_i \frac{1}{3} C_i v_i l_i \tag{6-9}$$

　　式中，C_i，v_i，l_i 分别为载体 i 的比热容、运动速度和平均自由程。影响导热的因素较多，成分、结构、状态、容重、压力、温度等均会影响物质的热导率，在理论上预测热导率比较困难。因此一般来说，热导率是通过实验测量得到的。

　　测量热导率的方法有两大类。一类是稳态热流法，即按照热导率的定义方程，在试样上造成一个单向稳态热流，测出两点之间的温度差和加热功率，计算出热导率。这类方法有平板法、棒状法、径向法、圆球及椭球法、通电纵向法和径向法以及比较法等。以测量耐火材料、塑料等低导热材料热导率的平板法为例，热导率可用式(6-10)计算。

$$\lambda = \frac{Q \Delta L}{A \Delta T} \tag{6-10}$$

式中，Q 为单位时间内通过平板的热量；A 为平板上通过一维稳态热流的面积；ΔL 为平板厚度；ΔT 为平板上下两面的温度差。

另一类为非稳态热流法，它是利用通过物质的非稳态热流，测出热扩散率 α，在比热容 C_p 和密度 ρ 已知的情况下，由式(6-11)求得热导率。

$$\lambda = \alpha C_p \rho \tag{6-11}$$

根据不同情况，可选用不同的方法来测量热导率。下面列出了固体（金属元素和非金属元素）的热导率。各种材料的热导率相差很大，现将典型的热导率值列出来供参阅[8]。

金属   50～415W/(m·K)

合金   12～120W/(m·K)

非金属液体 0.17～0.7W/(m·K)

绝热材料 0.03～0.17W/(m·K)

大气压下的气体 0.007～0.17W/(m·K)

第二节 纯度的测定[9,10]

物质纯度的差示扫描量热测定法快速、试样用量少、并且不需标样。

物质的杂质含量越多，熔点越低，熔程越宽。DSC 曲线熔化峰的各点温度 T_s（经热阻校正）和相应的部分面积分数（经预熔校正）的倒数 $1/F$ 之间存在线性关系，遵从 van't Hoff 方程：

$$T_s = T_0 - \frac{RT_0^2 x}{\Delta H_f} \times \frac{1}{F} \tag{6-12}$$

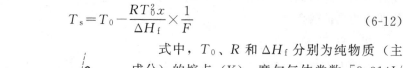

式中，T_0、R 和 ΔH_f 分别为纯物质（主成分）的熔点（K）、摩尔气体常数 [8.314J/(mol·K)] 和纯物质的摩尔熔化热（J/mol）。由 T_s-$1/F$ 图的截距和斜率可分别确定 T_0 和 x。

建议如下的试验和计算步骤：

① 测量未知试样的 DTA，或 DTA-TG 曲线，确定熔化的起始温度 T_i，并确认是否有升华（或挥发）。当然，也可以 DSC 曲线确定 T_i。

② 测量试样的 DSC 曲线。为易于达到热平衡，称取少量试样，如 2～5mg 以下，称准至 0.01mg。量程可选取 ±4.184mJ/s，先快速升温，达 T_i 以下 10～20℃转换成 0.5℃/min，

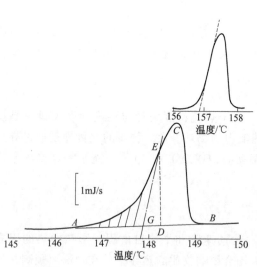

图 6-5 4,4′-二氯二苯砜与铟的 DSC 曲线

当仅比 T_i 低 5℃时以 1200mm/h 的纸速记录 DSC 曲线。为避免氧化，可通入氮气，流速为 50cm³/min。如遇升华，可采用密封坩埚。

③ DSC 曲线的温度校准和热量标定。取纯度在 99.99％以上的铟测定 DSC 曲线（实验条件同"2"）。由铟熔化 DSC 曲线起始边的斜率进行试样 DSC 曲线各点温度的热阻校正；由铟的熔化热 28.41J/g 核定 DSC 曲线单位面积所代表的热量。

④ 画 T_s-$1/F$ 图，线性范围通常在 $0.1 < F < 0.5$，由该图斜率算出杂质的摩尔分数 x。

图 6-5 是 4,4'-二氯二苯砜、铟的熔融 DSC 曲线，试样量 5mg，量程 ± 4.184mJ/s，其他实验条件如上述。图 6-6 是 T_s-$1/F$ 图。

实验测得：$T_0 = 147.97℃$，$\Delta H_f = 24.3$kJ/mol，斜率=0.0583K。于是

$$x = \frac{0.0583\text{K} \times 24.3\text{kJ/mol}}{8.314\text{J/(mol·K)} \times (147.97\text{K} + 273.15\text{K})^2}$$
$$= 0.00096$$

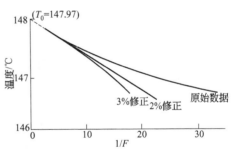

图 6-6　4,4'-二氯二苯砜的 T_s-$1/F$ 图

纯度为 $1 - x = 0.99904$，即 $x = 99.90\%$。

该法测定的纯度范围的摩尔分数是 $98.0\% \sim 99.95\%$，标准偏差为 0.04%。限于杂质与主成分不形成固溶体，升温过程无分解和多晶转变，否则会分别使结果偏高，或偏低。

第三节　孔度的量热测定[11]

孔度的量热测定法（thermoporometry）是根据多孔膜中介质（如纯水）固-液转变的量热测定。这里讨论的系指膜表皮中的孔。孔中水的冻结温度（过冷程度）与孔的尺寸有关。每个孔（依其大小尺寸）有自己的冻结温度。对于充有水的圆柱形孔可导出如下的冻结方程：

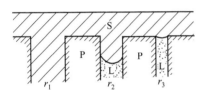

$$r_p = \frac{-64.67}{\Delta T} + 0.57 \tag{6-13}$$

式中　r_p——孔半径，nm；

ΔT——过冷程度，K。

从方程(6-13)看出，孔半径越小，则过冷程度越大。图 6-7 是液体（水）在多孔介质中的冻结与孔大小的关系的示意图。降低温度，一直降到孔 r_1 中的水全部冻成冰，孔 r_2 中的水才开始冻结，而这时孔 r_3 中的水仍全部是液体。继续降温，孔 r_3 中的水将被冻结。液-固转变的热效应是

图 6-7　过冷程度与孔径关系的示意图
L—液体（水）；S—固体（冰）；
r—孔半径（$r_1 > r_2 > r_3$）；P—多孔膜

用差示扫描量热法（DSC）测量的。由此可求得孔径及其分布。

参 考 文 献

[1]　Hatakeyama T，Kanetsuna H. Thermochim Acta，1989，146：311.

[2]　市村　裕. 精工技术新闻，1989，TA-1006.

[3]　Touloukian Y S，Powell R W，Ho C Y，Nicolau M C.Thermophysical Properties of Matter，Vol.10.New York：Plenum，1974：6.

[4]　Parker W J，Jenkins R J，Butler C P，Abbott G L. J Appl Phys，1961，32：1679.

[5]　Clerk L M，Taylor R E. J Appl Phys，1974，46：714.

[6]　Cowen R D，J Appl Phys，1963，34：926.

[7]　Touloukian Y S，Powell R W，Ho C Y，Klemens P G. Thermophysical Properties of Matter，Vol. 1. New York：Plenum，1970：3.

[8]　奥齐西克 M N 著，俞昌铭主译. 热传导. 北京：高等教育出版社，1983：2.

[9]　United States Pharmacopeia-National Formulary，XXI，1985，1276.

[10]　刘振海，李文喆，曲宪志，李平生. 化学研究与应用，1990，2 (2)：47.

[11]　Brun M，Lallemand A，Qccinson J F，Eyraud C. Thermochim Acta，1977，21：59.

第七章　量热分析仪器

量热学实验是通过量热分析仪进行的，在进行量热测定时，按量热分析仪的隔热情况不同，其操作类型亦不同。作为极端的情况，量热分析仪有两种截然相反的操作类型：一种是绝热操作，即量热分析仪的反应体系与环境之间尽可能隔热，使两者间的热交换减至最小，在理想的情况下，反应体系与环境之间没有热量的交换；另一种操作类型则与此相反，其量热腔与环境之间具有导热性良好的、经仔细设计的热通道，使反应过程中体系所释放的热量经这些传导途径很快地传递给环境，这种量热分析仪称为热导式量热分析仪。在这种操作条件下，体系内发生的能量的变化，全部以热的形式传递出来，反应前后被研究体系的温度是相同的。由于各种过程的热效应差异很大，热效应出现的形式不同，量热分析仪的操作类型不同，出现了各种形式的量热分析仪。

第一节　量热分析仪的原理

对于一个量热体系，存在着一个普适的热平衡方程式[1]。

$$W_R + W_D + W_S = \Lambda \frac{d\Delta}{dt} + k\Lambda\Delta + \left(\frac{\upsilon}{V}\right)\Lambda\Delta \tag{7-1}$$

式中，W_R 为反应产生的热功率；W_D、W_S 分别为稀释、搅拌引起的热功率；Λ 为热功率常数；k 为冷却常数；Δ 为温差电信号。式中最后一项只对流动型量热体系才存在，υ 是流速；V 代表反应池的体积。

由于量热仪提供的电信号是各种热效应的总结果，可以采用孪生技术对消稀释热、搅拌热等，这样只留下反应体系的热效应。即

$$W_R = \Lambda \frac{d\Delta}{dt} + k\Lambda\Delta + \left(\frac{\upsilon}{V}\right)\Lambda\Delta \tag{7-2}$$

上式称为量热体系的最基本公式。

一、绝热式量热体系的基本原理

在 Batch 型绝热式量热体系中，根据式(7-2)

$$W_R = \Lambda \frac{d\Delta}{dt} \tag{7-3}$$

$$Q_R = \Lambda\Delta \tag{7-4}$$

式(7-3)和式(7-4)表明，量热仪内的热功率正比于温升速率。化学反应放出的热量与输出信号成正比。上式称为 Batch 型绝热式量热体系中的基本方程。

这类量热仪指研究体系与环境之间不发生热交换，这是理想状态。实际上环境与体系之间不可能不发生热交换，所以只能是近似地绝热。为了尽可能达到绝热效果，量热仪一般都采用真空夹套或外壁涂以光亮层，尽量减少由于对流和辐射引起的热损失。实验中放出的热

量等于测量过程中温度的变化与反应器及有关单元的热容之积。

二、热导式量热体系的基本原理

与绝热式量热体系相比，热导式量热仪获得化学反应的热动力学参数，在原理上要复杂得多。因为输出函数 $\Delta(t)$ 不仅决定于量热仪中化学反应产生的热功率 $W_R(t)$，而且与环境和体系之间的热交换有关。但是，热导式量热体系的温升较小，反应可认为在近似等温下进行。目前大量的热测量是在热导式量热仪中进行的。

在 Batch 型热导式量热体系中，根据式(7-2) 有：

$$W_R = \Lambda \frac{\mathrm{d}\Delta}{\mathrm{d}t} + k\Lambda\Delta \tag{7-5}$$

$$Q_R = \Lambda\Delta + k\Lambda a \tag{7-6}$$

式(7-5)和式(7-6)是 Tian 方程，它是 Batch 型热导式量热体系中最基本的方程。

这类量热仪是量热容器放在一个容量很大的恒温金属块中，并且由导热性能良好的热导体把它紧密接触成一体。当量热仪中产生热效应时，一部分热使研究体系温度升高，另一部分由热导体传给环境（恒温金属块），只要测出量热容器与恒温金属块之间的温差随时间的变化曲线，根据曲线下的面积就可以计算出反应的总热量。

热导式量热仪要求环境是具有很大热容的受热体，它的温度不因热流的流入流出而改变。沿热导体流过的热量大小可由热导体（一般用热电偶）的某物理量的变化（由温差引起的热电势变化）而计算出来。

热导式量热仪将反应器内放出（或吸收）的热量传导给散热器（或由散热器吸收热量），散热器一般是包围着反应器的金属块。热量与热流速率成正比，热流速率一般是由置于量热仪的反应器和散热器之间的热电堆来测定的。

三、流动型热导式量热体系的基本原理

流动型热导式量热仪有两种操作方式，即流通式和混合式。流通式操作方式对研究慢反应合适。混合式操作方式不仅可研究慢反应，还可研究快反应。

对于流动混合式量热体系，由于放热速率与流速大小有关，因此，可以调节流速使量热仪达到一种稳态条件，由式(7-2)可得

$$W_R = k\Lambda\Delta + \left(\frac{v}{V}\right)\Lambda\Delta \tag{7-7}$$

上式称为流动型热导式量热体系的基本方程。

四、热传导传热原理

量热实验时，当量热腔中被研究的体系经历了某一过程时，总伴随有或大或小的热效应，体系所释放出的热量会使量热腔本体温度发生变化，同时也有部分热量将传递给外界环境，要获得准确的实验结果，就要准确地测量量热腔在反应过程中的温度变化以及实验过程中量热腔与环境间所交换的热量[2]。

有温差存在时，必然会有热量的传递。在纯导热过程中，物体各部分之间不发生相对位移，此过程用傅里叶导热基本定律来描述：

$$q = -\lambda \frac{\mathrm{d}\theta}{\mathrm{d}x} \tag{7-8}$$

式中，λ 是热导率；θ 表示物体在 x 处所具有的温度；q 代表沿 x 方向的热流密度。

五、对流传热原理

对流是因流体各部分发生相对位移所引起的热量传递过程，对流换热用下列公式描述：

$$q = \alpha \Delta \theta \tag{7-9}$$

式中，α 是对流换热系数；$\Delta \theta$ 是温差。

六、辐射传热原理

通过电磁波来传递能量的过程为辐射换热。任何物体都会向外发出辐射能，物体的辐射能与其温度的 4 次方成正比。但当物体之间温差不大时，辐射换热量可表示为：

$$q = \alpha_r \Delta \theta \tag{7-10}$$

式中，α_r 是辐射换热系数；$\Delta \theta$ 是物体之间具有的温度差；q 为辐射换热的热流密度。

在做量热实验时，量热腔与环境之间的热量传递一般会同时包含热传导、对流和辐射三种传递方式，但两者之间的温差均很小，通常不超过 1℃，此时，三种传热方式都可以采用类似对流换热的公式来描述，量热仪与周围环境的热传递过程可用下列方程式描述：

$$q = k(\theta - \theta_0) \tag{7-11}$$

式中，k 是与物体性质和表面条件有关的系数；θ 是量热仪量热腔的表面温度；θ_0 是周围环境介质的温度。式(7-11)称为牛顿冷却定律。

第二节　量热分析仪的分类

量热仪的种类繁多，它们都是根据不同情况下的测量设计而制造的，可分为以下几类[3]。

一、按量热对象的不同分类

量热仪按量热对象的不同分为两类：一类是测量单纯 P、V、T 变化过程热效应的量热仪；另一类是测量有化学反应或生物代谢过程热效应的量热仪。

二、按热传递的特点分类

量热仪按热传递的特点分为绝热量热仪和等温量热仪两类。

三、按量热仪的操作类型分类

量热仪按操作类型分为三类：第一类为等温量热仪，测量过程中量热体系与环境的温度都相同，等温是依靠相转变时热电效应产生的热流来补偿；第二类为环境等温量热仪，用恒温夹套使环境保持温度恒定，量热仪本体与环境间具有较大的热阻，热漏一般不大，但要做适当校正；第三类为热导式量热仪，量热仪本体与环境之间用性能良好的热导体相连接，用热电堆检测温度的变化，进而获得热效应。

四、按测量原理分类

量热仪按测量原理分为补偿式量热仪和测量温度差的量热仪两类。补偿式量热仪是对过程发生的热效应进行补偿，使温度维持不变，所补偿的能量等于被研究过程所吸收或放出的能量。补偿方式有相变补偿和电补偿。测量温度差的量热仪又可分为两类；一类是测量体系温度随时间的变化；另一类是测量体系在不同位置的温度差，再利用电能或标准物质、标准化学反应，测量引起体系同样温度差所需的能量，从而获得体系的热效应。

第三节　常用量热分析仪

根据不同情况，量热分析仪可分为许多类型，现介绍几类常用量热分析仪。

一、弹式量热仪

弹式量热仪（又称氧弹式量热仪，简称氧弹），专门用来测定各种化合物的燃烧焓，它是环境恒温式量热仪[4]。这类量热仪的测定对象绝大多数为有机化合物，其核心部分是用于进行燃烧反应的氧弹。氧弹通常用不锈钢制成，可以承受很高的压力。被测定的可燃物可以是固态或液态的物质。可燃物放在坩埚中，为了帮助燃烧，需向氧弹内充以高压氧气，氧的压力一般为 2MPa 或更高。在实验时可用燃烧丝通过一定电流的方法点火，使可燃物点燃并开始反应（见图 7-1）。

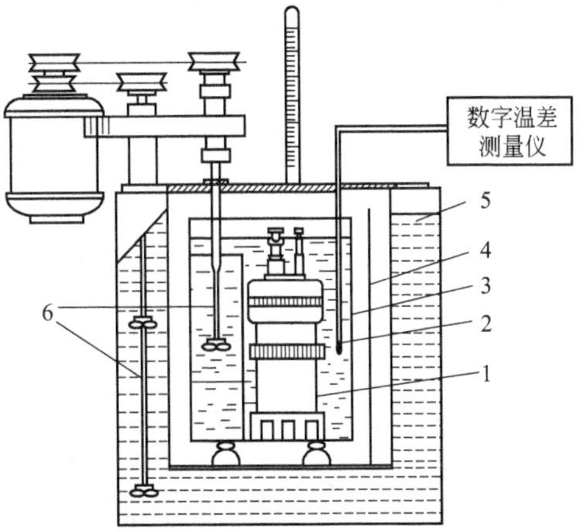

用弹式量热仪测得的燃烧热是等容燃烧热（Q_V），而一般热化学计算用的值为 Q_p，这两者可通过下式进行换算：

$$Q_p = Q_V + \Delta nRT \qquad (7-12)$$

式中，Δn 为反应前后生成物与反应物中气体的物质的量（mol）之差；R 为摩尔气体常数；T 为反应温度，K。

精确实验需用雷诺图进行校正。

图 7-1　环境恒温式氧弹量热仪
1—氧弹；2—温度传感器；3—内筒；4—空气隔层；5—外筒；6—搅拌器

弹式量热仪有静弹和转动弹两种不同结构。旋转弹式量热仪的原理与静弹相似，只是盛弹体部分在测量时可以沿上下方向以及沿圆柱轴线转动，转动弹在测量时需向弹中加入一定量的水，使氧弹壁在转动后完全被燃烧产物的溶物洗涤且与气相达成平衡，以确保实验后所得到的是均匀的溶液，以便于分析。旋转式弹式量热仪常用于含 Cl、Br、I、S、B、Si 和 P 等元素的化合物燃烧热的测量。一般的氧弹用不锈钢就可以防止被腐蚀，但若要测定含卤族等元素物质的燃烧热时，应在氧弹内壁衬钽，以防腐蚀。

二、等温量热仪

等温量热仪又分为相变等温量热仪、热电补偿等温量热仪和环境等温量热仪三类[5]。

1. 相变等温量热仪

Bunsen 于 1870 年制成冰量热仪，它是典型的相变量热仪。冰量热仪的量热腔及其恒温外套均由冰-水混合物充满。因此，冰量热仪的本体和环境都处在相同的温度下。当在盛有反应样品的容器中有一定热量放出时，此热被量热仪中的冰-水混合物吸收，使部分冰转变成水，冰在融化时冰-水混合物的体积会变化，这变化的体积会被与冰-水混合物相连的水银柱感测到，体积的变化值可由毛细管中水银柱伸展的长度直接测量出来。根据体积的变化值可求出融化的冰的质量。再由水在凝固时的相变潜热求出反应过程热效应的数值。图 7-2 就是冰量热仪的示意图。相变量热仪除用水作为能量补偿介质以外，常用的介质还有二苯醚（熔点 300.1K）等。

2. 热电补偿等温量热仪

这种等温量热仪，不是用相变热进行补偿的，而是利用热电效应进行能量补偿的。实验采用绝热式测温量热仪，它是一个包括杜瓦瓶、搅拌器、电加热器和测温部件等的量热体系。装置及电路图如图 7-3 所示。若实验是一个吸热过程，可用电热补偿法，即先测定体系的起始温度 T，实验过程中体系温度随吸热反应进行而降低，再用电加热法使体系升温至起始温度，根据所消耗电能求出热效应（Q）。

$$Q = I^2Rt = UIt \qquad (7-13)$$

式中，I 为通过电阻为 R 的电热器的电流，A；U 为电阻丝两端所加电压，V；t 为通电时间，s。

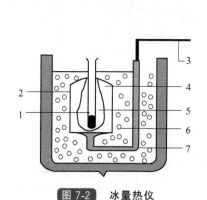

图 7-2　冰量热仪

1—样品容器；2—量热仪本体；3—毛细管；4—水；
5—冰；6—冰-水混合物；7—汞

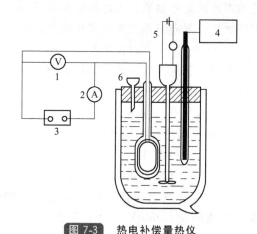

图 7-3　热电补偿量热仪

1—电压表；2—电流表；3—稳压电源；
4—测温仪；5—搅拌器；6—漏斗

利用电热补偿法，测定 KNO_3 在不同浓度水溶液中的积分溶解热，就是典型的例子。

对于放热反应，可用 peltier 效应的冷端进行能量补偿，但对导体自身而言，因电流的通过而存在因电阻引起的热效应，即 Joule 热效应。Joule 效应与 peltier 效应是相反的，一个为吸热，另一个为放热。Jouer 热效应与电流的平方成正比，而 peltier 效应只与电流的一次方成正比。因此，当电流大到某一极限值 I_0 时，两个效应的值相等，总的表观是冷端既不放热也不吸热，只有当电流小于 I 时才能制冷，当电流量为 $\frac{1}{2}I_0$ 时，制冷效果最显著。Peltier 效应的制冷作用受到材料及电流等多种因素的限制，一般来说，其制冷量是不大的。

3. 环境等温量热仪

这种量热仪的量热本体放置在恒温槽内，其量热本体的外壳直接浸没在恒温槽的恒温介质中，常用的恒温介质是水。量热腔外壳在整个测试期间始终保持等温，外壳与量热容器间具有良好的隔热层。具有环境等温型量热仪的类型很多，有的用于无化学反应的物理过程热效应的测量，也有的用于测量化学反应过程的热效应[6]。图 7-4 所示是一种具有恒定环境温度的量热仪。它可以用来测定液-液体系、液-固体系的反应热以及溶解热等。反应的热效应使整个热腔以及样品的温度发生变化。此温升由热敏电阻感测出来，由体系的温升经适当控制后便可求出反应的焓变。图 7-4 所示的量热仪被整体浸没在恒温槽中，恒温槽的恒温精度可达±0.001K。

反应量热仪的加样装置也可采用安瓿瓶，将待反应的试样装在封口的薄壁玻璃安瓿瓶中，当要进行反应时，将带有尖头的搅拌棒向下推，以击碎装有试样的安瓿瓶，两种物质便立即混合并开始反应。

三、绝热量热仪

一个理想的绝热量热仪，在进行量热实验时体系与环境之间应没有热量的交换。欲达到这个要求有两种方法，一种方法是使量热腔与环境的温度完全相等，另一种方法则是使量热腔与环境间的热阻为无穷大，使两者之间没有热的交换。但在实际操作中，完全隔热是无法办到的。因而，绝热热量仪均采用第一种方法，使量热腔与环境温度尽可能一致，以达到近乎绝热的目的。

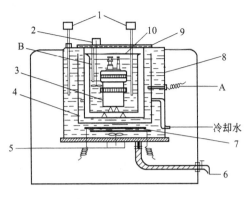

图 7-4　环境等温量热仪

1—数字温差测量仪；2—内桶搅拌器；3—氧弹；
4—外筒搅拌筒；5—外筒搅拌器；
6—外桶放水龙头；7—加热板；8—外桶；
9—水帽；10—内桶

在进行量热实验时，被测试的样品若释放热量，将会使量热腔整体温度升高，用以感测绝热壁与量热腔之间温差的热电偶会立即感测到温度的变化，并立即将此温差信号传至控温系统，控温系统根据温差信号的强弱来控制安装在绝热外壳中电加热器加热功率的大小，使绝热壁的温度也随之上升，与量热腔外壳的温度保持一致。在整个测量期间，控制绝热外壳的温度均不断地跟踪量热腔的温度，使两者尽可能保持一致，此外量热腔与绝热壁之间也具有良好的隔热层。因而在量热过程中两者之间的热交换是极小的，可认为基本上是在绝热条件下操作。但在实际实验中，控温系统不可能做到使量热腔与绝热壁的温度绝对地保持相等，总会有所波动，这种温度的波动总会带来少量的热交换。因此在对实验结果进行处理时，应对这少量的"热漏"进行适当的修正。绝热量热仪常用来测定物质的比热容，测量范围可从低温到高温，低温范围为 $10 \sim 350K$。量热仪的绝热外壳与量热腔之间常设有真空夹套，以减少因气体的导热和对流而带来的"热漏"。在高温范围内，产生"热漏"的主要因素是热的辐射，对流和导热的影响相对要小一些。绝热量热仪原理示意图见图 7-5。

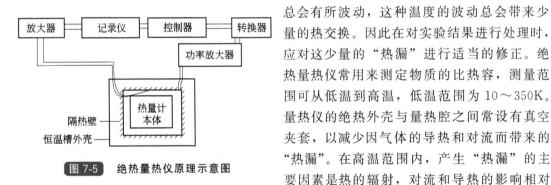

图 7-5　绝热量热仪原理示意图

四、热导式量热仪

热导式量热仪一般采用孪生式结构，两个结构完全相同的量热腔对称地安置在恒温块内，恒温块采用导热性能良好的材料（如铜或铝合金）制成。每个量热腔与恒温块之间均设置由多对热电偶串联而组成的热电堆，以感测量热腔与环境（恒温块）之间的温差。两个量热腔的热电偶按反向连接。因而整个量热系统所感测到的是反应系统与参考系统间的温差。这种孪生式的结构，可以抵消因环境温度分布的改变和波动对量热腔所产生的影响，使整个量热仪的基线稳定度大幅提高，因而使仪器的灵敏度相应地大幅提高。用作感温元件的热电堆包含的热电偶数目通常有几百对甚至上千对，所以热导式量热仪对温差极为灵敏，可以感测出 $10^{-7} \sim 10^{-6}$ K 的温差，故这种量热仪对热效应非常灵敏，通常设计成微量量热仪[1]。

Wadso 于 1968 年设计出特别适合于生物体系和液相化学反应体系的微量量热仪，有水浴和空气浴两种，其基本原理仍是具有孪生结构的热导式量热仪，图 7-6 为量热仪孪生测量原理示意图。

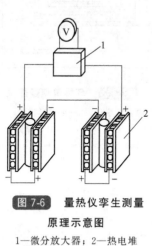

图 7-6 量热仪孪生测量
原理示意图
1—微分放大器；2—热电堆

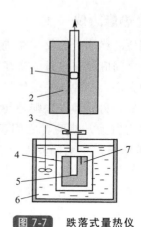

图 7-7 跌落式量热仪
1—样品；2—控温炉；3—开关；4—量热腔；
5—金属块；6—恒温浴；7—温度计

五、跌落式量热仪

跌落式量热仪也称为接收量热仪。这种量热仪的主要用途是测量从低温或常温到高温范围内物质的比热容和熔变。跌落式量热仪通常由一台量热仪和一个加热炉组成，其基本结构见图 7-7。跌落式量热仪的量热腔一般用导热性能良好的金属（如铜或银）制成，以便使样品的热量能快速而均匀地传播出来。在进行量热测量时，首先用耐高温的金属细丝将样品及容器悬挂在垂直安装的管式炉中间，对样品进行加热。使其达到恒定的温度，然后使样品快速跌落到量热仪的接收容器中，样品在冷却的同时使整个量热腔的温度升高，由量热腔的比热容和温升就可以求得样品的比热容以及熔变。在样品下落的过程中，因辐射和对流的影响会有少量热量"泄漏"掉，应对这些因素进行适当的校正。跌落式量热仪一般用电能对量热腔的比热容进行标定。

跌落式量热仪的量热部分可以设计为相变量热仪、具有恒定温度环境的量热仪或者绝热式量热仪，其测量温度范围为 $800 \sim 3000$ K。用 Bunsen 冰量热仪与电加热炉组合在一块，测量温度可达 1200K。如果采用石墨炉，测试温度范围可以扩展到 2600K，甚至更高。

六、脉冲式量热仪

脉冲式量热仪的量热方法是在进行测量时，使被测样品通过大流量的脉冲电流，使样品在短时间内被加热到测试温度[2]。样品暴露在高温之下的时间极短（通常短于 1s），因此热传导、样品挥发和化学反应等因素所造成的误差小，甚至可以忽略不计。因此对于极高温度范围的量热实验，脉冲量热仪的测量结果比较准确。整个仪器由电脉冲回路和高速测量回路组成，其测温元件为热电阻、热电偶及光学高温计等。脉冲式量热仪的测试温度范围可以高达 $4000 \sim 5000$ K。另外其测试的压力范围也很宽，其最高的操作压力可达 1×10^4 MPa（约 100atm）。脉冲式量热仪的原理示意图见图 7-8。

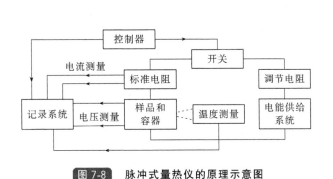

图 7-8　脉冲式量热仪的原理示意图

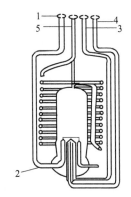

图 7-9　火焰量热仪的基本结构

1—二次氧气进口；2—二次氧气进入燃烧室的小孔；
3—氧气和可燃气体混合气进口；
4—被燃气体进口；5—气体出口

七、火焰量热仪

工业上用火焰量热仪测定燃料的发热量，可将其设计成带有自动记录，用连续进行测量的分析仪器来监测样品燃料的燃烧热[2]。其原理是将可燃气体以恒定的流量引入量热仪并进行燃烧，反应放出的热量被另一股流速恒定的空气流所吸收，当这两股气体的流量固定时，燃料的发热值与空气流的温升成正比，通过测量空气流的温升，便可得到可燃气体的发热量。Rossi 首先设计出在常压下操作的火焰量热仪，见图 7-9。

弹式量热仪只适用于测量固态及液态物质的燃烧焓，不适于测量气态物质的燃烧焓。气态物质的燃烧焓，常采用火焰量热仪测量。

第四节　几种常见的微量量热仪

微量量热仪的基本构成大体上是相同的，由测量单元、恒温系统和控制单元组成。

测量单元是一个测量通道热量的测量筒，当发生在一个测量筒的任何过程产生或吸收热量时，因为当试样产生的热传递给环境时会引起温度变化，同时体系的热将由散热板导出，而热输出的量将通过靠近散热板的检测元件（热电堆）检出而给出一个电压输出。

恒温系统由一个浴槽和一个等温控制器组成，用来控制调节实验温度。

控制单元包括所有的测量、控制电路，控制旋钮的面板，用以样品的测量和温度选择。

常见的几种微量量热仪分别是：美国 TA 公司生产的微量量热仪（TAM）；法国 Setaram 公司生产的微量量热仪（Micro DSC Ⅲ）；美国 Calorimery Science Corporation 公司生产的微量量热仪（IMC）；原中国核工业部生产的微量量热仪（RD496）。

一、TA 公司生产的微量量热仪

TA 公司是多年来从事等温微量量热仪产品的研究、生产、销售及服务的专业公司，其生产的 TAM 系列微量量热仪在全球拥有众多的用户。该产品早期的品牌为 LKB，1983 年品牌更名为 2277 Thermometric AB，后被 TA 公司兼并，其主要微量量热仪产品系列有：TAM 2277（thermal activity monitor）微量量热仪、TAM Air 八通道微量量热仪、TAM Ⅲ多通道微量量热仪[7]。

1. TAM 2277 微量量热仪

该量热仪为多用途的仪器，它是用一个 23 L 的恒温水浴来进行控温的热导式微量量热仪，可同时安装 4 个独立的量热单元，可以支持 1～4 个通道同时进行不同类型的测量，工作温度为 20～80℃。它带有外部预恒温槽，协助控温保证精度，24h 其稳定性优于 ±0.0001℃。它既可用于微量量热，也可用于精密溶解量热。标准的 TAM 主机装配有纳瓦放大器，测量极限为 ±2nW，在此产品系列中还包括众多配件，可根据不同的需求进行选配，完成各种试验。

（1）仪器原理与构造　该仪器是为连续检测各种过程的热效应而设计的，利用热流式热漏原理。在量热确定的容器中，热量出现流动总是有效地建立与环境的热平衡。由试样产生的热效应会引起温度的变化，因为当试样产生的热传递给环境时会引起温度变化，同时体系的热将由散热板导出，而热输出的量将通过靠近散热板的检测元件（热电堆）检出而给出一个电压输出。因而可测量试样的发热量，当没有热输出时试样将达到平衡，因而它的温度就将和环境温度一致，原理示意图见图 7-10 和图 7-11。该仪器所观测的过程不限定于特定的反应，对于各种单项的参数和热输出测量都是很有用的。在大多数过程中，热输出常为正值，但也能检测出负的热输出，热量的常用单位为 J，单位时间产生的热量表示为热功率，以瓦特（W）为单位。该仪器的优点之一就是能直接测量热输出功率，因为检测器的电压正比于试样输出的功率，当然仪器先应加以校正（校正可用基准物质标定或用电标定），这样从检测器输出电压就可直接得到试样的热输出。

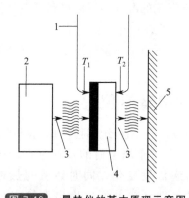

图 7-10　量热仪的基本原理示意图

1—输出电压；2—试样；3—热流；
4—散热板；5—热电堆

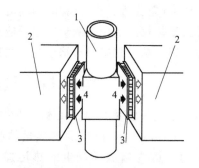

图 7-11　量热仪的热流原理示意图

1—试样池；2—散热板；
3—热电堆；4—热流

热流的测量是通过和试样接触的热电元件（热电堆）感知温差后产生的热电势来测量的，这个电压和功率的关系要进行标定，为了降低其他效应的影响，检测系统采用孪生探测器的示差法所测的电压为试样池减去参比池的电压差。

所有试样都是放在测量筒内进行测量的，试样一般密封在不锈钢安瓿或玻璃安瓿中，或由空心管把试样泵入测量筒中进行测量。安瓿由安瓿提升器降入测量杯内，液体试样同样通过管流经测量筒，所以测量筒不论对液体试样或安瓿试样都可进行测量。完整的测量也包括有两个测量杯（放试样和参比物），两个标定用电阻和导热性好的金属块，它和测量筒有良好的热接触。每一测量筒有一个测量室，共有 4 个测量室，因此可同时进行 4 个不同的测量，测量筒的基本形式是相似的。但对 25ml 安瓿的测量筒只有单一的检测器。

热量测量在测量筒下部的测量池内测量杯中进行，试样产生的热能流经导热片，然后传到水浴，并在电热元件上存在温度梯度，故产生相应的电压输出信号。试样和参比的电热元件采用对抗连接法（示差法），这样可消除非试样产生的热效应，见图7-12。

该仪器是用水浴来控温的，水浴温度调节控制单元安装在水浴下部活动底板的后面，以控制单元包括所有的测量、控制电路，电阻控制旋钮在此单元的面板上，用于选择水浴的温度。水浴温度控制系统主要有4个部分，即外水循环器、预加热器系统、精细加热器系统和水浴温度调节单元。

外水循环器是保持水浴恒温的第一步措施，这一步使水的温度恒定在±0.4℃以内，环流水是通过一螺旋热交换管在泵内进行热交换的，环流水和水浴内的恒温水是完全分隔开来的独立单元，一般环流水的温度比水浴温度低3～6℃为宜。

预加热器系统主要是为了使精细加热器能保持在其最佳的功率水平上工作，预加热器是一个扁平形的片状加热元件，安装在泵室后面。

精细加热器能使水浴温度恒定在±0.0002℃之内，8h不变，加热器装在水浴出口管处。

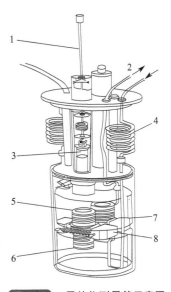

图 7-12　量热仪测量筒示意图

1—安瓿提升器；2—试样口；3—不锈钢安瓿预热处；4—热交换管；5—测量杯；6—电子校准器；7—热电堆；8—金属块

水浴温度控制单元是由反馈回路分设的感应比较器来控制的，可用于两挡不同的温差范围，即20～50℃和50～80℃。每一挡都有自己的传感器，温度由十进电阻调拨，以达到调温目的。

（2）仪器测量方式　该仪器有三种测量方式，它们是安瓿瓶法测量、流动法或停流法测量和流动混合法测量。

① 安瓿瓶法测量。有三种大小不同的不锈钢安瓿瓶，容积分别为1ml、4ml、25ml。容量为25ml的安瓿瓶不需要用参比样，所以使用单一检测器的测量筒。安瓿瓶用安瓿瓶提升器放入测量筒上半部，待试样的温度达到后平衡一段时间（和水浴温度相同），然后把试样降落到测量杯中，参比样的安瓿瓶用完全相同的方法处理，然后测量检测器的输出即可，见图7-13和图7-14。

② 流动法或停流法测量。当被测量试样是液体时，液体可以用蠕动泵从外面输入到测量杯中去，在液体流到测量杯之前，它先流经螺旋管，以使液体达到预定温度的要求，达到平衡后才到检测器内进行测量，检测器输出的信号和流速有关，因为流速变化实质上是试样流过容积的变化。

该仪器也可用于液体试样静态测量，只不过把试样由蠕动泵打入测量杯中，使液体在静止情况下测量即可，此法称为停流法，见图7-15。

③ 流动混合法测量。两种不同的液体在测量杯底部的混合池内混合，然后通过一个螺旋管流出，混合池有收敛式的进口管以加强混合效果，混合液绕测量杯外边流出，见图7-16。

2. TAM Air 八通道微量量热仪

TAM Air 八通道微量量热仪与传统 TAM 2277 热导式微量量热仪用水浴控温有所不同，TAM Air 通过循环恒温空气来控制体系温度，其特点主要体现在输出数据的自动化和制冷

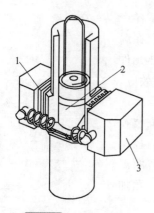

图 7-13 安瓿瓶测量

1—热电堆；2—不锈钢安瓿瓶；
3—金属热块

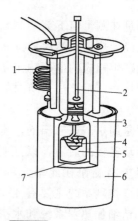

图 7-14 单通道测量筒

1—干气体净化管；2—安瓿瓶提升器；3—热块；
4—4ml安瓿瓶；5—测量筒；6—不锈钢体；7—热电堆

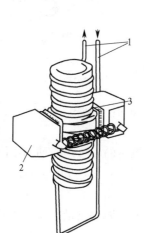

图 7-15 流动测量

1—流动管；2—金属热块；3—热电堆

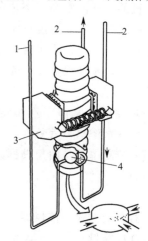

图 7-16 流动混合法测量

1—输入流动管；2—输出流动管；
3—金属热块；4—混合流动池

系统的简易化。

该仪器有 8 个通道，采用安瓿法进行测量，可以同时测量 8 个不同的试样，也可以在配装滴定单元后进行滴定实验。该仪器的精度为 $\pm 10\mu W$、工作温度为 $5\sim 60°C$、恒温稳定性为 $\pm 0.02°C$，检测极限为 $2\mu W$。

（1）仪器原理及构造 该仪器是一种热导式量热仪，根据热流原理，使试样因物理变化或化学反应所产生的热迅速流向维持在恒温的环境。仪器中每个通道包括两个测量筒（A为试样，B为参比），其中有两个赛贝克热传感器，一个在试样筒下面，另一个在参比筒下面。试样和环境之间温差引起的热交换主要通过热流传感器，相应地在该传感器中形成一个正比于热流速度的电势信号。参比中装有比热容相同的试样物质，二者实行孪生式对接，以便消除因外界温度波动产生的噪声。

该仪器的外面是一个绝热层，用来维持系统内部的稳定，其内部的温度控制是通过一个连接控温棒的铂耳模块来实现的。铂耳模块的作用是根据来自探温棒的信息加热或制冷（制冷用半导体制冷）。当探测棒检测的温度低于设定的温度时，铂耳模块就开始加热，反之则开始制冷。量热单元用一个矩形钢制盒子装着，它和铂耳模块之间有一个风扇，用来使体系内的空气不断循环，以维持整个体系的温度。

（2）测量方式　可分为安瓿瓶法测量和滴定法测量。

① 安瓿瓶法测量　试样放在体积为 24ml 的玻璃安瓿瓶中，参比物同样放在另一个 24ml 的玻璃安瓿瓶中，把试样安瓿瓶放在 A 测量筒中，参比物安瓿瓶放在 B 测量筒中。安瓿瓶用安瓿瓶提升器放入测量筒上半部，待试样和参比物的温度达到平衡（和空气浴温度相同），把试样和参比安瓿瓶降落到测量杯中，然后测量检测器的输出即可。

② 滴定法测量　该测量单元可以单独配装。滴定单元包括 24ml 玻璃安瓿瓶、注射器和搅拌器等部分。在玻璃安瓿瓶中放入一种试样，在注射器中放入另一种试样，当预热达平衡时，把注射器中的试样按一定数量滴入玻璃安瓿瓶中的另一试样中，然后进行搅拌，以利于反应。仪器可以自动记录这一过程的热效应。

3. TAM Ⅲ多通道微量量热仪

该仪器比 TAM 2277 有许多的新特性：高灵敏度以及超强的稳定性；在原有等温测量的基础上，增加了步进式升温测量以及连续慢升、降温扫描模式；在热导式的基础上增加了功率补偿模式；多试样测量，最多可同时测量 48 个试样；多用途性，在一台仪器上可同时做不同类型的试验；主机一体化设计，友好操作界面；全新开发的 TAM Assistant 软件，可控制实验并对实验数据进行分析评估。

4. 主要实验类型及研究领域

主要实验类型有：安瓿瓶测量，观测物理和化学的稳定性、兼容性；相对湿度注入实验，观测湿度对物理、化学反应过程的影响；滴定实验，研究物质的配位拟合及分子间的相互作用；溶解热测定；液体-液体、液体-气体的流动混合实验。

主要研究领域：生命科学、药品研究、材料科学及普通化学。

二、法国 Setaram 公司生产的 Micro DSC Ⅲ微量量热仪

法国 Setaram（塞塔拉姆）公司生产的 Micro DSC 微量量热仪，它是根据法国化学家 K. Calvet 教授提出的热导式微量量热仪原理设计而成的产品，早年型号为 C 80，近年来生产出 Micro DSC 系列高灵敏度微量量热仪，它既有热分析仪的功能，又有量热仪的功能。该仪器是在 Micro DSC Ⅲ型上经过结构简化及一体化后所生产出的新型系列仪器，仪器特点是体积比原先小，其外部水浴与仪器合为一体，使整个仪器的温度适用范围更宽（-20～120℃），但灵敏度略低于 Micro DSC 型，而且只有标准、混合和安瓿瓶用三种试样池[8,9]。

1. 仪器的原理及结构

Micro DSC Ⅲ型微量量热仪是由 32 位专用计算机控制系统对其进行恒温、升温、降温控制的。扫描速度为 0.001～1.2℃/min。由于它的镀金量热块导热性能非常好，所以其长时间恒温稳定性为 0.001℃左右。该仪器可以作普通的差热扫描降温用，具有超恒温稳定性和超慢速扫描特征。该仪器的加热-制冷系统是由与量热块结为一体的半导体加热-制冷器组成。当半导体器件通入正方向电流时为加热状态，当通入反方向电流时为制冷状态。因本身制冷系统可达到室温以下，0℃或加入外循环水浴可达最低温度-20℃。

Micro DSC Ⅲ型微量量热仪的检测系统不是由普通的 DSC 的单热电偶或单铂热电阻组成的，它是由特制的卡尔维环绕热电堆组成的检测器，分别把整个试样池和参比池包围起来，可以把几乎所有的热变化（95%以上）全部检测出来，因此它的精密度及模拟重复实验的准确度都较高，可以作为微量量热仪进行实验。

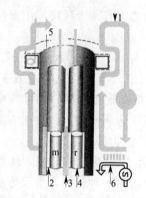

图 7-17 微量量热仪的原理结构示意图

1—量热块外部热循环交换系统；2—镀金量热块；3—ALVIT（卡尔维）热流型多组热电偶检测装置（热电堆）；4—试样与参比池；5—外部液体（气体）引入热稳定装置；6—外部恒温循环水浴

DSC Ⅲ型微量量热仪的量热块是由导热性非常好的镀金量热块制作的，见图 7-17。该仪器由几个部分组成，各部分的作用如下。

（1）量热块外部热循环交换系统　把量热块的热量与进行热交换的外界空气或恒温水浴隔开，以便减少外界环境对其内部测量的影响。

（2）镀金量热块　该金属热块的作用是把加热、冷却的温度非常好地传给试样与参比池。

（3）ALVIT（卡尔维）热流型多组热电偶检测装置（热电堆）　热电堆的作用是把试样与参比物的微热量变化检测出并转为电信号输出，同时把量热块热量传给试样-参比池。

（4）试样与参比池　由两个体积、形状完全一样的特殊耐腐蚀合金材料制成。还有其他不同类型试样池以适用于不同应用领域的需要。

（5）外部液体（气体）引入热稳定装置　当需要外部液体（气体）流入试样-参比池（循环）时，该装置可使其进入试样-参比池前进行热稳定，以减少外界与试样-参比物之间的温差影响。

（6）外部恒温循环水浴　在仪器需用在 0℃以下实验时必须选用，用于 0℃以上温度时可以提高仪器稳定性，减少环境温度的影响。

2. 仪器测量方式

该仪器由多种专用实验用试样池组成，分别为标准池、液体（气体）循环池、液体比热容池、混合池、安瓿瓶试样池和焦耳热效应检验池 6 种。

3. 主要实验类型及研究领域

Micro DSC Ⅲ型（微量差示扫描量热仪）既可用于研究试样的变温热分析，也可进行等温效应的准确测量，具有一机多用的功能，应用领域十分广泛。在等温热测量方面的应用主要有：药物赋形剂配伍性、不稳定物质的稳定性、药物产物的稳定性、细菌繁殖、发酵作用、酶反应、生热作用等。

三、美国 Calorimery Science Corporation 生产的 CSC4400 微量量热仪

CSC 4400 等温微量量热仪是由美国 Calorimery Science Corporation 生产。该仪器由测量单元和恒温浴槽组成，测量单元是一个铝制筒，放在恒温浴槽中，该仪器在 24h 可稳定温度为±0.0005℃，检测极限为±0.1μW[10]。

1. 仪器原理及结构

CSC 4400 等温微量量热仪是由测量单元和恒温系统组成的。测量单元是一个测量通道热量的铝制测量筒，当发生在一个测量筒的任何过程产生或吸收热量时，它会与恒温的浴槽全部交换热量，使在试样中的热量变化和浴槽之间温度不同，安装在试样和铝片组之间的热电传感器会产生与温度梯度成比例的电势差，这一温度梯度直接与热量相关。

当用一个参比单元来校正电子噪声和由于浴槽中的温度波动而产生任何热量时，仪器的两个测量池（试样池和参比池）的不同信号与从试样自身产生的热量是相符的。CSC 4400 等温微量量热仪的恒温浴槽是由一个 44L 的浴槽和一个等温控制器组成，低温（－40～

80℃）等温量热仪配有一个 7238 型浴槽，中温（0～100℃）和高温（0～200℃）配有 6238 型浴槽。

该仪器由下列几个部分组成。

（1）测量单元　测量单元是仪器中进行热量测量的部分，标准的测量单元有 2 个或 4 个直径 3.81cm、长 7.315 cm 的测量筒或测量池，其他测量池的尺寸和形状是根据需要而设计的，测量单元附在恒温浴槽盖上，装在浴槽内。

（2）盖和支通道　进口盖是用塑料盖在测量通道的进口管子上，每个通道都有一个盖子，支通道是由镀有不同层次的铝的镍平板组成，标准的测量单元每个通道都有 3 个支通道。

（3）进口盖工具　进口盖工具是一根直径为 0.318cm、长 35.56cm 的不锈钢杆，用来插进支通道中。

（4）恒温浴槽　恒温浴槽由一个浴槽和一个等温控制器组成，用来控制调节实验温度。

2. 仪器测量方式

CSC 4400 等温微量量热仪有两种测量方式：滴定测量和混合流动法测量。

（1）滴定测量　滴定测量包括几个部件：两个哈斯特莱镍基合金配件，一个附属电子控制器，一个滴定管驱动器，两个滴定管注射器（1.0ml 和 2.5ml），两个搅拌器，两根聚四氟乙烯的输送管。

（2）混合流动法测量　混合流动法测量包括一个哈斯特莱镍基合金的混合流动反应池，一个哈斯特莱镍基合金流动吸附池，一个附属电子控制器，两个高压力、低容量的蠕动泵，两个搅拌器，两个 3.0ml 玻璃吸附底座筒，一个反向压力调节器。

3. 主要实验类型及研究领域

CSC 4400 恒温微量量热仪可进行等温热效应的准确测量，也可进行滴定和流动混合法实验。该仪器已广泛应用于生物学、生物化学，尤其是复杂生物体系的新陈代谢研究。主要研究领域有：药物（贮藏期限、分解反应、水合结晶、赋形剂适用性），化学制剂（稳定性、适用性、水合、热危害性），爆炸物（贮藏期、危险性估计、分解机理、适用性、稳定性），表面化学（润湿溶质吸附、表面积、酸/碱、光化学），生物/微生物（植物、动物的细胞代谢，生长速度，药物和代谢产物的相互作用，发酵，呼吸作用，光合作用），聚合物、颜料、催化剂等其他材料以及观测金属腐蚀、纸张变旧等。

四、中国产 RD496 型微量量热仪

中国核工业部第九研究院五所生产的 RD496 微量量热仪是根据 Tian-Calvet 原理制作的热导式微量量热仪。该仪器有极高的灵敏度，能检测 μW 级热流，即相当于 $10^{-6}℃$ 级的温差。仪器具有良好的稳定性，实验温度范围较宽，为 -196～200℃，能较快地达到热平衡状态。仪器配用的反应池尺寸适中，较易设计成各种反应所需的结构，也容易实现反应中必需的某些动作。仪器有良好的密封性，量热部分的气氛可人为控制，适应于测量记录实验过程中热量的变化，并特别适用于测量微小的缓慢的热量变化[11]。

1. 仪器原理与结构作用

RD496 型微量量热仪由主体、温度控制部分、能量标定部分、实验记录部分、真空部分、反应器等部分组成。

量热仪主体中的量热单元由两个对称性很好的热电堆和量热容器组成，热电堆以示差方法连接。当主体温度恒定时，两个量热单元的内、外界面维持一个恒定的热流，此时在两示差热电堆上产生的热电势值大小相等、方向相反，示差电势等于零。若在两个量热单元中分

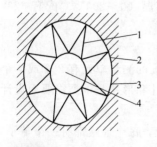

别放入参比物和待测物的试样时，在主体温度恒定且试样没有发生任何明显变化前，示差电势始终为零或者维持在某一恒定值。但是当实验试样发生物理或化学变化后，测量单元内外界面之间的热流量就要高于（放热反应）或低于（吸热反应）参比单元，用记录系统连续地记录出热电势随时间变化的曲线和曲线下的面积以及所对应的温度，作为研究该过程的热化学和热动力学依据。

热流探测器是装在热室与匀热块之间由 496 对热电偶构成的热电堆，见图 7-18。

仪器结构示意见图 7-19 和图 7-20，分别叙述如下。

图 7-18 **热流探测器示意图**
1—热电堆；2—外界面；
3—内界面；4—量热室

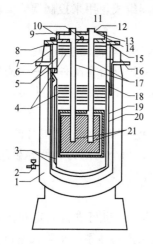

图 7-19 **RD496 型量热仪结构示意图**
1—外保温腔；2—真空阀；3—内炉筒；
4,5—热阻片；6—氮气出口；7—快速降
温阀；8,11,12,14,15—密封圈；
9—盖加热板；10—盖温探测；13—配电盘；
16—液氮入口；17—量热通道；18—液面探测器；
19—匀热块；20—加热筒；21—热流探测器

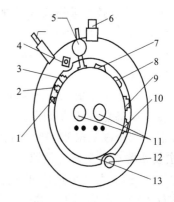

图 7-20 **RD496 型量热仪示意顶视图**
1—炉腔排气；2—排气口；3—进气口；
4—CZ 面；5—炉腔真空；6—氮气出口；
7—CZ1 测量；8—CZ2 盖控温；9—CZ3；
测温；10—CZ4 加热；11—量热通道；
12—快速降温；13—配电盘

外保温腔是一个双层密封的杯形圆筒，夹层中填充有优良的保温材料，腔内气体通过真空阀与外部联系。内炉筒是一个多层杯形圆筒，它依靠密封圈与外保温腔密封配合，内炉筒底部有小孔，在快速降温时可打开快速降温阀，使液氮流入内炉筒的夹层内使降温过程加速，筒体上部有多层热阻片以利保温。内外炉筒之间的空腔为液氮腔，有液氮入口及氮气出口，与外部相通。

量热部分依靠的配电盘将整个量热部分悬吊在炉体中央，由密封圈完成量热部分的密封，以利于构成理想的实验气氛。在炉体中心部位是悬吊着的电加热筒包裹着的匀热块，它们通过量热通道与上部相通，上下之间有多层热阻片隔热以利保温。加热筒上绕有电热丝，加热加热筒，使匀热块能均匀地升温。匀热块是一个有很大热容及良好导热性的金属块，它为热流探测器提供了作测量用的外界面。匀热块的温度由加热筒严格地控制。"测量"和"参比"两个热流控制器对称地安装其中。匀热块上还装有测温铂电阻，以测量匀热块的温度。

2. 仪器测量方式

仪器可用于比热容等材料参数测定、高聚物结构研究等。仪器可用于恒温下量热测量，不论何种热量测量，一般都应将试样放入试样池内，再将试样池放入量热室中。

3. 主要实验类型及研究领域

仪器能连续地测量各种物理化学过程中的热效应，如熔化、凝固、晶型转变、吸附、解吸、溶解、稀释、结晶、氧化、还原、水解、化合、高分子材料的固化、玻璃态转变、放射性物质的衰变等各种转变、反应的热效应。它广泛地应用于与有机化学、高分子化学、生物化学、化学工程、药物、冶金、地质等各个领域有关的国防科研生产部门以及高等院校等。

第五节　影响量热测量的实验因素

微量量热仪有不同的测量方式，所以不可能很容易地预测各种实验因素（温度、气氛、样品、环境）的影响，找寻实验因素所在的第一步是按仪器的技术性能对它进行运行检验。这类仪器的主要问题常出现在测量样品和仪器周围的环境上。假若仪器达不到其运行的技术要求，而使用者又找不出出现故障的原因，则应请公司服务人员来排除其故障。

一、温度对量热分析实验结果的影响

温度对量热实验结果的影响很大，一般用多级恒温，达到恒温的目的。浴槽中的浴液选择，如果仪器在5～80℃之间运行，水是最好的液体，其他温度通常要求乙二醇和水的混合物或者是油。用水的时候可加微生物剂，防止藻类在水中生长，特别注意一定不要将液体弄到量热仪测量系统内。

二、气氛对量热分析实验结果的影响

仪器在低于室温的情况下运行时，需要用干燥净化的气体来防止系统内部水蒸气凝结或者灰尘的污染，用氮气或氩气都可以。在低于0℃以下时必须使用保护用干燥氮气，以避免量热块周围凝结水蒸气损坏仪器。在通常实验中也应该使用氮气，可以使加热更均匀并减少扰动影响。在实验停止并降到室温后可关闭保护气体。

三、样品对量热分析实验结果的影响

实验样品不得与不锈钢样品池有任何物理化学反应，要防止样品产生气体而使样品池发生形变。对于溶液样品，要浓度均匀。对浮液中的固体试样，粒径要一致。对一般固体要粉碎，使试样颗粒粒径一致。

四、空间环境对量热分析实验结果的影响

等温微量量热仪需要至少2m×2m地面空间，这样一个空间应该靠近实验台，以便于适用控制电子设备、监测器等各种各样的量热仪的附件。

仪器在实验过程中，环境温度偏离应该不超过±1℃，不应该直接放在加热或冷却的通风的通道口处。

仪器需要接地单相电源和三根导线的电缆线，操作电压和频率决定于工作单元，典型的是115V60Hz或者是230V50Hz。

参 考 文 献

[1]　刘振海，徐国华，张洪林. 热分析仪器. 北京：化学工业出版社，2006.

[2]　汪存信，程慧源. 量热法. 化工百科全书. 第10卷. 北京：化学工业出版社，1996.

[3] 刘振海，徐国华，张洪林等. 热分析与量热仪及应用. 第 2 版. 北京：化学工业出版社，2011.

[4] 张洪林，杜敏，魏西莲. 物理化学实验. 青岛：中国海洋大学出版社，2009.

[5] 山东大学等校合编. 物理化学实验. 济南：山东大学出版社，1999.

[6] 胡英. 物理化学参考. 北京：高等教育出版社，2003.

[7] 瑞典 Thermometric AB 公司的产品介绍说明书.

[8] 法国 Setaram 公司的 Micro DSC 微量量热仪说明书.

[9] 张有民，王保怀，杨青青. 现代科学仪器，1997，3：52.

[10] 美国 CSC4400 仪器说明书.

[11] 中国 RD496 仪器说明书.

第八章　量热分析的各种测量方式

当体系发生物理变化、化学反应和生物代谢过程时，就会放出或吸收热量。热量的大小与变化过程有关。产生的热量包括燃烧热、生成热、中和热、混合热、水解热、溶解热、稀释热、结晶热、浸润热、脱附热、代谢热、呼吸热、发酵热、熔化热（凝固热）、蒸发热（凝结热）和升华热等。

精确的热数据原则上都可通过量热学实验获得，量热学实验是通过量热仪进行测量的。由于各种过程的热效应差异很大，热效应出现的形式不同，出现了各种形式的量热仪和各种测量方式（诸如样品池方式、流动测量方式、滴定测量方式）。

第一节　各种物理化学性质的样品池方式测量

仪器有多种专用实验用样品池，分别为标准池、液体（气体）循环池、液体比热池、混合池、安瓿样品池和焦耳热效应检验池等[1~4]。

一、标准池

该池用特殊耐腐蚀材料 Hastelloy C 制成。它比不锈钢材料硬而且耐腐蚀性高几百倍，可承受强酸、强碱溶液（不包括含有硝酸根的溶液）。该池设计为密封型，其内部可承受的最大压力为 2MPa。

标准池做固体样品实验时，其参比池通常是空的（空气），做固体样品水溶解实验时，通常要先放固体样品至底部，然后缓慢地用滴管沿管壁加入溶液，并且不能晃动使其缓慢溶解。做液体样品实验时，参比池一般要放置与样品相同体积的二次蒸馏水。

二、液体(气体)循环池

液体（气体）循环池分单循环池和混合循环池两种。单循环池液体为外部进入后至样品池底部向上循环至样品池上部的外部出口。混合样品池为两种不同液体进入样品池上部后开始混合，其混合液从样品池下部输出至外部出口。

单循环池可以用于一种单一液体循环，可以在循环过程中从外部不断改变溶液浓度配比或加入另一种液体看其混合后的变化。还可以事先在样品池内放入固体、液体、粉末状样品，在所需温度条件下再从外部引入液体或气体进行混合循环，从而可观察循环、混合溶解等过程对样品的影响。

混合循环池主要用于两种液体（也可适用于气体）在样品池内混合。两路液体可以在外部被改变浓度或停止一路输送以求得不同混合或不混合时的不同热效应的变化。

为避免流动扰动对检测的影响，严格说在样品池与参比池间应该以同样的流速输入样品及参比物。做循环实验时，需加入循环温度稳定盘，否则外部液体直接进入样品池，将会产生较大的扰动（随温差及流速不同而影响不同），以致影响实验数据结果的准确性及稳定性。

三、液体比热池

该池是一个封闭的内部容积为 1.3ml 专用于测液体的比热池。实验时参比池总是空的

（空气），但样品池输出端要接入 1.5m 高的悬空细管，输入端用专用 5ml 注射器向样品池内注入所测液体，直至 1.0m 高的输出管流出液体为止，注射器内应保留约 1ml 液体并保持在整个实验过程中不动。实验时应首先做空白实验一次，然后再在样品池内充液后做一遍样品实验，所得两次结果用软件相减后可由公式计算出比热容值。

四、混合池

混合池可以做液-固、液-液等混合实验并有混合搅拌功能。将实验用固体或液体样品放入样品池的下部，其上部小池内可以由注射器注入另一种液体样品。空参比池或只在上部小池内放入液体样品。当达到所需实验条件后，从外部同时按下样品及参比池压杆，使由密封橡胶圈封闭的样品池向下打开，液体流入样品池内同另一种物质混合。在混合期间，可用双手同时来回转动样品池和参比池压杆，使下部带凸槽密封压杆底部起搅拌器作用，加速样品更好地混合。

五、焦耳热效应检验池

校正实验内密封有标准铂热电阻（样品与参比池完全一样）。当由外部输入标准电压和电流时，按照焦耳热功率公式，放出标准热量以标定仪器，用标准焦耳检验池配合焦耳校正仪可使仪器的量热标准非常准确稳定，不受外界条件的影响，其结果远优于用标准样品方式所校验的仪器，而且可以连续地在整个仪器温度范围内进行校验。

六、安瓿样品池

安瓿法测量有三种不同大小的不锈钢安瓿，即容积为 1ml、4ml、25ml。容量为 25ml 的安瓶不需要用参比样品，所以使用单一检测器的测量筒。把安瓿用安瓿提升器放入测量筒上半部，待样品的温度达平衡一段时间（和水浴温度相同），然后把样品降落到测量杯中，参比样品的安瓿用完全相同的方法处理，然后测量检测器的输出即可（见图 7-13 和图 7-14）。

第二节　各种物理化学性质的流动方式测量

流动测量方式包括停流测量、单流动测量、混合流动测量方式[1]。

一、停流测量法

若液体样品的测量是在静止状态进行的，液体可以用蠕动泵从外面输入到测量杯中去，在液体流到测量杯之前，先流经螺旋管，以使液体达到预定温度的要求，达到平衡后输入检测器内，使液体在静止情况下测量即可，此法称为停流法（见图 7-15）。

二、单流动测量法

当被测量样品是液体时，液体可以用蠕动泵从外面输入到测量杯中去，在液体流到测量杯之前，它先流经螺旋管，以使液体达到预定温度的要求，达到平衡后才到检测器内进行测量，检测器输出的信号和流速有关，因为流速变化实质上是样品流过容积的变化，此法称为单流动法。

三、混合流动测量法

测量仪器包括一个哈斯特莱镍基合金的混合流动反应池，一个哈斯特莱镍基合金流动吸附池，一个附属电子控制器，两个高压力、低容量的蠕动泵，两个搅拌器，两个 3.0ml 玻璃吸附底座筒，一个反向压力调节器。

混合流动测量时把混合流动池和流动吸附池都放到等温量热仪中，流动吸附池作为参比池，混合流动池作为样品池。把一根细管从其中一个泵的出口连到流动设备的入口 A 上，另一根细管从第二个泵的出口连到流动设备的入口 B 上，第三根细管从流动设备的混合出口连到反向压力调节器的底部。在蠕动泵上设置流动速度，使要在量热仪中混合的溶液装进容器，在开始实验前确保等温量热仪和附属设备都达到平衡，然后开动蠕动泵，使溶液进入混合流动池，仪器记录混合流动时的热效应，见图 7-16。

第三节　各种物理化学性质的滴定方式测量

滴定法测量仪器包括几个部件，两个哈斯特莱镍基合金配件，一个附属电子控制器，一个滴定管驱动器，两个滴定管注射器（1.0ml 和 2.5ml），两个搅拌器，两根聚四氟乙烯的输送管[1]。

进行滴定测量时先将一根电线从附属电子控制器连接到搅拌电机上，另一根从附属电子控制器连到滴定管驱动器上。搅拌器从池子底部插入向上穿过支路直到穿出进口盖的顶部，然后连在搅拌电机上，确定搅拌器不会碰到池子的内壁。要滴定一种样品，必须将装有样品的器皿装置放入量热仪，把注射器插到滴定管支架上，并吸满滴定液，准备完毕并恒温之后，把滴定液滴入样品中，仪器开始记录热效应。

该测量单元可以单独配装。滴定单元包括 1ml、4ml、24ml 安瓿和注射器、搅拌器等部分。在安瓿中放入一种样品，在注射器中放入另一种样品，当预热达平衡时，把注射器中的样品按一定数量滴入安瓿中的另一样品中，然后进行搅拌，以利于反应。仪器可以自动记录这一过程的热效应，见图 8-1。

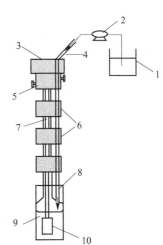

图 8-1　滴定安瓿测量示意图

1—滴定液；2—蠕动泵；3—搅拌电机；4—输送管；5—装配管；6—固定件；7—搅拌轴；8—安瓿盖圈；9—4ml 安瓿；10—搅拌涡轮

参 考 文 献

[1] 瑞典 Thermometric AB 公司的产品介绍说明书.
[2] 法国 Setaram 公司的 Micro DSC 微量量热仪说明书.
[3] 美国 CSC4400 仪器说明书.
[4] 中国 RD496 仪器说明书.

第九章　各种物理性质的量热分析测量

各种物质的物理性质的数据的一个重要来源是量热实验，如物质的燃烧热、溶解热、解离热、相变热、吸附热等许多热力学数据。

量热是以热力学第一定律为基础，在量热仪中进行的一种以热为能量转换形式的能量测量，从本质上说是一种替代法。

热效应的实验方法有两种：一是直接测量法，用仪器可直接测量出某种过程的热量 Q_V 或 Q_p；二是间接测定法，通过测量与热量有关的某些物理量，间接计算出热效应。

第一节　固体可燃物燃烧热的测定

物质的燃烧热是指单位质量的物质在氧气中完全燃烧时的热效应。若燃烧在等容下进行称等容燃烧热（Q_V），在等压下进行称等压燃烧热（Q_p）。测定燃烧热的氧弹式量热仪是重要的热化学仪器[1]。

等压燃烧热（Q_p）与等容燃烧热（Q_V）可通过下式进行换算，

$$Q_p = Q_V + \Delta nRT \tag{9-1}$$

式中，Δn 为反应前后生成物与反应物中气体的物质的量之差，mol；R 为摩尔气体常数；T 为反应温度，K。

在盛有定量水的容器中，放入内装有一定量固体燃烧物和氧气的密闭氧弹，然后使样品完全燃烧，放出的热量通过氧弹传给水及仪器，引起温度升高。通过测量介质在燃烧前后温度的变化值，可计算出等容燃烧热，其计算公式为

$$Q_V = -K(t_{终} - t_{始}) = -K\Delta T \tag{9-2}$$

式中，负号是指体系放出热量；K、T 均为正值，K 为样品等物质燃烧放热使水及仪器每升高 1℃ 所需的热量，称为水当量。

当氧弹中的样品开始燃烧时，内筒与外筒之间有少许热交换，因此不能直接测出初温和最高温度，需要由温度-时间曲线（即雷诺曲线）进行确定，由此可见 AC 两点的温差较客观地表示了由于样品燃烧致使量热计温度升高的数值，如图 9-1 和图 9-2 所示。

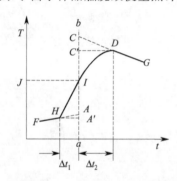

图 9-1　绝热较差时的雷诺校正图

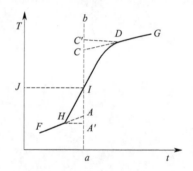

图 9-2　绝热良好时的雷诺校正图

（一）实验部分

1. 水当量的测定

水当量的求法是用已知燃烧热的物质（如苯甲酸）放在量热仪中燃烧，测定其始、终态温度。一般来说，对不同样品，只要每次的水量相同，水当量就是定值。除样品燃烧放出热量引起系统温度升高以外，其他因素如燃烧丝的燃烧，氧弹内 N_2 和 O_2 化合并溶于水形成硝酸等都会引起体系温度变化。在精确实验测量中，对这些因素必须进行校正。

2. 测定固体可燃物的燃烧热

称取一定量的固体燃烧物，重复上述步骤进行测量。

（二）数据处理

1. 将实验条件和原始数据列表记录。

燃烧丝的质量：　　残丝质量：　　苯甲酸质量：　　外筒水温：　　温差读数：　　室温：

前期温度每30s读数	燃烧期温度每30s读数	后期温度每分钟读数
1		
2		

2. 由实验数据分别用作图法求出苯甲酸、固体燃烧物燃烧前后的 $t_始$ 和 $t_终$。

3. 由苯甲酸数据，用式(9-2)求出水当量 K。

4. 求出固体燃烧物的等容燃烧热（Q_V）及等压燃烧热（Q_p）。

第二节　可燃液体的燃烧热和苯分子的共振能测定

可燃液体样品既无固定形状又容易挥发，液体样品可放在特制的容器中燃烧，测定液体燃烧热可在氧弹式量热仪中进行。

苯分子是一个典型的共轭分子，形成大 π 键。共振能 E 可以用来衡量一种共轭分子的稳定性，通过热化学实验可求得苯的共振能[2,3]。

苯、环己烯和环己烷三种分子都含有碳六元环，环己烯和环己烷的燃烧热 ΔH 的差值 ΔE 与环己烯上的孤立双键结构有关，它们之间存在下述关系：

$$|\Delta E| = |\Delta H_{环己烷}| - |\Delta H_{环己烯}| \tag{9-3}$$

如将环己烷与苯的经典定域结构相比较，两者燃烧热的差值似乎应等于 $3\Delta E$，事实证明：$|\Delta H_{环己烷}| - |\Delta H_苯| > 3|\Delta E|$。

显然，这是因为共轭结构导致苯分子的能量降低，其差额正是苯分子的共振能 E。

即满足：
$$|\Delta H_{环己烷}| - |\Delta H_苯| - 3|\Delta E| = E \tag{9-4}$$

将式(9-3)代入式(9-4)，再根据 $\Delta H = Q_p = Q_V + \Delta nRT$，经整理可得到苯的共振能与等容燃烧热的关系式：

$$E = 3|Q_{V,环己烯}| - 2|Q_{V,环己烷}| - |Q_{V,苯}| \tag{9-5}$$

苯共振能的获得也可以通过测定一组物质的燃烧热来求算，如：邻苯二甲酸酐、四氢邻苯二甲酸酐和六氢邻苯二甲酸酐都是可选用的物质，而且因它们都是固体，测定更为方便。

（一）实验部分

可燃液体样品放在特制的可以燃烧的带盖塑料容器中（如药用胶囊），用燃烧丝绕在塑料容器上，并用内径比胶囊外径大 1.5～1.0mm 的薄壁玻璃管套于装好样品的胶囊之外，点火后燃烧，见图 9-3。可得到该样品和塑料容器一块燃烧的等容燃烧热，然后再使塑料容器单独燃烧，可得到该塑料容器的等容燃烧热，两者之差，即为可燃液体样品的燃烧热。进而计算可得到该样品的等容摩尔燃烧热。

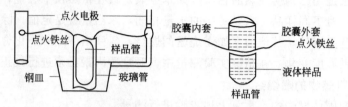

图 9-3 胶囊套玻璃管装置示意图

（二）数据处理

数据处理与固体可燃物的燃烧热的测定的数据处理同，见第一节。

第三节 溶解热、稀释热的测定

关于溶解过程的热效应的几个基本概念（溶解热、积分溶解热、微分溶解热、稀释热、积分稀释热、微分稀释热）见第一章第二节。积分溶解热 Q_S 可由实验直接测定，其他三种热效应则通过 Q_S-n_0 曲线求得[1]。

设纯溶剂和纯溶质的摩尔焓分别为 $H_m(1)$ 和 $H_m(2)$，当溶质溶解于溶剂变成溶液后，在溶液中溶剂和溶质的偏摩尔焓分别为 $H_{1,m}$ 和 $H_{2,m}$，对于由 $n_1 \text{mol}$ 溶剂和 $n_2 \text{mol}$ 溶质组成的体系，在溶解前体系总焓为 H。

$$H = n_1 H_m(1) + n_2 H_m(2) \tag{9-6}$$

设溶液的焓为 H'，

$$H' = n_1 H_{1,m} + n_2 H_{2,m} \tag{9-7}$$

因此溶解过程热效应 Q 为：

$$Q = \Delta_{mix}H = H' - H = n_1[H_{1,m} - H_m(1)] + n_2[H_{2,m} - H_m(2)] = n_1 \Delta_{mix}H_m(1) + n_2 \Delta_{mix}H_m(2) \tag{9-8}$$

式中，$\Delta_{mix}H_m(1)$ 为微分稀释热；$\Delta_{mix}H_m(2)$ 为微分溶解热。根据定义，积分溶解热 Q_S 为

$$Q_S = \frac{Q}{n_2} = \frac{\Delta_{mix}H}{n_2} = \Delta_{mix}H_m(2) + \frac{n_1}{n_2}\Delta_{mix}H_m(1) = \Delta_{mix}H_m(2) + n_0 \Delta_{mix}H_m(1) \tag{9-9}$$

在等压条件下，$Q = \Delta_{mix}H$，对 Q 进行全微分：

$$dQ = \left(\frac{\partial Q}{\partial n_1}\right)_{n_2} dn_1 + \left(\frac{\partial Q}{\partial n_2}\right)_{n_1} dn_2 \tag{9-10}$$

式(9-10)在比值 n_1/n_2 恒定下积分，得

$$Q = \left(\frac{\partial Q}{\partial n_1}\right)_{n_2} n_1 + \left(\frac{\partial Q}{\partial n_2}\right)_{n_1} n_2 \tag{9-11}$$

式(9-11)以 n_2 除之

$$\frac{Q}{n_2} = \left(\frac{\partial Q}{\partial n_1}\right)_{n_2} \frac{n_1}{n_2} + \left(\frac{\partial Q}{\partial n_2}\right)_{n_1} \tag{9-12}$$

因 $\quad \dfrac{Q}{n_2} = Q_S \qquad \dfrac{n_1}{n_2} = n_0 \qquad$ 则 $Q = n_2 Q_S \qquad n_1 = n_2 n_0 \tag{9-13}$

$$\left(\frac{\partial Q}{\partial n_1}\right)_{n_2} = \left[\frac{\partial (n_2 Q_S)}{\partial (n_2 n_0)}\right]_{n_2} = \left(\frac{\partial Q_S}{\partial n_0}\right)_{n_2} \qquad (9\text{-}14)$$

将式(9-13)、式(9-14)代入式(9-12)得:

$$Q_S = \left(\frac{\partial Q}{\partial n_2}\right)_{n_1} + n_0 \left(\frac{\partial Q_S}{\partial n_0}\right)_{n_2} \qquad (9\text{-}15)$$

$$\Delta_{mix} H_m(1) = \left(\frac{\partial Q}{\partial n_1}\right)_{n_2} \quad \text{或} \quad \Delta_{mix} H_m(1) = \left(\frac{\partial Q_S}{\partial n_0}\right)_{n_2}$$

$$\Delta_{mix} H_m(2) = \left(\frac{\partial Q}{\partial n_2}\right)_{n_1}$$

以 Q_S 对 n_0 作图,可得图 9-4 的曲线。在图中,AF 与 BG 分别为将 1mol 溶质溶于 n_{01} mol 和 n_{02} mol 溶剂时的积分溶解热 Q_S,BE 表示在含有 1mol 溶质的溶液中加入溶剂,使溶剂量由 n_{01} mol 增加到 n_{02} mol 过程的积分稀释热 Q_d。

$$Q_d = (Q_S)n_{02} - (Q_S)n_{01} = BG - EG \qquad (9\text{-}16)$$

图 9-4 中曲线 A 点的切线斜率等于该浓度溶液的微分稀释热。

$$\Delta_{mix} H_m(1) = \left(\frac{\partial Q_S}{\partial n_0}\right)_{n_2} = \frac{AD}{CD}$$

切线在纵轴上的截距等于该浓度的微分溶解热。

即

$$\Delta_{mix} H_m(2) = \left(\frac{\partial Q}{\partial n_2}\right)_{n_1} = OC$$

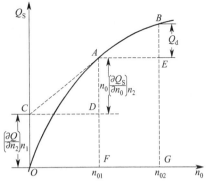

图 9-4　Q_S-n_0 关系图

由图 9-4 可见,欲求溶解过程的各种热效应,首先要测定各种浓度下的积分溶解热,然后作图计算。

(一)实验部分

实验采用绝热式量热仪,它是包括杜瓦瓶、搅拌器、电加热器和测温部件等的量热系统。

利用电热补偿法,测定 KNO_3 在不同浓度水溶液中的积分溶解热,并通过图解法求出其他三种热效应。

① 将称量瓶编号,在台秤上称量,依次加入干燥好并在研钵中研细的 KNO_3,再用分析天平称出准确数据,称量后将称量瓶放入干燥器中待用。

② 用移液管移取 200ml 蒸馏水于杜瓦瓶中,装好量热器,连好线路。

③ 调节稳压电源,使加热器加热,开动搅拌器进行搅拌,当水温恒定后读取准确温度,按下秒表开始计时,同时从加样漏斗处加入第一份样品,然后用塞子堵住加样口。记录电压和电流值,在实验过程中,加入 KNO_3 后,温度会很快下降,然后再慢慢上升,待上升至起始温度时,记下时间,并立即加入第二份样品,按上述步骤继续测定,直至样品全部加完。

(二)数据处理

1. 根据溶剂的质量和加入溶质的质量,求算溶液的浓度,以 n_0 表示

$$n_0 = \frac{n_{H_2O}}{n_{KNO_3}} = \frac{200.0}{18.02} \cdot \frac{W_{累}}{101.1} = \frac{1122}{W_{累}}$$

2. 按每次累积的浓度和累积的热量,求各浓度下溶液的 n_0 和 Q_S。

3. 作 Q_S-n_0 图，并从图中求出 n_0＝80，200 和 400 处的积分溶解热和微分稀释热，以及 n_0 从 80→200，200→400 的积分稀释热。

第四节 中和热、解离热的测定

酸碱发生中和反应时，有热量放出，在一定的温度和压力下，1mol H^+ 和 1mol OH^- 水溶液起反应生成 1mol H_2O 的过程中所放出的热量，就是酸碱中和反应的中和热[1]，也是生成 1mol H_2O 的生成热，即 $\Delta H＝-57.320kJ \cdot mol^{-1}$。

在水溶液中，强酸、强碱是全部电离的，因此中和反应的实质是 $H^+ + OH^- \rule[0.5ex]{1em}{0.4pt} H_2O$，与酸的阴离子和碱的阳离子无关。

但是，弱酸（或弱碱）在水溶液中只是部分电离，因此，当弱酸（或弱碱）与强碱（或强酸）发生中和反应时同时还有弱酸（或弱碱）的不断电离（吸收热量，即电离热）。所以，总的热效应比强碱强酸中和时的热效应要小些，二者的差即相当于弱酸（或弱碱）的电离热。

例如，强碱（NaOH）中和弱酸（HAc）时，则与上述强碱的中和反应不同，在中和反应前，首先要进行弱酸的电离。反应式为：

$$HAc \longrightarrow H^+ + Ac^- \qquad \Delta H_{电离}$$
$$H^+ + OH^- \rule[0.5ex]{1em}{0.4pt} H_2O \qquad \Delta H_{中和}$$

总反应： $\qquad HAc + OH^- \rule[0.5ex]{1em}{0.4pt} H_2O + Ac^- \qquad \Delta H_{总}$

根据盖斯定律得： $\qquad \Delta H_{电离}＝\Delta H_{总}-\Delta H_{中和}$

（一）实验部分

测量热效应是在量热仪中进行的，它包括量热容器、搅拌器、电加热器和温度计（见图 7-3）。

测定中和热实验装置，还可以用来测定溶解热、水化热、生成热、液体的比热容及液态有机物的混合热等热效应，但要根据需要，设计合适的反应池。如中和热的测定，可将装置的漏斗部分换成一个碱贮存器，以便将碱液加入（酸液可直接从瓶口加入），碱贮存器下端可为一胶塞，混合时用玻璃棒捅破，也可以采用合适的样品容器将样品加入。

（二）数据处理

1. 用通电加热法获得量热体系的热容（C），公式为：

$$C＝Q_{电}/\Delta T_{电}＝IVt/\Delta T_{电}$$

式中，C 代表热容；$Q_{电}$ 代表热量；$\Delta T_{电}$ 代表温度变化值；I 代表电流；V 代表电压；t 代表通电时间。

2. 测得中和反应的温度变化值 ΔT，并计算出酸或碱的物质的量 n，中和热可用下式计算：

$$\Delta H＝C\Delta T/n$$

3. 计算出电离热。

第五节 汽化热的测定

汽化热可以通过测定与热量有关的蒸气压间接计算出来。通常温度下（距离临界温度较远时），纯液体与其蒸气达平衡时的蒸气压称为该温度下液体的饱和蒸气压，简称为蒸气压。蒸发 1mol 液体所吸收的热量称为该温度下液体的摩尔汽化热[1]。液体的蒸气压随温度而变化，当蒸气压等于外界压力时，液体便沸腾，此时的温度称为沸点，外压不同时，液体沸点将相应改变，当外压为 101.325kPa 时，液体的沸点称为该液体的正常沸点。

纯液体的饱和蒸气压与温度的关系用克劳修斯-克拉贝龙方程式表示：

$$\frac{\mathrm{d}\ln p}{\mathrm{d}T} = \frac{\Delta_{\mathrm{vap}}H_{\mathrm{m}}}{RT^2} \tag{9-17}$$

式中，R 为摩尔气体常数；T 为热力学温度；$\Delta_{\mathrm{vap}}H_{\mathrm{m}}$ 为在温度 T 时纯液体的摩尔汽化热。

假定 $\Delta_{\mathrm{vap}}H_{\mathrm{m}}$ 与温度无关，或因温度范围较小，$\Delta_{\mathrm{vap}}H_{\mathrm{m}}$ 可以近似作为常数，积分上式得：

$$\ln p = -\frac{\Delta_{\mathrm{vap}}H_{\mathrm{m}}}{R} \times \frac{1}{T} + C \tag{9-18}$$

式中，C 为积分常数。由上式可见，以 $\ln p$ 对 $1/T$ 作图，应为一直线，直线的斜率为 $-\dfrac{\Delta_{\mathrm{vap}}H_{\mathrm{m}}}{R}$，由斜率可求算纯液体的 $\Delta_{\mathrm{vap}}H_{\mathrm{m}}$。

（一）实验部分

1. 装置仪器

实验采用升温法测定不同温度下纯液体的饱和蒸气压，所用仪器是纯液体饱和蒸气压测定装置，如图 9-5 所示。将待测液体装入平衡管，A 球约 2/3 体积，B 和 C 球各 1/2 体积，然后按图装好各部分。

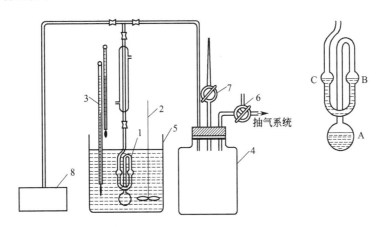

图 9-5　**纯液体饱和蒸气压测定装置图**

1—平衡管；2—搅拌器；3—温度计；4—缓冲瓶；
5—恒温水浴；6—三通活塞；7—直通活塞；8—精密数字压力计

2. 系统气密性检查。

3. 排除 AB 弯管空间内的空气。

4. 饱和蒸气压的测定。当空气被排除干净，且体系温度恒定后，缓缓放入空气，直至 B、C 管中液面平齐，记录温度与压力。然后将恒温槽温度升高 2～3℃，当待测液体再次沸腾，体系温度恒定后，放入空气使 B、C 管液面再次平齐，记录温度和压力，依次测量。

（二）数据处理

1. 记录数据，包括室温、大气压、实验温度及对应的压力差等。

2. 以 $\ln p$ 对 $1/T$ 作图，求出直线的斜率，并由斜率算出此温度范围内水的平均摩尔汽化热 $\Delta_{vap}H_m$。

第六节 冰的熔化热的测定

在质量为 $m_筒$ 的量热器内筒盛质量为 $m_水$、温度为 t_0 的水，再向其中投入质量为 $m_冰$ 的 0℃的冰。设达到热平衡时的温度为 t，则由热平衡方程 $Q_放=Q_吸$ 得

$$(C_筒 m_筒+C_水 m_水)(t_0-t)=\lambda m_冰+C_水 m_冰 t \qquad (9\text{-}19)$$

式中，$C_筒$ 为量热器内筒所用材料的比热容；$C_水$ 为水的比热容；由实验可测得 t_0、t、$m_筒$、$m_水$、$m_冰$，而 $C_水$、$C_筒$ 为已知，即可求得冰的熔化热 λ。

（一）实验部分

1. 将量热器内筒（包括搅拌器）擦干净，用天平称出量热器内筒和用同种材料制成搅拌器的质量 $m_筒$，再查出量热器内筒所用材料的比热容 $C_筒$，记下室内温度。

2. 在量热器内筒中装入约 100g 比室温高 10~12℃的温水，用天平称出内筒（包括搅拌器）和水的质量（$m_筒+m_水$），减去内筒的质量 $m_筒$，求得水的质量 $m_水$。

3. 将内筒放入量热器外筒内的木架上，盖好盖子，并将温度计插好，测出量热器内筒中水的温度 t_0。

4. 取一些正在熔化的碎冰块（0℃），把冰块上的水擦干，然后小心地把它放入量热器内筒中，不要使水溅出。投冰量应当使最后混合温度低于室温 10~12℃为好。

（二）数据处理

1. 用搅拌器上下轻轻搅动量热器内筒里的水，待水里的冰块完全熔化。当水上下部分的温度稳定时，记下温度计所指示的最低温度，即混合温度 t。用天平称出量热器内筒、水和冰的总质量（$m_筒+m_水+m_冰$），然后算出冰的质量 $m_冰$。将以上实验数据填入下表。

实验次数	量热器内筒质量，$m_筒$/g	量热器内筒比热容，$C_筒$/J/(g·℃)	量热器内筒和水的质量，$m_筒+m_水$/g	水的质量，$m_水$/g	量热器内筒以及水和冰的质量，$m_筒+m_水+m_冰$/g	冰的质量，$m_冰$/g	水的温度，t_0/℃	混合后的温度，t/℃	冰的熔化热，λ/(J/g)

2. 根据实验数据，利用式(9-19)求出冰的熔化热的实验平均值。

第七节 吸附热的测定

吸附热是表面热力学研究中的一个重要数据，获得吸附热数据的方法很多，但最准确可靠的还是用量热法直接测定。目前，常用的方法是经典的脉冲进样法，这种方法精确度高，有时被称为吸附热测定的"标准方法"。周立幸[4,5]已建立了这种方法，并用它测定了一系列烯烃在不同分子筛上的吸附热，这里介绍一种既适于脉冲法，又适于连续法的量热装置和方法。这样对一些待研究的吸附体系，可先用连续法较快地对吸附全过程进行考察，然后有针对性地用脉冲法对感兴趣的阶段进行准确的测量。

（一）实验部分

吸附量热装置主要由三大部分组成：热量测量部分、吸附量热池和吸附量测量部分。

热量测量部分用法国 Setaram 公司生产的 BT2.15 型和 HT21000 型 Calvet 微量量热

仪，测量在吸附过程中所放出的热量。

图 9-6(a) 吸附量热池中，真空旋进装置可在高真空条件下推动联杆末端的金属块，从而压碎封有试样的玻璃安瓿瓶。该吸附量热池用不锈钢制作，与量热仪的测温元件有良好的热接触，从而能缩短实验中的热平衡时间。

图 9-6(b) 试样处理池可对活泼金属催化剂进行还原和钝化等预处理，系石英制作。整个处理过程可在流动气氛或真空条件下进行。处理后试样可倾入左侧的薄壁玻璃支管，并按要求制成充有少量氦气或真空的安瓿瓶备用。

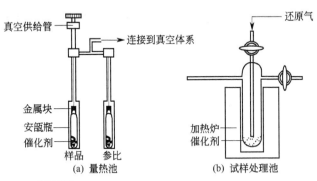

图 9-6　吸附量热池和原位催化剂处理池示意图

1. 进气吸附系统

用脉冲法测量时，气体吸附质是一份一份地注入装有固体吸附剂的试样容器中。而在连续法中，气体吸附质是以微小且恒定的流速进入试样容器，用记录器连续记录由此而产生的温度变化和压力变化。

2. 热效应检测系统

吸附时产生的热效应用 Calvet 微量量热仪检测。其热流检测单元由 1000 对镍铬-镍硅热电偶组成的热电堆，再配用量程为 $0.03\mu V$ 的毫微伏放大器。

试样容器由玻璃吹制，整个容器可方便地插入量热仪的试样池中并具有良好的热接触。

3. 热效应检测系统的标定。

（二）数据处理

数据处理见文献 [4,5]。

参 考 文 献

[1] 张洪林，杜敏，魏西莲主编. 物理化学实验. 青岛：中国海洋大学出版社，2009.

[2] 复旦大学等编. 蔡显鄂，项一非，刘衍光修订. 物理化学实验. 北京：高等教育出版社，1993.

[3] 朱京，陈卫，金贤德，蔡显鄂. 化学通报，1984，3：50.

[4] 刘献友，周立幸，尹安学等. 物理化学学报，1988，3：498.

[5] 谢鹏，周立幸，郑禄彬. 催化学报，1990，11（3）：246.

第十章　各种化学反应反应热的量热分析测量

第一节　化学反应的基本类型和反应热的测定

一、化学反应的基本类型

一般化学反应基本类型可分为化合反应、分解反应、置换反应和复分解反应。

1. 化合反应

化合反应指两种或两种以上的物质生成一种物质的反应，有些属于氧化还原反应，有些属于非氧化还原反应。主要有以下几种类型：

（1）金属单质＋氧气＝＝ 金属氧化物；

（2）非金属单质＋氧气＝＝ 非金属氧化物；

（3）碱性氧化物＋水＝＝ 碱；

（4）酸性氧化物＋水＝＝ 酸；

（5）其他类型的化合反应。

2. 分解反应

分解反应指一种物质分解生成两种或两种以上其他物质的反应，有单质生成的分解反应是氧化还原反应，有些分解反应属于非氧化还原反应。主要有以下分解反应：（1）氧化物在一定条件下分解；（2）酸分解；（3）不溶性碱受热分解；（4）某些盐分解。

3. 置换反应

置换反应指一种单质和一种化合物生成另一种单质和另一种化合物的反应。置换反应都是氧化还原反应。常见主要类型：（1）金属和酸反应；（2）金属和盐反应；（3）还原性单质和金属氧化物反应。

4. 复分解反应

复分解反应指的是两种化合物相互起反应生成另外两种化合物的反应，发生复分解反应的条件是有气体、沉淀或难电离物生成。主要类型：（1）酸性氧化物与碱的反应；（2）碱性氧化物与酸的反应；（3）酸与碱的反应；（4）酸与盐的反应；（5）碱与盐的反应；（6）盐与盐的反应。

化合反应、分解反应、置换反应、复分解反应等反应热的测定可用以下的仪器测定。

二、反应热的测定

（一）实验部分

反应量热仪[1]是具有恒定环境温度的仪器，量热本体结构见图 10-1。量热仪本体用硬质玻璃烧制而成。量热腔 1 的有效容积约 100ml，2 是玻璃真空夹套，搅拌桨 3 也用玻璃烧制，4 为磨砂玻璃套管，起轴承套和密封的作用。电加热器 5 用锰铜丝绕制而成，6 为测温元件，用热敏电阻制成。测温元件给出的信号用记录仪进行测量与记录。

反应量热仪的加样装置如图 10-2 所示。加样皿 1 的有效容积约 1ml，加样皿与外套 4 间为磨砂密封,加样皿和外套上均烧制一小的玻璃环,两者之间硅橡胶带相连。当加样时,推动加样杆5,使加样皿1落入反应池中,样品便进入反应池的溶液中并开始反应。

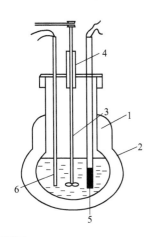

图 10-1 反应量热仪的量热本体结构

1—量热腔;2—玻璃真空夹套;3—搅拌桨;

4—磨砂玻璃套管;5—电加热器;6—测温元件

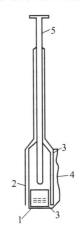

图 10-2 反应量热仪的加样装置

1—加样皿;2—磨砂密封;3—玻璃环;

4—外套;5—加样杆

(二)数据处理

1. 用通电加热法获得量热体系的热容(C),公式为:

$$C = Q_电 / \Delta T_电 = IVt / \Delta T_电$$

式中,C 代表热容;$Q_电$ 代表热量;$\Delta T_电$ 代表温度变化值;I 代表电流;V 代表电压;t 代表通电时间。

2. 测得反应体系温度变化值 ΔT,并计算出反应的物质的量 n(mol),则可用下式计算:

$$\Delta H = C \Delta T / n$$

第二节 液相反应的反应热及平衡常数的测定

一、液相反应的反应热及平衡常数

以测定甘氨酸与铜离子的一级配合反应热及反应平衡常数为例,可以从滴定量热曲线解析出某一点反应热,用数学解析法同时获得氨基酸与金属离子配合反应的焓变及平衡常数。

1. 量热曲线某一点的反应热

可由滴定量热曲线求解某一点的反应热[1]。

图 10-3 是一条典型的绝热式滴定量热曲线,从 x 点开始加入滴定剂,在 y 点滴定结束。滴定前和滴定后的峰高变率分别为 S_i、S_f。则滴定过程中某一点 p 的理想绝热峰高 $\Delta' p$ 可由下式计算而得:

$$\Delta' p = (\Delta p - \Delta x)(1 + 0.5kt) - S_i t \qquad (10\text{-}1)$$

式中,Δp,Δx 分别为 p 点和 x 点的读数峰高;t 为以 x 为时间原点时,p 点对应的时刻;k 为热损常数,可表示如下:

$$k = (S_f - S_i)/(\Delta x - \Delta y) \qquad (10\text{-}2)$$

式中,Δx 为 x 点的峰高读数,Δy 为 y 点的峰高读

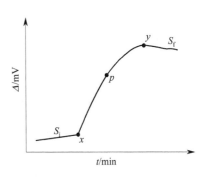

图 10-3 滴定量热曲线

数，S_i 为 x 前的峰高随时间变化的数值，S_f 为 y 前的峰高随时间变化的数值。

由式(10-2)，求得 p 点的理想绝热峰高 $\Delta'p$ 后，不难求得 p 点的表观热效应 Q_p：

$$Q_p = \varepsilon_p \Delta'p \tag{10-3}$$

式中，ε_p 为 p 点的能当量，当体系浓度不大时，可近似为线性关系表示，即：

$$\varepsilon_p = \varepsilon_x + (\varepsilon_y - \varepsilon_x)t/t_y \tag{10-4}$$

式中，ε_x，ε_y 分别为滴定前、滴定后的能当量，可通过两次电标定实验求得；ε_y 为 y 点的时刻，也即滴定过程的总时间。

由式(10-3)求得的表观热效应 Q，包括了反应热、稀释热、混合热等，即：

$$Q_p = Q_{c,p} + Q_{T,p} + Q_{d,p} + Q'_{d,p} \tag{10-5}$$

式中，$Q_{c,p}$ 为化学反应引起的热效应；$Q_{T,p}$ 是由滴定液和被滴定液的温度差引起的混合热效应；$Q_{d,p}$ 为滴定液被稀释引起的热效应；$Q'_{d,p}$ 为被滴定液被稀释所引起的热效应。于是，可求出 p 点的反应热，即

$$Q_{c,p} = Q_p - Q_{d,p} \tag{10-6}$$

2. 平衡常数与反应焓的获得

实验是测定甘氨酸与铜离子的一级配合反应热及反应平衡常数。因氨基酸与金属离子的配合反应进行得较慢，直接测定难以获得精确结果，但在酸性介质条件下，氨基酸与金属离子的配合反应可快速达到平衡。实验中，用强酸滴定氨基酸与金属离子生成的配合物，用解析法可同时获得氨基酸与金属离子配合反应的焓变及平衡常数。

反应式为

$$M^{2+} + L^- \Longrightarrow ML^+ \tag{10-7}$$

$$H^+ + L^- \Longrightarrow HL \tag{10-8}$$

$$H^+ + HL \Longrightarrow H_2L^+ \tag{10-9}$$

式中，M^{2+} 代表铜离子；HL 代表氨基酸。反应式(10-8)式和式(10-9)的反应焓变 ΔH_a、ΔH_b 和平衡常数均已知，见表 10-1。

根据热量衡算方程，可计算出反应热。

$$Q_p = \Delta H_b \Delta n_{HL} + (\Delta H_a + \Delta H_b)\Delta n_{H_2L} + \Delta H_1 \Delta n_{ML}$$

表 10-1 氨基酸的有关热力学常数

热力学常数	$\lg K_a$	$\Delta H_a/(kJ/mol)$	$\lg K_b$	$\Delta H_b/(kJ/mol)$
甘氨酸	2.33	-4.59	9.72	-44.18
L-丙氨酸	2.31	-3.05	9.87	-44.31
L-亮氨酸	2.39	-1.95	9.73	-44.83
L-蛋氨酸	2.18	-3.12	9.21	-44.60

二、反应热及平衡常数的测定

（一）实验部分

1. 调节精密控温仪，使恒温槽的水温稳定在 298.15K。

2. 往加样管中注满滴定液 HNO_3（约 5ml），往滴定量热仪中加入 100.00ml 被滴定液，将量热仪浸入恒温槽中恒温。反应量热仪的量热本体结构见图 10-1。

3. 当量热仪本体温度稳定后，记录温度信号（电压 E）和相应的时间 t，待温度信号变率稳定之后，开始加样。控制以 0.0155ml/s 的速率加样，每 30s 记录温度及时间数据，加样 255s。待反应后期温度变率稳定后，至少再记录 10 组数据，记录时间间隔均为 30s。

4. 用电能标定装置对量热仪的热容进行标定。

5. 测定 HNO_3 的稀释热，即将被滴定液换为蒸馏水，其余条件相同，重复实验步骤 3 和 4，以求出 HNO_3 的稀释热及溶液混合热。

6. 在 200ml 烧杯中，加入 100ml 被滴定液，在水浴中恒温至 25℃，测定其 pH 值。

（二）数据处理

1. 作温度信号（即电压信号 E）与时间 t 的图，对图形作雷诺校正，求出滴定各点的绝热温升值。

2. 对稀释热作相同处理，求出与滴定各点相应的稀释热效应。

3. 对滴定曲线上的各点，进行稀释热校正，以求出各滴定点的真实反应热。

4. 求出各点相对应的 Δn_{HL}、Δn_{H_2L} 和 Δn_{ML}，拟合出配合反应的平衡常数 K 和反应焓变 ΔH。

第三节　固相反应的反应热的测定

由于固相反应的热效应难以直接测定，热化学研究报道很少。根据文献报道，在室温下将 8-羟基喹啉与乙酸钴固相混合搅拌，发生固相配位反应，用元素分析、IR、TG-DTA、NMR 等对配合物进行表征。

采用自行研制的具有恒定温度环境的反应量热仪[2]，通过寻找合适溶剂，以溶解量热法测定反应物及产物溶解过程的焓变，可以很方便地得到固相化学反应的反应焓变，通过设计热化学循环，计算配合物的标准生成焓。

（一）实验部分

1. 量热仪的标定

实验所用的具有恒定温度环境的反应量热仪，在测试前，用量热标准物质 KCl 对量热仪进行标定，测试的温度为 298.2K，KCl 与水的物质的量比为 $n_{KCl} : n_{H_2O} = 1 : 1110$。进行 5 次测试，验证量热仪的可靠性。

2. 反应焓的测定

在室温下，8-羟基喹啉与乙酸钴固相反应的热效应难以直接测量。选择 4mol/L HCl 溶液为溶剂，设计以下热化学循环：

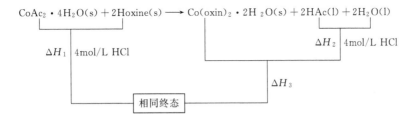

根据盖斯定律得到：$\Delta_r H_m = \Delta H_1 - \Delta H_2 - \Delta H_3 - \Delta_d H$

（1）ΔH_1 的测定　分别准确称取一定量的 $CoAc_2 \cdot 4H_2O$ 与 Hoxine（物质的量之比为 1 : 2）试样予加样装置中，用 PVC 薄膜隔开，移取 100ml 4mol/L 的 HCl 溶液于反应池中，调整好量热仪，待恒温后测试。经 5 次实验测得该反应体系溶解过程焓变 ΔH_1。

（2）ΔH_2 的测定　准确称取一定量的 1 : 1 HAc 溶液，溶于 100ml 4mol/L HCl 溶液中，经 5 次实验测得 1 : 1 HAc 的溶解焓为 ΔH_2。

根据文献得出，形成 1 : 1 HAc 的焓变（混合热）为：

$$\Delta_d H_m = \Delta_d H_\infty(l) - \Delta_d H_\infty(aq) = -3.674 kJ/mol$$

（3）ΔH_3 的测定 将一定量的 1:1 HAc 溶液溶于 100ml 4mol/L HCl 溶液中恒温。准确称取一定量的配合物 Co(oxin)$_2$·2H$_2$O，溶解在上述 HAc-HCl 溶液中，测定其溶解焓 ΔH_3。

（二）数据处理

1. $\Delta_r H_m$ 的计算

结合测试结果，得到反应焓：

$$\Delta_r H_m = \Delta H_1 - \Delta H_2 - \Delta H_3 - \Delta_d H = \Delta H_1 - 2\Delta H_{2,m} - \Delta H_{3,m} - 2\Delta_d H_m$$

2. 配合物 Co(oxin)$_2$·2H$_2$O 标准生成焓的计算

根据热力学原理：

$$\Delta_r H_m = \Delta_f H_m[Co(oxin)_2·2H_2O, s] + \Delta_f H_m(HAc, l) + 2\Delta_f H_m(H_2O, l) -$$
$$\Delta_f H_m(CoAc_2·4H_2O, s) - 2\Delta_f H_m(Hoxine, s)$$

根据文献查得：$\Delta_f H_m(HAc, l) = -484.131 kJ/mol$

$$\Delta_f H_m(H_2O, l) = -285.830 kJ/mol$$

$$\Delta_f H_m(CoAc_2·2H_2O, s) = -2167.540 kJ/mol$$

$$\Delta_f H_m(Hoxine, s) = -83.317 kJ/mol$$

$$\Delta_f H_m[Co(oxin)_2·2H_2O, s] = \Delta_r H_m - 2\Delta_f H_m(HAc, l) - 2\Delta_f H_m(H_2O, l) +$$
$$\Delta_f H_m(CoAc_2·4H_2O, s) + 2\Delta_f H_m(Hoxine, s)$$

第四节　固体分解反应的热力学函数

氨基甲酸铵是合成尿素的中间产物，为白色固体，很不稳定[3]，其分解反应式为：

$$NH_2COONH_4(s) \Longrightarrow 2NH_3(g) + CO_2(g)$$

该反应为复相反应，若分解产物 NH$_3$ 和 CO$_2$ 不从体系中移出，在封闭体系中很容易达到平衡，在常压下其标准平衡常数可近似表示为：

$$K_p^\ominus = \left[\frac{p_{NH_3}}{p^\ominus}\right]^2 \left[\frac{p_{CO_2}}{p^\ominus}\right] \tag{10-10}$$

式中，p_{NH_3}、p_{CO_2} 分别表示反应温度下 NH$_3$ 和 CO$_2$ 平衡时的分压；$p^\ominus$ 为标准压。在压力不大时，气体的逸度近似为 1，将气体视为理想气体，且纯固态物质的活度为 1，体系的总压 $p = p_{NH_3} + p_{CO_2}$。如两种气体均由氨基甲酸铵分解产生，从化学反应计量方程式可知：

$$p_{NH_3} = \frac{2}{3}p, \quad p_{CO_2} = \frac{1}{3}p \tag{10-11}$$

式（10-11）代入式（10-10）得：

$$K_p^\ominus = \left(\frac{2p}{3p^\ominus}\right)^2 \left(\frac{p}{3p^\ominus}\right) = \frac{4}{27}\left(\frac{p}{p^\ominus}\right)^3$$

温度对平衡常数的影响可用下式表示：

$$\frac{d\ln K_p^\ominus}{dT} = \frac{\Delta_r H_m^\ominus}{RT^2} \tag{10-12}$$

式中，T 为热力学温度；$\Delta_r H_m^\ominus$ 为标准反应热。当温度在不大的范围内变化时，$\Delta_r H_m^\ominus$ 可视为常数，由式（10-12）积分得：

$$\ln K_p^{\ominus} = -\frac{\Delta_r H_m^{\ominus}}{RT} + C' \qquad (C' \text{为积分常数}) \tag{10-13}$$

若以 $\ln K_p^{\ominus}$ 对 $1/T$ 作图，得一直线，其斜率为 $-\dfrac{\Delta_r H_m^{\ominus}}{R}$，由此可求出 $\Delta_r H_m^{\ominus}$。由实验某温度下的平衡常数 $K_p^{\ominus}$ 后，按下式计算该温度下反应的标准吉布斯自由能变化 $\Delta_r G_m^{\ominus}$，

$$\Delta_r G_m^{\ominus} = -RT \ln K_p^{\ominus} \tag{10-14}$$

也可近似计算出该温度下的熵变 $\Delta_r S_m^{\ominus}$

$$\Delta_r S_m^{\ominus} = \frac{\Delta_r H_m^{\ominus} - \Delta_r G_m^{\ominus}}{T} \tag{10-15}$$

因此通过测定一定温度范围内某温度的氨基甲酸铵的分解压（平衡总压），就可以利用上述公式分别求出 $K_p^{\ominus}$、$\Delta_r H_m^{\ominus}$、$\Delta_r G_m^{\ominus}(T)$、$\Delta_r S_m^{\ominus}(T)$。

（一）实验部分

（1）检漏　按图 10-4 所示安装仪器，并检查体系是否漏气，直到不漏气为止。

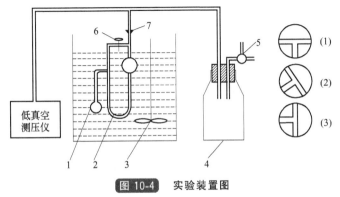

图 10-4　实验装置图

1—装样品的小球；2—玻璃等压计；3—玻璃恒温槽；4—缓冲瓶；
5—三通活塞；6—二通活塞；7—磨口接头

（2）装样品　取下小球装入氨基甲酸铵，再用吸管吸取纯净的硅油或邻苯二甲酸二壬酯，放入已干燥好的等压计中，使之形成液封，再按图示装好。

（3）测量　调节恒温槽温度，开启真空泵，将体系中的空气排出，约 15min 后，关闭二通活塞，然后缓缓开启三通活塞，将空气慢慢分次放入体系，直至等压计两边液面处于水平时，立即关闭三通活塞，若 5min 内两液面保持不变，即可读取测压仪的读数。

（4）升温测量　用同样的方法继续测定 30.0℃、32.0℃、35.0℃、37.0℃时的压力差。实验过程中不能让等压计中的液体进入装氨基甲酸铵的小球中。

（二）数据处理

1. 计算各温度下氨基甲酸铵的分解压。
2. 计算各温度下氨基甲酸铵分解反应的标准平衡常数 $K_p^{\ominus}$。
3. 根据实验数据，以 $\ln K_p^{\ominus}$ 对 $1/T$ 作图，并由直线斜率计算氨基甲酸铵分解反应的 $\Delta_r H_m^{\ominus}$。
4. 计算 25℃时氨基甲酸铵分解反应的 $\Delta_r G_m^{\ominus}$ 及 $\Delta_r S_m^{\ominus}$。

第五节　碳酸钙的分解压与分解热的测定

碳酸钙（$CaCO_3$）在较高温度下按下式分解，并吸收一定的热量[4]。

$$CaCO_3(s) \rightleftharpoons CaO(s) + CO_2(g)$$

在一定温度时，反应的平衡常数为

$$K_p = \frac{a_{CaO}\, p_{CO_2}}{a_{CaCO_3}} = p_{CO_2}$$

此式说明 $CaCO_3$ 在一定温度下分解达平衡时，CO_2 的压力保持不变，称为分解压。分解压的数值随温度升高而增大，其关系式为

$$\lg(p_{CO_2}/p^{\ominus}) = -\frac{\Delta_r H_m^{\ominus}}{2.303R}\frac{1}{T} + \frac{\Delta_r S_m^{\ominus}}{2.303R} = \frac{A}{T} + B$$

式中，$\Delta_r H_m^{\ominus}$ 和 $\Delta_r S_m^{\ominus}$ 分别为反应的分解热和熵变化，它们在一定的温度范围内变化不大，可视为常数。若将 $\lg(p_{CO_2}/p^{\ominus})$ 对 $1/T$ 作图，则可得一直线，其斜率和截距分别为 $\Delta_r H_m^{\ominus}$ 及 $\Delta_r S_m^{\ominus}$。

（一）实验部分

碳酸钙分解压测量装置一套，见图 10-5，真空泵一台，粉状 $CaCO_3$（分析纯）。

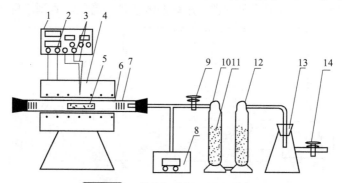

图 10-5　碳酸钙分解压测定装置图

1—数字式温度控制器；2—管状电炉电线；3—测温热电偶；4—管状电炉；5—粉末样品 $CaCO_3$ 装在短瓷管内；
6—石英管；7—挡热辐射用云母片；8—数字式压力计；9—三通真空活塞；10，12—干燥塔；
11—玻璃棉与无水 $CaCl_2$；13—抽滤瓶；14—真空玻璃活塞

（1）装样　用台秤称取约 4g 粉状 $CaCO_3$ 试剂，装在一支小瓷管内，然后用铁丝将它推入实验装置的反应管中部，用铁丝来确定装样瓷管的位置，塞入挡热云母片，塞紧橡皮活塞。

（2）抽气检漏　实验装置必须密封不漏气，否则，无法进行实验。

（3）加热排气　确证实验装置不漏气后，调节设定温度，温度达到 550℃后，启动真空泵，缓慢打开活塞，将装置抽至近真空。

（4）实验测量　在 620～800℃范围内选择 5～8 个温度，将控温仪温度设定好后，待测量温度与设定温度一致并恒定不变后，每隔 3min 记录一次压力，直至判断反应达到平衡后，再测另一温度下反应平衡时的压力。

（二）数据处理

1. 按下表列出实验数据及计算结果

实验数据：室温＿＿＿℃；大气压＿＿＿Pa

设定温度	炉温 $t/℃$	压力计读数 p/kPa	T/K	$p_分$	$\lg(p_分/p)$	$(1/T)/K^{-1}$

2. 将反应温度和对应的平衡分解压数据作图，$\lg(p_{CO_2}/p^{\ominus})=A/T+B$，用图解法确定 A 及 B 值，并求出 $CaCO_3$ 分解反应的分解热（$\Delta_r H_m$）和分解反应熵变化（$\Delta_r S_m$），或者借助计算机用最小二乘法处理数据，求出 A 及 B 值，从而求得相应的 $\Delta_r H_m$ 和 $\Delta_r S_m$ 值。

参 考 文 献

［1］　武汉大学化学与分子科学学院实验中心编 . 物理化学实验 . 武汉：武汉大学出版社，2004.

［2］　汪存信，宋昭华，屈松生 . 物理化学学报，1991，7(5)：587.

［3］　张洪林，杜敏，魏西莲 . 物理化学实验 . 青岛：中国海洋大学出版社，2009.

［4］　李元高 . 物理化学实验方法 . 长沙：中南大学出版社，2003.

第二篇
热分析、量热分析曲线与数据集

第十一章 高分子材料的
热分析曲线

本章包括通用高分子、特种高分子、高分子共混物以及跟踪聚合反应热、确定水在聚合物中的存在形式等的热分析曲线，和若干种典型聚合物的温度转变图及其松弛机理。

第一节 通用高分子的热分析曲线

一、聚烯烃及其共聚物的热分析曲线

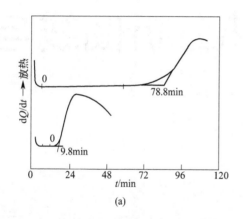
(a)

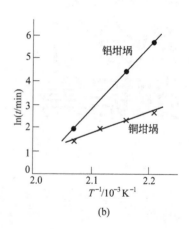
(b)

图 11-1 聚乙烯的氧化诱导期（a）和 Arrhenius 图（b）[1]

样品名称：聚乙烯（PE）；试样量 5.050mg；试样容器：分别使用铝和铜坩埚；升温速率 99.9℃/min；恒温 190℃；气氛：N₂→O₂，50ml/min。

在氮气下快速升温到 190℃ 并保持恒温，切换成氧气。

测试结果：

· DSC 曲线经历一段诱导期，呈现吸氧放热峰。

· 使用铜坩埚，诱导期大大缩短，表现出明显的催化氧化作用。

· 根据不同温度的诱导期实验数据，画出 Arrhenius 图。由直线斜率求出聚乙烯热氧化的活化能为：铝坩埚，110.9kJ/mol；铜坩埚，37.2kJ/mol；由此可进一步确认铜的催化作用。

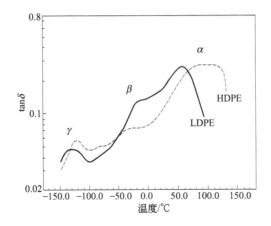

图 11-2　低密度聚乙烯和高密度聚乙烯的温度-tanδ 曲线[2]

样品名称：低密度聚乙烯（LDPE），商品牌号 Mirason 68；高密度聚乙烯（HDPE），商品牌号 Hi Zex 5000F。

化学结构式：$\{CH_2\!-\!CH_2\}_n$

样品来源及尺寸：三井石油化学；LDPE 20.00mm×12.05mm×1.70mm，HDPE 20.00mm×6.45mm×2.22mm。

升温速率 1K/min；氮气氛；测量温度范围　LDPE，150～90℃；HDPE，150～130℃。

仪器：精工 SDM5500 流变仪，DMS100 黏弹谱仪；形变方式：弯曲式；测量频率（Hz）：0.5，1，2，5，10（这里节选的是频率为 1Hz）。

测试结果：

损耗	LDPE		HDPE		备　注
	损耗峰温/℃	活化能/(kJ/mol)	损耗峰温/℃	活化能/(kJ/mol)	
α	54	145	102	—	微晶熔融
β	−19	—	−32	—	非晶区的玻璃化转变
γ	−124	69	−121	129	非晶区的局部松弛和结晶内缺陷的松弛

DSC 数据（升温速率为 10K/min）：LDPE T_m 106.2℃，ΔH_m 139.6J/g；

HDPE T_m 132.1℃，ΔH_m 219.4J/g。

【备注】试样热历史：LDPE 150℃压膜，冷到室温；HDPE 180℃压膜，冷到室温。

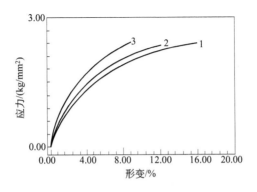

图 11-3　高密度聚乙烯不同加载速度室温时的应力-应变曲线[3]

样品名称：高密度聚乙烯。

实验条件：

试　样	1	2	3
试样尺寸/mm	15.400	15.350	15.200
试样截面积/mm²	1.674	1.700	1.700
加载速度/（g/min）	10	20	50

测试结果：高分子材料具有明显的蠕变特性，杨氏模量随加载速度的增大而增大。

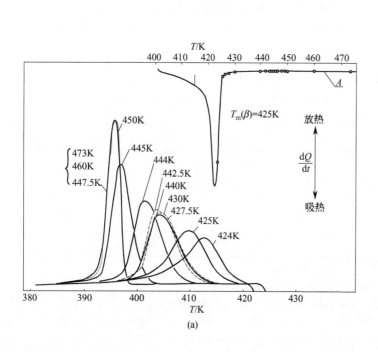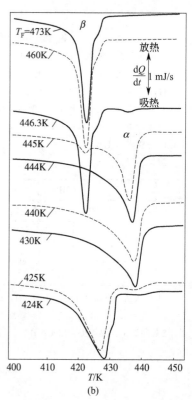

(a)

(b)

图 11-4 聚丙烯经不同最终熔融温度 A 处理后降温的结晶过程（a）和新生结晶的升温熔融（b）[4]

样品名称：聚丙烯（Polypropylene，PP），加有成核剂。

实验条件：试样先在 473K 熔化 5min，以消除热历史的影响；而后在 401K 30min 完成结晶，再达不同温度 A 进行熔化，以 10K/min 的降温速率冷却到 383K。

仪器：PerkinElmer DSC-2 热分析仪。

测试结果：

- 试样的最终熔融温度不同，则降温结晶曲线也不同。
- 由升温DSC曲线观察到两种不同晶型的熔化，表明在降温过程试样有 β-晶型和 α-晶型生成，对此可借其他结构分析手段予以验证。

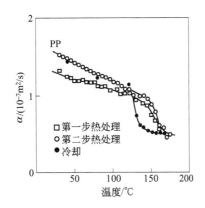

图 11-5　**聚丙烯的热扩散率与温度的关系**[5]

样品名称：聚丙烯（PP）。

样品来源：三井东亚的聚丙烯均聚物（牌号 JHH-G），$MI=8$，挤出成形温度 220℃，模具温度 40℃。

试样形状及尺寸：试条，90mm×15mm×3mm。

测试结果：

· 随着温度的升高，聚丙烯的热扩散率缓慢降低，当处于熔融温度则热扩散率急骤降低。这说明，当高分子处于固体状态时热扩散容易，而在高温液态时，则热扩散变差。温度升高，由于热膨胀使分子间距离变大，不容易进行热的传递。高分子的结晶性越好，则热扩散率越大。热扩散率对高分子的高次结构，即分子的聚集状态是很敏感的。

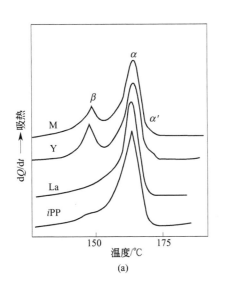

(a)

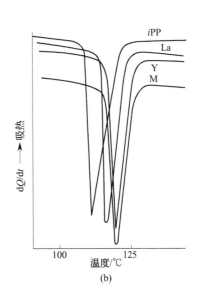

(b)

图 11-6　**氧化镧（La）、氧化钇（Y）和混合稀土氧化物（M）**
填充聚丙烯的升温熔融（a）与降温结晶（b）的 DSC 曲线[6]

样品名称：氧化镧、氧化钇、混合稀土氧化物。

样品来源：1300 型全同聚丙烯是中国北京燕山石化总公司产品。氧化镧、氧化钇以及混合稀土氧化物均由本实验室制备。聚丙烯分别与这 3 种稀土氧化物在 190℃下于 Brabender 密炼机中混合均匀。纯聚丙烯具有相同的热历史。

仪器：PerkinElmer DSC-7；升、降温速率 10℃/min，氮气氛保护。

测定结果：

· M 和 Y 样品具有 β、α 和 α'-3 种晶型的熔融峰。纯聚丙烯及 La 试样没有 β-晶型。

· 氧化钇及混合稀土氧化物能够提高聚丙烯的结晶温度约 8℃，而氧化镧只能提高 5℃。

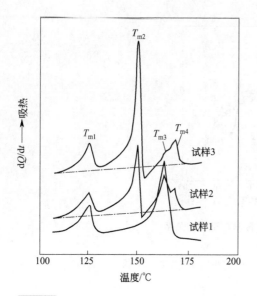

图 11-7 1330 型聚丙烯及其填充试样降温结晶后的升温 DSC 曲线[7]

样品名称：1—纯 1330 型聚丙烯；2,3—聚丙烯/硅灰石的体积比分别为 96.8∶3.2 和 91.2∶8.8。

试样量：8～12mg。

样品来源：1330 型聚丙烯含质量分数 22％的聚乙烯，由中国北京燕山石化总公司出品；熔体流动速率 1.5g/10min；密度 0.905g/cm³。1330 型聚丙烯的填充试样含质量分数 3.2％的硅灰石，是在 180℃下于 Brabender 密炼机中制备。

仪器：PerkinElmer DSC-7；升温速率 10℃/min。

测试结果：

· 试样 1 具有 T_{m1} 和 T_{m3} 两个熔点，对应聚乙烯和聚丙烯晶体的熔融过程。

· 试样 2 和 3 拥有 T_{m2} 和 T_{m4} 这两个新的熔点，对应聚丙烯的 α'- 和 β-晶型的熔融。

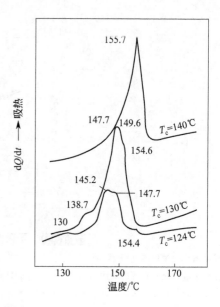

图 11-8 聚丙烯-*g*-马来酸酐的熔融 DSC 曲线[8]

样品名称：聚丙烯(PP)-*g*-马来酸酐。

样品来源：由本实验室制备，红外测得的接枝率（按质量分数计）为 10.2％。熔体流动速率 6g/10min（AST-MD1238）；试样量 0.5mg 左右。

仪器：PerkinElmer DSC-7；升温速率 20℃/min；氮气保护。

测试结果：

· 接枝的聚丙烯晶体的熔融温度随结晶温度的降低而降低。

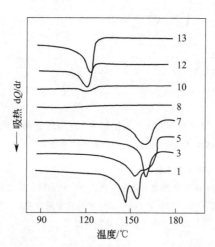

图 11-9 乙丙嵌段共聚物各级分的熔融 DSC 曲线[5]（图中各曲线数字表示各级分）

样品名称：乙丙嵌段共聚物。

样品来源：三菱化学公司产品，分级是在叔丁醇-四氢化萘混合溶剂中于160℃进行的。

测试方法：将试样在200℃熔融3min后，以10℃/min降温到50℃，再以10℃/min升温测定熔融DSC曲线。

测试结果：

· DSC曲线的几个主要特征吸热峰是：120℃左右的聚乙烯（PE）的熔融吸热峰和160℃左右的聚丙烯（PP）的熔融吸热峰。对于级分8～11由于存在乙烯-丙烯无规共聚物（EPR）几乎不结晶。由玻璃化温度与乙烯含量的测定确定存在EPR。由此可见，此种乙丙嵌段共聚物实际上是由PP、EPR、PE 3种成分组成的聚合物合金。

二、聚苯乙烯、聚氯乙烯以及丁苯共聚物、聚异戊二烯等弹性体的热分析曲线

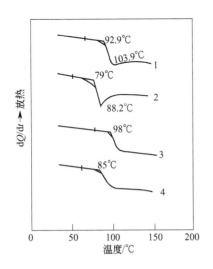

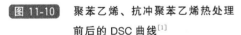

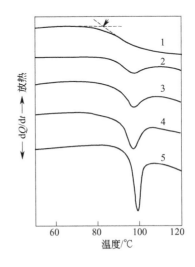

图 11-10 **聚苯乙烯、抗冲聚苯乙烯热处理前后的 DSC 曲线**[1]

样品名称：1—聚苯乙烯，PS；2—抗冲聚苯乙烯，Impact PS；3—经150℃热处理后急剧冷却的聚苯乙烯；4—经150℃热处理后急剧冷却的抗冲聚苯乙烯。

按 JIS K 7121 测定。

试样量：聚苯乙烯 10.18mg；抗冲聚苯乙烯 10.02mg。

测试结果：

· 抗冲聚苯乙烯的 T_g 比聚苯乙烯低约 14℃。

· 经热处理后，T_g 各自升高 5～6℃。

图 11-11 **无规聚苯乙烯的热焓松弛**[5]

1—未处理的原始试样；2～5—在70℃处理不同时间的试样（2—20min；3—1h；4—2h；5—18h）

样品名称：无规聚苯乙烯；分子量 $1×10^5$。

测试方法：将 5mg 试样以 5℃/min 升温测定 DSC 曲线。为消除热历史的影响，将试样在130℃恒温5min，再以 10℃/min 冷却到室温，而后升温到 70℃ 热处理不同时间。

测试结果：

· 未经处理的无规聚苯乙烯原始试样的DSC曲线，在玻璃化转变时呈现向吸热方向的转折。在略低于 T_g 的温度处理后，则 DSC 曲线出现小吸热峰，且吸热峰随热处理时间的延长而增大，这是无规聚苯乙烯在热处理过程发生热焓松弛的结果。

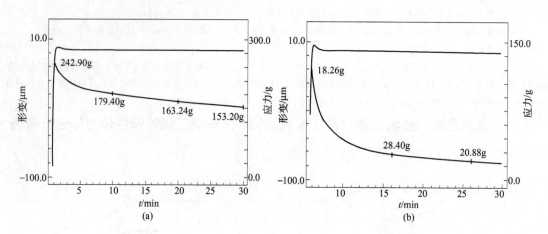

图 11-12 聚氯乙烯在室温（a）和 58℃（b）的应力松弛曲线[3]

样品名称：聚氯乙烯（PVC）膜；试样尺寸 15.200mm；拉伸 0.15mm。

测试结果：

· 将试样拉伸 1%，测定了聚氯乙烯在室温和 58℃时的应力松弛。

· 与室温的测定结果相比，松弛更快。

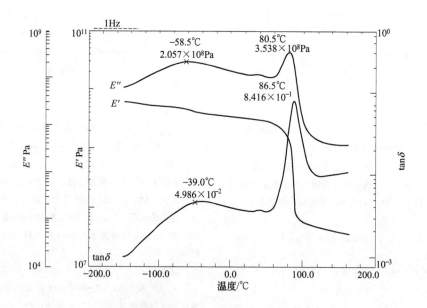

图 11-13 聚氯乙烯的 DMA 曲线[9]

样品名称：聚氯乙烯，poly(vinyl chloride)，PVC；商品名：信越 PVC；化学结构式 $\left(CH_2-CH\right)_n$ $\overset{|}{Cl}$。

试样热历史：190℃压膜，放置冷却到室温。

试样尺寸：20.00mm×12.00mm×1.20mm。

升温速率 2K/min；氮气氛；测量温度范围−150～160℃；仪器：精工 SDM5500 流变仪，DMS100 黏弹谱仪；形变方式：弯曲式；测量频率（Hz）❶ 0.5，1，2，5，10。

---

❶ 这里节选的是频率为 1Hz 的数据。

测试结果：

tan δ 损耗温度与活化能

损　耗	损耗峰温/℃	E_a/(kJ/mol)	备　注
α	86.5	804	玻璃化转变
β	−39.0	101	局部转变

DSC 数据：T_g 82.6℃，DSC　10K/min。

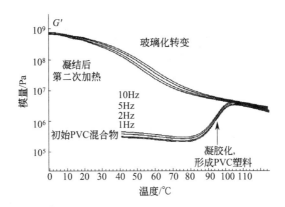

图 11-14　聚氯乙烯增塑剂混合物的凝胶化[10a]

样品名称：聚氯乙烯（PVC）粉末和增塑剂的混合物 。

测试仪器：梅特勒-托利多 DMA/SDTA861^e。

测试模式：剪切。

样品制备：形成两个质量约为 130mg 的球，用剪切夹具的固定螺钉挤压成直径约 10mm 的 1mm 厚圆片。

DMA 测试：首先以 3K/min 的速率从 25℃升温到 140℃，然后对同一样品重新夹紧后从−25℃开始进行第 2 次升温测试。使用多频模式，对样品以 1Hz、2Hz、5Hz 和 10Hz 的频率进行同步测试。最大力振幅为 1N；最大位移振幅 10μm；偏移控制为零。

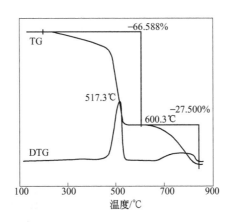

图 11-15　丁苯橡胶中炭黑含量的 TG 测定[1]

样品名称：丁苯橡胶（SBR）；试样量 16.120mg。

升温速率 20℃/min；测量温度范围：室温至 900℃。

测试结果：

- 橡胶在氮气中热分解后，在约 600℃切换成氧气，根据炭黑的燃烧减重确定其含量。

- 炭黑含量测定值为27.5%。

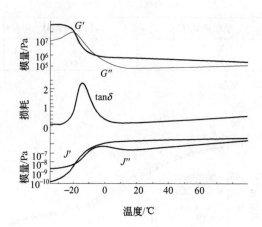

图 11-16 **丁苯橡胶的 DMA 曲线**[10b]

样品名称：未填充和未硫化的丁苯橡胶（VSL5025-0）。仪器：梅特勒-托利多 DMA/SDTA861^e。

测试模式：剪切。

样品制备：将材料压成 1mm 厚的薄膜，冲出 4mm 直径的圆柱体，装入剪切样品夹具，预形变 10％。

DMA 测试：以 1Hz 和 2K/min 升温速率进行测试。第 1 次升温的试样升温至 200℃。最大力振幅 5N；最大位移振幅 10μm；偏移控制为零。

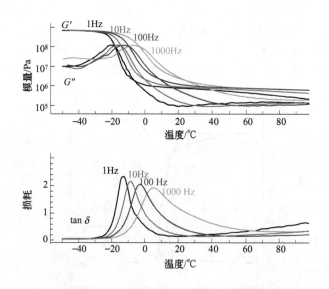

图 11-17 **丁苯橡胶玻璃化转变的频率依赖性**[10b]

样品名称：未填充和未硫化的丁苯橡胶（VSL5025-0）。仪器：梅特勒-托利多 DMA/SDTA861^e。

测试模式：剪切。

样品制备：将材料压成 1mm 厚的薄膜，冲出 4mm 直径的圆柱体，装入剪切样品夹具，预形变 10％。

DMA 测试：以 1Hz、10Hz、100Hz 和 1000Hz 在 2K/min 升温速率下进行测试。最大力振幅 5N；最大位移振幅 10μm；偏移控制为零。

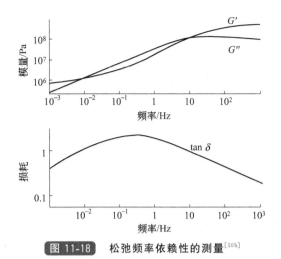

图 11-18 松弛频率依赖性的测量[10b]

样品名称：未填充和未硫化的丁苯橡胶（VSL5025-0）。仪器：梅特勒-托利多 DMA/SDTA861[e]。

测试模式：剪切。

样品制备：从 1.2mm 厚的薄膜冲出 5mm 直径的圆柱体，装入剪切样品夹具，预形变 10%。

DMA 测试：在 −10℃，频率范围从 1mHz～1kHz 进行测试。最大力振幅 5N；最大位移振幅 10μm；偏移控制为零。

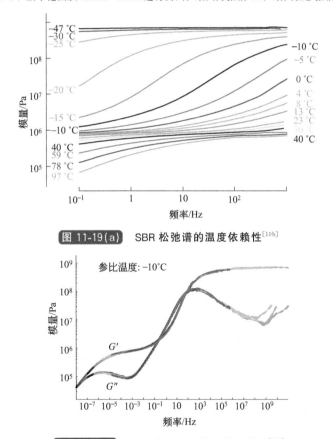

图 11-19(a) SBR 松弛谱的温度依赖性[10b]

图 11-19(b) SBR 在 −10℃ 的主曲线绘制[10b]

样品名称：无填料、未硫化的丁苯橡胶（SBR）。仪器：梅特勒-托利多 DMA/SDTA861[e]。

测试模式：剪切。

样品制备：SBR 压成厚 1mm 的薄膜，冲出直径 4mm 的圆柱体，装入剪切样品夹具，预形变 10%。

DMA 测试：在 −50～100℃ 之间不同温度的等温条件下，频率范围从 100mHz～1kHz 进行测试。最大力振幅 5N；最大位移振幅 10μm；偏移控制为零。

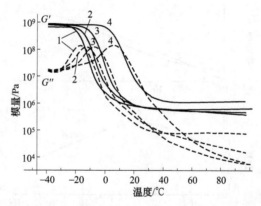

图 11-20(a) 硫化程度不同的丁苯橡胶弹性体样品（1～4）的温度扫描 DMA 测量[10b]

样品名称：硫化程度不同的丁苯橡胶（SBR）。测试仪器：梅特勒-托利多 DMA/SDTA861e。

测试模式：剪切。

样品制备：从 1.2mm 厚的薄膜冲出 5mm 直径的圆柱体，装入剪切样品夹具，预形变 10%。

DMA 测试：频率 10Hz，以 2K/min 的升温速率从 −60～100℃ 的温度范围进行测试。最大力振幅 10N；最大位移振幅 10μm；偏移控制为零。

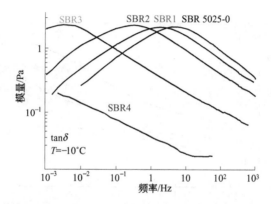

图 11-20(b) 硫化程度不同的丁苯橡胶样品的频率扫描 DMA 测量[10b]

样品名称：硫化程度不同的丁苯橡胶（SBR）。测试仪器：梅特勒-托利多 DMA/SDTA861e。

测试模式：剪切。

样品制备：从 1mm 厚的薄膜冲出 5mm 直径的圆柱体，装入剪切样品夹具，预形变 10%。

DMA 测试：在 −10℃ 以 10^{-3}Hz～10^3Hz 的频率范围进行测试。最大力振幅 10N；最大位移振幅 10μm；偏移控制为零。

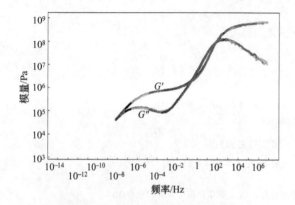

图 11-21 未硫化丁苯橡胶的主曲线[10b]

样品名称：未硫化丁苯橡胶（SBR）。测试仪器：梅特勒-托利多 DMA/SDTA861e。

测试模式：剪切。

样品制备：从 1mm 厚的薄膜冲出 5mm 直径的圆柱体，装入剪切样品夹具，预形变 10%。

DMA 测试：在 −40～120℃ 之间的温度台阶进行测试，用于 −40～60℃ 范围的温度台阶是 10K，之后是 20K。频率范围从 10^{-1}～10^3Hz。全部频率范围（10^{-3}～10^3Hz）只用于 −10℃ 的测试。最大力振幅 10N；最大位移振幅 10μm；偏移控制为零。

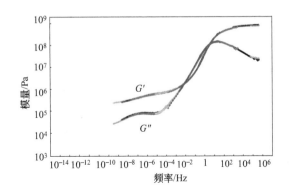

图 11-22 硫化的 SBR1 的主曲线[10b]

样品名称：硫化的 SBR1。测试仪器：梅特勒-托利多 DMA/SDTA861ᵉ。

测试模式：剪切。

样品制备：从 1mm 厚的薄膜冲出 5mm 直径的圆柱体，装入剪切样品夹具，预形变 10%。

DMA 测试：在 −40～120℃ 之间的温度台阶进行测试，用于 −40～60℃ 范围的温度台阶是 10K，之后是 20K。频率范围从 10^{-1}～10^3Hz。全部频率范围（10^{-1}～10^3Hz）只用于 −10℃ 的测试。最大力振幅 10N；最大位移振幅 $10\mu m$；偏移控制为零。

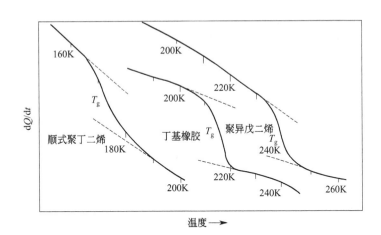

图 11-23 几种合成弹性体由 DSC 曲线测量的玻璃化转变[11]

样品名称：聚异戊二烯，丁基橡胶，顺式聚丁二烯。

试样量：聚异戊二烯 60.7mg；聚丁二烯 68.6mg；丁基橡胶 76.3mg。

试样容器：铝坩埚；升温速率 5℃/min；灵敏度：$100\mu V$ 满量程；仪器：Setaram DSC 101。

测试结果：

· 按中点法，由曲线所确定的玻璃化转变温度 T_g 为：聚异戊二烯 37℃；聚丁二烯 104℃；丁基橡胶 61℃。

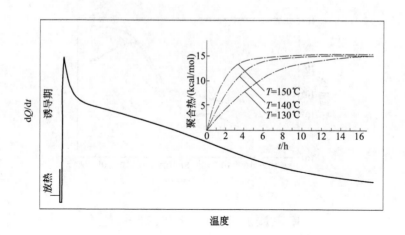

图 11-24   **苯乙烯-丁二烯聚合反应热的测定**[11]

样品名称：苯乙烯＋7％丁二烯；试样量 106.6mg；试样容器：密封铝坩埚；加热方式：恒温 130℃、140℃、150℃；灵敏度：100μV 满量程；仪器：Setaram DSC111。

测试结果：

· 在最初的10min聚合反应剧烈。

· 聚合的持续时间是：130℃ 20h；140℃ 14h；150℃ 9h。

· 聚合反应热等于 62.8kJ/mol（苯乙烯）。

【备注】将试样坩埚和相同的空坩埚直接放到恒温在 130℃、140℃ 或 150℃ 的 DSC 池上。聚合热 1kcal/mol＝4.22kJ/mol。

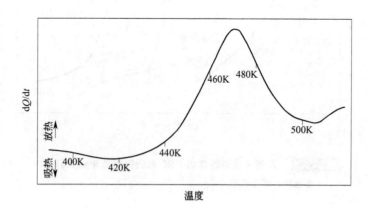

图 11-25   **聚异戊二烯-硫黄胶料硫化反应热的测定**[11]

样品名称：加有 2％硫黄的聚异戊二烯胶料；试样量 94.2mg；试样容器：密封不锈钢坩埚；氩气氛；升温速率 5℃/min；灵敏度：100μV 满量程；仪器：Setaram DSC 111。

测试结果：

· 硫化反应在 145～240℃ 呈放热效应。

· 反应热等于 13.8J/g（试样）。

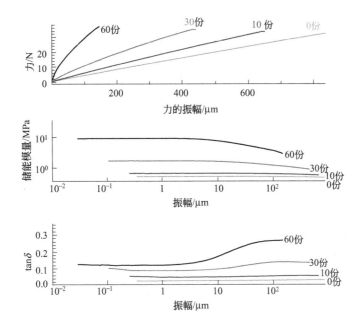

图 11-26 **天然橡胶（NR）剪切模量与振幅关系的测量**[10b]

样品名称：含 2 份硫和不同炭黑含量的硫化 NR 橡胶，炭黑含量在 0～60 份之间变化。

测试仪器：梅特勒-托利多 DMA/SDTA861e。

样品制备：从 1.8mm 厚的薄膜冲出 5mm 直径的圆柱体，装入剪切样品夹具，预形变 5％。

DMA 测试：在 1Hz 和 27.8℃进行测试。位移振幅在 30nm～0.8mm 之间按对数步进改变。

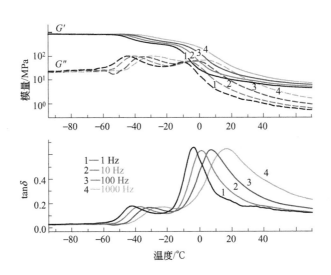

图 11-27 **填充丁腈橡胶（NBR)-氯丁橡胶（CR）弹性体共混物 DMA 与温度关系的测量**[10b]

样品名称：测试以不同聚合物共混物为基础的填充弹性体。

测试仪器：梅特勒-托利多 DMA/SDTA861e。

样品制备：从 0.9mm 厚的薄膜冲出 5mm 直径的圆柱体，装入剪切样品夹具，预形变 10％。

DMA 测试：以序列频率 1Hz、10Hz、100Hz 和 1000Hz 测试 NBR/CR 共混物。升温速率为 2K/min。在测试前进行与振幅关系的测量，以确定样品的线性范围。于是设定最大位移振幅为 3μm，最大力振幅为 10N。

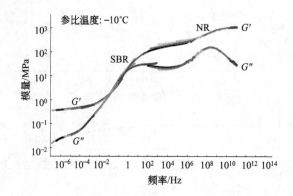

图 11-28 **未填充天然橡胶-丁苯橡胶弹性体共混物的力学谱**[10b]

样品名称：用 2 份硫黄硫化的以 40% 天然橡胶（NR）和 60% L-丁苯橡胶（L-SBR）组成的共混物弹性体。

仪器：梅特勒-托利多 DMA/SDTA861^e。

样品制备：从 1.6mm 厚的薄膜冲出 6mm 直径的圆柱体，装入剪切样品夹具，预形变 10%。

DMA 测试：从 −50℃ 开始，每隔 10℃ 至 140℃ 用不同频率进行等温测试。频率范围 0.03～1000Hz。最大力振幅 5N；最大位移振幅 10μm；偏移控制为零。

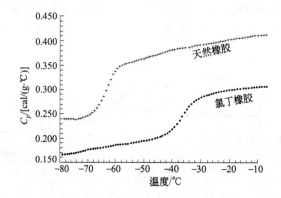

图 11-29 **弹性体的比热容**[11]

样品名称：天然橡胶、氯丁橡胶。

试样量：天然橡胶 156.7mg，氯丁橡胶 230.8mg。

试样容器：铝坩埚；升温速率 5℃/min；灵敏度：50μV 满量程；仪器：Setaram DSC 111。

测试结果：

· 玻璃化转变前后的比热容 [J/(g·℃)] 如下：

橡　　胶	T_g 转变前	T_g 转变后
天然橡胶	1.004	1.506
氯丁橡胶	0.795	1.255

玻璃化转变前后比热容的变化：天然橡胶是 0.502J/(g·℃)；氯丁橡胶是 0.460J/(g·℃)。（注：1cal=4.22J）。

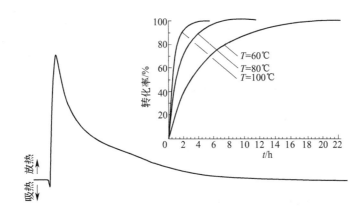

图 11-30 聚氨酯（多元醇＋聚异氰酸酯）聚合热的 DSC 测定[11]

样品名称：聚异氰酸酯，多元醇。

试样量：聚异氰酸酯 264mg，多元醇 292mg。

试样容器：带金属隔膜的混合池；加热方式：恒温 80℃；灵敏度 1mV；仪器：Setaram heat flow Calorimeter C80。

测试结果：

- 两组分混合后迅速开始聚合，反应的持续时间与温度有关：60℃ 20h；80℃ 10h；100℃ 5h。
- 聚合热等于 334.7J/g（聚异氰酸酯）。
- 由测得的放热曲线可绘制出由单体转变成聚合物的转化率（%）与时间关系的曲线。

【备注】起初两种反应物分开置于 80℃ 的量热计中，各自是稳定的。打破隔膜，手工旋转搅拌器使反应物混合。

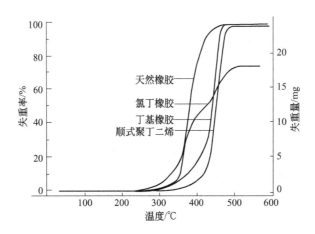

图 11-31 几种弹性体由 TG 曲线测量的热稳定性[11]

样品名称：天然橡胶，顺式聚丁二烯，氯丁橡胶，丁基橡胶。

试样量 24.7mg；试样容器：石英坩埚；氩气氛；升温速率 10℃/min；灵敏度：25mg 满量程；仪器：Setaram thermoanalyzer G70。

测试结果：

- 顺式聚丁二烯最耐热（300℃ 开始分解），其次是丁基橡胶（290℃ 分解）。所试的另两种弹性体分解温度相近，天然橡胶是 215℃，氯丁橡胶是 207℃。
- 氯丁橡胶的分解速率比天然橡胶低。

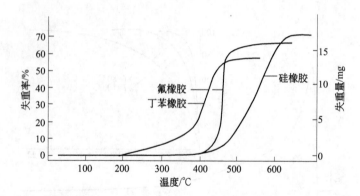

图 11-32 **弹性体黏合胶由 TG 曲线测量的热稳定性**[11]

样品名称：丁苯橡胶（Perbunan）；氟橡胶（Viton）；硅橡胶（Silicon）。

试样量 24.7mg；试样容器：石英坩埚；氮气氛；升温速率 10℃/min；灵敏度：25mg 满量程；记录纸行速 2.5mm/min；仪器：Setaram thermoanalyzer G70。

测试结果：

- 这 3 种弹性体丁苯橡胶最不稳定，200℃开始分解（失重为 54%）。
- 氟橡胶和硅橡胶分别是在375℃和 345℃开始分解。硅橡胶比氟橡胶的分解速度更低。

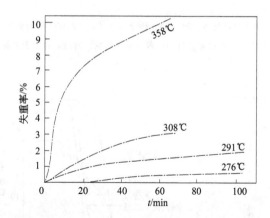

图 11-33 **聚丁二烯由 TG 曲线测量的恒温稳定性**[11]

样品名称：顺式聚丁二烯（*cis*-Polybutadiene）。

试样量 24.5mg；试样容器：石英坩埚；氮气氛；加热方式：恒温 276℃、291℃、308℃、358℃；灵敏度：25mg 满量程；仪器：Setaram thermoanalyzer G70。

测试结果：

- 失重速率随温度而明显改变，不同温度下在 20min、60min 时的失重率如下：

温度/℃	失重率 w/%	
	20min	**60min**
276	—	0.38
291	0.85	1.40
308	1.38	2.85
358	7.15	9.76

- 由实验数据可计算裂解动力学参数，和外推在较低温度下长时间的反应。

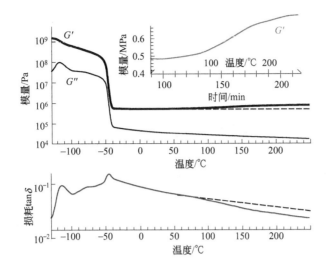

图 11-34 硅橡胶的 DMA 测量[10b]

样品名称：未完全硫化的含填料的硅橡胶。测试仪器：DMA。

样品制备：从厚 0.7mm 的薄膜冲出直径 5mm 的圆柱体，装入剪切样品夹具，预形变 10％。

DMA 测试：频率 1Hz，以 2K/min 的升温速率从−150～250℃的温度范围进行测试。最大力振幅 10N；最大位移振幅 5μm；偏移控制为零。

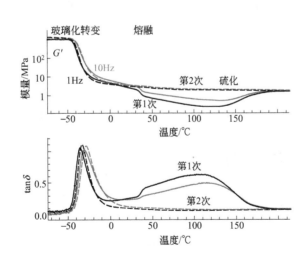

图 11-35 氯丁橡胶的 DMA 测量[10b]

样品名称：未硫化的氯丁橡胶。测试仪器：梅特勒-托利多 DMA/SDTA861e。

测试模式：剪切。

样品制备：平面面积为 10mm×10mm、厚为 3.6mm 的长方体装入剪切样品夹具，预形变 10％。

DMA 测试：用 1Hz 和 10Hz 的多频模式以 2K/min 的升温速率进行测试。最大力振幅 3N；最大位移振幅 10μm；偏移控制为零。样品测试至 220℃，之后样品不从样品夹具移走，冷却样品，在相同条件下进行第 2 次测试。

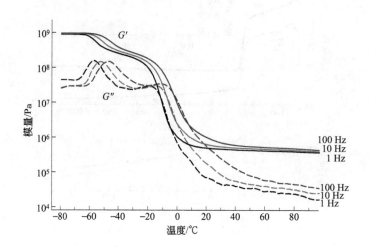

图 11-36　未填充丁苯橡胶-天然橡胶弹性体与温度关系的 DMA 测量

样品名称：用 2 份硫黄硫化的以 40％天然橡胶（NR）和 60％ L-丁苯橡胶（L-SBR）共混物弹性体。

仪器：梅特勒-托利多 DMA/SDTA861^e。

样品制备：从厚 1.6mm 的薄膜冲出直径 6mm 的圆柱体，装入剪切样品夹具，预形变 10％。

DMA 测试：以序列频率 1Hz、10Hz 和 100Hz，以 2K/min 的升温速率在－90～100℃ 的温度范围进行测试。最大力振幅 5N；最大位移振幅 10μm；偏移控制为零。

三、环氧树脂、聚缩醛、聚丙烯腈、聚酰胺、聚酯及棉纱的热分析曲线

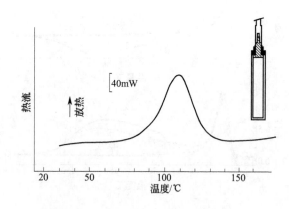

图 11-37　环氧树脂聚合热的 DSC 测定[12]

样品名称：环氧树脂＋固化剂；试样量 3.895g；试样容器：标准容器（将一玻璃管置于容器中，以便于清洗容器）；升温速率 0.5K/min；仪器：Setaram C80。

测试结果：

· 环氧树脂的交联固化反应出现在 50～150℃。由放热效应积分测得的聚合(交联反应)热等于142.7J/g。

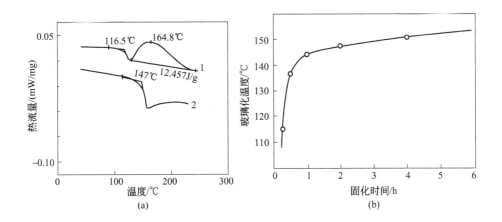

图 11-38 环氧树脂的玻璃化温度（a）及其与固化时间的关系（b）[1]

样品名称：环氧树脂（Epoxy）；试样量：1—19.80mg；2—18.70mg。

测试结果：

- 测定了不同固化时间环氧树脂的玻璃化转变温度：试样 1，130℃固化 30min；试样 2，130℃固化 120min。
- 试样 1 观察到未固化部分固化反应的放热峰。
- 由测定的玻璃化转变温度可推测树脂的固化程度。

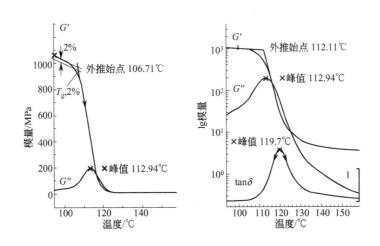

图 11-39 KU600 环氧树脂的 DMA 曲线[10c]

样品名称：KU600 环氧树脂粉末。仪器：梅特勒-托利多 DMA/SDTA861e。

测试模式：剪切。

样品制备：将未固化的 KU600 环氧树脂粉末压成直径为 5mm、厚度为 0.56mm 的小圆片，然后将 2 个这样的小圆片装入 DMA 剪切夹具。然后以 2K/min 的速率升温将样品固化。

DMA 测试：升温速率 2K/min，频率 1Hz。最大力振幅 5N；最大位移振幅 20μm；偏移控制零。

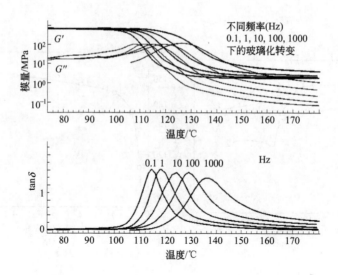

图 11-40 **KU600 环氧树脂玻璃化转变的频率依赖性**[10c]

样品名称：KU600 环氧树脂粉末。仪器：梅特勒-托利多 DMA/SDTA861e。测试模式：剪切。

样品制备：将未固化的 KU600 环氧树脂粉末压成直径 5mm、厚 1mm 的小圆片，然后将 2 个这样的小圆片装入 DMA 剪切夹具。然后以 2K/min 的速率升温将样品固化。

DMA 测试：升温速率 1K/min，频率分别为 0.1Hz、1Hz、10Hz、100Hz、1000Hz。最大力振幅 5N；最大位移振幅 30μm；偏移控制零。

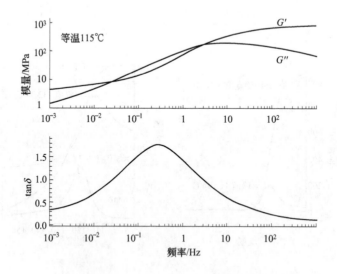

图 11-41 **KU600 环氧树脂的频率扫描曲线**

样品名称：KU600 环氧树脂粉末。仪器：梅特勒-托利多 DMA/SDTA861e。

测试模式：剪切。

样品制备：将未固化的 KU600 环氧树脂粉末压成直径 5mm、厚 0.56mm 的小圆片，然后将 2 个这样的小圆片装入 DMA 剪切夹具。然后以 2K/min 的速率升温将样品固化。

DMA 测试：测试在 115℃进行，频率扫描从 1000Hz 到 0.001Hz。最大力振幅 5N；最大位移振幅 20μm；偏移控制零。

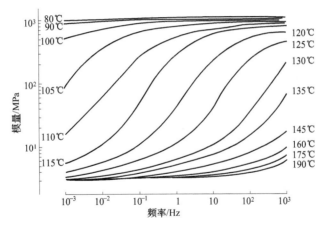

图 11-42 KU600 不同温度下的等温频率扫描[10c]

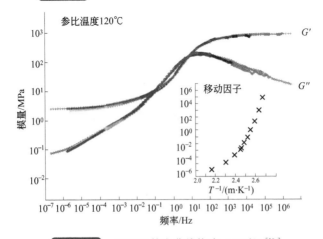

图 11-43 KU600 的主曲线构建 （120℃）[10c]

样品：KU600 环氧树脂粉末。仪器：梅特勒-托利多 DMA/SDTA861e。

测试模式：剪切。

样品制备：将未固化的 KU600 环氧树脂粉末压成直径 5mm、厚 0.56mm 的小圆片，然后将 2 个这样的小圆片装入 DMA 剪切夹具。然后以 2K/min 的速率升温将样品固化。

DMA 测试：在不同的温度下进行频率扫描，频率范围从 0.001～1000Hz。最大力振幅 5N；最大位移振幅 20μm；偏移控制零。

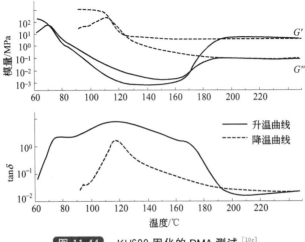

图 11-44 KU600 固化的 DMA 测试[10c]

样品：KU600 环氧树脂粉末。仪器：梅特勒-托利多 DMA/SDTA861^e。

测试模式：剪切。

样品制备：将未固化的 KU600 环氧树脂粉末压成直径 5mm、厚 0.56mm 的小圆片，然后将 2 个这样的小圆片装入 DMA 剪切夹具，然后在 90℃恒温 1h。

DMA 测试：升降温速率 2K/min；频率 1Hz。最大力振幅 5N；最大位移振幅 20μm；偏移控制零。

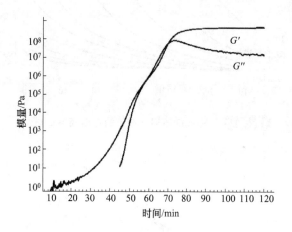

图 11-45　环氧树脂等温固化的 DMA 曲线[10c]

样品：由 DGEBA 和 DDM 组成的环氧体系，未固化。仪器：梅特勒-托利多 DMA/SDTA861^e。

测试模式：剪切。

样品制备：将未固化的液体样品装入液体剪切夹具，样品厚度 0.3mm，然后将夹具装入预加热的炉体中。

DMA 测试：90℃等温测试 120min，频率 1Hz。最大力振幅 20N；最大位移振幅 70μm；偏移控制零。

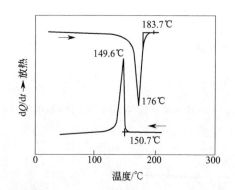

图 11-46　聚缩醛熔融与结晶的 DSC 曲线[1]

样品名称：聚缩醛（Polyacetal）。

按 JIS K7121 测定。试样量 8.964mg；升、降温速率：10℃/min；测量温度范围：室温至 300℃。

测试结果：

· T_{pm}176.0℃，T_{em}183.7℃；T_{ic}150.7℃；T_{pc}149.6℃。

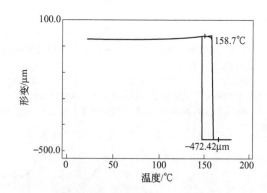

图 11-47　聚甲醛的 TMA 曲线[3]

样品名称：聚甲醛（Polyoxymethylene，POM）。

试样尺寸 0.468mm；负荷 50g；升温速率 5℃/min；测量温度范围：室温至 300℃。

测试结果：

· POM 熔融，产生针入。针长为 1mm，因此仅适于厚度为 1mm 以下的试样（对于厚度在 1mm 以上的试样，参见 JIS K 7206 有关维卡软化温度测定方法）。

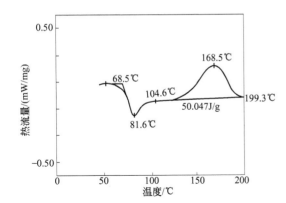

图 11-48　**酚醛树脂缩合反应的 DSC 测定**[1]

样品名称：酚醛树脂（Phenolic resin）；试样量 3.440mg；升温速率 10℃/min；测量温度范围：室温至 250℃；试样容器：为测量缩合反应热，防止水的蒸发吸热，须采用耐压密封的试样容器。

测试结果：

• 在 104.6～199.3℃ 的温度范围观察到缩合反应的放热效应 50.047J/g，其峰温为 168.5℃。

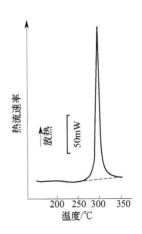

图 11-49　**聚丙烯腈的热分解**[13]

样品名称：聚丙烯腈；试样量 20.47mg；试样容器：密封不锈钢坩埚（镍 O 形圈）；升温速率 10K/min；氩气氛；仪器 Setaram DSC111。

测试结果：

• 聚丙烯在260℃开始分解，297℃呈现极大，相应的分解热等于 648.5kJ/g。

• 由分解放热曲线，利用 Freeman-Carroll 方法，求得的动力学参数是：反应级数＝0.9，E_a＝410kJ/mol。

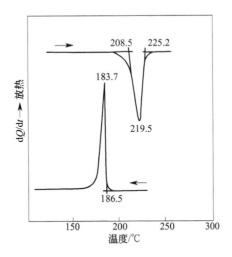

图 11-50　**聚酰胺熔融与结晶的 DSC 曲线**[1]

样品名称：聚酰胺（Polyamide）。

按日本工业标准 JIS K7121 测定。

试样量 8.890mg；升、降温速率 10℃/min；测量温度范围：室温至 300℃。

测试结果：

• 经JIS K7121标准状态调节后测定熔融温度和结晶温度：T_{im}＝208.5℃，T_{pm}＝219.5℃，T_{em}＝225.2℃；T_{ic}＝186.5℃，T_{pc}＝183.7℃。

• ΔH_m＝22.66J/g，ΔH_c＝23.39J/g。

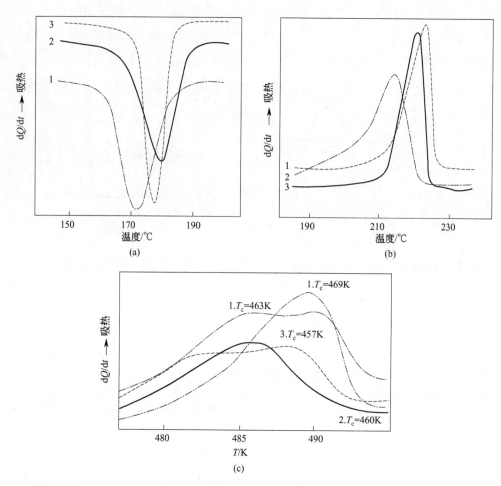

图 11-51 浇铸尼龙 6（试样 1）、氧化镧和氧化钇填充浇铸尼龙 6（试样 2 和 3）结晶

（a）、熔融（b）和由过冷熔体等温结晶后熔融（c）的 DSC 曲线[14]

样品名称：浇铸尼龙 6。

样品来源：浇铸尼龙 6 以及用氧化镧和氧化钇填充的浇铸尼龙 6 由本实验室制备。升降温速率 10℃/min；氮气氛；
仪器：PerkinElmer DSC-7。

测试结果：

· 由氧化镧和氧化钇填充的浇铸尼龙 6 的熔融温度分别降低 9℃和 2℃。

· 由于氧化镧和氧化钇的存在使浇铸尼龙 6 的结晶放热峰位分别降低 5℃和 8℃。

· 浇铸尼龙 6 的熔点随结晶温度的降低而降低。用氧化钇填充改性的试样出现了熔融双峰，但氧化镧填充试样呈单一峰。

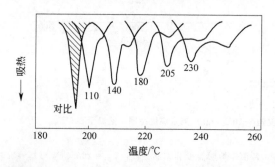

图 11-52 在不同温度加工的尼龙 66 的熔融 DSC 曲线[5]

图中的数字表示热板温度（℃）；接触时间 0.3s

样品名称：尼龙 66。

实验条件：试样量 4mg；升温速率 10℃/min。

测试结果：

• 已知尼龙 66 的熔点为 260℃。当将尼龙 66 进行假塑性流动加工时（加工温度如图所示），则由 DSC 曲线观察到其熔点随加工温度而升高，并呈现二重峰，峰高有所降低。这说明经热处理后试样的结晶程度提高并存在两种完善程度不同的晶体结构。这用 X 射线衍射法是很难检测的。

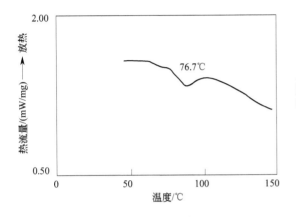

图 11-53　聚酯薄膜的 DSC 曲线[1]

样品名称：聚对苯二甲酸乙二醇酯（PET）薄膜；试样量 9.500mg；升温速率 20℃/min；测量温度范围：室温至 150℃。

测试结果：

• PET 膜是高度结晶的，很难测出其玻璃化转变，可采用高灵敏度的 DSC 来测定，其结果如图所示。

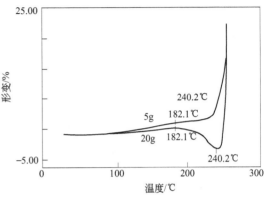

图 11-54　聚酯膜不同拉伸负荷的 TMA 曲线[3]

样品名称：聚酯（PET）膜；试样尺寸 15.030mm；恒定负荷 5g，20g；升温速率 10℃/min；测量温度范围：室温至 300℃。

测试结果：

• 5g 负荷时，在 182℃ 附近观察到收缩，250℃ 时熔融拉断。

• 20g 负荷则观察不到收缩。

• 在 100℃ 以前，膨胀量相同，与负荷无关。

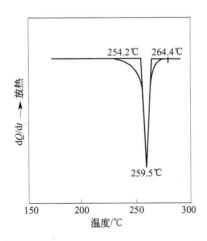

图 11-55　聚酯纤维熔融的 DSC 曲线[3]

样品名称：聚对苯二甲酸乙二醇酯（PET）纤维。

按 JIS K 7121 测定。试样量 9.940mg；升温速率 10℃/min；测量温度范围：室温至 300℃。

测试结果：

• $T_{im}=254.2℃$，$T_{pm}=259.5℃$，$T_{em}=264.4℃$。

• $\Delta H=49.75J/g$。

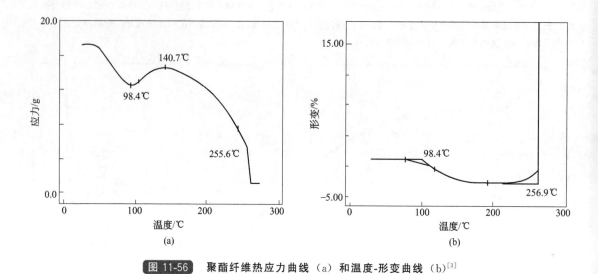

图 11-56 聚酯纤维热应力曲线（a）和温度-形变曲线（b）[3]

样品名称：聚对苯二甲酸乙二醇酯（PET）纤维；试样尺寸 15.250mm；升温速率 10℃/min；测量温度范围：室温至 300℃。

测试结果：

· 纤维从98℃开始收缩，观察到应力的上升。

· 约在257℃熔融。

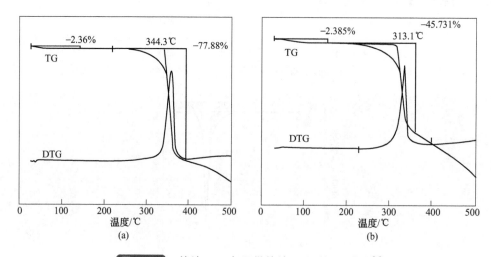

图 11-57 棉纱（a）与阻燃棉纱（b）的 TG 曲线[1]

样品名称：棉纱（Cotton）；阻燃棉纱。

试样量：（a）棉纱 2.500mg，（b）阻燃棉纱 2.600mg；升温速率 10℃/min；空气流速 30ml/min；测量温度范围：室温至 500℃。

测试结果：

· 阻燃棉纱的阻燃效果表现在：①氧化分解速率降低；②残余量增加。

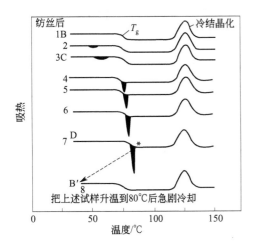

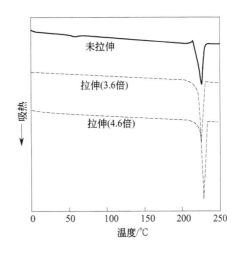

图 11-58 放置不同时间未拉伸聚酯的 DSC 曲线[5]

1—新纺丝；2—放置 2d 后的试样；3—放置 28d；

4—放置 196d；5—放置 3 年 2 个月；

6—放置 4 年 11 个月；7—放置 15 年 8 个月；

8—把上述试样升温到 80℃后急剧冷却

样品名称：聚对苯二甲酸乙二醇酯（PET）丝。

试样性状：未拉伸的非晶态 PET 丝，$M_r \approx 6 \times 10^4$，密度 1.3408g/cm³（在 20℃，相对湿度 65% 的条件下放置不同时间，最长达 16 年）；试样量 4mg；升温速率 10℃/min。

测试结果：

• 对于新纺的丝（试样 B）的 DSC 曲线，可观察到向吸热方向转折的玻璃化转变 T_g 和冷结晶的放热峰。放置 2d 后，在低于 T_g 的温度出现微小的吸热峰。随放置时间的增长，吸热峰变大（C）。经 200d 后这个峰与本来曲线 B 的 T_g 重叠合为一体。继续放置则这个合为一体的峰移向高温，并愈加尖锐。放置 16 年后测得的 DSC 曲线形如曲线 D。另一方面，在这 16 年的放置过程 DSC 曲线的冷结晶峰几乎不变。这说明在室温放置过程试样几乎未结晶，仍保持非晶态，但密度有所改变。D 的密度为 1.3430g/cm³，初期密度是 1.340g/cm³，非晶结构变得致密。把放置 16 年后的试样用 DSC 升温到 80℃（曲线 D *号处），然后以 -40℃/min 快速冷却。由这个冷却试样 DSC 曲线的玻璃化转变（曲线 B′）和测得的密度值（1.3408g/cm³），与新纺的丝完全一样，说明又回复到 16 年前的原来状态。

• 上述实验事实可从热焓松弛和体积松弛得到解释。

图 11-59 PBT 拉伸膜的 DSC 曲线[5]

样品名称：聚对苯二甲酸丁二醇酯（PBT）。

升温速率 20℃/min；试样量 9.2mg；Perkin-Elmer7 型差示扫描量热计。

测试结果：

• 未拉伸膜的玻璃化转变温度 T_g 为 55℃，熔融温度 T_m 225℃，T_m 和结晶度随拉伸倍数而升高。

• 由 DSC 曲线的吸热峰面积可求出熔融焓 ΔH，采用文献值 ΔH（140J/g）可计算出试样的结晶度。未拉伸和拉伸 3.6 倍、4.6 倍 PBT 试样的结晶度分别是 35.3%、42.3%、44.0%。

第二节 特种高分子（聚四氟乙烯、聚芳酯、聚苯硫醚、聚砜、聚酰亚胺、聚醚醚酮以及导电聚合物）**的热分析曲线**

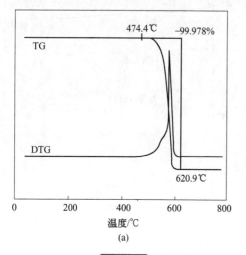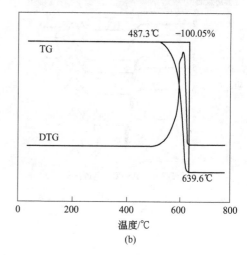

(a)   (b)

图 11-60 聚四氟乙烯在空气（a）和氩气（b）中的 TG 曲线[1]

样品名称：聚四氟乙烯（Teflon），$\leftarrow CF_2 - CF_2 \rightarrow_n$；试样量：(a) 24.470mg，(b) 21.260mg；升温速率 10℃/min；空气流速 40ml/min；测量温度范围：室温至 800℃。

测试结果：

· 热氧化分解的温度见 TG 曲线。

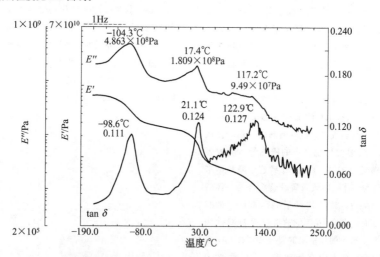

图 11-61(a) 聚四氟乙烯的 DMA 曲线和 DSC 曲线[15]

试样热历史：商品试样直接测定；试样尺寸 20.00mm×12.10mm×0.93mm；升温速率 2K/min；氮气氛；测量温度范围：−165~220℃；仪器：精工 SDM5500 流变仪，DMS100 黏弹谱仪；形变方式：弯曲式；测量频率：0.5Hz、1Hz、2Hz、5Hz、10Hz（这里节选的是频率为 1Hz 的数据）。

测试结果：

损耗	损耗温度/℃	E_a /(kJ/mol)	备 注
α	123	347	非晶部分的主转变
β	21	286	多晶型,在该温度范围观察到两种结晶转变
γ	−99	93	局部损耗

DSC 数据：T_{c_1} 22.3℃，T_{c_2} 31.1℃，ΔH_c 7.2J/g；T_m 330.7℃，ΔH_m 37.4J/g，DSC 10K/min。

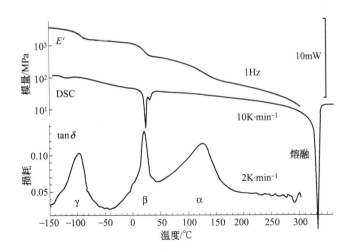

图 11-61(b) **聚四氟乙烯的 DMA 曲线和 DSC 曲线**[10a]

样品名称：聚四氟乙烯（PTFE）。仪器：梅特勒-托利多 DMA/SDTA861e 和 DSC822e。

DMA 测试模式：拉伸。

样品制备：从膜上切下宽 6.65mm 的条，夹在样品支架上，提供有效测试长度 10.41mm

DMA 测试：以 2K/min 的速率从 −150℃ 升温到 300℃，频率 1Hz。最大力振幅为 5N；最大位移振幅 10μm；偏移控制 150%。

DSC 测试：在 40μl 铝坩埚中的 25.33 mg PTFE 以 10K/min 从 −150℃ 升温到 400℃。

气氛：DMA，静态空气；DSC，氮气，50ml/min。

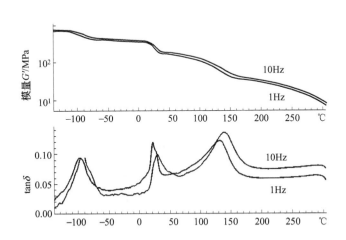

图 11-62 **聚四氟乙烯的 DMA 曲线（剪切模式）**[10a]

样品名称：聚四氟乙烯（PTFE）。仪器：梅特勒-托利多 DMA/SDTA861e。

测试模式：剪切。

样品制备：从棒材上切出两片直径 6mm、厚 2.16mm 的圆片。

DMA 测试：剪切测试在 1Hz 和 10Hz 下进行，以 2K/min 的速率从 −140℃ 升温到 300℃。最大力振幅为 8N；最大位移振幅为 10μm；偏移控制为零。

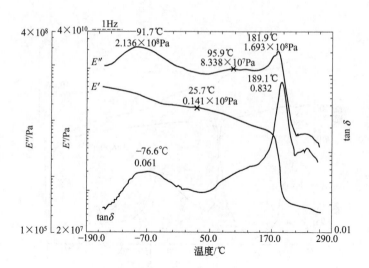

图 11-63 聚芳酯的 DMA 曲线[16]

样品名称：聚芳酯（Polyarylate），商品名 U-polymer。

化学结构式：$\left(\!\!\begin{array}{c}\text{CH}_3\\ \text{O} \!\!\!-\!\!\!\bigcirc\!\!\!-\!\!\!\overset{|}{\underset{|}{\text{C}}}\!\!\!-\!\!\!\bigcirc\!\!\!-\!\!\!\text{O}_2\text{C}\!\!\!-\!\!\!\bigcirc\!\!\!-\!\!\!\text{CO}\\ \text{CH}_3\end{array}\!\!\right)_n$

试样热历史：250℃压膜，冰水中骤冷，室温真空干燥；试样尺寸 8.00mm×10.10mm×0.7mm；升温速率 2K/min；氮气氛；测量温度范围：−165～260℃；仪器：SDM5500 流变仪，DMS100 黏弹谱仪；形变方式：弯曲式；测量频率：1Hz、2Hz、5Hz、10Hz（这里节选的是频率为 1Hz 的数据）。

测试结果：

损 耗	损耗温度/℃	$E_a/(kJ/mol)$	备 注
α	189	581	玻璃化转变
β	95	—	
γ	−77	79	

DSC 数据：T_g182.6℃，ΔC_p0.175J/(℃·g)，DSC 10K/min。

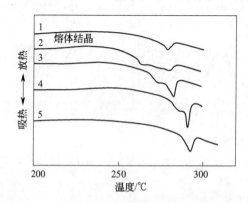

图 11-64 经不同温度热处理的一种聚芳酯液晶的 DSC 曲线[5]

样品名称：一种商品牌号为"贝克托拉 A950"的聚芳酯液晶。

化学结构式：$\left(\!\text{O}\!\!-\!\!\bigcirc\!\!-\!\!\text{CO}\!\right)_x\!\left(\!\text{O}\!\!-\!\!\bigcirc\!\!\!\bigcirc\!\!-\!\!\text{CO}\!\right)_y$

　　试样量约 9.3mg；升温速率 10℃/min；热处理温度：1—熔体结晶，2—240℃，3—250℃，4—260℃，5—270℃；热处理时间 1h；仪器：Perkin-Elmer 7 型差示扫描量热计。

　　测试结果：

　　• DSC曲线在 270～280℃ 出现小的熔融峰，表明试样不是单一成分的聚芳酯液晶，还含有其他的液晶聚合物，且结晶程度较低，与聚乙烯之类高度结晶的聚合物明显不同。

　　• 将该试样在比284℃ 低几度到几十度的温度热处理 30min～1h，则熔融 DSC 曲线变得复杂。在 240℃ 这样较低的温度进行热处理，除通常的熔融峰外，在比热处理温度高 20℃ 左右处又出现1～2 个峰，而且整个试样的结晶度、密度均提高。该峰随热处理温度升高而提高。经 260℃、270℃ 热处理，这个峰提高到 293℃，比通常的熔融温度高 10℃ 以上。这说明原来的结晶是处于亚稳态。实际上贝克托拉结晶含有很多缺陷。试样经热处理，结晶进一步完善，或者说部分熔融-再结晶，使得原有结晶的非晶部分进行二次结晶重组。可见，这种试样在热力学上真正平衡的理想结晶的熔融温度，应处于更高的温度。

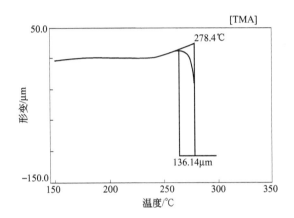

图 11-65　聚苯硫醚的 TMA 曲线[3]

　　样品名称：聚苯硫醚，PPS；试样尺寸 0.130mm；负荷 50g；升温速率 5℃/min；测量温度范围：室温～300℃。

　　测试结果：

　　• PPS的熔融温度见图。

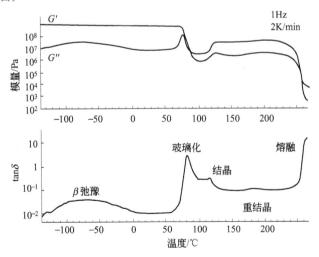

图 11-66　PET 的 DMA 曲线[10a]

　　样品名称：聚对苯二甲酸乙二醇酯（PET）。仪器：梅特勒-托利多 DMA/SDTA861e，测试模式：剪切。

　　样品制备：两片厚 0.94mm、直径 5mm 的圆片装入剪切夹具。

　　DMA 测试：以 2K/min 的速率从 −140℃ 升温到 280°，频率 1Hz。最大力振幅为 25N；最大位移振幅为 5μm；偏移控制为零。

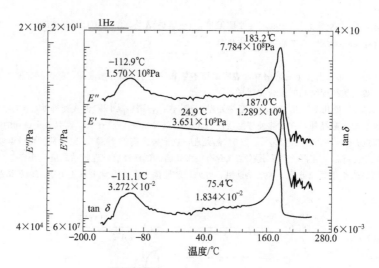

图 11-67 **聚砜的 DMA 曲线**[17]

样品名称：聚砜（Polysulfon）；化学结构式 $\left(\begin{array}{c} \text{-} \unicode{x2014}SO_2\unicode{x2014}\unicode{x2014}O\unicode{x2014}\unicode{x2014}\overset{\displaystyle CH_3}{\underset{\displaystyle CH_3}{C}}\unicode{x2014}\unicode{x2014}O \end{array} \right)_n$

试样热历史：260℃压膜，冰水中骤冷，室温真空干燥一周。

试样尺寸：20.00mm×10.00mm×1.310mm；升温速率2K/min；氮气氛；测量温度范围：-165～250℃；仪器：精工SDM5500流变仪，精工DMS100黏弹谱仪；形变方式：弯曲式；测量频率：0.5Hz、1Hz、2Hz、5Hz、10Hz（这里节选频率1Hz数据）。

测试结果：

损　耗	损耗温度/℃	E_a/(kJ/mol)	备　注
α	187	732	玻璃化转变
β	75		
γ	-111	44	

DSC数据：T_g183.7℃，ΔC_p0.230J/(℃·g)，DSC10K/min。

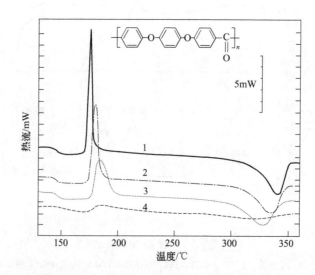

图 11-68 **在不同气氛加热到400℃保持不同时间后在液氮中淬火的PEEK试样的DSC曲线**[18]

1—（——）在氮气中5min；2—（—·—）在氮气中120min；

3—（·········）在空气中30min；4—（----）在空气中120min

样品名称：聚醚醚酮（Poly ether ether ketone，PEEK）；来源 ICI 公司（原始试样的结晶度为 27%）。

试样量(7±0.001)mg；试样容器：敞开的铝坩埚；升温速率 10℃/min；空气或氮气氛，流速 50ml/min。

仪器：Du Pont 1090 热分析仪。

测试结果：

· T_g145℃，结晶放热峰 175℃，340℃是结晶的熔化。

· 在400℃保持的时间越长，再结晶的量越低，尤其是在空气中加热。

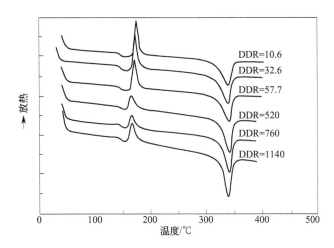

图 11-69　不同拉伸比（DDR）的 PEEK 纤维的 DSC 曲线[19]

样品名称、来源、结构式同图 11-68；升温速率 20℃/min；仪器 Du Pont 9900 差示扫描量热计。

测试结果：

· 低收缩比，即低拉伸比时，纤维以非晶态为主，表现出明显的冷结晶放热。

【备注】试样为熔融拉伸纤维。

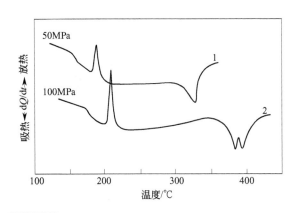

图 11-70　淬火 PEEK 试样在不同压力下的 DTA 曲线[20]

样品名称、来源、结构式同图 11-68；试样量 8～10mg；升温速率 10℃/min。

测试结果：

· 淬火试样的玻璃化转变温度、冷结晶以及熔融温度均随压力升高（图中给出 50MPa、100MPa 的数据，其他从略）。

· 100 MPa时产生熔融吸热双峰，认为分别是 PEEK 冷结晶晶体的熔融和高温时重构晶体的熔化。

【备注】试样加热到 400℃，液氮淬火、室温干燥。

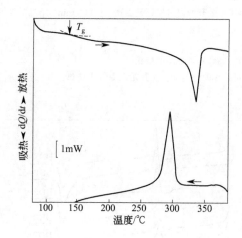

图 11-71 PEEK 的升降温 DSC 曲线[5]

样品名称：ICI 公司的聚醚醚酮（PEEK）。

试样量：8.73mg；升降温速率 10℃/min；仪器：Perkin-Elmer 7 型差示扫描量热计。

测试结果：

· 由 DSC 曲线在 257.6～353.6℃观察到玻璃化转变，外推始点 T_g 为 142℃。

· 在 257.6～353.6℃呈明显的熔融吸热，峰温 340℃。第 1 次升温时的熔化焓为 56.4J/g，第 2 次升温时为 44.5 J/g。

· 降温过程在 268.8～314.8℃观察到结晶放热，峰温 297.8℃，结晶焓为 40.7J/g。这说明在反复升降温过程结晶度有逐渐降低的趋势。

· 不同厂家的产品，由于化学结构上的差异，它们的 T_g、T_m 有所不同，树脂的成型温度为 360～430℃，模具温度 120℃以上，在 400℃的熔体黏度为 150～450Pa·s。

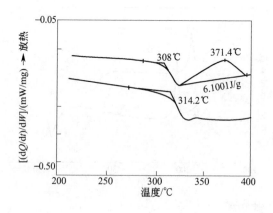

图 11-72 一种聚酰亚胺的 DSC 曲线[1]

样品名称：聚酰亚胺（Polyimide，PI）；试样量 7.56mg。

测试结果：

· 此种聚酰亚胺原始试样的 T_g 为 308℃，在 371.4℃观察到未环化部分继续亚胺化的放热效应为 6.1J/g。

· 第二次升温，T_g 变为 314.2℃，提高 6.2℃。

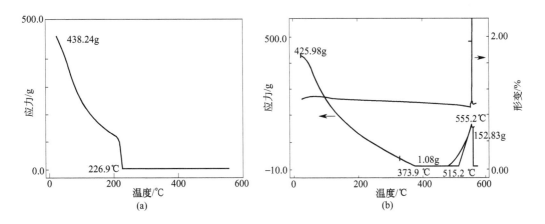

图 11-73　一种聚酰亚胺在氮气（a）、空气（b）中的热应力曲线[3]

样品名称同图 11-72。

试样尺寸 15.250mm；加载方式：以 0.05mm/min 的速率使其伸长 1%；升温速率 5℃/min；测量温度范围：室温～600℃。

测试结果：

- 试样伸长 1%，在氮气中升温到 600℃，使其分解；在 227℃ 应力几乎降到零。

- 在空气中，在 374℃ 应力降到只有 1.08 g，从 515℃ 再度升高，560℃ 断裂。应力的升高可能是又发生了交联反应。

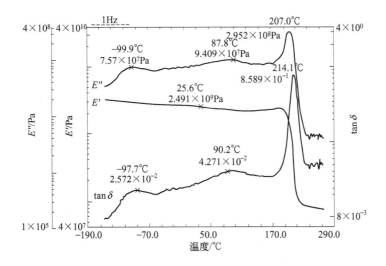

图 11-74　聚醚酰亚胺的 DMA 曲线[21]

样品名称：聚醚酰亚胺（Polyetherimide），商品名 ULTEM。

化学结构式：

试样热历史：280℃压膜，水中骤冷，室温真空干燥一周；试样尺寸 20.00mm×10.00mm×1.24mm；升温速率 2K/min；氮气氛；测量温度范围－165～270℃；仪器：精工 SDM5500 流变仪，DMS100 黏弹谱仪；形变方式：弯曲式；测量频率：1Hz、2Hz、5Hz、10Hz（这里节选的是频率为 1Hz 的数据）。

测试结果：

tanδ 损耗峰温和活化能

损 耗	损耗峰温/℃	E_a/(kJ/mol)	备 注
α	214	777	玻璃化转变
β	90	95	
γ	−98	44	

DSC 数据：T_g 212.9℃，ΔC_p 0.259J/(℃·g)，DSC10K/min。

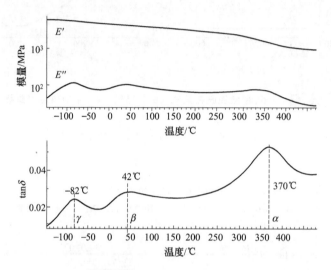

图 11-75 PEI 的 DMA 曲线[10a]

样品名称：聚醚酰亚胺（PEI）薄膜。仪器：梅特勒-托利多 DMA/SDTA861e。

测试模式：拉伸。

样品制备：薄膜，长 10.5mm，厚 22μm，宽 5.0mm。

DMA 测试：以 4K/min 的速率从 −150℃ 升温到 500℃，用 1Hz 频率。最大力振幅 1N；最大位移振幅 25μm；偏移控制 150%。

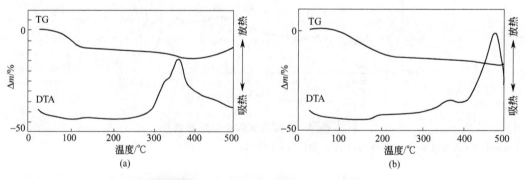

图 11-76 导电性聚合物的 TG-DTA 曲线[5]

样品名称：导电性聚合物厚膜材料；两种材料(a)、(b)均由苯酚树脂胶黏剂及铜粉所组成，固化条件为 160℃，30min。

测试结果：

• (a) TG-DTA 曲线是在空气气氛下测定的，在室温~150℃树脂固化失重、吸热。270℃以上树脂分解，放热、失重。380℃以上铜粉氧化增重。

• (b) 在 60~230℃观察到连续失重。这时固化膜所含溶剂及固化反应产物从膜中逸出。在高温焊接操作时应充分注意这一点。

第三节　其他高分子材料（聚氨酯、纤维素、聚合物含水体系以及几种共聚物、共混物、互穿网络聚合物等）的热分析曲线

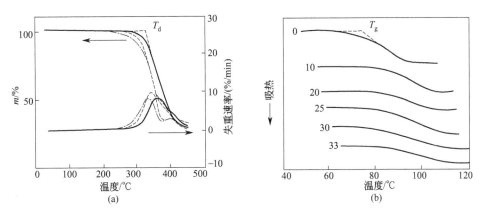

图 11-77　含蜜糖生物降解型聚氨酯 TG-DTG 曲线（a）和 DSC 曲线（b）[6]

样品名称：生物降解型聚氨酯。升温速率 10℃/min，氮气氛。

蜜糖的质量分数：（a）—0%，…15%，— · —30%；（b）0%～30%。

测试结果：

· 由分子链中含蜜糖结构的聚氨酯的 TG-DTG 曲线看出，是分两步分解的，DTG 曲线呈两个峰。当增加糖结构的含量，则分解温度 T_d 降低。这是由于将热不稳定的糖结构引入聚氨酯中而使其热稳定性降低。

· 糖类分子具有僵硬的环状结构，因而将其引入聚氨酯分子链中，会使玻璃化温度升高。随其量的增加，玻璃化温度 T_g 在 75～90℃范围内不断升高。在室温，这类聚氨酯是处于玻璃态。

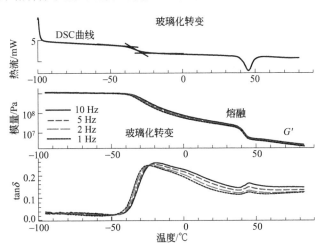

图 11-78　聚氨酯的 DMA 和 DSC 曲线[10b]

样品名称：工业聚氨酯弹性体。

测试仪器：梅特勒-托利多 DMA/SDTA861[e] 和 DSC822[e]。

DSC 坩埚：40μl 铝坩埚，盖钻孔；DMA 测试模式：剪切。

样品制备：DSC——橡胶片，22.12mg。DMA——从 1.8mm 厚的薄膜冲出 7mm 直径的圆柱体，装入剪切样品夹具，预形变为 10%。

DSC 测试：以 2K/min 从 −100℃升温至 80℃

DMA 测试：以 1Hz、2Hz、5Hz 和 10Hz 用多频模式和 2K/min 的升温速率进行测试。最大力振幅 5N；最大位移振幅 10μm；偏移控制为零。

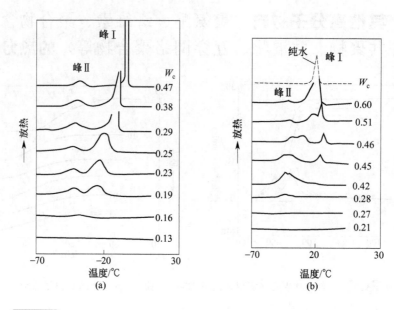

图 11-79 棉绒纤维素（a）、人造丝纤维素（b）吸附水的降温 DSC 曲线[5]

样品名称：棉绒纤维素、人造丝纤维素。仪器：Perkin-Elmer DSC-Ⅱ型差示扫描量热计。

测试结果：

· 对棉绒纤维素和人造丝纤维素当含水量 W_c❶分别为 0.15 和 0.25 以下时，DSC 曲线无相转变现象，水分在纤维素中的非晶区被羟基牢固吸附，这时纤维素中的 1 个羟基，吸附 1 个水分子。这种水称作不冻结水。当 W_c 超过上述界限时，可观察到与纤维素分子部分键合的水分子（称作可冻结的键合水）结晶峰Ⅱ及自由水结晶峰Ⅰ。这种水的行为与纤维素非晶区的存在以及羟基的存在状态有关。

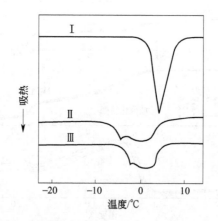

图 11-80 纤维素醋酸酯空心纤维中水的 DSC 曲线[5]

Ⅰ—纯水；Ⅱ—未加入微孔控制剂；Ⅲ—加入微孔控制剂

样品名称：纤维素乙酸酯空心纤维。含水量（g/g）：未加微孔控制剂约为 5.0，加微孔控制剂的约为 6.0。

试样量 2mg；升温速率 10℃/min；测量温度范围：−120℃～室温。

测试结果：

· 与纯水相比，纤维素乙酸酯空心纤维中水的 DSC 曲线的吸热峰比较宽，并低于 0℃，呈多重峰。这说明聚合物分子与水分子间有很强的相互作用，使水分子失去了固有的特性乃至到 0℃也不熔化。

---

❶ 含水量 W_c 定义为水与干样的质量之比（g/g）。

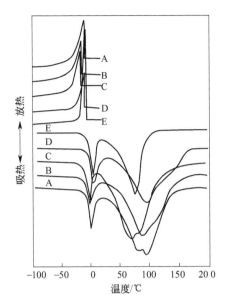

图 11-81 各种糨糊-水体系的升降温 DSC 曲线[5]

A—藻酸钠；B—纯胶；C、D—半乳甘

露聚糖；E—纯水

样品名称：藻酸钠、纯胶、半乳甘露聚糖、纯水。

升降温速率 10℃/min。

仪器：精工 220C-SSC5200 型差示扫描量热计。

测试结果：

• 图的上半部为降温 DSC 曲线，下半部为升温 DSC 曲线。DSC 曲线的形状依糨糊种类而异。降温 DSC 曲线在 -18～-10℃ 观察到结晶放热峰 T_c；升温 DSC 曲线在 0℃ 附近观察到熔化吸热峰 T_m；继续升温，则出现大的蒸发吸热峰 T_v。糨糊吸附水的 T_c、T_m、T_v 终止温度与纯水截然不同。说明在各种糨糊中，存在结晶的结合水。结晶水少时，吸附水全都为不冻水。依据结合水的量可对糨糊质量做出评定。结合水多的糨糊具有良好的吸湿性、黏度和抱水性，即使浓度低也能发挥糨糊的作用。

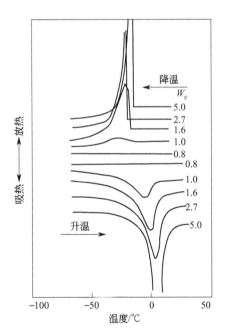

图 11-82 聚甲基丙烯酸酯-水体系的升降温 DSC 曲线[5]

样品名称：聚甲基丙烯酸酯（PMA）。

测试结果：

• 含水率 W_c 为水的质量与干聚合物质量之比，当 $W_c=1g/g$ 以上时，该体系降温与升温 DSC 曲线的放热峰与吸热峰为聚合物中水的结晶与熔化，其中的水称作冻结水。升温时冻结水在 0℃ 左右熔化，但在降温时在 -20℃ 左右发生结晶，这与纯水一样均发生在 -20℃ 左右。从 PMA-水体系升温曲线的吸热峰，可计算出冻结水量，进而可由总含水量算出 PMA 中存在的不冻结水。吸水能力强的 PMA 不冻结水多。

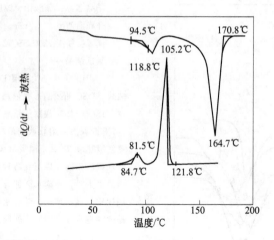

图 11-83 聚乙烯/聚丙烯共混物熔融与结晶的 DSC 曲线[1]

样品名称：聚乙烯/聚丙烯共混物。

按 JIS K7121 测定。试样量：8.051mg；

升、降温速率 10℃/min；测量温度范围：室温至 200℃。

测试结果：

- $T_{im}=94.5℃$，$T_{pm_1}=105.2℃$，$T_{pm_2}=164.7℃$，$T_{em}=170.8℃$；$T_{ic}=121.8℃$，$T_{pc_1}=118.8℃$，$T_{pc_2}=91.5℃$，$T_{ec}=84.7℃$。

- 聚乙烯的熔融热 $\Delta H_m=8.94J/g$；聚丙烯的熔融热 $\Delta H_m=67.99J/g$。

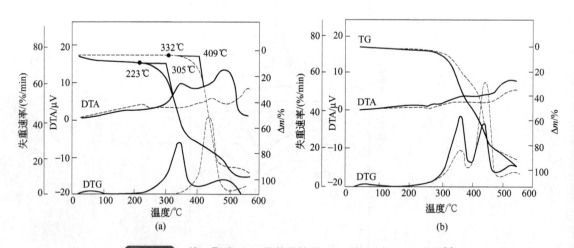

图 11-84 棉、聚酯（a）及其混纺丝（b）的 TG 与 DTG 曲线[5]

样品名称：棉、聚酯及其混纺丝。

升温速率 20℃/min；测量温度范围：室温至 600℃；仪器：TG-DTA。

测试结果：

- 天然纤维与人造纤维的热学、力学等性质有很大区别，可通过混纺使其性能得到互补。

- 棉起始分解温度为 223℃，外推始点 305℃。聚酯在 332℃开始失重，外推始点 409℃。棉纺物分 3 步失重，首先在 100℃以下，吸附水蒸发。然后，2、3 步失重为棉纺物本身的分解。聚酯则在较高温度才分解失重，且一步完成。

- 由已知混纺比的 TG-DTG 曲线可见，各步失重量及最大失重速率与混纺比例密切相关。因此，可由此种方法确定未知混纺比的混纺丝的定量组成。

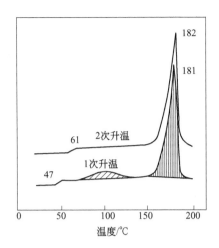

图 11-85 乙烯-乙烯醇共聚物的 DSC 曲线[5]

样品名称：乙烯-乙烯醇共聚物（EVOH）。

试样量 5mg；升温速率 10℃/min；氮气氛；测量温度范围：0～200℃，将经第 1 次升温达到熔融状态的试样骤冷，再进行第 2 次升温实验。

测试结果：

· 由第 1 次升温的 DSC 曲线可见，在 45～50℃，呈现 EVOH（乙烯醇的摩尔分数为 32%）的玻璃化转变（T_g），然后在 70～130℃有因相当热处理而产生的吸热峰。181～182℃为熔融吸热峰。二次升温的 DSC 曲线，T_g 出现在 60℃左右，熔融峰在 182～183℃，上述热处理的吸热峰消失，DSC 曲线变得平直。热处理过的 EVOH 氧的透过率降低。

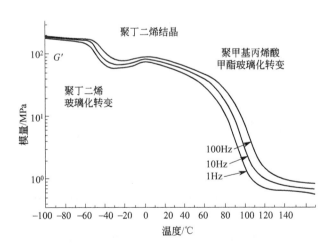

图 11-86 MBS 共聚物的 DMA 测试[10a]

样品名称：甲基丙烯酸甲酯-丁二烯-苯乙烯（MBS）共聚物粉末。仪器：梅特勒-托利多 DMA/SDTA861ᵉ。

测试模式：剪切。

样品制备：粉末被压成直径 5.0mm、厚 1.71mm 的圆片。两个圆片被装进剪切夹具。

DMA 测试：以 2K/min 的速率从 −100℃ 升温到 180℃。最大力振幅 10N；最大位移振幅 1μm；偏移控制零。测试在系列频率 100Hz、10Hz 和 1Hz 下进行。

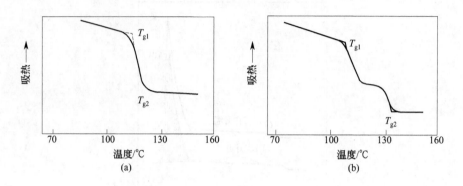

图 11-87　**PS/P2CLS 体系的 DSC 曲线**[5]

（a）均一相共混物；（b）在 $T = 156.4℃$，19h10min 进行相分离的共混物

样品名称：PS/P2CLS，其中，PS—聚苯乙烯；P2CLS—2-氯化聚苯乙烯。

实验条件：PS，$\overline{M}_w = 105000$，$\overline{M}_w / \overline{M}_n = 1.02$；P2CLS，$\overline{M}_w = 65000$；按一定比例经溶液共混制得的均一相共混膜。

测试结果：

· 单相状态和两相分离状态的共混物膜在玻璃转变温度附近的 DSC 曲线如图所示。单相状态时只观察到单一的玻璃化转变，而两相状态则可观察到两个玻璃化转变。如图 DSC 曲线可分别定义玻璃化转变温度的外推始点 T_{g1} 和外推终点 T_{g2}。对于两相分离状态的 T_{g1}、T_{g2} 分别对应于富 PS 相的 T_{g1} 和富 P2CLS 相的 T_{g2}。

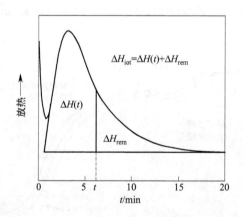

图 11-88　**PEO/PMMA 共混物在 44℃ 结晶放热的 DSC 曲线**[5]

PEO 的分子量＝5×10^4，PMMA 的分子量＝2.2×10^4

样品名称：聚氧化乙烯（PEO），分子量范围 $5 \times 10^4 \sim 2 \times 10^6$；聚甲基丙烯酸甲酯（PMMA），分子量 $2.2 \times 10^4 \sim 1.1 \times 10^6$。

溶液共混，PMMA 的质量分数为 20％。

测试结果：

· 以结晶放热达到一半的时间，即半结晶期 $t_{1/2}$ 作为结晶速率的度量。共混物的结晶速率随 PMMA 成分的增加而降低。当固定共混物两组分的比例时，则其结晶速率与 PEO 的分子量无关；而与 PMMA 的分子量有关，结晶速率随 PMMA 分子量的增大而降低。

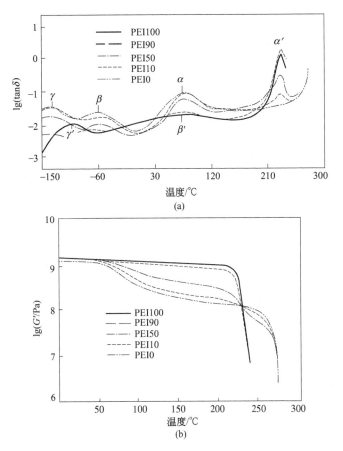

图 11-89 尼龙 66/聚酰亚胺共混物的 **tanδ-温度曲线（a）与 G′-温度曲线（b）**[22]

样品名称：尼龙 66/聚酰亚胺共混物。聚酰亚胺（PEI）的化学结构式如下：

实验条件：共混物的动态力学性能是用 Rheomotrics Dynamic Spectrometer（RDS）测定的。测试频率为 1Hz，剪切型应变，应变值为 0.1%。试样尺寸为 40mm×12mm×2mm，热压制样，退火处理，用前保存于干燥器中，以防吸潮。试验过程中用 N_2 保护试样，以防止发生氧化降解和化学反应。测试的温度范围为 −150～300℃，升温速率为 3℃/min。记录储能剪切模量 $G′$，耗能剪切模量 $G″$ 和损耗因子 tanδ 随温度的变化。对于均聚物，将 tanδ 极大值所对应的温度定义为 T_g；对于共聚物，较高温度的 tanδ 峰温 T_{g1} 为 PEI 富相的 T_g，较低温度的 T_{g2} 相应于尼龙 66 富相区。

测试结果：

• 图中（a）是不同组成共混物的 tanδ-温度曲线。纯的尼龙 66 有 3 个力学损耗峰分别标记为 α、β 和 γ。纯的 PEI，也有 3 个动态力学阻尼峰，分别标记为 α′、β′ 和 γ′。

• 图中（b）是共混物的 $E′$ 随温度和组成的变化。共混物 T_{g1} 几乎不随组成而变化，而 T_{g2} 则随共混物中 PEI 的含量增加而增加。

• 4 个次级松弛 β，γ，β′ 和 γ′ 的温度列入下表。$T_{γ′}$ 和 $T_β$ 均随组成而发生显著变化，可能起因于两组分间的相互作用。共混物中一个新的松弛 T_i 是作为一个肩叠加在 α′ 损耗峰上，其温度为 213℃，同组成无关，可能是起因于两组分界面区的松弛和分子运动。

尼龙66/PEI共混物的次级松弛温度

$w(PEI)/\%$	T_β	T_γ	T_i	$T_{\beta'}$	$T_{\gamma'}$
0	−62	−136			
5	−56	−130			
10	−54	−130	213		
15	−53	−133	213		
25	−52	−132	213		
50	−51	−134	213		
85				76	−75
90				79	−78
100				81	−101

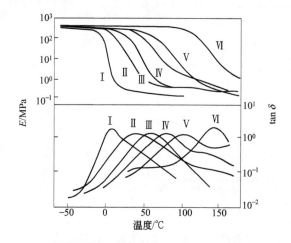

图 11-90 不同组分的 PECH/PMMA
互穿网络聚合物的动态力学曲线[23]

PECH/PMMA 的质量比：Ⅰ—100/0；Ⅱ—75/25；
Ⅲ—65/35；Ⅳ—50/50；Ⅴ—35/65；Ⅵ—0/100

样品名称：聚环氧氯丙烷（PECH）；分子量 2000，羟
基含量 16.72mol/g，含氯质量分数 30%；

多次甲基多苯基多异氰酸酯（PAPI），异氰酸酯
（NCO）质量分数 31%，密度 1.24g/cm³；

聚甲基丙烯酸甲酯（PMMA），甲基丙烯酸甲酯溶液
中含摩尔分数为 1.0%的甲基丙烯酸乙二醇酯（EGDMA）
和过氧化苯甲酰（BPO）0.5%。

将 PAPI 和 PMMA 加入 PECH 中混合均匀，经真空
脱气后注入模具中，在 50℃下固化 2d，90℃下固化 1d，
120℃固化 1d。

升温速率 3℃/min；频率：29.3Hz；温度范围−70～
180℃；氮气氛；试样尺寸：18mm×10mm×2mm；仪
器：法国 Metravib MAK-04 型黏弹分析仪

测试结果：

在 tanδ-T 曲线上只有一个主转变峰（T_g），表明
PECH/PMMA 互穿网络是完全相容的。T_g 峰位随着
PMMA 含量的增加而提高。

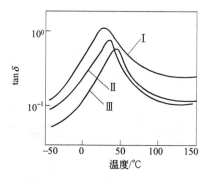

图 11-91 聚环氧氯丙烷（PECH）/蓖麻
油（CO）共混体系动态力学曲线[24]

PECH/CO 的质量比：Ⅰ—100/0；
Ⅱ—50/50；Ⅲ—0/100

样品名称：PECH；分子量 1400，羟基含量 13.62×
10⁻⁴mol/g，含氯质量分数 29.6%；蓖麻油（CO），分子
量 932；羟基含量 32.15×10⁻⁴mol/g。

将 PECH 和 CO 按比例混匀，真空脱气后注入模具
中，在 100℃下固化 48h。

升温速率 3℃/min；频率 50Hz；温度范围−50～
150℃；试样尺寸 18mm×10mm×2mm；仪器：法国 Me-
travib MAK-04 型黏弹分析仪。

测试结果：

• PECH 的 tanδ 值随着蓖麻油用量增加而减小，T_g
峰位升高。

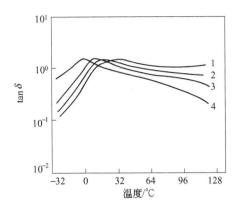

图 11-92 测试频率对 PECH 聚氨酯动态
力学性能的影响[25]

1—500Hz；2—300Hz；3—50Hz；4—5Hz

样品名称：聚环氧氯丙烷（PECH）；分子量 1200，
羟基含量 16.67×10^{-4} mol/g，含氯质量分数 32.5%，黏
度（25℃）10.5Pa·s。

多次甲基多苯基异氰酸酯（PAPI），异氰酸酯
（NCO）质量分数 31%，密度 1.24g/cm³。

将 PECH 与 PAPI 混合均匀，真空脱气后注入模具
中，在 100℃下固化。

升温速率：3℃/min；测试频率：5Hz、50Hz、
300Hz、500Hz；测量温度范围 $-20 \sim 120$℃；氮气氛；试
样尺寸 18mm×10mm×2mm；仪器：采用法国 Metravib
的 MAK-04 型黏弹分析仪。

测试结果：

· 试样的 T_g 随着频率提高而长高，在高温区，试样
的 tanδ 值频率提高而增大。

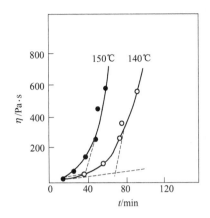

图 11-93 环氧树脂/线型酚醛树脂
试样固化过程的黏度变化

样品名称：环氧树脂（EP-51）；分子量 700；密度
2g/cm³；线型酚醛树脂（PF），密度 1.4g/cm³；按质量比
10：3 比例混合试样，真空处理后，取 5g 试样装入测试
模具。

仪器：法国 Metravib MAK-04 型黏弹分析仪；测试
频率 7.8Hz；测试：分别在 140℃和 150℃条件下，每
10min 测试一次黏度值，将数据对时间作图。

测试结果：

· 试样在 140℃条件下的固化时间为 69min；150℃条
件下的固化时间为 38min。

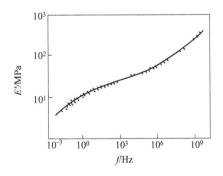

图 11-94 稀土顺丁橡胶/丁苯橡胶共混物储能
模量 E' 组合曲线（$T_{ref} = 25.5$℃）

样品名称：稀土顺丁橡胶（Ln-BR），$ML^{100℃} = 40.0$；
$[\eta] = 3.2$dl/g；顺-1,4 含量 97.7%；反-1,4 含量 1.4%；

丁苯橡胶（SBR）；$ML^{100℃} = 45.5$；顺-1,4 含量 9%；
反-1,4 含量 76%。

将试样混合均匀，用 25t 电热平板硫化机在 100℃、
10MPa 下压制 10～15min，自然冷却至室温，取出制样。
Ln-BR 与 SBR 的质量比为 20：80。

仪器：法国 Metravib MAK-04 型黏弹分析仪；升温
速率 3℃/min；测试频率：7.8Hz、11.0Hz、18.8Hz、
35.0Hz；测量温度范围 $-50 \sim 100$℃；氮气氛；试样尺寸
20mm×10.40mm×2.18mm；应用 WLF 方程计算机程序
处理实验数据。

测试结果：

当参考 $T_{ref} = 25.5$℃时，$C_1 = 7.28$，$C_2 = 134.91$，
储能模量 E' 对应 $10^{-3} \sim 10^{10}$ Hz 频率，在 $1 \sim 10^3$ MPa 范
围内变化。

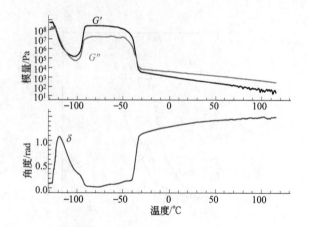

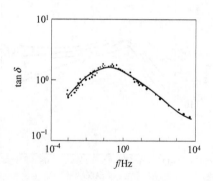

图 **11-95** 硅油的 DMA 测试曲线[10b]

样品名称：未填充和未硫化的硅油。

仪器：DMA。测试模式：剪切。

样品制备：将液体剪切样品夹具的缝隙调节到 0.3mm 并加满样品。直径为 11mm。然后将样品夹具安装在已经降温至 −140℃的夹具装置中。

DMA 测试：在 1Hz 频率以 2K/min 从 −140℃升温。最大力振幅 5N；最大位移振幅 10μm；偏移控制为零。

图 **11-96** PECH/St＋MMA＋BMA 共混物 tanδ 组合曲线（$T_{\mathrm{ref}}=21$℃）

样品名称：聚环氧氯丙烷（PECH）；分子量 1346，羟值含量 13.46×10^{-4}mol/g，含氯质量分数 30%；

苯乙烯（St）；甲基丙烯酸甲酯（MMA）；甲基丙烯酸丁酯（BMA）。

将上述试样混合均匀，经真空处理，注入模具，在 20℃下固化 4h，在 80℃下固化 2h。

仪器：法国 Metravib MAK-04 型黏弹分析仪；升温速率 3℃/mol；测试频率：7.8Hz、15.6Hz、31.2Hz、62.5Hz；测量温度范围：0～68℃；试样尺寸 20mm×11mm×1.96mm；应用 WLF 方程计算机程序处理数据。

测试结果：

• 当参考温度 $T_{\mathrm{ref}}=21$℃时，tanδ 值对应 10^{-4}～10^4 Hz 频率范围，在 0.2～2.0 之间变化。

第四节　聚合物转变温度与频率的关系图

图 11-97～图 11-117 是一些有代表性的聚合物的多重转变图（分子松弛温度的倒数与频率间的关系）。

从高温到低温的各个松弛过程是以 α，β，γ，δ⋯标记的，括号内的符号分别表示如下的松弛机理：

c——结晶松弛；

gr——晶（粒边）界松弛；

p——主链运动；

l——局部松弛；

s——侧链运动；

Me——甲基松弛；

Ph——苯基松弛；

d——晶区缺陷松弛；

w——存在水或其他小分子时的松弛；

Pa——介稳晶状态（或非晶态与晶态间的过渡区）。

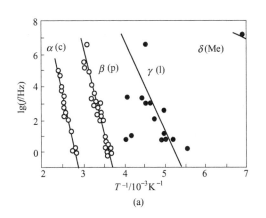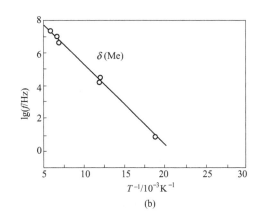

(a)　　　　　　　　　　　　　　　(b)

图 11-97　聚丙烯分子松弛的温度与频率关系图

（a）高温部分；（b）低温部分

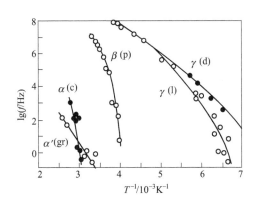

图 11-98　聚乙烯分子松弛的温度与频率关系图

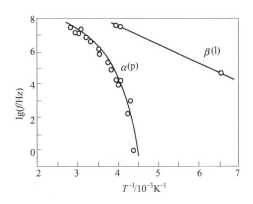

图 11-99　聚异丁烯分子松弛的温度
与频率关系图

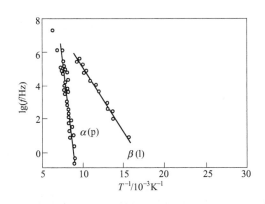

图 11-100　聚氯乙烯分子松弛的温度与频率关系图

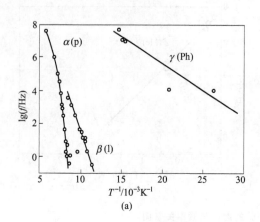
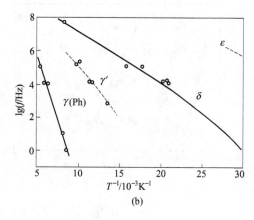

图 11-101 聚苯乙烯分子松弛的温度与频率关系图

（a）高温部分；（b）低温部分

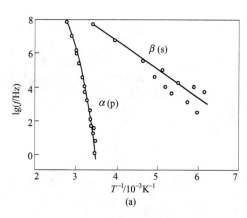
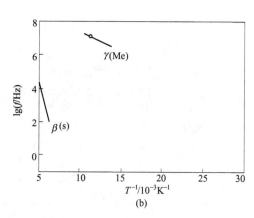

图 11-102 聚丙烯酸甲酯分子松弛的温度与频率关系图

（a）高温部分；（b）低温部分

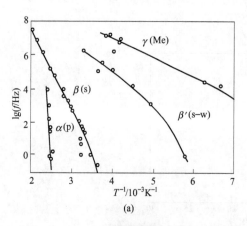
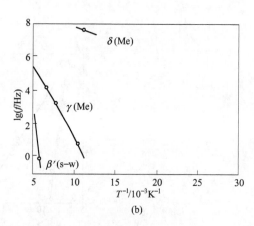

图 11-103 聚甲基丙烯酸甲酯分子松弛的温度与频率关系图

（a）高温部分；（b）低温部分

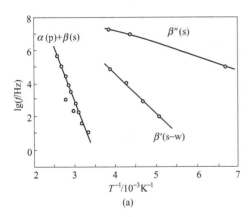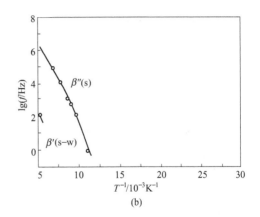

图 11-104　聚丙烯酸正丁酯分子松弛的温度与频率关系图

（a）高温部分；（b）低温部分

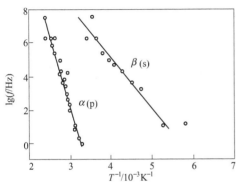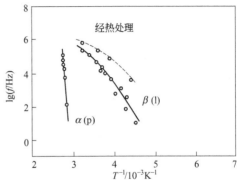

图 11-105　聚乙酸乙烯酯分子松弛的
温度与频率关系图

图 11-106　聚乙烯醇分子松弛的温度
与频率关系图

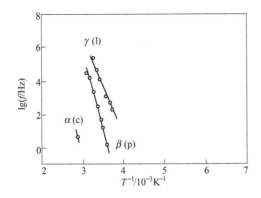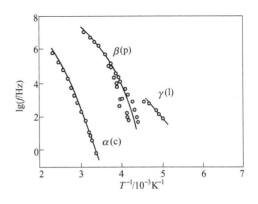

图 11-107　聚偏氯乙烯分子松弛的温度
与频率关系图

图 11-108　聚偏氟乙烯分子松弛的温度
与频率关系图

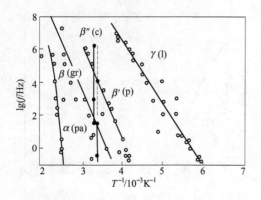

图 11-109 聚四氟乙烯分子松弛的温度
与频率关系图

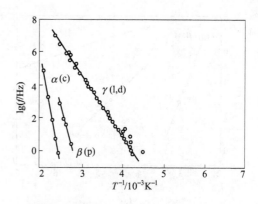

图 11-110 聚三氟氯乙烯分子松弛的温
度与频率关系图

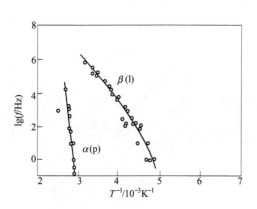

图 11-111 聚对苯二甲酸乙二酯分子松
弛的温度与频率关系图

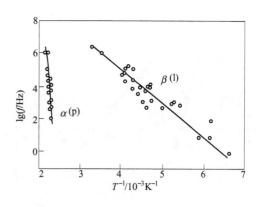

图 11-112 聚双酚 A 碳酸酯分子松弛的温
度与频率关系图

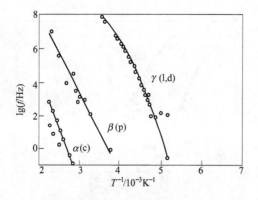

图 11-113 聚甲醛分子松弛的
温度与频率关系图

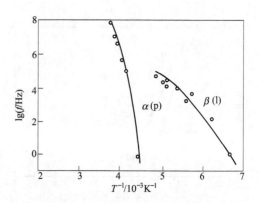

图 11-114 聚环氧乙烷分子松弛的
温度与频率关系图

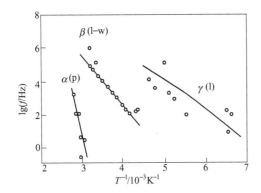

图 11-115 尼龙 6 分子松弛的温度与频率关系图

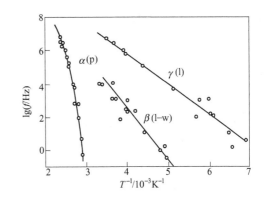

图 11-116 尼龙 66 分子松弛的温度与频率关系图

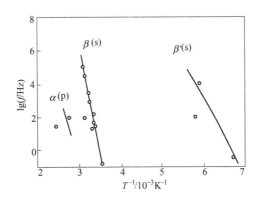

图 11-117 聚 L-谷氨酸-γ-苄基酯分子松弛的温度与频率关系图

参 考 文 献

［1］　岛津スタンドアロン熱分析装置　最新の応用データ集.

［2］　精工应用简报，1989，SDM No. 5.

［3］　岛津熱機械分析装置　TMA-50 応用データ集.

［4］　Varga J，Schulek-Toth，Ille A. Colloid Polym Sci，1991，269，655.

［5］　日本熱測定学会. 応用熱分析. 東京：日刊工業新聞社，1996.

［6］　刘景江，唐功本，周华荣. 应用化学，1993，10（3）：22.

［7］　Liu J J，Wei X F，Guo Q P. J Appl Polym Sci，1990，41：2831.

［8］　刘景江. 应用化学，1993；10（1）：27.

［9］　精工应用简报，1980，SDM No. 8.

［10］　（a）M. Zouheir Jandali，Georg Widmann 著，陆立明等译. 热分析应用手册：热塑性聚合物. 上海：东华大学出版
　　　社，2008.（b）Jürgen E. K. Schawe 著，陆立明译. 热分析应用手册：弹性体. 上海：东华大学出版社，2009.
　　　（c）Rudolf Riesen 著，陆立明译. 热分析应用手册：热固性树脂. 上海：东华大学出版社，2009.

［11］　Setaram Applications，File 1：Elastomers.

［12］　Setaram File6：C80 Calorimeter Vessels and Applications.

［13］　Setaram Applications，File 3：Thermic Hazards Evaluation.

［14］　曲桂杰，唐功本，杨玉华，刘景江. 应用化学，1995，12（2）：76.

［15］　精工应用简报，1989，SDM No. 4.

［16］　精工应用简报，1989，SDM No. 2.

［17］　精工应用简报，1989，SDM No. 3.

[18] Day M, Suprunchuk T, Cooney J D, Wiles D M. J Appl Polym Sci, 1988, 36: 1097.

[19] Song S S, White J L, Cakmak M. Sen-1 Gakkaishi, 1989, 45(6): 243.

[20] Maeda Y. Polym Commun, 1991, 32(9): 279.

[21] 精工应用简报, 1989, SDM No. 1.

[22] Choi K Y, Lee J H, Liu J J, et al. Polym Eng Sci, 1995, 35: 1643.

[23] 陈宝铨, 韩孝族, 郭凤春. 应用化学, 1995, 12(4): 66.

[24] 郭凤春, 韩孝族, 张庆余. 聚氨酯工业, 1992, (3): 13.

[25] 郭凤春, 韩孝族, 魏学荣, 等. 高分子材料科学与工程, 1988, 10(5): 74.

第十二章　食品添加剂与食品的
热分析曲线

食品添加剂的热学性质关系到它的科学加工、贮存和安全使用。食品添加剂受热后在热分析曲线上将表现出各种物理、化学变化，如晶型转变、升华、熔融、脱水和分解等。

本章所选试样，大部分是符合我国国标（GB）的食品添加剂。DSC 测定主要采用岛津 DSC-50 型仪器。实验条件：升温速率 10℃/min，动态氮气氛（纯度 99.99％以上），流速 20ml/min，敞口铂坩埚（ϕ5mm×3mm）；参比端为空坩埚。用 In、Sn、Al 等做温度标定。为了节省篇幅，凡按上述条件测定的曲线，不再另作说明。阐明热分析曲线峰的归属时，引用了一些文献数据。

第一节　食品添加剂的热分析曲线

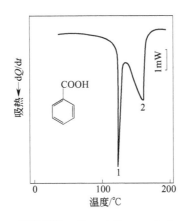

图 12-1　苯甲酸的 DSC 曲线

样品名称：苯甲酸（Benzoic acid）；分子式 $C_7H_6O_2$（M_r=122.12）；样品来源：化学试剂（二等热量标准物）；试样量 1.284mg。

测试结果：

- 峰 1（熔融）　　T_e 395.25K（122.10℃），T_p 397.10K（123.95）。
- 峰 2（气化）　　T_i 405.35K（132.20℃），T_p 431.58K（158.43℃），T_f 444.17K（171.02℃）。
- 基线约 80℃向吸热方向缓慢偏移。

【备注】

- 苯甲酸为白色有荧光的鳞片或针状结晶，熔点 122.4℃，沸点 249.2℃[1]。
- 不同压力下的沸点[2]：234℃（66.6kPa）；186℃（13.3kPa）；133℃（1.33kPa），约 100℃时升华。
- 食品级苯甲酸的熔点和凝固点的标准[2]：121～123℃（GB 1901—80，质量分数≥99.5％）；121.5～123.5℃ [FAO/WHO（1997），质量分数≥99.5％]；121～123℃（凝固点）[FCC（1981），质量分数 99.5％～100.5％]。
- 加热到 370℃按下式分解[3]：

$$\text{COOH} \quad \longrightarrow \quad +CO_2$$

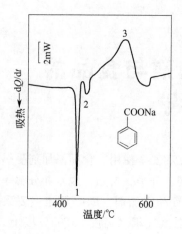

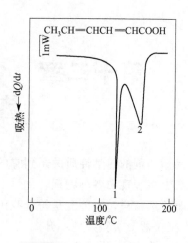

图 12-2 苯甲酸钠的 DSC 曲线

样品名称：苯甲酸钠（Sodium benzoate）；分子式 $C_7H_5NaO_2$（$M_r = 144.11$）；样品来源：市售（GB 1902—80，质量分数 $\geqslant 99.0\%$）；试样量 2.226mg。

测试结果：

· 峰 1　T_i 695.12K（421.97℃），T_e 705.73K（432.58℃），T_p 710.66K（437.51℃）。

· 峰 2　T_i 720.45K（447.30℃），T_e 723.59K（450.44℃），T_p 729.62K（456.47℃）。

· 峰 3　T_p 819.72K（546.57℃），T_f 866.08K（592.93℃）。在 398.63℃有一不太明显的吸热峰。

【备注】　在空气中，升温速率 3℃/min，苯甲酸钠的热解过程由几个不遵守化学计量关系的反应组成；600℃以上，裂解碳可燃烧，残留物为 Na_2CO_3[4]。

图 12-3 山梨酸的 DSC 曲线

样品名称：山梨酸（Sorbic acid）；分子式 $C_6H_8O_2$（$M_r = 112.13$）；样品来源：南通醋酸化工厂（GB 1905—80，质量分数 $\geqslant 98.5\%$，熔点 132～135℃）；试样量 2.041mg。

测试结果：

· 峰 1（熔融）　T_e 407.65K（134.50℃），T_p 409.18K（136.03℃）。

· 峰 2（气化）　T_i 418.38K（145.23℃），T_p 435.53K（162.38℃），T_f 447.63K（174.48℃）。

· 基线约 80℃向吸热方向偏移。

【备注】　无色针状结晶或白色结晶粉末。从乙醇水溶液中得针状体。熔点 134.5℃，沸点 228℃（分解）[5]。

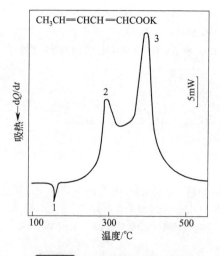

图 12-4 山梨酸钾 DSC 曲线

样品名称：山梨酸钾（Potassium sorbate）；分子式 $C_6H_7O_2K$（$M_r = 150.22$）；样品来源：南通醋酸化工厂（GB 13736—92，质量分数 98.0%～102.0%）；试样量 1.700mg。

测试结果：

· 峰 1　T_i 423.22K（150.07℃），T_e 430.10K（156.95℃），T_p 434.18K（161.03℃），T_f 448.86K（175.71℃）。

· 峰 2（分解）　T_i 448.86K（175.71℃），T_e 541.07K（267.92℃），T_p 566.66K（293.51℃）。

· 峰 3　T_i 602.06K（328.91℃），T_p 665.75K（392.60℃），T_f 766.58K（493.43℃）。

【备注】

· 无色至白色的鳞片状结晶或结晶性粉末，熔点 270℃（分解）[6]。

· 在静态空气中测试，熔融后即转入放热分解，产物为 K_2CO_3 和裂解碳[7]。

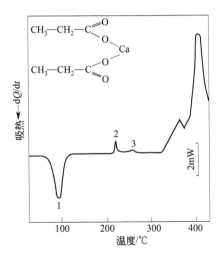

图 12-5 丙酸钙的 DSC 曲线

样品名称：丙酸钙（Calcium proponate）；分子式 $C_6H_{10}O_4Ca$（$M_r=186.22$；可带 $0\sim1$ 个 H_2O）；样品来源：市售 [GB 6225—86，质量分数 $\geqslant99.0\%$（干基）]；试样量 1.862mg。

测试结果：

- 峰 1（脱水）　T_i 333.02K（59.87℃），T_e 348.42K（75.27℃），T_p 369.58K（96.43℃）。
- 峰 2　T_i 484.00K（210.85℃），T_p 501.00K（227.85℃）。
- 峰 3　T_i 510.76K（237.61℃），T_p 528.84K（255.69℃）。
- 自 328.08℃急剧放热分解。

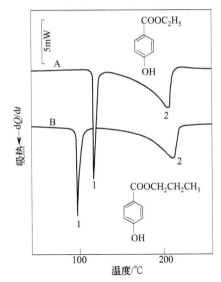

图 12-6 对羟基苯甲酸乙酯（1）和对羟基苯甲酸丙酯（2）的 DSC 曲线

样品名称：A—对羟基苯甲酸乙酯（Ethyl p-hydroxy benzoate）；B—对羟基苯甲酸丙酯（Propyl p-hydroxy benzoate）。

分子式：A—$C_9H_{10}O_3$（$M_r=166.18$）；B—$C_{10}H_{12}O_3$（$M_r=180.21$）。

样品来源：市售（化学纯试剂），经 1 次重结晶，热台法测得；熔点范围：

0.5℃（A），1.0℃（B）；

试样量：1.850mg（A），1.520mg（B）。

测试结果：

- 峰 1（熔融）的特征温度：

试样	T_i/K	T_e/K	T_p/K	T_f/K
1	385.66	388.37	390.10	395.13
2	362.33	368.89	370.54	383.92

- 峰 2（气化）的特征温度：

试样	T_p/K	T_f/K
1	479.80	492.51
2	486.61	498.08

【备注】

- 中国食品级的熔点标准：1 号的熔点 115～118℃（GB 8850—88，质量分数 $\geqslant99.0\%$，以干基计）；2 号的熔点 95～98℃（GB 8851—88，质量分数 $\geqslant99.0\%$，以干基计）[8]。
- 1 号的熔点 116～118℃，沸点 297～298℃（分解）；2 号的熔点 96～97℃[9]。

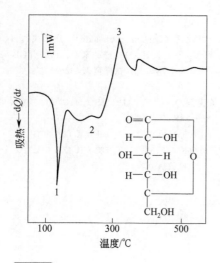

图 12-7 葡萄糖-δ-内酯的 DSC 曲线

样品名称：葡萄糖-δ-内酯（Glucono-δ-lactone）；分子式 $C_6H_{10}O_6$（$M_r=178.14$）；样品来源：市售（GB 7657—87，质量分数 99.0%，以 CHO 计）；试样量 2.009mg。

测试结果：

• 峰 1（熔融）　T_i 358.67K（85.52℃），T_e 395.11K（121.96℃），T_p 411.44K（138.29℃）。

• 峰 3（显著分解）　T_i 529.93K（256.78℃），T_p 583.65K（310.50℃）。

• 在峰 1 与峰 3 间有一个吸热为主带的有肩峰的峰 2。

• 峰 3 后的峰为分解产物进一步的分解。至 600℃，剩余质量 0.183mg，质量损失为 90.89%。

【备注】

• 葡萄糖内酯为无色结晶物。熔点 150～152℃（分解）[10]。

• 熔点 155℃，沸点（分解）[11]。

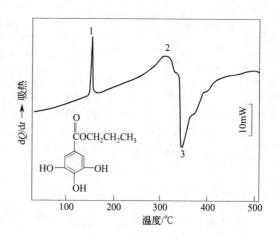

图 12-8 没食子酸丙酯在动态空气中的 DSC 曲线

样品名称：没食子酸丙酯（Propyl gallate）；分子式 $C_{10}H_{12}O_5$（$M_r=212.21$）；样品来源：合成，经 1 次重结晶；试样量 1.400mg。

仪器：P-E7 系列 DSC；动态空气气氛，流速 40ml/min；升温速率 20℃/min；坩埚材料 Pt。

测试结果：

• 峰 1（熔融）　T_i 约 416K（143℃），T_e 421.10K（147.95℃），T_p 422.57K（149.42℃）。

• 峰 2（气化和分解）　T_i 513K（约 240℃），T_p 575.24K（302.09℃）。带肩峰的峰 3 是主分解峰（分解与氧化），T_p 615.4K（342.2℃）。

【备注】

• 没食子酸丙酯为白色至淡黄褐色结晶性粉末。熔点 150℃[12]，227℃加热 1h 后开始分解[13]。

• 中国食品级没食子酸丙酯的熔点标准：146～150℃[GB 3263—82，含量 98%～102%（以 $C_{10}H_{12}O_5$ 计）][14]。

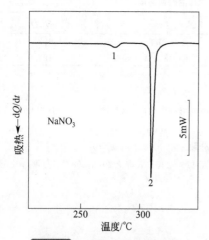

图 12-9 硝酸钠的 DSC 曲线

样品名称：硝酸钠（Sodium nitrate）；分子式 $NaNO_3$（$M_r=84.993$）；样品来源：市售（化学纯试剂）；试样量 1.495mg。

测试结果：

• 峰 1（$\alpha\rightarrow\beta$ 晶型转变）　T_p 549.94K（276.79℃）。

• 峰 2（熔融）　T_i 570.61K（297.46℃），T_e 578.56K（305.41℃），T_p 581.76K（308.61℃），T_f 587.03K（313.88℃）。

【备注】$\alpha\rightarrow\beta$ 转晶温度 276.1℃，ΔH_t 3.39kJ/mol；熔点 306.1℃，ΔH_f 14.60kJ/mol；T_e 380℃，产物 Na_2O 和 NO_2[15]。

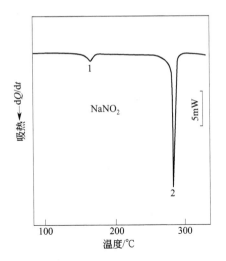

样品名称：亚硝酸钠（Sodium nitrite）；分子式 $NaNO_2$（$M_r=69.00$）；样品来源：市售（GB 1907—84，质量分数≥99.0%，以干基计）；试样量 2.629mg。

测试结果：

· 峰 1（晶型转变） T_i 428.92K（155.77℃），T_e 434.17K（161.02℃），T_p 439.77K（166.22℃）。

· 峰 2 T_i 538.10K（264.95℃），T_e 553.14K（279.99℃），T_p 556.44K（283.29℃）。

【备注】熔点 276.9℃，沸点 320℃（分解）[16]。分解产物为 N_2、O_2 和 NO，最终生成 Na_2O[17]。

图 12-10 亚硝酸钠的 DSC 曲线

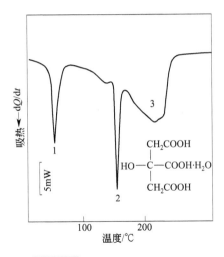

图 12-11 柠檬酸的 DSC 曲线

样品名称：柠檬酸（Citric acid）；分子式 $C_6H_8O_7 \cdot H_2O$（$M_r=210.14$）；样品来源：市售（GB 1987—86，质量分数≥99.5%，以 $C_6H_8O_7 \cdot H_2O$ 计）；试样量 5.492mg。

测试结果：

· 峰 1（脱结晶水） T_i 309.32K（36.17℃），T_e 322.99K（49.84℃），T_p 329.83K（56.68℃）。

· 峰 2（熔融） T_i 421.42K（148.27℃），T_e 424.97K（151.82℃），T_p 428.12K（154.97℃）。

· 峰 3 T_i 442.08K（168.93℃），T_p 487.26K（214.11℃），T_f 526.81K（253.66℃）。

【备注】70～75℃ 失去结晶水，无水物的准确熔点为 153℃[18]。

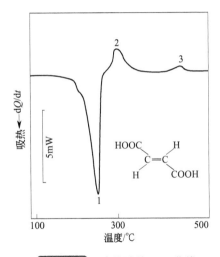

图 12-12 富马酸的 DSC 曲线

样品名称：富马酸（Fumaric acid）；分子式 $C_4H_4O_4$（$M_r=116.07$）；样品来源：苏州合成化工厂（标准号 Q/320500 HC005—92，质量分数 99.3%）；试样量 1.810mg。

测试结果：

· 峰 1 T_i 416.96K（143.81℃），T_e 488.97K（215.82℃），T_p 520.92K（247.77℃）。

· 峰 2 T_i 534.46K（261.31℃），T_e 554.72K（281.57℃），T_p 562.65K（289.50℃），T_f 633.16K（360.01℃）。

· 峰 3 T_i 699.47K（426.32℃），T_p 725.57K（452.42℃），T_f 739.16K（466.01℃）。

【备注】

· 置试样于敞口容器中，在 200℃ 以上升华，230℃ 时失水成马来酸酐。在封管中，熔点 300～302℃（或 286～287℃，或 282～284℃）[19]。

· 沸点 290℃（分解）[20]。

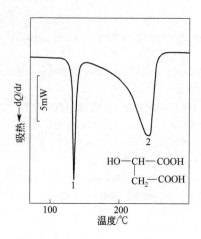

图 12-13 苹果酸的 DSC 曲线

样品名称：苹果酸（Malic acid）；分子式 $C_4H_6O_5$（$M_r=$ 134.09）；样品来源：市售（批号 DL—960403）；试样量 2.171mg。

测试结果：
· 峰 1（熔融） T_i 384.56K（111.41℃），T_e 403.85K（130.70℃），T_p 406.96K（133.81℃）。
· 峰 2（气化和分解） T_i 420.26K（147.11℃），T_p511.50K（238.35℃），T_f 530.90K（257.75℃）。

【备注】
· 无色至白色结晶或结晶性粉末。熔点 128℃，沸点 150℃，T_d 180℃[21]。

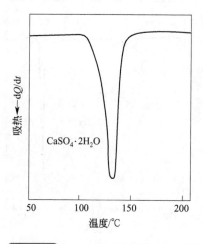

图 12-14 二水合硫酸钙的 DSC 曲线

样品名称：二水合硫酸钙（Calcium sulphate）；分子式 $CaSO_4 \cdot 2H_2O$（$M_r=172.18$）；样品来源：市售（化学纯试剂）；试样量 1.151mg。

测试结果：
· 脱水峰 T_i 377.62K（104.47℃），T_e 389.15K（116.00℃），T_p 406.30K（133.15℃），T_f 427.69K（154.54℃）。
· TG 结果（岛津 TGA-50，N_2 流速 20ml/min，试样量 2.616mg），脱水温度范围 110.66～158.25℃，$\alpha=20.543\%$。

【备注】
· 加热至 100℃失去 $1\frac{1}{2}H_2O$，而生成 $CaSO_4 \cdot \frac{1}{2}H_2O$[22]；$CaSO_4 \cdot \frac{1}{2}H_2O$ 于 163℃失去 $\frac{1}{2}H_2O$[23]。
· $CaSO_4$ 的熔点 1360℃[24]。

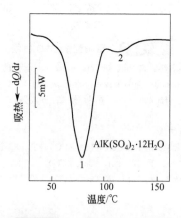

图 12-15 钾明矾的 DSC 曲线

样品名称：钾明矾（Aluminium potassium sulphate）；分子式 $AlK(SO_4)_2 \cdot 12H_2O$（$M_r=474.39$）；样品来源：安徽庐江矾矿（GB 1895—80，硫酸铝钾质量分数 ≥ 99.0%，以干基计）；试样量 2.455mg。

测试结果：
· 峰 1 T_i 311.37K（38.22℃），T_e 332.47K（59.32℃），T_p 351.68K（78.53℃）。
· 峰 2 T_i 374.81K（101.66℃），T_p 384.65K（111.50℃），T_f 407.88K（134.73℃）。
· TG 结果（岛津 TGA-50，$\beta=10$℃/min，试样量 1.412mg，静态空气），第 1 步失重 $\alpha_1=32.841\%$，第 2 步失重 $\alpha_2=12.448\%$（至 300℃）。DTG 呈两个峰，试样脱水后收缩。

【备注】
· 在静态空气中，升温速率 10℃/min，试样量 666.0mg，DTA 曲线上的脱水峰 T_i 约 343K（约 70℃），T_f 约 653K（约 380℃）。温度约 760℃时开始脱硫分解（吸热），至 950℃结束。反应式如下[25]：
$$KAl(SO_4)_2 \longrightarrow K_2SO_4 \cdot Al_2O_3 + SO_3$$
· 92.5℃失去 9 个结晶水，在 200℃时结晶水完全失去[26]。

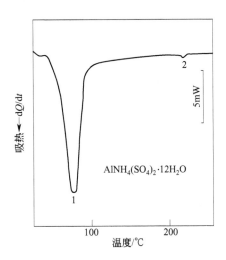

图 12-16　铵明矾的 DSC 曲线

样品名称：铵明矾（Aluminium ammonium sulphate）；分子式 $AlNH_4(SO_4)_2 \cdot 12H_2O$（$M_r = 453.33$）。

样品来源：安徽庐江矾矿（GB 1896—80，硫酸铝铵质量分数≥99.0%，以干基计）；试样量 1.835mg。

测试结果：

· 峰 1　T_i 312.43K（39.28℃），T_e 330.51K（57.36℃），T_p 350.09K（76.94℃）。

· 峰 2　T_i 488.25K（215.10℃），T_p 492.16K（219.01℃）。

· TG 结果（岛津 TGA-50，试样量 1.547mg，升温速率 10℃/min，静态空气）至 126.87℃，$\alpha = 38.276\%$；至 300℃，$\alpha = 47.219\%$。

【备注】熔点 93.5℃，加热至 120℃失去 10 个结晶水，至 250℃变成无水物，280℃以上分解[27]。

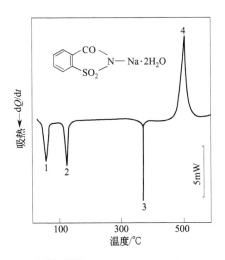

图 12-18　糖精钠的 DSC 曲线

样品名称：糖精钠（Sodium saccharin）；分子式 $C_7H_4O_3NSNa \cdot 2H_2O$（$M_r = 241.21$）。

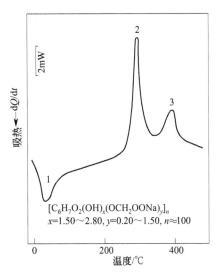

图 12-17　CMC-Na 的 DSC 曲线

样品名称：羧甲基纤维素钠（CMC-Na）；分子式 $[C_6H_7O_2(OH)_x(OCH_2OONa)_y]_n$；$x = 1.50 \sim 2.80$，$y = 0.20 \sim 1.50$，$n = 100$。

试样来源：西安惠安精细化工公司（GB 1904—89、型号 FH_6）；试样量 1.521mg。

测试结果：

· 峰 1（脱水）　T_p 313.87K（40.72℃）。

· 峰 2（分解）　T_i 526.60K（253.45℃），T_e 549.05K（275.90℃），T_p 574.75K（301.60℃）。

· 峰 3　T_i 622.35K（349.20℃），T_p 671.96K（398.81℃），T_f 约 710K（约 437℃）。

【备注】226～228℃色变褐，252～253℃炭化[28]。

样品来源：市售（GB 4578—84，质量分数≥99.0%，以干量计）；试样量 1.213mg。

测试结果：

· 峰 1（脱水）　T_i 308.31K（35.16℃），T_e 316.76K（43.61℃），T_p 328.51K（55.36℃）。

· 峰 2（脱水）　T_i 382.07K（108.92℃），T_e 386.48K（113.33℃），T_p 394.17K（121.02℃）。

· 峰 3（熔融）　T_i 629.22K（356.07℃），T_e 636.71K（363.56℃），T_p 638.78K（365.63℃）。

· 峰 4（分解）　T_i 704.07K（430.92℃），T_e 755.80K（482.65℃），T_p 776.18K（503.03℃）。

· TG（岛津 TGA-50，试样量 2.916mg，静态空气）第 1 步质量损失 $\alpha_1 = 8.996\%$（36.60～95.00℃），第 2 步质量损失 $\alpha_2 = 5.451\%$（96.62～300.94℃），第 3 步质量损失 $\alpha_3 = 29.976\%$（302.89～559.70℃）。在静态空气中（LCT，试样量 3.9mg，升温速率 10℃/min），试样先氧化分解（放热），到熔点，形成明显的熔融吸热峰；粒度会影响熔融前的氧化分解过程。

【备注】白色棱状结晶，熔点 226～231℃[29]。

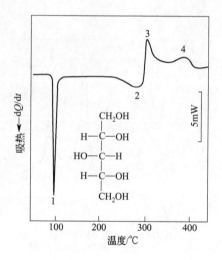

图 12-19 **木糖醇的 DSC 曲线**

样品名称：木糖醇（Xylitol）；分子式 $C_5H_{12}O_5$（$M_r = 152.15$）。

样品来源：河北保定市化工二厂（企业标准 Q/ZHJ 08·04—94，质量分数 ≥99.5%）；试样量 1.841mg。

测试结果：

· 峰 1（熔融）　T_i 363.76K（90.61℃），T_e 365.20K（92.05℃），T_p 367.64K（94.49℃），T_f 382.74K（109.59℃）。

· 峰 2（气化并转分解）　T_i 481.63K（208.48℃），T_p 563.27K（290.12℃）。

· 峰 3（分解）　T_i 563.27K（290.12℃），T_p 577.10K（303.95℃）。

· 峰 4 为进一步分解。

【备注】白色结晶或结晶性粉末，熔程 92～96℃[30]。

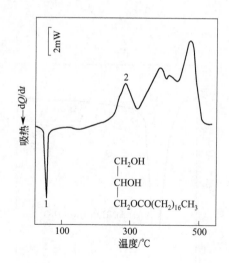

图 12-20 **单硬脂酸甘油酯的 DSC 曲线**

样品名称：单硬脂酸甘油酯（Glycerin monostearate）；分子式 $C_{21}H_{42}O_4$（$M_r = 358.559$）。

样品来源：上海延安油脂化工厂（GB 1986—89，凝固点 ≥54.0℃）；试样量 1.980mg。

测试结果：

· 峰 1（熔融）　T_i 313K（约 40℃），T_e 327.13K（53.98℃），T_p 330.04K（56.89℃），T_f 348.04K（74.89℃），约自 180℃ 转入放热分解，自 245.82℃ 形成明显的放热峰。

· 峰 2（放热峰）　T_p 561.03K（287.88℃）。

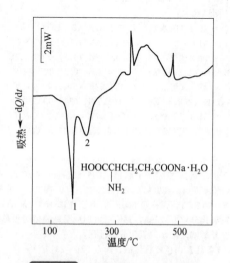

样品名称：谷氨酸钠（Sodium glutamate）；分子式 $C_5H_8O_4NNa \cdot H_2O$（左旋体，$M_r = 187.13$）。

样品来源：沈阳味精厂（GB 8967—88，质量分数 ≥99.0%）；试样量 2.120mg。

测试结果：

· 峰 1（脱水）　T_i 411.81K（138.66℃），T_p 438.71K（165.56℃）。

· 峰 2（分子内脱水分解）　T_i 456.09K（182.94℃），T_p 483.59K（210.44℃），T_f 516.66K（243.51℃）。约自 252℃ 转入放热分解，至 600℃ 剩余质量 1.022mg。

【备注】150℃ 时失去结晶水，210℃ 时发生吡咯烷酮化生成焦谷氨酸钠，270℃ 左右时则分解[31]。

图 12-21 **谷氨酸钠的 DSC 曲线**

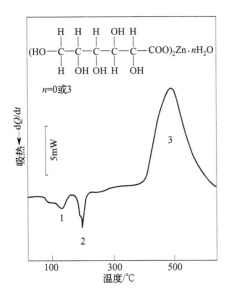

图 12-22　葡萄糖酸锌的 DSC 曲线

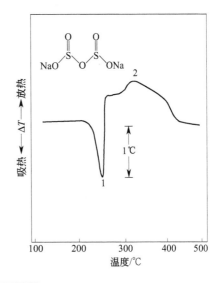

图 12-23　焦亚硫酸钠在静态空气中的 DTA 曲线

样品名称：葡萄糖酸锌（Zinc gluconate）；分子式 $C_{12}H_{22}O_{14}Zn$（$M_r=455.68$，可带 3 个水或不带水[32]）。

样品来源：实验室合成；试样量 1.683mg。

测试结果：

· 峰 1（脱水）　T_i 340.27K（67.12℃），T_f 421K（约 148℃）。

· 峰 2（熔化和分解）　T_i 421K（约 148℃），T_p 466.14K（192.99℃），T_f 484.94K（211.79℃），约自 162℃基线向放热侧偏移。

· 峰 3（分解）　T_i 642.25K（369.10℃），T_e 671.39K（398.24℃），T_p 752.91K（479.76℃），至 600.43℃，剩余质量 0.341mg。

【备注】

· 食品级葡萄糖酸锌，质量分数 97.0%～102.0%（以 $C_{12}H_{22}O_{14}Zn$ 计），水分≤11.6%（GB 8820—88）[33]。

· 在静态空气中，[LCT（北京光学仪器厂），升温速率 10℃/min]，并在 EGA 配合下，得到如下结果[34]：

(1) $C_{12}H_{22}O_{14}Zn \cdot nH_2O \xrightarrow{103\sim159℃} C_{12}H_{22}O_{14}Zn + nH_2O$

(2) $C_{12}H_{22}O_{14}Zn \xrightarrow[\text{熔融和分解}]{159\sim211℃} CO + CO_2 + H_2O +$ C＋有机物残渣＋锌盐（$ZnCO_3$）

(3) 211～566℃氧化分解及碳粒燃烧，最终产物 ZnO。

(4) 水的实际含量与生产工艺有关，且影响脱水峰的峰形。

样品名称：焦亚硫酸钠（偏重亚硫酸钠），Sodium pyrosulfite（Sodium metabisulphite）；分子式 $Na_2S_2O_5$（$M_r=190.10$）。

样品来源：江苏省南京市梅山化工厂总厂（GB 1893—86；以 SO_2 计质量分数≥65.0%）。

试样量 10.3mg；升温速率 10℃/min；DTA 灵敏度±50μV；记录仪走纸速率 2mm/min；坩埚 Pt（φ5mm×3mm，敞口）；参比端空坩埚；仪器 LCT 型热分析仪。

测试结果：

· 峰 1（分解）　T_i 393K（120℃），T_e 422K（149℃），T_p 455K（182℃）。

· 自峰 1 T_p 很快转入缓慢放热，形成宽峰 2；峰 2 的 T_f 约 727K（约 454℃）。

· 实验结束，立即取出坩埚，在坩埚内壁和剩余物上可见一层黄色物，并在空气中很快消失。剩余质量 7.6mg，质量损失 $\alpha=26.2\%$。

【备注】

· 久置空气中，则氧化成 Na_2SO_4，高于 150℃分解出 SO_2[35]。

· 一般市售品系 $NaHSO_4$ 和 $Na_2S_2O_4$ 的混合物，但以 $Na_2S_2O_4$ 为主（质量分数≥93%）；在空气中慢慢氧化放出 SO_2，190℃分解[36]。

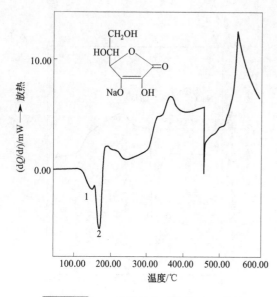

样品名称：D-异抗坏血酸钠（Sodium D-*iso* ascorbate）；分子式：$C_6H_7NaO_6 \cdot H_2O$（$M_r = 216.3$）；样品来源：江西省德兴市异 VC 钠有限公司（GB 8273—87；质量分数99.30%）；试样量 2.180mg。

测试结果：

· 峰 1（脱水） T_e 391.34K（118.19℃），T_p 422.09K（148.94℃）。

· 峰 2（熔融并伴分解） T_e 424.99K（151.84℃），T_p 441.81K（168.66℃），T_f 455.76K（182.61K）。

【备注】

· 在热台显微镜下，于148℃熔融，152℃试样颜色变深并呈发泡状，有焦味。

· 异抗坏血酸钠的熔点 200℃以上（分解）[37]。L-异抗坏血酸钠218℃时分解[38]。

图 12-24　**D-异抗坏血酸钠的 DSC 曲线**

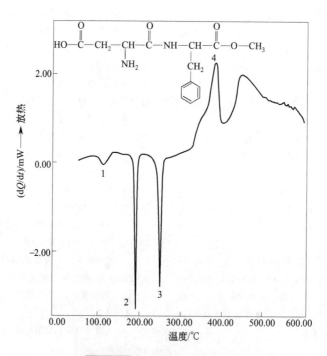

图 12-25　**甜味剂的 DSC 曲线**

样品名称：甜味剂（天冬酰苯丙氨酸甲酯，天苯甜），Aspartame；分子式 $C_{14}H_{18}N_2O_5$（$M_r = 294.30$）。

样品来源：广州何济公制药厂（1993 年混合批）；试样量 1.100mg。

测试结果：

· 峰 1 T_e 371.18K（98.83℃），T_p 386.79K（113.64℃），T_f 407.84K（134.69℃）。

· 峰 2 T_e 458.87K（185.72℃），T_p 464.72K（191.57℃），T_f 470.49K（197.34℃）。

· 峰 3 T_e 519.84（246.69℃），T_p 524.70K（251.55℃），T_f 529.30K（256.15℃）。

· 峰 4（分解） T_i 595.51K（322.36℃），T_p 655.39K（382.24℃），T_f 675.30K（402.15℃）。

· 至 600℃余重 0.176mg。

【备注】

· 连接二肽天冬氨酰苯丙氨酸与甲酯的键是酰氧键，是这个化合物中最不稳定的键[39]。

· 双熔点约 190℃和 245℃[40]。

第二节　酒、巧克力、食用固体脂、奶油、加氢大豆油的热分析曲线

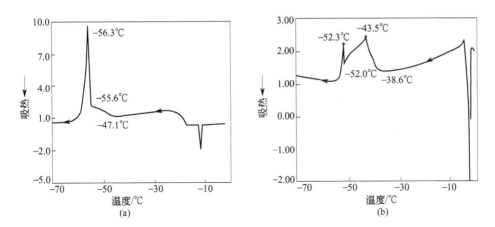

图 12-26　威士忌酒第 1 次（a）和第 2 次（b）降温的 DSC 曲线[41]

样品名称：威士忌酒。

实验条件：试样量 0.01mg；降温速率 2℃/min；把降温到 −65℃ 的威士忌酒回复到室温后，测定二次降温的 DSC 曲线。

测试结果：

- 试第 1 次降温时，−39℃ 开始放热，出现冰晶；−52℃ 出现第 2 段放热，原因不详。不同商标的威士忌酒 −52℃ 的峰高不同，峰越高口感越好。

- 试第 2 次降温时，出现冰晶的放热现象被抑制，第 2 峰变尖锐；再次进行重复的降温实验时，只剩下第 2 峰。只有第 2 峰的酒醇香可口。

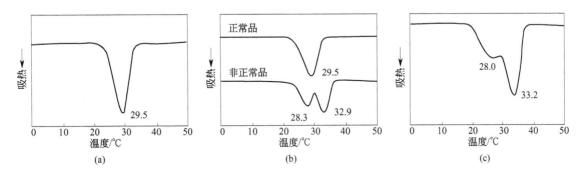

图 12-27　几种巧克力的 DSC 曲线[41]

样品名称：（a）奶油巧克力；（b）正常品与非正常品；（c）共晶态奶油巧克力。

试样量 1mg；升温速率 5℃/min，冷却到 −5℃ 以后开始升温；采用 KNO_3 作为温度和热量的标准。

测试结果：

- 图（a）此种巧克力在 29.5℃ 呈现吸热峰。吸热峰形状越尖锐，吸热量越大，口感越好。

- 图（b）对于正品观察到可可脂 V 型单一结晶在 29.5℃ 呈现的 1 个熔化吸热峰；对于次品（带有脂肪花样）奶油巧克力，在 25.3℃ 和 32.9℃ 存在两个吸热峰，后一吸热峰温比 V 型晶体熔点高，是属 Ⅵ 型晶体的熔化吸热峰。这说明晶型 V 已有一部分转变为晶型 Ⅵ。

- 图（c）对于含有耐热代用脂的巧克力，观察到 25.0℃ 和 33.2℃ 的两个吸热峰，确认其处于共晶态。

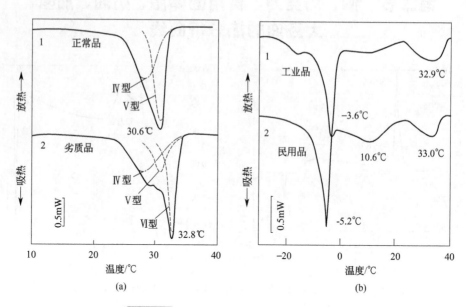

(a)   (b)

图 12-28   食用固体脂的 DSC 质量评价[41]

样品名称：（a）巧克力（明治制果公司）；（b）人造奶油（日本油脂公司）。

试样容器：铝坩埚；仪器：理学 Thermo plus 8230 型 DSC；升温速率 2℃/min。

测试结果：

• 图（a）在 30.6℃和 32.8℃的吸热峰分别表示试样中以Ⅴ型和Ⅵ型为主晶体的熔化。两者均存在不同的类型。可按正规分布曲线分解多晶型的熔化峰（图中以虚线表示）。正品巧克力，以Ⅴ型为主，混有Ⅳ型结晶，按图 a（1）虚线，Ⅳ型和Ⅴ型的熔点分别为 27.3℃和 30.6℃；而次品则以Ⅵ型为主，混有一定量的Ⅳ型和Ⅴ型。

• 图（b）人造奶油系由多种成分油脂构成，无法确定每个峰的所属特定成分，但民用品在 10.6℃的峰比工业品更明显。这可能是由于工业品比民用品三酰丙三醇晶体具有更大的范德华结合力，不加热到 33℃难以破坏此种结合力。

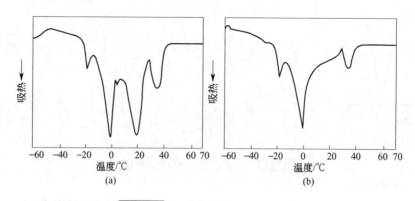

(a)   (b)

图 12-29   奶油的升温 DSC 曲线[41]

样品名称：（a）奶油；（b）人造奶油。

试样量 10mg；升温速率 10℃/min；从－70℃开始升温。

测试结果：

• 奶油和人造奶油都含有 15%的水，0℃左右呈现冰融化的吸热峰。

• 奶油在－20℃、+20℃、+38℃有吸热峰；人造奶油在－20℃、+38℃有吸热峰，无+20℃的吸热峰。

• 奶油和人造奶油都有+38℃的吸热峰，均是以饱和脂肪酸为主的甘油三酸酯的熔化。

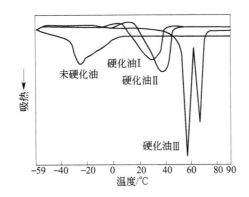

图 12-30 　加氢大豆油的升温 DSC 曲线[41]

样品名称：加氢大豆油脂；升温速率 10℃/min；试样在 70℃熔化后放入 DSC 装置处于－70℃的试样容器中。

测试结果：

- 可用 DSC 法测定大豆油的加氢程度，以往通常是采用碘值法、固体脂含量法或硬度法测定。
- 未硬化大豆油的 DSC 曲线在－28℃呈现明显的吸热峰，到 5℃完全熔化。
- 硬化油Ⅰ的硬脂酸比未硬化油多 2%，形成 41%反油酸。相应的甘油三酸酯的熔化温度升高，在常温下是固体。未硬化油Ⅰ的熔点为 31℃。
- 进一步加氢的硬化油Ⅱ，除反油酸外，尚含很多饱和硬脂酸，因而熔化峰温升高，熔点 37℃。
- 对于甘油三酸酯中的不饱和脂肪酸均已饱和的硬化油Ⅲ来说，DSC 曲线由两个吸热峰构成，与甘油三酸酯不同，这可能是由于在升温过程中甘油三酸酯转变成更为稳定的类型，熔点为 67℃。

第三节　棕榈油、椰子油的热分析曲线

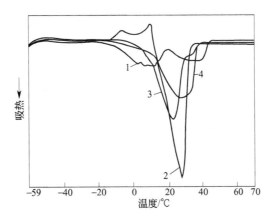

图 12-31 　棕榈油/椰子油酯交换油升温 DSC 曲线
——物理性质改性的评价[41]

样品名称：1—棕榈油；2—椰子油；3—椰子-棕榈油（混合油）；4—椰子-棕榈油（酯交换油）。

升温速率 10℃/min；试样在 70℃熔化后放入 DSC 装置处于－70℃的试样容器中。

测试结果：

- 棕榈油的 DSC 曲线在－10~20℃和 20~42℃呈现两个吸热峰。
- 椰子油的 DSC 曲线只在 10~30℃呈现 1 个吸热峰。
- 棕榈油、椰子油混合油的 DSC 曲线，在棕榈油的两个吸热峰间呈现 1 个椰子油的吸热峰。
- 由酯交换油的 DSC 曲线可以看出，它是熔化温度范围比混合油更广的热可塑性油脂。

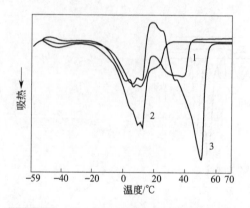

不同馏分的棕榈油的升温 DSC 曲线
——油脂分馏的评价[41]

样品名称：1—棕榈油；2—棕榈甘油三油酸酯；3—棕榈甘油三硬脂酸酯。

升温速率 10℃/min；试样在 70℃熔化后放入 DSC 装置处于−70℃的试样容器中。

测试结果：

· 棕榈油分馏前原试样的 DSC 曲线呈现−10～20℃和 20～42℃两个吸热峰，两者熔化热大体相同。

· 由棕榈油分馏出的甘油三油酸酯，其主要成分是棕榈油的低熔点部分（DSC 曲线在−10～20℃范围吸热峰比例增大），并含有少量高熔点部分。

· 分馏出的甘油三硬脂酸酯，主要成分是高熔点部分（DSC 曲线 20～42℃的吸热峰明显增大），并含有少量低熔点部分。

第四节　米、淀粉、明胶、蛋白、动物脏器以及茱萸烷的热分析曲线

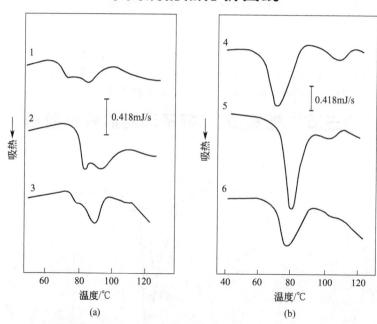

(a)　　　　　　　　(b)

　米粒和米粉在有水存在时的升温 DSC 曲线[41]

样品名称：1—日本产大米粒；2—中国台湾产大米粒；3—湿热处理的日本产大米粒；4—日本产大米粉；5—中国台湾产大米粉；6—湿热处理的日本产大米粉。

实验条件：湿热处理日本产大米 3 粒（大约 80mg）加水 120mg，湿热处理日本产大米米粉 200mg 加水 200mg；湿热处理方法　把大米粒或大米粉在高压锅中，保持相对湿度 100％的条件下，115℃加热 60min；仪器：真空理工 BSC-1 型 DSC；升温速率 1.0℃/min。

测试结果：

· 大米粒样品由两种米粒的 DSC 曲线均观测到两个吸热峰。中国台湾大米的吸热峰比日本大米高。这说明，中国台湾产大米粒比日本产大米粒糊化要困难一些。

· 经湿热处理的大米粒的 DSC 曲线两者相似。

· 日本大米粉 DSC 曲线的吸热峰在 72℃，中国台湾大米粉的吸热峰在 81℃。分别与大米粒 DSC 曲线的 74℃和 82℃的吸热峰温接近。然而，对于米粉没有观察到大米粒的高温峰，均变成 1 个峰，这可能是米粉淀粉可在低温糊化。

· 湿热处理日本大米粉 DSC 曲线的吸热峰，接近于中国台湾大米粉的吸热峰。这是湿热处理后日本大米淀粉中的微晶及非晶状态发生变化，转变成难于糊化的状态。

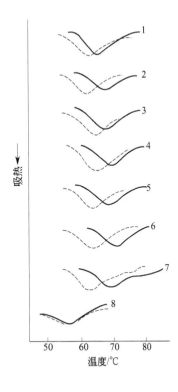

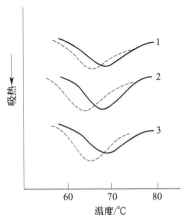

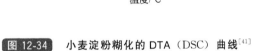

图 12-34　**小麦淀粉糊化的 DTA（DSC）曲线**[41]

——小麦中的淀粉　----单独分离出的淀粉

（小麦粉中蛋白质的质量分数：1—12.9%；

2—10.8%；3—10.5%）

样品名称：小麦中的淀粉及单独分离出的淀粉。

实验条件：向约为 3mm×3mm×2mm 的试样中加入少量水后密封在铝容器中进行 DTA 或 DSC 测定。

测试结果：

· 淀粉中蛋白质的质量分数为：12.9%，10.8%，10.5%时，不影响淀粉的糊化结果。小麦中的淀粉与单独分离出的淀粉相比，其糊化峰温升高 3～4℃，这说明面粉中淀粉的糊化受到组织结构等因素的影响。

图 12-35　**鸡蛋面中淀粉糊化的 DTA（DSC）曲线**[41]

——鸡蛋面中的淀粉　----单独分离出的淀粉

样品名称：1—细面条；2—挂面；3—凉面条；4—干面条；5—生面条；6—中国汤面；7—荞麦面条；8—细粉末。

实验条件：向约为 3mm×3mm×2mm 的试样中加入少量水后密封在铝容器中进行 DTA 或 DSC 测定。

测定结果：

· DTA(DSC)曲线的形状相互差别不大，但其糊化温度因鸡蛋面的种类不同而异，特别是与其中的灰分含量关系较大，如灰分为 0.8% 的细面条，比另几种试样的糊化温度低，为 59～60℃，含灰分 3%～4% 的挂面、凉面条、生面条的糊化温度比细面条的稍高，约为 61～64℃，这是由于小麦中的蛋白质与在加工中添加的盐分互相作用，使其糊化温度升高。

· 细粉末的 DTA 曲线呈现较宽的吸热峰，但其吸热峰较小，这可能与细粉末在加工过程受到较强的热处理，而使其淀粉已经糊化有关。

· 中国汤面由于在加工中添加碳酸盐，其糊化温度有较大的升高。

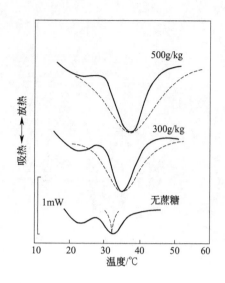

图 12-36　含 10％明胶凝胶的升温 DSC 曲线[41]

虚线为根据交联模型计算的理论曲线

样品名称：含 10％明胶的凝胶。升温速率 0.582℃/min。

测试结果：溶胶-凝胶转变温度及其转变熔焓随所加蔗糖量而升高，认为添加蔗糖形成新的氢键交联。

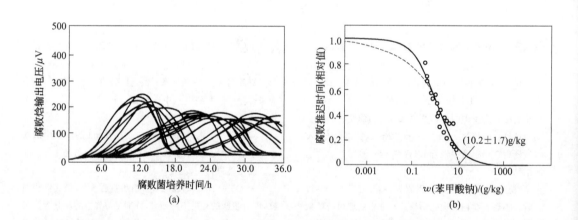

图 12-37　含不同量苯甲酸钠煮豆腐败的 DTA 曲线（a）与苯甲酸钠防腐作用曲线（b）[41]

样品名称：煮豆。

试样量：10 粒大豆；平均质量(2.22±0.05)g。

试验方法：放在玻璃容器中，添加不同量的防腐剂苯甲酸钠，然后用高压锅在 120℃处理 20min，冷却到室温，再加入腐败菌种测量其腐败放热熵。仪器：日本医化 H-201 型 Bio thermo Aralyzer。

测试结果：

· 本实验可说明煮豆的保存性能。随着防腐剂苯甲酸钠含量的增加（0～5.6g/kg），DTA 曲线呈现腐败放热的峰值时间延长，抑制腐败效果增强。

· 根据上述实验数据可求出腐败速度，由腐败速率与防腐剂浓度相关曲线可求出防腐剂有效抑制腐败的最低量为(10.2±1.7)g/kg。

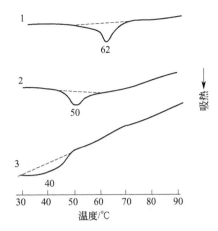

第二篇

图 12-38　几种肉的肌浆球蛋白的升温 DSC 曲线[41]

样品名称：1—兔；2—鲤鱼；3—海扇。

试样量 20mg；蛋白质浓度 5%；升温速率 10℃/min；温度范围 10～90℃；铝坩埚；水参比物。

测试结果：

· 几种肉的肌浆球蛋白的吸热特性明显不同，因此可按其吸热特性选择不同种肉最佳的加工处理温度。

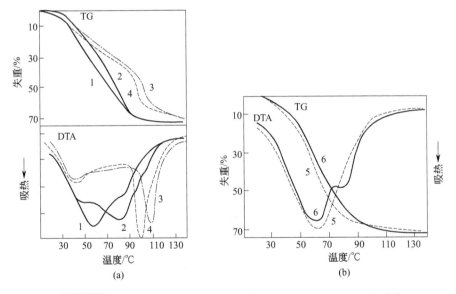

图 12-39　几种动物脏器（a）及猪肘子肉（b）的 TG-DTA 曲线[41]

样品名称：1—鼠心脏；2—鼠脾脏；3—鼠肝脏；4—鸡肝脏；5—老肉；6—正常肉。

试样量 25～26mg；升温速率 2.5℃/min；流动空气氛，流速 65ml/min。

测试结果：

· 图（a）在升温过程各脏器大致分两步失重。DTA 曲线在 40～60℃有吸热峰，这时的起始失重是由自由水的蒸发；而后的高温失重是结合水的蒸发。根据结合水和自由水的特征，可了解脏器的功能信息。鼠的各脏器的自由水量按肝、脾、肾、心的顺序增多，每克干重的脏器自由水量分别为(0.69±0.03)g、(1.02±0.05)g、(1.15±0.04)g、(1.66±0.1)g。心脏中的自由水为肝脏中的自由水的 2.4 倍。

· 图（b）正常肉的 DTA 曲线在 75℃附近有变化，可区分自由水和结合水；而老肉连续蒸发，两个过程无明显分离，与正常肉有明显的差别。用这种方法，可以鉴别肉的质量。

· 图（b）每克干样自由水和结合水的量，老肉分别为 1.85g/g 和 0.68g/g；正常肉为 1.73g/g 和 0.94g/g。由此可见，老肉自由水增加，结合水减少。

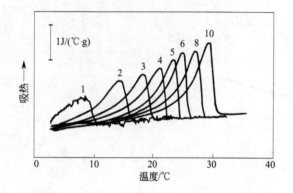

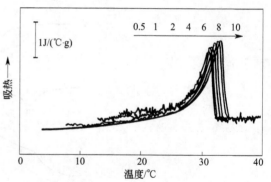

图 12-40　不同浓度 Na 型茉莪烷水溶液的 DSC 曲线[41]

图中数字表示 Na 型茉莪烷的质量浓度，g/L。

升温速率 0.5℃/min。

测试结果：

· 多糖可用作食品的凝胶化试剂和增黏剂，改变温度可引起这类物质结构和状态的变化，如溶胶-凝胶转变。

· 在 1～0.12℃/min 升温速率范围内，DSC 曲线峰形状及峰温不变。降温得到与升温实验完全一样的焓变放热峰值。也就是说，在这种条件下，体系在各个温度时处于平衡态。

· 在上述浓度范围内，体系呈黏稠状，但未变成凝胶。在转变温度以上，黏度降低，呈溶液状。浓度不同时 DSC 曲线峰温及其峰面积都不同。

图 12-41　加有 NaCl 的不同浓度的茉莪烷的 DSC 曲线[41]

NaCl 的浓度为 20mmol/L，图中的数字为 Na 型茉莪烷的质量浓度，g/L。

升温速率　0.5℃/min。

测试结果：

· 在 NaCl 浓度为 20mmol/L 的条件下，改变茉莪烷的浓度时，由于 Na+ 的浓度相同，DSC 曲线的变动不明显。

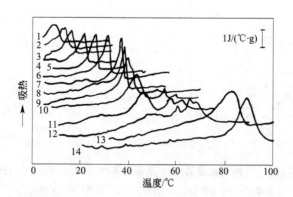

图 12-42　NaCl 浓度对 Na 型茉莪烷热转变的影响[41]

茉莪烷的质量浓度为 1g/L。

NaCl 浓度（mmol/L）为 1—0；2—1；3—2；4—5；5—10；6—20；7—50；8—60；9—70；10—80；11—90；12—100；13—150；14—200。升温速率 0.5℃/min。

测试结果：

· 随着 NaCl 浓度的增大，DSC 曲线峰温升高。当 NaCl 浓度超过 60mmol/L 时，DSC 曲线呈现多重峰，150mmol/L 以上则观察到一个大的吸热峰。在室温，盐浓度为 60mmol/L 时，体系为柔软的凝胶，而在 100mmol/L 时，则变成较坚硬的凝胶。Na+ 浓度增加，茉莪烷分子之间的相互作用增强，形成凝胶网络。也就是说，随着食盐浓度的增加，凝胶的硬度发生变化。因此，根据食盐的浓度可改变凝胶的硬度。

参 考 文 献

[1] 凌关庭，王亦芸，唐述潮. 食品添加剂手册（上册）. 北京：化学工业出版社，1989：287.

[2] Heilbron I，等. 中国科学院自然科学名词编订室译. 汉译海氏有机化合物辞典（Ⅰ）. 北京：科学出版社，1964：386.

[3] 王箴等. 化工辞典. 第2版. 北京：化学工业出版社，1979：321.

[4] Liptay G编，翁祖琪译. 热分析图谱集. 江苏江阴长泾仪器厂，1978：130.

[5] Heilbron I，等. 中国科学院自然科学名词编订室译. 汉译海氏有机化合物辞典（Ⅳ）. 北京：科学出版社，1964：545.

[6] 天津轻工业学院食品工业教学研究室编. 食品添加剂. 修订版. 北京：中国轻工业出版社，1993：20.

[7] Liptay G编，翁祖琪译. 热分析图谱集. 江苏江阴长泾仪器厂，1978：133.

[8] 金时俊编. 食品添加剂——现状、生产、性能、应用. 上海：华东化工学院出版社，1992：314.

[9] 章思规，等. 精细有机化学品技术手册（下）. 北京：科学出版社，1992：999，1524.

[10] 章思规，等. 精细有机化学品技术手册（下）. 北京：科学出版社，1992：1070.

[11] 段木干，等. 化学化工药物大辞典. 台中市：人文出版社有限公司，1985：3372.

[12] 章思规，等. 精细有机化学品技术手册（下）. 北京：科学出版社，1992：1523.

[13] 马同江，杨冠丰. 新编食品添加剂手册. 北京：农村读物出版社，1989：66.

[14] 金时俊. 食品添加剂——现状、生产、性能、应用. 上海：华东化工学院出版社，1992：292.

[15] 潘功配编译. 烟火药材料手册. 南京：华东工程学院，1983：379.

[16] 马同江，杨冠丰. 新编食品添加剂手册. 北京：农村读物出版社，1989：84.

[17] 化学工业部天津化工研究院等编. 化工产品手册：无机化工产品. 北京：化学工业出版社，1982：313.

[18] Heilbron I，等. 中国科学院自然科学名词编订室译. 汉译海氏有机化合物辞典（Ⅰ）. 北京：科学出版社，1964：902.

[19] Heilbron I，等. 中国科学院自然科学名词编订室译. 汉译海氏有机化合物辞典（Ⅱ）. 北京：科学出版社，1964：870.

[20] 凌关庭，王亦芸，唐述潮. 食品添加剂手册（上）. 北京：化学工业出版社，1989：260.

[21] 凌关庭，王亦芸，唐述潮. 食品添加剂手册（上）. 北京：化学工业出版社，1989：190.

[22] 范继善，等. 实用食品添加剂. 天津：天津科学技术出版社，1993：41.

[23] 化学工业部天津化工研究院等编. 化工产品手册：无机化工产品. 北京：化学工业出版社，1982：421.

[24] 段木干. 化学化工药物大辞典. 台中市：人文出版社有限公司，1985：2715.

[25] Liptay G编. 翁祖琪译. 热分析图谱集. 江苏江阴长泾仪器厂，1978：55.

[26] 化学工业部天津化工研究院等编. 化工产品手册：无机化工产品. 北京：化学工业出版社，1982：474.

[27] 化学工业部天津化工研究院等编. 化工产品手册：无机化工产品. 北京：化学工业出版社，1982：472.

[28] 马同江，杨冠丰. 新编食品添加剂手册. 北京：农村读物出版社，1989：251.

[29] 章思规，等. 精细有机化学品技术辞典（下）. 北京：科学出版社，1992：1575.

[30] 范继善，等. 实用食品添加剂. 天津：天津科学技术出版社，1993：71.

[31] 天津轻工业学院食品工业教学研究室编. 食品添加剂. 修订版. 北京：中国轻工业出版社，1993：153.

[32] 凌关庭，王亦芸，唐述潮. 食品添加剂手册（上）. 北京：化学工业出版社，1989：39.

[33] 范继善，等. 实用食品添加剂. 天津：天津科学技术出版社，1993：282.

[34] 蔡正千，席于烨，胡建平，胡晓文. 江苏化工，1992，（3）：51.

[35] 化学工业部天津化工研究院. 化工产品手册：无机化工产品. 北京：化学工业出版社，1982：455.

[36] 马同江，杨冠丰. 新编食品添加剂手册. 北京：农村读物出版社，1989：102.

[37] 《中国化工产品大全》编委会. 中国化工产品大全（下）. 北京：化学工业出版社，1994：551.

[38] 天津轻工业学院食品工业教学研究室编. 食品添加剂（修订版）. 北京：中国轻工业出版社，1993：73.

[39] 金时俊. 食品添加剂——现状、生产、性能、应用. 上海：华东化工学院出版社，1992：120.

[40] 凌关庭，王亦芸，唐述潮. 食品添加剂手册（上）. 北京：化学工业出版社，1989：57.

[41] 日本热测定学会. 应用热分析. 东京：日刊工业新闻社，1996.

第十三章 药物、生物体、木材及其成分的热分析曲线

第一节 药物的热分析曲线

这部分收录以国产为主的 74 种药物的热分析曲线（DSC 或 TG 曲线）。测定其失水温度、熔点（以熔融吸热峰的外推始点 T_e 表示）和分解温度（以始点 T_i 表示）等。实验是在氮气氛下（流速 30ml/min）用 Perkin-Elmer 的 7 系列热分析仪进行的，通常试样量约 1mg，升温速率 10℃/min。凡按上述条件测定，均不再重述。试样除特殊注明外，均由上海医药工业研究院提供。

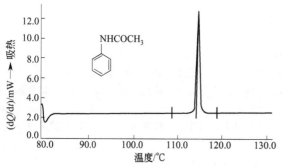

图 13-1　乙酰苯胺的 DSC 曲线

样品名称：乙酰苯胺（Acetanilide）；量程 0～15mV。
测试结果：熔点 114.2℃。
【备注】乙酰苯胺用作中国药典规定的毛细管法测定药物熔点的标准。

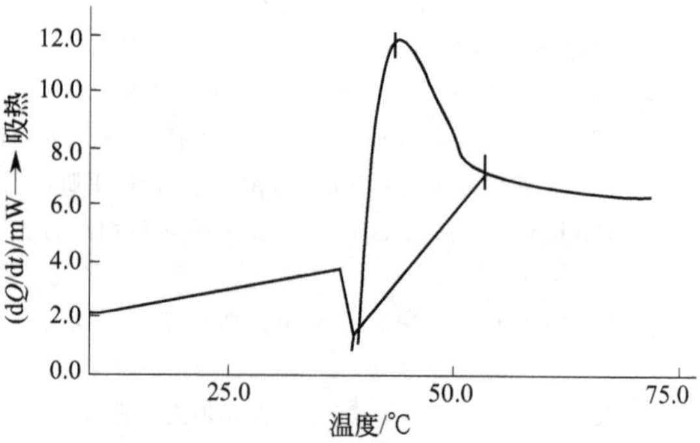

图 13-2　羊毛脂的 DSC 曲线

样品名称：羊毛脂（Adeps lanae）。
升温速率 20℃/min；量程 0～12mW。
测试结果：熔点 39.6℃。

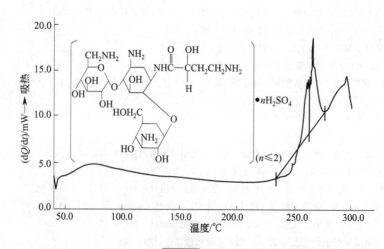

样品名称：硫酸丁胺卡那霉素
（Amikacin sulfate）。
试样量 4.560mg；量程 0～
20ml/min。
测试结果：熔点　262.0℃。

图 13-3　硫酸丁胺卡那霉素的 DSC 曲线

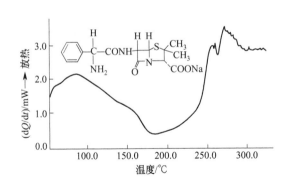

图 13-4　氨苄青霉素钠的 DSC 曲线

样品名称：氨苄青霉素钠（Ampicillin sodium）；试样量约 1mg；升温速率 20.0℃/min；量程 0~5mW。

测试结果：无熔点，温度高于 240℃，逐渐分解。

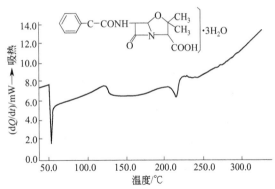

图 13-5　三水氨苄青霉素的 DSC 曲线

样品名称：三水氨苄青霉素（Ampicillin trihydrate）。

升温速率 20℃/min；量程 0~15mW。

测试结果：失结晶水 101.9℃；分解温度　208.3℃。

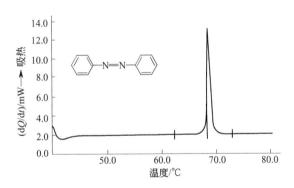

图 13-6　偶氮苯的 DSC 曲线

样品名称：偶氮苯（Azobenzene）；量程 0~16mW。

测试结果：熔点 68.4℃。

【备注】偶氮苯用作中国药典规定的毛细管法测定药物熔点的标准。

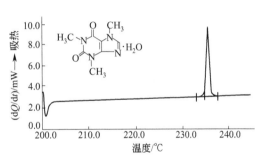

图 13-7　咖啡因的 DSC 曲线

样品名称：咖啡因（Caffeine）；量程 0~12mW。

测试结果：熔点 234.9℃。

【备注】咖啡因用作中国药典规定的毛细管法测定药物熔点的标准。

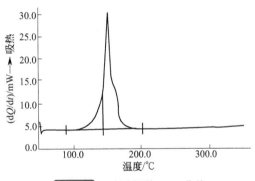

图 13-8　硫酸钙的 DSC 曲线

样品名称：硫酸钙（Calcium Sulfate）；分子式　$CaSO_4 \cdot 2H_2O$。

升温速率 20.0℃/min；量程 0~35mW。

测试结果：失水峰　144.1℃。

【备注】硫酸钙也称生石膏，加热到 144℃，脱水变成烧石膏，反应式为

$$2CaSO_4 \cdot 2H_2O \xrightarrow{\triangle} 2CaSO_4 \cdot \frac{1}{2}H_2O + 3H_2O$$

第二篇

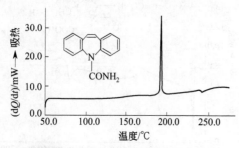

样品名称：卡马西平（Carbamazepine）；

量程 0～40mW。

测试结果：熔点 190.9℃。

图 13-9 卡马西平的 DSC 曲线

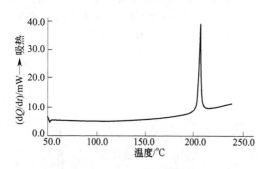

图 13-10 羧甲半胱的 DSC 曲线

样品名称：羧甲半胱（Carbocisteine）。

结构式：$HOOCCH_2SCH_2CH(NH_2)COOH$。

量程 0～40mW。

测试结果：熔点 205.3℃。

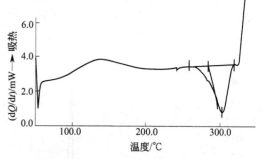

图 13-11 羧甲基纤维素的 DSC 曲线

样品名称：羧甲基纤维素（Carmellose）。

升温速率 20.0℃/min；量程 0～10mW。

测试结果：分解点 284.7℃。

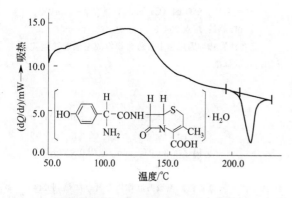

图 13-12 头孢羟氨苄的 DSC 曲线

样品名称：头孢羟氨苄（Cefadroxil），

量程 0～15mW。

样品来源：上海延安制药厂。

测试结果：分解温度 205.8℃。

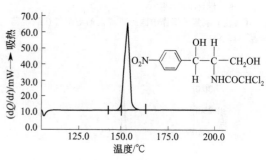

图 13-13 氯霉素的 DSC 曲线

样品名称：氯霉素（Chloramphenicol）。

升温速率 20℃/min；量程 0～70mW。

测试结果：熔点 150.9℃。

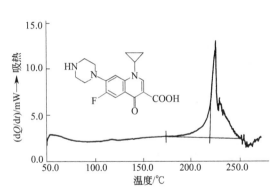

图 13-14 环丙沙星的 DSC 曲线

样品名称：环丙沙星（Ciprofloxacin）；量程 0～15mW。

测试结果：熔点 220.1℃。

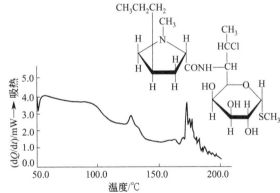

图 13-15 氯洁霉素的 DSC 曲线

样品名称：氯洁霉素（Chindamycin）；量程 0～5mW。

测试结果：熔点 123℃；分解温度 170℃。

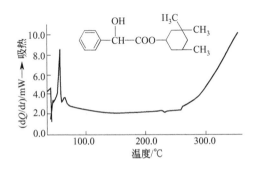

图 13-16 环扁桃酯的 DSC 曲线

样品名称：环扁桃酯（Cyclandelate）。

样品来源：上海延安制药厂。

试样量 2.120mg；量程 0～12mW。

测试结果：熔点 52.9℃；试样不纯，表现有杂质峰。

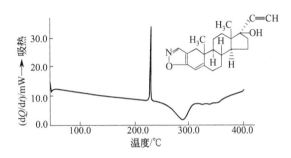

图 13-17 达那唑的 DSC 曲线

样品名称：达那唑（Danazol）。

升温速率 20℃/min；量程 0～40mW。

测试结果：熔点 229.2℃；分解点 264.5℃。

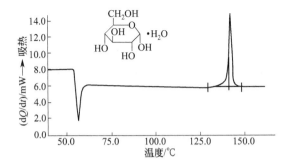

图 13-18 葡萄糖的 DSC 曲线

样品名称：葡萄糖（Dextrose）。

升温速率 20℃/min；量程 0～16mW。

测试结果：熔点 141.0℃。

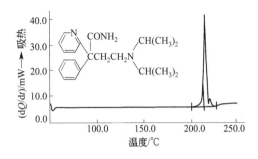

图 13-19 丙吡胺的 DSC 曲线

样品名称：丙吡胺（Disopyramide）。

升温速率 20.0℃/min；量程 0～50mW。

测试结果：熔点 215.2℃。

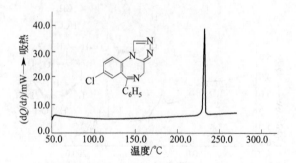

图 13-20 舒乐安定的 DSC 曲线

样品名称：舒乐安定（Estazolam）；量程 0～40mW。

测试结果：熔点 230.2℃。

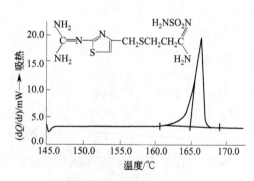

图 13-21 法莫替丁的 DSC 曲线

样品名称：法莫替丁（Famotidine）。

升温速率 5.0℃/min；量程 0～25mW。

测试结果：熔点 163.8℃

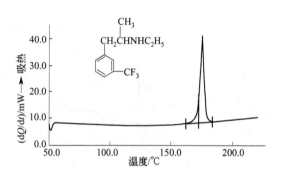

图 13-22 芬氟拉明的 DSC 曲线

样品名称：芬氟拉明（Fenfluramine）。

升温速率 20℃/min；量程 0～40mW。

测试结果：熔点 171.8℃。

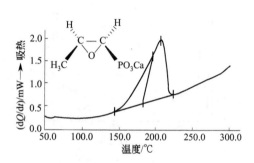

图 13-23 磷霉素钙的 DSC 曲线

样品名称：磷霉素钙（Fosfomycin calcium）。

试样量 0.790mg；量程 0～2.5mW。

测试结果：熔点 182.2℃。

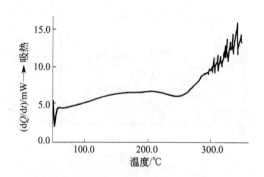

图 13-24 明胶的 DSC 曲线

样品名称：明胶（Gelatin）。

升温速率 20.0℃/min；量程 0～20mW。

测试结果：约 300℃分解。

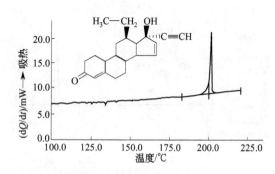

图 13-25 孕二烯酮的 DSC 曲线

样品名称：孕二烯酮（Gestodene）；量程 0～25mW。

测试结果：熔点 200.0℃。

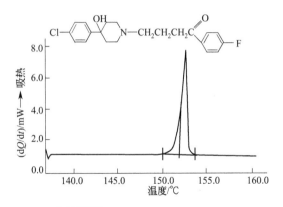

图 13-26 氟哌啶醇的 DSC 曲线

样品名称：氟哌啶醇（Haloperidol）。

升温速率 3.0℃/min；量程 0～10mW。

测试结果：熔点 151.9℃。

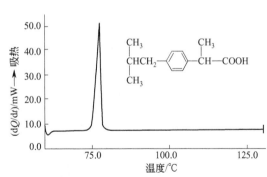

图 13-27 布洛芬的 DSC 曲线

样品名称：布洛芬（Ibuprofen）。

样品来源：意大利某公司产品。

试样量 3.81mg；量程 0～60mW。

测试结果：熔点 75.6℃。

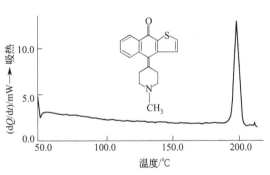

图 13-28 酮替芬的 DSC 曲线

样品名称：酮替芬（Ketotifen）。

样品来源：上海第十六制药厂。

量程 0～15mW。

测试结果：熔点 194.4℃。

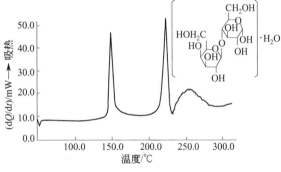

图 13-29 乳糖的 DSC 曲线

样品名称：乳糖（Lactose）。

升温速率 20.0℃/min；量程 0～60mW。

测试结果：熔点 146.4℃，219.8℃；分解点 231.9℃。

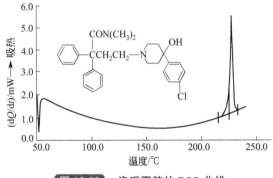

样品名称：洛哌丁胺（Loperamide）。

量程 0～6mW。

测试结果：熔点 225.8℃。

图 13-30 洛哌丁胺的 DSC 曲线

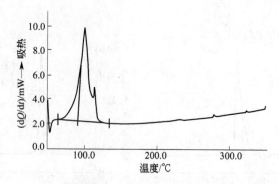

图 13-31　**硬脂酸镁的 DSC 曲线**

样品名称：硬脂酸镁（Magnesium Stearate）；分子式$[C_{17}H_{35}COO]_2 \cdot Mg$；

升温速率 20.0℃/min；量程 0～12mW。

测试结果：熔点 90.5℃。

【备注】硬脂酸镁是一种药用辅料，一般内含棕榈酸镁，故试样系混合物。

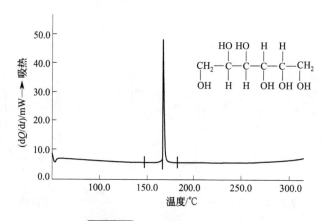

图 13-32　**甘露醇的 DSC 曲线**

样品名称：甘露醇（Mannitol）；

升温速率 20℃/min；量程 0～60mW。

测试结果：熔点 167.5℃。

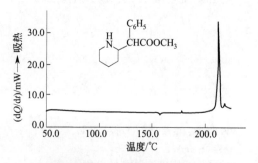

图 13-33　**利他林的 DSC 曲线**

样品名称：利他林（Methylphenidate）。

升温速率 5.0℃/min；量程 0～35mW。

测试结果：熔点 211.5℃。

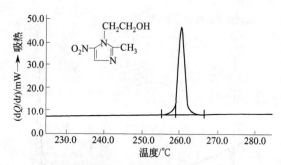

图 13-34　**甲硝基咪唑的 DSC 曲线**

样品名称：甲硝基咪唑（Metronidazole）。

升温速率 20.0℃/min；量程 0～50mW。

测试结果：熔点 259.0℃。

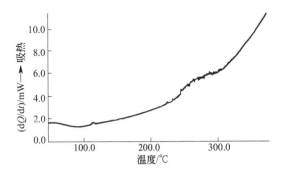

其中 R 为 ——OCCH₂CH₃
　　　　　　　 ‖
　　　　　　　 O

样品名称：麦迪霉素（Midecamycin）。

试样量 1.880mg。

量程 0～12mW。

测试结果：约 250℃后分解。

图 13-35　麦迪霉素的 DSC 曲线

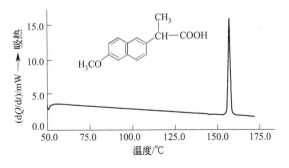

样品名称：萘普生（Naproxen）。

量程 0～20mW。

测试结果：熔点 156.1℃。

图 13-36　萘普生的 DSC 曲线

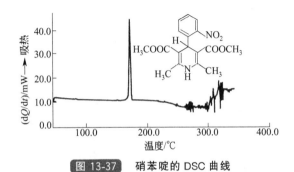

图 13-37　硝苯啶的 DSC 曲线

样品名称：硝苯啶（Nifedipine）；量程 0～50mW。

测试结果：熔点 173.4℃；约 260℃开始分解。

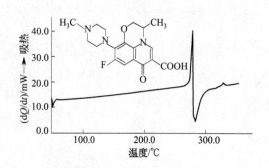

图 13-38　氧氟沙星的 DSC 曲线

样品名称：氧氟沙星（Ofloxacin）。

升温速率 20.0℃/min；量程 0~50mW。

测试结果：熔点 274.8℃；熔化后即分解。

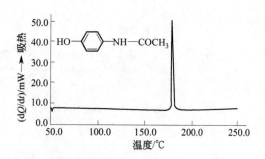

图 13-39　扑热息痛的 DSC 曲线

样品名称：扑热息痛（Paracetamol）。

试样量 3.2mg；量程 0~50mW。

测试结果：熔点 170.5℃。

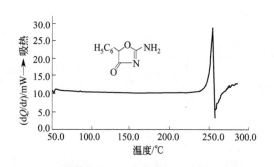

图 13-40　匹莫林的 DSC 曲线

样品名称：匹莫林（Pemoline）；量程 0~30mW。

测试结果：熔点 251.0℃；熔化即分解。

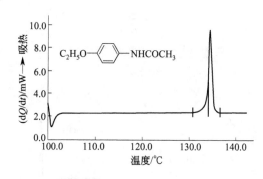

图 13-41　非那西丁的 DSC 曲线

样品名称：非那西丁（Phenacetin）；量程 0~12mW。

测试结果：熔点 134.1℃。

【备注】非那西丁用作中国药典规定的毛细管测定药物熔点的标准。

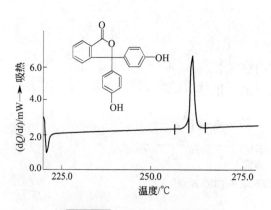

样品名称：酚酞（Phenolphthalein）。

量程 0~8mW。

测试结果：熔点 260.6℃。

【备注】酚酞用作中国药典规定的毛细管法测定药物熔点的标准。

图 13-42　酚酞的 DSC 曲线

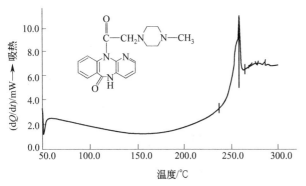

图 13-43　哌仑西平的 DSC 曲线

样品名称：哌仑西平（Pirenzepine）。

量程 0~14mW。

测试结果：熔点 256.9℃。

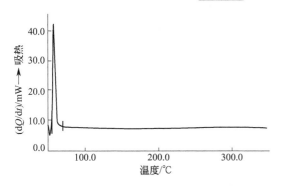

图 13-44　聚乙二醇的 DSC 曲线

样品名称：聚乙二醇（Polyethylene Glycol）。

结构式 $H(OCH_2CH_2)_nOH$（$n = 400$，1000，…，6000）。

升温速率 20.0℃/min；量程 0~50mW。

测试结果：熔点 55.2℃。

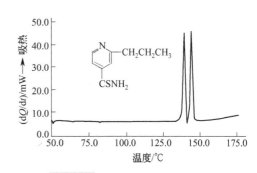

图 13-45　丙硫异烟胺的 DSC 曲线

样品名称：丙硫异烟胺（Protionamide）。

量程 0~50mW。

测试结果：熔点 137.8℃，142.5℃。

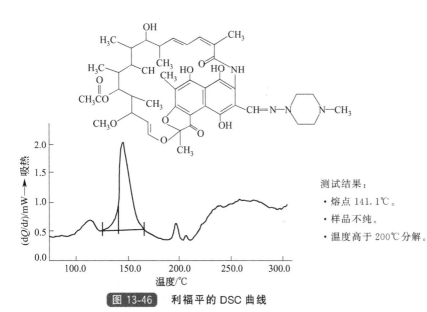

图 13-46　利福平的 DSC 曲线

测试结果：

· 熔点 141.1℃。

· 样品不纯。

· 温度高于 200℃分解。

样品名称：利福平（Rifampicin）。升温速率 20.0℃/min；量程 0~2.0mW。

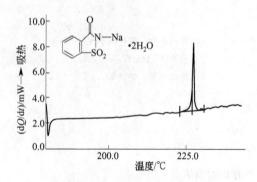

图 13-47 糖精钠的 DSC 曲线

样品名称：糖精钠（Saccharin sodium salt）。

量程 0～10mW。

测试结果：熔点 227.1℃。

【备注】糖精钠用作中国药典规定的毛细管法测定药物熔点的标准。

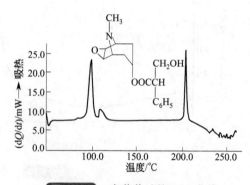

图 13-48 东莨菪碱的 DSC 曲线

样品名称：东莨菪碱（Scopolamine）。

样品来源：杭州卫生药厂。

升温速率 20℃/min；量程 0～30mW。

测试结果：

- 吸热峰温度 96.3℃，108.8℃，203.5℃。

- 分解温度 ＞230℃。

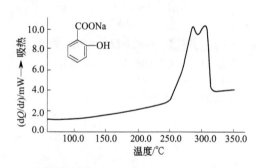

图 13-49 水杨酸钠的 DSC 曲线

样品名称：水杨酸钠（Sodium salicylate）。

升温速率 20℃/min；量程 0～10mW。

测试结果：熔点 262.5℃，296.7℃。

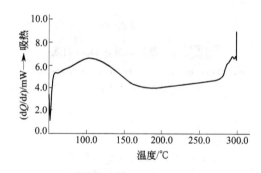

图 13-50 淀粉的 DSC 曲线

样品名称：淀粉（Starch）。

升温速率 20℃/min；量程 0～12mW。

测试结果：温度高于 270℃左右分解。

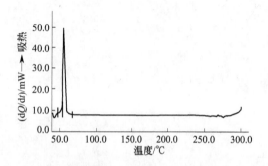

图 13-51 硬脂酸的 DSC 曲线

样品名称：硬脂酸（Stearic acid）。分子式 $CH_3(CH_2)_{16}COOH$。

升温速率 20℃/min；量程 0～60mW。

测试结果：熔点 55.4℃。

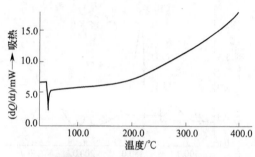

图 13-52 硫糖铝的 DSC 曲线

样品名称：硫糖铝（Sucralfate）。分子式 $C_{12}H_{54}Al_{16}O_{75}S_8$。

升温速率 20℃/min；量程 0～20mW。

测试结果：加热到 400℃未见吸热和放热峰。

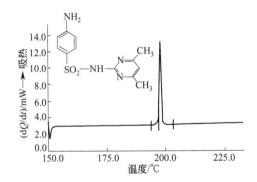

图 13-53 磺胺二甲嘧啶的 DSC 曲线

样品名称：磺胺二甲嘧啶（Sulfamethazin）。

量程 0～15mW。

测试结果：熔点 197.5℃。

【备注】磺胺二甲嘧啶用作中国药典规定的毛细管法测定药物熔点的标准。

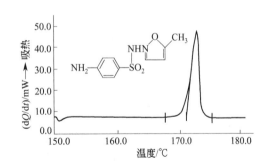

图 13-54 磺胺甲基异噁唑的 DSC 曲线

样品名称：磺胺甲基异噁唑（Sulfamethoxazole）。

样品来源：昆山制药厂；量程 0～50mW。

测试结果：熔点 170.4℃。

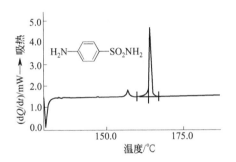

图 13-55 磺胺的 DSC 曲线

样品名称：磺胺（Sulfanilamid）；量程 0～5mW。

测试结果：熔点 164.1℃，156.8℃；磺胺有两种晶型。

【备注】磺胺用作中国药典规定的毛细管法测定药物熔点的标准。

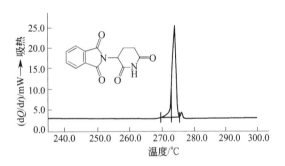

图 13-56 沙利度胺的 DSC 曲线

样品名称：沙利度胺（Thalidomide）。

分子式 $C_{13}H_{10}N_2O_4$；分子量 258.23。

量程 0～30mW。

测试结果：熔点 272.9℃。

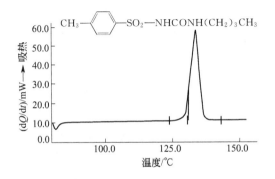

图 13-57 甲苯磺丁脲的 DSC 曲线

样品名称：甲苯磺丁脲（Tolbutamide）

试样来源：上海第十九制药厂。

升温速率 20℃/min；量程 0～70mW。

测试结果：熔点 130.7℃。

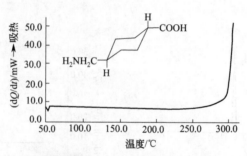

图 13-58　**氨甲环酸的 DSC 曲线**

样品名称：氨甲环酸（Tranexamic Acid）。量程 0～60mW。

测试结果：306℃起有一吸热峰，可能是软化或开始分解。

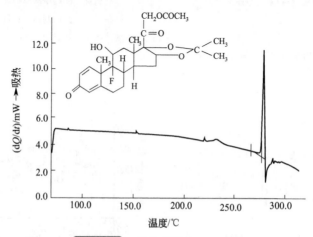

图 13-59　**曲安缩松的 DSC 曲线**

样品名称：曲安缩松（Triamcinolone）。量程 0～14mW。

测试结果：熔点 278.1℃；熔化后即分解。

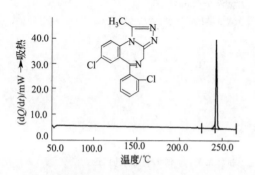

图 13-60　**三唑仑的 DSC 曲线**

样品名称：三唑仑（Triazolam）。量程 0～50mW。

测试结果：熔点 242.1℃。

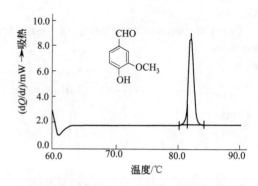

图 13-61　**香草醛的 DSC 曲线**

样品名称：香草醛（Vanillin）。量程 0～10mW。

测试结果：熔点　81.6℃。

【备注】香草醛用作中国药典规定的毛细管法测定药物熔点的标准。

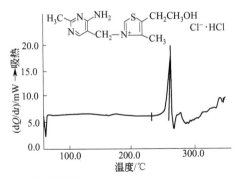

图 13-62　维生素 B₁ 的 DSC 曲线

样品名称：维生素 B₁（Vitamin B₁）。

升温速率 20℃/min；量程 0～25mW。

测试结果：熔点 258.3℃；熔化后即分解。

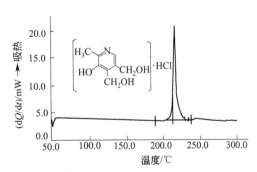

图 13-63　维生素 B₆ 的 DSC 曲线

样品名称：维生素 B₆（Vitamin B₆）。

试样量 1.630mg；量程 0～25mW。

测试结果：熔点 212.7℃。

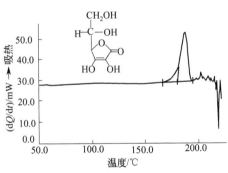

图 13-64　维生素 C 片的 DSC 曲线

样品名称：维生素 C 片（Vitamin C tablet）。

试样量 8.310mg；量程 0～60mW。

测试结果：熔点 181.0℃；熔化后即分解。

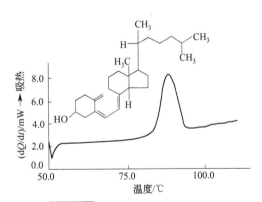

图 13-65　维生素 D₃ 的 DSC 曲线

样品名称：维生素 D₃（Vitamin D₃）。

量程 0～10mW。

测试结果：熔点 84.2℃。

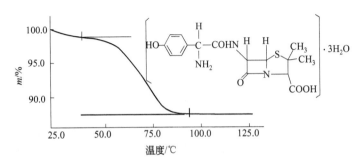

图 13-66　羟胺苄青霉素三水合物的 TG 曲线

样品名称：羟胺苄青霉素三水合物（Amoxicilline trihydrate）。

试样量 1.359mg。

测试结果：加热到 94℃失重 11.3%。

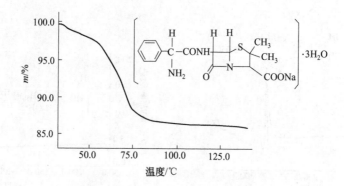

图 13-67　氨苄青霉素三水合物的 TG 曲线

样品名称：氨苄青霉素三水合物（Ampicillin trihydrate）。

试样量 2.386mg；升温速率 2.0℃/min。

测试结果：失水 13.6%。

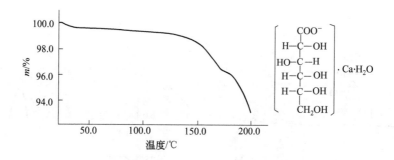

图 13-68　葡萄糖酸钙的 TG 曲线

样品名称：葡萄糖酸钙（Calcium gluconate）；试样量 4.199mg。

测试结果：热失重 21～100℃为 0.65%，100～176℃为 3.11%。

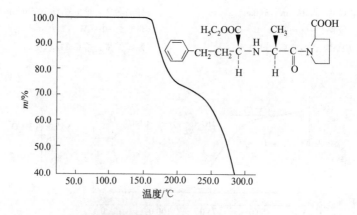

图 13-69　依那普利的 TG 曲线

样品名称：依那普利（Enalapril）；试样量 2.035mg。

测试结果：分解温度 160.2℃。

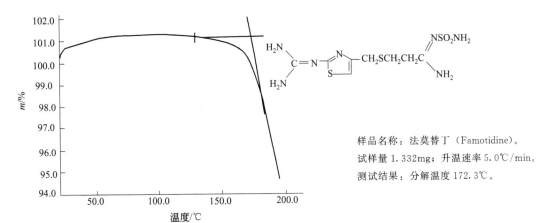

图 13-70 法莫替丁的 TG 曲线

样品名称：法莫替丁（Famotidine）。

试样量 1.332mg；升温速率 5.0℃/min。

测试结果：分解温度 172.3℃。

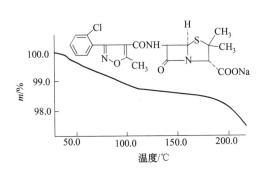

图 13-71 邻氯青霉素的 TG 曲线

样品名称：邻氯青霉素（Cloxacillin）。

试样量 2.590mg。

测试结果：失水 1.387%；分解温度 195.7℃。

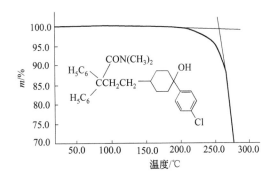

图 13-72 洛哌丁胺的 TG 曲线

样品名称：洛哌丁胺（Loperamide）。

试样量 1.592mg。

测试结果：分解温度 256.8℃。

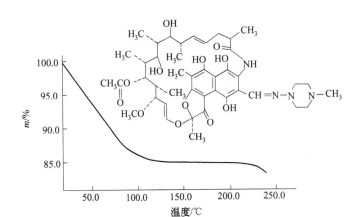

样品名称：利福平（Rifampicinum）。

试样量 2.090mg；升温速率 20℃/min。

测试结果：

· 分解温度 228.4℃。

· 加热到 130℃失重 14.5%。

图 13-73 利福平的 TG 曲线

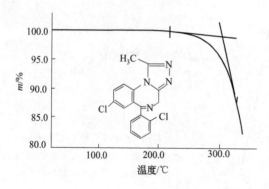

样品名称：三唑仑（Triazolam）。

试样量 3.937mg。

测试结果：分解温度　303.8℃。

图 13-74　三唑仑的 TG 曲线

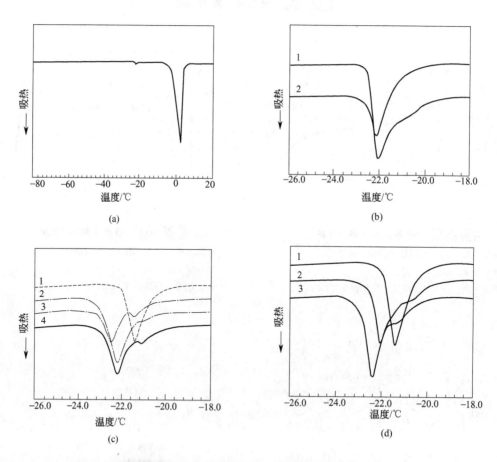

图 13-75　生理盐水及其溶有气体时的 DSC 曲线[1]

样品名称：

(a) 生理盐水；

(b) 氧饱和生理盐水（冻结温度：1——50℃；2——80℃）；

(c) 溶有不同气体的生理盐水（1—N_2，Ar，脱气；2—O_2；3—H_2S；4—CO_2）；

(d) 溶有不同量氧的生理盐水（1—0.7mg/L；2—4.0mg/L；3—8.5mg/L）。

银制耐压密封试样容器；参比物为合成蓝宝石片；仪器热流式高灵敏 DSC；试样量 10mg。

先以 2℃/min 的速率降温；到 -60℃ 以下，出现水及共晶冻结放热峰后，保持 10min，再以 1℃/min 升温。

测试结果：

- 图（a）在 -22℃ 左右为共晶熔融的小吸热峰，0℃ 左右为水熔化的大吸热峰。
- 图（b）共晶熔融峰受冻结温度的影响。熔融峰的形状与熔化焓随冻结温度而变。完全生成共晶须冷却到 -60℃ 以下。
- 图（c）溶有不同气体的生理食盐水，其共晶熔融峰不同。但溶液脱气后则可得单一吸热峰。
- 图（d）溶有不同量氧的生理食盐水，其共晶熔融峰不同。

正确测定共晶的熔融温度，对于决定药品、食品的冷冻干燥条件具有重要意义。

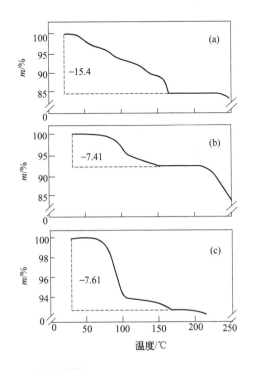

图 13-76　酒石酸钠、叶酸、磷酸氢可的松钠的 TG 曲线[1]

（图中的数字表示质量损失%）

样品名称：（a）酒石酸钠；（b）叶酸；（c）磷酸氢可的松钠。

升温速率 5℃/min；氮气氛 20ml/min；铝坩埚；岛津 TGA-50。

测试结果：

- 根据 TG 曲线可以测出含水量。酒石酸钠在 250℃ 以上，叶酸及磷酸氢可的松钠在 200℃ 以上有急剧的质量损失。由 TG/MS 确认是由于药品的热分解。
- 药品的挥发性成分全为水分时，可用 TG 法代替 KF 法。实验结果表明，TG 法和 LOD（干燥失重）法测得的失重率完全一致。

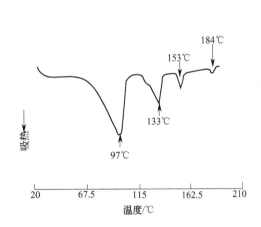

图 13-77　合成抗菌剂（巴尔夫其沙辛）的 DSC 曲线[1]

样品名称：巴尔夫其沙辛（从水系溶剂中结晶出来的二水合物）。

升温速率 5℃/min。

测试结果：

- 试样直到 184℃ 尚未发生分解，DSC 曲线呈现如下 4 个吸热峰。
- 97℃ 失去两个结晶水的吸热峰。
- 133℃ 带有肩状的吸热峰，是巴尔夫其沙辛熔化的同时生成 α 型和 β 型两种晶体，伴有重叠的放热效应。
- 153℃ 和 186℃ 的吸热峰分别表示新生成的 α 型晶体和 β 型晶体的熔化。

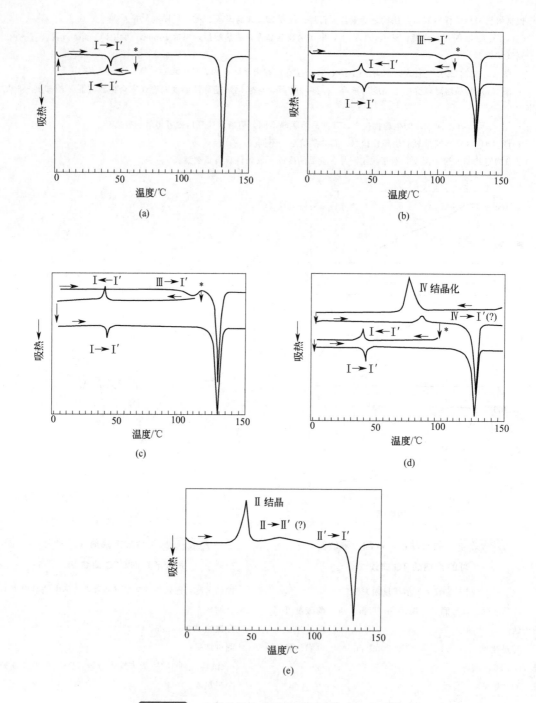

图 13-78　口服糖尿病药甲苯磺丁脲的 DSC 曲线[1]

(a) Ⅰ型；(b) Ⅱ型；(c) Ⅲ型；(d) 甲苯磺丁脲的熔化物；(e) 甲苯磺丁脲的熔化骤冷物

样品名称：甲苯磺丁脲。

试样制备：根据 Burger [Burger A. Sci Pharm，1975，43：161] 的方法制备各种型号样品。

升降温速率 5℃/min；Mettler 300 型差示扫描热量计。

测试结果：

· 药品的性质及其药效因晶型而异，由 DSC 曲线可检测出药品的晶型转变。

· 几种晶型转变的主要特征如下表。

晶　　型	转变温度/℃	$\Delta H/(J/g)$	晶型变化	熔化温度/℃	$\Delta H/(J/g)$
Ⅰ	42.9	11.6	Ⅰ→Ⅰ′	129.4	95.4
Ⅱ	109.4	7.1	Ⅱ→Ⅰ′	129.6	90.6
Ⅱ	99.5	12.0	Ⅱ→Ⅰ′	126.4	75.0
Ⅲ	106.0	9.2	Ⅲ→Ⅰ′	129.1	95.1
Ⅳ	66.9	−4.3	Ⅳ→Ⅰ′	125.9	79.2

- 加热Ⅰ型结晶　在40℃附近出现不同晶型间的固-固转变，呈吸热峰，冷却时为可逆放热 [见图(a)DSC曲线]。
- 加热后转变成高温稳定型，冷却过程不再回复转变，而大多保持在准稳态 [见图(b)]。上述转变后的晶型是在室温经X射线衍射和红外光谱确认的。
- 不在加热状态，无法确认晶型Ⅰ′，除Ⅰ⇌Ⅰ′而外，均为伴随熔化的固→液→固转变，DSC曲线的吸热和放热峰重叠，看上去总是吸热峰 [见图(c)]。
- 熔体冷却结晶放热形成Ⅳ型 [见图(d)]，快速冷却则得到玻璃态物质，加热时形成Ⅱ型呈放热峰 [见图(e)]。

对于受热而未分解的这类化合物来说，通常可从熔体得到准稳晶，可用DSC检测这种多晶型。

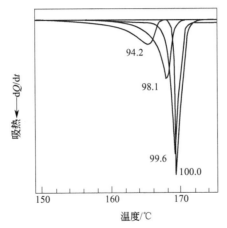

图 13-79　含有不同浓度 4-氨基酚的醋氨酚的 DSC 曲线[1]

[图中的数字为醋氨酚的摩尔分数（%）]

样品名称：醋氨酚。

试样量 2mg；升温速率 2℃/min；氮气氛 20ml/min；密闭式铝坩埚（2.5mm×φ6mm）；岛津 DSC-50 型差示扫描量热计。

测试结果：

- 醋氨酚的 DSC 曲线的形状依含量而不同，熔化峰温和峰高均随杂质的增多而降低。由此可按 Van't Hoff 公式进行醋氨酚的纯度计算（详见第六章）。
- 利用此种方法也可进行含有水杨胺的乙水杨胺和含对氨基苯甲酸杂质的非那西汀等药物的纯度测定，并得到与液体色谱一致的结果。

第二节　药物综合热分析曲线

本节内容由瑞士梅特勒-托利多公司提供，利用该公司 DSC、TGA、TMA 等多种仪器测量的结果。内容涵盖药物的熔融、结晶、多晶型、纯度测定、相容性、热分解、组分分析等诸多方面的应用[1]。从具体实例出发，揭示各种实验条件对测量结果的影响，为药物热分析实验和应用提供范例。

一、热分析药物应用一览表

性能	DSC	TGA	TMA	DMA
熔点、熔程	●		○	○
熔融行为、熔融分数	●		○	○
熔融热	●			
纯度	●	○		
多晶型	●			
假多晶型	●			
相图	●			
挥发、解吸、蒸发	○	●		
玻璃化转变	●		●	●
相互作用、相容性	●	○		
热稳定性	●	●		
氧化稳定性	●	○		
分解动力学	●	●		
组成分析		●		

注：表格所示为可用热分析测试的药物效应和性能。黑点表示较重要的应用。

二、药物曲线集

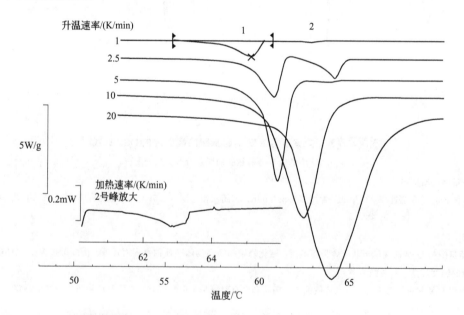

图 13-80 升温速率对丁基羟基茴香醚多晶型检测的影响

样品名称：丁基羟基茴香醚（Butylated hydroxyanisole）。测试仪器：梅特勒-托利多 DSC820。

坩埚：$40\mu l$ 铝坩埚，密封。

气氛：氮气，50ml/min。

解释：峰的大小随升温速率的加快而增大，结果造成分辨率下降。仅在较低的升温速率下观察到第二熔融峰，该峰对应于丁基羟基茴香醚的另一晶型。在本例中，检测第二个转变的最佳升温速率为 2.5K/min，而测量第一种晶体熔融热的最佳速率是 10K/min。

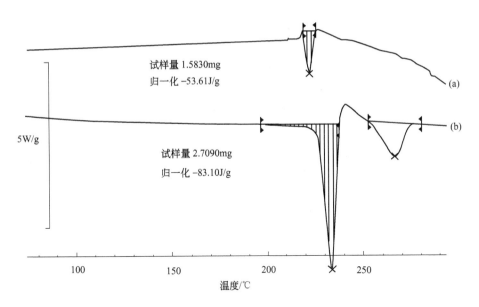

图 13-81　升温速率对美托拉腙分解的影响

样品名称：美托拉腙（Metolazone）。　　　　　　坩埚：40μl 铝坩埚，盖钻直径 1mm 的孔。

测试仪器：梅特勒-托利多 DSC820。　　　　　　气氛：氮气，50ml/min。

测试：以 5K/min（a）和 20K/min（b）由 20℃升温至 200℃。

解释：以 20K/min 速率升温，可观察到α晶型在约 227℃熔融，随后是γ晶型的重结晶，在约 255℃该晶型熔化，且伴有分解。

以 5K/min 升温，观察到一个小得多的吸热效应，熔点降低了大约 7℃。

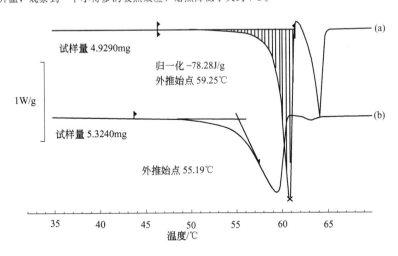

图 13-82　试样制备对丁基羟基茴香醚的晶型的影响

样品名称：丁基羟基茴香醚（Butylated hydroxyanisole，BHA）。　　测试仪器：梅特勒-托利多 DSC820。

坩埚：40μl 铝坩埚，密封。　　　　　　　　　试样制备：原样品（a）和在研钵中碾细的晶体（b）。

测试条件：以 2.5K/min 由 30℃升温至 70℃。　　气氛：氮气，50ml/min。

解释：两条曲线表明试样制备可能给测量结果带来的影响。两种情况下，可观察到温度范围和熔融热明显不同的两个熔融峰。解释原因为丁基羟基茴香醚的多晶型行为，两个峰对应着可能的不同晶型。试样制备不同（尤其是机械处理）可能导致不同的测量结果。对于呈多晶型的物质尤其如此。

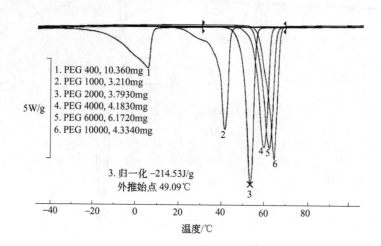

图 13-83 **不同链长聚乙烯醇的熔融 DSC 曲线**

样品名称：聚乙烯醇，不同制造商的 PEG 400、1000、2000、4000、6000 和 10000。

测试仪器：梅特勒-托利多 DSC821^e。

坩埚：40μl 铝坩埚，密封。

气氛：空气，静止环境，无流动。

测试条件：在 -60℃恒温 5min，然后以 10K/min 升温至 160℃。

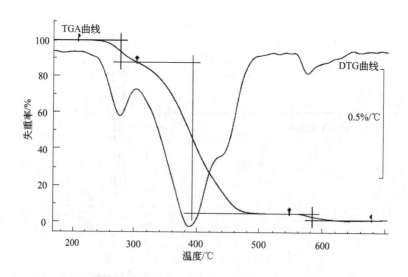

图 13-84 **氢化可的松的 TGA 和 DTG 曲线**

样品名称：氢化可的松（Hydrocortisone）。

测试仪器：梅特勒-托利多 TG50。　　　　　坩埚：70μl 氧化铝坩埚。

测试：以 20K/min 由 25℃升温至 800℃　　　气氛：空气，200ml/min。

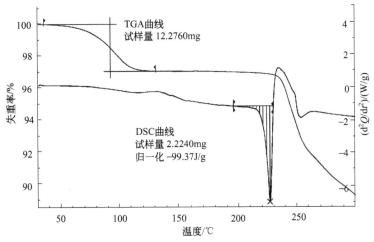

图 13-85　甲磺酸双氢麦角胺的 DSC 和 TGA 曲线

样品名称：甲磺酸双氢麦角胺（Dihydroergotamine mesylate）。

测试仪器：梅特勒-托利多 DSC820 和 TGA850。　　　　　坩埚：40μl 或 100μl 铝坩埚，盖钻孔。

DSC 测试：以 20K/min 由 30℃升温至 300℃。　　　　　TGA 测试：以 20K/min 由 30℃升温至 300℃。

氮气气氛，DSC：50ml/min，TGA：80ml/min。

　　解释：该物质在 219℃熔点处分解，呈现为 DSC 曲线上的放热峰。TGA 曲线在此区域呈现剧烈失重可确认这种解释。在此之前更低温度下，试样失去水分，算得的含量约为 3%，这在 DSC 曲线上仅可观察到轻微的迹象。

　　由于熔融与分解过程重叠，所以应该仔细处理熔融热的测量。选择较快的升温速率可将分解移至较高温度，改善数据计算。

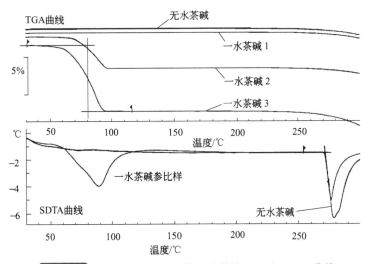

图 13-86　一水茶碱和无水茶碱试样的 TGA 和 SDTA 曲线

样品名称：茶碱（Theophylline）。

测试仪器：梅特勒-托利多 TGA850。

测试：以 20K/min 由 30℃升温至 300℃；100μl 铝坩埚，盖钻孔；氮气气氛，80ml/min。

　　解释：如果没有专门的保护，一水茶碱储存会失去结晶水，因为它在正常湿度条件下并不稳定。在 TGA 曲线上，残余水呈现为一个台阶。可见在储存期间，参比样品 2 已经失去几乎一半的结晶水，参比样品 1 已经完全失去结晶水。因此，该物质储存时，应该放满容器，完全密封。同步差热 SDTA 曲线计算表明，一水茶碱（参比样品 3）吸热失去结晶水，以及无水茶碱熔融，熔点约为 269.6℃。

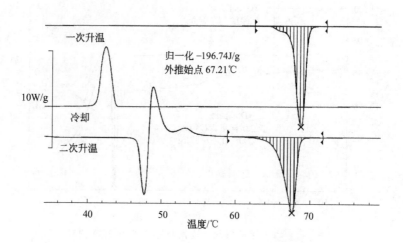

图 13-87 **三棕榈精的升、降温 DSC 曲线**

样品名称：三棕榈精（Tripalmitin）。

测试仪器：梅特勒-托利多 DSC820。　　　　　坩埚：40μl 铝坩埚，密封。

升降温速率：均为 5K/min。　　　　　　　　　气氛：氮气，80ml/min。

解释：第一次升温表明，三棕榈精原样品为稳定型的。冷却时，结晶析出亚稳态晶型，其熔点低于热力学稳定态的晶型。第二次升温时，熔融形成的液相在稳定晶型的晶核上结晶。

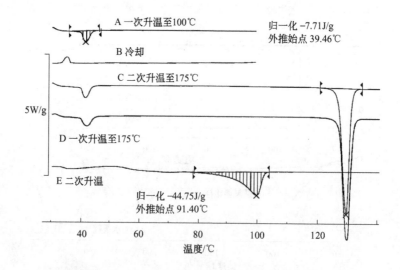

图 13-88 **甲苯磺丁脲在各种升温和降温条件下的 DSC 曲线**

样品名称：甲苯磺丁脲（Tolbutamide）。

测试仪器：梅特勒-托利多 DSC820。　　　　　坩埚：40μl 铝坩埚，密封。

试样制备：原样品。　　　　　　　　　　　　测试：各段升温速率均为 10K/min，降温速率均为 5K/min。

气氛：氮气，50ml/min。

解释：依赖于达到的最高温度，可观察到不同的峰。第一个峰约在 40℃，不过，只有试样升温不高于 100℃ 才是可逆的，这是由双向的固-固转变产生的。如果先是超过熔融温度（＞140℃），然后将试样降温，于是在第二次升温时可观察到一个具有宽熔融范围的新晶型。宽峰形表明存在由分解产生的杂质。

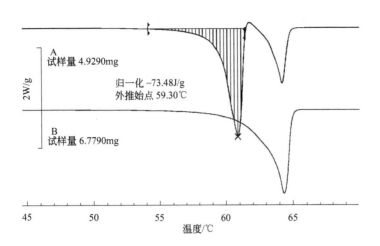

第二篇

图 13-89　**原样（A）和经退火（B）的丁基羟基茴香醚的 DSC 曲线**

样品名称：丁基羟基茴香醚（Butylated hydroxyanisole）。

测试仪器：DSC820。　　　　　　　　　　　　　　坩埚：40μl 铝坩埚，密封。

试样制备：原样品或先经退火。　　　　　　　　　气氛：氮气，50ml/min。

测试：（A）以 2.5K/min 由 30℃升温至 70℃；（B）由 35℃升温至 60℃，在 60℃恒温 10min，然后降温至 30℃。第二次升温以 2.5K/min 由 30℃至 70℃。

解释：未处理的试样呈现带有一个结晶峰的两个熔融峰。经退火处理的试样仅呈现一个熔融峰（曲线 B）。可在略高于第一个晶型的熔程起始点的温度退火，迫使试样结晶为另一种晶型。

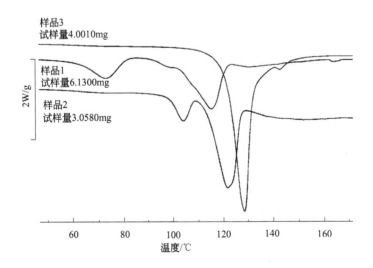

图 13-90　**不同硬脂酸镁多晶型的 DSC 曲线**

样品名称：硬脂酸镁（Magnesium stearate）。

测试仪器：梅特勒-托利多 DSC820。　　　　　　坩埚：40μl 铝坩埚，密封。

测试：以 10K/min 由 30℃升温至 200℃。　　　　气氛：氮气，50ml/min。

解释：硬脂酸镁呈现若干个多晶型。此外，根据来源不同，还存在与游离脂肪酸的不同混合物。因此，指定单个晶型常常并不容易。样品还可生成含有结晶水的晶型。

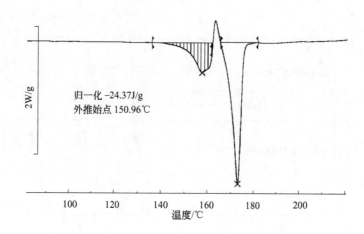

图 13-91 左旋聚丙交酯的 DSC 曲线

样品名称：左旋聚丙交酯（L-Polylactide），试样量 1.0280mg。

测试仪器：梅特勒-托利多 DSC820。   坩埚：40μl 铝坩埚，密封。

测试：以 10K/min 由 30℃升温至 300℃。   气氛：氮气，50ml/min。

　　解释：图中所示 DSC 曲线形状，是在熔融态经历转变的物质所具有的典型曲线。两个峰的分离程度与晶型的结晶速率有关。尽管分离良好，得的第一种晶型的熔融热仍是偏低的：第一是因为已存在未知数量的高熔融晶型，第二是因为高熔融晶型的放热结晶是与第一种晶型的熔融同时发生的，第三是因为会发生固-固转变。第二个峰通常偏小，因为在动态升温时转变即结晶是不完全的。

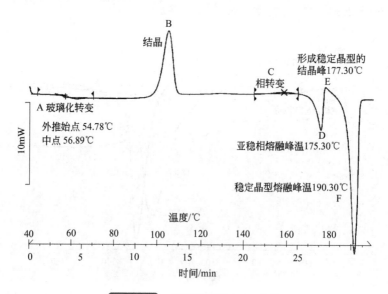

图 13-92 磺胺吡啶的 DSC 曲线

样品名称：磺胺吡啶（Sulfapyridine）。

测试仪器：梅特勒-托利多 DSC820。   坩埚：40μl 铝坩埚，密封。

测试条件：将 8.0280mg 试样由熔体骤冷，然后以 5K/min 由 40℃升温至 200℃。

气氛：氮气，50ml/min。

　　解释：在进行动态测试前，将试样骤冷至玻璃化转变温度 T_g 以下，而后观测在升温过程的种种转变常常是检测多晶型的最好方法。图中的 B 是亚稳相在玻璃化转变 T_g（A）以上结晶。继续升温时，先经单向转变（C，固-固转变），然后亚稳相熔融（D），由液相结晶为稳定晶型（E），最终稳定晶型熔融（F）。

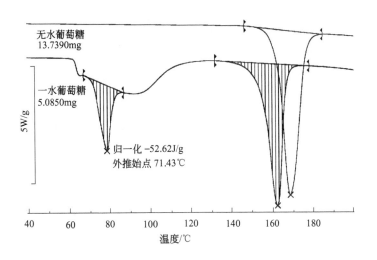

图 13-93 一水和无水葡萄糖的 DSC 曲线

样品名称：一水葡萄糖和无水葡萄糖。

测试仪器：梅特勒-托利多 DSC820。　　　　　　坩埚：40μl 或 100μl 铝坩埚，盖钻孔。

DSC 测试：以 20K/min 由 30℃升温至 250℃。　　　氮气氛，50ml/min。

解释：无水形式只呈现 161℃左右的熔融过程。由失水转化成无水形式，一水葡萄糖呈现很宽的峰。然后约在 158℃熔融。熔融峰越小，与无水葡萄糖相比熔点越低，就表明结晶越不完全。

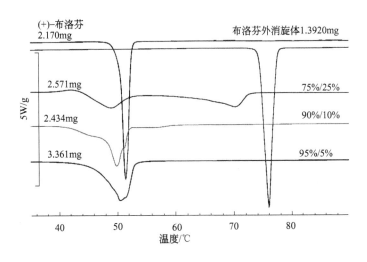

图 13-94 不同对映体含量的布洛芬（异丁苯丙酸）的 DSC 曲线

样品名称：布洛芬（异丁苯丙酸），外消旋体和（＋）—对映体。

测试仪器：梅特勒-托利多 DSC820。　　　　　　坩埚：40μl 铝坩埚，密封。

测试：以 5K/min 由 30℃升温至 110℃。　　　　气氛：氮气，50ml/min。

解释：如果（＋）与（－）对映体以相同比例存在于一个晶体中，则称为外消旋体。外消旋物和纯对映体有不同的晶体结构、不同的溶解性和熔点，因此可用 DSC 来区别。本例中，（＋）对映体为药物活性形式，它比外消旋体的溶解性更大、熔点更低。DSC 能将外消旋物与纯的对映体区分开，可检测外消旋物对（＋）对映体的污染，通过熔融峰变宽和熔点降低来观察。

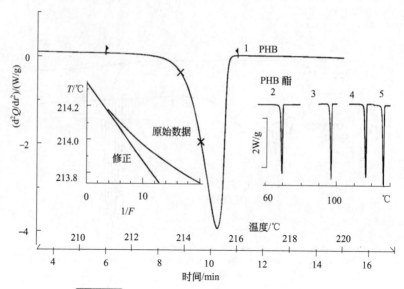

图 13-95 对羟基苯甲酸及其酯的熔融 DSC 曲线

样品名称及试样量：1—对羟基苯甲酸（PHB），4.28mg；2—对羟基苯甲酸丁酯，3.61mg；3—对羟基苯甲酸丙酯，3.75mg；4—对羟基苯甲酸乙酯，4.54mg；5—对羟基苯甲酸甲酯，4.22mg。

测试仪器：梅特勒-托利多 DSC820。　　　　　　　坩埚：40μl 铝坩埚，密封。

升温速率：所有实验的升温速率均为 1K/min。　　气氛：空气，静止环境，无流动。

解释：用 Van't Hoff 纯度测定 DSC 方法计算了试样的纯度，图中以对羟基苯甲酸（PHB）为例，具体作法详见本书第六章第二节。

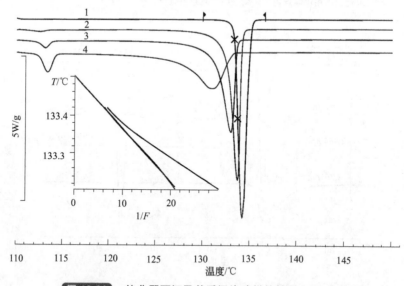

图 13-96 纯非那西汀及其受污染试样的熔融 DSC 曲线

样品名称及试样量：1—非那西汀，1.690mg；2—非那西汀＋0.7%（摩尔分数）对氨基苯甲酸（PABS），1.2340mg；3—非那西汀＋2.0%（摩尔分数）对氨基苯甲酸（PABS），1.2340mg；4—非那西汀＋5.0%（摩尔分数）对氨基苯甲酸（PABS），1.5560mg。

测试仪器：梅特勒-托利多 DSC820。　　　　　　　坩埚：40μl 铝坩埚，密封。

测试：以 1.25K/min 由 110℃ 升温至 150℃　　　气氛：氮气，50ml/min。

解释：随着杂质增加，熔融峰变宽且移至较低温度。此外，约 114℃ 的共熔峰越来越明显。纯度测定基于 Van't Hoff 方程，它表明熔点降低与熔体杂质分数成正比。图中表示熔融曲线平衡熔融温度 T 对熔融分数的倒数 1/F 作图，作法同图 13-95。

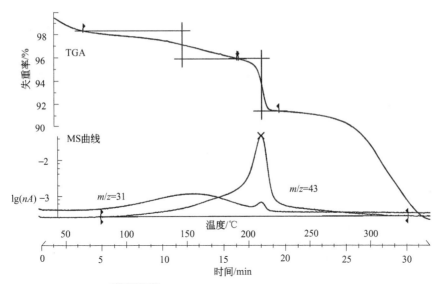

图 13-97 药物活性物质的 TGA 和 MS 曲线

样品名称：在有机溶剂中重结晶得到的药物活性物质，试样量 1.3640mg。

测试仪器：梅特勒-托利多 TGA850＋质谱仪。 坩埚：70μl 氧化铝坩埚。

测试：以 10K/min 由 30℃升温至 350℃。 气氛：氮气，20ml/min。

解释：在药物的合成和之后的提纯/重结晶过程中经常要使用各种溶剂，药物中残留溶剂的存在会影响它的性能。

图中的 TGA 曲线呈现若干个失重台阶。在 250℃开始的最后台阶，试样开始分解。70～240℃范围的两个台阶表明，在加热过程中失去水或溶剂。同步记录的 MS 离子曲线证实，失重台阶为甲醇（m/z 31）和丙酮（m/z 43，丙酮的主要碎片离子）。甲醇在很宽的温度范围内释放，而丙酮消除的温度范围要窄得多。这表明丙酮键合更坚固，可能为溶剂化物。

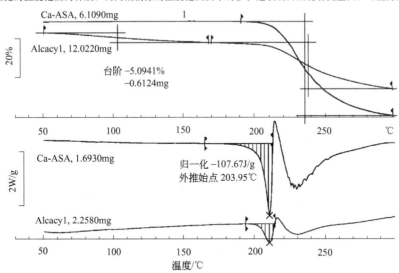

图 13-98 纯卡巴匹林钙及其药片（Alcacyl）的 DSC 和 TGA 曲线

样品名称：纯卡巴匹林钙及其药片（Alcacyl）（乙酰水杨酸钙盐 Ca-ASA）。

测试仪器：梅特勒-托利多 DSC820 和 TGA850。 DSC 坩埚：40μl 铝坩埚，盖钻孔。

TGA 坩埚：100μl 铝坩埚，盖钻孔。 升温速率：均为 10K/min。

气氛：氮气，DSC：50ml/min，TGA：80ml/min。

解释：可用 DSC 来检测活性成分，测定熔点和熔融热。如果活性成分与非活性成分间没有相互作用，则可通过药片的升温失重和制造商提供的信息进行分析。Alcacyl 的 TGA 曲线呈现两个台阶，而 Ca-ASA 只有一个台阶。将 Alcacyl 的第二个台阶（－24％）与 Ca-ASA 的分解台阶（－49％）对比表明，其失重与活性物质分解所预计的值几乎完全相等。

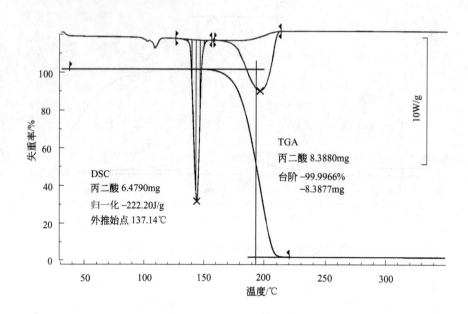

图 13-99   丙二酸的 DSC 和 TGA 曲线

样品名称：丙二酸（Malonic acid）。

测试仪器：梅特勒-托利多 DSC820 和 TGA850。   坩埚：40μl 或 100μl 铝坩埚，盖钻孔。

DSC 测试：以 20K/min 由 30℃升温至 300℃。   TGA 测试：以 20K/min 由 30℃升温至 300℃，经空白修正。

氮气氛：DSC，50ml/min；TGA，80ml/min。

解释：在约 137℃熔融后，该物质在吸热过程中分解为乙酸，放出 CO_2，可在 TGA 曲线上观察到 100％的失重以及在 DSC 曲线上观察到吸热分解峰。

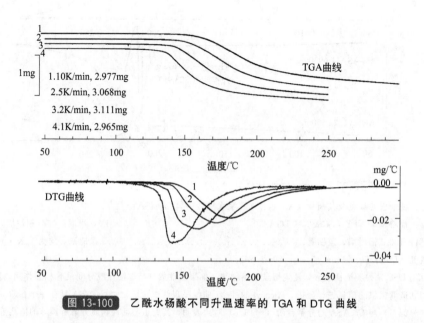

图 13-100   乙酰水杨酸不同升温速率的 TGA 和 DTG 曲线

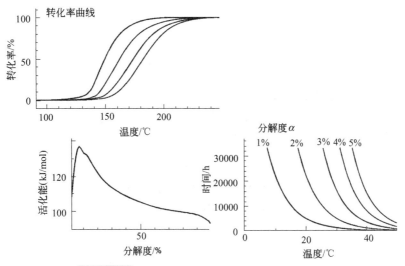

图 13-101　乙酰水杨酸分解反应的非模型动力学

样品名称：乙酰水杨酸（Acetylsalicylic acid）。

测试仪器：梅特勒-托利多 TGA850。100μl 铝坩埚；空气氛，50ml/min。

测试：以 1K/min、2K/min、5K/min 和 10K/min 由 25℃升温至 300℃。

解释：图 13-100 表示升温速率对乙酰水杨酸分解的影响。分解产生的失重，随着升温速率的提高移至较高的温度。为了进一步计算用于动力学分析的百分转化率曲线，由此得出 TGA 曲线的一阶微商 DTG 曲线。

图 13-101 所示为用非模型动力学所作的完整数据处理。转化率曲线用"积分水平"基线，由 DTG 曲线计算得到。这些转化率曲线转而为非模型动力学计算活化能的基础。活化能介于 100～140kJ/mol 范围，与转化率有关，表明是一个复杂反应。由活化能可推算在一定温度下物质达到一定百分转化率（或称分解度）所需要的时间。

本例表明，热分析和非模型动力学应用是估算药物制剂潜在贮存周期费用最低的一种简便方法。必须强调，该方法不可取代合适的长期测试。该方法对于配方预选更为有用。然后，呈良好性能的配方可进行长时间的最终测试。

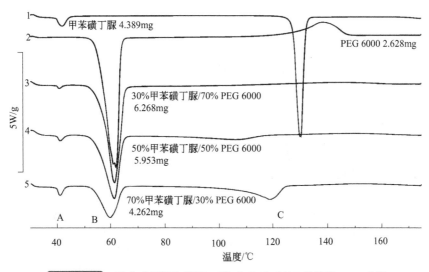

图 13-102　甲苯磺丁脲和聚乙二醇（PEG）6000 的熔融 DSC 曲线

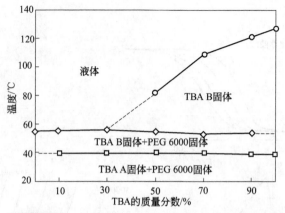

图 13-103 甲苯磺丁脲和聚乙二醇 6000 体系的相图

样品名称：甲苯磺丁脲（Tolbutamide，TBA）和聚乙二醇（PEG）6000。　　测试仪器：梅特勒-托利多 DSC820。

坩埚：40μl 铝坩埚，密封。　　试样制备：原样品或两组分的物理混合物。

测试：以 10K/min 由 30℃升温至 175℃。　　气氛：氮气，50ml/min。

解释：甲苯磺丁脲与聚乙二醇 6000 生成固体分散体，但不是固溶液。在固溶液中，各组分形成确定熔程的混合晶体。如图 13-102 所示，甲苯磺丁脲与聚乙二醇 6000 生成组成为 30％甲苯磺丁脲和 70％聚乙二醇的共熔体，熔点与所用聚乙二醇的相同。约 39℃的峰 A 为甲苯磺丁脲的固-固转变。在 60℃，可观察到峰 B。如果甲苯磺丁脲大于 30％，则过量的甲苯磺丁脲发生熔融（峰 C）。

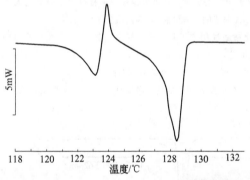

样品名称：氯磺丙脲（Chlorpropamide）。

试样量 4.1280mg。

测试仪器：梅特勒-托利多 DSC822e。

DSC：40μl 铝坩埚，盖钻孔。

DSC 测试：升温速率 10K/min。

氮气氛，50ml/min。

图 13-104 氯磺丙脲的 DSC 曲线

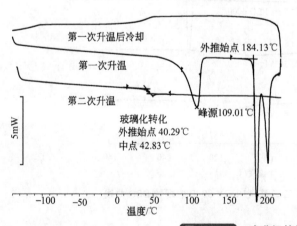

样品名称：唑吡坦（Zolpidem tartrate）。

试样量 5.7540mg。

测试仪器：梅特勒-托利多 DSC823e。

DSC 坩埚：40μl 铝坩埚，盖钻孔。

氮气氛，50ml/min。

DSC 测试：－140～220℃，10K/min；220～－140℃，－10K/min；

－140～220℃，10K/min。

图 13-105 唑吡坦的熔融 DSC 曲线

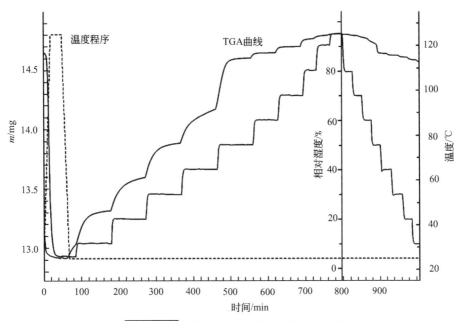

图 13-106　盐酸阿米洛利的吸附和解吸附

样品名称：盐酸阿米洛利（Amiloride hydrochloride）。试样量 14.5870mg。

仪器：梅特勒-托利多 TGA/SDTA851^e 联用 VTI RH-200 湿度控制器。

坩埚：150μl 铂金坩埚。

TGA 测试：先以 5K/min 的速率将样品从 25℃升温到 125℃，在 125℃恒温 30min，然后以 5K/min 的速率将样品降温至 25℃。这段时间炉体内的相对湿度为 5%。当试样温度降至 25℃之后，在 25℃进行等温测试，相对湿度由 5%变化到 95%。然后再将相对湿度由 95%降到 10%。

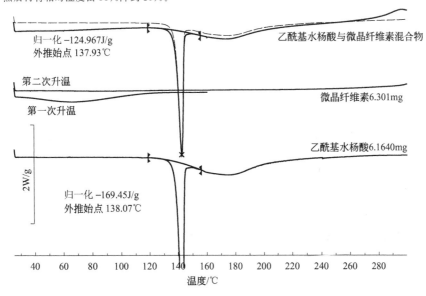

图 13-107　乙酰水杨酸与微晶（粉末）纤维素之间的相容性

样品名称：乙酰水杨酸（Aspirin）和微晶（粉末）纤维素（Avicel）。

仪器：梅特勒-托利多 DSC822^e。

坩埚：40μl 铝坩埚，盖钻孔。

DSC 测试：25～300℃，升温速率 5K/min。

氮气氛，50ml/min。

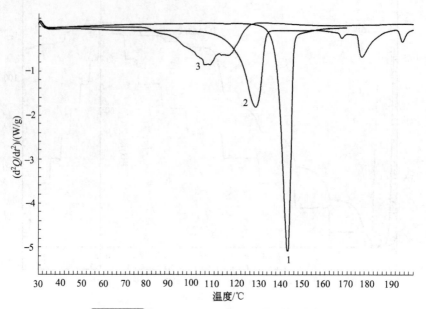

图 13-108 乙酰水杨酸和硬脂酸钙的不相容性

样品名称：乙酰水杨酸（Aspirin）和硬脂酸钙（Ca stearate）。

试样量：1—乙酰水杨酸，4.7020mg；2—硬脂酸钙，5.9640mg；3—乙酰水杨酸和硬脂酸钙（1∶1）混合物，6.0000mg。

仪器：梅特勒-托利多 DSC822^e。 DSC 坩埚：40μl 铝坩埚，盖钻孔。

DSC 测试：30～200℃，升温速率 10K/min。 氮气氛：50ml/min。

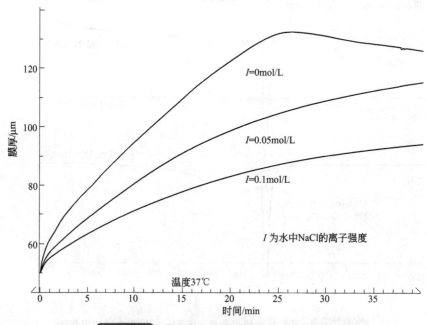

图 13-109 聚甲基丙烯酸酯的 TMA 溶胀曲线

样品名称：聚甲基丙烯酸酯。 仪器：梅特勒-托利多 TMA/SDTA841^e。

探头：3mm 平探头，溶胀模式。 TMA 测试：37℃等温测试，力 0.02N。

第三节　生物体的热分析曲线

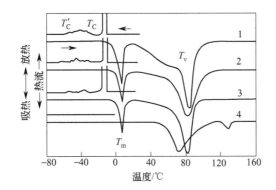

图 13-110　叶中水的升降温 DSC 曲线[2]

样品名称：1—滕芋属叶（观叶植物）；2—松树叶；3—银杏叶；4—银杏树落叶。

升降温速率　10℃/min，先降温到−100℃，然后升温到180℃；SSC220C 型差示扫描热量计。

测试结果：

- 对于降温 DSC 曲线，在−15℃可观察到由于自由水（W_f）结晶的 T_c 尖峰和−40℃的 T_c' 宽峰。

- T_c' 峰的大小、形状、温度范围各异，这与自由水不同，归因于结晶的结合水（W_b）。由于银杏树落叶的含水量少，与叶的结构形成分子束缚，成为不冻水，因而观察不到 T_c、T_c'、T_m，一直到较高的温度范围才观察到 T_v 蒸发峰。

- 升温时，在 0℃附近出现自由水熔化的 T_m 吸热峰，然后是水蒸发的 T_v 大吸热峰。

- 由热分析结果可知，在这几种叶中水含量 W_c 以滕芋属叶＞银杏叶＞松树叶＞银杏树落叶的顺序递减。对耐寒力较强的松树叶水含量较小。结合水含量上述排列次序一样。结合水 W_b 与含水量 W_c 或自由水 W_f 之比 W_b/W_c 或 W_b/W_f 均以银杏树落叶＞松树叶＞银杏叶＞滕芋属叶为序，与上述含水量 W_c 的顺序完全相反。说明结合水与自由水之比 W_b/W_f 大的植物，更具有耐寒性能。落叶的银杏树叶没有自由水。

- 根据植物体中水的热分析，可解释为什么冻土带的植物不枯死。

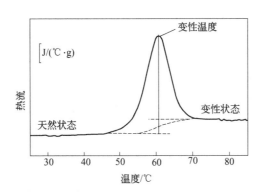

图 13-111　溶菌酶的 DSC 曲线[2]

样品名称：鸡蛋白的溶菌酶（1g/L，pH＝2.4，甘氨酸缓冲液）。

升温速率 1℃/min；绝热型 DSC 装置。

测试结果：

- 蛋白质的热变性属吸热变化，可由升温 DSC 的吸热峰观测其状态转变。

- 溶菌酶的比热容随温度有明显改变。DSC 曲线峰温对应于主要的变性温度。随着温度的提高，由天然结构状态转变成变性状态。变性状态的比热容比天然状态的大，这是蛋白质变性的明显特征。从峰的面积可以计算出变性熵。

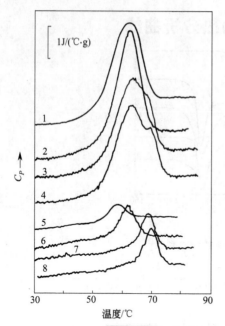

图 13-112 葡糖淀粉酶和 β-环糊精复合物的 DSC 曲线[2]

(β-环糊精浓度：1—0mol/L；2—0.3mol/L；3—0.5mol/L；4—2.5mol/L；
5，6，7，8 分别为 1，2，3，4 的二次扫描测定结果)

样品名称：葡糖淀粉酶和 β-环糊精复合物，pH＝7。

升温速率 1℃/min；绝热型 DSC 装置。

测试结果：

• 与峰面积所得熔变相比，由 Van't Hoff 公式计算的熔变非常小，说明该变化过程是多重转变过程。升温到 85℃后冷却到室温，二次升温则峰面积减小，仅展现出一次升温峰的一个部分（见曲线 5），将这种可逆变性部分称作淀粉键合微区是结构微区。

• DSC 曲线峰值随 β-环糊精浓度而升高，并有呈肩状或新峰出现。二次升温 DSC 曲线的峰也按 6、7、8 顺序升高，这进一步说明淀粉键合微区可逆变性的性质。

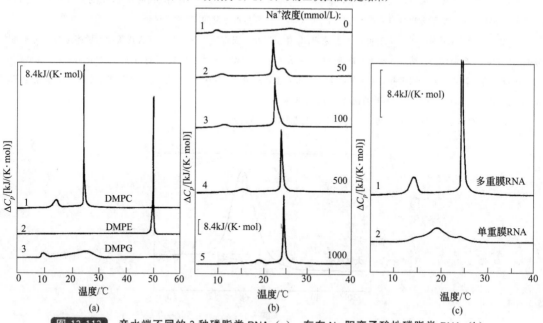

图 13-113 亲水端不同的 3 种磷脂类 RNA（a），存在 Na 阳离子酸性磷脂类 RNA（b），
多重膜和单重膜 RNA（c）的 DSC 曲线[2]

样品名称：磷脂酰胆碱（DMPC）；磷脂酰乙醇胺（DMPE）；磷脂酰甘油（DMPG）。

升温速率 45℃/h；Microcal 公司高灵敏度差示扫描热量计。

测试结果：

• 图（a）中 DMPC（曲线 1）和 DMPE（曲线 2），有明显的特有转变峰。DMPG 的转变峰小。3 种 RNA 的转变熔（kJ/mol）按 DMPG（25.1）＜DMPC（27.2）＜DMPE（28.0）的顺序递增，即与其聚集的填充状态有关，越是密填充结构状态的磷脂，其凝胶状态的相对熔也越低，因而转变到液晶相就需要更多的能量（转变熔）。

• 随着 Na+ 浓度的增加，胶体-液晶相转变峰变得更尖锐，其转变温度也提高。这表明向多重膜 RNA 转变。

• 将 DMPC 的多重膜 RNA，经超声波照射可转变成单重膜 RNA，尺寸变小（直径≈50nm），为维持如此大的表面曲率，DMPC 分子呈疏松填充状态。与多重膜的 RNA 凝胶-液晶相转变相比，单重膜 RNA 的转变温度和转变熔均较低。用热分析法可分析磷脂分子的聚集状态。

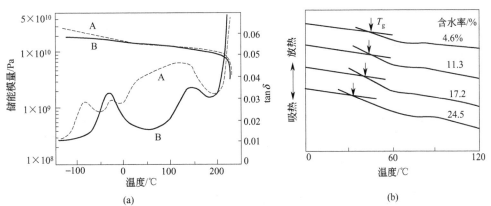

(a)　　　　　　　　　　　　　　　(b)

图 13-114　毛发的 DMA 曲线（a）及含水量不同的毛发玻璃化转变温度（T_g）附近的 DSC 曲线（b）[2]

A—室温状态；B—干燥状态

样品名称：（a）毛发；（b）毛发（经清洗，去掉表面油污，剪成 1mm 以下）。

实验条件：

（a）测量试样为长 10mm 的 5 根毛发；测量的温度范围 140～250℃；升温速率 1℃/min；频率 0.5Hz、1Hz、2Hz、5Hz、10Hz。

（b）试样量 3～4mg；升温速率 10℃/min。

测试结果：

· 由图（a）可知毛发有无水分，其储能模量（E'）曲线及 tanδ 曲线不同。在毛发中存在水分，构成毛发的蛋白质分子链状态不同，所以可观察到分子链运动的变化。

· 图（b）由 DSC 曲线可测出毛发的 T_g。毛发的含水量越高，则 T_g 越低。此处水起可塑剂的作用，降低 T_g 使蛋白质链在室温下变成容易流动的状态。人们利用这个原理把头发弄湿后进行整形，然后进行风干去掉水分，失去可塑作用，使发形固定。

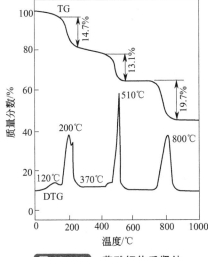

图 13-115　草酸钙体系肾结石的 TG 曲线[2]

样品名称：草酸钙体系肾结石。

试样量 5～10mg；升温速率 50℃/min。

测试结果：

可采用热重法对肾结石及其混合物的成分和含量进行快速定量分析，以往是用红外光谱法对肾结石的主要成分进行定性分析。

· 观察到在 200℃ 左右脱结晶水，在 510℃、780℃ 分别有 CO、CO_2 的逸出。

· 另几种肾结石的 TG 测定结果如下：

名　　称	失重过程及归属
磷酸氢镁体系肾结石	160℃脱结晶水，340℃脱氨，可确认是磷酸氨镁（$MgNH_4PO_4 \cdot 6H_2O$）体系；从脱 NH_3 量推知，磷酸氨镁含量为 81%
磷酸氢钙体系肾结石	100～200℃脱结晶水，480℃脱 OH，$CaHPO_4 \cdot 2H_2O$ 的含量为 94%
尿酸体系肾结石	450℃急剧氧化分解，515℃剩余物燃烧与化学试剂尿酸在空气中 100% 失重相比较，可知该结石为尿酸含量为 99%
胱氨酸体系肾结石	290℃急剧分解。455℃反应剩余物燃烧

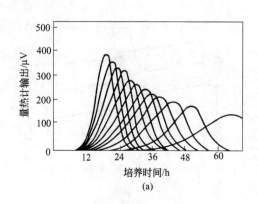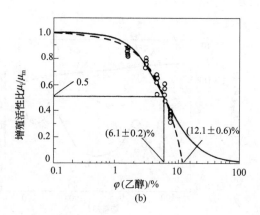

图 13-116　含有不同浓度乙醇的培养基酵母增殖的放热曲线（a）及

酵母增殖活性比与乙醇浓度的关系曲线（b）[2]

图（a）乙醇的体积分数从左至右依次为：0%、0.4%、0.9%、1.3%、1.8%、2.2%、2.6%、3.0%、3.5%、4.3%、5.1%、5.9%。

样品名称：酵母。仪器：日本医化器械 H-201 型生物热分析仪。

测试结果：

· 随着乙醇浓度的增加，曲线的斜率变小，出峰时间延长。这说明乙醇有抑制增殖的作用。可通过控制乙醇的浓度来控制酵母的增殖效果。

· 由酵母增殖放热曲线求出的增殖速率常数为 μ_i，当乙醇浓度为 0 时此值为 μ_m，可由酵母增殖活性比 μ_i/μ_m 与乙醇体积分数的关系曲线图（b）确定。当增殖活性降低一半（即 $\mu_i/\mu_m=0.5$）时的乙醇体积分数为（6.1±0.2）%；完全抑制酵母增殖的乙醇体积分数为（12.1±0.6）%，这就是微生物学所谓的最低阻止生育浓度。

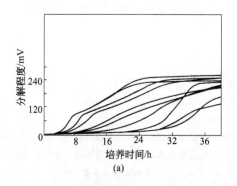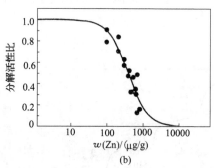

图 13-117　含锌量不同的土壤中葡萄糖的分解曲线（a）及

分解活性比与含锌量的关系曲线（b）[2]

图（a）中曲线自左向右锌浓度增加。

样品名称：土壤中的葡萄糖。试样量 5g；玻璃坩埚；日本医化器械 H-201 型生物热分析仪。

测试结果：

· 随着土壤中锌浓度的增加，土壤中的微生物活性降低，葡萄糖的分解被抑制。

· 由葡萄糖的分解曲线可求出其分解速率常数 μ_i，锌量为 0 时的分解速率常数为 μ_m，两者之比 μ_i/μ_m 称为分解活性比，由图（b）可见，当锌的质量分数为 480μg/g 时，土壤中葡萄糖的分解速率降低 50%。

第四节　木材及其成分的热分析曲线

本节包括棉纤维素、木材、树皮和麦草等的热分析曲线。主要采用理学 TAS-100 型热分析仪测定，实验条件为：试样量约 2mg，升温速率 10℃/min，气氛分别为氮气（流速

20ml/min)或静态空气。本节 DSC 曲线中热流速率的法定计量单位为 mJ/s，1mcal/s＝4.184mJ/s。

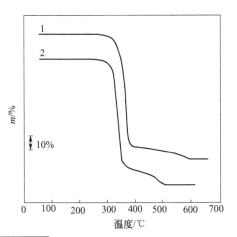

图 13-118 棉纤维素在不同气氛下的 TG 曲线

样品名称：棉纤维素。

样品来源：日本 TOYO Roshi Kaisha, Ltd 公司，(200～300) 目。测试气氛：1—氮气，2—空气。

测试结果如下：

试样号	第一阶段		第二阶段	
	温度范围/℃	失重率 w/%	温度范围/℃	失重率 w/%
1	269.4～408.1	84.9	408.1～600.2	8.5
2	263.6～371.3	81.1	371.3～513.7	13.6

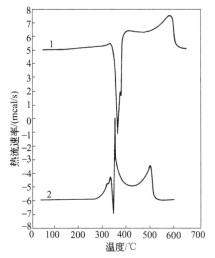

图 13-119 棉纤维素在不同气氛下的 DSC 曲线

样品名称、来源同图 13-118；

测试气氛：1—氮气；2—空气。

测试结果如下：

试样号	分解起始温度/℃
1	326.8
2	273.6

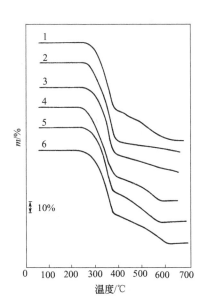

图 13-120 各种木材在氮气流下的 TG 曲线

样品名称：木材；1—落叶松，2—桦木，3—水杉，4—胡杨，5—云杉，6—湿地松。

样品结构：木材是天然有机材料，其化学组成主要有纤维素、半纤维素、木素和各种提取物。木材各组分的含量随树种和部位各不相同。

样品来源：采集不同部位的木材，风干后粉碎至 0.25～0.36mm，混合均匀。

测试结果如下：

试样号	第一阶段		第二阶段	
	温度范围/℃	失重率 w/%	温度范围/℃	失重率 w/%
1	238.8～385.7	61.4	385.7～629.5	27.6
2	237.2～396.2	71.7	396.2～646.9	9.2
3	225.6～390.2	61.4	390.2～646.5	16.0
4	225.4～379.3	61.7	379.3～590.9	23.3
5	235.0～384.5	59.0	384.5～572.8	26.9
6	226.1～378.9	58.5	378.9～617.8	26.4

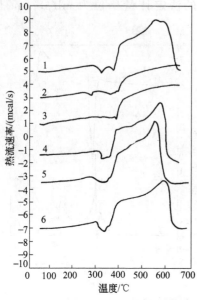

样品名称、来源同图 13-120。

测试结果如下：

试样号	热分解起始温度/℃
1	271.3
2	244.1
3	282.3
4	196.0
5	269.3
6	235.5

图 13-121 各种木材在氮气流下的 DSC 曲线

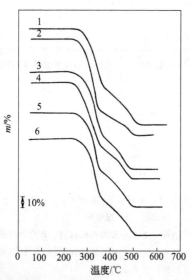

图 13-122 各种木材在空气中的 TG 曲线

样品名称、来源同图 13-120。

测试结果如下表所示：

试样号	第一阶段		第二阶段	
	温度范围/℃	失重率 w/%	温度范围/℃	失重率 w/%
1	244.2~366.1	53.6	366.1~528.8	35.5
2	232.0~350.5	66.0	350.5~497.4	22.1
3	225.9~356.6	57.1	356.6~483.9	32.4
4	223.2~354.2	58.8	354.2~496.0	30.8
5	236.4~357.2	54.4	357.2~491.7	32.3
6	222.9~355.2	54.6	355.2~502.9	34.4

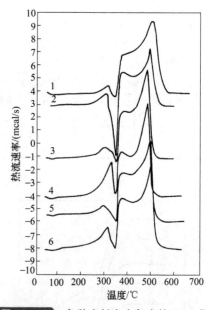

图 13-123 各种木材在空气中的 DSC 曲线

样品名称、来源同图 13-120。

测试结果如下表所示：

试样号	热氧化分解起始温度/℃
1	236.1
2	207.1
3	216.6
4	184.1
5	198.8
6	176.0

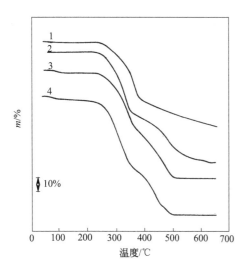

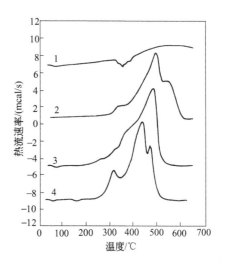

图 13-124 树皮及其组分在不同气氛下的 TG 曲线

样品名称：树皮及组分：1—栲树皮在氮气流下；2—栲树皮的综纤维素在氮气流下；3—栲树皮在空气中；4—栲树皮的综纤维素在空气中。

样品结构：树皮的化学组成与木材类似，也可分为纤维素、半纤维素、木质素和各种提取物，各组分的含量与木材有较大差别。树皮含有大量的酚酸类、木质素、提取物、灰分和较多的软木脂，而纤维素和半纤维素含量要比木材少得多。

样品来源：采集不同部位的树皮、风干后粉碎至40～60目，混合均匀。

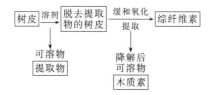

测试结果如下：

试样号	第一阶段		第二阶段	
	温度范围/℃	失重率 $w/\%$	温度范围/℃	失重率 $w/\%$
1	228.3～387.7	43.4	387.7～647.5	19.2
2	218.5～369.6	47.9	369.6～629.7	34.3
3	224.8～376.3	44.7	376.3～506.1	33.3
4	209.3～366.3	52.1	366.3～501.9	32.9

图 13-125 树皮及其组分在不同气氛下的 DSC 曲线

样品名称、来源同图 13-124。

测试结果如下：

试样号	分解起始温度/℃
1	315.5
2	293.4
3	206.0
4	228.0

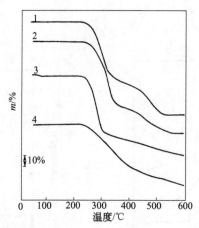

图 13-126 麦草及其组分在氮气流下的 TG 曲线

样品名称：麦草及其组分：1—麦草；2—麦草综纤维素；3—麦草半纤维素；4—麦草木质素。

样品结构：麦草的化学组成可分为纤维素、半纤维素、木质素和各种提取物，麦草各组分的含量和结构与木材有较大的区别。

样品来源：

测试结果如下：

试样号	第一阶段		第二阶段	
	温度范围/℃	失重率 w/%	温度范围/℃	失重率 w/%
1	219.7～352.4	51.7	352.4～527.8	31.6
2	227.3～362.9	57.5	362.9～556.6	24.7
3	210.7～310.1	51.6	310.1～598.0	20.5
4	209.3～412.0	40.6	412.0～597.8	15.3

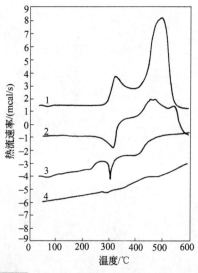

图 13-127 麦草及其组分在氮气流下的 DSC 曲线

样品名称、来源同图 13-126。

测试结果如下：

试样号	热分解起始温度/℃
1	262.0
2	245.2
3	225.6
4	197.7

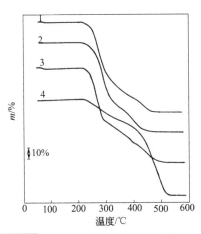

图 13-128 麦草及其组分在空气中的 TG 曲线

样品名称、来源同图 13-126。

测试结果如下：

试样号	第一阶段		第二阶段	
	温度范围 /℃	失重率 w/%	温度范围 /℃	失重率 w/%
1	213.2～329.9	54.9	329.9～475.2	26.3
2	213.0～331.6	53.8	331.6～468.8	26.5
3	213.3～298.4	46.1	298.4～491.2	36.5
4	204.3～333.5	17.2	333.5～528.9	68.8

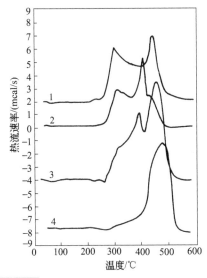

图 13-129 麦草及其组分在空气中的 DSC 曲线

样品名称、来源同图 13-126。

测试结果如下：

试样号	热氧化分解起始温度/℃
1	204.7
2	220.8
3	211.6
4	203.2

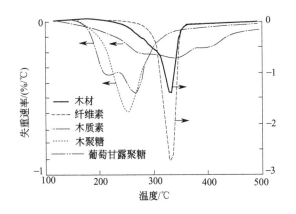

样品名称：木材、纤维素、木质素、木聚糖、葡糖甘露聚糖。

升温速率1℃/min；氮气氛。

测试结果：

· 木材的 DTG 曲线显示在 260～280℃ 之间有一个缓慢的变化过程，在 330℃ 呈现特征峰值。纤维素的 DTG 曲线在 330℃ 呈峰值。木质素在 350℃ 和 420℃ 呈现不十分明显的峰值。木聚糖及葡糖甘露聚糖分别有其各自的特征峰值（详见 DTG 曲线）

图 13-130 木材及其成分的 DTG 曲线[2]

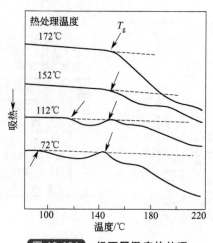

图 13-131 经不同温度热处理
的磨木木质素的 DSC 曲线[2]

样品名称：磨木木质素（MWL）。

实验条件：用云杉木粉制取磨木木质素，其分子式为 $C_9H_{9.1}O_{2.7}(OCH_3)_{0.95}$；试样在氮气氛下于不同温度处理 30min；仪器 Perkin-Elmer DSC-Ⅱ型差示扫描量热计。

测试结果：

- 对于在 132℃以下热处理的试样，可观察到两个玻璃化转变温度 T_g。在 132℃以上处理，则仅观察到一个 T_g。实际上，磨木木质素是由两个分子聚集体所组成，高于 132℃时，由于热运动比较充分，木质素分子未进行相分离和重组，而呈均一的分子聚集体，为此只观察到一个 T_g。这表明磨木木质素的玻璃态是非平衡态，分子的重排与热处理的温度、时间有关。

- 对木质素的 T_g 影响较大的因素是木质素中存在的酚类与醇类化合物的羟基产生的氢键。存在氢键影响木质素的分子运动。为此当有氢键存在时将比没有氢键呈现较高的 T_g。有水存在可使这种氢键断裂，可用乙酰化或甲基化的方法去除这种氢键的影响。

参 考 文 献

[1] ［瑞士］德布尔著. 热分析应用手册：食品与药物. 陆立明，唐远旺译. 上海：东华大学出版社，2011.
[2] 日本热测定学会编. 应用热分析. 东京：日刊工業新聞社，1996.

第十四章 矿物的热分析曲线

由矿物的热分析曲线可以研究矿物的存在形式、类质同象、矿物中水的状态、矿物的有序度等。

这一章列出 133 组矿物热分析曲线，其中取自作者和参考文献 [2] 数据的实验条件如下：LCT-2B 型高温微量差热天平（文献 [2] 所用仪器为 LCT-2 型高温微量差热天平），北京光学仪器厂制造；试样量 10mg；参比物 10mg Al_2O_3；升温速率 20℃/min；热电偶 Pt-PtRh；铂坩埚或陶瓷坩埚。正文中与此实验条件相同的不再重述。

第一节 天然元素的热特性

天然元素最主要的热特性是物质的熔化，其次是多型转变及氧化。

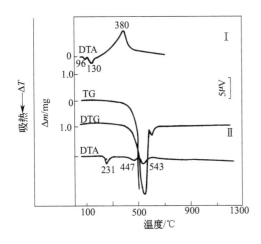

图 14-1 硫[1]和硒[2]的 DTA-TG-DTG 曲线

Ⅰ. 硫（Sulfur），S

试样量 100mg＋20mg Al_2O_3；参比物 150mg 熔烧后的 Al_2O_3；热电偶 Pt-Pt_{90}/Rh_{10}；ϕ0.1～0.3mm；升温速率 10℃/min；空气氛。

测试结果：96℃吸热效应，硫从斜方结构转变成单斜结构；130℃吸热效应，硫熔化（硫熔点：119℃[3]）；380℃放热效应，熔融态硫氧化成 SO_2。

Ⅱ. 硒（Selenium），Se

试样量 10mg；参比物 10mg；

升温速率 10℃/min；空气氛。

测试结果：231℃吸热效应，硒熔化（硒熔点：217℃[3]）；447℃吸热效应，熔融态硒蒸发，伴随失重。

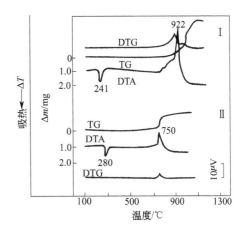

图 14-2 锡和铋的 DTA-TG-DTG 曲线

样品名称：Ⅰ. 锡（Tin），Sn；Ⅱ. 铋（Bismuth），Bi。

测试结果：

Ⅰ. 锡 241℃吸热效应，锡熔化（锡熔点：231.91℃[3]）；922℃放热效应，锡氧化，生成 SnO_2，伴随增重。

Ⅱ. 铋 280℃吸热效应，铋熔化（铋熔点：273.1℃[3]）；750℃放热效应，熔融态铋氧化成 Bi_2O_3，伴随增重。

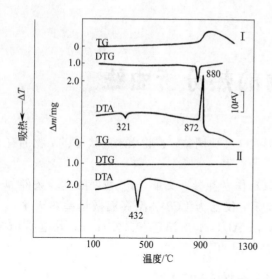

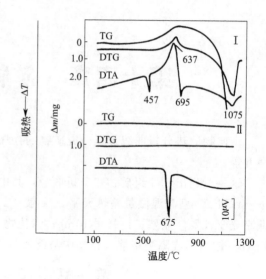

图 14-3 铅和锌的 DTA-TG-DTG 曲线

样品名称：I. 铅（Lead），Pb；II. 锌（Zinc），Zn。

测试结果：

I. 铅　321℃吸热效应，铅熔化（铅熔点：327.3℃[3]）；872℃放热效应，铅氧化，生成 PbO，伴随增重。

II. 锌　432℃吸热效应，锌熔化（锌熔点：419.4℃[3]）。

图 14-4 碲[2]和铝的 DTA-TG-DTG 曲线

样品名称：I. 碲（Tellurium），Te；

II. 铝（Aluminum），Al。

测试结果：

I. 碲　457℃吸热效应，碲熔化（碲熔点：449.5℃[3]）；637℃放热效应，熔融态碲氧化成 TeO₂；695℃吸热效应，TeO₂ 熔化；800℃以后熔融态二氧化碲蒸发，伴随失重。

II. 铝　675℃吸热效应，铝熔化（铝熔点：660.1℃[3]）。

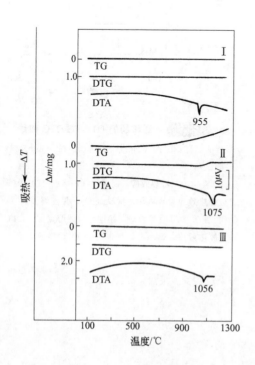

样品名称：I. 银（Silver），Ag；

II. 铜（Copper），Cu；

III. 金（Gold），Au。

测试结果：

I. 银　955℃吸热效应，银熔化（银熔点：960.8℃[3]）。

II. 铜　1075℃吸热效应，铜熔化（铜熔点：1083℃[3]）。

III. 金　1056℃吸热效应，金熔化（金熔点：1063.0℃[3]）。

图 14-5 银、铜和金的 DTA-TG-DTG 曲线

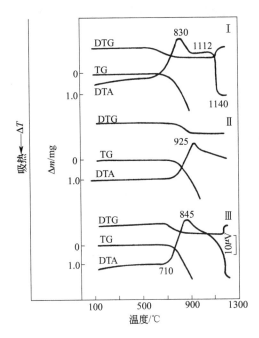

图 14-6 石墨和金刚石的 DTA-TG-DTG 曲线

样品名称：Ⅰ. 土状石墨（Graphite），C；Ⅱ. 片状石墨（Graphite），C；

Ⅲ. 金刚石（Diamond），C。

测试结果：

Ⅰ. 土状石墨 830℃放热效应，石墨氧化生成 CO_2，伴随失重；600℃石墨已开始氧化。

Ⅱ. 片状石墨 925℃放热效应，石墨氧化生成 CO_2 伴随失重；800℃石墨已开始氧化。

Ⅲ. 金刚石 845℃放热效应，金刚石氧化生成 CO_2 伴随失重；从710℃金刚石已开始氧化。

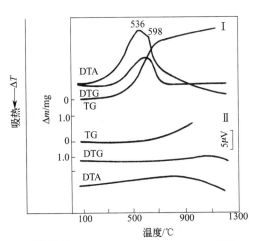

图 14-7 铁和镍的 DTA-TG-DTG 曲线[2]

样品名称：Ⅰ. 铁（Iron），Fe；Ⅱ. 镍（Nickel），Ni。

测试结果：

Ⅰ. 铁 536℃和598℃放热效应，铁氧化成 Fe_3O_4 和 Fe_2O_3，伴随增重。

Ⅱ. 镍 700℃镍开始氧化，生成 NiO 和 Ni_2O_3 伴随增重。镍熔点：1453℃[3]。NiO 熔点：1984℃[4]。

第二节 卤化物、硫化物和氧化物矿物的热特性

一、卤化物的热特性

卤化物受热后的主要特性是卤化物的熔化，含水卤化物首先是脱水（通常是分阶段脱出）。

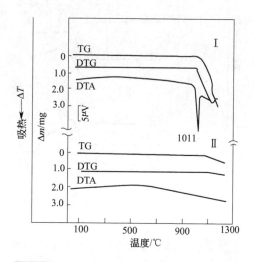

图 14-8 氟盐和萤石的 DTA-TG-DTG 曲线[2]

样品名称：Ⅰ.氟盐(Villaumite),NaF,(Na 54.76%,F 45.24%)；Ⅱ.萤石(Fluorite),CaF₂,(Ca 51.1%,F 48.9%)。

测试结果：

Ⅰ.氟盐 1011℃吸热效应，氟盐熔化并蒸发（氟盐熔点：993℃[4]）。

Ⅱ.萤石 DTA曲线在1200℃以内无变化（萤石熔点：1360℃[5]）。

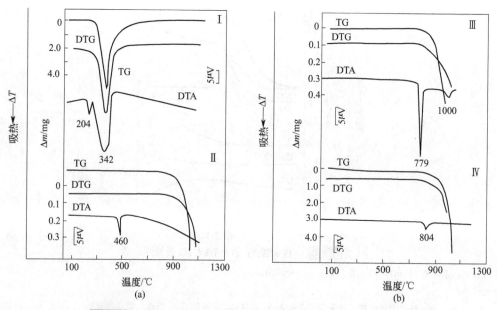

图 14-9 卤砂、角银矿、钾石盐和石盐的 DTA-TG-DTG 曲线[2]

样品名称：Ⅰ.卤砂，Ammoniac，NH₄Cl；Ⅱ.角银矿，Chloragyrite，AgCl；Ⅲ.钾石盐，Sylvite，KCl；Ⅳ.石

盐，Halite，NaCl。

测试结果：

Ⅰ. 卤砂 204℃吸热效应，卤砂熔化；342℃吸热效应，熔融态卤砂蒸发，伴随失重。

Ⅱ. 角银矿 460℃吸热效应，角银矿熔化（角银矿熔点：436℃[6]）；熔融态角银矿900℃以后蒸发。

Ⅲ. 钾石盐 779℃吸热效应，钾石盐熔化（钾石盐熔点：775℃[1]）；熔融态钾石盐随后蒸发。

Ⅳ. 石盐 804℃吸热效应，石盐熔化（石盐熔点：804℃[4]）；熔融态石盐随后蒸发。

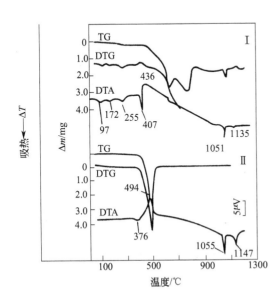

图 14-10 铜盐和碘铜矿的 DTA-TG-DTG 曲线[2]

样品名称：Ⅰ. 铜盐（Nantokite），CuCl，（Cu 64.19%，Cl 35.81%）；Ⅱ. 碘铜矿（marshite），CuI，（Cu 33.37%，I 66.63%）。

测试结果：

Ⅰ. 铜盐 97℃、172℃和255℃吸热效应，铜盐发生多型转变；407℃吸热效应，铜盐分解为Cu，放出Cl$_2$伴随失重；436℃放热效应，Cu氧化成CuO；1051℃吸热效应，CuO转变成Cu$_2$O伴随失重；1135℃吸热效应，部分Cu$_2$O氧化成CuO，伴随增重，生成2Cu$_2$O·CuO。

Ⅱ. 碘铜矿 376℃吸热效应，碘铜矿发生多晶型转变；494℃放热效应，碘铜矿分解成Cu和I，铜氧化成CuO，碘挥发，伴随失重；1055℃吸热效应，CuO转变成Cu$_2$O，伴随失重；1147℃吸热效应，部分Cu$_2$O氧化成CuO，伴随增重，生成Cu$_2$O·CuO；含铜卤化物一般在500℃以前分解，铜氧化物为CuO；CuO在1050℃转变为Cu$_2$O，Cu$_2$O在1135～1150℃之间部分氧化为CuO，生成2Cu$_2$O·CuO。

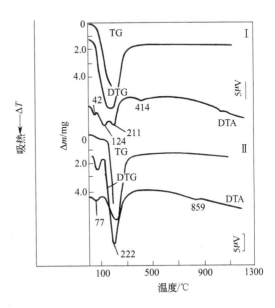

图 14-11 水铁盐和氯铝石的 DTA-TG-DTG 曲线[2]

样品名称：Ⅰ. 水铁盐（Hydromolysite），FeCl$_3$·6H$_2$O；Ⅱ. 氯铝石（Chloraluminite），AlCl$_3$·6H$_2$O，（Al 11.17%，Cl 44.06%，H$_2$O 44.77%）。

测试结果：

Ⅰ. 水铁盐 42℃吸热效应，水铁盐发生多晶型转变；124℃吸热效应，水铁盐脱水，伴随失重；211℃吸热效应，FeCl$_3$分解，Fe氧化成Fe$_2$O$_3$，放出氯。

Ⅱ. 氯铝石 77℃和222℃吸热效应，氯铝石脱水和分解，生成Al$_2$O$_3$，伴随失重；859℃放热效应，α-Al$_2$O$_3$转变成γ-Al$_2$O$_3$。

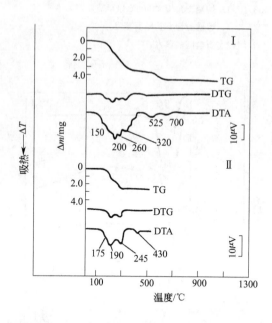

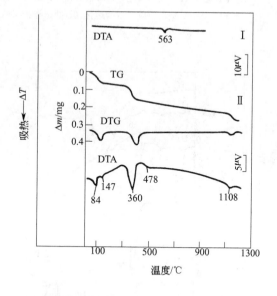

图 14-12　**水氯镁石和光卤石 DTA-TG-DTG 曲线**[7]

样品名称：Ⅰ. 水氯镁石（Bischofite），$MgCl_2 \cdot 6H_2O$，（Mg　11.96%，Cl　34.087%，H_2O　53.11%）；Ⅱ. 光卤石（Carnalite），$MgKCl_3 \cdot 6H_2O$，（K　14.1%，Mg　8.7%，Cl　38.3%，H_2O　38.9%）。

测试结果：

Ⅰ. 水氯镁石　150℃、200℃、260℃和320℃吸热效应，水氯镁石分阶段脱水（每摩尔试样脱出 4 mol H_2O），伴随失重，525℃和700℃吸热效应，水氯镁石脱水（2mol H_2O），伴随失重，并生成 $MgCl_2$。

Ⅱ. 光卤石　175℃、190℃和245℃吸热效应，光卤石分阶段脱水，伴随失重；430℃吸热效应，$MgKCl_3$ 熔化。

图 14-13　**冰晶石**[1]**和氟铝钙石**[2]**的 DTA-TG-DTG 曲线**

样品名称：Ⅰ. 冰晶石（Cryolite），Na_3AlF_6，（Na 32.8%，Al　12.8%，F　54.4%）；Ⅱ. 氟铝钙石，Posopite，$CaAl_2(F,OH)_8$。

测试结果：

Ⅰ. 冰晶石　562.7℃吸热效应，冰晶石发生多晶型转变，由单斜转变成立方。

Ⅱ. 氟铝钙石　84℃和147℃吸热效应，氟铝钙石脱水并分解，生成 CaF_2 和 $Al(OH)_3$，伴随失重；360℃吸热效应，$Al(OH)_3$ 脱水生成 $AlO(OH)$；478℃吸热效应，$AlO(OH)$ 脱水生成 Al_2O_3；1108℃吸热效应。

二、硫化物矿物的热特性

硫化物的主要热特性是氧化分解，放热，释放出 SO_2 伴随失重，其分解氧化温度在 300～800℃，产物为氧化物，有时为硫酸盐，如铅转变为 $PbSO_4$。多元素的硫化物可形成较为复杂的氧化物。分解氧化物有的在较低温度下挥发，如 Hg 和 As_2O_3；有的在较高的温度下熔化，如 $PbSO_4$、Ag 等。有的硫化物在氧化分解前还具多型转变，如 Ag_2S 和 Cu_2S。

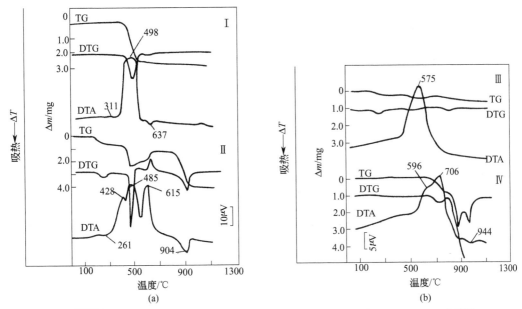

图 14-14　黄铁矿、褐硫锰矿（a）和辉钨矿、辉钼矿（b）的 DTA-TG-DTG 曲线[2]

样品名称：Ⅰ. 黄铁矿（Pyrtite），FeS_2，（Fe 46.55%，S 53.45%）；Ⅱ. 褐硫锰矿（Hauerite），MnS_2，（Mn 46.14%，S 53.84%）；Ⅲ. 辉钨矿（Tungstenite），WS_2，（W 74.16%，S 25.84%）；Ⅳ. 辉钼矿（Molybdenite），MoS_2，（Mo 59.94%，S 40.06%）。

测试结果：

Ⅰ. 黄铁矿　311℃放热效应，黄铁矿发生多晶型转变；498℃放热效应，黄铁矿氧化和分解，形成 Fe_2O_3 放出 SO_2 伴随失重；637℃吸热效应，Fe_2O_3 转变成 Fe_3O_4 伴随失重。

Ⅱ. 褐硫锰矿　261℃吸热效应，部分褐硫锰矿分解；428℃和485℃放热效应，褐硫锰矿分解并氧化，生成 MnS，放出 SO_2 伴随失重；615℃放热效应，MnS 氧化，生成 $MnSO_4$ 伴随增重；904℃吸热效应，$MnSO_4$ 分解，生成 Mn_3O_4，放出 SO_3 伴随失重。

Ⅲ. 辉钨矿　575℃放热效应，辉钨矿氧化、分解，生成 WO_3 放出 SO_2。

Ⅳ. 辉钼矿　596℃放热效应，辉钼矿开始氧化并分解；706℃放热效应，辉钼矿氧化成 MoO_3 放出 SO_2，伴随失重；800℃MoO_3 熔化（MoO_3 熔点：795℃[4]）并蒸发，伴随失重。

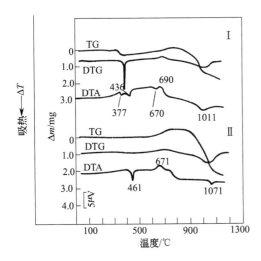

样品名称：Ⅰ. 斜方碲金矿（Krennerite），$AuTe_2$，（Au 43.59%，Te 56.43%）；Ⅱ. 碲金矿（Calaverite），$AuTe_2$。

试样量：Ⅰ. 4.5mg；Ⅱ. 6.0mg。

测试结果：

Ⅰ. 斜方碲金矿　377℃吸热效应，与斜方碲金矿伴生的矿物分解，伴随失重；436℃吸热效应，斜方碲金矿分解为 Te 与 Au，Te 熔化；670℃吸热效应，为伴生矿物的变化；690℃放热效应，Te 氧化为 TeO_2；800℃以后 TeO_2 升华；1011℃吸热效应。

Ⅱ. 碲金矿　461℃吸热效应，碲金矿分解，生成 Au 和 Te，碲熔化（碲的熔点：449.5℃[3]）；671℃放热效应，碲氧化生成 TeO_2；800℃以后 TeO_2 升华；1071℃吸热效应，金熔化（金熔点：1063℃[3]）。

图 14-15　斜方碲金矿和碲金矿的 DTA-TG-DTG 曲线[2]

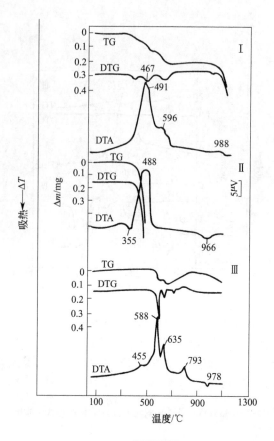

样品名称：Ⅰ．辉锑矿（Stibnite），Sb_2S_3，（Sb 71.38%，S 28.62%）；Ⅱ．雌黄（Orpiment），As_2S_3（As 60.91%，S 39.09%）；Ⅲ．辉铋矿（Bismuthinite），Bi_2S_3，（Bi 81.30%，S 18.70%）。

测试结果：

Ⅰ．辉锑矿 467℃和491℃放热效应，辉锑矿氧化和分解，生成Sb_2O_3和$Sb^{3+}Sb^{5+}O_4$放出SO_2；596℃放热效应，Sb_2O_3转变成$Sb^{3+}Sb^{5+}O_4$。

Ⅱ．雌黄 355℃吸热效应，雌黄熔化（雌黄熔点：310℃[4]）；488℃放热效应，熔融态雌黄氧化，生成As_2O_3放出SO_2，伴随失重。

Ⅲ．辉铋矿 455℃放热效应，部分辉铋矿氧化；588℃放热效应，Bi_2S_3转变成Bi_4S_5，Bi_2O_3和Bi，放出SO_2伴随失重；793℃放热效应，Bi和Bi_4S_5氧化生成Bi_2O_3伴随增重；978℃吸热效应，Bi_2O_3熔化。

图 14-16 辉锑矿、雌黄和辉铋矿的 DTA-TG-DTG 曲线[2]

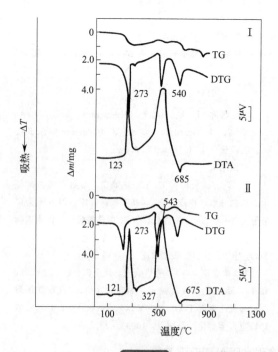

样品名称：

Ⅰ．六方磁黄铁矿（Hexagonal pyrrhotite），$Fe_{1-x}S$；

Ⅱ．单斜磁黄铁矿（Monoclinic pyrrhotite）。

测试结果：

121～123℃吸热效应，磁黄铁矿发生结构转变；273℃放热效应，磁黄铁矿部分分解，S氧化放出SO_2，但结构未发生变化；327℃吸热效应，单斜磁黄铁矿转变成六方磁黄铁矿；540～543℃放热效应，磁黄铁矿氧化分解，转变成$Fe_2(SO_4)_3$、Fe_2O_3，放出SO_2，伴随失重；675～685℃吸热效应，$Fe_2(SO_4)_3$分解，生成Fe_2O_3，放出SO_3，伴随失重。

图 14-17 六方磁黄铁矿和单斜磁黄铁矿的 DTA-TG-DTG 曲线[2]

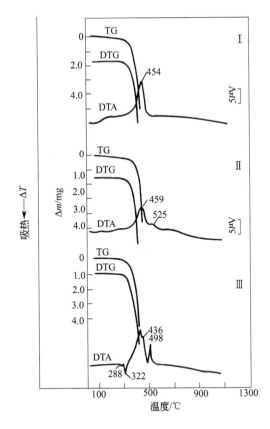

第二篇

图 14-18 **黑辰砂、辰砂和雄黄的 DTA-TG-DTG 曲线**[2]

样品名称：Ⅰ. 黑辰砂（Metacinnabar），HgS，（Hg 86.22%，S 13.78%）；Ⅱ. 辰砂（Cinnabar），HgS；Ⅲ. 雄黄（Realgar），AsS，（As 70.1%，S 29.9%）。

测试结果：

Ⅰ 和 Ⅱ. 黑辰砂和辰砂　454～459℃放热效应，HgS 氧化，生成 Hg 和 SO_2，Hg 升华，SO_2 蒸发。

Ⅲ. 雄黄　288℃吸热效应，雄黄发生多晶型转变；322℃吸热效应，雄黄熔化（雄黄熔点：320℃[4]）；436℃和498℃放热效应，熔融态雄黄分解和氧化，生成 As_2O_3 和 SO_2，两者同时排出。

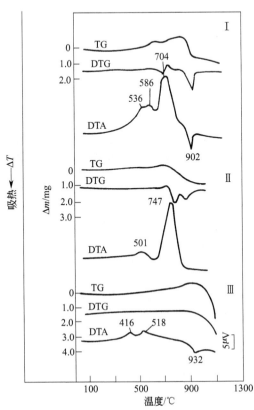

图 14-19 **硫锰矿、闪锌矿和方铅矿的 DTA-TG-DTG 曲线**[2]

样品名称：Ⅰ. 硫锰矿（Alabandite），MnS，（Mn 63.14%，S 36.86%）；Ⅱ. 闪锌矿（Sphalerite），ZnS，（Zn 67.10%，S 32.90%）；Ⅲ. 方铅矿（Galena），PbS（Pb 86.60%，S 13.40%）。

测试结果：

Ⅰ. 硫锰矿　536℃放热效应，硫锰矿开始氧化；586℃放热效应，部分硫锰矿氧化生成黑锰矿，放出 SO_2；704℃放热效应，硫锰矿和黑锰矿氧化，生成 Mn_2O_3，放出 SO_2；902℃吸热效应，Mn_2O_3 变成 Mn_3O_4。

Ⅱ. 闪锌矿　501℃放热效应，闪锌矿开始氧化；747℃放热效应，闪锌矿氧化分解，生成 ZnO，放出 SO_2，伴随失重。

Ⅲ. 方铅矿　416℃，518℃放热效应，方铅矿开始氧化生成 Pb_3SO_6；932℃吸热效应，Pb_3SO_6 分解为 $PbSO_4$ 和 PbO，放出 SO_2，伴随失重，PbO 熔化。

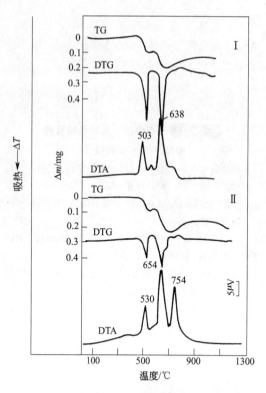

样品名称：Ⅰ. 红砷镍矿（Nickeline），NiAs（Ni 43.92%，As 56.08%）；Ⅱ. 砷镍矿（Maucherite），$Ni_{11}As_8$（Ni 51.85%，As 48.15%）。

测试结果：

Ⅰ. 红砷镍矿 503℃放热效应，红砷镍矿氧化和分解，生成 Ni_5As_2 和 As_2O_3，As_2O_3 蒸发，伴随失重；638℃放热效应，Ni_5As_2 氧化，生成 $Ni_6(AsO_4)_2O_3$、NiO 和 As_2O_3，As_2O_3 蒸发，伴随失重。

Ⅱ. 砷镍矿 530℃放热效应，部分砷镍矿分解氧化生成 As_2O_3，As_2O_3 蒸发，伴随失重；654℃放热效应，砷镍矿氧化分解生成 NiO、Ni_5As_2 和 As_2O_3，As_2O_3 蒸发，伴随失重；754℃放热效应，Ni_5As_2 氧化，生成 $Ni_6(AsO_4)_2O_3$ 和 As_2O_3，As_2O_3 蒸发。

图 14-20 红砷镍矿和砷镍矿的 DTA-TG-DTG 曲线[2]

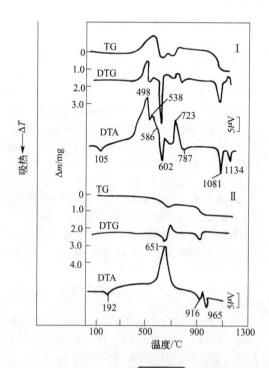

样品名称：Ⅰ. 辉铜矿（Chalcocite），Cu_2S（Cu 79.7%，S 20.3%）；Ⅱ. 螺状硫银矿（Acanthite），Ag_2S（Ag 87.06%，S 12.94%）。

测试结果：

Ⅰ. 辉铜矿 105℃吸热效应，辉铜矿发生结构转变由 α-Cu_2O 转变成 β-Cu_2O；498℃，538℃和586℃放热效应，辉铜矿氧化生成 $CuSO_4$，伴随增重；602℃吸热效应，$CuSO_4$ 分解生成 Cu_2O 放出 SO_3，伴随失重；723℃放热效应，Cu_2O 氧化成 CuO，伴随增重；787℃吸热效应，部分 CuO 还原 Cu_2O；1081℃吸热效应，CuO 还原 Cu_2O，伴随失重；1134℃吸热效应，部分 Cu_2O 氧化成 CuO，生成 $2Cu_2O \cdot CuO$。

Ⅱ. 螺状硫银矿 192℃吸热效应，螺状硫银矿发生多晶型转变；651℃放热效应，螺状硫银矿氧化，生成 Ag_2SO_4 放出 SO_2，伴随失重；916℃吸热效应，Ag_2SO_4 分解成银放出 SO_3，伴随失重；965℃吸热效应，银熔化（熔点：960℃[3]）。

图 14-21 辉铜矿和螺状硫银矿的 DTA-TG-DTG 曲线[1]

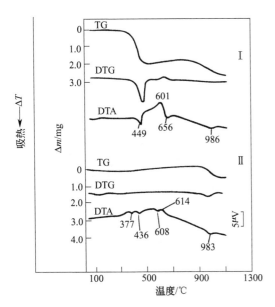

样品名称：Ⅰ.碲汞矿（Coloradoite），HgTe，（Hg 61.14%，Te 38.86%）；Ⅱ.针碲金银矿（Sylvanite），AgAuTe₄，（Ag 13.22%，Au 24.19%，Te 62.59%）。

测试结果：

Ⅰ.碲汞矿　449℃吸热效应，碲汞矿分解，生成汞和碲，汞挥发，碲熔化；601℃放热效应，碲氧化，生成TeO₂；656℃吸热效应，TeO₂熔化；986℃吸热效应，TeO₂蒸发。

Ⅱ.针碲金银矿　337℃吸热效应，针碲金银矿分解；436℃吸热效应，碲熔化；在500℃氧化生成TeO₂；608℃吸热效应，TeO₂熔化；983℃吸热效应，银熔化，TeO₂蒸发。

图 14-22 碲汞矿和针碲金银矿的 DTA-TG-DTG 曲线[2]

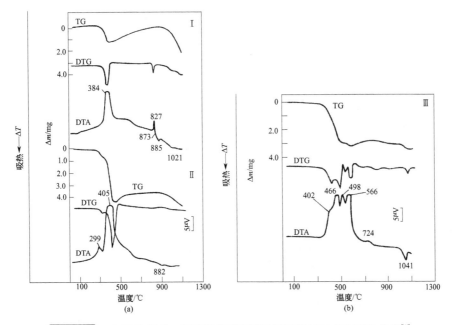

图 14-23 灰硫砷铅矿、脆硫砷铅矿和硫砷铜矿的 DTA-TG-DTG 曲线[2]

样品名称：Ⅰ.灰硫砷铅矿（Jardanite），Pb₁₄（As、Sb）₆S₂₃；Ⅱ.脆硫砷铅矿（Sartorite），PbAs₂S₄，（Pb 42.70%，As 30.87%，S 26.43%）；Ⅲ.硫砷铜矿，Enargite，Cu₃AsS₄，（Cu 48.42%，As 19.02%，S 32.56%）。

测试结果：

Ⅰ.灰硫砷铅矿　384℃放热效应，灰硫砷铅矿氧化分解，生成PbS、PbSO₄，放出As₂O₃和SO₂；827℃放热效应，PbS氧化成PbSO₄，部分PbSO₄变成Pb₃（SO₄）O₂放出SO₂；873℃吸热效应，PbSO₄熔化；885℃吸热效应，Pb₃（SO₄）O₂熔化；1021℃吸热效应，Pb₃（SO₄）O₂蒸发。

Ⅱ.脆硫砷铅矿　299℃放热效应，脆硫砷铅矿分解、氧化，生成PbS、PbSO₄和AsS，放出SO₂伴随失重；405℃放热效应，PbS和AsS氧化成PbSO₄和As₂O₃，随即放出As₂O₃；882℃吸热效应，PbSO₄熔化。

Ⅲ.硫砷铜矿　402℃放热效应，硫砷铜矿分解、氧化，生成Cu₁₂As₄S₁₃和Cu₆CuS₄，放出As₂O₃；466℃放热效应，Cu₁₂As₄S₁₃氧化成CuSO₄，放出As₂O₃和SO₂；498℃放热效应，Cu₆CuS₄氧化、分解，生成CuSO₄，放出SO₂；566℃放热效应，部分CuSO₄分解成CuO，放出SO₃；724℃放热效应，余下的CuSO₄分解成CuO，放出SO₃；1041℃吸热效应，CuO还原成Cu₂O。

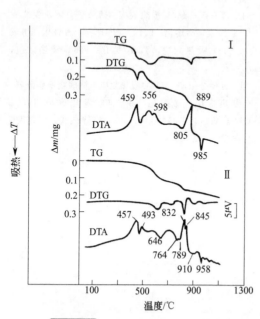

图 14-24 淡红银矿和深红银矿的
DTA-TG-DTG 曲线[2]

样品名称：Ⅰ. 淡红银矿（Proustite），Ag_3AsS_3，（Ag 65.42%，As 15.15%，S 19.44%）；Ⅱ. 深红银矿（Pyrargyrite），$AgSbS_3$，（Ag 59.76%，Sb 22.48%，S 17.76%）。

测试结果：

Ⅰ. 淡红银矿　459℃放热效应，淡红银矿氧化、分解、生成 Ag_2S，Ag_7AsS_6 和 As_2O_3，并放出 SO_2，伴随失重；556℃放热效应，部分 Ag_7AsS_6 氧化成 Ag_2S 并放出 As_2O_3，伴随失重；598℃放热效应，剩余的 Ag_7AsS_6 氧化成 Ag_2S 并放出 As_2O_3，伴随失重；889℃放热效应，Ag_2S 氧化、分解，生成 Ag 并放出 SO_2，伴随失重；985℃吸热效应，银熔化。

Ⅱ. 深红银矿　457℃放热效应，部分深红银矿分解氧化，生成 $Sb^{3+}Sb^{5+}O_4$ 和 Ag_2S 并放出 SO_2，伴随失重；493℃放热效应，剩余的深红银矿分解并氧化；646℃吸热效应，部分 Ag_2S 分解氧化成 Ag，$Sb^{3+}Sb^{5+}O_4$ 生成 Sb_2O_5 并放出 SO_2，伴随失重；764℃和 789℃吸热效应，Sb_2O_5 部分变成 Sb_2O_3；832℃和 845℃加热效应，Ag_2S 分解成 Ag 和 SO_2；910℃吸热效应，Sb_2O_3 熔化；958℃吸热效应，Ag 熔化。

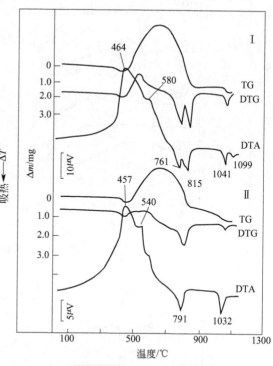

图 14-25 黄铜矿和斑铜矿的
DTA-TG-DTG 曲线[2]

样品名称：Ⅰ. 黄铜矿（Chalcopyrite），$CuFeS_2$，（Cu 34.56%，Fe 30.52%，S 34.92%）；Ⅱ. 斑铜矿（Bornite），Cu_5FeS_4，（Cu 63.33%，Fe 11.10%，S 25.55%）。

测试结果：

Ⅰ. 黄铜矿　464℃和 580℃放热效应，黄铜矿氧化成 $CuSO_4$ 和 $Fe_2(SO_4)_3$，伴随增重，761℃吸热效应，$Fe_2(SO_4)_3$ 和部分 $CuSO_4$ 分解成 CuO 和 Fe_2O_3，放出 SO_2，伴随失重；815℃吸热效应，剩余的 $CuSO_4$ 分解成 CuO 放出 SO_2，伴随失重；1041℃吸热效应，CuO 还原成 Cu_2O，伴随失重；1099℃吸热效应，部分 Cu_2O 氧化成 CuO，伴随增重，生成 $Cu_2O·CuO$。

Ⅱ. 斑铜矿　457℃放热效应，斑铜矿氧化生成 Cu_2S 和 Fe_2O_3，放出 SO_2，伴随失重；540℃放热效应，Cu_2S 氧化，生成 $CuSO_4$，伴随增重；791℃吸热效应，$CuSO_4$ 分解成 CuO 并放出 SO_3，伴随失重；1032℃吸热效应，CuO 还原成 Cu_2O，伴随失重。

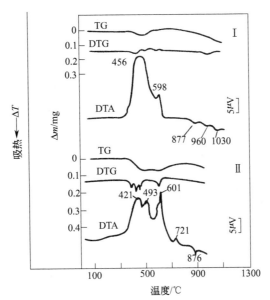

图 14-26　斜硫锑铅矿和板硫锑铅矿的 DTA-TG-DTG 曲线[2]

样品名称：Ⅰ. 斜硫锑铅矿（Plagionite），$Pb_5Sb_8S_{17}$，（Pb 40.75%，Sb 37.78%，S 21.47%）；Ⅱ. 板硫锑铅矿（Semseyite），$Pb_9Sb_8S_{21}$。

测试结果：

Ⅰ. 斜硫锑铅矿　456℃和598℃放热效应，斜硫锑铅矿氧化生成 $PbSO_4$ 和 $Pb_3(SbO_4)_2$ 放出 SO_2，伴随失重；877℃吸热效应，$PbSO_4$ 熔化；960℃吸热效应，$Pb_3(SbO_4)_2$ 变成 $Pb(SbO_3)_2$。

Ⅱ. 板硫锑铅矿　421℃放热效应，板硫锑铅矿分解、氧化，生成 PbS 和 Sb_2O_3，放出 SO_2，伴随失重；493℃放热效应，部分 PbS 氧化成 $PbSO_4$；601℃放热效应，剩余的 PbS 氧化成 $PbSO_4$；721℃放热效应，Sb_2O_3 和部分 $PbSO_4$ 生成 $Pb(SbO_3)_2$，放出 SO_3；876℃吸热效应，$PbSO_4$ 熔化。

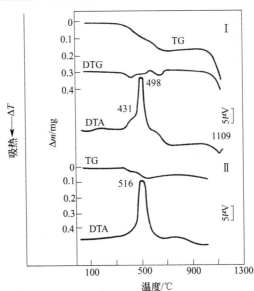

图 14-27　硫锑汞矿和辉铁锑矿的 DTA-TG-DTG 曲线[2]

样品名称：Ⅰ. 硫锑汞矿（Livingstonite），$HgSb_4S_2S_6$，（Hg 21.25%，Sb 51.59%，S 27.16%）；Ⅱ. 辉铁锑矿（Berthierite），$FeS \cdot Sb_2S_3$，（Fe 13.21%，Sb 56.55%，S 30.24%）。

测试结果：

Ⅰ. 硫锑汞矿　431℃放热效应，硫锑汞矿分解生成 HgS_2 和 Sb_2O_3，HgS_2 又氧化成 Hg 和 SO_2，Hg 蒸发，放出 SO_2，伴随失重；498℃放热效应，Sb_2S_3 氧化成 Sb_2O_3 放出 SO_2，伴随失重；1109℃吸热效应，Sb_2O_3 挥发。

Ⅱ. 辉铁锑矿　516℃放热效应，辉铁锑矿分解成 FeS 和 Sb_2S_3，FeS 氧化成 Fe_2O_3，放出 SO_2；Sb_2S_3 氧化成 Sb_2O_3，放出 SO_2，伴随失重。

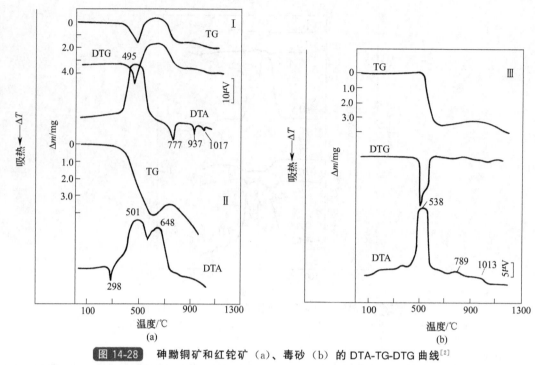

图 14-28 砷黝铜矿和红铊矿（a）、毒砂（b）的 DTA-TG-DTG 曲线[2]

样品名称：Ⅰ. 砷黝铜矿（Tennantite），$Cu_{12}As_4S_{13}$，（Cu 51.57％，As 20.26％，S 28.17％）；Ⅱ. 红铊矿（Lrandite），$TlAsS_2$，（Tl 59.46％，As 21.87％，S 18.67％）；Ⅲ. 毒砂，Arsenopyrite，$FeAsS$，（Fe 34.40％，As 46.01％，S 19.69％）。

测试结果：

Ⅰ. 砷黝铜矿 495℃放热效应，砷黝铜矿320℃开始分解，生成 Cu_2S、CuS 和 As_2S_3。As_2S_3 随后氧化成 As_2O_3 并挥发，伴随失重；在500℃时 Cu_2S 和 CuS 氧化成 $CuSO_4$，伴随增重；777℃吸热效应，$CuSO_4$ 分解成 CuO，放出 SO_3，伴随失重；937℃吸热效应，Sb_2O_3（Sb 是砷的类质同象）挥发，伴随失重；1017℃吸热效应，CuO 还原成 Cu_2O，伴随失重。

Ⅱ. 红铊矿 298℃吸热效应，红铊矿分解生成 Tl_2S 和 As_2S_3；501℃放热效应，As_2S_3 氧化，生成 As_2O_3 和 SO_2 并同时放出，伴随失重；648℃放热效应，Tl_2S 氧化，生成 Tl_2O_3，放出 SO_2，750℃以后 Tl_2O_3 升华。

Ⅲ. 毒砂 538℃放热效应，毒砂氧化，生成 $\gamma\text{-}Fe_2O_3$，放出 As_2O_3 和 SO_2，伴随失重；789℃放热效应，$\gamma\text{-}Fe_2O_3$ 变成 $\alpha\text{-}Fe_2O_3$。

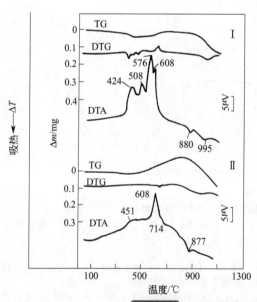

样品名称：Ⅰ. 硫锑铅矿（Boulangerite），$Pb_5Sb_4S_{11}$，（Pb 55.42％，Sb 25.69％ S 18.89％）；Ⅱ. 辉铋铅矿（Galenobismutite P），$PbBi_2S_4$，（Pb 27.50％，Bi 55.48％，S 17.02％）。

测试结果：

Ⅰ. 硫锑铅矿 424℃放热效应，部分硫锑铅矿分解氧化，生成 PbS 和 Sb_2O_3 放出 SO_2，伴随失重；508℃放热效应，剩余的硫锑铅矿分解，氧化，生成 PbS 和 Sb_2O_3 放出 SO_2，伴随失重；576℃放热效应，部分 PbS 氧化生成 $PbSO_4$，伴随增重；608℃放热效应，剩余的 PbS 氧化，生成 $PbSO_4$，伴随增重；880℃吸热效应，$PbSO_4$ 熔化；995℃吸热效应，$PbSO_4$ 和 Sb_2O_3 挥发。

Ⅱ. 辉铋铅矿 451℃、608℃和714℃放热效应，辉铋铅矿分解和氧化，生成 $PbSO_4$ 和 Bi_2O_3；877℃吸热效应，Bi_2O_3 和 $PbSO_4$ 熔化，随后挥发。

图 14-29 硫锑铅矿和辉铋铅矿的 DTA-TG-DTG 曲线[2]

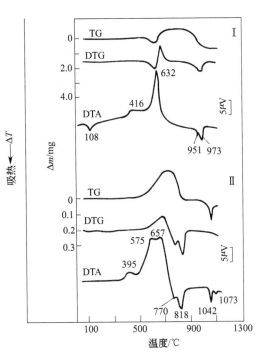

样品名称：Ⅰ.硫铜银矿（Stromeyerite），AgCuS，（Ag 53.01%，Cu 31.24%，S 15.75%）；Ⅱ.黄锡矿（Sannite），Cu_2FeSnS_4，（Cu 29.58%，Fe 12.99%，Sn 27.61%，S 29.82%）。

测试结果：

Ⅰ.硫铜银矿 108℃吸热效应，硫铜银矿发生多晶型转变；416℃放热效应，硫铜银矿分解，生成 Ag_2S 和 Cu_2S；632℃放热效应，Ag_2S 分解和氧化，生成 Ag 放出 SO_2，伴随失重。Cu_2S 氧化，生成 $CuSO_4$，伴随增重；951℃吸热效应，$CuSO_4$ 分解，生成 CuO 放出 SO_3，伴随失重；973℃吸热效应，Ag 熔化。

Ⅱ.黄锡矿 395℃放热效应，黄锡矿发生多晶型转变，575℃和657℃放热效应，黄锡矿分解、氧化生成 SnO，$CuSO_4$ 和 $Fe_2(SO_4)_3$，放出 SO_2；770℃吸热效应，$CuSO_4$ 分解，生成 CuO 放出 SO_3，伴随失重；818℃吸热效应，$Fe_2(SO_4)_3$ 分解，生成 Fe_2O_3 放出 SO_3，伴随失重；1042℃吸热效应，CuO 还原成 Cu_2O；1073℃吸热效应，部分 Cu_2O 氧化成 CuO，生成 $2Cu_2O \cdot CuO$。

图 14-30 硫铜银矿和黄锡矿的 DTA-TG-DTG 曲线[2]

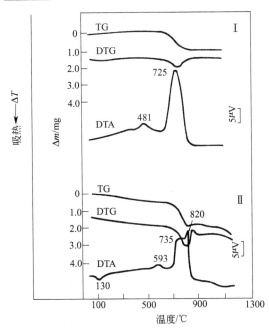

图 14-31 硫锡铅矿和辉砷钴矿的 DTA-TG-DTG 曲线[2]

样品名称：Ⅰ.硫锡铅矿（Teallite），$PbSnS_2$，（Pb 53.05%，Sn 30.51%，S 16.44%）；Ⅱ.辉砷钴矿（Cobaltite），CoAsS，（Co 35.41%，As 45.26%，S 19.33%）。

测试结果：

Ⅰ.硫锡铅矿 481℃放热效应，硫锡铅矿发生多晶型转变；725℃放热效应，硫锡铅矿分解，氧化生成 $PbSO_4$ 和 SnO_2 放出 SO_2，伴随失重。

Ⅱ.辉砷钴矿 130℃吸热效应，辉砷钴矿发生多晶型转变；593℃放热效应，辉砷钴矿发生另一多晶型转变；735℃放热效应，辉砷钴矿分解，氧化生成 CoAs 并放出 SO_2，伴随失重；820℃放热效应，CoAs 氧化，生成 $Co_3As_2O_8$ 和 As_2O_3，As_2O_3 挥发，伴随失重。

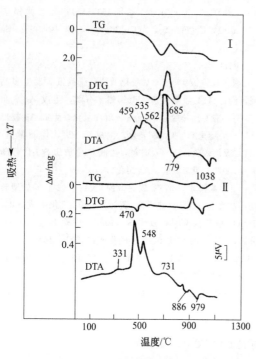

样品名称：Ⅰ. 黝铜矿（Tetrahedrit），$Cu_{12}Sb_4S_{13}$，（Cu 45.77%，Sb 29.22%，S 25.01%）；Ⅱ. 脆硫锑铅矿（Jamesonite），$Pb_4FeSb_6S_{14}$，（Pb 40.16%，Fe 2.71%，Sb 35.39%，S 21.74%）。

测试结果：

Ⅰ. 黝铜矿 459℃、535℃和562℃放热效应，黝铜矿分解，氧化生成CuS和$CuSb_2O_6$，放出SO_2，伴随失重；685℃放热效应，CuS氧化，生成$CuSO_4$，伴随增重；779℃吸热效应，$CuSO_4$分解，生成CuO放出SO_3，伴随失重；1038℃吸热效应，CuO还原成Cu_2O，伴随失重。

Ⅱ. 脆硫锑铅矿 331℃放热效应，脆硫锑铅矿发生多晶型转变；470℃放热效应，脆硫锑铅矿分解，氧化生成$Fe_2(SO_4)_3$、PbS和Sb_2S_3；548℃放热效应，PbS氧化，生成$PbSO_4$，伴随增重；731℃放热效应，$PbSO_4$和Sb_2S_3生成$Pb_3(SbO_4)_2$，放出Sb_2O_3和SO_3，伴随失重；886℃吸热效应，$Pb_3(SbO_4)_2$分解，生成$Pb(SbO_3)_2$和$PbO \cdot Pb(SbO_3)_2$；979℃吸热效应。

图 14-32 黝铜矿和脆硫锑铅矿的 DTA-TG-DTG 曲线[2]

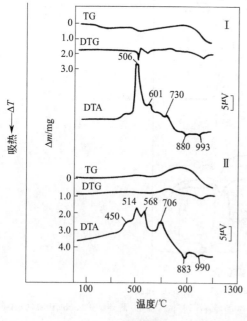

样品名称：Ⅰ. 圆柱锡矿（Cylindrite），$Pb_3Sb_2Sn_4S_{14}$，（Pb 34.75%，Sb 13.62%，Sn 26.54%，S 25.09%）；Ⅱ. 辉锑锡铅矿（Franckeite），$Pb_5Sb_2Sn_3S_{14}$，（Pb 49.71%，Sb 11.69%，Sn 17.09%，S 21.51%）。

测试结果：

Ⅰ. 圆柱锡矿 506℃放热效应，圆柱锡矿分解，氧化生成SnO_2，PbS和Sb_2S_3，放出SO_2，伴随失重；601℃放热效应，部分PbS氧化，生成$PbSO_4$；730℃放热效应，部分PbS和Sb_2S_3生成$PbO \cdot Pb(SbO_3)_2$；880℃吸热效应，$PbSO_4$熔化；993℃吸热效应，熔融态$PbSO_4$蒸发。

Ⅱ. 辉锑锡铅矿 450℃放热效应，辉锑锡铅矿分解，氧化生成SnO_2、PbS、Sb_2S_3，放出SO_2；514℃放热效应，部分PbS氧化，生成$PbSO_4$；568℃放热效应，剩余的PbS氧化生成$PbSO_4$；706℃放热效应，$PbSO_4$和Sb_2S_3生成$PbO \cdot Pb(SbO_3)_2$；883℃吸热效应，$PbSO_4$熔化；990℃吸热效应，熔融态$PbSO_4$蒸发。

图 14-33 圆柱锡矿和辉锑锡铅矿的 DTA-TG-DTG 曲线[2]

三、氧化物矿物的热特性

氧化物受热发生结构转变，熔点低的氧化物熔化，含水氧化物脱水，具变价元素氧化物的价态变化。

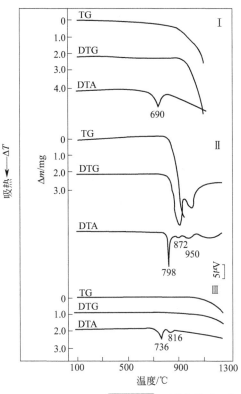

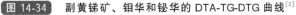

样品名称：Ⅰ. 副黄锑矿（Paratellurite），TeO₂，（Te 79.94%，O 20.06%）；Ⅱ. 钼华（Molybdite），MoO₃，（Mo 66.66%，O 33.34%）；Ⅲ. 铋华（Bismite），Bi₂O₃，（Bi 89.68%，O 10.32%）。

测试结果：

Ⅰ. 副黄锑矿　690℃吸热效应，副黄锑矿熔化；850℃以后蒸发。

Ⅱ. 钼华　798℃吸热效应，钼华熔化，随后蒸发。

Ⅲ. 铋华　736℃吸热效应，铋华发生多晶型转变；816℃吸热效应，铋华熔化；1050℃以后蒸发。

图 14-34　副黄锑矿、钼华和铋华的 DTA-TG-DTG 曲线[2]

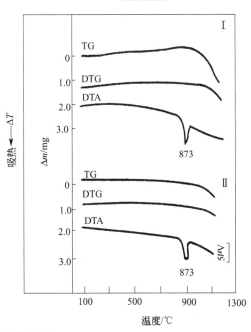

图 14-35　密陀僧和铅黄的 DTA-TG-DTG 曲线[2]

样品名称：Ⅰ. 密陀僧（Litharge），α-PbO，（Pb 92.83%，O 7.17%）；Ⅱ. 铅黄（Massicot），β-PbO，（Pb 92.83%，O 7.17%）。

测试结果：

300℃以后密陀僧变成铅黄；873℃吸热效应，铅黄熔化；950℃以后铅黄蒸发。

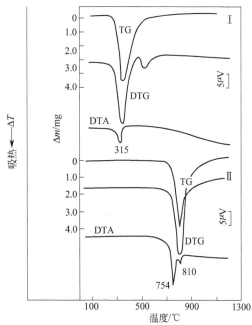

图 14-36　砷华和褐铊矿的 DTA-TG-DTG 曲线[2]

样品名称：Ⅰ. 砷华（Arsenolite），As₂O₃，（As 75.74%，O 24.26%）；Ⅱ. 褐铊矿（Avicennite），Tl₂O₃，（Tl 89.49%，O 10.51%）。

测试结果：

Ⅰ. 砷华　315℃吸热效应，砷华升华。

Ⅱ. 褐铊矿　754℃吸热效应，褐铊矿升华。

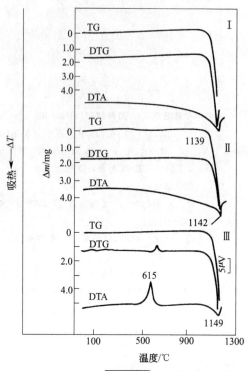

样品名称：Ⅰ. 黄锑矿（Cervantite），Sb_2O_4，（Sb 79.19%，O 20.81%）；Ⅱ. 黄锑华（Stibiconite），$Sb_3O_6(OH)$；Ⅲ. 锑华（Valentinite），Sb_2O_3，（Sb 83.54%，O 16.46%）。

测试结果：

Ⅰ. 黄锑矿　1139℃吸热效应，黄锑矿升华；

Ⅱ. 黄锑华　1142℃吸热效应，黄锑华升华；

Ⅲ. 锑华　615℃放热效应，锑华氧化生成 $Sb^{3+}Sb^{5+}O_4$；1149℃吸热效应，$Sb^{3+}Sb^{5+}O_4$ 升华。

图 14-37　黄锑矿、黄锑华和锑华的 DTA-TG-DTG 曲线[2]

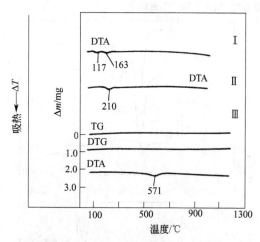

图 14-38　鳞石英、方英石和柯石英[7]的 DTA-TG-DTG 曲线

样品名称：Ⅰ. 鳞石英（Tridymite），SiO_2；Ⅱ. 方石英（Cristobalite），SiO_2；Ⅲ. 柯石英（Coesite），SiO_2。

测试结果：

Ⅰ. 鳞石英　117℃吸热效应，鳞石英发生多晶型转变；163℃吸热效应，鳞石英发生多晶型转变。

Ⅱ. 方石英　200～270℃吸热效应，α-方石英转变成 β-方石英。

Ⅲ. 柯石英　571℃吸热效应，柯石英发生结构转变。

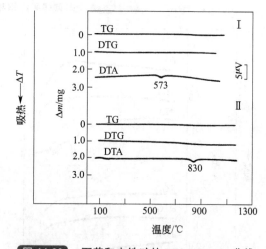

图 14-39　石英和赤铁矿的 DTA-TG-DTG 曲线

样品名称：Ⅰ. 石英（Quartz），SiO_2；Ⅱ. 赤铁矿（Hematite），Fe_2O_3，（Fe 69.94%，O 30.06%）。

测试结果：

Ⅰ. 石英　573℃吸热效应，石英从 α-SiO_2 转变成 β-SiO_2。

Ⅱ. 赤铁矿　830℃吸热效应，赤铁矿从 α-Fe_2O_3 转变成 γ-Fe_2O_3。

第二篇

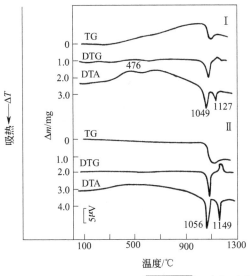

样品名称：Ⅰ.赤铜矿（Cuprite），Cu_2O，（Cu 88.8%，O 11.2%）；Ⅱ.黑铜矿（Tenorite），CuO，（Cu 79.89%，O 20.11%）。

测试结果：476℃放热效应，赤铜矿氧化成黑铜矿；1049℃和1056℃吸热效应，黑铜矿还原成Cu_2O，伴随失重；1127℃和1149℃吸热效应，部分Cu_2O氧化成CuO，伴随增重，形成$2Cu_2O \cdot Cu_2O$。

图 14-40　赤铜矿和黑铜矿的 DTA-TG-DTG 曲线

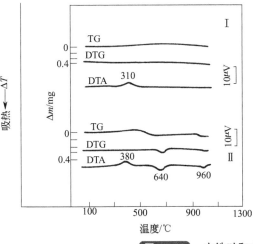

样品名称：Ⅰ.方铁矿（Wuestite），FeO，（Fe 77.73%，O 22.27%）；Ⅱ.方锰矿（Manganosite），MnO，（Mn 77.44%，O 22.56%）。

测试结果：

Ⅰ.方铁矿　310℃放热效应，方铁矿氧化成赤铁矿。

Ⅱ.方锰矿　380℃放热效应，方锰矿氧化成MnO_2，伴随增重；640℃吸热效应，MnO_2生成$\beta\text{-}Mn_2O_3$，伴随失重；960℃放热效应，$\beta\text{-}Mn_2O_3$变成Mn_3O_4，伴随失重。

图 14-41　方铁矿和方锰矿的 DTA-TG-DTG 曲线[7]

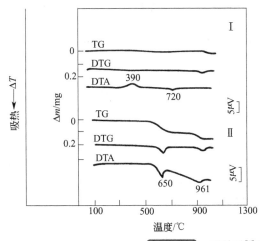

样品名称：Ⅰ.磁铁矿（Magntite），Fe_3O_4，（Fe 73.32%，O 27.68%），（FeO 31.06%、Fe_2O_3 68.96%）；Ⅱ.软锰矿（Pyrolusite），MnO_2，（Mn 63.19%，O 36.81%）。

测试结果：

Ⅰ.磁铁矿　390℃放热效应，磁铁矿氧化成赤铁矿，伴随增重；720℃吸热效应，赤铁矿变成$\gamma\text{-}Fe_2O_3$。

Ⅱ.软锰矿　650℃吸热效应，软锰矿变成Mn_2O_3，伴随失重；961℃放热效应，Mn_2O_3变成Mn_3O_4，伴随失重。

图 14-42　磁铁矿[7]和软锰矿的 DTA-TG-DTG 曲线

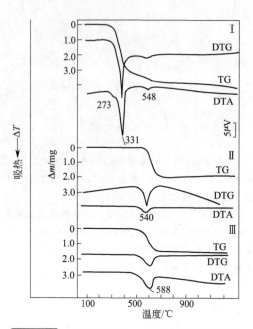

图 14-43　三水铝石[2]、勃姆石和硬水铝石[2]的 DTA-TG-DTG 曲线

样品名称：Ⅰ. 三水铝石（Cibbsite），Al(OH)₃，(Al₂O₃ 65.4%，H₂O 34.6%)；Ⅱ. 勃姆石（Boehmite），AlO(OH)，(Al₂O₃ 84.98%，H₂O 15.02%)；Ⅲ. 硬水铝石（Diaspore），AlOOH，(Al₂O₃ 84.98%，H₂O 15.02%)。

测试结果：

Ⅰ. 三水铝石　273℃，331℃吸热效应，三水铝石脱水生成勃姆石。

Ⅱ. 勃姆石　540～548℃吸热效应，勃姆石脱水生成 Al₂O₃。

Ⅲ. 硬水铝石　588℃吸热效应，硬水铝石脱水生成 Al₂O₃。

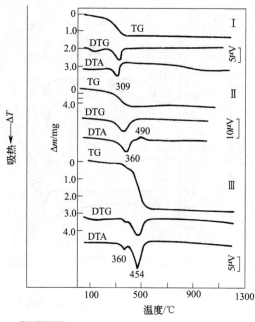

图 14-44　针铁矿[2]、纤针矿[7]和水镁石的 DTA-TG-DTG 曲线

样品名称：Ⅰ. 针铁矿（Goethite），α-FeO(HO)，(Fe 62.9%，O 27%，H₂O 10.1%)；Ⅱ. 纤针矿（Lepidocrocite），γ-FeO(OH)，(Fe₂O₃ 89.9%，H₂O 10.1%)；Ⅲ. 水镁石（Brucite），Mg(OH)₂，(MgO 69.12%，H₂O 30.88%)。

测试结果：

Ⅰ. 针铁矿　309℃吸热效应，针铁矿脱水生成 α-Fe₂O₃（赤铁矿）。

Ⅱ. 纤针矿　360℃吸热效应，纤针矿脱水生成 γ-Fe₂O₃；490℃放热效应，γ-Fe₂O₃ 变成 α-Fe₂O₃。

Ⅲ. 水镁石　360℃吸热效应，水镁石脱水生成 Mg₈O₅(OH)₆；454℃吸热效应，Mg₈O₅(OH)₆ 脱水生成 MgO。

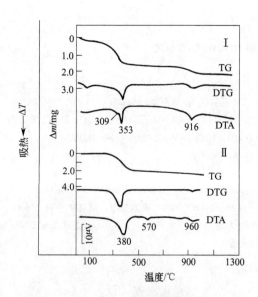

样品名称：Ⅰ. 水钴矿（Heterogenite），CoO(OH)，(Co₂O₃ 90.20%，H₂O 9.80%)；Ⅱ. 水锰矿（Manganite），Mn·MnO₂(OH)₂，(MnO 40.4%，MnO₂ 49.4%，H₂O 10.2%)。

测试结果：

Ⅰ. 水钴矿　309℃，353℃吸热效应，水钴矿脱水，生成 Co₃O₄，伴随失重；916℃吸热效应，Co₃O₄ 变成 CoO，伴随失重。

Ⅱ. 水锰矿　380℃吸热效应，水锰矿脱水，生成 MnO·MnO₂，伴随失重；570℃吸热效应，Mn·MnO₂ 变成 β-Mn₂O₃；960℃吸热效应，β-Mn₂O₃ 变成 Mn₃O₄，伴随失重。

图 14-45　水钴矿[2]和水锰矿[7]的 DTA-TG-DTG 曲线

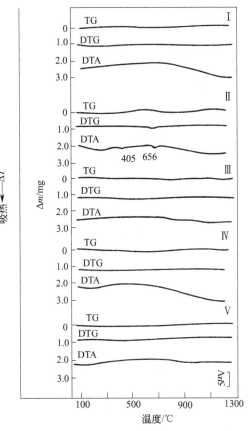

图 14-46　绿镍矿、方钙石、方镁石、红锌矿和铍石的 DTA-TG-DTG 曲线[2]

样品名称：

Ⅰ. 绿镍矿，NiO，(Ni 78.58%，O 21.42%)；

Ⅱ. 方钙石，CaO，(Ca 71.44%，O 28.56%)；

Ⅲ. 方镁石，MgO，(Mg 60.32%，O 39.68%)；

Ⅳ. 红锌矿，ZnO，(Zn 80.34%，O 19.66%)；

Ⅴ. 铍石，BeO，(Be 36.05%，O 63.95%)。

测试结果：从 20℃ 到 1200℃ 绿镍矿，方钙石，方镁石，红锌矿和铍石无任何热效应。方钙石的热效应是其中杂质的分解。

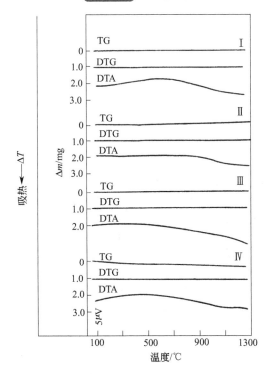

样品名称：Ⅰ. 绿铬矿，Cr_2O_3，(Cr 68.43% O 31.57%)；Ⅱ. 方铈矿，CeO_2，(Ce 81.47%，O 18.53%)；Ⅲ. 方钍矿，ThO_2，(Th 87.88%，O 12.12%)；Ⅳ. 斜锆石，ZrO_2，(Zr 74.1%，O 25.9%)。

测试结果：从 20℃ 到 1200℃，1300℃ 绿铬矿、方铈矿、方钍矿和斜锆石无任何热效应。

图 14-47　绿铬矿、方铈石、方钍石和斜锆石的 DTA-TG-DTG 曲线[2]

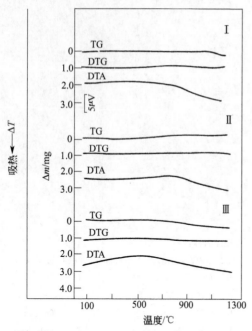

图 14-48 锐钛矿、金红石和锡石的 DTA-TG-DTG 曲线[2]

样品名称：Ⅰ. 锐钛矿，TiO_2，（Ti 60%，O 40%）；Ⅱ. 金红石，TiO_2，（Ti 60%，O 40%）；Ⅲ. 锡石，SnO_2，（Sn 78.8%，O 21.2%）。

测试结果：锐钛矿的热效应是混入物分解引起的；1200℃时锐钛矿变成金红石。从 20℃到 1200℃金红石和锡石无任何热效应。

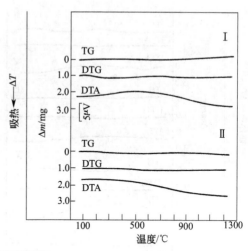

图 14-49 钽锰矿和钽铋矿的 DTA-TG-DTG 曲线[2]

样品名称：Ⅰ. 钽锰矿（Manganotantalite），$MnTa_2O_6$；Ⅱ. 钽铋矿（Bismutotantalite），$BiTaO_4$，（Bi_2O_3 51.33%，Ta_2O_5 48.67%）。

测试结果：从20℃到1300℃钽锰矿和钽铋矿无任何热效应。

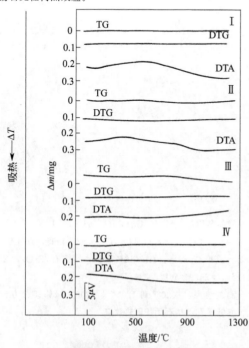

样品名称：Ⅰ. 锌铁尖晶石（Franklinite），$ZnFe_2O_4$，（ZnO 33.76%，Fe_2O_3 66.24%）；Ⅱ. 锌尖晶石（Gahnite），$ZnAl_2O_4$，（ZnO 44.3%，Al_2O_3 55.7%）；Ⅲ. 镁尖晶石（Spinel），$MgAl_2O_4$，（MgO 28.2%，Al_2O_3 71.8%）；Ⅳ. 金绿宝石（Chrysoberyl），$BeAl_2O_4$，（BeO 7.09%，Al_2O_3 92.91%）。

测试结果：从 20℃到 1200℃锌铁尖晶石、锌尖晶石、镁尖晶石和金绿宝石无任何热效应。

图 14-50 锌铁尖晶石、锌尖晶石、镁尖晶石和金绿宝石的 DTA-TG-DTG 曲线[2]

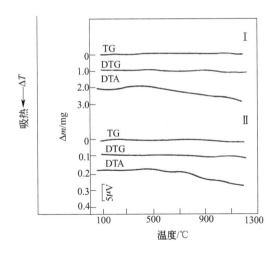

第二篇

样品名称：

Ⅰ. 烧绿石(Pyrochiore)，$(Ca,Nb)_2Nb_2O_6(OH,F)$；

Ⅱ. 水锡石(Varlamoffite)，$(Sn,Fe)(O,OH)_2$。

测试结果：

从20℃到1200℃烧绿石和水锡石无热效应。

图 14-51 烧绿石和水锡石的 DTA-TG-DTG 曲线[2]

第三节　无机盐矿物的热特性

一、硫酸盐矿物的热特性

硫酸盐矿物有以下类型：无水硫酸盐、含结晶水的硫酸盐、含结构水的硫酸盐和含结晶水与结构水的硫酸盐。无水硫酸盐的热特性是结构转变与物体熔化，熔化物质有的分解放出 SO_3；含结晶水的硫酸盐在低温脱出结晶水，一般是分阶段脱水，脱水物质发生结构转变、物质熔化及分解放出 SO_3；含结构水的硫酸盐一般在 400℃ 以上一次脱出结构水，但也有的分两步脱水，脱水物质又可分解；含结晶水和结构水的硫酸盐低温脱出结晶水，300℃ 以上脱出结构水，脱水物质一次或两次分解放出 SO_3。

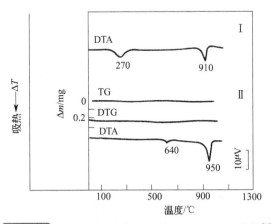

图 14-52 钙芒硝和水钾镁矾的 DTA-TG-DTG 曲线[7]

样品名称：Ⅰ. 钙芒硝(Glauberite)，$Na_2Ca(SO_4)_2$，(Na_2O 22.28%，CaO 20.16%，SO_3 57.56%)；Ⅱ. 水钾镁矾(Langbeinite)，$K_2Mg_2(SO_4)_3$，(K_2O 22.70%，MgO 19.43%，SO_3 57.87%)。

测试结果：

Ⅰ. 钙芒硝：270℃吸热效应，混入钙芒硝的无水芒硝发生多晶型转变；910℃吸热效应，钙芒硝熔化。

Ⅱ. 水钾镁矾：640℃吸热效应，水钾镁矾发生多晶型转变；950℃吸热效应，水钾镁矾熔化。

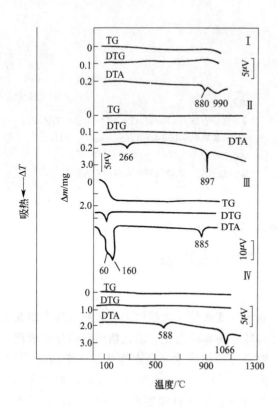

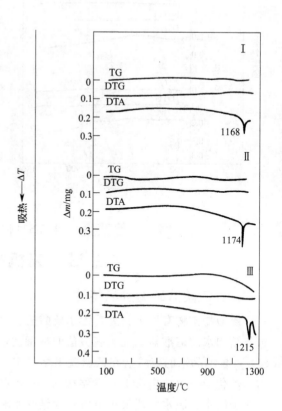

图 14-53 铅矾[2]、无水芒硝[2]、
芒硝[7]和单钾芒硝[2]的 DTA-TG-DTG 曲线

样品名称：Ⅰ. 铅矾（Anglesite），$PbSO_4$，（PbO 73.6%，SO_3 26.4%）；Ⅱ. 无水芒硝（Thenardit），Na_2SO_4，（Na_2O 43.7%，SO_3 56.3%）；Ⅲ. 芒硝（Miabilite），$Na_2SO_4 \cdot 10H_2O$，（Na_2 19.24%，SO_3 24.85%，H_2O 55.91%）；Ⅳ. 单钾芒硝（Arkanite），K_2SO_4。

测试结果：

Ⅰ. 铅矾 880℃吸热效应，铅矾熔化；999℃吸热效应，熔融态铅矾分解，生成 PbO 放出 SO_3，伴随失重。

Ⅱ. 无水芒硝 266℃吸热效应，无水芒硝发生多晶型转变；897℃吸热效应，无水芒硝熔化（无水芒硝熔点：884℃）。

Ⅲ. 芒硝 60℃吸热效应，芒硝溶于自己的结晶水中；160℃吸热效应，芒硝脱出结晶水，伴随失重；885℃吸热效应，Na_2SO_4 熔化。

Ⅳ. 单钾芒硝 588℃吸热效应，单钾芒硝发生多晶型转变；1066℃吸热效应，单钾芒硝熔化（单钾芒硝熔点：1066℃）。

图 14-54 重晶石、天青石和硬石膏的
DTA-TG-DTG 曲线[2]

样品名称：Ⅰ. 重晶石（Barite），$BaSO_4$，（Ba 65.7%，SO_3 34.3%）；Ⅱ. 天青石（Celestine），$SrSO_4$，（SrO 56.41%，SO_3 43.59%）；Ⅲ. 硬石膏（Anhydrite），$CaSO_4$，（CaO 41.2%，SO_3 58.8%）。

测试结果：

Ⅰ. 重晶石 1168℃吸热效应，重晶石发生多晶型转变。

Ⅱ. 天青石 1174℃吸热效应，天青石发生多晶型转变。

Ⅲ. 硬石膏 1215℃吸热效应，硬石膏发生多晶型转变。

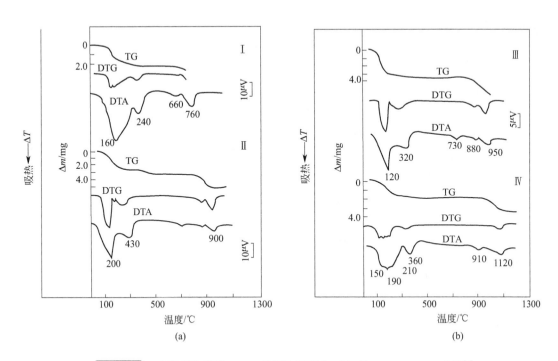

图 14-55 水绿矾和碧矾（a）、皓矾和泻利盐（b）的 DTA-TG-DTG 曲线[7]

样品名称：Ⅰ. 水绿矾（Melantherite），$FeSO_4 \cdot 7H_2O$，（FeO 25.84%，SO_3 28.80%，H_2O 45.36%）；Ⅱ. 碧矾（Morenosite），$NiSO_4 \cdot 7H_2O$，（NiO 26.59%，SO_3 28.51%，H_2O 44.90%）；Ⅲ. 皓矾（Goslarite），$ZnSO_4 \cdot 7H_2O$，（ZnO 28.29%，SO_3 27.83%，H_2O 43.84%）；Ⅳ. 泻利盐（Epsomite），$MgSO_4 \cdot 7H_2O$，（MgO 16.3%，SO_3 32.5%，H_2O 51.2%）。

测试结果：

Ⅰ. 水绿矾 160℃吸热效应，1mol H_2O 绿矾脱出 6mol H_2O，伴随失重；240℃吸热效应，1mol 水绿矾脱出 1mol H_2O，Fe^{2+} 氧化成 Fe^{3+}，生成 $Fe_2O(SO_4)_2$，伴随失重；660℃吸热效应，$Fe_2O(SO_4)_2$ 分解，生成 $Fe_2(SO_4)_3$ 和 Fe_2O_3，放出 SO_3，伴随失重；760℃吸热效应，$Fe_2(SO_4)_3$ 分解，生成 Fe_2O_3 并放出 SO_3，伴随失重。

Ⅱ. 碧矾 200℃吸热效应，1mol 碧矾脱出 6mol H_2O，伴随失重；430℃吸热效应，1mol 碧矾脱出 1mol H_2O，生成 $NiSO_4$，伴随失重；900℃吸热效应，$NiSO_4$ 分解，生成 NiO 并放出 SO_3，伴随失重。

Ⅲ. 皓矾 120℃吸热效应，1mol 皓矾脱出 5 mol H_2O，伴随失重；320℃吸热效应，1mol 皓矾脱出 2mol H_2O，伴随失重；730℃吸热效应，$ZnSO_4$ 熔化；880℃吸热效应，部分 $ZnSO_4$ 分解，生成 ZnO 并放出 SO_3，伴随失重；950℃吸热效应，剩余的 $ZnSO_4$ 分解，生成 ZnO 并放出 SO_3，伴随失重。

Ⅳ. 泻利盐 150℃、190℃和210℃吸热效应，1mol 泻利盐脱出 6 mol H_2O，伴随失重；360℃吸热效应，1mol 泻利盐脱出 1mol H_2O 生成 $MgSO_4$；910℃吸热效应，$MgSO_4$ 熔化；1120℃吸热效应，$MgSO_4$ 分解，生成 MgO 并放出 SO_3，伴随失重。

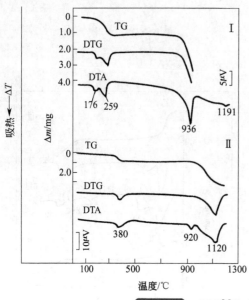

图 14-56   锰矾[2]和水镁矾[7]的 DTA-TG-DTG 曲线

样品名称：

Ⅰ. 锰矾（Szmikite），$MnSO_4 \cdot H_2O$，（MnO 41.97%，SO_3 47.37%，H_2O 10.66%）；

Ⅱ. 水镁矾（Kieserite），$MgSO_4 \cdot H_2O$，（MgO 29.13%，SO_3 57.85%，H_2O 13.02%）。

测试结果：

Ⅰ. 锰矾   176℃吸热效应，1 mol 锰矾脱出 0.5mol H_2O，伴随失重；259℃吸热效应，1mol 锰矾脱出 0.5 mol H_2O，伴随失重，生成 $MnSO_4$；936℃吸热效应，$MnSO_4$ 分解，氧化生成 Mn_3O_4 并放出 SO_3，伴随失重；1191℃吸热效应，β-Mn_3O_4 变成 γ-Mn_3O_4。

Ⅱ. 水镁矾   380℃吸热效应，水镁矾脱水；920℃吸热效应，$MgSO_4$ 熔化；1120℃吸热效应，熔融态 $MgSO_4$ 分解，生成 MgO 放出 SO_3，伴随失重。

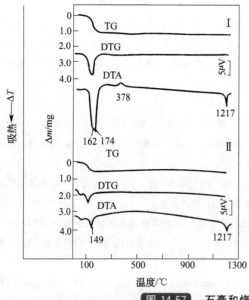

图 14-57   石膏和烧石膏的 DTA-TG-DTG 曲线[2]

样品名称：

Ⅰ. 石膏（Cypsum），$CuSO_4 \cdot 2H_2O$，（CuO 32.5%，SO_3 46.6%，H_2O 20.9%）；

Ⅱ. 烧石膏（Bassanite），$CaSO_4 \cdot 0.5H_2O$，（CaO 38.64%，SO_3 55.16%，H_2O 6.20%）。

测试结果：

Ⅰ. 石膏   162℃和174℃吸热效应，石膏分阶段脱水，伴随失重；378℃放热效应，$CaSO_4$ 转变成硬石膏；1217℃吸热效应，硬石膏发生多晶型转变。

Ⅱ. 烧石膏   149℃吸热效应，烧石膏脱水，伴随失重；1217℃吸热效应，$CaSO_4$ 发生多晶型转变。

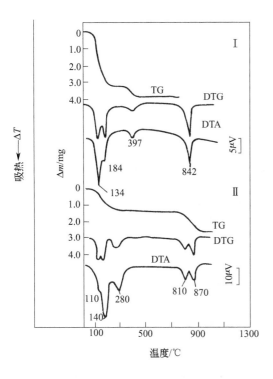

样品名称：Ⅰ. 镍矾（Retgersite），NiSO₄·6H₂O，(NiO 28.42%，SO₃ 30.46%，H₂O 41.12%)；Ⅱ. 胆矾（Chalcanthite），CuSO₄·5H₂O，(CuO 31.8%，SO₃ 32.1%，H₂O 36.1%)。

测试结果：

Ⅰ. 镍矾　134℃吸热效应，1mol 镍矾脱出 4mol H₂O，伴随失重；184℃吸热效应，1mol 镍矾脱出 1mol H₂O，伴随失重；397℃吸热效应，1mol 镍矾脱出 1mol H₂O 生成 NiSO₄；伴随失重；842℃吸热效应，NiSO₄ 分解，生成 NiO 放出 SO₃，伴随失重。

Ⅱ. 胆矾　110℃吸热效应，1mol 胆矾脱出 2mol H₂O，伴随失重；140℃吸热效应，1mol 胆矾脱出 2mol H₂O，伴随失重；280℃吸热效应，1mol 胆矾脱出 1mol H₂O，生成 CuSO₄，伴随失重；810℃吸热效应，CuSO₄ 分解，生成 Cu₂O(SO₄) 并放出 SO₃，伴随失重；870℃吸热效应，Cu₂O(SO₄) 分解，生成 CuO 并放出 SO₃，伴随失重。

图 14-58　镍矾[2]和胆矾[7]的 DTA-TG-DTG 曲线

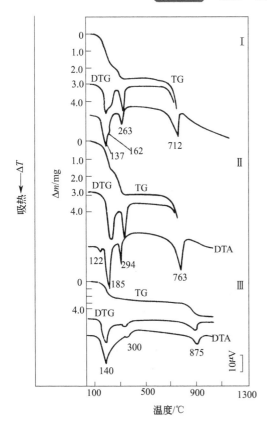

样品名称：Ⅰ. 紫铁矾（Quenstedtite），Fe₂(SO₄)₃·10H₂O，(Fe₂O₃ 27.53%，SO₃ 41.41%，H₂O 31.06%)；Ⅱ. 针绿矾（Coquimbite），Fe₂(SO₄)₃·9H₂O，(Fe₂O₃ 28.41%，SO₃ 42.74%，H₂O 28.85%)；Ⅲ. 毛矾石(Alunogen)，Al₂(SO₄)₃·18H₂O，(Al₂O₃ 15.30%，SO₃ 36.04%，H₂O 48.66%)。

测试结果：

Ⅰ. 紫铁矾　137℃吸热效应，1mol 紫铁矾脱出 6mol H₂O，伴随失重；162℃吸热效应，1mol 紫铁矾脱出 2mol H₂O，伴随失重；263℃吸热效应，1mol 紫铁矾脱出 2mol H₂O，生成 Fe₂(SO₄)₃，伴随失重；712℃吸热效应，Fe₂(SO₄)₃分解，生成 Fe₂O₃ 并放出 SO₃，伴随失重。

Ⅱ. 针绿矾　122℃吸热效应，1mol 针绿矾脱出 1mol H₂O，伴随失重；185℃吸热效应，1mol 针绿矾脱出 6mol H₂O，伴随失重；294℃吸热效应，1mol 针绿矾脱出 2mol H₂O，生成 Fe₂(SO₄)₃，伴随失重；763℃吸热效应，Fe₂(SO₄)₃分解，生成 Fe₂O₃ 并放出 SO₃，伴随失重。

Ⅲ. 毛矾石　140℃吸热效应，1mol 毛矾石脱出 15mol H₂O，伴随失重，300℃吸热效应，1mol 毛矾石脱出 3mol H₂O，生成 Al₂(SO₄)₃，伴随失重；875℃吸热效应，Al₂(SO₄)₃分解，生成 Al₂O₃ 并放出 SO₃，伴随失重。

图 14-59　紫铁矾[2]、针绿矾[2]和毛矾石[7]的 DTA-TG-DTG 曲线

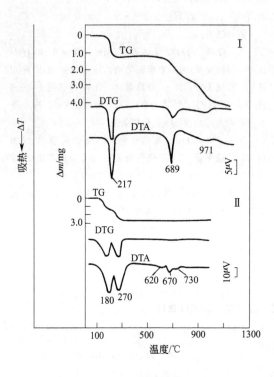

样品名称：I. 针钠铁矾（Ferrinatrite），$Na_3Fe(SO_4)_3 \cdot 3H_2O$，（$Na_2O$ 19.91%，Fe_2O_3 17.10%，SO_3 51.42%，H_2O 11.57%）；II. 白钠镁矾（Astrakanite），$Na_2Mg(SO_4)_2 \cdot 4H_2O$，（$Na_2O$ 18.53%；MgO 12.06%，SO_3 47.87%，H_2O 21.54%）。

测试结果：

I. 针钠铁矾　217℃吸热效应，针钠铁矾脱水，伴随失重；689℃吸热效应，$Na_3Fe(SO_4)_3$ 分解，生成 Na_2SO_4 和 $NaFeO(SO_4)$ 并放出 SO_3，伴随失重；971℃吸热效应，$NaFeO(SO_4)$ 分解，生成 $Na_2O \cdot Fe_2O_3$ 并放出 SO_3，伴随失重。

II. 白钠镁矾：180℃吸热效应，1mol 白钠镁矾脱出 2mol H_2O，伴随失重；270℃吸热效应，1mol 白钠镁矾脱出 2mol H_2O，生成 $Na_2Mg(SO_4)_2$，伴随失重；620℃吸热效应，$Na_2Mg(SO_4)_2$ 发生多晶型转变；670℃吸热效应，$Na_2Mg(SO_4)_2$ 分解，生成 Na_2SO_4 和 $Na_2SO_4 \cdot 3MgSO_4$；730℃吸热效应，混合物熔化。

图 14-60　针钠铁矾[2] 和白钠镁矾[7] 的 DTA-TG-DTG 曲线

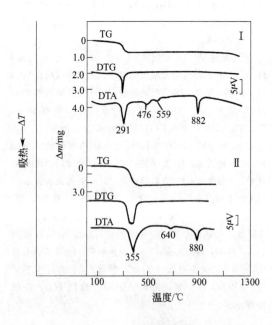

样品名称：I. 钾石膏（Syngenite），$K_2Ca(SO_4)_2 \cdot H_2O$（K_2O 28.68%，CaO 17.08%；SO_3 48.75%，H_2O 5.49%）；II. 杂卤石（Polyhalite），$K_2MgCa_2(SO_4)_4 \cdot 2H_2O$，（$K_2O$ 15.6%，CaO 18.6%，MgO 6.7%，SO_3 53.1%，H_2O 6.0%）。

测试结果：

I. 钾石膏　291℃吸热效应，钾石膏脱出结晶水，伴随失重；476℃吸热效应，$K_2Ca_2(SO_4)_3$ 分解，生成 K_2SO_4 和 $K_2Ca(SO_4)$；559℃吸热效应，K_2SO_4 发生多晶型转变；882℃吸热效应，K_2SO_4 和 $K_2Ca_2(SO_4)_3$ 混合物熔化。

II. 杂卤石　355℃吸热效应，杂卤石脱出结晶水，伴随失重；640℃吸热效应，$K_2MgCa_2(SO_4)_4$ 发生多晶型转变；880℃吸热效应，$K_2MgCa_2(SO_4)_4$ 熔化。

图 14-61　钾石膏[2] 和杂卤石[7] 的 DTA-TG-DTG 曲线

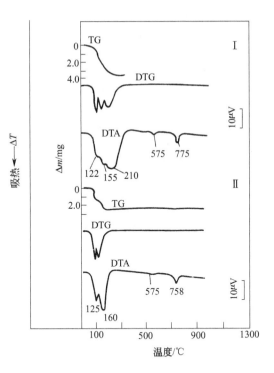

样品名称：Ⅰ.软钾镁矾（Schonite），$K_2Mg(SO_4)_2 \cdot 6H_2O$，（$K_2O$ 23.39%，Mg 10.01%，SO_3 39.76%，H_2O 26.84%）；Ⅱ.钾镁矾（Leonite），$K_2Mg(SO_4)_2 \cdot 4H_2O$，（$K_2O$ 25.69%，Mg 10.99%，SO_3 43.67%，H_2O 19.65%）。

测试结果：

Ⅰ.122℃吸热效应，1mol 软钾镁矾脱 2mol 结晶水，伴随失重；155℃吸热效应，1mol 软钾镁矾脱 2mol 结晶水，伴随失重；210℃吸热效应，1mol 软钾镁矾脱 2mol 结晶水，伴随失重，生成 $K_2Mg(SO_4)_2$。

Ⅱ.125℃吸热效应，1mol 钾镁矾脱 2mol 结晶水；160℃吸热效应，钾镁矾脱结晶水，伴随失重，生成 $K_2Mg(SO_4)_2$；575℃吸热效应，$K_2Mg(SO_4)_2$ 发生结构转变；755℃、758℃吸热效应，$K_2Mg(SO_4)_2$ 熔化。

图 14-62 软钾镁矾和钾镁矾的 DTA-TG-DTG 曲线[7]

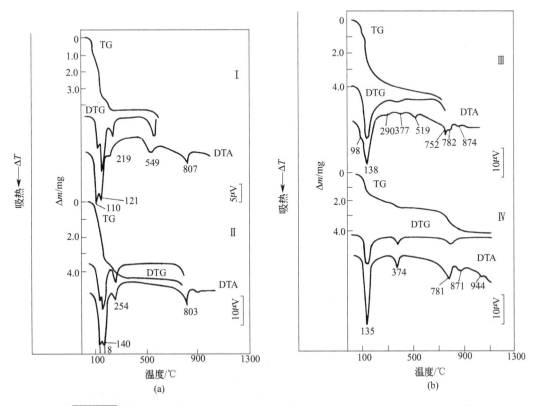

(a)　　　　　　　　　　　　　　(b)

图 14-63 铵明矾和钾明矾（a）、镁明矾和铁明矾（b）的 DTA-TG-DTG 曲线[2]

样品名称：Ⅰ.铵明矾（Tschermigite），$(NH_4)Al(SO_4)_2 \cdot 12H_2O$，（$NH_3$ 3.76% Al_2O_3 11.25%，SO_3 35.32%，

H_2O 49.67%）；Ⅱ.钾明矾（Alum），$KAl(SO_4)_2 \cdot 12H_2O$，（K_2O 9.9%，Al_2O_3 10.8%，SO_3 33.8%，H_2O 45.5%）；Ⅲ.镁明矾（Pickeringite），$MgAl_2(SO_4)_4 \cdot 22H_2O$（MgO 4.69%，$Al_2O_3$ 11.87%，SO_3 37.29%，H_2O 46.15%）；Ⅳ.铁明矾（Halotrichite），$Fe^{2+}Al_2(SO_4)_4 \cdot 22H_2O$，（FeO 8.07%，$Al_2O_3$ 11.45%，SO_3 5.97%，H_2O 44.51%）。

测试结果：

Ⅰ.铵明矾 110℃和121℃吸热效应，1mol 铵明矾脱出 10mol 结晶水，伴随失重；219℃吸热效应，1mol 铵明矾脱出 2mol 结晶水，生成 $(NH_4)Al(SO_4)_2$；549℃吸热效应，$(NH_4)Al(SO_4)_2$ 分解生成 $Al_2(SO_4)_3$，放出 SO_3、NH_3 和 H_2O，伴随失重；807℃吸热效应，$Al_2(SO_4)_2$ 分解，生成 Al_2O_3 并放出 SO_3，伴随失重。

Ⅱ.钾明矾 118℃和140℃吸热效应，1mol 钾明矾脱出 10 mol 结晶水，伴随失重；254℃吸热效应，1mol 钾明矾脱出 2mol 结晶水，伴随失重，生成 $KAl(SO_4)_2$；803℃吸热效应，$KAl(SO_4)_2$ 分解，生成 Al_2O_3 和 K_2SO_4 并放出 SO_3，伴随失重。

Ⅲ.镁明矾 98℃、138℃、290℃和377℃吸热效应，镁明矾分段脱出结晶水，伴随失重；519℃吸热效应，$MgAl_2(SO_4)_4$ 分解生成 $Al_2(SO_4)_3$ 和 $MgSO_4$；752℃、782℃和874℃吸热效应，$MgSO_4$ 和 $Al_2(SO_4)_3$ 反应生成 $MgAl_2O_4$ 并放出 SO_3，伴随失重。

Ⅳ.铁明矾 135℃吸热效应，1mol 铁明矾脱 20mol 结晶水；374℃吸热效应，1mol 铁明矾脱出 2mol 结晶水，伴随失重；781℃和871℃吸热效应，$Fe^{2+}Al_2(SO_4)_4$ 分阶段分解，生成 $FeAl_2O_4$ 并放出 SO_3，伴随失重。

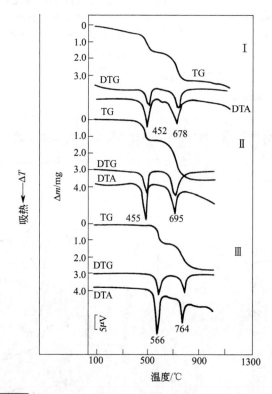

图 14-64 **钠铁矾、黄钾铁矾和明矾石的 DTA-TG-DTG 曲线**[2]

样品名称：Ⅰ.钠铁矾（Natrojarosite），$NaFe_3(SO_4)_2(OH)_6$，（Na_2O 6.40%，Fe_2O_3 49.42%，SO_3 33.04%，H_2O 11.14%）；Ⅱ.黄钾铁矾（Jarosite），$KFe_3(SO_4)_2(OH)_6$，（K_2O 9.4%，Fe_2O_3 47.9%，SO_3 31.9%，H_2O 10.8%）；Ⅲ.明矾石（Alumite），$KAl(SO_4)_2(OH)_6$，（K_2O 11.4%，Al_2O_3 37.0%，SO_3 38.6%，H_2O 13.0%）。

测试结果：

Ⅰ.钠铁矾 452℃吸热效应，钠铁矾脱出结构水生成 $NaFe_3^{3+}O_3(SO_4)_2$，伴随失重，678℃吸热效应，$NaFe_3O_3(SO_4)_2$ 分解，生成 Fe_2O_3 和 $NaFeO(SO_4)$ 并放出 SO_3，伴随失重。

Ⅱ.黄钾铁矾 455℃吸热效应，黄钾铁矾脱出结构水，伴随失重，分解成 $K_2SO_4 \cdot Fe_2(SO_4)_3$ 和 Fe_2O_3；695℃吸热效应，$K_2SO_4 \cdot Fe_2(SO_4)_3$ 分解，生成 $Fe_2O_3 \cdot K_2SO_4$ 放出 SO_3，伴随失重。

Ⅲ.明矾石 566℃吸热效应，明矾石脱出结构水，伴随失重，生成 $KAl_3O_3(SO_4)_2$；764℃吸热效应，$KAl_3O_3(SO_4)_2$ 分解，生成 $K_2O \cdot Al_2O_3$，放出 SO_3，伴随失重。

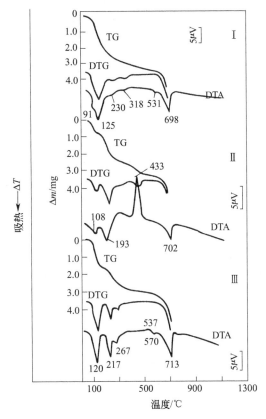

图 14-65 纤铁矾、基铁矾和褐铁矾的 DTA-TG-DTG 曲线[2]

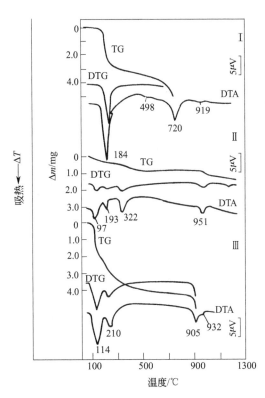

图 14-66 斜方铝矾、羟铝矾和矾石的 DTA-TG-DTG 曲线[2]

样品名称：Ⅰ．纤铁矾(Fibroferrite)，$Fe(SO_4)(OH)\cdot5H_2O$，(Fe_2O_3 30.83%，SO_3 30.91%，H_2O 38.26%)；Ⅱ．基铁矾(Butlerite)，$Fe(SO_4)(OH)\cdot2H_2O$，(Fe_2O_3 38.96%，SO_3 39.06%，H_2O 21.98%)；Ⅲ．褐铁矾(Hohmannite)，$Fe_2^{3+}(SO_4)_2(OH)_2\cdot7H_2O$，($Fe_2O_3$ 34.42%，SO_3 34.51%，H_2O 31.07%)。

测试结果：

Ⅰ．纤铁矾 91℃，125℃，230℃和318℃吸热效应，纤铁矾分阶段脱出结晶水，伴随失重；531℃吸热效应，纤铁矾脱出结构水，伴随失重，生成 $Fe_2O(SO_4)_2$；698℃吸热效应，$Fe_2O(SO_4)_2$ 分解，生成 Fe_2O_3 并放出 SO_3，伴随失重。

Ⅱ．基铁矾 108℃和193℃吸热效应，基铁矾分阶段脱出结晶水，伴随失重；433℃放热效应，基铁矾脱出结构水，生成 Fe_2O_3 和 $Fe_2(SO_4)_3$ 并放出 SO_3，伴随失重；702℃吸热效应，$Fe_2(SO_4)_3$ 分解，生成 Fe_2O_3 并放出 SO_3，伴随失重。

Ⅲ．褐铁矾 120℃，217℃和267℃吸热效应，褐铁矾分阶段脱出结晶水，伴随失重；537℃放热效应，褐铁矾脱出结构水，生成 Fe_2O_3 和 $Fe_2(SO_4)_3$ 并放出 SO_3，伴随失重；713℃吸热效应，$Fe_2(SO_4)_3$ 分解，生成 Fe_2O_3 并放出 SO_3，伴随失重。

样品名称：Ⅰ．斜方铝矾(Rostite)，$Al(SO_4)(OH)\cdot5H_2O$，(Al_2O_3 22.15%，SO_3 34.79%，H_2O 43.06%)；Ⅱ．羟铝矾(Basaluminite)，$Al_4(SO_4)(OH)_{10}\cdot5H_2O$，($Al_2O_3$ 43.94%，SO_3 17.25%，H_2O 38.81%)；Ⅲ．矾石(Aluminite)，$Al_2(SO_4)(OH)_4\cdot7H_2O$，($Al_2O_3$ 29.63%，SO_3 23.26%，H_2O 47.11%)。

测试结果：

Ⅰ．斜方铝矾 184℃吸热效应，斜方铝矾脱出结晶水，伴随失重；498℃吸热效应，斜方铝矾脱出结构水，伴随失重，生成 $Al_2O(SO_4)_2$；720℃吸热效应，$Al_2O(SO_4)_2$ 分解，生成 Al_2O_3 并放出 SO_3，伴随失重。

Ⅱ．羟铝矾 97℃和193℃吸热效应，羟铝矾脱出结晶水，伴随失重；322℃吸热效应，羟铝矾脱出结构水，伴随失重，生成 $Al_4O_5(SO_4)$；951℃吸热效应，$Al_4O_5(SO_4)$ 分解，生成 Al_2O_3 并放出 SO_3，伴随失重。

Ⅲ．矾石 114℃和210℃吸热效应，矾石脱出结晶水和结构水，伴随失重，生成 $Al_2O_2(SO_4)$；905℃吸热效应，$Al_2O_2(SO_4)$ 分解，生成 Al_2O_3 并放出 SO_3，伴随失重。

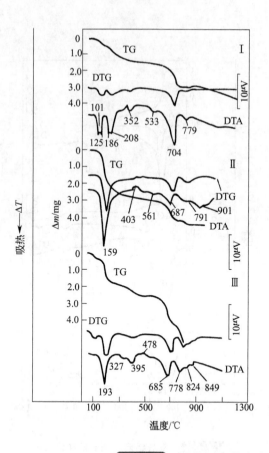

样品名称：Ⅰ. 锌叶绿矾（Zincocopiapite），$ZnFe_4$ $(SO_4)_6(OH)_2 \cdot 18H_2O$，（ZnO 6.65%，$Fe_2O_3$ 26.11%，SO_3 39.26%，H_2O 27.89%）；Ⅱ. 锌赤铁矾（Zincobotryo-gen），$ZnFe(SO_4)_2(OH) \cdot 7H_2O$，（ZnO 17.82%，$Fe_2O_3$ 17.49%，SO_3 35.08%，H_2O 29.61%）；Ⅲ. 柴达木石（Chadamuite），$ZnFe(SO_4)_2(OH) \cdot 4H_2O$，（ZnO 20.22%，$Fe_2O_3$ 19.84%，SO_3 39.78%，H_2O 20.15%）。

测试结果：

Ⅰ. 锌叶绿矾　101℃、125℃、186℃和208℃吸热效应，锌叶绿矾分阶段脱出结晶水，伴随失重；352℃和533℃吸热效应，锌叶绿矾脱出结构水，伴随失重，生成 $ZnSO_4$ 和 $Fe_4^{3+}O(SO_4)_5$；704℃吸热效应，$Fe_4O(SO_4)_5$ 分解，生成 Fe_2O_3 并放出 SO_3，伴随失重；779℃吸热效应，$ZnSO_4$ 分解，生成 ZnO 并放出 SO_3，伴随失重。

Ⅱ. 锌赤铁矾　159℃吸热效应，锌赤铁矾脱出结晶水，伴随失重；403℃放热效应，混入物的氧化，伴随增重；561℃吸热效应，锌赤铁矾脱出结构水，分解，生成 $ZnSO_4$ 和 $Fe_2O(SO_4)_2$；687℃吸热效应，$Fe_2O(SO_4)_2$ 分解，生成 Fe_2O_3 并放出 SO_3，伴随失重；791℃吸热效应，$ZnSO_4$ 分解，生成 ZnO 并放出 SO_3，伴随失重。

Ⅲ. 柴达木石　193℃吸热效应，柴达木石脱出结晶水，伴随失重；327℃和395℃吸热效应，柴达木石脱出结构水，生成 $ZnSO_4$ 和 $Fe_2O(SO_4)_2$；478℃放热效应，脱水物质重结晶；685℃吸热效应，$Fe_2O(SO_4)_2$ 分解，生成 Fe_2O_3 并放出 SO_3，伴随失重；778℃吸热效应，$ZnSO_4$ 分解，生成 ZnO 并放出 SO_3，伴随失重。

图 14-67　锌叶绿矾、锌赤铁矾和柴达木石的 DTA-TG-DTG 曲线[2]

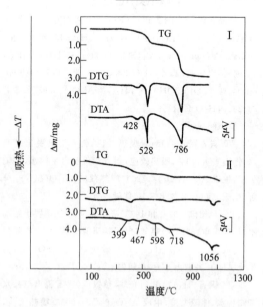

样品名称：Ⅰ. 块铜矾（Antlerite），$Cu_3(SO_4)(OH)_4$，（CuO 67.27%，SO_3 22.57%，H_2O 10.16%）；Ⅱ. 一水蓝铜矾（Poznyakite），$Cu_4(SO_4)(OH)_6 \cdot H_2O$，（CuO 67.65%，$SO_3$ 17.02%，H_2O 15.32%）。

测试结果：

Ⅰ. 块铜矾　428℃和528℃吸热效应，块铜矾脱出结构水，伴随失重，生成 $2CuO \cdot CuSO_4$；786℃吸热效应，$2CuO \cdot CuSO_4$ 分解，生成 CuO 放出 SO_3，伴随失重。

Ⅱ. 一水蓝铜矾　结晶水在 300℃ 以前脱出；399℃和467℃吸热效应，一水蓝铜矾脱出结构水，伴随失重，生成 $Cu_4O_3(SO_4)$；598℃吸热效应，$Cu_4O_3(SO_4)$ 分解，生成 $CuSO_4$ 和 CuO；718℃吸热效应，$CuSO_4$ 分解，生成 CuO 并放出 SO_3，伴随失重；1056℃吸热效应，CuO 变成 Cu_2O，伴随失重。

图 14-68　块铜矾和一水蓝铜矾的

DTA-TG-DTG 曲线[2]

二、碳酸盐矿物的热特性

碳酸盐矿物受热分解，放出 CO_2。含水碳酸盐结晶水在低温脱出，结构水在较高温度下脱出。具有变价元素的矿物，由低价向高价转变呈放热效应，含碱金属的碳酸盐矿物受热后不分解而熔化。

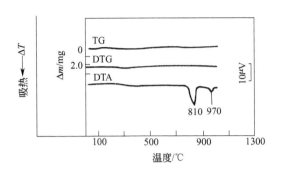

图 14-69　毒重石的 DTA-TG-DTG 曲线[2]

样品名称：毒重石（Witherite），$BaCO_3$，（BaO 77.70%，CO_2 22.30%）。

测试结果：810℃和970℃吸热效应，毒重石发生多晶型转变。

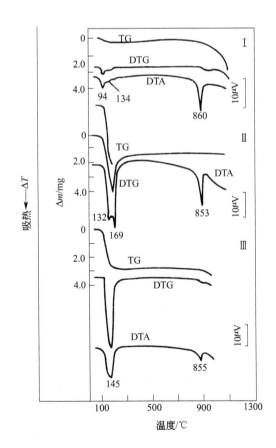

样品名称：Ⅰ. 水碱（Thermonatrite），$Na_2CO_3 \cdot H_2O$，（Na_2O 50.03%，CO_2 35.45%，H_2O 14.52%）；Ⅱ. 苏打石（Nahcolite），$NaHCO_3$，（Na_2O 36.90%，CO_2 52.38%，H_2O 10.72%）；Ⅲ. 天然碱（Trona），$Na_3H(CO_3)_2 \cdot 2H_2O$，（$Na_2O$ 41.14%，CO_2 38.94%，H_2O 19.92%）。

测试结果：94℃和134℃吸热效应，水碱脱出结晶水形成 Na_2CO_3，伴随失重；132℃和169℃吸热效应，苏打石分解，生成 Na_2CO_3 并放出 CO_2 和 H_2O，伴随失重；145℃吸热效应，天然碱分解，生成 Na_2CO_3 并放出 CO_2 和 H_2O，伴随失重；860～853℃吸热效应，Na_2CO_3 熔化。

图 14-70　水碱、苏打石和天然碱的 DTA-TG-DTG 曲线[2]

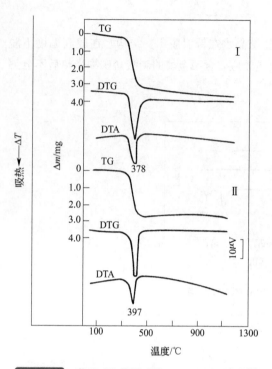

图 14-71 菱钴矿和菱镉矿的 DTA-TG-DTG 曲线[7]

样品名称：Ⅰ.菱钴矿（Spherocobaltite），$CoCO_3$，（CoO 62.9%，CO_2 37.1%）；Ⅱ.菱镉矿（Otavite），$CdCO_3$，（CdO 75.2%，CO_2 24.8%）。

测试结果：378℃吸热效应，菱钴矿分解，生成 CoO 并放出 CO_2，伴随失重；397℃吸热效应，菱镉矿分解，生成 CdO 并放出 CO_2，伴随失重。

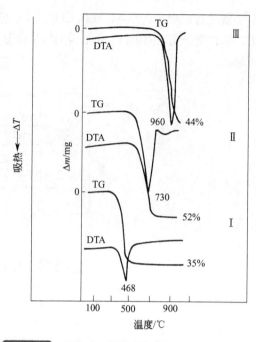

图 14-72 菱锌矿、菱镁矿和方解石的 DTA-TG 曲线

样品名称：Ⅰ.菱锌矿（Smithsonite），$ZnCO_3$，（ZnO 64.90%，CO_2 35.10%）；Ⅱ.菱镁矿（Magnesite），$MgCO_3$，（MgO 47.81%，CO_2 52.19%）；Ⅲ.方解石，Calcite，$CaCO_3$，（CaO 56.03%，CO_2 43.97%）。

测试结果：

Ⅰ.菱锌矿 468℃吸热效应，菱锌矿分解，生成 ZnO 并放出 CO_2，伴随失重。

Ⅱ.菱镁矿 730℃吸热效应，菱镁矿分解，生成 MgO 并放出 CO_2，伴随失重。

Ⅲ.方解石 960℃吸热效应，方解石分解，生成 CaO 并放出 CO_2，伴随失重。

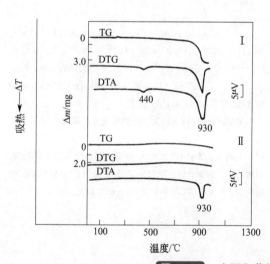

样品名称：Ⅰ.文石（Aragonite），$CaCO_3$，（CaO 56.03%，CO_2 43.97%）；Ⅱ.菱锶矿，Strontianite，$SrCO_3$，（SrO 70.09%，CO_2 29.81%）。

测试结果：440℃吸热效应，文石转变成方解石；930℃吸热效应，方解石分解，生成 CaO 并放出 CO_2，伴随失重；930℃吸热效应，菱锶矿发生多晶型转变。

图 14-73 文石和菱锶矿的 DTA-TG-DTG 曲线[7]

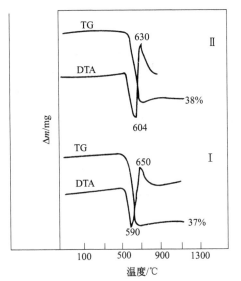

样品名称：Ⅰ. 菱铁矿 (Siderite)，$FeCO_3$，(FeO 62.01%，CO_2 37.99%)；Ⅱ. 菱锰矿 (Rhodochrosite)，$MnCO_3$，(MnO 61.71%，CO_2 38.29%)。

试样量 200mg。

测试结果：

Ⅰ. 菱铁矿　590℃吸热效应，菱铁矿分解，生成 FeO 并放出 CO_2，伴随失重；650℃放热效应，FeO 氧化成 Fe_2O_3，伴随增重。

Ⅱ. 菱锰矿　604℃吸热效应，菱锰矿分解，生成 MnO 放出 CO_2，伴随失重；630℃放热效应，MnO 氧化成 Mn_3O_4，伴随增重。

图 14-74 菱铁矿和菱锰矿的 DTA-TG 曲线

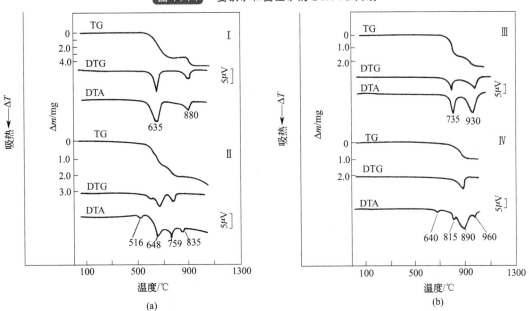

(a)　　　　　　　　　　　　(b)

图 14-75 碳钙镁石[7]和钡白云石[2]（a）、白云石和钡解石[7]（b）的 DTA-TG-DTG 曲线

样品名称：Ⅰ. 碳钙镁石（Huntite），$CaMg_3(CO_3)_4$，(CaO 15.89%，MgO 34.25%，CO_2 49.86%)；Ⅱ. 钡白云石（Norsethite），$BaMg(CO_3)_2$，(BaO 54.44%，MgO 14.31%，CO_2 31.25%)；Ⅲ. 白云石（Dolomite），$CaMg(CO_3)_2$，(CaO 30.41%，MgO 21.86%，CO_2 47.33%)；Ⅳ. 钡解石，Barytocalcite，$BaCa(CO_3)_2$，(BaO 51.56%，CaO 18.85%，CO_2 29.59%)。

试样量：Ⅲ. 200mg。

测试结果：

Ⅰ. 碳钙镁石　635℃吸热效应，碳钙镁石分解，生成 MgO 和 $CaCO_3$，放出 CO_2，伴随失重；880℃吸热效应，$CaCO_3$ 分解，生成 CaO 并放出 CO_2，伴随失重。

Ⅱ. 钡白云石　516℃吸热效应，钡白云石发生多晶型转变；648℃吸热效应，钡白云石分解，生成 MgO 和 $BaO\cdot BaCO_3$ 放出 CO_2，伴随失重；759℃吸热效应，$BaO\cdot BaCO_3$ 分解，生成 BaO 并放出 CO_2，伴随失重；835℃吸热效应，MgO 发生多晶型转变。

Ⅲ. 白云石　735℃吸热效应，白云石分解，生成 MgO 和 $CaCO_3$ 并放出 CO_2，伴随失重；930℃吸热效应，$CaCO_3$ 分解，生成 CaO 并放出 CO_2，伴随失重。

Ⅳ. 钡解石　640℃吸热效应，钡解石发生多晶型转变；815℃吸热效应，钡解石分解，生成 CaO 和 $BaCO_3$ 并放出 CO_2，伴随失重；890℃吸热效应，$BaCO_3$（毒重石）发生多晶型转变；960℃吸热效应，毒重石发生多晶型转变。

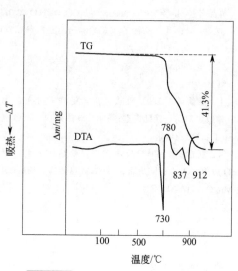

图 14-76 铁白云石的 DTA-TG 曲线

样品名称：铁白云石（Ankerite），$Ca(Mg,Fe)(CO_3)_2$。
试样量 200mg。

测试结果：730℃吸热效应，铁白云石的 $FeCO_3$ 分解，生成 FeO 放出 CO_2，伴随失重；780℃放热效应，FeO 氧化生成 Fe_2O_3；837℃吸热效应，铁白云石的 $MgCO_3$ 分解，生成 MgO 并放出 CO_2，伴随失重；912℃吸热效应，铁白云石的 $CaCO_3$ 分解，生成 CaO 并放出 CO_2，伴随失重。

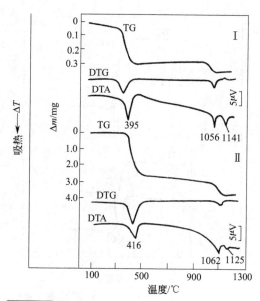

图 14-77 孔雀石和蓝铜矿石的 DTA-TG-DTG 曲线

样品名称：Ⅰ. 孔雀石（Malachite），$Cu_2(CO_3)(OH)_2$，（CuO 71.95%，CO_2 19.90%，H_2O 8.15%）；Ⅱ. 蓝铜矿（Azurite），$Cu_3(CO_3)_2(OH)_2$，（CuO 69.24%，CO_2 25.54%，H_2O 5.22%）。

试样量 50mg。

测试结果：395℃吸热效应，孔雀石分解，生成 CuO 放出 CO_2 和 H_2O，伴随失重；416℃吸热效应，蓝铜矿分解，生成 CuO 并放出 CO_2 和 H_2O，伴随失重；1056～1062℃吸热效应，CuO 还原生成 Cu_2O；1125℃、1142℃吸热效应，部分 Cu_2O 氧化生成 $2Cu_2O \cdot CuO$。

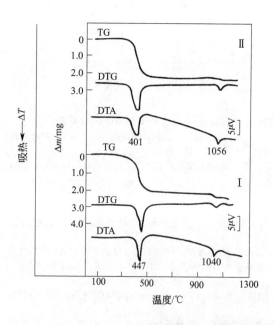

样品名称：Ⅰ. 锌孔雀石（Rosasite），$ZnCu(CO_3)(OH)_2$，（ZnO 36.50%，CuO 35.68%，CO_2 19.74%，H_2O 8.08%）；Ⅱ. 绿铜锌矿（Aurichalcite），$Zn_3Cu_2(CO_3)_2(OH)_6$，（ZnO 44.77%，CuO 29.18%，CO_2 16.14%，H_2O 9.91%）。

测试结果：447℃吸热效应，锌孔雀石分解，生成 ZnO 和 CuO，放出 CO_2 和 H_2O，伴随失重；401℃吸热效应，绿铜锌矿分解，生成 ZnO 和 CuO 并放出 CO_2 和 H_2O，伴随失重；1040～1056℃吸热效应，CuO 转变成 Cu_2O，伴随失重。

图 14-78 锌孔雀石和绿铜锌矿的 DTA-TG-DTG 曲线[2]

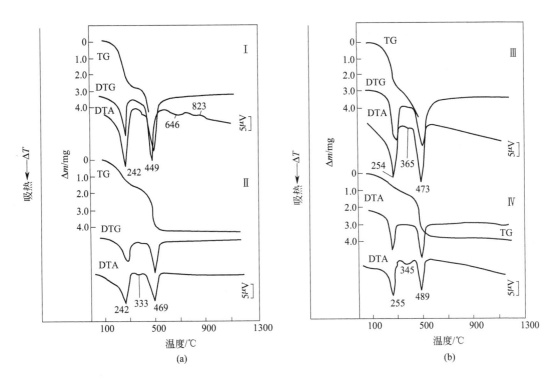

图 14-79　菱水碳铁镁石、菱水碳铝镁石、菱水碳铬镁石和水碳铁镁石的 DTA-TG-DTG 曲线[2]

样品名称：Ⅰ.菱水碳铁镁石（Pyroaurite），$Mg_6Fe_2^{3+}(CO_3)(OH)_{16} \cdot 4H_2O$，$(MgO\ 36.55\%，Fe_2O_3\ 24.13\%，CO_2\ 6.65\%，H_2O\ 32.67\%)$；Ⅱ.菱水碳铝镁石（Hhydrotalcite），$Mg_6Al_2(CO_3)(OH)_{16} \cdot 4H_2O$，$(MgO\ 40.04\%，Al_2O_3\ 16.88\%，CO_2\ 7.29\%，H_2O\ 35.79\%)$；Ⅲ.菱水碳铬镁石（Stichtite），$Mg_6Cr_2(CO_3)(OH)_{16} \cdot 4H_2O$；Ⅳ.水碳铁镁石（Sjogrenite），$Mg_6Fe_2(CO_3)(OH)_{16} \cdot 4H_2O$。

测试结果：

Ⅰ.菱水碳铁镁石　242℃吸热效应，菱水碳铁镁石脱出结晶水，伴随失重；449℃吸热效应，$Mg_6Fe_2(CO_3)(OH)_{16}$分解，生成 MgO 和 $MgFe_2O_4$ 并放出 CO_2 和 H_2O，伴随失重。

Ⅱ.菱水碳铝镁石　242℃吸热效应，菱水碳铝镁石脱出结晶水，伴随失重；333℃吸热效应，$Mg_6Al_2(CO_3)(OH)_{16}$分解，生成 $Mg_6Al_2O(OH)_{16}$ 并放出 CO_2，伴随失重；469℃吸热效应，$Mg_6Al_2O(OH)_{16}$分解，生成 $MgAl_2O_4$ 和 MgO，放出结构水，伴随失重。

Ⅲ.菱水碳铬镁石　254℃吸热效应，菱水碳铬镁石脱出结晶水，伴随失重；365℃吸热效应，$Mg_6Cr_2(CO_3)(OH)_{16}$分解，生成 $Mg_6Cr_2O(OH)_{16}$ 并放出 CO_2，伴随失重；473℃吸热效应，$Mg_6Cr_2O(OH)_{16}$分解，生成 $MgCr_2O_4$ 和 MgO，放出结构水，伴随失重。

Ⅳ.水碳铁镁石　255℃吸热效应，水碳铁镁石脱出结晶水，伴随失重；345℃吸热效应，$Mg_6Fe_2(CO_3)(OH)_{16}$分解，生成 $Mg_6Fe_2O(OH)_{16}$ 并放出 CO_2，伴随失重；489℃吸热效应，$Mg_6Fe_2O(OH)_{16}$分解，生成 $Mg_6Fe_2O_4$ 和 MgO，放出结构水，伴随失重。

三、硼酸盐矿物的热特性

含水硼酸盐在 250℃ 以下脱水，在 250℃ 以上脱出结构水，脱水硼酸盐可重结晶，继续升温则熔化。

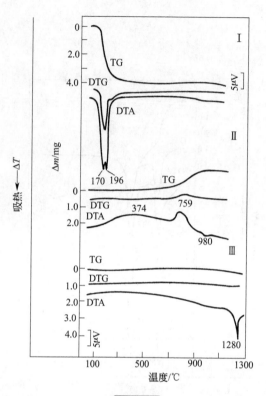

样品名称：Ⅰ. 天然硼酸（Sassolite），H_3BO_3，（B_2O_3 56.30%，H_2O 43.70%）；Ⅱ. 硼铁矿（Vonsenite），$Fe_2^{2+}Fe^{3+}BO_5$，（FeO 38.52%，Fe_2O_3 42.81%，B_2O_3 18.67%）；Ⅲ. 遂安石（Suanite），$Mg_2B_2O_5$，（MgO 53.66%，B_2O_3 46.34%）。

测试结果：

Ⅰ. 天然硼酸　170℃吸热效应，天然硼酸熔化；196℃吸热效应，熔融态天然硼酸分解，生成 Fe_2O_3 放出 H_2O，伴随失重。

Ⅱ. 硼铁矿　759℃放热效应，硼铁矿分解、氧化，生成 B_2O_3 和 $FeBO_3$；980℃吸热效应，$FeBO_3$ 熔化。

Ⅲ. 遂安石　1280℃吸热效应，遂安石熔化。

图 14-80　天然硼酸、硼铁矿和遂安石的 DTA-TG-DTG 曲线[2]

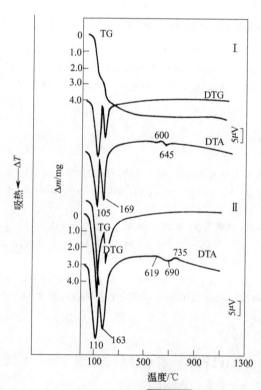

样品名称：Ⅰ. 三方硼砂（Tincalconite），$Na_2B_4O_5(OH)_4 \cdot 3H_2O$，（$Na_2O$ 21.29%，B_2O_3 47.80%，H_2O 30.91%）；Ⅱ. 硼砂（Borax），$Na_2B_4O_5(OH)_4 \cdot 8H_2O$，（$Na_2O$ 16.26%，B_2O_3 36.51%，H_2O 47.23%）。

测试结果：105℃吸热效应，三方硼砂脱出结晶水，伴随失重；169℃吸热效应，三方硼砂脱出结构水，生成 $Na_2B_4O_7$，伴随失重；110℃吸热效应，硼砂脱出结晶水，伴随失重；163℃吸热效应，硼砂脱出结构水，生成 $Na_2B_4O_7$，伴随失重；645℃ 和 690℃ 吸热效应，$Na_2B_4O_7$ 熔化。

图 14-81　三方硼砂和硼砂的 DTA-TG-DTG 曲线[2]

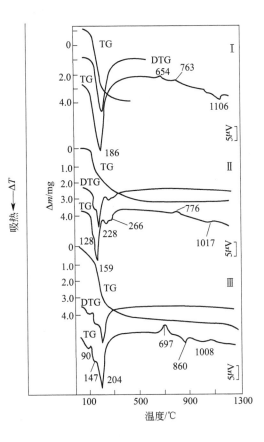

第二篇

样品名称：Ⅰ. 多水硼镁石（Inderite），Mg(H₂O)₅[B₂BO₃(OH)₅]，(MgO 14.41%，B₂O₃ 37.32%，H₂O 48.27%)；Ⅱ. 板硼钙石（Inyoite），Ca(H₂O)₄[B₂BO₃(OH)₅]，(CaO 20.20%，B₂O₃ 37.62%，H₂O 42.18%)；Ⅲ. 钠硼解石（Ulexite），NaCa[B₅O₇(OH)₄]·6H₂O，(Na₂O 7.65%，CaO 13.85%，B₂O₃ 42.95%，H₂O 35.55%)

测试结果：

Ⅰ. 多水硼镁石 186℃吸热效应，多水硼镁石脱水；763℃放热效应，脱水物质重结晶；1106℃吸热效应，硼酸盐熔化。

Ⅱ. 板硼钙石 128℃，159℃，228℃和266℃吸热效应，板硼钙石分阶段脱水，776℃放热效应，硼酸盐重结晶；1017℃吸热效应，硼酸盐熔化。

Ⅲ. 钠硼解石 90℃，147℃和204℃吸热效应，钠硼解石分阶段脱水；697℃放热效应，硼酸盐重结晶，生成CaB₂O₄和NaB₃O₅；860℃吸热效应，NaB₃O₅熔化；1008℃吸热效应，CaB₂O₄熔化。

图 14-82 多水硼镁石、板硼钙石和钠硼解石的 DTA-TG-DTG 曲线[8]

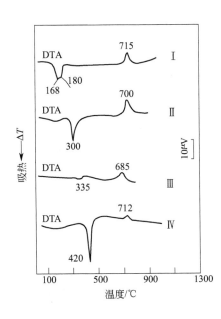

样品名称：Ⅰ. 五水硼钙（Pentahydroborite），Ca(H₂O)₅[B(OH)₄]₂；Ⅱ. 阿硼镁石（Aksaite），Mg(H₂O)₃[BB₃O₄(OH)₂]₂，(Mg 11.88%，B₂O₃ 61.57%，H₂O 26.55%)；Ⅲ. 柯硼钙石（Korzhinskite），CaB₂O₃(OH)₂；Ⅳ. 硬硼钙石（Colemanite），CaB₃O₃(OH)₅，(CaO 27.28%，B₂O₃ 50.81%，H₂O 21.91%)。

测试结果：

Ⅰ. 五水硼钙 168℃，180℃吸热效应，五水硼钙盐脱水，生成CaB₂O₄；715℃放热效应，CaB₂O₄重结晶。

Ⅱ. 阿硼镁石 300℃吸热效应，阿硼镁石脱水，生成MgB₆O₁₀；700℃放热效应，MgB₆O₁₀重结晶。

Ⅲ. 柯硼钙石 335℃吸热效应，柯硼钙石脱水，生成CaB₂O₄；685℃放热效应，CaB₂O₄重结晶。

Ⅳ. 硬硼钙石 420℃吸热效应，硬硼钙石脱水，生成CaB₆O₁₀；712℃放热效应，CaB₆O₁₀重结晶。

图 14-83 五水硼钙、阿硼镁石、柯硼钙石和硬硼钙石的 DTA 曲线[8]

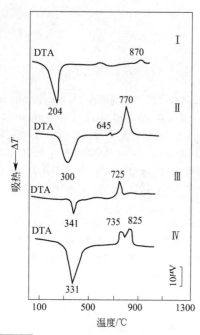

图 14-84 变水方硼石、硼磷钙石、乌硼钙石和柱硼镁石的 DTA 曲线[8]

样品名称：Ⅰ. 变水方硼石（Inderborite），CaMg$(H_2O)_6[B_2BO_3(OH)_5]_2$；Ⅱ. 硼磷钙石（Lueneburgite），$Mg_3(H_2O)_4[PO_4]_2[B_2O(OH)_4]$；Ⅲ. 乌硼钙石（Uralborite），$Ca[B_2O_2(OH)]_4$；Ⅳ. 柱硼镁石（Pinnoite），$Mg[B_2O(OH)_6]$，（MgO 24.58%，$B_2O_3$ 42.46%，H_2O 32.96%）。

测试结果：

Ⅰ. 变水方硼石 204℃吸热效应，变水方硼石脱水，生成$CaMgB_6O_{11}$；870℃放热效应，$CaMgB_6O_{11}$重结晶。

Ⅱ. 硼磷钙石 300℃吸热效应，硼磷钙石脱水，生成磷酸盐和硼酸盐；645℃放热效应，磷酸盐结晶；770℃放热效应，硼酸盐结晶。

Ⅲ. 乌硼钙石 341℃吸热效应，乌硼钙石脱水，生成CaB_2O_4；725℃放热效应，CaB_2O_4结晶。

Ⅳ. 柱硼镁石 331℃吸热效应，柱硼镁石脱水，生成MgB_2O_4；735℃放热效应，MgB_2O_4结晶。

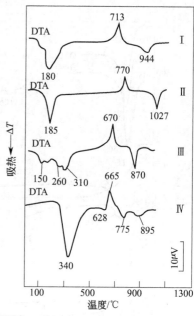

图 14-85 章氏硼镁石、库水硼镁石、硼钠钙石和硼钾镁石的 DTA 曲线[8]

样品名称：Ⅰ. 章氏硼镁石（Hungchaoite），$Mg(H_2O)_2[B_2B_2O_5(OH)_4]$，（MgO 11.81%，$B_2O_3$ 40.77%，H_2O 47.42%）；Ⅱ. 库水硼镁石（Kurnakovite），$Mg(H_2O)_5[B_2BO_3(OH)_5]$，（MgO 14.41%，$B_2O_3$ 37.32%，H_2O 48.27%）；Ⅲ. 硼钠钙石（Probertite），$NaCa(H_2O)_3[B_3B_2O_7(OH)_4]$，（$Na_2O$ 8.83%，CaO 15.98%，B_2O_3 49.56%，H_2O 25.63%）；Ⅳ. 硼钾镁石（Kaliborite），$KHMg_2(H_2O)_4[B_3B_3O_8(OH)_5]_2$，（$K_2O$ 7.00%，MgO 11.98%，B_2O_3 56.92%，H_2O 24.10%）。

测试结果：

Ⅰ. 章氏硼镁石 180℃吸热效应，章氏硼镁石脱水，生成MgB_4O_7；713℃放热效应，MgB_4O_7结晶；944℃吸热效应，MgB_4O_7熔化。

Ⅱ. 库水硼镁石 185℃吸热效应，库水硼镁石脱水，生成$Mg_2B_6O_{11}$；770℃放热效应，$Mg_2B_6O_{11}$结晶；1027℃吸热效应，$Mg_2B_6O_{11}$熔化。

Ⅲ. 硼钠钙石 150℃，260℃和310℃吸热效应，硼钠钙石分阶段脱水，生成$NaCaB_5O_9$；670℃放热效应，$NaCaB_5O_9$结晶；870℃吸热效应，$NaCaB_5O_9$熔化。

Ⅳ. 硼钾镁石 340℃吸热效应，硼钾镁石脱水；628℃吸热效应，脱水物质分解，生成$K_2B_4O_7$、$Mg_2B_6O_{11}$和B_2O_3；665℃放热效应，硼酸盐结晶；775℃吸热效应，$K_2B_4O_7$熔化；895℃吸热效应，$Mg_2B_6O_{11}$熔化。

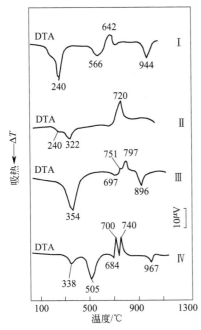

图 14-86 水碳硼石、尼硼钙石、水方硼石和白硼钙石的 DTA 曲线[8]

样品名称：Ⅰ. 水碳硼石（Carboborite），MgCa$_2$[HCO$_3$]$_2$[B(OH)$_4$]$_2$(OH)$_2$·2H$_2$O,（MgO 8.8%，CaO 24.2%，B$_2$O$_3$ 15.7%，CO$_2$ 19.4%，H$_2$O 31.9%）；Ⅱ. 尼硼钙石（Nifontovite），Ca[B$_2$O(OH)$_6$]；Ⅲ. 水方硼石（Hydroboracite），CaMg(H$_2$O)$_3$[B$_2$BO$_4$(OH)$_3$]$_2$,（CaO 13.57%，MgO 9.75%，B$_2$O$_3$ 50.53%，H$_2$O 26.15%）；Ⅳ. 白硼钙石（Prieite），Ca$_2$(H$_2$O)[B$_4$BO$_7$(OH)$_5$],（CaO 32.15%，B$_2$O$_3$ 48.44%，H$_2$O 19.41%）。

测试结果：

Ⅰ. 水碳硼石 240℃吸热效应，水碳硼石脱水；566℃吸热效应，脱水物质分解，放出 CO$_2$；642℃放热效应，硼酸盐结晶；944℃吸热效应，硼酸盐熔化。

Ⅱ. 尼硼钙石 240℃、322℃吸热效应，尼硼钙石脱水生成 CaB$_2$O$_4$；720℃放热效应，CaB$_2$O$_4$ 结晶。

Ⅲ. 水方硼石 354℃吸热效应，水方硼石脱水；697℃吸热效应，硼酸盐分解，生成 MgB$_2$O$_4$ 和 CaB$_4$O$_7$；751℃放热效应，MgB$_2$O$_4$ 结晶；797℃放热效应，CaB$_4$O$_7$ 结晶；896℃吸热效应，硼酸盐熔化。

Ⅳ. 白硼钙石 338℃吸热效应，白硼钙石脱出结晶水；505℃吸热效应，白硼钙石脱出结构水；684℃吸热效应，脱水物质分解，生成 CaB$_2$O$_4$ 和 CaB$_4$O$_7$；700℃放热效应，CaB$_2$O$_4$ 结晶；740℃放热效应，CaB$_4$O$_7$ 结晶；967℃放热效应，硼酸盐熔化。

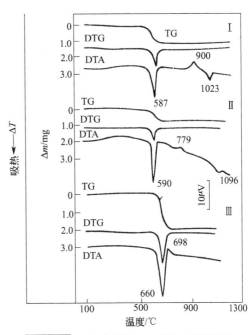

图 14-87 羟硅硼钙石、斜方水硼镁石和硼镁石的 DTA-TG-DTG 曲线[2]

样品名称：Ⅰ. 羟硅硼钙石（Howlite），Ca$_2$[B$_4$BSiO$_9$(OH)$_5$]；Ⅱ. 斜方水硼镁石（Preobrazhenskite），Mg$_3$(H$_2$O)[B$_3$B$_2$O$_7$(OH)$_4$]$_2$；Ⅲ. 硼镁石（Szaibelyite），Mg$_2$[B$_2$O$_4$(OH)](OH)，（MgO 47.92%，B$_2$O$_3$ 41.38%，H$_2$O 10.70%）。

测试结果：

Ⅰ. 羟硅硼钙石 587℃吸热效应，羟硅硼钙石脱出结构水，伴随失重；900℃放热效应，脱水物质结晶，生成 CaSi$_2$O$_4$，CaB$_2$O$_4$ 和 CaB$_4$O$_7$；1023℃吸热效应硼酸盐熔化。

Ⅱ. 斜方水硼镁石 590℃吸热效应，斜方水硼镁石脱出结构水，伴随失重；779℃放热效应，硼酸盐结晶；1096℃吸热效应，硼酸盐熔化。

Ⅲ. 硼镁石 660℃吸热效应，硼镁石脱出结构水，伴随失重，生成 Mg$_2$B$_2$O$_5$；698℃放热效应，Mg$_2$B$_2$O$_5$ 结晶。

四、磷酸盐矿物的热特性

磷酸盐矿物的热特性主要是结构转变，含水矿物脱水，矿物分解和分解后物质的重结晶。

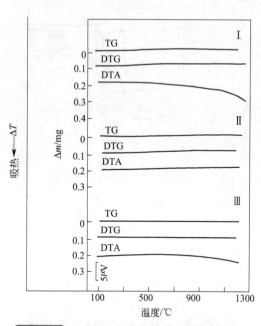

图 14-88 磷钠铍石、磷钇矿和富钍独居石的 DTA-TG-DTG 曲线[2]

样品名称：Ⅰ. 磷钠铍石（Beryllonite），Na｛Be[PO₄]｝，(Na₂O 24.41%，BeO 19.70%，P₂O₅ 55.89%)；Ⅱ. 磷钇矿（Xenotime），Y[PO₄]，(Y₂O₃ 61.40%，P₂O₅ 38.60%)；Ⅲ. 富钍独居石(Cheralite)，(Ca,Ce,Th)[(P,Si)O₄]。

测试结果：从20℃到1200℃磷钠铍石，磷钇矿和富钍独居石无任何热效应。

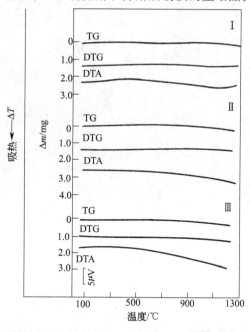

图 14-89 羟磷灰石、碳羟磷灰石和铈硅磷灰石的 DTA-TG-DTG 曲线[2]

样品名称：Ⅰ. 羟磷灰石（Hydraxylapatite），Ca₂Ca₃[PO₄]₃(OH)，(CaO 55.82%，P₂O₅ 42.39%，H₂O 1.79%)；Ⅱ. 碳羟磷灰石（Carbonate-hydroxylapatite），Ca₂Ca₃｛[PO₄][CO₃]｝₃(OH)；Ⅲ. 铈硅磷灰石（Britholite），Ca₂Ce₃[(Si,P)O₄]₃(F,OH)。

测试结果：从20℃到1200℃羟磷灰石、碳羟磷灰石和铈硅磷灰石无任何热效应。

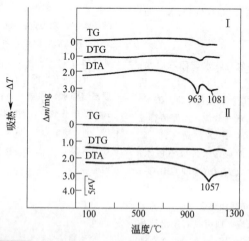

图 14-90 氟磷铁石和氟磷锰石的 DTA-TG-DTG 曲线[2]

样品名称：Ⅰ. 氟磷铁石(Zwieselite)，(Fe²⁺Mn)₂[PO₄]F，Fe＞Mn；Ⅱ. 氟磷锰石(Triplite)，(Mn,Fe)₂[PO₄]F，Mn＞Fe。

测试结果：

Ⅰ. 氟磷铁石 963℃吸热效应，氟磷铁石分解，生成 Fe₂O₃ 和 FeMn₂[PO₄]₂，放出 P₂O₅ 和 F，伴随失重；1081℃吸热效应。

Ⅱ. 氟磷锰石 1057℃吸热效应，氟磷锰石分解，生成 Mn₃O₄ 和 MnFe₂[PO₄]₂，放出 P₂O₅ 和 F，伴随失重。

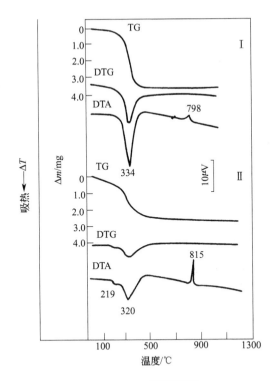

样品名称：Ⅰ.绿松石（Turquoise），$CuAl_6(H_2O)_4$ $[PO_4]_4(OH)_8$，（CuO 9.78%，Al_2O_3 37.60%，P_2O_5 34.90%，H_2O 17.72%）；Ⅱ.锌松绿石（Faustite），$ZnAl_6$ $(H_2O)_4[PO_4]_4(OH)_8$，（ZnO 9.99%，Al_2O_3 37.52%，P_2O_5 34.81%，H_2O 17.68%）。

测试结果：

Ⅰ.绿松石 334℃吸热效应，绿松石脱水；798℃放热效应，脱水物质结晶，生成 $Al[PO_4]$ 和 $CuAl_2O_4$。

Ⅱ.锌松绿石 219℃和320℃吸热效应，锌松绿石脱水，伴随失重；815℃放热效应，脱水物质结晶，生成 $Al[PO_4]$ 和 $ZnAl_2O_4$。

图 14-91 绿松石和锌松绿石的 DTA-TG-DTG 曲线[2]

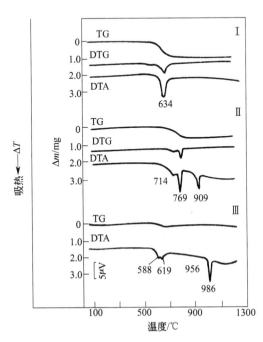

样品名称：Ⅰ.磷铝钠石（Brazilianite），$NaAl_3[PO_4]_2$ $(OH)_4$，（Na_2O 8.56%，Al_2O_3 42.25%，P_2O_5 39.23%，H_2O 9.96%）；Ⅱ.羟磷铝锂石（Montebrasite），$LiAl[PO_4](OH)$，（Li_2O 10.24%，Al_2O_3 34.94%，P_2O_5 48.65%，H_2O 6.17%）；Ⅲ.三斜磷锌矿（Tarbuttite），$Zn_2[PO_4](OH)$，（ZnO 67.05% P_2O_5 29.24%，H_2O 3.71%）。

测试结果：

Ⅰ.磷铝钠石 634℃吸热效应，磷铝钠石脱出结构水，伴随失重，生成 $Al[PO_4]$。

Ⅱ.羟磷铝锂石 714℃和769℃吸热效应，羟磷铝锂石脱出结构水，伴随失重；909℃吸热效应，脱水物质分解生成 $Al[PO_4]$。

Ⅲ.三斜磷锌矿 588℃吸热效应，三斜磷锌矿脱出结构水，伴随失重；619℃吸热效应，脱水物质生成 $\alpha\text{-}Zn_3$ $[PO_4]_2$；956℃吸热效应，$\alpha\text{-}Zn_3[PO_4]_2$ 转化成 $\beta\text{-}Zn_3$ $[PO_4]_2$；986℃吸热效应，$\beta\text{-}Zn_3[PO_4]_2$ 转化成 $\gamma\text{-}Zn_3$ $[PO_4]_2$。

图 14-92 磷铝钠石、羟磷铝锂石和三斜磷锌矿的 DTA-TG-DTG 曲线[2]

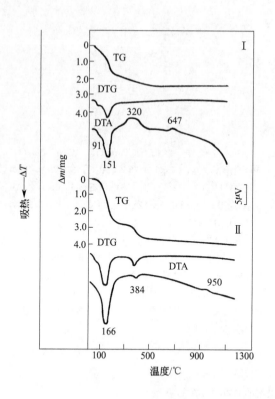

样品名称：I. 蓝铁矿（Vivianite），$(Fe_{3-x}^{2+}Fe_x^{3+})(H_2O)_{8-x}[PO_4]_2(OH)_x$，（FeO 43.0%，$P_2O_5$ 28.3%，H_2O 28.7%）；II. 核磷铝石（Evansite），$Al_3[PO_4](OH)_6 \cdot 6H_2O$，（$Al_2O_3$ 39.62%，P_2O_5 18.38%，H_2O 42.00%）。

测试结果：

I. 蓝铁矿　91℃和151℃吸热效应，蓝铁矿脱出结晶水，伴随失重；320℃放热效应，蓝铁矿脱出结构水，Fe^{2+}氧化成Fe^{3+}；647℃放热效应，磷酸盐结晶生成$FePO_4$。

II. 核磷铝石　166℃吸热效应，核磷铝石脱出结晶水，伴随失重；384℃吸热效应，核磷铝石脱出结构水，伴随失重，生成$Al_3O_3PO_4$；950℃放热效应，$Al_3O_3PO_4$分解结晶，生成$AlPO_4$和Al_2O_3。

图 14-93　蓝铁矿和核磷铝石的 DTA-TG-DTG 曲线[2]

五、砷酸盐矿物的热特性

砷酸盐矿物的热特性主要是多晶型转变与熔化，含水物质脱水，脱水后物质分解及重结晶。熔化、分解、脱水及多晶型转变为吸热效应，重结晶为放热效应。

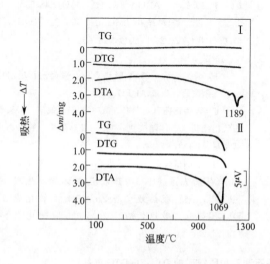

样品名称：I. 黄砷榴石（Berzeliite），$NaCa_2(MgMn)_2[AsO_4]_3$；II. 砷铅矿（Mimetite），$Pb_2Pb_3[AsO_4]_3Cl$。

测试结果：1189℃吸热效应，黄砷榴石熔化；1069℃吸热效应，砷铅矿熔化，随后蒸发。

图 14-94　黄砷榴石和砷铅矿的 DTA-TG-DTG 曲线[2]

第二篇

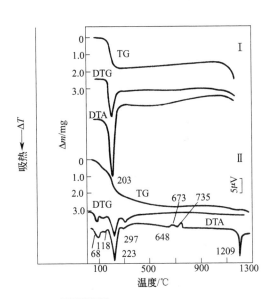

图 14-95　砷铝石和砷镁石的 DTA-TG-DTG 曲线[2]

样品名称：Ⅰ. 砷铝石（Mansfieldite），$Al(H_2O)_2[AsO_4]$；Ⅱ. 砷镁石（Hoernesite），$Mg_3(H_2O)_8[AsO_4]_2$，（MgO 24.44%，As_2O_3 46.44%，H_2O 29.12%）。

测试结果：

Ⅰ. 砷铝石　203℃吸热效应，砷铝石脱出结晶水，伴随失重；1050℃以后 $AlAsO_4$ 升华。

Ⅱ. 砷镁石　68℃，118℃，223℃和297℃吸热效应，砷镁石分阶段脱出结晶水，伴随失重，生成 $Mg_3(AsO_4)_2$；673℃放热效应，$Mg_3(AsO_4)_2$ 重结晶；735℃放热效应，$Mg_3(AsO_4)_2$ 发生多晶型转变；1209℃吸热效应，$Mg_3(AsO_4)_2$ 熔化。

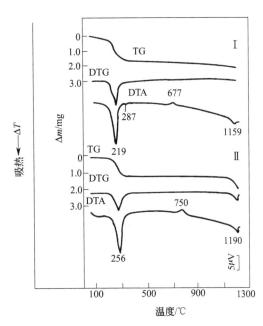

图 14-96　羟钒铜铅矿和钒铅矿的 DTA-TG-DTG 曲线[2]

样品名称：Ⅰ. 羟钒铜铅矿（Mottramite），$PbCu[VO_4]OH$，（PbO 55.43%，CuO 19.75%，V_2O_5 22.58%，H_2O 2.24%）；Ⅱ. 钒铅矿（Vanadinite），$Pb_5[VO_4]_3Cl$，（PbO 78.80%，V_2O_5 19.26%，Cl 2.50%）。

测试结果：

Ⅰ. 羟钒铜铅矿　637℃吸热效应，羟钒铜铅矿脱出结构水，伴随失重；809℃吸热效应，脱水物质分解。

Ⅱ. 钒铅矿　969℃吸热效应，钒铅矿分解，生成 β-$Pb_3(VO_4)_2$ 和 PbO，放出 Cl_2，PbO 挥发，伴随失重。

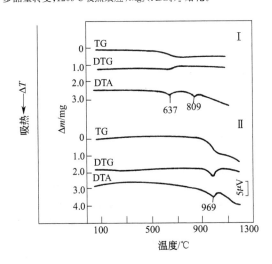

样品名称：Ⅰ. 钴华（Erythrite），$Co_3(H_2O)_8[AsO_4]_2$，（CoO 37.45%，As_2O_3 38.39%，H_2O 24.07%）；Ⅱ. 镁镍华（Cabrerite），$(Ni,Mg)_3(H_2O)_8[AsO_4]_2$。

测试结果：

Ⅰ. 钴华　219℃和287℃吸热效应，钴华脱出结晶水，伴随失重，生成 $Co_3(AsO_4)_2$；677℃放热效应，$Co_3(AsO_4)_2$ 重结晶；1159℃吸热效应，$Co_3(AsO_4)_2$ 熔化。

Ⅱ. 镁镍华　256℃吸热效应，镁镍华脱出结晶水，伴随失重，生成 $(Ni,Mg)_3(AsO_4)_2$；750℃放热效应，$(Ni,Mg)_3(AsO_4)_2$ 重结晶；1190℃吸热效应，$(Ni,Mg)_3(AsO_4)_2$ 分解，生成 $Ni_6O_3(AsO_4)$ 和 $NiMgO_2$，放出 As_2O_3，伴随失重。

图 14-97　钴华和镁镍华的 DTA-TG-DTG 曲线[2]

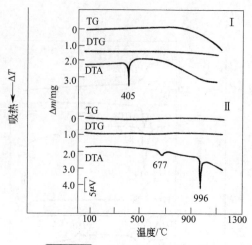

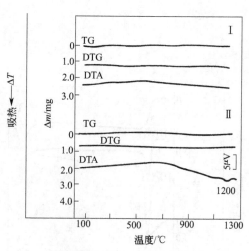

图 14-98 铬钾矿和黄铬钾石的 DTA-TG-DTG 曲线[2]

样品名称：Ⅰ. 铬钾矿（Lopezite），$K_2[Cr_2O_7]$，（K_2O 32.02%，CrO_3 67.98%）；Ⅱ. 黄铬钾石（Tarapacaite），$K_2[CrO_4]$，（K_2O 48.51%，CrO_3 41.49%）。

测试结果：

Ⅰ. 铬钾矿　405℃吸热效应，铬钾矿熔化。

Ⅱ. 黄铬钾石　677℃吸热效应，黄铬钾石发生多晶型转变；996℃吸热效应，黄铬钾石熔化。

图 14-99 白钨矿和黑钨矿的 DTA-TG-DTG 曲线[2]

样品名称：Ⅰ. 白钨矿（Scheelite），$Ca[WO_4]$，（CaO 19.4%，WO_3 80.6%）；Ⅱ. 黑钨矿（Wolframite），$(Mn,Fe)WO_4$。

测试结果：从20℃到1200℃白钨矿和黑钨矿无任何热效应。1200℃吸热效应，黑钨矿中混入物的变化。

六、硅酸盐矿物的热特性

硅酸盐矿物的热特性主要表现为含水硅酸盐的脱水、分解和多晶型转变，脱水物质的重结晶，含变价元素物质低价变为高价和矿物熔化等。脱水、分解、熔化等为吸热效应，物质重结晶，低价变为高价为放热效应，脱水伴脱失重，氧化伴随增重。

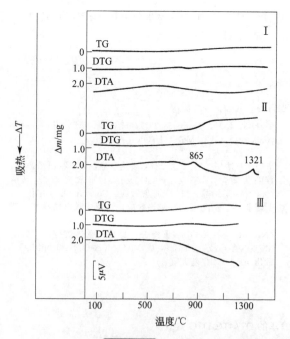

样品名称：Ⅰ. 镁橄榄石（Forsterite），Mg_2SiO_4，（MgO 57.29%，SiO_2 42.71%）；Ⅱ. 铁橄榄石（Fayalite），Fe_2SiO_4，（FeO 70.51%，SiO_2 29.49%）；Ⅲ. 锰橄榄石（Tephroite），Mn_2SiO_4，（MnO 70.25%，SiO_2 29.75%）。

测试结果：

Ⅰ. 镁橄榄石　1300℃以内无任何热效应。

Ⅱ. 铁橄榄石　865℃放热效应，铁橄榄石分解，Fe^{2+}氧化成Fe^{3+}，伴随增重；1321℃放热效应，分解和氧化物质变成赤铁石和方石英。

Ⅲ. 锰橄榄石　700℃开始 Mn 氧化，伴随增重。

图 14-100 镁橄榄石、铁橄榄石[2]和锰橄榄石[2]的 DTA-TG-DTG 曲线

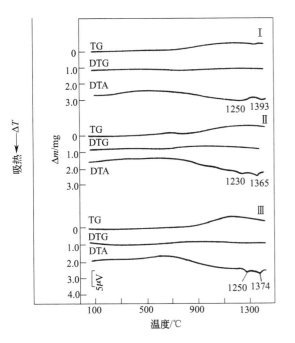

样品名称：I. 贵橄榄石（Chrysolite），（Mg$_{0.75}$ Fe$_{0.25}$）$_2$SiO$_4$；II. 镁铁橄榄石（Hortonlite），（Mg，Fe）$_2$SiO$_4$；III. 铁镁铁橄榄石（Ferrohortonlite），（Mg$_{0.25}$，Fe$_{0.75}$）$_2$SiO$_4$。

试样量 9.5g。

测试结果：

I. 贵橄榄石　1250℃吸热效应，部分贵橄榄石分解成赤铁矿和（Mg$_{0.9}$，Fe$_{0.1}$）$_2$Si$_2$O$_6$；1393℃吸热效应，部分贵橄榄石分解成镁铁矿（MgFe$_2$O$_4$）、铁橄榄石和顽火辉石；从800℃开始增重二价铁氧化成三价铁。

II. 镁铁橄榄石　1230℃吸热效应，镁铁橄榄石分解成赤铁矿、方石英和镁橄榄石；1365℃吸热效应，生成镁铁矿和顽火辉石。

III. 铁镁铁橄榄石　从800℃开始二价铁氧化成三价铁，伴随增重；1250℃吸热效应，氧化后的铁镁铁橄榄石分解成镁铁矿、方石英和赤铁矿；1374℃吸热效应，形成镁铁矿和方石英。

图 14-101　贵橄榄石、镁铁橄榄石和铁镁铁橄榄石的 DTA-TG-DTG 曲线[2]

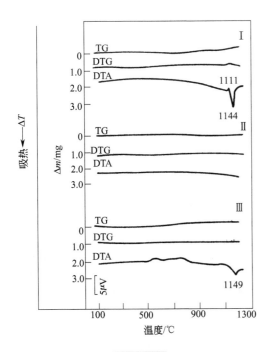

样品名称：I. 钙铁辉石（Hedenbergite），Ca（Mg$_{0\sim0.25}$，Fe$_{0.75\sim1}$）[Si$_2$O$_6$]；II. 透辉石（Diopside），Ca（Mg$_{1\sim0.75}$，Fe$_{0\sim0.25}$）[Si$_2$O$_6$]；III. 锰钙辉石（Johannsenite），CaMn[Si$_2$O$_6$]。

测试结果：

I. 钙铁辉石　1111℃放热效应，二价铁氧化成三价铁，伴随失重；1144℃吸热效应，氧化后的钙铁辉石分解。

II. 透辉石　1200℃以内无任何热效应。

III. 锰钙辉石　1149℃吸热效应，钙锰辉石分解形成非晶体。

图 14-102　钙铁辉石、透辉石和锰钙辉石的 DTA-TG-DTG 曲线[2]

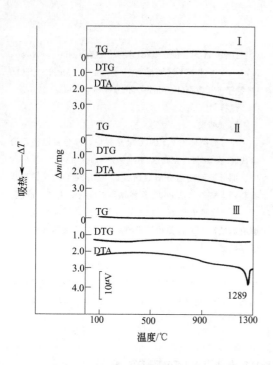

样品名称：Ⅰ. 斜顽辉石（Clinoenstatite），$Mg_2Si_2O_6$；Ⅱ. 绿辉石（Omphacite），$(Ca, Na)(Mg, Fe^{2+}, Fe^{3+}, Al)[Si_2O_6]$；Ⅲ. 深绿辉石（Fassaite），$Ca(Mg, Fe^{2+}, Al)(Si, Al)_2O_6$。

测试结果：

Ⅰ. 斜顽辉石　从 20℃到 1200℃无任何热效应。

Ⅱ. 绿辉石　从 20℃到 1200℃无任何热效应。

Ⅲ. 深绿辉石　1289℃吸热效应，深绿辉石分解。

图 14-103 斜顽辉石、绿辉石和深绿辉石的 DTA-TG-DTG 曲线[2]

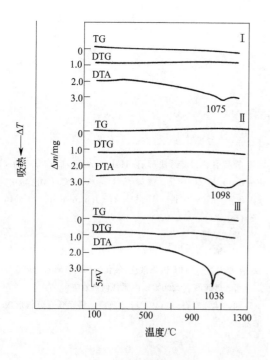

样品名称：Ⅰ. 锂辉石（Spodumene），$LiAl[Si_2O_6]$，（Li_2O 8.07%，Al_2O_3 27.44%，SiO_2 64.49%）；Ⅱ. 硬玉（Jadeite），$NaAl[Si_2O_6]$，（Na_2O 15.4%，Al_2O_3 25.2%，SiO_2 59.4%）；Ⅲ. 霓石（Aegirine），$NaFe^{3+}[Si_2O_6]$，（Na_2O 13.4%，Fe_2O_3 34.6%，SiO_2 52.0%）。

测试结果：

Ⅰ. 锂辉石　1075℃吸热效应，锂辉石发生多晶型转变。

Ⅱ. 硬玉　1098℃吸热效应，硬玉分解形成非晶质。

Ⅲ. 霓石　1038℃吸热效应，霓石分解。

图 14-104 锂辉石、硬玉和霓石的 DTA-TG-DTG 曲线[2]

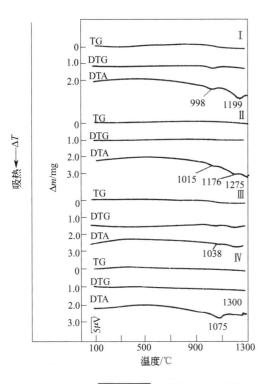

样品名称：Ⅰ. 锂闪石, Holmquistite, $Li_2(Mg, Fe^{2+})_3 Al_2 Si_8 O_{22}(OH)_2$；Ⅱ. 蓝闪石, Glaucophane, $Na_2(Mg, Fe^{2+})_3 Al_2 Si_8 O_{22}(OH)_2$；Ⅲ. 直闪石, Anthophyllite, $(Mg, Fe^{2+})_7 [Si_8 O_{22}](OH)_2$；Ⅳ. 钠闪石, Rebeckite, $Na_2(Fe^{2+}, Mg)_3 Fe_2^{3+} Si_8 O_{22}(OH)_2$。

测试结果：

Ⅰ. 锂闪石 998℃吸热效应，锂闪石脱出结构水，伴随失重；1199℃吸热效应，脱水的锂闪石晶格破坏，呈非晶质。

Ⅱ. 蓝闪石 1015℃吸热效应，蓝闪石脱出结构水，分解，生成镁铁矿（$MgFe_2O_4$）；1176℃吸热效应，进一步分解；1275℃吸热效应，物质熔化。

Ⅲ. 直闪石 1038℃吸热效应，直闪石脱出结构水，生成顽火辉石和方石英。

Ⅳ. 钠闪石 1075℃吸热效应，钠闪石脱出结构水，分解生成磁铁矿；1300℃放热效应，磁铁矿氧化成赤铁矿。

图 14-105 锂闪石、蓝闪石、直闪石和钠闪石的 DTA-TG-DTG 曲线[2]

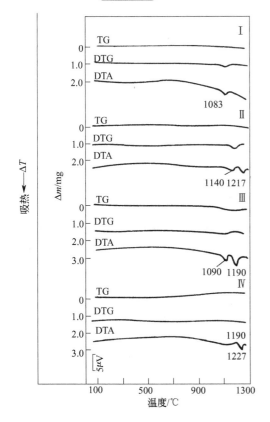

样品名称：Ⅰ. 绿钙闪石(Hastingsite), $NaCa_2(Fe^{2+}, Mg)_4 Fe^{3+}[Si_6 Al_2 O_{22}](OH)_2$；Ⅱ. 韭闪石（Pargasite）, $NaCa_2(Mg, Fe^{2+})_4, Al[Si_6 Al_2 O_{22}](OH)_2$；Ⅲ. 透闪石（Tremolite）, $Ca_2(Mg, Fe^{2+})_5 [Si_8 O_{22}](OH)_2$；Ⅳ. 铁闪石（Grunerite）, $(Fe_{1\sim0.7}^{2+}, Mg_{0\sim0.3})_7 [Si_8 O_{22}](OH)_2$。

测试结果：

Ⅰ. 绿钙闪石 1083℃吸热效应，绿钙闪石脱出结构水，伴随失重，生成普通辉石。

Ⅱ. 韭闪石 1140℃吸热效应，韭闪石脱出结构水，伴随失重，晶格破坏；1217℃吸热效应，重结晶形成深绿辉石。

Ⅲ. 透闪石 1090℃吸热效应，透闪石脱水，伴随失重，晶格破坏；1190℃吸热效应，脱水物质形成方英石、透辉石和顽火辉石。

Ⅳ. 铁闪石 1190℃放热效应，铁闪石分解和氧化，生成赤铁矿和方英石；1227℃吸热效应，生成镁铁矿和方英石。

图 14-106 绿钙闪石、韭闪石、透闪石和铁闪石的 DTA-TG-DTG 曲线[2]

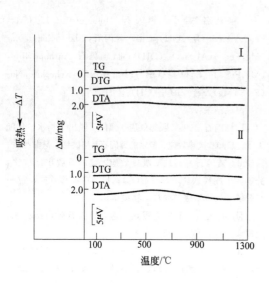

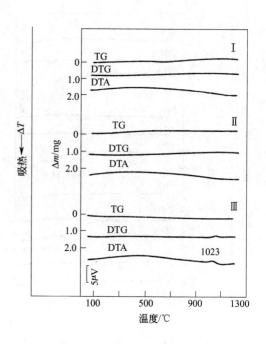

图 14-107 钙长石和钠长石的 DTA-TG-DTG 曲线[2]

样品名称：Ⅰ. 钙长石（Anorthite），Ca[Al₂Si₂O₈]；Ⅱ. 钠长石（Albite），Na[AlSi₃O₈]。

测试结果：钙长石和钠长石从 20℃ 到 1200℃ 无任何热效应。

图 14-108 正长石、透长石和冰长石的 DTA-TG-DTG 曲线[2]

样品名称：Ⅰ. 正长石（Orthoclase），K[AlSi₃O₈]，（K₂O 16.9%，Al₂O₃ 18.4%，SiO₂ 64.7%）；Ⅱ. 透长石（Sanidine），K[AlSi₃O₈]；Ⅲ. 冰长石（Adularia），K[AlSi₃O₈]。

测试结果：正长石、透长石和冰长石从 20℃ 到 1200℃ 无任何热效应；冰长石在 1023℃ 放热效应，是由于混入杂质的氧化引起。

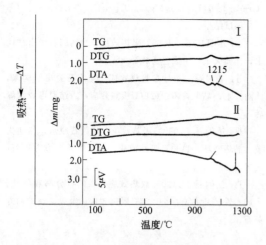

样品名称：Ⅰ. 透锂长石（Petalite），Li[AlSi₄O₁₀]，（Li₂O 4.9%，Al₂O₃ 16.7%，SiO₂ 78.4%）；Ⅱ. 白榴石（Leucite），K[AlSi₂O₆]，（K₂O 21.58%，Al₂O₃ 23.40%，SiO₂ 55.02%）。

测试结果：

Ⅰ. 透锂长石　1215℃ 放热效应，分解和生成锂辉石和方石英。

Ⅱ. 白榴石　从 20℃ 到 1200℃ 无任何热效应。

图 14-109 透锂长石和白榴石的 DTA-TG-DTG 曲线[2]

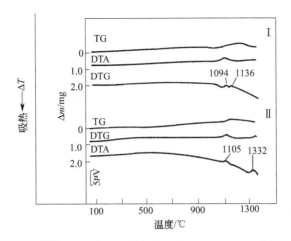

图 14-110 锰铝榴石和铁铝榴石的 DTA-TG-DTG 曲线[2]

样品名称：Ⅰ. 锰铝榴石，Spessartine，$Mn_3Al_2[Si_4O]_3$；Ⅱ. 铁铝榴石，Almandine，$Fe_3^{2+}Al_2[SiO_4]_3$。

测试结果：

Ⅰ. 锰铝榴石 1094℃放热效应，锰铝榴石氧化和分解，生成锰尖晶石，黑锰矿和方石英；1136℃放热效应，发生多晶型转变。

Ⅱ. 铁铝榴石 1105℃放热效应，铁铝榴石分解和氧化，生成方石英、$MgFe^{3+}AlO_4$ 和 Fe_3O_4；1332℃放热效应，Fe_3O_4 变成 Fe_2O_3。

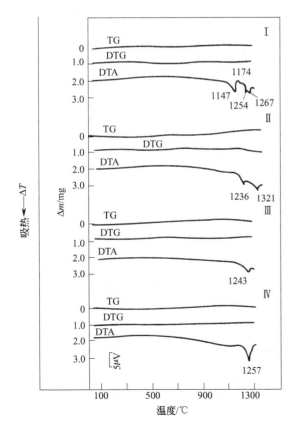

样品名称：Ⅰ. 钙铝榴石 (Grossular)，$Ca_3Al_2[SiO_4]_3$；

Ⅱ. 镁铝榴石 (Pyrope)，$Mg_3Al_2[SiO_4]_3$；

Ⅲ. 钙铬榴石 (Uvarovite)，$Ca_3Cr_2[SiO_4]_3$；

Ⅳ. 钙铁榴石 (Andradite)，$Ca_3Fe_2[SiO_4]_3$。

测试结果：

Ⅰ. 钙铝榴石 1147℃吸热效应，钙铝榴石分解；1174℃放热效应，分解，重结晶；1254℃和1267℃吸热效应，分解产物熔化。

Ⅱ. 镁铝榴石 1236℃吸热效应，镁铝榴石分解，生成镁橄榄石、镁尖晶石和方石英，Fe^{2+} 从 1100℃已开始氧化；1321℃吸热效应，镁橄榄石和方石英变成顽火辉石。

Ⅲ. 钙铬榴石 1243℃吸热效应，钙铬榴石分解形成铬铁矿和非晶质。

Ⅳ. 钙铁榴石 1257℃吸热效应，钙铁榴石变成 Ca(Fe,Al)$_2$SiO$_6$ 和 $Ca_2Si_2O_6$。

图 14-111 钙铝榴石、镁铝榴石、钙铬榴石和钙铁榴石的 DTA-TG-DTG 曲线[2]

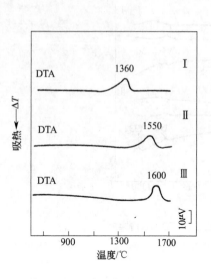

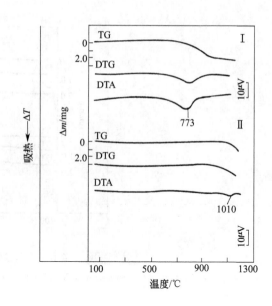

图 14-112 蓝晶石、红柱石和矽线石的 DTA 曲线[7]

样品名称：Ⅰ.蓝晶石（Kyanit），$Al_2[SiO_4]O$，（SiO_2 37.07%，Al_2O_3 62.93%）；Ⅱ.红柱石（Andalusite），$AlAl[SiO_4]O$；Ⅲ.矽线石（Sillimanite），$Al[AlSiO_5]$，（Al_2O_3 62.93%，SiO_2 37.07%）。

测试结果：蓝晶石、红柱石和矽线石在高温下变成莫来石和方英石，蓝晶石转变温度为 1360℃，红柱石为 1550℃，矽线石为 1600℃。

图 14-113 叶蜡石[7]和滑石的 DTA-TG-DTG 曲线

样品名称：Ⅰ.叶蜡石（Pyrophyllite），$Al_2[Si_4O_{10}](OH)_2$，（Al_2O_3 28.3%，SiO_2 66.7%，H_2O 5.0%）；Ⅱ.滑石（Talc），$Mg_3[Si_4O_{10}](OH)_2$，（MgO 31.72%，SiO_2 63.12%，H_2O 4.76%）。

测试结果：

Ⅰ.叶蜡石：773℃吸热效应，叶蜡石脱出结构水，生成矽线石和石英。

Ⅱ.滑石：1010℃吸热效应，滑石脱出结构水，生成顽火辉石和石英。

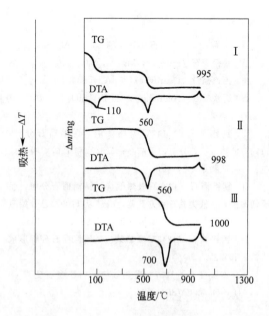

样品名称：Ⅰ.埃洛石（Halloysite），$Al_4(H_2O)_4[Si_4O_{10}](OH)_8$，（$Al_2O_3$ 34.66%，SiO_2 40.85%，H_2O 24.49%）；Ⅱ.高岭石（Kaolinite），$Al_4[Si_4O_{10}](OH)_8$，（Al_2O_3 39.40%，SiO_2 46.55%，H_2O 13.96%）；Ⅲ.迪开石（Dickite），$Al_4[Si_4O_{10}](OH)_8$。

试样量 200mg。

测试结果：

Ⅰ.埃洛石　110℃吸热效应，埃洛石脱出结晶水，伴随失重，形成变埃洛石；560℃吸热效应，变埃洛石脱出结构水，结构破坏；995℃放热效应，脱水物质结晶成 γ-Al_2O_3 和石英。

Ⅱ.高岭石　560℃吸热效应，高岭石脱出结构水，晶格破坏；998℃放热效应，脱水物质结晶成莫来石和方石英。

Ⅲ.迪开石　700℃吸热效应，迪开石脱出结构水，晶格破坏；1000℃放热效应，脱水物质结晶成莫来石和方石英。

图 14-114 埃洛石、高岭石和迪开石的 DTA-TG 曲线

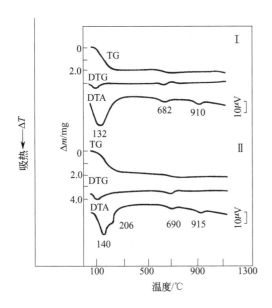

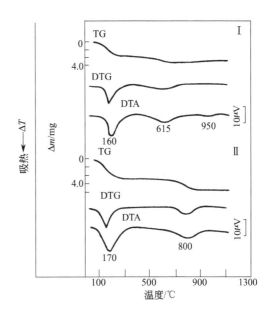

图 14-115 蒙脱石的 DTA-TG-DTG 曲线

样品名称：蒙脱石（Montomorillonite），（Na，Ca）$_{0.33}$ （Al，Mg）$_2$[Si$_4$O$_{10}$]（OH）$_2$·nH$_2$O。

测试结果：

Ⅰ. 钠蒙脱石 132℃吸热效应，脱出层间水，伴随失重；682℃吸热效应，脱出结构水，伴随失重，晶格破坏；910℃吸热效应，脱水物质重结晶。

Ⅱ. 钙蒙脱石 140℃和206℃吸热效应，钙蒙脱石分阶段脱出层间水；690℃吸热效应，钙蒙脱石脱出结构水，晶粒破坏；915℃吸热效应，脱水物质转化成堇菁石、顽火辉石和石英。

图 14-116 海绿石和皂石的 DTA-TG-DTG 曲线[7]

样品名称：Ⅰ. 海绿石（Glauconite），K$_{1-x}$（Ai，Fe）$_2$ [Al$_{1-x}$，Si$_{3+x}$O$_{10}$]（OH）$_2$；Ⅱ. 皂石（Saponite），Na$_x$ （H$_2$O）$_4${Mg$_2$[Al$_x$，Si$_{4-x}$O$_{10}$]（OH）$_2$}。

测试结果：

Ⅰ. 海绿石 160℃吸热效应，海绿石脱出吸附水；615℃吸热效应，海绿石脱出结构水，晶格破坏；950℃吸热效应，脱水物质重结晶。

Ⅱ. 皂石 170℃吸热效应，皂石脱出层间水；800℃吸热效应，皂石脱出结构水。

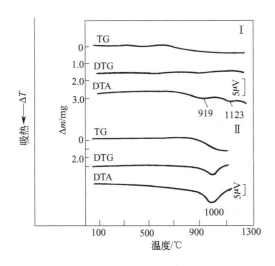

样品名称：Ⅰ. 白云母（Muscovite），KAl$_2$[AlSi$_3$O$_{10}$]（OH）$_2$，（K$_2$O 11.8%，Al$_2$O$_3$ 38.5%，SiO$_2$ 45.2%，H$_2$O 4.5%）；Ⅱ. 黑云母（Biotite），K（Mg，Fe，Al）$_{2\sim3}$ [（Al Si$_3$）O$_{10}$]（OH）$_2$。

测试结果：

Ⅰ. 白云母 919℃吸热效应，白云母脱出结构水，晶格破坏；1123℃吸热效应，脱水物质结晶为白榴石、γ-Al$_2$O$_3$ 和尖晶石。

Ⅱ. 黑云母 1000℃吸热效应，黑云母脱出结构水，晶格破坏。

图 14-117 白云母[2]和黑云母[7]的 DTA-TG-DTG 曲线

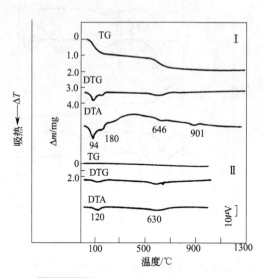

图 14-118 水黑云母[2]和水白云母[7]
的 DTA-TG-DTG 曲线

样品名称：Ⅰ. 水黑云母（Hydrobiotite）；Ⅱ. 水白云母（Hydromuscovite）。

测试结果：

Ⅰ. 水黑云母　94℃和180℃吸热效应，水黑云母脱出层间水；646℃吸热效应，水黑云母脱出结构水，晶格破坏；901℃吸热效应，脱水物质分解。

Ⅱ. 水白云母　120℃吸热效应，水白云母脱出层间水；630℃吸热效应，水白云母脱出结构水，晶格破坏。

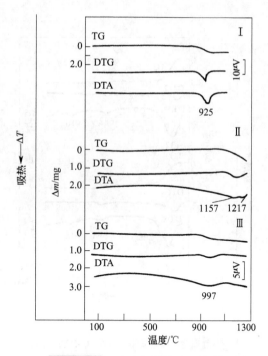

图 14-119 珍珠云母[7]、金云母[2]
和钠云母[2]的 DTA-TG-DTG 曲线

样品名称：Ⅰ. 珍珠云母（Margarite），$CaAl_2(Al_2Si_2)O_{10}(OH)_2$；Ⅱ. 金云母（Phlogopite），$KMg_3(AlSi_3)O_{10}(OH)_2$；Ⅲ. 钠云母（Paragonite），$NaAl_2(AlSi_3)O_{10}(OH)_2$。

测试结果：

Ⅰ. 珍珠云母　925℃吸热效应，珍珠云母脱出结构水，晶格破坏。

Ⅱ. 金云母　1157℃和1217℃吸热效应，金云母脱出结构水，生成镁橄榄石（Mg_2SiO_4），白榴石（$KAlSi_2O_6$）和 MgO。

Ⅲ. 钠云母　997℃吸热效应，钠云母脱出结构水，生成钠长石（$NaAlSi_3O_8$）和 Al_2O_3。

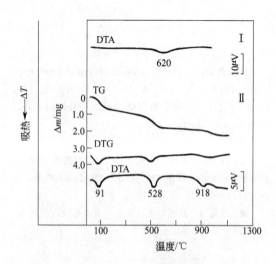

样品名称：Ⅰ. 绢云母（Sericite）；Ⅱ. 伊利石（Illite），$K_{1-x}(H_2O)_x Al_2[AlSi_3O_{10}](OH)_{2-x}(H_2O)_x$。

测试结果：

Ⅰ. 绢云母　620℃吸热效应，绢云母脱出结构水，晶格破坏。

Ⅱ. 伊利石　91℃吸热效应，伊利石脱出层间水；528℃吸热效应，伊利石脱出部分结构水，晶格破坏；918℃吸热效应，伊利石脱出另一部分结构水，分解，生成镁尖晶石，莫来石等。

图 14-120 绢云母[7]和伊利石[2]的 DTA-TG-DTG 曲线

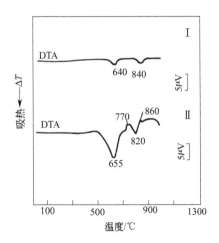

样品名称：Ⅰ. 透绿泥石（Sheridanite），$Mg_3(OH)\{Al_3[(Si,Al)_4O_{10}](OH)_2\}$；Ⅱ. 铁绿泥石（Ripidolite），$(Mg,Fe,Al)_3(OH)_6\{(Mg,Fe,Al)_3[(Si,Al)_4O_{10}](OH)_2\}$。

测试结果：

Ⅰ. 透绿泥石　640℃吸热反应，透绿泥石脱出层间八面体中的结构水；840℃吸热效应，透绿泥石脱出2:1层中八面体中的结构水。

Ⅱ. 铁绿泥石　655℃吸热效应，铁绿泥石脱出层间八面体中的结构水；770℃放热效应，Fe^{2+}氧化成Fe^{3+}；820℃吸热效应，铁绿泥石脱出2:1层中八面体中的结构水；860℃放热效应，生成镁尖晶石$[(Mg,Fe)Al_2O_4]$和顽火辉石$(Mg_2Si_2O_6)$。

图 14-121　透绿泥石和铁绿泥石的 DTA 曲线[7]

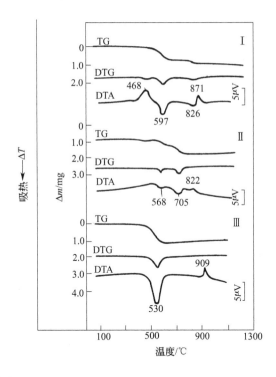

图 14-122　斜绿泥石、镍绿泥石和锂绿泥石的 DTA-TG-DTG 曲线[2]

样品名称：Ⅰ. 斜绿泥石（Clinochlore），$(Mg,Fe,Al)_3(OH)_6\{(Mg,Fe^{2+},Al)_3[(Si,Al)_4O_{10}](OH)_2\}$；Ⅱ. 镍绿泥石（Nimite），$(Ni,Al)_3(OH)_6\{(Ni,Al)_3[AlSi_3O_{10}](OH)_2\}$；Ⅲ. 锂绿泥石（Cookeite），$LiAl_2(OH)_6\{Al_2[AlSi_3O_{10}](OH)_2\}$。

测试结果：

Ⅰ. 斜绿泥石　468℃放热效应，斜绿泥石的Fe^{2+}氧化；597℃吸热效应，斜绿泥石脱出层间八面体的结构水；826℃吸热效应，斜绿泥石脱出2:1层间八面体中的结构水；871℃放热效应，生成$MgAl_2O_4$、MgO、SiO_2等。

Ⅱ. 镍绿泥石　568℃吸热效应，镍绿泥石脱出层间八面体层的结构水；705℃吸热效应，镍绿泥石脱出2:1层间八面体层中的结构水；822℃放热效应，生成镍橄榄石$(Ni_2[SiO_4])$及其他铝硅酸盐。

Ⅲ. 锂绿泥石　530℃吸热效应，锂绿泥石脱出结构水，晶格破坏；909℃放热效应，脱水物质生成莫来石、Li_2O、SiO_2等。

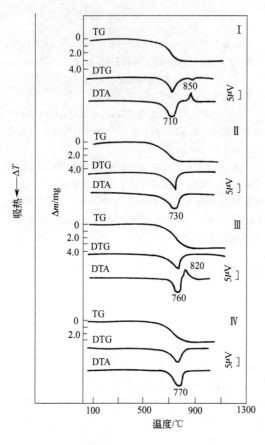

样品名称：Ⅰ.α-纤蛇纹石（α-Chrysotile），Mg_6 $[Si_4O_{10}]$ $(OH)_8$，（MgO 43.0%，SiO_2 44.1%，H_2O 12.9%）；Ⅱ.β-纤蛇纹石（β-Chrysotile），Mg_6 $[Si_4O_{10}]$ $(OH)_8$；Ⅲ.α-叶蛇纹石（α-Antigorite），Mg_6 $[Si_4O_{10}]$ $(OH)_8$；Ⅳ.β-叶蛇纹石（β-Antigorite），Mg_6 $[Si_4O_{10}]$ $(OH)_8$。

测试结果：

Ⅰ.α-纤蛇纹石　710℃吸热效应，α-纤蛇纹石脱出结构水，晶格破坏；850℃放热效应，脱水物质生成镁橄榄石和非晶质的 $Mg_2Si_2O_6$。

Ⅱ.β-纤蛇纹石　730℃吸热效应，β-纤蛇纹石脱出结构水。

Ⅲ.α-叶蛇纹石：760℃吸热效应，α-叶蛇纹石脱出结构水，晶格破坏；820℃放热效应，脱水物质生成镁橄榄石（Mg_2SiO_4）和非晶质的 $Mg_2Si_2O_6$。

Ⅳ.β-叶蛇纹石：770℃吸热效应，β-叶蛇纹石脱出结构水。

图 14-123　**α-纤蛇纹石、β-纤蛇纹石、α-叶蛇纹石和 β-叶蛇纹石的 DTA-TG-DTG 曲线**[7]

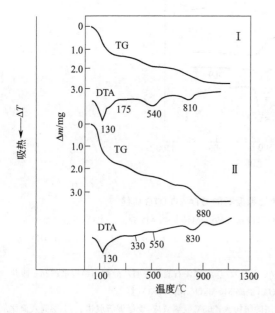

样品名称：Ⅰ.蛭石（Vermiculite），$(Mg,Fe^{3+},Al)_3$ $(Al,Si)_4O_{10}(OH)_2 \cdot nH_2O$；Ⅱ.海泡石（Sepiolite），$Mg_8(H_2O)_4[Si_6O_{15}]_2(OH)_4 \cdot 8H_2O$。

测试结果：

Ⅰ.蛭石　130℃、175℃和540℃吸热效应，蛭石分阶段脱出层间水；810℃吸热效应，蛭石脱出结构水，结构破坏；850℃以后，生成顽火辉石、Al_2O_3 等。

Ⅱ.海泡石　130℃吸热效应，海泡石脱出沸石水；330℃和550℃吸热效应，海泡石分阶段脱出结合水；830℃吸热效应，海泡石脱出结构水，晶格破坏；880℃放热效应，脱水物质生成顽火辉石和 SiO_2。

图 14-124　**蛭石和海泡石的 DTA-TG 曲线**

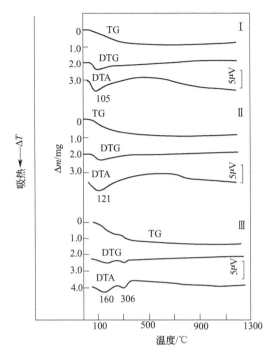

图 14-125 斜发沸石、丝光沸石和片沸石的 DTA-TG-DTG 曲线[2]

样品名称：Ⅰ. 斜发沸石（Clinoptilolite），(Na,K,Ca)$_{2\sim3}$ [Al$_2$(Al, Si)$_2$Si$_{13}$O$_{36}$]·12H$_2$O；Ⅱ. 丝光沸石（Mordenite），Na$_2$Ca [AlSi$_5$O$_{12}$]$_4$·12H$_2$O；Ⅲ. 片沸石（Heulandite），(Ca, Na$_2$) (Al$_2$Si$_7$O$_{18}$) ·6H$_2$O。

测试结果：

Ⅰ. 斜发沸石　105℃吸热效应，斜发沸石脱出沸石水。

Ⅱ. 丝光沸石　121℃吸热效应，丝光沸石脱出沸石水。

Ⅲ. 片沸石　160℃和306℃吸热效应，片沸石分阶段脱出沸石水。

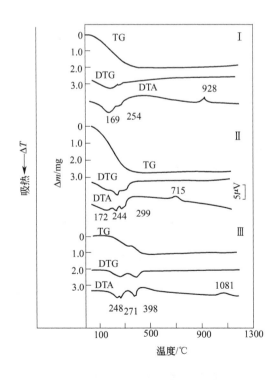

样品名称：Ⅰ. 菱沸石（Chabazite），(Ca,Na$_2$)[AlSi$_2$O$_6$]$_2$·6H$_2$O；Ⅱ. 交沸石（Harmotome），Ba[AlSi$_3$O$_8$]$_2$·6H$_2$O；Ⅲ. 钙沸石（Scolecite），Ca[Al$_2$Si$_3$O$_{10}$]·3H$_2$O（CaO 14.3%，Al$_2$O$_3$ 26.0%，SiO$_2$ 45.9%，H$_2$O 13.8%）。

测试结果：

Ⅰ. 菱沸石　169℃和254℃吸热效应，菱沸石分阶段脱出沸石水；928℃放热效应，晶格破坏形成非晶质。

Ⅱ. 交沸石　172℃，244℃和299℃吸热效应，交沸石分阶段脱出沸石水；715℃放热效应，脱水物质结晶生成钡长石。

Ⅲ. 钙沸石　248℃，271℃和398℃吸热效应，钙沸石分阶段脱出沸石水；1081℃放热效应，脱水物质结晶，生成钙长石。

图 14-126 菱沸石、交沸石和钙沸石的 DTA-TG-DTG 曲线[2]

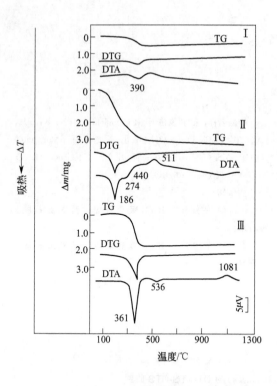

样品名称：Ⅰ. 方沸石（Analcime），$Na_2[AlSi_2O_6]_2 \cdot 2H_2O$，（$Na_2O$ 14.09%，Al_2O_3 23.20%，SiO_2 54.54%，H_2O 8.17%）；Ⅱ. 辉沸石（Stilbite），$(Ca,Na_2,K)_2[Al_2Si_7O_{18}] \cdot 7H_2O$；Ⅲ. 钠沸石（Natrolite），$Na_2[Al_2Si_3O_{10}] \cdot 2H_2O$，（$Na_2O$ 16.3%，Al_2O_3 26.8%，SiO_2 47.4%，H_2O 9.5%）。

测试结果：

Ⅰ. 方沸石　390℃吸热效应，方沸石脱出沸石水。

Ⅱ. 辉沸石　186℃和274℃吸热效应，辉沸石分阶段脱出沸石水；511℃放热效应，脱水物质晶格破坏，形成非晶质。

Ⅲ. 钠沸石　361℃吸热效应，钠沸石脱出沸石水；536℃吸热效应，生成变钠沸石（$Na_2Al_2Si_3O_{10}$）；1081℃放热效应，生成霞石（$KNa_3[AlSiO_4]_4$，其中的K、Na属类质同象物）。

图 14-127　方沸石、辉沸石和钠沸石的 DTA-TG-DTG 曲线[2]

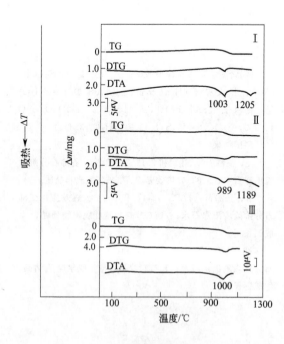

样品名称：Ⅰ. 绿帘石（Epidote），$Ca_2FeAl_2[Si_2O_7][SiO_4]O(OH)$；Ⅱ. 红帘石（Piemontite），$Ca_2Mn^{3+}Al_2[Si_2O_7][SiO_4]O(OH)$；Ⅲ. 黝帘石（Zoisite），$Ca_2Al_3[Si_2O_7][SiO_4]O(OH)$。

测试结果：

Ⅰ. 绿帘石　1003℃吸热效应，绿帘石脱出结构水；1205℃吸热效应，脱水生成钙长石及 Ca，Fe 的硅酸盐。

Ⅱ. 红帘石　989℃吸热效应，红帘石脱出结构水；1189℃吸热效应，脱水物质生成钙长石及 Ca，Mn 的硅酸盐。

Ⅲ. 黝帘石　1000℃吸热效应，黝帘石脱出结构水生成钙长石。

图 14-128　绿帘石[2]、红帘石[2]和黝帘石[7]的 DTA-TG-DTG 曲线

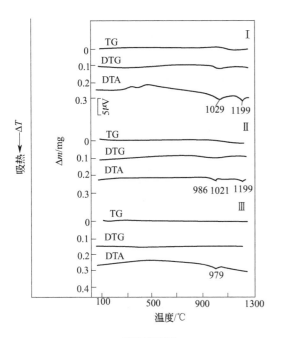

第二篇

样品名称：Ⅰ. 斜黝帘石（Clinoziosite），Ca₂AlAl₂[Si₂O₇][SiO₄]O(OH)，（CaO 24.6%，Al₂O₃ 33.9%，SiO₂ 39.5%，H₂O 2%）；Ⅱ. 矾帘石（Mukhinite），Ca₂Al₂V[Si₂O₇][SiO₄]O(OH)；Ⅲ. 褐帘石（Allanite），(Ca，Mn，Ce，La，Y，Th)₂(Fe²⁺，Fe³⁺，Ti)(Al，Fe)₂[Si₂O₇][SiO₄]O(OH)。

测试结果：

Ⅰ. 斜黝帘石　1029℃吸热效应，斜黝帘石脱出结构水，伴随失重；1199℃吸热效应，生成钙铝榴石和钙长石。

Ⅱ. 矾帘石　986℃和1021℃吸热效应，矾帘石脱出结构水；1199℃吸热效应，脱出生成钙长石、钙钒榴石和SiO₂。

Ⅲ. 褐帘石　979℃吸热效应，褐帘石脱出结构水，分解生成方铈矿和其他硅酸盐。

图 14-129 斜黝帘石、矾帘石和褐帘石的 DTA-TG-DTG 曲线[2]

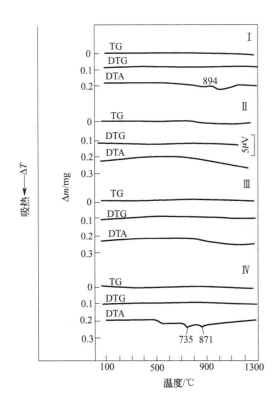

样品名称：Ⅰ. 钍石（Thorite），Th[SiO₄]，（ThO₂ 81.5%，SiO₂ 18.5%）；Ⅱ. 锆石（Zircon），Zr[SiO₄]，（ZrO₂ 67.1%，SiO₂ 32.9%）；Ⅲ. 硅锌矿（Willemite），Zn₂[SiO₄]，（ZnO 73.0%，SiO₂ 27.0%）；Ⅳ. 硅铋矿（Eulytite），Bi₄[SiO₄]₃，（BiO 80.91%，SiO₂ 19.08%）。

测试结果：

Ⅰ. 钍石　894℃放热效应，钍石分解生成 ThO₂ 和 SiO₂。

Ⅱ. 锆石　从 20℃到1200℃锆石无任何热效应。

Ⅲ. 硅锌矿　从 20℃到1300℃硅锌矿无产生任何热效应。

Ⅳ. 硅铋矿　735℃吸热效应，硅铋矿发生多晶型转变；871℃吸热效应，硅铋矿转变成另一晶型。

图 14-130 钍石、锆石、硅锌矿和硅铋矿的 DTA-TG-DTG 曲线[2]

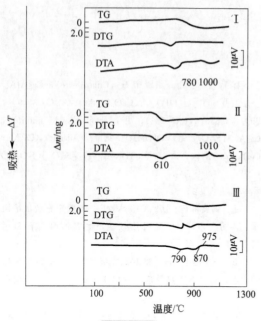

样品名称：Ⅰ. 针钠钙石（Pectolite），$NaCa_2[Si_3O_8(OH)]$；Ⅱ. 富硅高岭石（Anauxite），$Al_2Si_3O_7(OH)_4$；Ⅲ. 葡萄石（Prehnite），$Ca_2Al_2Si_3O_{10}(OH)_2$，（CaO 27.16%，Al_2O_3 24.78%，SiO_2 43.69%，H_2O 4.37%）。

测试结果：

Ⅰ. 针钠钙石 780℃吸热效应，针钠钙石脱出结构水；1000℃吸热效应，脱水物质熔化。

Ⅱ. 富硅高岭石 610℃吸热效应，富硅高岭石脱出结晶水；1010℃放热效应，脱水物质的晶格重新排列。

Ⅲ. 葡萄石 790℃吸热效应，1mol 葡萄石脱出 1/2mol 的结晶水；870℃吸热效应，1mol 葡萄石脱出 1/2mol 的结构水；975℃放热效应，脱水物质结晶，生成钙长石和硅灰石。

图 14-131 针钠钙石、富硅高岭石和葡萄石的 DTA-TG-DTG 曲线[7]

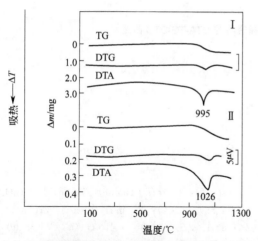

图 14-132 锂电气石和镁电气石的 DTA-TG-DTG 曲线[2]

样品名称：Ⅰ. 锂电气石（Elbaite），$NaLiAl_2Al_6[Si_6O_{18}][BO_3]_3(OH)_4$；Ⅱ. 镁电气石（Dravite），$NaMg_3Al_6[Si_6O_{18}][BO_3]_3(OH)_4$。

测试结果：

Ⅰ. 锂电气石 995℃吸热效应，锂电气石脱出结构水。

Ⅱ. 镁电气石 1026℃吸热效应，镁电气石脱出结构水。

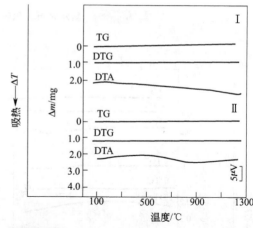

图 14-133 黄玉和黝方石的 DTA-TG-DTG 曲线[2]

样品名称：Ⅰ. 黄玉（Topaz），$Al_2[SiO_4](F,OH)_2$；Ⅱ. 黝方石（Nosean），$Na_8[AlSiO_4]_6[SO_4]$。

测试结果：从 20℃到 1200℃黄玉和黝方石无任何热效应。

参 考 文 献

[1] Werner S K. Differential Thermal Analysis Application and Results in Mineralogy. Berlin：Spring-Verlag，1974.

[2] 陈国玺，张月明，等. 矿物热分析粉晶分析相变图谱手册. 成都：四川科学技术出版社，1989.

[3] 戴安邦，沈孟长. 元素周期表. 上海：上海科学技术出版社，1981.

[4] 俞志明等. 中国化工商品大全（上、下）. 北京：中国物资出版社，1992.

[5] 樱井良文，小泉光惠，等. 新型陶瓷材料及其应用. 陈俊彦，王余君译. 北京建筑工业出版社，1983.

[6] Blazek A. Thermal Analysis. New York：Van Nostrand Reinhold Company，1973.

[7] Todor D N. Thermal Analysis of Minerals. Kent：Abacus Press，1976.

[8] 谢先德，郑绵平，刘来保，等. 硼酸盐矿物. 北京：科学出版社，1965.

第二篇

第十五章 含能材料的热分析曲线

一般而言，含能材料是一些在通常条件下处于亚稳态的物质。由热分析可正确评估它们的热学性质和潜在的危险性。

本章共收录100余种样品190余条的热分析曲线，共95幅图。

使用北京光学仪器厂产LCT型热分析仪的实验条件如下：微量型铂铑10-铂支持器；试样量通常为2～3mg；升温速率10℃/min；差热量程±25μV；TG量程10mg；测温量程10mV；记录纸速率4mm/min；铂坩埚（ϕ5mm×3mm，敞口）；参比端空坩埚。

用岛津DSC-50型热分析仪的测试条件：试样量1.0mg左右；升温速率10℃/min；氮气气氛（纯度99.99%以上），流速20ml/min；铂坩埚（ϕ5mm×3mm）。上述仪器均用KNO$_3$、In和KClO$_4$等做了温度标定。

取自G. Krien博士的数据是用瑞士Mettler公司的热分析仪（Ⅱ型）测得的。升温速率6℃/min；差热量程±100μV；铂铑-铂热电偶，量程2mV；铝坩埚，敞口；参比物α-Al$_2$O$_3$；动态干燥空气，流速约97ml/min（5.8L/h）。

为节省篇幅，凡与上述相同的实验条件，原则上不再重述。

第一节 单组分炸药的热分析曲线

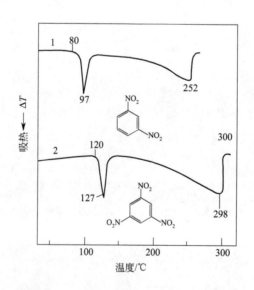

图 15-1 硝基苯在动态空气中的 DTA 曲线[1,2]

样品名称：1—1,3-二硝基苯（1,3-Dinitrobenzene，1,3-DNB）；2—1,3,5-三硝基苯（1,3,5-Trinitrobenzene，1,3,5-TNB）。

试样量：1—22.68mg；2—19.15mg。

测试结果：

熔融和气化过程的特征温度

试样号	熔 化 峰			气 化 峰
	T_i /K	T_e /K	T_p /K	T_p /K
1	353	363	370	525
2	393	395	400	571

注：与 DTA 联用的 TG 曲线上的 T_i 如下：1—388K；2—423K。

【备注】

· 热性质

试样号	T_m /K	T_b /K	T_d /K
1	363[1]；364[3]	564[1]；576[3]	548[1]
2	395.7[2]；394.4[4]	623[2]	505[2]

注：2 在 120℃、12h α 1.2％[4]。

· 构造异构体

名　称	T_m /K	T_b /K
1,2-二硝基苯	391[3]；390.1[1]	592[3]
1,4-二硝基苯	445[3]；447[5]；446.7[1]	582[3]；572 (104kPa)[5]
1,2,4-三硝基苯	335[3]	
1,2,3-三硝基苯	400.7[3]	

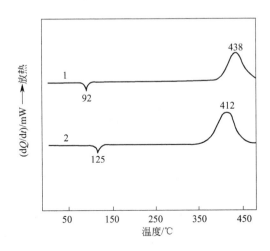

图 15-2　硝基苯在静态空气耐压密封坩埚中的 DSC 曲线❶

样品名称、结构式分别同图 15-1 中的 1 和 2。

试样量约 1mg；DSC 量程约 42mJ/s(10mcal/s)；升温速率 10℃/min；记录纸速率 20mm/min；耐压不锈钢密封坩埚；参比物为 α-Al$_2$O$_3$；CDR-1 型差动热分析仪（上海天平仪器厂）。

测试结果：

· 熔融峰 T_p　1—365K，2—398K。

· 分解峰 T_p　1—711K，2—685K。

---

❶　根据文献［6］重绘。该图及后面根据文献［6］重绘的图，图中横坐标分度均是根据估读值补加的。分解始点温度则引自：化学通报，1987（12）：30。1 和 2 分解始点温度分别是 371℃和 348℃。

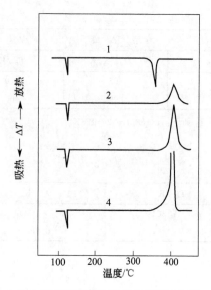

图 15-3　　1,3,5-三硝基苯在不同氦气氛压力下的 DTA 曲线[7]

样品名称、结构式同图 15-1 中的 2。

试样量 5mg；升温速率 10℃/min；气氛压力（表压力）：1—0Pa；2—0.49MPa；3—0.98MPa；4—4.9MPa；盖上开有针孔的密封铝坩埚（ϕ5mm×2.5mm）；理学 R-Ⅰ型高压差热分析仪。

测试结果：

· 吸热峰为熔融过程，熔点 122~123℃。

· 400℃左右的峰为分解放热峰。当压力（表压力）超过 69kPa 时，可观察到分解放热峰。以放热峰前缘 45°的切线与基线延长线交点的温度表示的分解起始温度T_i^* ❶ 652K。压力增大，放热峰面积增大，但分解峰的 T_p 与压力关系不大，约为 680K。

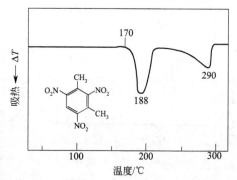

图 15-4　　三硝基间二甲苯在动态空气中的 DTA 曲线[8]

样品名称：2,4,6-三硝基间二甲苯（2,4,6-Trinitro-*m*-xylene，TNX）。试样量 28.81mg。

测试结果：

· 熔融峰　T_i 443K，T_e 456K，T_p 461K。

· 气化峰　T_p 563K。

· 与 DTA 联用的 TG 失重T_i 408K。

【备注】

· 热性质　T_m 456K[8]，451~453K[9]。

· 热安定性　80℃保持 48h，α 0.035%[9]。

· 用软质不锈钢耐压密封坩埚（岛津 DSC-20 仪；试样量 1~3mg；升温速率 10℃/min；动态氮气氛）测得分解放热峰 T_i ❷ 581K，T_p 616K，ΔH 642kJ/mol[10]。

---

❶　下述 T_i^* 的意义与此相同。

❷　按文献 [11] 应是 T_e。

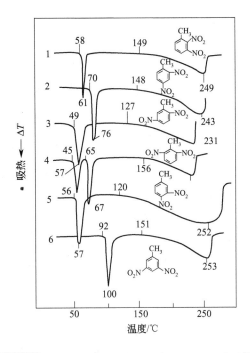

图 15-5　二硝基甲苯在动态空气中的 DTA 曲线[12]

样品名称：1—2,3-二硝基甲苯（2,3-Dinitrotoluene，2,3-DNT）；2—2,4-二硝基甲苯（2,4-Dinitrotoluene，2,4-DNT）；3—2,5-二硝基甲苯（2,5-Dinitrotoluene，2,5-DNT）；4—2,6-二硝基甲苯（2,6-Dinitrotoluene，2,6-DNT）；5—3,4-二硝基甲苯（3,4-Dinitrotoluene，3,4-DNT），6—3,5-二硝基甲苯（3,5-Dinitrotoluene，3,5-DNT）。

试样量：1—13.58mg；2—22.62mg；3—13.73mg；4—16.29mg；5—25.01mg；6—21.40mg。

测试结果：

- 试样 4 的晶型转变温度　T_i 318K；T_p 329K。
- 熔融过程和气化过程

试样号	熔　化　峰			气　化　峰	
	T_i /K	T_e /K	T_p /K	T_i /K	T_p /K
1	331	333	334	422	522
2	343	347	349	421	516
3	322	326	330	400	504
4	338	339	340	429	500
5	329		330	393	525
6	365	368	373	424	526

- 与DTA联用的TG失重 T_i：1—379K；2—363K；3—383K；4—363K；5—393K；6—383K。

【备注】

- 热性质

试样号	T_m /K	T_b /K	T_d /K
1	332.7[12];336[13]	592[13]	578[13]
2	343.7[12];344[13]	577[13];593[12]	563[13];435[12]
3	323.7[12];325.7[13]	575[13]	582[13]
4	321(γ 型)[12];338.5(β 型)[12]	563[13];558[12]	580[13]
5	332.7[12];333[13]	606[13]	584[13]
6	366[12];364[13]	588[12];589[13]	607[13]

- 试样 4 的晶型转变温度 T_g 321K。

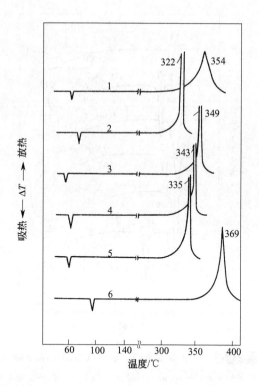

图 15-6 **二硝基甲苯在 4.9MPa 表压力的氮气氛中的 DTA 曲线**[14]

样品名称、结构式同图 15-5。

试样量 5mg；升温速率 10℃/min；坩埚、仪器同图 15-3。

测试结果：

- 吸热峰为熔融过程。
- 分解放热峰的温度

试样号	T_i^*/K	T_p/K	试样号	T_i^*/K	T_p/K
1	578	627	4	580	616
2	563	595	5	584	608
3	582	522	6	607	642

【备注】 当实验条件与图15-2相同时，由 5 种二硝基甲苯测得的熔融峰和分解峰的 T_p 如下[6]：

试 样	熔 融 峰	分 解 峰	
	T_p/K	T_i/K	T_p/K
2,3-DNT	334	496	631
2,4-DNT	346	448	586
2,6-DNT	334（?）	563	630
3,4-DNT	333	485	614
3,5-DNT	367	555	652

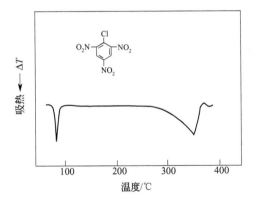

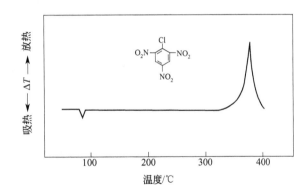

图 15-7 2,4,6-三硝基氯苯在静态空气中的 DTA 曲线[15]

样品名称：2,4,6-三硝基氯苯（2,4,6-Trinitrochlorobenzene，TNCB，Picryl chloride）。

试样量 5mg；升温速率 10℃/min；坩埚、仪器同图 15-3。

测试结果：约80℃熔融；约自 220℃出现气化与分解的综合热效应峰，T_p 约 623K。

【备注】

· 热性质 T_m 355.7K[16]，354.7 ～ 356K[17]，358K[18]；凝固点 356K[19]；T_b 626K[15]。

· 在 490kPa 的氮气氛中，在 320～400℃可观察到放热分解峰[15]。

· 2,4,5-三硝基氯苯的 T_m 为 389K[16]。

图 15-8 2,4,6-三硝基氯苯在 4.9MPa 表压力的氮气氛中的 DTA 曲线[18]

样品名称同图 15-7。

试样量 5mg；升温速率 10℃/min；坩埚、仪器同图 15-3。

测试结果：

· 吸热峰为熔融过程，T_i 约 350K，T_p 约 354K。

· 放热峰为分解过程，T_i 约 601K，T_p 约 644K。

【备注】 在 1.96MPa 表压力的 O_2 气氛中，比在相同压力的 He 气氛中分解得快，且不呈单峰[15]。

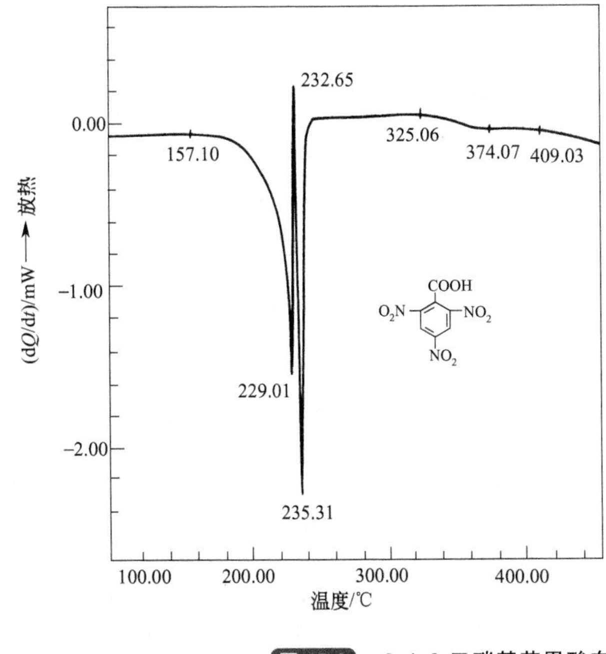

样品名称：2,4,6-三硝基苯甲酸（2,4,6-Trinitrobenzoic acid）。

试样量 0.736mg；岛津 DSC-50 仪。

测试结果：

· 熔融峰（同时分解） T_i 430.25K，T_e 493.20K，T_{p1} 502.16K，T_{p2} 505.80K，T_{p3} 508.46K。

【备注】

· 热性质 T_m 501K（同时分解）[22]，501.9K[18]；T_d 493K[22]。

· 在动态空气中（5.8L/h），6℃/min，试样量 37.77mg，DTA-TG 结果[22]：150℃开始失重；熔融吸热过程至约 208℃即转入快速分解放热过程，热平衡点温度约 208℃。

图 15-9 2,4,6-三硝基苯甲酸在动态氮气中的 DSC 曲线

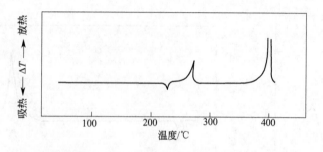

样品名称同图 15-9。

试样量 5mg；

升温速率 10℃/min；

坩埚、仪器同图 15-3。

图 15-10 2,4,6-三硝基苯甲酸在 4.9MPa 表压力的氦气氛中的 DTA 曲线[18]

测试结果：

- 220℃左右的吸热峰是熔融峰，与此同时发生脱羧反应。
- 试样熔融后，转变为急剧的放热反应，形成放热峰。
- 脱羧反应生成三硝基苯（TNB），并在 400℃左右剧烈放热分解。

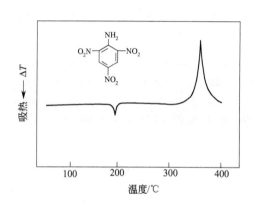

图 15-11 2,4,6-三硝基苯胺在 4.9MPa[18] 表压力的氦气氛中的 DTA 曲线

样品名称：2,4,6-三硝基苯胺（2,4,6-Trinitroaniline，Picryl Amine）。

试样量 5mg；升温速率 10℃/min；坩埚、仪器同图 15-3。

测试结果：

- 熔融峰 T_p 约 464K。
- 分解峰 T_i 约 597K，T_p 约 633K。

【备注】

- 热性质 T_m 463K[20]，T_d 533K[20]，外推法得到的 T_b 663K[21]。

- 在动态空气中（5.8L/h），升温速率 6℃/min、试样量 40.43mg 条件下[20]，DTA 曲线上的熔融峰 T_e 约 463K，T_p 约 468K；分解峰 T_i 563K，T_p 593K。

- 在1.96MPa（表压力）的氧气氛中，较相同压力的 He 气氛中分解峰的 T_i 提前约 50℃[15]。

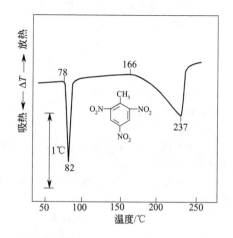

图 15-12 α-三硝基甲苯在静态空气中的 DTA 曲线

样品名称：α-三硝基甲苯（2,4,6-Trinitrotoluene，TNT）；试样来源：实验室精制品。

试样量 3.0mg；升温速率 10℃/min；差热量程±50μV；记录纸速率 4mm/min；LCT 仪。

测试结果：

- 熔融峰 T_i 351K；T_e 354K；T_p 355K。
- 气化峰 T_i 439K；T_e 463K；T_p 510K。

【备注】

- 热性质 T_m 354K[23]，354.1K[24]；T_b 611K[25]；618K[23]；T_d 523K[23]；热失重 T_i 423K[23]。

- 热安定性[24] 100℃，48h，α 0.04%；120℃，48h，α 0.65%。

- 在如下条件作逸出气检测[26]：试样量 100mg、升温速率 10℃/min、载气和参考气为氦气、检测器热导池。所测结果是：约 200℃开始气化，270℃开始分解；用冷凝法除去气化出的 TNT 后，气体产物峰的 T_i 为 543K，T_p 568K；由同时联用的 DTA 得到的放热峰的 T_i 为 560K，T_p 572K。

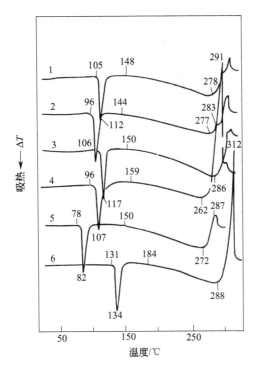

图 15-13 三硝基甲苯在动态空气中的 DTA 曲线[27]

样品名称：1—2,3,4-三硝基甲苯（2,3,4-Trinitrotoluene）；2—2,3,5-三硝基甲苯（2,3,5-Trinitrotoluene）；3—2,3,6-三硝基甲苯（2,3,6-Trinitrotoluene）；4—2,4,5-三硝基甲苯（2,4,5-Trinitrotoluene）；5—2,4,6-三硝基甲苯（2,4,6-Trinitrotoluene，α-TNT）；6—3,4,5-三硝基甲苯（3,4,5-Trinitrotoluene）。

结构式：

试样量：1—23.28mg；2—18.82mg；3—27.04mg；4—21.06mg；5—20.57mg；6—16.99mg。

测试结果：熔融过程和气化过程如下

试样号	熔 化 峰			气 化 峰
	T_i /K	T_e /K	T_p /K	T_i /K
1	378	383	385	421
2	369	373	375	417
3	379	381	390	423
4	369	373	380	432
5	351	353	355	423
6	404	405	507	457

【备注】 热性质如下表所示❶。

❶ 表中 T_b 为近似值，5号试样的热性质见图 15-12 注。T_b、失重 T_i 和 T_d 引自文献 [27]。在耐压密封坩埚中测定[6]，分解峰温度如下：2—T_i 553K，T_p 621K；3—T_i 511K，T_p 610K；4—T_i 483K，T_p 572K；5—T_i 527K，T_p 595K；6—T_i 507K，T_p 594.7K。

试样号	T_m /K	T_b /K	失重 T_i /K	T_d /K
1	385[27]	563～583（爆炸）	421	555
2	370[27]；370.7[28]	606～610（爆炸）	417	556
3	384[27]；381[27]	600～608（爆炸）	397	553
4	377[27]	561～566（爆炸）	419	535
6	405[27]；410.7[28]	578～591（爆炸）	429	561

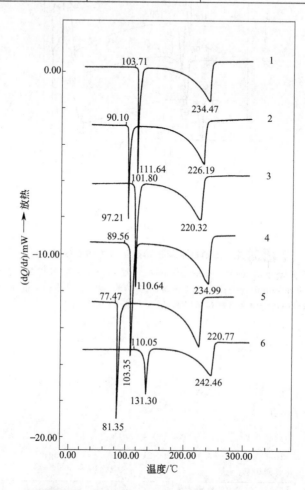

图 15-14 三硝基甲苯在动态氮气中的 DSC 曲线

样品名称、结构式同图 15-13；试样来源：北京理工大学合成并提纯，色谱纯。

试样量：1—1.210mg，2—1.338mg，3—1.415mg，4—1.514mg，5—1.394mg，6—1.074mg。

仪器：岛津 DSC-50 仪。

测试结果：熔融过程和气化过程如下

试样号	熔 化 峰			气 化 峰
	T_i /K	T_e /K	T_p /K	T_p /K
1	376.86	382.74	384.79	507.62
2	363.25	367.75	370.36	499.34
3	374.95	381.63	383.79	493.47
4	362.71	374.12	376.50	508.14
5	350.62	352.56	354.50	493.92
6	383.20	400.28	404.45	515.61

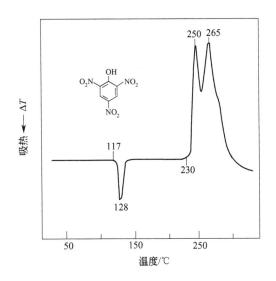

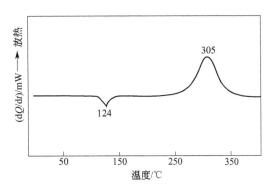

图 15-15 三硝基苯酚在动态空气中的 DTA 曲线[29]

样品名称：三硝基苯酚（2,4,6-Trinitrophenol），苦味酸（Picric Acid，PA）。

试样量 45.27mg。

测试结果：

· 熔融峰 T_i 390K；T_e 394K；T_p 401K。

· 分解峰 T_i 503K；T_e510K；T_{p1}523K；T_{p2}538K。

【备注】

· 热性质 T_m 395K[29]，395.7K[30]；T_d 429K[29]，471K[29]，433K[29]。

图 15-16 三硝基苯酚在静态空气耐压密封坩埚中的 DSC 曲线[6]

样品名称、结构式同图 15-15。

试样量约 1mg；DSC 量程约 42mJ/min（10mcal/min）；升温速率 10℃/min；记录纸速率、坩埚、参比物、仪器同图 15-2。

测试结果：

· 熔融峰 T_p 397K。

· 分解峰 T_i 517K，T_p 578K。

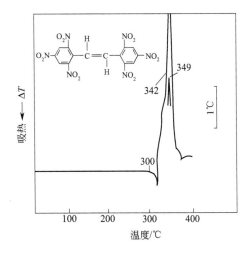

样品名称：六硝基芪，2,2′,4,4′,6,6′-六硝基均二苯基乙烯（Hexanitrostilbene，HNS）。

样品来源：实验室制品。

试样量 3.0mg；差热量程±50μV；仪器 LCT 仪。

测试结果：

· 熔化始点温度 T_i 573K。

· 熔化与分解热平衡点温度 592K。

· 分解峰温度 斜率温度615K；T_p 622K。

【备注】

· 热性质 HNS-I❶ T_m 588～589K[31]，586K[32]，591K（分解）[33]；T_d 563K[33]。

图 15-17 六硝基芪（Ⅰ型）在静态空气中的 DTA 曲线

---

❶ HNS-I为微黄色细小结晶体，而 HNS-II为黄色针状结晶体。HNS-II的熔点为 318℃[31]。

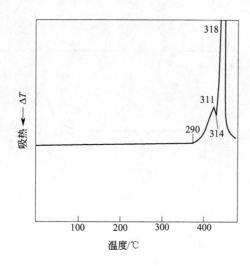

样品名称、结构式同图 15-17；试样量 10.33mg。

测试结果：

- 放热分解始点温度 563K。
- 分解与熔化热平衡点温度 584K；587K。
- 爆发温度 591K。

【备注】 失重（先升华）T_i 约 498K[33]。

图 15-18 六硝基芪在动态空气中的 DTA 曲线[33]

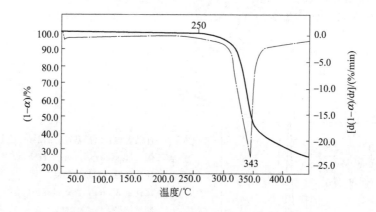

图 15-19 六硝基芪（Ⅰ型）的 TG-DTG 曲线

样品名称、结构式、来源同图 15-17。

试样量 1.500mg；升温速率 10℃/min；氮气氛，45ml/min；PE TGA-7 仪。

测试结果：

- 失重始点温度约 523K。
- DTG 曲线峰顶温度 616K。
- 部分余重与温度对应值

$(1-\alpha) \cdot 10^2$	90	80	70	60	50	40	30
$T/℃$	318.35	329.05	336.73	342.75	347.13	357.67	405.72

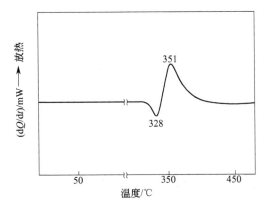

图 15-20 六硝基芪在静态空气耐压密封坩埚中的 DSC 曲线[6]

样品名称、结构式同图 15-17。

试样量约 1mg；DSC 量程约 42mJ/min（10mcal/min）；升温速率 10℃/min；记录纸速率、坩埚、参比物、仪器同图 15-2。

测试结果：

- 熔化始点温度 322℃。
- 熔融与分解热平衡点温度 T_p 601K。
- 分解峰 T_p 624K。

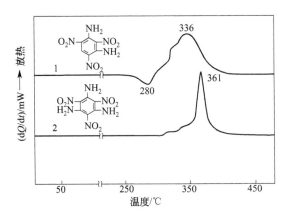

图 15-21 二氨基三硝基苯和三氨基三硝基苯在静态空气耐压密封坩埚中的 DSC 曲线[6]

样品名称：1—二氨基三硝基苯（1,3-Diamino-2,4,6-trinitrobenzene，DATB）；2—三氨基三硝基苯（1,3,5-Triamino-2,4,6-trinitrobenzene，TATB）。

试样量约 1mg；DSC 量程约 42mJ/min（10mcal/min）；升温速率 10℃/min；记录纸速率、坩埚、参比物、仪器同图 15-2。

测试结果：

- 曲线 1 熔融峰 T_p 553K，分解峰 T_p 609K。
- 曲线 2 分解峰 T_i 577K，T_p 634K。

【备注】

- DATB 有两种晶型（Ⅰ型和Ⅱ型），相变温度 217℃（Ⅰ→Ⅱ）[34]。
- 热性质 1—T_m 568～571K[34]，559K[35,36]，558K[37]，563K[36]；T_d 573K[36]。2—T_m 603K（分解）[38]，>603K（无明显熔化点，逐渐分解炭化）[39]，633K[40]。
- 热安定性 1—95℃，30d，不发生变化；100℃，48h，$\alpha=0\%$；100℃，96h，$\alpha=0.4\%$；100℃，100h，不发生爆炸[34]。

  2—250℃，2h，$\alpha=0.80\%$；250℃，4h，$\alpha=1.17\%$；260℃，2h，$\alpha=0.93\%$；260℃，4h，$\alpha=1.54\%$[39]。

- DATB 在动态空气中（5.8L/h），15.87mg，6℃/min 测定[36]，在 220℃ 得晶型转变峰（吸热），约于 280℃ 开始熔融，320℃ 爆发。
- 10mg TATB，10℃/min，参比物 SiO₂，动态氢气氛，测得分解始点温度 357℃、峰温 376℃[26]。

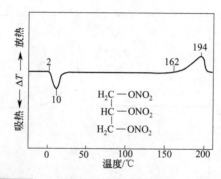

图 15-22 **硝化甘油在动态空气中的 DTA 曲线**[42]

样品名称：硝化甘油（Nitroglycerine，NG），丙三醇三硝酸酯（Glycerintrinitrate）。

试样量 12.68mg；升温速率 4℃/min。

测试结果：

· 不稳定型（三斜晶体）的熔化峰 T_i 275K，T_p 283K。

· 分解放热峰 T_i 435K，T_p 467K。

【备注】 热性质：失重 T_i 385K[42]；T_m[42]，稳定型（斜方晶体）286.4K，不稳定型 275.4K；T_b[43] 453K（67×10^2Pa），398K（2.7×10^2Pa）；T_d[43]，50℃开始分解，60~70℃分解显著，135℃分解极快，145℃呈"沸腾"，215~218℃爆炸。

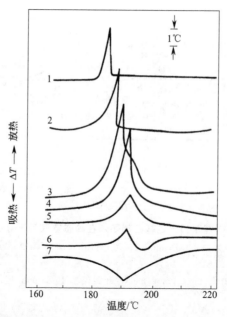

图 15-23 **硝化甘油在不同压力的氮气氛中的 DTA 曲线**[44]

样品名称、结构同图 15-22。

试样量❶约 5.0mg；升温速率❶5℃/min。

气氛压力：1—13.7MPa，2—9.81MPa，3—7.8MPa，4—6.9MPa，5—3.9MPa，6—0.98MPa，7—0Pa（表压力）。

仪器：由 LCT-1 改装（相当于 YCR-1 压力差热仪）。

测试结果：

· 7.8MPa 压力以上时，硝化甘油由分解转为爆发。

· 常压下硝化甘油的 DTA 曲线仅有一吸热峰。

【备注】

· 参考文献 [45] 指出，当氮气压力由 0.98MPa 增至 13.7MPa 时，分解峰温将由 192℃降低至 179℃。

· 3.5mg 试样，在 13MPa 压力的氮气氛中，分解峰的 T_p 随升温速率增加而增加；当升温速率为 30℃/min 时，硝化甘油呈爆燃[46]。

---

❶ 实验条件中试样量、升温速率和差热量程引自文献 [45]。

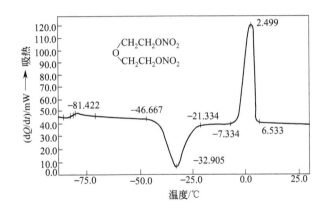

图 15-24　硝化二乙二醇在动态氮气中的 DSC 曲线 ❶

样品名称：硝化二乙二醇（Diethyleneglycol dinitrate，DEGDN，DEGN）。

试样量 25.50mg；升温速率 10℃/min；氮气氛，30ml/min；铝坩埚（加盖），参比端空坩埚（加盖）；PE DSC-7 仪。

测试结果：

- 玻璃化转变　T_g 191.73K。
- 结晶峰　T_i 226.48K，T_e 约 225K，T_p 240.25K，T_f 251.82K。
- 熔融峰　T_i 265.82K，T_e 约 269K，T_p 275.65K，T_f 279.68K。

【备注】

- 热性质[47]　T_m，稳定型 275K，不稳定型 262.3K；T_b 433K（分解）。

- 在动态空气中，试样量 14.39mg，4℃/min，DTA-TG 结果如下[48]：熔融峰 T_i 263K；分解放热峰 T_i 443K；失重 T_i 368K。

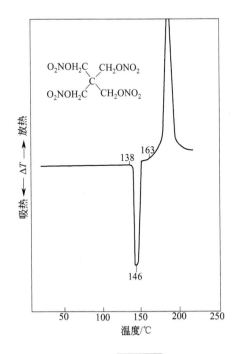

图 15-25　季戊四醇四硝酸酯在动态空气中的 DTA 曲线[49]

样品名称：季戊四醇四硝酸酯（Pentaerythritol Tetranitrate，PETN），喷特儿，泰安。

试样量 12.49mg。

测试结果：

- 熔融峰　T_i 411K；T_e 413K；T_p 419K。
- 分解峰　T_i 436K。
- 爆发温度　464K。

【备注】

- 热性质　T_m 414.5K[49]，414～415K[50]；T_d 436K，443K[49]。

- 熔化焓　(48.1±2.6)kJ/mol[49]。

- 用 TG-FTIR 联用技术测得[51]：热分解时，最先分解出 NO_2，然后进一步分解出 H_2O、CH_2O、CO_2、NO、NO_2、HCN 以及 N_2 等气体。

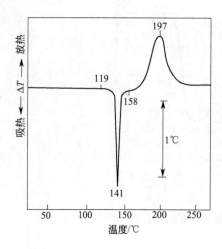

图 15-26 季戊四醇四硝酸酯在静态空气中的 DTA 曲线

样品名称、结构式同图 15-25；

试样来源：实验室精制品。

试样量 3.0mg；LCT 仪。

测试结果：

- 熔融峰　T_i 392K，T_e 413K，T_p 414K。
- 分解峰　T_i 431K，T_p 470K。

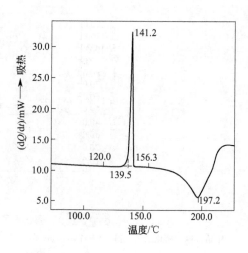

图 15-27 季戊四醇四硝酸酯在动态氩气中的 DSC 曲线

样品名称、结构式、来源同图 15-25。

试样量 2.00mg；升温速率 10℃/min；氩气氛，45ml/min；铂坩埚；PE DSC-7 仪。

测试结果：

- 熔融峰　T_i 393.2K，T_e 412.7K，T_p 414.4K；峰高 22.060mW；熔化焓 48.64kJ/mol。
- 分解峰　T_i 429.5K；T_p 470.4K。

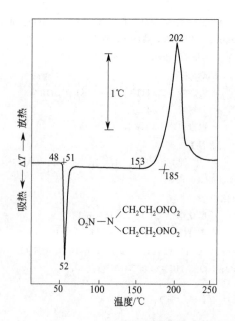

样品名称：吉纳，乙二醇-N-硝胺二硝酸酯（Diethanolnitramine dinitrate，DINA）。

试样来源：实验室精制品。

试样量 3.0mg；LCT 仪。

测试结果：

- 熔融峰　T_i 321K，T_e 324K，T_p 325K。
- 分解峰　T_i 426K，T_e 458K，T_p 475K。

【备注】

- 热性质　T_m 322.7~324.7K[52]；322~324K[53]，324.5K[54]；T_d 433K[52] 显著分解，453K 剧烈分解。60℃，60h，$\alpha=0.7\%$[52]。

图 15-28 吉纳在静态空气中的 DTA 曲线

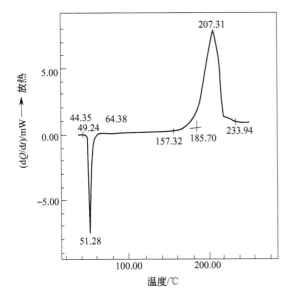

样品名称、结构式、来源同图 15-28。

试样量 1.543mg；岛津 DSC-50 仪。

测试结果：

- 熔融峰　T_i 317.50K；T_e 322.39K；T_p 324.43K。
- 分解峰　T_i 430.47K；T_e 458.85K；T_p 480.46K。

图 15-29　吉纳在动态氮气中的 DSC 曲线

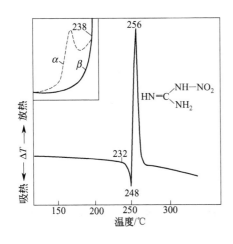

样品名称：硝基胍（Nitroguanidine，NQ）。样品来源：工业品。

试样量 2.0mg；LCT 仪。

测试结果：

- 熔化始点温度　505K。
- 熔化与分解热平衡点温度 521K。
- 分解峰　T_p 529K。

图 15-30　硝基胍在静态空气中的 DTA 曲线❶

【备注】

- 热性质　T_m 505K（分解）[56]；518～523K（熔化时分解）[57]。一般熔化前就分解，在液相中分解很迅速[57]。
- 热安定性[58]　100℃，24h，$\alpha=0.08\%$；100℃，48h，$\alpha=0.11\%$；150℃，55min，$\alpha=1\%$。
- β-硝基胍[56]是硝基胍的另一种晶型（矩柱状晶体）❷，结构式为 $O_2N{-}N{=}C\begin{smallmatrix}NH_2\\[2pt]NH_2\end{smallmatrix}$。$\alpha$ 型最稳定。左上图表明：

β 型放热始点温度（205℃）较 α 型推迟 18℃，但两者的爆发温度相同（238℃）。

- 在动态氮气中（40ml/min），20℃/min，铝坩埚，工业品试样和重结晶一次不同粒度的试样，用 PE DSC-2C 仪和 TGS-2 仪（TG-DTG）测得结果如下[60]：

---

❶ 左上图是 α 型和 β 型硝基胍的局部 DTA 曲线[55]。试样量约 200mg，5℃/min，动态空气，流速 5.8L/h。

❷ 有人[59]用 X 射线衍射法测量了不同方法制备的粒状和针状晶形的 10 种试样，认为只有 1 种正交晶系，即 α 型。

试样[①]类型	粒度 $\alpha/\mu m$	T_m/K	熔化峰 T_p/K	分解峰 T_p/K	170℃ 5h逸出气体量[②] $V_H/(ml/g)$
工业品	2~15	513.2	529.5	536.9	15
一次重结晶	2~15	513.3	529.6	536.5	40
	30~50	510.5	526.1	532.6	110
	100~300	506.0	517.0	522.8	200

① 试样纯度：工业品98.7%，重结晶品99.2%。用FP51型熔点测定仪测定熔点。
② 逸出气体量（V_H）以每克试样在0℃、101.1kPa压力下气体产物的体积表示[61]。

而且测得，粒度为100~300μm的试样，熔融前存在一个缓慢的放热峰（T_p 474.7K），相应的 α 达13.5%；在热台显微镜下（放大倍数：16×6.4），可观察到135℃时原透明的针状晶体开始变成乳白色不透明体和熔化前晶体崩裂成细颗粒，以及熔融同时即发生剧烈分解。与此相反，小粒度试样（2~15μm）在熔融前无放热峰，相应的 α 仅1%~2%；它的熔融峰变得尖锐，其峰温和随后的分解峰 T_p 均比大粒度试样的高。

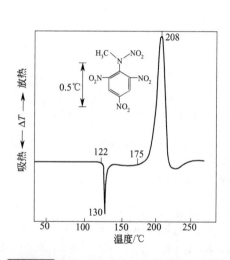

图 15-31 特屈儿在静态空气中的DTA曲线

样品名称：特屈儿，2,4,6-三硝基苯甲硝胺，N-甲基-N,2,4,6-四硝基苯胺，Tetryl；样品来源：实验室精制品。

试样量2.0mg；LCT仪。

测试结果：
· 熔化峰 T_i 395K；T_e 402K；T_p 403K。
· 分解峰 T_i 448K；T_e 470K；T_p 481K。

【备注】
· 热性质 T_m 403K[62]；402.7K[63]；404K[64]；T_d[64] 443~447K，435K，433K。
· 热安定性 100℃，48h，$\alpha=0.09\%$[62]。
· 在动态空气中（5.8L/h），22.42mg试样，6℃/min条件下测得128℃熔化，156℃开始放热分解，175℃爆发[64]。

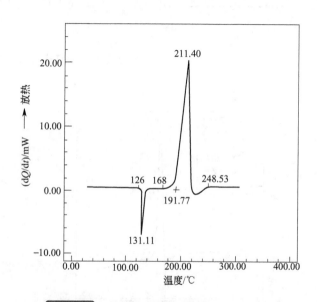

图 15-32 特屈儿在动态氮气中的DSC曲线

样品名称、结构式、来源同图15-31。

试样量1.982mg；岛津DSC-50仪。

测试结果：
· 熔化峰 T_i 约399K；T_e 401.9K；T_p 404.26K。
· 分解峰 T_i 约441K；T_e 464.92K；T_p 484.55K。

【备注】
在静态空气耐压密封坩埚中测得如下结果[6]：熔化峰 T_p 403K，并由熔化转分解；分解峰 T_{p1} 486K，T_{p2} 573K。

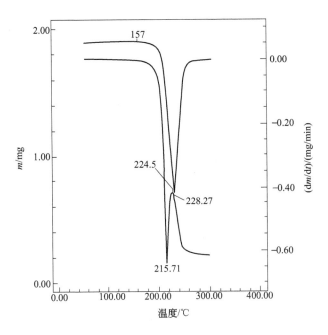

图 15-33 特屈儿在动态氮气中的 TG-DTG 曲线 ❶

样品名称、结构式、来源同图 15-31。

试样量 1.844mg；升温速率 10℃/min；动态氮气氛（纯度 99.99％以上），20ml/min；铝坩埚；岛津 TGA-50 仪。

测试结果：

- 约自 157℃开始失重，至 224.5℃，$\alpha=56.6\%$；至 260℃，α 约 90%；至 300℃，$\alpha=91.1\%$。
- DTG 曲线是一个带有肩峰的峰，峰温分别为 215.71℃和 228.27℃。

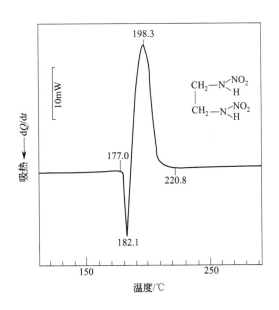

图 15-34 乙烯二硝胺在动态氮气中的 DSC 曲线

---

❶ 由于受该仪器结构的限制，未能用磁学法作温度校正。下同。

样品名称：乙烯二硝胺（Ethylene dinitramine，EDNA）。

试样量 1.692mg；岛津 DSC-50 仪。

测试结果：

· 熔化始点温度 450.11K。

· 熔化与分解热平衡点温度 455.20K。

· 分解峰 T_p 471.46K。

【备注】

· 热性质 T_m 450.5K[65]，449.4K（分解）[66]；T_d 413[67]。

· 在动态空气中（5.8L/h），26.92mg 试样，6℃/min 条件下测得[67]：失重（爆裂和分解）始点温度 140℃，熔化始点温度 179℃，并由熔融转分解，于 186℃ 爆发。

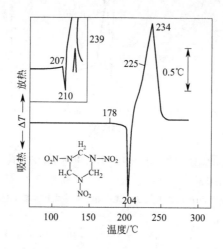

图 15-35 黑索今在静态空气中的 DTA 曲线

（左上是工业品 RDX 在静态空气中的 DTA 曲线的局部图[68]。试样量 16mg，参比物为 α-Al_2O_3，5℃/min，4.1 型示差精密热天平。）

样品名称：黑索今（Hexogen，RDX），环三亚甲基三硝胺（1,3,5-Trinitro-1,3,5-triazacyclohexane）；

样品来源：实验室精制品。

试样量 2.0mg；LCT 仪。

测试结果：

· 熔化峰 T_i 451K；T_e 472K。

· 熔化与分解热平衡点温度 477K；较多试样时有 2 个平衡点（见插图，T_{p1} 480K，T_{p2} 483K）。

· 分解峰 斜率温度❶ 498K；T_p 507K。

【备注】

· 热性质 T_m 477.7~478K[69]，476K[70]，477K[71]；T_d 488K[71]；熔融时伴随分解[72]。

· 热安定性[69] 100℃，48h，$\alpha=0.09\%$；120℃，48h，$\alpha=0.19\%$。

· 在动态空气中（5.8L/h）[71]，21.80mg 试样，6℃/min 测定，将于 203℃ 开始熔化，216℃ 爆发，而失重始点温度约 188℃。

· 用快速傅里叶变换红外光谱仪测得[73]，分解时首先是 N—NO_2 键的断裂，产生大量 NO_2、HONO；然后伴随 N—NO_2 键的断裂出现 C—N 键的断裂，同时 NO_2 参与反应；HONO 存在时间很短（2HONO→NO+NO_2+H_2O）。

· 液相分解的速率控制步骤是 C—H 键的断裂[74]。

---

❶ 斜率温度（T_{si}）是指峰前沿转入快速分解转折处的温度，即到峰顶近于直线段的起始温度。以下同此。

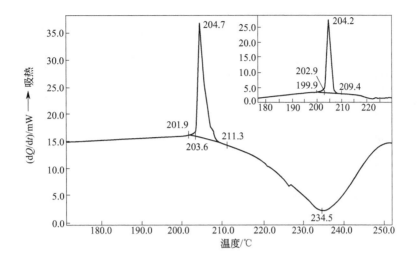

图 15-36　黑索今在动态氩气中的 DSC 曲线

样品名称、结构式、来源同图 15-35。

试样量 2.0mg；升温速率 10℃/min；氩气氛，25ml/min；PE DSC-7 仪。

测试结果：

- 熔化峰　T_i 475.1K，T_e 476.8K，T_p 477.9K，峰高 20.640mW。
- 分解峰　T_i 484.5K，T_p 507.7K。
- 仅将 Ar 气流速改为 50ml/min，这时无明显的分解峰，而熔融峰的结果如下：T_i 473.1K，T_e 476.1K，T_p 477.4K，T_f 482.6K，峰高 24.434mW（见右上图）。

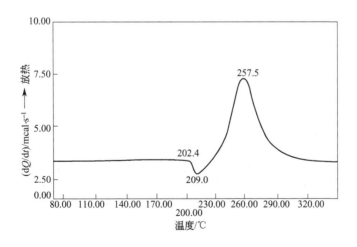

图 15-37　黑索今在动态氮气中的 DSC 曲线

样品名称、结构式同图 15-35；样品来源：工业品。

试样量 1.50mg；升温速率 20℃/min；氮气氛，流速 50ml/min；PE 热流型 DSC 仪（DTA 1700 系统）。

测试结果：

- 熔化始点温度　475.6K。
- 熔融与分解热平衡点温度　482.2K。
- 分解峰　T_p 530.7K。

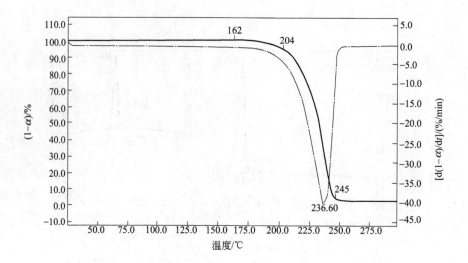

图 15-38   **黑索今的 TG-DTG 曲线**

样品名称、结构式、来源同图 15-37。

试样量 1.496mg；升温速率 10℃/min；氮气氛，45ml/min；PE 公司 TGA-7 仪。

测试结果：

· 失重始点温度约 162℃；至 204℃ α 约 6%；失重结束温度约 245℃。

· DTG 的峰温 236.60℃，对应的 α 约 33%。

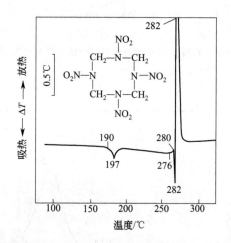

图 15-39   **奥克托今在静态空气中的 DTA 曲线**

样品名称：奥克托今（HMX）；环四亚甲基四硝胺（Cyclotetramethylene tetranitramine）；1,3,5,7-四硝基-1,3,5,7-四氮杂环辛烷（1,3,5,7-Tetranitro-1,3,5,7-tetraazacyclooctane）。

样品来源：实验室精制品。

试样量 2.0mg；LCT 仪。

测试结果：

· 晶型转变峰 T_i 463K，T_p 470K。

· 熔化与分解过程   起始分解点 T_i 549K；分解与熔化热平衡点温度 553K，熔化与分解热平衡点温度 555K；爆发温度 555K。

【备注】

· 热性质 T_m 551K（熔化分解）[75]，555K[76]。

· 奥克托今有 4 种晶型（α，β，γ，δ）[77]，有关转晶温度及熔点的数据资料并不一致。

· 热安定性[75]   100℃，48h，α=0.025%；120℃，48h，α=0.035%。

· 用飞行时间质谱（型号 Zhp-6）研究了 HMX 的热分解[78]，认为存在固相分解（约自 160℃开始）、熔融分解和液相分解 3 个阶段；已确认的产物是 NO₂、NO、HCN 和 CHO。

· 液相 HMX 的速率控制步骤是 C—N 键的断裂[74]。

· 当升温速率＜3℃/min 时，因分解释放出的总热量大于熔融吸收的总热量，以至 DTA 曲线上的熔融吸热峰消失[79]。

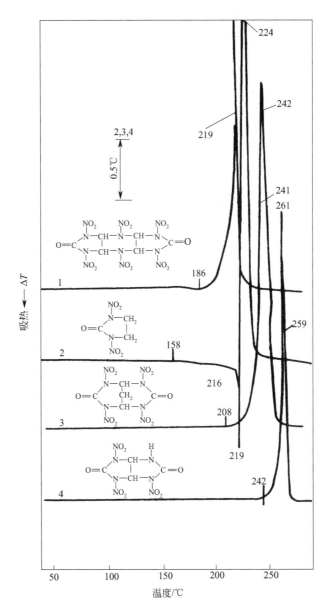

图 15-40　4 种环脲硝胺化合物在静态空气中的 DTA 曲线

样品名称：1—2,4,6,8,10,12-六硝基-2,4,6,8,10,12-六氮杂三环[7.3.0.0³,⁷]-5,11-十二烷二酮（2,4,6,8,10,12-Hexanitro-2,4,6,8,10,12-hexaazatricyclo[7.3.0.0³,⁷]-5,11-dodecanedione）；2—2,5-二硝基-2,5-二氮杂环-1-戊烷酮（2,5-Dinitro-2,5-diazacyclo-1-pentaneone，N,N'-Dinitroethyleneurea）；3—四硝基丙烷二酮，2,4,6,8-四硝基-2,4,6,8-四氮杂二环[3.3.1]-3,7-壬二酮（2,4,6,8-Tetranitro-2,4,6,8-tetraazadicyclo[3.3.1]-3,7-nonanedione）；4—1,4-二硝基甘脲，2,6-二硝基-2,4,6,8-四氮杂二环[3.3.0]-3,7-辛二酮（2,6-Dinitro-2,4,6,8-tetraazadicyclo[3.3.0]-3,7-octanedione，1,4-Dinitroglycoluril，1,4-DINGU）。

样品来源：西安近代化学研究所合成并提纯。

试样量 2.0mg；差热量程：1—±50μV；2、3、4—±25μV。

测试结果：

· 分解过程如下表。

试样号	T_i /K	T_{si} /K	T_p /K	$T_{ig}^{①}$ /K
1	459	492	492	492
3	481	514	515	515
4	515	532	534	

① T_{ig} 在这里表示爆发温度。下同。

· 2号试样熔融与分解过程　T_i 431K，T_e 491K，熔融与分解热平衡点温度492K；爆发温度497K。

【备注】

· 热性质

试样号	T_m /K	热失重 α/%	文献
1	A 型 481，B 型 469	0.1（100℃，48h）	80
3	523（分解）	0.026（80℃，48h）	80
4	513（分解）	0.23（100℃，100h）	81

· 在静态空气中，5℃/min升温时，DTA曲线上的 T_p[82]：1—481K；2—486K；3—497K；4—506K。

· 由逸出气分析，已分辨出的主要产物为 N_2O、CO_2、NO 和 H_2O，相对含量1和2为 $N_2O > CO_2 > NO_2 > H_2O$，3和4为 $CO_2 > NO_2 > N_2O > H_2O$[82]。

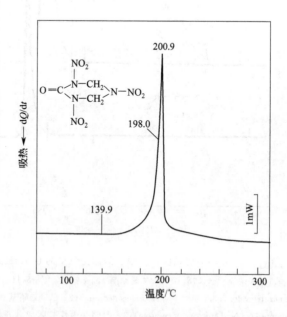

图 15-41　2,4,6-三硝基-2,4,6-三氮杂环-1-己烷酮在动态氮气中的 DSC 曲线

样品名称：2,4,6-三硝基-2,4,6-三氮杂环-1-己烷酮（2,4,6-Trinitro-2,4,6-triazacyclo-1-hexaneone）。

试样量 1.190mg；岛津 DSC-50 仪。

测试结果：分解峰　T_i 413.06K，T_e 466.46K，斜率温度 471.13K，T_p 474.04K。

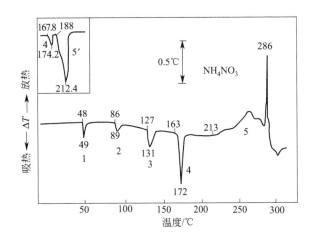

图 15-42 硝酸铵在静态空气中的 DTA 曲线

（左上角小图是 166.57mg 分析纯试样在真空中测得的 DTA 曲线的局部图）[83]

样品名称：硝酸铵，Ammonium Nitrate；样品来源：南京化学工业公司化肥厂，工业品化肥。

试样量 76.9mg；差热量程 $\pm 25\mu V$；升温速率 5℃/min；测温量程 10mV；参比物 α-Al_2O_3；铂铑 10-铂热电偶；静态空气氛；4.1 型改装的 LCT，常量支持器，铂坩埚。

测试结果：

· DTA 的特征温度如下表所示：

峰号	T_i/K	T_p/K	备 注①
1	321	322	亚稳态晶相IV′→II′[83]
2	359	362	晶相III→II
3	400	404	晶相II→I
4	436	445	晶相I熔融，T_e 443K
5	486		放热分解峰（综合热效应峰）

① 经 DSC 和拉曼光谱测定法联合测量后证实：在IV相和III相间存在中间相II*；II*相存在时间仅 0～7min（与反应始点温度有关）；在IV相和III相之间的转变始终通过中间相II*发生，仅IV→II转变不通过II*→III转变[129]。

【备注】

· 硝酸铵有 5 种结晶变体[84,84]，其转变温度为：

$$四方晶体 \underset{-18℃}{\rightleftharpoons} 斜方晶体 \underset{32.1℃}{\rightleftharpoons} 斜方晶体 \underset{84.2℃}{\rightleftharpoons} 四方晶体 \underset{125.2℃}{\rightleftharpoons} 立方晶体 \underset{169.6℃}{\rightleftharpoons} 液体$$

$$\alpha(V) \qquad \beta(IV) \qquad \gamma(III) \qquad \delta(II) \qquad \varepsilon(I)$$

· 完全无水的硝酸铵直到 300℃也不分解，而只发生升华❶。

· 加热到 110℃开始分解为 NH_3 和 HNO_3；高于 400℃反应极为迅猛，以致发生爆炸，生成 NH_3 和 H_2O[86]。

· 在真空中[83]，5′峰是液态 NH_4NO_3 的气化、解离和分解的综合热效应峰。解离过程：$NH_4NO_3(l) \rightleftharpoons NH_3(g) + HNO_3(g)$；分解过程：$NH_4NO_3(l) \longrightarrow N_2O(g) + 2H_2O(g)$。气化和解离过程吸热，而分解过程放热。

---

❶ 原文献为升华，但似应气化为妥。

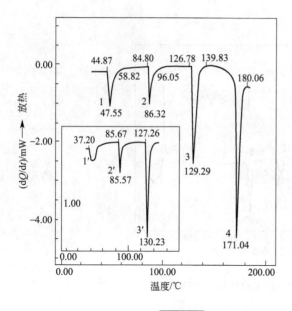

样品名称、分子式同图 15-42；试样量 1.367mg；岛津 DSC-50 仪。

样品来源：化学纯试剂，用二次蒸馏水重结晶 1 次 ❶。

图 15-43 硝酸铵在动态氮气中的 DSC 曲线

测试结果：DSC 的特性温度如下表所示。

峰号	T_i /K	T_p /K	备 注
1	318.02	320.70	亚稳态晶相 Ⅳ′→Ⅱ′
2	357.95	359.47	晶相 Ⅲ→Ⅱ
3	399.93	402.49	晶相 Ⅱ→Ⅰ
4	412.98	444.19	晶相 Ⅰ 熔融，T_e 442.54K

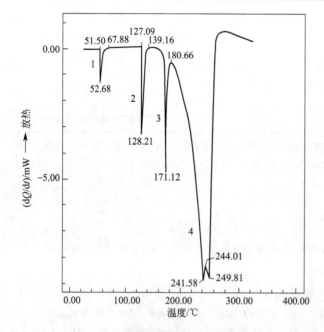

样品名称、分子式同图 15-42；岛津 DSC-50 仪。

样品来源：待图 15-43 测量结束，在氮气中冷却至室温供立即测量。

图 15-44 熔融硝酸铵冷却后在动态氮气中再测定的 DSC 曲线

❶ 该图是将试样加热至 147.89℃，于动态氮气氛中冷却至室温后立即再次测定的结果。预处理条件与实测条件相同，结果见图中的左下方的插图。峰 1′与峰 1 在形状上有所不同，可能与湿分有关。

测试结果：

- DSC 的特征温度

峰号	T_i/K	T_p/K	备 注
1	324.65	325.83	亚稳态晶相 $\text{IV}' \rightarrow \text{II}'$
2	400.24	401.36	晶相 $\text{II} \rightarrow \text{I}$
3		444.27	晶相 I 熔融；偏离基线温度 421.59K，T_e 442.04K
4	453.81		气化、分解等综合热效应峰

【备注】

- 在岛津 TGA-50 仪上，2.246mg 试样，10℃/min，动态氮气氛（20ml/min），测得失重始点温度 139.5℃，至 198.68℃失重 5.039%。

- 硝酸铵的晶型转变受热历史、添加物等许多因素影响，情况较为复杂。例如图 15-44 最明显的变化是晶相Ⅲ→Ⅱ的峰消失；作者已观察到的添加 KNO_3 等物质后，室温至 100℃间的晶型转变峰消失。此外，32.1℃的转晶过程不易测到。

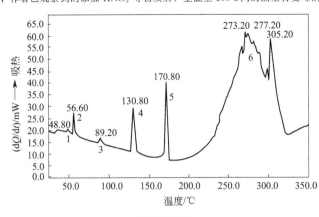

样品名称、分子式同图 15-42；试样来源：工业炸药用 NH_4NO_3。

试样量 4.55mg；升温速率 20℃/min；氩气氛，25～30ml/min；PE DSC-7 仪。

图 15-45 硝酸铵在动态氩气中的 DSC 曲线

测试结果：

- DSC 的特征温度

峰号	T_p/K	备 注	峰号	T_p/K	备 注
1	321.95	亚稳态的晶相转变	4	403.95	晶相 $\text{II} \rightarrow \text{I}$
2	329.75	亚稳态的晶相转变	5	444.95	晶相 I 熔融
3	362.35	晶相 $\text{III} \rightarrow \text{II}$	6	约 548	气化、分解等综合热效应峰

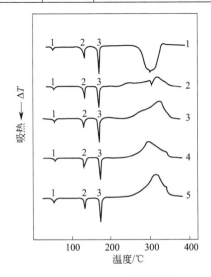

样品名称、分子式同图 15-42。

样品来源：化学纯试剂，用水精制后干燥，并过 100 目筛（147μm）。

试样量均约 5mg；氩气氛；气氛压力（表压力）：1—0MPa，2—0.5MPa，3—1.0MPa，4—5.0MPa，5—10.0MPa；密封型铝坩埚，盖中心有一小孔；理学高压 DTA 仪。

图 15-46 硝酸铵在不同压力的氩气氛中的 DTA 曲线[87]

测试结果：

· 晶型转变峰 1 和 2 及熔融峰 3 在不同压力下无明显改变。约自 0.5MPa 曲线显示放热效应，且压力增加，放热峰变得越来越明显。

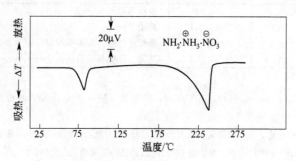

图 15-47　硝酸肼在真空中的 DTA 曲线[83]

样品名称：硝酸肼（Hydrazinium nitrate）；样品来源：纯度 99％以上的制品。

试样量 75.65mg；升温速率 3℃/min；差热量程　±100μV；记录纸速度 250mm/h；参比物：熔凝 SiO_2；铂坩埚；铂-铂铑 10 热电偶；岛津 DT-2A 型差热分析仪。

测试结果：

· 熔融峰　T_i 344.3K；T_e 345.5K；T_p 353.8K。

· 蒸发与分解峰　T_i 463K；T_e 约 483K；T_p 510K。

【备注】

· T_m[88]：稳定型 343.9K，不稳定型 335.3K。

· 热安定性　75℃ 9 个月，$\alpha = 0.7\%$；加热到 360℃ 不爆炸[88]。低于 250℃ 的热失重，几乎完全是热解离的结果[89]。

· 将加热至 100℃ 的熔化硝酸肼冷却，首先凝固成不稳定的 β 型；但当温度冷却至 40℃ 以前，就自动转变成稳定的 α 型[89]。

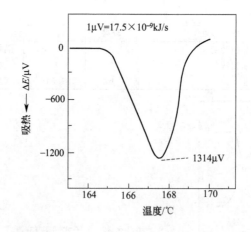

图 15-48　β-奥克托今转晶的微量量热曲线[90]

样品名称、结构式同图 15-39。

低温型；Calvet 微热量热计，升温速率 0.5℃/h。

测试结果❶：

· $\beta \rightarrow \delta$ 的转晶起始温度 438K，结束温度 442K，为吸热过程。

· 自 169℃ 以后，δ-HMX 随即分解，放出热量。

---

❶　$1μV = 17.5 \times 10^{-6} J/s$ 是根据其他资料确定的。疑文献 [90] 有误。

第二节　混合炸药的热分析曲线

一、两种混合炸药的热分析曲线

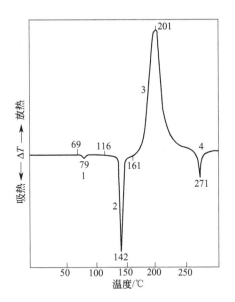

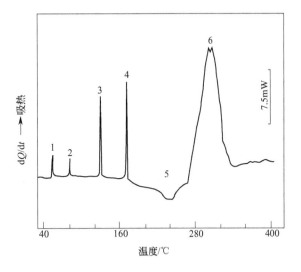

图 15-49 钝化泰安在静态空气中的 DTA 曲线

样品名称：钝化泰安（Passive pentaerythritol tetranitrate）。

样品成分：泰安 95%，钝化剂 5%。

样品来源：实验室精制品，标准试样。

试样量 3.0mg。

测试结果：

峰　号	特征温度		备　　　注
	T_i /K	T_p /K	
1	342	352	钝感剂的熔融
2	389	415	泰安熔融，T_e414K
3	434	474	分解峰
4		544	产物产生的吸热峰

图 15-50 2 号工业炸药的 DSC 曲线❶

样品名称：2 号岩石铵梯炸药（No.2 rock ammonium nitrate explosive）。

样品成分：硝酸铵/TNT/木粉的质量比=（83.5～86.5）：（10.0～12.0）：（3.5～4.5）。

试样量　1.280mg；升温速率 20℃/min；氮气氛，20ml/mim；PE DSC-7 仪。

测试结果：

· 各峰 T_p 的近似值如下表❷

峰　号	T_p /K	说　　　明
1	328	硝酸铵的晶型转变峰，$IV' \to II'$
2	354	硝酸铵的晶型转变：$III \to II$ 和/或 TNT 熔融
3	402	硝酸铵的晶型转变峰，$II \to I$
4	463	硝酸铵的熔融峰
5	514	放热峰
6	540	吸热峰

❶ 承中国民用爆破器材研究所陆桂英提供。

❷ 由于是混合物试样和受 NH_4NO_3 转晶复杂性的影响，因此实测曲线形状有时会略有不同。

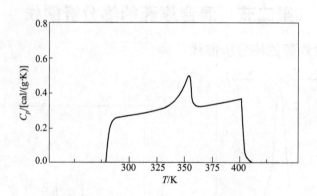

图 15-51 钝化泰安的 DSC 比热容曲线[91]

样品名称同图 15-49；试样形态为小片状，直径小于 6mm，厚 1mm，两平面平整。

试样量约 50mg（用 PE 公司 AD-Z 自动天平称量）；标准物为蓝宝石；升温速率 10℃/min；高纯氮气氛；流速 40ml/min；铝质坩埚；PE DSC-2C 仪，配有 3600 数据站及专用软件系统。

测试结果

- 80℃ 左右的峰为组分石蜡的熔融。
- 拟合的 293～333K 温度范围内试样比热容的计算式：

$$C_p = [1.480 - 8.899 \times 10^{-3}\, T/K + 1.622 \times 10^{-5}\, (T/K)^2] J/(g \cdot K)$$

- 拟合的 358～398K 温度范围内试样比热容的计算式：

$$C_p = [2.531 - 1.240 \times 10^{-2}\, T/K + 1.742 \times 10^{-5}\, (T/K)^2] J/(g \cdot K)$$

- 298K 实测 $C_p = 1.536 J/(g \cdot K)$ ［文献值：1.674J/(g·K)］

二、二元单质炸药混合系统的热分析曲线

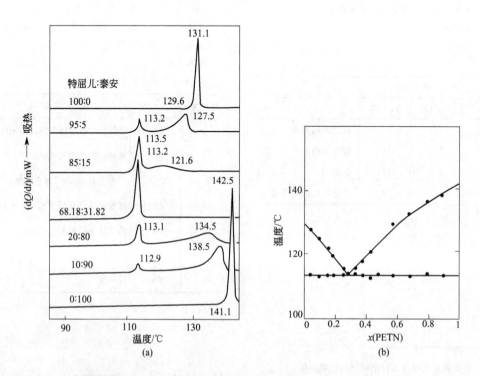

(a)

(b)

图 15-52 特屈儿和泰安混合物的 DSC 曲线（a）及其相图（b）[92]

样品名称：特屈儿（同图 15-31）、泰安（同图 15-25），以及两者不同质量比的混合物。

试样量 1.5～3.5mg；升温速率　10℃/min；氮气氛，流速 40.0ml/min；PE DSC-2C 仪。

测试结果：

• 不同混合比试样的熔融过程如下表

w（泰安）	（特屈儿/泰安）	峰　1		峰　2	
		T_i /K	T_p /K	T_i /K	T_p /K
0	（100∶0）	402.8	404.3	—	—
0.05	（95∶5）		386.4		400.7
0.15	（85∶15）		386.7		394.8
0.3182	（68.18∶31.82）		386.4	—	—
0.80	（20∶80）		386.3		407.7
0.90	（10∶90）		386.1		411.7
1.00	（0∶100）	414.3	415.7	—	—

• 测得的低共熔点为 386.4K（113.2℃），相应组成 x（PETN）$=0.2977$。

【备注】由热台显微镜（VEB 公司 PHMK05 型热台显微镜）法测得的相图 ［见图 15-52(b)］，低共熔点 113.2℃，x（PETN）$=0.2850$[92,93]。

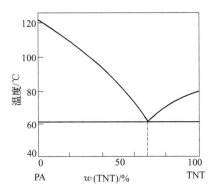

图 15-53　用 DSC 法测得的苦味酸和三硝基甲苯二元系统的相图[94]

样品名称：苦味酸（见图 15-15）、三硝基甲苯（TNT，见图 15-12），以及它们的混合物。

试样量 10mg；升温速率 2℃/min；静态空气氛；DSC 量程±20.92mJ/s；记录纸速率 20mm/min；热电偶类型镍铬-镍硅；铝坩埚（ϕ5mm×3mm）；参比物为 α-Al$_2$O$_3$；CDR-1DSC 仪。

测试结果：

• 苦味酸和三硝基甲苯二元系统不同混合比试样的熔点

w（TNT）	0	0.05	0.110	0.175	0.240	0.290	0.340	0.442	0.550	0.595	0.660	0.684	0.720	0.740	0.800	0.846	0.960	1.00
T_m /K	395.0	391.0	387.0	383.0	379.0	375.0	371.0	362.3	352.7	347.0	336.7	334.7	338.0	339.5	343.7	347.0	351.2	353.7

• 根据上表中数据，绘得相图。

• 低共熔点 61.5℃，w（TNT）$=0.684$。

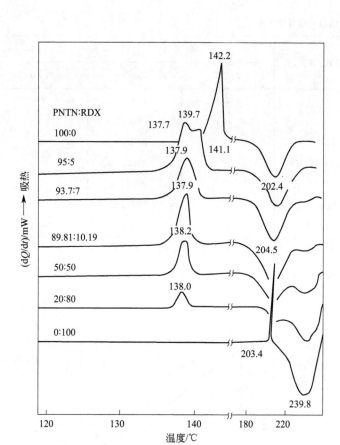

图 **15-54**　泰安和黑索今混合物的 DSC 曲线[92]

样品名称：泰安（PETN，同图 15-25），黑索今（RDX，同图 15-35），以及两者不同质量比的混合物。

试样量等测试条件和仪器同图 15-52。

测试结果：

不同混合比试样的熔融过程如下表

w(PETN)	PETN：RDX	熔　融　峰			分　解　峰			备　注
		T_i/K	T_e/K	T_p/K	T_i/K	T_e/K	T_p/K	
1.00	(100：0)	414.3		415.4			475.6	
0.95	(95：5)			410.9；412.9				熔融峰有两个 T_p
0.93	(93：7)			411.1				
0.8981	(89.81：10.19)			411.1				x(PETN)=0.8610
0.50	(50：50)			411.4				
0.20	(20：80)			411.2				
0	(0：100)			477.7			513.0	

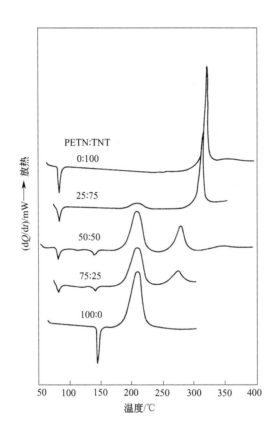

图 15-55 泰安和三硝基甲苯混合物的 DSC 曲线[95]

样品名称：泰安（同图 15-25），三硝基甲苯（同图 15-12），以及两者不同质量比的混合物 ❶。

试样量 2mg 左右；升温速率 10℃/min；氮气氛，50ml/min；铝质坩埚；Dupont 2000 热分析仪。

测试结果：

• 吸热峰分别是 PETN 和 TNT 的熔融峰。纯品试样测得的熔点分别是 143.3℃ 和 82.5℃。混合物的熔融峰分别位于 81℃ 和 138℃ 附近，分别对应 TNT 和 PETN 的熔融。

• 放热峰均是分解峰。纯品 PETN 和 TNT 的分解峰温分别是 207.1℃ 和 318.4℃。混合物试样，其第 1 分解峰的温度与纯品 PETN 相比无明显改变，为 PETN 的分解；第 2 分解峰是 TNT 的分解峰，随 PETN 含量增加移向低温，即 TNT 的热稳定性下降。

• 当 PETN 含量很少时，例如 PETN：TNT 的质量比为 25：75，PETN 的放热峰就变得不明显。

---

❶ PETN 和 TNT 的混合物即喷托莱特（Pentolite）。

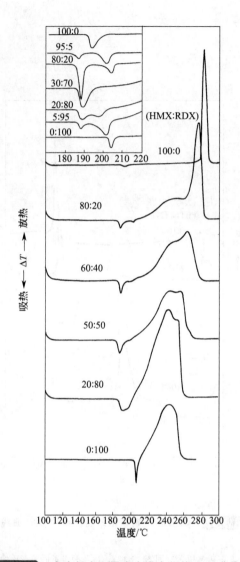

图 15-56 奥克托今和黑索今混合物的 DTA 曲线[96]

样品名称：奥克托今（同图 15-30），黑索今（同图 15-26），以及两者不同质量比的混合物。

样品来源：奥克托今是实验室合成物，黑索今是商品化制品，均用丙酮重结晶；用物理方法混合并熔融制得混合物试样。

试样量 1～5mg，并用 Al_2O_3 稀释；升温速率 10℃/min；氩气氛；铝坩埚试样坩埚：带盖卷边压制；参比坩埚：空坩埚，带盖；Mettler TA 2000 仪。

测试结果：

· 不同组成的吸热峰和分解峰

试样组成	吸 热 峰		放 热 峰		备 注
（HMX∶RDX，质量比）	温度/℃	过程性质	温度/℃	过程性质	
100∶0	194（峰温）	晶型转变	285（峰温）	分解	1. 混合试样分解峰的两个顶点分别是 RDX 和 HMX 分解形成的
80∶20 60∶40 50∶50	180～210	首先低共熔物熔融，随后 HMX 晶型转变，形成两个峰	210～290	首先 RDX 分解，然后 HMX 分解，形成肩峰	

续表

试样组成 （HMX：RDX，质量比）	吸　热　峰		放　热　峰		备　　注
	温度/℃	过程性质	温度/℃	过程性质	
20：80	180～210	首先低共熔物熔融，随后剩余 RDX 逐渐熔融。形成 1 个宽峰			2. 50/50 时，HMX 的晶型转变峰已不明显
0：100	204（峰温）	熔融	245（峰温）	分解	

• 上图表明：HMX：RDX 的质量比为 95：5 和 80：20 时，低温吸热峰为低共熔物的熔融峰，高温吸热峰为 HMX 的晶型转变峰；HMX：RDX 的质量比 30：70 时，在 180～210℃范围内仅有 1 个吸热峰，为低共熔物的熔融；HMX：RDX 的质量比为 20：80 和 5：95 时，低温吸热峰为低共熔物的熔融峰，高温峰为剩余 RDX 的熔融峰。

• HMX 的分解峰温随着 RDX 含量增加而降低。

【备注】　我国学者的研究结果是[97]：RDX 分解产物对 HMX 分解的催化作用随着 RDX 含量增加而加深。当 RDX 即使只有 3％，HMX 热分解至少要提前 15℃发生；当含量达 15％时，HMX 的分解温度基本上与纯 RDX 相同。

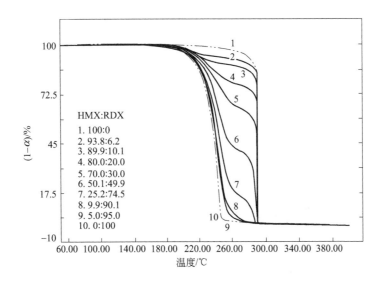

HMX:RDX
1. 100:0
2. 93.8:6.2
3. 89.9:10.1
4. 80.0:20.0
5. 70.0:30.0
6. 50.1:49.9
7. 25.2:74.5
8. 9.9:90.1
9. 5.0:95.0
10. 0:100

图 15-57　奥克托今和黑索今混合物的 TG 曲线[96]

样品名称、来源：同图 15-56。

试样量 1～2mg；升温速率 10℃/min；氮气氛；PETGA 仪。

测试结果：

• 混合物的 TG 曲线介于纯 HMX 和纯 RDX 的 TG 曲线之间，呈两步失重。第 1 步失重的温度范围为 150～250℃，在此温度范围内不同组成的失重如下表所示

w(RDX)	0	4.0	8.1	11.9	20.0	30.0	49.9	74.8	90.1	95.0	100
α	0.9	4.2	8.2	11.9	19.5	29.1	49.5	71.1	85.6	88.5	94.1

- 当 w(RDX)＝50％或低于 50％时，在 150～250℃温区内，RDX 的质量分数与 α 之间有良好的相关性。当 w(RDX) 大于 50％时，随着 RDX 量增加，剩余量也增加。

- 混合物第 1 步的分解是 RDX 的分解，其后是各组分中 HMX 均于相同温度下开始分解。斜率上的差别与 HMX 的含量有关。

【备注】 上述 HMX 均于相同温度下开始分解的结果与文献 [97] 观点并不一致。

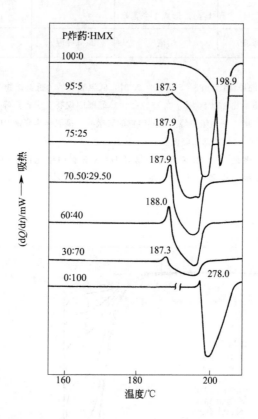

图 15-58 P 炸药和奥克托今混合物的 DSC 曲线[92]

样品名称：P 炸药❶，奥克托今（同图 15-39），以及两者不同质量比的混合物。

试样量、升温速率、气氛、坩埚、仪器同图 15-55。

测试结果：

- 放热峰是 P 炸药和 HMX 的分解峰。

- 混合物的吸热峰是低共熔物的熔融。低共熔点是 187.9℃，其对应组成为 P 炸药：HMX 的质量比为 70.50：29.50[x(P 炸药)＝70.50％，或 x(P 炸药)＝74.98％]。

- P 炸药和 HMX 熔化时均伴随剧烈分解。

---

❶ P 炸药是一种硝胺化合物。按文献 [93]，应是 662 炸药。

第三节　一硝基甲苯、硝基氯苯和间硝基苯胺的热分析曲线

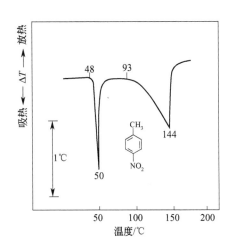

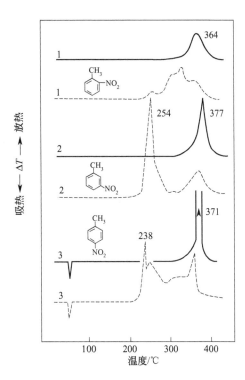

图 15-59　对硝基甲苯在静态空气中的 DTA 曲线

样品名称：对硝基甲苯（*p*-Nitrotoluene，*p*-MNT）。

样品来源：实验室精制品，色谱纯。

试样量 3.1mg；差热量程 ±50μV；记录纸速率 2mm/min；LCT 仪。

测试结果：

- 熔融峰　T_i 321K，T_e 322K，T_p 323K。
- 气化峰　T_i 366K，T_e 386K，T_p 417K。

【备注】

- 热性质[98]　稳定型的 T_m 324.80K，不稳定型的 T_m 317.7K，T_b 511.4K。
- 构造异构体[98]

名　　　称	T_m /K	T_b /K
邻硝基甲苯	262.7（α 型）；269.1（β 型）	494.9
间硝基甲苯	289.3	505.8

图 15-60　一硝基甲苯在 2.9MPa 表压力的氮气（直线）和氧气（虚线）氛中的 DTA 曲线[14]

样品名称：1—邻硝基甲苯（*o*-Nitrotoluene，*o*-MNT），2—间硝基甲苯（*m*-Nitrotoluene，*m*-MNT），3—同图 15-59。

试样量 5mg；升温速率 10℃/min；坩埚和仪器同图 15-3。

测试结果：

- 在氮气氛中，分解峰 T_p 为：1—637K，2—650K，3—644K。
- 在氧气氛中，第 1 分解峰 T_p 为：2—527K，3—511K。
- 曲线 3 的吸热峰为熔融过程。

【备注】　5mg 试样，升温速率 10℃/min，4.9MPa 表压力的氮气氛，测得的分解峰温度如下[14]：

名　　　称	T_i^* /K	T_p /K
o-MNT	593	637
m-MNT	599	650
p-MNT	603	644

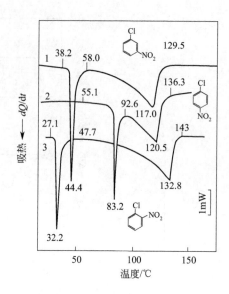

图 15-61 **硝基氯苯在动态氮气中的 DSC 曲线**

样品名称：1—间硝基氯苯（*m*-Nitrochlorobenzene）；2—对硝基氯苯（*p*-Nitrochlorobenzene）；

　　　　　3—邻硝基氯苯（*o*-Nitrochlorobenzene）。

试样量：1—0.972mg，2—0.842mg，3—0.680mg；岛津 DSC-50 仪。

测试结果

试 样 号	熔 融 峰			气 化 峰	
	T_i /K	T_e /K	T_p /K	T_i /K	T_p /K
1	311.32	316.21	317.50	331.10	390.13
2	328.25	355.43	356.38	365.76	393.60
3	300.22	303.90	305.39	320.85	405.90

【备注】

· 热性质

试样号	T_m /K	T_b /K
1	319[99]	508[99]；508～509[100]
2	356[99]；356.8[100]	515[99]
3	305.7[99]；308[100]	518[99]；519[100]

· 二硝基氯苯（DNCB）有 6 种异构体[101]。其中 2,4-二硝基氯苯有 3 种晶型，稳定型的 T_m 326.6K（α型），不稳定型的 T_m 316K（β型）、300K（γ型）；2,6-二硝基氯苯有 2 种晶型，T_m 分别为 365K、313K；3,4-二硝基氯苯有 3 种晶型，T_m 分别为 309.5K、310.3K 和 301K。

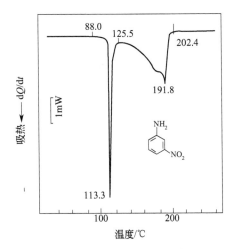

样品名称：间硝基苯胺，m-Nitroaniline。

试样量 0.980mg；岛津 DSC-50 仪。

测试结果：

- 熔融峰　T_i 361.13K，T_e 385.29K，T_p 406.45K。
- 气化峰　T_i 398.69K，T_e 464.96K，T_f 475.55K。

【备注】

- T_m 387K[102]。
- 构造异构体的 T_m　邻硝基苯胺 344.7K，对硝基苯胺 421K[102]。

图 15-62　间硝基苯胺在动态氮气中的 DSC 曲线

第四节　起爆药及钼铬酸钡高氯酸钾延期药的热分析曲线

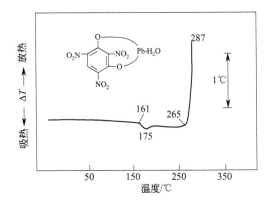

图 15-63　三硝基间苯二酚铅在静态
空气中的 DTA 曲线 （一）[103]

样品名称：三硝基间苯二酚铅，斯蒂酚酸铅（Lead Styphnate，Lead 2,4,6-trinitroresorcinate，LTNR）。

试样来源：钠盐法制得的中性晶体，实验室制品。

试样量 5.4mg；装样方式：底部填 α-Al$_2$O$_3$，试样装于中心；差热量程±25μV；测温量程 10mV；升温速率 5℃/min；记录纸速 60mm/h；静态空气氛；热电偶类型：铂-铂铑 10；仪器：北京光学仪器厂 4.1 型示差精密热天平。

测试结果：

- 脱结晶水峰　T_i 434K；T_p 448K。
- 分解峰　T_i 538K；T_p 560K（爆发，有爆炸声）。

【备注】　6.5mg 试样，用 102.3mg α-Al$_2$O$_3$ 稀释后，测定中不发生爆发反应[103]；直接用 1.6mg 试样测定，也不发生爆发反应，但脱结晶水峰不易观察到[104]。

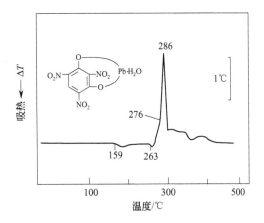

图 15-64　三硝基间苯二酚铅在静态
空气中的 DTA 曲线 （二）[105]

样品名称、结构式、来源同图 15-63。

试样量 10.3mg；稀释比[w（试样:参比物）]1:10，底部填 130mg α-Al$_2$O$_3$；差热量程±50μV；测温量程 10mV；升温速率 5℃/min；记录纸速率 60mm/min；热电偶类型为铂铑 10-铂；铂坩埚（ϕ7.5mm×18mm）；北京光学仪器厂 4.1 型示差精密热天平。

测试结果：

- 脱结晶水峰　T_i 432K；T_p 442K。
- 分解峰　T_i 532K；T_e 547K；斜率温度 549K；T_p 559K。
- 到 485℃的 α 为 52.4%，剩余物为 PbO。

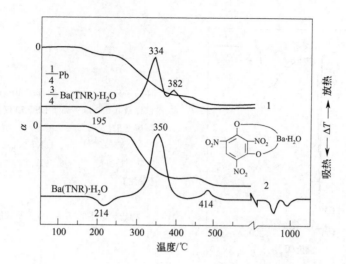

图 15-65 三硝基间苯二酚钡及其与三硝基间苯二酚铅的复盐在静态空气中的 DTA-TG 曲线[106]

样品名称：1—三硝基间苯二酚钡和三硝基间苯二酚铅的复盐（¼Pb¾Ba(TNR)·H₂O），由 Ba(TNR)·H₂O 和 Pb(TNR)·H₂O 所得复盐； 2—三硝基间苯二酚钡（Barium styphnate，Barium 2,4,6-trinitroresorcinate）。

样品来源：均系薄片状 0.3mm×0.3mm×0.1mm 的单晶。

试样量约 1mg；升温速率 10℃/min；差热量程±25μV；测重量程 2mg；测温量程 5mV；记录纸速率 15mm/min；静态空气氛；北京光学仪器厂 LCT-1 型差热天平。

测试结果：

· 脱结晶水和分解峰

试样号	脱结晶水峰	分解峰	失重 T_i /K~T_f /K	
	T_p /K	T_p /K	失水	分解
1	487	623	477~519	607~671
2	468	607	446~502	561~632

【备注】 试样 1 升温到 528℃的分解产物为 BaCO₃，PbO，C；试样 2 升温到 507℃的分解产物为 BaCO₃[106]。

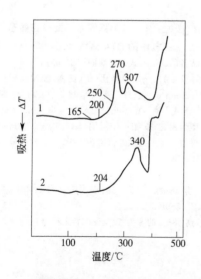

样品名称：1—表面包覆虫胶的三硝基间苯二酚铅；2—虫胶（Shellac）。

样品成分：LTNR/Shellac 的质量比为 1∶1。

样品来源：1—实验室制品，2—昆虫 67-1。

试样量：1—18.0mg，2—14.2mg；测试条件及仪器同图 15-64。

测试结果：

· 1 号试样的脱结晶水和分解峰 脱结晶水峰 T_i 438K，T_p 452K；主分解峰 T_i 473K，斜率温度 523K，T_p 543K。

· 2 号试样的分解峰 T_i 477K，T_p 613K。

· 与纯品 LTNR 相比（见图 15-64），1 号试样的 T_i 和 T_p 均降低。

图 15-66 表面包覆虫胶的三硝基间苯二酚铅及虫胶在静态空气中的 DTA 曲线[105]

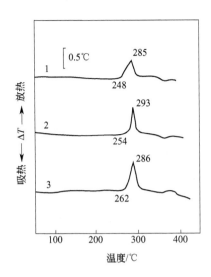

第二篇

样品名称：1—沥青三硝基间苯二酚铅；2—石墨三硝基间苯二酚铅；3—三硝基间苯二酚铅（同图 15-63）。

样品成分：1—三硝基间苯二酚铅/沥青的理论质量比为 (97.3～95.5)：(2.7～4.5)，2—三硝基间苯二酚铅/虫胶/石墨的理论质量比为 96.2∶2∶8，3—中性结晶（钠盐法）。

试样量：1—1.5mg，2—1.6mg；3—1.6mg，1、2、3 均过 100 目筛。

装样方式：铂坩埚（ϕ7.5mm×18mm）底部填约 190mg 的 α-Al_2O_3，试样装于中心，上面覆盖约 140mg 的 α-Al_2O_3。

参比物约 330mg α-Al_2O_3；差热量程±250μV；测温量程 20mV；升温速率 5℃/min；记录纸速率 60mm/h；静态空气氛；镍铬-镍硅热电偶；北京光学仪器厂 4.1 型示差精密热天平。

测试结果：

· 分解峰　1—T_i 521K，T_p 558K；2—T_i 527K，T_p 566K；3—T_i 535K，T_p 559K。

【备注】热安定性　(107.5±2.5)℃，48h，2.0g 试样的 α 值：1—0.12%，2—0.14%，3—0.09%；100℃，48h 的 VST ❶结果如下：1—4.19ml/g，2—0.57ml/g，3—0.27ml/g。

图 15-67　三硝基间苯二酚铅及表面包覆虫胶石墨或沥青后的 DTA 曲线[104]

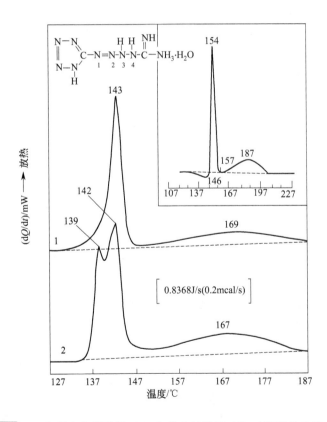

图 15-68　四氮烯在密封坩埚（1）和非密封坩埚（2）中测得的 DSC 曲线[107]

❶　VST 是真空安定性试验的英文缩写。该法是将定量试样置于专用仪器中，在小于 666.6Pa（5mmHg）的初始真空、规定的温度和加热时间条件下，以 0℃、101.1kPa 压力下气体产物的体积表示。以下同。

（右上图是非密封坩埚升温速率 19.98℃/min 时测得的曲线）

样品名称：四氮烯（Tetrazene），特屈拉辛（Tetracene），1-(1,2,3,4-四唑基)-4-脒基-1-四氮烯水合物。

样品来源：原伍尔维奇兵工厂 E.R.D.E.提供，代号 RD1357，B 型。

试样量 0.2～2mg；升温速率 5.04℃/min；动态氩气氛，压力 168kPa。坩埚：1—密封铝坩埚，2—铝坩埚，试样上加铝盖，不密封。仪器：PE DSC-2 仪。

测试结果：

- 曲线 1　分解峰 T_p416K；分解产物的分解峰 T_p442K。
- 曲线 2　分解峰 T_{p1}412K（肩峰，第一峰），T_{p2}415K；分解产物的分解峰 T_p440K。
- 右上小图表明：吸热峰 T_p419K；分解峰 T_p428K；分解产物的分解峰 T_p461K。与曲线 1、2 相比，分解峰变得陡峭。

【备注】

- 用质谱仪研究了升温过程中的分解产物[107]，测得与右上小图吸热峰（峰温 146℃）相对应的产物为 H_2O。用光学显微镜观察第 1 分解峰，即 2 的肩峰的分解产物，发现试样中存在非常黏稠的液相物。对这一液相物的归属，有人认为是四氮烯在接近爆炸温度时发生了熔融，但 Patel 等[107]认为尚不能肯定是熔融的试样或还是它的液体分解产物。

- 用密封坩埚，β 为 19.88℃/min 测得[107]，得分解峰 T_p428K，分解产物的分解峰 T_p461K，而与右上小图的结果相一致。这说明快速升温条件下，坩埚密封与否，所得结果将趋于一致。当升温速率降至 0.624℃/min，在 394～404K 之间形成带肩的平坦峰，而且第 2 峰的峰高小于第 1 峰的峰高。

- 用 X 射线分析了分解峰的剩余物后[107]，发现分解产物中除了有液体物质外还有固体物质。这些物质在高温下将发生放热分解，形成分解产物的分解峰（第 3 峰）。它们的分解产物会升华。

- 加热到 75℃四氮烯仍是安定的，超过 75℃，则引起分解；75℃，10d，α=8%，结晶呈黄色，但仍具爆炸性；加热到 85℃左右，试样变褐色；85℃，20d，α=20%；85℃下长期加热，将变为不具爆炸性的物质[108]。

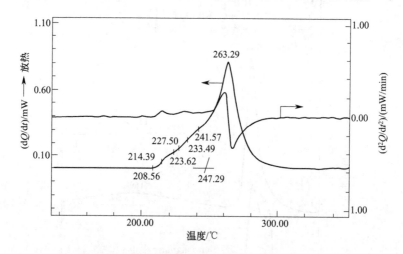

图 15-69　碱式苦味酸铅与叠氮化铅复盐的 DSC 曲线

样品名称：碱式苦味酸铅与叠氮化铅复盐❶。

样品来源：工业品。

试样量 0.251mg，过 100 目筛，升温速率 5.0℃/min；敞口铝坩埚；氮气氛，40ml/min；岛津 DSC-50 仪。

测试结果：

- 分解峰　T_i481.71K，T_p536.44K；由主分解峰得的 T_e520.44K。

- 自起始分解温度至开始快速分解温度（约 253℃），其间经历约 3 个缓慢分解过程，使分解峰形成连续的台阶状肩峰，反映在微分 DSC 曲线上，则可见到 3 个小峰。最终是主分解峰。

【备注】　100℃，48h 的 VST 结果为 0.34ml/g[109]。

---

❶　这一复盐简称 K·D 起爆药。对特定制备工艺，所得复盐实验式可能为 $C_6H_2(NO_2)_3OPbOH \cdot Pb(OH)N_3 \cdot 2Pb(N_3)_2$。

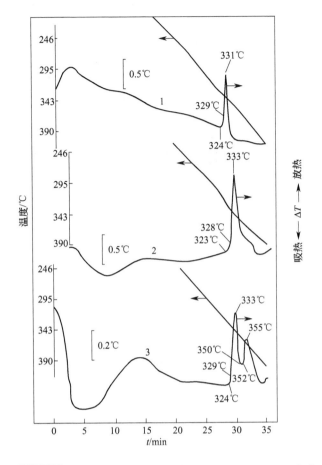

图 15-70 RD1333 叠氮化铅在不同气氛中的 DTA 曲线[110]

样品名称：RD1333 叠氮化铅（Lead Azide RD1333）；分子式 $Pb(N_3)_2$ ❶。

样品来源：Du Pont Lot 51-49，纯度 98.43%。

试样量：1—0.7mg，2—0.6mg，3—0.5mg。升温速率 $10℃/min$。气氛：1—通过新鲜 P_2O_5 柱的压缩空气，每升空气中残余水 $2×10^{-5}mg$，流速 30ml/min；2—氮气，流速 30ml/min；3—氩气，流速 6ml/min。坩埚材料：钢（$\phi3.6mm×5.72mm$）；参比物为石英；热电偶类型镍铬-镍铝型热电偶；仪器为 Deltatherm Ⅲ DTA 附件。

测试结果：

· 在 3 种气氛中 DTA 曲线的特征温度如下表所示

试样号	峰 1			峰 2			备 注
	T_i /K	T_{si} /K	T_p /K	T_i /K	T_{si} /K	T_p /K	
1	597	602	604				无峰 2
2	596	601	606				无峰 2
3	597	602	604	623	625	628	出现峰 2 的原因是 Ar 气流速较慢[110]

· 峰 1 为叠氮化铅的分解；峰 2 为碱式叠氮化铅（basic lead azide）❷的分解。

【备注】· 叠氮化铅是白色固体结晶[111]，有两种同素异形体[112]：一种是斜方晶型（α 型，俗称短柱状结晶），另一种是单斜晶型（β 型，俗称针状结晶）。但有人提出有四种多晶体[111]。α 型是稳定晶型[112]。实际使用的工业叠氮化铅是 α 型晶体。叠氮化铅常简称为氮化铅。

---

❶ 文献[111]认为结构式为：N≡N=N—Pb—N=N≡N。

❷ 叠氮化铅与来自气氛中的水分发生水解反应生成碱式氮化铅。

- 长薄片带状 β 叠氮化铅单晶(5mm×200μm×30μm;由扩散法制得),其 DSC 曲线上仅有一个峰[113]。

- 当用于干燥压缩空气的干燥剂明显失效时,例如 P_2O_5 干燥柱已使用一天之久,或者使用碱石棉干燥(其干燥效率每升空气中残留水为 0.16mg),这时 DTA 曲线❶上不仅可观察到叠氮化铅的分解峰(第 1 峰),而且还可观察到碱式氮化铅的分解峰[110]。

- 当氮气流速 20ml/min,5.00mg 试样,升温速率 1.35℃/min,或 2.66mg 试样,升温速率 2.75℃/min,测定中均发生爆发反应,前者的 T_{Si} 301℃,后者的 T_{Si} 312℃;但在 3.28mg 试样,升温速率 1.40℃/min,或者 1.70mg 试样,升温速率 10.5℃/min,测定中仅分解,这时它们的 T_{Si} 和 T_p 分别为 301℃、305.5℃与 329.5℃、33/6.0℃[110]。

- 在 10℃/min 的升温速率和气体流速 30ml/min 的不同气氛中叠氮化铅的临界质量❷如下所示[110]:

气 氛 类 型	临界质量/mg	爆发温度/℃	备　　　注
压缩空气	8.0	329	
干燥 O_2	2.0	333	每升 O_2 中残余水 $1×10^{-5}$mg
通过碱石棉的压缩空气	2.0	331	
通过 P_2O_5 的压缩空气	0.9	333	
干燥 N_2	0.7	324	商品级气瓶 N_2
干燥 CO_2	0.7	330	完全干燥级
干燥 Ar	0.7	323	商品级气瓶 Ar

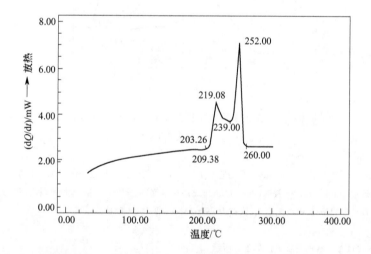

图 15-71 硝酸三肼合二价镍在动态氮气中的 DSC 曲线❸

样品名称:硝酸三肼合二价镍,硝酸肼镍[Trihydrazine nikel(Ⅱ)nitrate]。分子式:$NiH_{12}N_8O_6$[配位式(Ni(N_2H_4)$_3$)(NO_3)$_2$]。样品来源:实验室合成,纯度约 99.6%。

试样量 0.207mg;升温速率 10℃/min;敞口铝坩埚;岛津 DSC-50 仪。

测试结果:分解峰　T_i 476.41K;T_e 482.53K;T_{p1} 492.23K;T_{p2} 525.15K;T_f 533.15K。

---

❶ 使用 P_2O_5 的实验条件为:试样量 0.7mg;升温速率 10℃/min,空气流速 30ml/min。使用碱石棉的实验条件为:试样量 1.8mg,升温速率 10℃/min,空气流速 30ml/min。

❷ 临界质量是指以确定的加热速率,在标准坩埚中,即在确定的和特殊的条件下,发生爆发反应的最小试样量[110]。它是实验炸药的一种感度的量度。原文献还列有:气氛 Open、流速为 0 的临界质量为 11.0mg。疑文献中 Open 应是 Open to the air,因此所指的气氛应是静态空气。

❸ 承南京理工大学朱顺官合成试样并提供曲线。

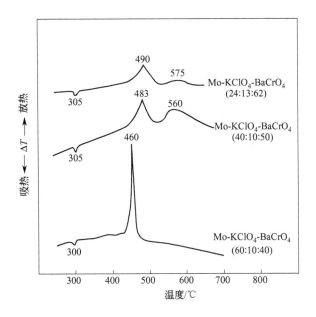

图 15-72 　**钼铬酸钡高氯酸钾系延期药的 DTA 曲线**[114]

样品名称：钼铬酸钡高氯酸钾系延期药，Mo-BaCrO₄-KClO₄ 延期药。

样品来源：钼粉纯度 99.9%，平均粒径 3μm；KClO₄，纯粉，平均粒径 42μm；BaCrO₄，化学纯，平均粒径 1.1μm；混合物为由组分精确称量后过 5 次 120BS 筛混合而成。

试样量小于 5mg；升温速率 10℃/min；氮气氛，50ml/min；仪器：Du Pont 990 仪的 942DTA。

测试结果：

- 305℃左右的峰为 KClO₄ 的晶型转变峰。
- 305℃以后的放热峰为固体状态的反应峰。其中第 1 放热峰归因于 Mo 和 KClO₄ 之间的反应（$4Mo+3KClO_4 \longrightarrow 4MoO_3+3KCl$；$\Delta H=-3025.3kJ$），第 2 放热峰归因于 Mo 和 BaCrO₄ 间的反应（$Mo+2BaCrO_4 \longrightarrow MoO_3+2BaO+Cr_2O_3$；$\Delta H=-394.2kJ$）及 BaO 和 MoO₃ 化合为 BaMoO₄（$BaO+MoO_3 \longrightarrow BaMoO_4$；$\Delta H=-251.1kJ$）的结果。
- 随着钼含量的增加，第 2 个放热峰越向第 1 个放热峰靠拢。
- 经测定证实的反应产物是 BaMoO₄、Cr₂O₃、KCl 和剩余的 Mo。

第五节　枪炮火药和黑火药的热分析曲线

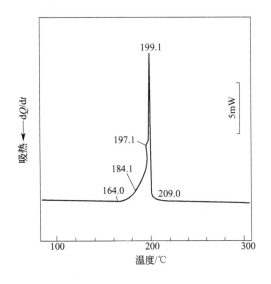

图 15-73 　**2/1 樟单基药在动态氮气中的 DSC 曲线**

样品名称：2/1樟单基药（2/1 Single base propellant of desensitizing）；样品成分：硝化纤维素（硝化度209.0ml/g）约91%，二苯胺1.0%～2.0%，樟脑≤1.8%，石墨≤0.4%，其他；样品来源：工业品。

试样量0.830mg；岛津DSC-50仪。

测试结果：

- 起始分解温度T_i437.11K，爆发温度470.27K，T_p472.21K。
- 自163.96℃开始缓慢分解，并形成一个不太明显的肩峰。肩峰峰温184.14℃。

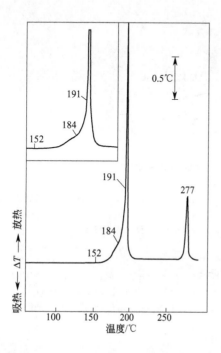

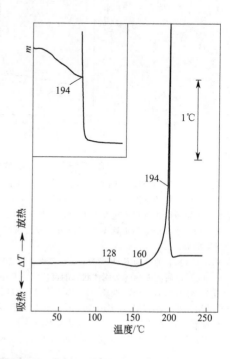

图 15-74 4/7 单基药在静态空气中的 DTA 曲线

（左上角插图是 3.0mg 试样、记录纸速率 15mm/min，其他实验条件相同时的 DTA 曲线的局部图）

样品名称：4/7单基药（4/7 Single base powder）。

样品成分：硝化纤维素（硝化度≥208.0ml/g）95%～96%；二苯胺1%～2%；总挥发分 ≤3.5%。

样品来源：工业品，常温存贮近10年。

试样量2.0mg。

测试结果：

- 起始分解温度T_i425K；爆发温度464K。
- 分解产物产生的放热峰的峰温T_p550K。
- 152～184℃是初始缓慢分解温区，并形成肩峰。

图 15-75 双芳-3 火药在静态空气中的 DTA 曲线

（左上角插图是量程为 10mg 时与 DTA 联用测得的 TG 曲线）

样品名称：双芳-3（SF-3 Double base propellant）。

样品成分：3号硝化棉56%，硝化甘油26.5%，中定剂3.0%，其他。

试样量2.0mg；LCT仪。

测试结果：

- 起始吸热温度T_i401K。
- 吸热峰的峰温T_p433K。
- 爆发温度194℃。
- 194℃前呈缓慢多步失重，194℃转入急速增重❶和失重。

❶ 硝化纤维素和某些火药也有类似现象。这或许与试样释放气体产物过程中改变了天平平衡状态有关，因而可能是表观增重。

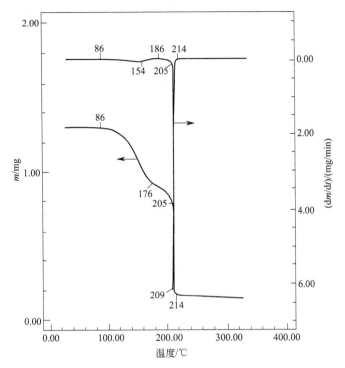

图 15-76 双芳-3 火药在动态氮气中的 TG-DTG 曲线

样品名称、成分同图 15-75。

试样量 1.194mg；气氛、升温速率同图 15-33；铂坩埚；岛津 TGA-50 仪。

测试结果：

• 约在 205℃之前 TG 曲线呈两步缓慢失重，T_{i1} 约 359K，T_{i2} 约 459K。急速失重温度区间为 205~210℃。至 205℃ α 约 41%；至 214℃ α 约 93%。

• 在 DTG 曲线上，86~186℃间有一个缓慢变化的平坦峰，并于 186℃转入第 2 步失重，其中急速分解部分形成一个极其尖锐的峰，其始点温度 205℃，峰温 209℃，结束温度 214℃。

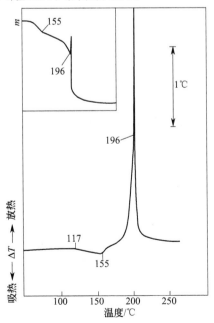

图 15-77 双迫带状火药在静态空气中的 DTA 曲线

（左上角插图是量程为 10mg 时与 DTA 联用测得的 TG 曲线）

　　样品名称：双迫带状火药，Ribbon double base propellent used in mortar projectile；试样成分：3 号硝化棉 58.5%，硝化甘油 40%，中定剂 0.8%，其他；试样来源：工业品。

　　试样量 2.0mg；LCT 仪。

　　测试结果：

- 吸热始点温度 T_i 390K。
- 吸热与放热平衡点温度 428K。
- 爆发温度 196℃。
- 196℃前基本呈两步失重，196℃转入急速增重和失重。

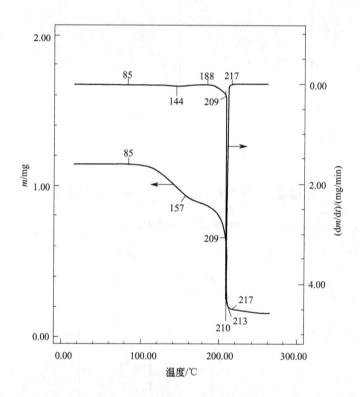

图 15-78　双迫带状火药在动态氮气中的 TG-DTG 曲线

　　样品名称、成分同图 15-77。

　　试样量 1.041mg；升温速率、气氛、坩埚同图 15-76；岛津 TGA-50 仪。

　　测试结果：

- 约在 209℃之前呈两步缓慢失重，T_{i1} 约 358K，T_{i2} 约 461K。急速失重温度区间为 209～213℃。至 188℃，$\alpha=28\%$；至 209℃，$\alpha=51\%$；至 217℃，$\alpha=93\%$；至 266℃，$\alpha=96\%$。

- 在 DTG 曲线上，85～188℃间有一缓慢变化的平坦峰，并于 188℃转入第 2 步失重，其中急速分解部分形成一个极其尖锐的峰，其始点温度约 209℃，峰温约 210℃，结束温度 217℃。

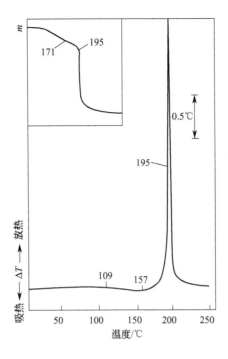

图 15-79　硝基胍火药在静态空气中的 DTA 曲线

（左上角插图是量程为 10mg 时与 DTA 联用测得的 TG 曲线）

样品名称：硝基胍火药（Triple base propellent containing nitroguanidine）。

样品成分：皮罗棉 28%，硝化甘油 22.5%，硝基胍 47.7%，安定剂等。样品来源：工业品。

试样量 2.0mg；LCT 仪。

测试结果：

- 吸热始点温度 T_i 382K。
- 吸热峰的峰温 T_p 430K。
- 爆发温度 195℃。
- 195℃前呈两步失重，195℃转入急速失重。

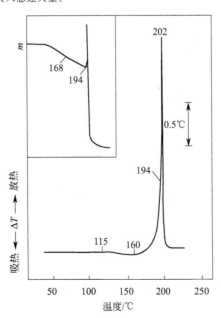

图 15-80　太根火药在静态空气中的 DTA 曲线

（左上角插图是量程为 10mg 时与 DTA 联用测得的 TG 曲线）

样品名称：太根火药（Triple base propellent containing，TAGEN）。

样品成分：硝化棉 65.5%，太根（硝化三乙二醇）11%，硝化甘油 21%，中定剂等。样品来源：工业品。

试样量 2.0mg；LCT 仪。

测试结果：

- 吸热始点温度 T_i 388K。
- 吸热峰的峰温 T_p 433K。
- 爆发温度 194℃。
- 分解峰的峰温 T_p 475K。
- 194℃前呈两步缓慢失重，194℃转入急速增重和失重。

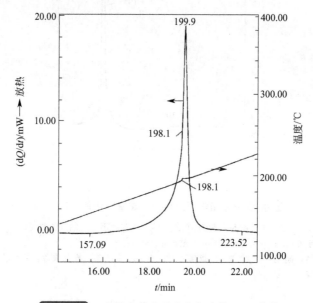

图 15-81　太根火药在动态氮气中的 DSC 曲线

样品名称、成分、来源同图 15-80。

试样量 0.892mg；岛津 DSC-50 仪。

测试结果：

- 分解峰　T_i 430.24K，爆发温度约 472.7K，T_p 473.14K；T_f 496.67K。

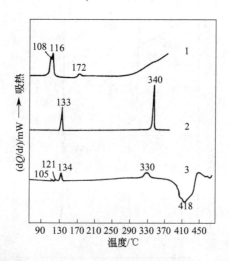

图 15-82　黑火药及其组分硝酸钾和硫的 DSC 曲线[115]

样品名称：1—硫（Sulfur）；2—硝酸钾（Potassium nitrate）；3—黑火药（Black powder）。

样品分子式或成分：1—S，2—KNO_3，3—$KNO_3/C/S$ 的质量比=75:15:10。

样品来源：1—Aldrich 化学公司，纯度 99.999％，2—BDH 公司，纯度 99.5％以上，3—型号 G40，来自 U. K.。
试样量：1—5mg，2—3.2mg，3—1mg；升温速率 20℃/min。
记录量程 20；类型：密封型（卷边压制）铝质坩埚；参比物：空载（带盖）；净化气氛；氮气，压力约 138kPa。PE DSC-2 型仪。
测试结果：

- 硫的特征温度

特征温度		备　　注
T_i /K	T_p /K	
368	381	正交晶→单斜晶，吸热。T_i 均为估读值
	389	熔化；吸热
433	445	液-液转变；吸热

- 硝酸钾的特征温度

特征温度		备　　注
T_i /K	T_p /K	
403	406	晶型转变($\alpha \to \beta$)；吸热，T_i 为估读值
603	613	熔化；吸热

- 黑火药的特征温度

T_p /K	备　　注
378	硫的晶型转变；吸热
394	硫的熔化；吸热
407	硝酸钾的晶型转变
603	硝酸钾的熔化

- 390~450℃的放热峰是由黑火药组分间反应引起的。

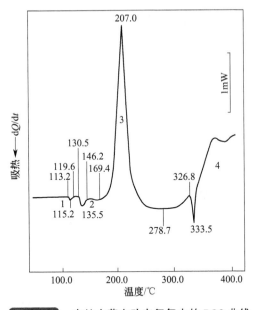

图 15-83　奔纳火药在动态氮气中的 DSC 曲线

样品名称：奔纳火药，Benite。样品成分：黑火药/硝化棉的质量比为 60/40；样品来源：工业品。
试样量 0.668mg；岛津 DSC-50 仪。
测试结果：

- DSC 的特征温度如下表：

峰号	T_i /K	T_p /K	备　　注
1	386.35	388.32	S 的熔融
2	403.63	408.62	KNO_3 的晶型转变
3	442.58	480.13	硝化棉的分解
4	551.84		组分间的反应；333.45℃ 处的峰是 KNO_3 的熔融

第六节 固体火箭推进剂的热分析曲线

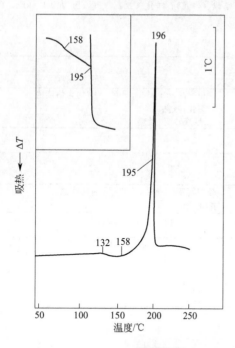

样品名称：双铅-2 火药，SQ-2Double base propellant。

样品成分：硝化棉 59.2%，硝化甘油 25.3%，2 号中定剂 2.9%，其他。

样品来源：标准试样。

试样量 2.0mg；LCT 仪。

测试结果：

- 吸热始点温度 T_i 405K。
- 吸热峰的峰温 T_p 431K。
- 爆发温度 195℃。
- 放热峰的峰温 T_p 469K。
- 195℃前呈两步缓慢失重,195℃转入急速增重和失重。

图 15-84 双铅-2 火药在静态空气中的 DTA 曲线

（左上角插图是量程为 10mg 时与 DTA 联用测得的 TG 曲线）

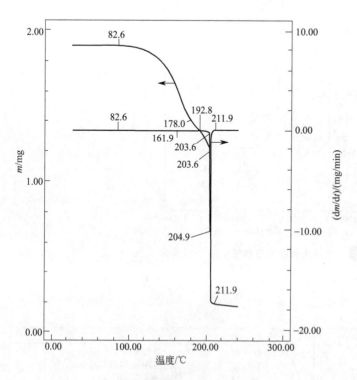

样品名称、试样成分、来源同图 15-84。

试样量 1.852mg；升温速率、氮气、坩埚同图 15-33；岛津 TGA-50 仪。

测试结果：

- 约在 203.6℃前呈两步缓慢失重，T_{i1} 约 355.8K，T_{i2} 约 466.0K。急速失重温度区间为 203.6～211.9℃。至 192.8℃，α 约 31%；至 203.6℃，α 约 42%；至 211.9℃，α 约 93%。

- 在 DTG 曲线上，82.6～192.8℃间有一缓慢变化的平坦峰，T_p 约 435.1K，并于 192.8℃转入第 2 步失重，其中急速分解部分形成一个极其尖锐的峰，其始点温度约 203.6℃，峰温约 204.9℃，结束温度 211.9℃。

图 15-85 双铅-2 火药在动态氮气中的 TG-DTG 曲线（一）

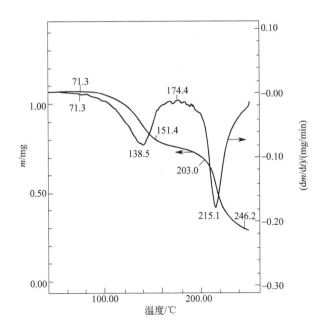

图 15-86 双铅-2 火药在动态氮气中的 TG-DTG 曲线（二）

样品名称、成分、来源同图 15-84。

样品量 1.036mg；升温速率、气氛、坩埚材料、仪器同图 15-85。

测试结果：

· 在 250℃ 之前呈两步缓慢失重，T_{i1} 约 344.5K，T_{i2} 约 447.6K。至 174.4℃ α 约 30%，至 246.6℃ α 约 75%。

· 在 DTG 曲线上，呈两个峰。第 1 峰的温度区间 71.3 ～ 174.4℃，峰温约 138.5℃；第 2 峰的峰温约 215.1℃。

【备注】 与图 15-85 不同，图 15-86 直至 250℃ 未见急速分解过程。

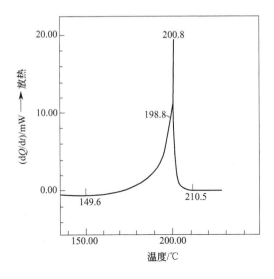

图 15-87 双石-2 火药在动态氮气中的 DSC 曲线

样品名称：双石-2（SS-2 Double base propellant）。

样品成分：硝化棉 55%，硝化甘油 29.3%，二硝基甲苯 10.0%，2 号中定剂 3.0%，石墨 0.5%，其他。

样品来源：工业品。

试样量 1.107mg；岛津 DSC-50 仪。

测试结果：

· 分解峰 T_i 422.76K，爆发温度 471.99K，T_p 473.95K，T_f 483.63K。

【备注】 约自 100℃ 基线逐渐偏离零线，形成一个极其缓慢变化的吸热过程。折回基线的温度为 150℃ 左右。

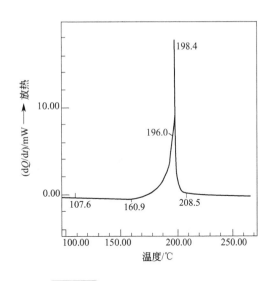

图 15-88 含铝粉的双基推进剂在动态氮气中的 DSC 曲线

样品名称：含铝粉的双基推进剂（Double base propellant containing Al powder）。

样品成分：硝化棉 51%，硝化甘油 27%，吉纳 13%，铝粉 5%，2 号中定剂 1%，其他。

样品来源：工业品。

试样量 1.187mg；岛津 DSC-50 仪。

测试结果：

· 吸热始点温度 T_i 380.78K。

· 约自 434.09K 转入放热过程。

· 爆发温度 469.19K，分解峰温 T_p 471.55K。

第七节　火药相关物的热分析曲线

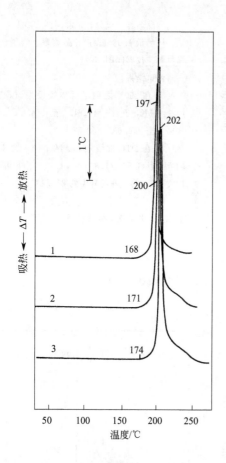

样品名称：1—皮罗棉，火胶棉，门得列也夫仲棉，Pyrocellulose；2—2号硝化棉，2号强棉，No. 2,Nitrocellulose；3—3号硝化棉，3号弱棉，H棉，No. 3，Nitrocellulose。

结构式：通常，硝化纤维素的分子量、含氮量和酯基位置是不均匀的，即其结构具有多分散性，三硝酸酯的结构式如下

样品来源：工业品；试样量 2.0mg；LCT 仪。

图 15-89　**纤维素硝酸酯（硝化纤维素）在静态空气中的 DTA 曲线**

测试结果：
· 分解过程

试样号	T_i /K	爆发温度 /K
1	441	470
2	444	473
3	447	475

【备注】
· 试样的硝化度[116]：1 号试样 200～203.2ml/g；2 号试样 190～198ml/g；3 号试样 188～193.5ml/g。硝化度系 1g 纤维素硝酸酯完全分解后所产生的 NO 气体在 0℃、101kPa 压力下的体积（ml）。

· 175℃恒温 4min，或者 170℃恒温 10min，2 号棉和皮罗棉均发生爆燃；硝化纤维素分解的初始阶段近于 1 级反应；分解过程中存在脱硝和苷键的断裂；实际的分解产物中存在 NO、NO_2、N_2、CO_2、H_2O、HNO_3、HNO_2 和固体残渣[117]。

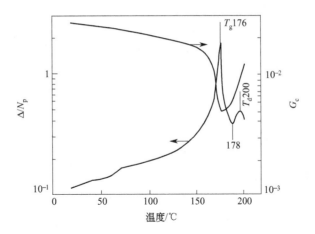

图 15-90 **3 号硝化棉扭辫分析（TBA）的动态力学曲线**[118]

样品名称、结构式同图 15-89 中的 3 号试样。

试样辫子：由 3600 根单丝松散编织而成，长约 200mm。试验前将玻璃辫子经 400～500℃热处理2h。浸渍在辫子上的试样溶液 20～100mg。除去溶剂备用。升温速率 1℃/min（或 2℃/min）；高纯氮气或真空气氛。

测试结果❶：

- 主阻尼峰（硝化棉的玻璃化转变）446～451K，相对模量（相对刚度）下降 2～3 个数量级。
- 次阻尼峰（硝化棉的分解交联）456～483K，相对模量增加。

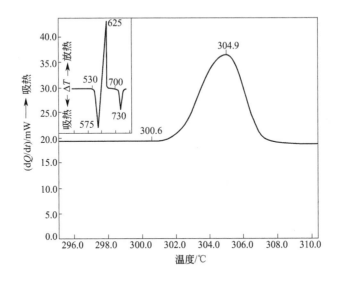

图 15-91 **高氯酸钾在动态氩气中转晶的 DSC 曲线**

（左上角插图是 199.0mg 试样在静态空气 10℃/min 条件下转晶后的 DTA 曲线的局部图）[119]

样品名称：高氯酸钾（Potassium perchlorate）；分子式：$KClO_4$；试样来源：分析纯化学试剂。

试样量 3.00mg；升温速率 10℃/min；氩气氛，45ml/min；PE DSC-7 仪。

测试结果：

- 转晶过程的峰温度　T_i 573.8K；T_e 575.5K；T_p 578.1K。

---

❶　测试结果也可参考如下文献：Propellants，Explosives，Pyrotechnics，1992，17：34。

【备注】

· α 型（正交晶）转变为 β 型（立方晶）的热力学平衡温度为 572.7K[120]。

· 在静态空气中[119]，熔融始点温度 T_i 约 803K，熔融与分解热平衡点温度约 848K，分解峰的 T_p 约 898K；分解产物 KCl 的熔融始点温度 T_i 约 973K，T_p 约 1003K（均由图中曲线估读得出）。

· 在 549～569℃ 范围内等温热分解经历如下 3 个阶段[121]：初期是结晶不稳定处的局部熔融同时分解，中期为全熔后液态下的分解，后期是在新相 KCl 界面处发生的分解。分解反应式为 $KClO_4 \longrightarrow KCl + 2O_2$。

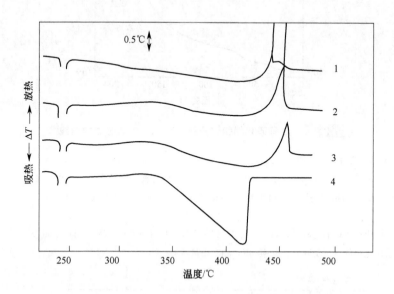

图 15-92 高氯酸铵在不同氩气气氛压力下的 DTA 曲线[122]

样品名称：高氯酸铵（Ammonium perchlorate，AP）。分子式：NH_4ClO_4。

试样量 11～15mg；用蒸馏水重结晶 3 次，平均粒径 280μm（50～370μm）；装填方式：松散装；气氛：静态氩气；气氛压力：1—5.1MPa，2—3.1MPa，3—1.1MPa，4—0.1MPa；升温速率 5℃/min；铝坩埚（φ 5mm×2.5mm）；仪器：理学高压差热分析仪。

测试结果：

· 约 230℃ α 型（斜方晶）向 β 型（立方晶）转变。

· 第 1 放热峰的温度范围为 300～350℃。

· 350℃ 以后，高压下为升华和分解峰，而 0.1MPa 下为升华吸热峰。

· 在 5.1MPa 和 3.1MPa 下最终发生爆发反应。

【备注】

· 转晶温度[123]　$T_σ$ 513K（α→β）。

· 热失重[124]　100℃ 第 1 个 48h，α=0.02%。

· 坩埚材料和气氛类型均影响转晶以后的 DTA 曲线的形状[122]。

· 普遍认为[122]，AP 的热分解存在 3 种过程，即低温分解、升华和高温分解。

· 用 5 种不同比表面（0.66m²/g、0.93m²/g、1.15m²/g、1.28m²/g、1.43m²/g）的 AP，在 CDR-Ⅰ型差动热分析仪上，N_2 气气氛（40ml/min）中测定[125]，显示比表面增加，约 280～400℃ 范围内的低温分解峰和高温分解峰呈合并趋势，而且低温峰的 T_p 随比表面增加明显升高，而 230℃ 左右的晶型转变峰仅向低温侧略有移动。

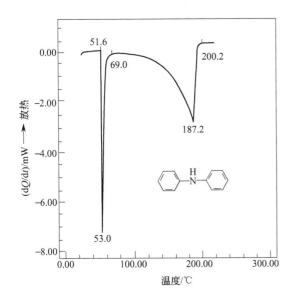

图 15-93　二苯胺在动态氮气中的 DSC 曲线

样品名称：二苯胺（Diphenylamine，DPA）。

样品来源：色谱纯试剂。

试样量 1.514mg；岛津 DSC-50 仪。

测试结果：

- 熔融峰　T_i 324.78K，T_p 326.22K。
- 气化峰　T_i 约 353K，T_p 460.38K，T_f 473.34K。

【备注】　热性质[126]　T_m 327K，T_b 575K。

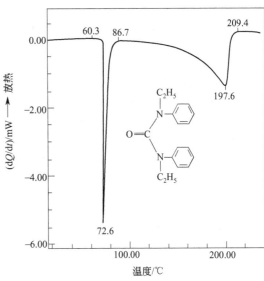

图 15-94　Ⅰ号中定剂在动态氮气中的 DSC 曲线

样品名称：Ⅰ号中定剂（Centralite Ⅰ）。

样品来源：色谱纯试剂。

试样量 1.038mg；岛津 DSC-50 仪。

测试结果：

- 熔融峰　T_i 333.47K，T_e 344.47K，T_p 345.73K。
- 气化峰　T_i 约 368K，T_p 470.79K，T_f 482.56K。

【备注】　热性质[127]　T_m 344.7～345K，T_b 599～603K。

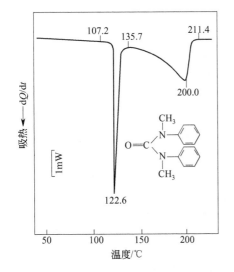

样品名称：Ⅱ号中定剂（Centralite Ⅱ）。

样品来源：色谱纯试剂。

试样量 1.036mg；岛津 DSC-50 仪。

测试结果：

- 熔融峰　T_i 380.31K，T_e 394.52K，T_p 395.73K。
- 气化峰　T_i 408.86K，T_p 472.90K，T_f 484.54K。

【备注】

- 热性质[128]　T_m 394～394.7K，T_b 623K。

图 15-95　Ⅱ号中定剂在动态氮气中的 DSC 曲线

有关含能材料热分析的更多信息可参阅文献 [129]。

参 考 文 献

［1］　Krien G. Thermoanalytische Ergebnisse der Untersuchung Von Sprengstoffen（Einheitliche Sprengstoffe）AZ：3.0～ 3/3960/76. Bonn：Bundesinstitut fur Chemisch-technische Untersuchungen，1976：35.

[2] Krien G. Thermoanalytische Ergebnisse der Untersuchung Von Sprengstoffen (Einheitliche Sprengstoffe) AZ：3. 0～3/3960/76. Bonn：Bundesinstitut für Chemisch-technische Untersuchungen，1976：182.

[3] 孙荣康，任特生，高怀琳. 猛炸药的化学与工艺学（上）. 北京：国防工业出版社，1981：337.

[4] 董海山，周芬芬. 高能炸药及相关物性能. 北京：科学出版社，1989：275.

[5] 章思规. 精细有机化学品技术手册（上）. 北京：科学出版社，1991：787.

[6] 张厚生，胡荣祖，杨德锁. 第Ⅲ届全国溶液化学·热力学·热化学·热分析论文报告会摘要集，杭州，1986：476.

[7] Hara Y Torikai T，Osada H. J Industr Explos Soc，Japan，1978，(5)：256.

[8] Krien G. Thermoanalytische Ergebnisse der Untersuchung Von Sprengstoffen (Einheitliche Spreng-stoffe) AZ.：3. 0～3/3960/76. Bonn：Bundesinstitut für Chemisch-technische Untersuchungen，1976：216.

[9] 二〇四研究所. 火炸药手册：第一分册. 西安：二〇四研究所，1981：51.

[10] Itoh M，Yoshida T，Nakamura M，Uetake K. J Industr Explos Soc，Japan，1977，(1)：17.

[11] 吉田忠雄，田村昌三. 反应性化学物质与爆炸物品的安全. 刘荣海，孙业斌译. 北京：兵器工业出版社，1993：76.

[12] Krien G. Thermoanalytische Ergebnisse der Untersuchung Von Sprengstoffen (Einheitliche Sprengstoffe) AZ.：3. 0～3/3960/76. Bonn：Bundesinstitut für Chemisch-technische Untersuchungen，1976：59.

[13] 孙荣康，任特生，高怀琳. 猛炸药的化学与工艺学（上）. 北京：国防工业出版社，1981：212.

[14] Hara Y，Matsubara H，Osada H. J Industr Explos Soc，Japan，1977，(6)：338.

[15] Hara Y，Kawano F，Osada H. J Industr Explos Soc，Japan，1977，(5)：266.

[16] 孙荣康，任特生，高怀琳. 猛炸药的化学与工艺学（上）. 北京：国防工业出版社，1981：353.

[17] T. 乌尔班斯基. 火炸药的化学与工艺学（第Ⅰ卷）. 孙荣康译. 北京：国防工业出版社，1976：349.

[18] Hara Y，Eda H，Osada H. J Industr Explos Soc，Japan，1975，(5)：255.

[19] 鲁多夫·迈耶. 爆炸物手册. 陈正衡，祝锡五译. 北京：煤炭工业出版社，1980：283.

[20] Krien G. Thermoanalytische Ergebnisse der Untersuchung Von Sprengstoffen (Ein-heitliche sprengstoffe) AZ.：3. 0～3/3960/76. Bonn：Bundesinstitut für Chemisch-technische Untersu-chungen，1976：174.

[21] Hara Y，Osada H. J Industr Explos Soc，Japan，1976，(5)：233.

[22] Krien G. Thermoanalytische Ergebnisse der Untersuchung Von Sprengstoffen (Einheitliche Sprengstoffe) AZ.：3. 0～3/3960/76. Bonn：Bundesinstitut für Chemisch-technische Untersuchungen，1976：179.

[23] Krien G. Thermoanalytische Ergebnisse der Untersuchung Von Sprengstoffen (Einheitliche Sprengstoffe) AZ.：3. 0～3/3960/76. Bonn：Bundesinstitut für Chemisch-technische Untersuchungen，1976：208.

[24] 董海山，周芬芬. 高能炸药及相关物性能. 北京：科学出版社，1989：278.

[25] 孙荣康，任特生，高怀琳. 猛炸药的化学与工艺学（上）. 北京：国防工业出版社，1981：228.

[26] 史春起，孙建设. 炸药安定性和相容性专题报告学术交流会，兰州，1980.

[27] Krien G. Thermoanalytische Ergebnisse der Untersuchung Von Sprengstoffen (Einheitliche Sprengstoffe) AZ.：3. 0～3/3960/76. Bonn：Bundesinstitut für Chemisch-technische Untersuchungen，1976：200.

[28] T. 乌尔班斯基. 火炸药的化学与工艺学（第Ⅰ卷）. 孙荣康译. 北京：国防工业出版社，1976：249.

[29] Krien G. Thermoanalytische Ergebnisse der Untersuchung Von Sprengstoffen (Einheitliche Sprengstoffe) AZ.：3. 0～3/3960/76. Bonn：Bundesinstitut für Chemisch-technische Untersuchungen，1976：148.

[30] T. 乌尔班斯基著. 孙荣康译. 火炸药的化学与工艺学（第Ⅰ卷）. 北京：国防工业出版社，1976：371.

[31] 董海山，周芬芬. 高能炸药及相关物性能. 北京：科学出版社，1989：255.

[32] 孙荣康，任特生，高怀琳. 猛炸药的化学与工艺学（上）. 北京：国防工业出版社，1981：388.

[33] Krien G. Thermoanalytische Ergebnisse der Untersuchung Von Sprengstoffen (Einheitliche Sprengstoffe) AZ.：3. 0～3/3960/76. Bonn：Bundesinstitut für Chemisch-technische Untersuchungen，1976：100.

[34] 孙荣康，任特生，高怀琳. 猛炸药的化学与工艺学（上）. 北京：国防工业出版社，1981：371.

[35] 董海山，周芬芬. 高能炸药及相关物性能. 北京：科学出版社，1989：244.

[36] Krien G. Thermoanalytische Ergebnisse der Untersuchung Von Sprengstoffen (Einheitliche Sprengstoffe) AZ.：3. 0～3/3960/76. Bonn：Bundesinstitut für Chemisch-technische Untersuchungen，1976：30.

[37] 二〇四研究所. 火炸药手册：第一分册. 西安：二〇四研究所，1981：48.

[38] 董海山，周芬芬主编. 高能炸药及相关物性能. 北京：科学出版社，1989：268.

[39] 二〇四研究所. 火炸药手册：第一分册. 西安：二〇四研究所，1981：64.

[40] Krien G. Thermoanalytische Ergebnisse der Untersuchung Von Sprengstoffen（Einheitliche Sprengstoffe）AZ.；3.0～3/3960/76.Bonn：Bundesinstitut für Chemisch-technische Untersuchungen，1976：173.

[41] T. 乌尔班斯基著. 火炸药的化学与工艺学（第Ⅰ卷）. 孙荣康译. 北京：国防工业出版社，1976：436.

[42] Krien G. Thermoanalytische Ergebnisse der Untersuchung Von Sprengstoffen（Einheitliche Sprengstoffe）AZ.；3.0～3/3960/76.Bonn Bundesinstitut für Chemisch-technische Untersuchungen，1976：78.

[43] 孙荣康，任特生，高怀琳. 猛炸药的化学与工艺学（上）. 北京：国防工业出版社，1981：703.

[44] 罗秉和，姚之云. 高压热分析技术及其应用. 见：北京光学仪器厂，热分析专辑（第一辑），1984：35.

[45] 白林　罗秉和. 硝化甘油在高压下热分解动力学研究. 北京工业学院科技资料，1984.

[46] 白林，罗秉和. 中国化学会第二届溶液化学·化学热力学·热化学及热分析论文摘要汇编，武汉，1984：373.

[47] 杨忠义. 火药用爆炸物. 南京：华东工程学院，1977：73.

[48] Krien G. Thermoanalytische Ergebnisse der Untersuchung Von Sprengstoffen（Einheitliche Sprengstoffe）AZ.；3.0～3/3960/76.Bonn：Bundesinstitut für Chemisch-technische Untersuchungen，1976：27.

[49] Krien G. Thermoanalytische Ergebnisse der Untersuchung Von Sprengstoffen（Einheitliche Sprengstoffe）AZ.；3.0～3/3960/76.Bonn：Bundesinstitut für Chemisch-technische Untersuchungen，1976：141.

[50] 二〇四研究所. 火炸药手册：第一分册. 西安：二〇四研究所，1981：112.

[51] 王晓川，黄亨建，王蔺等. 炸药通讯，1992，（4）：8.

[52] 杨忠义. 火药用爆炸物. 南京：华东工程学院，1977：84.

[53] 孙荣康，任特生，高怀琳. 猛炸药的化学与工艺学（上）. 北京：国防工业出版社，1981：659.

[54] Krien G. Thermoanalytische Ergebnisse der Untersuchung Von Sprengstoffen（Einheitliche Sprengstoffe）AZ.；3.0～3/3960/76.Bonn：Bundesinstitut für Chemisch-technische Untersuchungen，1976：76.

[55] Krien G. Thermoanalytische Ergebnisse der Untersuchung Von Sprengstoffen（Einheitliche Sprengstoffe）AZ.；3.0～3/3960/76.Bonn：Bundesinstitut für Chemisch-technische Untersuchungen，1976：125.

[56] 杨忠义. 火药用爆炸物. 南京：华东工程学院，1977：97.

[57] Terry R Gibbs，Alphouse Popolato. LASL Explosive Property Data. 903 研究所译，1982：44.

[58] 董海山，周芬芬. 高能炸药及相关物性能. 北京：科学出版社，1989：261.

[59] 徐克勤，宗树森. 火炸药，1980，（6）：21.

[60] 吴承云，刘子如，阴翠梅，等. 兵工学报（火化工分册），1991，（2）：28.

[61] 二〇四研究所. 火炸药手册　第三分册. 西安：二〇四研究所，1981：253.

[62] 董海山，周芬芬. 高能炸药及相关物性能. 北京：科学出版社，1989：273.

[63] 鲁多夫·迈耶. 爆炸物手册. 陈正衡，祝锡五译. 北京：煤炭工业出版社，1980：242.

[64] Krien G. Thermoanalytische Ergebnisse der Untersuchung Von Sprengstoffen（Einbeitliche Sprengstoffe）AZ.；3.0～3/3960/76.Bonn Bundesinstitut für Chemisch-technische Untersuchungen，1976：166.

[65] 二〇四研究所. 火炸药手册：第一分册. 西安：二〇四研究所，1981：91.

[66] 鲁多夫·迈耶. 爆炸物手册. 陈正衡，祝锡五译. 北京：煤炭工业出版社，1980：88.

[67] Krien G. Thermoanalytische Ergebnisse der Untersuchung Von Sprengstoffen（Einbeitliche Sprengstoffe）AZ.；3.0～3/3960/76.Bonn：Bundesinstitut für Chemisch-technische Untersuchungen，1976：6.

[68] 蔡正千，吴树山，陈作如，等. 火炸药，1991，（2）：38.

[69] 董海山，周芬芬. 高能炸药及相关物性能. 北京：科学出版社，1989：266.

[70] 二〇四研究所. 火炸药手册：第一分册. 西安：二〇四研究所，1981：78.

[71] Krien G. Thermoanalytische Ergebnisse der Untersuchung Von Sprengstoffen（Einheitliche Sprengstoffe）AZ.；3.0～3/3960/76.Bonn：Bundesinstitut für Chemisch-technische Untersuchungen，1976：103.

[72] 孙荣康，任特生，高怀琳. 猛炸药的化学与工艺学（上）. 北京：国防工业出版社，1981：522.

[73] 王晓川. 炸药通讯，1992，（3）：27.

[74] 杨栋，宋洪昌，李上文. 火炸药，1994，（1）：23.

[75] 董海山，周芬芬. 高能炸药及相关物性能. 北京：科学出版社，1989：251.

第二篇

[76] Krien G. Thermoanalytische Ergebnisse der Untersuchung Von Sprengstoffen (Einheitliche Sprengstoffe) AZ.：3.0～3/3960/76.Bonn：Bundesinstitut für Chemisch-technische Untersuchungen，1976：137.

[77] Е Ю 奥尔洛娃，Н А 奥尔洛娃，В Ф 瑞林，В Л 司巴尔斯基，Г М 舒托夫，Л И 维特柯夫斯卡娅. 欧育湘校. 奥克托金. 欧荣文译. 北京：国防工业出版社，1978：17.

[78] 景中兴，白木兰. 化工通讯，1984，(1)：12.

[79] 楚士晋. 炸药热分析. 北京：科学出版社，1994：142.

[80] 二〇四研究所. 火炸药手册：第一分册. 西安：二〇四研究所，1981：110.

[81] 董海山，周芬芬. 高能炸药及相关物性能. 北京：科学出版社，1989：247.

[82] 席于烨，蔡正千，肖鹤鸣等. 分析化学，1991，19 (12)：1387.

[83] 王邦宁. 化学学报，1982，40 (11)：1001.

[84] T. 乌尔班斯基著. 火炸药的化学与工艺学 (第Ⅱ卷). 牛丙彝，陈绍亮译. 北京：国防工业出版社，1976：330.

[85] T. 乌尔班斯基著. 火炸药的化学与工艺学 (第Ⅱ卷). 牛丙彝，陈绍亮译. 北京：国防工业出版社，1976：334.

[86] 化学工业出版社组织编写. 中国化工产品大全 (上). 北京：化学工业出版社，1994：423.

[87] Nakamura H，Kamo K，Aramaki S，et al. J Explos Soc，Japan，1994，(4)：147.

[88] T. 乌尔班斯基. 火炸药的化学与工艺学 (第Ⅱ卷). 牛丙彝，陈绍亮译. 北京：国防工业出版社，1976：339.

[89] 孙荣康，任特生，高怀琳. 猛炸药的化学与工艺学 (上). 北京：国防工业出版社，1981：725.

[90] 楚士晋. 炸药热分析. 北京：科学出版社，1994：96.

[91] 刘子如，阴翠梅，王刚合等. DSC 法测定炸药与相关物的连续比热. 西安近代化学所资料，1990.

[92] Liu ZiRu，Ying-Hui Shao，Cui-Mei Yin，Yang-Hui Kong. Thermochim Acta，1995，250：65.

[93] 邵颖惠，刘子如，阴翠梅等. 兵工学报 (火化工分册)，1993，(2)：28.

[94] Sun Lixia Hu Rongzu，Li Jiamin. Thermochim Acta，1995，253：111.

[95] Chen-Chia Huang，Ming-Der Ger. Propellants，Explosives，Pyrotechnics，1992，17：254.

[96] Quintana J R Ciller J A，Serna F. J. Propellants，Explosives，Pyrotechnics，1992，17：106.

[97] 楚士晋. 炸药热分析. 北京：科学出版社，1994：149.

[98] 孙荣康，任特生，高怀琳. 猛炸药的化学与工艺学 (上). 北京：国防工业出版社，1981：193.

[99] T. 乌尔班斯基. 火炸药的化学与工艺学 (第Ⅰ卷). 孙荣康译. 北京：国防工业出版社，1976：343.

[100] 章思规. 精细有机化学品技术手册 (上). 北京：科学出版社，1991：483.

[101] 孙荣康，任特生，高怀琳. 猛炸药的化学与工艺学 (上). 北京：国防工业出版社，1981：351.

[102] T. 乌尔班斯基著. 火炸药的化学与工艺学 (第Ⅰ卷). 孙荣康译. 北京：国防工业出版社，1976：424.

[103] 蔡正千. 热分析. 北京：高等教育出版社，1993：90.

[104] 蔡正千，吴幼成，成一. 表面包覆沥青或虫胶石墨后三硝基间苯二酚铅的热分解. 南京：华东工程学院，1980.

[105] 蔡正千. 火炸药，1995，(2)：19.

[106] 堵祖岳,胡荣祖,吴承云,等.中国化学会第三届溶液化学·热力学·热化学·热分析论文报告会摘要集(Ⅱ),杭州,1986;482.

[107] Patel R G，Chaudhri M M. Proc. of the 4th Symposium on Chemical Proplems Connected with Stability of Explosives (ed Jan Hansson)，in Sweden，May31—June 2，1976：347.

[108] 劳允亮，黄浩川. 起爆药学. 北京：国防工业出版社，1980：172.

[109] 《兵器工业科学技术辞典》编辑委员会.兵器工业科学技术辞典.火工品与烟火技术.北京:国防工业出版社,1992:14～81.

[110] Joel Harris. Thermochim Acta，1980；41：1.

[111] 劳允亮，黄浩川. 起爆药学. 北京：国防工业出版社，1980：88.

[112] T. 乌尔班斯基. 火炸药的化学与工艺学 (第Ⅲ卷). 欧育湘，秦保实译. 北京：国防工业出版社，1976：140.

[113] Patel R G，Chaudhri M M. Thermochim Acta，1978，25：247.

[114] Rajendran A G Ramachandran C，Babu VV. Propellants，Explosives，Pyrotechnics，1989；14：113.

[115] Hussain G，Rees G J. Propellants，Explosives，Pyrotechnics，1990；15：43.

[116] 蔡正千. 硝化棉工艺学. 南京：华东工程学院，1977：35.

[117] 蔡正千. 硝化棉工艺学. 南京：华东工程学院，1977：74.

［118］　贾展宁，周起槐. 北京工业学院学报，1984，（3）：72.

［119］　Liptay G. 热分析曲线图谱集. 翁祖琪译. 江苏江阴长径仪器厂，1978：12.

［120］　蔡正千. 热分析. 北京：高等教育出版社，1993：30.

［121］　Nakamura H，Nakamura S，Nakamori I. J Industr Explos Soc，Japan，1975（1）：27.

［122］　Morisakl S，Komamiya K. Thermochim Acta，1975，12：239.

［123］　T. 乌尔班斯基. 火炸药的化学与工艺学（第Ⅱ卷）. 牛丙彝，陈绍亮译. 北京：国防工业出版社，1976：350.

［124］　潘功配编译. 烟火药材料手册. 南京：华东工程学院，1983：36.

［125］　彭网大，翁武军，曹传新等. 火炸药，1996，（4）：6.

［126］　鲁多夫·迈耶. 爆炸物手册. 陈正衡，祝锡五译. 北京：煤炭工业出版社，1980：76.

［127］　鲁多夫·迈耶. 爆炸物手册. 陈正衡，祝锡五译. 北京：煤炭工业出版社，1980：35.

［128］　鲁多夫·迈耶. 爆炸物手册. 陈正衡，祝锡五译. 北京：煤炭工业出版社，1980：36.

［129］　刘子如. 含能材料热分析. 国防工业出版社，2008.

第二篇

第十六章　无机化合物的热分析曲线

第一节　稀土溴化物与甘氨酸（Gly）/丙氨酸（Ala）配合物的热分析曲线

以下几种配合物热分解的机理函数 $f(\alpha)$ 和 $g(\alpha)$ 的表达式见表 16-1。

表 16-1　常见的机理函数 $f(\alpha)$ 和 $g(\alpha)$ 表达式

编号	机理	$g(\alpha)$	$f(\alpha)$
1	P1	$\alpha^{1/4}$	$4\alpha^{3/4}$
2	A1.5	$[-\ln(1-\alpha)]^{2/3}$	$1.5(1-\alpha)[-\ln(1-\alpha)]^{1/3}$
3	A2	$[-\ln(1-\alpha)]^{1/2}$	$2(1-\alpha)[-\ln(1-\alpha)]^{1/2}$
4	A3	$[-\ln(1-\alpha)]^{1/3}$	$3(1-\alpha)[-\ln(1-\alpha)]^{2/3}$
5	A4	$[-\ln(1-\alpha)]^{1/4}$	$4(1-\alpha)[-\ln(1-\alpha)]^{3/4}$
6	R2	$1-(1-\alpha)^{1/2}$	$2(1-\alpha)^{1/2}$
7	R3	$1-(1-\alpha)^{1/3}$	$3(1-\alpha)^{2/3}$
8	D1	α^2	$1/(2\alpha)$
9	D2	$(1-\alpha)\ln(1-\alpha)+\alpha$	$[-\ln(1-\alpha)]^{-1}$
10	D3	$[1-(1-\alpha)^{1/3}]^2$	$1.5[1-(1-\alpha)^{1/3}]^{-1}(1-\alpha)^{2/3}$
11	D4	$(1-2\alpha/3)-(1-\alpha)^{2/3}$	$1.5[(1-\alpha)^{-1/3}-1]^{-1}$
12	F1	$-\ln(1-\alpha)$	$1-\alpha$
13	F2	$(1-\alpha)^{-1}-1$	$(1-\alpha)^2$
14	F3	$(1-a)^{-2}-1$	$0.5(1-\alpha)^3$

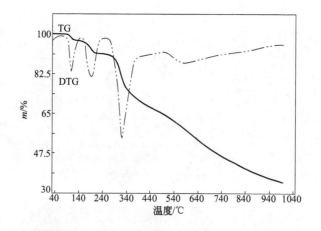

图 16-1　溴化镧与甘氨酸配合物的 TG-DTG 曲线[1,3]

样品名称：溴化镧与甘氨酸配合物；化学式：$LaBr_3 \cdot 3Gly \cdot 3H_2O$；样品来源：自制。

试样量 4.668mg；升温速率 10℃/min，氮气氛，40ml/min；Perkin-Elmer TGA7。

测试结果：

- 配合物的热分解过程

$$\text{LaBr}_3 \cdot 3\text{Gly} \cdot 3\text{H}_2\text{O} \xrightarrow[94\sim150℃]{1} \text{LaBr}_3 \cdot 3\text{Gly} \cdot 2\text{H}_2\text{O} \xrightarrow[150\sim240℃]{2} \text{LaBr}_3 \cdot 3\text{Gly}$$

$$\xrightarrow[240\sim400℃]{3} \text{LaBr}_3 \cdot \text{Gly} \longrightarrow \text{La}_2\text{O}_3$$

- 配合物的热分解机理和动力学参数

过程 1：$E=194.1\text{kJ/mol}$，$\ln(A/\text{s}^{-1})=57.2$，机理是 F1。

过程 2：$E=257.0\text{kJ/mol}$，$\ln(A/\text{s}^{-1})=62.0$，机理是 D3。

过程 3：$E=173.9\text{kJ/mol}$，$\ln(A/\text{s}^{-1})=33.2$，机理是 F2。

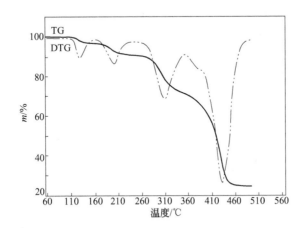

图 16-2 **溴化铈与甘氨酸配合物的 TG-DTG 曲线**[2]

样品名称：溴化铈与甘氨酸配合物；化学式 $CeBr_3 \cdot 3Gly \cdot 3H_2O$；样品来源：自制。

试样量 4.587mg；升温速率 10℃/min；氮气氛，40ml/min；Perkin-Elmer TGA7。

测试结果：

- 配合物的热分解过程

$$\text{CeBr}_3 \cdot 3\text{Gly} \cdot 3\text{H}_2\text{O} \xrightarrow[104\sim159℃]{1} \text{CeBr}_3 \cdot 3\text{Gly} \cdot 2\text{H}_2\text{O} \xrightarrow[159\sim234℃]{2} \text{CeBr}_3 \cdot 3\text{Gly} \xrightarrow[234\sim355℃]{3} \text{CeBr}_3 \cdot \text{Gly} \xrightarrow[355\sim467℃]{4} \text{CeO}_2$$

- 配合物的热分解机理和动力学参数

过程 1：$E=186.6\text{kJ/mol}$，$\ln(A/\text{s}^{-1})=53.7$，机理是 F1。

过程 2：$E=283.0\text{kJ/mol}$，$\ln(A/\text{s}^{-1})=67.2$，机理是 D3。

过程 3：$E=312.5\text{kJ/mol}$，$\ln(A/\text{s}^{-1})=59.2$，机理是 D3。

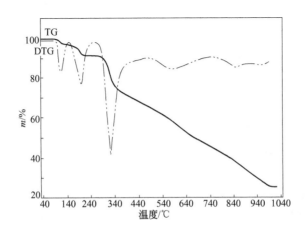

图 16-3 **溴化镨与甘氨酸配合物的 TG-DTG 曲线**[2]

样品名称：溴化镨与甘氨酸配合物；化学式 $PrBr_3 \cdot 3Gly \cdot 3H_2O$；样品来源：自制。

试样量 5.815mg；升温速率 10℃/min；N_2 气氛，40ml/min；Perkin-Elmer TGA7。

测试结果：

- 配合物的热分解过程

$$PrBr_3 \cdot 3Gly \cdot 3H_2O \xrightarrow[89\sim151℃]{1} PrBr_3 \cdot 3Gly \cdot 2H_2O \xrightarrow[151\sim247℃]{2} PrBr_3 \cdot 3Gly \xrightarrow[247\sim422℃]{3} PrBr_3 \cdot Gly \xrightarrow[422\sim991℃]{4} Pr_6O_{11}$$

- 配合物的热分解机理和动力学参数

过程 1：$E = 170.6$kJ/mol，$\ln(A/s^{-1}) = 50.6$，机理是 F1。

过程 2：$E = 231.4$kJ/mol，$\ln(A/s^{-1}) = 54.4$，机理是 D3。

过程 3：$E = 198.8$kJ/mol，$\ln(A/s^{-1}) = 36.7$，机理是 F2。

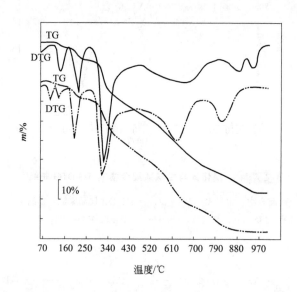

图 16-4 溴化钕与甘氨酸配合物（——）和溴化钆与甘氨酸配合物（—··—）的 TG-DTG 曲线[1~3]

样品名称：溴化钕与甘氨酸配合物，化学式 $NdBr_3 \cdot 3Gly \cdot 3H_2O$；溴化钆与甘氨酸配合物，化学式 $GdBr_3 \cdot 3Gly \cdot 3H_2O$；

样品来源：自制；试样量：上述两试样分别为 5.815mg 及 5.111mg。

升温速率 10℃/min；氮气氛，40ml/min；仪器 Perkin-Elmer TGA7。

测试结果：

- 配合物的热分解过程

$$NdBr_3 \cdot 3Gly \cdot 3H_2O \xrightarrow[98\sim150℃]{1} NdBr_3 \cdot 3Gly \cdot 2H_2O \xrightarrow[150\sim242℃]{2} NdBr_3 \cdot 3Gly$$

$$\xrightarrow[242\sim470℃]{3} NdBr_3 \cdot Gly \xrightarrow[470\sim941℃]{4} Nd_2O_3$$

$$GdBr_3 \cdot 3Gly \cdot 3H_2O \xrightarrow[70\sim158℃]{1} GdBr_3 \cdot 3Gly \cdot 2H_2O \xrightarrow[158\sim242℃]{2} GdBr_3 \cdot 3Gly$$

$$\xrightarrow[242\sim408℃]{3} GdBr_3 \cdot Gly \xrightarrow[408\sim881℃]{4} Gd_2O_3$$

- 配合物的热分解机理和动力学参数

$NdBr_3 \cdot 3Gly \cdot 3H_2O$：

过程 1：$E = 160.5$kJ/mol，$\ln(A/s^{-1}) = 47.1$，机理是 F1。

过程 2：$E = 222.7$kJ/mol，$\ln(A/s^{-1}) = 53.0$，机理是 D3。

过程 3：$E = 198.7$kJ/mol，$\ln(A/s^{-1}) = 38.4$，机理是 F2。

GdBr$_3$ · 3Gly · 3H$_2$O：

　　过程 2：$E=366.3$kJ/mol，ln(A/s^{-1})$=90.1$，机理是 D3。

　　过程 3：$E=166.9$kJ/mol，ln(A/s^{-1})$=30.6$，机理是 F2。

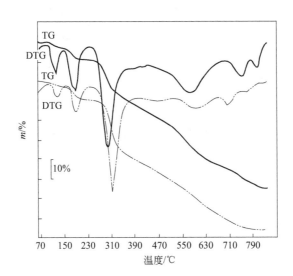

图 16-5 溴化钐与甘氨酸配合物（——）和溴化铕与甘氨酸配合物（—·—）的 TG-DTG 曲线[2]

样品名称：溴化钐与甘氨酸配合物，化学式 SmBr$_3$ · 3Gly · 3H$_2$O；

溴化铕与甘氨酸配合物，化学式 EuBr$_3$ · 3Gly · 3H$_2$O。

样品来源：自制；试样量：上述两试样分别为 3.992mg 及 4.073mg。

升温速率 10℃/min　氮气氛，40ml/min；Perkin-Elmer TGA7 仪。

测试结果：

- 配合物的热分解过程

$$SmBr_3 · 3Gly · 3H_2O \xrightarrow[94\sim156℃]{1} SmBr_3 · 3Gly · 2H_2O \xrightarrow[156\sim244℃]{2} SmBr_3 · 3Gly$$

$$\xrightarrow[244\sim401℃]{3} SmBr_3 · Gly \xrightarrow[401\sim863℃]{4} Sm_2O_3$$

$$EuBr_3 · 3Gly · 3H_2O \xrightarrow[100\sim157℃]{1} EnBr_3 · 3Gly · 2H_2O \xrightarrow[157\sim235℃]{2} EuBr_3 · 3Gly$$

$$\xrightarrow[235\sim417℃]{3} EuBr_3 \xrightarrow[417\sim788℃]{4} Eu_2O_3$$

- 配合物的热分解机理和动力学参数

SmBr$_3$ · 3Gly · 3H$_2$O：

过程 1：$E=148.8$kJ/mol，ln(A/s^{-1})$=42.6$，机理是 F1。

过程 2：$E=256.8$kJ/mol，ln(A/s^{-1})$=61.1$，机理是 D3。

过程 3：$E=172.7$kJ/mol，ln(A/s^{-1})$=30.8$，机理是 F2。

EuBr$_3$ · 3Gly · 3H$_2$O：

过程 1：$E=146.4$kJ/mol，ln(A/s^{-1})$=41.5$，机理是 F1。

过程 2：$E=272.8$kJ/mol，ln(A/s^{-1})$=65.4$，机理是 D3。

过程 3：$E=171.6$kJ/mol，ln(A/s^{-1})$=31.7$，机理是 F2。

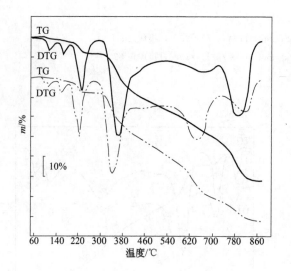

图 16-6 溴化铽与甘氨酸配合物 (———) 和溴化镝与甘氨酸配合物 (—·—) 的 TG-DTG 曲线[2]

样品名称：溴化铽与甘氨酸配合物，化学式 TbBr$_3$·3Gly·3H$_2$O；溴化镝与甘氨酸配合物，化学式 DyBr$_3$·3Gly·3H$_2$O。

样品来源：自制。

试样量：上述两试样分别为 6.710mg 及 6.248mg。

升温速率 10℃/min；氮气氛，40ml/min；Perkin-Elmer TGA7。

测试结果：

- 配合物的热分解过程

$$TbBr_3 \cdot 3Gly \cdot 3H_2O \xrightarrow[89\sim187℃]{1} TbBr_3 \cdot 3Gly \cdot 2H_2O \xrightarrow[187\sim278℃]{2} TbBr_3 \cdot 3Gly \xrightarrow[278\sim445℃]{3} TbBr_3 \cdot Gly \xrightarrow[445\sim807℃]{4} Tb_4O_7$$

$$DyBr_3 \cdot 3Gly \cdot 3H_2O \xrightarrow[68\sim193℃]{1} DyBr_3 \cdot Gly \cdot 2H_2O \xrightarrow[193\sim269℃]{2} DyBr_3 \cdot 3Gly \xrightarrow[269\sim433℃]{3} DyBr_3 \cdot Gly \xrightarrow[433\sim859℃]{4} Dy_2O_3$$

- 配合物的热分解机理和动力学参数

TbBr$_3$·3Gly·3H$_2$O：

过程 2：$E=323.1$kJ/mol，$\ln(A/s^{-1})=73.3$，机理是 D3。

过程 3：$E=183.7$kJ/mol，$\ln(A/s^{-1})=31.9$，机理是 F2。

DyBr$_3$·3Gly·3H$_2$O：

过程 2：$E=339.2$kJ/mol，$\ln(A/s^{-1})=77.6$，机理是 D3。

过程 3：$E=198.2$kJ/mol，$\ln(A/s^{-1})=35.0$，机理是 F2。

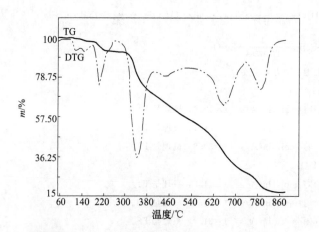

图 16-7 溴化钇与甘氨酸配合物的 TG-DTG 曲线[2]

样品名称：溴化钇与甘氨酸配合物；化学式：YBr₃·3Gly·3H₂O；样品来源：自制。

试样量 4.673mg；升温速率 10℃/min；氮气氛，40ml/min；Perkin-Elmer TGA7 仪。

测试结果：

- 配合物的热分解过程

$$YBr_3 \cdot 3Gly \cdot 3H_2O \xrightarrow[87\sim179℃]{1} YBr_3 \cdot 3Gly \cdot 2H_2O \xrightarrow[179\sim276℃]{2} YBr_3 \cdot 3Gly \xrightarrow[276\sim414℃]{3} YBr_3 \cdot Gly \xrightarrow[414\sim841℃]{4} Y_2O_3$$

- 配合物的热分解机理和动力学参数

过程 2：$E = 380.7$kJ/mol，$\ln(A/s^{-1}) = 90.3$，机理是 D3。

过程 3：$E = 216.3$kJ/mol，$\ln(A/s^{-1}) = 39.1$，机理是 F2。

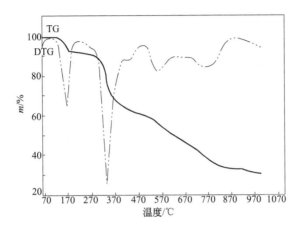

图 16-8 溴化镧与丙氨酸配合物的 TG-DTG 曲线[1,3]

样品名称：溴化镧与丙氨酸配合物；化学式 LaBr₃·3Ala·3H₂O；样品来源：自制。

试样量 4.386mg；升温速率 10℃/min；氮气氛，40ml/min；Perkin-Elmer TGA7。

测试结果：

- 配合物的热分解过程

$$LaBr_3 \cdot 3Ala \cdot 3H_2O \xrightarrow[122\sim230℃]{1} LaBr_3 \cdot 3Ala \xrightarrow[230\sim410℃]{2} LaBr_3 \cdot Ala \xrightarrow{3} La_2O_3$$

- 配合物的热分解机理和动力学参数

过程 1：$E = 243.2$kJ/mol，$\ln(A/s^{-1}) = 60.8$，机理是 D3。

过程 2：$E = 206.2$kJ/mol，$\ln(A/s^{-1}) = 38.3$，机理是 F2。

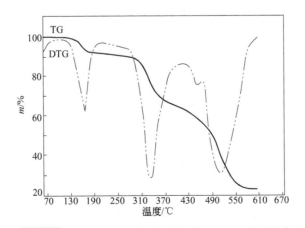

图 16-9 溴化铈与丙氨酸配合物的 TG-DTG 曲线[3,4]

样品名称：溴化铈与丙氨酸配合物；化学式 CeBr₃·3Ala·3H₂O；样品来源：自制。

试样量 4.681mg；升温速率 10℃/min；氮气氛，40ml/min；Perkin-Elmer TGA7。

测试结果：

- 配合物的热分解过程

$$CeBr_3 \cdot 3Ala \cdot 3H_2O \xrightarrow[104\sim209℃]{1} CeBr_3 \cdot 3Ala \xrightarrow[209\sim422℃]{2} CeBr_3 \cdot 0.5Ala \xrightarrow[422\sim578℃]{3} CeO_2$$

- 配合物的热分解机理和动力学参数

    过程 1：$E=219.0kJ/mol$，$\ln(A/s^{-1})=56.2$，机理是 D2。

    过程 2：$E=222.2kJ/mol$，$\ln(A/s^{-1})=37.7$，机理是 D3。

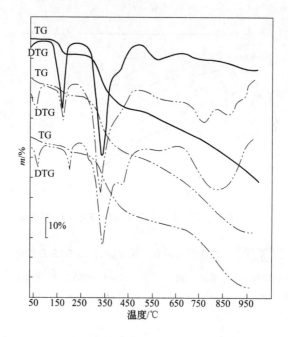

图 16-10 溴化镨与丙氨酸配合物（——）、溴化钐与丙氨酸配合物（—··—）
和溴化铽与丙氨酸配合物（—·—）的 TG-DTG 曲线[3,4]

样品名称：溴化镨与丙氨酸配合物，$PrBr_3 \cdot 3Ala \cdot 3H_2O$；溴化钐与丙氨酸配合物，$SmBr_3 \cdot 3Ala \cdot 3H_2O$；溴化铽与丙氨酸配合物，$TbBr_3 \cdot 3Ala \cdot 3H_2O$。

样品来源：自制。

试样量：上述 3 种试样分别为 7.267mg、4.350mg 及 5.872mg。

升温速率 10℃/min；氮气氛，40ml/min；Perkin-Elmer TGA 7。

测试结果：

- 配合物的热分解过程

$$PrBr_3 \cdot 3Ala \cdot 3H_2O \xrightarrow[86\sim216℃]{1} PrBr_3 \cdot 3Ala \xrightarrow[216\sim505℃]{2} PrBr_3 \cdot 0.5Ala \xrightarrow[505\sim998℃]{3} Pr_6O_{11}$$

$$SmBr_3 \cdot 3Ala \cdot 3H_2O \xrightarrow[41\sim101℃]{1} SmBr_3 \cdot 3Ala \cdot 2H_2O \xrightarrow[101\sim229℃]{2} SmBr_3 \cdot Ala$$

$$\xrightarrow[229\sim499℃]{3} SmBr_3 \cdot 0.5Ala \xrightarrow[499\sim958℃]{4} Sm_2O_3$$

$$TbBr_3 \cdot 3Ala \cdot 3H_2O \xrightarrow[41\sim100℃]{1} TbBr_3 \cdot 3Ala \cdot 2H_2O \xrightarrow[100\sim236℃]{2} TbBr_3 \cdot 3Ala$$

$$\xrightarrow[236\sim497℃]{3} TbBr_3 \cdot 0.5Ala \xrightarrow[497\sim938℃]{4} Tb_4O_7$$

- 配合物的热分解机理和动力学参数

    $PrBr_3 \cdot 3Ala \cdot 3H_2O$：

    过程 1：$E=188.1kJ/mol$，$\ln(A/s^{-1})=46.8$，机理是 D2。

    过程 2：$E=143.7kJ/mol$，$\ln(A/s^{-1})=24.3$，机理是 F2。

SmBr$_3$·3Ala·3H$_2$O：

过程3：$E=123.5$kJ/mol，$\ln(A/s^{-1})=20.2$，机理是F2。

TbBr$_3$·3Ala·3H$_2$O：

过程3：$E=108.0$kJ/mol，$\ln(A/s^{-1})=16.9$，机理是F2。

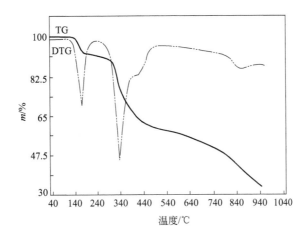

图 16-11 溴化钕与丙氨酸配合物的 TG-DTG 曲线[1,3]

样品名称：溴化钕与丙氨酸配合物；化学式：NdBr$_3$·3Ala·3H$_2$O；样品来源：自制。
试样量6.118mg；升温速率10℃/min；氮气氛，40ml/min；仪器 Perkin-Elmer TGA7。
测试结果：

· 配合物的热分解过程

$$\text{NdBr}_3\cdot3\text{Ala}\cdot3\text{H}_2\text{O} \xrightarrow[126\sim245℃]{1} \text{NdBr}_3\cdot3\text{Ala} \xrightarrow[245\sim475℃]{2} \text{NdBr}_3\cdot\text{Ala} \longrightarrow \text{Nd}_2\text{O}_3$$

· 配合物的热分解机理和动力学参数

过程1：$E=257.2$kJ/mol，$\ln(A/s^{-1})=64.7$，机理是D3。

过程2：$E=139.9$kJ/mol，$\ln(A/s^{-1})=24.8$，机理是F2。

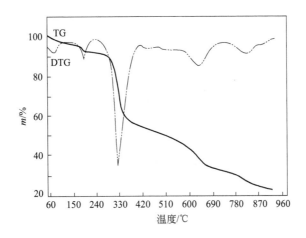

图 16-12 溴化铕与丙氨酸配合物的 TG-DTG 曲线[3,4]

样品名称：溴化铕与丙氨酸配合物；化学式 EuBr$_3$·3Ala·3H$_2$O；

样品来源：自制。

试样量5.886mg；升温速率10℃/min；氮气氛，40ml/min；Perkin-Elmer TGA7。

测试结果：

- 配合物的热分解过程

$$EuBr_3 \cdot 3Ala \cdot 3H_2O \xrightarrow[51\sim106℃]{1} EuBr_3 \cdot 3Ala \cdot 2H_2O \xrightarrow[106\sim233℃]{2} EuBr_3 \cdot 3Ala \xrightarrow[233\sim415℃]{3}$$

$$EuBr_3 \xrightarrow[415\sim730℃]{4} EuOBr \longrightarrow Eu_2O_3$$

- 配合物的热分解机理和动力学参数

过程 3：$E=155.9kJ/mol$，$\ln(A/s^{-1})=27.6$，机理是 F1。

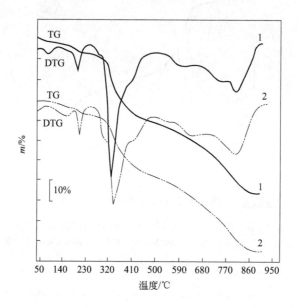

图 16-13 溴化钆与丙氨酸配合物（1）和溴化镝与丙氨酸配合物（2）的 TG-DTG 曲线[3,4]

样品名称：（1）溴化钆与丙氨酸配合物，化学式　$GdBr_3 \cdot 3Ala \cdot 3H_2O$；

　　　　　　（2）溴化镝与丙氨酸配合物，化学式　$DyBr_3 \cdot 3Ala \cdot 2.5H_2O$。

样品来源：自制。

试样量：上述两试样分别为 8.638mg 及 6.186mg。

升温速率 10℃/min；氮气氛，40ml/min；仪器　Perkin-Elmer TGA7。

测试结果：

- 配合物的热分解过程

$$GdBr_3 \cdot 3Ala \cdot 3H_2O \xrightarrow[41\sim115℃]{1} GdBr_3 \cdot 3Ala \cdot 2H_2O \xrightarrow[115\sim245℃]{2} GdBr_3 \cdot 3Ala \xrightarrow[245\sim482℃]{3}$$

$$GdBr_3 \cdot 0.5Ala \xrightarrow[482\sim908℃]{4} Gd_2O_3$$

$$DyBr_3 \cdot 3Ala \cdot 2.5H_2O \xrightarrow[43\sim179℃]{1} DyBr_3 \cdot 3Gly \cdot H_2O \xrightarrow[179\sim238℃]{2} DyBr_3 \cdot 3Ala \xrightarrow[238\sim492℃]{3}$$

$$DyBr_3 \cdot 0.5Ala \xrightarrow[492\sim883℃]{4} Dy_2O_3$$

- 配合物的热分解机理和动力学参数

$GdBr_3 \cdot 3Ala \cdot 3H_2O$：

过程 3：$E=183.7kJ/mol$，$\ln(A/s^{-1})=31.9$，机理是 F2。

$DyBr_3 \cdot 3Ala \cdot 2.5H_2O$：

过程 3：$E=198.2kJ/mol$，$\ln(A/s^{-1})=35.0$，机理是 F2。

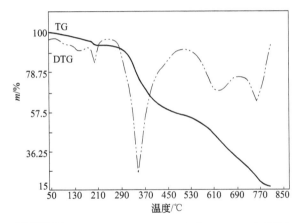

图 16-14 溴化钇与丙氨酸配合物的 TG-DTG 曲线[3,4]

样品名称：溴化钇与丙氨酸配合物；化学式 $YBr_3 \cdot 3Ala \cdot 2.5H_2O$；样品来源：自制。

试样量 6.574mg；升温速率 10℃/min；氮气氛，40ml/min；仪器：Perkin-Elmer TGA7。

测试结果：

· 配合物的热分解过程

$$YBr_3 \cdot 3Ala \cdot 2.5H_2O \xrightarrow[46\sim246℃]{1} YBr_3 \cdot 3Ala \xrightarrow[246\sim482℃]{2} YBr_3 \cdot 0.5Ala \xrightarrow[482\sim793℃]{3} Y_2O_3$$

· 配合物的热分解机理和动力学参数

过程 2：$E=120.4kJ/mol$，$\ln(A/s^{-1})=19.6$，机理是 F2。

第二节 过渡金属席夫碱配合物的热分析曲线

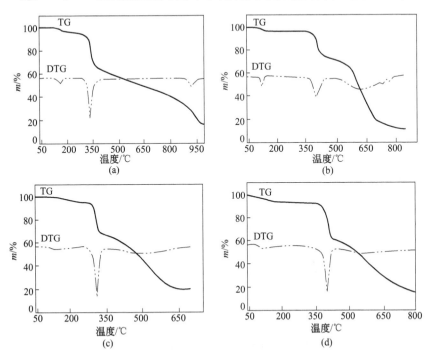

(a)

(b)

(c)

(d)

图 16-15 3-甲氧基水杨醛邻苯二胺一水合铜(Ⅱ)(a)、3-甲氧基水杨醛邻苯二胺合镍(Ⅱ)单水合物(b)、3-甲氧基水杨醛乙基二胺一水合铜(Ⅱ)(c)和 3-甲氧基水杨醛乙基二胺合镍(Ⅱ)单水合物(d)的 TG-DTG 曲线[5]

样品名称：(a) 3-甲氧基水杨醛邻苯二胺一水合铜（Ⅱ）；(b) 3-甲氧基水杨醛邻苯二胺合镍（Ⅱ）单水合物；

(c) 3-甲氧基水杨醛乙基二胺一水合铜（Ⅱ）；(d) 3-甲氧基水杨醛乙基二胺合镍（Ⅱ）单水合物（d）。

化学式：(a)Cu(C$_8$H$_7$O$_2$)$_2$·(C$_6$H$_4$N$_2$)·(H$_2$O)；(b)Ni(C$_8$H$_7$O$_2$)·(C$_6$H$_4$N$_2$)·H$_2$O；(c)Cu(C$_8$H$_7$O$_2$)$_2$·(C$_2$H$_4$N$_2$)·(H$_2$O)；

(d)Ni(C$_8$H$_7$O$_2$)·(C$_2$H$_4$N$_2$)·H$_2$O

样品来源：自制。

试样量 1~4mg；升温速率 10℃/min；氮气氛，40ml/min；仪器：Perkin-Elmer TGS-2。

测试结果：

- 配合物的热分解温度和失重率

(a) 139~175℃，3.85%；213~396℃，32.97%；396~980℃，46.16%；

(b) 70~138℃，3.75%；317~511℃，29.67%；511~780℃，51.06%；

(c) 108~241℃，4.57%；245~380℃，32.00%；380~668℃，43.83%；

(d) 81~238℃，5.10%；326~425℃，32.46%；425~795.5℃，44.59%。

- 配合物的热分解机理

(a) 阶段 2：Mampel 方程；

(b)、(c) 阶段 2：Avrami-Erofeev 方程（成核和生长，$n=1.5$）；

(d) 阶段 2：收缩的几何形状（圆柱形对称）。

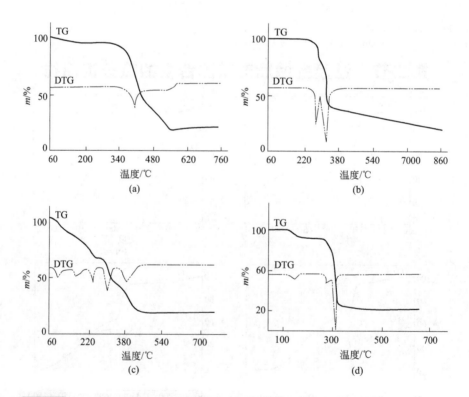

图 16-16 水杨醛邻氨基苯甲酸合镍（Ⅱ）单水合物（a）、水杨醛邻氨基苯甲酸合铜（Ⅱ）
单乙酸盐（b）、N-水杨醛邻氨基苯甲酸二吡啶合铜（Ⅱ）单水合盐（c）和邻香兰素
邻氨基苯甲酸合铜（Ⅱ）单水合物（d）的 TG-DTG 曲线[6]

样品名称：(a)水杨醛邻氨基苯甲酸合镍（Ⅱ）单水合物；(b)水杨醛邻氨基苯甲酸合铜（Ⅱ）单乙酸盐；(c)N-水杨醛邻氨基苯甲酸二吡啶合酮（Ⅱ）单水合盐；(d)邻香兰素邻氨基苯甲酸合铜（Ⅱ）单水合物。

化学式：(a) C$_{14}$H$_9$NO$_3$Ni·H$_2$O；(b) C$_{14}$H$_9$NO$_3$Cu·CH$_3$COOH；(c) C$_{14}$H$_9$NO$_3$Cu(PY)$_2$·H$_2$O；(d) (C$_{15}$H$_{13}$NO$_3$Cu)$_2$·H$_2$O。

样品来源：自制。

试样量 2～4mg；升温速率 10℃/min；氮气氛，40ml/min；仪器：Perkin-Elmer TGS-2。

测试结果：

· 配合物的热分解过程

    (a) $C_{14}H_9NO_3Ni \cdot H_2O \xrightarrow{50～234℃} C_{14}H_9NO_3Ni \xrightarrow{320～530℃} NiO$；

    (b) $C_{14}H_9NO_3Cu \cdot CH_3COOH \xrightarrow{234～280℃} C_{14}H_9NO_3Cu \xrightarrow{280～880℃} CuO$；

    (c) $C_{14}H_9NO_3Cu(PY)_2 \cdot H_2O \xrightarrow{70～143℃} C_{14}H_9NO_3PY \xrightarrow{143～273℃} C_{14}H_9NO_3Cu \xrightarrow{273～348℃}$

    $C_7H_6NO_3Cu \xrightarrow{348～480℃} CuO$；

    (d) $(C_{15}H_{13}NO_3Cu)_2 \cdot H_2O \xrightarrow{107～164℃} (C_{15}H_{13}NCu)_2 \xrightarrow{257～321℃} 2CuO$。

· 配合物的热分解机理和活化能

    (a) 阶段 2：2 级化学反应，$E=180.5kJ/mol$；

    (b) 阶段 2：Avrami-Erofeev 方程（成核和生长，$n=1.5$），$E=212.5kJ/mol$；

    (c) 阶段 4：Avrami-Erofeev 方程（成核和生长，$n=2$），$E=197.5kJ/mol$。

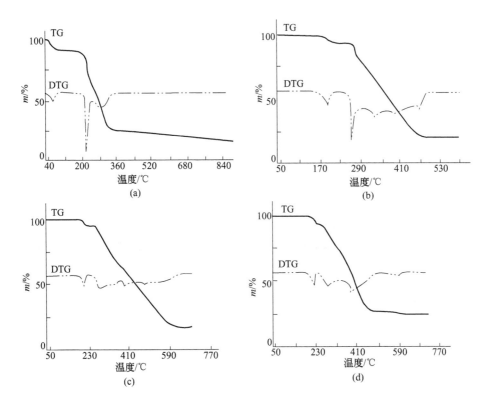

图 16-17   3-甲氧基水杨醛白氨酸合铜（Ⅱ）单乙醇盐(a)、3-甲氧基水杨醛白氨酸一水合镍（Ⅱ）(b)、3-甲氧基水杨醛苯丙氨酸一水合镍（Ⅱ）(c)和 3-甲氧基水杨醛丙氨酸一水合锌（Ⅱ）(d)的 TG-DTG 曲线[7]

样品名称：(a)3-甲氧基水杨醛白氨酸合铜（Ⅱ）单乙醇盐；(b)3-甲氧基水杨醛白氨酸一水合镍（Ⅱ）；
(c)3-甲氧基水杨醛苯丙氨酸一水合镍（Ⅱ）；(d)3-甲氧基水杨醛丙氨酸一水合锌（Ⅱ）。
化学式：(a)Cu($C_7H_6O_2CH\!=\!NC_6H_{10}O_2$)·($C_2H_5OH$)；(b)Ni($C_7H_6O_2CH\!=\!NC_6H_{10}O_2$)·($H_2O$)；
(c)Ni($C_7H_6O_2CH\!=\!NC_9H_8O_2$)·($H_2O$)；(d)Zn($C_7H_6O_2CH\!=\!NC_3H_4O_2$)·($H_2O$)。

样品来源：自制。

试样量 2～4mg；升温速率 10℃/min；氮气氛，40ml/min；仪器：Perkin-Elmer TGS-2。

测试结果：

- 配合物的热分解温度和失重率

  (a) 40～90℃，11.48%； 185～347℃，70.64%；

  (b) 134～225℃，5.56%； 230～475℃，74.91%；

  (c) 183～232℃，5.21%； 240～526℃，79.86%；

  (d) 172～230℃，6.39%； 230～672℃，67.36%。

- 配合物的热分解机理和活化能

  (a) 阶段1：2级化学反应，$E=135.4$kJ/mol；

  (b) 阶段1：Avrami-Erofeev 方程（成核和生长，$n=1$），$E=145.2$kJ/mol；

  (c) 阶段1：Avrami-Erofeev 方程（成核和生长，$n=1$），$E=233.5$kJ/mol；

  (d) 阶段1：收缩的几何形状（球对称），$E=181.6$kJ/mol。

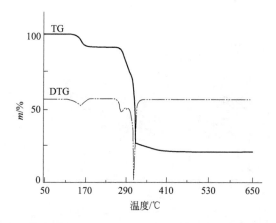

图 16-18 双-3-甲氧基水杨醛邻氨基苯甲酸一水合铜(Ⅱ)单水合物的 TG-DTG 曲线[8]

样品名称：双-3-甲氧基水杨醛邻氨基苯甲酸一水合铜(Ⅱ)单水合物；化学式($C_{15}H_{11}NO_4Cu \cdot H_2O)_2 \cdot H_2O$。

样品来源：自制。

试样量 4.6160mg；升温速率 10℃/min；氮气氛，40ml/min；仪器：Perkin-Elmer TGS-2。

测试结果：

- 配合物的热分解过程

$$(C_{15}H_{11}NO_4Cu \cdot H_2O)_2 \cdot H_2O \xrightarrow{107\sim164℃}$$

$$(C_{15}H_{11}NO_4Cu)_2 \xrightarrow{257\sim416℃} CuO$$

- 配合物的热分解机理和活化能

  阶段1：收缩的几何形状（球对称），$E=161.8$kJ/mol

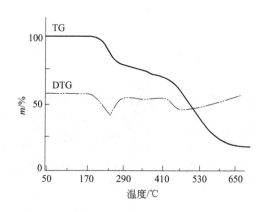

图 16-19 双-N-(2-羟基乙基)邻香兰素二亚胺合锌(Ⅱ)的 TG-DTG 曲线[9]

样品名称：双-N-(2-羟基乙基)邻香兰素二亚胺合锌(Ⅱ)；化学式 $Zn[(C_8H_7O_2)_2(C_2H_5NO)_2]$。

样品来源：自制。

试样量 5.2182mg；升温速率 10℃/min；氮气氛，40ml/min；仪器：Perkin-Elmer TGS-2。

测试结果：

- 配合物的热分解过程

$$Zn[(C_8H_7O_2)_2(C_2H_5NO)_2] \xrightarrow{170\sim335℃} Zn[C_8H_7O_2]$$

$$\xrightarrow{335\sim670℃} Zn$$

- 配合物的热分解机理

  阶段1：2级化学反应

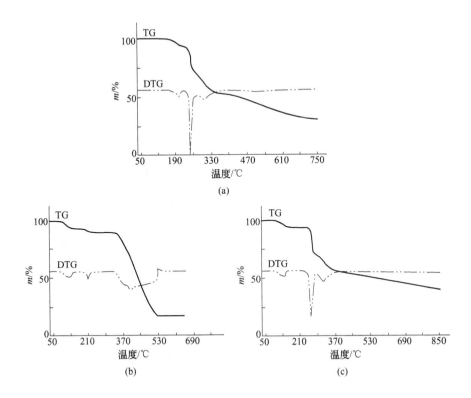

图 16-20 邻香兰素甘氨酸一水合铜(Ⅱ)(a)、2,4-二羟基苯乙酮乙二胺一水合铜(Ⅱ)(b)和 2,4-二羟基苯乙酮乙二胺半个乙酸一水合镍(Ⅱ)(c)的 TG-DTG 曲线[10]

样品名称：(a)邻香兰素甘氨酸一水合铜(Ⅱ)；(b)2,4-二羟基苯乙酮乙二胺一水合铜(Ⅱ)；(c)2,4-二羟基苯乙酮乙二胺半个乙酸一水合镍(Ⅱ)。

化学式：(a)$Cu(C_7H_6O_2CH \!=\! NC_2H_2O_2) \cdot (H_2O)$；(b)$Cu[C_6H_4O_2C(CH_3) \!=\! NC_2H_4N \!=\! C(CH_3)C_6H_4O_2] \cdot (H_2O)$；

(c)$Ni[C_6H_4O_2C(CH_3) \!=\! NC_2H_4N \!=\! C(CH_3)C_6H_4O_2] \cdot (0.5CH_3COOH) \cdot (H_2O)$。

样品来源：自制。

试样量 2～5mg；升温速率 10℃/min；氮气氛，40ml/min；仪器：Perkin-Elmer TGS-2。

测试结果：

· 配合物的热分解温度

(a) 123～221℃； 221～294℃； 294～745℃

(b) 77～156℃； 229～288℃； 288～850℃

(c) 80～101℃； 101～178℃； 178～603℃

· 配合物的热分解机理

(a) 阶段 2：Avrami-Erofeev 方程（成核和生长，$n=2$）；

(b) 阶段 2：Avrami-Erofeev 方程（成核和生长，$n=1.5$）；

(c) 阶段 2：Avrami-Erofeev 方程（成核和生长，$n=1.5$）

第三节　其他稀土配合物的热分析曲线

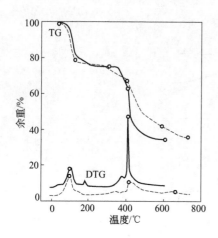

图 16-21 **十水草酸钇在空气和水蒸气气氛下的 TG-DTG 曲线**[11,12]

——水蒸气　------空气

样品名称：十水草酸钇；结构式　$Y_2(C_2O_4)_3 \cdot 10H_2O$。

样品来源：自制。

试样量 10mg 左右；升温速率 10℃/min；气氛空气 50ml/min，或空气 50ml/min＋水蒸气；量程 10mV/min；仪器：岛津 DT-30。

测试结果：

· $Y_2(C_2O_4)_3 \cdot 10H_2O$ 在水蒸气气氛下的热分解过程：$Y_2(C_2O_4)_3 \cdot 10H_2O \longrightarrow Y_2(C_2O_4)_3 \cdot 2H_2O \longrightarrow Y_2O_3$

· $Y_2(C_2O_4)_3 \cdot 10H_2O$ 在水蒸气气氛下脱水过程的活化能为 36.6kJ/mol。

· 分解过程不经过 $Y_2O_2CO_3$ 这一中间过程，一步分解为 Y_2O_3，降低了分解温度。

· 分解产物氧化钇具有超微性，其粒度在 $0.03\mu m$ 左右。

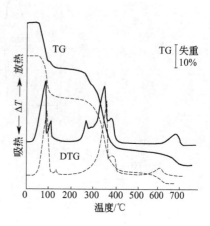

图 16-22 **稀土乙酸盐水合物的 TG-DTG 曲线**[13]

——$Nd(Ac)_3 \cdot 4H_2O$；------$Gd(Ac)_3 \cdot 4H_2O$

样品名称：稀土乙酸盐；结构式 $Ln(Ac)_3 \cdot 4H_2O$。

样品来源：自制。

试样量 10mg；升温速率 10℃/min；空气氛，50ml/min；量程 4mV/min；岛津 DT-30。

测试结果：

· $Pr(Ac)_3 \cdot 4H_2O \xrightarrow[92℃]{35\sim112℃}$❶ $Pr(Ac)_3 \cdot H_2O$

$\xrightarrow[147℃]{112\sim168℃} Pr(Ac)_3 \xrightarrow[360℃]{295\sim475℃} Pr_2O_2CO_3 \xrightarrow[530℃]{612℃} Pr_6O_{11}$

· $Nd(Ac)_3 \cdot 4H_2O \xrightarrow[89℃]{35\sim100℃} Nd(Ac)_3 \cdot 0.5H_2O$

$\xrightarrow[120℃]{100\sim160℃} Nd(Ac)_3 \xrightarrow[349℃]{259\sim435℃} Nd_2O_2CO_3$

$\xrightarrow[680℃]{650\sim710℃} Nd_2O_3$

· $Ln(Ac)_3 \cdot 4H_2O \longrightarrow Ln(Ac)_3 \cdot 0.2H_2O \longrightarrow Ln(Ac)_3$

$\longrightarrow Ln_2O_2CO_3 \longrightarrow Ln_2O_3$

　　（Ln＝Sm，Eu，Gd）

脱水过程活化能 E 在 66.5～84kJ/mol 之间，分解过程的活化能在 225.4～244.9kJ/mol 之间。

· $La(Ac)_3 \cdot 5H_2O \xrightarrow[50℃]{30\sim80℃} La(Ac)_3 \cdot 1.5H_2O$

$\xrightarrow[90℃]{80\sim170℃} La(Ac)_3 \xrightarrow[348℃]{295\sim455℃} La_2O_2CO_3 \xrightarrow[650℃]{475\sim731℃} La_2O_3$

---

❶ 箭头以上为反应的温度范围，箭头下为峰温，下同。

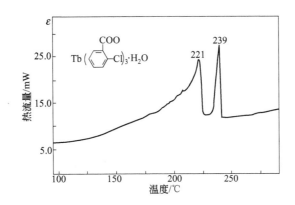

图 16-23 邻氯苯甲酸铽的 DSC 曲线[14]

样品名称：邻氯苯甲酸铽。样品来源：自制。试样量 15.2mg。

升温速率 30℃/min；氮气氛，50ml/min；量程 50mV；仪器：Perkin-Elmer DSC7。

测试结果：

- 配合物脱配位水水峰温为 221℃。
- 脱水焓 $\Delta H = 73.0$kJ/mol。
- 配位物在 239℃左右发生固-固相变，相变焓 16.0kJ/mol。

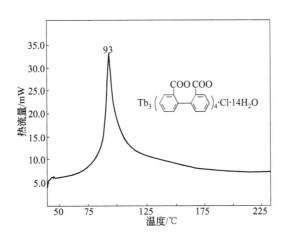

图 16-24 2,2′-联二苯甲酸铽的 DSC 曲线[14]

样品名称：2,2′-联二苯甲酸铽；样品来源：自制。

试样量 7.5mg；升温速率 30℃/min；氮气氛，50ml/min；量程 50mV；仪器：PE DSC-7。

测试结果：

- 配合物一步脱水，脱水峰温为 93.4℃。
- 配合物脱水焓 $\Delta H = 582.8$kJ/mol。

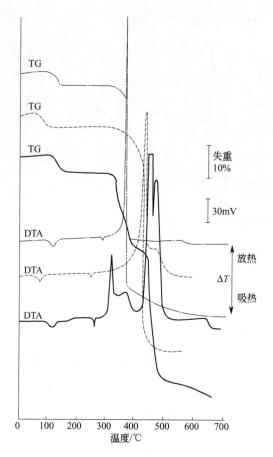

图 16-25 稀土间硝基苯甲酸配合物
的 TG-DTA 曲线[14]

——LaL₃·2H₂O, ……LuL₃·2H₂O ——·——NdL₃·2H₂O

样品名称：间硝基苯甲酸稀土配合物；结构式：LnL₃·
nH_2O（$n=2$，Ln=La→Lu+Y；$n=0$，Ln=Sc）；样品
来源：自制。

试样量 10mg；升温速率 10℃/min；空气气氛，
50ml/min；DTA 量程 250mV；岛津 DT-30 仪器。

测试结果：

• 含水的稀土间硝基苯甲酸配合物脱水过程一
步完成。

• 配合物在 300℃ 左右有固-固相变。

• 稀土配合物的脱水温度随原子序数的增加逐渐降
低，而分解温度则升高。

• 脱水过程的活化能随原子序数的变化呈 W 效应。

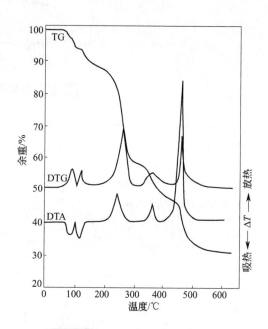

图 16-26 邻羟基苯甲酸铽配合物
的 TG-DTG-DTA 曲线[14]

样品名称：邻羟基苯甲酸铽；样品来源：自制。

试样量 10mg 左右；升温速率 10℃/min；空气氛，
50ml/min；量程 250mV；DTA，10μV，DTG；岛津 DT-30
仪器。

测试结果：

• 配合物的热分解机理为 $\left(\text{L, } \begin{array}{c} COOH \\ OH \end{array} \right)$

$$TbL_3 \cdot 4H_2O \xrightarrow{(40\sim82\sim103)℃} TbL_3 \cdot 2H_2O$$
$$\xrightarrow{(103\sim130\sim143)℃} TbL_3 \xrightarrow{(230\sim260\sim309)℃} Tb_4L_6O_3$$
$$\xrightarrow{(309\sim347\sim400)℃} TbLO \xrightarrow{(410\sim440\sim600)℃} Tb_4O_7$$

• 两步脱水过程的活化能为 40.1kJ/mol 和
58.8kJ/mol。

• 脱水熔分别为 70kJ/mol 和 85.3kJ/mol。

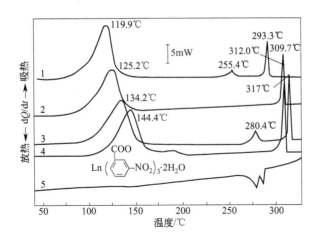

图 16-27　**稀土间硝基苯甲酸配合物的降温 DSC 曲线**[15]

样品名称：稀土间硝基苯甲酸

　　　　1—$YL_3 \cdot 2H_2O$；2—$HoL_3 \cdot 2H_2O$；3—$TbL_3 \cdot 2H_2O$；4—$PrL_3 \cdot 2H_2O$；5—$HoL_3 \cdot 2H_2O$。

样品来源：自制。

试样量 15mg 左右；升（降）温速率 30℃/min；氮气氛，50ml/min；量程 50mW；仪器：PE DSC-7。

测试结果：

- 配合物 $LnL_3 \cdot 2H_2O$（Ln＝La→Lu＋Y）脱水过程的焓变 ΔH 在 119.4～152.4kJ/mol 之间。
- 配合物 LnL_3（Ln＝Nd→Dy＋Er＋Tm＋Y）在 300℃左右出现 2 个固-固相变过程。
- 配合物发生 2 个相变过程，其总的焓变 ΔH 在 14.0～30kJ/mol 之间。

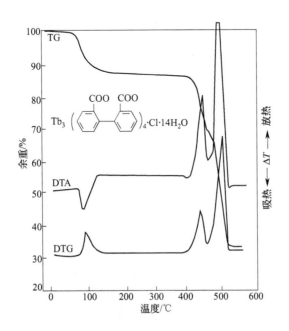

图 16-28　**联二苯甲酸铽配合物的 TG-DTG-DTA 曲线**[14]

样品名称：联二苯甲酸铽；样品来源：自制。

试样量 10mg 左右；升温速率 10℃/min；空气氛，50ml/min；量程：DTA 250mV，DTG 10μV；岛津 DT-30 仪器。

测试结果：

- 配合物脱水过程的活化能为 70.8kJ/mol（Kissinger 法）和 66.2kJ/mol（Ozawa 法）。

- 分解产物具有超微性。

$$\cdot Tb_3\left(\underset{\text{COOCOO}}{\bigcirc\bigcirc}\right)_4 Cl \cdot 14H_2O \xrightarrow[79℃]{45\sim180℃} Tb_3\left(\underset{\text{COOCOO}}{\bigcirc\bigcirc}\right)_4 Cl \xrightarrow[487℃]{405\sim525℃} Tb_4O_7$$

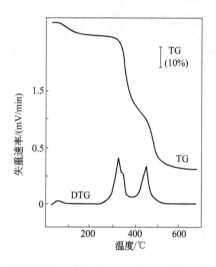

图 16-29 N-乙酰基丙氨酸铕配合物的 TG-DTG 曲线[16]

样品名称：N-乙酰基丙氨酸铕；样品来源：自制。

试样量 2.1mg；升温速率 5℃/min；空气氛，60ml/min；量程 10μV（DTG）；岛津 DT-30 仪器。

测试结果：

- 配合物的热分解机理：

$$Eu(C_5H_8NO_3)_3 \cdot 1.5H_2O \xrightarrow[45℃]{43\sim90℃}$$

$$Eu(C_5H_8NO_3)_3 \xrightarrow[310℃]{280\sim340℃}$$

$$Eu(C_4H_8NO_2)_3 \xrightarrow[330℃]{310\sim350℃}$$

$$Eu(C_3H_5O_2)_3 \xrightarrow[420℃]{380\sim480℃} Eu_2O_3 \cdot nCO_2$$

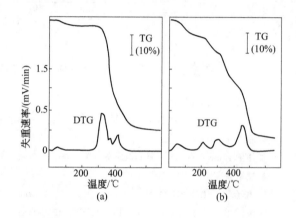

图 16-30 稀土生物有机配合物的 TG-DTG 曲线[16]

样品名称：(a)N-乙酰基缬氨酸铕；(b)N-丙氨酰基丙氨酸铕；样品来源：自制。

试样量 2.5mg；空气氛，60ml/min；升温速率 5℃/min；量程 DTG-10μV；岛津 DT-30 仪器。

测试结果：

(1) $Eu(C_7H_{12}NO_3)_3 \cdot 2H_2O \xrightarrow[50℃]{40\sim90℃} Eu(C_7H_{12}NO_3)_3$

$\xrightarrow[310℃]{280\sim350℃} Eu(C_6H_{12}NO_2)_3 \xrightarrow[330℃]{300\sim370℃} Eu(C_5H_9O_2)_3$

$\xrightarrow[370℃]{340\sim390℃} Eu(C_4H_7O_2)_3 \xrightarrow[420℃]{380\sim490℃} Eu_2O_3 \cdot nCO_2$

(2) $Eu(C_6H_{12}N_2O_3)_3 \cdot Cl_3 \cdot 4H_2O \xrightarrow[50℃]{40\sim90℃}$

$Eu(C_6H_{12}N_2O_3)_3 \cdot Cl_3 \xrightarrow[215℃]{190\sim250℃} Eu(C_6H_{11}N_2O_3)_3$

$\xrightarrow[300℃]{280\sim350℃} Eu(C_5H_{11}N_2O_2)_3 \xrightarrow[330℃]{300\sim370℃} Eu(C_3H_5O_2)_3$

$\xrightarrow[450℃]{380\sim500℃} Eu_2O_3 \cdot nCO_2$

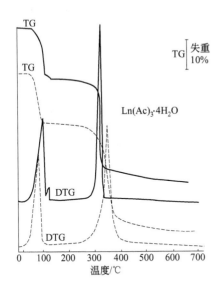

图 16-31 重稀土乙酸盐的 TG-DTG 曲线[17]

——Tb(Ac)$_3$·4H$_2$O，------Yb(Ac)$_3$·4H$_2$O

样品名称：重稀土乙酸盐；结构式 Ln(Ac)$_3$·4H$_2$O (Ln=Tb→Lu)；样品来源：自制。

试样量 10mg 左右；升温速率 10℃/min；空气气氛，50ml/min；量程 10μV（DTG）；岛津 DT-30 仪器。

测试结果：

· Tb(Ac)$_3$·4H$_2$O $\xrightarrow[110℃]{38\sim125℃}$

Tb(Ac)$_3$·0.2H$_2$O $\xrightarrow[138℃]{125\sim145℃}$

Tb(Ac)$_3$ $\xrightarrow[324℃]{275\sim450℃}$ Tb$_4$O$_7$

· Ln(Ac)$_3$·4H$_2$O $\xrightarrow[]{30\sim125℃}$ Ln(Ac)$_3$

$\xrightarrow[]{218\sim580℃}$ Ln$_2$O$_3$ （Ln=Dy→Lu）

· 脱水过程的活化能 $E_{Tb(Ac)_3·4H_2O}$=81.3kJ/mol，其余在 78～99kJ/mol 之间，分解过程的活化能在 90.4～179kJ/mol 之间。脱水焓 ΔH 在 -183～-225kJ/mol 之间，分解焓在 341～576.9kJ/mol 之间。

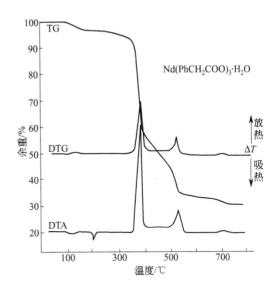

图 16-32 苯乙酸钕配合物的 TG-DTG-DTA 曲线[18]

样品名称：苯乙酸钕；结构式 Nd(Ph-CH$_2$COO)$_3$·H$_2$O；样品来源：自制。

试样量 10mg；升温速率 10℃/min；空气气氛，50ml/min；量程：DTG，10μV；DTA，250mV；岛津 DT-30 仪器。

测试结果：

· 苯乙酸钕的热分解机理为：

Nd(PhCH$_2$COO)$_3$·H$_2$O $\xrightarrow[135℃]{88\sim170℃}$

Nd(Ph-CH$_2$COO)$_3$(s) $\xrightarrow[201℃]{197\sim206℃}$

Nd(Ph-CH$_2$COO)$_3$(l) $\xrightarrow[340℃]{310\sim405℃}$

Nd(Ph-CH$_2$COO)O $\xrightarrow[507℃]{405\sim530℃}$ Nd$_2$O$_2$CO$_3$

$\xrightarrow[660℃]{630\sim706℃}$ Nd$_2$O$_3$

· 配合物的脱水焓 $\Delta H_{脱水}$=30kJ/mol。

· 熔化焓、熔化熵为：

$\Delta H_{相变}$=25.3kJ/mol，

$\Delta S = \dfrac{\Delta H_{熔化}}{T}$=53.4J/(mol·K)。

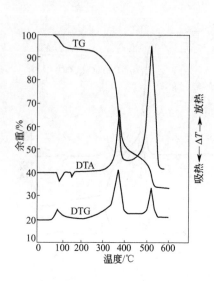

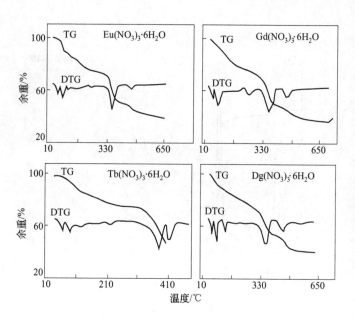

图 16-33 苯乙酸铒配合物
的 TG-DTG-DTA 曲线[19]

图 16-34 稀土水合硝酸盐的 TG-DTG 曲线[20]

样品名称:苯乙酸铒。

结构式:$Er(PhCH_2COO)_3 \cdot 2H_2O$。

样品来源:自制。

试样量 10mg;升温速率 10℃/min;空气
气氛,50ml/min;量程 10μV(DTG),250mV
(DTA);岛津 DT-30 仪器。

测试结果:

· 配合物的热分解机理:

$$Er(Ph-CH_2COO)_3 \cdot 2H_2O$$

$$\xrightarrow[78℃]{61\sim125℃} Er(Ph-CH_2COO)_3(s) \xrightarrow{155.9℃}$$

$$Er(Ph-CH_2COO)_3(l) \xrightarrow[390℃]{230\sim437℃}$$

$$Er(Ph-CH_2COO)O \xrightarrow[509℃]{437\sim543℃} Er_2O_3$$

· 脱水过程活化能 $\Delta H=97.2$kJ/mol,
$n=2$。

· 脱水焓 82.2kJ/mol,熔化焓 38.1kJ/
mol,熔化熵 88.9J/(mol·K)。

· 2 个水分子均为配位水。

样品名称:稀土水合硝酸盐。

结构式:$Ln(NO_3)_3 \cdot nH_2O(Ln=Eu,Gd,Tb,Dy)$。

样品来源:自制。

试样量 10mg 左右;升温速率 10℃/min;氮气氛,50ml/min;量程
20μV(DTG);仪器 P-E-TG-2。

测试结果:

· $Eu(NO_3)_3 \cdot 6H_2O, Eu(NO_3)_3 \cdot 5H_2O, Eu(NO_3)_3 \cdot 3.5H_2O$,
$Gd(NO_3)_3 \cdot 6H_2O, Gd(NO_3)_3 \cdot 5H_2O, Gd(NO_3)_3 \cdot 3.5H_2O, Tb(NO_3)_3 \cdot 6H_2O$,
$Tb(NO_3)_3 \cdot 5H_2O, Tb(NO_3)_3 \cdot 3.5H_2O, Dy(NO_3)_3 \cdot 6H_2O$,
$Dy(NO_3)_3 \cdot 5H_2O, Dy(NO_3)_3 \cdot 3.5H_2O, Dy(NO_3)_3 \cdot 3H_2O$ 的热分解
机理见文献[10]。

· 脱水过程各步的活化能在 80～170kJ/mol 之间。

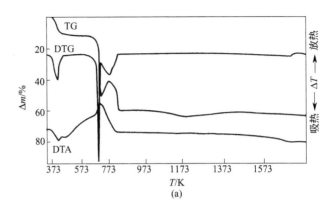

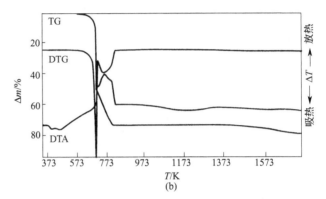

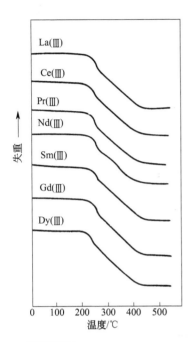

图 16-35　稀土 3-氨基-2-羟基-1,4-萘醌配合物的 TG 曲线[21]

样品名称：稀土 3-氨基-2-羟基-1,4-萘醌配合物；配合物组成：$[LnL_3(H_2O)_2]$（Ln=La，Ce，Pr，Nd，Sm，Gd，Dy，L=$C_{10}H_6NO_3$）；样品来源：自制。

升温速率 5℃/min；空气氛；STA 409NGG 热分析仪。

测试结果：

· 配合物热分解过程：

$$[LnL_3(H_2O)_2] \xrightarrow{220\sim260℃} [LnL_2(H_2O)]$$

$$\xrightarrow{260\sim430℃} Ln_2O_3$$

· 热分解过程活化能分别为 $62.3 \sim 153.4$ kJ/mol 和 $34.7 \sim 54.9$ kJ/mol。

图 16-36　稀土 2,6-二氯苯甲酸配合物的 TG-DTG-DTA 曲线[22]

（a）$La(C_7H_3O_2Cl_2)_3 \cdot 6H_2O$；（b）$La(C_7H_3O_2Cl_2)_3$

样品名称：稀土 2,6-二氯苯甲酸配合物；配合物组成：$LnL_3 \cdot nH_2O$（Ln=La-Lu，Y，L=$C_7H_3O_2Cl_2$，$n=1,2,4,6$）；样品来源：自制。

试样量 100mg；升温速率 7.5K/min（轻稀土配合物），10K/min（钇和重稀土配合物）；空气气氛；量程：$500\mu V$（DTG），$500\mu V$（DTA）；Q-1500D 示差热分析仪。

测试结果：

· 热分解过程

$LnL_3 \cdot H_2O \longrightarrow LnL_3 \longrightarrow LnOCl \rightarrow Ln_2O_3$

（Ln=Y，Ho～Lu）

$LnL_3 \cdot 4H_2O \longrightarrow LnL_3 \longrightarrow LnOCl \rightarrow Ln_2O_3$，$Pr_6O_{11}$

（Ln=Pr～Gd）

$LnL_3 \cdot 2H_2O \longrightarrow LnL_3 \longrightarrow LnOCl \rightarrow Ln_2O_3$，$Tb_4O_7$

（Ln=Tb，Dy）

$CeL_3 \cdot 4H_2O \longrightarrow CeL_3 \longrightarrow CeO_2$

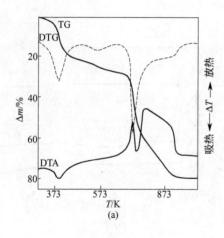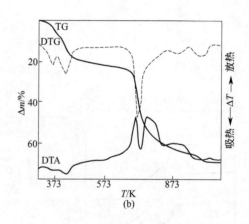

图 16-37 稀土吡啶-2,4-二羧酸配合物的 TG-DTG-DTA 曲线[23]

(a) $Y_2(C_7H_3NO_4)_3 \cdot 19H_2O$; (b) $La_2(C_7H_3NO_4)_3 \cdot 14H_2O$

样品名称：稀土吡啶 2,4-二羧酸配合物；配合物组成：$Ln_2L_3 \cdot nH_2O$（$L=C_7H_3NO_4$；$n=11\sim29$）；样品来源：自制。

试样量 100mg；升温速率 10K/min；空气氛；量程：$500\mu V$(DTG)，$500\mu V$(DTA)；Q-1500D 示差热分析仪。

测试结果：

- 配合物热分解过程 $Ln_2L_3 \cdot xH_2O \longrightarrow Ln_2L_3 \longrightarrow Ln_2O_2CO_3 \longrightarrow Ln_2O_3$ （Ln=La，Nd）

$Ce_2L_3 \cdot 11H_2O \longrightarrow Ce_2L_3 \longrightarrow CeO_2$，$Pr_2L_3 \cdot 13H_2O \longrightarrow Pr_2L_3 \longrightarrow Pr_6O_{11}$

$Lu_2L_3 \cdot 20H_2O \longrightarrow Lu_2L_3 \cdot 6H_2O \longrightarrow Lu_2L_3 \longrightarrow Lu_2O_3$

$Ln_2L_3 \cdot xH_2O \longrightarrow Ln_2L_3 \cdot yH_2O \longrightarrow Ln_2L_3 \cdot zH_2O \longrightarrow Ln_2O_3$，$Tb_4O_7$ （Ln=Y，Sm$\sim$Yb；$x>y>z$）

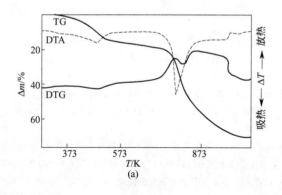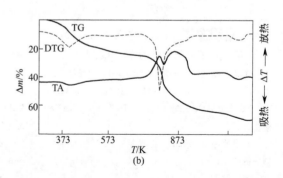

图 16-38 稀土吡啶-2,5-二羧酸配合物的 TG-DTG-DTA 曲线[24]

(a) $Y_2(C_7H_3NO_4)_3 \cdot 8H_2O$；(b) $La_2(C_7H_3NO_4)_3 \cdot 14H_2O$

样品名称：稀土吡啶-2,5-二羧酸配合物；配合物组成：$Ln_2L_3 \cdot nH_2O$（$L=C_7H_3NO_4$，$n=6\sim20$）；样品来源：自制。

试样量 100mg；升温速率 10K/min；空气氛；量程 $500\mu V$（DTG），$500\mu V$（DTA）；Q-1500D 示差热分析仪。

测试结果：

- 配合物分解过程

$Ln_2L_3 \cdot xH_2O \longrightarrow Ln_2L_3 \longrightarrow Ln_2O_3$，$Tb_4O_7$ （Ln=Y，Nd，Sm，Gb，Tb，Yb；$x=6\sim12$）

$La_2L_3 \cdot 14H_2O \longrightarrow La_2L_3 \cdot 3H_2O \longrightarrow La_2L_3 \longrightarrow La_2O_2CO_3 \longrightarrow La_2O_3$

$Lu_2L_3 \cdot 20H_2O \longrightarrow Lu_2L_3 \cdot 7H_2O \longrightarrow Lu_2O_3$

$Ln_2L_3 \cdot xH_2O \longrightarrow Ln_2L_3 \cdot 2H_2O \longrightarrow Ln_2O_3$，$Pr_6O_{11}$ （Ln=Pr，Er，Dy）

$Ln_2L_3 \cdot xH_2O \longrightarrow Ln_2L_3 \cdot yH_2O \longrightarrow Ln_2L_3 \cdot zH_2O \longrightarrow Ln_2O_3$，$CeO_2$ （Ln=Ce，Ho，Tm；$x>y>z$）

- 脱水温度（T_0）、分解温度（T）、氧化物生成温度（T_k）与稀土原子序数关系见图 16-39。

样品名称、仪器与实验条件同图 16-38，数据取自图 16-38。

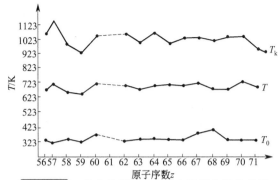

图 16-39　几个特征温度与稀土原子序数的关系

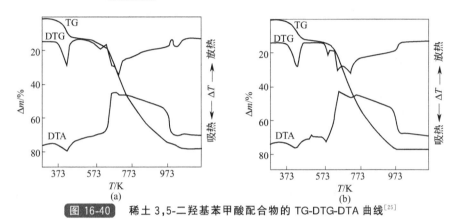

图 16-40　稀土 3,5-二羟基苯甲酸配合物的 TG-DTG-DTA 曲线[25]

(a)La(C₇H₅O₄)₃·4H₂O；(b)Ce(C₇H₅O₄)₃·4H₂O

$(a)La(C_7H_5O_4)_3 \cdot 4H_2O；(b)Ce(C_7H_5O_4)_3 \cdot 4H_2O$

样品名称：稀土 3,5-二羟基苯甲酸配合物；配合物组成：$LnL_3 \cdot nH_2O$（$L=C_7H_5O_4$；$n=4\sim7$）；样品来源：自制。

试样量 100mg；升温速率 10K/min；空气氛；量程：$500\mu V(DTG)$，$500\mu V(DTA)$；Q-1500D 示差热分析仪。

测试结果：

· 配合物分解过程

$$LnL_3 \cdot nH_2O \longrightarrow LnL_3 \longrightarrow Ln_2O_3，Pr_6O_{11}，Tb_4O_7 （Ln=Sm\sim Gd，Dy\sim Lu，Y）$$

$$LnL_3 \cdot nH_2O \longrightarrow LnL_3 \longrightarrow Ln_2O_2CO_3 \longrightarrow Ln_2O_3 　　（Ln=La，Nd）$$

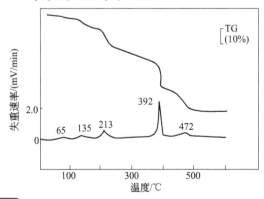

图 16-41　镨与氨三乙酸、丝氨酸三元配合物的 TG-DTG 曲线[26]

样品名称：镨与氨三乙酸、丝氨酸三元配合物。配合物组成：$PrL^1L^2 \cdot H_2O$（$L^1=N(CH_2COO)_3$，$L^2=CH_2(OH)$ $CH(NH_3)COO$）。样品来源：自制。

试样量 3.10mg；升温速率 5℃/min；空气氛 60ml/min；岛津 DT-30 仪器。

测试结果：

- 热分解过程

$$PrL^1L^2 \cdot H_2O \longrightarrow PrL^1L^2 \longrightarrow PrL^1(HOCH_2CH_2CHO) \longrightarrow PrL^1(HOCH_3) \longrightarrow$$

$$PrL^1 \longrightarrow Pr(HCOO)_3 \longrightarrow Pr_2(CO_3)_3 \longrightarrow Pr_6O_{11}$$

参 考 文 献

[1] Sun T S, Zhao Y T, Jin J H, et al. J Therm Anal, 1995, 45：317.

[2] Sun T S, Xiao Y M, Wang D Q, et al. Thermochim Acta, 1996, 287：299.

[3] 肖玉梅. [硕士学位论文]. 济南：山东大学, 1996.

[4] 孙同山, 肖玉梅, 王大庆等. 化学世界. 1996, 37 (增刊)：336；Sun Tong-Shan, Xiao Yu-Mei, Wang Da-Qing et al. J Therm Anal, 1998, 53：285.

[5] Li S L, Liu D X, Zhang S Q, et al. Thermochim Acta, 1996, 275：215.

[6] Li S L, Liu D X, Zhou J H, et al. Chem Res Chin Univ, 1996, 12 (2)：194.

[7] 李淑兰, 王红, 刘德信, 等. 化学学报, 1995, 53：455.

[8] 王红, 李淑兰, 刘德信, 等. 高等学校化学学报, 1994, 15 (4)：485.

[9] 王红, 李淑兰, 刘德信, 等. 山东大学学报, 1995, 30 (4)：474.

[10] 李淑兰, 刘德信, 崔学桂, 等. 山东大学学报, 1993, 28 (4)：442.

[11] 王增林, 孙万明, 唐功本. 稀有金属, 1991, 15：272.

[12] 孙万明, 王增林, 唐功本, 倪嘉缵. 中国稀土学报, 1992, 10：120.

[13] 王增林, 孙万明, 唐功本, 倪嘉缵. 中国稀土学报, 1992, 10：18.

[14] 王增林, 马建方, 牛春吉, 倪嘉缵. 无机化学学报, 1992, 8：396.

[15] 王增林, 牛春吉, 马建方, 倪嘉缵. 应用化学, 1993, 10：28.

[16] Jia Y Q, Sun W M, Niu C J. Thermochim Acta, 1992, 196：85.

[17] Wang Z L, Zhang W D, Sun W M, Ni J Z. Chin J Rare Earth, 1991, 9：104.

[18] 王增林, 金钟声, 牛春吉, 倪嘉缵. 中国稀土学报, 1992, 10：102.

[19] 王增林, 胡宁海, 牛春吉, 倪嘉缵. 物理化学学报, 1992, 8：642.

[20] 高胜利, 杨祖培, 王增林. 中国稀土学报, 1990, 8：110.

[21] Chikate R C, Bajaj H A, Kumbhar A S, et al. Thermochim Acta, 1995, 249：239..

[22] Brzyska W, Swita E. Thermochim Acta, 1995, 255：191.

[23] Brzyska W, Ozga W. Thermochim Acta, 1996, 273：205.

[24] Brzyska W, Ozga W. Thermochim Acta, 1996, 288：113.

[25] Brzyska W, Kula A. Thermochim Acta, 1996, 277：29.

[26] Sun W M, Niu C J, Jia Y Q. Thermochim Acta, 1992, 208：181.

第十七章 DTA-EGD-GC 联用曲线及数据

本章汇集了固体催化剂、石油抗氧添加剂、煤、矿物和各类化合物鉴定 5 方面的联用曲线，共计 100 幅。

DTA-EGD-GC 联用技术具有微量、精确、灵敏、快速的特点。它可揭示固体热分解反应历程，探讨气-固相热反应机理。由某个反应温度下逸出气的测定，可判断该温度下 DTA 峰对应的热分解产物。

DTA 曲线的热效应是综合热效应，与 EGD-GC 联用可分辨 DTA 曲线上被掩盖的反应。

DTA 样品坩埚可以认为是一个极其微妙的反应器。只需几毫克试样，就可在不同气氛下进行气-固相的热分解反应（如在惰性气氛下煤的热解、炭化反应）、氧化反应（如在空气气氛下煤的氧化、燃烧反应）、还原反应（H₂、CO 气氛下），以及各种催化反应（配比反应用的原料气）等，从而使 DTA-EGD-GC 在线联用技术在矿物、石油化工、高分子、药物、环境保护以及成分分析等各学科领域得到广泛应用[1~35]。

第一节 固体催化剂评价

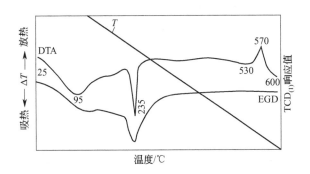

图 17-1 Cu-Fe-O 尖晶石（基体）的 DTA-EGD 曲线[15]

DTA：±100μV，10℃/min；空气，20ml/min；试样量 20.8mg。

EGD/TCD●(1)：桥流 100 mA，池温 115℃。

样品来源：原华东化工学院工业催化研究所（共沉淀法制备）。

曲线解析：

· 吸热峰（95℃）脱吸附水。

· 吸热峰（235℃）　Cu(OH)₂、Fe(OH)₃ 脱羟基水生成 CuO、Fe₂O₃。

· EGD 曲线　放热峰（570℃）为生成尖晶石（AB₂O₄）的固-固相反应，其反应式为

$$CuO + Fe_2O_3 \xrightarrow[530\sim600℃]{空气} CuFe_2O_4（咖啡色）\quad 放热效应$$

● 对于由作者自行设计和组装的双热导检测系统，分别记为 TCD(1) 和 TCD(2)，下同。

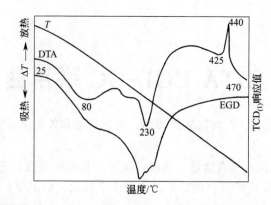

图 17-2 Cu-Cr-O 尖晶石（基体）的 DTA-EGD 曲线（一）[15]

DTA：±100μV，10℃/min；空气，20ml/min；试样量 6.37mg。

EGD/TCD(1)：桥流 100mA，池温 115℃。

样品来源：原华东化工学院工业催化研究所（共沉淀法制备）。

曲线解析：

- 吸热峰（80℃）　脱吸附水。
- 吸热峰（230℃）　$Cu(OH)_2$、$Cr(OH)_3$ 脱羟基水生成 CuO、Cr_2O_3。
- EGD 曲线　放热峰（440℃）为生成尖晶石（AB_2O_4）的固-固相反应，其反应式为

$$CuO+Cr_2O_3 \xrightarrow[425\sim470℃]{空气} CuCr_2O_4（黑色）　放热效应$$

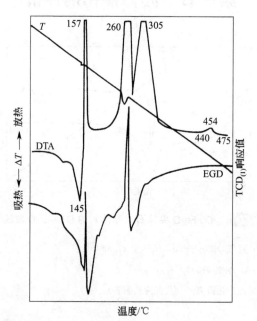

图 17-3 Cu-Cr-O 尖晶石（基体）的 DTA-EGD 曲线（二）[15]

DTA：±100μV，10℃/min；空气氛，20ml/min；试样量 2.18mg。

EGD/TCD(1)：桥流 100mA，池温 115℃。

样品来源：原华东化工学院工业催化研究所（柠檬酸络合法制备）。

曲线解析：

- 吸热峰（145℃）、放热峰（157℃，260℃，305℃）　硝酸盐和柠檬酸发生热分解和氧化分解反应，生成 CuO 和 Cr_2O_3。
- EGD 曲线　放热峰（454℃）为生成尖晶石（AB_2O_4）的固-固相反应，其反应式为

$$CuO+Cr_2O_3 \xrightarrow[440\sim475℃]{空气} CuCr_2O_4（黑色）　放热效应$$

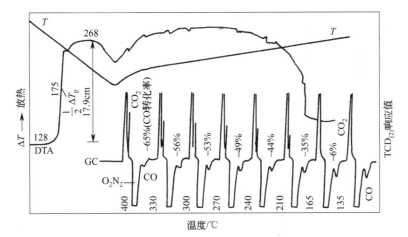

图 17-4 CuO$_{(A)}$ 催化剂活性评选的 DTA-GC 曲线[5]

DTA：±250μV，20℃/min（升温），5℃/min（降温）；试样量 1.95mg；原料气 CO/O$_2$/N$_2$ 的体积比＝2.7/5/92.3，35ml/min；参比物为空坩埚。

GC/TCD$_{(2)}$：桥流 140mA，池温 60℃；载气为氩气，20ml/min；串联色谱柱 401 有机载体/5A 分子筛；采样管 1ml。

样品来源：CuO$_{(A)}$ 为化学纯硝酸铜在 DTA 单元上热解制得。

曲线解析：

· 以 CO$+\frac{1}{2}$O$_2$ $\longrightarrow$ CO$_2$（放热效应）为模式反应。

· 起始氧化温度，128℃；$\frac{1}{2}\Delta T_p$ 时的温度，175℃；ΔT_p17.9cm。

· GC 谱图　测得各反应温度下 CO 的转化率。

· 与图 17-5 比较，CuO$_{(A)}$ 氧化活性远比 CuO$_{(B)}$ 高。

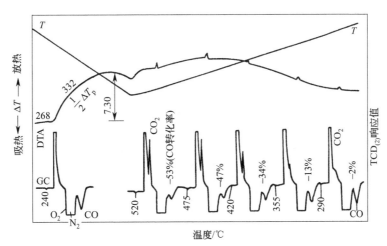

图 17-5 CuO$_{(B)}$ 催化剂活性评选的 DTA-GC 曲线[5]

DTA：±250μV，20℃/min（升温），5℃/min（降温）；试样量 1.95mg；原料气 CO/O$_2$/N$_2$ 的体积比＝2.7/5/92.3，35ml/min；参比物为空坩埚。

GC/TCD$_{(2)}$：桥流 140mA，池温 60℃；载气为氩气，20ml/min；串联色谱柱：401 有机载体/5A 分子筛；采样管 1ml。

样品来源：CuO$_{(B)}$ 为分析纯试剂。

曲线解析：

- 以 $CO + \frac{1}{2}O_2 \longrightarrow CO_2$（放热效应）为模式反应。

- 起始氧化温度，268℃；$\frac{1}{2}\Delta T_p$ 时的温度，332℃；ΔT_p7.3cm。

- GC 谱图　测得各反应温度下 CO 的转化率。

- 与图 17-4 比较，$CuO_{(B)}$ 氧化活性远比 $CuO_{(A)}$ 低。

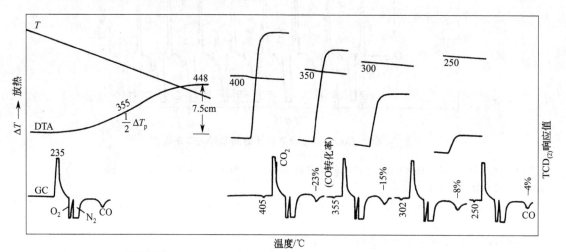

图 17-6　$LaMnO_3$ 催化剂氧化活性的 DTA-GC 曲线（恒温法）[5]

　　DTA：±100 μV，10℃/min；恒温反应温度 400℃、350℃、300℃、250℃；原料气 $CO/O_2/N_2$ 的体积比＝2.7/5/92.3，35ml/min；试样量 2.16mg。

　　GC/$TCD_{(2)}$：桥流 140mA，池温 60℃；载气为氢气，20ml/min；串联色谱柱 401 有机载体/5A 分子筛；采样管 1ml。

　　样品来源：原华东化工学院工业催化研究所。

曲线解析：

- 以 $CO + \frac{1}{2}O_2 \longrightarrow CO_2$（放热效应）为模式反应。

- 起始氧化温度 235℃；$\frac{1}{2}\Delta T_p$ 的温度 355℃；ΔT_p7.5cm。

- GC 谱图　测得各恒温反应下的 CO 的转化率。

- 与图 17-7、图 17-8 相对照，其氧化活性为最差。

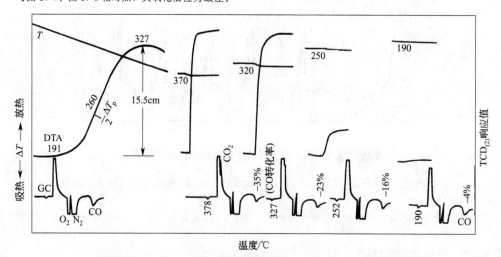

图 17-7　$LaCoO_3$ 催化剂氧化活性的 DTA-GC 曲线（恒温法）[5]

DTA：$\pm 100\mu$V，$10\,℃/min$；恒温反应温度 $370\,℃$、$320\,℃$、$250\,℃$、$190\,℃$；原料气 $CO/O_2/N_2$ 的体积比＝2.7/5/92.3，$35ml/min$；试样量 $2.08mg$。

GC/TCD(2)：桥流 $140mA$；池温 $60\,℃$；载气为氩气，$20ml/min$；串联色谱柱 401 有机载体/5A 分子筛；采样管 $1ml$。

样品来源：原华东化工学院工业催化研究所。

曲线解析：

- 以 $CO+\dfrac{1}{2}O_2 \longrightarrow CO_2$（放热效应）为模式反应。

- 起始氧化温度，$191\,℃$；$\dfrac{1}{2}\Delta T_p$ 时的温度，$260\,℃$；$\Delta T_p 15.5cm$。

- GC 谱图　测得各恒温反应下 CO 的转化率。

- 与图 17-6、图 17-8 相对照，其氧化活性适中。

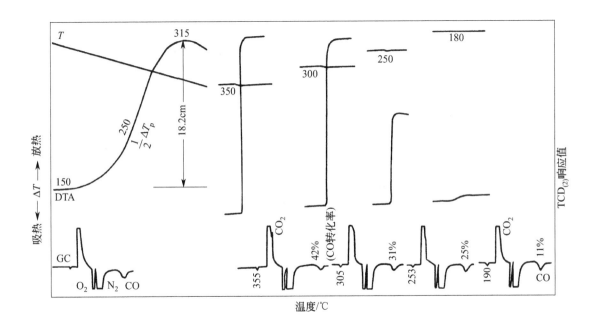

图 17-8　$La_{0.7}Sr_{0.3}CoO_3$ 催化剂氧化活性的 DTA-GC 曲线（恒温法）[5]

DTA：$\pm 100\mu$V，$10\,℃/min$；恒温反应温度 $350\,℃$、$300\,℃$、$250\,℃$、$180\,℃$，原料气 $CO/O_2/N_2$ 的体积比＝2.7/5/92.3，$35ml/min$；试样量 $2.00mg$。

GC/TCD(2)：桥流 $140mA$，池温 $60\,℃$；载气为氩气，$20ml/min$；串联色谱柱 401 有机载体/5A 分子筛；采样管 $1ml$。

样品来源：原华东化工学院工业催化研究所。

曲线解析：

- 以 $CO+\dfrac{1}{2}O_2 \longrightarrow CO_2$（放热效应）为模式反应。

- 起始氧化温度，$150\,℃$；$\dfrac{1}{2}\Delta T_p$ 时的温度，$250\,℃$；$\Delta T_p 18.2cm$。

- GC 谱图　测得各恒温反应下 CO 的转化率。

- 与图 17-6、图 17-7 相对照，其氧化活性最高。

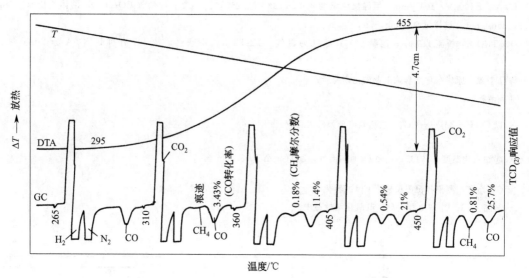

图 17-9 Ni/Al₂O₃ 甲烷化催化剂活性评选的 DTA-GC 曲线[6]

DTA：±100μV，10℃/min；试样量 5.39mg；参比物为空坩埚；原料气 CO/H₂/N₂ 的体积比 = 4.6/15.4/80，20ml/min。

GC/TCD(2)：桥流 160mA，池温 60℃；载气为氩气，40ml/min；串联色谱柱 401 有机载体/5A 分子筛；采样管 1ml。

样品来源：原华东化工学院工业催化研究所。

曲线解析：

- 甲烷化反应　CO+3H₂ $\longrightarrow$ CH₄+H₂O 放热效应（主反应）

　　　　　　　2CO+2H₂ $\longrightarrow$ CH₄+CO₂ 放热效应（主要副反应）

- 起始反应温度，295℃；ΔT_p 时的温度，455℃；ΔT_p 4.7cm。

- GC 谱图　测得各反应温度下的 CO 转化率和尾气中 CH₄ 摩尔分数。

- 与图 17-10、图 17-11 相对照，其甲烷化活性最差。

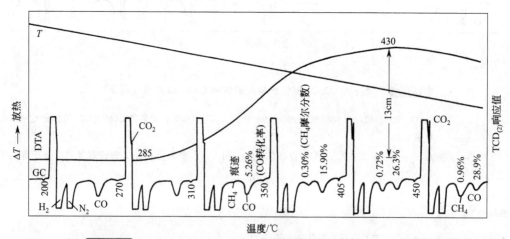

图 17-10 Ni-La₂O₃/Al₂O₃ 甲烷化催化剂活性评选的 DTA-GC 曲线[6]

DTA：±100μV，10℃/min；试样量 5.40mg；参比物空坩埚，原料气 CO/H₂/N₂ 的体积比 = 4.6/15.4/80，20ml/min。

GC/TCD(2)：桥流 160mA，池温 60℃；载气为氩气，40ml/min；串联色谱柱 401 有机载体/5A 分子筛；采样管 1ml。

试样来源：原华东化工学院工业催化研究所。

曲线解析：

- 甲烷化反应　$CO+3H_2 \longrightarrow CH_4+H_2O$　放热效应（主反应）

　　　　　　　$2CO+2H_2 \longrightarrow CH_4+CO_2$　放热效应（主要副反应）

- 起始反应温度，285℃；ΔT_p 时的温度 430℃；ΔT_p 13 cm。

- GC 谱图　测得各反应温度下的 CO 转化率和尾气中 CH_4 摩尔分数。

- 与图 17-9、图 17-11 相对照，其甲烷化活性适中。

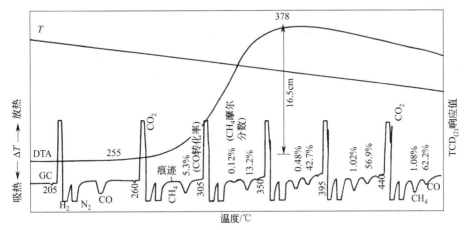

图 17-11　Ni-La$_2$O$_3$-Pd/Al$_2$O$_3$ 甲烷化催化剂活性评选的 DTA-GC 曲线[6]

DTA：±100μV，10℃/min；试样量 5.41mg；参比物空坩埚；原料气 CO/H$_2$/N$_2$ 的体积比 = 4.6/15.4/80，20ml/min。

GC/TCD$_{(2)}$：桥流 160mA，池温 60℃；载气为氩气，40ml/min；串联色谱柱 401 有机载体/5A 分子筛；采样管 1ml。

样品来源：原华东化工学院工业催化研究所。

曲线解析：

- 甲烷化反应　$CO+3H_2 \longrightarrow CH_4+H_2O$　放热效应（主反应）

　　　　　　　$2CO+2H_2 \longrightarrow CH_4+CO_2$　放热效应（主要副反应）

- 起始反应温度，255℃，ΔT_p 时的温度，378℃；ΔT_p 16.5 cm。

- GC 谱图　测得各反应温度下的 CO 转化率和尾气中 CH_4 摩尔分数。

- 与图 17-9、图 17-10 相对照，其甲烷化活性最佳。

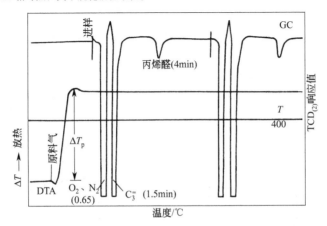

图 17-12　Co$_a$Fe$_b$Bi$_c$Mo$_d$ 多组分催化剂催化丙烯制丙烯醛的 DTA-GC 曲线（恒温法）[7]

DTA：±100μV，恒温反应温度400℃；试样量20mg；参比物为空坩埚；原料气 $C_3^=$/O_2/N_2 的体积比＝2∶4∶94（其中的 $C_3^=$ 代表丙烯），50ml/min。

GC/TCD(2)：桥流240mA，池温130℃；载气为氢气，25ml/min；色谱柱 Porapak QS（2m）；采样管5ml。

样品来源：原华东化工学院工业催化研究所。

曲线解析：

- 对于复杂的选择性催化氧化反应，DTA峰值并不与选择性有对应关系。

- GC谱图 微处理机计算峰面积，以目的产物丙烯醛峰面积与 [O_2、N_2] 峰面积之比成为量度催化剂选择性的指标。

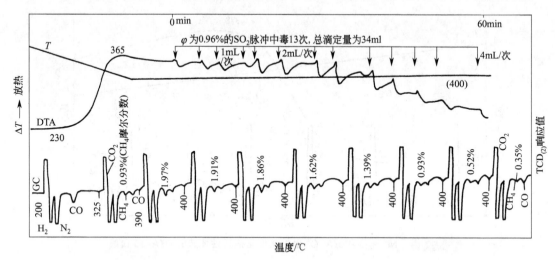

图 17-13 Ni-La_2O_3-Pd/Al_2O_3 催化剂 SO_2 脉冲中毒的 DTA-GC 曲线[6]

DTA：±100μV，10℃/min；试样量3.33mg；参比物为空坩埚；原料气 CO/H_2/N_2 的体积比＝4.6/15.4/80，20m/min；SO_2 体积分数0.96%。

GC/TCD(2)：桥流160mA，池温60℃；载气为氩气，40ml/min；串联色谱柱401有机载体/5A分子筛；采样管1ml。

试样来源：原华东化工学院工业催化研究所。

曲线解析：

- 在400℃恒温反应下，SO_2 每脉冲中毒1次，DTA放热曲线上就出现一个相应的化学吸附（放热）峰。

- 随着 SO_2 脉冲次数及其滴定量的累增，DTA放热曲线渐渐下降。

- GC谱图 尾气中 CH_4 的摩尔分数也相应地渐渐下降。

- 与图 17-14 相对照，其抗硫效应比不含 Pd 的 Ni/Al_2O_3 催化剂高1倍左右（总滴定量为34ml∶16ml）。

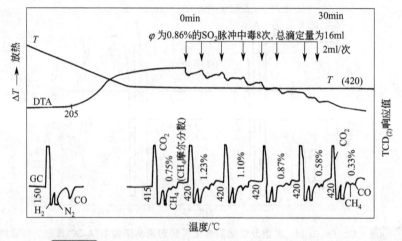

图 17-14 Ni/Al_2O_3 催化剂 SO_2 脉冲中毒的 DTA-GC 曲线[6]

DTA：±100μV，10℃/min；试样量 5.39mg；参比物为空坩埚；原料气 CO/H₂/N₂ 的体积比＝4.61/15.4/80，20ml/min；SO₂ 浓度 0.86%。

GC/TCD(2)：桥流 160mA，池温 60℃；载气为氩气，40ml/min；串联色谱柱 401 有机载体/5A 分子筛，采样管 1ml。

试样来源：原华东化工学院工业催化研究所。

曲线解析：

· 在 420℃恒温反应下，SO₂ 每脉冲 1 次，DTA 放热曲线上就出现一个相应的化学吸附（放热）峰。

· 随着 SO₂ 脉冲次数及其滴定量的累增，DTA 放热曲线渐渐下降。

· GC 谱图　尾气中 CH₄ 的摩尔分数也相应地渐渐下降。

· 与图 17-13 相对照，其抗硫效应比含有 Pd 的 Ni-La₂O₃-Pd/Al₂O₃ 催化剂低 1 倍左右（总滴定量 16ml：34ml）。

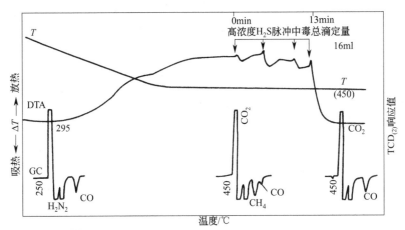

图 17-15　Ni/Al₂O₃ 催化剂高浓度 H₂S 脉冲中毒的 DTA-GC 曲线[15]

DTA：±100μV，10℃/min；试样量 5.38mg；原料气 CO/H₂/N₂ 的体积比＝4.6/15.4/80，20ml/min；H₂S 高浓度。

GC/TCD(2)：桥流 160mA，池温 60℃；载气为氩气，40ml/min；串联色谱柱 401 有机载体/5A 分子筛。

样品来源：原华东化工学院工业催化研究所。

曲线解析：

· 在 450℃恒温反应下，H₂S 每脉冲 1 次，DTA 放热曲线也就出现一个相应的化学吸附（放热）峰。

· 经高浓度 H₂S 脉冲中毒 4 次，总滴定量 16ml，在 13 min 内使 DTA 放热曲线迅速下降，ΔT≈0。

· GC 谱图　尾气中 CH₄ 浓度极低，CO 峰高恢复到反应前的水平。

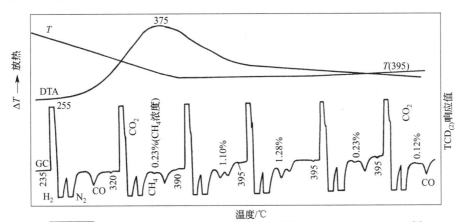

图 17-16　Ni-La₂O₃-Pd/Al₂O₃ 催化剂（硫中毒再生后）的 DTA-GC 曲线[6]

DTA：±100μV，10℃/min；试样量 2.95 mg；参比物为空坩埚；原料气 CO/H₂/N₂ 的体积比＝4.6/15.4/80，20ml/min。

GC/TCD(2)：桥流 160mA，池温 60℃；载气为氩气，40ml/min；串联色谱柱 401 有机载体/5A 分子筛；采样管 1ml。

试样来源：原华东化工学院工业催化研究所。

曲线解析：

· 与硫中毒前同一催化剂（见图 17-13）相比较，再生后的催化剂的甲烷化活性有所恢复，但活性稳定性不佳。

· 在 395℃恒温反应下，仅 30min 左右，从 DTA-GC 提供的信息和数据表明甲烷化催化活性几乎丧失。

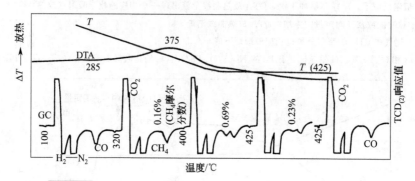

图 17-17 Ni/Al₂O₃ 催化剂（硫中毒再生后）的 DTA-GC 曲线[6]

DTA：±100μV，10℃/min；试样量 3.35mg；参比物为空坩埚；原料气 CO/H₂/N₂ 的体积比＝4.6/15.4/80，20ml · min⁻¹。

GC/TCD(2)：桥流 160mA，池温 60℃；载气为氩气，40ml/min；串联色谱柱 401 有机载体/5A 分子筛；采样管 1ml。

样品来源：原华东化工学院工业催化研究所。

曲线解析：

· 与硫中毒前同一催化剂（见图 17-14）相比较，再生后的催化剂的甲烷化活性基本上没有恢复。

· 在 425℃恒温反应温度下，仅数分钟内 $\Delta T \approx 0$，从 GC 谱图上检出的 CH_4 峰也迅速随之消失。

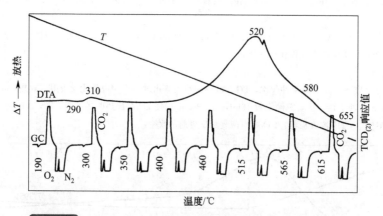

图 17-18 ZSM-5A 分子筛芳构化催化剂烧炭的 DTA-GC 曲线[15]

DTA：±100μV，10℃/min；空气 20ml/min；试样量 5.62 mg（积炭 10%）。

GC/TCD(2)：桥流 160mA，池温 60℃；载气为氩气，40ml/min；串联色谱柱 401 有机载体/5A 分子筛；采样管 1ml。

样品来源：原华东化工学院基本有机化工研究室。

曲线解析：

· 烧炭反应 $C + \frac{1}{2}O_2 \longrightarrow CO_2 \uparrow$ 放热效应。

· 小放热峰（310℃） 含氢高的少量油质氧化放热。

· 大放热峰（520℃） 含氢少的焦炭质着火燃烧放出大量的热。

· 580℃处的扁平形放热峰 含氢更少的炭青质着火燃烧所贡献。

· GC 谱图 检出的 CO_2 峰高的演变规律同 DTA 曲线上的峰形特征相吻合。

第二节　石油抗氧添加剂的热（氧化）稳定性

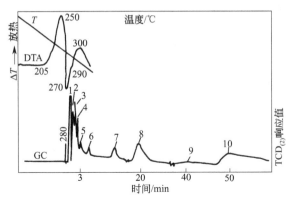

图 17-19　二烷基二硫代磷酸锌（ZDDP）抗氧添加剂热氧化分解（280℃）的 DTA-GC 曲线[8]

DTA：$\pm100\mu$V，20℃/min；空气，45ml/min；试样量 12.57mg。

GC/TCD(2)：桥流 240 mA，池温 130℃；载气为氢气，45ml/min；色谱柱 Porapak QS（2m），采样管 5ml。

热氧化分解产物：1—空气（0.65min）；2—H_2S（1.35min）；3—COS（1.75min）；4—SO_2（1.95min）；5—i-$C_4^=$/n-$C_4^=$（2.7～3.2min）；6—？（4.3～4.6min）；7—？（9.3～10.4min）；8—$C_8H_{17}SH$（22.6～23.5min）；9—$C_8H_{17}SC_4H_9$（42.9～43.6min）；10—1-辛烯（50.1～52.3min）。

样品来源：兰州炼油厂炼制研究所。

ZDDP 结构式：（式中，R，R′分别为正丁基、异丁基）

曲线解析：

• 在吸热峰 280℃处在线截取的热氧化分解产物，按 GC 谱图上出峰顺序排列共有 10 个峰，经标定的化合物如图中所示，其中符号 6、7 两个峰未被鉴定出为何种化合物。

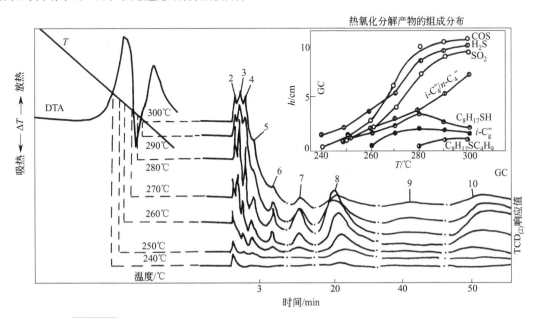

图 17-20　二烷基二硫代磷酸锌（ZDDP）抗氧添加剂在不同温度下热氧化分解的 DTA-GC（综合）曲线对比图[8]

DTA：±100μV，20℃/min；空气，45ml/min；试样量 10～12mg。

GC/TCD$_{(2)}$：桥流 240mA，池温 130℃；载气为氢气，45ml/min；色谱柱 Porapak QS（2m），采样管 5ml。

试样来源：兰州炼油厂炼制研究所。

曲线解析：

· 从 DTA-GC（综合）曲线上，可提供 ZDDP 在各反应温度下各类热氧化分解产物相对浓度（按峰高计算）的变化规律的信息（图中各峰号所代表的化合物见图 17-19）。

· 图中右上角的图，为 ZDDP 的各类热氧化分解产物的组成分布曲线。

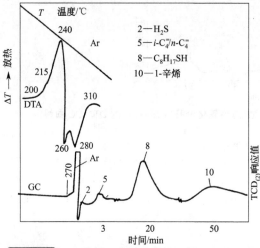

DTA：±100μV，20℃/min；氩气，45ml/min；试样量 12.25mg。

GC/TCD$_{(2)}$：桥流 240mA，池温 130℃；载气 H$_2$，45ml/min；色谱柱 Porapak QS（2m）；采样管 5ml。

样品来源：兰州炼油厂炼制研究所。

曲线解析：

· 在吸热峰 270℃处的 GC 谱图上，检出少量的 H$_2$S，i-C$_4^=$/n-C$_4^=$ 和大量的 C$_8$H$_{17}$SH、1-C$_8^=$ 4 个峰❶。

· ZDDP 热降解的初次产物是 C$_8$H$_{17}$SH 和 1-辛烯，它们在惰性气下对热是较稳定的。

图 17-21 二烷基二硫代磷酸锌（ZDDP）抗氧添加剂热降解（270℃）的 DTA-GC 曲线[8]

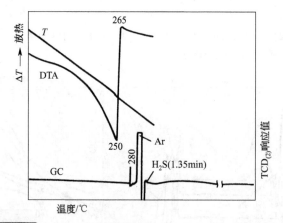

图 17-22 C$_{12}$H$_{25}$SH 硫醇热降解（280℃）的 DTA-GC 曲线[8]

DTA：±100μV，20℃/min；氩气，45ml/min；试样量 11.96mg。

GC/TCD$_{(2)}$：桥流 240mA，池温 130℃；载气为氢气，45ml/min；色谱柱 Porapak QS（2m）；采样管 5ml。

样品来源：化学纯级试剂。

曲线解析：

· 在 280℃的 GC 谱图上，仅检出微量的 H$_2$S。

· 与图 17-23（在空气下）相对照，硫醇类化合物在惰性气氛下对热是较稳定的。

---

❶ （i-C$_4^=$ 为异丁烯，n-C$_4^=$ 为正丁烯，1-C$_8^=$ 为 1-辛烯）。

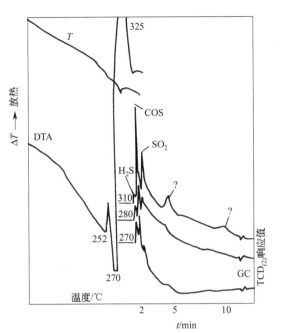

第二篇

DTA：$\pm 100\mu$V，20℃/min；空气，40ml/min；试样量 10～12mg。

GC/TCD$_{(2)}$：桥流 240mA，池温 130℃；载气为氢气，45ml/min；色谱柱 Porapak QS（2m）；采样管 5ml。

样品来源：化学纯级试剂。

曲线解析：

· 在吸热峰（270℃）后，紧接着出现一个尖锐的强放热峰。

· 在 270℃、280℃、310℃的 GC 谱图上，检出的 4 个峰随温度升高而迅速增高。

· 硫醇类化合物在 270℃后，在空气下是极不稳定的。

图 17-23　C$_{12}$H$_{25}$SH 硫醇热氧化分解（270℃、280℃、310℃）的 DTA-GC 曲线[8]

第三节　煤质热特性评定

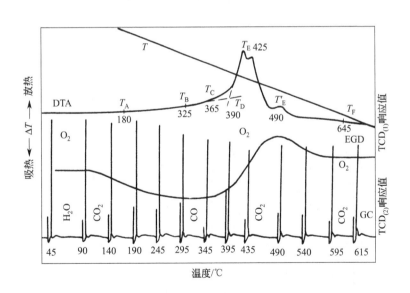

图 17-24　兖州长焰煤的 DTA-EGD-GC 燃烧特性曲线[9]

DTA：$\pm 250\mu$V，20℃/min；空气，15ml/min；试样量 2.08mg；参比物为空坩埚。

EGD/TCD$_{(1)}$：桥流 100mA，池温 110℃。

GC/TCD$_{(2)}$：桥流 160mA，池温 110℃；载气为氮气，60ml/min；色谱柱 401 有机载体，采样管 3ml。

样品来源：原华东化工学院煤化工研究室。

曲线解析：

· DTA 曲线　各项热特性表征温度如图中所示。在燃烧峰 T_E 后缘出现小峰（T'_E），并拖尾较长，此种煤的燃尽性能较差。

· EGD 曲线　由负峰向正峰方向演变，其峰各处与着火温度 T_D 相对应。

· GC 谱图　测出煤在氧化、着火、燃烧直至燃尽全过程中的 O_2 耗量及其与 CO_2 浓度的对应关系，以及水的来源及其分布规律。

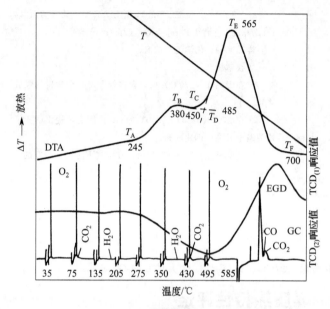

DTA：$\pm 250\mu V$，$20℃/min$；空气，$15ml/min$；试样量 $1.98mg$；参比物为空坩埚。

EGD/TCD(1)：桥流 $100mA$，池温 $110℃$。

GC/TCD(2)：桥流 $160mA$，池温 $110℃$；载气为氮气，$60ml/min$；色谱柱 401 有机载体，采样管 $3ml$。

样品来源：原华东化工学院煤化工研究室。

曲线解析：

· DTA 曲线　在煤进入氧化/热解的区间温度（$T_B - T_C$）附近，呈现一个小峰形，这是可塑性煤的特征。

· EGD 曲线　由负峰向正峰方向演变，其谷峰与着火温度 T_D 对应。

· GC 谱图　测出煤在氧化、着火、燃烧直至燃尽全过程中的 O_2 耗量及其与 CO_2 浓度的对应关系，以及水的来源及其分布规律。

图 17-25　枣庄肥煤的 DTA-EGD-GC 燃烧特性曲线[9]

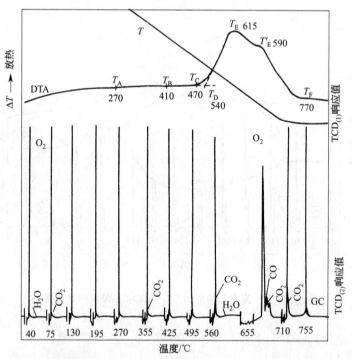

图 17-26　晋城无烟煤的 DTA-GC 燃烧特性曲线[9]

DTA：$\pm 250\mu V$，$20℃/min$；空气，$15ml/min$；试样量 $2.04mg$；参比物为空坩埚。

GC/TCD(2)：桥流 $160mA$，池温 $110℃$；载气为氮气，$60ml/min$；色谱柱 401 有机载体，采样管 $3ml$。

样品来源：原华东化工学院煤化工研究室。

曲线解析：

· DTA 曲线　各项热特性表征温度向高温方向移动，无烟煤挥发分低，致使 $T_B \sim T_C$ 温度区间的峰形平坦。

· GC 谱图　测出煤在氧化、着火、燃烧直至燃尽全过程中的 O_2 耗量及其与 CO_2 浓度的对应关系，以及水的来源及其分布规律。

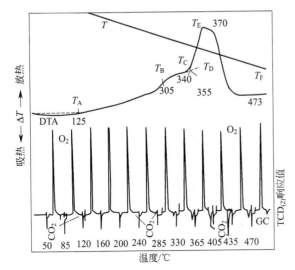

DTA：$\pm 250\mu V$，$10^{\circ}C/min$；空气，$15ml/min$；试样量 1.98mg；参比物为空坩埚。

GC/TCD(2)：桥流 150mA，池温 $50^{\circ}C$；载气为氮气，$15ml/min$；色谱柱 401 有机载体，采样管 3ml。

样品来源：原华东化工学院煤化工研究室。

曲线解析：

· DTA 曲线　越是年轻的煤越易氧化、着火、燃烧，其起始氧化温度 T_A 为 $125^{\circ}C$。

· GC 谱图　测出煤在氧化、着火、燃烧直至燃尽全过程中的 O_2 耗量及其与 CO_2 浓度的对应关系。

图 17-27　沈北褐煤的 DTA-GC 燃烧特性曲线[9]

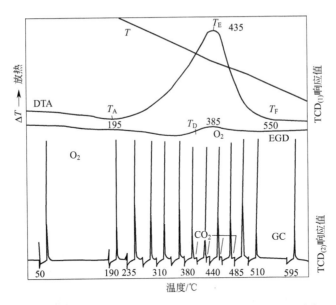

图 17-28　小龙潭褐煤的 DTA-EGD-GC 燃烧特性曲线[13]

DTA：$\pm 500\mu V$，$20^{\circ}C/min$；空气，$30ml/min$；参比物为空坩埚；试样量 3.03mg。

EGD/TCD(1)：桥流 120mA，池温 $110^{\circ}C$。

GC/TCD(2)：桥流 140mA，池温 $130^{\circ}C$；载气为氮气，$30ml/min$；色谱柱 401 有机载体，采样管 3ml。

样品来源：原华东化工学院煤化工研究室。

曲线解析：

· 年轻褐煤易氧化、挥发分逸出并着火燃烧，在 DTA 曲线上呈坡度形并与燃烧峰相连接，仅显示出 T_A、T_E、T_F 热特性温度。

· 在 EGD 曲线上的两峰转折点，可确定着火温度 T_D 为 $385^{\circ}C$ 左右。

· GC 谱图　测出煤在氧化、着火、燃烧直至燃尽全过程中的 O_2 耗量及其与 CO_2 浓度的对应关系。

DTA：$\pm 500 \mu V$，$20^{\circ}C/min$；空气，$30ml/min$；参比物为空坩埚。

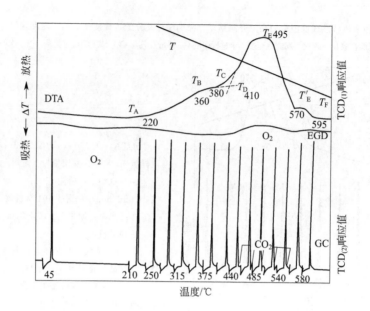

图 17-29 小龙潭褐煤（除灰后）的 DTA-EGD-GC 曲线[13]

$EGD/TCD_{(1)}$，$GC/TCD_{(2)}$ 的测试条件同图 17-26。

样品来源：原华东化工学院煤化工研究室。

曲线剖析和数据：

· 小龙潭煤含有 8.55% 的矿物质，酸洗除灰后为 0.41%，与图 17-28 相比，其燃烧性能变差，T_D 和 T_E 各上升 25℃ 和 60℃。

· 燃烧峰宽大，并在其后缘出现一个小峰 T'_E，其 T_F 增加 45℃。

· 燃烧性能的改变与除去矿物质的成分和孔径结构的变化有关。

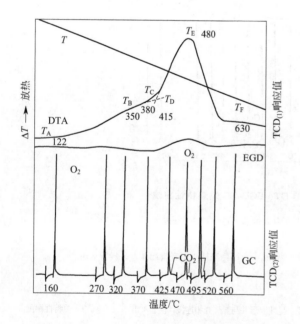

DTA：$\pm 500\mu V$，20℃/min；空气，30ml/min；参比物为空坩埚；试样量 3.04mg。

$EGD/TCD_{(1)}$：桥流 120mA，池温 110℃。

$GC/TCD_{(2)}$：桥流 140mA，池温 130℃；载气为氮气，30ml/min；色谱柱 401 有机载体，采样管 3ml。

样品来源：原华东化工学院煤化工研究室。

曲线解析：

· EGD 曲线 由负峰向正峰演变，两峰的转折点与 T_D 相对应。

· GC 谱图 测出煤在氧化、着火、燃烧、直至燃尽全过程中的 O_2 耗量及其与 CO_2 浓度的对应关系。

图 17-30 义马褐煤的 DTA-EGD-GC 燃烧特性曲线[13]

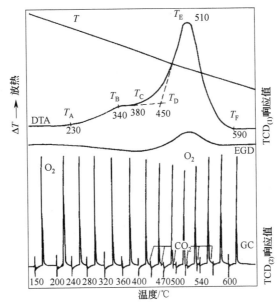

图 17-31　义马褐煤（除灰后）的 DTA-EGD-GC 燃烧特性曲线[13]

DTA：$\pm 500\mu$V，20℃/min；空气，30ml/min；参比物为空坩埚；试样量 3.02mg。
EGD/TCD$_{(1)}$、GC/TCD$_{(2)}$ 的测试条件同图 17-30。
样品来源：原华东化工学院煤化工研究室。
曲线解析：
- 义马煤含有 41.76％的大量矿物质，经酸洗除灰后下降到 4.26％，与图 17-30 相比，其燃烧性能大为改善。
- 燃烧峰尖锐，GC 谱图上 O_2 耗量大，并检出大量的 CO_2，T_F 提前 40℃。

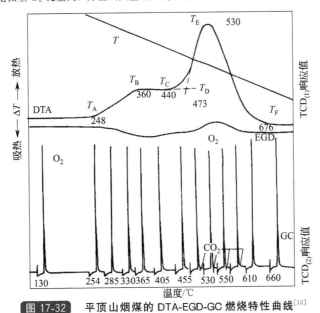

图 17-32　平顶山烟煤的 DTA-EGD-GC 燃烧特性曲线[13]

DTA：$\pm 500\mu$V，20℃/min；空气，30ml/min；参比物为空坩埚；试样量 3.06mg。
EGD/TCD$_{(1)}$：桥流 120mA，池温 110℃。
GC/TCD$_{(2)}$：桥流 140mA，池温 130℃；载气为氮气，30ml/min；色谱柱 401 有机载体，采样管 3ml。
样品来源：原华东化工学院煤化工研究室。
曲线解析：
- EGD 曲线　由负峰向正峰方向演变，两峰的转折点与 T_D 相对应。
- GC 谱图　测出煤在氧化、着火、燃烧直至燃尽全过程中的 O_2 耗量及其与 CO_2 浓度的对应关系。

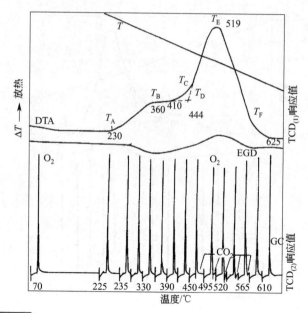

图 17-33　**平顶山烟煤（除灰后）的 DTA-EGD-GC 燃烧特性曲线**[13]

DTA：$\pm 500\mu$V，20℃/min；空气，30ml/min；参比物为空坩埚。

EGD/TCD$_{(1)}$、GC/TCD$_{(2)}$ 的测试条件同图 17-32。

样品来源：原华东化工学院煤化工研究室。

曲线解析：

- 平顶山煤含有 26.97% 的矿物质，经酸洗除灰后下降到 1.02%，与图 17-32 相比，其燃烧性能明显改善。
- 燃烧峰较尖锐，GC 谱图上 O_2 耗量较大，并检出多量的 CO_2，T_F 提前 51℃。

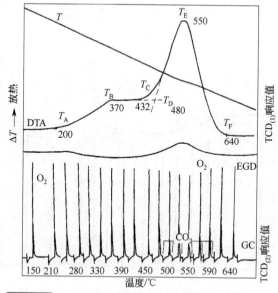

图 17-34　**大同气煤的 DTA-EGD-GC 燃烧特性曲线**[13]

DTA：$\pm 500\mu$V，20℃/min；空气，30ml/min；参比物为空坩埚；试样量 3.06mg。

EGD/TCD$_{(1)}$：桥流 120mA，池温 110℃。

GC/TCD$_{(2)}$：桥流 140mA，池温 130℃；载气为氮气，30ml/min；色谱柱 401 有机载体，采样管 3ml。

样品来源：原华东化工学院煤化工研究室。

曲线解析：

- EGD 曲线　由负峰向正峰方向过渡，两峰的转折点与 T_D 相对应。
- GC 谱图　测出煤在氧化、着火、燃烧、直至燃尽全过程中的 O_2 耗量及其与 CO_2 浓度的对应关系。

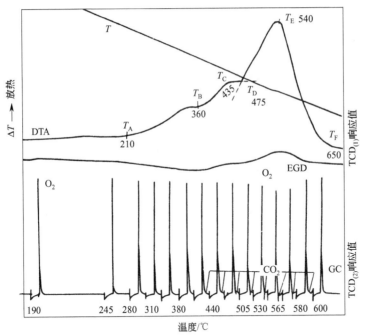

图 17-35　**大同气煤（除灰石）的 DTA-EGD-GC 燃烧特性曲线**[13]

DTA：±500μV，20℃/min；空气，30ml/min；参比物为空坩埚；试样量 3.06mg。

EGD/TCD$_{(1)}$、GC/TCD$_{(2)}$的测试条件同图 17-34。

样品来源：原华东化工学院煤化工研究室。

曲线解析：

· 大同煤含有少量矿物质约 5.33%，酸洗除灰后接近无灰。与图 17-34 相比，其燃烧性能有所下降。

· 在 T_C 处多了一个小峰，燃烧峰较宽。T_F 升高 10℃。

· 燃烧性能的改变与除灰矿物质的成分和孔径结构的变化有关。

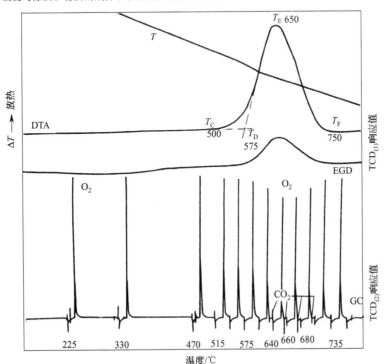

图 17-36　**龙岩无烟煤的 DTA-EGD-GC 燃烧特性曲线**[13]

DTA：$\pm 500\mu V$，$20℃/min$；空气，$30ml/min$；参比物为空坩埚；试样量 3.0mg。

EGD/TCD$_{(1)}$：桥流 120mA，池温 110℃。

GC/TCD$_{(2)}$：桥流 140mA，池温 130℃；载气为氮气，$30ml/min$；色谱柱 401 有机载体，采样管 3ml。

样品来源：原华东化工学院煤化工研究室。

曲线解析：

·DTA曲线　各项热特性表征温度向高温方向移动，无烟煤挥发分极低，固定炭高达 90％以上，致使 T_A、T_B 温度显示不出来。

·EGD曲线　由负峰向正峰方向演变，其峰各处与着火温度相对应。

·GC谱图　在燃烧速度最大的 T_E 附近 O_2 峰下降最低，而 CO_2 峰最高。

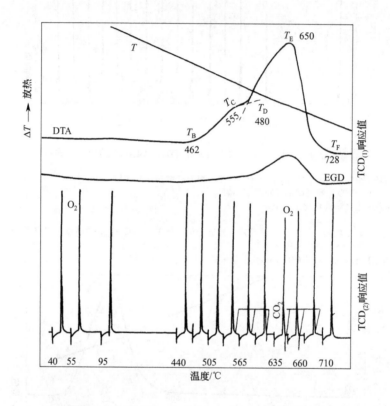

图 17-37　**龙岩无烟煤（除灰石）的 DTA-EGD-GC 曲线**[13]

DTA：$\pm 500\mu V$，$20℃/min$；空气，$30ml/min$；参比物为空坩埚；试样量 2.98mg。

EGD/TCD$_{(1)}$、GC/TCD$_{(2)}$ 的测试条件同图 17-36。

样品来源：原华东化工学院煤化工研究室。

曲线解析：

·DTA曲线　各项热特性表征温度向高温方向移动。

·龙岩煤含有 20.86％的矿物质，酸洗除灰后为 2.55％，与图 17-36 相比，其燃烧性能明显改善，T_D 和 T_F 各下降 95℃和 22℃。

·GC谱图在燃烧速度最大的 T_E 附近 O_2 峰下降至最低，而 CO_2 峰最高。

·在燃烧峰前缘出现一个坡度，这与除灰矿物质的成分和孔径结构的变化有关。

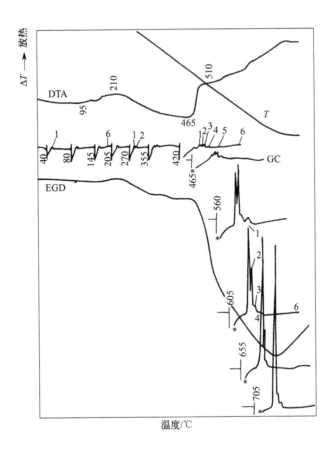

图 17-38 CDR$_{1\sim04}$ 肥煤的 DTA-EGD-GC 热解特性曲线[12]

DTA：$\pm100\mu$V，20℃/min；氮气，20ml/min；参比物为焦粉；试样量 25.19mg。

EGD/TCD$_{(1)}$：桥流 100mA，池温 110℃。

GC/TCD$_{(2)}$：桥流 160mA；池温 110℃；色谱柱 401 有机载体；载体为氮气，60ml/min；采样管 3ml；纸速增加 5 倍。

热分解逸出气成分❶：1—H_2（O_2）；2—CH_4（CO，CO_2）；3—$C_2^=$；4—C_2^0；5—$C_3^0/C_3^=$；6—H_2O。

样品来源：中国科学院山西煤炭化学研究所。

曲线解析：

· 210℃前的吸热效应为脱水、脱气阶段；465℃前的吸热效应为气、液、固三相并存的胶质体形成阶段。

· 465～510℃的台阶状放热效应为胶质体转化成半焦的一次炭化阶段。

· 510～750℃以上为半焦向高温焦方向过渡的二次炭化阶段。

· GC 谱图 一次炭化气是以 $CH_4>H_2$ 为主的 $C_2^=$、C_2^0、$C_3^0/C_3^=$ 和 H_2O 等热解气体组成的；二次炭化气是以 $H_2\gg$ CH_4 为主的 $C_2^=$、C_2^0、C_3^0/C_3 和 H_2O 等缩聚脱氢气体组成的。

· EGD 曲线随着逸出气中热解气的浓度增加而不断向下延伸。

· DTA 坩埚焦是具有膨胀、熔融、坚固特征的焦炭。

---

❶ $C_2^=$，C_2^0 表示乙烯、乙烷；$C_3^=$，C_3^0 表示丙烯、丙烷。

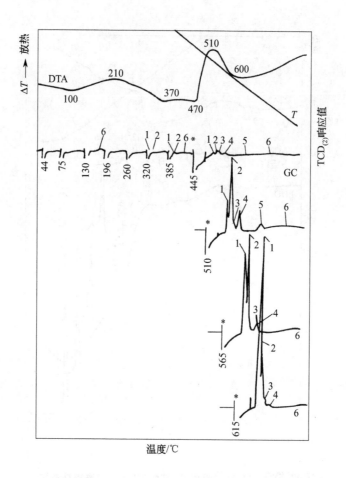

图 17-39 **枣庄肥煤的 DTA-GC 热解特性曲线**[12]

DTA：±100 μV，20℃/min；氮气，20ml/min；参比物为焦粉；试样量 25.34mg。

GC/TCD(2)：桥流 160 mA，池温 110℃；色谱柱 401 有机载体；载气为氮气，60ml/min；采样管 3ml；纸速增加 5 倍。

热分解逸出气成分❶：1—H_2（O_2）；2—CH_4（CO，CO_2）；3—$C_2^=$；4—C_2^0；5—$C_3^0/C_3^=$；6—H_2O。

样品来源：原华东化工学院煤化工研究室。

曲线解析：

· 210℃前的吸热效应为脱水、脱气阶段；470℃前的吸热效应为气、液、固三相并存的胶质体形成阶段。

· 470～510℃的台阶状放热效应为胶质体转化成半焦的一次炭化阶段。

· 510～750℃以上为半焦向高温焦方向过渡的二次炭化阶段。

· GC 谱图　一次炭化气是以 $CH_4 > H_2$ 为主的 $C_2^=$、C_2^0、$C_3^0/C_3^=$ 和 H_2O 等热解气体组成的；二次炭化气是以 $H_2 \gg CH_4$ 为主的 $C_2^=$、C_2^0、$C_3^0/C_3^=$ 和 H_2O 等缩聚脱氢气体组成的。

· DTA 坩埚焦是具有膨胀、熔融、坚固特征的焦炭。

---

❶ $C_2^=$，C_2^0 表示乙烯、乙烷；$C_3^=$，C_3^0 表示丙烯、丙烷。

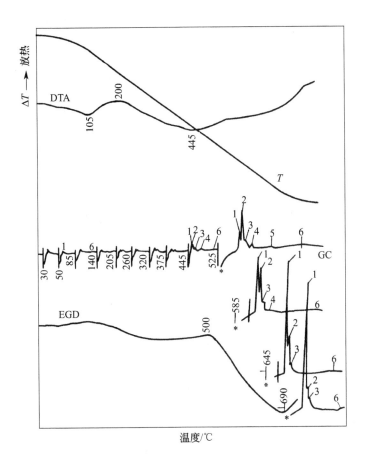

图 17-40 大同气煤的 DTA-EGD-GC 热解特性曲线[12]

DTA：±100μV，20℃/min；氮气，20ml/min；参比物为焦粉；试样量 25.35mg。

EGD/TCD(1)：桥流 100mA，池温 110℃。

GC/TCD(2)：桥流 160mA，池温 110℃；色谱柱为 401 有机载体；载气为氮气，60ml/min；采样管：3ml；纸速增加 5 倍。

逸出气成分❶：1—$H_2/O_2 \cdot CO$；2—C_1^0/CO_2；3—$C_2^=$；4—C_2^0；5—$C_3^0/C_3^=$；6—H_2O

样品来源：原华东化工学院煤化工研究室。

曲线解析：

- 200℃前的吸热效应为脱水、脱气阶段；445℃前的吸热效应为胶质体形成阶段。
- 455～500℃为胶质体转化成半焦的一次炭化阶段。
- 500～750℃以上为半焦向高温焦方向过渡的二次炭化阶段。
- GC 谱图❶　一次炭化气是以 $CH_4 > H_2$ 为主的 $C_2^=$、C_2^0、$C_3^0/C_3^=$ 和 H_2O 等热解气组成的；二次炭化气是以 $H_2 \gg CH_4$ 为主的 $C_2^=$、C_2^0、$C_3^0/C_3^=$ 和 H_2O 等缩聚脱氢气体组成的。
- EGD 曲线随着逸出气中热解气的浓度增加而不断向下延伸。
- DTA 坩埚焦是具有弱黏结、不膨胀、一碰即碎特征的焦炭。

---

❶　$C_2^=$，C_2^0 表示乙烯、乙烷；$C_3^=$，C_3^0 表示丙烯、丙烷。

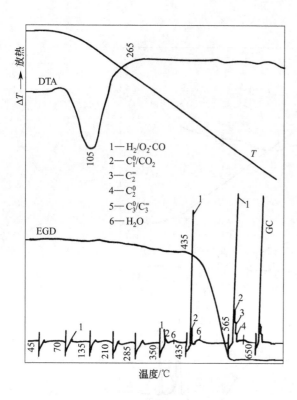

DTA：±100μV，20℃/min；氮气，20ml/min；参比物为焦粉；试样量25.08mg。

EGD/TCD(1)：桥流100mA，池温110℃。

GC/TCD(2)：桥流160mA，池温110℃；采样管3ml；色谱柱401有机载体，载气为氮气，60ml/min。

样品来源：原华东化工学院煤化工研究室。

曲线解析：

·45～265℃的吸热峰为脱水（大量的吸附水、热解水）、脱气阶段。

·在褐煤的分子结构单元上含有多量的、易于缩合反应的OH基，在热解过程中不能形成对热稳定的胶质体。DTA曲线平坦。

·EGD曲线265～435℃为一次炭化阶段；435～750℃以上为二次炭化阶段。

·GC谱图　一次炭化气是以$H_2 > CH_4$和H_2O为主的$C_2^=$等热解气组成的；二次炭化气是以$H_2 \gg CH_4$和H_2O为主的$C_2^=$等缩聚脱氢气体组成的。

·DTA坩埚焦是具有不黏结、不膨胀特征的粉焦。

图 17-41　内蒙古褐煤的 DTA-EGD-GC 热解特性曲线[12]

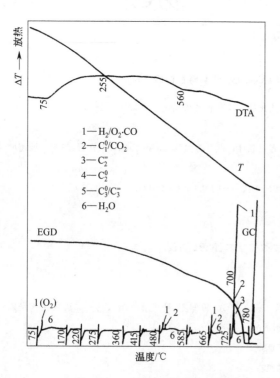

DTA：±100μV，20℃/min；氮气，20ml/min；参比物为焦粉；试样量25.28mg。

EGD/TCD(1)：桥流100mA，池温110℃。

GC/TCD(2)：桥流160mA，池温110℃；载气为氮气，60ml/min；色谱柱401有机载体，采样管3ml。

样品来源：原华东化工学院煤化工研究室。

曲线解析：

·75℃的吸热峰为脱水、脱气所致。

·无烟煤含碳量高、挥发分低，在热解过程中不能形成胶质体，在一次炭化阶段仅连续地析出少量的气体，DTA曲线平坦。

·EGD曲线缓慢地向下延伸，至700℃左右才急速向下延伸。

·GC谱图　在480℃处仅检出少量的H_2、CH_4和热解H_2O，至665℃明显增多。在725℃处检出以$H_2 \gg CH_4$为主的$C_2^=$和H_2O等热解气。

·依据EGD-GC提供的信息，无烟煤的一次炭化温度和二次炭化温度向高温方向移动，分别为480～665℃和725℃，其热解、炭化反应过程始终是以缩聚脱氢反应为主。

·DTA坩埚焦是具有不黏结、不膨胀特征的粉焦。

图 17-42　晋城无烟煤的 DTA-EGD-GC 热解特性曲线[12]

第四节　矿物鉴定

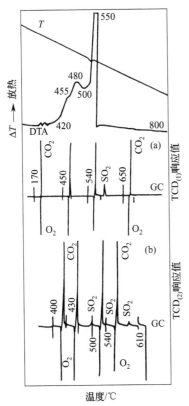

图 17-43　黄铁矿的 DTA-GC 曲线[10]

DTA：$\pm 100\mu V$，20℃/min；空气＋CO_2（1：1）❶ 30ml/min；参比物 α-Al_2O_3；试样量（a）2.72 mg；（b）4.11 mg。

GC/TCD(2)：桥流 120mA，池温 100℃；载气为氮气，30ml/min；色谱柱 401 有机载体；采样管 3ml

样品来源：原华东化工学院无机材料矿物标本室；分子式 FeS_2。

曲线解析：

· 在带肩放热峰（480℃）和强放热峰（550℃）的 GC 谱图（a）、（b）上，430℃、500℃、540℃处皆检出 SO_2，且 O_2 峰持续下降。

· 黄铁矿的热氧化分解放热反应，分两步释放出 SO_2：

$$(1)\ Fe_2S_2 \xrightarrow[390\sim500℃]{O_2(空气)} Fe(1-x)\cdot S+FeS+Fe_3O_4+SO_2\uparrow$$

放热效应

$$(2)\ Fe(1-x)\cdot S+FeS+Fe_3O_4 \xrightarrow[500\sim550℃]{O_2(空气)} \alpha\text{-}Fe_2O_3+SO_2\uparrow$$

（铁锈红、无磁性，66.62%）

强放热效应

· 残物：无磁性的铁锈红粉末（α-Fe_2O_3），收率 70.57%。

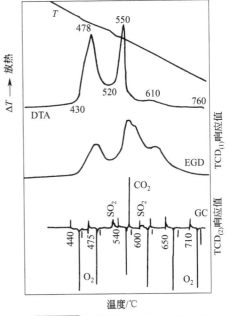

图 17-44　菱铁矿（含黄铁矿）的 DTA-EGD-GC 曲线（一）[10]

DTA：$\pm 250\mu V$，20℃/min；空气，30ml/min；参比 α-Al_2O_3；试样量 27.16mg。

EGD/TCD(1)：桥流 120mA；池温 80℃。

GC/TCD(2)：桥流 120mA，池温 100℃；载气为氮气，30ml/min；色谱柱 401 有机载体；采样管 3ml。

样品来源：原华东化工学院无机材料矿物标本室；分子式 $FeCO_3$。

曲线解析：

· 在放热峰（478℃）的 GC 谱图（475℃）上，检出 SO_2，O_2 峰下降。

· 在放热峰（550℃）的 GC 谱图（540℃）上，检出大量 CO_2 和 SO_2，O_2 峰持续下降。

· 按上述信息并对照图 17-43、图 17-45 可以肯定：菱铁矿中含有黄铁矿。

· EGD 曲线表明：弱放热峰（610℃）为化学反应所贡献。

· 在 GC 谱图（600℃）上，检出少量的 CO_2，可能是有机杂质发生燃烧放热反应所致。

· 残物：黑色、部分有磁性，收率为 75.26%。

· 菱铁矿反应式见图 17-47；黄铁矿反应式见图 17-43。

❶ 为减少 SO_2 对 DTA 支架的腐蚀性，用 CO_2 稀释空气。

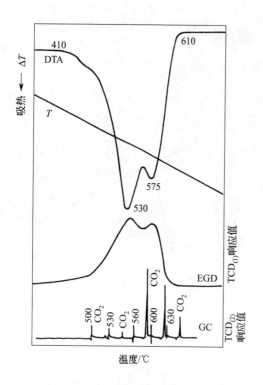

DTA：$\pm100\mu V$，$20℃/min$；氮气 $30ml/min$；参比物 α-Al_2O_3；试样量 $35.96mg$。

EGD/TCD(1)：桥流 $120mA$；池温 $80℃$。

GC/TCD(2)：桥流 $120mA$，池温 $100℃$；采样管 $3ml$；色谱柱 401 有机载体，载气为氮气，$30ml/min$。

样品来源：原华东化工学院无机材料矿物标本室；分子式 $FeCO_3$。

曲线解析：

·DTA 曲线：出现带肩的吸热峰（$530℃$，$575℃$）。

·EGD 曲线：出现一个与 DTA 曲线对应的带肩峰。

·GC 谱图：$500℃$、$530℃$ 检出少量的 CO_2（对应于 $530℃$ 吸热峰）；$560℃$、$600℃$、$630℃$ 检出大量的 CO_2（对应于 $575℃$ 吸热峰）。

·残 物：黑褐色粉末、强磁性（FeS、Fe_3O_4），收率 70.33%。

·反应历程：

(1) $FeS_2 \xrightarrow[530℃]{N_2} FeS+S$ 吸热效应

(2) Fe_2CO_3 在氮气下的热分解反应式见图 17-48。

图 17-45 菱铁矿（含黄铁矿）的 DTA-EGD-GC 曲线（二）[10]

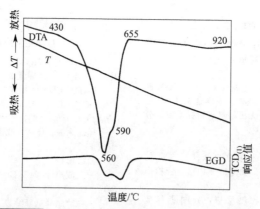

图 17-46 菱铁矿（含黄铁矿）的 DTA-EGD 曲线[15]

DTA：$\pm100\mu V$，$20℃/min$；CO_2，$30ml/min$；参比物 α-Al_2O_3；试样量 $38.98mg$。

EGD/TCD(1)：桥流 $120mA$；池温 $80℃$。

样品来源：原华东化工学院无机材料矿物标本室；分子式 $FeCO_3$。

曲线解析：

·DTA 曲线上出现带肩的吸热峰（$560℃$、$590℃$）。

·EGD 曲线上出现一个与 DTA 对应的带肩峰。

·残物：黑褐色粉末，强磁性（FeS，Fe_3O_4），收率 70.29%。

·与 N_2 气氛相比（参见图 17-45），吸热峰向高温方向移动。

·反应历程：(1) $560℃$（吸热峰）主要为黄铁矿热分解反应（见图 17-45）；(2) $590℃$（吸热峰）主要为菱铁矿热分解反应（见图 17-48）。

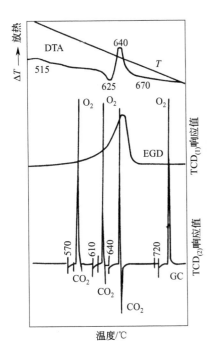

图 17-47　菱铁矿的 DTA-EGD-GC 曲线（一）[11]

DTA：±100μV，20℃/min；空气，30ml/min；参比物 α-Al₂O₃；试样量 21.71mg。

EGD/TCD₍₁₎：桥流 120mA；池温 110℃。

GC/TCD₍₂₎：桥流 140mA，池温 110℃；采样管 3ml；色谱柱 401 有机载体；载气为氮气，30ml/min。

样品来源：南京地质学校；分子式 $FeCO_3$。

曲线解析：

·在吸热峰（625℃）的 GC 谱图上，570℃、610℃、640℃处皆检出 CO_2；O_2 峰持续下降，720℃处 O_2 峰回升到原来高度。

·据上信息，可以肯定：菱铁矿在热分解吸热反应的同时，发生着 $Fe^{2+} \xrightarrow{O_2} Fe^{3+}$ 的放热反应。

·放热峰（640℃）为残余的 FeO 仍在进行上述反应。

·残物：黑色、强磁性，（γ-Fe_2O_3），收率 70.39％（计算值 68.93）。

·总的反应式

$$2FeCO_3 \xrightarrow[515\sim670℃]{空气（O_2）} 2FeO + 2CO_2 \uparrow \quad 吸热效应$$

$$空气 \downarrow \frac{1}{2}O_2$$

$$\gamma\text{-}Fe_2O_3 \qquad\qquad 放热效应$$

$$（强磁性，68.93\%）$$

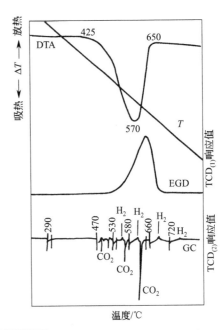

图 17-48　菱铁矿的 DTA-EGD-GC 曲线（二）[11]

DTA：±250μV，40℃/min；氮气 30ml/min；参比物 α-Al₂O₃；试样量 22.30mg。

EGD/TCD₍₁₎：桥流 120mA；池温 110℃。

GC/TCD₍₂₎：桥流 140mA，池温 110℃；载气为氮气，30ml/min；色谱柱 401 有机载体；采样管 3ml。

样品来源：南京地质学校。

分子式　$FeCO_3$。

曲线解析：

·在吸热峰（570℃）的 GC 谱图上，470℃、530℃、580℃处皆检出 CO_2。

·EGD 曲线上出现一个与 DTA 曲线对应的向上峰形（含 CO_2）。

·在 GC 谱图上检出痕量的 H_2 是与菱铁矿中含有微量高岭土有关（见图 17-51、图 17-52）。

·残物：黑色粉末、强磁性，收率 65.38％。

·反应式

$$4FeCO_3 \xrightarrow[425\sim650℃]{N_2} 4FeO + 4CO_2 \quad 吸热效应$$

$$N_2 \downarrow 歧化反应$$

$$Fe_3O_4 + Fe \quad 放热效应$$

$$（强磁性，62.02\%）$$

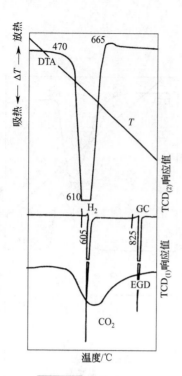

图 17-49 菱铁矿的

DTA-EGD-GC 曲线（三）[15]

DTA：±100μV，40℃/min；CO_2，15ml/min；参比物 α-Al_2O_3；试样量 22.31mg。

EGD/TCD(1)：桥流 120mA；池温 110℃。

GC/TCD(2)：桥流 140mA；池温 110℃；载气为氮气，30ml/min；色谱柱 401 有机载体；采样管 3ml。

分子式 $FeCO_3$。

曲线解析：

·在 CO_2 气氛下的吸热峰（610℃）比在氮气下高 40℃（见图 17-48），峰形尖锐。

·在 GC 谱图（605℃）上检出 CO_2。

·在 GC 谱图上也检出痕量的 H_2，其机理见图 17-52。

·残物：黑色粉末、强磁性，收率 68.22%。

·反应式

$$4FeCO_3 \xrightarrow[470\sim665℃]{CO_2} 4FeO + 4CO_2 \quad 吸热效应$$

$$\downarrow^{CO_2} \text{歧化反应}$$

$$Fe_3O_4 + Fe \quad 放热效应$$
$$（强磁性，62.02\%）$$

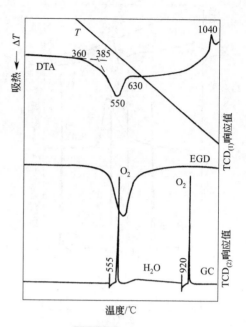

图 17-50 高岭土的

DTA-EGD-GC 曲线（一）[15]

DTA：±250μV（800℃后为±100 μV）；40℃/min；空气，30ml/min；参比物 α-Al_2O_3；试样量 18.06mg。

EGD/TCD(1)：桥流 120mA；池温 110℃。

GC/TCD(2)：桥流 140mA；池温 110℃；载气为氮气，30ml/min；色谱柱 401 有机载体；采样管 3ml。

试样来源：苏州高岭土（尾矿）。

化学式 $Al_2O_3 \cdot 2SiO_2 \cdot 2H_2O$。

曲线解析：

·在吸热峰（550℃）的 GC 谱图（555℃）上，检出 H_2O 峰和 O_2（来自空气）。

·EGD 曲线表明：放热峰（1040℃）为偏高岭土发生相转变——生成 γ-Al_2O_3 所致。

·在 920℃的 GC 谱图上已检不出 H_2O 峰。

·残物：灰白色粉末，收率 89.09%。

·反应式

$Al_2O_3 \cdot 2SiO_2 \cdot 2H_2O$

$$\xrightarrow[385\sim630℃]{空气} Al_2O_3 \cdot 2SiO_2 + 2H_2O \quad 吸热效应$$

$$Al_2O_3 \cdot 2SiO_2 \xrightarrow[1040℃]{空气} γ\text{-}Al_2O_3 + 2SiO_2 \quad 放热效应$$

$$（86.05\%）$$

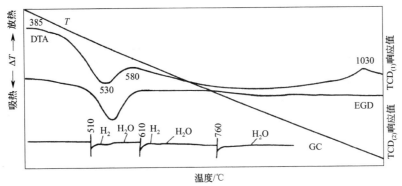

图 17-51　高岭土的 DTA-EGD-GC 曲线（二）[11]

DTA：±100 μV；20℃/min；氮气，30ml/min；参比物 α-Al₂O₃；试样量 14.51mg。

EGD/TCD₍₁₎：桥流 140mA；池温 110℃。

GC/TCD₍₂₎：桥流 140mA；池温 110℃；载气为氮气，30ml/min；色谱柱 401 有机载体；采样管 3ml。

样品来源：苏州高岭土（尾矿）；化学式 Al₂O₃·2SiO₂·2H₂O。

曲线解析：

· 在吸热峰（530℃）的 GC 谱图上，510℃、610℃处皆检出 H₂O 峰。

· EGD 曲线表明：放热峰（1030℃）为偏高岭土发生相转变——γ-Al₂O₃ 所致。

· 在 760℃的 GC 谱图上仍检出微量的 H₂O 表明：来自高岭土的 OH 结构水，需持续到高温才能脱尽。

· 残物：灰白色粉末，收率 88.84%（计算值 86.05%）。

· 反应式参见图 17-50。在 GC 谱图上检出痕量的 H₂ 是与高岭土中含有微量菱铁矿有关（见图 17-48 和图 17-52）。

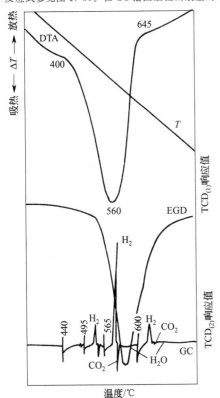

图 17-52　高岭土/菱铁矿（1∶1）混合试样的 DTA-EGD-GC 曲线[11]

DTA：±100μV；20℃/min；氮气，30ml/min；参比物 α-Al₂O₃；试样量 22.83mg。

EGD/TCD₍₁₎：桥流 120mA；池温 110℃。

GC/TCD₍₂₎：桥流 140mA；池温 110℃；载气为氮气，3ml/min；色谱柱 401 有机载体；采样管 3ml。

样品来源：南京地质学校试样标本室、苏州高岭土（尾矿）。

曲线解析：

· 在吸热峰（560℃）的 GC 谱图上，440℃、495℃、565℃和 660℃皆检出 CO₂ 和 H₂。

· 在 565℃处的 H₂ 峰、CO₂ 峰大幅度增高，并检出 H₂O 峰。

· 在 600℃处仍检出多量的 CO₂、H₂ 和 H₂O。

· 残物：青灰色粉末、强磁性，收率 77.79%。

· 产出 H₂ 的反应机理：

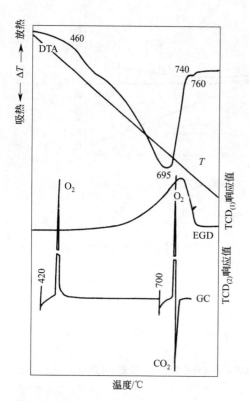

图 17-53　**菱镁矿的 DTA-EGD-GC 曲线**[15]

DTA：$\pm 250\mu V$；40℃/min；空气，30ml/min；参比物 α-Al_2O_3；试样量 15.99mg。

EGD/TCD(1)：桥流 120mA；池温 110℃。

GC/TCD(2)：桥流 140mA；池温 110℃；载气为氮气，30ml/min；色谱柱 401 有机载体；采样管 3ml。

样品来源：辽宁省营口市。

分子式 $MgCO_3$。

曲线解析：

· EGD 曲线上出现一个与 DTA 曲线对应的向上峰形（含 CO_2）。

· 在吸热峰（695℃）的 GC 谱图（700℃）上，检出大量的 CO_2 和 O_2（来自空气）。

· 760℃的小吸热峰，可能为所含 $CaCO_3$ 杂质热分解（释放 CO_2）所致。

· 残物：白色粉末，收率 48.03％。

· 反应式

$$MgCO_3 \xrightarrow[695℃]{空气} MgO + CO_2 \uparrow \quad 吸热效应$$
$$(47.82\%)$$

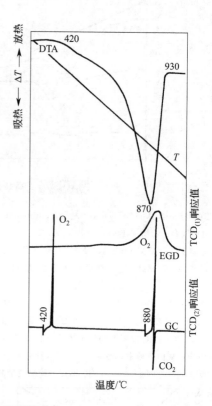

图 17-54　**冰洲石的 DTA-EGD-GC 曲线**[15]

DTA：$\pm 100\mu V$；40℃/min；空气，30ml/min；参比物 α-Al_2O_3；试样量 17.65mg。

EGD/TCD(1)：桥流 120mA；池温 110℃。

GC/TCD(2)：桥流 140mA；池温 110℃；载气为氮气，30ml/min；色谱柱 401 有机载体；采样管 3ml。

样品来源：原南京地质学校。

分子式 $CaCO_3$。

曲线解析：

· 在吸热峰（870℃）的 GC 谱图（880℃）上，检出大量的 CO_2 和 O_2（来自空气）。

· 在 EGD 曲线上出现一个对应于 DTA 曲线的向上峰形（含 CO_2）。

· 残物：白色粉末，收率 59.89％。

· 反应式

$$CaCO_3 \xrightarrow[870℃]{空气} CaO + CO_2 \uparrow \quad 吸热效应$$
$$(56\%)$$

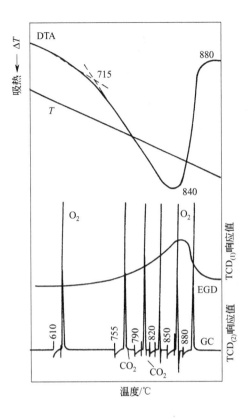

图 17-55 方解石的 DTA-EGD-GC 曲线[15]

DTA：$\pm 100\mu V$；20℃/min；空气，30ml/min；参比物 $\alpha\text{-}Al_2O_3$；试样量 15.89mg。

EGD/TCD(1)：桥流 120mA；池温 110℃。

GC/TCD(2)：桥流 140mA；池温 110℃；载气为氮气，30ml/min；色谱柱 401 有机载体；定量管 3ml。

样品来源：原华东化工学院无机材料试样标本室。

分子式 $CaCO_3$。

曲线解析：

· 在吸热峰（840℃）的 GC 谱图上，755℃、790℃、820℃、850℃处皆检出 CO_2。

· EGD 曲线上出现一个对应于 DTA 曲线的向上峰形（含 CO_2）。

· 残物：白色粉末，收率 57.93%。

· 反应式

$$CaCO_3 \xrightarrow[715\sim840℃]{空气} CaO + CO_2 \uparrow \quad 吸热效应$$
$$(56\%)$$

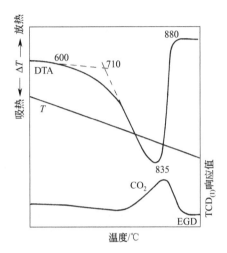

图 17-56 方解石的 DTA-EGD 曲线[15]

DTA：$\pm 100\mu V$；20℃/min；氮气，30ml/min；参比物 $\alpha\text{-}Al_2O_3$；试样量 14.93mg。

EGD/TCD(1)：桥流 120mA；池温 100℃。

样品来源：原华东化工学院无机材料试样标本室；分子式 $CaCO_3$。

曲线解析：

· DTA 曲线上出现一个宽大的吸热峰（835℃）。

· EGD 曲线上出现一个对应于 DTA 曲线的向上峰形（含 CO_2）。

· 残物：白色粉末，收率 57.74%。

· 反应式

$$CaCO_3 \xrightarrow[710\sim880℃]{N_2} CaO + CO_2 \uparrow \quad 吸热效应$$
$$(56\%)$$

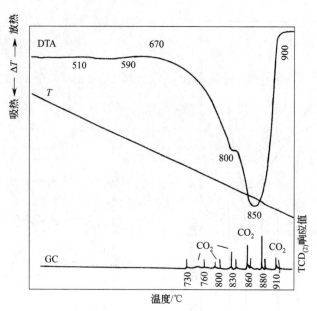

图 17-57 白云石的 DTA-GC 曲线[10]

DTA：±100μV；20℃/min；氮气，30ml/min；参比物 α-Al$_2$O$_3$；试样量 30.94mg。

GC/TCD$_{(2)}$：桥流 120mA；池温 100℃；色谱柱 401 有机载体；采样管 3ml；载气为氮气，30ml/min。

样品来源：原华东化工学院无机材料试样标本室。

分子式　CaMg(CO$_3$)$_2$。

曲线解析：

·在 670～900℃间的带肩吸热峰（800℃、850℃）的 GC 谱图上，730℃、760℃、800℃、830℃、860℃、880℃、910℃处皆检出 CO$_2$，其峰高随峰形而演变。

·白云石 CaMg(CO$_3$)$_2$ 在氮气氛下（少量试样）不能把 MgCO$_3$ 和 CaCO$_3$ 的热分解反应彼此分开。

·吸热峰 510～590℃是所含杂质发生热分解反应所致（参见图 17-58）。

·残物：灰白色粉末，收率 55.66%。

·反应式：$CaMg(CO_3)_2 \xrightarrow[670\sim900℃]{N_2} MgO+CaO+2CO_2\uparrow$　吸热效应

$$(52.40\%)$$

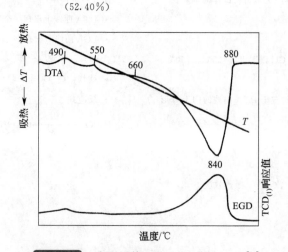

图 17-58 白云石的 DTA-EGD 曲线（一）[10]

DTA：$\pm 100\mu$V；20℃/min；空气，30ml/min；参比物 α-Al_2O_3；试样量 20.80mg。

EGD/TCD$_{(1)}$：桥流 120mA；池温 80℃。

样品来源：原华东化工学院无机材料试样标本室。

分子式 $CaMg(CO_3)_2$。

曲线解析：

· 在 DTA 曲线上前后出现 2 个小放热峰（490℃、550℃）和 1 个大吸热峰（840℃）。

· 白云石 $CaMg(CO_3)_2$ 在空气下（少量试样）不能把 $MgCO_3$ 和 $CaCO_3$ 的热分解反应彼此分开。

· EGD 曲线表明：前 2 个放热效应为所含杂质发生化学反应所贡献。

· 490℃、550℃ 的 2 个小放热峰可能是所含黄铁矿杂质发生了热氧化分解放热反应所致（参见图 17-44）。

· 残物：灰白色粉末，收率 55.2%。

· 反应式：$CaMg(CO_3)_2 \xrightarrow[660\sim880℃]{空气} MgO+CaO+2CO_2\uparrow$　吸热效应

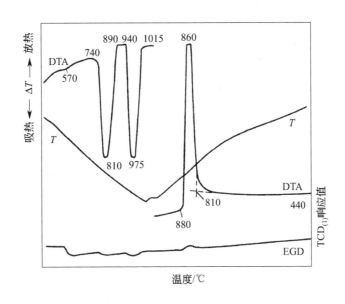

图 17-59　白云石的 DTA-EGD 曲线（二）[10]

DTA：$\pm 100\mu$V；40℃/min；CO_2，30ml/min；参比物 α-Al_2O_3；试样量 37.09mg。

EGD/TCD$_{(1)}$：桥流 120mA；池温 80℃。

样品来源：原华东化工学院无机材料试样标本室；分子式 $CaMg(CO_3)_2$。

曲线解析：

· DTA 曲线先出现一个小吸热峰（570℃），后出现 2 个彼此分开的尖锐的吸热峰（810℃、975℃）。

· 白云石 $CaMg(CO_3)_2$ 在 CO_2 气氛下可以把 $MgCO_3$ 和 $CaCO_3$ 的热分解吸热反应彼此分开，峰形变锐，并向高温方向移动。

· 反应式　$CaMg(CO_3)_2 \xrightarrow[740\sim890℃]{CO_2} MgO+CO_2\uparrow+CaCO_3$　吸热效应

$\qquad CaCO_3 \xrightleftharpoons[940\sim1015℃]{CO_2} CaO+CO_2\uparrow$　吸热效应

· EGD 曲线表明：吸热效应为所含杂质发生化学反应所贡献。

· 在程序降温至 440℃，其间仅出现一个强放热峰（860℃），与此同时 EGD 曲线上出现一个向上的小峰。

· 反应式　$CaO \xrightleftharpoons[810\sim880℃]{CO_2} CaCO_3$　放热效应

· 在常压 CO_2 气氛下与 CaO 的反应是可逆的，而与 MgO 反应则是不可逆的。

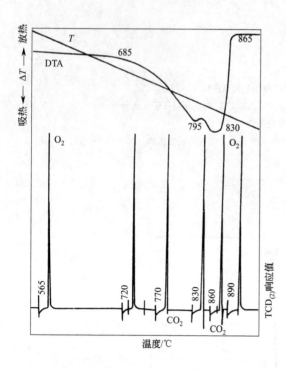

图 17-60 白云石的 DTA-GC 曲线[15]

DTA：±100μV；20℃/min；空气，30ml/min；参比物 α-Al₂O₃；试样量 16.73mg。

GC/TCD(2)：桥流 140mA；池温 110℃；色谱柱 401 有机载体；采样管 3ml；载气为氮气，30ml/min。

样品来源：原南京地质学校。

分子式 CaMg(CO₃)₂。

曲线解析：

· 在 685～865℃间的带肩吸热峰（795℃、830℃）的 GC 谱图上，770℃、830℃、860℃皆检出 CO₂。

· 白云石 CaMg(CO₃)₂ 在空气下（少量试样）不能把 MgCO₃ 和 CaCO₃ 的热分解反应彼此分开。

· 残物：灰白色粉末，收率 59%

· 反应式

$$CaMg(CO_3)_2 \xrightarrow[685～865℃]{空气} MgO + CaO + 2CO_2\uparrow$$

　　　　　　　　（52.40%）　吸热效应

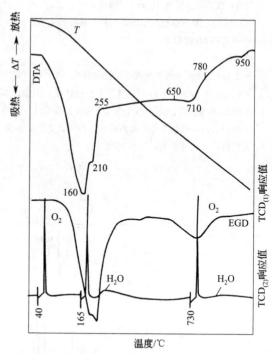

图 17-61 钙基膨润土的 DTA-EGD-GC 曲线（一）[15]

DTA：±100μV；40℃/min；空气，30ml/min；参比物 α-Al₂O₃；试样量 19.90mg。

EGD/TCD(1)：桥流 120mA；池温 110℃。

GC/TCD(2)：桥流 140mA；池温 110℃；色谱柱 401 有机载体；采样管 3ml；载气为氮气，30ml/min。

理论组成：SiO₂ 66.7%；Al₂O₃ 28.3%；OH 结构水 5%。

样品来源：原南京地质学校。

曲线解析：

· 在带肩吸热峰（160℃、210℃）的 GC 谱图（165℃）上检出大量的吸附水和层间水，这是钙基膨润土的特征峰（O₂ 峰来自空气）。

· 在 710℃吸热峰的 GC 谱图（730℃）上检出多量 OH 结构水。

· EGD 曲线表明：950℃吸热峰为结构破坏、生成无水蒙脱石，呈非晶质体。

· 残物：黄色粉末，收率 75.98%。

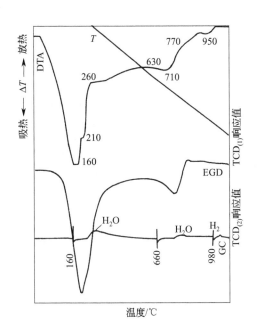

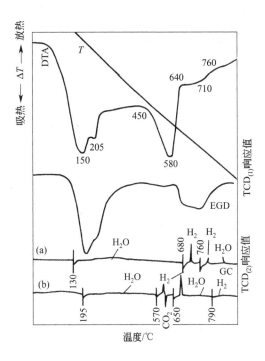

图 17-62 钙基膨润土的
DTA-EGD-GC 曲线（二）[15]

DTA：$\pm 100 \mu$V；40℃/min；氮气，30ml/min；参比物 α-Al$_2$O$_3$；试样量 22.42mg。

EGD/TCD$_{(1)}$：桥流 120mA；池温 110℃。

GC/TCD$_{(2)}$：桥流 140mA；池温 110℃；色谱柱 401 有机载体；采样管 3ml；载气为氮气，30ml/min。

理论组成：SiO$_2$ 66.7%；Al$_2$O$_3$ 28.3%；OH 结构水 5%。

样品来源：原南京地质学校。

曲线解析：

·在带肩吸热峰（160℃、210℃）的 GC 谱图上检出大量的吸附水和层间水，这是钙基膨润土的特征峰。

·在 710℃吸热峰的 GC 谱图（660℃）上检出多量的 OH 结构水。

·EGD 曲线表明：950℃吸热峰为结构破坏，生成非晶质体的无水蒙脱石；980℃-GC 谱图上检出微量的 H$_2$。

·残物：黄色粉末，收率 75.96%。

图 17-63 钙基膨润土/菱铁矿（1：1）混合
试样的 DTA-EGD-GC 曲线[15]

DTA：$\pm 100 \mu$V；40℃/min；氮气，30ml/min；参比物 α-Al$_2$O$_3$；试样量（a）22.49mg、（b）22.63mg。

EGD/TCD$_{(1)}$：桥流 120mA；池温 110℃。

GC/TCD$_{(2)}$：桥流 140mA；池温 110℃；色谱柱 401 有机载体；采样管 3ml；载气为氮气，30ml/min。

样品来源：同图 17-47 和图 17-61。

曲线解析：

·在带肩吸热峰（150℃、205℃）的 GC 谱图（a）130℃、（b）195℃上检出大量的吸附水和层间水，这是钙基膨润土的特征峰。

·在 580℃吸热峰的 GC 谱图（b）570℃上检出少量的 H$_2$ 和多量的 CO$_2$。

·在 640～760℃吸热峰的 GC 谱图上（a）680℃、760℃、（b）650℃、790℃皆检出多量的 H$_2$ 和部分 OH 结构水。

·CO$_2$ 来自菱铁矿热分解反应，H$_2$ 来自钙基膨润土的 OH 结构水与 FeO 反应。

·残物：黑灰色粉末，有磁性，收率（a）70.21%、（b）70.66%。

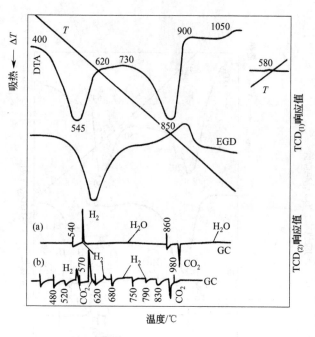

DTA：±100μV；40℃/min；氮气，30ml/min；参比物 α-Al_2O_3；试样量（a）22.33mg、（b）22.68mg。

EGD/TCD(1)：桥流120mA；池温110℃。

GC/TCD(2)：桥流140mA；池温110℃；采样管3ml；色谱柱401有机载体；载气为氮气，30ml/min。

试样成分：菱铁矿14.3%；高岭土28.5%；石英14.3%；白云石14.3%；方解石28.5%。

样品来源：同图17-48、图17-51、图17-55、图17-57。

图 17-64 菱铁矿/高岭土/石英/白云石/方解石混合试样的 DTA-EGD-GC 曲线[15]

曲线解析：

· 在545℃吸热峰的GC谱图（a）540℃；（b）480℃、520℃、570℃、620℃、680℃处皆检出多量的 H_2、CO_2 和 H_2O（540℃），这是菱铁矿/高岭土热分解的产物（见图17-52）。

· 在850℃吸热峰的GC谱图（a）860℃；（b）750℃、790℃、830℃、980℃处皆检出 CO_2（白云石、方解石的热分解产物，见图17-56和图17-57）。

· EGD曲线表明：1050℃放热峰为偏高岭土相转变生成 γ-Al_2O_3 所致。

· 残物在程序降温下出现的580℃放热峰为石英相转变所致。

· 残物：褐色粉末，部分有磁性（Fe_3O_4），收率(a)74.03%、(b)73.41%。

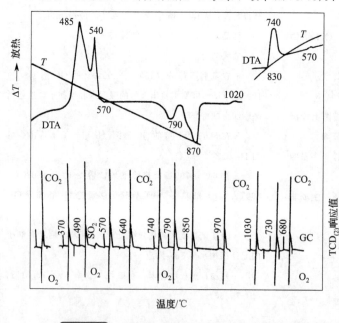

DTA：±100μV；20℃/min；空气＋CO_2（1∶1），30ml/min；参比物 α-Al_2O_3；试样量20.04mg。

GC/TCD(2)：桥流140mA；110℃；色谱柱401有机载体；采样管3ml；载气为氮气，30ml/min。

试样组成：黄铁矿10%，菱铁矿10%，高岭土20%，石英10%，白云石30%，方解石20%。

曲线解析：

· 在放热峰（485℃、540℃）的GC谱图上，370℃、490℃、570℃、640℃处 CO_2 峰皆增高，在490℃处检出 SO_2，O_2 峰持续下降（370℃、490℃），570℃后渐渐回升，这是黄铁矿、菱铁矿的热分解氧化反应所致。

图 17-65 黄铁矿/菱铁矿/高岭土/石英/铁白云石/白云石/方解石的 DTA-GC 曲线[15]

• 在吸热峰（790℃、870℃）的 GC 谱图上，740℃、790℃、850℃处 CO_2 峰皆有明显的增高，这是铁白云石、白云石、方解石的热分解反应。

• 在程序升、降温下，570℃弱吸热峰和570℃弱放热峰皆为石英的晶相转变：β-石英 $\underset{570℃}{\overset{570℃}{\rightleftharpoons}}$ α-石英。

• 1020℃放热峰为高岭土热分解反应中生成新相 γ-Al_2O_3 所贡献。

• 在程序升、降温下，740℃放热峰为铁白云石、白云石和方解石的热分解产物 CaO 与环境气中的 CO_2 反应生成 $CaCO_3$，致使 GC 谱图（730℃）的 CO_2 峰高下降。

第五节　各类化合物鉴定

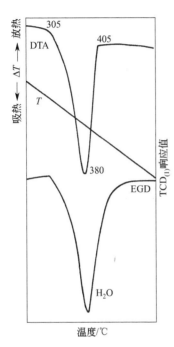

图 17-66 $Mg(OH)_2$（化学纯级）的 DTA-QEGD 曲线[1]

DTA：$\pm 100\mu V$；20℃/min；空气，20ml/min；参比物 α-Al_2O_3；试样量 2.41mg。

EGD/$TCD_{(1)}$：桥流 100mA；池温 115℃。

曲线解析：

• DTA 曲线上吸热峰（380℃）为脱去结构水的吸热效应。

• EGD 曲线上的峰面积为逸出气中含 H_2O 量的响应值。

• QEGD法：按 EGD-H_2O 标定线[1]查得 H_2O 量为 0.59mg，则失水量为 24.5%；实测值：失水量为 24.89%。

• 反应式：

$$Mg(OH)_2 \xrightarrow[305\sim405℃]{空气} MgO + H_2O\uparrow \quad 吸热效应$$

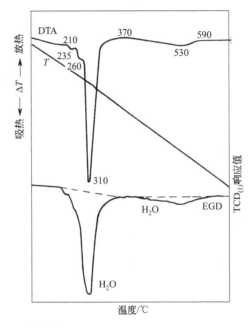

图 17-67 $Al(OH)_3$（化学纯级）的 DTA-QEGD 曲线[1]

DTA：$\pm 100\mu V$；20℃/min；空气，20ml/min；参比物 α-Al_2O_3；试样量 3.30mg。

EGD/$TCD_{(1)}$：桥流 100mA；池温 115℃。

曲线解析：

• DTA 曲线上吸热峰 1(310℃)、2(530℃)分别为脱去结构水的吸热效应。

• EGD 曲线上的峰面积 1、2 各为逸出气中不同含量 H_2O 的响应值。

• QEGD 法：按 EGD-H_2O 峰标定线[1]分别查得含 H_2O 量为 0.89mg 和 0.12mg，则失水量分别为 26.97% 和 3.64%，其总失水量为 30.61%。

• 实测值：失水量为 31.82%。

• 反应式：

$$3Al(OH)_3 \xrightarrow[210\sim370℃]{空气} Al_2O_3 \cdot 0.5H_2O + 2.5H_2O\uparrow 吸热效应$$

$$Al_2O_3 \cdot 0.5H_2O \xrightarrow[455\sim590℃]{空气} Al_2O_3 + 0.5H_2O\uparrow \quad 吸热效应$$

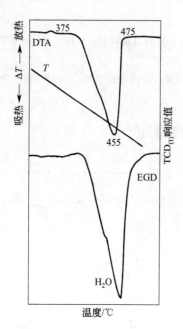

图 17-68 Ca(OH)₂（化学纯级）的
DTA-QEGD 曲线[15]

DTA：±100μV；20℃/min；氮气，20ml/min；参比物 α-Al₂O₃；试样量 3.87mg。

EGD/TCD(1)：桥流 100mA；池温 115℃。

曲线解析：

· DTA 曲线：吸热峰（455℃）为脱去结构水的吸热效应。

· EGD 曲线上的峰面积为逸出气中含 H₂O 量的响应值。

· QEGD 法：按 EGD-H₂O 标定线[1]查得含水量为 0.67mg，则失水量为 17.31%。

· 反应式

$$Ca(OH)_2 \xrightarrow[375\sim475℃]{N_2} CaO + H_2O \uparrow 吸热效应$$

· 残物：CaO 的收率与气氛中的 CO₂ 含量有关。

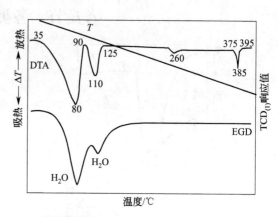

图 17-69 Ba(OH)₂·8H₂O（化学纯级）
的 DTA-EGD 曲线[15]

DTA：±100μV；10℃/min；氩气，20ml/min；参比物 α-Al₂O₃；试样量 4.78mg。

EGD/TCD(1)：桥流 95mA；池温 100℃。

曲线解析：

· 在 DTA 曲线上共出现 4 个吸热峰：80℃、110℃、260℃和 385℃。

· 在 EGD 曲线上共出现 2 个向下的峰形（含 H₂O）而与前 2 个吸热峰相对应。

· EGD 曲线表明，后 2 个吸热峰为物理过程。

· 385℃的吸热峰为晶相转变，260℃弱吸热峰。

· 残物：灰色，收率 64.02%（计算值 54.91%）。

· 反应式

$$Ba(OH)_2 \cdot 8H_2O$$
$$\xrightarrow[35\sim90℃]{Ar} Ba(OH)_2 \cdot H_2O + 7H_2O \uparrow \ 吸热效应$$

$$Ba(OH)_2 \cdot H_2O$$
$$\xrightarrow[90\sim125℃]{Ar} Ba(OH)_2 + H_2O \uparrow \ 吸热效应$$

$$Ba(OH)_2 \xrightarrow[375\sim395℃]{Ar} Ba(OH)_2 \qquad 吸热效应$$

（晶相转变）

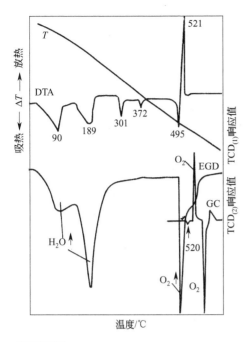

图 17-70 $Ba(ClO_4)_2 \cdot xH_2O$（化学纯级）的 DTA-EGD-GC 曲线[3,4]

DTA：$\pm 250\mu V$；$20°C/min$；氩气，$20ml/min$；参比物 $\alpha\text{-}Al_2O_3$；试样量❶ $10.79mg$。

EGD/TCD(1)：桥流 $110mA$；池温 $70°C$。

GC/TCD(2)：桥流 $140mA$；池温 $60°C$；串联色谱柱 401 有机载体/5A 分子筛；载气为氩气，$20ml/min$，采样管 $1ml$。

曲线解析：

·在 DTA 曲线上共出现 5 个吸热峰（$90°C$、$189°C$、$301°C$、$372°C$、$495°C$）和 1 个放热峰（$521°C$）。

·在 EGD 曲线上前 2 个向下的峰形（含 H_2O）和最后 1 个峰形与 DTA 曲线上前 2 个吸热峰和最后 1 个强放热的分解峰相对应。

·EGD 曲线表明：$301°C$、$372°C$ 和 $495°C$ 的吸热峰皆为物理过程所贡献。

·残物：泡沫状（脱水时激烈地鼓泡），并有升华现象。

·反应历程

$$Ba(ClO_4)_2 \cdot xH_2O \xrightarrow[90°C]{Ar} xH_2O\uparrow（吸热峰1）\xrightarrow[189°C]{Ar}$$

$$xH_2O\uparrow（吸热峰2）\xrightarrow[301°C]{Ar} 无水\ Ba(ClO_4)_2\ 晶相转变_{(1)}$$

$$（吸热峰3）\xrightarrow[372°C]{Ar} 晶相转变_{(2)}（吸热峰4）\xrightarrow[495°C]{\triangle} 熔融过$$

$$程（伴随着分解反应，吸热峰5）\xrightarrow[521°C]{Ar} BaCl_2 + 4O_2\uparrow$$

（放热峰）

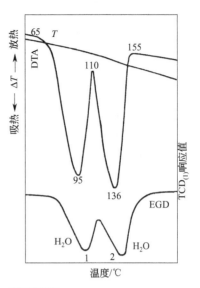

图 17-71 $BaCl_2 \cdot 2H_2O$（分析纯级）的 DTA-QEGD 曲线[12]

DTA：$\pm 100\mu V$；$20°C/min$；空气，$20ml/min$；参比物 $\alpha\text{-}Al_2O_3$；试样量 $11.35mg$。

EGD/TCD(1)：桥流 $100mA$，$115°C$；衰减 1/2。

曲线解析：

·DTA 曲线上吸热峰 1（$95°C$）、峰 2（$136°C$）分别为脱去 1 分子结晶水。

·EGD 曲线上的峰 1 与峰 2 的面积分别为逸出气中含水量的响应值。

·QEGD 法：按 $EGD\text{-}H_2O$ 标定线[1,2]分别查得含水量为 $0.81mg$ 和 $0.93mg$，则失水量各为 7.14% 和 8.19%，其总失水量为 15.33%。

·实测值：总失水量为 13.92%。

·反应式：

$$BaCl_2 \cdot 2H_2O \xrightarrow[95°C]{空气} BaCl_2 \cdot H_2O + H_2O\uparrow \qquad 吸热效应$$

$$BaCl_2 \cdot H_2O \xrightarrow[136°C]{空气} BaCl_2 + H_2O\uparrow \qquad 吸热效应$$

❶ $Ba(ClO_4)_2 \cdot xH_2O$ 具有较强吸湿性。

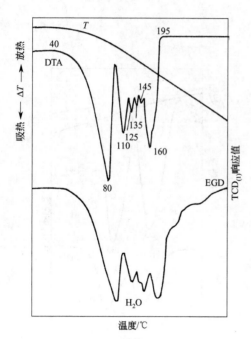

DTA：±100μV；20℃/min；氮气，20ml/min；参比物 α-Al$_2$O$_3$；试样量 4.67mg。

EGD/TCD$_{(1)}$：桥流 100mA；池温 115℃。

曲线解析：

· DTA 曲线上吸热峰 80℃、110℃、125℃、135℃、145℃和 160℃为分步脱去 6 分子结晶水的吸热效应。

· EGD 曲线上对应于 DTA 曲线出现相应的向下峰形（含 H$_2$O）。

· 残物：白色粉末，收率 60.39%。

· 反应式

$$SrCl_2 \cdot 6H_2O \xrightarrow[\text{分步脱去结晶水}]{N_2,\ 40\sim195℃} SrCl_2 + 6H_2O \uparrow 吸热效应$$

图 17-72　SrCl$_2$·6H$_2$O（化学纯级）的 DTA-EGD 曲线[15]

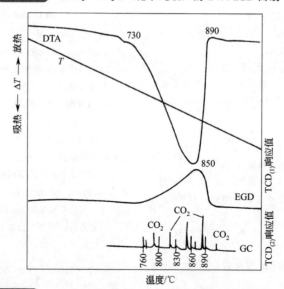

图 17-73　CaCO$_3$（化学纯级）的 DTA-EGD-GC 曲线（一）[15]

DTA：±100μV；20℃/min；氮气，30ml/min；参比物 α-Al$_2$O$_3$；试样量 20.54mg。

EGD/TCD$_{(1)}$：桥流 120mA；池温 80℃。

GC/TCD$_{(2)}$：桥流 120mA；池温 100℃；载气为氮气，30ml/min；色谱柱 401 有机载体，采样管 3ml。

曲线解析：

· 相应于吸热峰（850℃），在 GC 谱图上，760℃、800℃、830℃、860℃、890℃处皆检出 CO$_2$。

· EGD 曲线上出现一个与 DTA 曲线对应的向上峰形（含 CO$_2$）。

· 残物：白色粉末，收率 58.13%（计算值 56%）。

· 反应式

$$CaCO_3 \xrightarrow[730\sim890℃]{N_2} CaO + CO_2 \uparrow \qquad 吸热效应$$

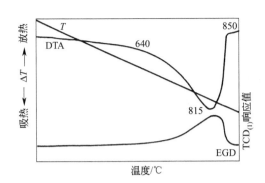

图 17-74 CaCO₃（化学纯级）的 DTA-EGD-GC 曲线（二）[15]

DTA：$\pm 100\mu V$；$20\,^\circ C/min$；空气，$30ml/min$；参比物 $\alpha\text{-}Al_2O_3$；试样量 $11.47mg$。

EGD/TCD(1)：桥流 $120mA$；池温 $80\,^\circ C$。

曲线解析：

· EGD 曲线上出现一个与 DTA 曲线相对应的向上峰形（含 CO_2）。

· DTA 曲线上的吸热峰（$815\,^\circ C$）的 $CaCO_3$ 的热分解反应所贡献。

· 残物：白色粉末，收率 57.11%（计算值 56%）。

· 反应式：$CaCO_3 \xrightarrow[640\sim850\,^\circ C]{\text{空气}} CaO + CO_2\uparrow$

吸热效应

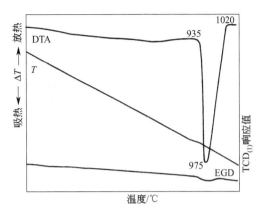

图 17-75 CaCO₃（化学纯级）的 DTA-EGD-GC 曲线（三）[15]

DTA：$\pm 100\mu V$；$20\,^\circ C/min$；CO_2，$30ml/min$；参比物 $\alpha\text{-}Al_2O_3$；试样量 $22.30mg$。

EGD/TCD(1)：桥流 $120mA$；池温 $80\,^\circ C$。

曲线解析：

· 在 CO_2 气氛下的吸热峰（$975\,^\circ C$）比氮气气氛下高 $125\,^\circ C$（见图 17-73），峰形尖锐。

· 残物：白色粉末，收率 76.32%（计算值 56%）。

· 反应式：$CaCO_3 \underset{935\sim1020\,^\circ C}{\overset{CO_2}{\rightleftharpoons}} CaO + CO_2\uparrow$

吸热效应

· 在 CO_2 气氛下 $CaCO_3$ 的热分解反应不仅向高温方向移动，并且分解不完全。

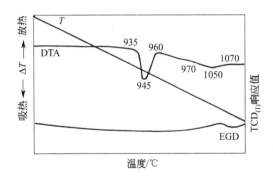

图 17-76 SrCO₃（化学纯级）的 DTA-EGD 曲线[15]

DTA：$\pm 100\mu V$；$20\,^\circ C/min$；空气，$30ml/min$；参比物 $\alpha\text{-}Al_2O_3$；试样量 $13.06mg$。

EGD/TCD(1)：桥流 $120mA$；池温 $75\,^\circ C$。

曲线解析：

· 在 DTA 曲线上前后出现 $945\,^\circ C$ 吸热峰 1 和 $1050\,^\circ C$ 吸热峰 2。

· EGD 曲线表明：$935\sim960\,^\circ C$ 吸热峰 1 为多晶系转变，由斜方晶系转变为三方晶系，吸热峰 2 为化学反应。

· 残物：白色粉末，收率 69.6%（计算值 70.2%）。

· 反应式

$$SrCO_3 \xrightarrow[935\sim960℃]{\text{空气}} SrCO_3（晶相转变）\qquad 吸热效应$$

$$SrCO_3 \xrightarrow[970\sim1070℃]{\text{空气}} SrO+CO_2\uparrow \qquad 吸热效应$$

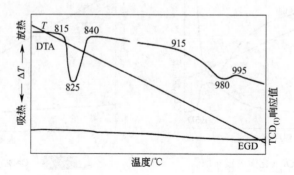

图 17-77　BaCO₃（化学纯级）的 DTA-EGD 曲线[15]

DTA：±100μV；20℃/min；空气，30ml/min；参比物 α-Al₂O₃；试样量 13.09mg。

EGD/TCD(1)：桥流 120mA；池温 75℃。

曲线解析：

- 在 DTA 曲线上前后出现 825℃ 吸热峰 1 和 980℃ 吸热峰 2，为可逆多晶系转变的物理过程。

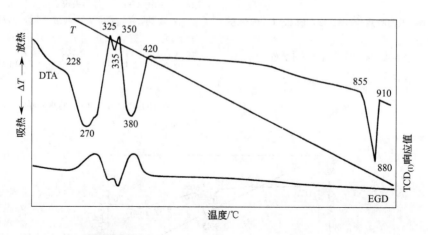

图 17-78　PbCO₃（化学纯级）的 DTA-EGD 曲线[15]

DTA：±100μV；20℃/min；空气，20ml/min；参比物 α-Al₂O₃；试样量 32.49mg。

EGD/TCD(1)：桥流 120mA；池温 75℃。

曲线解析：

- DTA 曲线上出现 4 个吸热峰 270℃、335℃、380℃ 和 880℃。
- EGD 曲线上出现与吸热峰相对应的 3 个向上的峰形，表明逸出气中含有 CO₂。
- 与第 4 个吸热峰（880℃）相对应的 EGD 曲线是一条直线，属物理过程（熔融）。
- 残物：橘黄色粉末（PbO），收率 81.84%（计算值 83.53%）。
- PbCO₃ 的热分解反应可能按如下若干阶段进行：

$$2PbCO_3 \xrightarrow[228\sim325℃]{\text{空气}} PbO\cdot PbCO_3+CO_2\uparrow \qquad 吸热效应$$

$$3(PbO\cdot PbCO_3) \xrightarrow[325\sim350℃]{\text{空气}} 2(2PbO\cdot PbCO_3)+CO_2\uparrow \qquad 吸热效应$$

$$PbO \cdot PbCO_3 \xrightarrow[350\sim420℃]{空气} 2PbO+CO_2 \uparrow \quad 吸热效应$$

$$PbO_{(固相)} \xrightarrow[880℃(熔融)]{空气} PbO_{(液相)} \quad 吸热效应$$

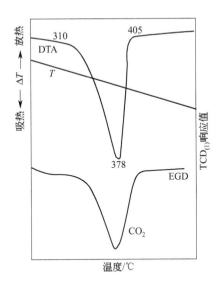

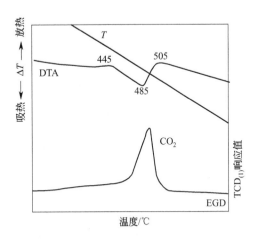

图 17-79 MnCO₃（化学纯级）
的 DTA-QEGD 曲线（一）[15]

DTA：$\pm 100\mu V$；10℃/min；氩气，20ml/min；参比物 $\alpha\text{-Al}_2O_3$；试样量 7.28mg。

EGD/TCD(1)：桥流 100mA；池温 115℃。

曲线解析：

·DTA 曲线上吸热峰（378℃）为 MnCO₃ 热分解反应的吸热效应。

·EGD 曲线上的峰面积为逸出气中含 CO_2 的响应值。

·QEGD 法：按 EGD-CO₂ 标定线[1]查得 CO_2 含量为 2.38mg（CO_2 含量 32.69%）。

·残物：深咖啡色粉末，收率 64.29%。

·MnCO₃ 的热分解最终产物的形式是不固定的（受实验条件的影响），分解过程并不遵守化学计量关系，反应式可用下式表示：

$$MnCO_3 \xrightarrow[310\sim405℃]{Ar} \begin{array}{l} MnO+CO_2 \uparrow \quad 吸热效应 \\ \beta\text{-Mn}_2O_3+CO \uparrow \end{array}$$

图 17-80 MnCO₃（化学纯级）
的 DTA-QEGD 曲线（二）[15]

DTA：$\pm 100\mu V$；20℃/min；空气，20ml/min；参比物 $\alpha\text{-Al}_2O_3$；试样量 3.51mg。

EGD/TCD(1)：桥流 100mA；池温 115℃。

曲线解析：

·DTA 曲线上吸热峰（485℃）为 MnCO₃ 热分解反应的吸热效应。

·EGD 曲线上的峰面积为逸出气中 CO_2 含的响应值。

·QEGD 法：按 EGD-CO₂ 标定线[1]查得 CO_2 含量为 1.09mg（CO_2 含量 31.05%）。

·残物：棕黑色粉末，收率 68.95%。

·MnCO₃ 的热氧化分解最终产物的形式是不固定的（受实验条件的影响），分解过程并不遵循化学计量关系，反应式可用下式表示：

$$MnCO_3 \xrightarrow[445\sim505℃]{空气} MnO+Mn_3O_4+CO_2 \uparrow \quad 吸热效应$$
$$\xrightarrow{空气(O_2)} \beta\text{-Mn}_2O_3(黑色) \quad 放热效应$$

·改变实验条件，增加试样量和空气流量，可测出放热效应（见图 17-81）。

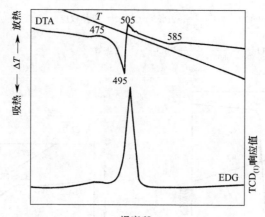

图 17-81   MnCO₃（化学纯级）的 DTA-EGD 曲线 （三）[15]

DTA：±100μV；20℃/min；空气，30ml/min；参比物 α-Al₂O₃；试样量 12.51mg。

EGD/TCD₍₁₎：桥流 120mA；池温 80℃。

曲线解析：

· DTA 曲线上先出现一个吸热峰（495℃），紧接着出现一个放热峰（505℃）。

· 在 EGD 曲线上出现一个与吸热峰相对应的向上峰形（含 CO_2）。

· 残物 棕黑色粉末，收率 67.05%。

· 吸热峰为热分解反应所贡献，放热峰为热分解产物进一步氧化放热所致。

· 分解过程并不遵循化学计量关系，反应式可用下式表示：

$$MnCO_3 \xrightarrow[475 \sim 495℃]{空气} MnO + Mn_3O_4 + CO_2 \quad 吸热效应$$

$$505 \sim 585℃ \downarrow 空气（O_2）$$

$$\beta\text{-}Mn_2O_3 \quad\quad 放热效应$$
$$（黑色）$$

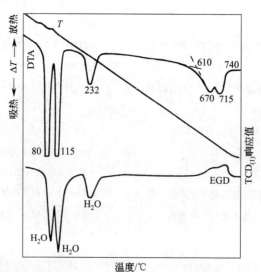

图 17-82   CuSO₄·5H₂O（化学纯级）的 DTA-EGD 曲线[1,2]

DTA：±100μV；20℃/min；氮气，40ml/min；参比物 α-Al₂O₃；试样量 3.42mg。

EGD/TCD₍₁₎：桥流 130mA；池温 50℃。

曲线解析：

· DTA 曲线上出现 3 个吸热峰（80℃、115℃和 232℃）和 1 个带肩吸热峰（670℃、715℃）。

· EGD 曲线跟踪 DTA 曲线演变，出现与 DTA 曲线相对应的 3 个向下的峰形（含 H_2O）和 1 个向上的带肩峰形（含 SO_3、SO_2）。

· 残物：黑色粉末（CuO），收率 31.58%（计算值 32.09%）。

· 反应式　$CuSO_4 \cdot 5H_2O \xrightarrow[80℃]{N_2} 2H_2O\uparrow$（14.42%，吸热峰 1）$\xrightarrow[115℃]{N_2} 2H_2O\uparrow$（14.42%，吸热峰 2）

$\xrightarrow[232℃]{N_2} H_2O\uparrow$（7.21%，吸热峰 3）$+CuSO_4$

$CuSO_4 \xrightarrow[610\sim740℃]{N_2} CuO+SO_3\uparrow \longrightarrow SO_2\uparrow +\frac{1}{2}O_2\uparrow$

（黑色）

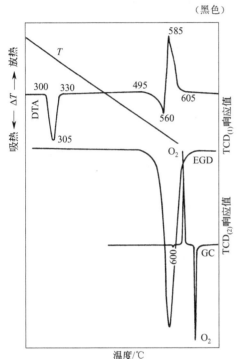

图 17-83 KClO₄（化学纯级）的
DTA-EGD-GC 曲线[15]

DTA：$\pm 250\mu V$；20℃/min；氩气，30ml/min；参比物 $\alpha\text{-}Al_2O_3$；试样量 9.25mg。

EGD/TCD$_{(1)}$：桥流 95mA；池温 110℃。

GC/TCD$_{(2)}$：桥流 110mA；池温 110℃；采样管 1ml；串联色谱柱 401 有机载体/5A 分子筛；载气为空气，25ml/min。

曲线解析：

· DTA 曲线上共出现 2 个吸热峰（305℃、560℃）和 1 个放热峰（585℃）。

· EGD 曲线表明：前 2 个吸热峰为物理过程；放热峰与 EGD 曲线上的峰形相对应为化学反应。

· 在 GC 谱图（600℃）上，检出 O_2 峰。

· 反应式　$KClO_4 \xrightarrow[300\sim330℃]{Ar}$ 晶相转变（斜方晶体→立

方晶体，吸热峰 1）$\xrightarrow[495\sim560℃]{Ar}$ 熔融过程（伴随分解反应，

吸热峰 2）$\xrightarrow[585\sim605℃]{Ar} KCl+2O_2\uparrow$（分解反应，放热峰）

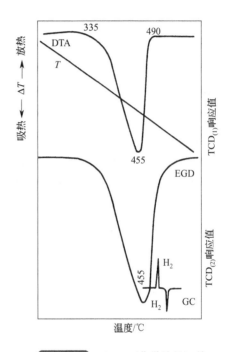

图 17-84 CaH₂（化学纯级）的
DTA-EGD-GC 曲线[15]

DTA：$\pm 250\mu V$；20℃/min；氩气，30ml/min；参比物 $\alpha\text{-}Al_2O_3$；试样量 10.29mg。

EGD/TCD$_{(1)}$：桥流 95mA；池温 100℃。

GC/TCD$_{(2)}$：桥流 140mA；池温 110℃；采样管 1ml；串联色谱柱 401 有机载体/5A 分子筛。

曲线解析：

· EGD 曲线上的向下峰形与 DTA 曲线上的吸热峰（455℃）相对应。

· 在 GC 谱图（455℃）上检出 H_2 峰。

· 残物：灰白色粉末（CaH₂ 在热分解过程中有挥发物逸出），收率 92.2%（计算值 95%）。

· 反应式　$CaH_2 \xrightarrow[335\sim490℃]{空气} Ca+H_2\uparrow$　吸热效应

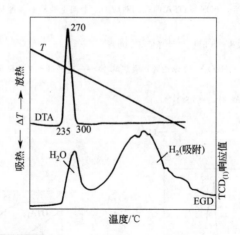

图 17-85 CuO（分析纯级）的 DTA-EGD 曲线[15]

DTA：±100μV；20℃/min；氢气，20ml/min；参比物 α-Al$_2$O$_3$；试样量 3.64mg。

EGD/TCD$_{(1)}$：桥流 100mA；池温 115℃。

曲线解析：

· 在 EGD 曲线上出现一个与放热峰（270℃）相对应的向上峰（因在 H$_2$ 气流下逸出气中含有 H$_2$O）。

· 放热峰后的 DTA 曲线呈现为稍有波动的峰形向前延伸状，在此温度区间的 EGD 曲线上出现一个宽大的向上峰形。

· 上述宽大的 EGD 峰形是由于 CuO 被还原为金属 Cu ——具有高活性的比表面，随着温度升高而吸附了 H$_2$ 所致。

· 残物：由黑色变为红棕色（金属 Cu），收率 80.77％。

· 反应式
$$CuO \xrightarrow[235\sim300℃]{H_2} Cu + H_2O\uparrow \quad 放热效应$$
$$（红棕色）$$

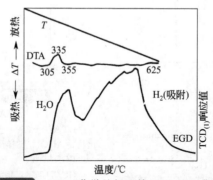

图 17-86 NiO（化学纯级）的 DTA-EGD 曲线[15]

DTA：±50 μV；20℃/min；氢气，20ml/min；参比物 α-Al$_2$O$_3$；试样量 5.87mg。

EGD/TCD$_{(1)}$：桥流 100mA；池温 115℃。

曲线解析：

· 在 EGD 曲线上出现一个与放热峰（335℃）相对应的向上峰（因在氢气流下，逸出气中含有 H$_2$O）。

· 放热峰后的 DTA 曲线呈现为稍有波动的峰形向前延伸形状，在此温度区间的 EGD 曲线上出现一个宽大向上的峰形。

· 上述宽大的 EGD 峰形是由于 NiO 被还原为金属 Ni ——具有高活性的比表面，随着温升而吸附了 H$_2$ 所致。

· 残物：由灰绿色变为灰黑色、具有磁性（Ni），收率 78.54％。

· 反应式
$$NiO \xrightarrow[305\sim355℃]{H_2} Ni + H_2O\uparrow \quad 放热效应$$
$$（黑色、磁性）$$

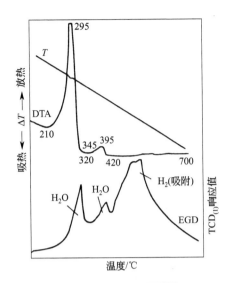

DTA：$\pm 50\mu V$；20℃/min；氢气，20ml/min；参比物 α-Al_2O_3；试样量 7.14mg。

EGD/$TCD_{(1)}$：桥流 100mA；池温 115℃。

图 17-87 MnO_2（分析纯级）的 DTA-EGD 曲线[15]

曲线解析：

· 在 EGD 曲线上出现 2 个与放热峰（295℃、395℃）相对应的向上峰（因在 H_2 气流下逸出气中含有 H_2O）。

· 放热峰后的 DTA 曲线为稍有波动的峰形，在此温度区间的 EGD 曲线上出现一个宽大的向上峰形。

· 上述宽大的 EGD 峰形是由于 MnO_2 被还原为 MnO ——具有高活性的比表面，随着温度升高而吸附了氢所致。

· 残物：Mn_2O_3、MnO，收率 78.85%。

· 反应式

$$MnO_2 \xrightarrow[210\sim320℃]{H_2} \frac{1}{2}Mn_2O_3 + \frac{1}{2}H_2O\uparrow \quad (1)\text{放热效应}$$
$$\xrightarrow[345\sim420℃]{H_2} MnO + \frac{1}{2}H_2O\uparrow \quad (2)\text{放热效应}$$

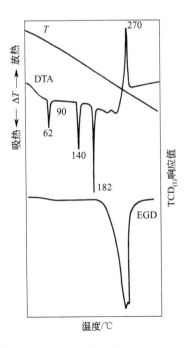

图 17-88 NH_4NO_3（化学纯级）的 DTA-EGD 曲线[1,2]

DTA：±100μV；10℃/min；氩气，50ml/min；参比物 α-Al$_2$O$_3$；试样量 4.5mg。

EGD/TCD$_{(1)}$：桥流 100mA；池温 120℃；衰减 1/4。

曲线解析：

·EGD 曲线表明：DTA 曲线之前 4 个吸热峰（62℃、90℃、140℃、182℃）为物理过程；放热峰（270℃）为 NH$_4$NO$_3$ 的热分解过程。

·前 3 个吸热峰皆是多晶型转变，第 4 个吸热峰为 NH$_4$NO$_3$ 的熔融过程。

·反应式

$$NH_4NO_3（\alpha 型）\xrightarrow[62℃]{Ar}晶型转变（\beta 型）\xrightarrow[90℃]{Ar}晶相转变（\gamma 型）\xrightarrow[140℃]{Ar}晶相转变（\delta 型）$$

$$\xrightarrow[182℃]{Ar}NH_4NO_3 熔融（以上皆为吸热效应）\xrightarrow[270℃]{Ar}N_2O\uparrow+2H_2O\uparrow（放热效应）$$

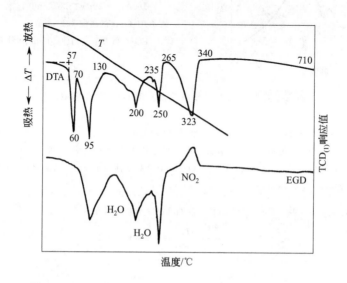

图 17-89 Ni(NO$_3$)$_2$·6H$_2$O（化学纯级）的 DTA-EGD 曲线[15]

DTA：±100μV；10℃/min；空气，40ml/min；参比物 α-Al$_2$O$_3$；试样量 3.34mg❶。

EGD/TCD$_{(1)}$：桥流 120mA；池温 50℃。

曲线解析：

·EGD 曲线跟踪 DTA 曲线演变，并用 pH 试纸追踪尾气鉴定。

·EGD 曲线表明 60℃的吸热峰为低共熔过程。

·吸热峰（95℃、200℃和250℃）分别为分步脱去结晶水，但 200℃吸热峰开始已发现 pH 试纸有明显反应（逸出气中含有 NO$_2$↑）。

·最后一个吸热峰（323℃）主要为 Ni（NO$_3$）$_2$ 的热分解反应，由于逸出气中含有大量 NO$_2$ 气而使 EGD 曲线迅速向上出峰。

·残物：由绿色变为淡绿色（NiO），收率 25.25％。

·反应式

$$Ni(NO_3)_2·6H_2O\xrightarrow[60℃]{空气}低共熔（吸热）过程\xrightarrow[70\sim265℃]{空气}分步脱去结晶水\uparrow$$

$$\xrightarrow[265\sim340℃]{空气}NiO+2NO_2\uparrow+\frac{1}{2}O_2\uparrow（上述各反应皆为吸热效应）$$

［少量 Ni(NO$_3$)$_2$ 开始分解］　　　　　　　　（淡绿色）

---

❶　Ni(NO$_3$)$_2$·6H$_2$O 在称量时有吸湿现象。

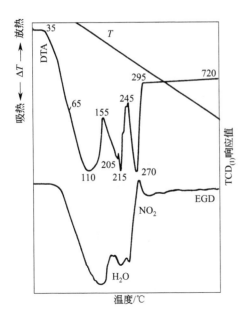

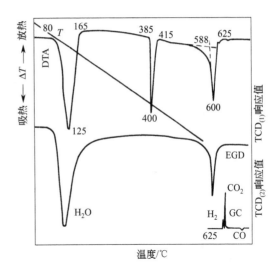

图 17-90　Co(NO₃)₂·6H₂O（分析纯级）的 DTA-EGD 曲线[15]

DTA：±100μV；20℃/min；空气，20ml/min；参比物 α-Al₂O₃；试样量 5.64mg❶。

EGD/TCD₍₁₎：桥流 100mA；池温 115℃。

曲线解析：

·EGD 曲线跟踪 DTA 曲线演变，并用 pH 试纸追踪尾气鉴定。

·带肩吸热峰（65℃、110℃）为脱去吸附水和部分结晶水的过程。

·吸热峰（205℃、215℃）为分步脱去结晶水，其间已发现 pH 试纸有显色反应（逸出气中含有 NO₂ 气）。

·吸热峰（270℃）为 Ni(NO₃)₂ 的热分解反应，由于逸出气中含有大量 NO₂，致使 EGD 曲线迅速向上出峰。

·残物：由玫瑰红变为黑色粉末（Co₃O₄），收率 22.88%。

·反应式

$$Co(NO_3)_2·6H_2O \xrightarrow[65\sim155℃]{空气} 部分结晶$$

$$水\uparrow \xrightarrow[155\sim245℃]{空气} 分步脱去结晶水\uparrow [少量\ Co(NO_3)_2\ 开$$

$$始分解] \xrightarrow[245\sim295℃]{空气} Co_3O_4+NO_2\uparrow+O_2\uparrow \quad （黑色）$$

（以上各反应皆为吸热效应）

图 17-91　K₂C₂O₄·H₂O（分析纯级）的 DTA-EGD-GC 曲线[15]

DTA：±250μV；20℃/min；氩气，20ml/min；参比物 α-Al₂O₃；试样量 7.14mg。

EGD/TCD₍₁₎：桥流 100mA；池温 110℃。

GC/TCD₍₂₎：桥流 140mA；池温 110℃；色谱柱 401 有机载体/5A 分子筛；载气 Ar，40ml/min；采样管 3ml。

曲线解析：

·在 EGD 曲线上前后有 2 个峰形与 DTA 曲线上的吸热峰（125℃、600℃）相对应，前者为脱去结晶水，后者为热分解反应。

·EGD 曲线表明：吸热峰（400℃）为晶相转变过程。

·在 GC 谱图上 625℃处检出 H₂❷、CO₂ 和 CO。

·残物：白色粉末，收率 76.89%。

·反应式

$$K_2C_2O_4·H_2O \xrightarrow[80\sim165℃]{Ar} H_2O\uparrow$$

$$\xrightarrow[385\sim415℃]{Ar} 晶相转变 \xrightarrow[588\sim625℃]{Ar}$$

$$K_2CO_3+CO\uparrow （以上皆为吸热效应）$$
$$\searrow\!\!\!\!\!\!\!\!\!\!\!\!\!\!\!\!\!\begin{array}{l} H_2O \\ \rightarrow CO_2+H_2\uparrow \end{array}$$

❶　Co(NO₃)₂·6H₂O 在称量时有吸湿现象。

❷　GC 谱图上检出 H₂ 的机理：可能是与 K₂CO₃ 中尚有少量的网状结构的分子水和新生的 CO 逸出气发生反应有关。

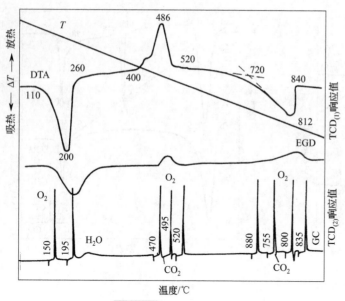

DTA：±250μV；20℃/min；空气，20ml/min；参比物 α-Al_2O_3；试样量 14.0mg。

EGD/TCD$_{(1)}$：桥流 120mA；池温 120℃。

GC/TCD$_{(2)}$：桥流 120mA；池温 120℃；色谱柱 401 有机载体；采样管 3ml；载气为氮气，20ml/min。

曲线解析：

·在 EGD 曲线上出现 3 个峰形分别与 DTA 曲线上的吸热峰（200℃）、放热峰（486℃）和吸热峰（812℃）相对应。

·在 GC 谱图上 195℃ 处检出 H_2O 峰；470℃、495℃ 处检出 CO_2，同时 O_2 峰下降；755℃、800℃ 处检出 CO_2。

图 17-92　$CaC_2O_4 \cdot H_2O$（化学纯级）的 DTA-EGD-GC 曲线[15]

·残物：白色粉末（CaO），收率 38.78%（计算值 38.33%）。

·反应式　　$CaC_2O_4 \cdot H_2O \xrightarrow[110 \sim 260℃]{空气} CaC_2O_4 + H_2O\uparrow$ 吸热效应

$$CaC_2O_4 \xrightarrow[400 \sim 520℃]{空气} CaCO_3 + CO \xrightarrow{空气（O_2）} CO_2\uparrow \quad 放热效应$$

$$CaCO_3 \xrightarrow[720 \sim 840℃]{空气} CaO + CO_2\uparrow \quad 吸热效应$$

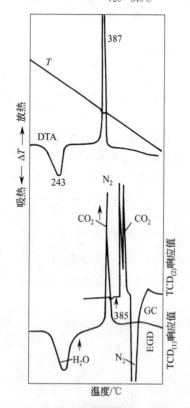

DTA：±250μV；20℃/min；空气载气，20ml/min；参比物 α-Al_2O_3；试样量 3.26mg（粉末状）。

EGD/TCD$_{(1)}$：桥流 100mA；池温 70℃。

GC/TCD$_{(2)}$：桥流 140mA；池温 60℃；采样管 1ml；串联色谱柱 401 有机载体/5A 分子筛；载气为氩气，20ml/min。

曲线解析：

·DTA 曲线上出现 1 个吸热峰（243℃）和 1 个尖锐的放热峰（387℃）。

·EGD 曲线上出现 1 个向下的峰形（含 H_2O）和 1 个向上的峰形（含 CO_2）分别与 DTA 曲线上吸热峰和放热峰相对应。

·在 GC 谱图（385℃）上检出 CO_2（N_2 来自空气）。

·残物：由淡绿色变为灰褐色的粉末（无磁性），收率 39.57%。

·反应式

$$NiC_2O_4 \cdot 2H_2O \xrightarrow[243℃]{空气} NiC_2O_4 + 2H_2O\uparrow \quad 吸热效应$$

$$NiC_2O_4 \xrightarrow[387℃]{空气} NiO + CO_2\uparrow + CO\uparrow \xrightarrow{空气（O_2）} CO_2\uparrow \quad 放热效应$$

（灰褐色，无磁性，计算值 40.87%）

图 17-93　$NiC_2O_4 \cdot 2H_2O$（化学纯级）的 DTA-EGD-GC 曲线（一）[3,4]

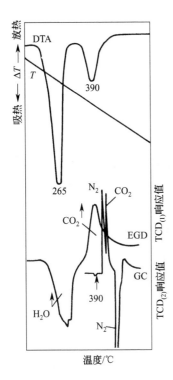

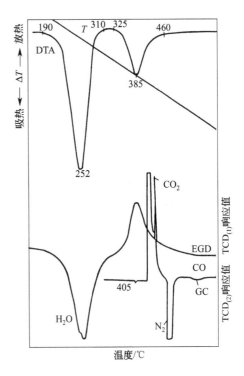

图 17-94　NiC$_2$O$_4$·2H$_2$O（化学纯级）的 DTA-EGD-GC 曲线（二）[3,4]

DTA：±100μV；20℃/min；氮气，20ml/min；参比物 α-Al$_2$O$_3$；试样量 11.34mg（颗粒状）。

EGD/TCD$_{(1)}$：桥流 100mA；池温 70℃。

GC/TCD$_{(2)}$：桥流 140mA；池温 60℃；采样管 1ml；串联色谱柱 401 有机载体/5A 分子筛；载气为氩气，20ml/min。

曲线解析：

· DTA 曲线上出现 2 个吸热峰（265℃、390℃）。

· EGD 曲线上出现 1 个向下的峰形（含 H$_2$O）和 1 个向上的峰形（含 CO$_2$）与 DTA 曲线上 2 个吸热峰相对应。

· 在 GC 谱图（390℃）上检出 CO$_2$（N$_2$ 来自环境气）。

· 残物：由淡绿色变为黑色，具有磁性，颗粒状，收率 32.98%。

· 反应式

$$NiC_2O_4 \cdot 2H_2O \xrightarrow[265℃]{N_2} NiC_2O_4 + 2H_2O \uparrow \quad 吸热效应$$

$$N_2C_2O_4 \xrightarrow[390℃]{N_2} NiO + CO❶ + CO_2 \uparrow \quad 吸热效应$$
$$\downarrow$$
$$Ni（黑色、磁性）$$

图 17-95　NiC$_2$O$_4$·2H$_2$O（化学纯级）的 DTA-EGD-GC 曲线（三）[15]

DTA：±100μV；20℃/min；氮气，20ml/min；参比物 α-Al$_2$O$_3$；试样量 6.19mg（粉末状）。

EGD/TCD$_{(1)}$：桥流 100mA；池温 70℃。

GC/TCD$_{(2)}$：桥流 140mA；池温 60℃；采样管 1ml；串联色谱柱 401 有机载体/5A 分子筛；载气为氩气，20ml/min。

曲线解析：

· DTA 曲线上出现 2 个吸热峰（252℃、385℃）。

· EGD 曲线上出现 1 个向下的峰形（含 H$_2$O）和 1 个向上的峰形（含 CO$_2$、CO）与 DTA 曲线上 2 个吸热峰相对应。

· 在 GC 谱图（405℃）上检出大量 CO$_2$ 和少量 CO（N$_2$ 来自环境气）。

· 残物：由淡绿色变为深褐色，部分为有磁性的粉末（NiO、Ni），收率 36.63%。

· 反应式

$$NiC_2O_4 \cdot 2H_2O \xrightarrow[190\sim310℃]{N_2} NiC_2O_4 + 2H_2O \uparrow \quad 吸热效应$$

$$NiC_2O_4 \xrightarrow[325\sim460℃]{N_2} NiO + CO❷ \uparrow + CO_2 \uparrow \quad 吸热效应$$
$$\downarrow Ni + CO_2 \uparrow$$

---

❶ 颗粒状 NiC$_2$O$_4$·2H$_2$O 在热解过程中逸出的 CO 难于从内层扩散出去，而易与 NiO 反应生成 Ni。

❷ 粉末状 NiC$_2$O$_4$·2H$_2$O 在热分解过程中逸出的 CO，易于从 NiO 表面扩散出去，而影响了新生的 CO 与 NiO 之间的还原反应。

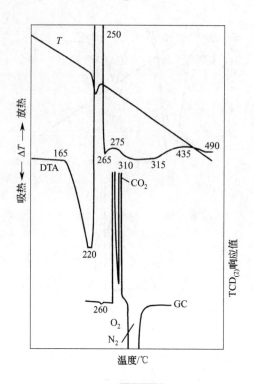

DTA：$\pm 100\mu V$（400℃改为$\pm 50\mu V$）；20℃/min；参比物空坩埚；试样量7.80mg；空气，50ml/min。

GC/TCD$_{(2)}$：桥流140mA；池温60℃；采样管3ml；串联色谱柱401有机载体/5A分子筛；载气为氩气，20ml/min。

曲线解析：

· 吸热峰（220℃）为脱去结晶水；强放热峰（250℃）为FeC_2O_4的热分解放热反应。

· 在GC谱图的260℃处检出尖锐的CO_2峰而与强放热峰（250℃）相对应。

· 放热峰（275℃）为$FeO \rightarrow \gamma\text{-}Fe_2O_3$的氧化放热过程。

· 放热峰（435℃）为$\gamma\text{-}Fe_2O_3 \rightarrow \alpha\text{-}Fe_2O_3$的晶相转变过程。

· 残物：由黄色变为咖啡色的粉末，收率45.9%。

图 17-96 $FeC_2O_4 \cdot 2H_2O$（化学纯级）的 DTA-GC 曲线[15]

· 反应式

$$FeC_2O_4 \cdot 2H_2O \xrightarrow[165\sim220℃]{\text{空气}} FeC_2O_4 + 2H_2O\uparrow \qquad (1)\ 吸热效应$$

$$FeC_2O_4 \xrightarrow[220\sim265℃]{\text{空气}} FeO + CO\uparrow + CO_2\uparrow$$

$$\xrightarrow[]{\text{空气}(O_2)} CO_2\uparrow \qquad (2)\ 强放热效应$$

$$\xrightarrow[265\sim310℃]{\text{空气}(O_2)} \gamma\text{-}Fe_2O_3（磁性） \qquad (3)\ 放热效应$$

$$\xrightarrow[315\sim490℃]{\text{空气}} \alpha\text{-}Fe_2O_3（无磁性） \qquad (4)\ 放热效应$$

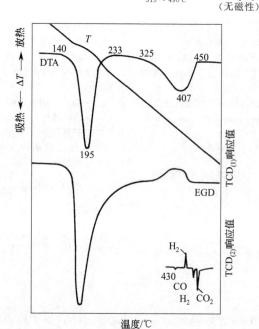

图 17-97 $FeC_2O_4 \cdot 2H_2O$（化学纯级）的 DTA-EGD-GC 曲线[15]

DTA：$\pm 250\mu\text{V}$；$20\text{℃}/\text{min}$；氮气，$15\text{ml}/\text{min}$；参比物：空坩埚；试样量 6.31mg。

EGD/TCD$_{(1)}$：桥流 100mA；池温 110℃。

GC/TCD$_{(2)}$：桥流 160mA；池温 110℃；色谱柱 401 有机载体；采样管 3ml；载气为氮气，$40\text{ml}/\text{min}$。

曲线解析：

• 在 EGD 曲线上出现 2 个与吸热峰（195℃、407℃）相对应峰形。

• 吸热峰（195℃）为脱去结晶水。

• GC 谱图上 430℃处检出 $H_2$❶、CO、CO_2。

• 残物：由黄色变为棕色的磁性粉末，收率 43.90%。

• 反应式

$$FeC_2O_4 \cdot 2H_2O \xrightarrow[140\sim233\text{℃}]{N_2} FeC_2O_4 + 2H_2O\uparrow \qquad (1)\ \text{吸热效应}$$

$$FeC_2O_4 \xrightarrow[325\sim450\text{℃}]{N_2} FeO + CO\uparrow + CO_2\uparrow \qquad (2)\ \text{吸热效应}$$

$$(4)^{①}\ H_2\uparrow + FeO_3 \xrightarrow[\text{化}]{H_2O\ 枝} Fe_3O_4 + Fe \qquad (3)\ \text{吸热效应}$$

（棕色、磁性）

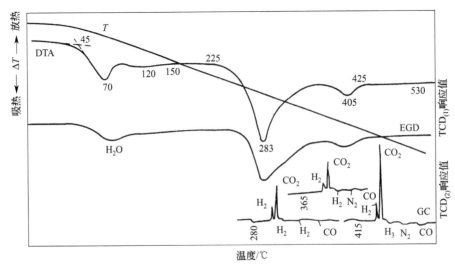

图 17-98　$(NH_4)_3Cr(C_2O_4)_3 \cdot 3H_2O$ 的 DTA-EGD-GC 曲线[15]

DTA：$\pm 250\mu\text{V}$；$10\text{℃}/\text{min}$；氩气，$20\text{ml}/\text{min}$；参比物 $\alpha\text{-Al}_2O_3$；试样量 8.36mg。

EGD/TCD$_{(1)}$：桥流 100mA；池温 110℃。

GC/TCD$_{(2)}$：桥流 160mA；池温 110℃；载气为氩气，$40\text{ml}/\text{min}$；串联色谱柱 401 有机载体/5A 分子筛；采样管 3ml。

样品来源：中国科学院上海有机化学研究所。

曲线解析：

• 在 EGD 曲线上有 3 个峰与 DTA 曲线上 4 个吸热峰（70℃、120℃、283℃、405℃）相对应。

• GC 谱图上 280℃、365℃和 415℃处皆检出 H_2、CO_2、N_2 和 CO 峰。

• 吸热峰 70℃、120℃为脱去吸附水和结晶水；吸热峰 283℃、405℃为 $(NH_4)_3Cr(C_2O_4)_3$ 的热分解反应（用 pH 试纸追踪尾气鉴定，发现逸出气中有 $NH_3\uparrow$）。

• 残物：黑色（Cr_2O_3），收率 19.9%。

• 反应式

$$(NH_4)_3Cr(C_2O_4)_3 \cdot 3H_2O \xrightarrow[45\sim150\text{℃}]{Ar} (NH_4)_3Cr(C_2O_4)_3 + 3H_2O\uparrow \quad \text{吸热效应}$$

$$(NH_4)_3Cr(C_2O_4)_3 \xrightarrow[225\sim425\text{℃}]{Ar} Cr_2O_3 + H_2、CO、CO_2、N_2、NH_3\uparrow \quad \text{吸热效应}$$

（黑色）

---

❶ 经 IR 鉴定：无水 FeC_2O_4 中尚含有少量的网状结构的分子水，按（4）式进行反应而产生 $H_2\uparrow$。

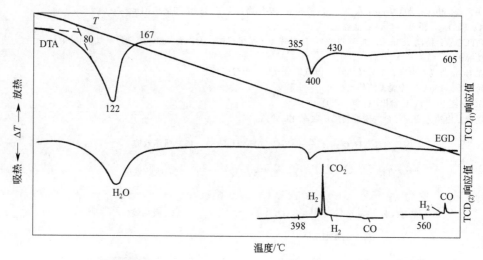

图 17-99 CeCr(C₂O₄)₃·xH₂O 的 DTA-EGD-GC 曲线[15]

DTA：±100μV；10℃/min；氩气，20ml/min；参比物 α-Al₂O₃；试样量 4.82mg。

EGD/TCD₍₁₎：桥流 100mA；池温 110℃。

GC/TCD₍₂₎：桥流 160mA；池温 110℃；载气为氩气，40ml/min；串联色谱柱 401 有机载体/5A 分子筛；采样管 3ml。

样品来源：中国科学院上海有机化学研究所。

曲线解析：

· 在 EGD 曲线上有 2 个峰与 DTA 曲线上 2 个吸热峰（122℃、400℃）相对应。

· GC 谱图上 398℃处检出 H_2、CO_2 和 CO 峰；560℃处检出 H_2 和 CO_2 峰，产生 H_2 的机理不详。

· 122℃吸热峰为脱去结晶水；400℃吸热峰为 CeCr(C₂O₄)₃ 的热分解反应。

· 残物：CeCrO₃，收率 45.44%。

· 反应式 $CeCr(C_2O_4)_3 \cdot xH_2O \xrightarrow[80\sim167℃]{Ar} xH_2O\uparrow$ 吸热效应

$$CeCr(C_2O_4)_3 \xrightarrow[385\sim430℃]{Ar} CeCrO_3 + CO\uparrow + CO_2\uparrow$$ 吸热效应

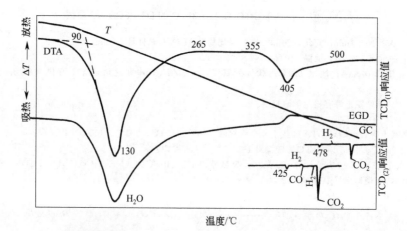

图 17-100 LaCr(C₂O₄)₃·4H₂O 的 DTA-EGD-GC 曲线[15]

DTA：±100μV；10℃/min；氮气，15ml/min；参比物 α-Al₂O₃；试样量 18.48mg。

EGD/TCD₍₁₎：桥流 100mA；池温 110℃。

GC/TCD₍₂₎：桥流 160mA；池温 110℃；载气为氮气，40ml/min；串联色谱柱 401 有机载体/5A 分子筛；采样管 3ml。

样品来源：中国科学院上海有机化学研究所。

曲线解析：

- 在 EGD 曲线上有 2 个峰形与 DTA 曲线上 2 个吸热峰（130℃、405℃）相对应。
- GC 谱图上 425℃、478℃处皆检出微量 H_2、CO 和较高的 CO_2 峰，产生 H_2 的机理不详。
- 吸热峰：130℃为脱去结晶水，405℃为 $LaCr(C_2O_4)_3$ 的热分解反应。
- 残物：由暗绿色变为棕黑色（$LaCrO_3$），收率 43.45%。
- 反应式　$LaCr(C_2O_4)_3 \cdot 4H_2O \xrightarrow[90\sim265℃]{N_2} LaCr(C_2O_4)_3 + 4H_2O\uparrow$　吸热反应

$$LaCr(C_2O_4)_3 \xrightarrow[355\sim500℃]{N_2} LaCrO_3 + CO\uparrow + CO_2\uparrow$$　吸热效应

参 考 文 献

[1] 蔡根才. 华东化工学院学报，1981，7：468.
[2] 蔡根才. 石油化工，1981，7：468.
[3] 蔡根才. 华东化工学院学报，1982，(1)：88.
[4] 蔡根才. 分析仪器，1992，4：10.
[5] 蔡根才. 华东化工学院学报，1983，(4)：579.
[6] 蔡根才. 燃料化学学报，1985，13 (4)：358.
[7] 蔡根才. 朱晓岭. 华东化工学院学报，1987，13 (4)：432.
[8] 蔡根才. 华东化工学院学报，1987，13 (4)：438.
[9] 蔡根才. 燃料化学学报，1989，17 (4)：329.
[10] 蔡根才. 试样学报，1989，9 (4)：330.
[11] 蔡根才. 华东化工学院学报，1992，18 (3).
[12] 蔡根才. 燃料化学学报，1992，20 (3)：318.
[13] 陈勤妹，任德庆，蔡根才，黄瀛华. 全国第一届煤化工学术会议论文摘要集，1991，10：19.
[14] Pan W P（潘伟平），Michele J W，Mohamed A-S，Cai G C（蔡根才）. Thermochim Acta，1990，173：85
[15] 蔡根才. 华东化工学院，未发表资料.
[16] Earnest C M. Thermochim Acta，1984，75：219.
[17] Paulik J，Paulik F，Arnolod M. J Therm Anal，1982，25：327.
[18] Lipatay G ed. Atlas of Thermoanalytical Curves（TG-DTG-DTA Curves Measured Simultaneously）Vol 1～5. Budapest，1971-1975.
[19] 陈国玺. 试样学报，1981，2：97.
[20] Morgan D J. Warringlon S B，Warne S J. Thermochm Acta，1988，135：207.
[21] 黄伯龄. 试样差热分析鉴定手册. 北京：科学出版社，1987.
[22] 黄克隆. 试样学报，1979，4：331.
[23] Todor D N ed. Thermal Analysis of minerals. Tunbridge Wells，kent：Abcus press，1976.
[24] Wiedemann H G. Thermochim Acta，1987，121：479.
[25] 马毅杰. 试样学报，1985，5 (1)：70.
[26] Paulik F，Paulik J. The Analyst，1978，103：417.
[27] Emmerich W D，Bayrenther K，In：Procceding Fourth ICTA Budapest，Thermal Analysis，1974，3：1017.
[28] 肖葆娴，李点. 中国化学会第四届溶液化学、热力学、热化学、热分析论文报告会，沈阳，1988，8：340.
[29] Simmons E L，Wendlandt W W. Thermochim Acta，1971，3：25.
[30] Pannetier G，Djega-Mariadasson G. Bull Soc Chim，Fr，1965：2089.
[31] Macklen E D J. Inorg Nucl Chem，1968，30：2689.
[32] Boyanor B，Khadzhiev D，Vasilev-Plovdiv V. Thermochim Acta，1985，93：89.
[33] Nicholson G C. J Inorg Nucl Chem，1967，29：1599.
[34] 陈镜泓，何子鉴，李基森，蔡根才. 中国化学会第二届溶液化学、热力学、热化学、热分析学术论文报告会论文摘要汇编，武汉，1984：439.
[35] 陈镜泓，李传儒. 热分析及其应用. 北京：科学出版社，1985：416.

第十八章 微生物生长的量热分析曲线及数据

第一节 微生物概述

一、微生物的性质

微生物（microorganism，microbe）是一切肉眼看不见或看不清楚的微小生物的总称。它们是一些个体微小（<0.1mm）、构造简单的低等生物。

微生物由于其体形极其微小，因而带来了以下五个共性，即：体积小，面积大；吸收多，转化快；生长旺，繁殖快；适应强，易变异；分布广，种类多[1~7]。

（1）体积小，面积大 一个典型的球菌，其体积仅 $1\mu m^3$ 左右，可是，其比面积却极大。一个小体积大面积体系必然有一个巨大的营养物吸收面、代谢废物的排泄面和环境信息的接收面。这是赋予微生物具有五大共性的本质所在。

（2）吸收多，转化快 有资料表明，发酵乳糖的细菌在 1h 内可分解其自重 1000～10000 倍的乳糖；产朊假丝酵母合成蛋白质的能力比大豆强 100 倍，比食用公牛强 10 万倍。

（3）生长旺，繁殖快 微生物具有极高的生长和繁殖速度。如大肠杆菌，其细胞在合适的生长条件下，每分裂 1 次的时间是 12.5～20.0min。事实上，由于种种客观条件的限制，细菌的指数分裂速度只能维持数小时。

（4）适应强，易变异 微生物具有极其灵活的适应性。为适应多变的环境条件，微生物在其长期的进化过程中就产生了许多灵活的代谢调控机制，并有种类很多的诱导酶（可占细胞蛋白质含量的 10%）。

（5）分布广，种类多 微生物则因其体积小、重量轻，因此可以到处传播，以致达到"无孔不入"的地步，只要生活条件合适，它们就可大量繁殖起来。植物体表面、土壤、河流、空气、平原、高山、深海，冰川、海底淤泥、盐湖、沙漠、油井、地层下以及酸性矿水中，都有大量与其相适应的微生物。

二、微生物的生长过程

将少量微生物细胞接种到有限的培养基中，在适宜条件下培养，随着细胞生长繁殖，培养液浑浊度逐渐增加，定时取样测定含菌量。以细胞数目对时间作图，可得生长曲线。生长曲线代表微生物在新的适宜的环境中生长繁殖至衰老死亡整个过程的动态变化，可分延迟期、对数期、稳定期和衰亡期四个阶段[8]。

（1）延迟期 亦称迟缓期、停滞期、滞后期。细胞特点为：分裂迟缓、代谢活跃、细胞体积增长较快，合成代谢活跃，易产生诱导酶。延迟期的长短与菌种的遗传性、菌龄及移种前后所处的环境条件等因素有关。

（2）对数期 又称指数期。细胞代谢活性最强，组成新细胞物质最快，细胞数以几何级数增加，增代时间最短，细胞数目、原生质总量以及与菌液浊度均增加。

（3）稳定期 又称恒定期或最高生长期、静止期。细胞增殖与死亡处于动态平衡，总数不再增加。细胞内贮存物的积累增加，菌体出现颗粒、脂肪球等。

（4）衰亡期 细胞分裂由缓慢而停止，死亡率提高。由于环境中营养消耗殆尽，微生物开始利用自身的贮藏物甚至菌体的组成成分作为养料，维持生命，此时称为内源代谢阶段或内源呼吸阶段，有些细胞自己消解而死亡。

三、微生物生长量的测量方法

微生物特别是单细胞微生物，体积很小，个体生长很难测量。因此，测量它们的生长不是依据个体的大小，而是测定群体的增加量，即群体的生长。微生物生长量的测量方法很多，可以根据菌体细胞数量、菌体体积或重量作直接测定，也可用某种细胞物质的含量或某个代谢活性的强度作间接测定[1,2]。

（1）直接测数法或总菌数测量法　测量时需用细菌计数器或血球计数板，取定容稀释的单细胞微生物（细菌）悬液放置在计数板上，在显微镜下计数一定体积中的平均细胞数，换算出细胞数。

（2）比浊法　在一定的浓度范围内，菌悬液的微生物细胞浓度与液体的吸光度成正比，与透光率成反比。菌数越多，透光量越低。因此，通过测定菌悬液的吸光度或透光率反映细胞的浓度。

（3）稀释平板计数法　活菌计数分为平板涂抹法和倾注法。

（4）液体稀释培养计数　将待测样品作一系列稀释，一直稀释到取少量该稀释液（如1ml）接种到新鲜培养基中没有或极少出现生长繁殖为止，按上法测数。

（5）浓缩法　用于检测微生物数量很少的水和空气等样品。测量时先让定量的水或空气通过特殊的微生物收集装置（如微孔滤膜等），富集其中的微生物，然后将收集的微生物洗脱后按上法测数，再换算成原来水或空气中的数量。

（6）微量量热法　微生物（细菌）在代谢的过程中，伴随着热效应的产生，用微量量热仪可以测得热功率-时间曲线，用来反映细菌生长代谢的过程，测出的曲线包含着细菌生长代谢过程的丰富信息。借助另外的测量来确定细菌的数量。

第二节　微生物群体生长的动力学方程

一、非限制条件下微生物群体生长的动力学方程

假定在均匀的液体培养条件下，营养物质的供给和环境条件都能满足微生物群体所有成员需要，而代谢产物的抑止作用又可忽略不计时，微生物群体所进行的生长，称为无阻抑生长。对这类生长进行的动力学分析，最著名的是马尔萨斯（Malthus）生长方程[8]。

设细菌代谢过程中，在指数生长期，细菌的数量是按指数规律增长，其数学表达式为：

$$dN_t/dt = kN_t \tag{18-1}$$

对式(18-1)积分得

$$n_t = n_0 \exp[k(t-t_0)] \tag{18-2}$$

令每个细菌输出的热功率为 P，则

$$Pn_t = Pn_0 \exp[k(t-t_0)] \text{ 或 } P_t = P_0 \exp[k(t-t_0)] \tag{18-3}$$

式中，P_0 为 t_0 时所测细菌生长的热功率；P_t 为 t 时刻时细菌生长的热功率；k 为生长速率常数。据式(18-3)，以 $\ln P_t$ 对 t 作图，可得生长速率常数 k。

二、限制条件下微生物群体生长的动力学方程

当微生物在有限的环境下生长时，营养物质、生存空间等有限，或代谢产物积累造成对生长的抑制等原因，微生物群体的生长速率常数会逐渐减小，趋向于零。比利时数学家推导出描述限制性条件下微生物群体增殖规律的 Logistic 方程[8]，即

$$dN/dt = \mu N - \beta N^2 \tag{18-4}$$

式中，μ 为群体的增长速率常数；β 为群体的衰减速率常数，最后一项 βN^2 永远为负

值，且 N^2 比 N 具有较高的阶，这样群体总数就不会无限增大，这与实验测得的热谱曲线是一致的。Logistic 方程是一种随机模型，更接近于微生物增殖的实际情况。

对式(18-4) 积分得：

$$N_t = K/(1 + \alpha e^{-\mu_t}) \tag{18-5}$$

式中，K 代表在该条件下细菌群体的最大密度，$K = \mu/\beta$，又称环境容量。当达到 K 值后，群体密度不再增加，即 $dN_t/dt = 0$。式中，α 为积分常数。

设 P 为每个细菌输出的热功率，则

$$PN_t = KP/(1 + \alpha e^{-\mu_t})$$

$$令 \ P_t = PN_t \qquad P_m = KP$$

式中，P_t 为 t 时刻细菌的输出功率；P_m 为细菌的最大输出功率。

则

$$P_t = P_m/(1 + \alpha e^{-\mu_t}) \tag{18-6}$$

根据热谱曲线上的数据，用式(18-6) 处理，可求得动力学参数 μ、β、α 的值。

三、微生物生长的 Monod 模型

营养物浓度（生长限制基质浓度）和生长速率之间的动力学关系，符合 Monod 模型

$$\mu = \mu_{max} S/K_s + S \tag{18-7}$$

式中，μ 为比生长速率，h^{-1}；μ_{max} 为最大比生长速率，h^{-1}；S 为营养物浓度（生长限制基质浓度），g/L；K_s 为饱和常数或营养物利用常数，K_s 是使达到最大比生长速率 μ_{max} 值一半时的营养物浓度（限制基质浓度），g/L 或 mol/L。

当一种限制性营养物浓度 S 大大低于 K_s 时，$\mu = \mu_{max} S/K_s$，此时生长很慢；当 $S = K_s$ 时，$\mu = 0.5\mu_{max}$；随营养物浓度增加相应增加，逐渐趋向 μ_{max}，成为营养物浓度的重要函数，此时营养物浓度仍是生长的限制因素。在 Monod 模型上表现为曲线当 S 无限大时，μ_{max} 为理论上最大潜力。当营养物浓度 S 大大高于 K_s 时，营养物浓度不再影响微生物生长，即 S 的变化不再成为生长限制因素，此时，接近 μ_{max}，在 Monod 曲线上表现为直线。在分批培养时，K_s 表示微生物对营养物的亲和力，在一定营养条件下，K_s 越小，微生物对限制性营养物的亲和力越大，限制性营养物的浓度必须降低到十分低的水平，才能影响微生物的生长，K_s 越大，亲和力越小，即使限制性营养物浓度很高，生长率也会下降。

Monod 方程只适用于单一基质限制及不存在抑制物的情况，除了一种生长限制基质外，其他营养必须都是过量的，但这种过量又不引起生长的抑制，在生长过程中也没有抑制性产物生成，菌体浓度过大使生存空间减少，每个细胞的生长都受到周围细胞的限制，也影响 Monod 方程的适用性。

第三节 微生物生长的热谱功率-时间曲线

应用微量量热法可测量细菌生长的热功率-时间曲线（又称热谱图），它包含着细菌生长代谢过程的丰富信息。人们在对细菌的热功率-时间曲线的研究中发现，由于各个细菌种的不同，其生长代谢的方式各异，因而其热功率-时间曲线也各不相同。因此有人提出了将细菌的热功率-时间曲线作为细菌的"指纹图谱"，对细菌进行种的鉴别。其中提出较早、影响较大的是 1973 年 Boling[9]（英国）等用多通道 Batch 量热仪做的多种肠杆菌科的量热实验，之后，Monk 和 Wadso[10]（瑞典）在经过反复的实验之后提出，用微量量热法对细菌进行鉴别是可行的，但是必须严格控制条件，即测量方法、培养基、pH 值、测量温度等都必须

一致，才能保证有良好的重现性。屈松生教授[11]对 Boling 作出的热功率-时间曲线进行了完善，测量了完整的热功率-时间曲线。张洪林等[12,13]用热活性检测仪在指定培养基及 37℃下，测量了对人体有害的十几种细菌，如大肠杆菌、葡萄球菌、孤菌等菌种代谢的热谱图。这是一种鉴别细菌的新方法。

兹以大肠杆菌[13,14]、癌细胞[15,16]的培养实验为例，予以说明。

一、大肠杆菌等标准菌培养实验

（一）实验部分

仪器：采用瑞典产热活性检测仪进行测试。该仪器热稳定性能好，可检测出 10^{-6}℃的温度变化，恒温器的工作范围为 20～80℃，温度可维持±2×10^{-4}℃不变。该仪器灵敏度高，其最小检测值为 1.5×10^{-7} W，24h 基线漂移不大于 2×10^{-7} W。

菌种：大肠杆菌、金黄色葡萄球菌、枯草杆菌、宋内氏志贺菌、蜡样芽孢杆菌、河弧菌、弗利斯弧菌、霍氏弧菌、拟态弧菌、麦氏弧菌均由中国药品生物制品检定所提供。

培养基：采用牛肉膏汤液体培养基，其成分为：蛋白胨 2g，氯化钠 1g，牛肉浸膏 1g，蒸馏水 200ml，调节 pH 值至 7.2～7.4，过滤后分盛在试管中，每管盛 10ml 液体培养基，然后在 121℃蒸汽中灭菌 30min 备用。

实验方法：实验采用停流法。首先要清洗消毒流动池，以 30ml/h 流速的无菌蒸馏水清洗 30min，以 30ml/h 流速的 0.1mol/L HCl 溶液清洗 30min，以 30ml/h 流速的 0.1mol/L NaOH 溶液清洗 30min；以 30ml/h 流速的 75% 乙醇溶液清洗 30min，再用无菌蒸馏水以 30ml/h 流速清洗 30min，确定基线。待基线稳定后，以 30ml/h 的流速泵入混悬液（取灭菌后的盛有 10ml 培养基的试管一支，然后以灭菌步骤接种大肠杆菌，摇匀后即为混悬液），确认混悬液已充满流动池后停泵，仪器即开始测量记录池内大肠杆菌等标准菌代谢的热功率-时间曲线，当记录笔返回基线后，即认为实验结束。

（二）数据处理

在 37℃下测量了 10 种细菌的完整的生长热谱曲线，见图 18-1。

二、大肠杆菌的 14 个不同菌株培养实验

从临床标本培养分离获得了大肠杆菌的 14 个不同菌株。在生化鉴定上，它们互有差异。这些差异和生化鉴定中的差异有密切的相应关系。这些相应关系提供了细菌生长过程中不同的代谢信息。

用微量量热法对大肠杆菌（$E. coli$）的不同菌株的生长进行了研究，得到了它完整的热谱图。这种图谱在相同条件下具有良好的重现性和明显的特征，可以作为"指纹图"对细菌进行鉴定。进一步求出生长速率常数、传代时间和激活能。

（一）实验部分

菌株：从临床患者的血尿及腹泻者的粪标本，培养分离获得 14 个菌株。

硫酸镁肉汤培养基。其配方如下（以 1000ml 计）：NaCl 5g，柠檬酸钠 12g，K_2HPO_4 2g，$HgSO_4$ 5g，对氮息香酸 0.02g，蛋白胨 5g，际胨 5g，胰胨 5g，pH 值为 7.2～7.4。

采用瑞典 LKB 2277 生物活性监测仪。实验以停流法进行。当整个流通系统经过清洗、消毒且获得稳定基线后，用蠕动泵将 4ml 左右的菌液泵入量热仪，在整个流通系统充满菌液后停泵，在细菌生长时，记录仪则跟踪记下细菌生长代谢的热功率-时间曲线。当记录线回到基线或在基线附近获得长时间的水平线时，即认为实验结束。

（二）数据处理

对 14 株大肠杆菌进行了微量量热法测量，得到了它们完整的热谱图，见图 18-2。

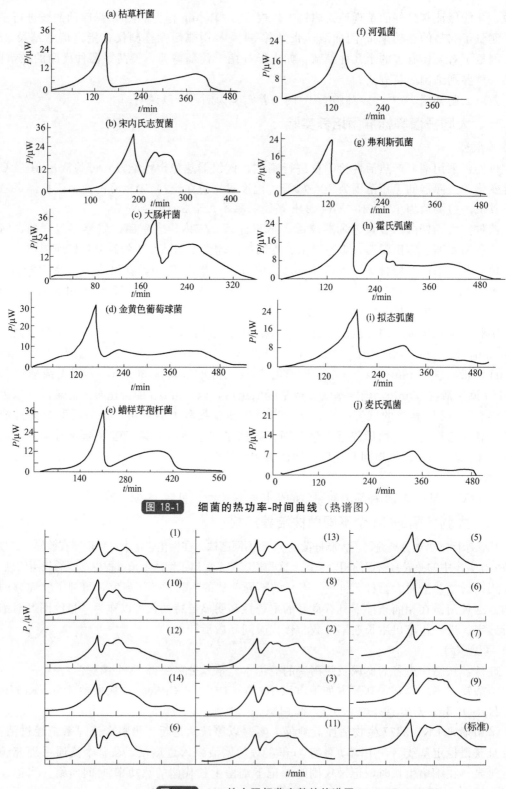

图 18-1　细菌的热功率-时间曲线（热谱图）

图 18-2　14 株大肠杆菌完整的热谱图

临床上生化鉴定的结果已经说明，这 14 个菌株同属于一个种，都是大肠杆菌，虽然它们在鉴定的生化反应上有些微小差异。这些不同菌株，既然是同一个种，那么它们在生长热谱上也一定存在着某些共同的特点。考察图 18-2 中的不同图谱发现如下规律。

1. 峰的个数基本相同

由图 18-2 可以看出，这 14 个不同菌株的热谱基本上都是 4 个峰，即除第一峰属于指数生长期的放热峰（以下简称指数峰）外，还有三个主代谢峰（只有第 3、9、11 例外，在主代谢峰之间还有更细微的小峰）。根据 Boling 等人对大肠杆菌（$E.coli$）的无氧培养实验，热谱图上的放热峰是细菌代谢过程的反映。峰的高低反映了细菌在代谢过程中放出热量的多少。峰的个数又反映了细菌的代谢变化情况。认为大肠杆菌的 14 个不同菌株，其热谱轮廓相近似，表明了这些细菌的代谢过程是基本相同的。

2. 培养时间的基本相同

如果将指数生长期开始到培养结束定义为培养时间，可以发现，图 18-2 中的 14 株大肠杆菌具有大致相同的培养时间。在实验中发现，在相同条件下（培养基、温度、pH 值、耗氧状况等），不同种细菌的培养时间差异是很大的，由图 18-2 可看出：大肠杆菌不同菌株的培养时间为 4～5h。因为同一个种的细菌有大致相同的代谢过程，所以它们一定有大致相同的培养时间。

3. 生长速率常数和传代时间基本相同

按微生物生长的动力学方程，求出了各菌株的生长速率常数和传代时间，列于表 18-1。由表 18-1 可以看出，每个菌株的生长速率常数、传代时间不仅和文献值基本吻合，且它们也是基本相同的。

表 18-1 14 株大肠杆菌的生长速率常数和传代时间

序号	生长速率常数 k/min^{-1}	传代时间 G/min
1	0.03951	17.54
2	0.03671	18.88
3	0.04240	16.35
4	0.04032	17.19
5	0.03919	17.70
6	0.03992	17.36
7	0.04136	16.76
8	0.03930	17.64
9	0.03892	17.81
10	0.04113	16.73
11	0.03957	17.52
12	0.04212	16.46
13	0.03896	17.79
14	0.03866	17.93
标准值	0.04077[1]	17.00[9]

① $k = \ln 2/G$ [5]；G 为传代时间。

以上三点共性，归结为最基本的一点，就是作为同一种细菌的不同菌株，尽管在热谱图上有某些细微的差异，但热谱总的外观是近似的。因此认为要用指纹图对细菌进行鉴别，就必须从峰的个数、培养时间和速率常数三个方面进行综合分析，这是微量量热法对细菌进行种的鉴别的基础。

三、癌细胞培养实验

（一）实验部分

用 MS80 标准型 Calvet 微量量热仪。测量管用中性玻璃特制，其底面积为 5cm^2，容积为 5cm³，细胞在管内能正常贴壁生长[15]。

人胃腺癌细胞：将培养瓶中癌细胞（SGc7901，简称 Gc 细胞）用含 10％和 15％小牛血清的 RPMI1640 培养基分别培养（除血清含量外，其他培养条件完全一致）。

组织细胞常态生长热谱图的测量：将培养瓶中处于对数生长期的细胞用 0.25％胰酶消化下来制成细胞悬液，计数后（误差小于±5％），取 $3.0×10^5$ 个细胞放入测量管中，并补加培养液至 1.5ml，用橡皮塞密封后，将测量管水平放入量热仪中，测量细胞静置生长的连续热谱图。一定时间（t/h）后取出测量管，消化下测量管中细胞并计数（N/个细胞）。

（二）数据处理

1. 实验的重复性 Gc 细胞的常态生长热谱图分别见图 18-3 和图 18-4。其中 H 为热谱图峰高，和热输出功率成正比，曲线上的点为细胞生长热输出速率变化的转折点，[1]、[2] 等为实验顺序，(0)、(1) 等为测量管号。图 18-3 中的四条曲线为 8d 内四次 48h 连续测量结果，四条曲线测量终点的峰高值 H 的标准相对误差小于±5％，因此可以认为谱图的连续测量重复性是良好的。图 18-4 中的三条曲线为 70d 内的三次测量结果，可见其良好的重复性。

2. 在相同生长条件下，Gc 细胞在测量管中贴壁生长时，细胞数 N、相应的谱图峰高 H、细胞热输出功率 P 及特性热输出功率 P_u 的关系。Gc 细胞在 15％血清的培养基中常态生长，起始接种量为 $3.0×10^5$ 个时，P_u、P、H 与 N 的对应值列于表 18-2 中，其中 H 与 P 及 P_u 的关系有相同条件下的电标定结果。由结果可知为：$P=0.85H$，$P_u=P/N=0.85H/N$。

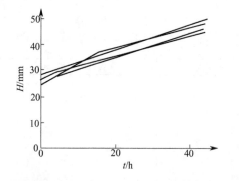

图 18-3　Gc 细胞的常态生长热谱图（1）

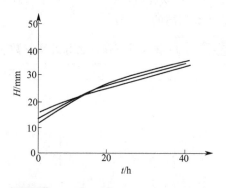

图 18-4　Gc 细胞的常态生长热谱图（2）

$H=3.9N+9.4$，$R=0.99$（R 为相关系数），可见在 N 为 $4.5×10^5$～$10.5×10^5$ 个细胞时，N 与 H 间有良好的线性关系，P_u 与 N 的直线拟合结果如下：$P_u=-1.67N+57$（$R=0.96$），所得直线斜率不为零，即 P_u 与 N 有关。

表 18-2　细胞数 N、相应的谱图峰高 H、热输出功率 P 及特性热输出功率 P_u 的对应值

N/×10⁵个细胞	H/mm	P/μW	(P_u/P)/W·(个细胞)⁻¹
10.4	48	41	39
10.4	50	43	41
9.0	44	37	41
8.9	44	37	42
8.9	46	39	44
7.5	41	35	46
7.4	39	33	45
4.7	27	23	49
4.5	26	22	49

由图 18-3 及图 18-4 可见，测量管不同，对测量结果没有显著影响。比较图 18-3 及图 18-4，营养基血清含量不同，Gc 细胞生长的热谱图峰高相差显著，并且血清含量为 15％时，谱图在 24h 左右以后斜率增大，即生长加快，而血清含量为 10％时，谱图斜率逐渐减小，即生长逐渐减慢，因此可以利用细胞常态生长的热谱图来评价营养基的营养性。

第四节　微生物生长的最佳生长温度

一般常见的微生物大都是在常温下生长，对人体寄生的细菌的最适温度与人体温度大体一致。但是细菌对环境条件尤其是恶劣的"极端环境"具有惊人的适应力，如在海洋深处的某些硫细菌可在 250℃，甚至在 300℃ 的高温条件下正常生长。大多数细菌能耐 0～－196℃（液氮）的任何低温，甚至在 －253℃（液态氢）下仍能保持生命，为了解细菌的特性以及应用的需要，有必要确定最佳生长温度及适用范围[17,18]。

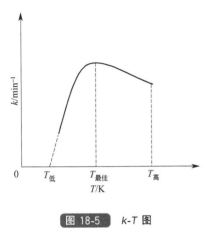

图 18-5　*k-T* 图

对于同一细菌在相同酸度不同温度下培养，通过测得的热谱图，在生长期用生长方程进行处理，得出生长速率常数，以生长速率常数对温度作图得曲线，见图 18-5。

由于仪器所测的温度最低为 10℃，在 10℃ 以下可用外推法求出最低生长温度，即 $T_低$。

一般细菌在 40℃ 以上难以生存，$T_高$ 就是指细菌能生长的最高温度，在 30～40℃ 之间有一最高点，对应的温度即为最佳温度 $T_{最佳}$。对于最佳温度，可以用建立非线性方程求出。

若 $k=a+bT+cT^2$，$\dfrac{\partial \mu}{\partial T}=0$，可求出 T 值，即最佳生长温度。

以八个菌种在不同的培养基不同温度下的生长实验为例[17]。测定了在相同培养基、不同温度下的热谱曲线，求出了它们在不同温度下的生长速率常数，并对生长速率常数与温度之间的关系做了进一步探讨，确定了各菌种在指定培养基中的最佳生长温度。

（一）实验部分

实验所用菌种均由北京药品生物制品检定所提供，菌种有：大肠杆菌（*E. coli*）、白色葡萄球菌（*S. albus*）、金黄色葡萄球菌（*S. aureus*）、枯草杆菌（*B. subtilis*）、绿脓杆菌（*P. aeruginosa*）、溶藻弧菌（*V. algindyticus*）、麦氏弧菌（*V. metschnikovii*）、霍氏弧菌（*V. hollisae*）。除麦氏弧菌和霍氏弧菌用碱性蛋白胨培养基培养外，其他菌种均用牛肉膏汤培养基培养。用瑞典产热活性检测仪进行测试。实验采用停流法。

（二）数据处理

根据细菌生长的动力学方程，对热谱曲线进行处理，求出了八个菌种在碱性蛋白胨和牛肉膏汤培养基中不同温度下的生长速率常数，数据见表 18-3 和表 18-4。

表 18-3 麦氏弧菌和霍氏弧菌在碱性蛋白胨培养基中不同温度下的生长速率常数 k 单位：min^{-1}

菌　种	T/K				
	304	307	309	310	311
V. metschnikovii	0.0265[①]	0.0319	0.0346		0.0325
	(0.0265)[②]	(0.0319)	(0.0346)		(0.0325)
V. hollisae		0.0279	0.0306	0.0299	0.0264
		(0.0279)	(0.0304)	(0.0301)	(0.0264)

① 按生长模型处理的数值。

② 按 k-T 方程处理的数值。

表 18-4 六个菌种在牛肉膏汤培养基中不同温度下的生长速率常数 k 单位：min^{-1}

菌　种	T/K						
	301	304	307	309	310	311	313
E. coli			0.0195[①]	0.0216	0.0229	0.0244	0.0210
			(0.0195)[②]	(0.0214)	(0.0231)	(0.0243)	(0.0210)
S. albus			0.0129	0.0174	0.0201	0.0210	0.0162
			(0.0129)	(0.0175)	(0.0199)	(0.0211)	(0.0162)
S. aureus			0.0204	0.0278		0.0280	0.0199
			(0.0204)	(0.0278)		(0.0280)	(0.0199)
B. subtilis			0.0179		0.0243	0.0291	0.0215
			(0.0179)		(0.0241)	(0.0291)	(0.0215)
P. aeruginosa			0.0264	0.0394		0.0387	0.0355
			(0.0264)	(0.0394)		(0.0387)	(0.0355)
V. algindyticus	0.0334	0.0372			0.0363		0.0334
	(0.0334)	(0.0372)			(0.0363)		(0.0334)

① 按生长模型处理的数值。

② 按 k-T 方程处理的数值。

根据数据，拟合出的方程式及最佳生长温度（T_0），见表 18-5。

表 18-5 各菌种的生长速率常数-温度方程及最佳生长温度（T_0）

菌　种	$k(T)$方程	T_0/K
V. metschnikovii	$k = 2088 - 20.46T + 0.06681T^2 - 7.272 \times 10^{-5}T^3$	309.4
V. hollisae	$k = 8883 - 86.50T + 0.2808T^2 - 3.037 \times 10^{-4}T^3$	309.4
E. coli	$k = 4350 - 42.21T + 0.1365T^2 - 1.471 \times 10^{-4}T^3$	311.3
S. albus	$k = 4523 - 43.97T + 0.1424T^2 - 1.538 \times 10^{-4}T^3$	311.3
S. aureus	$k = 588.8 - 5.998T + 0.02032T^2 - 2.289 \times 10^{-5}T^3$	310.1
B. subtilis	$k = 18820 - 182.3T + 0.5886T^2 - 6.334 \times 10^{-4}T^3$	311.6
P. aeruginosa	$k = -712.3 + 68.62T - 0.2203T^2 + 2.358 \times 10^{-4}T^3$	309.7
V. algindyticus	$k = -172.3 + 1.647T - 5.241 \times 10^{-3}T^2 + 5.556 \times 10^{-4}T^3$	306.2

由表 18-5 计算结果，发现人体内可以生存的细菌，其最佳生长温度都接近于 37℃，这个数据反映了细菌在人体内寄生的特征温度。它与生长速率常数不同，是不受培养条件变化影响的，应能反映细菌本身的特征。

第五节　微生物生长的最低生长温度

一般细菌在 40℃ 以上难于生存，在低温下也难于生存，$T_{低}$ 就是指细菌不能生长的温度，即为最低生长温度[19,20]，对于最低生长温度，也可以用建立线性方程方法求出。

以微量量热法测定细菌的最低生长温度为例[19]。

（一）实验部分

实验采用瑞典 2277 型热活性检测仪。

大肠杆菌（*E. coli*）、白色葡萄球菌（*S. albus*）、金黄色葡萄球菌（*S. aureus*）、麦氏弧菌（*V. metschnikovii*）和霍氏弧菌（*V. hollisae*），由中国药品生物制品检定所提供。

菌株为牛肉膏汤培养基培养。实验采用停留法。

（二）数据处理

在不同温度下测定了 5 种细菌的生长热谱曲线。以大肠杆菌为例，绘出了 290K 时完整的生长热谱曲线（见图 18-6）及在不同温度下指数生长期的生长热谱曲线（见图 18-7）。

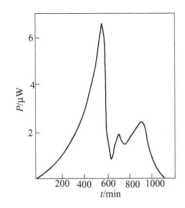

图 18-6　290K 时大肠杆菌的生长热谱曲线

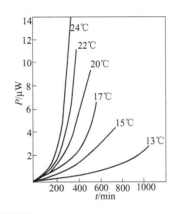

图 18-7　大肠杆菌在不同温度下指数生长期时的生长热谱曲线

按生长方程进行处理，得到不同温度下上述 5 种细菌的生长速率常数，列入表 18-6。对大肠杆菌，由 k-T 数据进行线性拟合，得其直线方程：$\sqrt{k}=2.369+8.380\times10^{-3}T$，相关系数 $r=0.9995$，得最低生长温度（$T_{低}=282.7$K），与前人结果（$T_{低}=283.2$K）接近。

对金黄色葡萄球菌：$\sqrt{k}=1.727+6.184\times10^{-3}T$，相关系数 $r=0.9980$，得最低生长温度（$T_{低}=279.3$K），与前人结果（$T_{低}=279.5$K）相近。其余 3 种细菌的生长速率方程见表 18-7。

表 18-6　各细菌在牛肉膏汤培养基中，不同温度下的生长速率常数 k　　　　　单位：$\min^{-1}$

$T/℃$		24	22	20	17	15	13
白色葡萄球菌	k	0.01295	0.01042	0.008530	0.004977	0.003289	0.001986
	$\sqrt{k}$	0.1138	0.1021	0.09236	0.07055	0.05735	0.04457
大肠杆菌	k	0.01407	0.01105	0.007500	0.003839	0.001996	0.0007513
	$\sqrt{k}$	0.1186	0.1051	0.08660	0.06196	0.04468	0.02741
金黄色葡萄球菌	k	0.01414	0.009423	0.007403	0.003988	0.003064	0.001686
	$\sqrt{k}$	0.1089	0.09707	0.08604	0.06315	0.05535	0.04106
麦氏弧菌	k	0.01563	0.01277	0.01071	0.008143	0.005874	0.004138
	$\sqrt{k}$	0.1250	0.1130	0.1035	0.09024	0.07664	0.06433
霍氏弧菌	k	0.01364	0.01027	0.007470	0.004063	0.002364	0.001122
	$\sqrt{k}$	0.1168	0.1013	0.08643	0.06374	0.04862	0.03350

表 18-7   各种细菌的生长速率方程及最低生长温度（T_0）

细　菌	生长速率方程	r	T_0/K
白色葡萄球菌	$\sqrt{k} = -1.777 + 6.370 \times 10^{-3}T$	0.9987	278.9
麦氏弧菌	$\sqrt{k} = -1.471 + 5.373 \times 10^{-3}T$	0.9977	273.7
霍氏弧菌	$\sqrt{k} = -2.129 + 7.559 \times 10^{-3}T$	0.9999	281.6

在低生长温度下，k-T 才呈线性关系，可外推得细菌最低生长温度。在所测 5 种细菌中，有 4 种最低生长温度高于 5℃。所以这 4 种细菌可在 5℃ 以下保存，使细菌不繁殖，而麦氏弧菌需在 0℃ 以下保藏。

第六节　微生物生长的最适酸度

一般常见的微生物大都是在中性条件下生长的，对人体寄生的细菌的最适酸度 pH 值为 7.2～7.4。氧化硫杆菌是耐酸菌的典型，它的一些菌株能生长在 0.5～1.0mol/L 的 H_2SO_4 中（pH＝0.5）。有些耐碱的微生物，如脱氮硫杆菌的生长最高 pH 值为 10.7。

对于同一细菌在不同酸度相同温度的培养基下进行培养，通过不同酸度下热谱图的测定，在指数生长期同样用生长方程进行处理，得出生长速率常数，然后以生长速率常数对酸度（pH 值）作图，得曲线，见图 18-8。

图 18-8 中在横坐标上可得出三个 pH 值（pH低、pH最佳、pH高），一般细菌的最佳 pH 值近似为 7，pH低～pH高为细菌生长范围，在范围之外，细菌不再生长，pH最佳可以从图中得到，也可以从 k-pH 值曲线求得，

如 $k = a + b\text{pH} + c\text{pH}^2$，可用 $\dfrac{\partial k}{\partial \text{pH}} = 0$ 来确定[21~23]。

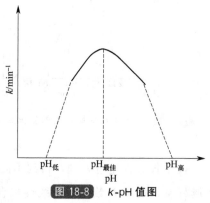

图 18-8 k-pH 值图

兹以微生物最适生长酸度的微量量热法研究为例[21]。

（一）实验部分

采用瑞典产 2277 型热活性检测仪。实验采用停流法。大肠杆菌、白色葡萄球菌和金黄色葡萄球菌由中国药品生物制品检定所提供。细菌用牛肉膏汤培养基培养。

（二）数据处理

在 37℃ 下，测定了大肠杆菌、白色葡萄球菌和金黄色葡萄球菌在不同酸度的培养基中生长的热谱曲线，在相同条件下，其重复性很好。实验表明，同一种细菌在不同酸度的培养基中其热谱形状类似，但其指数生长期的斜率随 pH 值的差异而不同。利用细菌在指数生长期的 P_t-t 数据。用计算机拟合出方程，可求出各细菌在不同酸度下的速率常数，见表 18-8。

表 18-8   细菌在不同酸度下的生长速率常数 k 单位：min^{-1}

菌种	6.3	6.9	7.3	7.9	8.3	8.8	9.9	10.3
E.coli	0.0137[①]	0.0153	0.0161	0.0168	0.0460	0.0141		
	(0.0137)[②]	(0.0153)	(0.0161)	(0.0168)	(0.0460)	(0.0141)		
S. aureus		0.0165	0.0197	0.0250	0.0258	0.0245	0.0153	0.0140
		(0.0164)	(0.0197)	(0.0250)	(0.0258)	(0.0245)	(0.0153)	(0.0140)
S. albus	0.00883	0.0116	0.0115	0.0805	0.00571	0.00247		
	(0.00881)	(0.0117)	(0.0113)	(0.00828)	(0.00557)	(0.00249)		

① 按生长模型处理的数值。

② 按 k-pH 方程处理的数值。

由表 18-8 中数据可用计算机拟合出 k-pH 值方程，并可求出各细菌生长速率为最大时的 pH 值，即最适生长酸度（pH_m）。

对大肠杆菌：

$$k/\text{min}^{-1}=0.159-7.14\times10^{-2}\text{pH}+1.13\times10^{-2}\text{pH}^2-5.73\times10^{-4}\text{pH}^3$$

当 k 为最大时，$\text{pH}_\text{m}=7.82$。

对金黄色葡萄球菌：

$$k/\text{min}^{-1}=4.03-2.03\text{pH}+0.337\text{pH}^2-3.62\times10^{-2}\text{pH}^3+9.17\times10^{-4}\text{pH}^4$$

当 k 为最大时，$\text{pH}_\text{m}=8.34$。

对白色葡萄球菌：

$$k/\text{min}^{-1}=-0.466+0.136\text{pH}-5.04\times10^{-3}\text{pH}^2-1.30\times10^{-3}\text{pH}^3+9.19\times10^{-5}\text{pH}^4$$

当 k 为最大时，$\text{pH}_\text{m}=6.99$。

从以上结果可见：用微量量热法研究细菌生长与酸度的关系，可得到 k-pH 之间的定量关系，并可求得最适生长酸度。细菌不同，其最适生长酸度不同。

第七节　微生物生长的热动力学函数的确定

根据微生物生长的复杂特征，屈松生教授首先提出了三阶段生长机理，即第一阶段是底物进行扩散，并和细菌表面的活性物质进行作用；第二阶段是细菌将底物吸收到细胞内形成细胞-底物复合物；第三阶段是细胞-底物复合物在一系列酶的作用下进行酶促反应，进行分裂生长并排出代谢产物。之后，张洪林教授做了大量的实验工作及理论研究[24]。

三阶段生长机理从动力学机理来看，类似于过渡状态理论的模型，即：

$$\text{X}+\text{S}\underset{k_{-1}}{\overset{k_1}{\rightleftharpoons}}(\text{X}\cdot\text{S})\overset{k_2}{\longrightarrow}2(\text{X})+\text{P}$$

式中，X 代表细菌；S 代表底物；（X·S）代表细菌-底物复合物；2(X) 为代谢的细菌；P 为代谢产物；k_2 为生长速率常数。

平衡常数　$K^{\neq}=\dfrac{[\text{X}\cdot\text{S}]}{[\text{X}][\text{S}]}$　　　　$\ln k_2=-E_\text{a}/RT+c$

速率常数　　　　$k_2=(kT/h)\exp(-\Delta G^{\neq}/RT)$

式中，k 为玻耳兹曼常数；h 为普朗克常数；E_a 为激活能。

$$\Delta G^{\neq}=\Delta H^{\neq}-T\Delta S^{\neq}=E_\text{a}-T\Delta S^{\neq}=RT\ln K^{\neq}$$

根据公式，可计算出生长速率常数、活化熵、活化焓、活化吉布斯自由能和活化平衡常数，用这些参数可表征不同细菌的生长行为和差别。

（一）实验部分

采用瑞典产 2277 型热活性检测仪。实验采用停流法。

菌种为：枯草杆菌（*B. subtilis*）、宋内氏志贺菌（*S. sonnei*）、蜡样芽孢杆菌（*B. cereus*）、白色葡萄球菌（*S. albus*）、大肠杆菌（*E. coli*）、绿脓杆菌（*P. aeruginosa*）、麦氏弧菌（*P. mirabilis*）、金黄色葡萄球菌（*S. aureus*），由中国药品生物制品检定所提供。实验所用培养基为牛肉膏汤液体培养基。

（二）数据处理

测定了 8 种细菌在不同温度、相同培养基中生长的热谱曲线。根据热谱曲线，计算出细菌在给定温度下的生长速率常数及激活能（见表 18-9）。根据公式，可计算活化熵（$\Delta S^{\neq}$）、吉布斯活化自由能（$\Delta G^{\neq}$）和形成活化复合物的平衡常数（$K^{\neq}$）（见表 18-10）。

表 18-9 各种细菌在不同温度下的生长速率常数和激活能

菌种	k_2/min^{-1}				$E_a/(kJ/mol)$
	304.15K	307.15K	310.15K	313.15K	
B. subtilis	0.0187	0.0204	0.0317		68.836
S. sonnei	0.0227	0.0204	0.0282	0.0320	31.266
B. cereus	0.0271	0.0318	0.0339	0.0375	27.435
S. albus	0.0140	0.0195	0.0229		64.397
E. coli	0.0182	0.0264	0.0315	0.0355	57.771
P. aeruginosa	0.0150	0.0179	0.0243		62.287
P. mirabilis	0.0215	0.0235	0.0251	0.0293	26.171
S. aureus	0.0103	0.0129	0.0201		87.309

表 18-10 各种细菌在不同温度下的活化熵（$\Delta S^{\neq}$）、吉布斯活化自由能（$\Delta G^{\neq}$）和活化的平衡常数（$K^{\neq}$）

菌种	项目	T/K			
		304.15	307.15	310.15	313.15
B. Subtilis	$\Delta S^{\neq}$	−17.17	−49.01	−47.63	
	$\Delta G^{\neq}$	83.267	83.891	83.601	
	$K^{\neq}/\times10^{15}$	4.922	5.318	8.182	
S. sonnei	$\Delta S^{\neq}$	−169.40	−170.51	−169.83	−169.8
	$\Delta G^{\neq}$	82.764	83.456	83.904	84.413
	$K^{\neq}/\times10^{15}$	6.007	6.307	7.274	8.171
B. cereus	$\Delta S^{\neq}$	−180.57	−180.21	−180.62	−180.71
	$\Delta G^{\neq}$	82.238	82.759	83.455	83.997
	$K^{\neq}/\times10^{15}$	7.136	8.288	8.658	9.588
S. albus	$\Delta S^{\neq}$	−64.48	−63.88	−64.65	
	$\Delta G^{\neq}$	83.999	84.008	84.439	
	$K^{\neq}/\times10^{15}$	3.685	5.080	5.911	
E. coli	$\Delta S^{\neq}$	−84.10	−82.95	−83.37	−84.25
	$\Delta G^{\neq}$	83.337	83.237	83.616	84.141
	$K^{\neq}/\times10^{15}$	4.787	6.873	8.135	9.071
P. aeruginosa	$\Delta S^{\neq}$	−68.54	−69.18	−68.71	
	$\Delta G^{\neq}$	83.827	84.225	84.286	
	$K^{\neq}/\times10^{15}$	3.950	4.666	6.272	
P. mirabilis	$\Delta S^{\neq}$	−186.66	−186.86	−87.20	−186.61
	$\Delta G^{\neq}$	82.914	84.526	84.202	84.643
	$K^{\neq}/\times10^{15}$	5.659	6.112	6.478	7.480
S. aureus	$\Delta S^{\neq}$	8.34	7.32	8.17	
	$\Delta G^{\neq}$	84.775	85.062	84.775	
	$K^{\neq}/\times10^{15}$	2.711	3.362	5.188	

实验测出 8 种细菌在相同培养基中生长所需的吉布斯活化自由能为 82～84kJ/mol。这说明培养基相同时，$\Delta G^{\neq}$ 差别不大，即细菌在液体培养基中活化情况相似。

实验中求得的活化熵（$\Delta S^{\neq}$）除一株菌外均为负值。从热力学的观点看，熵的减少表示混乱度降低，这就说明所生成的活化中间复合物较反应物分子更为有序。

实验中求得的各细菌活化态的平衡常数，其数量级都相同（10^{-15}），这说明各细菌在相同培养基中达平衡时的限度是相差很小的。

参 考 文 献

[1]　焦瑞身，丁正民，周德庆. 今日的微生物学. 上海：复旦大学出版社，1987.

[2]　焦瑞身，丁正民，周德庆，李碧城. 今日的微生物学：第2集. 上海：复旦大学出版社，1990.

[3]　陈骐声. 中国微生物工业发展史. 北京：轻工业出版社，1979.

[4]　宋应星原著，天工开物. 钟广言注释. 广州：广东人民出版社，1976.

[5]　贾思勰原著，齐民要术. 缪启愉校释. 北京：农业出版社，1982.

[6]　俞大绂，李季伦. 微生物学. 北京：科学出版社，1985.

[7]　Stanier R Y 等著. 微生物世界. 陈华癸等译. 北京：科学出版社，1983.

[8]　高培基等编著. 微生物生长与发酵工程. 济南：山东大学出版社，1990.

[9]　Boling C A，et al. Nature（London）1973. 241：472.

[10]　Wadso I，Spink C. Biochem Anal，1976，23：1.

[11]　谢昌礼，屈松生，等. 微生物学报，1989. 29（21）：149.

[12]　张洪林，孙海涛，刘永军，南照东. 山东科学，1992，5（3）：41.

[13]　曹来润，张洪林，孙海涛，刘永军. 曲阜师范大学学报，1994，20（1）：71.

[14]　汤厚宽，谢昌礼，宋昭华，等. 生物化学与生物物理学报，1988，20（3）：312.

[15]　董勤业，张有民，徐淑惠，王永潮. 物理化学学报，1988，4：340.

[16]　徐桂端，孙达远，谢昌礼，屈松生. 物理化学学报，1988，4：337.

[17]　张洪林，李济生，南昭东，等. 物理化学学报，1994，10（10）：928.

[18]　Zhang H L，Liu Y J，Sun H T. Thermochim Acta，1993，216：19.

[19]　南照东，刘永军，孙海涛，张洪林. 应用化学，1996，13（5）：112.

[20]　Sun H T，Nan Z D，Liu Y J，et al. Therm Anal，1997，48：835.

[21]　刘永军，刘英，张洪林，等. 物理化学学报，1997，13（7）：637.

[22]　Nan Z D，Liu Y J，Sun H T，et al，Therm Anal，1995，45：93.

[23]　张洪林，刘永军，南照东，等. 生物工程学报，1994，4：7.

[24]　张洪林，刘永军，孙海涛. 物理化学学报，1993，9（6）：836.

第十九章 药物作用下的微生物代谢过程的量热分析曲线及数据

药物一般分两类：一类是抑制疾病的药物；另一类是有补益作用的药物。微量量热法可以用来检测中西药物对细菌的抑制作用，同时也可以用细菌来检测药物的杀菌或抑菌效果。对于人们保健来说，还需要补益药，即保健药物。药物对细菌生长抑制或促进的研究及耐药性的研究是当今世界热化学研究的重大课题。

第一节 药物作用下的微生物的生长模型

一、药物抑菌的生长模型

根据微生物人工培养的限制性生长条件及各种抑制因素，结合微生物群体交替衰减生灭的热谱曲线，构建了生物群体有限生长模型[1]。该模型是在指数生长模型的基础上，增加了一个抑制项，这个方程称为 Logistic 方程，即

$$dN_t/dt = \mu N_t - \beta N_t^2 \tag{19-1}$$

式中，μ 为生长速率常数；β 为抑制生长速率常数。

假设每个细菌生长的热功率为 P_0，则

$$P_t = P_0 N_t \tag{19-2}$$

式(19-2)代入式(19-1)得

$$dP_t/dt = \mu P_t - (\beta/P_0) P_t^2 \tag{19-3}$$

积分式(19-3)得

$$P_t^{-1} = e^{-\mu_t}(P_0^{-1} - \beta/\mu P_0) + \beta/\mu P_0 \tag{19-4}$$

即得

$$1/P_t = a e^{-\mu_t} + b$$

式中，$a = 1/P_0 - \beta/(\mu P_0)$，$b = \beta/(\mu P_0)$，从实验热谱图上的 P_t、t 数据，用计算机拟合可求出动力学参数 μ、β 的值。

二、药物促菌的生长模型

张洪林教授[2]构建了生物群体有限生长模型，该模型是在指数生长模型的基础上，增加了一个促进项。

$$dN_t/dt = \mu N_t + \gamma N_t^2 \tag{19-5}$$

式中，μ 为生长速率常数；γ 为促进生长速率常数。

假设 t_0 时细菌生长的热功率为 P_0，则

$$P_t = P_0 N_t \tag{19-2}$$

式(19-2) 代入式(19-5) 得

$$dP_t/dt = \mu P_t + \gamma/P_0 P_t^2 \tag{19-6}$$

积分式(19-6) 得

$$P_t^{-1}=\mathrm{e}^{-\mu t}(P_0^{-1}+\gamma/\mu P_0)-\gamma/\mu P_0 \tag{19-7}$$

用该模型处理热谱图中指数生长期，可得促进生长速率常数。同时还可得到发热量（曲线下的总面积），用计算机拟合出促进生长速率常数、产热量与所用药物浓度的关系，并确定最佳用药量。

第二节　合成药物对微生物代谢过程的影响

Monk 和 Wadso 教授[3]很早就进行了药物抑制细菌的热化学研究。他们在含大肠杆菌的培养基中分别加入氨苄青霉素、四环素、二甲胺四环素、庆大霉素、强力霉素和土霉素，进行热谱图的测定，既研究了每种抗菌素不同剂量对细菌的抑制作用，也研究了不同抗菌素以及不同剂量对细菌的抑制作用。张有民教授[4,10]研究了药物对癌细胞及肌动蛋白的抑制作用和微管蛋白聚合及其与紫杉醇的作用。屈松生教授[5,11]研究了多种 Schiff 碱类药物对细菌的抑制作用，又研究了枸杞多糖对肿瘤细胞的作用。张洪林教授[6-9]研究了合成药物对癌细胞、大肠杆菌、金黄色葡萄球菌等细菌的抑制作用。这些研究大大扩大了微量量热法的研究领域。

一、合成药物对弗氏志贺菌代谢抑制实验

以合成药物对弗氏志贺菌代谢抑制实验为例，测绘其热谱曲线，按药物抑菌生长模型，计算出细菌抑制代谢下的生长速率常数，并用计算机拟合出生长速率常数与不同浓度药物之间的关系，进一步得出生长速率常数为 0 时的用药浓度（最佳用药浓度）[7]。

（一）实验部分

实验所用菌种弗氏志贺菌（*Shigella flexneri*）属中 Serotype 2b、5b、1a、x、y，该菌种均由中国药品生物制品检定所提供。菌种用牛肉膏汤培养基培养。实验采用停流法。

（二）数据处理

用热活性检测仪测定了在 310K 时各细菌正常生长代谢过程中的热谱图，而后又测定了在不同药物浓度抑制下各细菌生长的热谱曲线，见图 19-1 及图 19-2。实验表明，同一细菌在不同浓度药物抑制下代谢过程的热谱曲线，其形状基本相同，但斜率不同。根据图 19-1 及图 19-2 中指数生长期时热谱曲线中的数据，按生长模型处理，计算出各细菌的生长速率常数，见表 19-1。

根据生长速率常数与药物（Co 盐）浓度数据，作 *k-c* 图，见图 19-3。

按药物抑菌生长模型计算出细菌代谢抑制下的生长速率常数，并用计算机拟合出生长速率常数与不同浓度药物之间的关系，进一步得出生长速率常数为 0 时的用药浓度（最佳用药浓度）。$k = 0.03302 - 0.00994c$，$R = -0.9990$，求出最佳用药物（Co 盐）浓度为 0.3322mg/ml。

表 19-1　310K 时弗氏志贺 5b 菌在不同浓度药物（Co 盐）下的生长速率常数

c/(mg/ml)	0	0.028	0.056	0.112	0.168	0.224
k/min^{-1}	0.0380	0.0330	0.02713	0.02160	0.01599	0.010
R	0.9977	0.9975	0.9971	0.9988	0.9976	0.9985

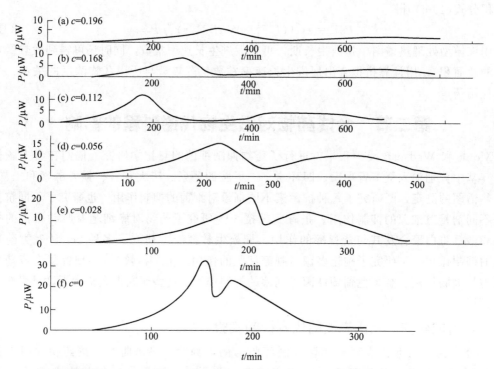

图 19-1 310K 时弗氏志贺 5b 菌在不同浓度药物（Co 盐）下的热谱曲线

（图中 c 的单位为 mg/ml）

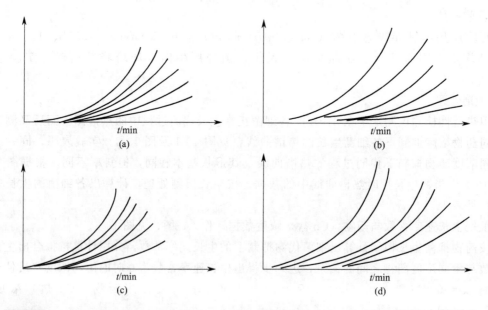

图 19-2 310K 时弗氏志贺菌 2b、1a、y 和 x 在不同浓度药物（Co 盐）下指数生长期的热谱曲线

（浓度 c 单位为 mg/ml）

（a）弗氏志贺菌 2b；（$c_0=0$；$c_1=0.0560$；$c_2=0.1120$；$c_3=0.1680$；$c_4=0.2240$；$c_5=0.2800$）

（b）弗氏志贺菌 1a；（$c_0=0$；$c_1=0.0181$；$c_2=0.0361$；$c_3=0.0542$；$c_4=0.0722$；$c_5=0.1444$）

（c）弗氏志贺菌 y；（$c_0=0$；$c_1=0.0361$；$c_2=0.0542$；$c_3=0.0722$；$c_4=0.1083$；$c_5=0.1444$）

（d）弗氏志贺菌 x；（$c_0=0$；$c_1=0.028$；$c_2=0.056$；$c_3=0.1083$；$c_4=0.1444$；$c_5=0.1805$）

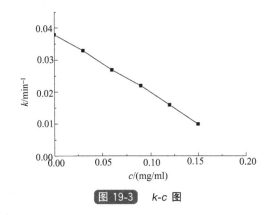

图 19-3　k-c 图

表 19-2　各细菌在 310K 药物作用下的生长速率常数

弗氏志贺菌	2b	5b	1a	x	y
生长速率常数 k/min^{-1}	0.03280 (0)	0.03297 (0)	0.02822 (0)	0.02706 (0)	0.03366 (0)
	0.02954 (0.0560)	0.03075 (0.0280)	0.02461 (0.0181)	0.02469 (0.0280)	0.03012 (0.0361)
	0.02572 (0.1120)	0.02713 (0.0560)	0.02067 (0.0361)	0.02156 (0.0560)	0.02849 (0.0542)
	0.02256 (0.1860)	0.02160 (0.1120)	0.01855 (0.0542)	0.01834 (0.1083)	0.02760 (0.0722)
	0.01906 (0.2240)	0.01599 (0.1680)	0.01694 (0.0722)	0.01671 (0.1444)	0.02294 (0.1083)
	0.01479 (0.2800)	0.01399 (0.1960)	0.00912 (0.1444)	0.01498 (0.1805)	0.02093 (0.1444)

注：括号内为药物的浓度，mg/ml。

由表 19-2 中数据可拟合出 k-c 关系式，并求出各细菌在生长速率常数为零时的最佳用药浓度 c_0，见表 19-3。

表 19-3　各细菌的 k-c 关系式及最佳用药浓度

弗氏志贺菌	k-c 方程	相关系数 R	$c_0/(\text{mg/ml})$
2b	$k=0.3298-6.36\times10^{-2}c$	-0.9990	0.5186
5b	$k=0.03302-9.94\times10^{-2}c$	-0.9990	0.3322
1a	$k=0.02659-1.27\times10^{-1}c$	-0.9840	0.2094
x	$k=0.02630-6.65\times10^{-2}c$	-0.9880	0.3955
y	$k=0.03350-8.73\times10^{-2}c$	-0.9980	0.3840

表 19-3 结果表明，相同的药物对同一细菌，其生长速率常数与用药浓度成正比，其关系式近似为线性方程式。

相同的药物作用于不同细菌求得的各细菌的最佳用药浓度不同。该用药浓度越小，说明该药物对细菌的抑制效果越好。

二、癌细胞培养抑制实验

用微量量热法对小鼠乳腺癌细胞（MA 782/5S-1801）在离体培养状态下进行了测定，

测得单个癌细胞代谢的发热功率，平均为 33.1pW/cell。以此为对照加入某种抑制剂（BNA）对癌细胞某代谢环节进行抑制时，进行同样的测量，发现该癌细胞代谢发热功率明显下降，平均结果为 23.2pW/cell。这些结果对进一步研究癌细胞代谢的机理及筛选抗癌药剂有一定的意义[1]。

（一）实验部分

MA 782/3S-8101 细胞是病毒学系细胞室自建的小鼠乳隙癌细胞系。培养基为 RPMI-1640 组织培养基。仪器采用 LKB 2277 生物活性检测仪。实验采用安瓿法悬浮培养的实验模式。

将在细胞室内培养良好的癌细胞连同培养基共 1ml（初始细胞浓度约为 3～19 万个/ml），封装于容积为 3ml 的玻璃安瓿内。放入检测器内在 37℃下进行培养监测。待记录仪记录到平稳的热输出功率平台时，即可取出玻璃安瓿内的样品，并立刻进行活细胞计数。由所测定热功率的平台高度和活细胞数，即可计算单个细胞的发热功率。

（二）数据处理

实验对小鼠乳腺癌细胞的常规培养进行了九次测量，其典型热谱如图 19-4 所示，测量结果列于表 19-4。

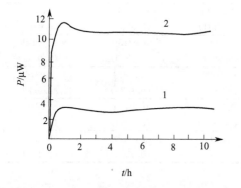
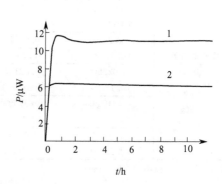

图 19-4　小鼠乳腺癌细胞的常规下培养热谱曲线　　图 19-5　小鼠乳腺癌细胞的抑制下培养对照热谱曲线

对该癌细胞在 BNA（最终浓度为 2mmol/ml）抑制下的对照培养测量，其典型热谱如图 19-5 所示，测量结果列于表 19-5。

表 19-4　小鼠乳腺癌细胞的常规培养的发热功率（310K）

序号	$P/\mu W$	$N/10^4$	$P_0/(pW/cell)$
1	6.4	19.3	33.2
2	5.6	16.7	33.5
3	3.2	9.4	34.0
4	12.5	35.4	35.3
5	8.3	22.1	37.5
6	5.8	16.5	35.2
7	11.2	29.1	38.5
8	9.4	27.8	34.0
9	11.2	32.5	34.5
平均值			35.1

癌细胞培养时发热量的测定国内尚未见报道，国外瑞典 Lund 大学的 I. Wadso 于 1984 年测量了黑素瘤（Melanoma）细胞的培养热谱，所得结果是单个细胞平均发热功率为

80pW/cell；对于淋巴癌（Lymphoma）细胞为 6.1pW/cell。以上结果和我们所得的结果数量级相近，其中的差别主要是由于不同种的癌细胞而呈现的差别。

表 19-5　小鼠乳腺癌细胞在加抑制剂（BNA）培养的发热功率（310K）

序号	发热功率 $P/\mu W$	细胞数 $N/10^4$	单个细胞平均发热功率 $P_0/(pW/cell)$
1	4.1	15.5	29.0
2	6.7	30.1	22.0
3	6.1	29.7	20.5
4	9.7	37.8	25.7
5	8.8	36.2	24.3
6	9.3	41.3	22.5
7	8.7	40.2	21.6
平均值			23.2

第三节　中草药的抑菌作用

我国劳动人民在与疾病作斗争的长期实践中，在辨认、采集、种植、炮制和使用中药方面积累了极为宝贵的经验。由于中药复方有效成分的复杂性，在煎煮过程中可能生成了新的有效成分，此外由于中药的副作用一般要比西药小，因此国内外的科学家越来越重视中药的研究。

从中药中发现新的有效成分并进而开发成新药的命中率是很高的，这就使得国内外科学家把期待的目光投向中药。来源各异、多姿多彩的中草药，它们的化学成分也是十分复杂的。这种复杂性表现在不同的中药可能含有不同类型的化学成分，并且每种类型成分的数目往往也是相当多的，即使是同一种中药，也可能含有大量的结构类型各不相同的化学成分。

一、中草药提取液的抑菌作用

用微量量热法从 4 种细菌的生长代谢的热功率-时间曲线研究黄连水煎液的抗菌作用[12]。

（一）实验部分

大肠杆菌（1，*E.coli*）、弗氏 6（2，*Shigella flexneri* serotype 6）、弗氏 x 变种（3，*Shigella flexneri* serotype x）、弗氏 y 变种（4，*Shigella flexneri* serotype y）细菌，由中国药品生物制品检定所提供。菌种用牛肉膏汤培养基培养。

黄连水煎液由山东省胸科医院中医科鉴定并煎制。取 100g 黄连用冷水浸泡 30min，用中药传统煎药方式煎熬两遍过滤，并将过滤液浓缩为 40ml，分装在两支试管中，放入冰箱中冷冻贮存。

实验采用停流法。

（二）数据处理

实验测量了 4 种细菌在 310K 时生长的热功率-时间曲线，又测量了 310K 时大肠杆菌在不同黄连浓度下指数生长期的热功率-时间曲线，见图 19-6 和图 19-7。

按药物抑菌生长模型，计算出各细菌在不同条件下的生长速率常数 k，又计算出各自对应的传代时间 G，列于表 19-6。

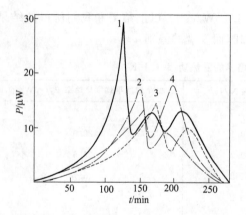

图 19-6 4 种细菌在 310K 时生长的热功率-时间曲线

1—大肠杆菌;2—弗氏 6;3—弗氏 x 变种;
4—弗氏 y 变种

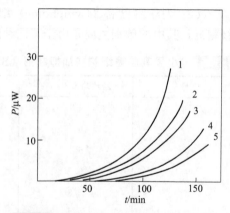

图 19-7 310K 时大肠杆菌在不同黄连浓度下指数生长期的热功率-时间曲线

10ml 培养基中加入黄连水煎液量(μl)为:
1—1.0;2—2.5;3—3.10;4—4.15;5—5.20

表 19-6 4 种细菌在 310K 时不同黄连浓度下的生长速率常数(k)和传代时间(G)

细　菌		黄连浓度/(μl/10ml)				
		0	**5**	**10**	**15**	**20**
大肠杆菌	k/min^{-1}	0.03707	0.03516	0.03238	0.03132	0.02855
	相关系数 R	0.9960	0.9989	0.9996	0.9985	0.9932
	G/min	18.70	19.71	21.41	22.13	24.28
弗氏 6	k/min^{-1}	0.02927	0.02368	0.01841	0.01401	0.008633
	相关系数 R	0.9952	0.9934	0.9928	0.9912	0.9888
	G/min	23.68	29.27	37.65	49.44	80.29
弗氏 x	k/min^{-1}	0.01843	0.01742	0.01279	0.01029	0.007837
	相关系数 R	0.9912	0.9938	0.9884	0.9903	0.9944
	G/min	37.60	39.79	54.19	68.02	88.45
弗氏 y	k/min^{-1}	0.01413	0.01383	0.01305	0.01263	0.01030
	相关系数 R	0.9984	0.9991	0.9972	0.9978	0.9964
	G/min	48.99	50.12	53.11	54.88	67.30

　　加入黄连后 4 种细菌在指数生长期的热功率、生长速率常数都明显地降低,这说明黄连对这 4 种细菌有不同程度的抗菌作用。根据表 19-6,还可以拟合出 4 种细菌在 37℃时生长速率常数 k 和不同黄连浓度 c 的关系式,分别为:

　　1:$k = 0.03707 - 4.176 \times 10^{-4} c$　　($R = -0.9933$)

　　2:$k = 0.02899 - 1.09 \times 10^{-3} c$　　($R = -0.9933$)

　　3:$k = 0.01902 - 5.683 \times 10^{-4} c$　　($R = -0.9860$)

　　4:$k = 0.0140491429 + 3.11428571 \times 10^{-5} c - 1.04571429 \times 10^{-5} c^2$　　($R = -0.9826$)

　　以 1 为例,按 1 式可外推得黄连抑制大肠杆菌生长的临界剂量($k = 0$ 的剂量)为 88.8μl,用含黄连水煎液剂量为 88.9μl/10ml 的培养基测试大肠杆菌生长热谱,发现其在此条件下不再生长,说明黄连在此剂量下有效抑制了大肠杆菌的生长。按上式算出的 2、3、4 的临界剂量分别为 28.5μl、33.5μl、35.2μl。

二、中草药有效成分的抑菌作用

　　中草药的化学成分主要有氨基酸、糖类、鞣质、挥发油、皂苷、强心苷、黄酮类化合物、醌类化合物、生物碱等，它们具有显著的生理活性。对中草药的化学成分研究可以促进中药基础理论研究的深入和突破，为新药的合成及药物的筛选提供定量的理论依据。

（一）中草药麻黄及其有效成分实验

麻黄（*Herba Ephedrae*）为麻黄科植物草麻黄的草质茎。草本状小，灌木木质茎短，常匍匐，草质茎绿色，长圆柱形，生于河床、河滩、干草原、固定沙丘。秋季采割绿色的草质茎，晒干。主要化学成分为 *l*-麻黄碱、*d*-伪麻黄碱等。性温，味辛，微苦。功能主治发汗散寒，宣肺平喘，利水消肿。用于风寒感冒、胸闷喘咳、风水水肿、支气管哮喘。同属植物中麻黄、木贼麻黄的草质茎亦作麻黄药用。

文献[13]除了提取外，还用微量量热法研究了麻黄及其有效成分对大肠杆菌的代谢作用。利用 2277 型热活性检测仪测定了不同浓度的药液对大肠杆菌代谢作用的热功率-时间曲线，以 Logistic 模型处理数据，得到了生长速率常数，建立了生长速率常数与药物浓度的关系，确立了最佳用药量。

1. 实验部分

采用瑞典产 2277 型热活性检测仪。实验采用停留法。大肠杆菌由山东省卫生防疫站提供。采用牛肉浸膏液体培养基培养。

药液的制备：

（1）麻黄药液取生药 5g，用水煎煮，药液浓缩至 5ml，使之浓度为 1g/ml。

（2）有机酸药液：生药煎煮 3 次，合并滤液，浓缩，取 4 倍量的无水乙醇分次少量加入，每次加入后要过滤，最后回收乙醇，干燥得产品，取 31.7mg 产品溶于 10ml DMF，得到溶液的浓度 3.17mg/ml，备用。

（3）麻黄碱药液：根据文献方法提取麻黄碱，取 37.5mg 药品，加入 5ml 水得溶液浓度 7.5mg/ml，置冰箱中备用。

（4）挥发油药液：根据文献方法提取挥发油，取 39.3mg 药品，加入 4ml DMF 配成溶液浓度为 9.825mg/ml，放置冰箱备用。

2. 数据处理

测定了 37℃时，不同浓度的药液对大肠杆菌代谢作用的热功率-时间曲线，部分曲线见图 19-8～图 19-12。

根据不同浓度的药液对大肠杆菌代谢作用的热谱曲线上的数据，处理曲线的指数生长期，计算出了大肠杆菌在不同浓度药液作用下的生长速率常数 μ，见表 19-7。

根据生长速率常数 μ 与药液浓度 c 的数据，拟合 μ-c 曲线，通过拟合方程可以得到最佳抑菌浓度，见表 19-8。

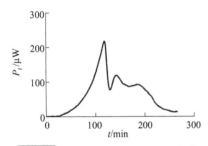

图 19-8　没有药物作用的大肠杆菌
生长代谢的 P_t-t 曲线

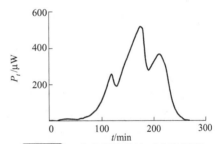

图 19-9　麻黄提取药液对大肠杆菌
生长代谢作用的 P_t-t 曲线

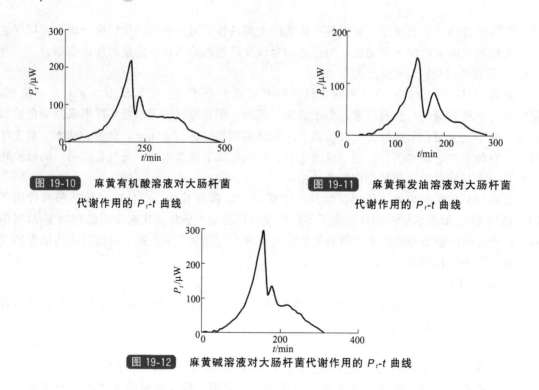

图 19-10 麻黄有机酸溶液对大肠杆菌代谢作用的 P_t-t 曲线

图 19-11 麻黄挥发油溶液对大肠杆菌代谢作用的 P_t-t 曲线

图 19-12 麻黄碱溶液对大肠杆菌代谢作用的 P_t-t 曲线

表 19-7 大肠杆菌在不同浓度药液作用下的生长速率常数

麻黄药汤		麻黄碱		麻黄有机酸		麻黄挥发油	
$c/(mg/ml)$	μ/min^{-1}	$c/(mg/ml)$	μ/min^{-1}	$c/(mg/ml)$	μ/min^{-1}	$c/(mg/ml)$	μ/min^{-1}
3.736	0.06000	0.04658	0.03288	0.01969	0.03931	0.06102	0.04882
6.211	0.05943	0.1829	0.03293	0.03139	0.03423	0.1213	0.03681
9.901	0.05721	0.3571	0.03263	0.04685	0.03102	0.1452	0.03334
24.39	0.04849	0.5233	0.03148	0.05834	0.02906	0.1808	0.02810
47.62	0.03604	0.6818	0.03056	0.07732	0.02734	0.2162	0.02617
58.824	0.03077	0.9783	0.02869	0.1146	0.02553	0.3551	0.02119
69.76	0.02616			0.1510	0.02308	0.4118	0.01890

表 19-8 拟合方程与最佳抑菌浓度

药液	方程	浓度范围 /(mg/ml)	R	最佳抑菌浓度 /(mg/ml)
麻黄药汤	$\mu=-0.5284c+0.0621$	$c<69.767$	0.9812	118.33
麻黄碱	$\mu=-0.0055c+0.0342$	$c<0.9783$	0.9956	6.2182
麻黄有机酸	$\mu=3.3166c^2-0.5217c+0.048$	$c<0.7732$	0.9965	5.5190
	$\mu=-0.0578c+0.0319$	$c>0.7732$	0.9953	
麻黄挥发油	$\mu=-0.1739c+0.0589$	$c<0.1808$	0.9961	0.9018
	$\mu=-0.0387c+0.0349$	$c>0.180$	0.9985	

由以上数据可以看出，麻黄及其有效成分对大肠杆菌的代谢作用是抑制的，麻黄药水煎液对大肠杆菌的抑制作用相应小一些，挥发油药液的抑菌效果要远远好于其他药液。

（二）异喹啉类生物碱的抑菌活性实验

生物碱是一类含氮的化合物，有似碱的性质，有特殊而显著的生理作用，如抗肿瘤作用、镇痛、麻醉、降压、抗菌作用。

从中草药荷叶、黄连根、黄藤、十大功劳中分别提取出荷叶碱、黄连素、黄藤素、异汉防己碱，并对其进行了表征。用瑞典产八通道微量量热仪，测定了不同浓度的生物碱在不同温度时对大肠杆菌、金黄色葡萄球菌、枯草杆菌代谢作用的热功率-时间曲线，计算出生长速率常数，建立生长速率常数与生物碱浓度的方程式、生长速率常数与温度的方程式，进而确定了最佳抑菌浓度和最佳生长温度[14]。

1. 实验部分

八通道微量量热仪是一种灵敏度较高的热导式量热仪，可输出 10^{-5}W 的功率，24h 基线漂移不超过 2×10^{-5}W，温度在 $5 \sim 60℃$ 之间，可维持 $0.02℃$ 不变，测量范围分 60mW 和 600mW 两挡，最大样品体积 24ml。

大肠杆菌、金黄色葡萄球菌、枯草杆菌由山东省卫生防疫站提供。采用牛肉膏汤液体培养基。实验采用安瓿法。

中草药干荷叶、黄连根、黄藤、十大功劳均购买于山东省医药公司。

生物碱的提取与配制：荷叶碱（Nuciferine）、黄连素（Berberine）、黄藤素（Palmatine）、异汉防己碱（Isotetrandrine，ITD）的提取见文献。称取荷叶碱 10mg、黄连素 20mg、黄藤素 32mg、异汉防己碱 14mg，分别用 25ml DMF 溶液溶解于 50ml 容量瓶中，加蒸馏水至刻度，所得生物碱液的浓度分别为 0.2mg/ml、0.4mg/ml、0.64mg/ml、0.28mg/ml。

2. 数据处理

实验对四种生物碱在五种温度时对三种细菌的代谢作用做了研究，分别测出了热功率-时间曲线，部分曲线见图 19-13。

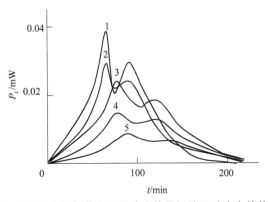

图 19-13　310.15K 时大肠杆菌在不同浓度的异汉防己碱液中的热功率-时间曲线

1—0.00511mg/ml；2—0.00682mg/ml；3—0.01097mg/ml；

4—0.01277mg/ml；5—0.01686mg/ml

由图 19-13 中大肠杆菌在指数生长期的热功率-时间曲线，按 Logistic 方程进行处理，计算出大肠杆菌在不同浓度的异汉防己碱液中的生长速率常数 L，用计算机拟合出 L-c 方程式为：$L = -1.11c + 0.081$，$R = 0.9989$。由方程式可以推出当异汉防己碱液的浓度 $c = 0.07297$mg/ml 时，$L = 0$，即最佳抑菌浓度为 0.07297mg/ml。

实验分别研究了四种生物碱浓度不变的情况下细菌生长速率常数与温度之间的关系，下面是在异汉防己碱液浓度为 0.0051mg/ml 时大肠杆菌生长速率常数与温度的方程，即 L-T 方程为：$L = 15.31266 - 0.09848T + 0.000159121T^2$，$R = 0.9968$，由上面的公式计算得出，当 $T=309.45K$ 时，L 有最大值，$L_{max}=0.07533\ min^{-1}$，即大肠杆菌的最佳生长温度为 309.45K。

　　不同温度时四种生物碱对不同细菌生长代谢作用的 $L\text{-}c$ 方程，不同生物碱对细菌生长代谢作用的 $L\text{-}c$ 方程，见表 19-9。

表 19-9　不同温度时生物碱对不同细菌生长代谢作用的 $L\text{-}c$ 方程

细菌	生物碱	298.15K	301.15K	305.15K	308.15K	310.15K
大肠杆菌	荷叶碱	$L=-0.841c+0.037$	$L=-0.89c+0.0455$	$L=-0.833c+0.058$	$L=-0.81c+0.067$	$L=-0.77c+0.078$
	黄连素	$L=-1.746c+0.0341$	$L=-1.48c+0.043$	$L=-1.32c+0.0513$	$L=-1.96c+0.094$	$L=-1.511c+0.081$
	黄藤素	$L=-0.43c+0.026$	$L=-0.62c+0.043$	$L=-0.596c+0.056$	$L=-0.73c+0.072$	$L=-0.07c+0.076$
	异汉防己碱	$L=-1.75c+0.034$	$L=-1.43c+0.041$	$L=-1.49c+0.056$	$L=-1.31c+0.071$	$L=-1.11c+0.081$
金黄色葡萄球菌	荷叶碱	$L=-0.538c+0.0304$	$L=-0.69c+0.041$	$L=-0.78c+0.054$	$L=-0.93c+0.0697$	$L=-0.812c+0.078$
	黄连素	$L=-3.88c+0.0365$	$L=-2.3c+0.044$	$L=-1.53c+0.052$	$L=-1.25c+0.071$	$L=-1.15c+0.078$
	黄藤素	$L=-1.7c+0.0342$	$L=-1.4c+0.043$	$L=-0.99c+0.052$	$L=-1.25c+0.071$	$L=-1.15c+0.078$
	异汉防己碱	$L=-0.978c+0.0302$	$L=-0.83c+0.036$	$L=-0.77c+0.051$	$L=-0.82c+0.064$	$L=-0.82c+0.076$
枯草杆菌	荷叶碱	$L=-0.057c+0.029$	$L=-0.63c+0.042$	$L=-0.61c+0.053$	$L=-1.388c+0.067$	$L=-1.26c+0.061$
	黄连素	$L=-2.14c+0.035$	$L=-1.95c+0.0446$	$L=-1.65c+0.053$	$L=-0.66c+0.065$	$L=-0.61c+0.077$
	黄藤素	$L=-0.68c+0.08$	$L=-0.75c+0.045$	$L=-0.72c+0.058$	$L=-0.77c+0.0665$	$L=-0.736c+0.075$
	异汉防己碱	$L=-0.88c+0.0284$	$L=-1.14c+0.043$	$L=-1.014c+0.056$	$L=-0.935c+0.062$	$L=-1.01c+0.08$

　　从 $L\text{-}c$ 方程，得出生物碱对细菌作用的最佳抑菌浓度-温度（T）曲线，如图 19-14 和图 19-15、图 19-16 所示。实验是从荷叶、黄连、黄藤、十大功劳中提取了四种异喹啉衍生物类生物碱荷叶碱、黄连素、黄藤素、异汉防己碱，并作出了这四种药物在五种温度下对大肠杆菌、金黄色葡萄球菌、枯草杆菌的代谢作用实验，根据细菌生长速率常数和生物碱浓度的数据，建立了不同温度下的 $L\text{-}c$ 方程（相关系数均在 0.99 以上），进而得出了生物碱对细菌代谢作用的 $L\text{-}c$ 方程。

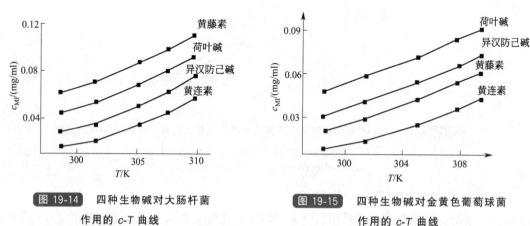

图 19-14　四种生物碱对大肠杆菌作用的 c-T 曲线

图 19-15　四种生物碱对金黄色葡萄球菌作用的 c-T 曲线

　　从生物碱对细菌代谢作用的 $L\text{-}c$ 方程、$L\text{-}T$ 方程、$c\text{-}T$ 曲线，得出以下结论。

　　(1) 由热功率-时间曲线可以得出，随着生物碱浓度的增加，生物碱和细菌作用的热功率-时间曲线在指数生长期的斜率不断下降，且最高峰的热功率值逐渐下降。

　　(2) 由 $L\text{-}c$ 方程可以得出：四种异喹啉衍生物类生物碱对大肠杆菌、金黄色葡萄球菌、枯草杆菌的代谢作用都是抑制的，且随生物碱浓度的增加，生长速率常数线性降低，当生物

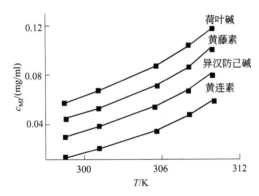

图 19-16　四种生物碱对枯草杆菌作用的 *c-T* 曲线

碱浓度达到一定数值时生长速率常数为零，这说明四种异喹啉衍生物类生物碱的结构与它们的抑菌活性有着一定的联系。

（3）在 310.15K 时，生物碱的浓度不变的情况下，细菌的生长速率常数随着温度的增加不断增加，当温度达到一定数值时，生长速率常数达到最大值，当温度超过这个数值时，生长速率常数会逐渐降低，从而找到细菌的最佳生长温度。

（4）当 310.15K 时，随着温度的增加，四种生物碱对三种细菌的最佳抑菌浓度都是逐渐增加的，这四种生物碱在大肠杆菌中最佳抑菌浓度的关系：黄藤素＞荷叶碱＞异汉防己碱＞黄连素；在金黄色葡萄球菌中最佳抑菌浓度的关系为荷叶碱＞异汉防己碱＞黄藤素＞黄连素；在枯草杆菌中最佳抑菌浓度的关系为荷叶碱＞黄藤素＞异汉防己碱＞黄连素。

由以上规律可见黄连素对这三种细菌的抑菌效果优于其他生物碱，除了黄连素外，黄藤素对金黄色葡萄球菌的抑菌效果优于其他生物碱，而异汉防己碱对大肠杆菌和枯草杆菌的抑制效果优于其他生物碱。

第四节　补益中草药的促菌作用

凡能补益人体气血阴阳之不足，以增强抗病能力，消除虚弱证候的药物，称为补虚药，或称补益药。补益药适用于各种病因引起的虚证。不仅用于气血阴阳不足的病症，以增强体质，消除衰弱症状，促进机体早日恢复健康，也可用于病邪未尽，正气已衰的病症，可在祛邪的药物中适当配伍补益药，以增强机体的抗病能力，达到"扶正祛邪"，从而战胜疾病。

补益药的药理作用主要在于增强免疫功能、提高机体的适应性，调节内分泌系统、促进物质代谢、改善心血管系统、强壮作用、加强造血功能、防治肿瘤转移等功能。

张洪林教授[15~18]研究了补益中草药（人参、黄芪、银杏叶、党参）的总提取物及其主要成分对大肠杆菌、金黄色葡萄球菌的生长代谢的影响。通过实验发现，小剂量的药物往往存在着促进效应，只是在药物浓度超过一定浓度后才呈现出抑制作用，这与以往的研究结果有所不同。这从两个方面给人们以启示：补益药的补益功能是在浓度较低的情况下发生的，补益药的用药量并非越多越好；补益药的浓度大的时候存在着抑菌作用，随着补益药浓度的变化，其抑菌效果会发生变化。

一、补益药人参液促菌实验

用微量量热仪测定了人参对金黄色葡萄球菌代谢过程的完整的热功率-时间曲线，并按生长模型计算出生长速率常数，建立了生长速率常数与不同的人参浓度间的关系，进一步得到生长速率常数为最大时的用药浓度。此项研究工作的开展对筛选营养药物及确定营养药用量提供了一种可靠的定量方法[17]。

（一）实验部分

实验采用瑞典 Thermo Metric AB 公司制造的微量量热仪。

金黄色葡萄球菌（*S. aureus*）由中国药品生物制品检定所提供，用牛肉膏汤培养基培养。

实验采用停流法。清洗和消毒流动池后，在无菌室取一支盛有消毒后的培养基的试管中，加入不同体积的人参液，然后再以无菌手续接种标准金黄色葡萄球菌，摇匀后即为混悬液，确认混悬液已充满流动池后停泵，仪器即开始测量记录流动池内细菌代谢过程中的热功率-时间曲线，当记录笔返回基线后，即认为实验结束。

（二）数据处理

测定了在 310K 时金黄色葡萄球菌在无人参液、不同浓度人参液时代谢过程中的热功率-时间曲线，其部分曲线见图 19-17。

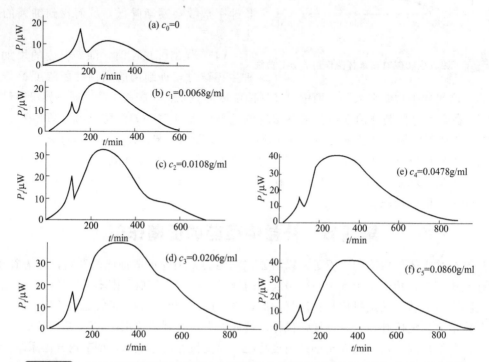

图 19-17 310K 时金黄色葡萄球菌在不同浓度人参促进作用下生长的热功率-时间曲线

实验表明，金黄色葡萄球菌在不同浓度人参促进作用下代谢时的热功率-时间曲线形状基本相同，但生长期的斜率不同。根据在指数生长期热功率-时间曲线中数据，按药物促菌的生长模型进行处理，可计算出细菌在无促进和有促进作用时代谢的生长速率常数，其数据见表 19-10。

表 19-10 金黄色葡萄球菌在 310K 时不同浓度人参促进作用下的生长速率常数

$c/(g/ml)$	0	0.0053	0.0105	0.0208	0.0478	0.0860	0.1230	0.1720
k/min^{-1}	0.02015	0.02407	0.02916	0.03207	0.03207	0.03972	0.03991	0.03985
R	0.9874	0.9984	0.09959	0.9951	0.9816	0.9817	0.9921	0.9960

由表中数据可画出 k-c 关系曲线，见图 19-18。根据曲线，可得出金黄色葡萄球菌在人参促进代谢过程中生长速率常数为最大时所对应的人参的最小用药浓度，即最佳用药浓度，其值为 0.095g/ml。

从图中的曲线可见，金黄色葡萄球菌在不同浓度人参促进代谢过程中，在低浓度时，其生长速率常数随着人参浓度的增加而增大，而浓度升高到一定值时，生长速率常数基本不变，这说明人参促进代谢作用有一最佳用药浓度，并不是人参用量越多越好。

从图 19-17 中可见，在不同浓度的人参促进作用下，细菌代谢过程的热功率-时间曲线有差别，但整个热功率-时间曲线下的面积即发热量 Q 随着人参浓度的增加而增大，当达到最佳用药浓度以后，发热量基本上变化不大，为一定值，此值可能是反映人参促进作用的重要参数。

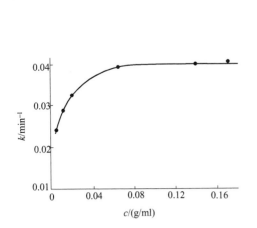

图 19-18　生长速率常数和人参浓度的关系

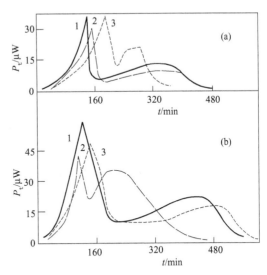

图 19-19　各细菌在无黄芪（a）和黄芪浓度为 0.0153g/ml 作用下（b）的热功率-时间曲线

1—枯草杆菌；2—金黄色葡萄球菌；3—大肠杆菌

二、补益药黄芪液促菌实验

研究中草药黄芪对细菌生长的促进作用，用微量量热仪测定了黄芪对大肠杆菌、金黄色葡萄球菌及枯草杆菌促进生长的热功率-时间曲线，计算了生长速率常数，找出了生长速率常数与不同浓度黄芪间的关系，进一步得到生长速率常数为最大时的用药浓度，即最佳用药浓度[18]。

（一）实验部分

采用 Thermo Metric AB 公司制造的微量量热仪，即热活性检测系统。

金黄色葡萄球菌（$S.aureus$）、大肠杆菌（$E.coli$）、枯草杆菌（$B.subtilis$）均由中国药品生物制品检定所提供。采用牛肉膏汤液体培养基培养。

黄芪水煎液的制法：取干黄芪 52g 切片，冷水浸泡 30min，用中药传统煎药方式煎两遍并过滤，将滤液浓缩为 51ml，得浓度为 1.02g/ml 黄芪原药液，放入冰箱中冷藏备用。

实验采用停流法。以 10ml/h 流速泵入混悬液（取灭菌后的盛有 10ml 培养液的试管一支，先以无菌手续接种标准菌种，然后加入不同数量的黄芪原药液，摇匀后即为混悬液），确认混悬液已充满流动池后停泵，记录流动池内细菌在黄芪促进作用下的热功率-时间曲线。

（二）数据处理

测定了在 310K 时金黄色葡萄球菌、大肠杆菌、枯草杆菌在不同浓度的黄芪液作用下的热功率-时间曲线，见图 19-19。按药物促菌的生长模型进行处理，可求出生长速率常数 μ，数据见表 19-11。

表 19-11 各细菌在 310K 时不同浓度的黄芪促菌作用下的生长速率常数

培养液中黄芪的浓度 c/(g/ml)	大肠杆菌		枯草杆菌		金黄色葡萄球菌	
	生长速率常数	相关系数(R)	生长速率常数	相关系数(R)	生长速率常数	相关系数(R)
2.04×10^{-3}					0.02570	0.9466
5.1×10^{-3}			0.03481	0.9862	0.03144	0.9582
0.0102	0.03701	0.9897	0.03990	0.9717	0.04193	0.9761
0.0153	0.04156	0.9965	0.04530	0.9734	0.04687	0.9781
0.0204	0.04817	0.9820	0.04757	0.9795	0.04986	0.9594
0.0306	0.05012	0.9785	0.04928	0.9790	0.05024	0.9597
0.0408			0.04965	0.9711	0.05014	0.9757
0.0510	0.05046	0.9764				
0.0816	0.05054	0.9761	0.05008	0.9924		

由表 19-11 数据，可求出各细菌在黄芪促进作用下生长速率常数为最大时的用药浓度，即最佳用药浓度，它们分别为大肠杆菌 0.03g/ml，枯草杆菌 0.03g/ml，金黄色葡萄球菌 0.02g/ml。黄芪对大肠杆菌、枯草杆菌、金黄色葡萄球菌的生长过程都有促进作用，其生长速率常数 μ 与所用黄芪浓度 c，在低浓度时几乎成正比，而浓度达一定时，生长速率常数不再随黄芪浓度而改变，此即为最佳用药浓度。

第五节　细菌耐药性研究

在 21 世纪元年，世界卫生组织（WHO）发布了"遏制细菌耐药性全球发展战略"倡议书，要求世界各国共同努力来遏制细菌耐药性的传播和蔓延。细菌耐药性目前已经成为全球关注的问题。

细菌耐药性的产生与传播速度快且范围广，细菌耐药谱广且强度高。药物对耐药菌的临床疗效的降低或消失，对感染性疾病尤其是危重症感染患者构成威胁。从细菌来讲，呈现单一耐药到多重耐药；从药物来讲，呈现低耐药率到高耐药率，而且发展速度越来越快。

研究细菌耐药性，探讨药物耐药性规律，可以筛选药物，指导用药，在临床治疗上选用疗效最好、不易产生耐药性的药物或利用暂时停药来消除耐药菌的耐药性，也可以为中西医结合治疗，提高疗效，提供理论依据。

兹以粉防己碱和粉防己总生物碱的耐药性实验为例[19]。

粉防己（*Stephenia tetrandra* S. Moore）是防己科千金藤属植物，又称汉防己、土防己等。粉防己中含有多种生物碱，均具有一定的临床药理作用。用于水肿脚气、小便不利、风湿痹痛、湿疹疮毒、高血压症等。

粉防己碱又名汉防己甲素（Tetrandrine，Tet），是从中草药粉防己的根块中提取的双苄基异喹啉类生物碱，是粉防己的主要有效成分。近年来的研究表明，粉防己碱是天然的非选择性钙通道阻滞剂，又是钙调蛋白的拮抗剂，还有较强的抗肿瘤作用等。

（一）实验部分

准确称取粉防己粗粉 100g，用 85％乙醇回流提取 3 次，合并提取液，回收乙醇至没有醇味，在搅拌下逐滴滴加 1％的盐酸 100ml，静置 48h 后用滤纸过滤除去沉淀，用浓氨水调节溶液的 pH＝9.0，放置 48h 后抽滤，沉淀干燥后，用 15ml 丙酮加热溶解，在溶液中滴

1~2 滴蒸馏水至溶液微浊，放置待溶剂挥发至干得结晶，即粉防己总生物碱（Alkaloids of *Stephenia tetrandra* S. Moore，AST）。

取结晶性生物碱称重，置于 25ml 锥形瓶中，加入 5 倍量的冷苯进行冷浸，时加振摇，冷浸 40min 后过滤，以少量苯洗涤不溶物，回收苯至无苯味，残留物以丙酮重结晶，可得白色针状结晶，即为 Tet。

取一定量的粉防己碱和粉防己总生物碱配成 0.1760g/L、0.1960g/L 的 DMF 溶液备用。利用八通道微量量热仪进行测定。大肠杆菌用牛肉浸膏液体培养基培养。

（二）数据处理

1. 大肠杆菌在不同浓度的粉防己碱（Tet）和粉防己总生物碱（AST）作用下的生长速率常数及最小抑菌浓度

根据 Tet、AST 对大肠杆菌代谢作用的热功率-时间曲线上的数据，用 Logistic 方程处理细菌在指数生长期时的数据，计算出了大肠杆菌在不同浓度的 Tet 和 AST 作用下的生长速率常数，见表 19-12 及表 19-13。

表 19-12　大肠杆菌在不同浓度 Tet 药液作用下的生长速率常数

$c/(mg/L)$	$\mu/(min)$	r
0	0.08070	0.9954
1.093	0.07855	0.9990
2.173	0.07618	0.9988
3.239	0.07474	0.09988
4.293	0.07165	0.9978
5.333	0.07062	0.9979
6.361	0.06810	0.9980
7.377	0.06596	0.9977
8.381	0.05732	0.9979
9.373	0.05132	0.9980

表 19-13　大肠杆菌在不同浓度 AST 药液作用下的生长速率常数

$c/(mg/L)$	μ/min^{-1}	r
0	0.08070	0.9954
1.217	0.07380	0.9976
2.420	0.06873	0.9976
3.607	0.06406	0.09966
4.780	0.05951	0.9978
5.939	0.05625	0.9992
7.084	0.04910	0.9933
8.216	0.04333	0.9959
9.333	0.03798	0.9969
10.438	0.03044	0.9972

根据生长速率常数 μ 与药物浓度 c 的数据，建立 μ-c 的关系：

Tet：$\mu = 0.08070 - 0.00198c$ （$r = -0.99781$）　　$c \leqslant 7.377 \, mg/L$

　　　$\mu = 0.11997 - 0.00738c$ （$r = -0.99534$）　　$c \geqslant 7.377 \, mg/L$

AST：$\mu = 0.08071 - 0.00459c$ （$r = -0.99672$）

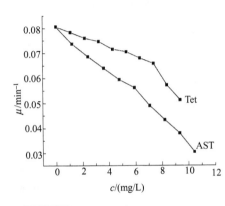

图 19-20　Tet、AST 对大肠杆菌代谢作用的 μ-c 曲线

根据数据拟合 μ-c 曲线，由图 19-20 可知，Tet、AST 对大肠杆菌的生长都有抑制作用，在同样浓度下，Tet 比 AST 的抑制效果好。由 μ-c 关系式可求出 Tet、AST 对大肠杆菌代谢作用的最小抑菌浓度分别为 16.3mg/L，17.6mg/L。取低于最小抑菌浓度的一个浓度（SMIC）来培养耐药菌，分别为 8.4mg/L，9.3mg/L。

2. 耐药性的测量

测出十次耐药菌在 Tet、AST 的 SMIC 下的热功率-时间曲线，用 Logistic 方程处理细菌在指数生长期时的数据，计算出 10 次耐药菌的生长速率常数，见表 19-14 及表 19-15。

表 19-14	Tet 培养的 10 次耐药菌的生长速率常数		表 19-15	AST 培养的 10 次耐药菌的生长速率常数	
N	$\mu/\min^{-1}$	r	N	$\mu/\min^{-1}$	r
1	0.03743	0.9968	1	0.02851	0.9974
2	0.03901	0.9992	2	0.03005	0.9884
3	0.04041	0.9991	3	0.03154	0.9954
4	0.04152	0.9973	4	0.03233	0.9950
5	0.04264	0.9952	5	0.03382	0.9979
6	0.04401	0.9974	6	0.03498	0.9987
7	0.04539	0.9994	7	0.03547	0.9948
8	0.04702	0.9995	8	0.03648	0.9971
9	0.04864	0.9990	9	0.03747	0.9974
10	0.04959	0.9959	10	0.03856	0.9939

根据生长速率常数 μ 与培养次数 N 的关系，建立 μ-N 的关系式：

Tet　$\mu=0.03614+0.00135N$　($r=0.99878$)

AST　$\mu=0.028+0.00108N$　($r=0.9948$)

根据数据拟合 μ-N 曲线，见图 19-21。

结果表明，粉防己中的单体粉防己碱比其总生物碱耐药性产生的快。

3. 耐药性减小的测量

Tet、AST 培养的 N_{10} 在空白培养基中连续培养 10 次（用 $I_1 \sim I_{10}$ 表示），每次在 37℃ 下培养 12h，分别测定各自的 I_{10} 和 N_{10} 在各自 SMIC 的药液作用下的生长速率常数，并比较：

Tet　$\mu(N_{10})=0.04959 > \mu(I_{10})=0.04047$

AST　$\mu(N_{10})=0.03856 > \mu(I_{10})=0.03237$

由此可知耐药菌在空白培养基中培养之后对药物的敏感性又增强了。

从这些结论可以看出，中药中的总生物碱或总提物培养的耐药菌相比其中的单一成分来说，不容易对其他中药成分产生耐药性，这体现出中药中复杂成分的协同作用。

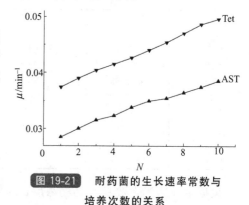

图 19-21　耐药菌的生长速率常数与
培养次数的关系

第六节　中草药的有机金属配合物抑菌作用

研究表明，有机金属配合物能影响药物的生理活性，可以明显改善药物的吸收，延长药物作用时间，提高生物活性。金属与配体（有机药物）有协同作用，还可以提高药效及产生新的药理作用。

兹以粉防己碱金属配合物抑菌作用实验为例[20]。

从中药粉防己中提取粉防己碱。在无水乙醇中粉防己碱分别与 $M(NO_3)_2 \cdot 3H_2O$ （$M=Cu$，Zn，Co，Ni）反应，合成了 4 种新的有机金属配合物。应用微量量热仪分别测定了不同浓度的粉防己碱及 4 种粉防己碱金属配合物 $M(NO_3)_2 \cdot 3H_2O$（$M=Cu$，Zn，Co，Ni）对大肠杆菌代谢作用的热功率-时间曲线。运用 Logistic 方程计算出细菌的生长速率常数，建立了生长速率常数与药物浓度间的关系，进而确定了最佳抑菌浓度。结果表明：4 种金属配合物的抑菌作用均比粉防己碱和 $M(NO_3)_2 \cdot 3H_2O$（$M=$

Cu，Zn，Co，Ni) 强。

（一）实验部分

大肠杆菌由山东省卫生防疫站提供。采用牛肉膏汤液体培养基培养。

粉防己碱金属配合物的制备：在 30ml 无水乙醇中加入 0.25mmol Tet 和 0.5mmol M(NO$_3$)$_2$ · 3H$_2$O (M=Cu，Zn，Co，Ni)，搅拌，加热，冷却，过滤，滤液蒸干后用水洗涤，真空干燥后分别得到浅蓝色、白色、淡绿色、紫色粉末产物。

试液的配制：分别称取 Tet 0.1975mmol、Tet-铜配合物 0.1778mmol、Tet-锌配合物 0.1758mmol、Tet-钴配合物 0.1775mmol、Tet-镍配合物 0.1497mmol、Cu(NO$_3$)$_2$ · 3H$_2$O 0.9292mmol、Zn(NO$_3$)$_2$ · 3H$_2$O 0.6477mmol、Co(NO$_3$)$_2$ · 3H$_2$O 0.5000mmol、Ni(NO$_3$)$_2$ · 3H$_2$O 0.4931mmol，加入适量 DMF 使其充分溶解，移入 10ml 容量瓶中加重蒸水定容至刻度，所得溶液的浓度分别为 19.75mmol/L、17.78mmol/L、17.58mmol/L、17.75mmol/L、14.97mmol/L、92.92mmol/L、64.77mmol/L、50.00mmol/L、49.31mmol/L。

实验采用 TAM Air 八通道微量量热仪（瑞典生产）。

实验采用安瓿法。实验温度为 37℃，首先将安瓿和培养基放到灭菌台上灭菌 15min，然后在培养基中加入不同量的药液，无菌条件下，在含不同量的药液的培养基中接菌后倒入安瓿中，封口放入仪器中，恒温，记录安瓿内细菌代谢过程的热功率-时间曲线，当曲线返回基线后，实验结束。

（二）数据处理

不同浓度 Tet-金属配合物培养基中大肠杆菌的生长代谢过程。

图 19-22 为大肠杆菌在不同浓度 Tet-锌配合物溶液作用下的指数生长期的热功率-时间曲线。根据曲线上的数据，用 Logistic 方程处理，计算出大肠杆菌在不同浓度 Tet-锌配合物培养基中的生长速率常数，其数据见表 19-16。

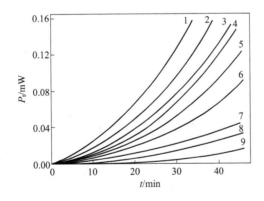

图 19-22　37℃ 时大肠杆菌在不同浓度 Tet-锌配合物溶液中生长的热功率-时间曲线

c/(mmol/L)：1—0；2—0.04384；3—0.08749；4—0.1308；5—0.1741；
6—0.2171；7—0.3449；8—0.4102；9—0.521

表 19-16　大肠杆菌在不同浓度 Tet-锌配合物溶液中的生长速率常数 μ 和相关系数 R

c/(mmol/L)	0	0.04384	0.08749	0.1308	0.1741	0.2171	0.3449
μ/min^{-1}	0.0832	0.0758	0.0702	0.0624	0.0567	0.0487	0.0347
R	0.9981	0.9982	0.9980	0.9991	0.9980	0.9978	0.9970

根据表 19-16 中的数据，用计算机拟合出 μ-c 方程为：$\mu=-0.1429c_0+0.08203$，$R=0.9957$。由方程可得，当 Tet-锌配合物溶液浓度 $c_0=0.5740$mmol/L 时，$\mu=0$，即最佳抑菌浓度为 $c_0=0.5740$mmol/L。同样方法可以得到 Tet、其他 3 种 Tet 金属配合物和 4 种金属盐的 μ-c 方程及最佳抑菌浓度，数据见表 19-17。

表 19-17 大肠杆菌分别在 Tet、Tet 金属配合物和 M(NO$_3$)$_2$·3H$_2$O 作用下生长代谢的 μ-c 方程、相关系数（R）和最佳抑菌浓度（c_0）

种类	μ-c 方程	R	c_0/(mmol/L)
Tet	$\mu=-0.0943c+0.08100$	0.9922	0.8590
Tet-Cu(Ⅱ)	$\mu=-0.1176c+0.08261$	0.9968	0.7025
Cu(NO$_3$)$_2$·3H$_2$O	$\mu=-0.02562c+0.08327$	0.9992	3.250
Tet-Zn(Ⅱ)	$\mu=-0.1429c+0.08203$	0.9957	0.5470
Zn(NO$_3$)$_2$·3H$_2$O	$\mu=-0.02326c+0.08489$	0.9959	3.650
Tet-Co(Ⅱ)	$\mu=-0.1638c+0.08318$	0.9996	0.5078
Co(NO$_3$)$_2$·3H$_2$O	$\mu=-0.04785c+0.08318$	0.9974	1.7383
Tet-Ni(Ⅱ)	$\mu=-0.1106c+0.08342$	0.9961	0.7542
Ni(NO$_3$)$_2$·3H$_2$O	$\mu=-0.02801c+0.08389$	0.9975	2.995

由以上数据可以看出，Tet、Tet 金属配合物、M(NO$_3$)$_2$·3H$_2$O（M＝Cu，Zn，Co，Ni）溶液对大肠杆菌均有不同程度的抑制作用，并且通过对它们最佳抑菌浓度数据的比较，可得到新合成的 Tet 金属配合物的抑菌作用均强于 Tet 及其对应的金属盐。用微量量热法研究 Tet 及其金属配合物对细菌生长代谢的作用，为拓展 Tet 及 Tet 衍生物的抑菌活性测试提供了新方法。

第七节 中西药物研究展望

中西药物研究已取得了一些重要的进展，但如何建立能模拟生化过程的多参数动力学模型，还有待于进一步研究开发。另外，药物的开发应用及对细菌抑制及促进作用的热动力学研究将是近年来中生物热动力学的主要发展趋势，也是当今热动力学研究中最为活跃的领域。

(1) 中药有效成分的分离、提纯及提纯物对细菌的抑菌作用的研究和药物分子有效基团与药效之间的关联的探索是今后有前景的课题。

(2) 对微生物在不同条件下的生长进行详尽的研究，通过各生长条件之间以及生长情况的差异，寻找出更符合生化过程的理论模型。

(3) 开展中西药物对细菌的抑制作用的热动力学研究，为筛选新的特效药及其用药量提供理论基础及新的研究方法。

(4) 中药有效成分对细菌的促进作用的研究，为筛选新的补益药及其用药量提供理论依据，这是近年来较有前景的课题之一。

(5) 运用生物热动力学进行细菌对中草药抗药性的研究。在如今抗生素泛滥、微生物耐药抗药性增强的背景下，如何有效地利用中草药的优势，在消除微生物的同时避免微生物产生抗药性，是今后医学研究中的一个重大课题。

(6) 有机金属配合物能影响药物的生理活性，可以明显改善药物的吸收，延长药物作用时间，提高生物活性，金属与配体（有机药物）有协同作用，还可以提高药效及产生新的药理作用。此项研究为筛选新的特效药提供了新的途径，是今后有前景的课题。

参 考 文 献

[1]　Zhang H L，Sun H T，Liu Y J，et al. Thermochimi Acta，1993，223：29.

[2]　于秀芳，张洪林，李志萍，等. 生物工程学报，1996，12（增刊）：79.

[3]　Wadso I，Spink C. Biochem Anal，1976，23：1.

[4]　韩公社，王保怀，张有民，等. 物理化学学报，1997，11：969..

[5]　刘义，冯英，屈松生，等. 化学学报，1996，54：1170.

[6]　Zhang H L，Nan Z D，Sun H T，et al. Thermochim Acta，1993，223：23.

[7]　张洪林，刘永军，南照东，等. 物理化学学报，1995，11（1）：79.

[8]　刘永军，孙海涛，南照东，等. 物理化学学报，1995，10：941.

[9]　李艳，张举仁，张誉泰，等. 山东大学学报，2000，4：473.

[10]　董勤业，张有民，徐淑惠，王永潮. 物理化学学报，1988，4：340.

[11]　徐桂端，谢昌礼，孙达远，等. 物理化学学报，1988，4：337.

[12]　孙海涛，刘永军，南照东，等. 应用化学，1995，1：105.

[13]　于游，孙玉希，卢海峰，张洪林. 药物分析杂志，2003，23：193.

[14]　王建涛，孔哲，闫咏梅，等. 化学世界，2007，8：460.

[15]　Zhang H F，Yu Xiufang，Sun Haitao，Liu Yongiun，Nan Zhaodong et al.. Journal of Thermal Analysis，1999，58：435.

[16]　Yu X F，Zhang H L，Li Z P，et al. J Therm Anal，1997，50：499.

[17]　李志萍，于秀芳，杭瑚，等. 物理化学学报，1996，5：468.

[18]　李志萍，杭瑚，陆懋荪，等. 应用化学，1996，5：114.

[19]　王彩萍，卢海峰，张洪林，康戈莉. 应用化学，2006，8：942.

[20]　李晶，毕红艳，杜保同，等. 应用化学，2011，28（8）：897.

第二十章 非线性化学振荡体系的量热分析曲线及数据

第一节 概　述

大量的实验研究结果表明，当化学反应处于远离平衡态时，由于反应体系中的各种非线性过程的作用，呈现出极其丰富的动力学行为。例如，化学振荡、空间有序结构、化学波、化学混沌等。人们通常把化学反应体系的各种时空有序结构称为非线性化学现象，简称为非线性化学[1~3]。一门新的交叉学科非线性化学正在形成，它已经成为化学学科发展的一个新的生长点，具有广阔的应用前景。

过去的几十年，非线性化学由于其奇异的动力学行为以及作为一种探索生命体内周期性现象的重要途径而备受关注。尤其是研究生命体系中物质参与的化学振荡对探索生物振荡规律，推动医药学的发展起着十分重要的作用。非线性化学无论在理论上或实验上都得到迅速发展，并取得了巨大的成绩，它引起了物理化学家和生物化学家的浓厚兴趣。

一、化学振荡反应

化学振荡反应是指在化学反应体系中某个组分或中间产物的状态量（如浓度）随时间空间周期变化的现象。化学振荡是处于远离平衡态的耗散结构，是一类自组织现象，也可以叫做非平衡非线性现象。它把非平衡态作为研究对象，从而让基本是独立的传统的化学热力学和动力学不再分割。

二、化学振荡体系的研究方法

影响振荡反应的因素有各反应物的浓度、催化剂的浓度、温度、光照条件等。根据各振荡反应特点，可用下列几种方法研究反应振荡体系。

1. 分光光度法

利用反应体系中某种组分的光吸收来观察反应体系的振荡现象，得到的结果较为直接。

2. 电势测量法

用测电势的方法观察，分析其动力学行为。一般是通过铂电极和参比电极来检测均相反应溶液中的氧化还原电势的变化。

3. 电导测量法

利用振荡反应体系中电导的变化，用电导仪或电导率仪来测量，可以观察振荡现象，分析动力学行为。

4. 离子选择性电极法

利用离子选择性电极来测定反应体系中某种离子浓度的变化来研究振荡反应的规律。

5. 微量量热法

在振荡反应过程中会伴随着热量的变化，用微量量热仪来检测这一过程的热量变化可以观察出振荡现象和振荡波。

三、化学振荡反应的特征和条件

要描述振荡反应的非线性动力学特征，就要先从热力学的角度判断非线性动力学特征存在的可能性。振荡反应宏观上存在有序性，是一个耗散结构，符合非线性非平衡热力学的特征。

1. 基本特征

从热力学观点看，自然界存在两类有序结构，一类是微观尺度上的有序，如晶体；另一类是具有宏观尺度上的时空有序结构。在开放和远离平衡的条件下与外界环境不断交换物质和能量过程中，通过能量的耗散过程和内部的非线性动力学机制来形成和维持，当用耗散结构理论解释宏观时空有序结构时，有如下的基本观点。

（1）非平衡是有序之源，平衡态是熵值为最大的状态。因此，孤立体系随时间的变化将自发地趋于无序状态。对于开放体系，必须在非平衡条件下向体系供给足够的负熵才有可能产生有序状态。因此，非平衡对建立有序状态起到积极的作用。

（2）通过涨落达到有序。在通常情况下，体系涨落是很小的，它的作用可以忽略。但在某些特殊的情况下，例如，平衡相变点附近，涨落可以反常地大，而且它们之间的相关效应可以延伸到宏观的空间距离和时间距离，此时涨落的作用不仅不能忽略，甚至对体系的物理和化学行为起到支配作用。

（3）非线性反馈是在远离平衡条件下形成宏观时空有序状态的必须条件，这些非线性反馈使得体系中各个单元有可能合起来形成有序的耗散结构。

2. 基本条件

产生化学振荡需满足三个条件。

（1）反应必须远离平衡态。化学振荡只有在远离平衡态，并具有很大的不可逆程度时才能发生，在封闭体系中振荡是衰减的，在敞开体系中，可以期待持续振荡。

（2）反应历程中应包括自催化的步骤，产物之所以能加速反应，因为是自催化反应，如过程中的产物同时又是反应物。

（3）体系必须有两个稳态存在，即具有双稳定性。

四、BZ 反应振荡体系的类型

BZ 反应作为非线性理论中典型的化学振荡反应，自 20 世纪 50 年代被发现以来，人们对其进行了详细的实验研究和理想分析，尤其是对均相体系进行了不断的研究。由于可用于 BZ 反应的有机底物非常多，另外，催化剂也有多种选择，根据有机底物和催化剂类型的不同，BZ 反应可分为四种类型。

（1）经典类。经典类是指只有一种有机底物和一种金属离子作催化剂的 BZ 反应。

（2）非催化类。该 BZ 反应是指只有一种有机底物而不需要金属离子作催化剂的 BZ 反应。

（3）偶合类。这类 BZ 反应是指两种或两种以上有机底物和金属离子作催化剂的体系。

（4）异相类。异相指不属于一个均相体系，一般指固液相体系或液气相体系。

第二节　化学振荡机理

化学振荡体系的反应历程中应包含有自催化的步骤。有些自催化反应有可能使反应体系中某些物质的浓度随时间（或空间）发生周期性的变化，即发生化学振荡。

一、化学振荡反应

一些学者提出过诸多模型来研究化学振荡反应的机理。以洛特卡（Lotka)-沃尔特拉（Volterra）的自催化模型为例来说明振荡机理[4]。机理如下：

(1) $A+X \xrightarrow{k_1} 2X$ $\qquad$ $r_1 = \dfrac{d[A]}{dt} = k_1[A][X]$

(2) $X+Y \xrightarrow{k_2} 2Y$ $\qquad$ $r_2 = \dfrac{d[X]}{dt} = k_2[X][Y]$

(3) $Y \xrightarrow{k_3} E$ $\qquad$ $r_3 = \dfrac{d[E]}{dt} = k_3[Y]$

其净反应则是 $\qquad\qquad\qquad\qquad A \longrightarrow E$

对这一组微分方程求解得到：

$$k_2[X] - k_3\ln[X] + k_2[Y] + k_1[A]\ln[Y] = 常数$$

这一方程的具体解可用两种方法表示，一种是用 [X] 和 [Y] 对时间 t 作图，见图20-1，其浓度随时间呈周期性变化。另一种是以 [X] 对 [Y] 作图，见图20-2，表明反应轨迹为一封闭椭圆曲线。

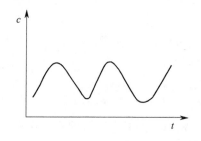

图 20-1 浓度[X] 与 [Y] 随时间 (t) 的周期性变化

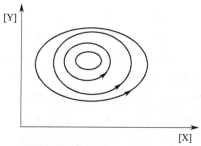

图 20-2 不同起始反应物浓度出现的不同的封闭轨迹

对于上述机理写出中间物的速率方程

$$\frac{d[X]}{dt} = k_1[A][X] - k_2[X][Y] \tag{20-1}$$

$$\frac{d[Y]}{dt} = k_2[X][Y] - k_3[Y] \tag{20-2}$$

当 $\dfrac{d[X]}{dt} = \dfrac{d[Y]}{dt} = 0$，可得定态浓度 $[X]_s$、$[Y]_s$。

$$[X]_s = \frac{k_3}{k_2} \qquad\qquad [Y]_s = \frac{k_1[A]}{k_2} \tag{20-3}$$

当取一定的初始值，在 [A] 一定的条件下，按上式进行数值积分，可得中间物浓度 [X] 和 [Y] 随时间的变化。由图可见，[X] 和 [Y] 都出现周期性的振荡。但它们的相位不同，$\dfrac{d[X]}{dt}$ 和 $\dfrac{d[Y]}{dt}$ 不会同时等于零，也就是说式(20-3)所表示的定态不会达到，这个定态是一个不稳定的焦点。

为求得 [X] 和 [Y] 间的关系，将式(20-1)与式(20-2)相除，并利用式(20-3)，得：

$$\frac{d[X]}{d[Y]}=\frac{k_1[A][X]-k_2[X][Y]}{k_2[X][Y]-k_3[Y]}=-\frac{k_2[X]([Y]-[Y]_s)}{k_2[Y]([X]-[X]_s)}$$

$$d[X]\left(1-\frac{[X]_s}{[X]}\right)=-d[Y]\left(1-\frac{[Y]_s}{[Y]}\right)$$

积分上式得：$\qquad [X]-[X]_s\ln[X]+[Y]-[Y]_s\ln[Y]=K$

式中，K 是积分常数。

如果体系是敞开体系，在反应过程中不断地提供给 A（例如，在流动体系中不断流入 A），最终产物 E 对反应无多大影响，移去与否均可。由于 A 的不断补充，体系总是远离平衡态，始终保持 $\Delta_r G_m$ 为较负的值，以便有足够的驱动力使反应自发进行。倘若不补充 A，A 不断消耗，反应的振荡不会维持多久。

二、BZ 反应

BZ 反应是一个由许多溴的自歧化反应偶合在一起的自催化反应体系。对于 BZ 反应体系的振荡机理，比较普遍为人们接受的是由 Fiel、Koros 和 Noyes[5] 提出的关于在硫酸介质中的金属铈离子作催化剂时丙二酸被溴酸氧化的机理，简称 FKN 机理。反应由三个主过程组成：

过程 A：$\qquad Br^-+BrO_3^-+2H^+ \longrightarrow HBrO_2+HBrO \qquad$ (20-4)

$\qquad\qquad Br^-+HBrO_2+H^+ \longrightarrow 2HBrO \qquad$ (20-5)

过程 B：$\qquad HBrO_2+BrO_3^-+H^+ \longrightarrow 2BrO_2+H_2O \qquad$ (20-6)

$\qquad\quad BrO_2+Ce^{3+}+H^+ \longrightarrow HBrO_2+Ce^{4+} \qquad$ (20-7)

$\qquad\qquad\quad 2HBrO_2 \longrightarrow BrO_3^-+H^++HBrO \qquad$ (20-8)

过程 C：$\quad 4Ce^{4+}+BrCH(COOH)_2+H_2O+HBrO \longrightarrow$

$$2Br^-+4Ce^{3+}+3CO_2+6H^+ \qquad (20\text{-}9)$$

过程 A 是消耗 Br^-，产生能进一步反应的中间产物 $HBrO_2$。

过程 B 是一个自催化过程，在 Br^- 消耗到一定程度后，$HBrO_2$ 才按式(20-5)、式(20-6)进行反应，并使反应不断加速，Ce^{3+} 被氧化为 Ce^{4+}，$HBrO_2$ 的累积还受到式(20-7) 的制约。

过程 C 为丙二酸被溴化为 $BrCH(COOH)_2$，与 Ce^{4+} 反应生成 Br^-，使 Ce^{4+} 还原为 Ce^{3+}。

过程 C 对化学振荡非常重要，如果只有 A 和 B，就是一般的自催化反应，进行一次就完成了，正是 C 的存在，以丙二酸的消耗为代价，重新得到 Br^- 和 Ce^{3+}，反应得以再启动，形成周期性的振荡。

该体系的总反应为：

$$3H^++3BrO_3^-+5CH_2(COOH)_2 \longrightarrow 3BrCH(COOH)_2+4CO_2+5H_2O+2HCOOH$$

根据 FKN 机理，BZ 反应的中间产物 $HBrO_2$、Br^- 和 Ce^{4+} 是引起反应体系呈现振荡行为的关键组分，其中，Br^- 起到控制反应过程的作用，$HBrO_2$ 起到切换开关的作用，Ce^{4+} 起到再生 Br^- 的作用。

第三节　BZ 化学振荡体系的量热分析曲线及数据

最著名的化学振荡反应是 1959 年首先由别诺索夫（Belousov）观察发现的，随后柴波廷斯基（Zhabotinsky）继续了该反应的研究。他们报道了以金属铈离子作催化剂时，柠檬酸被 $HBrO_3$ 氧化可发生化学振荡现象。用微量量热仪对 BZ 化学振荡体系进行测定，得到了周期性的振荡曲线，还可得到诱导期、振荡周期和表观活化能。

兹以不同温度时 BZ 化学振荡体系的实验为例[6]。

在硫酸介质中的金属铈离子作催化剂时丙二酸被溴酸氧化反应是典型的 BZ 反应，用微量量热仪对 BZ 化学振荡体系进行测量。

（一）实验部分

采用瑞典 Thermal Metric AB 公司生产的微量量热仪对振荡体系进行测量。

在恒温反应容器中加入已配好的（A）丙二酸溶液（3mol/L）5ml、溴酸钾溶液（0.2530mol/L）5ml、硫酸溶液（3.00mol/L）2.5ml，再加入（B）硫酸铈铵溶液（0.5351mol/L）2.5ml 和 5 ml 水，用蠕动泵同时将（A）和（B）加入反应池中，记录仪同时记录化学振荡体系的热功率-时间曲线。

（二）数据处理

用热活性检测仪测定了不同温度时的热功率-时间曲线，见图 20-3～图 20-7。

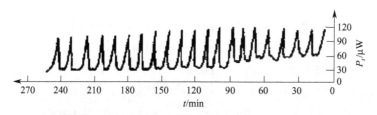

图 20-3 298K 时 BZ 化学振荡体系的热功率-时间曲线

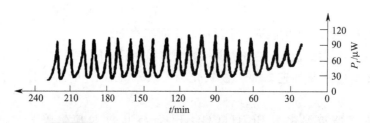

图 20-4 300K 时 BZ 化学振荡体系的热功率-时间曲线

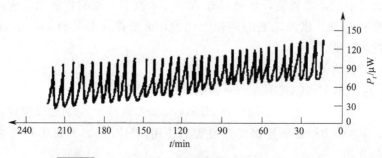

图 20-5 302K 时 BZ 化学振荡体系的热功率-时间曲线

按照文献的方法，依据公式 $\ln \dfrac{1}{t_{诱}} = -\dfrac{E_{诱}}{RT} + C$ 及 $\ln \dfrac{1}{t_{振}} = -\dfrac{E_{振}}{RT} + C$，还可计算出表观

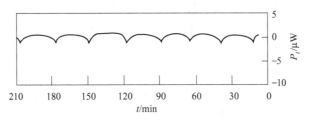

图 20-6　302K 时化学振荡体系在 20h 后的热功率-时间曲线

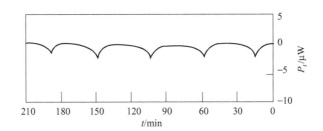

图 20-7　302K 时化学振荡体系在 40h 后的热功率-时间曲线

活化能 $E_{诱}$ 及 $E_{振}$。

第四节　微生物振荡体系的量热分析曲线及数据

石油是一种非再生的资源，由于石油是一种流体矿藏，从而使其具有独特的开采方式。石油的开采分为一采（依靠地层能量进行自喷开采）、二采（用人工注水或注气，增补油藏能量使原油得到连续开采）、三采（依靠其他物理和化学方法进行开采），在三采过程中还包括微生物采油。微生物提高采收率的方法是微生物使烷烃或烯烃的长链剪断，使之变成小分子物质，增加了流动性。张洪林等[7,8]在这方面进行了研究，在研究过程中发现了振荡现象，称为微生物振荡体系。

兹以嗜油菌 K 在不同条件时微生物振荡体系的实验为例[7]。

为提高石油的采收率，研究了嗜油菌在油中的代谢过程，在用量热法进行研究过程中，发现了嗜油菌在特定条件下有振荡现象。

（一）实验部分

微生物 K（嗜油菌）由山东大学微生物系提供。

培养基 A：NaCl 0.5g；$(NH_4)_2SO_4$ 0.1g；$MgSO_4 \cdot 7H_2O$ 0.025g；KH_2PO_4 0.5g；$K_2HPO_4 \cdot 3H_2O$ 1g；牛肉膏 0.1g。溶解在 100ml 蒸馏水中，pH 值为 8.60、7.20、6.55。

培养基 B 液：每 100ml 培养液 A 中还包括 0.4ml Tween80（2％）和正十二烷（2％）（体积比）。

培养基 C 液：每 100ml 培养液 A 中还包括 0.4ml Tween80（2％）和正十四烷（2％）（体积比）。

培养基 D 液：每 100ml 培养液 A 中还包括 0.4ml Tween80（2％）和正十六烷（2％）（体积比）。

实验采用停流法。首先清洗和消毒流动池，清洗完毕后，再以 10ml/h 流速的无菌蒸馏水走基线，待基线稳定后，以相同流速泵入混悬液（以无菌手续接种嗜油菌菌种于培养基 B 液或 C 液或 D 液中，摇匀后即为混悬液），确认混悬液已充满流动池后停泵，仪器即开始测量，记录流动池内嗜油菌代谢过程的热功率-时间曲线，当记录笔返回基线后，即认为实验结束。

（二）数据处理

首先用热活性检测仪测定了嗜油菌 K 在不同碳源、不同酸度、不同温度时生长代谢过程中的热功率-时间曲线，见图 20-8～图 20-10。

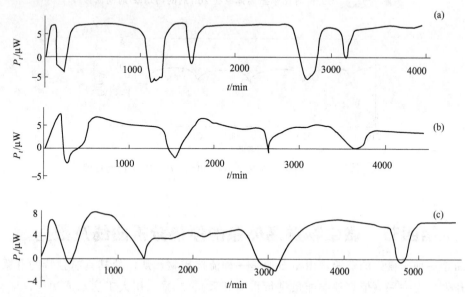

图 20-8　323K 时，嗜油菌 K 在不同酸度的培养基 C 液时代谢过程中的热功率-时间曲线

（a）pH＝8.60；（b）pH＝7.20；（c）pH＝6.55

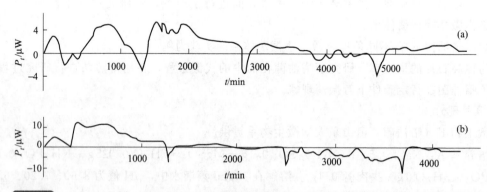

图 20-9　pH＝6.55 时，嗜油菌 K 在不同温度的培养基 C 液时代谢过程中的热功率-时间曲线

（a）318K；（b）310K

对诱导期 t_{in} 及振荡周期 t_p 取平均值，结果列于表 20-1～表 20-3。

表 20-1　嗜油菌 K 在不同碳源时 t_{in} 及 t_p 的平均值（323K，pH＝6.55）

项　目	正十二烷	正十四烷	正十六烷
t_{in}/min	333	281	228
t_p/min	1122	1156	1176

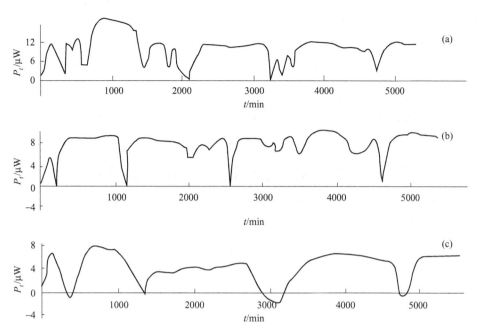

图 20-10 323K，pH＝6.55 时，嗜油菌 K 在不同碳源时生长代谢过程中的热功率-时间曲线

（a）正十二烷；（b）正十四烷；（c）正十六烷

由 t_{in} 及 t_p 的数据，可建立 t-n 关系式。

$$t_{in}=648-26.25n \quad (n=12,14,16;r=0.9999)$$
$$t_p=962+13.5n \quad (n=12,14,16;r=0.9890)$$

式中，n 代表烷烃中的碳原子数。

表 20-2 嗜油菌 K 在不同温度时 t_{in} 及 t_p 的平均值 （pH＝6.55）

T/K	310	318	323
t_{in}/min	345	303	281
t_p/min	1256	1180	1176

由 t_{in} 及 t_p 的数据，可建立 $\ln(1/t)$-$(1/T)$ 的关系式。

$$\ln(1/t_{in})=-0.73867-1582.4/T \quad (r=-0.9999;E_{in}=13.156kJ/mol)$$
$$\ln(1/t_p)=-5.02886-652.3/T \quad (r=-0.9902;E_p=5.423kJ/mol)$$

表 20-3 嗜油菌 K 在不同酸度时 t_{in} 及 t_p 的平均值 （323K）

pH 值	8.60	7.20	6.55
t_{in}/min	178	249	281
t_p/min	1375	1232	1156

由 t_{in} 及 t_p 的数据，可建立 $\ln(1/t)$-c_{H^+} 的关系式。

$$\lg t_{in}=3.0945+0.09791\lg c_{H^+} (r=-0.9984 \quad 或 \quad t_{in}=1243c_{H^+}^{0.09791})$$

$$\lg t_p=2.8267-0.03633\lg c_{H^+} (r=-0.9984 \quad 或 \quad t_p=670.9c_{H^+}^{0.03633})$$

式中，c_{H^+} 代表酸的浓度。

按照文献的方法，根据 $\ln 1/t = -E/RT + C$ 式，$\ln(1/t)\text{-}1/T$ 的关系式，由 t_{in} 及 t_p 的数据，可建立下列关系式，从而得出表观活化能 E。

$$1/t_{in} \propto c_{H^+}^{-0.09791} \exp(-13156/RT) \qquad 1/t_{in} \propto c_{H^+}^{-0.03633} \exp(-5423/RT)$$

微生物振荡体系是在测量嗜油菌在不同碳源、不同酸度、不同温度热效应时发现的。该振荡体系只有在培养基 B、C、D 液时才表现出振荡。从振荡体系的热功率-时间曲线，可得到诱导期和振荡周期，从而得出表观反应级数和表观活化能。

第五节　萃取振荡体系的量热分析曲线及数据

溶剂萃取体系由水相和有机相两部分构成。在水相中含有被萃取物，在有机相中含有萃取剂、稀释剂。要实现物质的液-液萃取时，进行接触的两种液体必须能形成两相，通过物理或化学作用部分或几乎全部地转入有机相的过程。张洪林等[9~11]研究萃取过程的热效应时发现了一种新的振荡体系，称为萃取振荡体系。

一、伯胺 N_{1923} 氯仿萃取盐酸和磷酸振荡体系实验

萃取振荡体系是在测量萃取反应热效应时发现的，该萃取体系在氯仿作溶剂萃取盐酸和磷酸时发现了振荡现象。从萃取振荡反应的热功率-时间曲线，得到了诱导期（t_{in}）、第一振荡周期（$t_{p,1}$）和第二振荡周期（$t_{p,2}$）的数据，计算了表观活化能[9]。

（一）实验部分

滴定微量量热仪由瑞典 Thermometric AB 公司生产。

伯胺 N_{1923} 由上海有机化学研究所提供，经文献方法提纯，含伯胺＞99.8％，含氮 3.61×10^{-3} mol/g，平均相对分子质量 277。氯仿，分析纯，进口分装（中国医药上海化学试剂站）。冰乙酸，分析纯（南京化学试剂厂）。

称取伯胺 N_{1923}，配成 0.500mol/L 氯仿溶液，用二次蒸馏水分别配制浓度为 0.100mol/L 的盐酸溶液和浓度为 0.300mol/L 的磷酸溶液。

实验方法：采用 4ml 不锈钢安瓿瓶滴定微量量热单元。取伯胺 N_{1923} 氯仿液 1ml，放入不锈钢安瓿瓶中，在滴定微量量热仪的连杆上绕细塑料管，管中盛有一定浓度的酸溶液，作为反应体系。安瓿瓶放入仪器预热处预热 1h 后，将反应体系的安瓿瓶放到仪器测量处，继续预热塑料管中的酸溶液 1h。当温度恒定后，将反应体系的搅拌系统打开，使转速 120r/min，迅速把预热好的塑料管中的酸溶液 1ml 加入安瓿瓶中，记录萃取振荡体系的热功率-时间曲线，当曲线与基线平行不变时即认为反应结束。然后把测量的反应体系换成参比液，在安瓿瓶中改放 1ml 氯仿，同法进行实验，

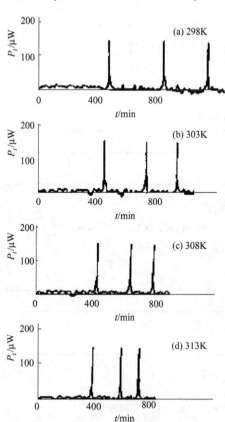

图 20-11　不同温度时伯胺 N_{1923} 氯仿萃取盐酸振荡体系的热功率-时间曲线

以便修正由于搅拌引起的误差。

（二）数据处理

图 20-11 是不同温度时 0.500mol/L 伯胺 N_{1923} 氯仿萃取 0.100mol/L 盐酸体系的热功率-时间曲线，每个温度测量 3 次，曲线基本相同，对 t_{in} 及 t_p 取平均值，结果列于表 20-4。

表 20-4 不同温度时萃取磷酸振荡体系的 t_{in} 及 t_p 的平均值

T/K	298	303	308	313
诱导期 t_{in}/min	485	450	420	390
第一振荡周期 $t_{p,1}$/min	360	280	220	180
第二振荡周期 $t_{p,2}$/min	295	215	160	120

不同温度 0.500mol/L 伯胺 N_{1923} 氯仿萃取磷酸体系的热功率-时间曲线，见图 20-11 和图 20-12。每个温度测量 3 次，曲线基本相同，对 t_{in} 及 t_p 取平均值，结果列于表 20-5。

表 20-5 不同温度时萃取磷酸振荡体系的 t_{in} 及 t_p 的平均值

T/K	298	303	308
诱导期 t_{in}/min	1675	955	725
第一振荡周期 $t_{p,1}$/min	655	285	190
第二振荡周期 $t_{p,2}$/min	500	210	125

对 0.100mol/L 盐酸体系：按照文献的方法，根据式 $\ln(1/t)=-E/RT+C$，由 t_{in}、$t_{p,1}$ 和 $t_{p,2}$ 的数据，可建立 $\ln(1/t)$-$1/T$ 的关系式，从而得出表观活化能 E。

$$\ln\frac{1}{t_{in}}=-1.6591-\frac{1348.6}{T}$$

$$r=-0.9998；E_{in}=11.212\text{kJ/mol}$$

$$\ln\frac{1}{t_{p,1}}=8.6560-\frac{4331.4}{T}$$

$$r=-0.9993；E_{p,1}=36.011\text{kJ/mol}$$

$$\ln\frac{1}{t_{p,2}}=13.0606-\frac{5585.9}{T}$$

$$r=-0.9999；E_{p,2}=46.442\text{kJ/mol}$$

对于 0.300mol/L 磷酸体系：同理按照文献的方法，由 t_{in}、$t_{p,1}$ 和 $t_{p,2}$ 的数据，可建立 $\ln(1/t)$-$1/T$ 的关系式，从而得出表观活化能 E。

$$\ln\frac{1}{t_{in}}=18.4591-\frac{7.6997}{T}$$

$$r=-0.9829；E_{in}=64.015\text{kJ/mol}$$

$$\ln\frac{1}{t_{p,1}}=31.7692-\frac{11379.8}{T}$$

$$r=-0.9826；E_{p,1}=94.612\text{kJ/mol}$$

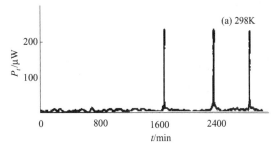
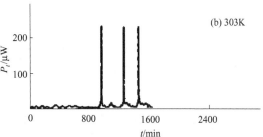
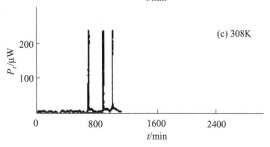

图 20-12 不同温度时伯胺 N_{1923} 氯仿萃取磷酸振荡体系的热功率-时间曲线

$$\ln \frac{1}{t_{p,2}} = 36.5919 - \frac{12740.4}{T}$$

$$r = -0.9909; E_{p,2} = 105.924 \text{kJ/mol}$$

由表 20-4 和表 20-5 可见，t_{in}、$t_{p,1}$ 和 $t_{p,2}$ 值都随温度升高而减小；相同温度下，t_{in}、$t_{p,1}$ 和 $t_{p,2}$ 值依次减小。从计算出的表观活化能可见，萃取磷酸体系的表观活化能大于萃取盐酸体系的表观活化能；同浓度的酸时，$E_{in} < E_{p,1} < E_{p,2}$。

二、伯胺 N$_{1923}$氯仿萃取乙酸振荡体系实验

发现了一种新的溶剂萃取振荡体系，测定了伯胺 N$_{1923}$氯仿液萃取乙酸的热功率-时间曲线，得到了诱导期（t_{in}）、第一振荡周期（$t_{p,1}$）和第二振荡周期（$t_{p,2}$）的数据，计算出了表观活化参数，建立了诱导期、振荡周期和起始乙酸浓度、温度间的关系式[10]。

（一）实验部分

滴定微量量热计由瑞典 Thermomtric AB 公司生产。伯胺 N$_{1923}$[R—CH(NH$_2$)—R$'$，R/R$'$ 为 C$_9$ ～ C$_{11}$ 的烷基] 由上海有机化学研究所提供，按文献方法提纯，含伯胺大于 99.8%（质量分数），含氮 3.61×10^{-3} mol/g，平均相对分子质量 277；氯仿（中国医药公司上海化学试剂站）为分析纯；冰乙酸（南京化学试剂厂）为分析纯。

溶液的配制：伯胺 N$_{1923}$氯仿溶液，称取计算量的伯胺 N$_{1923}$，溶于一定体积的氯仿中，使浓度为 0.500mol/L。称取计算量的冰乙酸，用二次蒸馏水配制乙酸溶液浓度为 0.100mol/L、0.200mol/L、0.300mol/L、0.500mol/L。实验方法同（一）。

（二）数据处理

测定了在不同温度时 0.500mol/L 伯胺 N$_{1923}$氯仿溶液萃取 0.300mol/L 乙酸体系的热功率-时间曲线，每个温度测定三次，其曲线基本相同，并对 t_{in} 及 t_p 取平均值，曲线见图 20-13。

相同温度下，又测定了不同浓度的乙酸被 0.500mol/L 伯胺 N$_{1923}$-氯仿溶液萃取的热功率-时间曲线，每个浓度的乙酸体系测量三次，曲线基本相同，对 t_{in} 及 t_p 取平均值，曲线见图 20-14。

1. 温度对萃取振荡体系的影响

测定 0.500mol/L 伯胺 N$_{1923}$氯仿溶液萃取 0.300mol/L 乙酸体系在不同温度下的热功率-时间曲线，得到了诱导期（t_{in}）、第一振荡周期（$t_{p,1}$）和第二振荡周期（$t_{p,2}$）的数据，见表 20-6。

表 20-6 不同温度时伯胺萃取乙酸振荡体系的 t_{in} 及 t_p 的平均值

T/K	t_{in}/min	$t_{p,1}$/min	$t_{p,2}$/min
298	440	290	205
303	385	245	175
308	350	175	125
313	300	145	80

按照文献的方法，由 t_{in}、$t_{p,1}$、$t_{p,2}$ 的数据，可建立 $\ln(1/t)$-$1/T$ 的关系式，从而得出表观活化参数（E），其方程式为：

$$\ln \frac{1}{t_{in}} = 1.6949 - \frac{2319.6}{T}$$

$$R = -0.9957; E_{in} = 19.285 \text{kJ/mol}$$

$$\ln \frac{1}{t_{p,1}} = 9.4225 - \frac{4504.8}{T}$$

$$R = -0.9910 ; E_{p,1} = 37.453 \text{kJ/mol}$$

$$\ln \frac{1}{t_{p,2}} = 14.3136 - \frac{5875.3}{T}$$

$$R = -0.9766 ; E_{p,2} = 48.847 \text{kJ/mol}$$

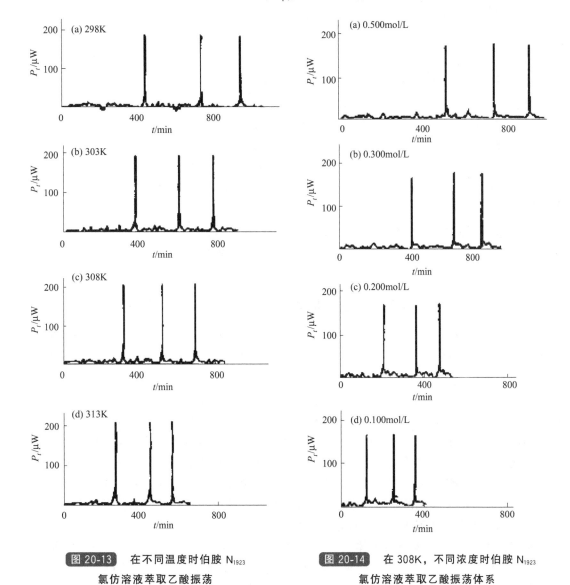

图 20-13 在不同温度时伯胺 N_{1923} 氯仿溶液萃取乙酸振荡体系的热功率-时间曲线

图 20-14 在 308K，不同浓度时伯胺 N_{1923} 氯仿溶液萃取乙酸振荡体系的热功率-时间曲线

2. 起始乙酸浓度对萃取振荡体系的影响

测定了 0.500mol/L 伯胺 N_{1923} 氯仿溶液萃取不同浓度的乙酸体系的热功率-时间曲线，得到了诱导期（t_{in}）、第一振荡周期（$t_{p,1}$）和第二振荡周期（$t_{p,2}$）的数据，见表 20-7。

按照文献的方法，由 t_{in}、$t_{p,1}$ 和 $t_{p,2}$ 的数据，建立 t-c_{HAc} 的关系式，其方程式为

$$t_{in} = 30.857 + 1001.43c_{HAc} \quad (R = 0.99706)$$

$$t_{p,1} = 101.714 + 252.86c_{HAc} \quad (R = 0.99784)$$

$$t_{p,2} = 75.429 + 175.71c_{HAc} \quad (R = 0.99684)$$

表 20-7 不同浓度时伯胺萃取醋酸振荡体系的 t_{in} 及 t_p 的平均值

$c/(mol/L)$	t_{in}/min	$t_{p,1}/min$	$t_{p,2}/min$
0.100	130	130	95
0.200	220	150	110
0.300	350	175	125
0.500	525	230	165

结论：

（1）萃取振荡体系是在测定萃取反应热效应时发现的，该萃取振荡体系只有在氯仿作溶剂时才表现出振荡，在磺化煤油等溶剂中未发现此现象。

（2）从不同温度的萃取振荡的热功率-时间曲线，可得到诱导期和振荡周期。从表 20-6 可见，t_{in}、$t_{p,1}$ 和 $t_{p,2}$ 的数值都随着温度的增加而减少；在相同温度时，t_{in}、$t_{p,1}$ 和 $t_{p,2}$ 的数值逐渐减少。

（3）从不同起始浓度的乙酸体系的热功率-时间曲线，可得到诱导期和振荡周期。从表 20-7 可见，t_{in}、$t_{p,1}$ 和 $t_{p,2}$ 的数值随着酸度的增加而增加，在相同浓度的乙酸时 $t_{p,1}$ 大于 $t_{p,2}$。

第六节　中药振荡体系的量热分析曲线及数据

中药可以治疗疾病，是由于它参与人体血液循环及代谢过程。而人体中存在着许多振荡行为，如心跳、情绪、新陈代谢等。人体生病则相应的振荡波形就会发生紊乱，而中药复方则可以修正这些异常的振荡，对阴阳失调的有机体进行调整。

人体是一个由诸生理构成的复杂的巨体系，是非线性体系，通过复杂的内部调控处于自稳态，从中医角度看，阴阳平衡态就是人体的最佳健康状态，从系统论角度看，应是人体这个复杂巨体系的最佳自稳态。中医阴阳平衡态等价于人体复杂巨体系的最佳自稳态。体系内物质的运动相对于最佳自稳态有快慢（或左右）的偏离，即相对于最佳自稳态的快慢（或左右）振荡。体系失稳，人体就是生病，即中医的所谓阴阳失衡，出现阴证阳证。中药复方是中医治疗疾病、康复体制的主要手段，它以消除病因、恢复脏腑功能协调为根本，纠正阴阳偏盛偏衰病理现象，达到正常生理状态为目的。

兹以四物汤及其单味药振荡体系实验为例[12]。四物汤来源于宋代《太平惠民和剂局方》，由熟地黄、白芍、当归、川芎四味组成。功能补血调血，用于一切营血虚滞，妇人月经不调，脐腹作痛及崩中漏下等症[1]。近年来国内外对四物汤已经开展了相当多的基础研究，对四物汤的成分、药理和提取已有较多的研究。

采用微量量热法测定了四物汤及其单味药在不同浓度、不同温度下的振荡体系的热功率-时间曲线，得到了它们的诱导期、振荡周期，根据理论计算了它们的反应级数和表观活化能，并建立了诱导期、振荡周期与浓度和表观活化能之间的非线性关系式[12]。

（一）实验部分

原料及试剂：四物汤及其单味药药液按传统方法水煎、过滤、浓缩，配制成一定浓度的药液，置 4℃ 保存备用。溴酸钾、硫酸锰、硫酸、丙酮均为分析纯。溶剂为二次蒸馏水。

采用瑞典 Thermometric AB 公司生产的 TAM Air 八通道微量量热仪。

实验方法：实验以水为参比，将 H_2O-H_2SO_4-Act-$MnSO_4$ 依次加入微量量热仪的玻璃安瓿中，在两支注射器中分别抽入 $KBrO_3$ 和药液，反应总体积为 5ml，调转速为 120r/min 进行搅拌。待恒温后，将 $KBrO_3$ 和药液注入安瓿瓶中，仪器开始记录热功率-时间曲线，当曲线返回基线时，认为实验结束。实验重复三次，曲线重现性良好，然后取平均值。

（二）数据处理

1. 振荡体系中四物汤及其单味药发生振荡的浓度范围

在 310 K 时，固定振荡体系（BrO_3^-、Mn^{2+}、H^+ 及 Act）的浓度不变，只改变四物汤及其单味药的浓度，可得到各药发生振荡反应的浓度范围，见表 20-8。由表 20-8 可以看出，同为一方药，但发生振荡的各味药的浓度范围是各不相同的。

表 20-8　310K 时振荡体系中各药发生振荡的浓度范围　　　　　单位：g/ml

药物名称	四物汤	当归	白芍	熟地	川芎
浓度范围	0.0045~0.0288	0.0048~0.0120	0.0096~0.0312	0.0030~0.0180	0.0060~0.0264

由表 20-8 中数据可以看出，在 310K 时，四物汤及其单味药之间的振荡浓度范围各不相同，振荡波形表现各异，可知组方后的四物汤也表现出与单味药不同的振荡特点。在各自的振荡浓度范围内，四物汤和白芍在高浓度区振荡波形明显且重现性好，而熟地、当归和川芎则在低浓度区振荡波形明显且重现性好。由于反应在封闭体系中进行，随时间的延续，振幅呈逐渐减小的趋势。

2. 反应物起始浓度对振荡体系的影响

在 310K 下，BrO_3^--Mn^{2+}-H^+-Act 体系中分别加入不同浓度的各药液，得到重现性良好的振荡曲线（部分曲线见图 20-15 和图 20-16）。各体系的诱导期（t_{in}）、第一振荡周期、第二振荡周期（$t_{p,1}$，$t_{p,2}$）的数据见表 20-9。

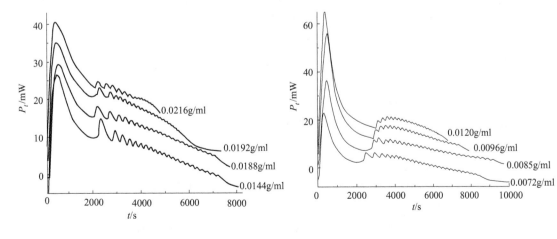

图 20-15　不同浓度的四物汤振荡体系的 P_t-t 曲线

图 20-16　不同浓度的熟地振荡体系的 P_t-t 曲线

表 20-9 不同起始浓度的四物汤及其单味药的 t_{in} 及 $t_{p,1}$，$t_{p,2}$

药物名称	浓度/(g/ml)	t_{in}/s	$t_{p,1}/s$	$t_{p,2}/s$	反应级数 f_{in}	反应级数 $f_{p,1}$	反应级数 $f_{p,2}$
四物汤	0.0144	2220	605	403			
	0.0188	2086	528	322	0.2565	0.5409	0.9642
	0.0192	2072	515	314			
	0.0216	1996	486	269			
熟地	0.0072	2351	476	373			
	0.0085	2583	402	322	0.4782	1.1495	1.1879
	0.0096	2702	329	259			
	0.0120	3013	268	207			
当归	0.0072	2887	465	429			
	0.0084	2978	432	394	0.1856	0.5765	0.6586
	0.0096	3045	394	355			
白芍	0.0188	3035	719	568			
	0.0192	3229	667	515	0.8133	3.6231	3.6916
	0.0200	3322	592	425			
	0.0216	3409	434	339			
川芎	0.0096	2396	1026	565			
	0.0120	2918	850	474	1.0615	1.0082	0.6556
	0.0144	3695	680	434			

根据 Smoes 的方法，假设诱导期与反应底物的起始浓度为幂指数关系，即

$$1/t_{in} = K c_0^a (H_2SO_4) c_0^b (KBrO_3) c_0^c (MnSO_4) c_0^d (Act) c_0^f (中药)$$

式中，K 为比例常数；a、b、c、d 为反应级数；c_0 为反应物的起始浓度。

固定 H_2SO_4、$KBrO_3$、$MnSO_4$、Act 的浓度，则 $1/t_{in} = A c_0^f$（中药），以 $\ln(1/t_{in})$-$\ln c_0$（中药）作图可求出 f，即反应级数 f_{in}，同理可得 $f_{p,1}$，$f_{p,2}$（见表 20-9）。用计算机作线性回归分析，可得出反应物浓度与各参数之间的定量关系为：

四物汤： $\ln(1/t_{in}) = -6.6198 + 0.2565 \ln c_0$ $(R = 0.9959)$

             $\ln(1/t_{p,1}) = -4.1125 + 0.5409 \ln c_0$ $(R = 0.9982)$

             $\ln(1/t_{p,2}) = -1.9222 + 0.9642 \ln c_0$ $(R = 0.9912)$

熟地： $\ln(1/t_{in}) = -10.1268 - 0.4782 \ln c_0$ $(R = 0.9979)$

             $\ln(1/t_{p,1}) = -0.4932 + 1.1495 \ln c_0$ $(R = 0.9942)$

             $\ln(1/t_{p,2}) = -0.0722 + 1.1879 \ln c_0$ $(R = 0.9928)$

当归： $\ln(1/t_{in}) = -8.4571 - 0.1856 \ln c_0$ $(R = 0.9986)$

             $\ln(1/t_{p,1}) = -7.4941 - 0.5765 \ln c_0$ $(R = 0.9997)$

             $\ln(1/t_{p,2}) = -7.6059 - 0.6586 \ln c_0$ $(R = 0.9999)$

白芍： $\ln(1/t_{in}) = -4.8984 + 0.8133 \ln c_0$ $(R = 0.9974)$

             $\ln(1/t_{p,1}) = 8.3494 + 3.6916 \ln c_0$ $(R = 0.9923)$

             $\ln(1/t_{p,2}) = 7.8125 + 3.6231 \ln c_0$ $(R = 0.9977)$

川芎： $\ln(1/t_{in}) = -12.7011 - 1.0615 \ln c_0$ $(R = 0.9940)$

             $\ln(1/t_{p,1}) = -2.2609 + 1.0082 \ln c_0$ $(R = 0.9943)$

             $\ln(1/t_{p,2}) = -3.2819 + 0.6556 \ln c_0$ $(R = 0.9914)$

3. 温度对振荡体系的影响

对于不同温度的振荡体系，选取各药的浓度不变，其他各药（BrO_3^-、Mn^{2+}、H^+ 及

Act）浓度同上，测量了不同温度下体系的热功率-时间曲线；部分曲线见图 20-17 和图 20-18。从而得到不同温度下的诱导期、振荡周期，数据见表 20-10。

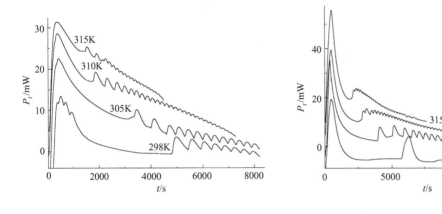

<table>
<tr><td>图 20-17</td><td>0.0188g/ml 四物汤</td></tr>
</table>

图 20-17　0.0188g/ml 四物汤
在不同温度下的 P_t-t 曲线

图 20-18　0.0085g/ml 熟地在不同
温度下的 P_t-t 曲线

从图 20-17 及图 20-18 可以看出，对于各个体系，当固定四物汤及其单味药的浓度时，温度变化对振荡波形的影响很明显。随温度升高，诱导期、振荡周期、振荡寿命都缩短。

表 20-10 不同温度下四物汤及其单味药参与的振荡体系的 t_{in}，$t_{p,1}$，$t_{p,2}$ 及表观活化能

药物名称	温度/K	t_{in}/s	$t_{p,1}$/s	$t_{p,2}$/s	E_{in}/(kJ/mol)	$E_{p,1}$/(kJ/mol)	$E_{p,2}$/(kJ/mol)
四物汤	298	4836	621	519			
	305	3368	554	446	55.381	13.797	19.374
	310	2086	528	322	(0.9913)	(0.9980)	(0.9975)
	315	1488	459	301			
熟地	298	9525	1287	788			
	305	5029	815	545	84.944	68.516	50.690
	310	2702	402	322	(0.9931)	(0.9920)	(0.9952)
	315	1595	293	263			
当归	298	8104	1541	1200			
	305	4801	846	617	72.340	79.490	72.972
	310	3045	465	429	(0.9905)	(0.9966)	(0.9955)
	315	1636	277	235			
白芍	298	5308	1986	1564			
	305	4023	1185	929	25.931	68.915	69.098
	310	3409	719	568	(0.9954)	(0.9961)	(0.9961)
	315	3035	445	348			
川芎	298	8626	3561	2106			
	305	4063	1962	955	65.847	91.030	95.195
	310	2918	850	474	(0.9945)	(0.9902)	(0.9988)
	315	2030	522	271			（　）为相关系数

根据阿仑尼乌斯公式，利用中药在不同温度下的诱导期（t_{in}），以 $\ln(1/t_{in})$-$1/T$ 作图，采用线性回归法用计算机处理各体系在 298～315K 之间的实验数据，可分别得出四物汤及其单味药的表观活化能 E_{in}，同样的处理方法，可以得到 $E_{p,1}$、$E_{p,2}$，数据见表 20-10（选取的各药液浓度分别为：四物汤 0.0188g/ml，熟地药液 0.0085g/ml，当归药液 0.0096g/ml，白芍药液 0.0188g/ml，川芎药液 0.0120g/ml）。

由上述结果可以得到在不同浓度、不同温度下，四物汤及其单味药振荡反应体系的诱导期和振荡周期与药物起始浓度和表观活化能的关系如下：

四物汤：$\dfrac{1}{t_{in}} \propto c_0^{0.2565} \exp(-55381/RT)$；　$\dfrac{1}{t_{p,1}} \propto c_0^{0.5409} \exp(-13197/RT)$；

$$\dfrac{1}{t_{p,2}} \propto c_0^{0.9642} \exp(-19374/RT)$$

熟地：$\dfrac{1}{t_{in}} \propto c_0^{0.4782} \exp(-84944/RT)$；　$\dfrac{1}{t_{p,1}} \propto c_0^{1.1495} \exp(-68516/RT)$；

$$\dfrac{1}{t_{p,2}} \propto c_0^{1.1879} \exp(-50690/RT)$$

当归：$\dfrac{1}{t_{in}} \propto c_0^{0.1856} \exp(-72340/RT)$；　$\dfrac{1}{t_{p,1}} \propto c_0^{0.5765} \exp(-79490/RT)$；

$$\dfrac{1}{t_{p,2}} \propto c_0^{0.6586} \exp(-72972/RT)$$

白芍：$\dfrac{1}{t_{in}} \propto c_0^{0.8133} \exp(-25931/RT)$；　$\dfrac{1}{t_{p,1}} \propto c_0^{3.6231} \exp(-68915/RT)$；

$$\dfrac{1}{t_{p,2}} \propto c_0^{3.6916} \exp(-69098/RT)$$

川芎：$\dfrac{1}{t_{in}} \propto c_0^{1.0615} \exp(-65847/RT)$；　$\dfrac{1}{t_{p,1}} \propto c_0^{1.0082} \exp(-91030/RT)$；

$$\dfrac{1}{t_{p,2}} \propto c_0^{0.6556} \exp(-95195/RT)$$

从图中曲线及表中数据可以看出，在一个确定的体系中，四物汤及单味药的振荡行为只有在一定的药物浓度范围内才表现出来，浓度不同，诱导期和振荡寿命不同。这说明不同的复方有不同的性质，它们的用药量及发挥药效的时间都是不同的，只有在最适浓度时才表现出诱导期、振荡周期短，振荡寿命长，振幅大的特点，直到药物消耗殆尽，振荡反应结束。对于一固定的复方体系，其振荡行为受温度的影响较大，温度不同，诱导期、周期、寿命都会发生变化，只有在最适温度下，才表现出振荡行为十分明显的特点。

第七节　振荡体系的研究展望

对于非线性化学体系，以下是未来非线性化学研究发展趋势的几点预测（展望）：
（1）寻找新的化学振荡体系；
（2）解释不同化学振荡反应的机理；
（3）研究化学体系中的混沌现象；
（4）研究化学波和图案组成，给出更好的理论解释；
（5）研究在不同条件下的非线性化学动力学行为；
（6）研究非线性化学动力学现象和生物体系行为之间的联系。

总之，非线性动力学控制的化学振荡体系具有典型的非线性动力学特征。振荡反应体系表现出来的非线性动力学行为和自然界中的一些复杂行为，尤其使生物体系的行为非常相似，利用振荡体系进行信息处理、生物行为的模拟、制备仿生器等具有非常重要的意义。随着振荡体系的研究深入，相信振荡体系的应用也将取得更大的成果。

参 考 文 献

［1］ 普里戈金，G. 尼可里斯. 非平衡系统的自组织. 北京：科学出版社，1986.

［2］ 李如生. 非平衡态热力学和耗散结构. 北京：清华大学出版社，1986.

［3］ 辛厚文. 非线性化学. 合肥：中国科技大学出版社，1999.

［4］ 许海涵. 化学振荡. 化学通报，1984，1：26.

［5］ Tyson T. Belousov-Zhabotinsky Reaction. Berlin：Springer，1976.

［6］ Sun H T，Wang X，Liu Y Y，et al. J Therm Anal Calorim，1999，58：117.

［7］ Zhang H L，Yu X F，Yu L，et al. J Therm Anal Calorim，2001，65：755.

［8］ Li Y，Hu X G，Ruisen Lin R S，et al. Thermochimi Acta，2000，359：95

［9］ 于秀芳，张洪林. 应用化学，2001，11：927.

［10］ 张洪林，于秀芳. 物理化学学报，2001，9：855.

［11］ Zhang H L，Yu X F，Li X Y，et al. J Therm Anal Calorim，2002，68：931.

［12］ 高桂兰，付士林，孔哲，等. 化学学报，2007，65（18）：1970.

第二十一章 萃取剂的性质及萃取反应的量热分析曲线及数据

溶剂萃取又称为液-液萃取，是一种从溶液中分离、富集、提取有用物质的有效方法，它利用溶质在两种互不相溶的液相之间的不同分配来达到分离和富集的目的[1,2]。

溶剂萃取作为一种常用的分离技术，具有不同于其他分离技术的特点：①不仅对常量物质，而且对微量甚至痕量物质都能进行简便、完全的分离；②适应性强、选择性高、分离效果好；③可以在常温或者低温下进行，因而能耗低；④易于实现逆流操作，及连续化大规模生产；⑤所需设备简单，操作方便易行。

溶剂萃取稀土元素是萃取化学重要的内容，如元素周期表中镧系元素。由于稀土元素具有特殊的电子结构，它是具有许多优异的光、电、磁等特性，加之化学性质十分活泼，能与其他元素组成种类繁多、功能千变万化、用途各异的新型材料，被称为神奇的"新材料宝库"。

随着科学技术的高速发展和工农业生产的迫切要求，溶剂萃取技术正面临着新的机遇和挑战。溶剂萃取领域中化学和化工相结合，工艺和设备相结合，计算技术和工程经验互相促进，是近些年来该领域突出基础理论联系实际的特色。

溶剂萃取热力学主要是研究萃取反应的类型、萃取平衡以及萃取反应的热力学性质，是溶剂萃取化学的重要研究内容之一。用微量量热法研究不同状态下的热力学参数。用这种方法获得热力学参数，直观、迅速、准确，为溶剂萃取过程的热力学研究开辟了新的途径。

萃取剂的性质研究表明，萃取剂在惰性溶剂中不都是以单分子状态存在，而是形成了反向胶束。萃取体系反向胶束和微乳液的研究对萃取化学的发展产生了深远的影响，同时，对微乳液理论研究也起到了促进作用。进一步搞清这类萃取剂的性质，对萃取化学的研究是十分重要的。

将微量量热法引入萃取化学的萃取剂的性质研究，除测定萃取过程的反应热及萃取反应的热力学性质外，进而研究萃取剂的萃合物在有机溶剂中临界胶束浓度（CMC）、聚集数、胶束生成常数、焓变、熵变和温度、助表面活性剂的浓度、助表面活性剂的碳原子数之间的关系，为反胶束酶催化提供理论支持。

第一节 溶剂萃取的基本原理

下面叙述溶剂萃取热力学和萃取剂性质研究的基本原理[1,3]。

一、溶剂萃取热力学的基本原理

每个化学反应都存在着一个化学平衡方程式，萃取反应过程也不例外。假设萃取反应按如下通式进行

$$M^{m+} + (m+n)HA \Longrightarrow M(A)_m \cdot nHA_{(o)} + mH^+$$

式中，下标（o）表示有机相；无特殊标注的表示水相。设分配比为 D，平衡常数为 K_{ex}，则

$$D = \frac{[M(A)_m HA]_{(o)}}{[M^{m+}]}$$

$$K_{ex} = \frac{[M(A)_m HA]_{(o)}[H^+]^m}{[M^{m+}][HA]_{(o)}^{m+n}} = D\frac{[H^+]^m}{[HA]_{(o)}^{m+n}}$$

整理得
$$\lg D = \lg K_{ex} + m\,pH + (m+n)\lg[HA]$$

固定温度、pH 值时，改变 $[HA]$，利用斜率法，由 $\lg D\text{-}\lg[HA]$ 可求出 $m+n$，然后固定 $[HA]$，改变 pH 值，可求出 m。据此，可以求出萃取过程的化学平衡方程式以及最终萃合物的组成。

将滴定微量量热法引入萃取化学的研究，测定萃取过程的热功率-时间曲线，曲线下的面积即为产生的热量 Q，热效应的计算公式为

$$Q = \Delta n \Delta_r H_m^{\ominus}$$

式中，Δn 指反应掉的物质的量；$\Delta_r H_m^{\ominus}$ 为萃取过程的反应热。

设反应的平衡常数为 K_{ex}，则 $\ln K_{ex} = -\Delta_r H_m^{\ominus}/RT + C$

假设 $\Delta_r H_m^{\ominus}$ 在一定温度范围内为常数，可以求出不同温度下的平衡常数，进而得到萃取过程的热力学性质。

根据 $\Delta_r G_m^{\ominus} = -RT\ln K_{ex}^{\ominus}$，$\Delta_r G_m^{\ominus} = \Delta_r H_m^{\ominus} - T\Delta_r S_m^{\ominus}$，就可以求出不同温度下的热力学函数 $\Delta_r G_m^{\ominus}$ 和 $\Delta_r S_m^{\ominus}$。

二、萃取剂性质研究的基本原理

萃取化学中，一般认为皂化萃取剂在有机相中以单分子状态存在，但随着对皂化萃取剂在有机相中存在状态研究的不断深入发现，在惰性溶剂中，它不是以单分子状态存在，而是形成反向胶束。皂化萃取剂在结构上和表面活性剂类似，具有很强的表面活性，因而，可以从表面化学的角度来研究它的性质，用研究非离子型表面活性剂在水中形成微乳液的方法，根据表面活性剂的作用原理来处理皂化盐在有机相中形成微乳液的过程。研究发现，在临界胶束浓度附近，物理化学性质变化不明显，但热效应变化明显，因而，可以用微量量热法测量这种热量变化，从而确定 CMC，进而研究萃取过程的热力学性质。

在皂化盐的有机相滴定液中，$M(A)_n$ 浓度较大，可认为全部以反向胶束形式存在，当滴定至含有助表面活性剂的有机溶剂中时，胶束会离解成单分子状态，随着滴定量的不断增多，当皂化盐 $M(A)_n$ 的浓度超过一定值后，滴入的 $M(A)_n$ 会形成胶束，此时热功率-时间曲线会发生转折，转折点所对应的浓度即为反向胶束形成的临界胶束浓度 CMC。

根据表面活性剂的作用原理，假设单分子与胶束之间存在如下平衡：

$$nS \underset{}{\overset{K}{\rightleftharpoons}} S_n \tag{21-1}$$

式中，K 为平衡常数；n 为聚集数；S 代表单分子；S_n 代表胶束。

$$K = \frac{[S_n]}{[S]^n} \quad \text{或} \quad nK = \frac{n[S_n]}{[S]^n} \tag{21-2}$$

或
$$\lg\{n[S_n]\} = \lg(nK) + n\lg[S] \tag{21-3}$$

设萃取剂的总浓度为 c_s，则

$$[S_n] = \frac{c_s - [S]}{n} \tag{21-4}$$

将式(21-4)代入式(21-3)得

$$\lg\{c_s - [S]\} = \lg(nK) + n\lg[S] \tag{21-5}$$

以 $\lg\{c_s - [S]\}$ 对 $\lg[S]$ 作图可得直线，由直线斜率可求出聚集数 n ，由截距可求出平衡常数 K 。

从热功率-时间曲线的转折点可求出 CMC，由曲线下的面积可求出胶束解离-缔合过程的 $\Delta_r H_m^\ominus$，从而求出 $\Delta_r G_m^\ominus$、$\Delta_r S_m^\ominus$。

第二节　萃取反应的量热分析曲线及数据

一、HEH［EHP］从硫酸介质中萃取钴的反应热测定实验

2-乙基己基膦酸单(2-乙基己基)酯［HEH[EHP]，$(P_{507})H_2A_2$］是一种重要的酸性有机磷萃取剂，在稀土的分组和分离以及 Co(Ⅱ)、Ni(Ⅱ) 的萃取分离研究中，HEH［EHP］显示出较高的效能[4]。文献［5］报道了 HEH[EHP] 从硫酸介质中萃取钴的平衡研究，在此基础上用滴定微量量热仪测定了该萃取体系的反应热，计算了有关的热力学函数、速率常数及活化能。

(一) 实验部分

滴定微量量热仪由瑞典 Thermomeric AB 公司生产。TOA 酸度计 (日本东亚电波工业株式会社）。

加入计算量的浓度为 0.1mol/L Na$_2$SO$_4$，以维持离子强度，再加入计算量的CoSO$_4$，用稀硫酸调 pH 值为 3.5～4.5 的溶液，定量溶解上述固体，配制 Co^{2+} 的浓度为 10^{-3} mol/L，pH 值分别为 3.80、3.92、4.10、4.30 的水溶液。

取计算量的 P$_{507}$ 用磺化煤油定量溶解，配成浓度为 0.10mol/L、0.15mol/L、0.20mol/L 和 0.30mol/L 的油相溶液。

取 P$_{507}$ 煤油液 1ml，放入 4ml 不锈钢安瓿瓶中，用注射器把水液注入量热仪的塑管中，先使安瓿瓶中油相预热 1h，塑管中的液体预热 1h，用注射器把预热好的水相 1ml 迅速注入预热好的盛油相的安瓿瓶中，搅拌转速为 120r/min，进行反应热的测定，然后把反应体系换成 1ml 煤油及 1ml 蒸馏水，同法进行实验，以便修正因搅拌引起的误差。

萃取体系在不同时刻及平衡时的水相 Co^{2+} 浓度的确定在自制恒温反应器中进行，包括搅拌系统 (120r/min)，预热后先在反应器中加入 10ml 油相溶液，再加入 10ml 水相，打开搅拌，每隔一定时间取水相 1ml，同时取油相 1ml (弃去)，取 4～6 次，连续搅拌 30min，再取水相 1ml，把取出的水相分别放入容量瓶中进行吸光度测定，对照标准曲线求出不同时刻水相中 Co^{2+} 的浓度及达萃取平衡时 Co^{2+} 的浓度。改变恒温反应器温度，按上述方法进行其他温度下的测定。

(二) 数据处理

1. 萃取过程的热力学研究

在不同温度 (298K、308K、318K 和 323K) 下对 HEH[EHP] 的煤油液萃取钴(Ⅱ) 的全过程进行测定，得到了完整的热功率-时间曲线，相同条件下曲线复现性好。从整个萃取体系的曲线下

的面积得到热效应 $Q=n\Delta_r H_m^{\ominus}$，$n$ 为萃取达平衡时反应掉的 Co^{2+} 的浓度，从而得到不同温度下的反应热 $\Delta_r H_m^{\ominus}$，并建立方程 $\Delta_r H_m^{\ominus}=-63.186+0.3336T$ (kJ/mol)，见表 21-1。

根据分光光度法得出萃取平衡时 Co^{2+} 在水相中的浓度，按萃取平衡方程式，计算出不同温度下的平衡常数。根据 Gibbs-Helmholtz 方程式，计算出不同温度下的 $\Delta_r G_m^{\ominus}$、$\Delta_r S_m^{\ominus}$，其数据见表 21-1。

表 21-1　P_{507} 萃取钴的 $\Delta_r H_m^{\ominus}$、$\Delta_r G_m^{\ominus}$、$\Delta_r S_m^{\ominus}$ 及 K

T/K	K	$\Delta_r H_m^{\ominus}/(kJ/mol)$	$\Delta_r G_m^{\ominus}/(kJ/mol)$	$\Delta_r S_m^{\ominus}/[J/(K\cdot mol)]$
298	1.259×10^{-5}	36.213	27.953	27.72
308	2.068×10^{-5}	39.549	27.621	38.73
318	3.429×10^{-5}	42.884	27.181	49.38
323	4.430×10^{-5}	44.552	26.920	54.59

2. 萃取过程的动力学研究

设 P_{507} 萃取 Co^{2+} 为准一级可逆过程，即：

$$[Co^{2+}] \underset{K_b^1}{\overset{K_f^1}{\rightleftharpoons}} [Co^{2+}]_{(o)}$$

$$v=d[Co^{2+}]_{(o)}/dt=K_f^1[Co^{2+}]-K_b^1[Co^{2+}]_{(o)}$$

$$\frac{c_{Co^{2+}}^0-[Co^{2+}]_e}{c_{Co^{2+}}^0}\ln\frac{c_{Co^{2+}}^0-[Co^{2+}]_e}{[Co^{2+}]-[Co^{2+}]_e}=K_f^1 t=R_f$$

$$\frac{[Co^{2+}]_e}{c_{Co^{2+}}^0}\ln\frac{c_{Co^{2+}}^0-[Co^{2+}]_e}{[Co^{2+}]-[Co^{2+}]_e}=K_b^1 t=R_b$$

式中，K_f^1、K_b^1 分别为正向反应和逆向反应的速率系数；$c_{Co^{2+}}^0$、$[Co^{2+}]_e$ 分别为水相中 Co^{2+} 的初始浓度和平衡浓度；$[Co^{2+}]_{(o)}$ 为有机相（称油相）中 Co^{2+} 的浓度。令

$$K_f^1=k_f[H_2A_2]_{(o)}^a[H^+]^b \qquad K_b^1=k_b[H_2A_2]_{(o)}^c[H^+]^d$$

根据改变物质数量比例的方法，即设法保持 $[H^+]$ 的浓度不变，而将 $[H_2A_2]_{(o)}$ 的浓度改变，获得 K_f^1、K_b^1 的值，可确定 $[H_2A_2]_{(o)}$ 的级数。保持 $[H_2A_2]_{(o)}$ 的浓度不变，而改变 $[H^+]$ 的浓度，可确定 $[H^+]$ 的级数。

在一定温度（298K）下，萃取剂（H_2A_2）的浓度不变，测定不同酸度下不同时间时萃取 Co^{2+} 的浓度及平衡浓度，可得到 R_f、R_b 值，然后作 R_f-t 及 R_b-t 图，见图 21-1，可求出 K_f^1 及 K_b^1 值。

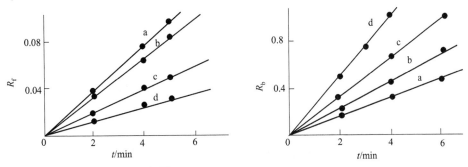

图 21-1　不同酸度下 R_f-t 及 R_b-t 相关图

pH 值：a—3.80；b—3.92；c—4.10；d—4.30

由图 21-1 可求出不同酸度下的 K_f^1、K_b^1 值，以 $\lg K_f^1$-pH 作图及 $\lg K_b^1$-pH 作图，可确定 $[H^+]$ 的反应级数；对 K_f^1，$[H^+]$ 的级数 $b=-1$；对 K_b^1，$[H^+]$ 的级数 $d=1$。同理可得 $[H_2A_2]_{(o)}$ 的级数；对 K_f^1，$[H_2A_2]_{(o)}$ 的级数 $a=1$；对 K_b^1，$[H_2A_2]_{(o)}$ 的级数 $c=-1$。

因此速率方程可写为：

$$v = k_f[H_2A_2]_{(o)}[H^+]^{-1}[Co^{2+}] - k_b[H_2A_2]_{(o)}^{-1}[H^+][Co^{2+}]_{(o)}$$

从公式可求出 k_f、k_b，同法可求出另外温度下的 k_f、k_b，其数据见表 21-2。

表 21-2 正向和逆向反应的速率常数

T/K	k_f/min^{-1}	k_b/min^{-1}	T/K	k_f/min^{-1}	k_b/min^{-1}
298	0.0128	1016	318	0.186	5424
308	0.052	2515	323	0.347	7833

根据动力学理论，以 $\ln k_f$ 对 $1/T$ 作图，可求得 $E_f=105.446\text{kJ/mol}$，以 $\ln k_b$ 对 $1/T$ 作图，可求得 $E_b=65.218\text{kJ/mol}$，$\Delta_r H_m^\ominus = E_f - E_b = 40.228\text{kJ/mol}$。

用滴定微量量热仪测定了 P_{507} 从硫酸介质中萃取钴的热功率-时间曲线，得到了反应热。同时按萃取动力学理论，得到了正向和逆向反应的速率常数和活化能，进而得到了反应热。两种研究方法得到反应热的结果是基本一致的。但用量热方法获得反应热，直观、迅速、准确。

二、Cyanex 272 煤油液萃取 Co^{2+}、Ni^{2+} 的实验

Cyanex 272 即二(2,4,4-三甲基戊基)次膦酸是一种新型的钴、镍高效分离的萃取剂。文献 [7,8] 已报道了 Cyanex 272 煤油液从硫酸介质中萃取钴、镍的平衡研究。在此基础上，用滴定微量量热仪测量了该萃取体系的反应热，并求出了有关的热力学函数。

（一）实验部分

滴定微量量热仪由瑞典 Thermometric AB 公司生产。酸度计：TOA 酸度计 HM-20S，$\text{pH}_{0-14.00}$，日本东亚电波工业株式会社生产。723 分光光度计：VIS-723，上海第三分析仪器厂生产。恒温反应器一套，自制。

溶液的配制：水相含 Ni^{2+} 0.01mol/L，Na_2SO_4 0.2mol/L，pH = 5.50；含 Co^{2+} 0.01mol/L，Na_2SO_4 0.2mol/L，pH = 4.35。油相为 Cyanex 272 煤油液，浓度为 0.35mol/L。

实验方法：同上文。

（二）数据处理

对于反应 (1)：　　$Co^{2+} + 2H_2A_{2(o)} = CoA_2 \cdot 2HA_{(o)} + 2H^+$

测得反应热　$\Delta_r H_{m(1)}^\ominus = 53.60\text{kJ/mol}$

对于反应 (2)：　　$Ni^{2+} + 3H_2A_{2(o)} = NiA_2 \cdot 4HA_{(o)} + 2H^+$

测得反应热　$\Delta_r H_{m(2)}^\ominus = 10.00\text{kJ/mol}$

式中，下标（o）表示有机相；无特殊标注的表示水相。

在不同温度下对 Cyanex 272 煤油液从硫酸介质中萃取 Co^{2+}、Ni^{2+} 的过程进行了热效应的测定，得到了完整的热功率-时间曲线，曲线见图 21-2 和图 21-3，每条曲线测量 4 次，其形状基本相同并取统计平均值。

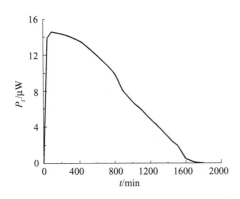

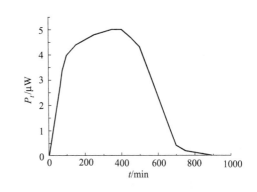

图 21-2 Cyanex 272 萃取 Co^{2+} 的热功率-时间曲线　　**图 21-3** Cyanex 272 萃取 Ni^{2+} 的热功率-时间曲线

从热功率-时间曲线下的面积可得热效应 Q，根据 $Q = n \Delta_r H_m^\ominus$，$n$ 为萃取达平衡时反应物反应掉的 Co^{2+}、Ni^{2+} 的量（mol），可求得反应热的平均值（$\Delta_r H_m^\ominus$），实验得出萃取体系达平衡时水溶液中 Co^{2+}、Ni^{2+} 的浓度之后，根据反应式可算出不同温度下的平衡常数及有关的热力学函数，其数据见表 21-3 和表 21-4。

表 21-3 Cyanex 272 萃取 Co^{2+} 在不同温度下的热力学函数和平衡常数

T/K	293	298	303	308	313	318
$K_{(1)}^\ominus \times 10^8$	1.818	2.63	3.757	5.308	7.416	10.252
$\ln K_{(1)}^\ominus$	−17.823	−17.454	−17.097	−16.751	−16.417	−16.093
$\Delta_r G_{m(1)}^\ominus /(kJ/mol)$	43.417	43.243	43.070	42.896	42.722	42.548
$\Delta_r S_{m(1)}^\ominus /[J/(K \cdot mol)]$	34.75	34.75	34.75	34.75	34.75	34.75

表 21-4 Cyanex 272 萃取 Ni^{2+} 在不同温度下的热力学函数和平衡常数

T/K	293	298	303	308	313	318
$K_{(2)}^\ominus \times 10^8$	1.773	1.90	2.031	2.166	2.305	2.449
$\ln K_{(2)}^\ominus$	−22.453	−22.384	−22.317	−22.253	−22.191	−22.130
$\Delta_r G_{m(2)}^\ominus /(kJ/mol)$	54.695	55.458	56.221	56.984	57.775	58.509
$\Delta_r S_{m(2)}^\ominus /[J/(K \cdot mol)]$	−152.5	−152.5	−152.5	−152.5	−152.5	−152.5

由于两个萃取过程都是吸热反应，所以萃取平衡常数都随温度升高而增大，$\Delta_r G_m^\ominus$ 随温度升高而增大。

第三节　萃取剂性质的量热分析曲线及数据

人们一般认为皂化萃取剂在有机相中以单分子状态存在，近年来对皂化萃取剂在有机相中研究表明，该类化合物形成微乳液，在惰性溶剂中不是简单的单分子状态存在，可以形成反向胶束。

一、$P_{204}Li$ 在有机相形成反向胶束过程的实验

二(2-乙基己基)磷酸（P_{204}）是一种重要的酸性有机磷萃取剂，在萃取分离中显出较高的效能。但对皂化 P_{204}（如 $P_{204}Li$）在有机相中存在的状态研究较少。在萃取化学中，皂化

萃取剂从结构上看和表面活性剂类似，可以用处理非离子型表面活性剂在水中形成微乳液的方法，来处理离子型表面活性剂（$P_{204}Li$）在有机相中形成微乳液的过程[7]。

（一）实验部分

滴定微量量热仪由瑞典 Thermometric AB 公司生产。

TOA 酸度计，HM-20S pH＝0.00～14.00，（日本东亚电波工业株式会社）。

二(2-乙基己基)磷酸（P_{204}）工业品（上海有机化学研究所），将工业品按铜盐法提纯，纯度＞99％。仲辛醇，分析纯（上海试剂一厂）。其他有机溶剂均为分析纯（中国医药公司上海化学试剂站）。

$P_{204}Li$ 的制备和溶液的配制：向提纯后的 P_{204} 中加入甲醇配成溶液，然后用 LiOH 中和至水溶液 pH＝6，产物溶解在醚中蒸发，将沉淀物经真空干燥，得白色固体样品。

称取 0.3550g $P_{204}Li$ 样品，用 10ml 仲辛醇溶解，然后用正癸烷稀释配成 100ml $P_{204}Li$-仲辛醇-正癸烷溶液（浓度为 1.079×10^{-2} mol/L），改换有机溶剂（正辛烷、正十二烷、正十四烷、正十六烷），配成不同溶剂的同样浓度的溶液作为滴定液（即原始溶液）。

实验方法：实验在 4ml 不锈钢安瓿瓶滴定微量量热仪中进行，取 2ml 有机溶剂（如正癸烷）于安瓿瓶中，在滴定量热仪的连杆上绕细塑料管，管中盛滴定液，先预热，当温度恒定后，打开搅拌系统，使转速为 120r/min，用蠕动泵把滴定液以 0.02ml/min 流速注入安瓿瓶中，进行热功率-时间曲线的测量，记录仪开始记录，当记录笔画出与基线平行的直线时，即认为实验结束。

（二）数据处理

测定了 $P_{204}Li$-仲辛醇-正癸烷体系的热功率-时间曲线，每个体系测 3 次，曲线形状基本相同，然后取平均值，P_t-t 曲线见图 21-4。从图 21-4 中热功率-时间曲线上的最高点所对应的时间，可算出相应的溶液的浓度，此浓度即为临界胶束浓度，实验值 CMC＝6.389×10^{-4} mol/L。根据 P_t-t 曲线，可做出 $P_{总}$-V_t 曲线，见图 21-5。由此可得 2 条直线方程式为：

$$P_{1,总}＝84843V_t－2306 \quad (r＝0.9993)$$
$$P_{2,总}＝36959V_t＋9377 \quad (r＝0.9940)$$

$V'＝0.4356V_t＋0.1377$，由此可计算出有关数据，见表 21-5。

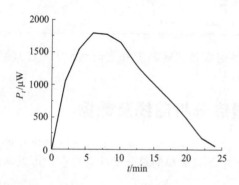

图 21-4　$P_{204}Li$-正癸烷体系的热功率-时间曲线

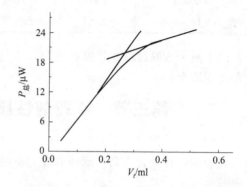

图 21-5　$P_{204}Li$-正癸烷体系的 $P_{总}$-V_t 曲线

以 $-\lg\{c_s-[S]\}$ 对 $-\lg[S]$ 作图，可得 $P_{204}Li$-正癸烷体系 c_s 和 [S] 的数据，见表 21-5，从而得出 $n＝7.8$，$K＝6.953\times10^{17}$，$r＝0.9930$。

表 21-5　298K 时 P$_{204}$Li-正癸烷体系 c_s 和 [S] 的数据

V_t/ml	V'/ml	$10^3 c_s$/(mol/L)	10^3[S]/(mol/L)	$-\lg$[S]	$-\lg\{c_s-$[S]$\}$
0.30	0.2654	1.2767	1.4074	2.8939	3.8837
0.32	0.2771	1.3130	1.4883	2.8817	3.7562
0.34	0.3858	1.3491	1.5678	2.8700	3.6602
0.36	0.2945	1.3849	1.6459	2.8586	3.5834
0.38	0.3032	1.4204	1.7228	2.8476	3.5194

根据热力学原理，P_t-t 曲线下的面积代表体系的热效应，经计算可得

$$\Delta_r H_m^\ominus = 320.891 \text{kJ/mol}, \Delta_r G_m^\ominus = -RT\ln K = -101.786 \text{kJ/mol},$$
$$\Delta_r S_m^\ominus = 1418 \text{J/(K·mol)}$$

同理，改换其他有机溶剂（即正辛烷、正十二烷、正十四烷、正十六烷）进行实验，可计算出如下数据，见表 21-6。

表 21-6　298K 时 P$_{204}$Li 在不同溶剂的体系时的 CMC 和热力学函数

溶　剂	辛烷	癸烷	十二烷	十四烷	十六烷
10^4CMC/(mol/L)	6.208	6.389	6.299	5.657	6.751
n	7.7	7.8	8.0	8.6	8.9
$K_m \times 10^{18}$	0.3679	0.6953	2.749	116.9	771.0
$\Delta_r H_m^\ominus$/(kJ/mol)	317.926	320.891	325.560	326.265	328.093
$\Delta_r G_m^\ominus$/(kJ/mol)	-100.221	-101.786	-105.193	-114.484	-119.157
$\Delta_r S_m^\ominus$/[J/(K·mol)]	1403	1418	1445	1479	1501

结论：滴定热功率-时间曲线代表了整个形成反向胶束的过程，从热功率-时间曲线的最高点所对应的浓度可得到临界胶束浓度（CMC）。根据胶束形成的质量作用定律，可求出聚集数、胶束生成常数，这些数值都随着直链烷烃中碳原子数的增加而增大。从表 21-6 中热力学数据可知，焓变、熵变都随着直链烷烃中碳原子数的增加而略有增加，而自由能变则随着碳原子数的增加而减少。

二、HPMBP 皂化盐在有机相形成反向胶束过程的实验

1-苯基-3-甲基-4-苯甲酰基吡唑酮-5（HPMBP）属于酸性螯合类萃取剂，具有 β-双酮结构，其萃取能力强，对许多金属离子有较高的萃取分配比，所以广泛用于金属分析和分离研究中。

测量皂化盐 [Tb(PMBP)$_3$] 以丙酮为溶剂，以正丁醇、正己醇、正辛醇和癸醇为助表面活性剂时的性质，得到临界胶束浓度（CMC）、聚集数 n、离解-缔合平衡常数（K_m）、焓变（$\Delta_r H_m^\ominus$）、吉布斯自由能变（$\Delta_r G_m^\ominus$）和熵变（$\Delta_r S_m^\ominus$）[8]。

（一）实验部分

滴定微量量热仪由瑞典 Thermometric AB 公司生产。

试剂：HPMBP、氯化铽、甲醇、氨水、丙酮、正丁醇、正己醇、正辛醇、癸醇均为分析纯。

皂化盐的制备和溶液的配制：将 HPMBP 溶解在甲醇中，滴加氨水（1＋1）溶液调整 pH=10.2（11.0，11.6），加入一定量的 TbCl$_3$，充分振荡后，用水洗涤，抽滤，干燥得 Tb(PMBP)$_3$。

准确称取计算量的 Tb(PMBP)$_3$，配制 100ml 浓度为 1.2989×10^{-4} mol/L 的

Tb(PMBP)₃-丙酮溶液（即原始溶液）。

　　配制浓度为 0.1mol/L、0.5mol/L、1.0mol/L、1.5mol/L 的正辛醇（正丁醇、正己醇、癸醇)-丙酮溶液 100ml。

　　实验方法，同上。

（二）数据处理

　　以 1.0mol/L 正辛醇为例，测量了 Tb(PMBP)₃-正辛醇-丙酮体系的热功率-时间曲线，每个体系测 3 次，曲线形状基本相同，取其平均值，得到 P_t-t 曲线，见图 21-6。由曲线最高点所对应的时间可求出相应溶液的浓度，此浓度即临界胶束浓度（CMC）为 1.9743×10^{-5} mol/L。

　　设 $P_总 = \sum P_t$，P_t 是 t 时刻的热功率，V_t 即 t 时刻滴入滴定液的体积。根据 P_t-t 曲线，作出 $P_总$-V_t 曲线，见图 21-7，在图上取两组点作图，得到两条相交的直线，方程式为：

$$P_{总,1} = 30492V_t + 81 \quad (R = 0.9999)$$

$$P_{总,2} = 29730V_t + 283 \quad (R = 0.9999)$$

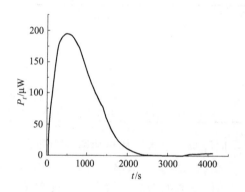

图 21-6　Tb(PMBP)₃-正辛醇-丙酮体系的热功率-时间曲线

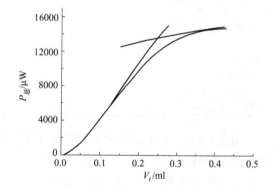

图 21-7　Tb(PMBP)₃-正辛醇-丙酮体系的总热功率-时间曲线

可得到：$V' = 0.9750V_t + 0.0066$，由此计算出的数据，见表 21-7。

表 21-7　Tb(PMBP)₃-1.0mol/L 正辛醇-丙酮体系在 298K 时的 c_s 和 [S] 数据

V_t/ml	V'/ml	10^5c_s/(mol/L)	$10^5[S]$/(mol/L)	$-\lg[S]$	$-\lg\{c_s-[S]\}$
0.275	0.2747	1.5701	1.5686	4.8045	7.8239
0.300	0.2991	1.6942	1.6898	4.7722	7.4565
0.325	0.3235	1.8157	1.8085	4.7427	7.2427
0.350	0.3479	1.9345	1.9246	4.7157	7.0644
0.375	0.3722	2.0509	2.0380	4.6908	6.8987
0.400	0.3966	2.1648	2.1495	4.6678	6.8153
0.425	0.4210	2.2764	2.2586	4.6462	6.7496

以 $-\lg(c_s-[S])$ 对 $-\lg[S]$ 作图，可得：$n = 6.3$，$K_m = 8.649 \times 10^{21}$，$R = 0.9843$。

　　P_t-t 曲线下的面积代表体系的热效应，经计算可得：$\Delta_r H_m^\ominus = 258.4$kJ/mol，$\Delta_r G_m^\ominus = -RT\ln K_m = -125.1$kJ/mol，$\Delta_r S_m^\ominus = (\Delta_r H_m^\ominus - \Delta_r G_m^\ominus)/T = 1290$J/(K·mol)。

　　同理，改换其他助表面活性剂（正丁醇、正己醇、癸醇），可算出如下数据，见表 21-8。

表 21-8　298K 时 Tb(PMBP)$_3$在 1.0mol/L 醇-丙酮体系中的 CMC 与热力学数据

溶　　剂	正丁醇	正己醇	正辛醇	癸醇
10^5CMC/(mol/L)	2.469	2.231	1.974	1.638
n	4.6	5.2	6.3	7.4
K_m	2.229×10^{12}	7.896×10^{15}	8.649×10^{21}	4.471×10^{31}
$\Delta_r H_m^\ominus$/(kJ/mol)	178.9	221.9	258.4	298.1
$\Delta_r G_m^\ominus$/(kJ/mol)	-70.44	-90.69	-125.1	-180.6
$\Delta_r S_m^\ominus$/[J/(K·mol)]	836.6	1005	1287	1606

　　用同样的方法测定了 298K 时醇浓度分别为 0.1mol/L、0.5mol/L、1.0mol/L、1.5mol/L 时 Tb(PMBP)$_3$-正丁醇（正己醇、正辛醇、癸醇）-丙酮体系的热功率-时间曲线，采用同样的数据处理方法，所得结果见表 21-9～表 21-12。

表 21-9　298K 时醇浓度不同时 Tb(PMBP)$_3$-正丁醇-丙酮体系的热力学数据

醇浓度	0.1mol/L	0.5mol/L	1.0mol/L	1.5mol/L
10^5CMC/(mol/L)	1.844	2.148	2.469	2.628
n	5.8	5.3	4.6	3.9
K_m	5.877×10^{20}	6.452×10^{17}	2.229×10^{12}	9.701×10^{11}
$\Delta_r H_m^\ominus$/(kJ/mol)	77.39	132.3	178.9	239.7
$\Delta_r G_m^\ominus$/(kJ/mol)	-118.5	-101.6	-70.44	-68.38
$\Delta_r S_m^\ominus$/[J/(K·mol)]	657.31	784.8	836.6	1034

表 21-10　298K 时醇浓度不同时 Tb(PMBP)$_3$-正己醇-丙酮体系的热力学数据

醇浓度	0.1mol/L	0.5mol/L	1.0mol/L	1.5mol/L
10^5CMC/(mol/L)	1.602	1.896	2.231	2.416
n	6.4	5.9	5.2	4.5
K_m	1.981×10^{22}	5.082×10^{19}	7.896×10^{15}	4.765×10^{13}
$\Delta_r H_m^\ominus$/(kJ/mol)	100.16	161.4	221.9	267.9
$\Delta_r G_m^\ominus$/(kJ/mol)	-127.2	-112.4	-90.69	-78.03
$\Delta_r S_m^\ominus$/[J/(K·mol)]	763.9	918.8	1005	1161

表 21-11　298K 时醇浓度不同时 Tb(PMBP)$_3$-正辛醇-丙酮体系的热力学数据

醇浓度	0.1mol/L	0.5mol/L	1.0mol/L	1.5mol/L
10^5CMC/(mol/L)	1.334	1.625	1.974	2.195
n	7.4	7.0	6.3	5.5
K_m	2.413×10^{26}	2.867×10^{24}	8.649×10^{21}	6.322×10^{20}
$\Delta_r H_m^\ominus$/(kJ/mol)	130.1	194.5	258.4	302.2
$\Delta_r G_m^\ominus$/(kJ/mol)	-150.5	-139.5	-125.1	-118.7
$\Delta_r S_m^\ominus$/[J/(K·mol)]	941.6	1121	1287	1412

表 21-12　298K 时醇浓度不同时 Tb(PMBP)$_3$-癸醇-丙酮体系的热力学数据

醇浓度	0.1mol/L	0.5mol/L	1.0mol/L	1.5mol/L
10^5CMC/(mol/L)	1.052	1.338	1.638	1.935
n	8.8	8.3	7.4	6.5
K_m	1.918×10^{36}	3.963×10^{32}	4.471×10^{31}	6.540×10^{26}
$\Delta_r H_m^\ominus$/(kJ/mol)	168.9	238.7	298.1	340.8
$\Delta_r G_m^\ominus$/(kJ/mol)	-206.9	-186.0	-180.6	-153.0
$\Delta_r S_m^\ominus$/[J/(K·mol)]	1261	1425	1606	1657

　　根据以上数据，可绘出聚集数 n、CMC、$\Delta_r H_m^\ominus$ 与醇的碳原子数目（n_C）以及醇的浓度（c）之间的关系图，见图 21-8～图 21-13。

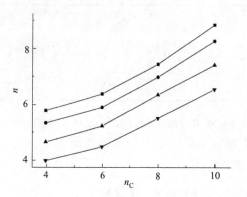

图 21-8　聚集数与醇中碳原子数的关系

醇浓度：■ 0.1mol/L；● 0.5mol/L；

▲ 1.0mol/L；▼ 1.5mol/L

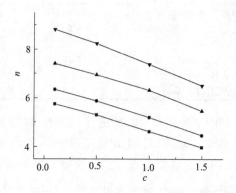

图 21-9　聚集数与醇浓度的关系

▼ 癸醇；▲ 辛醇；● 己醇；■ 丁醇

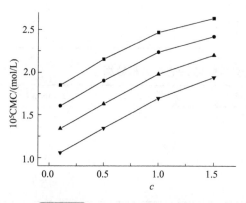

图 21-10　CMC 与醇浓度的关系

▼ 1.5mol/L；▲ 1.0mol/L；

● 0.5mol/L；■ 0.1mol/L

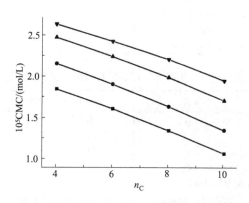

图 21-11　CMC 与醇中碳原子数的关系

■ 丁醇；● 己醇；▲ 辛醇；▼ 癸醇

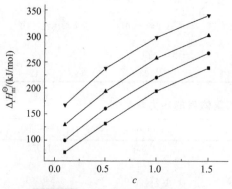

图 21-12　$\Delta_r H_m^\ominus$ 与醇浓度的关系

■ 丁醇；● 己醇；▲ 辛醇；▼ 癸醇

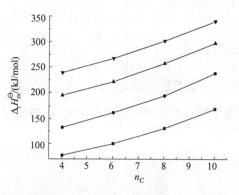

图 21-13　$\Delta_r H_m^\ominus$ 与醇中碳原子数的关系

醇浓度：▼ 1.5mol/L；▲ 1.0mol/L；

● 0.5mol/L；■ 0.1mol/L

结论：

（1）从热功率-时间曲线的最高点所对应的浓度可得到临界胶束浓度 CMC。CMC 随着醇的碳原子数增加而减小，而随着醇的浓度的增大而增大。

（2）根据反向胶束形成的作用原理，可求出聚集数 n 以及胶束生成常数 K_m。n、K_m 随着醇的碳原子数增加而增加，而随着醇的浓度的增大而减小。

（3）随着醇中碳原子数的增加，自由能变 $\Delta_r G_m^{\ominus}$ 减少，而 $\Delta_r H_m^{\ominus}$、$\Delta_r S_m^{\ominus}$ 则增加；随着醇浓度的增加，$\Delta_r H_m^{\ominus}$、$\Delta_r S_m^{\ominus}$、$\Delta_r G_m^{\ominus}$ 皆增大。

参 考 文 献

［1］高自立，孙思修，沈静兰．溶剂萃取化学．北京：科学出版社，1981．
［2］徐光宪，王文清，吴谨光，等．萃取化学原理．上海：上海科学技术出版社，1984．
［3］沈兴海，高宏成．高等学校化学学报，1990，11（12）：1410．
［4］张洪林，孙思修．应用化学，2000，6，666．
［5］沈静兰，孙思修．山东大学学报（自然科学版），1984，4：70．
［6］Yu X F，Gu G H，Fu X，et al. Solvent Extraction and Ion Exchange，2001，19（5）：939．
［7］于秀芳，吴莉莉，张洪林．应用化学，2002，3：263．
［8］闫咏梅．曲阜：曲阜师范大学，2007．

第二篇

第二十二章 表面活性剂在非水溶液体系的量热分析曲线及数据

第一节 表面活性剂概述

表面活性剂具有润湿、分散、乳化、增溶、起泡、消泡、洗涤、匀染、润滑、渗透、抗静电、防腐蚀、杀菌等多方面的作用和功能，除大量用于人们所熟知的洗涤用品、化妆品行业之外，还被广泛地用于纺织、造纸、皮革、医药、食品、石油、塑料、橡胶、农药、化肥、涂料、染料、信息材料、金属加工、选矿、建筑、环保、消防、农业等许多领域。

表面活性剂也称界面活性剂，是一种两亲性物质，一般由非极性的、亲油（疏水）的碳氢链部分和极性的、亲水（疏油）的基团共同构成的；其亲水基和疏水基分处两端，形成不对称结构。表面活性剂的这种结构特点使它溶于水后，亲水基受到水分子的吸引，而亲油基受到水分子的排斥。

表面活性剂的种类繁多，应用极其广泛，无论按其应用还是按其作用分类都十分困难，所以现在都认为，以它的结构来分类比较合适。这种分类是以表面活性剂分子溶于水后亲水基团是否解离，解离成何种离子为依据的。主要的分类[1,2]如下。

1. 阴离子表面活性剂

这类表面活性剂溶于水后生成离子，其亲水基团为带负电的原子团。如高级脂肪酸皂，$R—COONa$；烷基硫酸盐，$R—OSO_3Na$；烷基磺酸盐，$R—SO_3Na$；烷基磷酸酯类。

2. 阳离子表面活性剂

这类表面活性剂溶于水后生成的亲水基团为带正电荷的原子团。此类表面活性剂绝大部分是含氮的化合物，也就是有机胺的衍生物。如季铵盐、吡啶卤化物、咪唑啉化合物、烷基磷酸酯取代胺。

3. 两性离子表面活性剂

这类表面活性剂是指由阴、阳两种离子所组成的表面活性剂，在酸性溶液中呈阳离子表面活性，在碱性溶液中呈阴离子表面活性，在中性溶液中呈非离子表面活性。

4. 非离子表面活性剂

非离子表面活性剂在水中不电离，比较稳定，其亲水基主要由具有一定数量的含氧基团（一般为醚基和羟基）构成。如脂肪醇聚氧乙烯醚、脂肪酸聚氧乙烯酯、烷基苯酚聚氧乙烯醚、蔗糖单月桂酸酯、失水山梨醇单月桂酸酯。

5. Gemini 表面活性剂

Gemini 表面活性剂是一种新型表面活性剂，它是一类分子中含有两个或两个以上亲水亲油基团的表面活性剂。从分子结构上看，Gemini 表面活性剂相似于两个单链表面活性剂分子的聚结，故又称为"二聚表面活性剂"或"双子表面活性剂"。分子结构如下：

烷烃链　离子头基　连接基团　离子头基　烷烃链

第二节　临界胶束浓度的测定方法

临界胶束浓度（CMC）是表面活性剂溶液中开始形成胶束的浓度，是表面活性剂的重要特性参数。它可以作为表面活性剂强弱的一种量度。CMC 越小，此种表面活性剂形成胶束所需浓度越低，也就是说，临界胶束浓度越低的表面活性剂的应用效率越高。它的溶油作用、胶束催化作用、分隔性介质及用作化学反应和生化反应微反应器的作用都只在临界胶束浓度之上才有。所以，临界胶束浓度是表征表面活性剂性质不可缺少的数据。测定 CMC 的方法很多，常用的有表面张力法、电导法、紫外分光光度法、黏度法、染料吸附法、密度法、微量量热法等[3]。

1. 表面张力法

表面活性剂水溶液的表面张力开始时随着溶液浓度的增加急剧下降，到达一定浓度（即 CMC）后，则变化缓慢或不再变化。因此，常用表面张力-浓度对数图确定 CMC（曲线上的转折点），这是一个方便的方法。

2. 电导法

电导法只能应用于离子型表面活性剂。确定临界胶束浓度时可用电导率对浓度（c）或摩尔电导率对浓度的方根（$\sqrt{c}$）作图，转折点的浓度即为临界胶束浓度。此方法对于有较高表面活性的离子型表面活性剂准确性高，而对于临界胶束浓度较大的，则灵敏度较差。

3. 紫外分光光度法

紫外分光光谱也是确定临界胶束浓度（CMC）的一种简单、准确的有效方法，可测定多种表面活性剂，特别是混合表面活性剂体系的 CMC 值。

4. 黏度法

表面活性剂溶液的黏度随着表面活性剂溶液的浓度的改变而改变，在 CMC 处发生突变，可以利用其来测定 CMC 值。测定溶液及纯溶剂在黏度计的毛细管中流出时间，对于稀溶液，通过比浓黏度（η_{ap}/c）对浓度（c）作图，可求得 CMC 值。

5. 染料吸附法

利用某些染料在水中和胶团中的颜色有明显差别的性质，应用滴定的方法测定 CMC。

6. 密度法

表面活性剂溶液的密度，在其 CMC 值前后有一定的变化，通过测定不同浓度的表面活性剂溶液密度（ρ），由 ρ-c 图中的转折点得到其 CMC 值。

7. 微量量热法

表面活性剂在临界胶束浓度附近，热效应有明显的变化，通过测量热功率-时间曲线来测定 CMC。对非水溶液中表面活性剂性质的研究是比较新颖的方法。

目前就文献报道，测定表面活性剂的 CMC 的方法已有 30 多种，除以上几种常用的方法之外，还有增溶作用法、溶解度法、光散射法、超过滤法、NMR 方法、蒸气压法等。

第三节 阴离子表面活性剂在非水溶液体系的量热分析曲线及数据

在已形成表面活性剂胶束的溶液中，在搅拌下逐滴加入溶剂中，则胶束慢慢地稀释成单个分子状态，继续滴加溶液，溶液会达到 CMC 浓度，再滴加胶束溶液，重新形成新的胶束，整个过程伴随有热效应，并且在临界胶束浓度附近热量的变化会有一个比较大的转折点。用微量量热仪研究阴离子表面活性剂的这种性质变化[4~6]，得到热功率-时间曲线，曲线代表了整个形成反向胶束的过程，从曲线的最低点所对应的浓度可得到临界胶束浓度。从曲线下的面积可以获得热效应，进一步得到 $\Delta H_m^\ominus$。根据公式 $\Delta G_m^\ominus = RT \ln X_{CMC}$ 求出吉布斯自由能变，由公式 $\Delta G_m^\ominus = \Delta H_m^\ominus - T\Delta S_m^\ominus$ 进而再求出 $\Delta S_m^\ominus$ 的值。

一、十二烷酸钠、十二烷基硫酸钠在 DMA/长链醇体系中 CMC 和热力学函数实验

在十二烷酸钠（SLA）、十二烷基硫酸钠（SDS）的 N,N-二甲基乙酰胺（DMA）溶液中，分别加入长链醇（庚醇、辛醇、壬醇、癸醇），测定体系的热功率-时间曲线。借助热力学理论，研究醇的加入对其影响，由测得的曲线进一步得到临界胶束浓度和热力学函数（$\Delta H_m^\ominus$、$\Delta G_m^\ominus$ 和 $\Delta S_m^\ominus$）。

（一）实验部分

滴定微量量热仪由瑞典 Thermometric AB 公司生产。

表面活性剂：十二烷酸钠（SLA）、十二烷基硫酸钠（SDS）；助表面活性剂：正庚醇、正辛醇、正壬醇、正癸醇。以上试剂由上海化学试剂公司提供，均为分析纯。

非水溶剂：N,N-二甲基乙酰胺（DMA），分析纯，由天津克密欧化学试剂开发中心提供。

称取一定数量的 SLA 或 SDS 和一定数量的醇，用 DMA 溶解后用容量瓶定容，配制成含 0.01mol/L SLA 或 SDS 和不同浓度（0.1mol/L、0.5mol/L、1.0mol/L、1.5mol/L）的醇类（正庚醇、正辛醇、正壬醇、正癸醇）的 DMA 溶液，作为滴定液。

实验方法：实验在 4ml 不锈钢滴定安瓿瓶中进行，取 2ml DMA 于安瓿瓶中，在滴定单元的连杆上绕细塑料管，管中盛 0.5ml 滴定液，预热 1h，等温度恒定后，打开搅拌系统，使转速为 120r/min，用蠕动泵把滴定液以 0.02ml/min 的速度滴入安瓿瓶中，仪器记录体系的热功率-时间曲线，滴定结束停泵，当记录笔返回基线后即可认为实验结束。

（二）数据处理

1. 胶束类型的确定

为确定在极性（DMA）溶剂中，两种表面活性剂的胶束属于何种类型，为此对上述体系分别以水和 DMA 为溶剂，测定两种溶液的电导值，结果见表 22-1。

表 22-1 在含有 1.0mol/L 辛醇的 DMA 溶液中 SLA 和 SDS 的电导率（303K）

表面活性剂	$\kappa /(\mu S/cm)$	
	水	DMA/辛醇（1.0mol/L）
—	2.06	0.88
0.01mol/L SLA	645	54.8
0.01mol/L SDS	669	239.0

溶剂对于表面活性剂作用属于 O/W 型胶束。上述体系中，表面活性剂与溶剂分子之间形成氢键，类似于水溶液。从表 22-1 可知，两种表面活性剂在 DMA 中形成胶束，其电导率接近水溶液中的胶束，它们与 DMA 之间能形成氢键，因此该体系的胶束属于 O/W 型。

2. 临界胶束浓度的确定

分别测量 0.01mol/L SLA 和 0.01mol/L SDS 的 DMA 溶液，在不同温度下和含有不同浓度（0.1mol/L、0.5mol/L、1.0mol/L、1.5mol/L）醇（正庚醇、正辛醇、正壬醇、正癸醇）时的热功率-时间曲线。每个体系测量三次，曲线基本相同，然后取平均值。曲线见图 22-1 和图 22-2。

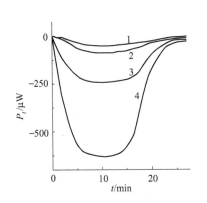

图 22-1 0.01mol/L SLA DMA 体系，在 308K
和含有不同浓度壬醇时的热功率-时间曲线

壬醇的浓度：1—0.1mol/L；2—0.5mol/L；
3—1.0mol/L；4—1.5mol/L

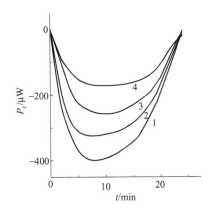

图 22-2 0.01mol/L SDS 的 DMA 体系，
在不同温度和含有 1.00mol/L 壬醇时
的热功率-时间曲线

1—298K；2—303K；3—308K；4—313K

根据曲线上的转折点所对应的体积，可以获得临界胶束浓度。其数据列于表 22-2 和表22-3。

分别对于 SLA 和 SDS 作 CMC-T 图、CMC-c 图、CMC-n（醇的烷基碳原子数）图，曲线见图 22-3～图 22-6。

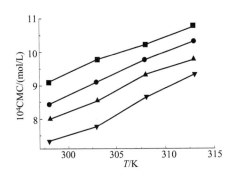

图 22-3 0.01mol/L SLA 的 DMA 体系，
在含有 1.00mol/L 不同种醇时的 CMC-T 曲线

■ 正庚醇；● 正辛醇；▲ 正壬醇；▼ 正癸醇

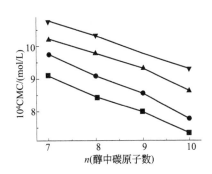

图 22-4 含有 1.00mol/L 不同种醇的 0.01mol/L SLA
的 DMA 体系，在不同温度下的 CMC-n 曲线

■ 298K；● 303K；▲ 308K；▼ 313K

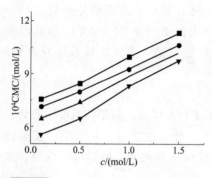

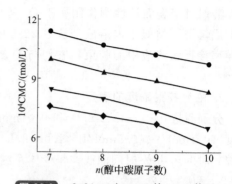

图 22-5 0.01mol/L SDS 的 DMA 体系
在 308K 和含有不同浓度醇时的 CMC-c 曲线
■ 正庚醇；● 正辛醇；▲ 正壬醇；▼ 正癸醇

图 22-6 0.01mol/L SDS 的 DMA 体系，
在 308K 和含有不同浓度醇时的 CMC-n 曲线
醇浓度：● 1.5mol·L^{-1}；▲ 1.0mol·L^{-1}；
▼ 0.5mol·L^{-1}；◆ 0.1mol·L^{-1}

表 22-2 0.01mol/L SLA 和 0.01mol/L SDS 含有 1.00mol/L 醇的 DMA 体系，在不同温度时的 CMC 和热力学函数值（$\Delta H_m^{\ominus}$、$\Delta G_m^{\ominus}$ 及 $\Delta S_m^{\ominus}$）

表面活性剂	醇		298K	303K	308K	313K
SLA	正庚醇	$10^4 CMC/(mol/L)$	9.10	9.77	10.21	10.77
		$\Delta H_m^{\ominus}/(kJ/mol)$	−19.96	−16.21	−14.10	−10.24
		$\Delta G_m^{\ominus}/(kJ/mol)$	−23.25	−23.46	−23.73	−23.98
		$\Delta S_m^{\ominus}/[J/(K \cdot mol)]$	−11.03	23.92	31.27	43.89
	正辛醇	$10^4 CMC/(mol/L)$	8.44	9.10	9.77	10.32
		$\Delta H_m^{\ominus}/(kJ/mol)$	−39.21	−23.57	−18.78	−10.82
		$\Delta G_m^{\ominus}/(kJ/mol)$	−23.43	−23.64	−23.84	−24.09
		$\Delta S_m^{\ominus}/[J/(K \cdot mol)]$	−52.95	0.218	16.44	29.61
	正壬醇	$10^4 CMC/(mol/L)$	7.99	8.54	9.32	9.77
		$\Delta H_m^{\ominus}/(kJ/mol)$	−90.96	−51.47	−36.93	−23.50
		$\Delta G_m^{\ominus}/(kJ/mol)$	−23.57	−23.76	−23.97	−24.23
		$\Delta S_m^{\ominus}/[J/(K \cdot mol)]$	−226.2	−69.73	−53.23	2.335
	正癸醇	$10^4 CMC/(mol/L)$	7.33	7.77	8.64	9.32
		$\Delta H_m^{\ominus}/(kJ/mol)$	−160.6	−84.50	−56.34	−39.56
		$\Delta G_m^{\ominus}/(kJ/mol)$	−23.78	−24.03	−24.09	−24.35
		$\Delta S_m^{\ominus}/[J/(K \cdot mol)]$	−459.3	−171.7	−104.7	−48.58
SDS	正庚醇	$10^4 CMC/(mol/L)$	8.44	9.32	9.99	10.66
		$\Delta H_m^{\ominus}/(kJ/mol)$	−34.15	−27.66	−16.21	−12.18
		$\Delta G_m^{\ominus}/(kJ/mol)$	−23.43	−23.58	−23.79	−24.00
		$\Delta S_m^{\ominus}/[J/(K \cdot mol)]$	−35.97	−13.48	24.60	37.78
	正辛醇	$10^4 CMC/(mol/L)$	7.99	8.88	9.32	10.11
		$\Delta H_m^{\ominus}/(kJ/mol)$	−42.39	−30.57	−20.65	−15.07
		$\Delta G_m^{\ominus}/(kJ/mol)$	−23.57	−23.70	−23.97	−24.14
		$\Delta S_m^{\ominus}/[J/(K \cdot mol)]$	−63.16	−22.68	10.76	28.98
	正壬醇	$10^4 CMC/(mol/L)$	7.10	7.77	8.88	9.55
		$\Delta H_m^{\ominus}/(kJ/mol)$	−92.38	−51.83	−40.89	−38.10
		$\Delta G_m^{\ominus}/(kJ/mol)$	−23.86	−24.03	−24.09	−24.29
		$\Delta S_m^{\ominus}/[J/(K \cdot mol)]$	−229.9	−91.74	−54.55	−44.12
	正癸醇	$10^4 CMC/(mol/L)$	6.66	6.88	8.44	8.98
		$\Delta H_m^{\ominus}/(kJ/mol)$	−158.4	−96.37	−72.03	−43.65
		$\Delta G_m^{\ominus}/(kJ/mol)$	24.02	−24.34	−24.22	−24.45
		$\Delta S_m^{\ominus}/[J/(K \cdot mol)]$	−451.0	−237.7	−155.2	−61.34

表 22-3　0.01mol/L SLA 和 0.01mol/L SDS 含有不同浓度的醇的 DMA 体系，在 308K 时的 CMC 和热力学函数值（$\Delta H_{\mathrm{m}}^{\ominus}$，$\Delta G_{\mathrm{m}}^{\ominus}$，$\Delta S_{\mathrm{m}}^{\ominus}$）

表面活性剂	醇		0.1mol/L	0.5mol/L	1.0mol/L	1.5mol/L
SLA	正庚醇	10^4 CMC/(mol/L)	7.10	8.88	10.21	11.32
		$\Delta H_{\mathrm{m}}^{\ominus}$/(kJ/mol)	-2.45	-4.23	-14.10	-29.26
		$\Delta G_{\mathrm{m}}^{\ominus}$/(kJ/mol)	-24.66	-24.09	-23.73	-23.47
		$\Delta S_{\mathrm{m}}^{\ominus}$/[J/(K·mol)]	72.11	64.48	31.27	-18.82
	正辛醇	10^4 CMC/(mol/L)	6.66	8.44	9.77	10.88
		$\Delta H_{\mathrm{m}}^{\ominus}$/(kJ/mol)	-3.26	-6.56	-18.78	-40.46
		$\Delta G_{\mathrm{m}}^{\ominus}$/(kJ/mol)	-24.83	-24.22	-23.84	-23.57
		$\Delta S_{\mathrm{m}}^{\ominus}$/[J/(K·mol)]	70.02	57.33	16.44	-54.84
	正壬醇	10^4 CMC/(mol/L)	6.22	7.99	9.32	10.43
		$\Delta H_{\mathrm{m}}^{\ominus}$/(kJ/mol)	-7.40	-16.96	-40.36	-90.64
		$\Delta G_{\mathrm{m}}^{\ominus}$/(kJ/mol)	-25.00	-24.36	-23.97	-23.68
		$\Delta S_{\mathrm{m}}^{\ominus}$/[J/(K·mol)]	57.14	24.02	-53.23	-217.4
	正癸醇	10^4 CMC/(mol/L)	5.55	7.33	8.88	9.99
		$\Delta H_{\mathrm{m}}^{\ominus}$/(kJ/mol)	-8.21	-26.97	-56.34	-136.97
		$\Delta G_{\mathrm{m}}^{\ominus}$/(kJ/mol)	-25.29	-24.58	-24.09	-23.79
		$\Delta S_{\mathrm{m}}^{\ominus}$/[J/(K·mol)]	55.46	-7.760	-104.7	-367.5
SDS	正庚醇	10^4 CMC/(mol/L)	7.55	8.44	9.99	11.32
		$\Delta H_{\mathrm{m}}^{\ominus}$/(kJ/mol)	-0.86	-4.70	-16.21	-36.16
		$\Delta G_{\mathrm{m}}^{\ominus}$/(kJ/mol)	-24.50	-24.22	-23.79	-23.47
		$\Delta S_{\mathrm{m}}^{\ominus}$/[J/(K·mol)]	76.76	63.35	24.60	-41.21
	正辛醇	10^4 CMC/(mol/L)	7.10	7.99	9.32	10.66
		$\Delta H_{\mathrm{m}}^{\ominus}$/(kJ/mol)	-1.24	-9.12	-20.65	-47.65
		$\Delta G_{\mathrm{m}}^{\ominus}$/(kJ/mol)	-24.66	-24.36	-23.97	-23.62
		$\Delta S_{\mathrm{m}}^{\ominus}$/[J/(K·mol)]	76.04	49.48	10.76	-47.46
	正壬醇	10^4 CMC/(mol/L)	6.46	7.33	8.88	10.21
		$\Delta H_{\mathrm{m}}^{\ominus}$/(kJ/mol)	-3.18	-14.59	-40.89	-90.57
		$\Delta G_{\mathrm{m}}^{\ominus}$/(kJ/mol)	-24.83	-24.59	-24.09	-23.73
		$\Delta S_{\mathrm{m}}^{\ominus}$/[J/(K·mol)]	70.28	32.44	-54.55	-247.6
	正癸醇	10^4 CMC/(mol/L)	5.55	6.44	8.30	9.77
		$\Delta H_{\mathrm{m}}^{\ominus}$/(kJ/mol)	-4.88	-18.17	-72.03	-135.5
		$\Delta G_{\mathrm{m}}^{\ominus}$/(kJ/mol)	-25.29	-24.91	-24.22	-23.84
		$\Delta S_{\mathrm{m}}^{\ominus}$/[J/(K·mol)]	66.27	21.89	-155.2	-362.4

3. 胶束标准形成焓、自由能变及熵变的计算

测量 0.01mol/L SLA 和 0.01mol/L SDS 在含有不同浓度（0.1mol/L、0.5mol/L、1.0mol/L、1.5mol/L）醇（正庚醇、正辛醇、正壬醇、正癸醇）的 DMA 体系，在不同温度和不同醇浓度时的热功率-时间曲线，根据曲线上的面积，求出反向胶束形成过程的热效应，每个过程测三次，曲线基本相同，然后取平均值。根据热效应和临界胶束浓度的数据，得到形成焓 $\Delta H_{\mathrm{m}}^{\ominus}$。根据热力学理论，从公式 $\Delta G_{\mathrm{m}}^{\ominus}=-RT\ln X_{\mathrm{CMC}}$ 可以计算出 $\Delta G_{\mathrm{m}}^{\ominus}$，又根据 $\Delta G_{\mathrm{m}}^{\ominus}=\Delta H_{\mathrm{m}}^{\ominus}-T\Delta S_{\mathrm{m}}^{\ominus}$，计算出 $\Delta S_{\mathrm{m}}^{\ominus}$。所得数据见表 22-2 及表 22-3。

4. 胶束形成标准热力学函数的规律性讨论

对于 SLA 和 SDS 的胶束体系，分别作 $\Delta H_{\mathrm{m}}^{\ominus}$-$T$、$\Delta H_{\mathrm{m}}^{\ominus}$-$n$ 图、$\Delta H_{\mathrm{m}}^{\ominus}$-$c$ 图，曲线见图 22-7～图 22-10。

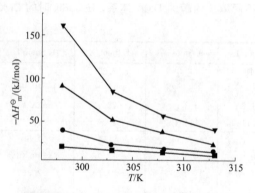

图 22-7 0.01mol/L SLA 含有 1.00mol/L
醇的 DMA 的 $\Delta H_{m}^{\ominus}$-T 曲线

■ 正庚醇；● 正辛醇；▲ 正壬醇；▼ 正癸醇

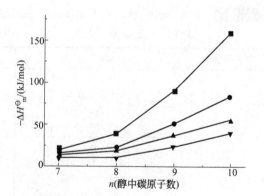

图 22-8 0.01mol/L SLA 含有 1.00mol/L
醇的 DMA 体系在不同温度时的 $\Delta H_{m}^{\ominus}$-n 曲线

■ 298K；● 303K；▲ 308K；▼ 313K

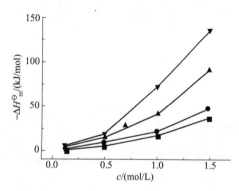

图 22-9 0.01mol/L SDS 含有不同浓度的
醇的 DMA 体系在 308K 时的 $\Delta H_{m}^{\ominus}$-c 曲线

■ 正庚醇；● 正辛醇；▲ 正壬醇；▼ 正癸醇

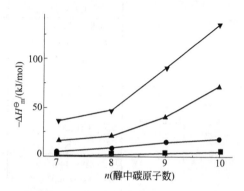

图 22-10 0.01mol/L SDS 含有不同浓度的
醇的 DMA 体系在 308K 时的 $\Delta H_{m}^{\ominus}$-n 曲线

醇浓度：■ 0.1mol/L；● 0.5mol/L；
▲ 1.0mol/L；▼ 1.5mol/L

从图中曲线可以看出，形成焓（$\Delta H_{m}^{\ominus}$）在相同醇及相同浓度醇的体系中，随着温度的升高而增加；在相同浓度的醇及相同温度的体系中，随着醇中碳原子数目的增加而减少；在相同温度及相同醇的体系中，随着醇的浓度的增加而减少。

从表 22-2 及表 22-3 的 $\Delta G_{m}^{\ominus}$ 和 $\Delta S_{m}^{\ominus}$ 的数据可见：①$\Delta G_{m}^{\ominus}$ 在相同浓度的醇的体系中，随着温度的升高而减少；在相同温度和相同浓度的醇的体系中，随着醇中碳原子数目的增加而减少；在相同醇及相同温度的体系中，随着醇的浓度的增加而增加。②$\Delta S_{m}^{\ominus}$ 在相同浓度的醇的体系中，随着温度的升高而增加；在相同温度和相同浓度的醇的体系中，随着醇中碳原子数目的增加而减少；在相同醇及相同温度的体系中，随着醇的浓度的增加而减少。

总之，SLA 和 SDS 及含有相同浓度的醇的 DMA 体系中，CMC、$\Delta H_{m}^{\ominus}$ 和 $\Delta S_{m}^{\ominus}$ 的值随着温度的升高而增加；$\Delta G_{m}^{\ominus}$ 的值随着温度的升高而降低。SLA 和 SDS 在相同温度及相同浓度的醇的 DMA 体系中，CMC、$\Delta H_{m}^{\ominus}$、$\Delta G_{m}^{\ominus}$、$\Delta S_{m}^{\ominus}$ 的值都随着醇中碳原子数目的增加而降低。SLA 和 SDS 在相同温度及相同浓度的醇的 DMA 体系中，CMC、$\Delta G_{m}^{\ominus}$ 的值随着醇的浓度的增加而增加；而 $\Delta H_{m}^{\ominus}$ 和 $\Delta S_{m}^{\ominus}$ 的值随着醇的浓度的增加而减少。

二、AOT 表面活性剂在 DMF/长链醇体系中 CMC 和热力学函数的实验

丁二酸二异辛酯磺酸钠（AOT）是一种具有双尾结构、性能优良的阴离子表面活性剂，

已广泛用于反胶束萃取和反胶束酶催化等体系，是反胶束体系中应用最广的表面活性剂。用微量量热法研究了 AOT 在 N,N-二甲基甲酰胺（DMF）/长链醇（正戊醇、正己醇、正庚醇、正辛醇）非水溶液体系中的临界胶束浓度（CMC）和热力学函数（$\Delta H_m^{\ominus}$、$\Delta G_m^{\ominus}$ 和 $\Delta S_m^{\ominus}$）[6]。

（一）实验部分

八通道微量量热仪（TAM Air）为瑞典生产，用空气来控制体系温度，并拥有八个通道。

试剂：丁二酸二异辛酯磺酸钠（AOT）由 Alfa Aesar 提供，纯度为 96%。正戊醇、正己醇、正庚醇、正辛醇由天津市科密欧化学试剂开发中心提供，均为分析纯。N,N-二甲基甲酰胺（DMF）由天津市富宇精细化工有限公司提供，分析纯。

实验方法：称取一定量的 AOT 和醇，用 DMF 溶解并定容，配成含 0.01mol/L AOT 和不同浓度（0.5mol/L、1.0mol/L、1.5mol/L、2.0mol/L）长链醇（正戊醇、正己醇、正庚醇、正辛醇）的 DMF 溶液，作为滴定液。取 4ml DMF 于安瓿瓶中，并放于八通道微量量热仪，恒温后用蠕动泵将 1ml 滴定液以 0.02ml/min 的速度滴入安瓿瓶中，全程记录此过程的热功率-时间曲线，至返回基线，即实验结束。每个实验平行进行 3 次，然后取平均值。

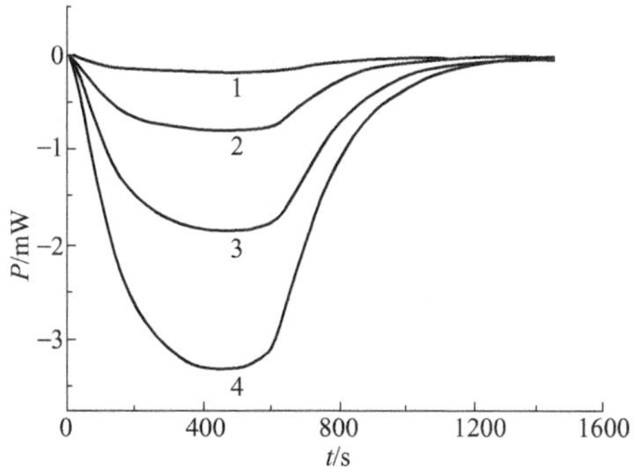

（二）数据处理

1. 临界胶束浓度（CMC）的确定

采用八通道微量量热仪分别测量不同温度、不同醇中的碳原子数和不同醇的浓度时，AOT 在

图 22-11　303.15K 时 0.01mol/L AOT/不同浓度的正辛醇/DMF 体系的热功率-时间曲线

正辛醇浓度：1—0.5mol/L；2—1.0mol/L；3—1.5mol/L；4—2.0mol/L

DMF/长链醇体系的热功率-时间曲线。部分曲线见图 22-11～图 22-13。

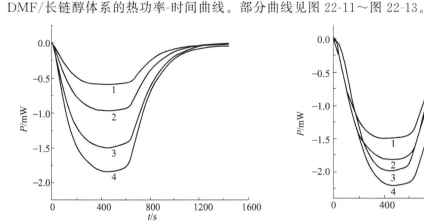

图 22-12　303.15K 时 0.01mol/L AOT/1.5mol/L 不同醇/DMF 体系的热功率-时间曲线

1—正戊醇；2—正己醇；3—正庚醇；4—正辛醇

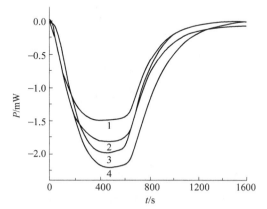

图 22-13　不同温度时 0.01mol/L AOT/不同浓度正辛醇/DMF 体系的热功率-时间曲线

1—298.15K；2—303.15K；3—308.15K；4—313.15K

所得热功率-时间曲线上的最低点为反胶束开始形成的时间，即临界胶束浓度所对应的时间。由于滴定液是匀速加入的，可以将最低点所对应的时间转换为滴定液加入的体积，进而可以得到各体系中 AOT 的临界胶束浓度。数据见表 22-4。

根据表 22-4 中数据分别作 CMC-T、CMC-n（醇的碳原子数）和 CMC-c 曲线，部分曲线见图 22-14～图 22-16。可见在长链醇/DMF 体系中，所加入醇的浓度、醇的碳原子数及温度均对 AOT 的 CMC 有影响。

表 22-4 几种醇不同温度浓度下，AOT 在 DMF 体系中的 CMC

T/K	醇	10^4CMC			
		0.5mol/L	1.0mol/L	1.5mol/L	2.0mol/L
298.15	正戊醇	10.14	7.97	7.00	6.48
	正己醇	9.14	7.29	6.58	6.07
	正庚醇	8.29	6.84	6.17	5.83
	正辛醇	7.46	6.57	5.82	5.53
303.15	正戊醇	10.49	8.07	7.57	7.23
	正己醇	10.07	7.67	7.37	6.52
	正庚醇	9.13	7.52	7.14	6.24
	正辛醇	8.39	7.37	6.43	5.92
308.15	正戊醇	11.00	8.75	8.32	7.92
	正己醇	10.17	8.41	7.50	7.27
	正庚醇	9.45	8.21	7.26	6.85
	正辛醇	9.05	7.99	6.90	6.42
313.15	正戊醇	11.66	10.41	9.47	8.77
	正己醇	10.84	9.30	8.73	7.83
	正庚醇	9.79	8.65	7.89	7.28
	正辛醇	9.27	8.45	7.62	6.91

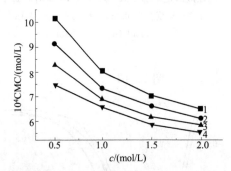

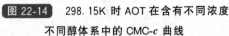

图 22-14 298.15K 时 AOT 在含有不同浓度不同醇体系中的 CMC-c 曲线

1—正戊醇；2—正己醇；
3—正庚醇；4—正辛醇

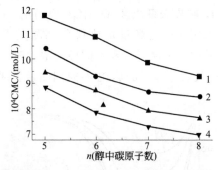

图 22-15 313.15K 时 AOT 在含有不同浓度不同醇体系中的 CMC-n 曲线

醇浓度：1—0.5mol/L；2—1.0mol/L；
3—1.5mol/L；4—2.0mol/L

2. 标准摩尔生成焓的确定

对所得的热功率-时间曲线进行积分，得到曲线下的总面积，然后减去空白实验（即滴定液中不含 AOT，其他条件完全相同）中曲线下的面积，就得到反胶束生成过程中的热效应。再结合临界胶束浓度的数值，即可以得到标准摩尔生成焓 $\Delta H_m^\ominus$。所得数值见表 22-5。

分别作 $\Delta H_m^\ominus$-c、$\Delta H_m^\ominus$-n、$\Delta H_m^\ominus$-T 曲线，部分曲线见图 22-17。

结合曲线及表 22-5 中数据可以看出：标准摩尔生成焓（$\Delta H_m^\ominus$）的绝对值在相同温度、相同醇的体系中，随醇浓度的升高而增大；在相同温度、相同浓度醇的体系中，随醇中碳原子数的增加而增大；而在相同浓度的相同醇中，随温度的升高而减小。

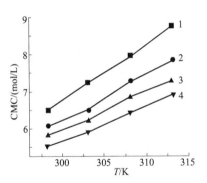

图 22-16 AOT 在含有 2.0mol/L

不同醇体系中的 CMC-T 曲线

1—正戊醇；2—正己醇；

3—正庚醇；4—正辛醇

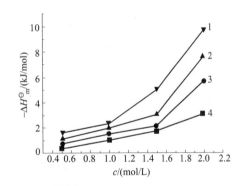

图 22-17 AOT 在含不同浓度不同醇

体系的 $\Delta H_m^{\ominus}$-c 曲线（298.15K）

醇浓度：1—2.0mol/L；2—1.5mol/L；

3—1.0mol/L；4—0.5mol/L

表 22-5 在不同温度、不同种醇存在时，AOT 在 DMF 体系中的 $\Delta H_m^{\ominus}$

T	醇	$\Delta H_m^{\ominus}$/(kJ/mol)			
		0.5mol/L	1.0mol/L	1.5mol/L	2.0mol/L
298.15K	正戊醇	−0.380	−1.017	−1.712	−3.070
	正己醇	−0.764	−1.519	−2.092	−5.637
	正庚醇	−1.158	−1.969	−2.994	−7.654
	正辛醇	−1.599	−2.308	−4.991	−9.690
303.15K	正戊醇	−0.290	−0.965	−1.401	−2.520
	正己醇	−0.507	−1.217	−1.529	−4.186
	正庚醇	−0.931	−1.508	−2.396	−5.988
	正辛醇	−1.201	−1.714	−4.013	−7.059
308.15K	正戊醇	−0.166	−0.750	−1.034	−1.903
	正己醇	−0.406	−0.969	−1.427	−2.831
	正庚醇	−0.781	−1.274	−2.243	−4.941
	正辛醇	−0.954	−1.509	−3.408	−6.081
313.15K	正戊醇	−0.010	−0.447	−0.675	−1.531
	正己醇	−0.233	−0.684	−0.969	−2.319
	正庚醇	−0.583	−1.090	−1.744	−3.802
	正辛醇	−0.761	−1.266	−2.429	−4.889

3. 吉布斯自由能变及熵变的确定

根据公式 $\Delta G_m^{\ominus} = RT\ln X_{CMC}$，可以得到生成反胶束时的标准摩尔吉布斯能变。又根据 $\Delta G_m^{\ominus} = \Delta H_m^{\ominus} - T\Delta S_m^{\ominus}$，可以得到标准摩尔熵变 $\Delta S_m^{\ominus}$。$\Delta G_m^{\ominus}$ 及 $\Delta S_m^{\ominus}$ 的数值分别见表 22-6和表 22-7。

分别对 $\Delta G_m^{\ominus}$ 及 $\Delta S_m^{\ominus}$ 作醇浓度（c）、醇中碳原子数（n）和温度（T）的曲线，部分曲线见图 22-18 和 图 22-19。

可以看出：标准摩尔生成吉布斯自由能（$\Delta G_m^{\ominus}$）在相同温度、相同醇的体系中，随醇浓度的升高而减小；在相同温度、相同浓度醇的体系中，随醇中碳原子数的增加而减小；而在相同浓度的相同醇中，随温度的升高也减小。

表 22-6 在不同温度、不同种醇存在时，AOT 在 DMF 体系的 $\Delta G_{\mathrm{m}}^{\ominus}$

T	醇	$\Delta G_{\mathrm{m}}^{\ominus}/(\mathrm{kJ/mol})$			
		0.5mol/L	1.0mol/L	1.5mol/L	2.0mol/L
298.15K	正戊醇	−25.115	−25.672	−25.955	−26.105
	正己醇	−25.350	−25.850	−26.041	−26.178
	正庚醇	−25.399	−25.962	−26.132	−26.183
	正辛醇	−25.812	−26.021	−26.208	−26.219
303.15K	正戊醇	−25.451	−26.073	−26.193	−26.266
	正己醇	−25.532	−26.155	−26.194	−26.436
	正庚醇	−25.757	−26.159	−26.203	−26.450
	正辛醇	−25.950	−26.168	−26.398	−26.487
308.15K	正戊醇	−25.748	−26.294	−26.382	−26.466
	正己醇	−25.928	−26.351	−26.582	−26.595
	正庚醇	−26.092	−26.366	−26.592	−26.620
	正辛醇	−26.184	−26.392	−26.654	−26.840
313.15K	正戊醇	−26.015	−26.322	−26.473	−26.601
	正己醇	−26.282	−26.516	−26.656	−26.832
	正庚醇	−26.423	−26.660	−26.806	−26.922
	正辛醇	−26.545	−26.674	−26.825	−26.957

表 22-7 在不同温度、不同种醇存在时，AOT 在 DMF 体系的 $\Delta S_{\mathrm{m}}^{\ominus}$

T	醇	$\Delta S_{\mathrm{m}}^{\ominus}/[\mathrm{J/(K \cdot mol)}]$			
		0.5mol/L	1.0mol/L	1.5mol/L	2.0mol/L
298.15K	正戊醇	82.961	82.693	81.314	77.261
	正己醇	82.463	81.607	80.326	68.895
	正庚醇	81.303	80.473	77.603	62.149
	正辛醇	81.213	79.533	71.164	55.438
303.15K	正戊醇	82.997	82.824	81.780	78.332
	正己醇	82.550	82.262	81.364	73.395
	正庚醇	81.897	81.318	78.533	67.497
	正辛醇	81.639	80.567	73.841	64.086
308.15K	正戊醇	83.019	82.894	82.260	79.711
	正己醇	82.823	82.370	81.632	77.119
	正庚醇	82.138	81.426	79.017	70.354
	正辛醇	81.876	80.747	75.437	67.368
313.15K	正戊醇	83.041	82.947	82.384	80.058
	正己醇	82.865	82.493	81.900	78.282
	正庚醇	82.517	81.653	80.032	73.831
	正辛醇	82.339	81.138	77.906	70.471

在 AOT/DMF 形成的反胶束中加入了助表面活性剂及长链醇，用微量量热法研究了加入的长链醇的浓度、醇中碳原子数及温度的变化对 AOT 的临界胶束浓度及反胶束形成过程中热力学函数的影响。结果表明，长链醇的加入及温度的变化均对反胶束体系有影响，即在 AOT/长链醇 DMF 体系中，当醇的浓度和醇中的碳原子数相同时，CMC、$\Delta H_{\mathrm{m}}^{\ominus}$、$\Delta S_{\mathrm{m}}^{\ominus}$ 随温度的升高增大，而 $\Delta G_{\mathrm{m}}^{\ominus}$ 随温度的升高降低；当醇中的碳原子数和温度相同时，CMC、$\Delta H_{\mathrm{m}}^{\ominus}$、$\Delta G_{\mathrm{m}}^{\ominus}$ 和 $\Delta S_{\mathrm{m}}^{\ominus}$ 随醇浓度的增加都降低；而当醇的浓度和温度相同时，CMC、$\Delta H_{\mathrm{m}}^{\ominus}$、

$\Delta G_m^{\ominus}$ 和 $\Delta S_m^{\ominus}$ 随着醇中碳原子数的增加也都降低。

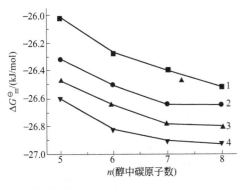

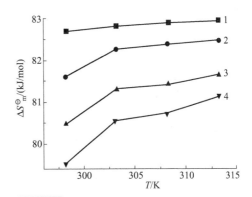

图 22-18　AOT 在含不同浓度不同种醇
体系的 $\Delta G_m^{\ominus}$-n 曲线 （313.15K）
醇浓度：1—0.5mol/L；2—1.0mol/L；
3—1.5mol/L；4—2.0mol/L

图 22-19　不同温度时，AOT 在含 1.0mol/L
不同种醇体系的 $\Delta S_m^{\ominus}$-T 曲线
1—正戊醇；2—正己醇；
3—正庚醇；4—正辛醇

第四节　阳离子表面活性剂在非水溶液体系的量热分析曲线及数据

微量量热法测量了阳离子表面活性剂十六烷基三甲基溴化铵（CTAB）在非水溶剂 N，N-二甲基乙酰胺（DMA）中，分别加入长链醇（正庚醇、正辛醇、正壬醇、正癸醇）体系的热功率-时间曲线，由测得的曲线上的数据得到了临界胶束浓度（CMC）和形成热（$\Delta H_m^{\ominus}$）。根据热力学理论，计算了热力学函数（$\Delta G_m^{\ominus}$，$\Delta S_m^{\ominus}$），讨论了温度、醇中的碳原子数、醇的浓度与临界胶束浓度（CMC）和热力学函数之间的关系[7,8]。

兹以十六烷基三甲基溴化铵在 DMA/长链醇体系中 CMC 和热力学函数的实验为例[8]。

（一）实验部分

瑞典 2277 型热活性检测仪。

十六烷基三甲基溴化铵（CTAB），优级纯（99.9%），厦门先端科技有限公司提供。

助表面活性剂：正庚醇，天津市大茂化学试剂厂；正辛醇，天津市福晨化学试剂厂；正壬醇、正癸醇，天津市光复精细化工研究所；四种醇均为分析纯。

非水溶剂：N,N-二甲基乙酰胺（DMA），分析纯，由天津市广成化学试剂有限公司提供。

溶液配制：称取一定数量的 CTAB 和一定数量的醇于 DMA 中，溶解后用容量瓶定容，配成含 0.01mol/L CTAB 和不同浓度的醇（正庚醇、正辛醇、正壬醇、正癸醇）的溶液，作为滴定液。

实验方法：实验在 4ml 不锈钢滴定安瓿瓶中进行，取 2ml DMA 溶液于安瓿瓶中，在滴定单元的连杆上绕细塑料管，管中盛 0.5ml 滴定液，预热 1h，温度恒定后，打开搅拌系统，使转速为 120r/min，用恒流泵把滴定液以 0.02ml/min 的速度滴入安瓿瓶中，仪器记录体系的热功率-时间曲线，滴定结束停泵，当曲线返回基线后即认为实验结束。

（二）数据处理

1. 临界胶束浓度的确定

分别对 0.01mol/L CTAB，在含有不同浓度醇（正庚醇、正辛醇、正壬醇、正癸醇）的

DMA 溶液中的性质进行了研究，测量了在不同温度和不同浓度的各种醇存在时的热功率-时间曲线。每个体系测定 3 次，曲线基本相同，然后取平均值。部分曲线见图 22-20。

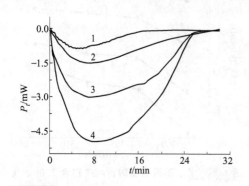

图 22-20 不同温度下 0.01mol/L CTAB 在含有 1.0mol/L 辛醇的 DMA 溶液中的热功率-时间曲线

1—298.15K；2—303.15K；
3—308.15K；4—313.15K

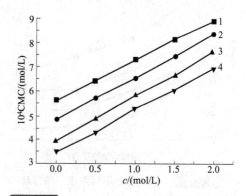

图 22-21 0.01mol/L CTAB 在含有不同醇的 DMA 体系中的 CMC-c 曲线（298.15K）

1—正戊醇；2—正辛醇；
3—正壬醇；4—正癸醇

从表 22-8 中数据，分别作 CMC-c、CMC-T 及 CMC-n（醇中的碳原子数）图，部分曲线见图 22-21。

根据曲线上的转折点所对应的浓度，可以获得临界胶束浓度，其数据见表 22-8。

表 22-8 不同温度下，不同浓度的各种醇存在时，0.01mol/L CTAB 在 DMA 体系中的 CMC

醇	T /K	10^4CMC/(mol/L)				
		0mol/L	0.5mol/L	1.0mol/L	1.5mol/L	2.0mol/L
正庚醇	298.15	5.63	6.43	7.28	8.14	8.88
	303.15	6.29	7.21	8.20	9.22	10.05
	308.15	7.08	8.03	8.99	9.91	10.89
	313.15	7.81	8.85	9.74	10.98	11.83
正辛醇	298.15	4.82	5.72	6.55	7.42	8.35
	303.15	5.43	6.53	7.45	8.55	9.65
	308.15	6.26	7.30	8.30	9.52	10.38
	313.15	6.75	8.01	8.92	10.44	11.44
正壬醇	298.15	3.96	4.86	5.81	6.64	7.61
	303.15	4.44	5.49	6.74	7.90	8.85
	308.15	4.86	6.11	7.35	8.39	9.86
	313.15	5.44	6.88	7.97	9.37	10.86
正癸醇	298.15	3.49	4.31	5.27	6.03	6.92
	303.15	3.73	4.81	6.01	7.21	8.18
	308.15	4.17	5.50	6.59	7.74	9.25
	313.15	4.53	6.10	7.14	8.71	10.29

2. 胶束标准生成焓的测定

对于 0.01mol/L CTAB 在含有不同浓度醇（正庚醇、正辛醇、正壬醇、正癸醇）的 DMA 体系，从测定的在不同温度和不同醇的浓度时的热功率-时间曲线上的面积，求得了反向胶束形成过程的热效应，每个过程测 3 次，曲线基本相同，然后取平均值。数据见表 22-9。

表 22-9 　不同温度下，不同浓度的各种醇存在时，0.01mol/L CTAB 在 DMA 体系中的 $\Delta H_m^{\ominus}$

醇	T/K	$-\Delta H_m^{\ominus}/(kJ/mol)$				
		0mol/L	0.5mol/L	1.0mol/L	1.5mol/L	2.0mol/L
正庚醇	298.15	24.20	35.10	43.66	52.75	65.46
	303.15	13.61	25.07	33.08	42.04	56.01
	308.15	6.45	16.97	23.12	32.21	44.17
	313.15	−3.09	6.22	12.21	21.93	30.82
正辛醇	298.15	33.51	45.63	53.43	63.89	77.67
	303.15	21.11	33.25	40.58	51.91	64.86
	308.15	11.86	22.30	29.70	39.74	50.59
	313.15	−0.24	10.18	16.61	26.99	37.45
正壬醇	298.15	43.86	56.31	62.84	74.70	87.74
	303.15	31.65	43.79	52.52	63.26	76.8
	308.15	20.36	31.44	40.03	50.07	62.20
	313.15	3.55	15.08	22.80	33.53	45.87
正癸醇	298.15	48.21	59.81	70.73	80.69	93.94
	303.15	35.21	47.78	57.95	69.53	83.10
	308.15	24.53	36.06	46.01	56.81	69.08
	313.15	6.02	17.99	27.69	38.46	51.63

依据表 22-9 中的数据，分别作 $\Delta H_m^{\ominus}$-c、$\Delta H_m^{\ominus}$-T 及 $\Delta H_m^{\ominus}$-n 图，部分曲线见图 22-22。

标准生成焓 $(\Delta H_m^{\ominus})$ 在相同浓度、相同碳原子数的醇的 DMA 体系中，随着温度的升高而增加；在相同浓度的醇及相同温度的体系中，随着醇中碳原子数目的增加而减少；在相同温度、相同碳原子数的醇的体系中，随着醇的浓度的增加而减少。

3. 胶束形成的标准自由能变及熵变的计算

根据 $\Delta H_m^{\ominus}$ 和临界胶束浓度的数据，运用表面活性剂的热力学理论，从公式

$\Delta G_m^{\ominus} = RT \ln X_{CMC}$，可以计算出 $\Delta G_m^{\ominus}$。式中 X_{CMC} 代表以摩尔分数表示的平衡常数。又根据 $\Delta G_m^{\ominus} = \Delta H_m^{\ominus} - T\Delta S_m^{\ominus}$ 计算出 $\Delta S_m^{\ominus}$，所得数据见表 22-10。

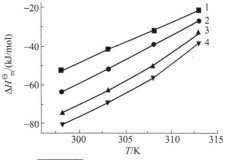

图 22-22 　0.01mol/L CTAB 在含有 1.5mol/L 不同醇的 DMA 体系中的 $\Delta H_m^{\ominus}$-T 曲线

1—正庚醇；2—正辛醇；
3—正壬醇；4—正癸醇

表 22-10 　不同温度下，不同浓度的各种醇存在时，0.01mol/L CTAB 在 DMA 体系中的 $\Delta G_m^{\ominus}$ 和 $\Delta S_m^{\ominus}$

醇	T/K	热力学函数	0mol/L	0.5mol/L	1.0mol/L	1.5mol/L	2.0mol/L
正庚醇	298.15	$\Delta G_m^{\ominus}/(kJ/mol)$	−24.12	−24.11	−23.80	−23.52	−23.31
		$\Delta S_m^{\ominus}/[J/(K \cdot mol)]$	−0.27	−36.88	−66.64	−98.09	−141.4
	303.15	$\Delta G_m^{\ominus}/(kJ/mol)$	−24.58	−24.22	−23.90	−23.60	−23.39
		$\Delta S_m^{\ominus}/[J/(K \cdot mol)]$	36.20	−2.81	−30.30	−60.86	−107.7
	308.15	$\Delta G_m^{\ominus}/(kJ/mol)$	−24.68	−24.35	−24.06	−23.80	−23.57
		$\Delta S_m^{\ominus}/[J/(K \cdot mol)]$	59.19	23.96	3.05	−27.31	−66.88
	313.15	$\Delta G_m^{\ominus}/(kJ/mol)$	−24.83	−24.49	−24.24	−23.93	−23.73
		$\Delta S_m^{\ominus}/[J/(K \cdot mol)]$	89.20	58.37	38.43	6.39	−22.65

续表

醇	T/K	热力学函数	0mol/L	0.5mol/L	1.0mol/L	1.5mol/L	2.0mol/L
正辛醇	298.15	$\Delta G_m^{\ominus}/(kJ/mol)$	−24.83	−24.40	−24.06	−23.75	−23.46
		$\Delta S_m^{\ominus}/[J/(K\cdot mol)]$	−29.13	−71.24	−98.56	−134.7	−181.9
	303.15	$\Delta G_m^{\ominus}/(kJ/mol)$	−24.95	−24.47	−24.14	−23.79	−23.49
		$\Delta S_m^{\ominus}/[J/(K\cdot mol)]$	12.67	−28.97	−54.26	−92.80	−136.5
	308.15	$\Delta G_m^{\ominus}/(kJ/mol)$	−25.00	−24.59	−24.26	−23.91	−23.69
		$\Delta S_m^{\ominus}/[J/(K\cdot mol)]$	42.66	7.44	−17.66	−51.40	−87.34
	313.15	$\Delta G_m^{\ominus}/(kJ/mol)$	−25.21	−24.75	−24.47	−24.06	−23.82
		$\Delta S_m^{\ominus}/[J/(K\cdot mol)]$	81.31	46.55	25.11	−9.36	−43.55
正壬醇	298.15	$\Delta G_m^{\ominus}/(kJ/mol)$	−25.32	−24.80	−24.32	−24.03	−23.68
		$\Delta S_m^{\ominus}/[J/(K\cdot mol)]$	−62.21	−105.7	−129.0	−170.0	−215.0
	303.15	$\Delta G_m^{\ominus}/(kJ/mol)$	−25.46	−24.91	−24.39	−23.99	−23.71
		$\Delta S_m^{\ominus}/[J/(K\cdot mol)]$	−20.43	−62.31	−92.84	−129.6	−175.2
	308.15	$\Delta G_m^{\ominus}/(kJ/mol)$	−25.64	−25.05	−24.57	−24.23	−23.82
		$\Delta S_m^{\ominus}/[J/(K\cdot mol)]$	17.14	−20.75	−50.19	−83.90	−124.6
	313.15	$\Delta G_m^{\ominus}/(kJ/mol)$	−25.77	−25.14	−24.76	−24.34	−23.96
		$\Delta S_m^{\ominus}/[J/(K\cdot mol)]$	71.00	32.14	6.26	−29.36	−70.00
正癸醇	298.15	$\Delta G_m^{\ominus}/(kJ/mol)$	−25.63	−25.10	−24.60	−24.27	−23.93
		$\Delta S_m^{\ominus}/[J/(K\cdot mol)]$	−75.77	−116.5	−154.8	−189.3	−234.9
	303.15	$\Delta G_m^{\ominus}/(kJ/mol)$	−25.90	−25.24	−24.68	−24.22	−23.91
		$\Delta S_m^{\ominus}/[J/(K\cdot mol)]$	−30.73	−74.39	−109.8	−149.5	−195.4
	308.15	$\Delta G_m^{\ominus}/(kJ/mol)$	−26.04	−25.32	−24.85	−24.44	−23.98
		$\Delta S_m^{\ominus}/[J/(K\cdot mol)]$	4.90	−34.87	−68.70	−105.1	−146.4
	313.15	$\Delta G_m^{\ominus}/(kJ/mol)$	−26.24	−25.46	−25.05	−24.53	−24.1
		$\Delta S_m^{\ominus}/[J/(K\cdot mol)]$	64.60	23.87	−8.43	−44.50	−87.96

由表 22-10 可知,在相同浓度、相同碳原子数的醇的 DMA 体系中,随着温度的升高 $\Delta G_m^{\ominus}$ 减少、$\Delta S_m^{\ominus}$ 增加;在相同温度和相同浓度的醇的体系中,随着醇中碳原子数目的增加,$\Delta G_m^{\ominus}$ 和 $\Delta S_m^{\ominus}$ 减少;在相同温度、相同碳原子数的醇的体系中,随着醇的浓度的增加,$\Delta G_m^{\ominus}$ 增加、$\Delta S_m^{\ominus}$ 减少。

结论:在 CTAB 及含有相同浓度的醇的 DMA 体系中,CMC、$\Delta H_m^{\ominus}$ 和 $\Delta S_m^{\ominus}$ 的值随着温度的升高而增加;$\Delta G_m^{\ominus}$ 的值随着温度的升高而降低。CTAB 在相同温度及相同浓度的醇的 DMA 体系中,CMC、$\Delta H_m^{\ominus}$、$\Delta G_m^{\ominus}$、$\Delta S_m^{\ominus}$ 的值都随着醇中碳原子数目的增加而降低。CTAB 在相同温度及相同浓度的醇的 DMA 体系中,CMC、$\Delta G_m^{\ominus}$ 的值随着醇的浓度的增加而增加;而 $\Delta H_m^{\ominus}$ 和 $\Delta S_m^{\ominus}$ 的值随着醇的浓度的增加而减少。

第五节　非离子表面活性剂在非水溶液体系的量热分析曲线及数据

对于非离子表面活性剂[9,10]聚氧乙烯月桂醚(Brij-35)、辛基苯基聚氧乙烯醚 (TX-100)/N,N-二甲基甲酰胺/长链醇体系,利用滴定微量量热仪测定了胶束形成过程 的热功率-时间曲线。根据曲线,得到了临界胶束浓度和热力学函数($\Delta H_m^{\ominus}$、$\Delta G_m^{\ominus}$ 和 $\Delta S_m^{\ominus}$)。讨论了温度、醇的碳原子数、醇的浓度与临界胶束浓度和热力学函数之间的关系。

兹以聚氧乙烯月桂醚（Brij-35）/DMF/长链醇体系中 CMC 和热力学函数实验为例[9]。

（一）实验部分

瑞典 2277 型热活性检测仪。

表面活性剂：聚氧乙烯月桂醚（简称 Brij-35），分析纯，上海试剂二厂提供。

助表面活性剂：正庚醇、正辛醇、正壬醇、正癸醇，分析纯，由上海化学试剂公司提供。

非水溶剂：N,N-二甲基甲酰胺（DMF），分析纯，由天津克密欧化学试剂开发中心提供。

溶液的配制：称取一定数量的 Brij-35 和一定数量的醇，用 DMF 溶解后用容量瓶定容，配成含 0.005mol/L Brij-35 和不同浓度（0.5mol/L、1.0mol/L、1.5mol/L、2.0mol/L）的醇（正庚醇、正辛醇、正壬醇、正癸醇）的 DMF 溶液，作为滴定液。

实验方法，同第四节。

（二）数据处理

1. 临界胶束浓度的确定

分别对 0.005mol/L Brij-35，在含有不同浓度（0.5mol/L、1.0mol/L、1.5mol/L、2.0mol/L）醇类（正庚醇、正辛醇、正壬醇、正癸醇）的 DMF 体系的性质进行了研究，测定了在不同温度、不同醇和醇的不同浓度时体系的热功率-时间曲线。每个体系测定 3 次，曲线基本相同，然后取平均值，部分曲线见图 22-23。

根据曲线上的转折点所对应的滴定时间，计算出滴定液的体积，可获得临界胶束浓度，其数据列于表 22-11。

从表 22-11 中数据可以看出：Brij-35 在相同浓度的醇及相同醇的 DMF 的体系中，CMC 随着温度的升高而减少。在相同浓度的醇及相同温度的体系中，CMC 随着醇中碳原子数目的增加而减少。在相同温度及相同醇的体系中，CMC 随着醇的浓度的增加而减少。

2. 胶束形成过程的标准生成焓的计算

对 0.005mol/L Brij-35 在含有不同浓度（0.5mol/L、1.0mol/L、1.5mol/L、2.0mol/L）醇（正庚醇、正辛醇、正壬醇、正癸醇）的 DMF 体系，测定了在不同温度和不同醇的浓度时的热功

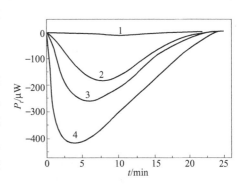

图 22-23　0.005mol/L Brij-35 在含不同浓度的辛醇的 DMF 体系的热功率-时间曲线（298.15K）

辛醇浓度：1—0.5mol/L；2—1.0mol/L；3—1.5mol/L；4—2.0mol/L

率-时间曲线。根据曲线上的面积，求得了胶束形成过程的热效应。每个过程测 3 次，曲线基本相同，然后取平均值。根据热效应和临界胶束浓度的数据，得到了标准生成焓 $\Delta H_m^{\ominus}$，其数据见表 22-12。

从表 22-12 中数据可以看出：标准生成焓（$\Delta H_m^{\ominus}$）在相同浓度的相同醇体系中，随着温度的升高而增加；在相同浓度的醇及相同温度的体系中，随着醇中碳原子数的增加而减少；在相同温度及相同醇的体系中，随着醇的浓度的增加而减少。

表 22-11 不同温度下，不同浓度的各种醇存在时，0.005mol/L Brij-35 在 DMF 体系中的 CMC

醇	T/K	10^4 CMC/(mol/L)			
		0.5mol/L	1.0mol/L	1.5mol/L	2.0mol/L
正庚醇	298.15	2.88	2.63	2.38	2.17
	301.15	2.79	2.48	2.19	1.99
	304.15	2.56	2.33	2.02	1.80
	307.15	2.43	2.18	1.80	1.55
	310.15	2.30	1.99	1.64	1.35
正辛醇	298.15	2.58	2.34	2.08	1.84
	301.15	2.30	2.18	1.92	1.64
	304.15	2.25	2.01	1.79	1.51
	307.15	1.99	1.82	1.47	1.15
	310.15	1.89	1.7	1.34	1.02
正壬醇	298.15	2.33	2.07	1.86	1.56
	301.15	2.15	1.96	1.65	1.42
	304.15	1.98	1.79	1.48	1.22
	307.15	1.78	1.56	1.27	0.98
	310.15	1.48	1.32	1.04	0.87
正癸醇	298.15	1.95	1.68	1.38	1.10
	301.15	1.72	1.45	1.19	0.94
	304.15	1.36	1.11	0.90	0.70
	307.15	1.14	0.91	0.71	0.58
	310.15	0.85	0.65	0.51	0.42

表 22-12 不同温度下，不同浓度的各种醇存在时，0.005mol/L Brij-35 在 DMF 体系中的 $\Delta H_m^\ominus$

醇	T/K	$\Delta H_m^\ominus$/(kJ/mol)			
		0.5mol/L	1.0mol/L	1.5mol/L	2.0mol/L
正庚醇	298.15	−0.66	−2.57	−6.62	−11.62
	301.15	−0.57	−2.17	−5.96	−10.20
	304.15	−0.54	−1.87	−5.56	−9.68
	307.15	−0.50	−1.61	−5.00	−9.26
	310.15	−0.46	−1.50	−4.76	−8.40
正辛醇	298.15	−1.26	−4.14	−8.10	−13.46
	301.15	−1.14	−3.97	−7.50	−12.76
	304.15	−1.01	−3.71	−6.60	−11.38
	307.15	−0.90	−3.34	−6.16	−10.40
	310.15	−0.83	−2.70	−5.52	−10.00
正壬醇	298.15	−1.63	−6.18	−10.68	−17.88
	301.15	−1.54	−5.54	−9.50	−15.30
	304.15	−1.46	−5.08	−8.46	−12.98
	307.15	−1.40	−4.15	−7.65	−12.26
	310.15	−1.32	−3.34	−6.42	−11.12
正癸醇	298.15	−2.04	−7.36	−12.30	−21.18
	301.15	−1.94	−6.60	−10.86	−19.08
	304.15	−1.86	−5.62	−9.26	−17.54
	307.15	−1.70	−4.78	−8.20	−16.64
	310.15	−1.60	−4.32	−7.60	−14.98

3. 形成胶束的 $\Delta G_m^\ominus$ 和 $\Delta S_m^\ominus$ 的计算

根据胶束形成过程的热力学理论，从公式 $\Delta G_m^\ominus = RT \ln X_{CMC}$ 可以计算出 $\Delta G_m^\ominus$，又根据

$\Delta G_m^\ominus = \Delta H_m^\ominus - T\Delta S_m^\ominus$ 计算出 $\Delta S_m^\ominus$，所得数据见表 22-13。

表 22-13 不同温度、不同浓度的各种醇存在时，0.005mol/L Brij-35 的 DMF 体系中的热力学函数（$\Delta G_m^\ominus$，$\Delta S_m^\ominus$）

醇	T/K	热力学函数	0.5mol/L	1.0mol/L	1.5mol/L	2.0mol/L
正庚醇	298.15	$\Delta G_m^\ominus/(kJ/mol)$	−26.567	−26.792	−27.039	−27.268
		$\Delta S_m^\ominus/[J/(K\cdot mol)]$	86.89	81.24	68.49	52.48
	301.15	$\Delta G_m^\ominus/(kJ/mol)$	−26.914	−27.208	−27.520	−27.760
		$\Delta S_m^\ominus/[J/(K\cdot mol)]$	87.48	83.14	71.59	58.31
	304.15	$\Delta G_m^\ominus/(kJ/mol)$	−27.399	−27.637	−27.998	−28.290
		$\Delta S_m^\ominus/[J/(K\cdot mol)]$	88.31	84.72	73.77	61.19
	307.15	$\Delta G_m^\ominus/(kJ/mol)$	−27.803	−28.080	−28.569	−28.951
		$\Delta S_m^\ominus/[J/(K\cdot mol)]$	88.89	86.18	76.73	64.11
	310.15	$\Delta G_m^\ominus/(kJ/mol)$	−28.216	−28.589	−29.088	−29.590
		$\Delta S_m^\ominus/[J/(K\cdot mol)]$	89.49	87.34	78.44	68.32
正辛醇	298.15	$\Delta G_m^\ominus/(kJ/mol)$	−26.839	−27.081	−27.373	−27.677
		$\Delta S_m^\ominus/(J/(K\cdot mol))$	85.79	76.94	64.64	47.68
	301.15	$\Delta G_m^\ominus/(kJ/mol)$	−27.397	−27.531	−27.849	−28.244
		$\Delta S_m^\ominus/[J/(K\cdot mol)]$	87.19	78.24	67.57	51.42
	304.15	$\Delta G_m^\ominus/(kJ/mol)$	−27.726	−28.011	−28.304	−28.734
		$\Delta S_m^\ominus/[J/(K\cdot mol)]$	87.84	79.90	71.36	57.06
	307.15	$\Delta G_m^\ominus/(kJ/mol)$	−28.313	−28.541	−29.086	−29.713
		$\Delta S_m^\ominus/[J/(K\cdot mol)]$	89.25	82.05	74.64	62.88
	310.15	$\Delta G_m^\ominus/(kJ/mol)$	−28.722	−28.995	−29.609	−30.313
		$\Delta S_m^\ominus/[J/(K\cdot mol)]$	89.93	84.78	77.67	65.49
正壬醇	298.15	$\Delta G_m^\ominus/(kJ/mol)$	−27.092	−27.385	−27.651	−28.087
		$\Delta S_m^\ominus/[J/(K\cdot mol)]$	85.40	71.12	56.92	34.23
	301.15	$\Delta G_m^\ominus/(kJ/mol)$	−27.566	−27.798	−28.229	−28.605
		$\Delta S_m^\ominus/[J/(K\cdot mol)]$	86.42	73.91	62.19	44.18
	304.15	$\Delta G_m^\ominus/(kJ/mol)$	−28.049	−28.304	−28.785	−29.273
		$\Delta S_m^\ominus/[J/(K\cdot mol)]$	87.42	76.36	66.83	53.57
	307.15	$\Delta G_m^\ominus/(kJ/mol)$	−28.597	−28.934	−29.460	−30.122
		$\Delta S_m^\ominus/[J/(K\cdot mol)]$	88.55	80.69	71.01	58.15
	310.15	$\Delta G_m^\ominus/(kJ/mol)$	−29.353	−29.648	−30.262	−30.723
		$\Delta S_m^\ominus/[J/(K\cdot mol)]$	90.39	84.82	76.87	63.20
正癸醇	298.15	$\Delta G_m^\ominus/(kJ/mol)$	−27.533	−27.903	−28.390	−28.953
		$\Delta S_m^\ominus/[J/(K\cdot mol)]$	85.50	68.90	53.97	26.07
	301.15	$\Delta G_m^\ominus/(kJ/mol)$	−28.125	−28.552	−29.047	−29.637
		$\Delta S_m^\ominus/[J/(K\cdot mol)]$	86.95	72.89	60.39	35.06
	304.15	$\Delta G_m^\ominus/(kJ/mol)$	−28.999	−29.512	−30.043	−30.678
		$\Delta S_m^\ominus/[J/(K\cdot mol)]$	89.23	78.55	68.33	43.20
	307.15	$\Delta G_m^\ominus/(kJ/mol)$	−29.735	−30.311	−30.945	−31.461
		$\Delta S_m^\ominus/[J/(K\cdot mol)]$	91.27	83.12	74.05	48.25
	310.15	$\Delta G_m^\ominus/(kJ/mol)$	−30.783	−31.474	−32.100	−32.601
		$\Delta S_m^\ominus/[J/(K\cdot mol)]$	94.09	87.55	78.99	56.81

从表 22-13 中的 $\Delta G_m^\ominus$ 和 $\Delta S_m^\ominus$ 的数据可见：

$\Delta G_m^\ominus$ 在相同浓度的相同醇的体系中，随着温度的升高而减少。在相同温度和相同浓度的醇的体系中，随着醇中碳原子数的增加而减少。在相同醇及相同温度的体系中，随着醇的浓度的增加而减小。

$\Delta S_m^{\ominus}$ 在相同醇及相同浓度的醇的体系中，随着温度的升高而增加。在相同温度和相同浓度的醇的体系中，随着醇中碳原子数的增加而增加。在相同醇及相同温度的体系中，随着醇的浓度的增加而减少。

参 考 文 献

[1] 赵国玺，朱瑶. 表面活性剂作用原理. 北京：中国轻工业出版社，2003.

[2] 赵国玺. 表面活性剂物理化学. 北京：北京大学出版社，1984.

[3] 朱云云，周长山，林清枝. 河北师范大学学报，1996 (20)：15.

[4] 张洪林，孔哲，闫咏梅，等. 化学学报，2007, 65 (10)：906.

[5] Zhang H L, Kong Z, Yan Y M, et al. J Solution Chem, 2008, 37：1631.

[6] 毕红艳，李晶，孔长青，等. 化学学报，2010, 68 (23)：2381.

[7] Zhang H L, Zhu Y, Zhang K, et al. J Solution Chem, 2009, 38：187.

[8] 朱跃，张可，侯婷婷，等. 化学学报，2009, 67 (20)：2309.

[9] 张洪林，张可，孔长青，等. 中国科学，2010, 40 (9)：1348.

[10] Zhang H L, Zhang K, Kong C Q, et al. J Chem Eng Data，2010，55：2284.

第二十三章 酶催化及胶束酶催化反应的量热分析曲线及数据

第一节 单底物（纤维素、淀粉）酶催化研究概况

一、纤维素酶降解[1,2]的研究概况

纤维素是植物材料的主要成分，也是地球上最丰富的可再生资源。植物通过光合作用使光能以生物能的形式固定下来，其生成量每年高达 1500 亿吨，这些生物能相当于全球人类每年能源消耗量的 20 倍，食物中所含能量的 200 倍。这些生物可以年复一年地通过自然界的物质循环生成，是永远不会枯竭的可再生资源。纤维素在一定条件下可以被水解成单糖，单糖再通过微生物发酵生产各种有用的产品，如 CO、CH_3OH、C_2H_5OH 等，并且可取代目前淀粉原料发酵生产的各种产品，以及由化工燃料合成生产的部分有机产品。因此，如何将纤维素转化为人类可利用的能源或物质，一直是中外学者关注的课题。

1. 纤维素的化学组成及结构

纤维素分子是由葡萄糖苷通过 β-1,4-糖苷键连接起来的链状高分子。纤维素具有 $(C_6H_{10}O_5)_n$ 的结构式，其中 n 为葡萄糖基的数量，称为聚合度（DP），它的数值为几百至几千，甚至一万以上。纤维素结构是由原纤维构成的微纤维束集合而成，原纤是由 15～40 根由结晶区域和无定形区域构成的纤维分子长链。纤维素的结晶区域是由纤维素分子进行非常整齐规则的折叠排列而成的。酶分子及水分子难以侵入到内部。因此，纤维素的结晶部分比无定形部分难降解。

2. 纤维素酶的组成

一个完整的纤维素酶系，通常由作用方式不同而能相互协同催化水解纤维素的三类酶组成，即：①内切葡萄糖苷酶（简称 EG，C_X酶）。这类酶作用于纤维素分子内部的非结晶区，随机水解 β-1,4-糖苷键，将长链纤维素分子截短，产生大量带非还原性末端的小分子纤维素。②外切葡萄糖苷酶，又称纤维二糖水解酶（简称 CBH，C_1酶）。这类酶作用于纤维素线状分子末端，水解 β-1,4-糖苷键，每次切下一个纤维二糖分子。③β-葡萄糖苷酶（简称 BG），这类酶将纤维二糖水解成葡萄糖分子。

3. 纤维素酶的酶解机理

纤维素酶的作用机制，普遍认为纤维素的降解必须依靠三种酶组分的协同作用才能完成。一般认为是内切葡聚糖酶首先进攻纤维素的非结晶区，形成外切葡聚糖酶需要的新的游离末端，然后外切葡聚糖酶从多糖链的非还原端切下纤维二糖单位，β-葡萄糖苷酶再水解纤维二糖，形成葡萄糖。

二、淀粉酶[3]研究概况

淀粉酶的常用功能是水解淀粉。依据其作用方式不同，可分为 α-淀粉酶、β-淀粉酶、γ-淀粉酶（葡萄糖淀粉酶）、异淀粉酶等。在食品工业中主要应用的是 α-淀粉酶；饲料工业

中主要应用的是 α-淀粉酶与葡萄糖淀粉酶。

1. α-淀粉酶的作用方式

α-淀粉酶从淀粉分子内部水解 α-1,4-糖苷键，水解直链淀粉的终产物为麦芽糖与葡萄糖；水解支链淀粉的终产物为麦芽糖、葡萄糖和异麦芽糖。

2. β-淀粉酶作用方式

β-淀粉酶从淀粉分子非还原端开始水解相间隔的 α-1,4-糖苷键，依次切下麦芽糖分子。作用于直链淀粉时，使淀粉分子逐渐缩短，麦芽糖生成速率较慢。作用于支链淀粉时，因分支较多，非还原端也较多，故麦芽糖生成速率也较快。

3. 葡萄糖淀粉酶的作用方式

葡萄糖淀粉酶从淀粉分子非还原端开始，逐次水解 α-1,4-糖苷键、α-1,6-糖苷键、α-1,3-糖苷键。但对后两者作用速率较慢。因此，葡萄糖淀粉酶对直链淀粉、支链淀粉作用的终产物皆为葡萄糖。

三、影响酶反应速率的因素

大部分酶的活力受其 pH 值、温度、金属离子等因素的影响。

1. pH 值对酶反应速率的影响

大部分酶的活力受其 pH 值的影响，在一定 pH 值下，酶反应具有最大速率、高于或低于此值，反应速率下降，称为酶反应的最适 pH 值。最适 pH 值有时因底物种类、浓度及缓冲液成分不同而不同。最适 pH 值一般为 6～8。

2. 温度对酶反应速率的影响

温度对酶反应速率有很大的影响，有一个最适温度。在最适温度的两侧，反应速率都比较低。温度对酶反应速率的影响有两方面：一方面是当温度升高时，反应速率也加快；另一方面，随温度升高而使酶逐步变性，降低酶的反应速率。酶反应的最适温度就是这两种过程平衡的结果，在低于最适温度时，前一种效应为主；在高于最适温度时，则后一种效应为主。

3. 酶浓度对酶反应速率的影响

在酶促反应中，如果底物浓度足够大，足以使酶饱和，则反应速率与酶浓度成正比。

4. 激活剂对酶反应速率的影响

凡是提高酶活性的物质，都称为激活剂，其中大部分是离子或简单有机化合物。

5. 抑制剂对酶反应速率的影响

凡可使酶蛋白变性而引起酶活力丧失的作用称为失活作用。凡使酶活力下降，但并不引起酶蛋白变性的作用称为抑制作用。引起酶活力下降，甚至丧失，致使酶反应速率降低，这种物质称为酶的抑制剂。根据抑制剂与底物的关系，可逆抑制作用可分为三种类型：竞争性抑制、非竞争性抑制和反竞争性抑制。

第二节　酶催化反应的热动力学基本原理

一、无抑制时单底物酶催化反应的热动力学

假定酶催化反应符合下列机理[4,5]

$$S+E \underset{k_{-1}}{\overset{k_1}{\rightleftharpoons}} ES \xrightarrow{k_2} E+P$$

酶 [E] 与底物 [S] 先形成中间化合物 [ES]，然后中间化合物 [ES] 再进一步分解

为产物，并释放出酶 [E]，[ES] 分解为产物 [P] 的速率很慢，它控制着整个反应的速率，采用稳态法处理。

$$\frac{d[ES]}{dt} = k_1[S][E] - k_{-1}[ES] - k_2[ES] = 0 \tag{23-1}$$

所以，$[ES] = \dfrac{k_1[E][S]}{k_{-1} + k_2} = \dfrac{[E][S]}{K_m}$

式中，$K_m = \dfrac{k_{-1} + k_2}{k_1}$ 称为米氏常数。

反应速率

$$r = \frac{d[P]}{dt} = k_2[ES] \tag{23-2}$$

代入 [ES] 的表示式后得

$$r = k_2[ES] = \frac{k_2[E][S]}{K_m} \tag{23-3}$$

式中，$K_m = \dfrac{[E][S]}{[ES]}$

K_m 值受 pH 值及温度的影响。K_m 作为常数，只是对一定的底物、pH 值、温度而言。

若令酶的原始浓度为 $[E_0]$，反应达稳态后，它一部分变为中间化合物 $[ES]$，另一部分仍处于游离状态，所以

$$[E_0] = [E] + [ES] \quad 或 \quad [E] = [E_0] - [ES] \tag{23-4}$$

代入式(23-3)得

$$[ES] = \frac{[E_0][S]}{K_m + [S]} \tag{23-5}$$

所以

$$r = \frac{d[P]}{dt} = k_2[ES] = \frac{r_m[S]}{K_m + [S]} \tag{23-6}$$

当 $[S] \to \infty$ 时，速率趋于极大 (r_m)，即 $r_m = k_2[E_0]$

代入式(23-6)得

$$\frac{r}{r_m} = \frac{[S]}{K_m + [S]}$$

则

$$\frac{1}{r} = \frac{K_m}{r_m}\frac{1}{[S]} + \frac{1}{r_m} \tag{23-7}$$

$$r = -\frac{d[S]}{dt}, \quad -\frac{dt}{d[S]} = \frac{K_m}{r_m}\frac{1}{[S]} + \frac{1}{r_m}$$

$$-dt = \frac{K_m d[S]}{r_m[S]} + \frac{d[S]}{r_m} \tag{23-8}$$

积分式(23-8)得

$$\int_0^t -dt = \int_{[S_0]}^{[S]} \frac{K_m}{r_m} \times \frac{d[S]}{[S]} + \int_{[S_0]}^{[S]} \frac{d[S]}{r_m}$$

$$-t = \frac{K_m}{r_m}\ln\frac{[S]}{[S_0]} + \frac{1}{r_m}([S] - [S_0])$$

变换为

$$\frac{k_m}{[S_0]}\ln\frac{[S]}{[S_0]} + \frac{[S] - [S_0]}{[S_0]} = -\frac{r_m}{[S_0]}t \tag{23-9}$$

令

$$\frac{[S_0] - [S]}{[S_0]} = \varphi; \quad \frac{[S]}{[S_0]} = 1 - \varphi$$

φ 为 t 时刻酶催化反应的对比进度。

代入式(23-9)得

$$\varphi - \frac{K_m}{[S_0]}\ln(1-\varphi) = \frac{r_m}{[S_0]}t \qquad (23\text{-}10)$$

设该酶催化反应在 t 和 $t\infty$ 时反应的转化率分别为

$$x = P = [S_0] - [S], \quad x_\infty = P_\infty$$

用反应转化率的时间变率 $\dfrac{\mathrm{d}X}{\mathrm{d}t}$ 来表示反应放（吸）热速率（r），

$$r = V\Delta H^{\ominus}\frac{\mathrm{d}X}{\mathrm{d}t} \qquad (23\text{-}11)$$

式(23-11)表示酶催化反应的放热速率与产物的生成速率成正比，积分得

$$Q_t = V\Delta H^{\ominus}X \qquad (23\text{-}12)$$

$$Q_\infty = V\Delta H^{\ominus}X_\infty \qquad (23\text{-}13)$$

式中，Q_t 为 t 时刻前的热效应；Q_∞ 为反应总的热效应；V 为反应体系的体积；$\Delta H^{\ominus}$ 为摩尔反应热。

根据反应的对比进度的定义

$$\varphi = \frac{x}{x_\infty} = \frac{Q}{Q_\infty} \qquad (23\text{-}14)$$

由此可知，从热功率-时间曲线下的面积可求出 Q、Q_∞，进一步求出 φ。

酶催化反应在任一时刻 t 时的反应对比进度 φ_i 可从热功率-时间曲线上获得，按等时间间隔法取三个数据点 (φ_1, t_1)、(φ_2, t_2) 和 (φ_3, t_3)，且 $\Delta t = t_3 - t_2 = t_2 - t_1$，得下式：

$$\varphi_1 - \frac{k_m}{[S_0]}\ln(1-\varphi_1) = \frac{r_m}{[S_0]}t_1$$

$$\varphi_2 - \frac{k_m}{[S_0]}\ln(1-\varphi_2) = \frac{r_m}{[S_0]}t_2 \qquad (23\text{-}15)$$

$$\varphi_3 - \frac{k_m}{[S_0]}\ln(1-\varphi_3) = \frac{r_m}{[S_0]}t_3$$

以上三式可变换为：

$$(\varphi_2 - \varphi_1) - \frac{K_m}{[S_0]}\ln\left(\frac{1-\varphi_2}{1-\varphi_1}\right) = \frac{r_m}{[S_0]}\Delta t$$

$$(\varphi_3 - \varphi_2) - \frac{K_m}{[S_0]}\ln\left(\frac{1-\varphi_3}{1-\varphi_2}\right) = \frac{r_m}{[S_0]}\Delta t \qquad (23\text{-}16)$$

联立上述方程求解得：

$$K_m = \frac{2\varphi_2 - \varphi_1 - \varphi_3}{2\ln(1-\varphi_2) - \ln(1-\varphi_1) - \ln(1-\varphi_3)}[S_0] \qquad (23\text{-}17)$$

$$V_{\max} = \frac{K_m}{\Delta t} \times \frac{(\varphi_3 - \varphi_1)\ln(1-\varphi_2) - (\varphi_3 - \varphi_2)\ln(1-\varphi_1) - (\varphi_2 - \varphi_1)\ln(1-\varphi_3)}{2\varphi_2 - \varphi_1 - \varphi_3} \qquad (23\text{-}18)$$

根据式(23-17)、式(23-18)可知，由一次热功率-时间曲线上的三个数据点就可计算出 K_m 和 $V_{\max}$。

二、竞争性抑制时单底物酶催化反应热动力学

可逆抑制剂与酶结合后产生的抑制作用，可以根据米氏反应机理加以推导。

设底物或抑制剂与酶的结合都是可逆的，符合下列机理：

$$E + S \underset{k_{-1}}{\overset{k_1}{\rightleftharpoons}} ES \xrightarrow{k_2} E + P \qquad (23\text{-}19)$$

$$E + I \underset{k_{-3}}{\overset{k_3}{\rightleftharpoons}} EI \qquad (23\text{-}20)$$

$$[E] = [E_0] - [ES] - [EI] \tag{23-21}$$

由
$$K_m = \frac{[E][S]}{[ES]}, \quad \text{由 BF} \quad K_1 = \frac{[E]\ [I]}{[EI]}$$

则
$$[E] = \frac{K_m[ES]}{[S]}, \quad [EI] = \frac{[E][I]}{K_1}$$

代入式（23-21）

$$\frac{K_m[ES]}{[S]} = [E_0] - [ES] - \frac{[E][I]}{K_1} = [E_0] - [ES] - \frac{[I]}{K_1} \times \frac{K_m[ES]}{[S]} \tag{23-22}$$

整理得
$$[ES] = \frac{[E_0]}{\dfrac{K_m}{[S]} + 1 + \dfrac{K_m}{K_1} \times \dfrac{[I]}{[S]}}$$

反应速率
$$r = k_2[ES] = \frac{k_2[E_0]}{\dfrac{K_m}{[S]} + 1 + \dfrac{K_m}{K_1} \times \dfrac{[I]}{[S]}} \tag{23-23}$$

当 $[S]$ 很大时，$r_m = k_2[E_0]$，这和没有抑制作用时是一样的。

上式可写作
$$r = \frac{r_m[S]}{[S] + K_m\left(1 + \dfrac{[I]}{K_1}\right)} \quad \text{或} \quad \frac{1}{r} = \frac{K_m}{r_m}\left(1 + \dfrac{[I]}{K_1}\right)\frac{1}{[S]} + \frac{1}{r_m} \tag{23-24}$$

式中，K_1 为抑制剂常数；K_m 为 ES 的解离常数。

相比较于式（23-24）（有竞争抑制剂时），无抑制剂时可得

$$\frac{1}{r} = \frac{K_m}{r_m} \times \frac{1}{[S]} + \frac{1}{r_m} \tag{23-25}$$

若令
$$K_m\left(1 + \frac{[I]}{K_1}\right) = K'_m$$

即
$$\frac{1}{r} = \frac{K'_m}{r_m} \times \frac{1}{[S]} + \frac{1}{r_m} \tag{23-26}$$

如将 $\dfrac{1}{r}$ 对 $\dfrac{1}{[S]}$ 作图，其截距是一样的，但直线的斜率不同。

两式的处理可用同法，即得

$$K'_m = \frac{2\varphi_2 - \varphi_1 - \varphi_3}{2\ln(1-\varphi_2) - \ln(1-\varphi_1) - \ln(1-\varphi_3)}[S_0] \tag{23-27}$$

$$r'_m = \frac{K'_m}{\Delta t} \times \frac{(\varphi_3 - \varphi_1)\ln(1-\varphi_2) - (\varphi_3 - \varphi_2)\ln(1-\varphi_1) - (\varphi_2 - \varphi_1)\ln(1-\varphi_3)}{2\varphi_2 - \varphi_1 - \varphi_3} \tag{23-28}$$

三、非竞争性抑制时单底物酶催化反应热动力学

酶可以同时与底物及抑制剂结合，两者没有竞争作用。酶与抑制剂结合后，还可以与底物结合，即 EI＋S＝ESI 或 ES＋I＝ESI，但中间物 ESI 不能进一步分解为产物，因此酶活性降低。在非竞争性抑制剂中存在如下的平衡：

$$
\begin{array}{ccc}
E + S & \xrightarrow{K_m} ES & \longrightarrow P \\
+ & + & \\
I & I & \\
\Big\updownarrow K_i & \Big\updownarrow K_i & \\
S + EI & \longrightarrow EIS &
\end{array}
$$

酶与底物结合后，可再与抑制剂结合，酶与抑制剂结合后，也可再与底物结合。

$$ES+I \Longrightarrow EIS \qquad K_i = \frac{[ES][I]}{[EIS]}$$

$$EI+S \Longrightarrow EIS \qquad K_i = \frac{[EI][S]}{[EIS]}$$

所以 $[E_0]=[E]+[ES]+[EI]+[EIS]$，代入 $\dfrac{r_{max}}{r} = \dfrac{[E_0]}{[ES]}$，整理得：

$$\frac{1}{r} = \frac{K_m}{r_{max}}\left(1+\frac{[I]}{K_i}\right)\frac{1}{[S]} + \frac{1}{r_{max}}\left(1+\frac{[I]}{K_i}\right) \tag{23-29}$$

加入非竞争性抑制剂后，K_m 值不变，r_{max} 变小。

四、反竞争性抑制时单底物酶催化反应热动力学

酶只有在与底物结合后，才能与抑制剂结合。即

$$ES+I \Longrightarrow ESI \longrightarrow P$$

这类抑制存在以下的平衡

$$E+S \xrightarrow{K_m} ES \longrightarrow P$$
$$+$$
$$I$$
$$\Big\Vert K_i$$
$$ESI$$

酶蛋白必须先与底物结合，然后才能与抑制剂结合。

$$E+I \longrightarrow EI \quad ES+I \Longrightarrow ESI$$

这种抑制剂有 $[ES]$、$[E]_f$、$[ESI]$，无 $[EI]$，$[E_0]=[E]+[ES]+[ESI]$

代入 $\dfrac{r_{max}}{r} = \dfrac{[E]}{[ES]}$，整理得，

$$\frac{1}{r} = \left(\frac{K_m}{r_{max}}\right)\frac{1}{[S]} + \frac{1}{r_{max}}\left(1+\frac{[I]}{K_i}\right) \tag{23-30}$$

在反竞争性抑制作用下，K_m 及 r_{max} 都变小，而且 $K'_m < K_m$。

五、有抑制剂、无抑制剂存在时酶催化反应的 r_m 与 K_m 值

类 型	公 式	r_m	k_m
无抑制剂	$\frac{1}{r} = \frac{K_m}{r_m} \times \frac{1}{[S]} + \frac{1}{r_m}$	r_{max}	K_m
竞争性抑制	$\frac{1}{r} = \frac{K_m}{r_m}\left(1+\frac{[I]}{K_i}\right)\frac{1}{[S]} + \frac{1}{r_m}$	不变	增加
非竞争性抑制	$\frac{1}{r} = \frac{K_m}{r_m}\left(1+\frac{[I]}{K_i}\right)\frac{1}{[S]} + \frac{1}{r_m}\left(1+\frac{[I]}{K_i}\right)$	减小	不变
反竞争性抑制	$\frac{1}{r} = \frac{K_m}{r_m} \times \frac{1}{[S]} + \frac{1}{r_m}\left(1+\frac{[I]}{K_i}\right)$	减小	减小

第三节　水溶液中淀粉酶催化反应的量热分析曲线及数据

从一株丝状真菌中获得了淀粉酶，对淀粉酶的最适温度、最适酸度、金属离子的激活作用、金属离子的抑制作用进行了探讨。据微量量热仪测出的淀粉酶催化反应的热功率-时间曲线上的数据，按照热动力学理论和对比进度法解析出酶催化反应的米氏常数（K_m）和表观米氏常数（K'_m）与温度、酸度、金属离子浓度间的关系。

一、不同酸度时淀粉酶催化反应的实验

从微量量热法测出的酶催化反应的热功率-时间曲线出发，按照热动力学理论和对比进度法解析出不同酸度时淀粉酶催化反应的最大速率（v_{max}），并建立了最大速率与酸度间的关系式，从而获得酶催化反应的最适酸度[6]。

（一）实验部分

滴定微量量热仪由瑞典 Thermometric AB 公司生产。

低温淀粉酶溶液浓度为 4.00×10^{-2} g/L（比活为 2.94×10^3 U/mg，用布列顿-罗宾逊通用缓冲溶液配制不同 pH 值的可溶性淀粉溶液），淀粉溶液的浓度为 5×10^{-3} g/L。

实验方法：取淀粉溶液 2ml，放入 4ml 不锈钢安瓿瓶中，把滴定微量量热仪的连杆上绕细塑料管，管中盛淀粉酶溶液 0.1ml，当预热至温度恒定后，将搅拌系统打开，转速为 120r/min，用蠕动泵把淀粉酶溶液注入安瓿瓶中，记录热功率-时间曲线。当曲线与基线平行时即认为反应结束。

（二）数据处理

测量淀粉酶催化淀粉反应在 310K 及两种酸度时的热功率-时间曲线，见图 23-1。曲线下的面积代表了反应体系的热效应，根据 t 时刻曲线下的面积和总面积之比可求出对比进度 ϕ。从图 23-1 中的曲线计算出不同时间的 ϕ 代入公式，可得 v_{max}，结果列表 23-1。

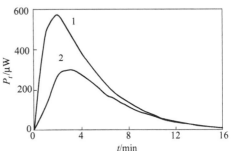

图 23-1　在 310K 及两种酸度时酶催化反应的热功率-时间曲线

pH 值：1—5.72；2—6.80

表 23-1　在 310K、pH＝6.80 时酶催化反应的最大速率（v_{max}）

ϕ_1	ϕ_2	ϕ_3	Δt/s	$10^{-5} v_{max}$/[g/(L·s)]
0.313	0.450	0.575	60	1.682
0.575	0.675	0.761	60	1.632
0.183	0.450	0.675	120	1.643
0.450	0.675	0.825	120	1.658

注：ϕ 代表对比进度；平均值 $\bar{v}_{max} = 1.654 \times 10^{-5}$ g/(L·s)。

同法对其他酸度下的曲线进行处理，可得到不同酸度下的 $\bar{v}_{max}$，结果列表 23-2。

表 23-2　在 310K、同酸度下酶催化反应的最大速率（v_{max}）

pH 值	4.10	4.56	5.02	5.72	6.37	6.80
$10^{-5} v_{max}$/[g/(L·s)]	1.746	1.868	1.980	2.014	1.942	1.654

用计算机对表 23-2 中的数据拟合，可得 v_{max}-pH 曲线方程，即

$$v_{max} = [-2.97579 \times 10^{-4} + 2.40191 \times 10^{-4} \text{pH} - 6.94000 \times 10^{-5} \text{pH}^2$$
$$+ 9.04000 \times 10^{-6} \text{pH}^3 - 4.45000 \times 10^{-7} \text{pH}^4] \text{g/(L·s)}$$

该曲线方程有一最高点，pH＝5.78，该数据为 v_{max} 最大时的反应酸度，即酶催化反应的最适酸度。

二、Ca^{2+}、Li^+、Co^{2+}、Ni^{2+} 对淀粉酶催化作用的实验[7]

（一）实验部分

滴定微量量热仪由瑞典 Thermometric AB 公司生产。

　　溶液的配制：酶溶液浓度为 $4.00\times10^{-2}\,g/L$（比活度为 $2.94\times10^3\,U/mg$）；配制 pH＝5.24，可溶性淀粉溶液浓度为 $5.00\times10^{-3}\,g/L$；配制有 Ca^{2+}、Li^+、Co^{2+}、Ni^{2+} 存在时，含一定浓度的金属离子，pH＝5.24，可溶性淀粉的浓度为 $5.00\times10^{-3}\,g/L$ 的溶液。

　　实验方法：在 4ml 不锈钢安瓿瓶中进行，取溶液 2ml，放入不锈钢安瓿瓶中。将滴定微量量热仪的连杆上绕细塑料管，管中盛淀粉酶溶液 0.15ml 预热，当温度恒定在 310K 后，将搅拌系统打开，转速为 120r/min，用蠕动泵把淀粉酶溶液注入安瓿瓶中，然后进行热功率-时间曲线的测定，记录仪开始记录，当记录笔画出与基线平行的直线时即认为实验结束。

（二）数据处理

　　用滴定微量量热仪测定了淀粉在无金属离子和有金属离子存在时，淀粉酶催化作用下 310K 及 pH＝5.24 时的热功率-时间曲线，每个体系做 3 次，曲线大体相同，然后取平均值作图，见图 23-2。从热功率-时间曲线上的数据，利用公式对数据处理，所得结果见表23-3～表23-7。

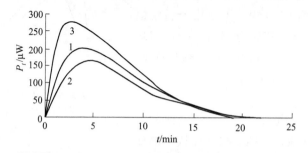

图 23-2　310K、pH＝5.24 不同浓度的金属离子存在时酶催化反应的热功率-时间曲线

浓度：1—0；2—5.0mmol/L Ni^{2+}；3—0.2mmol/L Ca^{2+}

表 23-3　310K 及 pH＝5.24 时酶催化反应的 K_m 和 v_{max}

φ_1	φ_2	φ_3	$\Delta t/s$	$K_m\times10^3$ /(g/L)	$v_{max}\times10^5$ /[g/(L·s)]
0.1790	0.3690	0.5458	120	1.0058	1.0120
0.3690	0.5458	0.7032	120	1.0031	1.0115
0.5458	0.7032	0.8319	120	0.0035	1.0117
0.7032	0.8319	0.9216	120	1.0040	1.0118
0.1790	0.5458	0.8319	240	1.0037	1.0117
0.3690	0.7032	0.9216	240	1.0036	1.0116
			平均值	1.0040	1.0117

表 23-4　310K、pH＝5.24、c＝5.0mmol/L Ni^{2+} 酶催化反应时的 K_m 和 v_{max}

φ_1	φ_2	φ_3	$\Delta t/s$	竞争性抑制		非竞争性抑制		反竞争性抑制	
				$K_m\times10^3$ /(g/L)	$v_{max}\times10^5$ /[g/(L·s)]	$K_m\times10^3$ /(g/L)	$v_{max}\times10^6$ /[g/(L·s)]	$K_m\times10^3$ /(g/L)	$v_{max}\times10^6$ /[g/(L·s)]
0.3352	0.4652	0.5636	120	3.5811	1.0176	3.5811	2.8530	1.0097	2.8530
0.4652	0.5636	0.6499	120	3.5512	1.0108	3.5512	2.8339	1.0013	2.8339
0.5636	0.6499	0.7239	120	3.5758	1.0161	3.5758	2.8487	1.0082	2.8487
0.6499	0.7239	0.7860	120	3.5689	1.0145	3.5689	2.8443	1.0063	2.8443
0.3352	0.5636	0.7239	240	3.5687	1.0147	3.5687	2.8448	1.0062	2.8448
0.4652	0.6499	0.7860	240	3.5382	1.0094	3.5382	2.8300	0.9976	2.8300
			平均值	3.5609	1.0138	3.5609	2.8425	1.0053	2.8425

表 23-5　310K、pH＝5.24、不同浓度的金属离子存在时酶催化反应的 K_m 和 v_{max}

c/(mmol/L)	$K_m \times 10^3$/(g/L)		$v_{max} \times 10^5$/[g/(L·s)]	
	Co²⁺	Ni²⁺	Co²⁺	Ni²⁺
5.0		3.5609		1.0138
20.0		5.8945		1.0141
30.0	1.2678		1.0128	
50.0	1.4537	9.8747	1.0116	1.0129
80.0	1.6507		1.0105	
100.0	1.8684	16.876	1.0103	1.0110

表 23-6　310K、pH＝5.24、含 0.20mmol/L Ca²⁺ 时酶催化反应的 K_m 和 v_{max}

φ_1	φ_2	φ_3	Δt/s	竞争性抑制		非竞争性抑制		反竞争性抑制	
				$K_m \times 10^6$/(g/L)	$v_{max} \times 10^5$/[g/(L·s)]	$K_m \times 10^6$/(g/L)	$v_{max} \times 10^5$/[g/(L·s)]	$K_m \times 10^6$/(g/L)	$v_{max} \times 10^5$/[g/(L·s)]
0.34310	0.46630	0.58942	60	9.1599	1.0193	9.1588	1.1369	1.0216	1.1369
0.46630	0.58942	0.71237	60	9.0831	1.0299	9.0831	1.1487	1.0131	1.1487
0.58942	0.71237	0.83496	60	9.0141	1.0299	9.0141	1.1488	1.0054	1.1488
0.71237	0.83496	0.95620	60	8.7546	1.0296	8.7546	1.1484	0.9765	1.1484
0.34310	0.58942	0.83496	120	8.8350	1.0298	8.8350	1.1486	0.9854	1.1486
			平均值	8.9691	1.0277	8.9691	1.1463	1.0004	1.1463

表 23-7　310K、pH＝5.24、不同浓度的金属离子存在时酶催化反应的 K_m 和 v_{max}

c/(mmol/L)	$K_m \times 10^6$/(g/L)		$v_{max} \times 10^5$/[g/(L·s)]	
	Ca²⁺	Li⁺	Ca²⁺	Li⁺
0.20	89691		1.0265	
1.00	7.5513	11.203	1.0277	1.0282
4.00	3.6523	7.4009	1.0228	1.0316
5.00	2.8501		1.0316	
6.00		5.4615		1.0325
8.00	1.4504	4.0608	1.0291	1.0336
12.00		2.3594		1.0308

从表中数据可得：

对于 Co²⁺，$K_m' = 1.0227 \times 10^{-3} c + 8.2676 \times 10^{-6}$ （$R = 0.9955$）

对于 Ni²⁺，$K_m' = 2.9648 \times 10^{-3} c - 1.3912 \times 10^{-4}$ （$R = 0.9998$）

对于 Ca²⁺，$K_m' = 1.063 \times 10^{-7} c^2 - 1.8311 \times 10^{-6} c + 9.3058 \times 10^{-6}$ （$R = 0.9999$）

对于 Li⁺，　$K_m' = 5.6300 \times 10^{-8} c^2 - 1.5329 \times 10^{-6} c + 1.2662 \times 10^{-5}$ （$R = 0.9999$）

结论：

(1) 用微量量热法测定了有激活剂、抑制剂时淀粉在其淀粉酶催化作用下反应的热功率-时间曲线，对所获得的数据进行处理，得到了酶催化反应的米氏常数（K_m）和表观米氏常数（K_m'）及最大速率（v_{max}），这是一种研究酶催化反应的行之有效的方法。

(2) 从淀粉在淀粉酶催化反应的热功率-时间曲线出发，用热动力学理论和对比进度法进行处理，得到无金属离子和有金属离子存在时的 v_{max} 和 K_m，从所得数据可知，v_{max} 是基本相同的。

(3) 从激活剂（Ca²⁺、Li⁺）存在时所得数据可知，在同样浓度下，激活效果顺序为 Ca²⁺＞Li⁺，Ca²⁺ 和 Li⁺ 都表现出较强的激活作用。

（4）从抑制剂（Co^{2+}、Ni^{2+}）存在时所得数据可知，在同样浓度下，抑制效果顺序为$Ni^{2+} > Co^{2+}$，Co^{2+}和Ni^{2+}都表现出较强的抑制作用。

第四节　水溶液中纤维素酶催化反应的量热分析曲线及数据

纤维素的生物降解过程涉及一组复合的纤维素酶，一般认为它包括三种主要成分：内切葡聚糖酶、外切葡聚糖酶及 β-葡萄糖苷酶。纤维素的降解必须依靠三种组分的协同作用才能完成，只有三种酶相结合才能将纤维素最后水解为葡萄糖。作用如下所示：

天然纤维素 $\xrightarrow{C_x}$ 无定形纤维素 $\xrightarrow{C_1}$ 纤维二糖 $\xrightarrow{\beta\text{-}1,4\text{-葡萄糖苷键}}$ 葡萄糖。

确定底物浓度、酶的用量，改变反应的温度和酸度，利用滴定微量量热仪进行纤维素酶解作用的热功率-时间曲线的测定。从得到的热功率-时间曲线，利用对比进度法解析得到反应的最大速度（v_{max}）和米氏常数（K_m）。确定酶催化反应的最佳条件，筛选出最佳激活剂[9,10]。

一、纤维素酶降解纤维素的最佳酸度和最佳温度的实验

下面以纤维素酶降解纤维素[8]和小麦秸秆酶降解反应[9]为例予以叙述。

（一）实验部分

实验用瑞典 Thermometric AB 公司生产的滴定微量量热仪。

绿色木霉产纤维素酶 C_x（上海伯奥生物有限公司，生化试剂）。羧甲基纤维素钠（上海化学试剂公司提供）。

实验方法：首先将底物（配制好的 1% 羧甲基纤维素钠溶液 2ml）放入量热仪的 4ml 不锈钢安瓿瓶中，在滴定微量量热仪的连杆上绕细塑料管，吸入 0.5ml 酶溶液，然后连同安瓿一起放入微量量热仪中预热，当预热至温度恒定后，开动搅拌系统，调转速为 120r/min，用蠕动泵把酶溶液注入安瓿瓶中，记录仪开始记录热功率-时间曲线，当曲线与基线平行时认为反应结束。

（二）数据处理

1. pH 值对酶催化反应的影响

实验测量了反应温度在 50℃，不同 pH 值下得到的热功率-时间曲线，见图 23-3。

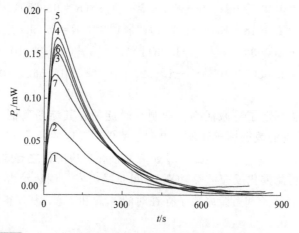

图 23-3　不同 pH 值时酶催化反应的热功率-时间曲线 （323.15K）

pH：1—3.50；2—3.90；3—4.40；4—4.92；5—5.45；6—5.74；7—6.20

曲线下的面积代表反应体系的热效应，从而计算得到 ϕ（$\phi = Q/Q_\infty$）。根据公式可得 K_m 和 v_{max}，部分数据见表 23-8。

表 23-8　323.15K，pH＝3.50 时酶催化反应的 K_m 和 v_{max}

ϕ_1	ϕ_2	ϕ_3	$\Delta t/s$	$K_m/(g/L)$	$v_{max}/[g/(L \cdot s)]$
0.52556	0.60245	0.66875	30	15.040	0.10915
0.60245	0.66875	0.72541	30	14.984	0.10880
0.66875	0.72541	0.77342	30	15.087	0.10945
0.72541	0.77342	0.81379	30	15.121	0.10967
0.52556	0.66875	0.77342	60	15.022	0.10904
0.60245	0.72541	0.81379	60	15.066	0.10931

注：平均值 $K_m = 15.053$，$\bar{v}_{max} = 0.10924$。

同理可得不同 pH 值下的 K_m 和 v_{max}，结果见表 23-9。

表 23-9　323.15K，不同 pH 值下的酶催化反应的 K_m 和 v_{max}

pH 值	3.50	3.90	4.40	4.92	5.45	5.74	6.20
$K_m/(g/L)$	15.053	15.007	15.012	15.004	15.006	15.023	15.039
$v_{max}/[g/(L \cdot s)]$	0.10924	0.13028	0.14374	0.15137	0.15561	0.14794	0.13917

在反应的 K_m 值基本相同的情况下，对表中的数据进行拟合，可得 v_{max}-pH 值曲线，见图 23-4，拟合方程为：$v_{max} = -0.25653 + 0.15791 \text{pH} - 0.01518 \text{pH}^2$（$R = 0.98911$）。

对该方程进行数学处理，可得酶催化反应的最佳酸度（pH＝5.20）。

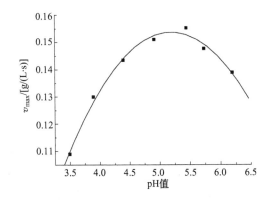

图 23-4　不同 pH 值时
v_{max}-pH 值曲线（323.15K）

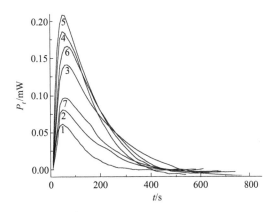

图 23-5　pH＝5.20，不同温度下酶
催化反应的热功率-时间曲线

1—303.15K；2—308.15K；3—313.15K；4—318.15K；
5—323.15K；6—328.15K；7—333.15K

2. 温度对酶催化反应的影响

用微量量热仪测得 pH＝5.20，不同温度下的热功率-时间曲线见图 23-5，对曲线进行处理，利用公式得到 K_m 和 v_{max}，数据见表 23-10。

表 23-10　pH＝5.20，303.15K 时酶催化反应的 K_m 和 v_{max}

ϕ_1	ϕ_2	ϕ_3	$\Delta t/s$	$K_m/(g/L)$	$v_{max}/[g/(L \cdot s)]$
0.53024	0.61056	0.67916	30	14.989	0.11511
0.61056	0.67916	0.73716	30	15.063	0.11558
0.67916	0.73716	0.78575	30	15.041	0.11544

续表

ϕ_1	ϕ_2	ϕ_3	$\Delta t/s$	$K_m/(g/L)$	$v_{max}/[g/(L \cdot s)]$
0.73716	0.78575	0.82612	30	15.027	0.11534
0.53024	0.67916	0.78575	60	15.038	0.11541
0.61056	0.73716	0.82612	60	15.044	0.11546

注：平均值 $\bar{K}_m = 15.053$，$\bar{v}_{max} = 0.11539$。

同理可得不同温度下的 K_m 和 v_{max}，结果见表 23-11。

表 23-11 pH=5.20，不同温度下酶催化反应的 K_m 和 v_{max}

T/K	303.15	313.15	323.15	328.15	333.15	338.15
$K_m/(g/L)$	15.033	15.026	15.019	15.019	14.996	15.032
$v_{max}/[g/(L \cdot s)]$	0.11539	0.14595	0.15421	0.15020	0.14266	0.13030

在反应的 K_m 值基本相同的情况下，对表中的数据进行拟合，可得 v_{max}-T 曲线，见图 23-6，拟合方程为：

$$v_{max} = -9.65508 + 0.06076T - 9.40905 \times 10^{-5} T^2 \quad (R=0.9920)$$

对该方程进行数学处理，可得酶催化反应的最佳温度（$T=322.88K$）。

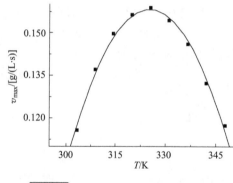

图 23-6 pH=5.20，不同温度时的 v_{max}-T 曲线

最适温度不是酶的特征物理常数，而是上述影响的综合结果，它不是一个固定值，而与酶作用时间的长短有关。在该实验下酶催化反应的最佳酸度 pH=5.20，最佳温度为 322.88K。

二、小麦秸秆酶降解反应的实验

（一）实验部分

实验采用瑞典产热活性检测仪。

绿色木霉产纤维素酶（上海伯奥生物有限公司，生化试剂），小麦秸秆（自选）。

实验方法：首先将底物（小麦秸秆粉）放入微量量热仪的 4ml 不锈钢安瓿瓶中，在滴定微量量热仪的连杆上绕细塑料管，吸入 0.5ml 酶溶液，然后连同安瓿瓶一起放入微量量热仪中预热，当预热至温度恒定后，开动搅拌系统，调转速为 120r/min，用蠕动泵把酶溶液注入安瓿瓶中，记录仪开始记录热功率-时间曲线，当曲线与基线平行时认为反应结束。

（二）数据处理

1. 小麦秸秆最佳预处理条件的研究

以不同预处理条件下的小麦秸秆为底物，进行纤维素酶降解反应，利用微量量热仪测定了反应过程的热功率-时间曲线，从热功率-时间曲线上的数据，根据热动力学理论对数据进行处理，可以得到 K_m 和 K_{cal} 及 ΔH。

（1）最佳粉碎粒度的选择 取分别过 20 目、100 目、120 目、140 目、160 目、180 目筛的小麦秸秆粉直接进行酶水解反应，测得其热功率-时间曲线，见图 23-7。

根据热力学公式 $Q_t = \int_t^{\infty} \Delta P_t dt$，其中 Q_t 是时刻 $t \sim \infty$ 体系放出的热；ΔP_t 是任一时刻 t 的热功率。结合得到的 P_t-t 曲线，分别求得不同时刻的 Q_t 和 ΔP_t 值，以 $1/Q_t$ 对 $1/\Delta P_t$ 作图，由直线的斜率和截距可求得 P_m 和 Q_m，进而可得米氏常数 K_m 及 ΔH，如表 23-12。

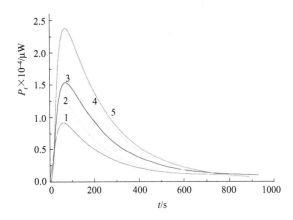

图 23-7　不同粉碎粒度的小麦秸秆酶水解反应的热功率-时间曲线

1—100～120 目；2—120～140 目；3—140～160 目；4—160～180 目；5—180 目以下

表 23-12　不同粉碎粒度下小麦秸秆酶解反应的热动力学参数

粉碎 粒度	P_m /(mJ/s)	Q_m /mJ	Q_∞ /mJ	ΔH /(mJ/g)	K_m /(g/L)	$1/Q_t \sim 1/\Delta P_t$ 作图所得直线 拟合常数 R
100～120	0.1431	13.2539	16.458	822.9	6.44252	0.9973
120～140	0.1812	15.2571	18.563	928.15	6.57525	0.99771
140～160	0.5291	77.9697	35.282	1764.1	17.6792	0.99947
160～180	0.9009	136.5938	55.546	2777.3	19.6729	0.9996
180 以下	1.0132	151.8557	56.098	2804.9	21.6589	0.99977

　　由以上结果可知，随着粉碎粒度的增加，酶解反应的热效应值不断增加，粉碎粒度小于 160 目之后增加趋势缓慢。

　　（2）最佳球磨时间的选择　由结果可以看出，随着球磨处理时间的延长，纤维素酶降解小麦秸秆的米氏常数增大了，但是，当球磨时间大于 8h 以后，其提高不大，选择球磨时间 8h 比较合适（见图 23-8）。

　　（3）超声波处理的选择　超声波处理效果不明显，这可能是超声波对改变小麦秸秆的结构没有太大作用。

　　（4）最佳碱浓度的选择　从实验结果可知，4%NaOH 处理过的小麦秸秆粉酶解反应放出的热量最多，其动力学常数最大，这说明其具有最大的酶解效率。选择 4% 的氢氧化钠来对小麦秸秆进行预处理。

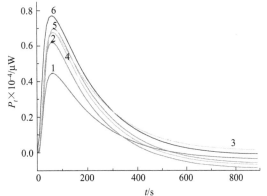

图 23-8　不同预处理条件下小麦秸秆

粉酶解反应热功率-时间曲线

1—未做预处理；2—超声波处理；3—粉碎至 160 目；

4—4% H_2SO_4 处理；5—球磨 3h；6—4% NaOH 浸泡

　　（5）最佳酸浓度的选择　从实验结果可知，当硫酸浓度为 4% 时，小麦秸秆预处理后的酶解反应具有最大常数（K_m），即反应最易发生，酶解率也最高。

　　（6）最佳预处理条件的选择　根据以上的最佳粉碎粒度、最佳球磨时间、超声波处理、最佳碱浓度、最佳酸浓度的 P_t-t 曲线，分别求得不同时刻的 Q_t 和 ΔP_t 值，以 $1/Q_t$ 对 $1/\Delta P_t$

作图，由直线的斜率和截距可求得 P_m 和 Q_m，进而可得米氏常数 K_m 及 ΔH，如表 23-13。

表 23-13 不同预处理方式所得小麦秸秆酶解反应的热动力学参数

预处理方式	Q_m /mJ	Q_∞ /mJ	ΔH /(mJ/g)	K_m /(g/L)	$1/Q_t \sim 1/\Delta P_t$ 作图所得直线拟合常数 R
未做预处理	25.6762	14.456	722.8	14.2093	0.9991
粉碎至 160 目	40.6279	19.0926	954.63	17.0235	0.9999
球磨 3h	48.4051	20.286	1014.3	19.0891	0.9997
4%NaOH 浸泡	53.7872	20.581	1029.05	20.9075	0.9998
4%H$_2$SO$_4$ 处理	46.4086	19.9303	996.515	18.6283	0.9998
超声波处理	30.6947	15.3121	765.605	16.0368	0.9996

进行纤维素酶解反应前，对原料进行适当的预处理是必要的。从以上结果可以看出，经过预处理后，小麦秸秆的酶解效率均比未做预处理的高。而且酸、碱、球磨等处理方式的作用效果差别不大。

2. 小麦秸秆酶降解反应最佳条件的选择

（1）最佳底物量的选择　在一定的温度、pH 值和酶用量的条件下，分别选择加入不同质量的粉碎粒度为 120 目的小麦秸秆粉，进行纤维素酶降解实验，利用微量量热仪连续测量反应过程的热功率-时间曲线，如图 23-9 所示。

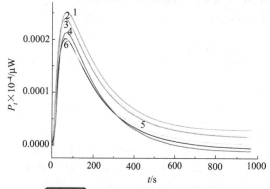

图 23-9 不同底物时，小麦秸秆粉酶解反应热功率-时间曲线

1—0.015g；2—0.020g；3—0.025g；
4—0.030g；5—0.010g；6—0.005g

分别选取不同时刻的 Q_t 和 ΔP_t 值，列入表 23-14，以 $1/Q_t$ 对 $1/\Delta P_t$ 作图，可得直线，由直线的斜率和截距可求得 P_m 和 Q_m，进而可得米氏常数 K_m、K_{cal} 及 ΔH，如表 23-14 所示。

表 23-14 不同底物量时，小麦秸秆酶解反应的热动力学参数

底物量/g	Q_m/mJ	Q_∞/mJ	ΔH/(mJ/g)	K_m/(g/L)	$1/Q_t \sim 1/\Delta P_t$ 作图所得直线拟合常数 R
0.005	51.3289	47.163	2358.15	8.7066	0.9984
0.010	66.3937	49.133	2456.65	10.8104	0.9994
0.015	113.6473	55.576	2778.8	16.3592	0.9993
0.020	95.6057	55.239	2761.95	13.8461	0.9999
0.025	91.0127	55.051	2752.55	13.2261	0.9995
0.030	87.5914	54.894	2744.70	12.7651	0.9998

从以上结果可以看出，当纤维素酶的浓度一定时，在较低的底物量，酶反应的速率随底物量的增加而增加，但当底物量达到一定数值后，反应速率不再增加。在 0~0.015g 的底物量范围内，酶解得率随底物量的增加上升趋势明显，增幅较大。

（2）最佳反应酸度的选择　在一定温度、酶用量和底物浓度的条件下，分别选择加入不同 pH 值的缓冲溶液，进行纤维素酶降解实验，利用微量量热仪连续测量反应过程的热功率-时间曲线，进而可得米氏常数 K_m、K_{cal} 及 ΔH，如表 23-15 所示。

表 23-15 不同 pH 值时，小麦秸秆酶解反应的热动力学参数

pH 值	Q_m/mJ	Q_∞/mJ	ΔH/(mJ/g)	K_m/(g/L)	$1/Q_t \sim 1/\Delta P_t$ 作图所得直线拟合常数 R
4.5	19.4679	14.1870	709.35	10.9778	0.9995
4.7	25.0272	16.773	838.65	11.9368	0.9962
4.9	69.5042	18.935	946.75	29.3654	0.9999
5.0	77.1978	20.308	1015.4	30.4108	0.9999
5.1	21.0168	15.8999	794.995	10.5746	0.9997
5.3	19.567	15.525	776.25	10.0831	0.9999

酶的催化活性与环境 pH 值有密切关系，通常各种酶只有在一定 pH 值范围内才具有活性。由以上结果可知，在该反应条件下，纤维素酶解反应的最适 pH 值为 5.0。

（3）最佳反应温度的选择　在一定 pH 值、酶用量和底物浓度的条件下，分别选择不同的温度条件，进行纤维素酶降解实验，利用微量量热仪连续测量反应过程的热功率-时间曲线，进而可得米氏常数 K_m 及 ΔH，见表 23-16。

表 23-16 不同温度条件下，小麦秸秆酶解反应的热动力学参数

温度/℃	Q_m/mJ	Q_∞/mJ	ΔH/(mJ/g)	K_m/(g/L)	$1/Q_t \sim 1/\Delta P_t$ 作图所得直线拟合常数 R
37	10.8767	8.2779	413.895	10.5116	0.9989
47	83.5730	16.757	837.85	39.8988	0.9999
52	305.4063	48.1969	2409.845	50.6931	0.9997
55	1073.25	128.77	6438.5	66.677	0.9998
58	124.491	36.329	1816.45	27.414	0.9996
65	48.5704	25.3576	1267.88	15.323	0.9970

酶作为生物催化剂与一般催化剂一样呈现温度效应，酶促反应开始时，反应速率随温度的升高迅速加快，直到达到最适温度。由以上结果可以看出，在此实验条件下，纤维素酶的最适酶解作用温度为 55℃。

第五节　反胶束酶催化反应的量热分析曲线及数据

有许多物质不溶于水而溶于有机溶剂，对不溶于水或难溶于水的物质的酶催化反应就发生了困难。另外在有机溶剂中，酶的活性降低或失去活性，因此有必要研究在这种条件时的酶催化现象，这个问题在反胶束体系中可以实现。

反胶束（reverse micelle）是表面活性剂在非极性的有机溶剂中超过临界胶束浓度（CMC）时自发形成热力学稳定、光学透明的球状或圆柱状聚集体。其内部接近细胞内环境，不仅能溶解亲水性分子如氨基酸、多肽和蛋白质等，而且能保持它们的活性。从而既实现了活性物质的分离，又保持了物质的活性。

反胶束体系可以由一种或多种表面活性剂构成，由于单个表面活性剂能够形成反胶束的种类并不多或在某些方面存在一定的局限性，近年来有关混合反胶束体系的研究越来越多。丁二酸二(2-乙基己基)酯磺酸钠（简称 AOT）是一种具有双尾结构的阴离子表面活性剂，很容易形成反胶束，是反胶束中最常用的表面活性剂。但由于酶与阴离子型 AOT 强烈的静电和疏水作用，导致其在 AOT 反胶束中的活性和稳定性降低。研究表明在 AOT 反胶束中加入一些非离子型表面活性剂如 Tween 类、烷基聚氧乙烯醚及相对分子质量小的聚乙二醇

等可显著提高酶活性。

AOT/Triton X-100 混合反胶束体系中纤维素酶降解纤维素的实验，兹以混合反胶束体系纤维素酶降解纤维素为例[10]。

（一）实验部分

实验采用瑞典产八通道滴定微量量热仪。

丁二酸二(2-乙基己基)酯磺酸钠（AOT，纯度 96%，Sigma 公司）；Triton X-100（化学纯，国药集团化学试剂有限公司）；绿色木霉产纤维素酶（上海伯奥生物科技有限公司，生化试剂）；异辛烷（天津市巴斯夫化工有限公司，分析纯）；微晶纤维素（上海恒信化学试剂有限公司，含量＞99.9%）；其他试剂均为国产分析纯；水为二次蒸馏水。

溶液的配制：称取一定质量的 AOT、TritonX-100，用异辛烷溶解，定容至一定体积，配制成总表面活性剂浓度为 0.10mol/L 的 AOT/Triton X-100/异辛烷溶液，在 0.10mol/L 的 AOT/Triton X-100/异辛烷反胶束体系中加入一定体积一定 pH 值的 HAc-NaAc 缓冲液配制 50μmol/L 的酶液，以配制一定 W_0 的酶-反胶束体系。体系中含水量 W_0 是指反胶束体系中水（缓冲溶液）与表面活性剂的摩尔比，即 $W_0=[H_2O]/[S]_{总}$。

实验方法：在 24ml 的安瓿瓶中加入 4mg 的微晶纤维素、4ml 一定 W_0 的 AOT/Triton X-100/异辛烷反胶束溶液，用注射器移取 1ml 相同 W_0 的酶-反胶束溶液，待温度恒定后，注入到 24ml 的安瓿瓶中，记录仪记录热功率-时间曲线。每个实验重复 3 次，然后取平均值。

（二）数据处理

1. AOT/Triton X-100/异辛烷反胶束体系中 Triton X-100 含量对纤维素酶催化降解纤维素的影响

保持表面活性剂的总浓度为 0.10mol/L，利用八通道滴定微量量热仪测定纤维素酶降解纤维素在 pH=4.97、T=310.15K、W_0=3.0 条件时 Triton X-100 含量 x 不同的体系下的热功率-时间曲线，见图 23-10。

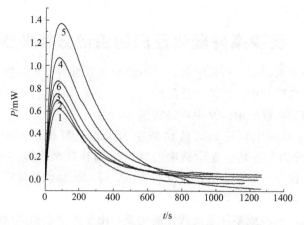

图 23-10 在不同 x（Triton X-100）值下纤维素酶降解纤维素反应的热功率-时间曲线

x：1—0；2—0.05；3—0.10；4—0.15；5—0.20；6—0.25

（$c_{总}$=0.10mol/L，pH=4.97，T=310.15K，W_0=3.0）

对热功率-时间曲线上得到的数据进行处理，可求得表观米氏常数（K'_m）和表观最大反应速率（v'_{max}），其数据见表 23-17。

表 23-17 不同 x（Triton X-100）时微晶纤维素降解反应的 K'_m 和 v'_{max}

x	0	0.05	0.10	0.15	0.20	0.25
K'_m/(g/L)	0.9494	0.9488	0.9480	0.9478	0.9477	0.9483
$v'_{max} \times 10^3$/[g/(L·s)]	7.255	7.905	8.4475	8.793	8.9515	8.771

从表 23-17 可以看出，表观最大反应速率 v'_{max} 随着 x 的增加是先增大后减小。对数据进行拟合，得到的 v'_{max}-x（Triton X-100）方程为：

$$v'_{max} = 7.225 \times 10^{-3} + 1.648 \times 10^{-2} x - 4.061 \times 10^{-2} x^2 \quad (0 < x < 0.25) \ (R = 0.9942)$$

对方程求导，可得出 v_{max} 达到最大值时 x 的值为 0.20。

2. AOT/Triton X-100/异辛烷反胶束中不同 W_0 对纤维素酶催化反应的影响

选择在 $x = 0.15$ 的条件下进行测定，保持 $x = 0.15$、$T = 310.15K$、pH = 4.97 不变的情况下，改变反胶束体系中 W_0 的值，在上述条件下对纤维素酶降解纤维素的反应进行测定，得到热功率-时间曲线，如图 23-11 所示。求得表观米氏常数（K'_m）和表观最大反应速率（v'_{max}），其数据见表 23-18。

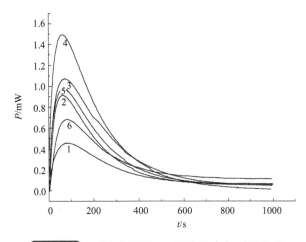

图 23-11 反应在不同 W_0 下的热功率-时间曲线

W_0：1—2.0；2—2.5；3—3.0；4—3.5；5—4.0；6—4.5
（$c_{总} = 0.10$mol/L，$x = 0.15$，pH = 4.97，$T = 310.15K$）

表 23-18 不同 W_0 时微晶纤维素降解反应的 K'_m 和 v'_{max}

W_0	2.0	2.5	3.0	3.5	4.0	4.5
K'_m/(g/L)	0.9495	0.9487	0.9478	0.9469	0.9481	0.9494
$v'_{max} \times 10^3$/[g/(L·s)]	7.113	8.072	8.793	8.969	8.396	7.484

从表 23-18 可以看出，表观最大反应速率 v'_{max} 随着 W_0 的增加呈先增大后减小的趋势，对表 23-18 的数据进行拟合，处理得到的 v'_{max}-W_0 方程：

$$v'_{max} = -2.626 \times 10^{-3} + 6.918 \times 10^{-3} W_0 - 1.038 \times 10^{-3} W_0^2 \quad (2.0 < W_0 < 4.5) \ (R = 0.9836)$$

对方程进行处理，得到最佳 W_0 为 3.3，即此时酶的催化活性最佳。W_0 是影响反胶束中酶活性的一个重要参数，它的大小决定了水池尺寸的大小，从而影响酶的催化活力。

3. 温度对 AOT/Triton X-100/异辛烷反胶束体系中纤维素酶催化反应的影响

纤维素酶降解纤维素在不同温度下（反胶束体系的 $x = 0.15$，pH = 4.97，$W_0 = 3.0$）的热功率-时间曲线，如图 23-12 所示。K'_m 和 v'_{max} 的值见表 23-19。

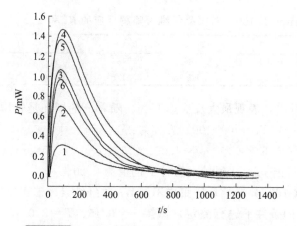

图 23-12 反应在不同温度下的热功率-时间曲线

1—303.15K；2—307.15K；3—310.15K；4—315.15K；5—318.15K；6—321.15K

($c_{总}=0.10$mol/L，$x=0.15$，pH$=4.97$，$W_0=3.0$)

表 23-19 不同温度时微晶纤维素降解反应的 K'_m 和 v'_{max}

T/K	303.15	307.15	310.15	315.15	318.15	321.15
$K'_m/(g/L)$	0.9495	0.9486	0.9478	0.9458	0.9477	0.9479
$v'_{max}\times10^3/[g/(L\cdot s)]$	7.082	8.239	8.793	9.313	8.950	8.648

从表 23-19 可以看出：酶催化最大反应速率随着温度的升高先增大后减小，对表 23-19 的数据进行拟合，处理得到的 v'_{max}-T 方程为：

$$v_{max}=-1.489+9.510\times10^{-3}T-1.509\times10^{-5}T^2 \quad (303.15<T<321.15)(R=0.9856)$$

由方程得到，当 $T=315.11$K 时最大反应速率最大，即最佳温度是 315.11K。

4. pH 值对 AOT/Triton X-100/异辛烷反胶束体系中纤维素酶催化反应的影响

配制 pH$=4.46$，4.63，4.97，5.10，5.31，5.70 的 0.02mol/L HAc-NaAc 缓冲溶液，再以缓冲溶液为溶剂，配制浓度为 50μmol/L 的酶液。取一定量的酶液加入 AOT/Triton X-100/异辛烷反胶束体系中形成具有一定 pH 值和 W_0 的反胶束-酶溶液。

在 $x=0.15$、$W_0=3.0$、$T=310.15$K 条件下对不同 pH 值的反胶束体系下的纤维素酶降解纤维素进行测定，得到热功率-时间曲线，如图 23-13 所示。处理得到的 K'_m 和 v'_{max} 的数据见表 23-20。

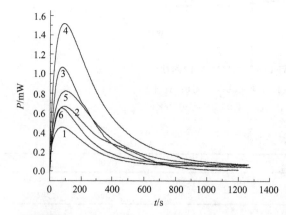

图 23-13 反应在不同 pH 值下的热功率-时间曲线

pH 值：1—4.46；2—4.63；3—4.97；4—5.10；5—5.31；6—5.70（$c_{总}=0.10$mol/L，$x=0.15$，$T=310.15$K，$W_0=3.0$）

表 23-20 不同 pH 值时微晶纤维素降解反应的 K'_m 和 v'_{max}

pH 值	4.46	4.63	4.97	5.10	5.31	5.70
$K'_m/(g/L)$	0.9494	0.9489	0.9478	0.9469	0.9475	0.9489
$v'_{max}\times10^3/[g/(L\cdot s)]$	7.187	7.908	8.793	9.045	8.741	7.428

从表 23-20 可以看出：随着 pH 值的增大，酶催化最大反应速率呈先减小后增大的趋势，对表 23-20 的数据进行拟合，处理得到的 v'_{max}-pH 值方程为：

$$v'_{max} = -0.1026 + 4.370 \times 10^{-2} \text{pH} - 4.278 \times 10^{-3} \text{pH}^2 \quad (4.46 < \text{pH} < 5.70) \quad (R = 0.9886)$$

对方程处理得到最佳 pH 值为 5.10。

结论：向 AOT/异辛烷反胶束中加入非离子表面活性剂 Triton X-100，可以显著提高纤维素的降解速率。当总表面活性剂的浓度是 0.10mol/L，x（Triton X-100）是 0.15 时，测得的纤维素酶降解纤维素的最佳条件是 $W_0 = 3.3$、$T = 315.11$K、pH=5.10。

利用微量量热法研究得到纤维素酶降解纤维素的最佳条件，为了解酶的降解机制，提高酶的催化活性提供了有用的信息，而且利用这种方法测定后的研究体系并没有被破坏，还可以做进一步的测试。

参 考 文 献

[1] 张平平，刘宪华. 天津农学院学报，2004，11（3）：48.

[2] 高培基，曲音波，汪天虹，等. 纤维素科学与技术，1995，3（2）：1.

[3] 孔显良，王俊英，崔雅洁. 微生物学报，1991，31（4）：274.

[4] Salieri G，Vinci G，Antonelli M L. Anal Chim Acta，1995，300：287.

[5] 邓郁. 高等学校化学学报，1985，6（7）：621.

[6] 于秀芳，张洪林，张刚. 应用化学，2002，8：812.

[7] Zhang H L，Yu X F，Nie Y，et al. Chin J Chem，2003，21：1466.

[8] 李金花，程远征，张洪林，于森. 曲阜师范大学学报，2005，3：83.

[9] 李娜，张英，王彩萍，等. 曲阜师范大学学报，2006，1：95.

[10] 杨淑娟，孔长青，张可，等. 化学学报，2010，68（9）：839.

第二十四章　蛋白质模型分子体系的量热分析曲线及数据

第一节　概　况

蛋白质是主要的生命基础物质之一，是由多种氨基酸结合而成的有机高分子化合物。它是一切生物体的重要组成成分，是生物体形态结构和生命活动的物质基础。细胞内除水外，其余80%的物质是蛋白质。蛋白质在生命现象和生命过程中起着决定性的作用。它们表现在促进食物消化、促进和调节各种细胞代谢、协调肌肉运动、转运和储存许多小分子和离子、机械支持、免疫防护、激发和传递神经冲动以及控制生长、繁殖等生理功能。最近的分子生物学研究表明，在细胞膜的通透性、高等动物的记忆活动等方面，蛋白质都起着十分重要的作用[1]。

一、蛋白质模型分子

具有一级结构的蛋白质和天然大分子的活性构象是唯一的、热力学稳定的，这是因为蛋白质分子间以及分子内存在着相反的弱相互作用的微妙平衡。

生物体内的环境主要是水。蛋白质的水化作用是稳定水溶液里球形蛋白质天然结构的一个重要因素，水和蛋白质的各种官能团之间的特殊相互作用及其他相关的溶剂效应，有助于溶液里蛋白质稳定的折叠结构的形成，因此水作为生物分子的介质，其意义是不言而喻的。

但是，大多数蛋白质的天然环境并不是单纯的水溶液，而是含有许多有机物质和无机物质的复杂介质。生物分子在非水介质环境下的热力学性质与其在水溶液介质条件下的性质是大不相同的。因此探索溶剂介质的变化对蛋白质分子间相互作用的影响是很有意义的。

二、蛋白质模型分子的溶液热力学性质研究

以氨基酸、酰胺、肽及其衍生物为蛋白质模型分子的溶液热力学研究，有助于人们对生命过程中物理的、化学的现象有更深入的了解。当前对溶液热力学性质的研究主要有两个方面：一方面是溶质在标准状态-无限稀释浓度时的热力学性质，由这一性质可以获得有关溶质-溶剂相互作用的信息，即溶质的溶剂化问题。属于此类的热力学性质有：无限稀释条件下的偏摩尔体积、偏摩尔热容等。另一方面是溶剂化的溶质间的相互作用，与此相应的热力学性质常有渗透系数、稀释焓等。

1. 溶剂化作用

溶剂化是指在溶质分子或离子的周围存在一层与其相互作用着的溶剂分子，溶剂化作用是由于溶剂-溶质之间存在分子间力，这种分子间力通常有两种类型：非专一性作用力，包括分子间偶极力、偶极-偶极力、偶极-诱导偶极力、离子-诱导偶极力；专一性作用力，包括氢键结合力和电荷转移作用力。

2. 溶质-溶剂相互作用

溶质-溶剂相互作用一般情况下可用范德华力来描述。

3. 溶质-溶质相互作用

溶剂化的溶质间的相互作用常用过量热力学函数来处理。

4. 溶质-溶质相互作用与溶剂化的关系

溶剂化与溶质-溶质相互作用，通过大量的研究发现两者之间存在一种潜在的联系，溶质溶剂化作用越强，则溶质-溶质相互作用越弱。

三、溶液中焓相互作用的研究

1. 水溶液中的焓相互作用

Wegrzyn 等[2]用过量焓方法对几种氨基酸分子的异系相互作用进行了研究，并用 SWAG 的基团贡献法对其作用机制进行了讨论。Castronuovo[3]等研究了几种带苯环的芳香族氨基酸在酸性条件下的同系焓相互作用。

水溶液中焓相互作用研究主要有八个方面：①氨基酸分子间同系和异系焓相互作用；②氨基酸与其他模型分子间的焓相互作用；③氨基酸与有机物分子间的焓相互作用；④氨基酸与超分子的焓相互作用；⑤氨基酸与电解质之间的焓相互作用；⑥酰胺分子间的同系和异系焓相互作用；⑦酰胺与尿素分子间的异系焓相互作用；⑧酰胺与盐之间的异系焓相互作用。

2. 混合水溶液中的焓相互作用

许多有机物质水溶液是蛋白质的天然环境，混合溶剂对蛋白质、氨基酸的性质有很大影响，蛋白质、氨基酸在混合溶剂中与在水中的热力学行为有较大差异。

3. 非水溶液中的焓相互作用

研究非水溶液中溶质之间的焓相互作用和体系间的焓相互作用机制，既解释了溶液中溶质-溶质相互作用理论，也说明了焓对作用机制。

第二节 基本原理

水溶液中不同溶质分子的焓相互作用，可以通过测定过量焓，用 McMillan-Mayer 理论分析得到异系焓作用系数（又称交叉焓作用系数）来描述。目前常见的实验方法有溶解焓法和流动量热法等。溶解焓法[4,5]是通过测量溶质在含另一种溶质的水溶液中溶解过程的焓变，用过量焓理论分析得到这两种溶质的交叉焓作用系数。流动量热法是直接测定不同溶质水溶液的过程焓，用 McMillon-Mayer 理论进行数据处理，获得不同溶质分子间的焓相互作用信息。流动量热法在具体的实验中有不同的设计方案，有两种实验方案。

含两种不同溶质 x 和 y 的三元水溶液的过量焓 $H^E(m_x, m_y)$ 定义为：

$$H^E(m_x, m_y)/w_1 = H(m_x, m_y)/w_1 - h_w^* - m_x H_{x,m}^\infty - m_y H_{y,m}^\infty \tag{24-1}$$

式中，$H^E(m_x, m_y)$ 表示由物质的量为 m_x 的溶质 x、物质的量为 m_y 的溶质 y 所组成的溶液在 w_1(kg) 水中的过量焓；$H(m_x, m_y)$ 表示含 w_1(kg) 水的溶液的总焓；h_w^* 为纯水的绝对焓；$H_{x,m}^\infty$ 和 $H_{y,m}^\infty$ 分别为溶质 x 和 y 的极限偏摩尔焓。该过量焓可以表示为质量摩尔浓度的维里展开形式：

$$H^E(m_x, m_y) = \sum_x \sum_y m_x m_y h_{xy} + \cdots \tag{24-2}$$

式(24-2)展开为

$$H^E(m_x, m_y)/w_1 = h_{xx}m_x^2 + 2h_{xy}m_x m_y + h_{yy}m_y^2 + h_{xxx}m_x^3 + 3h_{xxy}m_x^2 m_y +$$
$$3h_{xyy}m_x m_y^2 + h_{yyy}m_y^3 + K \tag{24-3}$$

式中，h_{xx}、h_{yy}、h_{xy} 和 h_{xxx}、h_{xxy}、h_{xyy}、h_{yyy}……分别为对焓、叁焓作用系数。

对于含一种溶质 x 的二元水溶液，物质的量为 m_x 的溶质 x 在 w_1(g) 水中的过量焓 $H^E(m_x)$ 可表示为：

$$H^E(m_x)/w_1 = h_{xx}m_x^2 + h_{xxx}m_x^3 + \cdots \tag{24-4}$$

方案一[6,7]：分别测得两种溶质的二元溶液的混合过程焓变和各自的稀释焓，获得各级焓作用系数。

含溶质 x 和 y 的二元溶液，其质量摩尔浓度分别为 $m_{x,i}$ 和 $m_{y,i}$，若混合后其质量摩尔浓度分别为 m_x 和 m_y，则混合过程焓变为：

$$\Delta H_{mix}(m_{x,i}, m_{y,i} \to m_x, m_y)$$
$$= H^E(m_x, m_y) - (m_x/m_{x,i})H^E(m_{x,i}) - (m_y/m_{y,i})H^E(m_{y,i}) \tag{24-5}$$

含溶质 x 的二元水溶液，从初始质量摩尔浓度 $m_{x,i}$ 稀释至终了质量摩尔浓度 m_x，稀释焓为：

$$\Delta H_{dil}(m_{x,i} \to m_x) = H^E(m_x) - (m_x/m_{x,i})H^E(m_{x,i}) \tag{24-6}$$

定义一个辅助函数 ΔH^*：

$$\Delta H^* = \Delta H_{mix} - \Delta H_{dil}(x) - \Delta H_{dil}(y) \tag{24-7}$$

根据式(24-2)~式(24-5)和式(24-7)，有

$$\Delta H^* = H^E(m_x, m_y) - H^E(m_x) - H^E(m_y)$$

即

$$\Delta H^*/w_1 = 2h_{xy}m_x m_y + 3h_{xxy}m_x^2 m_y + 3h_{xyy}m_x m_y^2 + \cdots \tag{24-8}$$

或

$$\Delta H^*/w_1 m_x m_y = 2h_{xy} + 3h_{xxy}m_x + 3h_{xyy}m_y + \cdots \tag{24-9}$$

实验分别测得溶质 x 和溶质 y 组成的二元溶液从初始浓度到终了浓度的稀释焓 $\Delta H_{dil}(x)$、$\Delta H_{dil}(y)$ 及这两种二元溶液的混合焓 ΔH_{mix}，则可按式(24-7)计算得到 ΔH^* 值，然后按式(24-9)进行多元线性回归，就可以得到 x 与 y 的异系焓相互作用系数 h_{xy}、h_{xxy} 及 h_{xyy}。

方案二[8~11]：从含两种溶质的三元溶液的稀释焓和每种溶质的二元溶液的稀释焓得到各级焓作用系数。

定义辅助函数：

$$\Delta H^* = \Delta H_{dil}[(m_{x,i}, m_{y,i}) \to (m_x, m_y)] - \Delta H_{dil}(m_{x,i} \to m_x) - \Delta H_{dil}(m_{y,i} \to m_y) \tag{24-10}$$

$\Delta H_{dil}[(m_{x,i}, m_{y,i}) \to (m_x, m_y)]$ 为含溶质 x 和溶质 y 的三元体系从初始浓度两种溶质的质量摩尔浓度分别为 $(m_{x,i}, m_{y,i})$ 稀释到终了浓度 (m_x, m_y) 的稀释焓。根据过量焓理论，它可以表示为：

$$\Delta H_{dil}[(m_{x,i}, m_{y,i}) \to (m_x, m_y)] = H^E(m_x, m_y) - (m_x/m_{x,i})H^E(m_{x,i}, m_{y,i}) \tag{24-11}$$

由式(24-2)~式(24-4)和式(24-10)~式(24-11)，得

$$\Delta H^* = 2h_{xy}m_y(m_x - m_{x,i}) + 3h_{xxy}m_y(m_x^2 - m_{x,i}^2) + 3h_{xyy}m_y(m_x - m_{x,i})(m_y + m_{y,i}) + \cdots \tag{24-12}$$

即：

$$\Delta H^*/m_y(m_x - m_{x,i}) = 2h_{xy} + 3h_{xxy}(m_y + m_{y,i}) + 3h_{xyy}(m_y + m_{y,i}) + \cdots \tag{24-13}$$

实验分别测得溶质 x 和 y 组成的二元溶液从初始浓度到终了浓度的稀释焓 $\Delta H_{dil}(x)$、$\Delta H_{dil}(y)$ 及两者组成的三元水溶液的稀释焓 $\Delta H_{dil}[(m_{x,i}, m_{y,i}) \rightarrow (m_x, m_y)]$，则可按式 (24-12) 计算得到 ΔH^* 值，然后按式(24-13)进行多元线性回归，就可以得到 x 与 y 的异系焓相互作用系数 h_{xy}、h_{xxy} 及 $3h_{xyy}$。

第三节　实验仪器和方法

（一）实验仪器

混合过程焓变和稀释焓用量热仪的流动混合测量系统测定。并配以一对 2132 精密蠕动泵匀速输液。溶液配制使用 HANGPING FA1604 型天平，误差为 ±0.1mg。检测仪的电标定精度（300μW 量程）为 ±0.1%，测量精度 ±0.2%；蠕动泵流速精度优于 0.1%。实验温度为 310.15 K，恒温控制精度为 ±0.0002K。

（二）实验方法

当量热仪恒温水浴和检测系统达到热平衡后，用溶剂水设定基线，并进行电标定。氨基酸与化合物溶液分别由同一台 2132 型微蠕动泵的 A 和 B 两轮（流速比 $f_1：f_2$ 为 15：15）匀速输入检测仪的混合池，待系统达到热平衡后，记录热功率数值，平行测定 3 次取平均值。蠕动泵流速用称量法标定。测量过程如图 24-1 表示。由于流动混合测量系统的出样管与进样管串联，检测信号实际上是两者的热信号之差，因此使液体流动过程中与管壁摩擦产生的热效应相互抵消。以每千克溶剂水计的溶质（x 和 y）的稀释焓 ΔH_{dil}（J/kg）可直接按下式计算：

$$\Delta H_{dil} = P/(f_A + f_B - m_{x,i}M_x f_A) \tag{24-14}$$

式中，P 为溶质的稀释热功率；$m_{x,i}$ 为稀释前溶液的质量摩尔浓度；f_A 为溶液的流速；f_B 为溶剂水的流速；M_x 为溶质的摩尔浓度。

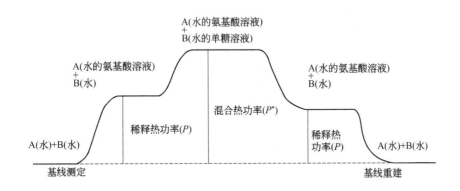

图 24-1　测量过程示意图

稀释后溶液的质量摩尔浓度 m_x 为：

$$m_x = m_{x,i}f_A/[f_B(m_{x,i}M_x + 1) + f_A] \tag{24-15}$$

溶质 x 的溶液和溶质 y 的溶液的混合过程焓变 ΔH_{mix}（J/kg）按下式计算：

$$\Delta H_{mix} = P^*/(f_A + f_B - m_{x,i}M_x f_A - m_{y,i}M_y f_B) \tag{24-16}$$

式中，P^* 为混合过程热功率；f_A、f_B 分别为溶质 x 和溶液 y 的流速；$m_{x,i}$、$m_{y,i}$ 分

别为这两种溶液混合前的质量摩尔浓度。

由于实验热功率测定的相对误差小于±0.2%，蠕动泵流速精度为0.2%，因此最终得到的混合过程焓变和稀释焓的误差小于±1%。

第四节 蛋白质模型分子体系的量热分析曲线及数据

在蛋白质模型分子体系的研究中，邵爽[12]、任小玲[13]、李淑芹[14]等研究了含有不同侧链的几种典型氨基酸在乙醇水溶液、乙二醇水溶液、DMF水溶液、葡萄糖水溶液、蔗糖水溶液、尿素、甲脲、卤化钠等混合溶剂中的稀释焓。卢雁教授研究了乙酰胺分子在碱金属溶液中的焓相互作用。于丽[15,16,20]分别研究了不同氨基酸与杂环化合物以及嘧啶、甲基嘧啶分子之间的焓相互用。刘华姬[17~19]研究了不同氨基酸与山梨糖、果糖分子之间的异系焓相互作用。

一、水溶液中氨基酸与单糖化合物间的异系焓相互作用的实验

兹以氨基酸与单糖化合物间异系焓相互作用为例[19]。

（一）实验部分

混合过程焓变和稀释焓用热活性检测仪（瑞典产）的流动混合测量系统测定，流速用称量法标定。

实验方法见第三节。

（二）数据处理

测定了在298.15K时甘氨酸、丙氨酸、丝氨酸、缬氨酸、脯氨酸、苏氨酸分别于葡萄糖在水溶液中的混合焓及各自在水溶液中的稀释焓，得到的氨基酸溶液（x）和单糖在298.15K时的混合过程焓变 $\Delta H_{mix}/W_1$ 及计算所得的 $\Delta H^*/W_1$ 值连同它们的初始和终了的质量摩尔浓度同时列于表24-1中。

表 24-1 298.15K下氨基酸水溶液与单糖水溶液的混合过程焓变

$m_{x,i}$ /(mol/kg)	$m_{y,i}$ /(mol/kg)	$m_{x,f}$ /(mol/kg)	$m_{y,f}$ /(mol/kg)	$(\Delta H_{dil(x)}/W_1)$ /(J/kg)	$(\Delta H_{dil(y)}/W_1)$ /(J/kg)	$(\Delta H_{mix}/W_1)$ /(J/kg)	$(\Delta H^*/W_1)$ /(J/kg)
			甘氨酸＋葡萄糖				
0.1000	0.1000	0.0566	0.0428	1.10	−0.85	−0.95	−1.21
0.1500	0.1500	0.0847	0.0639	2.42	−1.58	−2.28	−3.12
0.1800	0.1800	0.0754	0.1026	3.33	−2.14	−3.29	−4.48
0.2000	0.2000	0.1125	0.0851	4.09	−2.71	−4.90	−6.28
0.2200	0.2200	0.0920	0.1250	4.95	−3.30	−5.12	−6.77
0.2500	0.2500	0.1044	0.1418	6.46	−3.97	−6.41	−8.90
0.2800	0.2800	0.1168	0.1584	7.92	−5.45	−7.39	−9.86
0.3000	0.3000	0.1250	0.1695	9.22	−5.98	−9.37	−12.60
0.3200	0.3200	0.1332	0.1805	10.21	−6.40	−9.50	−13.32
0.3500	0.3500	0.1455	0.1970	11.81	−7.80	−12.35	−16.15
0.3800	0.3800	0.1578	0.2134	14.32	−9.65	−14.84	−19.51
0.4000	0.4000	0.1660	0.2243	15.35	−10.29	−16.57	−21.63
0.4200	0.4200	0.2342	0.1751	17.06	−12.04	−19322	−24.24
0.4500	0.4500	0.2478	0.1899	20.32	−12.96	−19.54	−26.87
0.5000	0.5000	0.2749	0.2100	23.92	−16.79	−27.43	−34.56
			L-丙氨酸＋葡萄糖				
0.1000	0.1000	0.0560	0.0433	−0.45	−0.85	−0.78	0.51
0.1500	0.1500	0.0839	0.0646	−1.14	−1.58	−2.15	0.56

$m_{x,i}$ /(mol/kg)	$m_{y,i}$ /(mol/kg)	$m_{x,f}$ /(mol/kg)	$m_{y,f}$ /(mol/kg)	$(\Delta H_{dil(x)}/W_1)$ /(J/kg)	$(\Delta H_{dil(y)}/W_1)$ /(J/kg)	$(\Delta H_{mix}/W_1)$ /(J/kg)	$(\Delta H^*/W_1)$ /(J/kg)
0.1800	0.1800	0.0744	0.1035	−1.73	−2.14	−2.83	1.04
0.2000	0.2000	0.1125	0.0849	−2.12	−2.71	−3.78	1.06
0.2200	0.2200	0.0907	0.1262	−2.53	−3.30	−4.59	1.24
0.2500	0.2500	0.1029	0.1431	−3.24	−3.97	−5.89	1.31
0.2800	0.2800	0.1151	0.1599	−4.04	−5.45	−7.31	2.18
0.3000	0.3000	0.1232	0.1710	−4.84	−5.98	−8.43	2.40
0.3200	0.3200	0.1313	0.1822	−5.53	−6.40	−9.47	2.46
0.3500	0.3500	0.1433	0.1988	−6.27	−8.00	−11.06	3.20
0.3800	0.3800	0.1554	0.2154	−7.49	−9.65	−13.26	3.88
0.4000	0.4000	0.1635	0.2264	−8.40	−10.29	−14.61	4.09
0.4200	0.4200	0.2660	0.1757	−9.56	−12.04	−16.87	4.73
0.4500	0.4500	0.2472	0.1899	−10.87	−12.95	−18.50	5.32
0.5000	0.5000	0.2742	0.2098	−13.27	−16.79	−22.38	7.69
			L-丝氨酸＋葡萄糖				
0.1000	0.1000	0.0560	0.435	1.77	−0.85	0.07	−0.85
0.1500	0.1500	0.0844	0.0649	4.04	−1.58	−0.36	−2.82
0.1800	0.1800	0.0756	0.1029	5.58	−2.14	−0.44	−3.88
0.2000	0.2000	0.1133	0.0849	6.98	−2.71	−0.47	−4.74
0.2200	0.2200	0.0924	0.1254	8.63	−3.30	−0.75	−6.08
0.2500	0.2500	0.1049	0.1422	10.26	−3.97	−0.99	−7.28
0.2800	0.2800	0.1175	0.1589	12.88	−5.45	−1.00	−8.43
0.3000	0.3000	0.1259	0.1700	15.16	−5.98	−1.49	−10.66
0.3200	0.3200	0.1343	0.1811	17.02	−6.40	−1.86	−12.48
0.3500	0.3500	0.1468	0.1976	19.56	−8.00	−2.12	−13.67
0.3800	0.3800	0.1618	0.2117	22.86	−9.65	−2.64	−15.85
0.4000	0.4000	0.1703	0.2225	24.88	−10.29	−3.06	−17.65
0.4200	0.4200	0.2492	0.1630	26.94	−12.04	−3.27	−18.17
0.4500	0.4500	0.2514	0.1895	31.64	−12.96	−3.95	−22.63
0.5000	0.5000	0.2792	0.2096	38.75	−16.79	−4.91	−26.87
			L-缬氨酸＋葡萄糖				
0.1000	0.1000	0.0555	0.0437	−1.97	−0.85	−0.58	2.24
0.1500	0.1500	0.0831	0.0653	−4.65	−1.58	−1.51	4.72
0.1800	0.1800	0.0748	0.1029	−6.96	−2.14	−2.11	6.99
0.2000	0.2000	0.1119	0.0852	−8.61	−2.71	−3.00	8.31
0.2200	0.2200	0.0911	0.1254	−10.04	−3.30	−3.34	10.01
0.2500	0.2500	0.1034	0.1422	12.65	−3.97	−4.28	12.34
0.2800	0.2800	0.1156	0.1589	−15.81	−5.45	−5.38	15.88
0.3000	0.3000	0.1221	0.1716	−7.73	−5.98	−4.51	9.20
0.3200	0.3200	0.1300	0.1828	−8.15	−6.40	−5.33	9.21
0.3500	0.3500	0.1420	0.1995	−9.35	−8.00	−5.69	11.66
0.3800	0.3800	0.1565	0.2134	−10.68	−9.65	−6.72	13.62
0.4000	0.4000	0.1645	0.2243	−12.33	−10.29	−7.58	15.04
0.4200	0.4200	0.2330	0.1747	−15.81	−12.04	−9.39	18.46
0.4500	0.4500	0.2462	0.1896	−17.52	−12.96	−10.94	19.53
0.5000	0.5000	0.2728	0.2097	−21.42	−16.79	−12.27	25.94
			L-脯氨酸＋葡萄糖				
0.1000	0.1000	0.0556	0.0436	−0.64	−0.85	−0.67	0.82
0.1500	0.1500	0.0832	0.0651	−1.41	−1.58	−1.27	1.72
0.1800	0.1800	0.0738	0.1039	−2.63	−2.14	−1.61	3.16

$m_{x,i}$ /(mol/kg)	$m_{y,i}$ /(mol/kg)	$m_{x,f}$ /(mol/kg)	$m_{y,f}$ /(mol/kg)	$(\Delta H_{dil(x)}/W_1)$ /(J/kg)	$(\Delta H_{dil(y)}/W_1)$ /(J/kg)	$(\Delta H_{mix}/W_1)$ /(J/kg)	$(\Delta H^*/W_1)$ /(J/kg)
0.2000	0.2000	0.1122	0.0849	−3.48	−2.17	−2.03	4.16
0.2200	0.2200	0.0900	0.1266	−4.03	−3.30	−2.42	4.91
0.2500	0.2500	0.1021	0.1435	−5.07	−3.97	−3.00	6.04
0.2800	0.2800	0.1141	0.1604	−6.50	−5.45	−3.76	8.19
0.3000	0.3000	0.1221	0.1716	−7.73	−5.98	−4.51	9.20
0.3200	0.3200	0.1300	0.1828	−8.15	−6.40	−5.33	9.21
0.3500	0.3500	0.1420	0.1995	−9.35	−8.00	−5.69	11.66
0.3800	0.3800	0.1565	0.2134	−10.68	−9.65	−6.72	13.62
0.4000	0.4000	0.1645	0.2243	−12.33	−10.29	−7.58	15.04
0.4200	0.4200	0.2330	0.1747	−15.81	−12.04	−9.39	18.46
0.4500	0.4500	0.2462	0.1896	−17.52	−12.96	−10.94	49.53
0.5000	0.5000	0.2728	0.2097	−21.42	−16.79	−12.27	25.94
L-苏氨酸＋葡萄糖							
0.1500	0.1500	0.0832	0.0651	0.60	−1.58	−1.09	−0.11
0.1800	0.1800	0.0737	0.1039	0.81	−2.14	−1.69	−0.35
0.2000	0.2000	0.1127	0.0844	1.24	−2.71	−2.08	−0.61
0.2200	0.2200	0.0899	0.1267	1.25	−3.30	−2.52	−0.46
0.2500	0.2500	0.1019	0.1436	1.44	−3.97	−3.11	−0.58
0.2800	0.2800	0.1139	0.1605	1.74	−5.45	−4.19	−0.48
0.3000	0.3000	0.1219	0.1717	2.03	−5.98	−4.87	−0.92
0.3200	0.3200	0.1298	0.1829	2.13	−6.40	−5.58	−1.31

按照在 298.15K 时甘氨酸、丙氨酸、丝氨酸、缬氨酸、脯氨酸、苏氨酸分别于葡萄糖水溶液中的混合焓及各自在水溶液中的稀释焓的数据，根据 McMiillan-Mayer 理论关联得到各级焓作用系数。通过分析单糖分子的同系焓对作用系数 h_{xx} 及氨基酸与单糖分子间的异系焓对作用系数 h_{xy}，得到以下结论。

1. 氨基酸的结构对焓对作用系数的影响

除甘氨酸外的氨基酸，都带有不同的侧基，水溶液中这些氨基酸分子之间的相互作用，除带电基间的静电作用外，还包括不同的侧链结构所带来的不同形式的相互作用。因此，水溶液中这些氨基酸的 h_{xy} 值还依赖于侧链的性质。

（1）带有非极性（疏水性）侧链的氨基酸，溶剂化碳链之间存在着疏水-疏水相互作用及溶剂化侧链及溶剂化侧链与离子基团之间疏水-亲水相互作用，它们对焓作用系数 h_{xy} 有正贡献，此时，水溶液中氨基酸的 h_{xy} 值决定于静电作用和疏水作用的竞争，例如丙氨酸、缬氨酸和亮氨酸。另一方面，其 h_{xx} 数值的大小顺序为：$h_{xx}(ala) < h_{xx}(val) < h_{xx}(leu)$，这表明这种疏水-疏水作用的大小与它们分子的非极性烷基的碳原子个数成正比。可以看出，上述三种氨基酸和甘氨酸的 h_{xx} 值与分子中侧链碳原子数基本上呈正比关系，上述三种氨基酸和甘氨酸的 h_{xx} 值与分子中侧链碳原子数基本上呈正比关系。

（2）带有极性（亲水性）侧链（如易形成分子键氢键的羟基等）的氨基酸，由于羟基在所诱导的亲水性的增加，溶质间发生的亲水-亲水、亲水-离子相互作用，对 h_{xx} 的贡献为负。此时，氨基酸分子的 h_{xx} 值决定于静电作用、亲水性侧基负贡献与疏水性侧基正贡献的竞争。例如，对于丝氨酸，由于侧链羟基（—OH）的存在，使其本身亲水性增强，同时两个丝氨酸分子的羟基与羟基、羟基与两性离子头基之间相互作用，导致两个溶质分子间的吸引力增加，结果对 h_{xx} 产生负贡献。所以与甘氨酸相比，其 h_{xx} 更小。对于苏氨酸，分子中带有—CH(OH)CH₃基团，即一方面有亲水性的羟基，另一方面又带有疏水性的烃基，上述各种作用竞争的结果，其 h_{xx} 仍为负值，但比甘氨酸要大，比丙氨酸要小。

2. 水溶液中氨基酸与单糖化合物间的异系焓相互作用

在溶液中两个溶质分子相互靠近时，会伴随溶质分子溶剂化供求的重叠、部分的溶剂结构重组及溶质-溶剂相互作用的变化。一般认为，焓对作用系数是溶液中的粒子相互作用而产生的热效应，这种热效应包括静电作用的贡献和结构作用的贡献。后者主要有两部分组成：一是溶质的部分去溶剂化，二是溶质周围溶剂分子在结构上的重新组合。Desnoyer 等人曾对结构相互作用作了分析，认为大多数情况下结构相互作用是一种吸热效应，使焓相互作用系数变正（但氢键是一种放热效应，使焓相互作用系数变负）。静电相互作用是一种放热效应，使焓相互作用系数变负。结构相互作用对焓函数的贡献是相当大的，有时甚至会超过静电作用成为主导因素。因为这两种作用同时存在，所以焓对作用系数的正负取决于这两种作用的竞争平衡。水溶液中溶剂化氨基酸分子与单糖分子的相互作用主要存在以下几种作用：

① 氨基酸分子的部分去溶剂化作用，吸热过程，对 h_{xy} 有正贡献；

② 单糖化合物分子的部分去溶剂化作用，吸热过程，对 h_{xy} 有正贡献；

③ 氨基酸分子与单糖化合物分子键的直接相互作用。

氨基酸与单糖化合物分子键的焓对作用主要取决于上述三种作用间的竞争平衡。而氨基酸与单糖化合物分子键的直接相互作用则主要包括：氨基酸两性离子部分与糖分子中的羟基间的离子-亲水相互作用，对 h_{xy} 有负贡献；氨基酸分子中的—OH 基团与糖分子中的—OH 基团间通过氢键发生的亲水-亲水相互作用，对 h_{xy} 有负贡献；氨基酸分子中的非极性基团与糖分子中的—OH 基团间的疏水-疏水相互作用，对 h_{xy} 有正贡献；氨基酸分子中的非极性基团与糖分子中非极性基团间的疏水-疏水相互作用，对 h_{xy} 有正贡献；氨基酸两性离子部分与糖分子中的非极性基团间的离子-疏水相互作用，对 h_{xy} 有正贡献。

二、水溶液中氨基酸与吡啶及甲基吡啶异构体的混合焓变及稀释焓的实验

（一）实验部分

同 628 页（一）实验部分。

（二）数据处理

采用热活性检测仪测定了在 298.15K 时甘氨酸、L-丙氨酸、L-缬氨酸、L-丝氨酸、L-苏氨酸分别与吡啶及甲基吡啶异构体在水溶液中的混合焓变及各自在水溶液中混合焓变及各自在水溶液中的稀释焓，见表 24-2。

表 24-2　298.15K 下氨基酸水溶液与吡啶及甲基吡啶异构体的混合焓变及各自在水溶液中的稀释焓

$m_{x,i}$ /(mol/kg)	$m_{y,i}$ /(mol/kg)	$m_{x,f}$ /(mol/kg)	$m_{y,f}$ /(mol/kg)	$(\Delta H_{dil(x)}/W_1)$ /(J/kg)	$(\Delta H_{dil(y)}/W_1)$ /(J/kg)	$(\Delta H_{mix}/W_1)$ /(J/kg)	$(\Delta H^*/W_1)$ /(J/kg)
				甘氨酸＋吡啶			
0.1000	0.1000	0.0504	0.0493	1.07(0.01)[b]	−3.54(0.03)	4.99(0.05)	7.46
0.1500	0.1500	0.0755	0.0737	2.50(0.02)	−7.32(0.07)	7.33(0.07)	12.15
0.1800	0.1800	0.0905	0.0844	3.58(0.03)	−10.61(0.10)	8.66(0.87)	15.70
0.2000	0.2000	0.1005	0.0981	4.32(0.04)	−12.70(0.13)	8.36(0.84)	16.75
0.2200	0.2200	0.1104	0.1078	5.13(0.05)	−15.77(0.16)	9.04(0.90)	19.68
0.2500	0.2500	0.1254	0.1224	6.65(0.07)	−19.73(0.20)	11.13(0.11)	24.22
0.2800	0.2800	0.1403	0.1369	8.05(0.08)	−25.43(0.25)	11.57(0.12)	28.95

续表

$m_{x,i}$ /(mol/kg)	$m_{y,i}$ /(mol/kg)	$m_{x,t}$ /(mol/kg)	$m_{y,t}$ /(mol/kg)	$(\Delta H_{dil(x)}/W_1)$ /(J/kg)	$(\Delta H_{dil(y)}/W_1)$ /(J/kg)	$(\Delta H_{mix}/W_1)$ /(J/kg)	$(\Delta H^*/W_1)$ /(J/kg)
0.3000	0.3000	0.1502	0.1466	9.21(0.09)	−28.93(0.29)	12.21(0.12)	31.93
0.3200	0.3200	0.1601	0.1562	10.24(0.10)	−33.13(0.33)	11.54(0.12)	34.43
0.3500	0.3500	0.1749	0.1707	12.37(0.12)	−39.62(0.40)	12.94(0.13)	40.19
0.3800	0.3800	0.1897	0.1851	14.32(0.14)	−46.18(0.46)	12.89(0.13)	44.75
0.4000	0.4000	01995	0.1947	15.80(0.16)	−51.78(0.52)	12.88(0.13)	48.87
0.4200	0.4200	0.2093	0.2043	17.26(0.17)	−55.12(0.55)	13.00(0.13)	50.86
0.4500	0.4500	0.2240	0.2186	20.07(0.20)	−64.75(0.65)	12.95(0.13)	57.63
0.5000	0.5000	0.2485	0.2424	23.93(0.24)	−81.50(0.82)	13.11(0.13)	70.68
甘氨酸＋2-甲基吡啶							
0.1000	0.1000	0.0541	0.0453	0.74(0.01)	−0.47(0.01)	12.95(0.13)	12.68
0.1500	0.1500	0.0811	0.0677	2.62(0.03)	−1.92(0.02)	20.88(0.21)	20.17
0.1800	0.1800	0.0972	0.0811	3.61(0.04)	−3.32(0.03)	25.86(0.26)	25.56
0.2000	0.2000	0.1079	0.0901	4.27(0.04)	−4.83(0.05)	30.17(0.30)	30.74
0.2200	0.2200	0.1186	0.0990	5.54(0.06)	−5.72(0.06)	33.45(0.33)	33.62
0.2500	0.2500	0.1347	0.1123	6.99(0.07)	−8.30(0.08)	38.59(0.39)	39.89
0.2800	0.2800	0.1507	0.1256	8.12(0.08)	−11.80(0.12)	43.62(0.44)	47.31
0.3000	0.3000	0.1613	0.1344	9.35(0.09)	−13.04(0.13)	47.16(0.47)	50.86
0.3200	0.3200	0.1719	0.1432	10.87(0.11)	−15.17(0.15)	50.63(0.51)	54.94
0.3500	0.3500	0.1879	0.1564	12.95(0.13)	−19.69(0.20)	55.51(0.56)	62.25
0.3800	0.3800	0.2038	0.1696	14.82(0.15)	−23.91(0.24)	60.35(0.60)	69.43
0.4000	0.4000	0.2144	0.1783	15.80(0.16)	−27.30(0.27)	63.87(0.64)	75.36
0.4200	0.4200	0.2249	0.1871	17.94(0.18)	−31.04(0.031)	67.62(0.68)	80.72
甘氨酸＋3-甲基吡啶							
0.1000	0.1000	0.0541	0.0453	0.74(0.01)	−3.22(0.03)	5.53(0.06)	8.00
0.1500	0.1500	0.0811	0.0677	2.62(0.03)	−7.50(0.08)	8.25(0.08)	13.13
0.1800	0.1800	0.0972	0.0811	3.61(0.04)	−13.09(0.13)	11.20(0.11)	20.68
0.2000	0.2000	0.1079	0.0901	4.27(0.04)	−16.66(0.17)	11.45(0.11)	23.85
0.2200	0.2200	0.1186	0.0990	5.54(0.06)	−19.57(0.20)	12.60(0.12)	26.02
0.2500	0.2500	0.1347	0.1123	6.99(0.07)	−25.38(0.25)	12.82(0.13)	31.20
0.2800	0.2800	0.1507	0.1256	8.12(0.08)	−32.18(0.32)	12.73(0.13)	36.80
0.3000	0.3000	0.1613	0.1344	9.35(0.09)	−36.82(0.37)	13.16(0.13)	40.63
0.3200	0.3200	0.1719	0.1432	10.87(0.11)	−41.40(0.41)	13.48(0.13)	44.01
0.3500	0.3500	0.1879	0.1564	12.95(0.13)	−49.78(0.50)	13.38(0.13)	50.21
0.3800	0.3800	0.2038	0.1696	14.82(0.15)	−57.91(0.58)	13.66(0.14)	56.75
0.4000	0.4000	0.2144	0.1783	15.80(0.16)	−61.89(0.62)	13.55(0.14)	59.64
0.4200	0.4200	0.2249	0.1871	17.94(0.18)	−68.19(0.68)	14.66(0.15)	64.91
0.4500	0.4500	0.2407	0.2001	20.05(0.20)	−78.90(0.79)	14.97(0.15)	73.82
0.5000	0.5000	0.2670	0.2218	24.33(0.24)	−96.26(0.96)	15.20(0.15)	87.14
甘氨酸＋4-甲基吡啶							
0.1000	0.1000	0.0541	0.0453	0.74(0.01)	−3.96(0.04)	8.92(0.09)	12.13
0.1500	0.1500	0.0811	0.0677	2.62(0.03)	−8.75(0.09)	10.29(0.10)	16.42
0.1800	0.1800	0.0972	0.0811	3.61(0.04)	−16.18(0.16)	14.02(0.14)	26.59
0.2000	0.2000	0.1079	0.0901	4.27(0.04)	−20.56(0.21)	14.62(0.15)	30.92
0.2200	0.2200	0.1186	0.0990	5.54(0.06)	−24.02(0.24)	14.99(0.15)	33.47
0.2500	0.2500	0.1347	0.1123	6.99(0.07)	−31.09(0.31)	15.60(0.15)	39.70
0.2800	0.2800	0.1507	0.1256	8.12(0.08)	−39.02(0.39)	15.11(0.15)	46.01
0.3000	0.3000	0.1613	0.1344	9.35(0.09)	−44.30(0.44)	15.38(0.15)	50.33
0.3200	0.3200	0.1719	0.1432	10.87(0.11)	−50.63(0.51)	16.00(0.16)	55.76
0.3500	0.3500	0.1879	0.1564	12.95(0.13)	−59.65(0.60)	15.19(0.15)	61.90

$m_{x,i}$ /(mol/kg)	$m_{y,i}$ /(mol/kg)	$m_{x,f}$ /(mol/kg)	$m_{y,f}$ /(mol/kg)	$(\Delta H_{dil(x)}/W_1)$ /(J/kg)	$(\Delta H_{dil(y)}/W_1)$ /(J/kg)	$(\Delta H_{mix}/W_1)$ /(J/kg)	$(\Delta H^*/W_1)$ /(J/kg)
0.3800	0.3800	0.2038	0.1696	14.82(0.15)	−70.60(0.71)	15.25(0.15)	71.03
0.4000	0.4000	0.2144	0.1783	15.80(0.16)	−73.54(0.74)	14.14(0.14)	71.87
0.4200	0.4200	0.2249	0.1871	17.94(0.18)	−82.10(0.82)	14.81(0.15)	78.96
0.4500	0.4500	0/2407	0.2001	20.05(0.20)	−93.88(0.94)	16.67(0.15)	90.50
0.5000	0.5000	0.2670	0.2218	24.33(0.24)	−114.02(1.10)	15.51(0.16)	105.21
L-丙氨酸＋吡啶							
0.1000	0.1000	0.0504	0.0493	−0.73(0.01)	−3.54(0.04)	3.34(0.03)	7.62
0.1500	0.1500	0.0754	0.0737	−1.22(0.01)	−7.32(0.07)	5.44(0.05)	13.97
0.1800	0.1800	0.0903	0.0844	−1.69(0.02)	−10.61(0.11)	5.22(0.05)	17.53
0.2000	0.2000	0.1003	0.0981	−2.17(0.02)	−12.70(0.13)	5.41(0.05)	20.28
0.2200	0.2200	0.1102	0.1078	−2.54(0.03)	−15.77(0.16)	5.24(0.05)	23.55
0.2500	0.2500	0.1251	0.1224	−3.24(0.03)	−19.73(0.20)	5.49(0.05)	28.46
0.2800	0.2800	0.1399	0.1369	−3.99(0.04)	−25.43(0.25)	5.25(0.05)	34.67
0.3000	0.3000	0.1498	0.1466	−4.65(0.05)	−28.93(0.29)	5.17(0.05)	38.75
0.3200	0.3200	0.1596	0.1562	−5.33(0.05)	−33.13(0.33)	4.77(0.05)	43.24
0.3500	0.3500	0.1743	0.1707	−6.5(0.07)	−39.62(0.40)	3.54(0.04)	49.66
0.3800	0.3800	0.1890	0.1851	−7.54(0.08)	−46.18(0.46)	2.67(0.03)	56.39
0.4000	0.4000	0.1988	0.1947	−8.42(0.08)	−51.78(0.52)	2.96(0.03)	63.16
0.4200	0.4200	0.2086	0.2043	−9.61(0.10)	−55.12(0.55)	2.04(0.02)	66.77
0.4500	0.4500	0.2232	0.2186	−11.04(0.11)	−64.75(0.65)	0.98(0.01)	76.77
0.5000	0.5000	0.2475	0.2424	−13.36(0.13)	−81.50(0.82)	−0.42(0.01)	94.44
L-丙氨酸＋2-甲基吡啶							
0.1000	0.1000	0.0541	0.0453	−0.44(0.01)	−0.47(0.01)	10.97(0.11)	11.88
0.1500	0.1500	0.0810	0.0677	−1.43(0.01)	−1.92(0.02)	13.03(0.13)	16.38
0.1800	0.1800	0.0971	0.0811	−2.08(0.02)	−3.32(0.03)	20.99(0.21)	26.40
0.2000	0.2000	0.1078	0.0901	−2.27(0.02)	−4.83(0.05)	24.61(0.25)	31.72
0.2200	0.2200	0.1185	0.0990	−2.67(0.03)	−5.72(0.06)	27.67(0.28)	36.06
0.2500	0.2500	0.1344	0.1123	−3.13(0.03)	−8.30(0.08)	31.20(0.31)	42.62
0.2800	0.2800	0.1504	0.1256	−3.89(0.04)	−11.80(0.12)	35.60(0.36)	51.30
0.3000	0.3000	0.1610	0.1344	−5.35(0.05)	−13.04(0.13)	37.86(0.38)	56.25
0.3200	0.3200	0.1716	0.1432	−5.76(0.06)	−15.17(0.15)	40.55(0.41)	61.49
0.3500	0.3500	0.1875	0.1564	−6.49(0.06)	−19.69(0.20)	43.79(0.44)	69.97
0.3800	0.3800	0.2033	0.1696	−8.20(0.08)	−23.91(0.24)	47.41(0.47)	79.52
0.4000	0.4000	0.2138	0.1783	−8.38(0.08)	−27.30(0.27)	50.57(0.51)	86.25
0.4200	0.4200	0.2243	0.1871	−9.55(0.10)	−31.04(0.31)	52.03(0.52)	92.62
L-丙氨酸＋3-甲基吡啶							
0.1000	0.1000	0.0541	0.0453	−0.44(0.01)	−3.22(0.03)	4.08(0.04)	7.75
0.1500	0.1500	0.0810	0.0677	−1.43(0.01)	−7.50(0.08)	5.95(0.06)	14.88
0.1800	0.1800	0.0971	0.0811	−2.08(0.02)	−13.09(0.13)	7.58(0.08)	22.75
0.2000	0.2000	0.1078	0.0901	−2.27(0.02)	−16.66(0.17)	7.90(0.08)	26.84
0.2200	0.2200	0.1185	0.0990	−2.67(0.03)	−19.57(0.20)	7.69(0.08)	29.93
0.2500	0.2500	0.1344	0.1123	−3.13(0.03)	−25.38(0.25)	7.98(0.08)	36.48
0.2800	0.2800	0.1504	0.1256	−3.89(0.04)	−32.18(0.32)	7.20(0.07)	43.27
0.3000	0.3000	0.1610	0.1344	−5.35(0.05)	−36.82(0.37)	6.78(0.07)	48.95
0.3200	0.3200	0.1716	0.1432	−5.76(0.06)	−41.40(0.41)	7.64(0.08)	54.80
0.3500	0.3500	0.1875	0.1564	−6.49(0.06)	−49.78(0.50)	5.96(0.06)	62.23
0.3800	0.3800	0.2033	0.1696	−8.20(0.08)	−57.91(0.58)	5.46(0.05)	71.57
0.4000	0.4000	0.2138	0.1783	−8.38(0.08)	−61.89(0.62)	4.56(0.05)	74.82
0.4200	0.4200	0.2243	0.1871	−9.55(0.10)	−68.19(0.68)	6.39(0.06)	84.13

$m_{x,i}$ /(mol/kg)	$m_{y,i}$ /(mol/kg)	$m_{x,t}$ /(mol/kg)	$m_{y,t}$ /(mol/kg)	$(\Delta H_{dil(x)}/W_1)$ /(J/kg)	$(\Delta H_{dil(y)}/W_1)$ /(J/kg)	$(\Delta H_{mix}/W_1)$ /(J/kg)	$(\Delta H^*/W_1)$ /(J/kg)
0.4500	0.4500	0.2401	0.2001	−10.93(0.11)	−78.90(0.79)	4.40(0.04)	94.23
0.5000	0.5000	0.2662	0.2218	−13.36(0.13)	−96.26(0.96)	2.78(0.03)	112.40
				L-丙氨酸＋4-甲基吡啶			
0.1000	0.1000	0.0541	0.0453	−0.44(0.01)	−3.96(0.04)	6.80(0.07)	11.20
0.1500	0.1500	0.0810	0.0677	−1.43(0.01)	−8.75(0.08)	8.15(0.08)	18.33
0.1800	0.1800	0.0971	0.0811	−2.08(0.02)	−16.18(0.16)	10.34(0.10)	28.60
0.2000	0.2000	0.1078	0.0901	−2.27(0.02)	−20.56(0.21)	10.66(0.11)	33.50
0.2200	0.2200	0.1185	0.0990	−2.67(0.03)	−24.02(0.24)	10.18(0.10)	36.87
0.2500	0.2500	0.1344	0.1123	−3.13(0.03)	−31.09(0.31)	10.16(0.10)	44.38
0.2800	0.2800	0.1504	0.1256	−3.89(0.04)	−39.02(0.39)	9.78(0.10)	52.70
0.3000	0.3000	0.1610	0.1344	−5.35(0.05)	−44.30(0.44)	9.15(0.09)	58.80
0.3200	0.3200	0.1716	0.1432	−5.76(0.06)	−50.63(0.51)	9.27(0.09)	65.66
0.3500	0.3500	0.1875	0.1564	−6.49(0.06)	−59.65(0.60)	7.76(0.08)	73.90
0.3800	0.3800	0.2033	0.1696	−8.20(0.08)	−70.60(0.71)	7.17(0.07)	85.97
0.4000	0.4000	0.2138	0.1783	−8.38(0.08)	−73.54(0.74)	5.70(0.06)	87.62
0.4200	0.4200	0.2243	0.1871	−9.55(0.10)	−82.10(0.82)	5.52(0.06)	97.17
0.4500	0.4500	0.2401	0.2001	−10.93(0.11)	−93.88(0.94)	5.86(0.06)	110.67
0.5000	0.5000	0.2662	0.2218	−13.36(0.13)	−114.02(1.14)	3.33(0.03)	130.72

溶质 x＋y	回归截距 S	h_{xy} /[J/(kg·mol²)]	$10^{-4}h_{xxy}$ /[J/(kg²·mol³)]	$10^{-4}h_{xyy}$ /[J/(kg²·mol³)]	标准偏差 SD	浓度范围 /(mol/kg)
甘氨酸＋吡啶	2.49	1147.4(151.7)	105.7(33.9)	−105.6(34.7)	0.69	0.10～0.50
甘氨酸＋2-甲基吡啶	4.15	2149.5(192.7)	−39.7(9.6)	47.6(11.6)	0.50	0.10～0.42
甘氨酸＋3-甲基吡啶	0.57	1869.1(188.1)	33.5(6.9)	−40.7(8.4)	0.85	0.10～1.50
甘氨酸＋4-甲基吡啶	2.38	2270.0(365.4)	39.9(13.4)	−48.5(16.2)	1.64	0.10～1.50
L-丙氨酸＋吡啶	2.42	1268.2(151.7)	−80.3(19.3)	81.7(19.6)	0.54	0.10～0.42
L-丙氨酸＋2-甲基吡啶	1.72	2176.2(495.9)	−46.5(40.8)	56.2(49.1)	1.29	0.10～1.50
L-丙氨酸＋3-甲基吡啶	−0.07	1956.3(221.6)	45.8(13.4)	−55.3(16.1)	0.99	0.10～1.50
L-丙氨酸＋4-甲基吡啶	1.12	2142.9(344.3)	59.7(20.8)	−72.0(25.0)	1.54	0.10～1.50

依据测定的 298.15K 时，甘氨酸、L-丙氨酸、L-缬氨酸、L-丝氨酸、L-苏氨酸分别与吡啶及甲基吡啶异构体在水溶液中的混合焓变及各自在水溶液中稀释焓的数据，根据 McMillan Mayer 理论关联得到各级焓作用系数。讨论吡啶及甲基吡啶分子之间的同系焓对作用系数（h_{xx}）、氨基酸与吡啶及甲基吡啶分子之间的异系焓对作用系数（h_{xy}），得到以下结论：

① 吡啶及甲基吡啶的同系焓对作用系数（h_{xx}）都为正值，表明其同系相互作用的过程表现为吸热效应。甲基是一疏水性基团，与分子间的疏水-疏水及疏水-亲水作用对 h_{xx} 都有正贡献，所以甲基吡啶异构体的 h_{xx} 值大于吡啶。

② 不同氨基酸与吡啶及甲基吡啶分子间的 h_{xy} 主要取决于不同氨基酸分子结构的差异，氨基酸分子侧链上的极性基团和非极性基团对 h_{xy} 值有不同的贡献。

③ 同一种氨基酸与吡啶及甲基吡啶异构体间的 h_{xy} 主要缘于吡啶与甲基吡啶异构体分子结构的差异以及甲基吡啶异构体中甲基取代基的不同。由于多了一个甲基，使得疏水性质增强，所以甲基吡啶异构体与氨基酸分子的 h_{xy} 值大于吡啶。

参 考 文 献

[1] 陶慰林等. 蛋白质分子基础. 北京：人民教育出版社，1982.

［2］ Wegrzyn T F，Watson L D，Hedwig G R．J Solution Chem，1984，13（4）：233．

［3］ Castronuovo G，Niccoli M．Thermochim *Acta*，2005，433：51．

［4］ Sarma T S，Ahluwalia J C．J Phys Chem，1972，76：1366．

［5］ Cifra P，Romanov A．J Solution Chem，1984，13：431．

［6］ Franks F，Pedley M，Reid D S．J Chem Soc，Faraday Trans，1976，72：359．

［7］ Wegrzyn T F，Watson I D，Hedwing G R．J Solution Chem，1984，13：233．

［8］ Piekarski H．J Chem Soc，Faraday Trans I，1989，84：91．

［9］ Andini S，Castronuovo G，Elia V，et al．J Solution Chem，1996，25：837．

［10］ Kulikoy O V，Zielenkiewicz W，Krestov G A．Thermochim Acta，1994，241：1．

［11］ Castronuovo G，Dario R P，Elia V．Thermochim Acta，1991，181：305．

［12］ 邵爽．水溶液中氨基酸与尿素及衍生物相互作用热力学研究［D］．浙江大学，2001．

［13］ 任小玲．氨基酸在水/DMF、水/乙醇混合溶剂中的焓和体积相互作用研究［D］．浙江大学，1998．

［14］ 李淑芹．非水溶液中溶质-溶剂相互作用的热力学研究［D］．浙江大学，1999．

［15］ Yu L，Hu X G，Lin R S，et al．Thermochim Acta，2001，378（1-2）：1．

［16］ Yu L，Zhu Y，Zhang H L，et al．Thermochim Acta，2006，448（2）：154．

［17］ Liu H J，Lin R S，Zhang H L．Thermochim Acta，2004，412：7．

［18］ Liu H J，Chen Y，Zhang H L，and Lin R S．J Chem Eng Data，2007，52（2）：609．

［19］ Liu H J，Lin R S，and Zhang H L．J Solution Chem，2003，26：977．

［20］ Yu L，Hu X G，Lin R S，et al．J Chem Eng Data，2003，48：990．

第
二
篇

第二十五章 复杂物质反应的热力学数据的测定及部分应用的量热分析曲线及数据

对于多价金属离子、多核配合物、金属有机化合物等复杂物质及化学反应的热效应常用微量量热仪来测定。有些化学反应不能进行到底，可以从反应的热谱曲线中获得有关反应热的信息，并求出反应的热力学函数。对于一些复盐，可以用量热技术求出它们的生成热。不过，这种测定比较复杂，要用到热力学循环法，利用盖斯定律计算得到生成热。

第一节 多价金属离子水解聚合作用的量热分析曲线及数据

水合多价金属离子在水溶液中发生水解聚合是一种普遍现象，这类金属离子具有水解聚合特征，许多应用常与其水解特性有关。于秀芳等[1~4]用微量量热法测定了 Fe^{3+}、Cr^{3+} 水解聚合作用的热效应，进而求出不同温度下的水解平衡常数及热力学函数。

兹以 Cr^{3+} 水解聚合作用的实验为例[1]。

Cr^{3+} 水解聚合状态与其浓度有关，在低浓度和较高浓度下水解聚合产物不同，在较高浓度下形成单羟联的聚合质点，此观点曾相继由 Hall[5]、戴安邦[6] 等提出并得到验证。之后，戴安邦等对 Cr^{3+} 的水解聚合作用进行了系列研究。其中用 pH 法研究了 Cr^{3+} 在 0.16~0.32mol/L 浓度下的水解聚合状态为 $[Cr_2(OH)]^{5+}$、$[Cr_3(OH)]^{7+}$，并用"根＋节"法进行了处理。在此基础上，用微量量热法测定了 Cr^{3+} 水解聚合作用的热效应，进而求出不同温度下的水解平衡常数及热力学函数。

（一）实验部分

实验采用瑞典产的 2277 微量量热仪（热活性检测系统）。

TOA 酸度计（HM-20S，pH＝0.00~12.00，日本东亚电波工业株式会社生产）。

溶液的配制方法：称取一定量的 $Cr(NO_3)_3 \cdot 9H_2O$（上海试剂一厂）及 $NaNO_3$，配制浓度为 0.200mol/L 的 Cr^{3+} 溶液，使溶液中含有 0.5mol/L 的 $NaNO_3$，并用 HNO_3 调节至一定的 pH 值，此为溶液 1；配制含有 0.5mol/L 的 $NaNO_3$ 溶液，用 HNO_3 调节至与溶液 1 具有相同的 pH 值，此为溶液 2。

实验方法：实验采用安瓿瓶法。在不锈钢安瓿瓶中进行测试，取溶液 1 2ml，放入一支 4ml 的不锈钢安瓿瓶中作为反应体系，再取溶液 2 2ml，放入另一支 4ml 的不锈钢安瓿瓶中作为参比，将两个安瓿瓶同时放入热活性检测系统中预热 30min，然后放入 313K 仪器测量处进行热效应测量。仪器开始测量记录 Cr^{3+} 水解聚合作用的热谱曲线，当记录笔返回基线时即认为实验结束。

（二）数据处理

在 313K 时对 Cr^{3+} 的水解聚合作用过程中的热效应进行测定，实验连续测定 147h，

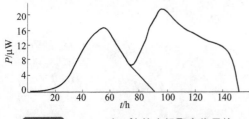

图 25-1 313K 时 Cr^{3+} 的水解聚合作用的热功率-时间曲线

得到完整的热谱曲线，见图 25-1。并对溶液的酸度进行了测定（pH＝2.05）。

从热谱曲线可以看出，曲线有两个峰，这是与反应 1 和反应 2 的水解过程相关的，热谱曲线下的面积即为吸热过程的热效应，其数值可由曲线下的面积算出。

反应 1　　$2Cr^{3+} + 2H_2O \Longrightarrow [Cr_2(OH)]^{5+} + H_3O^+$　　　　$\Delta_r H_{m(1)} = 10.350 kJ/mol$

反应 2　　$3Cr^{3+} + 4H_2O \Longrightarrow [Cr_3(OH)_2]^{7+} + 2H_3O^+$　　　$\Delta_r H_{m(2)} = 31.500 kJ/mol$

根据物理化学原理，对于液相反应来说，由于压力对凝聚体系的影响很小，故可近似为在标准压力下进行，即 $\Delta_r H_m = \Delta_r H_m^{\ominus}$，$\Delta_r S_m = \Delta_r S_m^{\ominus}$，根据 $\ln K^{\ominus} = -\Delta_r H_m^{\ominus}/RT + I$ 及 $\Delta_r G_m^{\ominus} = \Delta_r H_m^{\ominus} - T\Delta_r S_m^{\ominus}$，可求出不同温度下的 $K^{\ominus}$ 和 $\Delta_r G_m^{\ominus}$。在这里，$\Delta_r S_m^{\ominus}$ 看作与温度无关，而 $\Delta_r G_m^{\ominus}$ 看作与温度呈线性关系。对于反应 1 和反应 2 求出的数值，见表 25-1。

表 25-1　反应 1 和反应 2 在不同温度下的水解平衡常数及热力学函数

T/K	反应 1		反应 2	
	$K^{\ominus} \times 10^3$	$\Delta_r G_m^{\ominus}/(kJ/mol)$	$K^{\ominus} \times 10^3$	$\Delta_r G_m^{\ominus}/(kJ/mol)$
293	1.593	15.696	6.325	23.556
298	1.710	15.788	7.858	23.421
303	1.832	15.879	9.692	23.285
308	1.959	15.970	11.870	23.150
313	2.089	16.061	14.450	23.104
318	2.224	16.152	17.480	22.878
323	2.363	16.244	21.020	22.743

注：反应 1 中，$\Delta_r S_m^{\ominus}(1) = -18.25 J/(K \cdot mol)$；反应 2 中，$\Delta_r S_m^{\ominus}(2) = -27.11 J/(K \cdot mol)$。

（1）热功率-时间曲线反映了 Cr^{3+} 水解聚合作用生成 $[Cr_2(OH)]^{5+}$、$[Cr_3(OH)]^{7+}$ 整个过程的热效应，从曲线可以看出，有两个明显的吸热峰，它们分别代表不同反应过程，两个峰之间的曲线未回到基线，这说明两个反应过程有交叉。

（2）在对反应过程热效应的计算中，采用沿第一个峰下降曲线外延到基线而得到的整个峰下的面积代表反应 1 的热效应，而整个热谱曲线下的面积代表反应 2 的热效应。

（3）由于两个反应各有其不同的热效应和水解平衡常数，又都是吸热过程，所以水解平衡常数均随温度的升高而增大，这个结论与表 25-1 中的计算值是一致的。

总之，用微量量热仪测定了浓度为 0.2mol/L 的 Cr^{3+} 在 0.5mol/L NaNO₃（pH＝2.05）溶液水解聚合作用的热效应，并根据 313K 时反应 1、反应 2 的水解平衡常数和测得的 $\Delta_r H_m^{\ominus}$，求出了 293～323K 间各温度下的水解平衡常数和热力学函数，此结果对从热力学上说明水解聚合作用的行为提供了有用的数据。

第二节　复杂化合物标准生成焓的量热分析曲线及数据

近年来，A_2BX_4 型晶体材料引起人们的极大关注。Quilichini、Wada 等人研究了关于 Rb_2ZnCl_4 的相变机制。为了定量研究这类化合物的化学反应能量关系，需要晶体材料的准确热化学数据。

兹以 Cs_2ZnCl_4 标准生成焓的实验为例[7]。

选择了化合物 Cs_2ZnCl_4，用溶解量热法，在新型的具有恒定温度环境的反应量热仪中，分别测定了 $[2CsCl(s)+ZnCl_2(s)]$ 和 $Cs_2ZnCl_4(s)$ 在 $0.03mol/L$ H_2SO_4 溶液中的溶解焓，设计了一个热化学循环，求出了 Cs_2ZnCl_4 在标准状态下的生成焓[7]。

(一) 实验部分

试剂：CsCl，分析纯，纯度为 99.5%（上海试剂厂生产），在 220℃左右烘至恒重。$ZnCl_2$，分析纯，纯度 98%（锡县东风化工厂生产），在 160℃左右烘至恒重。H_2SO_4，分析纯，用二次蒸馏水配制成 $0.03mol/L$ 溶液备用。标定量热仪用的基准物质 KCl 为含量＞99.99% 的高纯试剂，使用前在 135℃下烘 6h。

仪器：红外光谱仪，PE-983 型；分光光度计，UV-240 型；量热仪，参照英国伦敦大学皇家霍洛威和贝特福学院 Arthur Finch 教授提供的仪器，经改进研制的具有恒定温度环境的反应量热仪。

Cs_2ZnCl_4 的制备和鉴定：按 Bruno Brehler 方法制备了 Cs_2ZnCl_4 的粗品，经二次重结晶得到无色透明的纯品晶体。

量热仪的标定：所采用的具有恒定温度的反应量热仪在 298.2K 时，其溶解焓

$$\Delta_sH_m[2CsCl(s)+ZnCl_2(s),298.2K]=(-30.849\pm0.007)kJ/mol。$$

(二) 数据处理

1. $2CsCl(s)+ZnCl_2(s)$ 的溶解焓

分别准确称取一定量的 CsCl 和 $ZnCl(=2:1)$，混匀。混合物总量为 $0.45\sim0.47g$，置于量热仪的加样装置中。再准确称取 $100.00g$ $0.03mol/L$ H_2SO_4 溶液放入量热仪的反应池中，装好量热仪，恒温，待稳定后开始实验。在实验条件下把 $[2CsCl+ZnCl_2]$ 溶解于 H_2SO_4 溶液中，测量其焓变，经 5 次实验，测得结果见表 25-2。

表 25-2 $[2CsCl+ZnCl_2]$ 在 298.2K、0.03mol/L H_2SO_4 溶液中的焓变

序号	W/g	$\Delta E_m/mV$	$\Delta E_e/mV$	t_e/s	Q/J	$\Delta_rH_m^\ominus/(kJ/mol)$
1	0.4558	0.9364	-1.4168	269.0	-29.73	-30.841
2	0.4666	0.9498	-1.4042	270.1	-30.44	-30.855
3	0.4624	0.9442	-1.4096	270.2	-30.15	-30.845
4	0.4659	0.9510	-1.4064	269.8	-30.39	-30.858
5	0.4650	0.9493	-1.4077	269.0	-30.32	-30.845
平均值						-30.849±0.007

注：W——样重；ΔE_m——试样溶解时的热电势变化；t_e——电能标定时的加热时间；ΔE_e——电能标定时的热电势变化；Q——热效应测定。

$$\Delta_rH_m^\ominus=(\Delta E_m/\Delta E_e)I^2Rt_e(M/W)$$

式中，M 为表观分子量；R 为电能标定时的电阻；I 为电能标定时的电流。

2. $Cs_2ZnCl_4(s)$ 的溶解焓

准确称取 Cs_2ZnCl_4 试样 $0.45\sim0.47g$，研碎置于加样装置中，称取 $100.00g$ $0.03mol/L$ 的 H_2SO_4 于反应池中，装好量热仪，恒温稳定后开始实验，经 5 次测量得：$\Delta_sH_m^\ominus$ $(Cs_2ZnCl_4)=(8.467\pm0.003)kJ/mol$，结果见表 25-3。

表 25-3　$Cs_2ZnCl_4(s)$ 在 298.2K，0.03mol/L H_2SO_4 溶液中的焓变

序号	W/g	$\Delta E_m/mV$	$\Delta E_e/mV$	t_e/s	Q/J	$\Delta_r H_m^{\ominus}/(kJ/mol)$
1	0.4458	−0.2606	−1.2386	240.1	8.43	8.747
2	0.4666	−0.2497	−1.1567	239.8	8.62	8.743
3	0.4624	−0.2692	−1.2569	239.6	8.55	8.746
4	0.4659	−0.2562	−1.1880	239.7	8.61	8.744
5	0.4650	−0.2532	−1.1778	240.4	8.60	8.751
						平均 8.746±0.003

3. 标准生成焓的计算

根据 Hess 定律，设计以下热化学循环：

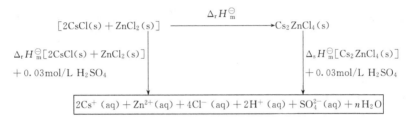

用分光光度法分别测定了实验 1 和实验 2 溶解后的产物。结果：$[2CsCl(s)+ZnCl_2(s)]$ 和 $Cs_2ZnCl_4(s)$ 在 0.03mol/L H_2SO_4 中溶解后产物具有相同的热力学状态。则：

$$\Delta_r H_m^{\ominus}=\Delta_s H_m^{\ominus}(2CsCl+ZnCl_2,298.2K)-\Delta_s H_m^{\ominus}(Cs_2ZnCl_4,298.2K)$$
$$=(-30.849kJ/mol)-8.476kJ/mol=-39.325kJ/mol$$
$$\Delta_f H_m^{\ominus}=\Delta_r H_m^{\ominus}(Cs_2ZnCl_4)-2\Delta_f H_m^{\ominus}(CsCl)-\Delta_f H_m^{\ominus}(ZnCl_2)$$

根据文献查得：

$\Delta_f H_m^{\ominus}(CsCl,298.2K)=-443.04kJ/mol$，$\Delta_f H_m^{\ominus}(ZnCl_2,298.2K)=-415.05kJ/mol$，

代入下式得：

$\Delta_f H_m^{\ominus}(Cs_2ZnCl_4,298.2K)=\Delta_r H_m^{\ominus}+2\Delta_f H_m^{\ominus}(CsCl,298.2K)+\Delta_f H_m^{\ominus}(ZnCl_2,298.2K)=$ $-39.325kJ/mol+2\times(-443.04kJ/mol)-415.05kJ/mol=-1340.46kJ/mol$

第三节　金属有机化合物的低温热容、标准燃烧焓、标准生成焓、标准溶解焓的量热分析曲线及数据

对新合成的金属有机化合物的各种热力学函数（包括低温热容、标准燃烧焓、标准生成焓、标准溶解焓）的测定要用到多种量热仪，这些数据在工农业中是有广泛的应用价值的。

兹以 5-氨基间苯二甲酸钠和 5-羟基间苯二甲酸钠的热力学性质的实验为例[8]。

在水溶液中合成了 5-氨基间苯二甲酸钠（1）和 5-羟基间苯二甲酸钠（2）固态样品，元素分析和热分析确定其组成符合 $C_8H_5O_4NNa_2 \cdot H_2O$（1）和 $C_8H_4O_5Na_2 \cdot H_2O$（2）。用精密自动绝热量热仪测定了它们在 78~400K 温区的低温热容，将实验值用最小二乘法拟合，得到热容随温度变化的多项式，用此方程进行数值积分，得到该温区内每隔 5K 的平均

热容值和各种热力学函数值。用 RD496-2000 型微量量热仪测定了样品在 298.15K 时的标准摩尔溶解焓。用 RBC-Ⅱ型精密转动弹量热仪测定了样品的恒容燃烧能，计算了它们的标准摩尔燃烧焓和标准摩尔生成焓[8]。

（一）实验部分

样品制备： 样品制备中所使用的 5-氨基间苯二甲酸和 5-羟基间苯二甲酸均为 G. C. 级，东京化成工业株式会社生产，纯度大于 99%；其他试剂均为分析纯级，西安化学试剂厂生产。将 5-氨基间苯二甲酸和 5-羟基间苯二甲酸分别与 NaOH 按 1：2 的摩尔比在去离子水中反应，过滤得到澄清溶液，在 40℃下恒温搅拌蒸发至有晶膜出现后冷却至室温，加入大量甲醇后有沉淀出现，抽滤得到的沉淀用甲醇洗涤三次后真空干燥至恒重，其中 5-氨基间苯二甲酸钠为暗红色粉末，5-羟基间苯二甲酸钠为白色粉末。

（二）数据处理

1. 样品的低温热容

样品低温热容的测定是在大连化学物理研究所热化学实验室的小样品精密自动绝热量热装置中进行的。试样量分别为 2.05421g 和 1.99852g，热容测量是以间歇式加热和交替式测温的方式程序进行，测量温度范围为 78～400K，液氮作为冷冻剂。样品池的加热速率控制在 0.2～0.4K/min，温升间隔控制在 2～4K，热容测量过程中，内屏与样品容器之间的温差可以自动控制在 ±0.001K 以内，样品容器在平衡期的温度变化率可控制在 $10^{-4}\sim10^{-3}$ K/min。

样品的摩尔热容测量结果数据见表 25-4，曲线见图 25-2 和图 25-3。由数据可知，在 78～400K 温区，2 种样品的摩尔热容随温度呈逐渐上升的趋势，整个热容曲线是连续平滑递增的，未出现任何热异常现象，表明 2 个样品在此温区内结构稳定。

表 25-4 样品 1 的实验摩尔热容$[M\ (C_8H_5O_4Na_2N\cdot H_2O)=243.1245g/mol]$

T/K	$C_{p,m}/[J/(K\cdot mol)]$	T/K	$C_{p,m}/[J/(K\cdot mol)]$	T/K	$C_{p,m}/[J/(K\cdot mol)]$
78.463	61.60	113.69	145.87	156.00	239.50
80.002	64.96	115.51	151.37	158.55	244.44
82.397	71.83	117.34	156.47	161.18	248.57
84.805	76.94	119.24	159.81	163.66	253.38
87.139	82.83	120.99	164.72	166.29	258.65
89.400	87.94	124.05	172.18	168.77	263.69
91.589	93.44	127.19	179.64	171.46	268.73
93.777	97.95	129.81	183.77	174.09	274.00
95.892	102.66	132.37	190.64	176.64	278.62
98.008	108.36	135.06	196.34	179.42	284.90
100.05	113.47	137.69	200.66	182.12	289.03
102.09	118.77	140.32	207.33	185.98	297.14
104.06	123.87	142.94	213.42	189.77	304.93
106.03	127.80	145.57	217.74	192.47	311.34
108.00	133.10	148.20	224.03	195.32	316.38
109.90	137.62	150.75	228.53	198.16	320.51
111.79	142.92	153.45	234.71	200.86	325.78

续表

T/K	$C_{p,\mathrm{m}}/[\mathrm{J}/(\mathrm{K}\cdot\mathrm{mol})]$	T/K	$C_{p,\mathrm{m}}/[\mathrm{J}/(\mathrm{K}\cdot\mathrm{mol})]$	T/K	$C_{p,\mathrm{m}}/[\mathrm{J}/(\mathrm{K}\cdot\mathrm{mol})]$
203.71	331.00	261.34	426.88	324.38	518.05
206.42	336.25	264.25	431.99	327.39	522.35
209.17	340.57	267.17	436.90	330.47	526.37
211.87	345.26	270.10	441.60	333.48	530.33
214.44	349.81	272.90	445.76	336.48	534.17
217.07	353.58	275.85	450.29	339.42	538.17
219.69	358.36	278.80	454.51	342.43	541.77
222.15	362.78	281.56	459.00	345.37	546.01
224.64	366.79	284.64	463.68	348.31	549.71
227.20	371.60	288.18	468.99	351.31	553.69
229.81	375.65	290.80	473.16	354.39	557.41
232.38	379.98	294.34	477.33	357.47	561.71
234.85	384.12	297.03	481.14	360.48	565.39
237.63	388.99	300.11	485.31	363.48	569.37
239.96	393.08	303.20	489.49	366.51	573.37
243.03	398.21	306.02	493.97	369.61	577.41
246.53	403.51	309.10	498.03	372.62	581.42
250.03	408.63	312.14	501.88	375.74	585.39
252.87	412.94	315.22	505.71	378.84	589.41
255.65	417.46	318.30	509.87		
258.48	422.79	321.38	514.16		

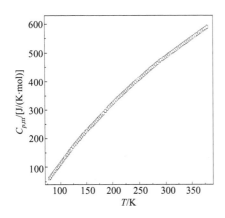

图 25-2　样品 1 的实验摩尔热容曲线

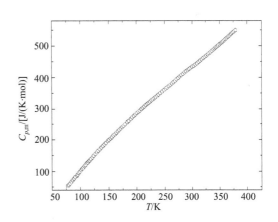

图 25-3　样品 2 的实验摩尔热容曲线

利用最小二乘法分别将此温区样品 1 的热容实验值和样品 2 的热容实验值对折合温度进行多项式拟合，得到热容对折合温度的多项式方程为：

$$C_{p,\mathrm{m}}/[\mathrm{J}/(\mathrm{K}\cdot\mathrm{mol})]=373.89013+254.11729X-47.81955X^2+10.43183X^3+2.11251X^4$$

式中，X 为折合温度，$X=(T-228.5)/150.5$，$R^2=0.99997$

$$C_{p,\mathrm{m}}/[\mathrm{J}/(\mathrm{K}\cdot\mathrm{mol})]=330.03879+226.66577X-32.2871X^2+23.23306X^3+4.63114X^4$$

式中，$X=(T-229)/151$，$R^2=0.99998$

2. 样品的热力学函数

通过热容随温度变化的多项式方程，可计算出 78～400K 温区每个温度点的平均热容值。通过摩尔热容多项式方程进行数值积分，可得到给定温度下的热力学函数值。部分数据见表 25-5，给出了 78～400K 温区每隔 5K 的平均热容值及热力学函数值。在该温区某个给定的温度（T）下，摩尔热容与热力学函数的关系式为：

$$(H_T - H_{298.15}) = \int_{298.15}^{T} C_p \, dT$$

$$(S_T - S_{298.15}) = \int_{298.15}^{T} C_p T^{-1} \, dT$$

$$(G_T - G_{298.15}) = \int_{298.15}^{T} C_p \, dT - T \int_{298.15}^{T} C_p T^{-1} \, dT$$

表 25-5 样品 2 的平均热容及热力学函数值

T/K	$C_{p,m}$ /[J/(K·mol)]	$H_T - H_{298.15K}$ /(kJ/mol)	$S_T - S_{298.15K}$ /[J/(K·mol)]	$G_T - G_{298.15K}$ /(kJ/mol)
80	57.006	−56.55	−288.1	−33.50
85	68.199	−56.23	−284.2	−32.08
90	79.230	−55.87	−280.0	−30.67
95	90.101	−55.44	−275.4	−29.28
100	100.81	−54.96	−270.6	−27.91
105	111.37	−54.43	−265.5	−26.56
110	121.77	−53.85	−260.1	−25.24
115	132.02	−53.22	−254.6	−23.94
120	142.11	−52.53	−248.8	−22.67
125	152.06	−51.80	−242.9	−21.44
130	161.86	−51.01	−236.8	−20.23
135	171.51	−50.18	−230.5	−19.06
140	181.03	−49.30	−224.1	−17.92
145	190.40	−48.37	−217.6	−16.82
150	199.63	−47.39	−211.0	−15.75
155	208.74	−46.37	−204.2	−14.71
160	217.71	−45.31	−197.4	−13.71
165	226.55	−44.19	−190.6	−12.75
170	235.27	−43.04	−183.6	−11.82
175	243.86	−41.84	−176.6	−10.93
180	252.34	−40.60	−169.6	−10.07
185	260.71	−39.32	−162.5	−9.252
190	268.96	−37.99	−155.4	−8.467
195	277.11	−36.63	−148.3	−7.716
200	285.16	−35.22	−141.1	−7.001
205	293.11	−33.78	−133.9	−6.321
210	300.96	−32.29	−126.7	−5.676
215	308.73	−30.77	−119.5	−5.065
220	316.41	−29.21	−112.3	−4.489
225	324.01	−27.60	−105.1	−3.948
230	331.54	−25.97	−97.93	−3.441

T/K	$C_{p,m}$ /[J/(K·mol)]	$H_T - H_{298.15K}$ /(kJ/mol)	$S_T - S_{298.15K}$ /[J/(K·mol)]	$G_T - G_{298.15K}$ /(kJ/mol)
235	339.00	−24.29	−90.73	−2.968
240	346.39	−22.58	−83.53	−2.530
245	353.72	−20.83	−76.33	−2.126
250	361.00	−19.04	−69.13	−1.756
255	368.23	−17.22	−61.94	−1.421
260	375.42	−15.36	−54.75	−1.121
265	382.57	−13.46	−47.57	−0.8559
270	389.69	−11.53	−40.39	−0.6258
275	396.79	−9.564	−33.21	−0.4311
280	403.87	−7.563	−26.04	−0.2721
285	410.93	−5.526	−18.87	−0.1492
290	417.99	−3.454	−11.69	−0.06251
295	425.05	−1.346	−4.520	−0.01252
298.15	429.50	0	0	0
300	432.12	0.7970	2.655	4.687E-4
302	434.95	1.664	5.526	−0.004768
310	446.31	5.189	17.02	−0.08584
315	453.44	7.438	24.20	−0.1857
320	460.61	9.724	31.40	−0.3238
325	467.82	12.04	38.60	−0.5003
330	475.08	14.40	45.81	−0.7153
335	482.41	16.80	53.03	−0.9688
340	489.79	19.23	60.26	−1.261
345	497.26	21.69	67.49	−1.591
350	504.80	24.20	74.74	−1.960
355	512.44	26.74	81.99	−2.366
360	520.18	29.32	89.26	−2.810
365	528.02	31.94	96.53	−3.290
370	535.98	34.60	103.8	−3.805

3. 样品恒容燃烧热、标准摩尔燃烧焓与标准摩尔生成焓

样品的燃烧热通过 RBC-Ⅱ 型精密转动弹量热仪测定，燃烧反应的起始温度为 (25.0000±0.0005)℃，初始氧压为 2.5MPa，终态产物分析采用文献方法，热交换校正值采用 Linio-Pyfengdelel-Wsava 公式，使用前用热值基准苯甲酸进行标定。样品的恒容燃烧热结果见表 25-6 和表 25-7。

表 25-6 样品 1 的恒容燃烧热实验结果

项 目	1	2	3	4	5	6
m/g	1.30780	1.31115	1.30265	1.31095	1.31435	1.30495
$\Delta T_{test}/K$	0.7172	0.7173	0.7145	0.7192	0.7219	0.7153
ζ/K	0.0115	0.0116	0.0115	0.0116	0.0117	0.0114
$\Delta T/K$	0.7287	0.7298	0.7260	0.7308	0.7336	0.7267

项　目	1	2	3	4	5	6
$W/(J/K)$	18604.99	18604.99	18604.99	18604.99	18604.99	18604.99
$G/(J/cm)$	0.9	0.9	0.9	0.9	0.9	0.9
b/cm	12.6	12.6	12.6	12.6	11.7	12.6
$\Delta U_{\Sigma}/J$	25.02	25.10	24.88	39.90	25.11	24.98
$-\Delta_c U/(J/g)$	10337.72	10326.49	10340.10	10342.63	10356.15	10331.83
$-\Delta_c U_{mean}/(J/g)$			10339.15±4.15			

注：ΔU_{Σ}为燃烧终态产物的标准态能量校正值，$\Delta_c U_{mean}$为燃烧能平均值。

表 25-7　**样品 2 的恒容燃烧热实验结果**

项目	1	2	3	4	5	6
m/g	1.24385	1.23060	1.24115	1.24750	1.23465	1.24055
$\Delta T_{test}/K$	0.8832	0.8715	0.8806	0.8847	0.8750	0.8804
ζ/K	0.0155	0.0153	0.0155	0.0156	0.0154	0.0154
$\Delta T/K$	0.8987	0.8868	0.8961	0.9003	0.8904	0.8958
$W/(J/K)$	18604.99	18604.99	18604.99	18604.99	18604.99	18604.99
$G/(J/cm)$	0.9	0.9	0.9	0.9	0.9	0.9
b/cm	11.7	12.6	12.6	11.7	12.6	12.6
$\Delta U(HNO_3)/J$	305.43	302.85	304.85	306.50	303.22	304.65
$\Delta U_{\Sigma}/J$	23.83	23.60	23.80	23.91	23.89	23.67
Q_N/J	329.26	326.45	328.65	330.41	327.11	328.32
$-\Delta_c U/(J/g)$	13398.19	13362.14	13387.73	13382.76	13372.49	13389.54
$-\Delta_c U_{mean}/(J/g)$			13382.14±5.28			

注：$\Delta U(HNO_3)$为生成硝酸的能量校正；ΔU_{Σ}为燃烧终态产物的标准态能量校正值；Q_N为除去点火丝燃烧焓外的总能量校正；$\Delta_c U_{mean}$为燃烧能平均值。试样的标准燃烧焓 $\Delta_c H_m^{\ominus}$ 是指在 298.15K 和 101.325 kPa 下，理想燃烧反应的焓变。

依照方程式可计算得到其标准摩尔燃烧焓 $\Delta_c H_m^{\ominus}(C_8 H_5 O_4 NNa_2 \cdot H_2 O，s)$、$\Delta_c H_m^{\ominus}(C_8 H_4 O_5 Na_2 \cdot H_2 O，s)$ 分别为 (-3252.900 ± 1.284) kJ/mol 和 (-2522.638 ± 1.013)kJ/mol。

根据热化学方程式，利用盖斯定律可得样品的标准摩尔生成焓

$$\Delta_f H_m^{\ominus}(C_8 H_5 O_4 NNa_2 \cdot H_2 O,s) = 8\Delta_f H_m^{\ominus}(CO_2,g) + 7/2\Delta_f H_m^{\ominus}(H_2 O,l) + \Delta_f H_m^{\ominus}(Na_2 O_2,s) - \Delta_c H_m^{\ominus}(C_8 H_5 O_4 NNa_2 \cdot H_2 O,s)$$

$$\Delta_f H_m^{\ominus}(C_8 H_4 O_5 Na_2 \cdot H_2 O,s) = 8\Delta_f H_m^{\ominus}(CO_2,g) + 3\Delta_f H_m^{\ominus}(H_2 O,l) + \Delta_f H_m^{\ominus}(Na_2 O_2,s) - \Delta_c H_m^{\ominus}(C_8 H_4 O_5 Na_2 \cdot H_2 O,s)$$

样品 1 和样品 2 的标准摩尔生成焓分别为 (-1419.105 ± 2.576) kJ/mol 和 (-1405.836 ± 2.752)kJ/mol。

4. 样品的标准溶解焓及阴离子的标准摩尔生成焓

实验中标准摩尔溶解焓用 RD496-2000 型微量量热仪测定。实验前用焦耳效应确定微量

量热仪在 298.15K 下的量热常数为 $(63.901\pm0.030)\mu V/mW$，测定在 298.15K 下特纯 KCl 在去离子水中的溶解焓为 $(17.238\pm0.014)kJ/mol$，与文献值 $(17.241\pm0.018)kJ/mol$ 十分接近。量热仪准确度为 0.02%，相对标准偏差为 0.08%，表明量热系统准确可靠。量热实验采用固-液试样分开填装在体积 15ml 的不锈钢试样池中，热平衡后推下试管，使反应物混合，记录量热曲线。

样品在 298.15K 时在水中的标准摩尔溶解焓数据列于表 25-8，根据方程式，按照盖斯定理可计算出样品 1 和样品 2 中阴离子的标准摩尔生成焓。

$$C_8H_5O_4NNa_2 \cdot H_2O(s) \longrightarrow 2Na^+(aq) + C_8H_5O_4N^{2-}(aq) + H_2O(l)$$

$$C_8H_4O_5Na_2 \cdot H_2O(s) \longrightarrow 2Na^+(aq) + C_8H_4O_5^{2-}(aq) + H_2O(l)$$

$$\Delta_f H_m^\ominus(C_8H_5O_4N^{2-},aq) = \Delta_{sol}H_m^\ominus + \Delta_f H_m^\ominus(C_8H_5O_4NNa_2 \cdot H_2O,s) -$$
$$2\Delta_f H_m^\ominus(Na^+,aq) - \Delta_f H_m^\ominus(H_2O,l) = (-683.958\pm2.760)kJ/mol$$

$$\Delta_f H_m^\ominus(C_8H_4O_5^{2-},aq) = \Delta_{sol}H_m^\ominus + \Delta_f H_m^\ominus(C_8H_4O_5Na_2 \cdot H_2O,s) - 2\Delta_f H_m^\ominus(Na^+,aq) -$$
$$\Delta_f H_m^\ominus(H_2O,l) = (-1263.427\pm2.134)kJ/mol$$

表 25-8 298.15K 样品 1 和样品 2 在水中的溶解焓

样品	Q/mJ	$\Delta_{sol}H_m^\ominus/(kJ/mol)$	$W(H_2O)/g$	W/g
1	-3563.8	-44.787	9.00019	0.01935
	-3533.7	-44.638	9.00041	0.01924
	-3546.9	-44.384	9.00083	0.01943
	-3544.5	-44.593	9.00076	0.01932
	-3529.8	-44.349	9.00037	0.01935
	-3539.2	-44.562	9.00024	0.01931
	$\Delta_{sol}H_m^\ominus$ 的平均值为$(-44.552\pm0.164)kJ/mol$			
2	-2549.3	-36.297	9.00064	0.01714
	-2502.8	-35.942	9.00028	0.01600
	-2504.1	-35.981	9.00067	0.01699
	-2553.9	-36.161	9.00055	0.01723
	-2509.9	-35.879	9.00041	0.01708
	-2548.7	-36.072	9.00077	0.01725
	$\Delta_{sol}H_m^\ominus$ 的平均值为$(-36.055\pm0.154)kJ/mol$			

对合成的 5-氨基间苯二甲酸钠和 5-羟基间苯二甲酸钠固态样品，通过精密自动绝热量热仪、RD496-2000 微量式和 RBC-Ⅱ精密转动弹式，对其热力学性质进行了研究，获得了样品的相关热力学函数。

第四节 环糊精键合体的键合能力和热力学参数的量热分析曲线及数据

以喹啉修饰 β-环糊精键合胆酸客体的热力学性质的实验为例[9]，选择了两种刚性喹啉基修饰的 β-环糊精作为主体化合物，研究了它们对四种胆酸客体的键合模式、键合能力和热力学参数。从热力学角度来讲，主体 1 和 2 对胆酸客体的包结是焓驱动的，伴随着不利的熵变，其键合客体的焓变和熵变明显高于天然环糊精，这主要归因于主-客体之间较强的氢键相互作用。

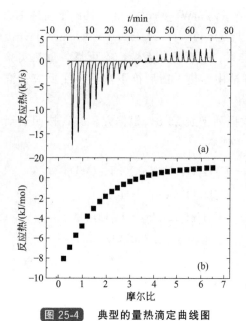

图 25-4 典型的量热滴定曲线图

（a）将主体 1 溶液（9.00mmol/L）以每滴 $10\mu l$ 的体积连续滴定到 GCA 客体溶液（0.26mmol/L）中的原始滴定曲线；（b）对（a）图滴定曲线积分得到的反应热

组主-客体键合热力学参数和误差。

（一）实验部分

微量量热滴定在美国 Microcal 公司生产的 VP-ITC 型微量量热仪上进行，使用前首先对仪器进行校正。喹啉修饰环糊精与胆酸客体的微量量热滴定实验于一个大气压、298.15K 下在 pH＝7.20 的磷酸缓冲溶液中进行。在滴定实验前，所有溶液都进行减压排气，实验中采取主体滴定客体的方式，即将主体溶液加到 $250\mu l$ 的注射器中，客体溶液注射到 1.4227ml 的样品池中，在 300r/min 转速下，经过温度平衡和基线平衡后，以每滴 $10\mu l$ 的体积以等时间间隔（25.6s）将主体溶液缓缓滴入样品池中，连续滴加 25 滴。主体化合物的浓度为 8.14～9.00mmol/L，客体分子的浓度为 0.24～0.58mmol/L。由反应热减去稀释热得到"净反应热"。

（二）数据处理

图 25-4 给出了主体 1 与客体分子甘胆酸（GCA）的滴定拟合结果，为了保证实验的可靠性，每组数据都平行测定两次。表 25-9 中给出每

表 25-9 主体 1 和 2 及天然环糊精与客体分子在 pH ＝7.20 的磷酸缓冲溶液中包结配位的稳定常数（K_s）、吉布斯自由能变化（$\Delta G^\ominus$）、焓变（$\Delta H^\ominus$）和熵变（$T\Delta S^\ominus$）

主 体	客体	$K_s/(\text{L/mol})$	$\Delta G^\ominus/(\text{kJ/mol})$	$\Delta H^\ominus/(\text{kJ/mol})$	$T\Delta S^\ominus/(\text{kJ/mol})$
β-CD	CA	4070±80	−20.6	−23.0±0.5	−2.4
	DCA	4840±20	−21.0	−25.8±0.0	−4.8
	GCA	2350±70	−19.3	−23.0±0.1	−3.7
	TCA	2290±10	−19.2	−23.8±0.1	−4.61
1	CA	2216±99	−19.09±0.11	−25.04±1.61	−5.94±1.72
	DCA	2007±49	−18.85±0.06	−51.92±1.21	−33.07±1.28
	GCA	2434±94	−19.33±0.10	−31.07±1.38	−11.74±1.47
	TCA	3478±80	−20.21±0.06	−23.98±0.35	−3.76±0.40
2	CA	2443±12	−19.33±0.12	−35.60±3.07	−16.25±3.19
	DCA	3177±17	−19.99±0.01	−33.89±0.34	−13.90±0.36
	GCA	2811±33	−19.68±0.03	−34.94±0.93	−15.24±0.96
	TCA	2809±46	−19.68±0.04	−30.37±0.39	−10.68±0.43

采用微量量热滴定研究了三唑基喹啉修饰、β-环糊精（1）和羟基喹啉基修饰 β-环糊精（2）同胆酸（CA）、脱氧胆酸（DCA）、甘胆酸（GCA）和牛磺胆酸（TCA）的键合行为。微量量热滴定研究表明两种喹啉基修饰环糊精键合胆酸客体的过程由焓驱动，并且伴随着明显的熵损失，说明主-客体间键合的驱动力主要来自于氢键和范德华力相互作

用。与天然环糊精相比，喹啉基修饰环糊精对胆酸客体的键合有着更为有利的焓变和更为不利的熵变。

第五节 催化剂表面吸附热的量热分析曲线及数据处理

碳酸盐的形成和转化与其在氧化铈表面的键合强度密切相关，吸附热是键合强度的直接表征，研究碳酸盐在催化剂表面吸附热的变化有助于认识其反应历程。

利用 Tian-Calvet 热流量热仪与脉冲微反系统相结合的脉冲量热装置，开展 Ir-in-CeO$_2$ 上 CO 氧化过程表面碳酸盐的量热研究[10]，定量地分析反应过程中催化剂表面碳酸盐的形成与转化。

（一）实验部分

脉冲量热装置由 Tian-Calvet 热流量热仪（Seteram HT1000）、色谱仪（Agilent 6890N）和反应气路组成。

样品预处理在一个自制的金属脉冲量热池中进行。将 100mg 样品放入量热池中，还原或氧化预处理后，通入高纯氦（20ml/min）吹扫 0.5h，最后在氦气氛下降至室温，切换量热池上的四通阀，使催化剂与外界气氛隔开。在 473K 进行脉冲量热测量，将装有样品的量热池插入量热仪中，通过量热池上的四通阀实现量热仪和色谱相连。待色谱基线稳定后，脉冲通入 1ml（约 40.6μmol）原料气体[CO、O$_2$、CO$_2$、CO/O$_2$（摩尔比 2∶1）]，由色谱 TCD 检测器得到原料气峰面积，随后切换四通阀使载气 He 流过量热池中样品。当量热仪和色谱基线稳定后，脉冲通入反应气在催化剂表面吸附、反应和脱附。

具体如图 25-5 所示。

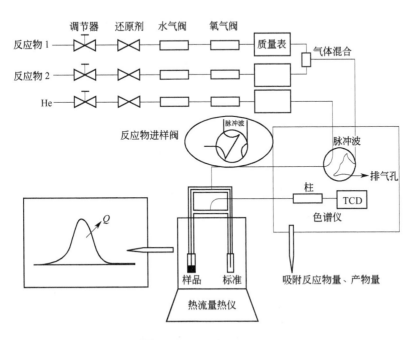

图 25-5 脉冲量热测量装置示意图

（二）数据处理

根据反应前后反应物以及产物峰面积变化（见图 25-5 左下图），确定吸附/反应的反应物物质的量（以 mol 计）以及生成的产物物质的量（以 mol 计），同时通过热流量热仪检测吸附/反应过程中化学键形成与转化所引起的热量变化（q）。吸附/反应热（Q）按下列公式计算：

$$Q = q/n$$

式中，Q 为吸附/反应热，kJ/mol；q 为测得的一个脉冲气体在量热仪上产生的热，mJ；n 为一个脉冲气体的吸附/反应量，μmol。数据见表 25-10。

表 25-10　473K 下 Ir-in-CeO$_2$(r) 与 Ir-in-CeO$_2$(o) 催化剂上 CO$_2$ 的吸附热以及吸附量

脉冲次数	Ir-in-CeO$_2$(r)		Ir-in-CeO$_2$(o)	
	吸附热/(kJ/mol)	吸附量/μmol	吸附热/(kJ/mol)	吸附量/μmol
1 次	146	18.1	91	11.1
2 次	100	11.4	34	3.2
3 次	44	4.5		
4 次	35	4.1		

注：Ir-in-CeO$_2$ 代表 CeO$_2$ 包裹铱的催化剂。

结论：由表 25-10 可见，随 CO$_2$ 脉冲次数增加，吸附热逐渐下降，表明碳酸盐与 Ir-in-CeO$_2$ 催化剂表面相互作用强度随覆盖度增加而降低。Ir-in-CeO$_2$(r) 和 Ir-in-CeO$_2$(o) 上 CO$_2$ 的吸附量分别为 38.1μmol 和 14.3μmol，表明碳酸盐与 Ce^{3+} 位上更容易积累。

第六节　种子萌发过程的量热分析曲线及数据

植物生长涉及种子萌发过程，植物部分组织和整株植物的生长过程中总会伴随着物质和能量的转化。用微量量热仪测定植物生长的热功率-时间曲线，将有助于认识植物生长的内存机制及其影响因素。屈松生等[11]应用自制的热导式微量量热仪，测定了一些稻种、树种的萌发热功率-时间曲线，并研究了预干燥、萌发方式、温度、植物激素及金属离子对稻种萌发的影响。张洪林等[12]用 2277 热活性检测仪测量了蔬菜种子的萌发过程及激光诱导对蔬菜种子萌发生长的影响，为筛选和培养优良种子提供了一种新的方法。

兹以氦-氖激光辐照对黄瓜萌发过程影响的量热法研究的实验为例[13]。

激光是生物的物理诱变因素之一，它能够诱发广泛的遗传变异，诱发染色体畸变，诱发同工酶和蛋白质的微差异，已越来越受到人们的重视。近年来，不少学者分别用 CO$_2$ 激光和 He-Ne 激光对种子进行辐照，发现种子发芽势、发芽率、酶活性均有不同程度的提高。用热活性检测系统测定了 He-Ne 激光辐照后黄瓜种子萌发过程的能量-时间曲线，结果表明，激光辐照后，能量-时间曲线有明显改变，发芽势、发芽率及酶活性等有相应提高。

（一）实验部分

黄瓜种子由山东农业大学提供，品种为长春密刺。

激光辐照光源为 He-Ne 激光，光功率密度为 85mW/cm^3。实验选用饱满的、大小均匀的中等种子，将种子置于种盘内照射，种子正反面照射时间相同。总照射时间取为 5min、8min、10min、13min、16min、20min，以 0min 为对照组。

实验采用瑞典产 2277 型微量量热仪。

1. 能量-时间曲线

取 5 粒待测样品种子，卷在一小片滤纸中，放入 4ml 不锈钢安瓿瓶中，然后放入 0.8ml

蒸馏水，密封后放入热活性检测系统预热筒中进行预热，同时另取一不锈钢安瓿瓶，装入相同数量滤纸和水作为参比，密封后也进行预热，预热 40min 后，将两个不锈钢安瓿瓶分别放入样品检测池和参比池，同时开启记录仪，记录种子萌发过程的热谱曲线，当记录仪返回基线后，即认为实验结束。所测曲线即为能量-时间曲线，重复 3 次取平均值。

2. 发芽势实验

取待测样品种子各 200 粒，每组 5 粒放入不锈钢安瓿瓶中（条件与能量-时间曲线测定时相同），于 35℃恒温箱中让其发芽，当时间达到能量-时间曲线测定时的总平均萌发时间时，打开安瓿瓶记录发芽种子数，发芽势（GP）按下式计算：

$$GP(\%)＝记录仪回到基线已发芽种子数/供检种子数$$

3. 发芽率实验

取待测样品种子各 200 粒，放入潮湿滤纸夹缝中，然后放入烧杯中观察其发芽情况，发芽率（GR）按下式计算：

$$GR(\%)＝发芽终期全部正常发芽种子数/供检种子数$$

（二）数据处理

在 35℃下分别测定了黄瓜种子经激光辐照不同时间（0min、5min、8min、10min、13min、16min、20min）时萌发过程的能量-时间曲线，每次实验取 5 粒种子，重复实验 3 次，取平均值。表 25-11 为所测能量-时间实验数据。图 25-6 为辐照 13min 与未经辐照黄瓜种子萌发过程的能量-时间曲线。表 25-12 为所测种子萌发过程的发芽势、发芽率、发芽时间及最大放热功率。

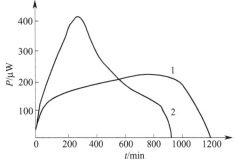

图 25-6 激光辐照 13min 与未经辐照黄瓜种子萌发过程的能量-时间曲线

1—对照；2—辐照 13min

表 25-11 激光辐照黄瓜种子萌发过程的能量-时间实验数据

t/min	P/μW						
	对照	5min	8min	10min	13min	16min	20min
50	110	145	147	150	158	165	170
100	135	223	220	228	228	226	231
200	150	280	294	320	324	296	285
300	159	335	365	425	418	382	366
400	170	290	289	305	300	321	328
500	180	218	230	215	209	220	241
600	195	180	187	185	183	182	184
700	206	155	166	170	166	161	162
800	226	135	140	135	128	113	140
900	211	110	96	17	74	48	100
1000	173	55	25				0

表 25-12 黄瓜种子萌发过程的发芽势（GR）、发芽率（GR）、发芽时间（GT）及最大放热功率（GP_{rmax}）

组别	GP/%	GR/%	GT/min	GP_{rmax}/μW
对照	67.5	88.5	1200	225
5min	69.5	90.0	1025	335

续表

组别	GP/%	GR/%	GT/min	$GP_{rmax}/\mu W$
8min	71.0	92.5	915	368
10min	73.0	93.0	930	425
13min	73.5	93.5	960	425
16min	72.0	91.5	900	382
20min	72.5	91.0	875	370

从图 25-6 看出，黄瓜种子萌发过程为放热过程，放热速率的大小反映了种子萌发速率的快慢。经激光辐照后萌发过程的能量-时间曲线与未经照射的明显不同，从而为研究激光辐射对种子萌发引起的生物学效应提供了依据。激光辐照后种子萌发前期放热功率迅速上升，这说明激光辐照可能增加了酶的活性。能量高峰之后，能量-时间曲线逐渐回到基线，这是由于种子发芽过程为一耗氧过程，安瓿瓶中的氧气消耗完后，种子萌发过程停止，打开瓶盖，给予补充氧气（空气），继续监测，其能量-时间曲线又上升。

参 考 文 献

[1] 张国鼎，于秀芳. 物理化学学报，1995，11（8）：766.
[2] Lu C X，Yu X F，Zhang H L. J Therm Anal，1997，48：327.
[3] 于秀芳. 无机化学学报，1995，3：246.
[4] 于秀芳. 应用化学，1996，3：117.
[5] Hall H T，Eyring H. J Am Chem Soc，1950，72：782.
[6] 戴安邦，吴佐礼. 南京大学学报，1957，2：631.
[7] 冯英，屈松生. 武汉大学学报，1995，42（2）：190.
[8] 王竹君，陈三平，杨奇，等. 中国科学·化学，2010，40（9）：1378.
[9] 李楠，陈湧，张瀛溟，等. 中国科学·化学，2010，40（9）：1355.
[10] 林坚，李林，王晓东，等. 中国科学·化学，2010，40（9）：1409.
[11] 汪存信，宋昭华，熊文高，屈松生. 物理化学学报，1991，7：5.
[12] 刘永军，南照东，孙海涛，等. 应用激光，1995，15（2）：83.
[13] 印永嘉. 物理化学简明手册. 北京：高等教育出版社，1988.

附　　录

一、标定物质的比热容[1]

（一）标定物质 α-氧化铝的比热容

（α-Al_2O_3，摩尔质量 101.9612g/mol）

T/K	$C_p/[J/(K \cdot g)]$	T/K	$C_p/[J/(K \cdot g)]$	T/K	$C_p/[J/(K \cdot g)]$	T/K	$C_p/[J/(K \cdot g)]$
10	0.88E-4	250	0.6576	490	1.0330	760	1.1667
20	0.75E-3	260	0.6845	500	1.0408	780	1.1726
30	0.258E-2	270	0.7101	510	1.0484	800	1.1782
40	0.677E-2	280	0.7342	520	1.0556	820	1.1836
50	0.0146	290	0.7571	530	1.0626	840	1.1887
60	0.0272	300	0.7788	540	1.0692	860	1.1936
70	0.0449	310	0.7994	550	1.0756	880	1.1984
80	0.0676	320	0.8188	560	1.0816	900	1.2030
90	0.0950	330	0.8372	570	1.0875	920	1.2074
100	0.1260	340	0.8548	580	1.0931	940	1.2117
110	0.1602	350	0.8713	590	1.0986	960	1.2158
120	0.1969	360	0.8871	600	1.1038	980	1.2197
130	0.2350	370	0.9020	610	1.1088	1000	1.2237
140	0.2740	380	0.9161	620	1.1136	1020	1.2275
150	0.3133	390	0.9295	630	1.1182	1040	1.2311
160	0.3525	400	0.9423	640	1.1227	1060	1.2347
170	0.3913	410	0.9544	650	1.1270	1080	1.2383
180	0.4291	420	0.9660	660	1.1313	1100	1.2417
190	0.4659	430	0.9770	670	1.1353	1120	1.2450
200	0.5014	440	0.9875	680	1.1392	1140	1.2484
210	0.5355	450	0.9975	690	1.1430	1160	1.2515
220	0.5682	460	1.0070	700	1.1467	1180	1.2546
230	0.5994	470	1.0160	720	1.1537	1200	1.2578
240	0.6292	480	1.0247	740	1.1604		

（二）标定物质安息香酸的比热容

（C_6H_5COOH，摩尔质量 122.12g/mol）

T/K	$C_p/[J/(K \cdot g)]$	T/K	$C_p/[J/(K \cdot g)]$	T/K	$C_p/[J/(K \cdot g)]$	T/K	$C_p/[J/(K \cdot g)]$
10	0.0157	70	0.4195	160	0.7103	280	1.1333
15	0.0479	75	0.4382	170	0.7427	290	1.1712
20	0.0900	80	0.4573	180	0.7754	300	1.2091
25	0.1354	85	0.4760	190	0.8086	310	1.2471
30	0.1794	90	0.4924	200	0.8425	320	1.2852
35	0.2217	95	0.5080	210	0.8770	330	1.3232
40	0.2594	100	0.5235	220	0.9122	340	1.3611
45	0.2929	110	0.5542	230	0.9480	350	1.3989
50	0.3234	120	0.5855	240	0.9844	360	1.4372
55	0.3505	130	0.6163	250	1.0212	370	1.4767
60	0.3756	140	0.6476	260	1.0583	380	1.5169
65	0.3983	150	0.6788	270	1.0957	390	1.5562

（三）标定物质铜的比热容

（Cu，摩尔质量 63.546g/mol）

T/K	$C_p/[J/(K \cdot g)]$	T/K	$C_p/[J/(K \cdot g)]$	T/K	$C_p/[J/(K \cdot g)]$	T/K	$C_p/[J/(K \cdot g)]$
10	8.73E-4	70	0.1709	250	0.3742	650	0.4206
15	2.90E-3	80	0.2022	273.15	0.3797	700	0.4247
20	7.27E-2	90	0.2291	300	0.3848	800	0.4324
25	0.01515	100	0.2519	350	0.3915	900	0.4413
30	0.02664	120	0.2872	400	0.3973	1000	0.4510
35	0.04151	140	0.3127	450	0.4030	1100	0.4639
40	0.05885	160	0.3313	500	0.4077	1200	0.4804
50	0.09684	180	0.3453	550	0.4125	1250	0.4897
60	0.1353	200	0.3561	600	0.4167		

（四）标定物质水的比热容

（H_2O，摩尔质量 18.0153g/mol）

$\theta/℃$	$C_p/[J/(K \cdot g)]$	$\theta/℃$	$C_p/[J/(K \cdot g)]$	$\theta/℃$	$C_p/[J/(K \cdot g)]$	$\theta/℃$	$C_p/[J/(K \cdot g)]$
0	4.2174	30	4.1782	55	4.1821	80	4.1961
5	4.2019	35	4.1779	60	4.1841	85	4.2002
10	4.1919	40	4.1783	65	4.1865	90	4.2048
15	4.1855	45	4.1792	70	4.1893	95	4.2100
20	4.1816	50	4.1804	75	4.1925	100	4.2156
25	4.1793						

（五）标定物质氯化钾的比热容

（KCl，摩尔质量 74.551g/mol）

T/K	$C_p/[J/(K \cdot g)]$	T/K	$C_p/[J/(K \cdot g)]$	T/K	$C_p/[J/(K \cdot g)]$	T/K	$C_p/[J/(K \cdot g)]$
10	0.0074	130	0.5839	250	0.6685	360	0.7052
20	0.0400	140	0.5970	260	0.6724	370	0.7079
30	0.1131	150	0.6082	270	0.6761	380	0.7106
40	0.1982	160	0.6178	280	0.6797	390	0.7132
50	0.2800	170	0.6261	290	0.6832	400	0.7158
60	0.3516	180	0.6334	300	0.6867	450	0.7274
70	0.4108	190	0.6401	310	0.6900	500	0.7374
80	0.4583	200	0.6461	320	0.6932	550	0.7461
90	0.4958	210	0.6517	330	0.6963	600	0.7538
100	0.5254	220	0.6568	340	0.6994	650	0.7609
110	0.5490	230	0.6605	350	0.7023	700	0.7675
120	0.5681	240	0.6646				

二、固体元素的热导率 （λ/[W/(m·K)]）

元素 \ T/K	300	1000	元素 \ T/K	300	1000
铝（Aluminum）	237	93.0(l)	钕（Neodymium）	16.5	—
锑（Antimony）	24.3	27.0(l)	镎（Neptumium）	6.3	—
砷（Arsenic）	35.6	—	镍（Nickel）	90.5	71.8
钡（Barium）	(18.4)	—	铌（Niobium）	(53.7)	64.4
铍（Beryllium）	200	88.7	锇（Osmium）	(87.6)	
铋（Bismuth）	7.86	(16.8)(l)	钯（Palladium）	75.5	—
硼（Boron）	27.6	(6.29)	磷（Phosphorus）	12.1	—
镉（Cadmium）	96.8	—	铂（Platinum）	71.4	78.6
钙（Calcium）	(200)	—	钚（Plutanium）	6.74	—
碳（无定形）（Carbon）	1.43	2.46	钾（Potassium）	102(s)	31.3(l)
金刚石Ⅰ型（diamond）	900	—	镨（Praseodymium）	12.5	
石墨（ATJ-Graphite-//）	98	49	钷（Promethium）	(17.9)	(20.7)
石墨（ATJ-Graphite-⊥）	129	64	镭（Radium）	18.6	
热解石墨（Pyrolytic-//）	2000	500	铼（Rhenium）	47.9	
热解石墨（Pyrolytic-⊥）	9.5	2.5	铑（Rhodium）	150	
铈（Cerium）	11.4	—	铷（Rubidium）	58.2(s)	23.7(l)
铯（Cesium）	35.9(s)	17.5	钌（Ruthenium）	117	
铬（Chromium）	90.3	65.3	钐（Samanium）	13.3	
钴（Cobalt）	99.2	—	钪（Scandium）	15.8	
铜（Copper）	398	357	硒（Selenium）（无定形）	0.528	
镝（Dysprosium）	10.7	—	硅（Silicon）	148	31.2
铒（Erbium）	14.3	—	银（Silver）	427	(374)
钆（Gadolinium）	9.28	—	钠（Sodium）	132(s)	58.3(l)
镓（Gallium-11）	40.6(s) 27.8(l)	—	锶（Strontium）	35.3	
			硫（Sulfur）	0.269(s)	
锗（Germanium）	59.9	17.4	钽（Tantalum）	57.5	60.2
金（Gold）	315	(278)	锝（Technetium）	50.7	—
铪（Hafnium）	23.0	20.7	碲（Tellurium）	3.96	
钬（Holmium）	13.0	—	铽（Terbium）	10.4	
铟（Indium）	81.7(s)	(52.4)(l)	铊（Thallium）	46.1	
碘（Iodine）	0.449(s)	—	钍（Thorium）	49.1	(51.5)
铱（Iridium）	147	—	铥（Thulium）	16.8	
铁（Iron）	80.3	32.6	锡（Tin）	66.6	
镧（Lanthanum）	13.5	—	钛（Titanium）		
铅（Lead）	35.2	21.5	钨（Tungsten）	178	121
锂（Lithium）	76.8	—	铀（Uranium）	27.6	43.9
镥（Lutetium）	16.2	—	钒（Vanadium）	(31.5)	38.6
镁（Magnisium）	156	(84)(l)	镱（Ytterbium）	(34.9)	—
锰（Manganese）	7.82	—	钇（Yttrium）	16.2	23.5
汞（Mercury）	8.34(l)	(11.7)	锌（Zinc）	121	67.3(l)
钼（Molybdenum）	138	112	锆（Zirconium）	22.7	23.7

注：（l）为液相，（s）为固相，（　）表示外推数据。

三、标定物质的熔点 T_m 和熔化热 ΔH_m [1]

物质	T_m/℃	ΔH_m①/(J/g)	物质	T_m/℃	ΔH_m①/(J/g)
铟	156.63	28.5±0.2	铝	660.3	398,388,399
锡	231.97	59.7,60.6,59.6,56.57±0.10	银	961.93	107,105,112
铅	327.50	23.2±0.5	联苯	69.26	120.41
锌	419.58	111.18±0.44			

① 表中列出了不同来源熔化热的数值,详见所引文献 [1]。

四、ICTA 检定的温度校正标定物质 [1]

编 号	物 质	温度/℃	编 号	物 质	温度/℃
GM 754	聚苯乙烯	105	GM 759	过氯酸钾	300
GM 757	1,2-二氯乙烷	−32		硫酸银	430
	环己烷(相转变)	−83		石英	573
	（熔化）	+7		硫酸钾	583
	二苯醚	30		铬酸钾	665
	邻联三苯	58	GM 760	石英	573
GM 758	硝酸钾	128		硫酸钾	583
	铟	157		铬酸钾	665
	锡	232		碳酸钡	810
	过氯酸钾	300		碳酸锶	925
	硫酸银	430	GM 761 (TG 用)	合金 Permanorm 3	259
				镍	353
				导磁合金 Mumetal	381
				合金 Permanorm 5	454
				合金 Trafoperm	750

五、基本物理常数值 [2]

物 理 常 数	符 号	数 值
电子电荷	e	1.60219×10^{-19} C
原子质量单位	m_u	1.660566×10^{-27} kg
荷质比	e/m	1.758796×10^{11} C/kg
"冰点"温度	T_{ice}	273.150 K
理想气体的摩尔体积(标准状态)	V_m	2.241×10^{-2} m³/mol
气体常数	R	8.314 J/(K·mol)
标准大气压	p	101325 N/m² (Pa)
真空的介电常数	ε_0	8.854188×10^{-12} kg^{-1}·m^{-3}·S⁴·A²(F/m)
重力加速度	g	9.81 m/s²
在真空中的光速	c	2.997925×10^{8} m/s
Avogadro 常数(阿伏加德罗常数)	N_A	6.022×10^{23} mol^{-1}
Boltzmann 常数(玻耳兹曼常数)	k	1.38066×10^{-23} J/K
Faraday 常数(法拉第常数)	F	9.64846×10^{4} C/mol
Plank 常数(普朗克常数)	h	6.6262×10^{-34} J·s

六、常见矿物及其他无机物的熔点

序号	名 称		化 学 式	熔点/℃	参考文献
	中 文	英 文			
1	氦	Helium	He	−272.2	[9]
				−272.1	[4]
2	氢	Hydrogen	H_2	−259.14	[9]
				−259.1	[4]
3	氖	Neon	Ne	−248.67	[9]
4	氟	Flourine	F_2	−219.62	[9]
5	氧	Oxygen	O_2	−218.4	[9]
6	氮	Nitrogen	N_2	−209.86	[9]
7	一氧化碳	Carbon monoxide	CO	−204.95	[11]
8	臭氧	Ozone	O_3	−193	[10]
9	氩	Argon	Ar	−189.2	[9]
10	氢化硅	Silicon hydrogenide	SiH_4	−185	[10]
11	一氧化氮	Nitrogen Monoxide	NO	−163.6	[10]
12	氪	Krypton	Kr	−156.6	[9]
13	磷化氢	Hydrogen phosphide	PH_3	−133	[10]
14	三氯氢硅	Trichlorosilane	$SiHCl_3$	−126.5	[4]
15	砷化氢	Hydrogen arsenide	AsH_3	−116.3	[10]
16	氯化氢	Hydrogen chloride	HCl	−114.8	[10]
17	二硫化碳	Carbon disulfide	CS_2	−112.8	[4]
18	二硫化碳	Carebon disulfide	CS_2	−108.6	[10]
19	三氯化磷	Phosphorus trichloride	PCl_3	−112	[4,10]
20	高氯酸	Perchloric acid	$HClO_4$	−112	[10]
21	氙	Xenon	Xe	−111.9	[9]
22	三氯化硼	Boron trichloride	BCl_3	−107.3	[4]
23	氯化亚砜	Sulfur oxychloride	$SOCl_2$	−104.5	[4]
24	三氧化二氮	Dinitrogen trioxide	N_2O_3	−102	[10]
25	氯	Chlorine	Cl_2	−100.98	[9]
26	七氧化二氯	Dichlorine heptaoxide	Cl_2O_7	−91.5	[10]
27	一氧化二氮	Dinitrogen monoxide	N_2O	−90.8	[10]
28	四氟化硅	Silicon tetrafluoride	SiF_4	−90.2	[10]
29	溴化氢	Hydrogen bromide	HBr	−88.5	[10]
30	硫化氢	Hydrogen sulfide	H_2S	−85.5	[10]
31	无水氢氟酸	Hydrofluoric acid	HF	−83.1	[4,10]
32	氯磺酸	Chlorosulfunic acid	$SO_2(OH)Cl$	−80	[4]
33	叠氮酸	Hydrogen trinitride	HN_3	−80	[10]
34	氨	Ammonia	NH_3	−77.64	[11]
35	二氧化硫	Sulfur dioxide	SO_2	−75.36	[11]
				−72.7	[10]
36	氡	Radon	Rn	−71	[9]
37	四氯化硅	Silicon tetrachloride	$SiCl_4$	−70	[4,10]
38	二氧化碳	Carbon dioxide	CO_2	−55.6(5.2atm)	[10]
39	二氯化砜	Sulfuryl chloride	SO_2Cl_2	−54.1	[4]

第二篇

序号	名称		化学式	熔点/℃	参考文献
	中文	英文			
40	碘化氢	Hydrogen iodide	HI	-50.8	[10]
41	六氟化硫	Sulfur hexafluoride	SF_6	-50.5	[4]
42	四氯化锗	Germanium tetrachloride	$GeCl_4$	-49.5	[4]
43	四氟氧化氙	Xenon tetrafluoride	$XeOF_4$	-46.2	[10]
44	三溴化硼	Boron tribromide	BBr_3	-46	[4]
45	硝酸	Nitric acid	HNO_3	-42	[4,10]
46	三溴化磷	Phosphorus tribromide	PBr_3	-40	[10]
47	水合肼	Hydrazine hydrate	$N_2H_2 \cdot H_2O$	-40	[4]
48	汞	Mercury	Hg	-38.87	[9]
49	三氯硫磷	Phosphorus thiochloride	$PSCl_3$	-35	[4]
50	四氯化锡	Tin tetrachloride	$SnCl_4$	-33	[10]
51	四氯化钛	Titanium tetrachloride	$TiCl_4$	-25	[4,10]
52	四氯化碳	Carbon tetrachloride	CCl_4	-23.7	[10]
53	氰化氢	Hydrogen cyanide	HCN	-14	[10]
54	二氧化氮	Nitrogen dioxide	NO_2	-11.10	[11]
55	氯化亚砷	Arsenic chloride	$AsCl_3$	-8.5	[10]
56	溴	Bromine	Br_2	-7.2	[9]
57	过氧化氢	Hydrogen peroxide	H_2O_2	-0.41	[10]
58	水	Water	H_2O	0.000	[10]
59	三氯氧磷	Phosphorus oxychloride	$POCl_3$	1.25	[4]
60	五氯化锑	Antimony pentchloride	$SbCl_5$	2.8	[10]
61	磷	Phosphorus	P	4.41(α,白色)	[10]
62	硫酸	Sulfuric acid	H_2SO_4	10.36(100%)	[10]
63	碘化磷	Phosphonium iodide	PH_4I	18.5	[10]
64	硝酸锰	Manganous nitrate	$Mn(NO_3)_2 \cdot 4H_2O$	25.8	[4]
65	铯	Caesium	Cs	28.40±0.01	[10]
				28.5	[9]
66	镓	Gallium	Ga	29.78	[9]
67	五氧化二氮	Dinitrogen pentoxide	N_2O_5	30.0	[10]
68	硝酸锌	Zine nitrate	$Zn(NO_3)_2 \cdot 6H_2O$	36.4	[4]
69	氯化亚锡	Stannous Choride	$SnCl_2 \cdot 2H_2O$	37.7	[4]
70	铷	Rubidium	Rb	38.89	[9]
71	硝酸钙(β)	β-Calcium nitrate	$Ca(NO_3)_2 \cdot 4H_2O$	39.7	[4]
72	磷酸	Phosphoric acid	H_3PO_4	42.35	[4,10]
		(crystal)		42.5	[11]
73	硝酸钙(α)	α-Calcium nitrate	$Ca(NO_3)_2 \cdot 4H_2O$	42.7	[4]
74	黄磷	Phosphorus yellow	P	44.1	[4,9]
75	三氧化硫	Suphur trioxide	SO_3	44.8	[10]
76	六氟化氙	Xenon hexafluoride	XeF_6	49.48	[10]
77	硝酸钴	Cobaltous nitrate	$Co(NO_3)_2$	55~56	[4]
78	硝酸镍	Nickel nitrate	$Ni(NO_3)_2 \cdot 6H_2O$	56	[4]

续表

序号	名 称		化 学 式	熔点/℃	参考文献
	中 文	英 文			
79	氯化锰	Manganous chloride	$MnCl_2 \cdot 4H_2O$	58	[4]
80	硝酸铬	Chromium nitrate	$Cr(NO_3)_3 \cdot 9H_2O$	60	[4]
81	磷酸二氢钠	Sodium phosphate monobasic	$NaH_2PO_4 \cdot 2H_2O$	60	[4]
82	过磷酸	Perphosphoric acid	$H_4P_2O_7$	61	[10]
83	三碘化磷	Phosphorus triiodide	PI_3	61	[10]
84	过硼酸钠	Sodium perborate	$NaBO_3 \cdot 4H_2O$	63	[4]
85	金属钾	Potassium matallic	K	63 65	[4]
86			As_8Se_{92}	70	[6]
87	磷酸三钠	Sodium phosphate tribasic	$Na_3PO_4 \cdot 12H_2O$	73.3~76.7	[4]
88	三氯化锑	Antimony trichloride	$SbCl_3$	73.4	[10]
89	硝酸铝	Alumimum nitrate	$Al(NO_3)_3 \cdot 9H_2O$	73.5	[4,10]
90	亚磷酸	Phosphorous acid	H_3PO_3	73.6	[10]
				74	[4]
91	氢氧化钡	Barium hydroxide	$Ba(OH)_2 \cdot 8H_2O$	78	[4]
92	氯化钴	Cobaltous chloride	$CoCl_2 \cdot 6H_2O$	86($CoCl_2$)	[4]
93	硫酸钴	Colbalt sulfate heptahydrate	$CoSO_4 \cdot 7H_2O$	96.8	[4]
94	溴化铝	Aluminium bromide	$AlBr_3$	97.5	[10]
95	钠	Sodium	Na	97.81	[9]
				97.81±0.03	[10]
96	硫黄	Sulfur	S	112.8	[9]
				α-112.8, β-119.0,γ-120	[10]
97	碘	Iodine	I_2	113.5	[4,9]
98	氯化镁	Magnosium choride	$MgCl_2 \cdot 6H_2O$	116~118	[4]
99	氟化氢铵	Ammonium bifluoride	NH_4HF_2	124.6	[4]
100	二氟化氙	Xenon difluoride	XeF_2	129.03	[10]
101	一氯化硫	Sulfur monochloide	S_2Cl_2	135.6	[4]
102	硒	Selenium	Se	144(结晶)	[10]
103	辰砂	Cinnabar	HgS	145(高压下)	[5]
104	硫氰酸铵	Ammonium thiocyante	NH_4CNS	149.6	[4,10]
105	盐酸羟胺	Hydroxylamine hydrochloride	NH_2OHHCl	151	[4]
106	铟	Indium	In	156.61	[9]
107	五氯化磷	Phosphorus pentachloride	PCl_5	167	[4]
108	硼酸	Boric acid	H_3BO_3	169±1	[4]
109	硝酸铵	Ammonium nitrate	NH_4NO_3	169.6	[10]
110	铵硝石	Ammonia niter	NH_4NO_3	169.8	[11]
111	硫氰化钾	Sodium potassium cyanide	$KSCN$	173.2	[10]
112			$As_{35}S_{10}Se_{35}Te_{20}$	176	[6]
113			$Ge_{10}As_{20}Te_{70}$	178	[6]
114	锂	Lithium	Li	179	[9]

续表

序号	名 称		化 学 式	熔点/℃	参考文献
	中 文	英 文			
				180.54	[10]
115	磷酸二氢铵	Ammonium phosphate monobasic	$NH_4H_2PO_4$	190	[4,10]
116	氯化铝	Aluminium chloride	$AlCl_3$	190(2.5atm)	[10]
117	铬酐	Chromium trioxide	CrO_3	196	[4,10]
118	氨基钠	Sodium amide	$NaNH_2$	210	[4]
119	硝酸银	Silver nitrate	$AgNO_3$	212	[4,10]
120	硫酸氢钾	Potassium bisulfate	$KHSO_4$	214	[10]
121	硒	Selenium	Se	217(金属)	[9,10]
122	氟化氢钾	Patassium bifluoride	KHF_2	225	[4]
123	自然锡	Tin	Sn	230	[5]
124	锡	Tin	Sn	231.9	[8]
				231.91	[9]
				231.9681	[10]
125	二氯化锡	Tin dichloride	$SnCl_2$	246	[10]
126	氯酸钠	Sodium Chloride	$NaClO_3$	248～261	[4]
127	碘汞矿	Coccinite	HgI	250	[11]
128	磷酸二氢钾	Potossium dihydro-phosphate	KH_2PO_4	252.6	[4,10]
129	氯化金	Gold chloride	$AuCl_3$	254	[10]
130	钋	Polomium	Po	254	[9]
131	硝酸锂	Lithium nitrate	$LiNO_3$	254	[7]
132	碳酸氢钠	Sodium bicarbonate	$NaHCO_3$	270	[4]
133	铋	Bismuth	Bi	271	[7]
				271.3	[9]
134	亚硝酸钠	Sodium nitrite	$NaNO_2$	271	[4,10]
135	硼氢化锂	Lithium borohydride	$LiBH_4$	275	[10]
136	氯化汞	Mercuride chloride	$HgCl_2$	276	[4,10]
137	五硫化二磷	Phosphorus pentasulfide	P_2S_5	280	[4]
138	三氯化铁	Ferric trichloride	$FeCl_3$	282	[4]
139	氯化锌	Zine chloride	$ZnCl_2$	283	[4,10]
140	硫化亚砷	Diarsenic trisulfide	As_2S_3	300	[10]
141	砹	Astatine	At	302	[10]
142	铊	Thallium	Tl	303.5	[9,10]
143	铁盐 (无水氯化铁)	Molysite	$FeCl_3$	304	[11]
				306	[10]
144	钠硝石 (硝酸钠)	Soda niter Sodium nitrate	$NaNO_3$	306.2	[11]
				306.8	[4,10]
				310	[7]
				314	[8]

续表

序号	名 称		化 学 式	熔点/℃	参考文献
	中 文	英 文			
145	二硫化二砷(β)		As_2S_2	307	[10]
146	氯化银	Silver chloride	$AgCl$	307	[8]
147	白砷石	Claudetite	As_2O_3	309	[5]
148	雌黄	Orpiment	As_2S_3	310	[4]
149	雄黄	Realgar	AsS	310	[5]
				320	[4]
150	亚砷酸根	Arenic trioxide	As_2O_3	312.3	[4]
151	氢氧化铯	Cesium hydroxide	$CsOH$	315	[11]
152			$Si_{25}As_{25}Te_{50}$	317	[6]
153	烧碱	Sodium hydroxide	$NaOH$	318.4	[4,10]
	(氢氧化钠)			323	[11]
154			$BaO\text{-}ZnO\text{-}TeO_2$	320	[6]
155			$Si_{15}Ge_{10}As_{25}Te_{50}$	320	[6]
156	镉	Cadmium	Cd	320.9	[10]
				321.03	[9]
157			$Ge_{28}Sb_{12}Se_{60}$	326	[6]
158	铅	Lead	Pb	327.3 327.4	[9,7]
				327.5 327.502	[4,10]
159	硝酸钾	Potassium nitrate	KNO_3	334	[4,10]
	(硝石)	(Niter)		337	[7,11]
160	二氧化硒	Selenium dioxide	SeO_2	340	[4]
161	硫氢化钠	Sodium hydrosulfide	$NaHS$	350	[4]
162	氯酸钾	Potassium chlorate	$KClO_3$	356	[10]
163	重铬酸钠	Sodium bichromate	$Na_2Cr_2O_7$	356.7	[4]
164	氢氧化钾	Potassium hydroxide	KOH	360.4	[4]
				360.4±0.7	[10]
				406	[11]
165	超氧化钾	Potassium superoxide	KO_2	380	[4]
166	溴酸钠	Sodium bromate	$NaBrO_3$	381	[4]
167	碘化镉	Cadmium iodide	CdI_2	387	[10]
168	重铬酸钾	Potassium bichromate	$K_2Cr_2O_7$	398	[4,10]
169	焦硫酸钠	Sodium pyrosulfate	$Na_2S_2O_7$	400.9	[10]
170	碘化铅	Lead iodide	PbI_2	402	[10]
171	氯化铍	Beryllium chloride	$BeCl_2$	405	[10]
172	锌粉	Zinc	Zn	419, 419.4	[4,9]
				419.58	[10]
173	氯化亚铜	Cuprous chloride	$CuCl$	422	[4]
	(铜盐)	(Nantokite)		430	[10,11]
174	溴银矿	Bromargyrite	$AgBr$	430	[11]
	(溴化银)	Silver bromide		432	[10]
175	溴酸钾	Potassium bromate	$KBrO_3$	434	[4]

序号	名　称		化 学 式	熔点/℃	参考文献
	中　文	英　文			
176	氟化银	Silver fluoride	AgF	435	[10]
177	氯化铋	Bismuth chloride	BiCl₃	447	[10]
178	碲	Tellurium	Te	449.5	[9]
				449.5±0.3	[10]
179	氢氧化锂	Lithium hydroxide	LiOH	450	[10]
				471.30	[11]
180	过氧化钡	Barium peroxide	BaO₂	450	[10]
181	氧化硼	Boric Oxide	B₂O₃	450	[11]
				460	[10]
182	氯化银	Silver Chloride	AgCl	455	[10,11]
183			Ge-As-Se	460	[6]
184	氰化亚铜	Cuprous cyanide	CuCN	473(在 N₂ 中)	[4,10]
185	溴化亚铜	Cuprous bromide	CuBr	492	[10]
186	氯铅矿	Cotunite	PbCl₂	495	[11]
187	氯化铜	Cupric chloride	CuCl₂·2H₂O	498	[4]
188	溴化铜	Cupric bromide	CuBr₂	498	[10]
189	氯化铅	Lead chloride	PbCl₂	501	[10]
190	卤砂	Salammoniac	NH₄Cl	520.20	[11]
191	溴化锂	Lithium bromide	LiBr	550	[4]
192	硫化亚锑	Antimonious sulfide	Sb₂S₃	550	[10]
193	碘化银	Silver iodide	AgI	552	[8]
		Iodargyrite		558(β)	[4,10,11]
194	碘酸钾	Potassium iodade	KIO₃	560	[4,10]
195	硝酸钙	Calcium nitrate	Ca(NO₃)₂	561	[10]
196	氰化钠	Sodium cyanide	NaCN	563.7	[4,10]
197	五氧化二磷	Phosphorus pentoxide	P₂O₅	569	[4,11]
198	硝酸锶	Strontium nitrate	Sr(NO₃)₂	570	[4,10]
199	碲铋矿	Tellurobismuthite	Bi₂Te₃	584.5	[11]
200	钡硝石	Nitrobarite	Ba(NO₃)₂	592	[11]
	(硝酸钡)	Barium nitrate			[4]
201	碘化亚铜	Cuprous iodide	CuI	605	[10]
202	白铁矿	Marcasite	FeS₂	605	[5]
203	高氯酸钾	Potassium perchlorate	KClO₄	610±10	[4,10]
204	氯化锂	Lithium chloride	LiCl	614	[10]
205	六偏磷酸钠	Sodium hexametaphosphate	(NaPO₃)₆	616	[4]
206	氯化铜	Copper chloride	CuCl₂	620	[10]
207	黑氯铜矿	Melanothallite	CuCl₂	630	[11]
208	偏钒酸钠	Sodium metavanadate	NaVO₃	630	[4]
209	锑	Antimony	Sb	630.5	[9]
				630.74	[10]

序号	名称		化学式	熔点/℃	参考文献
	中文	英文			
210	氰化钾	Potassium cyanide	KCN	634.5	[10]
		Manganous chloride	MnCl₂	650	[11,7]
211	钚	Plutonium	Pu	639.5±2	[9]
				641	[10]
212	镎	Neptunium	Np	640	[9]
				640±1	[10]
213	氯锰矿	Scacchite	MnCl₂	650	[11,7,10]
	(氯化锰)	Manganous chloride			
214	镁	Magnesium	Mg	651	[9]
215	硫酸银	Silver sulphate	Ag₂SO₄	652	[8,10]
216	铝	Aluminium	Al	658.8 660.1 660.37	[7,9,10]
217	碘化钠	Sodium iodide	NaI	661	[4,10]
218	五氧化二钒	Vanadium pentoxide	V₂O₅	670	[11]
219	氯化亚铁	Ferrosoferric chloride	FeCl₂	670~674	[10]
220	陨氯铁	Lawrencite	FeCl₂	677	[11]
221	氢化锂	Lithium hydrogenante	LiH	680	[10]
222	碘化钾	Potassium iodide	KI	681	[3,10]
223	钼酸钠	Sodium molybdenate	Na₂MoO₄	687	[8]
224	硫铋镍矿	Parkerite	Ni₃Bi₂S₂	688	[5]
225	钨酸钠	Sodium tungstate	Na₂WO₄	698	[4,10]
226	硫酸锰	Manganese sulfate	MnSO₄	700	[10,11]
227	镭	Radium	Ra	700	[9]
228	氯镁石	Chloromagnesite	MgCl₂	714	[10,11]
	(氯化镁)	Mangnesium chloride			
229	碳酸锂	Lithium carbonate	Li₂CO₃	723	[10]
230	钡	Barium	Ba	725	[10]
231	溴化钙	Calcium bromide	CaBr₂	730	[4]
232	溴化钾	Potassium bromide	KBr	734	[4,10,11]
233	四硼酸钠	Sodium tetraborate	Na₂B₄O₇	741	[10]
234	溴化钠	Sodium bromide	NaBr	747 755	[10,4]
235	锶	Strontium	Sr	769	[9,10]
236	辉铜矿	Chalcocite	Cu₂S	770	[11]
237	氯化钾(钾盐)	Potassium chloride	KCl	770	[10]
		Sylivte		771	[11]
				775	[8]
238	氟钛酸钾	Potassium fluotitanate	K₂TiF₆	780	[4]
239	硫镉矿	Greenockite	CdS	780	[5]
240	无水氯化钙	Calcium chloride	CaCl₂	782	[4,10,11]
	氯钙石	Hydrophilite			
241	辉银矿	Acanthite(Argentite)	Ag₂S	788	[11]
242	陨碳铁	Cohenite	Fe₃C	788	[11]

序号	名称		化学式	熔点/℃	参考文献
	中　文	英　文			
243	三氧化钼	Molybdenum trioxide	MoO_3	795	[4,10]
244	铈	Cerium	Ce	795 798±3	[9,10]
245	钼华	Molybdite	MoO_3	795±2	[5]
				801	[11]
246	硫化镍	Lithium sulfide	NiS	797	[10]
247	石盐（氯化钠）	Halite	NaCl	800.8	[11]
		Sodium chloride		801,804	[4,8,10]
248	碳酸锂	Lithium carbonate	Li_2CO_3	810	[7]
249	砷	Arsenic	As	817	[9]
				817(23atm)	[10]
250	赤铜铁矿	Delafossite	$CuFeO_2$	817	[11]
251	铋华	Bismite	α-Bi_2O_3	820	[5]
				825	[11]
252	氯化亚铬	Chromium dichloride	$CrCl_2$	824	[10]
253	镱	Ytterbium	Yb	824±5	[9,10]
254	氧化铋	Bismuth oxide	Bi_2O_3	825±3	[10]
255	辉银矿	Argentite	Ag_2S	825	[10]
256	铕	Europium	Eu	826	[9]
257	金属钙	Calcium Melallic	Ca	839±2	[4,10]
258	硫化钾	Potassium sulfide	K_2S	840	[10]
259	铬酸铅	Lead chromate	$PbCrO_4$	844	[10]
260	氯化铈	Cerium chloride	$CeCl_3$	848	[4]
261	纯碱、碳酸钠	Sodium corbonate	Na_2CO_3	851	[4,10]
				858	[11]
262	氟化钾	Potassium fluoride	KF	858	[10]
263	氯化锶	Strontium Chloride	$SrCl_2$	875	[4]
264	硫锡矿	Herzenbergite	SnS	880	[11]
265	焦磷酸钠	Sodium pyrophosphate	$N_4P_2O_7$	880	[4,10]
266	无水硫酸钠	Sodium sulphate anhydrous	Na_2SO_4	884	[4,10]
	无水芒硝	Thenardite		884	[11]
267	氧化铅	Lead Oxide	PbO	886	[4,5]
		Litharge		888,897	[10,11]
268	碳酸钾	Potassium carbonate	K_2CO_3	891	[4,10]
269	铅黄	Massicot(yellow)	PbO	897	[11]
270	磷酸锌	Zine phosphate	$Zn_3(PO_4)_2$	900	[4]
271	氧化钠	Sodium oxide	Na_2O	920	[11]
272	镧	Lanthanum	La	920	[4]
				920±5	[10]
273	镨	Praseodymium	Pr	931±4	[10]
				935	[9]
274	603 渗碳剂	Carburant	C	935	[4]

续表

序号	名 称		化学式	熔点/℃	参考文献
	中 文	英 文			
275	锗	Germanium	Ge	937.4	[9]
276	混合稀土金属	Rare earth metal	Re	950	[4]
277	碲银矿	Hessite	Ag_2Te	959	[11]
278	银	Silver	Ag	960.8	[7,9]
				961	[8,11]
				961.93	[10]
279	氯化钡	Barium chloride	$BaCl_2$	963	[4,10]
280	铬酸钾	Potassium chromate	K_2CrO_4	968.3	[10]
281	四硼酸钙	Calcium tetraborate	CaB_4O_7	987	[11]
282	氟化钠(氟盐)	Sodium fluoride	NaF	993	[4,10]
		Villiaumite		996	[11]
283	镅	Americium	Am	994 ± 4	[10]
284	硫酸镉	Cadmium sulfate	$CdSO_4$	1000	[10]
285	钕	Neodymium	Nd	1010 1016	[10,11]
				1024	[9]
286	冰晶石	Cryolite	Na_3AlF_6	1012	[11]
287	氯化镍	Nickel chloride	$NiCl_2$	1030	[11]
288	碲化镉	Cadmium telluride	CdTe	1042	[11]
289	砷酸铅	Lead arsenate	$Pb_3(AsO_4)_2$	1042	[10]
290	锕	Actinium	Ac	1050	[9,10]
291	四氟化铀	Uranium tetrafluoride	UF_4	1057	[11]
292	偏硼酸钡	Barium metaborate	$Ba(BO_2)_2$	1060	[4]
293	金	Gold	Au	1063	[9,11]
				1064.43	[10]
294	硫酸钾(钾芒硝)	Potassium sulfate	K_2SO_4	1066	[4]
		Arcanite		1069	[7,10,11]
295	钐	Samarium	Sm	1072	[9,11]
				1072 ± 5	[10]
296	铜	Copper	Cu	1083	[9]
				1083.4 ± 0.2	[10]
				1083.6	[11]
297	二氧化锗	Germanium dioxide	GeO_2	1086 ± 5	[4]
298	偏硅酸钠	Sodium metasilicate	Na_2SiO_3	1088	[10,11]
299	焦磷酸钾	Potassium pyrophosphate	$K_4P_2O_7$	1100	[4]
300	方铅矿	Galena	PbS	1112,1114	[11,10]
				1115	[5]
301	歪长石	Analbite	$NaAlSi_3O_8$	1118	[11]
302	高温钠长石	High albite	$NaAlSi_3O_8$	1118	[11]
303	二氧化锡	Tin dioxide	SnO_2	1127	[4]
304	铀	Uranium	U	1132	[11]
				1132.3 1132.3$\pm$0.8	[9,10]

续表

序号	名 称		化 学 式	熔点/℃	参考文献
	中 文	英 文			
305	三氯化铬	Chronium trichloride	$CrCl_3$	1150	[4]
				1150	[10]
306	黄铁矿	Pyrite	FeS_2	1150	[5]
307	斜硼钙石	Calcioborite	$Ca(BO_2)_2$	1162	[11]
308	硫酸铅	Lead sulfate	$PbSO_4$	1170	[4,10]
309	硫化钠	Sodium sulfide	Na_2S	1180	[4,10]
310	二硫化钼	Molybdenum disulfide	MoS_2	1185	[4,10]
311	硫铁矿	Troilite	FeS	1195	[11]
	硫化亚铁			1193~1199	[10]
312	硫化钡	Barium sulfide	BaS	1200	[4,10]
313	高温透长石	High sanidine	$KAlSi_3O_8$	1200	[11]
314	钾长石玻璃	Potash feldspar glass	$KAlSi_3O_8$	1200	[11]
315	铁橄榄石	Fayalite	Fe_2SiO_4	1217	[11]
316	氧化亚铜、赤铜矿	Coprous oxide	Cu_2O	1235	[4]
		Cuprite		1236	[11]
317	铁酸钙	Calcium ferrite	$CaFe_2O_4$	1237	[11]
318	锰	Manganese	Mn	1244	[9,11]
	水化			1244±3	[10]
319	氟化镁	Mangnesium fluoride	MgF_2	1255 1261	[6,4]
	(氟镁石)	Sellaite		1263	[11]
320	铍	Beryllium	Be	1278±5	[9,10]
321	蔷薇辉石	Rhodonite	$MnSiO_3$	1291	[11]
322	钆	Gadolinium	Gd	1311±1	[10]
				1312	[9,11]
323	二硼酸钙	Calcium diborate	$Ca_2B_2O_5$	1312	[11]
324	氧化铜	Cupric oxide	CuO	1326	[4,10]
325	磷酸钾	Potassium Phosphate	K_3PO_4	1340	[10]
326	锔	Curium	Cm	1340±40	[10]
327	锰橄榄石	Tephroite	Mn_2SiO_4	1347	[11]
328	铽	Terbium	Tb	1356	[9]
				1360±4	[10]
329	氟化钙	Calcium fluoride	CaF_2	1360	[6]
330	钛铁矿	Ilmenite	$FeTiO_3$	1367	[11]
331	方铁矿	Wustite	FeO	1372	[5]
			$Fe_{0.947}O$	1377	[11]
332	氧化亚铁	Ferrous oxide	FeO	1377	[11]
		(Stoichiometric)			
333	透辉石	Diopside	$CaMg(SiO_3)_2$	1391	[11]
334	榍石	Sphene	$CaTiSiO_5$	1397	[11]
335	氟金云母	Fluorphlogopite	$KMg_3(AlSi_3O_{10})F_2$	1397	[11]
336	镝	Dysprosium	Dy	1407	[9]

序号	名 称		化 学 式	熔点/℃	参考文献
	中 文	英 文			
				1409	[10,11]
337	硅	Silicon	Si	1410	[9,10]
				1412	[11]
338	萤石	Fluorite	CaF_2	1418	[11]
339	氧化亚铁	Ferrosoferric oxide	FeO	1420	[10]
340	氟化钙	Calcium fluoride	CaF_2	1423	[10]
341	β-锂辉石	β-Spodumene	$LiAlSi_2O_6$	1425	[11]
342	氧化锂	Lithium oxide	Li_2O	1427	[11]
343	铁尖晶石	Hercynite	$Fe(AlO_2)_2$	1440	[11]
344	硬石膏	Anhydrite	$CaSO_4$	1450	[11,10]
345	镍	Nickel	Ni	1453	[9~11]
346	镁黄长石	Akermanite	$Ca_2MgSi_2O_7$	1454	[11]
347	氟化稀土	Rare earth fluoride	ReF_3	1460	[4]
348	钬	Holmium	Ho	1461	[9]
				1470	[10,11]
349	三氧化钨	Tungsten trioxide	WO_3	1472	[11]
				1473	[10]
350	铁酸二钙	Dicalcium ferrate	$Ca_2Fe_2O_5$	1477	[11]
351	钼酸钡	Barium molybdate	$BaMoO_4$	1480	[4]
352	二硫化钨	Tungsten disuifide	WS_2	>1480	[4]
353	钴	Cobalt	Co	1495	[9~11]
354	碳酸锶	Strontium carbonate	$SrCO_3$	1497(69amt)	[10]
355		Niobium quinqueoxide	Nb_2O_5	1512	[11]
356	氧化镉	Cadmium oxide	CdO	>1500	[4]
357	磷酸铝	Aluminium phosphate	$AlPO_4$	>1500	[10]
358	氟化钾	Potassium fluoride	KF	1505	[4]
359	五氧化二铌	Niobium quinqueoxide	Nb_2O_5	1512	[11]
360			ZnSe	1520	[6]
361	铒	Erbium	Er	1522	[10,11]
362	钇	Yttrium	Y	1523±5	[10]
				1526	[11]
363	硫锰矿	Alabandite	MnS	1530	[11]
364	铁	Iron	Fe	1535	[9,10]
365	钪	Scandium	Sc	1539	[9~11]
366	假硅辉石	Pseudowollastonite	$CaSiO_3$	1544	[11]
367	次黑铁矾矿	Paramontroseite	V_2O_4	1545	[11]
368	铥	Thulium	Tm	1545	[9,11]
				1545±15	[10]
369	钛酸锂	Lithium titanate	Li_2TiO_3	1547	[11]
370	钯	Palladium	Pd	1552	[9~11]
371	斜顽辉石	Clinoenstatite	$MgSiO_3$	1557	[11]

序号	名 称		化 学 式	熔点/℃	参考文献
	中 文	英 文			
372	钙长石玻璃	Anorthite glass	$CaAl_2Si_2O_8$	1557	[11]
373	钙长石	Anorthite	$CaAl_2Si_2O_8$	1557	[11]
374	氧化铁	Ferric oxide	Fe_2O_3	1565	[10]
375	硫酸钡	Barium sulfate	$BaSO_4$	1580	[4,10]
376	钙铝黄长石	Gehlenite	$Ca_2Al_2SiO_7$	1590	[11]
377	磁铁矿	Magnetite	Fe_3O_4	1597	[11]
378	镁	Protactinium	Pa	＜1600	[10]
379	偏铝酸钙	Calcium metaaluminate	$Ca(AlO_2)_2$	1600	[11]
380	硫酸锶	Strontium sulfate	$SrSO_4$	1605	[9]
381	赤铁矿	Hematite	Fe_2O_3	1622	[11]
382	镁钛矿	Geikielite	$MgTiO_3$	1630	[11]
383	锡石(二氧化锡)	Cassiterite	SnO_2	1630	[11]
384	氧化锰	Manganous oxide	MnO	1650	[10]
385	镥	Lutecium	Lu	1652	[9]
				1656±5	[10]
				1663	[11]
386	钛	Titanium	Ti	1660±10	[10]
				1675	[9]
				1670	[11]
387	鳞石英	Tridymite	SiO_2	1670	[4]
388	磷酸钙	Calcium phosphate	$Ca_3(PO_4)_2$	1670	[10]
389	七氧化四钛	Tetratitanium heptoxide	Ti_4O_7	1677	[11]
390	方石英	Cristobalite	SiO_2	1710	[4]
				1713±5	[10]
				1723	[11]
391	氧化钛	Titaninum monoxide	TiO	1750	[11]
392	铂	Platinum	Pt	1769	[9,11]
				1712	[10]
393	碳酸钡	Barium carbonate	$BaCO_3(\alpha)$	1740(90atm)	[10]
394	钍	Thorium	Th	1750	[10]
				1755	[11]
395	硫化镉	Cadmium sulfide	CdS	1750(100atm)	[10]
396	五氧化三钛	Trititanium pentoxide	Ti_3O_5	1777	[11]
397	方锰矿	Manganosite	MnO	1781	[11]
398	五氧化二钽	Tantalum pentoxide	Ta_2O_5	1785	[11]
399	偏高岭石	Metakaolinite	$Al_2Si_2O_7$	1785	[4]
400	一氧化钒	Vanadium monoxide	VO	1790	[11]
401	氧化钴	Cobalt oxide	CoO	1805	[11]
402	金红石	Rutile	TiO_2	1830	[11]
403	三氧化二钛	Dititanium trioxide	Ti_2O_3	1842	[11]
404	方锰石	Manganosite	MnO	1850	[5]

序号	名称		化学式	熔点/℃	参考文献
	中　文	英　文			
405	硫化锌	Zinc sulfide	ZnS	1850(150atm)	[10]
406	锆	Zirconium	Zr	1852	[9,11]
				1852 ± 2	[10]
407	铬	Chromium	Cr	$1857,1857\pm20$	[11,10]
				1890	[9]
408	莫来石	Mullite	$3Al_2O_3 \cdot 2SiO_2$	1860	[11]
409	五氧化二钽	Tantalum pentoxide	Ta_2O_5	1872 ± 10	[4]
410	二碳化铬	Chromium dicarbonide	Cr_3C_2	1890	[6]
411	镁橄榄石	Forsterite	Mg_2SiO_4	1890	[11]
412	钒	Vanadium	V	1890 ± 10	[9,10]
				1902	[11]
413	四氮化硅	Silicon tetranitride	Si_3N_4	1900	[6]
414	氧化钕	Neodyium	Nd_2O_3	1900	[4]
415	二氧化铌	Niobium dioxide	NbO_2	1902	[11]
416	钙钛矿	Perovskite	$CaTiO_3$	1915	[11]
417	氧化钡	Barium oxide	BaO	1918	[10]
418	一氧化钴	Cobalfaus monoxide	CoO	1935	[4]
419	一氧化铌	Niobium monoxide	NbO	1937	[11]
420	铑	Rhodium	Rh	1960	[11]
				$1966,1966\pm3$	[9,10]
421	红锌矿	Zincite	ZnO	1969	[11]
422	氧化亚铕	Sub-europium oxide	EuO	1974	[11]
423	γ-绿镍矿、氧化镍	Bunsenite	NiO	1984	[11,4]
		Nickel monoxide			
424	硼化钼	Molybdenum boride	Mo_2B	2000	[6]
425	氧化铕	Europium oxide	Eu_2O_3	2002	[11]
426	氧化钡	Barium oxide	BaO	2013	[11]
427	γ-氧化铝	Aluminium oxide(γ)	Al_2O_3	2018	[11]
428	氮化钒	Vanadium nitride	VN	2030	[6]
429	氧化镨	Praseodymium oxide	$PrO_{1.833}$	2042	[11]
430	氧化铝	Aluminum oxide	Al_2O_3	2045	[4,10]
				2050	[6]
431	刚玉	Corundum	Al_2O_3	2072	[11]
432	碳化硅	Silicon carbonide	$SiC(\beta)$	2100	[6]
433	三氧化二镨	Praseodymium sesquioxide	Pr_2O_3	2127	[11]
434	斜硅钙石	Larnite	Ca_2SiO_4	2130	[11]
435	尖晶石	Spinel	$MgAl_2O_4$	2135	[11]
436	三氧化二铈	Cerium sesquioxide	Ce_2O_3	2142	[11]
437	锝	Technetium	TC	2172	[10]
438	硼化钼	Molybdenum boride	MoB	2180	[6]
439	氧化钕	Neodymium oxide	Nd_2O_3	2211	[11]

第二篇

序号	名　称		化 学 式	熔点/℃	参考文献
	中　文	英　文			
440	氧化镧	Lanthanum oxide	La_2O_3	2217	[11]
441	铪	Hafnium	Hf	2227	[11]
				2227±20	[10]
442	钌	Ruthenium	Ru	2250	[9,11]
				2310	[10]
443	氧化钐	Samarium oxide	Sm_2O_3	2262	[4,11]
444	绿铬矿(三氧化二铬)	Eskolaite	Cr_2O_3	2265	[5]
		Chromium sesquioxide		2266±25	[10,4]
				2330	[11]
445	氧化铽	Terbium sesquioxide	Tb_2O_3	2292	[11]
446	硼	Borom	B	2300	[4,9,10]
447	电石	Calcium carbide	CaC_2	2300	[4]
448	氧化镧	Lanthanum oxide	La_2O_3	2307	[4]
449	氧化钆	Gadolinium oxide(monoclinic)	Gd_2O_3	2330±20	[4]
				2322	[11]
450	碳化硼	Boron carbide	B_4C	2350	[4]
451	氧化镝	Dysprosium oxide	Dy_2O_3	2352	[11]
452	氧化钬	Holmium oxide	Ho_2O_3	2362	[11]
453	氧化镱	Ytterbium oxide	Yb_2O_3	2372	[11]
454	氧化铒	Erbium oxide	Er_2O_3	2387	[11]
455	氧化铥	Thulium oxide	Tm_2O_3	2392	[11]
456	铍石	Bromellite	BeO	2408	[11]
457	氧化锶	Strontium oxide	SrO	2420	[11]
				2430	[10]
458	铱	Iridium	Ir	2443	[9,11]
				2410	[10]
459	氧化铍	Beryllium oxide	BeO	2447	[11]
460	碳化硼	Boron carbide	B_4C	2450	[6]
461	氮化铝	Aluminium nitride	AlN	2450	[6]
462	钷	Promethium	Pm	2460	[10]
463	氧化镥	Lutetium oxide	Lu_2O_3	2467	[11]
464	铌	Niobium	Nb	2467	[11]
				2468±10	[9,10]
465	氧化铍(铍石)	Beryllium oxide	BeO	2530	[6]
		Bromellite		2530±30	[5]
466	石灰	Calcium oxide	CaO	2570±10	[5]
				2580	[11]
				2614	[10]
467	氧化铈	Cerium dioxide	CeO_2	2600	[4]
468	碳化硅	Silicon carbide	$SiC(\alpha)$	2600	[6]
469	钼	Molybdenum	Mo	2610	[9]
				2617	[10,11]
470	碳化钍	Thorium carbonide	ThC	2625	[6]

序号	名 称		化 学 式	熔点/℃	参考文献
	中 文	英 文			
471	氮化钍	Thorium nitride	ThN	2630	[6]
472	二氧化锆	Zirconium dioxide	ZrO_2	2715	[4]
473	二硼化铬	Chromium doboride	CrB_2	2760	[6]
474	氧化镁	Magnesium oxide	MgO	2800	[4]
				2852	[10]
475	碳化钒	Vanadium carbonide	VC	2830	[6]
476	斜锆石	Baddeleyite	ZrO_2	2850	[11]
477	方镁石	Periclase	MgO	2852	[11]
478	碳化二钨	Ditungsten carbonide	W_2C	2860	[6]
479	碳化钨	Tungsten carbonide	WC	2865	[6]
480	沥青铀矿	Uraninite	UO_2	2878	[11]
481	二氧化铪	Hafnium oxide	HfO_2	2900	[11]
482	硼化铌	Niobium boride	NbB	＞2900	[6]
483	石灰	Lime	CaO	2927	[11]
484	氮化锆	Zirconium monnitride	ZrN	2930	[6]
485	方镁石	Periclase	MgO	2940	[5]
486	斜锆石	Baddeleyite	ZrO_2	2950	[5]
487	氮化钛	Titanium monnitride	TiN	2950	[6]
488	二硼化钛	Titanium diboride	TiB_2	2980	[6]
489	钽粉	Tantalum	Ta	2996	[4,9,10]
490	二硼化钽	Tantalum diboride	TaB_2	3000	[6]
491	氮化硼	Boron nitride	BN	3000	[6]
492	锇	Osmium	Os	3000±10	[9]
				3027	[11]
				3045±30	[10]
493	二硼化锆	Zirconium diboride	ZrB_2	3040	[6]
494	二硼化铪	Hafnium diboride	HfB_2	3040	[6]
495	氮化钽	Tantalum monnitride	TaN	3100	[6]
496	碳化钛	Titanium carbonide	TiC	3160	[6]
497	铼	Rhenium	Re	3180	[9～11]
498	方钍矿(石)	Thorianite	ThO_2	3200	[5]
				3220	[11]
				3220±5	[10]
499	氧化钍	Thorium oxide	ThO_2	3300	[4]
500	氮化铪	Hafnium nitride	HfN	3310	[6]
501	钨	Tungsten	W	3380	[9]
				3407	[8]
				3140±20	[7]
502	碳化铌	Niobium carbonide	NbC	3500	[3]
503	C-晶须	Carbon	C	3500	[3]
504	碳	Carbon	C	＞3500	[6]
505	石墨(无定形)	Graphite	C	＞3500	[7]
506	碳化锆	Zirconium carbonide	ZrC	3570	[3]
507	碳化铪	Hafnium carbonide	HfC	3887	[3]
508	金刚石	Diamond	C	4000	[1]

七、常见有机化合物的熔点[3]

名　称	化　学　式	熔点/℃	名　称	化　学　式	熔点/℃
一氧化碳	CO	-205.06	1-氯丙烷	$CH_3CH_2CH_2Cl$	-122.8
丙烷	$CH_3CH_2CH_3$	-189.69	1,1-二氯乙烯,偏二氯乙烯	CH_2CCl_2	-122.1
1-丁烯	$CH_3CH_2CH{=}CH_2$	-185.35	乙烯苯甲醚	$CH_2{=}CHOCH_3$	-122
丙烯	$CH_3CH{=}CH_2$	-185.25	(二)丙醚	$(CH_3CH_2CH_2)_2O$	-122
乙烷	C_2H_6	-183.3	乙醛	CH_3CHO	-121
甲烷	CH_4	-182.48	庚烯	C_7H_{14}	-119
甲基环丙烷	$CH_3CHCH_2CH_2$	-177.2	烯丙基溴,3-溴-1-丙烯	$CH_3{=}CHCH_2Br$	-119.4
乙烯	CH_2CH_2	-169.15	溴乙烷	CH_3CH_2Br	-118.6
氟乙烯	CH_2CHF	-160.5	光气	$COCl_2$	-118
二氟二氯甲烷	CF_2Cl_2	-158	乙醇	C_2H_5OH	-117.3
氯乙烯	CH_2CHCl	-153.8	三甲胺	$(CH_3)_3N$	-117.2
2-戊烯	$CH_3CH_2CH{=}CHCH_3$	-151.39	2-氯丙烷,异丙氯	$CH_3CHClCH_3$	-117.18
乙烯酮	CH_2CO	-151	乙醚	$(C_2H_5)_2O$	-116.2
异戊二烯,2-甲基-1,3-丁二烯	$CH_2{=}CHC(CH_3){=}CH_2$	-146	1-丁硫醇	$CH_3(CH_2)_3SH$	-115.67
重氮甲烷	CH_2N_2	-145	2-丁醇	$CH_3CH_2CHOHCH_3$	-114.7
乙硫醇	C_2H_5SH	-144.4	三乙胺	$N(CH_2CH_3)_3$	-114.7
四氟乙烯	CF_2CF_2	-142.5	丙硫醇	$CH_3CH_2CH_2SH$	-113.3
异丁烯,2-甲基丙烯	$(CH_3)_2C{=}CH_2$	-140.35	1-溴丁烷	$CH_3(CH_2)_3Br$	-112.4
1-己烯	$CH_3(CH_2)_3CH{=}CH_2$	-139.82	2,2,3-三甲基戊烷	$(CH_3)_3CCH(CH_3)CH_3CH_3$	-112.27
溴乙烯	CH_2CHBr	-139.54	乙酰氯	CH_3COCl	-112
顺-2-丁烯	$CH_3CH{=}CHCH_3$	-138.91	丁腈	$CH_3CH_2CH_2CN$	-112
甲醚	CH_3OCH_3	-138.5	2-溴丁烷	$CH_3CH_2CHBrCH_3$	-111.9
丁烷	$CH_3(CH_2)_2CH_3$	-138.35	二硫化碳	CS_2	-111.53
1-戊烯	$CH_3(CH_2)_2CH{=}CH_2$	-138	环氧乙烷	$CH_2{=}CH_2$ $\ \ \ \ \backslash\ \ /$ $\ \ \ \ O$	-111
2-氯(代)戊烷	$CH_3(CH_2)_2CHClCH_3$	-137			
四乙基铅	$Pb(CH_2CH_3)_4$	-136.8	一氟三氯甲烷	$CFCl_3$	-111
氯乙烷	CH_3CH_2Cl	-136.4	戊酰氯	$CH_3(CH_2)_3COCl$	-110.0
1,2-丁二烯	$CH_3CH{=}C{=}CH_2$	-136.19	1-溴丙烷	$CH_3CH_2CH_2Br$	-109.85
丙二烯	$CH_2{=}C{=}CH_2$	-136	1,3-丁二烯	$CH_2{=}CH{-}CH{=}CH_2$	-108.91
环戊烯	C_5H_8	-135.076	四氢呋喃,四氢化氧杂茂	$(CH_2CH_2)_2O$	-108.56
3-氯-1-丙烯	$CH_2{=}CHCH_2Cl$	-134.5	碘乙烷	CH_3CH_2I	-108
2-硝基甲烷	$CH_3CH_2CHCH_3$ $\ \ \ \ \ \ \ \ \ \ |$ $\ \ \ \ \ \ \ \ \ \ NO_2$	-132	异丁醇,2-甲基-1-丙醇	$(CH_3)_2CHCH_2OH$	-108
1-己炔	$CH_3(CH_2)_3C{\equiv}CH$	-131.9	1-硝基丙烷	$CH_3CH_2CH_2NO_2$	-108
2-氯丁烷	$CH_3CH_2CHClCH_3$	-131.3	2,2,4-三甲戊烷异辛烷	$(CH_3)_3CCH_2CH(CH_3)_2$	-107.38
异丙硫醇	$(CH_3)_2CHSH$	-130.54	甲乙硫醚,甲硫基乙烷	$CH_3SC_2H_6$	-105.91
正戊烷	$CH_3(CH_2)_3CH_3$	-129.12	反式-2-丁烯	$CH_3CH{=}CHCH_3$	-105.55
丙烯醇	$CH_2{=}CHCH_2OH$	-129	3-氯(代)戊烷	$(CH_3CH_2)_2CHCl$	-105
环丙烷	$CH_2{-}CH_2$ $\ \ \ \ \backslash\ \ /$ $\ \ \ \ CH_2$	-127.6	乙硫醚,二乙硫	$(C_2H_5)_2S$	-103.9
1-丙醇,正丙醇	$CH_3CH_2CH_2OH$	-126.5	环己烯	C_6H_{10}	-103.5
1-丁炔	$CH_3CH_2C{\equiv}CH$	-125.72			
1-氯丁烷	$CH_3(CH_2)_3Cl$	-123.1			
甲硫醇	CH_3SH	-123			

名　称	化　学　式	熔点/℃	名　称	化　学　式	熔点/℃
1-碘丁烷	CH$_3$(CH$_2$)$_3$I	−103	异丙醚	[(CH$_3$)$_2$CH$_2$]O	−85.89
丙炔	CH$_3$C≡CH	−101.5	氧杂茂,呋喃	CH=CH−CH=CH └─────O─────┘	−85.65
1-碘丙烷	CH$_3$CH$_2$CH$_2$I	−101.3			
2-戊炔	C$_5$H$_8$	−101	硫氰酸乙酯	C$_2$H$_5$SCN	−85.5
丁酸乙酯	CH$_3$(CH$_2$)$_2$CO$_2$C$_2$H$_5$	−100.8	三甲膦	(CH$_3$)$_3$P	−85.3∼−84.3
1,2-二氯丙烷	CH$_3$CHClCH$_2$Cl	−100.44			
丙苯	C$_6$H$_5$CH$_2$CH$_2$CH$_3$	−99.5	乙二醇甲醚	HOCH$_2$CH$_2$OCH$_3$	−85.1
烯丙基-3-碘,碘-1-丙烯	CH$_2$=CHCH$_2$I	−99.3	丁酸甲酯	CH$_3$(CH$_2$)$_2$CO$_2$CH$_3$	−84.8
甲酸甲酯	HCO$_2$CH$_3$	−99	1-溴己烷	C$_6$H$_{13}$Br	−84.7
1-氯(代)戊烷	CH$_3$(CH$_2$)$_4$Cl	−99	3-丁烯腈	CH$_2$=CHCH$_2$CN	−84
丁醛	CH$_3$CH$_2$CH$_2$CHO	−99	乙酸乙酯	CH$_3$CO$_2$C$_2$H$_5$	−83.578
甲硫醚	(CH$_3$)$_2$S	−98.27	丙烯腈	CH$_2$=CHCN	−83.5
乙酸甲酯	CH$_3$CO$_2$CH$_3$	−98.1	1-丙胺	CH$_3$CH$_2$CH$_2$NH$_2$	−83
一氯甲烷	CH$_3$Cl	−97.73	硝酸甲酯	CH$_3$ONO$_2$	−82.3
环-1,3-戊二烯茂	C$_5$H$_6$	−97.2	丙醛	CH$_3$CH$_2$CHO	−81
乙酰溴	CH$_3$COBr	−96	乙胺	C$_2$H$_5$NH$_2$	−81
异丙苯,枯烯	C$_6$H$_5$CH(CH$_3$)$_2$	−96	氰酸	HOCN	−81∼−79
丙酮	CH$_3$COCH$_3$	−95.35	1-庚炔	CH$_3$(CH$_2$)$_4$C≡CH	−81
异丙胺	(CH$_3$)$_2$CHNH$_2$	−95.2	乙炔	CH≡CH	−80.8
二氯甲烷	CH$_2$Cl$_2$	−95.1	氯甲酸乙酯	ClCO$_2$C$_2$H$_5$	−80.6
正己烷	C$_6$H$_{14}$	−95	甲酸乙酯	HCO$_2$C$_2$H$_5$	−80.5
甲苯	C$_6$H$_5$CH$_3$	−95	1,2-二氯乙烯	CHClCHCl	−80.5(顺) −50(反)
乙苯	C$_6$H$_5$CH$_2$CH$_3$	−94.97			
硝酸乙酯	C$_2$H$_5$ONO$_2$	−94.6	己腈	CH$_3$(CH$_2$)$_4$CN	−80.3
丙酰氯	C$_2$H$_5$COCl	−94	正戊醇,1-戊醇	CH$_3$(CH$_2$)$_4$OH	−79
1-氯己烷	C$_6$H$_{13}$Cl	−94.0	2-戊酮	CH$_3$CH$_2$CH$_2$COCH$_3$	−77.8
甲醇	CH$_3$OH	−93.9	丁酸酐	(CH$_3$CH$_2$CH$_2$CO)$_2$O	−75
环戊烷,茂烷	C$_5$H$_{10}$	−93.879	丙烯酸甲酯	CH$_2$=CHCO$_2$CH$_3$	<−75
一溴甲烷	CH$_3$Br	−93.6	(反式)巴豆醛	CH$_3$CH=CHCHO	−74
甲胺	CH$_3$NH$_2$	−93.5	丙酸乙酯	CH$_3$CH$_2$CO$_2$C$_2$H$_5$	−73.9
乙酸乙烯酯	CH$_3$CO$_2$CH=CH$_2$	−93.2	乙酸酐	(CH$_3$CO)$_2$O	−73.1
二甲胺	(CH$_3$)$_2$NH	−93	1,1,2-三氯乙烯	CHClCCl$_2$	−73
丙腈,乙基腈	C$_2$H$_5$CN	−92.89	羟乙腈	HOCH$_2$CN	<−72
甲醛	CH$_2$O	−92	异丁腈	(CH$_3$)$_2$CHCN	−71.5
戊醛	CH$_3$(CH$_2$)$_3$CHO	−91.5	丙烯酸乙酯	C$_5$H$_8$O$_2$	−71.2
(正)庚烷	C$_7$H$_{16}$	−90.61	氯乙醇	CH$_3$ClCH$_2$OH	−67.5
2-碘丙烷,异丙碘	CH$_3$CHICH$_3$	−90.1	一碘甲烷	CH$_3$I	−66.45
1-戊炔	C$_5$H$_8$	−90.0	异丁醛	(CH$_3$)$_2$CHCHO	−65.9
正丁醇,1-丁醇	CH$_3$(CH$_2$)$_3$OH	−89.53	三氯硝基甲烷	CCl$_3$NO$_2$	−64.5
2-丙醇,异丙醇	CH$_3$CHOHCH$_3$	−89.5	N-乙基苯胺	C$_6$H$_5$NHCH$_2$CH$_3$	−63.5
2-溴丙烷,异丙溴	CH$_3$CHBrCH$_3$	−89.0	三氯甲烷	CHCl$_3$	−63.5
环-1,3-己二烯	C$_6$H$_8$	−89	丙二酸二甲酯	CH$_2$(CO$_2$CH$_3$)$_2$	−61.9
丁酰氯	CH$_3$(CH$_2$)$_2$COCl	−89	N,N-二甲基甲酰胺	HCON(CH$_3$)$_2$	−60.48
丙酸甲酯	C$_2$H$_5$CO$_2$CH$_3$	−87.5	1,3-丙二醇	HOC$_3$H$_6$OH	<−60
1,3-戊二烯	CH$_3$CH=CH−CH=CH$_2$	−87.47	乙二醇二甲醚	CH$_3$O(CH$_2$)$_2$OCH$_3$	−58
丙烯醛	CH$_2$=CHCHO	−86.95	三氯乙醛	CCl$_3$CHO	−57.5
2-丁酮,甲基乙基酮	CH$_3$CH$_2$COCH$_3$	−86.35	N-甲基苯胺,甲基替苯胺	C$_6$H$_5$NHCH$_3$	−57

名　称	化　学　式	熔点/℃	名　称	化　学　式	熔点/℃
2-己酮	$CH_3CO(CH_2)_3CH_3$	-57	乙二酸二乙酯	$(CO_2C_2H_5)_2$	-38.5
(正)辛烷	C_8H_{18}	-56.79	硫杂茂,噻吩	$CH=CH-CH=CH$ $\underline{\qquad S \qquad}$	-38.25
二氧化碳	CO_2	-56.6 (527kPa)	苯甲醚,甲氧基苯	$C_6H_5OCH_3$	-37.5
己醛	$CH_3(CH_2)_4CHO$	-56	1,4-二氯丁烷	$CH_2ClCH_2CH_2CH_2Cl$	-37.3
环庚烯	C_7H_{12}	-56	溴丙酮	$CH_2BrCOCH_3$	-36.5
α-蒎烯	$C_{10}H_{16}$	-55	丁二炔	$HC\equiv C-C\equiv CH$	-36.4
二溴甲烷	CH_2Br_2	-52.5	1,1,2,2-四氯乙烷	$CHCl_2CHCl_2$	-36
乙酸苄酯	$CH_3CO_2CH_2C_6H_5$	-51.5	1,2-二氯乙烷	CH_2ClCH_2Cl	-35.36
环戊酮	$(CH_2CH_2)_2CO$	-51.3	邻氯甲苯	$C_6H_4ClCH_3$	-35.1
(正)壬烷	C_9H_2O	-51	3-丁烯酸	$CH_2=CHCH_2CO_2H$	-35
硝基乙烷	$CH_3CH_2NO_2$	-50	苯甲酸乙酯	$C_6H_5CO_2C_2H_5$	-34.6
环丁烷	CH_2-CH_2 $\vert\quad\ \ \vert$ CH_2-CH_2	-50	(正)庚醇	$CH_3(CH_2)_6OH$	-34.1
1,4-环己二烯	C_6H_8	-49.2	(正)戊酸	$CH_3(CH_2)_3CO_2H$	-33.83
丙二酸二乙酯	$CH_2(CO_2CH_2CH_3)_2$	-48.9	丁炔	$CH_3C\equiv C-CH_3$	-32.26
3-氯-1,2-环氧丙烷	$CH_2ClCH-CH_2$ $\underset{O}{\diagdown\ \diagup}$	-48	氯乙酸甲酯	$CH_2ClCO_2CH_3$	-32.12
二乙胺	$(C_2H_5)_2NH$	-48	硫酸二甲酯	$(CH_3O)_2SO_2$	-31.75
丙炔醇	$CH\equiv CCH_2OH$	-48	碘苯	C_6H_5I	-31.27
甲基丙烯酸甲酯	$CH_2=C-CO_2CH_3$ $\quad\ \ \vert$ $\quad\ \ CH_3$	-48	溴苯	C_6H_5Br	-30.82
间二甲苯	$C_6H_4(CH_3)_2$	-47.87	苯乙烯	$C_6H_5CH=CH_2$	-30.63
间氯甲苯	$C_6H_4ClCH_3$	-47.8	间甲苯胺	$CH_3C_4H_4NH_2$	-30.4
1-己醇	$C_6H_{13}OH$	-46.7	硫酸乙酯	$C_2H_5O_3SH$	<-30
异丁酸	$(CH_3)_2CHCO_2H$	-46.1	(正)癸烷	$C_{10}H_{22}$	-29.7
磷酸三甲酯	$(CH_3O)_3PO$	-46(稳态) -62(非稳态)	苯乙醚	$C_6H_5OCH_2CH_3$	-29.5
乙腈	CH_3CN	-45.72	丁酮肟	$\quad\quad NOH$ $\quad\quad\ \Vert$ $CH_3CCH_2CH_3$	-29.5
氯苯	C_6H_5Cl	-45.6	丁醛肟	$CH_3CH_2CH_2CHNOH$	-29.5
丙酸酐	$(CH_3CH_2CO)_2O$	-45	戊二腈	$NC(CH_2)_3CN$	-29
苯乙炔	$C_6H_5C\equiv CH$	-44.8	五氯乙烷	$CHCl_2CCl_3$	-29
1,3,5-三甲苯	$C_6H_3(CH_3)_3$	-44.7	氰	C_2N_2	-27.9
氯丙酮	$CH_2ClCOCH_3$	-44.5	邻溴甲苯	$C_6H_4BrCH_3$	-27.73
双丙酮醇	$(CH_3)_2C(OH)CH_2COCH_3$	-44	苯乙醇	$C_6H_5CH_2CH_2OH$	-27
氯代环己烷	$C_6H_{11}Cl$	-43.9	苯甲醛,苦杏仁油	C_6H_5CHO	-26
1,2,4-三甲苯	$C_6H_3(CH_3)_3$	-43.8	二苯硫,苯硫醚	$(C_6H_5)_2S$	-25.9
(正)庚醛	$CH_3(CH_2)_5CHO$	-43.3	1,2,3-三甲苯	$C_6H_3(CH_3)_3$	-25.37
萘烷,十氢化萘	$C_{10}H_{18}$	(顺)-43.26 (反)-31.47	邻二甲苯	$C_6H_4(CH_3)_2$	-25.18
碳酸二乙酯	$(CH_3CH_2O)_2CO$	-43	二乙醇胺	$HN(CH_2CH_2OH)_2$	-25
氮杂苯,吡啶	C_5H_5N	-42	间二氯苯	$C_6H_4Cl_2$	-24.7
乳腈,2-羟基丙腈	$CH_3CHOHCN$	-40	硫酸二乙醚	$(C_2H_5)_2SO_4$	-24.5
间溴甲苯	$C_4H_4BrCH_3$	-39.8	苯甲酰溴	C_6H_5COBr	-24
二丙胺	$(CH_3CH_2CH_2)_2NH$	-39.6	苯乙腈,苄基腈	$C_6H_5CH_2CN$	-23.8
苯氯甲烷,苄基氯	$C_6H_5CH_2Cl$	-39	乙酰丙酮,戊间二酮	$CH_3COCH_2COCH_3$	-23
α-呋喃甲醛,糠醛	C_4H_3OCHO	-38.7	四氯化碳	CCl_4	-22.99
			乙二醇二硝酸脂	$(CH_2ONO_2)_2$	-22.3
			1-甲萘,α-甲萘	$C_{10}H_7CH_3$	-22

名 称	化 学 式	熔点/℃	名 称	化 学 式	熔点/℃
丙酸	$CH_3CH_2CO_2H$	−20.8	间甲氧基苯胺	$C_6H_4(NH_2)OCH_3$	−1～1
丁二酸二乙酯	$(CH_2CO_2CH_2CH_3)_2$	−20.6	苯甲酰氯	C_6H_5COCl	0
四氯乙烯	CCl_2CCl_2	−19	1,1,2,2-四溴乙烷	$CHBr_2CHBr_2$	0
环戊醇	$(CH_2CH_2)_2CHOH$	−19	邻苯二甲酸二甲酯	$C_6H_4(CO_2CH_3)_2$	0～2
1-己胺	$CH_3(CH_2)_5NH_2$	−19	过乙酸	CH_3CO_3H	0.1
丙酮合氰化氢, 2-甲基-2-羟基丙腈	$(CH_3)_2C(OH)CN$	−19	1,6-己二腈	$(CH_2CH_2CN)_2$	1
（正）庚胺	$C_7H_{15}NH_2$	−18	N,N-二甲苯胺	$C_6H_5N(CH_3)_2$	2.45
三氯乙酸甲酯	$CCl_3CO_2CH_3$	−17.5	甲酰胺	$HCONH_2$	2.55
硝基甲烷	CH_2NO_2	−17	苯	C_6H_6	5.5
邻二氯苯	$C_6H_4Cl_2$	−17.0	邻溴苯酚	$C_6H_4Br(OH)$	5.6
（正）辛醇	$CH_3(CH_2)_7OH$	−16.7	硝基苯	$C_6H_5NO_2$	5.7
新戊烷,季戊烷	$(CH_3)_4C$	−16.55	二碘甲烷	CH_2I_2	6.1
二氯甲基苯	$C_6H_5CHCl_2$	−16.5	邻甲氧基苯胺	$C_6H_4(NH_2)OCH_3$	6.22
环己酮	$C_6H_{10}O$	−16.4	环己烷	C_6H_{12}	6.55
氮杂萘,喹啉	C_9H_7N	−15.6	1,2-二溴-3-氯丙烷	$C_3H_5Br_2Cl$	6.7
苄醇,苯甲醇	$C_6H_5CH_2OH$	−15.3	1-癸醇	$CH_3(CH_2)_9OH$	7
三氟乙酸	CF_3CO_2H	−15.25	邻二溴苯	C_6H_4Br	7.1
苯硫酚	C_6H_5SH	−14.8	对氯甲苯	$C_6H_4ClCH_3$	7.5
邻甲苯胺	$CH_3C_6H_4NH_2$	−14.7(稳态)	2,3-丁二醇	$CH_3CHOHCHOHCH_3$	7.6
邻氯苯胺	$C_6H_4ClNH_2$	−14	三溴甲烷	$CHBr_3$	8.3
氢氰酸	HCN	−13.24	甲酸	$HCOOH$	8.4
苯甲腈,氰基苯	C_6H_5CN	−13	1,2-乙二胺	$H_2NCH_2CH_2NH_2$	8.5
苯甲酸甲酯	$C_6H_5CO_2CH_3$	−12.3	邻氯苯酚	$C_6H_4Cl(OH)$	9.0
环庚烷	C_7H_{14}	−12	1,2-二溴乙烷,二溴化乙烷	CH_2BrCH_2Br	9.79
1,2-乙二醇甘醇	$HOCH_2CH_2OH$	−11.5	邻甲苯磺酰氯	$CH_3C_6H_4SO_2Cl$	10.2
一缩二乙二醇,二甘油	$HOCH_2CH_2OCH_2CH_2OH$	−10.5	氨基乙醇	H_2NCH_2OH	10.3
间氯苯胺	$C_6H_4ClNH_2$	−10.3	间甲苯酚	$CH_3C_6H_4OH$	11.5
邻硝基甲苯	$C_6H_4(NO_2)CH_3$	−9.55	1,4-二氧杂环己烷,二噁烷	$C_4H_8O_2$	11.8
六氢吡啶,氮己烷	$C_5H_{11}N$	−9	（正）壬酸	$CH_3(CH_2)_7CO_2H$	12.24
氯乙酰乙酸乙酯	$CH_2ClCOCH_2CO_2C_2H_5$	−8	丙烯酸	$CH_2=CHCO_2H$	13
庚酸	$CH_3(CH_2)_5CO_2H$	−7.5	甘油三硝酸酯,硝化甘油	$(O_2NO)_3C_3H_5$	13(稳态)
肉桂醛,β-苯丙烯醛(反式)	$C_6H_5CH=CHCHO$	−7.5			2(非稳态)
间二溴苯	$C_6H_4Br_2$	−7	二氯乙硫醚,芥子气	$(ClCH_2CH_2)_2S$	13～14
邻羟基苯甲醛,水杨醛	$C_6H_4(OH)CHO$	−7	对二甲苯	$C_6H_4(CH_3)_2$	13.26
双乙烯酮	$CH_3COCH=C=O$	−6.5	二氯乙酸	$CHCl_2CO_2H$	13.2
1,2-二溴乙烯	$CHBrCHBr$	−6.5(顺)	丙酮酸	CH_3COCO_2H	13.6
苯胺	$C_6H_5NH_2$	−6.3	四硝基甲烷	$C(NO_2)_4$	14.2
1-壬醇	$CH_3(CH_2)_8OH$	−5.5	环辛烷	$(CH_2)_8$	14.3
三甘醇	$(CH_2OCH_2CH_2OH)_2$	−5	苯磺酰氯	$C_6H_5SO_2Cl$	14.5
环辛四烯	C_8H_8	−4.68	乙二醛	$(CHO)_2$	15
正丁酸	$CH_3CH_2CH_2CO_2H$	−4.62	顺-2-丁烯酸	$CH_3CH=CHCO_2H$	15.5
苯溴甲烷	$C_6H_5CH_2Br$	−3～−1	间硝基甲苯	$C_6H_4(NO_2)CH_3$	16
丁二酮,双乙酰	$CH_3COCOCH_3$	−2.4	邻苯二甲酰氯	$C_6H_4(COCl)_2$	16
1-氯萘,α-氯萘	$C_{10}H_7Cl$	−2.3	苯甲醛腙,苄腙	$C_6H_5CH=NNH_2$	16
（正）己酸	$CH_3(CH_2)_4CO_2H$	−2～−1.5	乙酸	CH_3CO_2H	16.604

名 称	化 学 式	熔点/℃	名 称	化 学 式	熔点/℃
不旋乳酸,丙醇酸	$CH_3CHOHCO_2H$	18	1,3-二溴丙酮	$CH_2BrCOCH_2Br$	45
二甲基亚砜	$(CH_3)_2SO$	18.45	2,4-二氯酚,邻、	$C_6H_3Cl_2OH$	45
间溴苯胺	$C_6H_4BrNH_2$	18.5	对-二氯苯酚		
苯肼	$C_6H_5NHNH_2$	19.8	2-碘苯酸	CH_3CHICO_2H	45～47
丙三醇,甘油	$CH_2OHCHOHCH_2OH$	20	乙醛肟,乙肟	CH_3CHNOH	47
1,4-丁二醇	$HOCH_2CH_2CH_2OH$	20.1	二苯甲酮	$(C_6H_5)_2CO$	$(\alpha)48.1$
苯甲酸苄酯,苯甲	$C_6H_5CO_2CH_2C_6H_5$	21			$(\beta)26$
酸苯甲酯			胍,亚胺脲	$(H_2N)_2C\!=\!NH$	50
三乙醇胺	$N(CH_2CH_2OH)_3$	21.2	溴乙酸	CH_2BrCO_2H	50
环己醇	$CH_2(CH_2)_4CHOH$	25.15	邻氨基联苯	$C_6H_5C_6H_4NH_2$	51～53
二苯甲烷	$(C_6H_5)CH_2$	25.35	莰烯	$C_{10}H_{16}$	52
叔丁醇,2-甲基-2-	$(CH_3)_3COH$	25.5	戊醛肟	$CH_3(CH_2)_3CHNOH$	52
丙醇			L（+）-乳酸,L	$CH_3CH(OH)CO_2H$	52.8
2-丙酸	$CH_3CHBrCO_2H$	25.7(稳态)	（+）-α-羟基丙酸		
		−3.9(非稳态)	环扁桃酯		52.9[①]
异氮杂萘,异喹啉	C_9H_7N	26.5	2,4-二硝基氯苯	$C_6H_3(NO_2)_2Cl$	53
（二）苯醚	$(C_6H_5)_2O$	26.84	对氨基联苯	$C_6H_5C_6H_4NH_2$	53～54
甲酰乙胺	$HCONHC_2H_5$	28	对二氯苯	$C_6H_4Cl_2$	53.1
对溴甲苯	$C_6H_4BrCH_3$	28.5	水合三氯乙醛	$CCl_3CH(OH)_2$	53.5
邻甲苯酚	$CH_3C_6H_4OH$	30.94	乙二酸二甲酯	$(CO_2CH_3)_2$	54
（正）癸酸	$CH_3(CH_2)_8CO_2H$	31.5	二苯胺	$(C_6H_5)_2NH$	54～55
邻溴苯胺	$C_6H_4BrNH_2$	32	对硝基甲苯	$C_6H_4(NO_2)CH_3$	54.5
丙二腈	$CH_2(CN)_2$	32	甘油三硬脂酸酯	$(C_{17}H_{35}CO_2)_3C_3H_5$	α:55
邻甲氧基苯酚,愈	$CH_3OC_6H_4OH$	32			β:75
创木酚					γ:64.5
间氯苯酚	$C_6H_4Cl(OH)$	33	一氯三溴甲烷	$CClBr_3$	55
间溴苯酚	$C_6H_4Br(OH)$	33	聚乙二醇		55.2
α-萘甲醛	$C_{10}H_7CHO$	33～34	硬脂酸		55.4[①]
α-苯乙醛	$C_6H_5CH_2CHO$	33～34	间硝基溴苯	$C_6H_4BrNO_2$	56[稳态]
2-甲萘,β-甲萘	$C_{10}H_7CH_3$	34.58	丁二腈	$NCCH_2CH_2CN$	57.15～57.20
对甲苯酚	$CH_3C_6H_4OH$	34.8	对甲氧苯胺	$C_6H_4(NH_2)OCH_3$	57.2
氟乙酸	CH_2FCO_2H	35.2	间硝基苯甲醛	$C_6H_4(NO_2)CHO$	58
（反式)氧化偶氮苯	$C_6H_5N(O)NC_6H_5$	36	三氯乙酸	CCl_3CO_2H	58
乙二醇碳酸酯	$(CH_2O)_2CO$	39～40	顺-丁烯二酸酐,	$(CHCO)_2O$	60
羊毛脂		39.6[①]	马来酸酐		
丙醛肟,丙肟	C_2H_5CHNOH	40	甘油-1-硝酸酯	$(HO)_2C_3H_5ONO_2$	61
1,6-己二胺	$H_2N(CH_2)_6NH_2$	41～42	β-萘甲醛	$C_{10}H_7CHO$	61～63
氨基氰	H_2NCN	42	1-硝基萘,α-硝	$C_{10}H_7NO_2$	61.5
苯乙砜	$C_6H_5SO_2CH_2CH_3$	42	基萘		
苯甲酸酐,苯酸酐	$(C_6H_5CO)_2O$	42	氯乙酸	CH_2ClCO_2H	63
1,6-己二醇	$HO(CH_2)_6OH$	43	间苯二胺	$C_6H_4(NH_2)_2$	63～64
苯酚,石碳酸	C_6H_5OH	43	三聚甲醛	$(CH_2O)_3$	64
2,3-二甲基丁二醇	$[(CH_3)_2COH]_2$	43	苯磺酸	$C_6H_5SO_3H$	65～66
邻硝基溴苯	$C_6H_4BrNO_2$	43	2,6-二硝基甲苯	$C_6H_3(NO_2)_2CH_3$	66
对氯苯酚	$C_6H_4Cl(OH)$	43.2～43.7	对溴苯酚	$C_6H_4Br(OH)$	66.4
邻硝基苯甲醛	$C_6H_4(NO_2)CHO$	43.5～44	对溴苯胺	$C_6H_4BrNH_2$	66.4
对甲苯胺	$CH_3C_6H_4NH_2$	43.7	α-萘磺酰氯	$C_{10}H_7SO_2Cl$	68
dl-2-羟基丁酸	$C_2H_5CHOHCO_2H$	44～44.5	（反式)偶氮苯	$C_6H_5N\!=\!NC_6H_5$	68.5
			二苯甲醇	$(C_6H_5)_2CHOH$	69

名　称	化　学　式	熔点/℃	名　称	化　学　式	熔点/℃
2,4,6-三氯苯酚	$C_6H_2Cl_3OH$	69.5	重氮氨基苯	$C_6H_5N{=}NNHC_6H_5$	98
邻二氮杂茂,吡唑	NCHCHCHNH	69.5～70	戊二酸	$CH_2(CH_2CO_2H)_2$	99
二苯亚砜	$(C_6H_5)_2SO$	70.5	菲,品(䓛)三苯	$(C_6H_4CH)_2$	101
2,4-二硝基甲苯	$C_6H_3(NO_2)_2CH_3$	71	偶氮二异丁腈	$C_8H_{12}N_4$	102～104
对甲苯磺酰氯	$CH_3C_6H_4SO_2Cl$	71	邻苯二胺	$C_6H_4(NH_2)_2$	102～103
联(二)苯	$(C_6H_5)_2$	71	邻苯二酚,儿苯酚,焦儿苯酚	$C_6H_4(OH)_2$	105
苯甲酸苯酯	$C_6H_5CO_2C_6H_5$	71			
邻硝基苯胺	$C_6H_4(NO_2)NH_2$	71.5	对硝基苯甲醛	$C_6H_4(NO_2)CHO$	106
反-2-丁烯酸	$CH_3CH{=}CHCO_2H$	71.5～71.7	庚二酸	$(CH_2)_5(CO_2H)_2$	106
硬脂酸,十八烷酸	$CH_3(CH_2)_{16}CO_2H$	71.5～72	正戊酰胺	$CH_3(CH_2)_3CONH_2$	106
对氯苯胺	$C_6H_4ClNH_2$	72.5	过氧化苯二甲酰,过氧化苯酰	$(C_6H_5CO_2)_2$	106～108
8-羟基喹啉	C_9H_7ON	75～76			
布洛芬		75.6①	1,9-壬二酸	$CH_2(CH_2CH_2CH_2CO_2H)_2$	106.5
苯乙酸	$C_6H_5CH_2CO_2H$	77	邻甲苯甲酸	$CH_3C_6H_4CO_2H$	107～108
2-乙炔酸	$CH_3C{\equiv}CCH_2H$	78	间苯二酚	$C_6H_4(OH)_2$	111
2,4,6-三氯苯胺	$C_6H_2Cl_3NH_2$	78.5	间甲苯甲酸	$CH_3C_5H_4CO_2H$	111～113
β-萘磺酰氯	$C_{10}H_7SO_2Cl$	79	β-萘酚	$C_{10}H_8O$	111～113①
三苯膦	$(C_6H_5)_3P$	80	六氯化苯(高丙体)(γ)	$C_6H_6Cl_6$	112.5～113
羟基乙酸,乙醇酸	$HOCH_2CO_2H$	80			
萘	$C_{10}H_8$	80.55	乙酸铵	$CH_3CO_2NH_4$	114
丙酰胺	$C_2H_5CONH_2$	81.3	间硝基苯胺	$C_6H_4(NO_2)NH_2$	114
香草醛,3-甲氧基-4-羟基苯甲醛	$C_8H_3(OH)(OCH_3)CHO$	81.6①	乙硫脲	$C_2H_5NHCSNH_2$	114
			乙酰苯胺	$C_6H_5NHCOCH_3$	114.2, 114.3
2,4,6-三硝基甲苯,TNT	$C_6H_2(NO_2)_3CH_3$	82			
			丁酰胺	$C_2H_5CH_2CONH_2$	114.8
氢氯化氮杂苯	$C_5H_5N \cdot HCl$	82	2,4-二硝基苯酚	$C_6H_3(NO_2)_2OH$	115～116
乙酰胺	CH_3CONH_2	82.3	对苯醌	$C_6H_4O_2$	115.7(升)
碘乙酸	CH_2ICO_2H	83	异丙醇铝	$Al[OCH(CH_3)_2]_3$	118
碳酸二苯酯	$(C_6H_5O)_2CO$	83	邻二硝基苯	$C_6H_4(NO_2)_2$	118.5
对硝基氯苯	$C_6H_4ClNO_2$	83.6	丁二(酸)酐	$(CH_2CO)_2O$	119.6
邻羟基苯甲醇,水杨醇	$C_6H_4(OH)CH_2OH$	87	多聚甲醛	$(CH_2O)_n(n{=}8～10)$	120～170
对二溴苯	C_6H_4Br	87.33	2,4,6-三溴苯胺	$C_6H_2Br_3NH_2$	122
1-萘磺酸,α-萘磺酸	$C_{10}H_7SO_3H$	90	苯甲酸,安息香酸	$C_6H_5CO_2H$	122.4
环己酮肟	$CH_2(CH_2)_4CNOH$	90	三碘甲烷	CHI_3	123
间二硝基苯	$C_6H_4(NO_2)_2$	90.02	氯洁霉素		123①
硬脂酸镁	$[C_{17}H_{35}COO]_2Mg$	90.5	间氨基苯酚	$C_6H_4(NH_2)OH$	123
戊酸乙酯	$CH_3(CH_2)_3COCH_2CH_3$	91.2	甲酸钠	$HCOONa$	124
乙脲	$C_2H_5NHCONH_2$	92.1～92.4	2-萘磺酸,β-萘磺酸	$C_{10}H_7SO_2H$	124～125
三苯甲烷	$(C_6H_5)_3CH$	94(稳态)			
苯偶酰,联苯酰	$(C_6H_5CO)_2$	95～96	对氨基偶氮苯	$C_6H_5N_2C_6H_5NH_2$	127
二苯乙二酮,联二苯酰	$(C_6H_5CO)_2$	95～96	三苯胺	$(C_6H_5)_3N$	127
			对硝基溴苯	$C_6H_4BrNO_2$	127
2,4,6-三溴苯酚	$C_6H_2Br_3OH$	95～96	联苯胺	$(C_6H_5NH_2)_2$	128(稳态)
2,4,6-三硝基苯酚,苦味酸	$C_6H_2(NO_2)_3OH$	96	二苯砜	$(C_6H_5)_2SO$	128～129
1-萘酚,α-萘酚	$C_{10}H_8O$	96	α-萘醌,1,4-萘醌	$C_{10}H_6O_2$	128.5
氨基脲	$H_2NNHCONH_2$	96	dl-羟基丁二酸	$HO_2CCH_2CHOHCO_2H$	128.9
α-羟基乙醛	$HOCH_2CHO$	97	2,4-二硝基苯磺酸	$C_6H_3(NO_2)_2SO_3H$	130

名　称	化　学　式	熔点/℃	名　称	化　学　式	熔点/℃
甲苯磺丁脲		130.7	α-苯乙酰胺	$C_6H_5CH_2CONH_2$	157
邻苯二甲酸酐	$C_6H_4(CO)_2O$	131.61	邻羟基苯甲酸,水杨酸	$C_6H_4(OH)CO_2H$	159
甘露糖	$CH_2OH(CHOH)_4CHO$	132～133			
苯甲酰胺	$C_6H_5CONH_2$	132.5～133.5	α-萘甲酸	$C_{10}H_7CO_2H$	161
氯代丙二酸	$CHCl(CO_2H)_2$	133	山梨糖	$CH_2OH(CHOH)_3COCH_2OH$	162～163
α-萘乙酸	$C_{10}H_7CH_2CO_2H$	133	乙醛缩氨基脲	$C_2H_4N_2HCONH_2$	163
乙酰替萘胺	$C_{10}H_7NHCOCH_3$	134	法莫替丁		163.8
对硝基邻甲苯胺	$CH_3C_6H_3(NO_2)NH_2$	134～135	磺胺		164.1
非那西丁		134.1	三苯甲醇	$(C_6H_5)_3COH$	164.2
癸二酸	$[(CH_2)_4CO_2H]_2$	134.5	(阿拉伯)戊醛糖 (dl)	$C_4H_9O_4CHO$	164.5
乙酰水杨酸,阿斯匹林	$CH_3CO_2C_6H_4CO_2H$	135	吡唑酮	$C_3H_4ON_2$	165
三溴乙酸	CBr_3CO_2H	135	磺胺,对氨基苯磺酰胺	$H_2NC_6H_4SO_2NH_2$	165～166
尿素	H_2NCONH_2	135	甘露醇		167.5
肉桂酸,β-苯烯酸(反式)	$C_6H_5CH{=}CHCO_2H$	135～136	d-半乳糖	$CH_2OH(CHOH)_4CHO$	170
苯偶姻,安息香,二苯乙醇酮(dl)	$C_6H_5COCHOHC_6H_5$	137	1,3-二氮杂茚苯并咪唑	$C_7H_6N_2$	170.05
丙硫异烟胺		137.8,142.5	磺胺甲基异噁唑		170.4
对苯二胺	$C_6H_4(NH_2)_2$	140	扑热息痛		170.5
乌氨酸,2,5-二氨基戊酸	$H_2N(CH_2)_3CH(NH_2)CO_2H$	140	醌氢醌,对苯醌合对苯二酚	$C_6H_4O_2C_6H_4(OH)_2$	171
2,4-滴;2,4-D;2,4-二氯苯氧乙酸	$C_6H_3Cl_2OCH_2CO_2H$	140～141	异烟肼,雷米封	$C_5H_4CONHNH_2$	171
间硝基苯甲酸	$C_6H_4(NO_2)CO_2H$	140～142	芬氟拉明		171.8
葡萄糖	$C_6H_{12}O_6$	141.0	二茂铁	$(C_5H_5)_2Fe$	172.5～173
利福平		141.1	对亚硝基苯胺	$C_6H_4(NO)NH_2$	173～174
β-萘乙酸	$C_{10}H_7CH_2CO_2H$	142	硝苯啶		173.4
辛二酸	$(CH_2CH_2CH_2CO_2H)_2$	144	对苯二酚	$C_6H_4(OH)_2$	173.4
甘油醛	$CH_3OHCHOHCHO$	145	间氨基苯甲酸	$C_6H_4(NH_2)CO_2H$	174
三苯甲基(自由基)	$(C_6H_5)_3C$	145～147	邻氨基苯酚	$C_6H_4(NH_2)OH$	174
β-萘醌,邻萘醌	$C_{10}H_6O_2$	146	对二硝基苯	$C_6H_4(NO_2)_2$	174
乳糖		146.4	丁炔二酸	$HO_2CC{\equiv}CCO_2H$	179
邻氨基苯甲酸	$C_6H_4(NH_2)CO_2H$	146～147	维生素 C		181.0
内消旋酒石酸	$(CHOHCOH)_2$	146～148	硫脲	H_2NCSNH_2	182
邻硝基苯甲酸	$C_6H_4(NO_2)CO_2H$	147～148	对甲苯甲酸	$CH_3C_6H_4CO_2H$	182
对硝基苯胺	$C_6H_4(NO_2)NH_2$	148.5～149.5	磷霉素钙		182.2
氯霉素		150.9	β-萘甲酸	$C_{10}H_7CO_2H$	185.5
氟哌啶醇		151.9	对氨基苯酚	$C_6H_4(NH_2)OH$	186～187
1,6-己二酸	$(CH_2CH_2CO_2H)_2$	153	六氯乙烯	CCl_3CCl_3	186.7～187.4(封管)
柠檬酸	$HO_2CCH_2C(CO_2H)CH_2CO_2HOH$	153	丁二酸,琥珀酸	$(CH_2CO_2H)_2$	188
			对氨基苯甲酸	$C_6H_4(NH_2)CO_2H$	188～189
对羟基偶氮苯	$C_6H_5N{=}NC_6H_4OH$	155～157	乙二酸,草酸	$(CO_2H)_2$	189.5,
苯磺酰胺	$C_6H_5SO_2NH_2$	156	卡马西平		190.9
萘普生		156.1	2,4-二硝基苯肼	$C_6H_3(NO_2)_2NHNH_2$	194,194.4
甲酸钾	$HCOOK$	157	酮替芬		
丙酮醛二肟	$C_3H_6N_2O_2$	157	β-萘甲酰胺	$C_{10}H_7CONH_2$	195,197.5
			磺胺二甲嘧啶		

续表

名　称	化　学　式	熔点/℃	名　称	化　学　式	熔点/℃
孕二烯酮		200.0	三唑仑		242.1
α-萘甲酰胺	$C_{10}H_7CONH_2$	204~205	匹莫林		251.0
羧甲半胱		205.3	环己六醇	$C_6H_6(OH)_6$	253
利他林		211.5	哌仑西平		256.9
维生素 B_6		212.7	维生素 B_1		258.3
丙吡胺		215.2	甲硝基咪唑		259.0
嘌呤	$C_5H_3N_4$	216~217	胱氨酸,双巯丙氨酸	$[HO_2CCH(NH_2)CH_2S]_2$	260
蒽,并三苯	$(C_6H_4CH)_2$	216.2~216.4			
乙酰脲	$CH_3CONHCONH_2$	218	酚酞	$C_{20}H_{14}O_4$	260.6
环丙沙星		220.1	水杨酸钠	$C_6H_4(OH)CO_2Na$	262.5,296.7
洛哌丁胺		225.8	季戊四醇	$C(CH_2OH)_4$	269(升华)
舒乐安定		227.1	沙利度胺		272.9
达那唑		229.2	氧氟沙星		274.8
糖精钠		230.2	曲安缩松		278.1
六氯代苯	C_6Cl_6	230	色氨酸	$C_6H_4NHCH=CCH_2CHCO_2H$ $\mid$ NH	282
咖啡因,咖啡碱	$C_8H_{10}O_2N_4$	238			
邻苯二甲酰亚胺	$C_6H_4(CO)_2NH$	238	对氨基苯磺酸	$C_6H_4(NH_2)SO_3H$	288
4,4'-二硝基联苯	$(C_6H_4NO_2)_2$	240~243	乙酸钠	CH_3CO_2Na	320
对硝基苯甲酸	$C_6H_4(NO_2)CO_2H$	242	间苯二甲酸	$C_6H_4(CO_2H)_2$	348

第二篇

参 考 文 献

[1] 松尾隆祐，崎山稔. 见：日本热测定学会编. 新热分析の基礎と応用. 東京：（株）リアライズ社，1989：210.

[2] Dodd J W, Tonge K H. Thermal Methods. London：John Wiley and Sons，1987，337：335.

[3] 孙秀兰，李吉林. 热电偶温度-毫伏对照表. 北京：中国计量出版社，1988.

[4] 俞志明，中国化工商品大全（上册）. 北京：中国物资出版社，1992.

[5] 王濮等. 系统矿物学（上、中、下）. 北京：地质出版社，1982.

[6] 樱井良文，小泉光惠. 新型陶瓷材料及其应用. 陈俊延，王余君译. 北京：中国建筑工业出版社，1983.

[7] Blazek A. Thermal Anlysis. New York：Van Nostrand Reinhold Company，1973.

[8] Smykatz-Kloss W. Differential Thermal Analysis Application and Results in Mineralogy, Berlin：Sprringer-verlag，1974.

[9] 戴安邦，沈孟长. 元素周期表. 上海：科学技术出版社，1981.

[10] 印永嘉. 大学化学手册. 济南：山东科学技术出版社，1985.

[11] 林传仙，白正华，张哲儒. 矿物及有关化合物热力学数据手册. 北京：科学出版社，1985.

[12] 王箴. 化工辞典. 第4版. 北京：化学工业出版社，1992.

符号与缩略语

A	峰面积	EGD	逸出气检测
A_f	逆相变终止温度	F	部分面积分数
A_i	逆相变起始温度	f	频率
a_T	移动因子	f_S	自由体积分数
ACC	交变量热法	$f(x)$	机理函数
AOT	丁二酸二(2-乙基己基)酯磺酸钠	FTIR	傅里叶变换红外光谱法
ASTM	美国材料试验学会	G	动力学结晶能力;
B	胺与环氧的当量比		球晶径向生长速率;
b_0	折叠链层厚度		计算DTA峰面积的校正因子;
C	常数;可反应物的浓度		试样热容
C_1, C_2	WLF方程中的分子常数	$\Delta G^{\neq}$	活化吉布斯自由能
C_p	比热容	G_V	体积自由焓
C_p^L	液体的定压比热容	$\Delta_r G_m^{\ominus}$	标准吉布斯自由能变
C_p^n	纳米晶的定压比热容	$g(x)$	积分函数
$C_p^{s'}$	标准物质的定压比热容	GB	(中国)国家标准
C_{px}	试样的定压比热容	GC	气相色谱法
C_r	参比物热容	GFA	合金形成玻璃的能力
C_s	试样热容	H	热量
CRM	检定参样	h	峰高
CTT	变温转变	H_{mix}	混合焓
dC/dt	反应速率	H_T	总热量
$(dC/dt)_p$	极大反应速率	ΔH	转变焓
D	结晶峰半高宽	ΔH_f°	完善结晶的熔融热
DIN	德国工业标准	ΔH_{meas}	转变焓实测值
DMA	动态热机械分析	ΔH_{ref}	转变焓认定值
DSC	差示扫描量热法	$\Delta_c H_m^{\ominus}$	标准摩尔燃烧焓
DTA	差热分析	$\Delta_f H_m^{\ominus}$	标准摩尔生成焓
DTG	微商热重法	$\Delta_{vap} H_m$	摩尔气化热
E	表观活化能	ICTA	国际热分析协会
E'	动态储能模量	ICTA-NBS	ICTA-NBS标样
E''	动态损耗模量		
E^*	动态模量	JIS	日本工业标准
E_a	激活能	k	生长速率常数
E_g	玻璃转变活化能	K	常数;
E_p	极化电场		DSC曲线热量方程中的比例常数;
			玻耳兹曼常数;
EGA	逸出气分析	$K^{\neq}$	活化平衡常数

$K(T)$	结晶速率常数			试样厚度
K_a	自催化速率常数		$\Delta S^{\neq}$	活化熵
K_c	催化速率常数		S_m	熔化熵
K_g	与能量及结晶区域有关的常数		$\Delta_r S_m^{\ominus}$	熵变
K_p	结晶速率常数的最大值		S_{mix}	混合熵
$K_p^{\ominus}$	平衡常数		SDTA	同步差热分析
L	最小分离温度		$S.F.I$	固体脂指数
L_0	试样原长		T	温度
ΔL	试样长度变化		t	时间
m	试样质量;反应动力学参数		T_c	结晶温度
M_f	马氏体相变终止温度		T_e	外推始点
M_i	马氏体相变起始温度		t_e	起始时间
M_w	重均分子量		t_f	终止时间
MS	质谱法		T_f	烘箱恒温老化实验温度
m/z	质荷比		t_f	在温度 T_f 老化的寿终时间
N	实验次数		T_g	玻璃化转变温度
n	反应级数		T_i	起始温度
NBS	（美国）标准局（National Bureau of Standards）		T_m	熔融温度
			T_m°	平衡熔点
OL	氧化发光		T_0	参考温度
OTTER	光-热瞬变辐射测量		T_p	峰温,极化温度
p	压力		t_p	极化时间
$p(x)$	描写反应速率函数的积分表达式		T_r	参比物温度
pH	酸度		T_s	试样温度
P	功率		T_{20000}	绝缘材料的温度指数
PBT	聚对苯二甲酸丁二醇酯		TA	热分析
PET	聚对苯二甲酸乙二醇酯		TG	热重法
PEI	聚醚酰亚胺		TGT	热气滴定法
POL	偏光显微镜		TL	热释光
PTFE	聚四氟乙烯		TMA	热机械分析
Q	相变热;热量		MTDSC	调制式差示扫描量热法
Q^A	逆相变焓		TSC	热释电分析
Q^M	马氏体相变焓		TTT	等温转变
Q_p	等压热效应;等压燃烧热		TWA	温度波分析
Q_V	等容燃烧热		ΔT_r	参比池的吸附温升
dQ/dt	热流速率,热流差		ΔT_s	试样的吸附温升
R	热阻;分辨率;摩尔气体常数;相关系数		U^*	结晶高聚物分子链迁移活化能
r	转化速率;球晶半径		ΔU	内变能
$r =$ L/L^*	（其中,L 为折叠链片层最后厚度;L^* 为折叠链片层最初厚度）		$\overline{V}$	摩尔体积
			V_f	自由体积
r_p	孔半径		$\overline{V}_{sp}$	比容
RC_s	热时间常数		w	质量分数
S	峰面积;		w_i	组分 i 的质量分数

W	功	$\Delta\theta$	相位差
x	杂质摩尔分数	λ	热导率(或称导热系数)
X	x 轴灵敏度	ρ	密度
x_A	金属纯组元 A 的原子分数	σ	应力;界面能;平行于分子链方向单位面积的界面自由能
Y	y 轴灵敏度		
Y_m	最大温度梯度	σ_e	垂直于分子链方向单位面积的界面自由能
Z	前置因子		
Z_t	Avrami 速率常数	σ_0	应力的最大振幅
α	热扩散率;转化率;相对结晶度	τ	试样容器直径;转变时间;松弛时间
$d\alpha/dt$	反应速率;固化速率	ϕ	升(降)温速率;内径
β	线膨胀系数;衰减速率常数	φ	体积分数;对比进度
γ	应变;相关系数	ω	频率
γ_0	应变的最大振幅	κ	电导率
θ	未结晶分数	μW	微瓦

主题词索引

（按汉语拼音排序）

其　他

热分析与量热曲线图索引